住房和城乡建设部“十四五”规划教材
高等学校土木工程专业创新型人才培养系列教材
江苏省高等学校重点教材（编号：2021-1-028）

地下结构设计
（第二版）

崔振东　主　编

中国建筑工业出版社

图书在版编目（CIP）数据

地下结构设计/崔振东主编. —2 版. —北京：
中国建筑工业出版社，2022.8
住房和城乡建设部“十四五”规划教材 高等学校土
木工程专业创新型人才培养系列教材 江苏省高等学校重
点教材（编号：2021-1-028）
ISBN 978-7-112-27505-2

Ⅰ.①地… Ⅱ.①崔… Ⅲ.①地下工程-结构设计-
高等学校-教材 Ⅳ.①TU93

中国版本图书馆 CIP 数据核字（2022）第 100763 号

本书修订加入大量数字资源，强化课程思政元素；参考国内外地下结构方向相关教材和文献，采用最新规范、标准，结合工程案例、数值模拟和最新成果，重点突出地下结构设计的基本概念、基本理论和基本方法。

本书主要内容包括：绪论、地下结构的荷载、弹性地基梁理论、地下结构的力学计算方法、地下结构的数值分析方法、地下结构可靠度理论、浅埋式地下结构设计、附建式地下结构设计、地下连续墙结构设计、基坑支护结构设计、盾构法隧道结构设计、沉井结构设计、沉管结构设计、顶管管幕及箱涵结构设计、整体式隧道结构设计、锚喷支护结构设计、特殊地下结构设计以及弹性地基梁计算用表等。

本教材适用于城市地下空间工程、建筑工程、公路工程、铁路工程、桥梁与隧道工程、水利水电工程等相关专业的高年级本科生及相关专业研究生教材，也可供相关专业工程技术人员参考。

为了更好地支持教学，我社向采用本书作为教材的教师提供课件，有需要者可与出版社联系，索取方式如下：建工书院 http://edu.cabplink.com，邮箱 jckj@cabp.com.cn，电话：（010）58337285。

* * *

责任编辑：仕 帅 吉万旺 王 跃
责任校对：芦欣甜

住房和城乡建设部“十四五”规划教材
高等学校土木工程专业创新型人才培养系列教材
江苏省高等学校重点教材（编号：2021-1-028）
地下结构设计（第二版）
崔振东 主 编
*
中国建筑工业出版社出版、发行（北京海淀三里河路 9 号）
各地新华书店、建筑书店经销
霸州市顺浩图文科技发展有限公司制版
北京君升印刷有限公司印刷
*
开本：787 毫米×1092 毫米 1/16 印张：33¾ 字数：838 千字
2022 年 8 月第二版 2022 年 8 月第一次印刷
定价：**88.00** 元（赠教师课件及配套数字资源）
ISBN 978-7-112-27505-2
（38987）

出版说明

党和国家高度重视教材建设。2016年，中办国办印发了《关于加强和改进新形势下大中小学教材建设的意见》，提出要健全国家教材制度。2019年12月，教育部牵头制定了《普通高等学校教材管理办法》和《职业院校教材管理办法》，旨在全面加强党的领导，切实提高教材建设的科学化水平，打造精品教材。住房和城乡建设部历来重视土建类学科专业教材建设，从“九五”开始组织部级规划教材立项工作，经过近30年的不断建设，规划教材提升了住房和城乡建设行业教材质量和认可度，出版了一系列精品教材，有效促进了行业部门引导专业教育，推动了行业高质量发展。

为进一步加强高等教育、职业教育住房和城乡建设领域学科专业教材建设工作，提高住房和城乡建设行业人才培养质量，2020年12月，住房和城乡建设部办公厅印发《关于申报高等教育职业教育住房和城乡建设领域学科专业“十四五”规划教材的通知》（建办人函〔2020〕656号），开展了住房和城乡建设部“十四五”规划教材选题的申报工作。经过专家评审和部人事司审核，512项选题列入住房和城乡建设领域学科专业“十四五”规划教材（简称规划教材）。2021年9月，住房和城乡建设部印发了《高等教育职业教育住房和城乡建设领域学科专业“十四五”规划教材选题的通知》（建人函〔2021〕36号）。为做好“十四五”规划教材的编写、审核、出版等工作，《通知》要求：（1）规划教材的编著者应依据《住房和城乡建设领域学科专业“十四五”规划教材申请书》（简称《申请书》）中的立项目标、申报依据、工作安排及进度，按时编写出高质量的教材；（2）规划教材编著者所在单位应履行《申请书》中的学校保证计划实施的主要条件，支持编著者按计划完成书稿编写工作；（3）高等学校土建类专业课程教材与教学资源专家委员会、全国住房和城乡建设职业教育教学指导委员会、住房和城乡建设部中等职业教育专业指导委员会应做好规划教材的指导、协调和审稿等工作，保证编写质量；（4）规划教材出版单位应积极配合，做好编辑、出版、发行等工作；（5）规划教材封面和书脊应标注“住房和城乡建设部‘十四五’规划教材”字样和统一标识；（6）规划教材应在“十四五”期间完成出版，逾期不能完成的，不再作为《住房和城乡建设领域学科专业“十四五”规划教材》。

住房和城乡建设领域学科专业“十四五”规划教材的特点：一是重点以修订教育部、住房和城乡建设部“十二五”“十三五”规划教材为主；二是严格按照专业标准规范要求编写，体现新发展理念；三是系列教材具有明显特点，满足不同层次和类型的学校专业教学要求；四是配备了数字资源，适应现代化教学的要求。规划教材的出版凝聚了作者、主审及编辑的心血，得到了有关院校、出版单位的大力支持，教材建设管理过程有严格保障。希望广大院校及各专业师生在选用、使用过程中，对规划教材的编写、出版质量进行反馈，以促进规划教材建设质量不断提高。

住房和城乡建设部“十四五”规划教材办公室

2021年11月

第二版前言

《地下结构设计》教材第一版于 2017 年 8 月发行，是住房城乡建设部土建类学科专业“十三五”规划教材和高等学校土木工程专业创新型人才培养规划教材。2021 年 9 月本书被评为住房和城乡建设部“十四五”规划教材和高等学校土木工程专业创新型人才培养系列教材。2021 年 11 月本书被评为江苏省高等学校重点教材。在第一版基础上，依据最新规范、标准修订地下结构设计算例；增加二百多个知识点教学视频，强化课程思政元素，建设新形态教材；补充最新成果，结合工程案例和数值模拟；重点突出地下结构设计的基本概念、基本理论和基本方法，力求系统性，由浅入深，便于教和学。

主要修订内容包括：第 1 章调整 1.1 和 1.2，增加 1.5 地下结构面临的挑战，增加 10 个知识点教学视频；第 2 章增加 14 个知识点教学视频；第 3 章增加 16 个知识点教学视频；第 4 章增加 25 个知识点教学视频；第 5 章增加 5.3.4 节砂土场地地震响应有限差分法分析和 12 个知识点教学视频；第 6 章调整 6.3.3 节中例题 6.3 为 6.4 算例，增加 14 个知识点教学视频；第 7 章增加 17 个知识点教学视频；第 8 章调整 8.5 为 8.1.4、调整 8.2.5 为 8.5 附建式地下结构设计算例并进行了修订，增加 12 个知识点教学视频；第 9 章删除 9.1.1 和 9.1.2 关于地下连续墙施工方面内容，增加 15 个知识点教学视频，修订地下连续墙设计算例；第 10 章调整 10.1.4 的内容为基坑工程设计，增加 21 个知识点教学视频；第 11 章增加 11 个知识点教学视频；第 12 章删除 12.1.4 沉井结构的施工步骤，增加 19 个知识点教学视频；第 13 章删除 13.1.2 沉管隧道施工，调整合并 13.3 和 13.4，增加 13.6 沉管结构设计实例，增加 25 个知识点教学视频；第 14 章增加 8 个知识点教学视频，修订顶管设计算例；第 15 章增加 19 个知识点教学视频，修订直墙拱结构设计算例；第 16 章调整合并 16.4 和 16.5，调整 16.3.3 为 16.5 锚喷支护设计算例，增加 8 个知识点教学视频；第 17 章增加 21 个知识点教学视频。

本教材适用于城市地下空间工程、建筑工程、公路工程、铁路工程、桥梁与隧道工程、水利水电工程等相关专业的高年级本科生及相关专业研究生教材，也可供相关专业工程技术人员参考。本书由中国矿业大学的崔振东主编。崔振东课题组的袁丽、张忠良、王晓东、张隆基和晏文祥在教材修订过程中做了大量工作。中国建筑工业出版社的领导、编辑、校审人员为本书的出版付出了辛勤劳动。鉴于此，在本书付梓之日，作者对于为本书编写出版给予支持和帮助的所有同仁表示衷心的感谢。

在本书编写过程中，作者虽然力求突出重点，内容系统而精炼，兼顾科学性和实用性，但因时间和水平有限，书中必然存在一些缺点和错误，敬请读者批评指正。

编者

2022 年 2 月

第一版前言

随着我国国民经济的飞速发展，城市地铁、轻轨、高速铁路、高速公路、水电、矿山、市政交通、高层建筑及地下商业建筑等都有了很大的发展。城市地下空间的利用范围相当广泛，包括居住、交通、商业、文化、生产、防灾等各种用途。合理开发利用地下空间，既可以拓展城市空间、节约土地资源，又可以缓解交通拥挤、改善城市环境，亦有利于城市的减灾防灾；既是有效解决城市人口、环境、资源等问题的重要举措，又是实现城市可持续发展的重要途径。

本书共有17章，第1章到第6章，重点介绍了地下结构的基本概念，荷载类型及确定方法，弹性地基梁理论，地下结构的力学计算方法，地下结构的数值分析方法和地下结构可靠度理论；第7章到第17章分别介绍了浅埋式地下结构设计，附建式地下结构设计，地下连续墙结构设计，基坑支护结构设计，盾构法隧道结构设计，沉井结构设计，沉管结构设计，顶管，管幕及箱涵结构设计，整体式隧道结构设计，锚喷支护结构设计和特殊地下结构设计。

本书适用于城市地下空间工程、建筑工程、公路工程、铁路工程、桥梁与隧道工程、水利水电工程等相关专业的高年级本科生及相关专业研究生教材，也可供相关专业工程技术人员参考。本书由中国矿业大学的崔振东主编，中国矿业大学的张忠良副主编，中国人民解放军理工大学的刘新宇主审。参加编写工作的有华珊珊、樊思成、李丁、姜印熙、杨家强、章皖凯、刘俊麟、郭文灏、何坤等。中国建筑工业出版社的领导、编辑、校审人员为本书的出版付出了辛勤劳动。鉴于此，在本书付梓之日，作者对于为本书编写出版给予支持和帮助的所有同仁表示衷心的感谢。

本书主要参考了国内外地下结构方向相关教材和文献，并结合最新规范、工程案例和数值模拟，重点突出地下结构设计的基本概念、基本理论和基本方法。特别应该强调的是本书是在《地下建筑结构》（中国建筑工业出版社，2005年）、《岩石地下建筑结构》（中国建筑工业出版社，1979年）和《土层地下建筑结构》（中国建筑工业出版社，1982年）这三本教材的基础上编写而成的，在此衷心感谢为上述教材的编写做出贡献的单位与个人。

在本书编写过程中，作者虽然力求突出重点，内容系统而精炼，兼顾科学性和实用性，但因时间和水平有限，书中必然存在一些缺点和错误，敬请读者批评指正。

编者

2017年2月

目 录

第1章 绪论 …… 1

本章要点及学习目标 …… 1

1.1 概述 …… 1

1.2 地下结构的概念、分类和形式 …… 2

1.2.1 地下结构的概念 …… 2

1.2.2 地下结构的分类 …… 3

1.2.3 地下结构的形式 …… 4

1.3 地下结构的特点 …… 9

1.3.1 地下结构的工程特点 …… 9

1.3.2 地下结构的设计特点 …… 10

1.4 地下结构的设计程序、内容及计算原则 …… 10

1.4.1 设计程序 …… 10

1.4.2 设计内容 …… 11

1.4.3 计算原则 …… 12

1.5 地下结构面临的挑战 …… 13

本章小结 …… 14

思考与练习题 …… 14

第2章 地下结构的荷载 …… 15

本章要点及学习目标 …… 15

2.1 荷载种类、组合及确定方法 …… 15

2.1.1 荷载种类 …… 15

2.1.2 荷载组合 …… 16

2.1.3 荷载确定方法 …… 16

2.2 岩土体压力的计算 …… 17

2.2.1 土压力的计算 …… 17

2.2.2 围岩压力的计算 …… 36

2.3 初始地应力、释放荷载与开挖效应 …… 43

2.3.1 初始地应力的确定 …… 44

2.3.2 释放荷载的计算 …… 44

2.4 地层弹性抗力 …… 45

2.5 结构自重及其他荷载 …… 46

本章小结 …… 47

思考与练习题 …… 47

第3章 弹性地基梁理论 …… 49

本章要点及学习目标 …… 49

3.1 概述 …… 49

3.1.1 弹性地基梁的特点 …… 49

3.1.2 弹性地基梁的分类 …… 50

3.2 按温克尔假定计算弹性地基梁 …… 50

3.2.1 基本假设 …… 50

3.2.2 按温克尔假定计算弹性地基梁的基本方程 …… 51

3.2.3 按温克尔假定计算短梁 …… 53

3.2.4 按温克尔假定计算长梁 …… 61

3.2.5 按温克尔假定计算刚性梁 …… 65

3.3 按地基为弹性半无限平面体假定计算基础梁 …… 65

3.3.1 基本假设 …… 65

3.3.2 基本方程 …… 66

3.3.3 表格的使用 …… 68

本章小结 …… 71

思考与练习题 …… 71

第4章 地下结构的力学计算方法 …… 72

本章要点及学习目标 …… 72

4.1 概述 …… 72

4.1.1 地下结构的设计方法 …… 72

4.1.2 地下结构的设计模型 …… 74

4.2 荷载-结构法 …… 76

4.2.1 设计原理 …… 76

4.2.2 计算原理 …… 76

4.3 地层-结构法 …… 78
4.3.1 设计原理 …… 79
4.3.2 计算初始地应力 …… 79
4.3.3 本构模型 …… 80
4.3.4 单元模式 …… 88
4.3.5 施工过程的模拟 …… 89
4.4 算例 …… 91
本章小结 …… 94
思考与练习题 …… 95

第5章 地下结构的数值分析方法 …… 96

本章要点及学习目标 …… 96
5.1 概述 …… 96
5.1.1 地下结构数值分析方法 …… 96
5.1.2 地下结构数值分析方法分类 …… 98
5.1.3 弹性力学分析与连续介质数值分析方法比较 …… 99
5.2 地下结构常用数值分析方法与软件 …… 99
5.2.1 有限差分法 …… 100
5.2.2 有限单元法 …… 102
5.2.3 边界单元法 …… 111
5.2.4 离散单元法 …… 112
5.3 数值计算软件应用实例 …… 115
5.3.1 盾构隧道开挖的有限元分析 …… 115
5.3.2 盾构隧道在列车荷载作用下的有限元分析 …… 120
5.3.3 土层界面直剪试验离散元分析 …… 126
5.3.4 砂土场地地震响应有限差分法分析 …… 131
本章小结 …… 135
思考与练习题 …… 136

第6章 地下结构可靠度理论 …… 137

本章要点及学习目标 …… 137
6.1 概述 …… 137
6.1.1 可靠度理论的发展 …… 137
6.1.2 地下结构的不确定因素 …… 138
6.1.3 地下结构可靠度分析特点 …… 139
6.2 可靠度分析的基本原理 …… 140
6.2.1 基本随机变量 …… 140
6.2.2 结构的极限状态 …… 141
6.2.3 地下结构的可靠度 …… 142
6.3 可靠度分析的近似方法 …… 145
6.3.1 可靠度分析方法概述 …… 145
6.3.2 中心点法 …… 147
6.3.3 验算点法 …… 149
6.3.4 JC法 …… 151
6.3.5 一次渐近积分法 …… 153
6.3.6 蒙特卡罗法 …… 155
6.3.7 结构体系的可靠度 …… 158
6.4 算例 …… 163
本章小结 …… 165
思考与练习题 …… 166

第7章 浅埋式地下结构设计 …… 167

本章要点及学习目标 …… 167
7.1 概述 …… 167
7.1.1 直墙拱形结构 …… 167
7.1.2 矩形闭合框架 …… 168
7.1.3 梁板式结构 …… 169
7.2 矩形闭合框架的计算 …… 170
7.2.1 荷载计算 …… 170
7.2.2 内力计算 …… 172
7.2.3 抗浮验算 …… 175
7.3 截面设计 …… 175
7.4 构造要求 …… 176
7.4.1 配筋形式 …… 176
7.4.2 混凝土保护层 …… 176
7.4.3 横向受力钢筋 …… 176
7.4.4 分布钢筋 …… 177
7.4.5 箍筋 …… 177
7.4.6 刚性节点构造 …… 178
7.4.7 变形缝的设置及构造 …… 179
7.5 弹性地基上矩形闭合框架设计计算 …… 180
7.5.1 框架与荷载对称结构 …… 180
7.5.2 框架与荷载反对称结构 …… 184
7.6 算例 …… 184
本章小结 …… 191
思考与练习题 …… 191

第 8 章　附建式地下结构设计 ………… 193

本章要点及学习目标 ………………… 193
8.1　概述………………………………… 193
8.1.1　附建式地下结构的特点………… 194
8.1.2　附建式地下结构的形式………… 196
8.1.3　附建式地下结构的构造………… 199
8.1.4　附建式地下结构的发展………… 201
8.2　梁板式结构设计 ………………… 202
8.2.1　顶板……………………………… 202
8.2.2　侧墙……………………………… 205
8.2.3　基础……………………………… 208
8.2.4　承重内墙（柱）………………… 209
8.3　装配式结构 ……………………… 211
8.3.1　概况……………………………… 211
8.3.2　设计原则………………………… 211
8.4　口部结构 ………………………… 213
8.4.1　室内出入口……………………… 213
8.4.2　室外出入口……………………… 214
8.4.3　通风采光洞……………………… 214
8.5　附建式地下结构设计算例 …… 216
本章小结 ……………………………… 220
思考与练习题 ………………………… 220

第 9 章　地下连续墙结构设计 ………… 221

本章要点及学习目标 ………………… 221
9.1　概述………………………………… 221
9.2　地下连续墙的设计……………… 222
9.2.1　槽幅设计及稳定性验算………… 222
9.2.2　导墙设计………………………… 224
9.2.3　地下连续墙厚度和深度的设计………………………………… 224
9.2.4　地下连续墙的静力计算………… 225
9.3　地下连续墙细部设计 ………… 238
9.3.1　混凝土工程设计………………… 238
9.3.2　钢筋工程设计…………………… 238
9.3.3　地下连续墙接头设计…………… 239
9.4　地下连续墙设计算例 ………… 243
9.4.1　工程概况………………………… 243
9.4.2　工程地质条件…………………… 243
9.4.3　荷载及土压力计算……………… 244
9.4.4　基坑底部土体抗隆起稳定性验算………………………………… 246
9.4.5　基坑底部抗渗流稳定性验算………………………………… 247
9.4.6　地下连续墙抗倾覆稳定性验算………………………………… 248
9.4.7　整体圆弧滑动稳定性验算……… 249
9.4.8　支撑轴力及地连墙内力计算…… 249
本章小结 ……………………………… 252
思考与练习题 ………………………… 252

第 10 章　基坑支护结构设计 ………… 253

本章要点及学习目标 ………………… 253
10.1　概述 ……………………………… 253
10.1.1　基坑工程概念及特点 ………… 253
10.1.2　基坑支护结构的类型及适用条件 ………………………………… 254
10.1.3　基坑支护工程设计原则及内容 ………………………………… 255
10.1.4　基坑工程设计 ………………… 256
10.2　水泥土桩墙……………………… 258
10.2.1　概述 …………………………… 258
10.2.2　计算 …………………………… 258
10.2.3　水泥土桩墙构造要求 ………… 261
10.3　土钉墙 …………………………… 261
10.3.1　概述 …………………………… 261
10.3.2　土钉墙结构尺寸的确定 ……… 262
10.3.3　参数设计 ……………………… 262
10.3.4　土钉承载力计算 ……………… 263
10.3.5　稳定性验算 …………………… 267
10.4　排桩支护结构 ………………… 268
10.4.1　概述 …………………………… 268
10.4.2　悬臂式支护结构 ……………… 268
10.4.3　单层支撑支护结构 …………… 270
10.4.4　多层支撑支护结构 …………… 273
10.5　基坑支护稳定性 ……………… 274
10.5.1　概述 …………………………… 274
10.5.2　整体稳定性分析 ……………… 275
10.5.3　支护结构绕最下层支锚点转动稳定性分析 …………………… 276
10.5.4　坑底隆起稳定性分析 ………… 276
10.5.5　基坑抗渗流稳定性分析 ……… 277

10.6 基坑现场监测设计 …………… 277
10.6.1 监测和预报的作用 …………… 277
10.6.2 监测系统设计原则 …………… 278
10.6.3 监测内容 …………… 279
10.6.4 监测结果的分析和评价 …………… 280
10.6.5 报警 …………… 281
10.6.6 监测点保护 …………… 282
本章小结 …………… 282
思考与练习题 …………… 282

第 11 章 盾构法隧道结构设计 …………… 284

本章要点及学习目标 …………… 284
11.1 概述 …………… 284
11.2 盾构法隧道衬砌结构设计流程 …………… 285
11.2.1 设计原则 …………… 285
11.2.2 设计流程 …………… 285
11.3 衬砌结构设计 …………… 286
11.3.1 衬砌形式与构造 …………… 286
11.3.2 装配式钢筋混凝土管片 …………… 289
11.3.3 荷载的计算 …………… 290
11.3.4 盾构隧道常用的设计模型 …………… 293
11.3.5 衬砌结构内力计算方法 …………… 295
11.3.6 衬砌断面设计 …………… 300
11.4 隧道防水及处理 …………… 303
11.4.1 衬砌的抗渗 …………… 303
11.4.2 管片制作精度 …………… 304
11.4.3 接缝防水的基本技术要求 …………… 304
11.4.4 二次衬砌 …………… 304
11.5 盾构法隧道结构设计算例 …………… 305
11.6 有限单元法在隧道计算模型中的应用 …………… 313
本章小结 …………… 318
思考与练习题 …………… 318

第 12 章 沉井结构设计 …………… 319

本章要点及学习目标 …………… 319
12.1 沉井概述 …………… 319
12.1.1 沉井结构的概念、特点及应用 …………… 319
12.1.2 沉井结构的分类 …………… 320
12.1.3 沉井结构的设计原则 …………… 320
12.2 沉井的构造 …………… 321
12.2.1 井壁 …………… 321
12.2.2 刃脚 …………… 322
12.2.3 凹槽 …………… 323
12.2.4 内隔墙与底梁 …………… 323
12.2.5 取土井 …………… 323
12.2.6 封底 …………… 323
12.2.7 顶板 …………… 324
12.3 沉井结构设计计算 …………… 324
12.3.1 下沉系数计算 …………… 324
12.3.2 沉井底节验算 …………… 324
12.3.3 沉井井壁计算 …………… 325
12.3.4 沉井刃脚验算 …………… 327
12.3.5 沉井封底计算 …………… 329
12.3.6 沉井底板计算 …………… 331
12.3.7 沉井抗浮稳定验算 …………… 331
12.4 沉箱结构 …………… 331
12.4.1 沉箱的主体结构组成 …………… 333
12.4.2 沉箱结构设计条件与方法 …………… 333
12.4.3 沉箱结构设计的注意事项 …………… 335
12.5 沉井结构设计算例 …………… 338
本章小结 …………… 350
思考与练习题 …………… 350

第 13 章 沉管结构设计 …………… 352

本章要点及学习目标 …………… 352
13.1 概述 …………… 352
13.1.1 沉管隧道特点 …………… 353
13.1.2 沉管隧道设计 …………… 354
13.2 沉管结构设计 …………… 354
13.2.1 沉管结构的类型和构造 …………… 354
13.2.2 沉管结构的荷载 …………… 355
13.2.3 沉管结构的浮力设计 …………… 357
13.2.4 沉管结构的计算 …………… 359
13.2.5 预应力的应用 …………… 361
13.3 沉管结构构造 …………… 362
13.3.1 沉管防水措施 …………… 362
13.3.2 变形缝与管段接头设计 …………… 365
13.4 沉管基础 …………… 368
13.4.1 地质条件和沉管基础 …………… 368

13.4.2 沉管基础处理 …………………… 368
13.4.3 软弱土层上的沉管基础 ……… 371
13.5 管段沉设与水下连接 ………… 373
13.5.1 沉设方法与设备 …………… 373
13.5.2 水下连接 …………………… 375
13.6 沉管结构设计实例 …………… 375
13.6.1 工程概况 …………………… 375
13.6.2 总体设计方案 ……………… 376
本章小结 ……………………………… 380
思考与练习题 ………………………… 380
第14章 顶管、管幕及箱涵结构设计 ………………………… 381
本章要点及学习目标 ………………… 381
14.1 顶管结构 ……………………… 381
14.1.1 概述 ………………………… 381
14.1.2 顶管的分类 ………………… 382
14.1.3 顶管工程的设计计算 ……… 382
14.1.4 顶管工程的主要设备 ……… 388
14.1.5 顶管工程的关键技术 ……… 391
14.1.6 顶管结构设计算例 ………… 394
14.2 管幕结构 ……………………… 398
14.2.1 管幕法的特点及适用范围 …… 398
14.2.2 管幕结构的力学分析 ……… 399
14.2.3 管幕工法顶进 ……………… 401
14.3 箱涵结构 ……………………… 401
14.3.1 结构形式 …………………… 401
14.3.2 箱涵结构的设计 …………… 401
14.3.3 沉裂缝的位置 ……………… 407
14.3.4 涵管顶进方法 ……………… 407
14.3.5 箱涵结构设计算例 ………… 408
本章小结 ……………………………… 409
思考与练习题 ………………………… 410
第15章 整体式隧道结构设计 ……… 411
本章要点及学习目标 ………………… 411
15.1 概述 …………………………… 411
15.1.1 整体式隧道结构的概念 ……… 411
15.1.2 整体式隧道结构的分类 ……… 412
15.2 整体式隧道结构的一般技术要求 ……………………………… 414
15.2.1 衬砌断面和几何尺寸 ……… 414
15.2.2 衬砌材料的选择 …………… 417
15.2.3 衬砌结构的一般构造要求 …… 419
15.3 整体式隧道结构的计算方法 ……………………………… 420
15.4 半衬砌结构 …………………… 421
15.4.1 概述 ………………………… 421
15.4.2 半衬砌结构的计算简图 ……… 422
15.4.3 半衬砌结构的内力计算方法 … 422
15.4.4 拱脚弹性固定系数的确定 …… 426
15.4.5 拱圈变位值的计算 ………… 427
15.5 直墙拱形衬砌结构 …………… 429
15.5.1 概述 ………………………… 429
15.5.2 直墙拱形衬砌结构的计算简图 ……………………………… 429
15.5.3 直墙拱形衬砌结构的内力计算方法 ………………………… 430
15.5.4 直墙拱结构设计算例 ……… 437
15.6 曲墙衬砌结构 ………………… 454
15.6.1 曲墙拱形衬砌结构的计算简图 ……………………………… 454
15.6.2 曲墙拱形衬砌结构的内力计算步骤 ………………………… 456
15.7 复合衬砌结构 ………………… 459
15.7.1 复合衬砌的构造 …………… 459
15.7.2 复合衬砌结构的计算原理和方法 ……………………………… 460
15.8 连拱隧道结构 ………………… 461
15.8.1 概述 ………………………… 461
15.8.2 设计和计算方法 …………… 462
本章小结 ……………………………… 466
思考与练习题 ………………………… 466
第16章 锚喷支护结构设计 ………… 468
本章要点及学习目标 ………………… 468
16.1 概述 …………………………… 468
16.2 围岩分级 ……………………… 469
16.2.1 围岩及其分级依据 ………… 469
16.2.2 围岩分级方法 ……………… 470
16.3 锚喷支护设计 ………………… 471
16.3.1 锚喷支护设计原则 ………… 471

16.3.2　按局部作用原理设计 …………… 472
16.3.3　按整体作用原理设计 …………… 474
16.4　锚喷支护监控设计 …………… 476
16.4.1　监控设计目的、原理与方法 … 476
16.4.2　监控量测内容及手段 …………… 476
16.4.3　锚喷支护监控信息反馈 ………… 477
16.5　锚喷支护设计算例 …………… 478
本章小结 ……………………………… 479
思考与练习题 ………………………… 479

第 17 章　特殊地下结构设计 …………… 480

本章要点及学习目标 ………………… 480
17.1　概述 ……………………………… 480
17.2　穹顶直墙结构 …………………… 480
17.2.1　衬砌形式 ……………………… 480
17.2.2　衬砌构造 ……………………… 481
17.2.3　计算原理 ……………………… 482
17.3　洞门 ……………………………… 482
17.3.1　洞门类型 ……………………… 482
17.3.2　衬砌构造 ……………………… 484
17.3.3　计算原理 ……………………… 485
17.4　端墙 ……………………………… 486
17.4.1　端墙形式 ……………………… 487
17.4.2　端墙的计算 …………………… 487
17.5　岔洞 ……………………………… 488
17.5.1　岔洞及接头形式 ……………… 488
17.5.2　岔洞构造 ……………………… 490
17.6　竖井和斜井 ……………………… 491
17.6.1　竖井的构造和计算原理 ……… 491
17.6.2　斜井的构造和计算原理 ……… 496
本章小结 ……………………………… 498
思考与练习题 ………………………… 498

附录　弹性地基梁计算用表 …………… 499

参考文献 ……………………………… 525

第1章　绪　　论

本章要点及学习目标

本章要点：
(1) 地下空间的开发前景；
(2) 地下结构的概念和功能；
(3) 地下结构的分类、形式和特点；
(4) 地下结构的设计程序及内容。
学习目标：
(1) 了解地下空间开发的重要意义；
(2) 掌握地下结构的概念、功能和形式；
(3) 熟悉地下结构与地上结构的区别；
(4) 熟悉地下结构的设计程序及内容。

1.1　概述

二维码 1-1
地下结构的
发展现状

人类赖以生存的地球是一个表层为地壳、深处为地幔和地核的球体。地壳为一层很厚的岩石圈，表层岩石有的经风化成为土壤，形成不同厚度土层。岩层和土层在自然状态下都是实体，在外部条件下才能形成空间。在岩石和土层中天然形成或人工开挖形成的空间称为地下空间。天然地下空间按成因有喀斯特溶洞、熔岩洞、风蚀洞、海蚀洞等。人工地下空间包括两类：一类是开发地下矿藏而形成的矿洞，另一类是因工程建设需要开凿的地下洞室。地下空间的开发利用为人类开拓了新的生存空间，并能满足某些在地面上无法实现的空间要求。因此地下空间被认为是一种宝贵的自然资源。

自从人类出现以来，就从未停止过对地下空间的开发和利用。人类曾利用天然洞穴作为居住处所，后来，随着科技的进步，人类逐渐学会修建并利用地下结构。我国古代修建的陵墓、地下粮仓、地下采矿洞室已具有相当的技术水准与规模，如我国湖北大冶铜绿山保存完好的采矿遗址，是我国古代三千多年前西周时期劳动人民的智慧结晶，其中的竖井、斜井、平巷及其相互贯通具有相当高的建筑水准，反映了我国古代地下工程已居世界领先水平。再如埃及金字塔、古巴比伦幼发拉底河引水隧道，说明古代人类修建地下结构已具备较高的水平。

从15世纪开始，欧洲出现文艺复兴，产业革命和科学技术开始走在世界的前列，地下空间的开发利用进入了新的发展时期。17世纪火药的大范围应用，使人类在坚硬岩层中挖掘隧道成为可能，从而进一步扩大了地下空间的开发应用领域。1613 年建成伦敦地下隧道；1681 年修建了地中海比斯开湾的连接隧道，长 170m；1843 年伦敦建成越河隧道；1863 年伦敦建成世界第一条地下铁道；1871 年穿越阿尔卑斯山、连接法国和意大利的公路隧道开通，长 12.8km。到 21 世纪 20 年代，世界上已有 50 多个国家 190 多个城市修建了地铁，总线路里程 1 万多千米。我国 1987 年 5 月建成的大瑶山铁路隧道，长 14,295m；日本青函隧道连接北海道与本州岛，全长 53,850m，穿越津轻海峡，其海底长度达 13.3km；英法海峡隧道全长 50km，海底长度 37km。此外，各类地下电站也迅速增长，全世界的地下水力发电站的数目已超过 400 座，其发电量达 45 亿瓦以上。另外，世界各国还修建了大量的地下贮藏库，其建造技术不断革新。

近年来，世界各国日益重视对地下空间的开发和利用，地下工程结构的需求量和建设正在迅猛增长。随着我国基础设施的大规模建设，西部大开发、高速铁路、高速公路、大型水电站、南水北调、西气东输等工程中都有大量的地下工程结构需要建设。除此之外，现代城市建设中的地铁工程、市政工程、过江和穿海隧道工程也在不断增加。因此，在土地资源日益减少和人口增长的双重压力下，大力开发和利用地下空间已成为人类发展的必然选择和重要出路。

地下空间是迄今尚未被充分开发利用的一种自然资源，具有很大的开发潜力。以目前的施工技术和维持人的生存所需花费的代价来看，地下空间的合理开发深度以 2km 为宜。考虑到在实体岩层中开挖地下空间需要一定的支承条件，即在两个相邻岩洞之间应保留相当于岩洞尺寸 1～1.5 倍的岩体。以 1.5 倍计，则在当前和今后一段时间内的技术条件下，在地下 2km 以内可供合理开发的地下空间资源，总量为 $4.12\times10^{17}m^3$。再考虑到地球表面的 80%被海洋、森林、沙漠、江河湖、冰川和永久积雪等占据，全球可供有效利用的地下空间资源应为 $0.824\times10^{17}m^3$。在我国，可耕地、城市和乡村居民点用地的面积约占国土总面积的 15%，按照上面的计算方法，2km 以内可供有效利用的地下空间资源总量接近 $1.15\times10^{15}m^3$。折合成建筑面积（以平均层高 3m 计）约 $3.83\times10^{14}m^2$。不同开发深度可获得的地下空间资源及可提供的建筑面积如表 1-1 所示。

我国可供有效利用的地下空间资源 **表 1-1**

开发深度(m)	可供有效利用的地下空间(m^3)	可提供的建筑面面积(m^2)
2000	11.5×10^{14}	3.83×10^{14}
1000	5.8×10^{14}	1.92×10^{14}
500	2.9×10^{14}	0.96×10^{14}
100	0.58×10^{14}	0.19×10^{14}
30	0.18×10^{14}	0.06×10^{14}

由此可见，可供有效利用的地下空间资源的绝对数量仍十分巨大，开发和利用地下空间资源，将成为解决人类发展与土地资源紧张矛盾的最现实的途径。21 世纪将是人类开发利用地下空间的新时代。

二维码 1-2
地下结构的概念

1.2 地下结构的概念、分类和形式

1.2.1 地下结构的概念

保留上部地层（山体或土层）的前提下，在开挖出能提供某种用途的地下空间内的结

构物，统称为地下结构。地下空间的开发和利用，首先要按照要求在地层中开挖洞室，洞室开挖使地层的初始应力状态发生改变，释放荷载，产生变形并随时间的推进逐渐发展，因此洞室开挖后必须沿洞室周边修建永久性支护结构，即衬砌结构。该结构具有承受开挖空间周围地层的压力、结构自重、地震和爆炸等动静荷载的承重作用；同时又具有防止开挖空间周围地层风化、崩塌、防水和防潮等围护作用。为了满足使用要求，在衬砌内部还需修建必要的梁、柱和墙体等内部结构，内部结构的设计和计算与地面结构相似。所以，地下结构包括衬砌结构和内部结构，如图 1-1 所示。

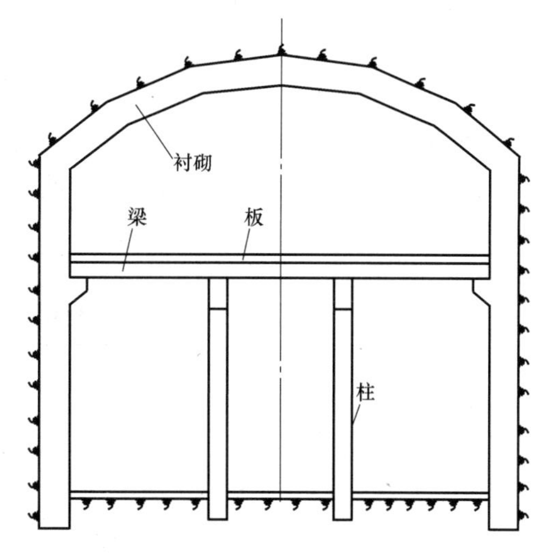

图 1-1　地下结构示意图

1.2.2　地下结构的分类

二维码 1-3
地下结构
的分类

1. 按所处的地质条件分类

1）岩体地下结构：修建在岩石中的地下工程结构，如穿山隧道等。

2）土体地下结构：修建于土中的地下工程结构，如城市地铁隧道等。

3）水体地下结构：悬浮于海水中的水下悬浮隧道。

2. 按用途分类

如表 1-2 所示。

地下结构按用途分类　　**表 1-2**

序号	用途	功　能
1	工业民用	地下住宅、工业厂房等
2	商业用途	地下商业城、地下游乐场、图书馆等
3	交通运输	隧道、地铁、地下停车场等
4	水利水电	电站输水隧道、农业给水排水隧道等
5	市政工程	给水、污水、管路、线路、垃圾填埋等
6	地下仓储	食物、地下冷库、石油及核废料存储等
7	人防军事	人防工事、军事指挥所、地下武器库、地下医院等
8	采矿巷道	矿山运输巷道和开采巷道等
9	其他	其他地下特殊建筑

3. 按与地面结构联系情况分类

1）附建式地下结构

各种附属于地面建筑的地下室部分，称为附建式地下结构。其结构形式与上部地面建筑布置相协调，其外围结构常用地下连续墙或板桩结构，内部结构则可为框架结构、梁板结构或无梁楼盖。对于高层楼房，其地下室结构都兼作为箱形基础。

2）单建式地下结构

当地下结构独立地修建在地层内、在其地面上方无其他的地面建筑物或与其地面上方的地面建筑物无结构上的联系时，称为单建式地下结构。该结构平面成方形或长方形，当顶板做成平顶时，常用梁板式结构。为节省材料，顶部可做成拱形，如地下防空洞或避难所常做成直墙拱形结构；当平面为条形的地铁等大中型结构，常做成矩形框架结构。

4. 按埋置深度分类

如表 1-3 所示。

地下结构按埋深分类 表 1-3

名称	埋深范围(m)			
	小型结构	中型结构	大型运输系统结构	采矿结构
浅埋	0～2	0～10	0～10	0～100
中埋	2～4	10～30	10～50	100～1000
深埋	＞4	＞30	＞50	＞1000

5. 按照支护形式分类

1）防护型支护：以封闭岩面，防止周围岩体质量的进一步恶化或失稳为目的。既不能阻止围岩变形，又不能承受岩体压力，是最轻型的开挖支护形式，通常是采用喷浆、喷射混凝土或局部锚杆来完成的。

2）构造型支护：通常采用喷射混凝土、锚杆和钢筋网、模筑混凝土支护等形式，以满足施工及构造要求，防止局部掉块或崩塌而逐步引起整体失稳。

3）承载型支护：应满足围岩压力、使用荷载、结构荷载及其他荷载的要求，保证围岩与支护结构的稳定性。

6. 按断面形式分类

地下结构根据断面形式可分为以下几种，如图 1-2 所示。

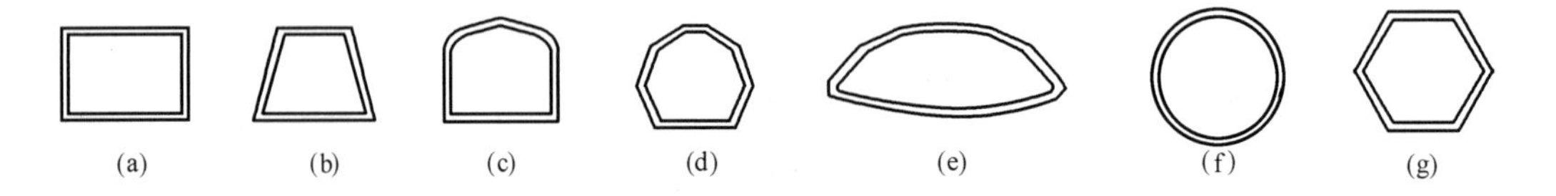

图 1-2 地下结构形式

(a) 矩形；(b) 梯形；(c) 直墙拱形；(d) 曲墙拱形；(e) 仰拱形；(f) 圆形；(g) 多边形

1.2.3 地下结构的形式

二维码 1-4
地下结构
的形式

地下结构的形式主要由使用功能、地质条件和施工技术等因素确定。地下结构形式首先受使用要求制约，当地下结构为空间封闭结构形式、宽度在 10m 内时，通常称为“洞室”；当宽度在 10～35m 时，称为“地下厅”；当宽度大于 35m 时，称为“地下广场”。当地下结构垂直地层表面时 ($\alpha=90°$)，称为“竖井”；当倾斜角 $\alpha>45°$时，称之为“斜井”。当人工建筑处于地表下、结构沿长度方向的尺寸大于宽度和高度并具有联通两点的功能时，可称为“隧道”。地下结构形式首先受使用要求制约，如人行通道，可做成单跨矩形或拱形结构；

地质条件直接关系到围岩压力大小，如地质条件较差，应优先采用圆形断面；在使用功能和地质条件相同情况下，施工方法不同往往需要采用不同的结构形式。如盾构法衬砌采用装配式，矿山法衬砌多采用现浇或锚喷式。

根据地质情况的差异，地下结构形式可分土层和岩层内的两种形式，分述如下。

1. 土层地下结构

1）浅埋式结构

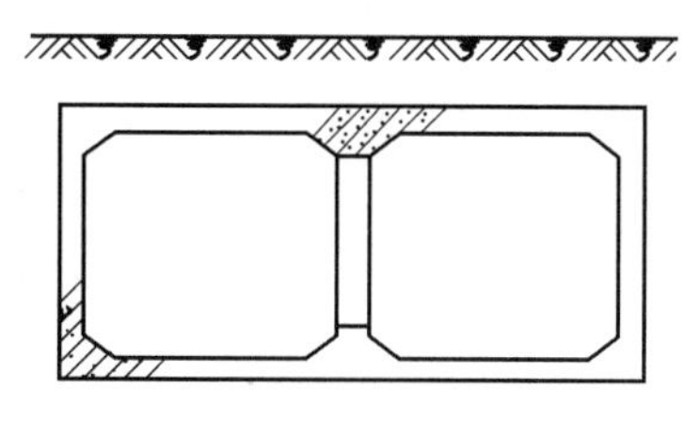

图 1-3　浅埋式结构

这类结构的覆土厚度一般仅 5～10m，通常采用明挖填埋法修建，平面成方形或长方形，当顶板做成平顶时，常用梁板式结构。地下指挥所可以采用平面呈条形的单跨或多跨结构。为节省材料及使结构受力合理，顶部可做成拱形；如一般人员掩蔽部常做成直墙拱形结构；如平面为条形的地铁等大中型结构，常做成矩形框架结构，如图 1-3 所示。

2）附建式结构

这类结构是房屋下面的地下室，一般有承重的外墙、内墙（地下室作为大厅用时则为内柱）和板式或梁板式顶底板结构，如图 1-4 所示。

3）沉井结构

沉井为一开口的井筒状结构，施工时需要在沉井底部挖土，顶部出土，主要利用结构的自重作用下沉，水平断面一般做成方形，也有圆形，可以单孔也可以多孔，如图 1-5 所示，下沉到位后再做底顶板。

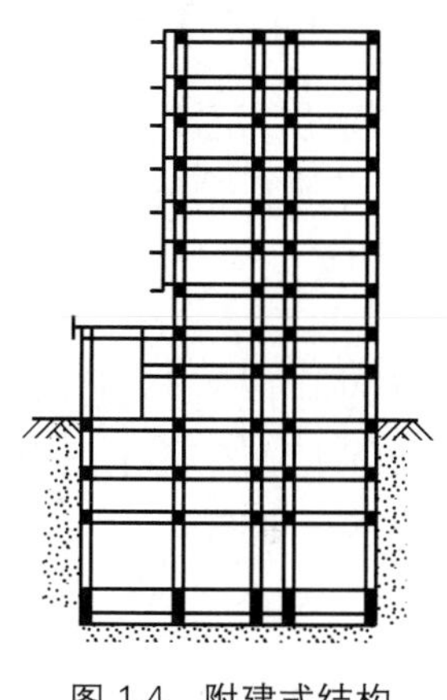

图 1-4　附建式结构

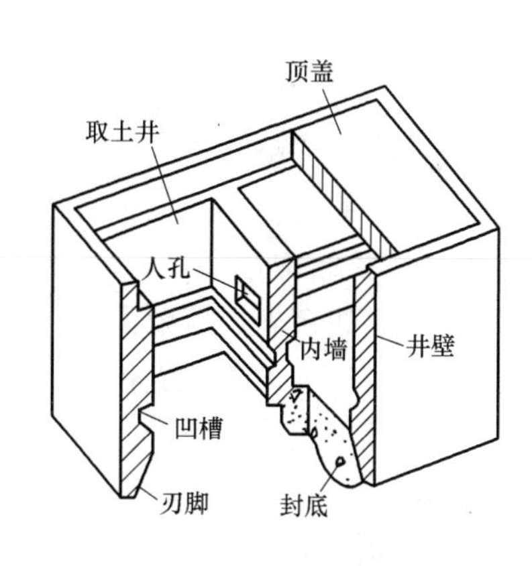

图 1-5　沉井结构

4）地下连续墙结构

先建造两条连续墙，然后在中间挖土，修建底板、顶板和中间楼层，地下连续墙施工过程如图 1-6 所示。

5）地铁盾构结构

盾构推进时，以圆形最适宜，故常采用装配式圆形衬砌，也有做成方形、半圆形、椭圆形、双圆形和三圆形。圆形衬砌适用于中等埋深且采用盾构法施工的地下结构中，如图 1-7 所示。

6）沉管结构

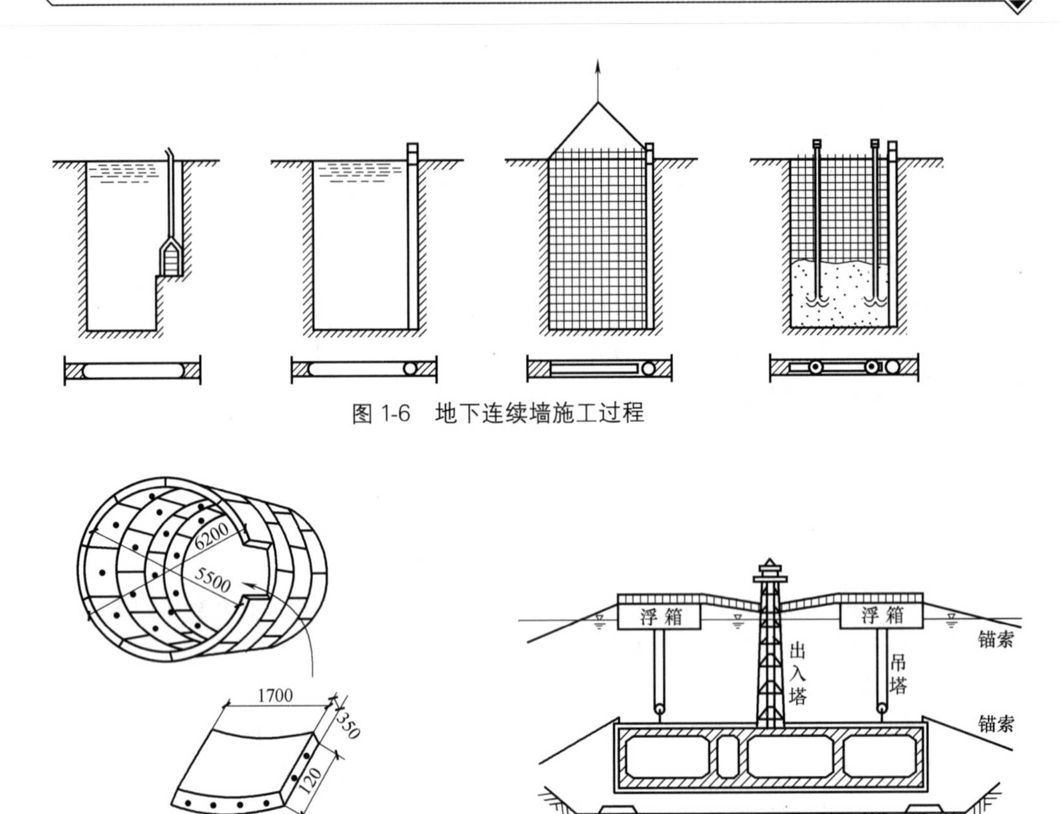

图 1-6 地下连续墙施工过程

图 1-7 地铁盾构结构（mm）

图 1-8 沉管结构

一般做成箱形结构，两端加以临时封墙，托运至预定水面处，沉放至设计位置，适用于建造过江管道或铁路隧道的一种地下结构。施工时将预制好的管段拖运至预定水面处，沉放至预先开挖的沟堑或河槽内，再连接成整体，如图 1-8 所示。

7）基坑围护结构

基坑是由于建筑施工需要而由地面向下开挖的一个敞开的地下空间，其四周必须设置的垂直挡土结构，称为基坑支护结构，主要承受基坑开挖卸荷所产生的水压力和土压力，并将此压力传递到支撑，是稳定基坑的一种施工临时挡墙结构，如图 1-9 所示。

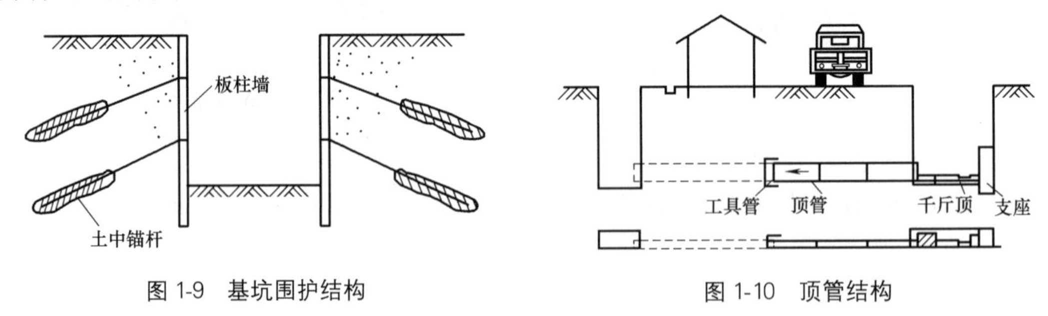

图 1-9 基坑围护结构

图 1-10 顶管结构

8）顶管结构

顶管结构一种以千斤顶顶进就位的地下结构。在城市管道埋深较大、交通干线附近和周围环境对位移、地下水有严格限制的地段，常采用顶管法施工，如图 1-10 所示，断面形式多采用圆形，也可以采用矩形或多跨箱涵结构。

2. 岩层地下结构

岩层地下结构形式主要包括直墙拱形、圆形、曲墙拱形等。此外，还有一些其他类型的结构，如锚喷结构、穹顶结构、复合结构等。最常用的是拱形结构，这是因为它具有以下优点：①地下结构的荷载比地面结构大，且主要承受竖向荷载。因此，拱形结构就受力性能而言比平顶结构好（例如在竖向荷载作用下弯矩小）。②拱形结构的内轮廓比较平滑，只要适当调整拱曲率，一般都能满足地下建筑的使用要求，并且建筑布置比圆形结构方便，净空浪费也比圆形结构少。③拱主要是承压结构。常采用抗拉性能较差，抗压性能较好的砖、石、混凝土等材料，这些材料造价低，耐久性良好，易维护。

下面简单介绍常用的几种拱形结构、锚喷结构以及穹顶结构等。

1）半衬砌结构

岩层较坚硬、岩石整体性好而节理又不发育的稳定或基本稳定的围岩，通常采用半衬砌结构，即只做拱圈，不做边墙，如图 1-11 所示。

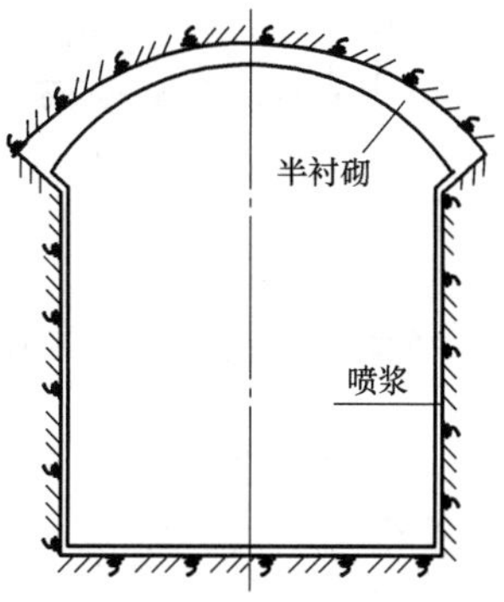

图 1-11　半衬砌结构

2）贴壁式衬砌结构

贴壁式衬砌结构是指衬砌结构与围岩之间的超挖部分应进行回填的衬砌结构。根据岩层条件，可以做成厚拱薄墙衬砌结构、直墙拱形衬砌结构及曲墙拱形衬砌结构，分别如图 1-12（a）、（b）、（c）所示。

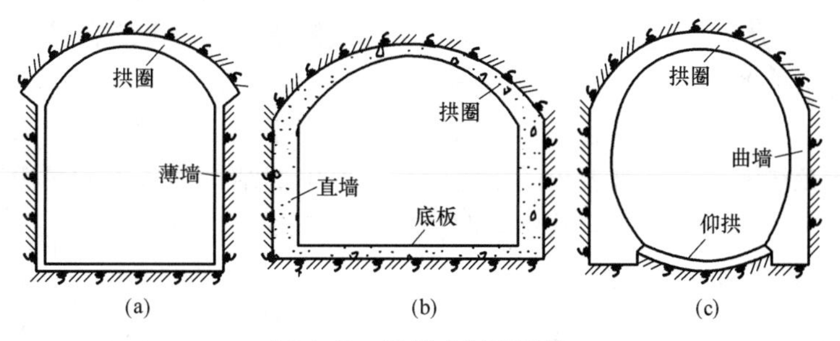

图 1-12　贴壁式衬砌结构

（a）厚拱薄墙衬砌结构；（b）直墙拱形衬砌结构；（c）曲墙拱形衬砌结构

厚拱薄墙衬砌结构的构造形式是拱脚较厚，边墙较薄。这样，可将拱圈所受的力通过拱脚大部分传给围岩，充分利用了围岩的强度，使边墙受力大为减少，从而减少了边墙的厚度。直墙拱形衬砌结构由拱圈、竖直边墙和底板组成，衬砌结构与围岩的超挖部分都进行密实回填。一般适用于洞室口部或有水平压力的岩层中，在稳定性较差的岩层中亦可采用。当遇到较大的竖向压力和水平压力时，可采用曲墙式衬砌。若洞室底部为较软弱地层，有涌水现象或遇到膨胀性岩层时，则应采用有底板或带仰拱的曲墙式衬砌。

3）离壁式衬砌结构

离壁式衬砌结构是指与岩壁相离，其间空隙不做回填，仅拱脚处扩大延伸与岩壁顶紧的衬砌结构，如图 1-13 所示。离壁式衬砌结构防水、排水和防潮效果均较好，一般用于防潮要求较高的各类贮库，稳定的或基本稳定的围岩均可采用离壁式衬砌结构。

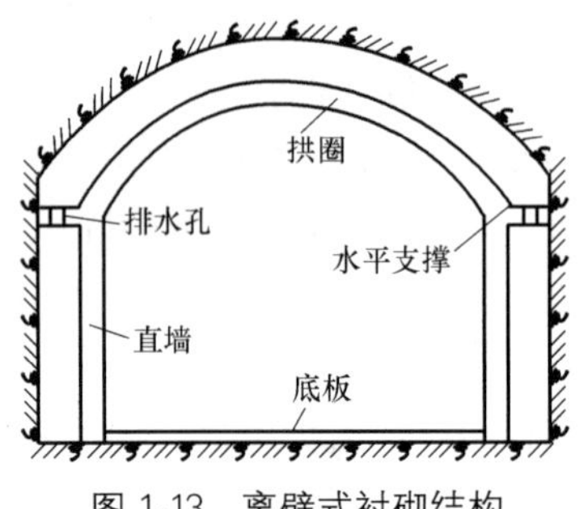

图 1-13 离壁式衬砌结构

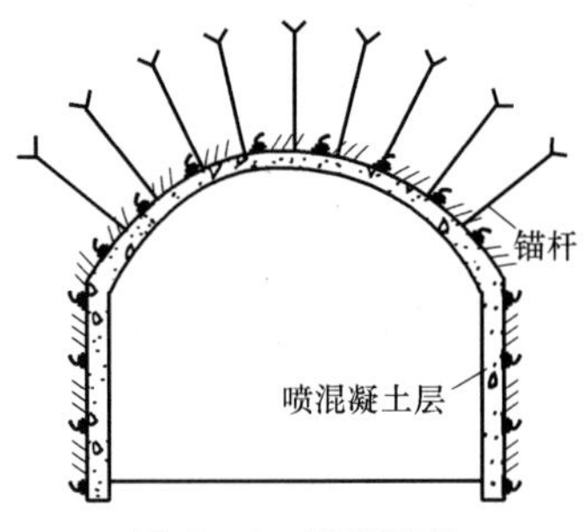

图 1-14 锚喷结构

4）锚喷结构

在地下建筑中，可采用喷混凝土、钢筋网喷混凝土、锚杆喷混凝土或锚杆钢筋网喷混凝土加固围岩。这些加固形式统称为锚喷支护，如图 1-14 所示。锚喷支护可以做临时支护，也可作为永久衬砌。目前，在公路、铁路、矿山、市政、水电、国防各部门中已被广泛采用。

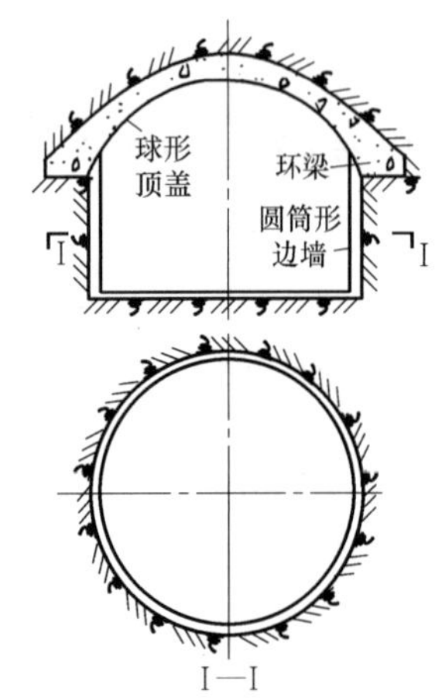

图 1-15 穹顶结构

5）穹顶结构

穹顶结构是一种圆形空间薄壁结构。它可以做成顶、墙整体连接的整体式结构，也可以做成顶、墙互不联系的分离式结构。在我国，多采用后者，如图 1-15 所示。穹顶结构受力性能较好，但施工比较复杂，一般用于地下油罐、地下停车场等。它较适用于无水平压力或侧壁围岩稳定的岩层。

6）连拱衬砌结构

连拱衬砌结构主要适用于洞口地形狭窄，或对两洞间距有特殊要求的中短隧道，按中墙结构形式不同可分为整体式中墙和复合式中墙两种形式，如图 1-16 所示。

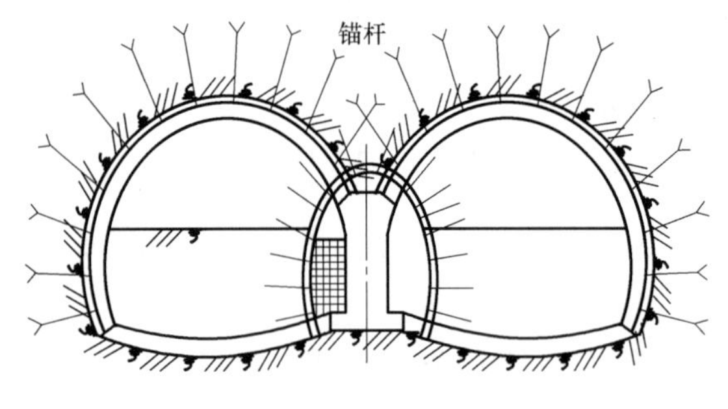

图 1-16 连拱衬砌结构

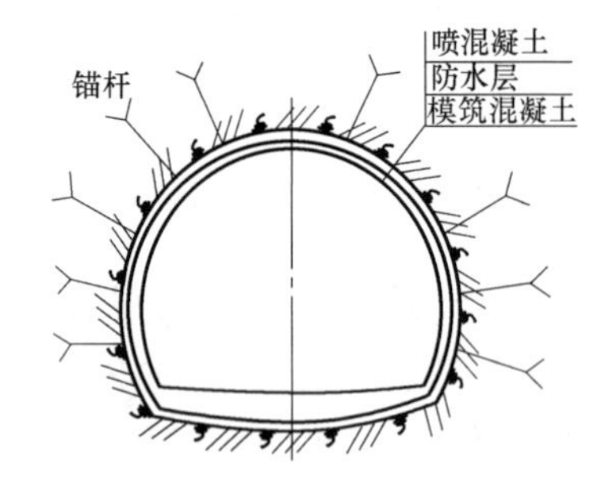

图 1-17 复合衬砌结构

7）复合衬砌结构

复合衬砌结构通常由初期支护和二次支护组成，为满足防水要求须在初期支护和二次支护间增设防水层，如图 1-17 所示。一般认为复合衬砌结构围岩具有自支承能力，支护的作用首先是加固和稳定围岩，使围岩的自支承能力可充分发挥，从而可允许围岩发生一定的变形和由此减薄支护结构的厚度。

1.3 地下结构的特点

1.3.1 地下结构的工程特点

二维码 1-5
地下结构的
工程特点

地下结构的实际工作情况极其复杂，它不但与结构形式、尺寸和材料有关，而且与所处的工程地质和水文地质条件及施工方法有关，故要完全按照结构的实际情况进行严格计算是非常困难的。为了便于分析结构内力，根据对结构受力与变形产生影响的主要因素，得出能反映结构实际工作状态的并便于从事计算的简化模型（图形），这种图形称为结构计算简图。

地下结构处于地层介质中，修建过程中和建成后都要受到地层（岩石或土壤）的作用，包括地层应力、变形和振动的影响，而且这些影响与所处地层的地质构造密切相关。地下结构与地面结构相比较具有很大的差别，如果沿用地面结构的设计理论和方法来解决地下结构问题，显然不能正确地说明地下结构中出现的各种力学现象，当然也不可能由此做出合理的支护结构设计。地下结构的选址、选型及如何修建（施工）都必须充分考虑地层条件。另外，地下结构设计时所依据的条件只是前期地质勘探得到的粗略资料，揭示的地质条件非常有限，只有在施工过程中才能逐步地详细了解，因此地下结构的设计和施工一般有一个特殊的模式，即：设计→施工及监测→信息反馈→修改设计→修改或加固施工，建成后还需进行相当长时间的监测。根据国内外各种地下建筑的工程经验，地下结构具有如下工程特点：

1）地下空间内结构替代了原来的地层，结构承受了原本由地层承受的荷载。在设计和施工过程中，要最大限度发挥地层自承载能力，以便控制地下结构的变形，降低工程造价。

2）在受载状态下构建地下空间结构物，地层荷载随着施工进程发生变化，因此，设计要考虑最不利的荷载工况。

3）作用在地下结构上的地层荷载，应视地层介质的地质情况合理概括确定。对于土体，一般可按松散连续体计算；而对岩体，首先查清岩体的结构、构造、节理、裂隙等发育情况，然后确定按连续或非连续介质处理。

4）地下水状态对地下结构的设计和施工影响较大。设计前必须弄清地下水的分布和变化情况，如地下水的静水压力、动水压力、地下水的流向、地下水的水质对结构物的腐蚀影响等。

5）地下结构设计要考虑结构物从开始构建到正常使用以及长期运营过程的受力工况，注意合理利用结构反力作用，节省造价。

6）在设计阶段获得的地质资料，有可能与实际施工揭露的地质情况不一样，因此，在地下结构施工过程中，应根据施工的实时工况，动态修改设计。

7）地下结构的围岩既是荷载的来源，在某些情况下又与结构共同构成承载体系。

8）当地下结构的埋置深度足够大时，由于地层的成拱效应，结构所承受的围岩垂直压力总是小于其上覆地层的自重压力。地下结构的荷载与众多的自然和工程因素有关，它们的随机性和时空效应明显而且往往难以量化。

1.3.2 地下结构的设计特点

二维码 1-6
地下结构的
设计特点

地下结构的设计方法与地上结构的设计方法相比，其设计特点有以下五个方面：

1. 基础设计

1）深基础的沉降计算要考虑土的回弹再压缩的应力-应变特性。

2）处于高水位地区的地下工程应考虑基础底板的抗浮问题。

3）厚板基础设计，如筏形基础的板厚设计，应根据建筑荷载和建筑物上部结构状况以及地层的性能，按照上部结构与地基基础协同工作的方法确定其厚度及配筋。

2. 墙板结构设计

地下结构的墙板设计比地上结构要复杂得多，作用在地下结构外墙板上的荷载（作用力）分为垂直荷载（永久荷载和各种活荷载）、水平荷载（施工阶段和使用阶段的土体压力、水压力以及地震作用力）、变形内力（温度应力和混凝土的收缩应力等），设计工作应根据不同的施工阶段和最后使用阶段，采用最不利的组合和板的边界条件，进行结构设计。

3. 明挖与暗挖结构设计

地下结构的明挖可采用钢筋混凝土预制件或现浇钢筋混凝土结构，而暗挖法施工一般采用现浇混凝土拱形结构。

4. 变形缝的设置

地下结构中设置变形缝最大的问题是防水，所以，地下结构一般尽量避免设变形缝。即使在结构荷载不均匀可能引起地下结构不均匀沉降的情况下，设计上也尽可能不采用沉降缝，而是通过局部加强地基、用整片刚性较大的基础、局部加大基础压力增加沉降或调整施工顺序等来得到整体平衡的设计方法，使沉降协调一致。地下结构环境温差变化较地上结构小，温度伸缩缝间距可放宽，也可以通过采用结构措施来控制温差变形和裂缝，以避免因设置伸缩缝出现防水难题。

5. 其他特殊要求

地下结构设计还应考虑防水、防腐、防火、防霉等特殊要求的设计。

1.4 地下结构的设计程序、内容及计算原则

修建地下结构，必须遵循基本建设程序，进行勘察、设计与施工。地下工程设计分为工艺设计、规划设计、建筑设计、防护设计、结构设计、设备设计等。结构设计是地下工程设计的重要组成部分，进行地下工程结构设计时，一般采用初步设计和技术设计（包括施工图设计）两个阶段。

1.4.1 设计程序

1. 初步设计

初步设计主要是在满足使用要求下，解决设计方案技术上的可行性和经济上的合理性，并提出投资、材料、施工等指标。初步设计内容为：

二维码 1-7
地下结构的
设计程序

1）工程防护等级和三防要求，以及静、动载标准的确定。

2）确定埋置深度与施工方法。

3）初步设计荷载值。

4）选择建筑材料。

5）选定结构形式和布置。

6）估算结构跨度、高度、顶底板及边墙厚度等主要尺寸。

7）绘制初步设计结构图。

8）估算工程材料数量及财务概算。

结构形式及其主要尺寸的确定，一般可按照同类工程的类比法，吸取国内外已建工程的经验教训，提出数据。必要时可用查表或近似计算法求出内力，并按经济合理的含钢率初步配置钢筋。将地下结构的初步设计图纸附以说明书，送交有关主管部门审定批准后，才可进行下一步的技术设计。

2. 技术设计

技术设计主要是解决结构的强度、刚度、稳定性、抗震抗裂性等问题，并提供施工时结构各部件的具体细节尺寸及连接大样。技术设计内容包括以下七个方面。

1）计算荷载：按地层介质类别、建筑用途、防护等级、地震级别、埋置深度等求出作用在结构上的各种荷载值，包括静荷载、动荷载、活荷载和其他作用。

2）计算简图：根据实际结构和计算工具情况，拟出恰当的计算图式。

3）内力分析：选择结构内力计算方法，得出结构各控制设计截面的内力。

4）内力组合：在各种荷载内力分别计算的基础上，对最不利的可能情况进行内力组合，求出各控制界面的最大设计内力值。

5）配筋设计：通过截面强度和裂缝计算得出受力钢筋，并确定必要的分布钢筋与架立钢筋。

6）绘制结构施工详图：如结构平面图、结构构件配筋图、节点详图，以及风、水、电和其他内部设备的预埋件图。

7）材料、工程数量和工程财务预算。

1.4.2 设计内容

二维码 1-8
地下结构的
设计内容

地下结构的设计，应做到技术先进、经济合理、安全适用。地下结构设计的主要内容包括：横向结构设计、纵向结构设计和出入口设计。

1. 横向结构设计

在地下结构中，一般结构的纵向较长，横断面沿纵向通常都是相同的。沿纵向的荷载在一定区段上也可以认为是均匀不变的，相对于结构的纵向长度来说，结构的横向尺寸不大，可认为力总是沿横向传递的。计算时通常沿纵向截取 1m 的长度作为计算单元，即把一个空间结构简化成单位延米的平面结构按平面应变进行分析。

横向结构设计主要分为荷载确定、计算简图、内力分析、截面设计和施工图绘制等几个步骤。

2. 纵向结构设计

横断面设计后，得到结构的横断面尺寸和配筋，但是沿结构纵向需配多少钢筋，是否需要沿纵向分段，每段长度多少等，则需要通过纵向结构设计来解决。特别是在软土地基和通过不良地质地段情况下，如跨越活断层或地裂缝时，更需要进行纵向结构计算，以验算结构的纵向内力和沉降，确定沉降缝的设置位置。

工程实践表明：当隧道过长或施工养护注意不够时，混凝土会产生较大损伤，使其沿纵向产生环向裂缝；由于温度变化在靠近洞口区段也会产生环向裂缝。这些裂缝会使地下建筑渗水漏水，影响正常使用。为保证正常使用，就必须沿纵向设置伸缩缝。伸缩缝和沉降缝统称为变形缝。

从已发现的地下工程事故来看，较多的是因为纵向设计考虑不周而产生裂缝，故在设计和施工时应予以充分考虑。

3. 出入口设计

一般地下建筑的出入口，结构尺寸较小但形式多样。有坡道、竖井、斜井、楼梯、电梯等，人防工程口部则设有洗尘设施及防护密闭门。从使用上讲，无论是平时或战时，地下建筑的出入口都是关键部位，设计时必须给予充分重视，应做到出入口与主体结构承载力相匹配。

二维码 1-9
地下结构的
计算原则

1.4.3　计算原则

1. 使用规范

当前，在地下结构设计中实行的规范、技术措施、条例等有多种。有的沿用地面建筑的设计规范。设计时应遵守各有关规范中强制性条文的规定。

2. 设计标准

1）根据建筑用途、防护等级、地震等级等确定地下结构的荷载。此外，各种地下结构均应承受正常使用时的静力荷载。

2）地下结构工程材料的选用，一般不得低于表 1-4 所列数据。

材料选用表　　表 1-4

材料名称	现浇混凝土	预制混凝土	砖	砂浆
强度等级	C15	C20	MU7.5	M5

钢筋一般用 HPB300、HRB400 级；防炮（炸）弹局部作用的整体式工程或遮弹层混凝土用 C30。

3）地下衬砌结构一般为超静定结构，其内力在弹性阶段按结构力学计算。考虑抗爆荷载时，允许考虑由塑性变形引起的内力重分布。

4）结构截面计算时，按可靠度原则进行，一般进行强度、裂缝（抗裂度或裂缝宽度）和变形验算等。混凝土和砖石结构仅需进行强度计算，并在必要时验算结构的稳定性。

钢筋混凝土结构在施工和正常使用阶段的静荷载作用下，除强度计算外，一般验算其裂缝宽度，根据工程的重要性，限制裂缝宽度小于 0.10～0.20mm，但不允许出现通透裂缝。对较重要的结构则不能开裂，需要验算抗裂度。

钢筋混凝土结构在爆炸动载作用下只需进行强度计算，不作裂缝验算。因为在爆炸情况下，只要求结构不倒塌，允许出现裂缝，日后可作修固。

5）材料强度指标一般采用工业与民用建筑规范中的规定值，亦应区分情况参照水利、交通、人防和国防等专门规范。结构在动载作用下，材料强度可以提高，提高系数见有关规定。

3. 计算理论

1）计算原理

地下结构的计算理论较多地应用以温克尔假定的基础局部变形理论以及以弹性理论为基础的共同变形理论。

地下结构与地面结构不同之处在于地下结构周围都被土层包围着，在外部主动荷载作用下，衬砌发生变形，由于衬砌外围与地层紧密接触，因此衬砌向地层方向变形的部分会受到来自地层的抵抗力，这种抵抗力称为地层弹性抗力，属于被动性质，其数值大小和分布规律与衬砌的变形有关。与其他主动荷载不同，弹性抗力限制了结构的变形，故改善了结构的受力情况，如图 1-18 所示。

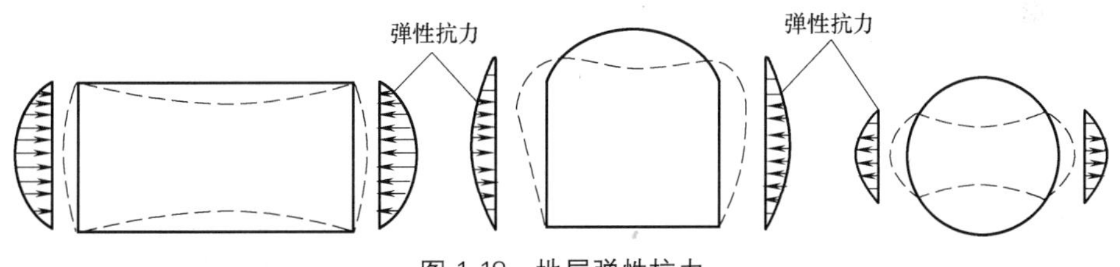

图 1-18 地层弹性抗力

拱形、圆形等有跨变结构的弹性抗力作用显著。而矩形结构的抗力作用较小，在软土中常忽略不计。在计算中是否考虑弹性抗力的作用，以及如何考虑，应视具体的地层条件、结构形式而定。

2）计算方法

土层地下结构的计算方法有：一般结构力学法、弹性地基梁法、矩阵分析法。近来发展用连续介质力学的有限单元法来计算结构与地层的内力，并进而考虑弹塑性、非线性、黏弹性的计算方法。随着科学技术的发展，必然会创造出更切合实际的计算方法。

目前，城市建设中，深基坑越来越多，且越来越复杂，并往往成为决定工程成败的关键，它涉及土力学、基础工程、结构力学和原位测试技术等多学科的交叉，本书后续章节将专门进行讲解。

1.5 地下结构面临的挑战

二维码 1-10 地下结构面临的挑战

城市地下工程面临的挑战主要包括以下七个方面：

1）地下结构和地层的相互作用、地层损失和损伤机理研究。

2）岩土力学本构理论与地层适用性研究。

3）地下结构施工观测方法的开发和自动报警系统的研究。

4）地层加固的特殊施工方法研究，如人工冻结法、注浆法和地下水位降低法等。
5）开发能够主动控制掌子面功能的隧道掘进机。
6）复杂环境下的地下结构设计和施工技术。
7）隧道前方障碍物的探测与排除。
隧道及其他地下工程面临的挑战主要包括以下十个方面：
1）长大隧道的设计、施工、通风和防灾技术。
2）特殊地质地层的地下结构设计和施工技术。
3）非连续岩体的大变形和破坏分析研究。
4）大型跨江海桥梁基础、其他深水基础设计和施工问题。
5）隧道的超前地质预报问题。
6）固、液、气的耦合问题。
7）真正适合岩体力学的理论和分析方法研究。
8）隧道及地下工程的精细化试验及数值模拟技术研究。
9）新概念、新材料在隧道及地下工程中的应用。
10）数字化技术在隧道及地下工程中的应用。

本章小结

（1）地下结构是指保留上部地层（山体或土层）的前提下，开挖出能提供某种用途的地下空间内的结构物。地下结构主要具有承重和围护两种作用。地下结构可以按照所处的地质条件、用途、埋深、支护形式、与地面结构联系情况和断面形式等进行分类。

（2）地下结构的形式主要由使用功能、地质条件和施工技术等因素确定。常见的结构形式有：浅埋式结构、附建式结构、沉井结构、地下连续墙结构、地铁盾构结构、沉管结构、基坑围护结构、顶管结构、半衬砌结构、贴壁式衬砌结构、离壁式衬砌结构、锚喷结构、穹顶结构、连拱衬砌结构、复合衬砌结构等。

（3）地下结构设计主要分为初步设计和技术设计两个阶段，主要内容包括：横向结构设计、纵向结构设计和出入口设计。

思考与练习题

1-1　简述地下结构的概念和特点。
1-2　简述地下结构的分类与形式。
1-3　简述地下结构与地上结构的区别。
1-4　简述地下结构设计的程序及内容。

第 2 章　地下结构的荷载

本章要点及学习目标

本章要点：

(1) 地下结构的荷载种类、组合及确定方法；

(2) 不同土层环境中土压力的确定方法；

(3) 岩层环境中围岩压力的计算方法；

(4) 初始地应力、释放荷载与开挖效应的概念；

(5) 地层弹性抗力的概念。

学习目标：

(1) 掌握静荷载、动荷载和活荷载等基本概念；

(2) 掌握各种土压力的计算；

(3) 掌握围岩压力的计算。

地下结构承受的荷载是比较复杂的，到目前为止，其确定方法还不够完善，有待进一步研究。地下结构的荷载作用机理与地上结构或空中结构的荷载作用机理不同，主要在于地下结构埋置于地下，其荷载来源于地层本身。作用在地下结构上的地层压力较复杂，与多种因素有关，如开挖和支护之间延续的时间、岩土体力学特性、原地层压力、开挖尺寸、地下水位和采用的施工方法等。

2.1　荷载种类、组合及确定方法

2.1.1　荷载种类

二维码 2-1
荷载种类

地下结构在建造和使用过程中均受到各种荷载的作用，地下结构的使用功能也是在承受各种荷载的过程中实现的。地下结构设计就是依据所承受的荷载及荷载组合，通过科学合理的结构形式，使用一定性能、数量的材料，使结构在规定的设计基准期内以及规定的条件下，满足可靠性的要求，即保证结构的安全性、适用性和耐久性。因此，进行地下结构设计时，首先要准确地确定结构上的各种作用（荷载）。施加在结构上的集中力和分布力（直接作用）以及引起结构外加变形的原因（间接作用）统称为作用。

作用在地下结构上的荷载，按其存在的状态，可分为静荷载、动荷载和活荷载三大类。

1. 静荷载

静荷载又称恒载，是指长期作用在结构上且大小、方向和作用点不变的荷载，如结构自重、岩土体压力和地下水压力等。

2. 动荷载

要求具有一定防护能力的地下结构物，需考虑原子武器和常规武器（炸弹、火箭）爆炸冲击波压力荷载，这是瞬时作用的动荷载。在抗震设防地区进行地下结构设计时，应按不同类型计算地震波作用下的动荷载作用。城市地铁隧道在运营期间承受车辆的动荷载作用。

3. 活荷载

活荷载是指在结构物施工和使用期间可能存在的变动荷载，其大小和作用位置都可能变化，如地下结构内部的楼面荷载（人群物件和设备重量）、吊车荷载、落石荷载、地面附近的堆积物和车辆对地下结构作用的荷载以及施工安装过程中的临时性荷载等。

4. 其他荷载

使结构产生内力和变形的各种因素中，除了以上主要荷载的作用外，通常还包括：混凝土材料收缩（包括早期混凝土的凝缩与日后的干缩）受到约束而产生的内力；温度变化使地下结构产生内力，例如浅埋结构受土层温度梯度的影响，浇灌混凝土时的水化热温升和散热阶段的温降；软弱地基当结构刚度差异较大时，由于结构不均匀沉降而引起的内力。

材料收缩、温度变化、结构沉降以及装配式结构尺寸制作上的误差等因素对结构内力的影响都比较复杂，往往难以进行确切计算，一般以加大安全系数和在施工、构造上采取措施来解决。中小型工程在计算结构内力时可不计上述因素，大型结构应予以估计。

二维码 2-2
荷载组合

2.1.2　荷载组合

上述几类荷载对结构可能不是同时作用，需进行最不利情况的组合。先计算个别荷载单独作用下的结构各部件截面的内力，再进行最不利的内力组合，得出各设计控制截面的最大内力。最不利的荷载组合一般有三种情况：①静载；②静载与活载组合；③静载与动载组合，动载包括原子弹爆炸动载、炮（炸）弹动载。地上建筑下的地下室（即附建式地下结构），考虑动载作用时，地面部分房屋有被冲击波吹倒的可能，结构计算时是否考虑房屋的倒塌荷载需按有关规定确定。

二维码 2-3
荷载确定方法

2.1.3　荷载确定方法

荷载的确定一般按所使用的规范和设计标准确定。

1. 使用规范

当前在地下结构设计中试行的规范、技术措施、条例等有多种。有的仍沿用地上建筑的设计规范，设计时应遵守各有关规范。

2. 设计标准

1）根据建筑用途、防护等级、抗震设防烈度等确定作用在地下结构物的荷载。此外，各种地下结构均应承受正常使用时的静力荷载。

2）地下结构材料的选用，一般应满足规范和工程实际要求。

3）地下衬砌结构一般为超静定结构，其内力在弹性阶段可按结构力学计算。考虑抗爆动载时，允许考虑由塑性变形引起的内力重分布。

4）截面计算原则：结构截面计算时，按总安全系数法进行，一般进行强度、裂缝（抗裂度或裂缝宽度）和变形的验算等。混凝土和砖石结构仅需进行强度计算，并在必要时验算结构的稳定性。

钢筋混凝土结构在施工和正常使用阶段的静荷载作用下，除强度计算外，一般应验算裂缝宽度，根据工程的重要性，限制裂缝宽度小于0.10～0.20mm，但不允许出现通透裂缝。对较重要的结构则不能开裂，即需要验算抗裂度。

钢筋混凝土结构在爆炸动载作用下只需进行强度计算，不作裂缝验算，因在爆炸情况下，只要求结构不倒塌，允许出现裂缝，日后再修固。

5）安全系数：结构在静载作用下的安全系数可参照有关规范确定。

对于地下结构，如施工条件差、不易保证质量和荷载变异大时，对混凝土和钢筋混凝土结构需考虑采用附加安全系数1.1。

静载下的抗裂安全系数不小于1.25，视工程重要性，可予以提高。

结构在爆炸荷载作用下，由于爆炸时间较短，而荷载很大，为使结构设计经济和配筋合理，其安全系数可以适当降低。

6）材料强度指标：一般采用工业与民用建筑规范中的规定值，亦可根据实际情况，参照水利、交通、人防和国防等专门规范。

结构在动载作用下，材料强度可以提高，提高系数见有关规定。

2.2　岩土体压力的计算

荷载的确定是工程结构计算的先决条件。地下结构上所承受的荷载有结构自重、地层压力、弹性抗力、地下水静水压力、车辆和设备重量及其他使用荷载等。对于兼作上部建筑基础的地下结构，上部建筑传下来的垂直荷载也是必须考虑的主要荷载。另外还可能受到一些附加荷载，如灌浆压力、局部落石荷载（对于岩石地下工程）、施工荷载、温度变化或混凝土收缩引起的温度应力和收缩应力；有时还需要考虑偶然发生的特殊荷载，如地震作用或爆炸作用。上述这些荷载中，有些荷载虽然对地下结构的设计和计算影响很大（如上部建筑自重），但计算方法比较简单明确；有些荷载（例如温度和收缩应力）虽然分析计算比较复杂，但对地下结构的安全并不起控制作用；结构本身的自重尽管必须计算在内，但等直杆件，如墙、梁、板、柱的自重，计算简单，拱圈结构为等截面或变截面时，计算稍复杂，后面将作简单介绍。

而其中的地层压力（包括土压力和围岩压力）对大多数地下工程而言，是至关重要的荷载。一是因为地层压力往往成为地下结构设计计算的控制因素；二是因为地层压力计算的复杂性和不确定性，使得岩土工程师对其不敢掉以轻心。作用于地下结构的地层压力包括竖向压力和水平压力。

2.2.1　土压力的计算

土压力是土与挡土结构之间相互作用的结果，它与结构的变位有着密切关系。以挡土墙为例，作用在挡土墙墙背上的土压力可以分为静止土压力、主动土压力（往往简称土压

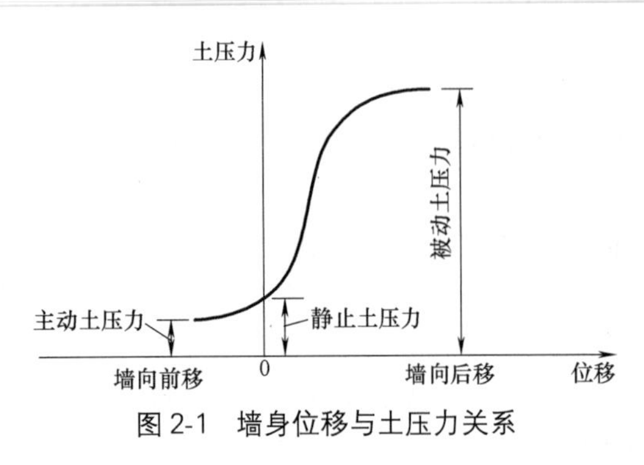

图 2-1 墙身位移与土压力关系

力）和被动土压力（往往简称土抗力）三种，其中主动土压力值最小，被动土压力值最大，而静止土压力值介于两者之间，它们与墙的位移关系如图 2-1 所示。

如果墙体的刚度很大，墙身不产生任何移动或转动，这时墙后土对墙背所产生的土压力称为静止土压力，其值可以根据弹性变形体无侧向变形理论或近似方法求得，土体内相应的应力状态称为弹性平衡状态。

如刚性墙身受墙后土的作用绕墙背底部向外转动（图 2-2a）或平行移动，作用在墙背上的土压力从静止土压力值逐渐减小，直到土体内出现滑动面，滑动面以上的土体（滑动楔体）将沿着这一滑动面向下向前滑动。在这个滑动楔体即将发生滑动的一瞬间，作用在墙背上的土压力减小到最小值，称为主动土压力，而土体内相应的应力状态称为主动极限平衡状态。相反，如墙身受外力作用（图 2-2b）而挤压墙后的填土，则土压力从静止土压力值逐渐增大，直到土内出现滑动面，滑动楔体将沿着某一滑动面向上向后推出，发生破坏。在这一瞬间作用在墙背上的土压力增加到最大值，称为被动土压力，而土体内相应的应力状态称为被动极限平衡状态。所以，主动土压力和被动土压力是墙后填土处于两种不同极限平衡状态时，作用在墙背上的两种土压力。

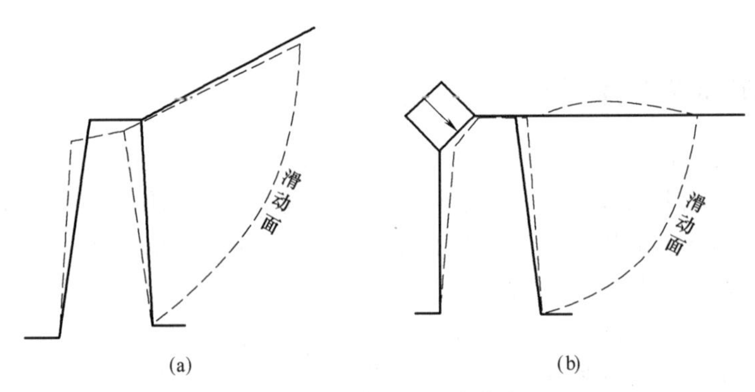

图 2-2 土体极限平衡状态

（a）主动土压力；（b）被动土压力

土压力的精确计算是相当困难和复杂的，在引入一定的简化假定后，可以计算得到两种极限平衡状态的土压力值。但对介于这两个极限平衡状态间的情况，若按经典土压力理论，仅用静力平衡条件还无法计算其相应的土压力值，因为这是一个超静定问题。土压力计算的复杂性还在于土体是由土骨架、孔隙水和气体三相组成，不同矿物成分、不同骨架结构以及不同孔隙水成分的组合，使得不同地区的土体具有千差万别的物理力学性质。由于天然土体的不均匀性、各向异性，应力-应变关系的非线性以及变形随时间变化的黏滞性，使得土体本身的性质非常复杂。现在工程界常用的库仑土压力理论和朗肯土压力理论从属于荷载-结构法的理论体系。所谓荷载-结构法，即为已知外荷载前提下进行结构内力分析和截面计算的方法。这里的结构是指隧道的衬砌结构、挡土的支护结构等。所谓荷载主要为地层压力，当然还包括其他荷载，在已知外荷载的前提下，用结构力学的方法分析结构的内力，并以此进行截面配筋或截面验算。显然这一计算方法与计算地面结构时所习惯采用的方法相一致。然而，作为土层地下结构上最主要的荷载-土压力是变化的，是不确定的。用荷载-结构法的思想，把土压力看作是与结构无关的和不变的荷载，这是一种近似的解法。虽然如此，库仑理论和朗肯理论至今仍然为使用最广泛、最实用的侧向土压力计算方法，受到工程界的青睐。

随着计算机技术的发展和计算手段的改进，矩阵位移法、有限元法等数值计算方法得到了长足的发展，地下工程的计算理论也从原先的荷载-结构法向前迈了一大步，进入了地层-结构法理论阶段。地层-结构法与荷载-结构法不同，它不再把地层仅仅看作是荷载，而是把地层作为结构的一部分，地层本身也能承受一部分荷载。地下结构安全与否不仅取决于结构本身的承载力和刚度，而且还与地下结构周围地层的稳定情况有关。作用于地下结构上的土层压力，与结构-地层之间的相对刚度有关。例如在黄土高原地区，开挖隧洞后即使不做衬砌，洞室也不一定会倒塌。如果施筑衬砌结构，作用于衬砌结构上的土层压力一定也是很小的，这说明土层本身具有自承能力。

1. 经典土压力理论

软土地区浅埋的地下工程，作用于结构上的竖向土压力的计算是比较容易的，可采用“土柱理论”计算。竖向土压力即为结构顶盖上整个土柱的全部重量。

侧向土压力经典理论主要是库仑土压力理论和朗肯土压力理论，这些理论在地下工程的设计中一直沿用至今。另外，计算静止土压力一般采用弹性理论，它也可以称为经典理论。尽管上述经典土压力理论存在许多不足之处，但是在工程界仍然得到广泛应用。

1）静止土压力

二维码 2-4
静止土压力

当挡土结构在土压力作用下，结构不发生变形和任何位移（移动或转动）时，背后填土处于弹性平衡状态，则作用于结构上的侧向土压力，称为静止土压力，并用 p_0 表示。

图 2-3　静止土压力计算图式

静止土压力可根据半无限弹性体的应力状态求解。图 2-3 中，在填土表面以下任意深度 z 处 M 点取一单元体（在 M 点附近一微小正方体），作用于单元体上的力如图 2-3 所示，其中竖向土的自重应力为 σ_z，其值等于土柱的重量：

$$\sigma_z=\gamma z \tag{2-1}$$

式中　γ——土的重度；

　　　z——由地表算起至 M 点的深度。

另一个是侧向压应力，填土受到挡土墙的阻挡而不能侧向移动，这时土体对墙体的作用力就是静止土压力。半无限弹性体在无侧移的条件下，其侧向土压力与竖直方向土压力之间的关系为：

$$p_0=K_0\sigma_z=K_0\gamma z \tag{2-2}$$

$$K_0=\frac{\mu}{1-\mu} \tag{2-3}$$

式中 K_0——静止土压力系数；

μ——土的泊松比，其值通常由试验来确定。

静止土压力系数与土的种类有关，而同一种土的 K_0 还与其孔隙比、含水量、加压条件、压缩程度有关。工程中通常不是用土的泊松比来确定土压力系数，而是根据经验直接给出它的值。如黏土 $K_0=0.5\sim0.7$，砂土 $K_0=0.34\sim0.45$，也可根据经验公式（2-4）计算确定：

$$K_0=\alpha-\sin\varphi' \tag{2-4}$$

式中 φ'——土的有效内摩擦角；

α——经验系数，砂土、粉土取 1.0；黏性土、淤泥质土取 0.95。

土的有效内摩擦角应由三轴固结不排水剪切试验测定，在无条件试验时也可由下列经验公式计算：

$$\varphi'=\varphi_{cu}+\sqrt{c_{cu}} \tag{2-5}$$

式中 φ_{cu}——土的内摩擦角（°）；

c_{cu}——土的黏聚力（kPa）。

墙后填土表面为水平时，静止土压力按三角形分布，静止土压力由式（2-6）计算可得，合力作用点位于距墙踵 $h/3$ 处。

$$P_0=\frac{1}{2}\gamma h^2 K_0 \tag{2-6}$$

式中 h——挡土墙的高度。

上述公式适用于正常固结土。如果属超固结土时，侧向静止土压力会增加，静止土压力可按以下半经验公式估算：

$$K_0=\sqrt{R}\,(\alpha-\sin\varphi') \tag{2-7}$$

$$R=\frac{p_c}{p}$$

二维码 2-5
库仑土压力

式中 R——超固结比；

p_c——土的前期固结压力；

p——土的自重压力。

2）库仑土压力

（1）库仑理论的基本假定

库仑理论是由法国科学家库仑于 1773 年提出的，主要是用于挡土墙的计算，其计算的基本假定为（图 2-4）：

① 挡土墙墙后土体为均质各向同性的无黏性土；

② 挡土墙是刚性的且长度很长，属于平面应变问题；

③ 挡土墙后土体产生主动土压力或被动土压力时，土体形成滑动楔体，滑裂面为通过墙踵的平面；

④ 墙顶处土体表面可以是水平面，也可以为倾斜面，倾斜面与水平面的夹角为 β 角；

⑤ 在滑裂面 $\overline{BC}$ 和墙背面 $\overline{AB}$ 上的切向力分别满足极限平衡条件，即：

$$T=N\tan\varphi \tag{2-8}$$

$$T'=N'\tan\delta \tag{2-9}$$

式中 T、T'——土体滑裂面上和墙背面上的切向摩阻力；

N、N'——土体滑裂面上和墙背面上的法向土压力；

φ——土的内摩擦角；

δ——土与墙背之间的摩擦角。

（2）库仑理论的土压力计算方式

当土体滑动楔体处于极限平衡状态，应用静力平衡条件，不难得到作用于挡土墙上的主动土压力 P_a 和被动土压力 P_p 的计算式为：

$$P_a=\frac{\sin(\theta-\varphi)}{\sin(\alpha+\theta-\varphi-\delta)}W \tag{2-10}$$

$$P_p=\frac{\sin(\theta+\varphi)}{\sin(\alpha+\theta+\varphi+\delta)}W \tag{2-11}$$

$$W=\frac{1}{2}\gamma\overline{AB}\cdot\overline{AC}\cdot\sin(\alpha+\beta) \tag{2-12}$$

式中 W——滑楔自重。

其中 $\overline{AC}$ 是 θ 的函数，所以上式 P_a、P_p 都是 θ 的函数。随着 θ 的变化，其主动土压力必然产生在使 P_a 为最大的滑楔面上；而被动土压力必然产生在使 P_p 为最小的滑裂面上。由此，将 P_a、P_p 分别对 θ 求导，根据 $\frac{dP}{d\theta}=0$ 求出最危险的滑裂面与水平面的夹角 θ，即可得到库仑主动与被动土压力，即：

$$P_a=\frac{1}{2}\gamma h^2K_a \tag{2-13}$$

$$P_p=\frac{1}{2}\gamma h^2K_p \tag{2-14}$$

$$K_a=\frac{\sin^2(\alpha+\varphi)}{\sin^2\alpha\sin(\alpha-\delta)\left[1+\sqrt{\frac{\sin(\varphi-\beta)\sin(\varphi+\delta)}{\sin(\alpha+\beta)\sin(\alpha-\delta)}}\right]^2} \tag{2-15}$$

$$K_p=\frac{\sin^2(\alpha-\varphi)}{\sin^2\alpha\sin(\alpha+\delta)\left[1-\sqrt{\frac{\sin(\varphi+\beta)\sin(\varphi+\delta)}{\sin(\alpha+\beta)\sin(\alpha+\delta)}}\right]^2} \tag{2-16}$$

式中 γ——土体的重量；

h——挡土墙的高度；

K_a——库仑主动土压力系数；

K_p——库仑被动土压力系数。

库仑主动土压力系数 K_a 和被动土压力系数 K_p 均为几何参数和土层物性参数 α、β、φ 和 δ 的函数。

库仑土压力的方向均与墙背法线成 δ 角，但必须注意主动与被动土压力与法线所成的 δ 角方向相反，见图 2-4。作用点在没有地面超载的情况时，均为离墙踵 $h/3$ 处。

当墙顶的土体表面作用有分布荷载 q，如图 2-5 所示，则滑楔自重部分应增加地面超载项。即：

$$W=\frac{1}{2}\gamma\overline{AB}\cdot\overline{AC}\cdot\sin(\alpha+\beta)+q\overline{AC}\cdot\cos\beta$$

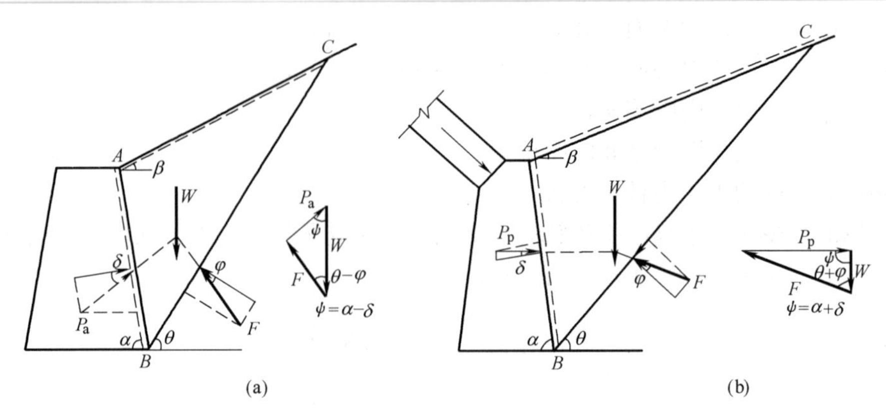

图 2-4 库仑土压力计算图式

（a）主动土压力；（b）被动土压力

$$=\frac{1}{2}\gamma\overline{AB}\cdot\overline{AC}\cdot\sin(\alpha+\beta)\cdot\left[1+\frac{2q\sin\alpha\cdot\cos\beta}{\gamma h\sin(\alpha+\beta)}\right]\tag{2-17}$$

引入系数 K_q，使式（2-17）简化后，可写成与式（2-12）相似的形式：

$$K_q=1+\frac{2q\sin\alpha\cdot\cos\beta}{\gamma h\sin(\alpha+\beta)}\tag{2-18}$$

$$W=\frac{1}{2}\gamma K_q\overline{AB}\cdot\overline{AC}\cdot\sin(\alpha+\beta)\tag{2-19}$$

同样，根据静力平衡条件，可导出考虑了地面超载后的主动和被动土压力：

$$P_a=\frac{1}{2}\gamma h^2K_aK_q\tag{2-20}$$

$$P_p=\frac{1}{2}\gamma h^2K_pK_q\tag{2-21}$$

其土压力的方向仍与墙背法线成 δ 角。由于土压力呈梯形分布，因此作用点位于梯形的形心，离墙踵高为：

$$Z_E=\frac{h}{3}\cdot\frac{2p_a+p_b}{p_a+p_b}\tag{2-22}$$

式中 p_a、p_b——墙顶、墙踵处的土压力强度值。

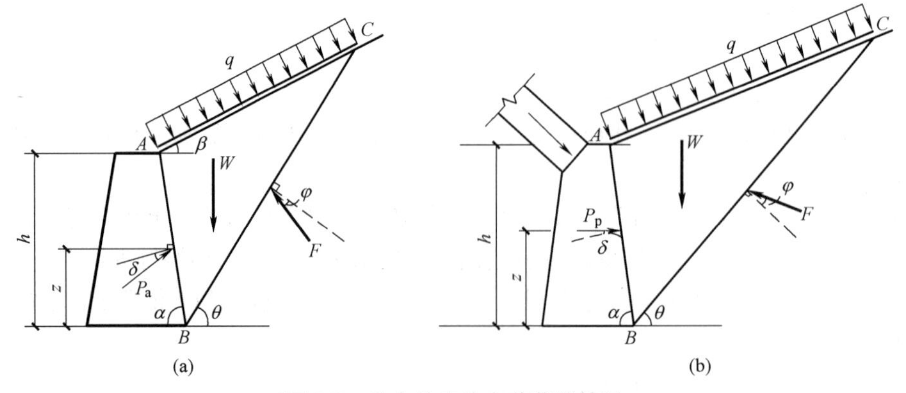

图 2-5 具有地表分布荷载的情况

（3）黏性土中等效内摩擦角

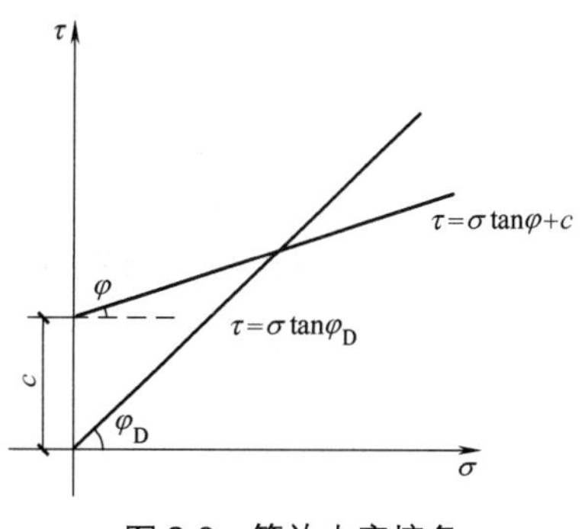

图 2-6 等效内摩擦角

库仑土压力理论是根据无黏性土的情况导出，没有考虑黏性土的黏聚力 c。因此，当挡土结构处于黏性土层时，应该考虑黏聚力的有利影响。在工程实践中可采用换算的等效内摩擦角 φ_D 来进行计算，如图 2-6 所示。采用等效内摩擦角的方法，实际上是通过提高内摩擦角值来考虑黏聚力的有利影响。

等效内摩擦角的换算方法有多种，根据经验，当黏聚力每增加 10kPa 时，内摩擦角可提高 3°～7°，平均提高 5°。另外，也可根据土的抗剪强度相等的原则进行换算：

$$\varphi_D = \arctan\left(\tan\varphi + \frac{c}{\gamma h}\right) \tag{2-23}$$

除此之外，又可借助朗肯土压力理论进行换算，按朗肯理论同时考虑 c、φ 值得到的土压力值要和已换算成等效内摩擦角 φ_D 后得到的土压力值相等，推算得到等效内摩擦角 φ_D，即：

$$\gamma h \tan^2\left(45° - \frac{\varphi_D}{2}\right) = \gamma h \tan^2\left(45° - \frac{\varphi}{2}\right) - 2c \cdot \tan\left(45° - \frac{\varphi}{2}\right) \tag{2-24}$$

由式（2-24）可得等效内摩擦角：

$$\varphi_D = 90° - 2\arctan\left[\tan\left(45° - \frac{\varphi}{2}\right) \cdot \sqrt{1 - \frac{2c}{\gamma h}\tan\left(45° + \frac{\varphi}{2}\right)}\right] \tag{2-25}$$

上述三种换算方法得到的等效内摩擦角互不相同，且每种换算方法都有其缺点。从图 2-6 也可看出，按换算后的等效内摩擦角计算，其强度值只有一点与原曲线相重合。而在该点之前，换算强度偏低；该点之后，换算强度偏高，从而造成低强保守，高强危险的结果。因此，对于黏性土的库仑土压力计算可以不采用等效内摩擦角的方法，而改用下述的方法直接计算。

（4）黏性土库仑主动土压力公式

我国《建筑地基基础设计规范》GB 50007—2011 的方法是库仑理论的一种改进，它考虑了土的黏聚力作用，可适用于填土表面为一倾斜平面，其上作用有均布超载 q 的一般情况。

如图 2-7 所示，挡土墙在主动土压力作用下，离开填土向前位移达一定数值时，墙后填土将产生滑裂面 BC 而破坏，破坏瞬间，滑动楔体处于极限平衡状态。这时作用在滑动楔体 ABC 上的力有：楔体自重 G 及填土表面上均布超载 q 的合力 F，其方向竖直向下；滑裂面 BC 上的反力 R，其作用方向与 BC 平面法线顺时针呈 φ 角，在滑裂面 BC 上还有黏聚力 $c \cdot L_{BC}$，其方向与楔体下滑方向相反，墙背 AB 对楔体的反力 P_a，作用方向与墙法线逆时针成 δ 角。按照库仑土压力公式推导过程，可求得地基基础规范推荐的主动土压力计算公式：

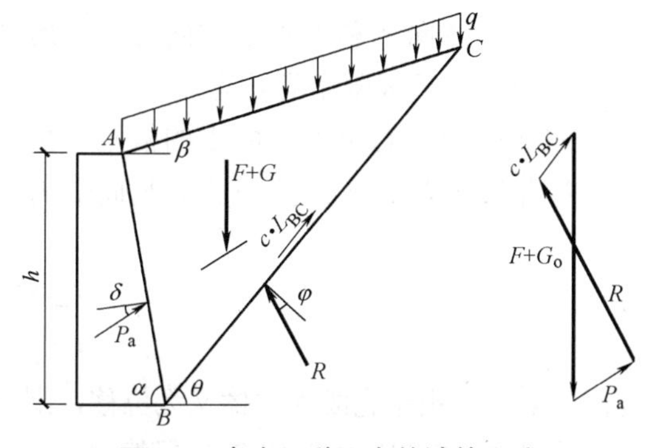

图 2-7 考虑了黏聚力的计算图式

$$P_a=\frac{1}{2}\gamma h^2 K_a \tag{2-26}$$

$$K_a=\frac{\sin(\alpha+\beta)}{\sin^2\alpha\cdot\sin(\alpha+\beta-\varphi-\delta)}\{K_q[\sin(\alpha+\beta)\cdot\sin(\alpha-\delta)+\sin(\varphi+\delta)\cdot\sin(\varphi-\beta)]+2\eta\sin\alpha\cdot\cos\varphi\cdot\cos(\alpha+\beta-\varphi-\delta)-2[(K_q\sin(\alpha+\beta)\cdot\sin(\varphi-\beta)+\eta\cdot\sin\alpha\cdot\cos\varphi)\cdot(K_q\sin(\alpha-\beta)\cdot\sin(\varphi+\delta)+\eta\sin\alpha\cdot\cos\varphi)]^{\frac{1}{2}}\} \tag{2-27}$$

$$\eta=\frac{2c}{\gamma h} \tag{2-28}$$

$$K_q=1+\frac{2q}{\gamma h}\cdot\frac{\sin\alpha\cdot\cos\beta}{\sin(\alpha+\beta)} \tag{2-29}$$

按式（2-26）计算主动土压力时，破裂面与水平面的倾角为：

$$\theta=\arctan\left(\frac{\sin\beta\cdot S_q+\sin(\alpha-\varphi-\delta)}{\cos\beta\cdot S_q-\cos(\alpha-\varphi-\delta)}\right) \tag{2-30}$$

$$S_q=\sqrt{\frac{K_q\cdot\sin(\alpha-\delta)\cdot\sin(\varphi+\delta)+\eta\sin\alpha\cdot\cos\varphi}{K_q\cdot\sin(\alpha+\delta)\cdot\sin(\varphi-\delta)+\eta\sin\alpha\cdot\cos\varphi}} \tag{2-31}$$

式中 P_a——主动土压力的合力；

K_a——黏性土、粉土主动土压力系数，按式（2-27）计算；

α——墙背与水平面的夹角；

β——填土表面与水平面之间的夹角；

δ——墙背与填土之间的摩擦角；

φ——土的内摩擦角；

c——土的黏聚力；

γ——土的重度；

h——挡土墙高度；

q——填土表面均布超载（以单位水平投影面上荷载强度计）；

K_q——考虑填土表面均布超载影响的系数。

3）朗肯土压力理论

二维码 2-6 朗肯土压力

朗肯土压力理论是由英国科学家朗肯于 1857 年提出。朗肯理论的基本假定为：①挡土墙背竖直，墙面为光滑，不计墙面和土体之间的摩擦力；②挡土墙后填土的表面为水平面，土体向下和沿水平方向都能伸展到无穷，即为半无限空间；③挡土墙后填土处于极限平衡状态。

朗肯土压力理论是从弹性半空间的应力状态出发，由土的极限平衡理论推导得到。在弹性均质的半空间体中，离开地表面深度为 z 处的任一点的竖向应力和水平应力分别为：

$$\sigma_z=\gamma z \tag{2-32}$$

$$\sigma_x=k_0\sigma_z \tag{2-33}$$

如果在弹性均质空间体中，插入一竖直且光滑的墙面，由于它既无摩擦又无位移，则不会影响土中原来的应力状态，如图 2-8（b）所示。此时式（2-32）、式（2-33）仍然适用于计算墙面处土体的垂直应力和水平应力，这时式中的 σ_x 即为静止土压力值。在非超固结的一般情况下，侧压系数 k_0 小于 1.0，也即 $\sigma_z>\sigma_x$。所以竖向应力 σ_z 为最大主应力，侧向水平应力 σ_x 为最小主应力。在摩尔应力圆中处于弹性平衡状态，见图 2-8（d）中的圆Ⅱ。

当墙面向左移动（图 2-8a），则将使右半边土体处于拉伸状态，作用于墙背的土压力逐渐减小，摩尔应力圆逐渐扩大而达到极限平衡，土体进入朗肯主动土压力状态，图 2-8（d）中摩尔圆Ⅰ与土的抗剪强度包线相切，作用于墙背的侧向土压力小于初始的静止土压力，更小于竖向土压力 σ_z，而成为最小主应力 p_a。竖向土压力 σ_z 为最大主应力，其值仍可由式（2-32）计算得到。墙后的土体产生剪切破坏，其剪切破坏面与水平面的夹角为 $45°+\varphi/2$。

同样，当墙面向右移动（图 2-8c），则将使右半边土体处于挤压状态，作用于墙背的土压力增加，开始进入朗肯被动土压力状态。对应于图 2-8（d）中摩尔圆Ⅲ与土的抗剪强度包线相切，这时作用于墙背的侧向土压力 σ_x 超过竖向土压力 σ_z，而成为最大主应力 p_p。而竖向土压力 σ_z 则变成最小主应力。墙后土体的剪切破坏面与水平的夹角为 $45°-\varphi/2$。

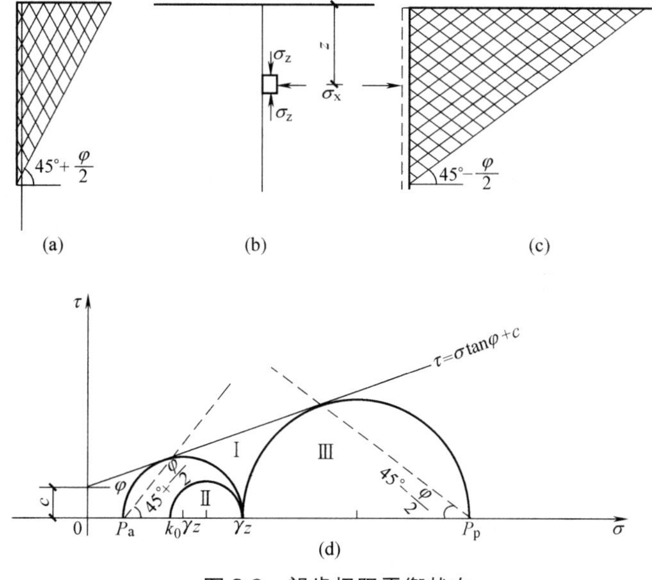

图 2-8　朗肯极限平衡状态

根据土体的极限平衡条件，并参照摩尔圆的相互关系，不难得到：

$$\tau=\tau_f \tag{2-34}$$

$$\sin\varphi=\frac{(\sigma_1-\sigma_3)/2}{(\sigma_1+\sigma_3)/2+c\cdot\cot\varphi} \tag{2-35}$$

将式（2-35）改写成最大主应力和最小主应力的关系式：

$$\sigma_1=\frac{1+\sin\varphi}{1-\sin\varphi}\sigma_3+2c\frac{\cos\varphi}{1-\sin\varphi} \tag{2-36}$$

$$\sigma_3=\frac{1-\sin\varphi}{1+\sin\varphi}\sigma_1-2c\frac{\cos\varphi}{1+\sin\varphi} \tag{2-37}$$

式中　τ——土体某一斜面上的剪应力；

τ_f——土体在正应力 σ 条件下，破坏时的剪应力；

σ_1、σ_3——最大、最小主应力；

c——土的黏聚力；

φ——内摩擦角。

在朗肯主动土压力状态下，最大主应力为竖向土压力 $\sigma_1=\gamma\cdot z$，最小主应力即为主动土压力 $\sigma_3=p_a$；同理，在朗肯被动土压力状态时，最大主应力为被动土压力 $\sigma_1=p_p$，而最小主应力为竖向压力 $\sigma_3=\sigma_z=\gamma z$。分别代入式（2-37）和式（2-36）可得朗肯主动、被动土应力为：

$$p_a=\gamma z\tan^2\left(45°-\frac{\varphi}{2}\right)-2c\cdot\tan\left(45°-\frac{\varphi}{2}\right) \tag{2-38}$$

$$p_p=\gamma z\tan^2\left(45°+\frac{\varphi}{2}\right)+2c\cdot\tan\left(45°+\frac{\varphi}{2}\right) \tag{2-39}$$

引入主动土压力系数 K_a 和被土压力系数 K_p，并令：

$$K_a=\tan^2\left(45°-\frac{\varphi}{2}\right) \tag{2-40}$$

$$K_p=\tan^2\left(45°+\frac{\varphi}{2}\right) \tag{2-41}$$

将式（2-40）、式（2-41）分别代入式（2-38）、式（2-39）可得：

$$p_a=\gamma zK_a-2c\sqrt{K_a} \tag{2-42}$$

$$p_p=\gamma zK_p+2c\sqrt{K_p} \tag{2-43}$$

黏性土的主动土压力强度包括两部分，前一项为土自重 γz 引起的侧压力，与深度 z 成正比，呈三角形分布；后一项为黏聚力 c 产生的，使侧向土压力减小的“负”侧压力。

在主动状态，当 $z\leqslant z_0=\frac{2c}{\gamma}\tan\left(45°+\frac{\varphi}{2}\right)$时，则 $P_a\leqslant0$，为拉力。若不考虑墙背与土体之间有拉应力存在的可能，则可求得墙背上总的主动土压力为：

$$P_a=\frac{1}{2}\gamma h^2K_a-2ch\sqrt{K_a}+\frac{2c^2}{\gamma} \tag{2-44}$$

式中 h——墙背的高度。

如挡墙后为成层土层，仍可按式（2-42）计算主动土压力。但应注意在土层分界面上，由于两层土的抗剪强度指标不同，使土压力的分布有突变，见图 2-9。其计算方法如下：

a 点：$p_{a1}=-2c_1\sqrt{K_{a1}}$；

b 点上（在第一层土中）：$p'_{a2}=\gamma_1h_1K_{a1}-2c_1\sqrt{K_{a1}}$ ；

b 点下（在第二层土中）：$p''_{a2}=\gamma_1h_1K_{a2}-2c_2\sqrt{K_{a2}}$。

其中，$K_{a1}=\tan^2\left(45°-\frac{\varphi_1}{2}\right)$，$K_{a2}=\tan^2\left(45°-\frac{\varphi_2}{2}\right)$；其余符号意义见图 2-9。

如图 2-10 所示，挡墙填土表面作用着连续均布荷载 q，计算时可以将在深度 z 处竖向应力σ_z 增加一个 q 值，将式（2-42）、式（2-43）中 γz 代之以（$\gamma z+q$），就能得到填土表面超载时主动土压力计算公式（黏性土）：

$$p_a=(\gamma z+q)K_a-2c\sqrt{K_a} \tag{2-45}$$

式中 q——地面超载。

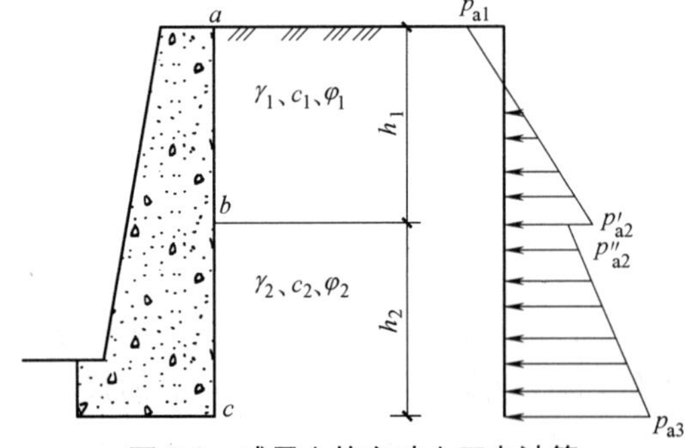

图 2-9 成层土的主动土压力计算

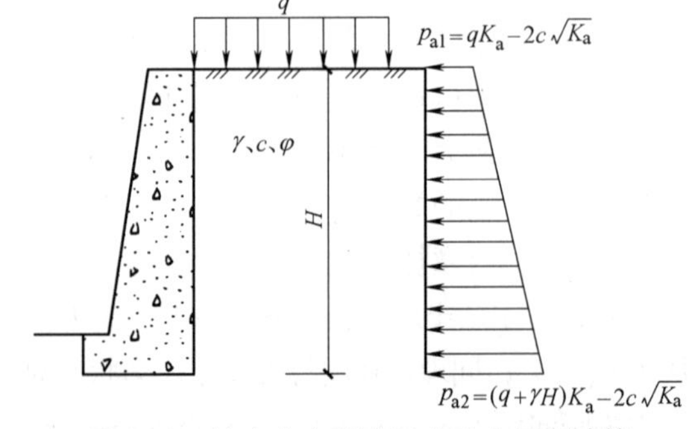

图 2-10 填土上有超载时主动土压力计算

当无固定超载时，考虑到随时发生的施工堆载、车辆行驶动载等因素，一般可取均布荷载 $q=10\sim20\text{kPa}$。

土压力作用点离墙踵的高度为：

$$z_{\mathrm{E}}=\frac{1}{3}\left[h-\frac{2c}{\gamma}\tan\left(45^{\circ}+\frac{\varphi}{2}\right)\right] \tag{2-46}$$

在被动状态，土压力呈梯形分布，其总的被动土压力为：

$$P_{\mathrm{p}}=\frac{1}{2}rh^{2}K_{\mathrm{p}}+2ch\sqrt{K_{\mathrm{p}}} \tag{2-47}$$

土压力的水平作用点为梯形形心，离墙踵高为：

$$z_{\mathrm{E}}=\frac{1}{3}\left[\frac{1+3\cdot\dfrac{2c}{\gamma h}\tan\left(45^{\circ}+\dfrac{\varphi}{2}\right)}{1+2\cdot\dfrac{2c}{\gamma h}\tan\left(45^{\circ}+\dfrac{\varphi}{2}\right)}\right]h \tag{2-48}$$

在朗肯土压力计算理论中，假定墙背是垂直光滑的，填土表面为水平。因此，与实际情况有一定的出入。由于墙背摩擦角 $\varphi=0$，则将使计算土压力 P_{a} 偏大，而 P_{p} 偏小。

2. 特殊情况下的土压力

1）分层土的土压力计算

在工程实践中，土体常常是由不同的土层组成，而单一均质的土层只是特殊的情况。前面所述的各种土压力计算理论都是对单一均质土体的情况。为了解决分层土的土压力计算，通常是采用凑合的方法，转换成相应的当量土层。具体计算还分为两种情况。

(1) 按 i 层土的物理力学指标计算第 i 层的土压力

把 i 层以上的土层按重度 γ 转换成相应的当量土层高：

$$\left.\begin{aligned}h_{1}'&=h_{1}\cdot\frac{\gamma_{1}}{\gamma_{i}}\\h_{2}'&=h_{2}\cdot\frac{\gamma_{2}}{\gamma_{i}}\\&\vdots\\h_{i-1}'&=h_{i-1}\cdot\frac{\gamma_{i-1}}{\gamma_{i}}\\h_{i}'&=h_{i}\cdot\frac{\gamma_{i}}{\gamma_{i}}=h_{i}\end{aligned}\right\} \tag{2-49}$$

则 $1\sim i$ 层土的总当量高度为：

$$H_{i}=\sum_{j=1}^{i}h_{j}' \tag{2-50}$$

再按 c_i、φ_i、γ_i 和 H_i 来计算土压力，把求得的土压力取 H_{i-1} 至 H_i 这段的分布土压力，即为第 i 层土的土压力，按此求得的土压力可反映出各土层的分布规律。

(2) 按第 $1\sim i$ 层土的加权平均指标进行计算

因为土压力的值不仅与各土层的厚度有关，而且第 $1\sim i$ 层土的 c、φ 值，由于滑裂面要穿过上述各土层亦均有影响，因此提出在计算 i 层土的土压力时，取 $1\sim i$ 层土 c、φ 的加权平均值。

$\bar{c}_i$ 是与穿过各土层的滑裂面长度有关，所以按土层厚度的加权平均值，即：

$$\bar{c}_{i}=\frac{\sum_{j=1}^{i}c_{j}h_{j}'}{H_{i}} \tag{2-51}$$

而 φ_i 是摩擦角，其产生的效果与面上正压力有直接关系，也可认为与重力 $\gamma \cdot z$ 有关，因此有：

$$\int_0^{h_1'} \gamma_i z \tan\varphi_1 \mathrm{d}z + \int_{h_1'}^{h_2'} \gamma_i z \tan\varphi_2 \mathrm{d}z + \cdots + \int_{h_{i-1}'}^{h_i'} \gamma_i z \tan\varphi_i \mathrm{d}z = \int_0^{H_i} \gamma_i z \tan\bar{\varphi} \mathrm{d}z_i \tag{2-52}$$

即：

$$\frac{1}{2}\gamma_i \tan\varphi_1 h'^2_1 + \frac{1}{2}\gamma_i \tan\varphi_2 (h'^2_2 - h'^2_1) + \cdots + \frac{1}{2}\gamma_i \tan\varphi_i (h'^2_i - h'^2_{i-1}) = \frac{1}{2}\gamma_i \tan\bar{\varphi}_i H_i^2 \tag{2-53}$$

因为：$h'_0=0$。

所以：

$$\tan\bar{\varphi}_i = \frac{\sum_{j=1}^{i} \tan\varphi_j (h'^2_j - h'^2_{j-1})}{H_i^2} \tag{2-54}$$

由此求得第 $1\sim i$ 层土的内摩擦角的加权平均值为：

$$\bar{\varphi}_i = \arctan \frac{\sum_{j=1}^{i} \tan\varphi_j (h'^2_j - h'^2_{j-1})}{H_i^2} \tag{2-55}$$

再按 γ_i、$\bar{c}_i$、$\bar{\varphi}_i$ 和 H_i 来计算第 i 层土的土压力，这样使土压力计算能反映上面各土层的综合平均效果。采用平均指标进行土压力计算的方法不能反映土层特性对土压力大小的影响。为了反映这种影响，可采用将求得的土压力值乘以采用加权平均参数计算得到的强度极限值除以该土层的实际强度极限值 τ_{f1}。

$$\tau_{\mathrm{f}} = \sigma \tan\bar{\varphi}_i + \bar{c}_i \tag{2-56}$$

$$\tau_{\mathrm{f1}} = \sigma \tan\varphi_i + c_i \tag{2-57}$$

其中的 σ 值可采用 i 层土中的点的自重应力，当有地面超载时，还应考虑地面超载引起的影响。

2）地面超载作用下的土压力计算

（1）地面超载作用下产生的侧压力

对于均匀和局部均匀超载作用下在围护结构上的侧压力可采用图 2-11 所示计算。

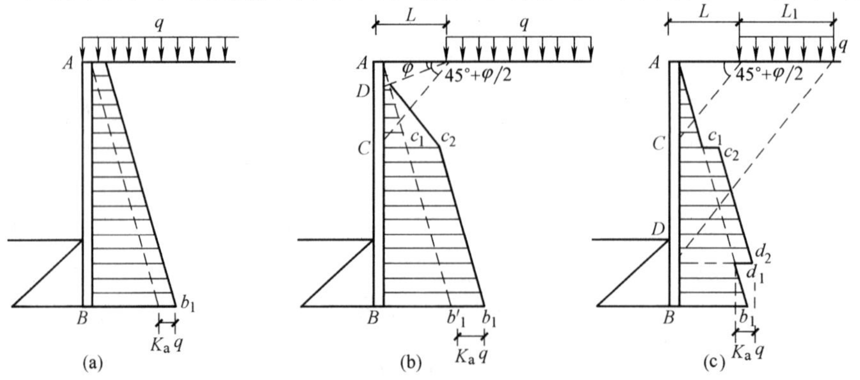

图 2-11 均匀和局部均匀超载作用下的主动土压力

（a）坑壁顶满布均匀超载；（b）距离墙顶 L 处开始作用均匀超载；（c）距离墙顶 L 处作用 L_1 宽的均布超载

(2) 集中荷载作用下产生的侧压力

对于集中荷载在围护结构上产生的侧压力，可按图 2-12 所示计算。

(3) 弹性理论确定超载侧压力

① 集中荷载作用下，采用弹性理论时侧压力按图 2-13 所示计算；

② 线荷载作用下，采用弹性理论时侧压力按图 2-14 所示计算；

③ 条形荷载下，采用弹性理论时侧压力按图 2-15 所示计算。

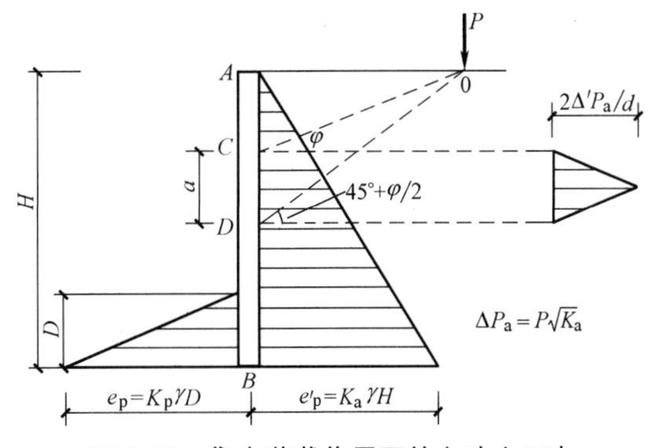

图 2-12 集中荷载作用下的主动土压力

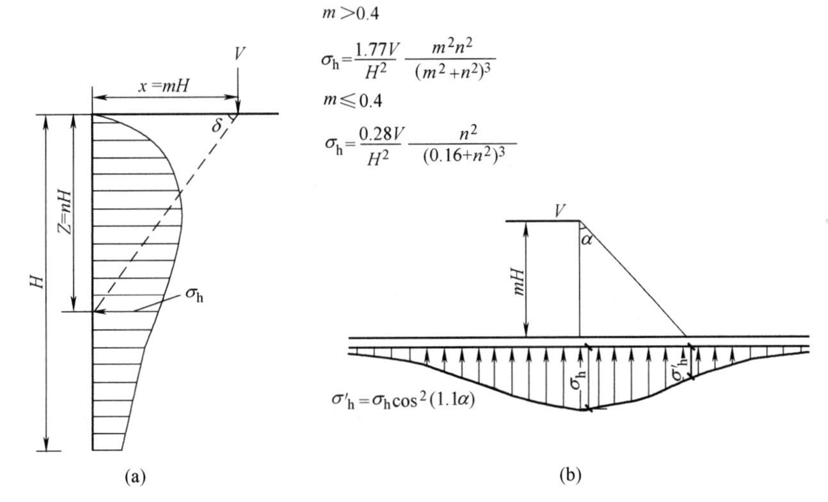

图 2-13 坑壁顶作用集中荷载产生的侧压力 ($\mu=0.5$)

(a) 坑壁顶作用集中荷载产生的侧压力；(b) 集中荷载作用点两侧沿墙各点的侧压力

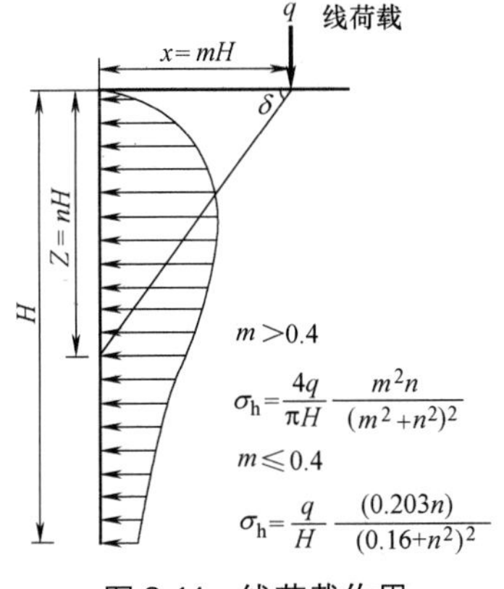

图 2-14 线荷载作用下产生的侧压力图

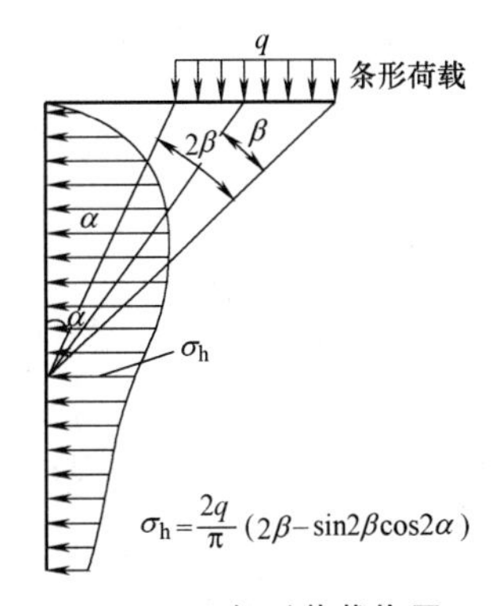

图 2-15 条形荷载作用下产生的侧压力图

(4) 各种地面荷载作用下的黏性土压力

当土体抗剪强度参数为 c、φ，墙背与土体间抗剪强度参数为 c'、φ'时，主动土压力

p_a 和主动土压力倾斜角 δ 有下列关系：

$$P_a=\frac{1}{2}\gamma H^2 K_a\left[\cos^2\varphi'+\left(\sin\varphi'+\eta'\frac{k_0}{K_a\sin\alpha}\right)^2\right]^{\frac{1}{2}} \tag{2-58}$$

$$\delta=\arctan\left(\tan\varphi'+\eta'\frac{k_0}{K_a\sin\alpha\cos\varphi'}\right) \tag{2-59}$$

式中 K_a——主动土压力系数。

$$\begin{aligned}K_a=&\frac{\sin(\alpha+\beta)}{\sin^2\alpha\cdot\sin^2(\alpha+\beta-\varphi-\varphi')}\cdot\{k_2[\sin(\alpha+\beta)\cdot\sin(\alpha-\varphi')\\&+\sin(\varphi+\varphi')\cdot\sin(\varphi-\beta)]+2k_1\eta\cdot\sin\alpha\cdot\cos\varphi\cdot\cos(\alpha+\beta-\varphi-\varphi')+k_1\eta'\\&\times\frac{\sin\alpha\cdot\cos(\alpha+\beta-\varphi)\cdot\sin(\alpha+\beta-\varphi-\varphi')}{\sin(\alpha+\beta)}+F\sin(\varphi-\beta)\\&-2[(k_2\sin(\alpha+\beta)+k_1\eta''\frac{\sin\alpha\cdot\cos\varphi'\cdot\sin(\alpha+\beta-\varphi-\varphi')}{\sin(\alpha+\beta)}+F\sin(\alpha-\varphi'))]^{\frac{1}{2}}\}\end{aligned} \tag{2-60}$$

$$k_0=1-\frac{h_0}{H}\frac{\sin\alpha\cos\beta}{\sin(\alpha+\beta)} \tag{2-61}$$

$$\eta=\frac{2c}{\gamma H} \tag{2-62}$$

$$\eta'=\frac{2c'}{\gamma H} \tag{2-63}$$

当 $c'=0$ 时，则 $\eta'-0$，主动土压力 P_a 和主动上压力倾斜角 δ 有下列关系：

$$P_a=\frac{1}{2}\gamma H^2 K_a;\delta=\varphi' \tag{2-64}$$

$$\begin{aligned}K_a=&\frac{\sin(\alpha+\beta)}{\sin^2\alpha\cdot\sin^2(\alpha+\beta-\varphi-\delta)}\cdot\{k_2[\sin(\alpha+\beta)\cdot\sin(\alpha-\delta)\\&+\sin(\varphi+\delta)\cdot\sin(\varphi-\beta)]+2k_1\eta\cdot\sin\alpha\cdot\cos\varphi\cdot\cos(\alpha+\beta-\varphi-\delta)\\&+F\sin(\varphi-\beta)-2[k_2\sin(\alpha+\beta)\sin(\varphi-\beta)+k_1(\eta\sin\alpha\cos\varphi)\\&\cdot(k_2\sin(\alpha-\delta)\sin(\varphi-\delta)+k_1\eta\sin\alpha\cos\varphi+F\sin(\alpha-\delta))]^{\frac{1}{2}}\}\end{aligned} \tag{2-65}$$

$$\eta=\frac{2c}{\gamma H} \tag{2-66}$$

(5) 地表面不规则情况下侧向土压力

当墙体外侧地表面不规则时，围护结构上的土压力计算如图 2-16 所示。

围护结构上的主动土压力为：

$$p_a=\gamma z\cos\beta\frac{\cos\beta-\sqrt{\cos^2\beta-\cos^2\varphi}}{\cos\beta+\sqrt{\cos^2\beta-\cos^2\varphi}} \tag{2-67}$$

$$p'_a=K_a\cdot\gamma(z+h')-2c\sqrt{K_a} \tag{2-68}$$

$$p''_a=K_a\cdot\gamma(z+h'')-2c\sqrt{K_a} \tag{2-69}$$

式中 β——地表斜坡面与水平面的夹角；

K_a——主动土压力系数；

h'——地表水平面与地表斜坡和支护结构相交点间的距离；对于地表为复杂几何图形情况时，可采用楔体试算法，由数值分析与图解求得。

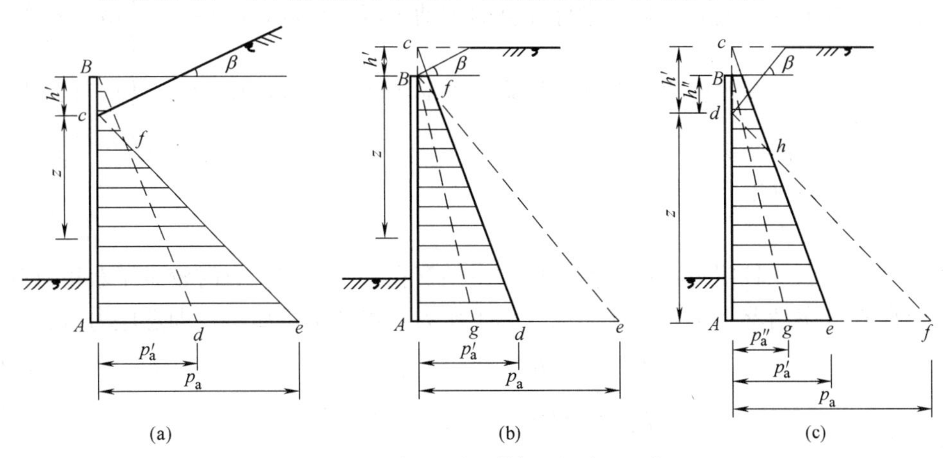

图 2-16 地面不规则情况主动土压力

3. 考虑地下水时水土压力计算

1）水土压力分算和水土压力合算

作用在挡墙结构上的荷载，除了土压力以外，还有地下水位以下水压力。计算水压力时，水的重度一般取 $\gamma_w = 10\text{kN/m}^3$。水压力与地下水补给数量、季节变化、施工开挖期间挡墙的入土深度、排水处理方法等因素有关。

计算地下水位以下的水、土压力，一般采用"水土分算"（即水、土压力分别计算，再相加）和"水土合算"两种方法。对砂性土和粉土，可按水土分算原则进行，即分别计算土压力和水压力，然后两者相加。对黏性土可根据现场情况和工程经验，按水土分算或水土合算进行。

（1）水土压力分算

水土分算是采用有效重度计算土压力，按静水压力计算水压力，然后两者相加即为总的侧压力（图 2-17）。

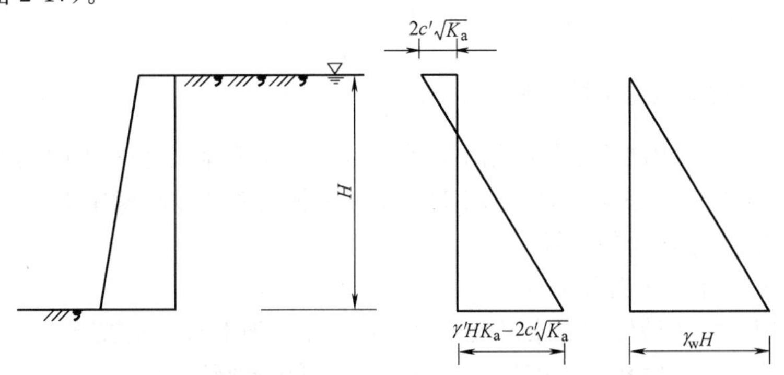

图 2-17 土压力和水压力的计算

利用有效应力原理计算土压力，水、土压力分开计算，即为：

$$p_a = \gamma' H K_a' - 2c'\sqrt{K_a'} + \gamma_w H \tag{2-70}$$

$$p_p = \gamma' H K_p' + 2c'\sqrt{K_p'} + \gamma_w H \tag{2-71}$$

式中　γ'——土的有效重度；

K_a'——按土的有效应力强度指标计算的主动土压力系数，$K_a' = \tan^2\left(45° - \frac{\varphi'}{2}\right)$；

K_p'——按土的有效应力强度指标计算的被动土压力系数，$K_p' = \tan^2\left(45° + \frac{\varphi'}{2}\right)$；

φ'——有效内摩擦角；

c'——有效黏聚力；

γ_w——水的重度。

上述方法概念比较明确，但在实际使用中还存在一些困难，有时较难于获得有效强度指标，因此在许多情况下采用总应力法计算土压力，再加上水压力，即总应力法：

$$p_a = \gamma' H K_a - 2c\sqrt{K_a} + \gamma_w H \tag{2-72}$$

$$p_p = \gamma' H K_p + 2c\sqrt{K_p} + \gamma_w H \tag{2-73}$$

式中　K_a——按土的总应力强度指标计算的主动土压力系数，$K_a = \tan^2\left(45° - \frac{\varphi}{2}\right)$；

K_p——按土的总应力强度指标计算的被动土压力系数，$K_p = \tan^2\left(45° + \frac{\varphi}{2}\right)$；

φ——按固结不排水（固结快剪）或者不固结不排水（快剪）确定的内摩擦角；

c——按固结不排水或不固结不排水法确定的黏聚力；

其他符号意义同前。

（2）水土压力合算法

水土压力合算法是采用土的饱和重度计算总的水、土压力，这是国内目前较流行的方法，特别对黏性土积累了一定的经验：

$$p_a = \gamma_{sat} H K_a - 2c\sqrt{K_a} \tag{2-74}$$

$$p_p = \gamma_{sat} H K_p + 2c\sqrt{K_p} \tag{2-75}$$

式中　γ_{sat}——土的饱和重度，在地下水位以下可近似采用天然重度；

K_a——主动土压力系数，$K_a = \tan^2\left(45° - \frac{\varphi}{2}\right)$；

K_p——被动土压力系数，$K_p = \tan^2\left(45° + \frac{\varphi}{2}\right)$；

φ——按总应力法确定的固结不排水剪或不固结不排水剪确定土的内摩擦角；

c——按总应力法确定的固结不排水剪或不固结不排水剪确定土的黏聚力。

2）稳态渗流时水压力的计算

（1）按流网法计算渗流水压力

基坑施工时，围护墙体内降水形成墙内外水头差，地下水会从坑外流向坑内，若为稳态渗流，那么水土分算时作用在围护墙上的水压力可用流网法确定。

图 2-18 为按流网法计算作用在围护结构上的水压力例子。假定墙体插入深度为 h，水头差为 h_0，设 h 与 h_0 相等，按水力学方法绘出流网图（图 2-18b），根据流网即可计算

出作用在墙体上的水压力。根据水力学有：

$$H=h_{p}+h_{e} \tag{2-76}$$

式中　H——某点总水头，可从流网图中读出；

h_{p}——某点压力水头；

h_{e}——某点位置水头，$h_{e}=z-h'$。

作用在墙体上的水压力 p 用压力水头表示为：

$$\frac{p}{\gamma_{w}}=h_{p}=H-h_{e}=H-(z-h')=xh_{0}+h'-z \tag{2-77}$$

式中　x——某一点的总水头差 h_0 剩余百分数（或比值），从流网图读出；

z——某一点的高程；

h'——基坑底的高程；

h_0——总水头差。

按流网计算的墙前、后水压力分布如图 2-18（a）所示。作用于墙体的总水压力如图中阴影线所表示的部分。

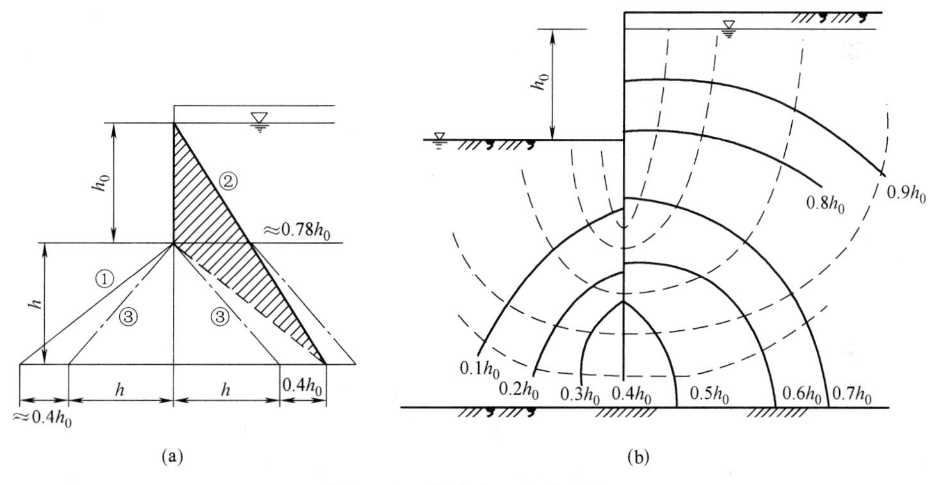

图 2-18　墙体水压力分布图

①—墙前压力水头线；②—墙后压力水头线；③—静水压力水头线

（2）按直线比例法确定渗流时的水压力

计算渗流时水压力还可近似采用直线比例法，即假定渗流中水头损失是沿挡墙渗流轮廓线均匀分配的，其计算公式为：

$$H_{i}=\frac{S_{i}}{L}h_{0} \tag{2-78}$$

式中　H_i——挡墙轮廓线上某点 i 的渗流总水头；

L——经折算后挡墙轮廓的渗流总长度；

S_i——自 i 点沿挡墙轮廓至下游端点的折算长度；

h_0——上下游水头差。

（3）水压力的计算简图

一般可按图 2-19 的水压力分布图，确定地下水位以下作用在支护结构上的不平衡水压力。图 2-19（a）为三角形分布，适用于地下水有渗流的情况；若无渗流时，可按梯形分布考虑，如图 2-19（b）所示。

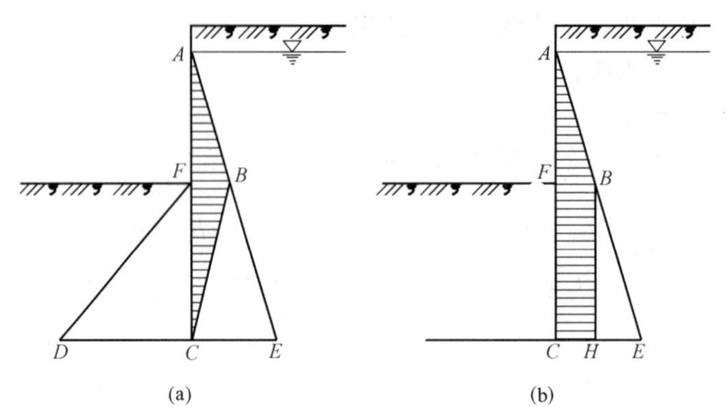

图 2-19　作用在支护结构上的不平衡水压力分布图

（a）三角形分布；（b）梯形分布

3）土的抗剪强度试验方法与指标问题

土体的抗剪强度可按有效应力法确定，也可按总应力法确定，两者各有其特点。有效应力法确定土体抗剪强度的公式为：

$$\tau_{\mathrm{f}}=c'+\sigma'\tan\varphi'=c'+(\sigma-u)\tan\varphi' \tag{2-79}$$

式中　τ_{f}——土体的抗剪强度；

c'——土的有效黏聚力；

φ'——土的有效内摩擦角；

σ——法向总应力；

u——孔隙水压力。

有效应力是认为土体受力作用时，一部分是由孔隙中流体承受，称为孔隙水应力。一部分由骨架承受，称为有效应力。经过许多学者多年的研究，无论对于砂性土或黏性土，有效应力原理已得到土力学界的普遍承认。土体的有效抗剪强度指标，即有效黏聚力 c' 和有效内摩擦角 φ'，其试验结果比较稳定，受试验条件的影响比较少。

总应力法确定土体抗剪强度为：

$$\tau_{\mathrm{f}}=c+\sigma\cdot\tan\varphi \tag{2-80}$$

式中　τ_{f}——土体抗剪强度；

σ——法向总应力；

c——按总应力法确定的土的黏聚力；

φ——按总应力法确定的土的内摩擦角。

总应力法不涉及孔隙水应力，只是模拟土体实际固结状态测定强度。

常用的确定抗剪强度试验方法可分为原位测试和室内试验两大类。原位测试有十字板剪切试验和静力触探等方法，其中十字板剪切试验，可直接测得土体天然状态的抗剪强度。静力触探法可根据经验公式换算成土的抗剪强度。

室内试验按使用仪器可分为直剪仪和三轴仪两类，按试验条件也可分为固结或不固结，排水或不排水等。

（1）直剪仪慢剪和三轴仪固结排水剪。在试验过程中充分排水，即没有超孔隙水压力。两种试验的排水条件相同，施加的是有效应力，得到的强度指标均为有效强度指标。

（2）直剪仪不固结快剪和三轴仪不固结不排水剪。它们两者之间的主要区别在于对排水条件控制的不同。三轴仪可以完全控制土样排水条件，能做到名副其实的不排水。直剪仪由于仪器的局限性，很难做到真正的不排水，因此在直剪仪上测定土的抗剪强度指标时，当土的渗透性较大时，直剪仪快剪只相当于三轴排水，而只有当土的渗透系数较小时，直剪仪快剪试验结果才接近于三轴不排水试验。

（3）直剪仪固结快剪和三轴固结不排水剪。这两种试验方法在正应力下都使土体达到充分固结，而在剪应力作用下用三轴仪试验可做到不排水，用直剪仪试验则排水条件和直剪仪快剪相似，即土体渗透性大时，相当于排水，渗透性很小时接近于不排水。

虽然直剪试验存在一些明显的缺点，受力条件比较复杂，排水条件不能控制等，但由于仪器和操作都比较简单，又有大量实践经验，因此，比较广泛采用直剪仪做快剪及固结快剪试验取得土的抗剪强度指标。一般推荐固结快剪指标，因为固结快剪是在垂直压力下固结后再进行剪切，使试验成果反映正常固结土的天然强度，充分固结的条件也使试样受扰动以及土样中夹薄砂层的影响都减到最低限度，从而使试验指标比较稳定。

用直剪仪进行固结快剪或快剪试验测得土的总应力强度指标后，还存在使用强度参数峰值还是将峰值打折扣后使用的问题。

直剪试验存在较多的缺点，如不能控制土样的排水条件、剪切面人为固定以及剪切面上的应力分布不均匀等。三轴试验则没有这些缺点。当进行三轴试验时，可进行不固结不排水或不排水两种状态的试验，提供总应力和有效应力两类抗剪强度指标。

当无可靠的抗剪强度试验资料时，可参照表 2-1 的数值选用。

土的抗剪强度指标参考值（φ'单位为度，c'单位为 kPa） **表 2-1**

土类	土的孔隙比							
	0.4～0.5	0.5～0.6	0.6～0.7	0.7～0.8	0.8～0.9	0.9～1.0	1.0～1.1	1.1～1.2
粉细砂	$c'=0$ $\varphi'=34\sim36$	$c'=0$ $\varphi'=32\sim34$	$c'=0$ $\varphi'=30\sim32$					
粉土	$c'=3\sim6$ $\varphi'=23\sim25$	$c'=2\sim4$ $\varphi'=22\sim24$	$c'=0\sim3$ $\varphi'=21\sim23$	$c'=0$ $\varphi'=19\sim21$				
粉质黏土		$c'=30\sim40$ $\varphi'=18\sim20$	$c'=20\sim30$ $\varphi'=16\sim18$	$c'=15\sim20$ $\varphi'=14\sim16$	$c'=10\sim15$ $\varphi'=12\sim14$	$c'=6\sim10$ $\varphi'=10\sim12$		
黏土		$c'=40\sim50$ $\varphi'=14\sim16$	$c'=30\sim40$ $\varphi'=12\sim14$	$c'=15\sim20$ $\varphi'=10\sim12$	$c'=5\sim10$ $\varphi'=8\sim10$			
淤泥质土							$c'=6\sim10$ $\varphi'=10\sim12$	$c'=6\sim10$ $\varphi'=10\sim12$

不同的试验方法所得结果是很不相同的，在强度指标量值的选用上，由于土排水固结将会不同程度增强土的强度，如内摩擦角 φ，一般的正常固结土，排水剪得到的 φ_{cd} 最大，固结不排水剪的 φ_{cu} 次之，不固结不排水的 φ_{u} 值最小，如图 2-20 所示。黏聚力 c 值亦不同，快剪所得的 c 值较大。

有效应力法考虑了孔隙水压力的影响。有效指标测定可用直剪快剪、三轴排水剪和固结不排水剪（测孔压）等方法求得。因此，在实际工程的强度和稳定性计算中，应根据土质条件和工程的特点来选用恰当的试验方法，以进行地基或建筑物的稳定和安全的估计及控制不同的试验条件可得到不同的强度指标。例如，当考虑土体固结使强度增长的计算或稳定性分析时，即测定土体在任何固结度时的抗剪强度应使用有效强度指标；当地基为厚度较大的渗透性低的高塑性饱和软土，而建筑物的施工速度又较快，预计土层在施工期间的排水固结程度很小，这时就应当采用快剪试验的强度指标来校核建筑物的地基强度及稳定性；若黏土层很薄，建筑物施工期很长，预计黏土层在施工期间能够充分排水固结，但是在竣工后大量活荷载将迅速施工（如料仓），或可能有突然施加的活载（如风力）或地基应力可能发生变化（如地下水位变化）等在这些情况下，就采用固结快剪指标；对于可能发生快速破坏的正常固结土天然边坡或软土地基或路堤土体等均认为应用快剪和不排水剪指标进行验算控制。当然，上述的各种情况并不是具有很准确的概念的。例如，速度快慢、土层厚薄、荷载大小以及施工速度等都没有定量的数值，都得根据实际情况配以实际经验或地区经验而掌握。如在软土层的深开挖中，考虑坑底隆起甚至整体滑动稳定性等的控制验算时，则认为应该采用不排水指标。

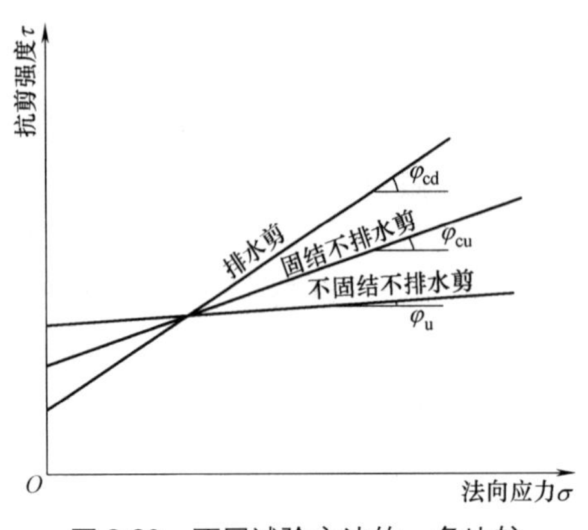

图 2-20　不同试验方法的 φ 角比较

2.2.2　围岩压力的计算

二维码 2-7
围岩压力

1. 围岩压力及其影响因素

1）围岩压力的概念

洞室开挖之前，地层中的岩体处于复杂的原始应力平衡状态。洞室开挖之后，围岩中的原始应力平衡状态遭到破坏，应力重新分布，从而使围岩产生变形。当变形发展到岩体极限变形时，岩体就产生破坏。如在围岩发生变形时及时进行衬砌或围护，阻止围岩继续变形，防止围岩塌落，则围岩对衬砌结构就要产生压力，即所谓的围岩压力。所以围岩压力就是指位于地下结构周围变形或破坏的岩层，作用在衬砌结构或支撑结构上的压力。它是作用在地下结构的主要荷载。

围岩压力可分为围岩垂直压力、围岩水平压力及围岩底部压力。对于一般水平洞室，围岩垂直压力是主要的，也是围岩压力中研究的主要内容。在坚硬岩层中，围岩水平压力较小，可忽略不计，但在松软岩层中应考虑围岩水平压力的作用。围岩底部压力是自下而上作用在衬砌结构底板上的压力，它产生的主要原因是某处地层遇水后膨胀，如石膏、页岩等，或是由边墙底部压力使底部地层向洞室里面突起所致。

二维码 2-8
围岩压力
影响因素

2）影响围岩压力的因素

影响围岩压力的因素很多，主要与岩体的结构、岩石的强度、地下水的作用、洞室的尺寸与形状、支护的类型和刚度、施工方法、洞室的埋置深度和支护时间等因素相关。其中，岩体稳定性的关键之一在于岩体结构面的类型和特征。

二维码 2-9
围岩压力
计算方法

2. 围岩压力的计算方法

1）按松散体理论计算围岩压力

（1）垂直围岩压力

按松散体理论计算围岩压力是从 20 世纪初开始的。由于考虑到岩体裂隙和节理的存在，岩体被切割为互不联系的独立块体。因此，可以把岩体假定为松散体。但是，被各种软弱面切割而成的岩块结合体与真正理论上的松散体也并不完全相同，这就需要将真正的岩体代之以某种具有一定特性的特殊松散体，以便对这种特殊的松散体采用与理想松散体完全相同的计算方法。

理想松散体颗粒间抗剪强度为：

$$\tau=\sigma\cdot\tan\varphi \tag{2-81}$$

而在有黏聚力的岩体中抗剪强度为：

$$\tau=\sigma\cdot\tan\varphi+c \tag{2-82}$$

式中　φ——内摩擦角；

σ——剪切面上的法向应力；

c——岩体颗粒间的黏聚力。

改写式（2-82）为：

$$\tau=\sigma\cdot\left(\tan\varphi+\frac{c}{\sigma}\right) \tag{2-83}$$

令 $f_{\mathrm{k}}=\tan\varphi+\dfrac{c}{\sigma}$，则：

$$\tau=\sigma\cdot f_{\mathrm{k}} \tag{2-84}$$

比较式（2-84）与式（2-82），在形式上是完全相同的。因此，对于具有一定黏结力的岩体，同样可以当作完全松散体对待，只需以具有黏结力岩体的 $f_{\mathrm{k}}=\tan\varphi+\dfrac{c}{\sigma}$ 代替完全松散体的 $\tan\varphi$ 就行了。

① 浅埋结构上的垂直围岩压力

二维码 2-10
浅埋结构上的
垂直围岩压力

当地下结构上覆岩层较薄时，通常认为覆盖层全部岩体重量作用于地下结构。这时地下结构所受的围岩压力就是覆盖层岩石柱的重量（图 2-21a）。

$$q=\gamma\cdot H \tag{2-85}$$

式中　q——垂直围岩压力的集度；

γ——岩体重度；

H——地下结构顶盖上方覆盖层厚度。

可以看出，用式（2-85）所计算的围岩压力是一种最不利的情况。而实际上，当地下结构上方覆盖的岩层向下滑动时，两侧不动岩层不可避免地将向滑动体提供摩擦力，阻止其下滑。只要地下结构所提供的反力与两侧所提供的摩擦力之和能克服这种下滑，则作用在地下结构上的围岩压力只是岩石柱重量与两侧所提供摩擦力之差。

由于地下结构上方的覆盖层不可能像图 2-21（a）那样规则地沿壁面下滑，为方便计算，进行一定的简化处理。假定从洞室的底角起形成一个与结构侧壁成$\left(45°-\dfrac{\varphi}{2}\right)$的滑移

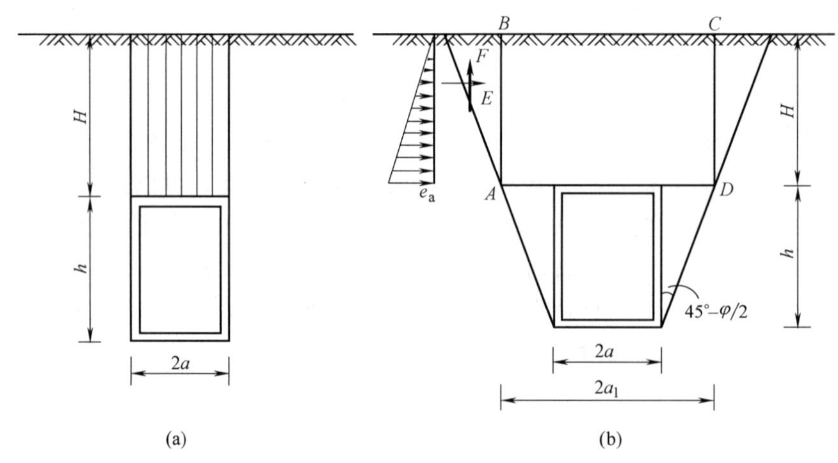

图 2-21 浅埋结构垂直围岩压力计算图式

面，并认为这个滑移面延伸到地表（图 2-21b）。只有滑移面以内的岩体才有可能下滑，而滑移面之外的岩体是稳定的。取 $ABCD$ 为向下滑动的岩体，它所受到的抵抗力是沿 AB 和 CD 两个面的摩擦力之和。因此，作用在地下结构上的总压力为：

$$Q=G-2F \tag{2-86}$$

式中 G——$ABCD$ 体的总重量；

F——AB 或 CD 面对 G 的摩擦力。

由几何关系：

$$2a_1=2a+2h\tan\left(45°-\frac{\varphi}{2}\right) \tag{2-87}$$

$$G=2a_1H\gamma$$

所以：

$$G=2\left[a+h\tan\left(45°-\frac{\varphi}{2}\right)\right]\gamma H \tag{2-88}$$

由前所述可知，AB（或 CD）面的水平压力为三角形分布，其最大值在 A 点（或 D 点）：

$$e_A=e_D=\gamma H\tan^2\left(45°-\frac{\varphi}{2}\right) \tag{2-89}$$

$AB(CD)$ 面所受总的水平力：

$$E=\frac{1}{2}\gamma H^2\tan^2\left(45°-\frac{\varphi}{2}\right) \tag{2-90}$$

$AB(CD)$ 面所受摩擦阻力：

$$F=E\cdot\tan\varphi=\frac{1}{2}\gamma H^2\tan^2\left(45°-\frac{\varphi}{2}\right)\tan\varphi \tag{2-91}$$

将式（2-88）和式（2-91）代入式（2-86）：

$$Q=2\gamma H\left[a+h\tan\left(45°-\frac{\varphi}{2}\right)\right]-\gamma H^2\tan^2\left(45°-\frac{\varphi}{2}\right)\cdot\tan\varphi \tag{2-92}$$

围岩压力集度为：

$$q=\frac{Q}{2a_1}=\gamma H\left[1-\frac{H}{2a_1}\tan^2\left(45°-\frac{\varphi}{2}\right)\tan\varphi\right] \tag{2-93}$$

式（2-93）为考虑摩擦影响的围岩压力计算公式，可见 q 值是随地下结构所处的深度 H 而变化。为了解其变化情况，现将式（2-93）对 H 取一次导数，并令其为零，则可求得产生最大围岩压力的深度为：

$$H_{max}=\frac{a_1}{\tan^2\left(45°-\frac{\varphi}{2}\right)\cdot\tan\varphi} \tag{2-94}$$

在这个深度上的围岩压力总值为：

$$Q_{max}=\frac{\gamma a_1^2}{\tan^2\left(45°-\frac{\varphi}{2}\right)\cdot\tan\varphi} \tag{2-95}$$

围岩压力集度为：

$$q_{max}=\frac{\gamma a_1}{2\tan^2\left(45°-\frac{\varphi}{2}\right)\cdot\tan\varphi} \tag{2-96}$$

由式（2-94）和式（2-96）知：

$$q_{max}=\frac{1}{2}\gamma H_{max} \tag{2-97}$$

由此可知，在 H_{max} 这个深度上，摩擦阻力为全部岩石柱重量之半。分析式（2-92）可以发现，当以 $H=2H_{max}$ 代入时，$Q=0$。这表明摩擦阻力已全部克服了岩体下滑的重量。

实际上不能认为当地下结构埋置深度 $H>2H_{max}$ 时，地下结构上完全没有围岩压力作用。这是因为我们研究的是松散的围岩，而不是一个刚性的块体。对于一个刚性块体，只要摩擦力能克服其重力，块体就不会发生移动，则位于它下面的结构就不承受该块体力的作用。而对于下滑的松散体来说，虽然两侧的摩擦阻力在数值上已超过岩石柱的全部重量，但是远离摩擦面（特别是跨中）的岩块将因其自重而脱落。

二维码 2-11
深埋结构上的
垂直围岩压力

② 深埋结构上的垂直围岩压力

所谓深埋结构是指当地下结构的埋深大到这样一种程度，以致两侧摩擦阻力远远超过了滑移柱的重量，因而不存在任何偶然因素能破坏岩石柱的整体稳定性。深埋结构的围岩压力是研究地下洞室上方一个局部范围内的压力现象。如图 2-22 所示，由于深埋结构的特点，保障了 $ABCDE$ 部分岩体的稳定性，这部分岩体称为岩石拱。由于它具有将压力卸于两侧岩体的作用，所以又叫卸荷拱。此时，只有 AED 以下岩体重量对结构产生压力，因而称此为压力拱。

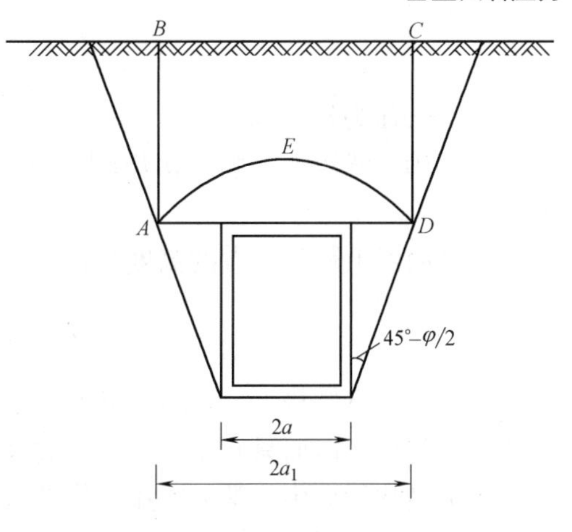

图 2-22 深埋结构垂直围岩压力计算图式

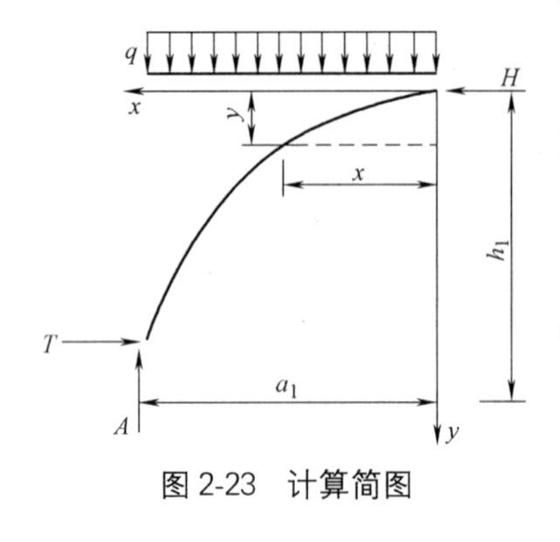

图 2-23 计算简图

a. 压力拱的曲线形状

压力拱能够自然稳定而平衡，它将是一个合理拱轴，其上任何一点是无力矩的。忽略由于压力拱曲线本身形状造成岩体重量的不均匀性。

假定拱轴线受有均布荷载，集度为 q。如图 2-23 所示，根据压力拱轴线各点无力矩的理论，可建立如下方程：

$$Hy-\frac{1}{2}qx^2=0 \tag{2-98}$$

$$y=\frac{q}{2H}x^2 \tag{2-99}$$

式中 H——压力拱拱顶所产生的水平推力。

可见，压力拱是二次抛物线曲线。

b. 压力拱高度

由图 2-23 可知，平衡拱顶推力 H 的力是拱脚处的水平反力 T，当 $T \geqslant H$ 时，压力拱可以保持稳定，而 T 是由 q 形成的摩擦力提供的。q 在拱脚形成的全部垂直反力为：

$$A=qa_1 \tag{2-100}$$

由 A 所形成的水平摩擦力为：

$$T=Af_k=qa_1f_k \tag{2-101}$$

当 $T=H$ 时，压力拱处于极限平衡状态，这时压力拱的方程为：

$$y=\frac{x^2}{2f_ka_1} \tag{2-102}$$

如果考虑压力拱存在的安全性，可以认为$\frac{T}{2}=H$，而拱脚只用存在的水平抗力之半平衡拱顶水平推力，将此再代入式（2-99），得出具有相当安全系数为 2 的压力拱方程：

$$y=\frac{x^2}{f_ka_1} \tag{2-103}$$

当 $x=a_1$ 时，由式（2-103）可求出压力拱高度：

$$h_1=\frac{a_1}{f_k} \tag{2-104}$$

式中 h_1——压力拱高度。

式（2-104）就是从 20 世纪初开始应用的计算地下结构围岩压力的一个古老公式，称为普氏公式。

压力拱曲线上任何一点的高度为：

$$h_x=h_1-y=h_1\left(1-\frac{x^2}{a_1^2}\right) \tag{2-105}$$

因此，当地下结构上方具有足够厚度的覆盖层时，由于卸荷拱起到将岩体重量转嫁给洞室两侧的作用，因而只有压力拱内的岩体重量作用在结构上。

在地下结构设计中，常忽略压力拱曲线所造成的荷载集度的差别，垂直围岩压力取均布形式，并按 h_1 计算，即：

$$q = \gamma h_1 \tag{2-106}$$

式中 q——作用在地下结构上的垂直围岩压力集度。

由式（2-104）看出，f_k 是表征岩体属性的一个重要的物理量，它决定岩体性质对压力拱高度的影响，f_k 是岩体抵抗各种破坏能力的综合指标，又称岩层坚硬系数或普氏系数。f_k 值大，则岩体抵抗各种破坏，如冲击、爆破、开挖等的能力就强。它的数值可以表示为：

对松散岩体：
$$f_k = \tan\varphi \tag{2-107}$$

对黏性岩体：
$$f_k = \tan\varphi + \frac{c}{\sigma} \tag{2-108}$$

对岩性岩体：
$$f_k = \frac{1}{10} R_c \tag{2-109}$$

式中 R_c——岩石单轴抗压强度（MPa）。在普化岩石分类表中，f_k 值的范围为 0.3～20。

由于岩体结构极为复杂，同种岩体也因裂隙、层理、节理发育状况不同，表现出对各种破坏抵抗能力的不同。f_k 值需结合现场、综合各种地质实际由经验判定。

（2）水平围岩压力

地下结构上作用有垂直围岩压力和水平围岩压力，垂直围岩压力的计算已如前述。一般来说，垂直围岩压力是地下结构所不可忽视的荷载，而水平围岩压力只是对较松软的岩层（如 $f_k \leqslant 2$ 时）才考虑。

地下结构的侧墙像挡土墙一样承受着围岩的水平压力。因此，为计算水平围岩压力，可首先计算出该点的垂直围岩压力集度，而后乘以侧压力系数 $\tan^2\left(45° - \frac{\varphi}{2}\right)$，即得水平围岩压力集度。所以任一深度 z 处的水平围岩压力集度为：

$$e_z = \gamma z \tan^2\left(45° - \frac{\varphi}{2}\right) \tag{2-110}$$

水平围岩压力沿深度呈三角形分布。

如果沿结构深度上岩体由多层组成，则必须分层计算各层的水平围岩压力。

（3）底部围岩压力

在某些松软岩层中构筑地下结构物，由于在衬砌侧墙底部轴向压力作用下，或某些岩层，如黏性土层及石膏等遇水膨胀，都有可能使洞室底部产生隆起现象。这种由于围岩隆起而对衬砌底板产生的作用力，叫作底部围岩压力。就数值来说，底部围岩压力一般比水平围岩压力小得多。由于地下工程一般都构筑在中等坚硬以上围岩中，通常都不需要计及底部围岩压力。如有必要，可参考有关文献，这里不再详细介绍。

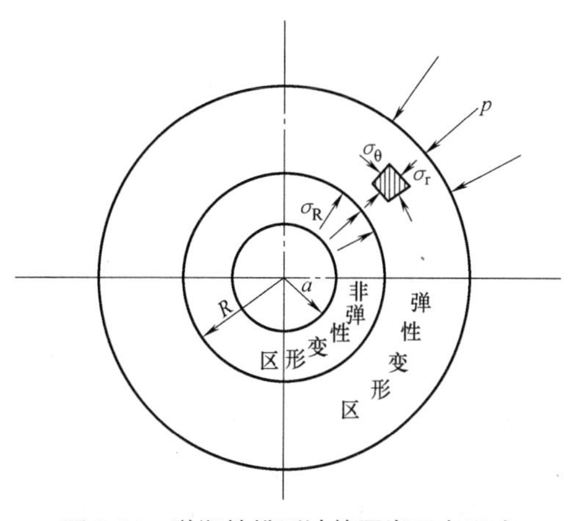

图 2-24 弹塑性模型计算围岩压力图式

2）按弹塑性体理论计算围岩压力

如图 2-24 表示地下圆形洞室周围所出现的各种变形区域。假定 R 为非弹性变形区的半径，而以半径为无穷大（与 a 相比相当大）

划定一个范围，则在这个范围的边界上作用着静水压力 p，而在半径为 R 的边界上作用着应力 σ_R。这时弹性区中的应力可根据弹性理论中厚壁圆筒的解答描述，即：

$$\sigma_r = p\left(1-\frac{R^2}{r^2}\right)+\sigma_R\frac{R^2}{r^2} \tag{2-111}$$

$$\sigma_\theta = p\left(1+\frac{R^2}{r^2}\right)-\sigma_R\frac{R^2}{r^2} \tag{2-112}$$

而非弹性变形区中的应力根据弹塑性理论解答为：

$$\sigma_r = (p_b + c\cdot\cot\varphi)\left(\frac{r}{a}\right)^{\frac{2\sin\varphi}{1-\sin\varphi}} - c\cdot\cot\varphi \tag{2-113}$$

$$\sigma_\theta = (p_b + c\cdot\cot\varphi)\left(\frac{r}{a}\right)^{\frac{2\sin\varphi}{1-\sin\varphi}}\cdot\frac{1+\sin\varphi}{1-\sin\varphi} - c\cdot\cot\varphi \tag{2-114}$$

式中 p_b——支护对洞室周边的反力，亦即围岩对支护的压力，两者大小相等；

p——洞室所在位置的原始应力，$p=\gamma H$（γ 为重度，H 为埋深）；

a——洞室半径；

R——非弹性变形区的半径。

在弹性区与非弹性区的交界面上，应力 σ_r、σ_θ 既满足非弹性变形区中的应力方程式（2-111）、式（2-112），也满足弹性变形区中的应力方程式（2-113）、式（2-114）。

对于非弹性变形区，由式（2-111）、式（2-112）得：

$$\sigma_r+\sigma_\theta = \frac{2(p_b + c\cdot\cot\varphi)}{1-\sin\varphi}\cdot\left(\frac{r}{a}\right)^{\frac{2\sin\varphi}{1-\sin\varphi}} - 2c\cdot\cot\varphi \tag{2-115}$$

对弹性区而言，由式（2-111）、式（2-112）可得：

$$\sigma_r+\sigma_\theta = 2p \tag{2-116}$$

在弹性区和非弹性区的交界上，即 $r=R$，应力状态应是定值，因此，式（2-115）与式（2-116）应相等，于是：

$$p = \frac{p_b + c\cdot\cot\varphi}{1-\sin\varphi}\cdot\left(\frac{R}{a}\right)^{\frac{2\sin\varphi}{1-\sin\varphi}} - c\cdot\cot\varphi \tag{2-117}$$

由此：

$$R = a\left[\frac{p + c\cdot\cot\varphi}{p_b + c\cdot\cot\varphi}\cdot(1-\sin\varphi)\right]^{\frac{1-\sin\varphi}{2\sin\varphi}} \tag{2-118}$$

也可以改写为：

$$p_b = [(p + c\cdot\cot\varphi)(1-\sin\varphi)]\left(\frac{a}{R}\right)^{\frac{2\sin\varphi}{1-\sin\varphi}} - c\cdot\cot\varphi \tag{2-119}$$

式中符号意义同前。

式（2-119）就是著名的修正了的芬纳公式。它表示当岩体性质、埋深等确定的情况下，非弹性变形区大小与支护对围岩提供的反力间的关系。

3）按围岩分级和经验公式确定围岩压力

根据理论分析和工程实践，围岩压力的性质、大小、分布规律等与许多因素有关，这些因素包括地质构造、岩体结构特征、地下水情况、初始应力状态、洞室形状和大小、支护手段以及施工方法等。由于影响因素多，围岩压力的确定便成了一个十分复杂的问题。前面介绍的按松散体理论和弹塑性理论确定围岩压力的方法，都是根据对岩体进行某种假定加以抽象简化而提出来的，其适用范围均有一定局限性。为了更好地解决各种实际压力计算问题，人们又提出了由工程类比得出的经验公式和数据，从而对围岩压力进行估计。

（1）垂直围岩压力

围岩垂直压力的综合经验公式为：

$$q=K\left(L+\frac{H}{2}\right)\gamma \tag{2-120}$$

式中 q——均匀分布垂直围岩压力（kPa）；

γ——岩体重度（kN/m^3）；

K——围岩压力系数；

L——洞室毛洞宽度（m）；

H——洞室毛洞高度（m）。

其中围岩压力系数之值按以下采用：

Ⅰ级围岩：$K=0$；

Ⅱ级围岩：$K=0.05\sim0.10$（忽略 $H/2$ 的影响，对于Ⅱ类围岩，当 $2a<10$m，可取 $K=0$）；

Ⅲ级围岩：$K=0.10\sim0.20$（对于Ⅲ类围岩，当 $2a<4$m，可取 $K=0$）；

Ⅳ级围岩：$K=0.30\sim0.40$；

Ⅴ级围岩：$K\geqslant0.55$。

（2）水平围岩压力

$$e=\lambda q \tag{2-121}$$

式中 e——均匀分布水平围岩压力（kN/m^2）；

λ——侧压力系数。

其中侧压力系数之值按以下采用：

Ⅰ～Ⅱ级围岩：$\lambda=0$；

Ⅲ级围岩：对于$Ⅲ_1$级，$\lambda\geqslant0.10\sim0.15$，对于$Ⅲ_2$、$Ⅲ_3$级，$\lambda\geqslant0.15\sim0.25$；

Ⅳ级围岩：$\lambda\geqslant0.25\sim0.40$；

Ⅴ级围岩：$\lambda\geqslant0.40$。

（3）适用范围

① 上述经验公式适用于深埋情况下地下结构上的围岩压力；浅埋情况比较简单，可参考相关规范；

② 适用于跨度小于 15m，$H/L\leqslant2.5$，顶部为拱形的地下工程；

③ 对于Ⅲ、Ⅳ级围岩，应根据地质构造和回填情况考虑不均匀压力影响；

④ Ⅴ级围岩由于地质条件变化大，围岩压力相差悬殊，因而公式给出了下限值。具体应用时可参照其他有关公式和实践经验确定。

2.3 初始地应力、释放荷载与开挖效应

初始地应力场一般包括自重应力场和构造应力场，而土层中仅有自重应力场存在，岩

二维码 2-12
初始地应力、释放荷载与开挖效应

层中对于Ⅳ级以下围岩，喷射混凝土层将在同围岩共同变形的过程中对围岩提供支护抗力，使围岩变形得到控制，从而使围岩保持稳定。与此同时，喷层将受到来自围岩的挤压力。这种挤压力由围岩变形引起，常称作“形变压力”。

Ⅳ级以下围岩一般呈现塑性和流变特性，洞室开挖后变形的发展往往会持续较久的时间。采用模筑混凝土支护围岩时，顶替原有临时支护时扰动围岩以及衬砌同周围围岩体不密贴都可招致松散压力，而当坍落发展到一定程度时，衬砌将与围岩密贴，并随围岩变形的继续发展，衬砌也将受到挤压，从而经受形变压力。可见围岩与支护间形变压力的传递，是一个随时间的推进而逐渐发展的过程。这类现象通常称为时间效应。

有限元分析中，形变压力常在计算过程中同时确定，而作为开挖效应的模拟，直接施加的荷载是在开挖边界上施加的释放荷载。

释放荷载可由已知初始地应力或与前一步开挖相应的应力场确定。先求得预计开挖边界上各结点的应力，并假定各节点间应力呈线性分布，然后反转开挖边界上各结点应力的方向（改变其符号），据以求得释放荷载，如图 2-25 所示。

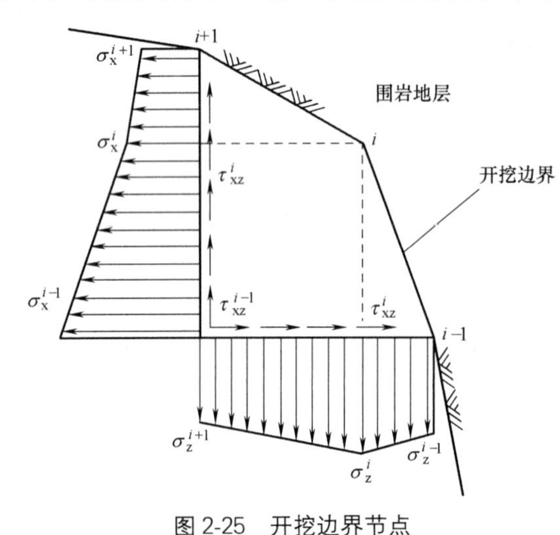

图 2-25 开挖边界节点

2.3.1 初始地应力的确定

初始地应力 $\{\sigma_0\}$ 的确定常需专门研究。对岩石地层，初始地应力可分为自重地应力和构造地应力两部分，而土层一般仅有自重地应力。如将其假设为均布应力或线性分布应力，并将其与自重地应力叠加，则可得到初始地应力的计算式为：

$$\sigma_x = a_1 + a_4 z;\sigma_z = a_2 + a_5 z;\tau_{xz} = a_3 \tag{2-122}$$

式中 $a_1 \sim a_5$——常数；

z——竖向坐标值。

对软土地层，初始地应力的垂直分量可取为自重应力，水平分量则常由根据经验给出的水平侧压力系数 K_0 算得，初始计算式为：

$$\sigma_z = \sum \gamma_i H_i;\sigma_x = K_0 \cdot (\sigma_z - p_w) + p_w \tag{2-123}$$

式中 σ_z、σ_x——竖直向和水平向初始地应力；

γ_i——计算点以上第 i 层土的重度；

H_i——相应的厚度；

p_w——计算点的孔隙水压力。

2.3.2 释放荷载的计算

对各开挖阶段的状态，有限元分析的表达式可写为：

$$[K]_i\{\Delta\delta\}_i = \{\Delta F_r\}_i + \{\Delta F_a\}_i \quad (i=1,\cdots,L) \tag{2-124}$$

式中　L——开挖阶段数；

$[K]_i$——第 i 开挖阶段岩土体和结构的总刚度矩阵，由 $[K]_i=[K]_0+\sum_{\lambda=1}^{i}[\Delta K]_\lambda$ 计算；

$[K]_0$——岩土体和结构（开挖开始前存在时）的初始总刚度矩阵；

$[\Delta K]_\lambda$——第 λ 开挖阶段的岩土体和结构刚度的增量或减量，用以体现岩土体单元的挖除、填筑及结构单元的施作或拆除；

$\{\Delta F_r\}_i$——第 i 开挖阶段开挖边界上的释放荷载的等效节点力；

$\{\Delta F_a\}_i$——第 i 开挖阶段新增自重等的等效节点力；

$\{\Delta\delta\}_i$——第 i 开挖阶段的节点位移增量。

采用增量初应变法解题时，对每个开挖步，增量加载过程的有限元分析的表达式为：

$$[K]_{ij}\{\Delta\delta\}_{ij}=\{\Delta F_r\}_i\cdot a_{ij}+\{\Delta F_a\}_{ij}\quad(i=1,\cdots,L;\ j=1,\cdots,M)\tag{2-125}$$

式中　M——各开挖步增量加载的次数；

$[K]_{ij}=[K]_{i-1}+\sum_{\xi=1}^{j}[\Delta K]_{i\xi}$——第 i 开挖步中施加第 j 增量步时的刚度矩阵；

a_{ij}——第 i 开挖步第 j 增量步的开挖边界释放荷载系数，开挖边界荷载完全释放时有 $\sum_{j=1}^{M}a_{ij}=1$；

$\{\Delta F_a\}_{ij}$——第 i 开挖步第 j 增量步新增自重等的等效节点力；

$\{\Delta\delta\}_{ij}$——第 i 开挖步第 j 增量步的节点位移增量。

增量时步加荷过程中，部分岩土体进入塑性状态后，由材料屈服引起的过量塑性应变以初应变的形式被转移，并由整个体系中的所有单元共同负担。每一时步中，各单元与过量塑性应变相应的初应变均以等效节点力的形式起作用，并处理为再次计算时的节点附加荷载，据以进行迭代运算，直至时步最终计算时间，并满足给定的精度要求。

岩土体单元出现受拉破坏或节理、接触面单元发生受拉或受剪破坏时，也可按原理与上述方法类同的方法处理。单元发生破坏后，沿破坏方向的单元应力需予转移，计算过程将其处理为等效节点力，据以进行迭代计算。

2.4　地层弹性抗力

二维码 2-13
地层弹性抗力

地下结构除承受主动荷载作用外（如围岩压力、结构自重等），还要承受一种被动荷载，即地层的弹性抗力。结构在主动荷载作用下，要产生变形。以隧道工程为例，如图 2-26 所示的曲墙拱形结构，在主动荷载（垂直荷载大于水平荷载）作用下，产生的变形如虚线所示。

在拱顶，其变形背向地层，在此区域内岩土体对结构不产生约束作用，所以称为“脱离区”，而在靠边拱脚和边墙部位，结构产生压向地层的变形，由于结构与岩土体紧密接触，则岩土体将制止结构的变形，从而产生了对结构的反作用力，对这个反作用力习惯上称弹性抗力，地层弹性抗力的存在是地下结构区别于地面结构的显著特点之一。因为地面

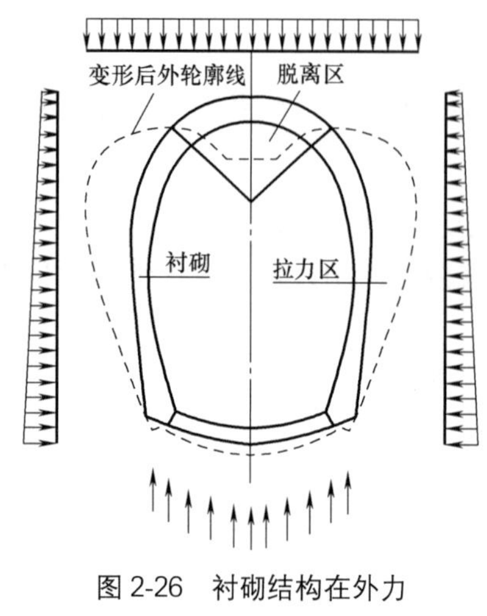

图 2-26 衬砌结构在外力作用下的变形规律

结构在外力作用下，可以自由变形不受介质约束，而地下结构在外力作用下，其变形受到地层的约束，所以地下结构设计必须考虑结构与地层之间的相互作用，这就带来了地下结构设计与计算的复杂性。而另一方面，由于弹性抗力的存在，限制了结构的变形，以致结构的受力条件得以改善，使其变形小而承载能力有所增加。

既然弹性抗力是由于结构与地层的相互作用产生的，所以弹性抗力大小和分布规律不仅决定于结构的变形，还与地层的物理力学性质有着密切的关系。如何确定弹性抗力的大小和其作用范围（抗力区），目前有两种理论：一种是局部变形理论，认为弹性地基某点上施加的外力只会引起该点的沉陷；另一种是共同变形理论，即认为弹性地基上的一点的外力，不仅引起该点发生沉陷，而且还会引起附近一定范围的地基沉陷。后一种理论较为合理，但由于局部变形理论计算较为简单，且一般尚能满足工程精度要求，所以目前多采用局部变形理论计算弹性抗力。

在局部变形理论中，以熟知的温克尔（E. Winkler）假设为基础，认为地层的弹性抗力与结构变位成正比，即：

$$\sigma=ky \tag{2-126}$$

式中 σ——弹性抗力强度（kPa）；

k——弹性抗力系数（kN/m^3）；

y——岩土体计算点的位移值（m）。

对于各种地下结构和不同介质，弹性抗力系数 k 值不同，可根据工程实践经验或参考相关规范确定。

二维码 2-14 结构自重及其他荷载

2.5 结构自重及其他荷载

计算结构的静荷载时，结构自重必须计算在内。等直杆件，如墙、梁、板、柱的自重，计算简单，不予介绍。下面着重介绍衬砌结构拱圈自重的计算方法。

1. 将衬砌结构自重简化为垂直均布荷载

当拱圈截面为等截面拱时，结构自重荷载为：

$$q=\gamma d_0 \tag{2-127}$$

式中 γ——材料重度（kN/m^3）；

d_0——拱顶截面厚度（m）。

2. 将结构自重简化为垂直均布荷载和三角形荷载

如图 2-27 所示，当拱圈为变截面拱时，结构自重荷载可选用如下三个近似公式：

$$\left.\begin{aligned} q &= \gamma d_0 \\ \Delta q &= \gamma(d_j - d_0) \end{aligned}\right\} \tag{2-128}$$

$$\left.\begin{aligned} q &= \gamma d_0 \\ \Delta q &= \gamma\left(\frac{d_j}{\cos\varphi_j} - d_0\right) \end{aligned}\right\} \tag{2-129}$$

$$\left.\begin{aligned} q &= \gamma d_0 \\ \Delta q &= \frac{(d_0 + d_j)\varphi_j - 2d_0\sin\varphi_j}{\sin\varphi_j}\gamma \end{aligned}\right\} \tag{2-130}$$

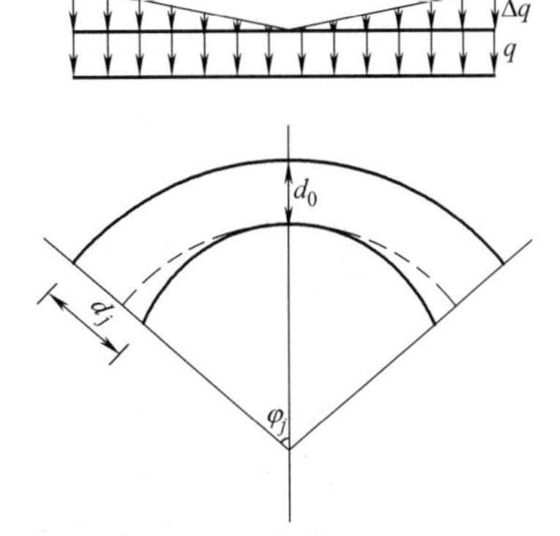

图 2-27 拱圈结构自重计算

地下结构除了岩土层压力、结构自重和弹性抗力等荷载外，还可能遇到其他形式的荷载，如灌浆压力、混凝土收缩应力、地下静水压力、温差应力及地震荷载等，这些荷载的计算可参阅有关文献。

本章小结

(1) 由于地下结构赋存环境的复杂性，作用于地下结构的荷载具有多样性、不确定性和随机性。作用在地下结构上的荷载，按其存在状态，分为静荷载、动荷载和活荷载等。地下结构所承受的荷载有结构自重、地层压力、弹性抗力、地下水静水压力、车辆和设备重量及其他使用荷载等。

(2) 对地下结构进行设计时，先计算个别荷载单独作用下的结构各部件截面内力，再进行最不利的内力组合，得出各设计控制截面的最大内力。

(3) 土压力是土与挡土结构之间相互作用的结果，可以分为静止土压力、主动土压力和被动土压力三种。计算静止土压力一般采用弹性理论；侧向土压力经典理论主要是库仑土压力理论和朗肯土压力理论。考虑地下水时水土压力计算包括水土压力分算、水土压力合算和稳态渗流时水压力的计算等。

(4) 围岩压力就是指位于地下结构周围变形或破坏的岩层，作用在衬砌结构或支撑结构上的压力。按松散体理论和弹塑性理论确定围岩压力，其适用范围具有一定的局限性，因为是对岩体进行某种假设加以抽象简化而提出来的。由工程类比得出的经验公式能更好地解决各种实际压力计算问题。

思考与练习题

2-1 地下结构荷载分为哪几类?

2-2 简述地下结构荷载的计算原则。

2-3 土压力可分为几种形式? 其大小关系如何?

2-4 静止土压力是如何确定的?

2-5 库仑理论的基本假定是什么? 并给出其一般土压力计算公式。

2-6 应用库仑理论，如何确定黏性土中的土压力大小?

2-7 简述朗肯土压力理论的基本假定。

2-8 如何计算分层土的土压力?

2-9 不同地面超载作用下的土压力是如何计算的?

2-10 考虑地下水时的水平压力是如何计算的?

2-11 简述围岩压力的概念及其影响因素。

2-12 简述围岩压力计算的两种理论方法。两者有何区别?

2-13 简述弹性抗力的基本概念。其值大小与哪些因素有关?

2-14 如何确定弹性抗力?

2-15 简述温克尔假定。

2-16 如何考虑初始地应力、释放荷载和开挖效应?

第 3 章　弹性地基梁理论

本章要点及学习目标

本章要点：

(1) 弹性地基梁的概念；

(2) 按温克尔假定计算弹性地基梁的基本假设；

(3) 弹性地基梁的挠度曲线微分方程及初参数；

(4) 按地基为弹性半无限平面体假定计算基础梁的基本假设；

(5) 按地基为弹性半无限平面体假定计算基础梁。

学习目标：

(1) 掌握弹性地基梁的概念和分类；

(2) 掌握弹性地基梁的计算模型及适用条件；

(3) 掌握短梁、无限长梁及半无限长梁的计算；

(4) 掌握弹性地基梁计算用表的使用方法。

3.1　概述

二维码 3-1
弹性地基梁
的特点

3.1.1　弹性地基梁的特点

弹性地基梁，是指放置在具有一定弹性地基上，各点与地基紧密相贴的梁，如铁路枕木、钢筋混凝土条形基础梁等。通过这种梁，将作用在它上面的荷载，分布到较大面积的地基上，既使承载能力较低的地基能承受较大的荷载，又能使梁的变形减小，提高刚度、降低内力。

弹性地基梁理论在地下结构的设计计算中具有重要的应用，如在计算隧道的直墙式衬砌结构时，就可以将衬砌看成支承在两个竖直弹性地基上的拱圈，其直墙部分可以按弹性地基梁计算；又如在计算浅埋地下通道的纵向内力时，也要用到弹性地基梁理论。

地下结构的弹性地基梁可以是平放的，也可以是竖放的；地基介质可以是岩石、黏土等固体材料，也可以是水、油之类的液体介质。弹性地基梁是超静定梁，其计算有专门的一套计算理论。在计算弹性地基梁时，常用的两种假设：①温克尔假定；②地基为弹性半无限体（或弹性半无限平面）的假定。

弹性地基梁与普通梁相比有两个区别：①普通梁只在有限个支座处与基础相连，梁所受的支座反力是有限个未知力，因此，普通梁是静定的或有限次超静定的结构。弹性地基梁与地基连续接触，梁所受的反力是连续分布的，也就是说，弹性地基梁具有无穷多个支点和无穷多个未知反力。因此，弹性地基梁是无穷多次超静定结构。由此看出，超静定次数是无限还是有限，这是它们的一个主要区别。② 普通梁的支座通常看作刚性支座，即略去地基的变形，只考虑梁的变形；弹性地基梁则必须同时考虑地基的变形。实际上，梁与地基是共同变形的。梁给地基以压力，使地基沉陷，反过来，地基给梁以相反的压力，限制梁的位移。而梁的位移与地基的沉陷在每一点又必须彼此相等，才能满足变形连续条件。由此看出，地基的变形是考虑还是略去，这是它们的另一个主要区别。

二维码 3-2 弹性地基梁的分类

3.1.2 弹性地基梁的分类

在工程实践中，经计算比较及分析表明，可根据不同的换算长度 $\lambda=\alpha L$（α 为梁的弹性标值，反应梁和地基的相对刚度），将地基梁进行分类，然后采用不同的方法进行简化。将弹性地基梁分为三种类型，划分的目的是为了简化计算。

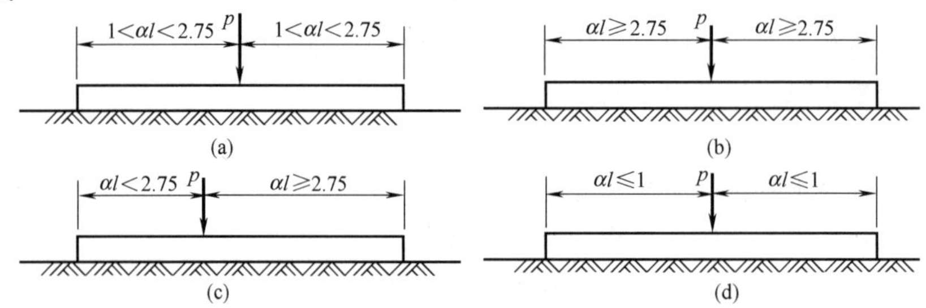

图 3-1 弹性半无限体的分类

（a）短梁；（b）无限长梁；（c）半无限长梁；（d）刚性梁

1. 短梁

如图 3-1（a）所示，当弹性地基梁的换算长度 $1<\lambda<2.75$ 时，属于短梁，它是弹性地基梁的一般情况。

2. 长梁

长梁可分为无限长梁（图 3-1b）和半无限长梁（图 3-1c）。当换算长度 $\lambda\geqslant2.75$ 时，属于长梁；若荷载作用点距梁两端的换算长度均不小于 2.75 时，可忽略该荷载对梁端的影响，这类梁称为无限长梁；若荷载作用点仅距梁一端的换算长度不小于 2.75 时，可忽略该荷载对这一端的影响，而对另一端的影响不能忽略，这类梁称为半无限长梁，无限长梁可化为两个半无限长梁。

3. 刚性梁

当换算长度 $\lambda\leqslant1$ 时，属于刚性梁（图 3-1d）。这时，可认为梁是绝对刚性的，即 $EI\rightarrow\infty$ 或 $\alpha\rightarrow0$。

3.2 按温克尔假定计算弹性地基梁

二维码 3-3 基本假设

3.2.1 基本假设

1867 年前后，温克尔（E. Winkler）对地基提出如下假设：地基表面任一点的沉降与该点单位面积上所受的压力成正比，即：

$$y=\frac{\sigma}{k} \tag{3-1}$$

式中 y——地基沉降（m）；

k——弹性地基系数（kPa/m），又称为弹性压缩系数或弹性抗力系数，其物理意义为使地基产生单位沉陷所需的压强；

σ——单位面积上的压力强度（kPa）。

这个假设实际上是把地基模拟为刚性支座上一系列独立的弹簧（图 3-2）。当地基表面上某一点受压力 σ 时，由于弹簧是彼此独立的，故只在该点局部产生沉陷 y，而在其他地方不产生任何沉陷。因此，这种地基模型称作局部弹性地基模型。

按温克尔假设计算地基梁时，可以考虑梁本身的实际弹性变形，因此消除了反力直线分布假设中的缺点。温克尔假设本身的缺点是没有反映地基变形的连续性，当地基表面在某一点承受压力时，实际上不仅在该点局部产生沉陷，而且也在邻近区域产生沉陷。由于没有考虑地基的连续性，故温克尔假设不能全面地反映地基梁的实际情况，特别对于密实厚土层地基和整体岩石地基，将会引起较大的误差。但是，如果地基的上部为较薄的土层，下部为坚硬岩石，则地基情况与图 3-2 中的弹簧模型比较相近，这时将得出比较满意的结果。

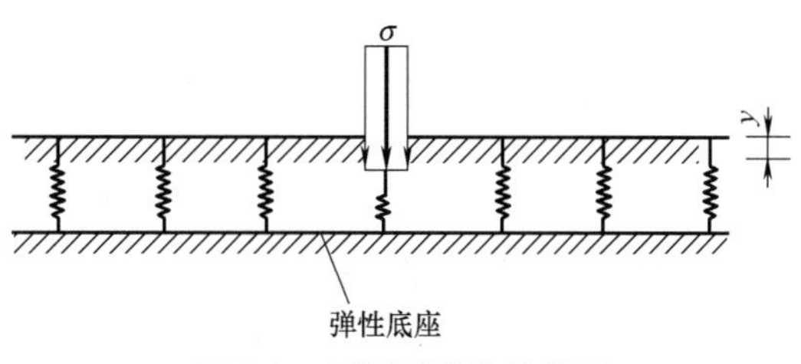

图 3-2 局部弹性地基模型

在弹性地基梁的计算理论中，除上述局部弹性地基模型假设外，还需作如下三个假设：

（1）地基梁在外荷载作用下产生变形的过程中，梁底面与地基表面始终紧密相贴，即地基的沉陷或隆起与梁的挠度处处相等；

（2）由于梁与地基间的摩擦力对计算结果影响不大，可以略去不计，因而，地基反力处处与接触面相垂直；

（3）地基梁的高跨比较小，符合平截面假设，因而可直接应用材料力学中有关梁的变形及内力计算结论。

3.2.2 按温克尔假定计算弹性地基梁的基本方程

二维码 3-4
挠度曲线微分
方程推导

1. 弹性地基梁的挠度曲线微分方程

图 3-3 表示一等截面的弹性地基梁，梁宽 $b=1\text{m}$。根据式（3-1），地基反力为 $\sigma=Ky$，其中 $K=b\cdot k$。

梁的角变、位移、弯矩、剪力及荷载的正方向均如图 3-3 所示。下面将按照图中所示情况，推导出弹性地基梁的挠度曲线微分方程。

从如图 3-3（a）所示的弹性地基梁中取出微段如图 3-3（b）所示，根据力的平衡条件 $\sum F_y=0$，得：

$$(Q+\mathrm{d}Q)-Q+q(x)\mathrm{d}x-\sigma\mathrm{d}x=0$$

化简后成为：

$$\frac{\mathrm{d}Q}{\mathrm{d}x}=\sigma-q(x) \tag{3-2}$$

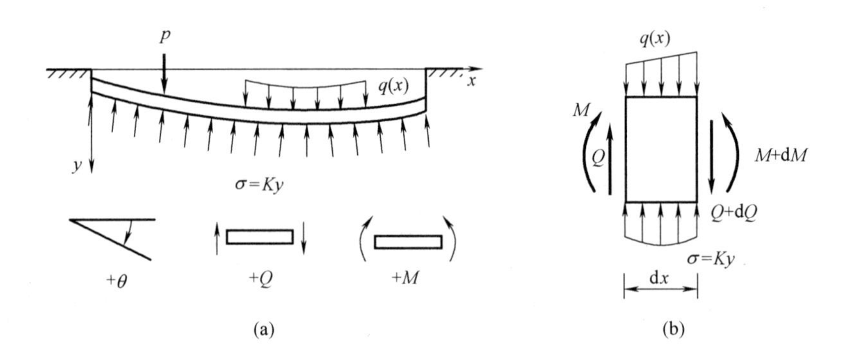

图 3-3 弹性地基梁上的荷载

再根据力矩平衡条件$\sum M=0$，得：

$$M-(M+\mathrm{d}M)+(Q+\mathrm{d}Q)\mathrm{d}x+q(x)\frac{(\mathrm{d}x)^2}{2}-\sigma\frac{(\mathrm{d}x)^2}{2}=0$$

整理并略去二阶微量，得：

$$Q=\frac{\mathrm{d}M}{\mathrm{d}x} \tag{3-3}$$

由式（3-2）和式（3-3），得：

$$\frac{\mathrm{d}Q}{\mathrm{d}x}=\frac{\mathrm{d}^2M}{\mathrm{d}x^2}=\sigma-q(x) \tag{3-4}$$

在图 3-3 所示的坐标系及受力条件下，若不计剪力对梁挠度的影响，由材料力学知识得：

$$\left.\begin{aligned}\theta&=\frac{\mathrm{d}y}{\mathrm{d}x}\\M&=-EI\frac{\mathrm{d}\theta}{\mathrm{d}x}=-EI\frac{\mathrm{d}^2y}{\mathrm{d}x^2}\\Q&=\frac{\mathrm{d}M}{\mathrm{d}x}=-EI\frac{\mathrm{d}^3y}{\mathrm{d}x^3}\end{aligned}\right\} \tag{3-5}$$

将式（3-5）代入式（3-4），并应用式（3-1），得到：

$$EI\frac{\mathrm{d}^4y}{\mathrm{d}x^4}=-Ky+q(x) \tag{3-6}$$

令：

$$\alpha=\sqrt[4]{\frac{K}{4EI}} \tag{3-7}$$

代入式（3-6）中，整理得：

$$\frac{\mathrm{d}^4y}{\mathrm{d}x^4}+4\alpha^4y=\frac{4\alpha^4}{K}q(x) \tag{3-8}$$

式中 α——梁的弹性标值；

E——梁的弹性模量；

I——梁的截面惯性矩。

式（3-8）就是弹性地基梁的挠度曲线微分方程。

为了便于计算，在式（3-8）中用变量 αx 代替变量 x，两者有如下关系：

$$\frac{\mathrm{d}y}{\mathrm{d}x}=\frac{\mathrm{d}y}{\mathrm{d}(\alpha x)}\cdot\frac{\mathrm{d}(\alpha x)}{\mathrm{d}x}=\alpha\frac{\mathrm{d}y}{\mathrm{d}(\alpha x)} \tag{3-9}$$

将式（3-9）代入式（3-8），则得：

$$\frac{\mathrm{d}^4 y}{\mathrm{d}(\alpha x)^4}+4y=\frac{4}{K}q(\alpha x) \tag{3-10}$$

式（3-10）是用变量 αx 代替变量 x 的挠度曲线微分方程。按温克尔假定计算弹性地基梁，可归结为求解微分方程式（3-10）。当 y 解出后，再由式（3-5）就可求出角变 θ、弯矩 M 和剪力 Q。将 y 乘以 K 就得地基反力。

2. 挠度曲线微分方程的齐次解答

二维码 3-5
齐次解答

式（3-10）是一个常系数、线性、非齐次的微分方程，它的一般解是由齐次解和特解所组成。它的齐次解就是：

$$\frac{\mathrm{d}^4 y}{\mathrm{d}(\alpha x)^4}+4y=0 \tag{3-11}$$

的一般解。

式（3-11）的特征方程为：

$$r^4+4=0$$

该特征方程的根为：

$$r_{1,2}=1\pm i；\ r_{3,4}=-1\pm i$$

则齐次方程式（3-11）的通解为：

$$y=e^{\alpha x}(A_1\cos\alpha x+A_2\sin\alpha x)+e^{-\alpha x}(A_3\cos\alpha x+A_4\sin\alpha x) \tag{3-12}$$

引入双曲正、余弦函数：

$$\mathrm{sh}\alpha x=\frac{e^{\alpha x}-e^{-\alpha x}}{2},\quad \mathrm{ch}\alpha x=\frac{e^{\alpha x}+e^{-\alpha x}}{2}$$

式（3-12）化为：

$$y=C_1\mathrm{ch}\alpha x\cos\alpha x+C_2\mathrm{ch}\alpha x\sin\alpha x+C_3\mathrm{sh}\alpha x\cos\alpha x+C_4\mathrm{sh}\alpha x\sin\alpha x \tag{3-13}$$

式（3-13）便是微分方程式（3-10）的齐次解。3.2.3 节、3.2.4 节和 3.2.5 节将弹性地基梁分为短梁、长梁和刚性梁分别考虑，以定出齐次解中的 4 个待定常数（C_1、C_2、C_3 和 C_4）与附加项（荷载影响）。再将一般解与附加项叠加，就得到微分方程式（3-10）的最终解答。

3.2.3　按温克尔假定计算短梁

1. 初参数和双曲三角函数的引用

二维码 3-6
初参数和双曲三角函数的引用

图 3-4 为一等截面的基础梁，设左端有位移 y_0、角变 θ_0、弯矩 M_0 和剪力 Q_0，这四个参数称为初参数，它们的正方向如图 3-4 所示。

对式（3-13）进行各阶求导，应用梁左端的边界条件，并当 $x=0$ 时，$\mathrm{ch}\alpha x=\cos\alpha x=1$，$\mathrm{sh}\alpha x=\sin\alpha x=0$，得到：

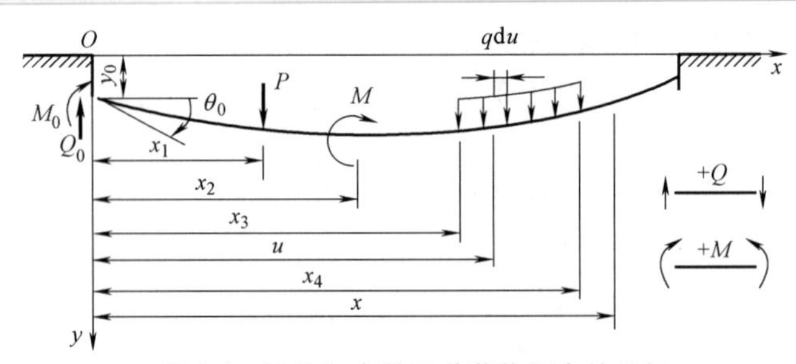

图 3-4 梁的初参数及荷载作用点的坐标

$$\left.\begin{aligned}&y_0=C_1\\&\theta_0=\alpha(C_2+C_3)\\&M_0=-2EI\alpha^2C_4\\&Q_0=2EI\alpha^3(-C_2+C_3)\end{aligned}\right\}\tag{3-14}$$

求解式（3-14），得出：

$$\left.\begin{aligned}&C_1=y_0\\&C_2=\frac{1}{2\alpha}\theta_0-\frac{1}{4\alpha^3EI}Q_0\\&C_3=\frac{1}{2\alpha}\theta_0+\frac{1}{4\alpha^3EI}Q_0\\&C_4=-\frac{1}{2\alpha^2EI}M_0\end{aligned}\right\}\tag{3-15}$$

将式（3-13）中的四个常数 C_1、C_2、C_3 和 C_4 用初参数 y_0、θ_0、M_0 和 Q_0 表达，式（3-15）代入式（3-13）中，得：

$$\begin{aligned}y=&y_0\text{ch}\alpha x\cos\alpha x+\theta_0\frac{1}{2\alpha}(\text{ch}\alpha x\sin\alpha x+\text{sh}\alpha x\cos\alpha x)\\&-M_0\frac{1}{2\alpha^2EI}\text{sh}\alpha x\sin\alpha x-Q_0\frac{1}{4\alpha^3EI}(\text{ch}\alpha x\sin\alpha x-\text{sh}\alpha x\cos\alpha x)\end{aligned}\tag{3-16}$$

为计算方便，引入记号：

$$\left.\begin{aligned}&\varphi_1=\text{ch}\alpha x\cos\alpha x\\&\varphi_2=\text{ch}\alpha x\sin\alpha x+\text{sh}\alpha x\cos\alpha x\\&\varphi_3=\text{sh}\alpha x\sin\alpha x\\&\varphi_4=\text{ch}\alpha x\sin\alpha x-\text{sh}\alpha x\cos\alpha x\end{aligned}\right\}\tag{3-17}$$

其中 φ_1、φ_2、φ_3、φ_4 叫作双曲线三角函数，可以从附表 1 查得。这四个函数之间有如下的关系：

$$\left.\begin{aligned}&\frac{d\varphi_1}{dx}=\frac{d\varphi_1}{d(\alpha x)}\cdot\frac{d(\alpha x)}{dx}=\alpha\frac{d\varphi_1}{d(\alpha x)}=-\alpha\varphi_4\\&\frac{d\varphi_2}{dx}=\frac{d\varphi_2}{d(\alpha x)}\cdot\frac{d(\alpha x)}{dx}=\alpha\frac{d\varphi_2}{d(\alpha x)}=2\alpha\varphi_1\\&\frac{d\varphi_3}{dx}=\frac{d\varphi_3}{d(\alpha x)}\cdot\frac{d(\alpha x)}{dx}=\alpha\frac{d\varphi_3}{d(\alpha x)}=\alpha\varphi_2\\&\frac{d\varphi_4}{dx}=\frac{d\varphi_4}{d(\alpha x)}\cdot\frac{d(\alpha x)}{dx}=\alpha\frac{d\varphi_4}{d(\alpha x)}=2\alpha\varphi_3\end{aligned}\right\}\tag{3-18}$$

将式（3-17）代入式（3-16），并应用式（3-7）消去 EI，再按式（3-5）逐次求导数，并利用式（3-18），得到：

$$
\left.\begin{aligned}
y&=y_0\varphi_1+\theta_0\frac{1}{2\alpha}\varphi_2-M_0\frac{2\alpha^2}{K}\varphi_3-Q_0\frac{\alpha}{K}\varphi_4\\
\theta&=-y_0\alpha\varphi_4+\theta_0\varphi_1-M_0\frac{2\alpha^3}{K}\varphi_2-Q_0\frac{2\alpha^2}{K}\varphi_3\\
M&=y_0\frac{K}{2\alpha^2}\varphi_3+\theta_0\frac{K}{4\alpha^3}\varphi_4+M_0\varphi_1+Q_0\frac{1}{2\alpha}\varphi_2\\
Q&=y_0\frac{K}{2\alpha}\varphi_2+\theta_0\frac{K}{2\alpha^2}\varphi_3-M_0\alpha\varphi_4+Q_0\varphi_1
\end{aligned}\right\}\tag{3-19}
$$

式（3-19）即为用初参数表示的齐次微分方程的解，该式的一个显著优点是，式中每一项都具有明确的物理意义，如式（3-19）中的第一式中，φ_1 表示当原点有单位挠度（其他三个初参数均为零）时梁的挠度方程，$\frac{1}{2\alpha}\varphi_2$ 表示原点有单位转角（其他三个初参数均为零）时梁的挠度方程，$-\frac{2\alpha^2}{K}\varphi_3$ 表示原点有单位弯矩（其他三个初参数均为零）时梁的挠度方程，$-\frac{\alpha}{K}\varphi_4$ 表示原点有单位剪力（其他三个初参数均为零）时梁的挠度方程；另一个显著优点是，在四个待定常数 y_0、θ_0、M_0 和 Q_0 中有两个参数可由原点端的两个边界条件直接求出，另两个待定初参数由另一端的边界条件来确定。这样就使确定参数的工作得到了简化。

2. 边界条件

上面已经求出基本微分方程的通解式（3-19），包含四个初参数 y_0、θ_0、M_0 和 Q_0，可利用地基梁的四个边界条件求出。下面写出梁端几种支承情况的边界条件。

二维码 3-7
边界条件

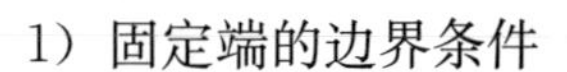

1）固定端的边界条件

竖向位移 $y=0$，转角 $\theta=0$，即 $\frac{\mathrm{d}y}{\mathrm{d}x}=0$。如果固定端有给定的沉降和转角，则边界条件为 $y=$已知值、$\frac{\mathrm{d}y}{\mathrm{d}x}=$已知值。

2）简支端的边界条件

竖向位移 $y=0$，弯矩 $M=0$，即 $\frac{\mathrm{d}^2y}{\mathrm{d}x^2}=0$。如果简支端有给定的沉降和力偶荷载作用，则边界条件为 $y=$已知值、$\frac{\mathrm{d}^2y}{\mathrm{d}x^2}=$已知值。

3）自由端的边界条件

弯矩 $M=0$，即 $\frac{\mathrm{d}^2y}{\mathrm{d}x^2}=0$；剪力 $Q=0$，即 $\frac{\mathrm{d}^3y}{\mathrm{d}x^3}=0$。如果自由端有给定的力偶荷载和竖向荷载作用，则边界条件为 $\frac{\mathrm{d}^2y}{\mathrm{d}x^2}=$已知值、$\frac{\mathrm{d}^3y}{\mathrm{d}x^3}=$已知值。

由此看出，在梁的每端都可以写出两个边界条件，在梁的两端共可以写出四个边界条件，因此正好可以解出四个待定常数。

3. 荷载引起的附加项

以图 3-4 所示的弹性地基梁为例，当初参数 y_0、θ_0、M_0 和 Q_0 已知时，就可以利用式（3-19）计算荷载 P 以左各截面的位移 y、角变 θ、弯矩 M 和剪力 Q，但在计算荷载 P 右方各截面的这些量值时，还需在式（3-19）中增加由于荷载引起的附加项。

二维码 3-8 集中荷载 P 引起的附加项

下面将分别求出集中荷载 P、力矩 M 和分布荷载 q 引起的附加项。

1）集中荷载 P 引起的附加项

如图 3-4 所示，将坐标原点移到荷载 P 的作用点，仍可用式（3-19）计算荷载 P 引起的右方各截面的位移、角变、弯矩和剪力。因为仅考虑 P 的作用，故在其作用点处的四个初参数为：

$$y_{x_1}=0;\theta_{x_1}=0;M_{x_1}=0;Q_{x_1}=-P$$

用 y_{x_1}、θ_{x_1}、M_{x_1} 和 Q_{x_1} 代换式（3-19）中的 y_0、θ_0、M_0 和 Q_0，则得：

$$\left.\begin{aligned}
y&=\frac{\alpha}{K}P\varphi_{4\alpha(x-x_1)}\\
\theta&=\frac{2\alpha^2}{K}P\varphi_{3\alpha(x-x_1)}\\
M&=-\frac{1}{2\alpha}P\varphi_{2\alpha(x-x_1)}\\
Q&=-P\varphi_{1\alpha(x-x_1)}
\end{aligned}\right\}\tag{3-20}$$

式（3-20）即为荷载 P 引起的附加项。式中双曲线三角函数 φ_1、φ_2、φ_3、φ_4 均有下标 α（$x-x_1$），表示这些函数随变量 α（$x-x_1$）变化。当求荷载 P 左边各截面（图 3-4）的位移、角变、弯矩和剪力时，只用式（3-19）即可，不需要用式（3-20），因此，当 $x<x_1$ 时，式（3-20）不存在。

二维码 3-9 力矩荷载 M 引起的附加项

2）力矩荷载 M 引起的附加项

和推导式（3-20）的方法相同，当图 3-4 所示的梁只作用着力矩 M 时，将坐标原点移到荷载 M 的作用点，此点的四个初参数为：

$$y_{x_2}=0;\ \theta_{x_2}=0;\ M_{x_2}=M;\ Q_{x_2}=0$$

用 y_{x_2}、θ_{x_2}、M_{x_2} 和 Q_{x_2} 代换式（3-19）中的 y_0、θ_0、M_0 和 Q_0 就得到力矩 M 引起的附加项：

$$\left.\begin{aligned}
y&=-\frac{2\alpha^2}{K}M\varphi_{3\alpha(x-x_2)}\\
\theta&=-\frac{2\alpha^3}{K}M\varphi_{2\alpha(x-x_2)}\\
M&=M\varphi_{1\alpha(x-x_2)}\\
Q&=-\alpha M\varphi_{4\alpha(x-x_2)}
\end{aligned}\right\}\tag{3-21}$$

式中，双曲线三角函数 φ_1、φ_2、φ_3、φ_4 均有下标 α（$x-x_2$），表示这些函数随变量 α（$x-x_2$）变化。当 $x<x_2$ 时，式（3-21）不存在。

3）分布荷载 q 引起的附加项

如图 3-4 所示，设求坐标为 x（$x \geqslant x_4$）截面的位移、角变、弯矩和剪力。将分布荷载看成是无限多个集中荷载 $q\mathrm{d}u$ 组成，代入式（3-20），得：

二维码 3-10
分布荷载 q
引起的附加项

$$\left.\begin{aligned}
y &= \frac{\alpha}{K}\int_{x_3}^{x_4} \varphi_{4\alpha(x-u)} q\mathrm{d}u \\
\theta &= \frac{2\alpha^2}{K}\int_{x_3}^{x_4} \varphi_{3\alpha(x-u)} q\mathrm{d}u \\
M &= -\frac{1}{2\alpha}\int_{x_3}^{x_4} \varphi_{2\alpha(x-u)} q\mathrm{d}u \\
Q &= -\int_{x_3}^{x_4} \varphi_{1\alpha(x-u)} q\mathrm{d}u
\end{aligned}\right\} \tag{3-22}$$

在式（3-22）中 φ_1、φ_2、φ_3、φ_4 随 α（$x-u$）变化。如视 x 为常数，则 $\mathrm{d}(x-u)=-\mathrm{d}u$。考虑这一关系，并注意式（3-18），得到下列各式：

$$\left.\begin{aligned}
\varphi_{4\alpha(x-u)} &= \frac{1}{\alpha}\frac{\mathrm{d}}{\mathrm{d}u}\varphi_{1\alpha(x-u)} \\
\varphi_{3\alpha(x-u)} &= -\frac{1}{2\alpha}\frac{\mathrm{d}}{\mathrm{d}u}\varphi_{4\alpha(x-u)} \\
\varphi_{2\alpha(x-u)} &= -\frac{1}{\alpha}\frac{\mathrm{d}}{\mathrm{d}u}\varphi_{3\alpha(x-u)} \\
\varphi_{1\alpha(x-u)} &= -\frac{1}{2\alpha}\frac{\mathrm{d}}{\mathrm{d}u}\varphi_{2\alpha(x-u)}
\end{aligned}\right\} \tag{3-23}$$

将以上各式代入式（3-22），再进行分部积分，则得：

$$\left.\begin{aligned}
y &= \frac{1}{K}\int_{x_3}^{x_4} \frac{\mathrm{d}}{\mathrm{d}u}\varphi_{1\alpha(x-u)} q\mathrm{d}u \\
&= \frac{1}{K}\left\{\left[q\varphi_{1\alpha(x-u)}\right]_{x_3}^{x_4} - \left[\int_{x_3}^{x_4} \varphi_{1\alpha(x-u)} \frac{\mathrm{d}q}{\mathrm{d}u}\mathrm{d}u\right]\right\} \\
\theta &= -\frac{\alpha}{K}\int_{x_3}^{x_4} \frac{\mathrm{d}}{\mathrm{d}u}\varphi_{4\alpha(x-u)} q\mathrm{d}u \\
&= -\frac{\alpha}{K}\left\{\left[q\varphi_{4\alpha(x-u)}\right]_{x_3}^{x_4} - \left[\int_{x_3}^{x_4} \varphi_{4\alpha(x-u)} \frac{\mathrm{d}q}{\mathrm{d}u}\mathrm{d}u\right]\right\} \\
M &= \frac{1}{2\alpha^2}\int_{x_3}^{x_4} \frac{\mathrm{d}}{\mathrm{d}u}\varphi_{3\alpha(x-u)} q\mathrm{d}u \\
&= \frac{1}{2\alpha^2}\left\{\left[q\varphi_{3\alpha(x-u)}\right]_{x_3}^{x_4} - \left[\int_{x_3}^{x_4} \varphi_{3\alpha(x-u)} \frac{\mathrm{d}q}{\mathrm{d}u}\mathrm{d}u\right]\right\} \\
Q &= \frac{1}{2\alpha}\int_{x_3}^{x_4} \frac{\mathrm{d}}{\mathrm{d}u}\varphi_{2\alpha(x-u)} q\mathrm{d}u \\
&= \frac{1}{2\alpha}\left\{\left[q\varphi_{2\alpha(x-u)}\right]_{x_3}^{x_4} - \left[\int_{x_3}^{x_4} \varphi_{2\alpha(x-u)} \frac{\mathrm{d}q}{\mathrm{d}u}\mathrm{d}u\right]\right\}
\end{aligned}\right\} \tag{3-24}$$

式（3-24）就是分布荷载 q 的附加项的一般公式。下面我们用此式求四种不同分布荷载的附加项：梁上有一段均布荷载；梁上有一段三角形分布荷载；梁的全跨布满均布荷载；梁的全跨布满三角形荷载。

(1) 梁上有一段均布荷载的附加项

如图 3-5 所示，梁上有一段均布荷载 q_0，这时 $q=q_0$，$\frac{\mathrm{d}q}{\mathrm{d}u}=0$，代入式（3-24）得附加项为：

$$\left.\begin{aligned}
y&=\frac{q_0}{K}\left[\varphi_{1\alpha(x-x_4)}-\varphi_{1\alpha(x-x_3)}\right]\\
\theta&=-\frac{q_0\alpha}{K}\left[\varphi_{4\alpha(x-x_4)}-\varphi_{4\alpha(x-x_3)}\right]\\
M&=\frac{q_0}{2\alpha^2}\left[\varphi_{3\alpha(x-x_4)}-\varphi_{3\alpha(x-x_3)}\right]\\
Q&=\frac{q_0}{2\alpha}\left[\varphi_{2\alpha(x-x_4)}-\varphi_{2\alpha(x-x_3)}\right]
\end{aligned}\right\}\tag{3-25}$$

(2) 梁上有一段三角形分布荷载的附加项

如图 3-5 所示，梁上有一段三角形分布荷载（当 $x=x_3$ 时，$q=0$；当 $x=x_4$ 时，$q=\Delta q$），这时 $q=\frac{\Delta q}{x_4-x_3}(u-x_3)$，$\frac{\mathrm{d}q}{\mathrm{d}u}=\frac{\Delta q}{x_4-x_3}$。代入式（3-24）得附加项为：

$$\left.\begin{aligned}
y&=\frac{\Delta q}{K(x_4-x_3)}\left\{\left[(x_4-x_3)\varphi_{1\alpha(x-x_4)}\right]+\frac{1}{2\alpha}\left[\varphi_{2\alpha(x-x_4)}-\varphi_{2\alpha(x-x_3)}\right]\right\}\\
\theta&=-\frac{\alpha\Delta q}{K(x_4-x_3)}\left\{\left[(x_4-x_3)\varphi_{4\alpha(x-x_4)}\right]-\frac{1}{\alpha}\left[\varphi_{1\alpha(x-x_4)}-\varphi_{1\alpha(x-x_3)}\right]\right\}\\
M&=\frac{\Delta q}{2\alpha^2(x_4-x_3)}\left\{\left[(x_4-x_3)\varphi_{3\alpha(x-x_4)}\right]+\frac{1}{2\alpha}\left[\varphi_{4\alpha(x-x_4)}-\varphi_{4\alpha(x-x_3)}\right]\right\}\\
Q&=\frac{\Delta q}{2\alpha(x_4-x_3)}\left\{\left[(x_4-x_3)\varphi_{2\alpha(x-x_4)}\right]+\frac{1}{\alpha}\left[\varphi_{3\alpha(x-x_4)}-\varphi_{3\alpha(x-x_3)}\right]\right\}
\end{aligned}\right\}\tag{3-26}$$

(3) 梁的全跨布满均布荷载的附加项

当均布荷载 q_0 布满梁的全跨时（图 3-6），则 $x_3=0$，并且任一截面的坐标距 x 永远小于或等于 x_4。将式（3-25）中各函数 φ 的下标 x_4 改为 x，得到梁的全跨布满均布荷载的附加项：

$$\left.\begin{aligned}
y&=\frac{q_0}{K}(1-\varphi_1)\\
\theta&=\frac{q_0\alpha}{K}\varphi_4\\
M&=-\frac{q_0}{2\alpha^2}\varphi_3\\
Q&=-\frac{q_0}{2\alpha}\varphi_2
\end{aligned}\right\}\tag{3-27}$$

(4) 梁的全跨布满三角形荷载的附加项

当三角形荷载分布满梁的全跨时（图 3-6），则 $x_3=0$，并且任一截面的坐标距 x 永远小于或等于 x_4。将式（3-26）中各函数 φ 的下标 x_4 以及式中第一个中括号内乘数

(x_4-x_3) 中的 x_4 改为 x，得到梁的全跨布满三角形荷载的附加项：

$$\left.\begin{aligned}
y&=\frac{\Delta q}{Kl}\left(x-\frac{1}{2\alpha}\varphi_2\right)\\
\theta&=\frac{\Delta q}{Kl}(1-\varphi_1)\\
M&=-\frac{\Delta q}{4\alpha^3 l}\varphi_4\\
Q&=-\frac{\Delta q}{2\alpha^2 l}\varphi_3
\end{aligned}\right\}\tag{3-28}$$

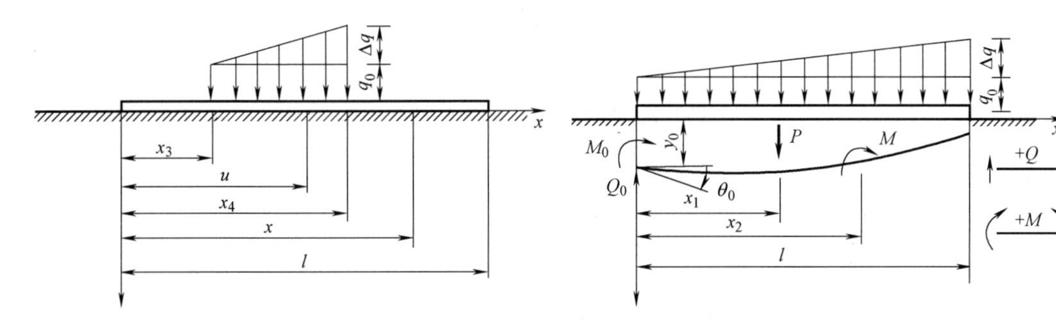

图 3-5 梁上有一段三角形分布荷载　　图 3-6 梁的全跨布满三角形荷载

在衬砌结构的计算中，常见的荷载有均布荷载、三角形分布荷载、集中荷载和力矩荷载，如图 3-6 所示。根据这几种荷载，将以上求位移、角变、弯矩和剪力的公式综合如下：

$$\left.\begin{aligned}
y=&\,y_0\varphi_1+\theta_0\frac{1}{2\alpha}\varphi_2-M_0\frac{2\alpha^2}{K}\varphi_3-Q_0\frac{\alpha}{K}\varphi_4+\frac{q_0}{K}(1-\varphi_1)+\frac{\Delta q}{Kl}\left(x-\frac{1}{2\alpha}\varphi_2\right)\\
&+\|_{x_1}\frac{\alpha}{K}P\varphi_{4\alpha(x-x_1)}-\|_{x_2}\frac{2\alpha^2}{K}M\varphi_{3\alpha(x-x_2)}\\
\theta=&-y_0\alpha\varphi_4+\theta_0\varphi_1-M_0\frac{2\alpha^3}{K}\varphi_2-Q_0\frac{2\alpha^2}{K}\varphi_3+\frac{q_0\alpha}{K}\varphi_4+\frac{\Delta q}{Kl}(1-\varphi_1)\\
&+\|_{x_1}\frac{2\alpha^2}{K}P\varphi_{3\alpha(x-x_1)}-\|_{x_2}\frac{2\alpha^3}{K}M\varphi_{2\alpha(x-x_2)}\\
M=&\,y_0\frac{K}{2\alpha^2}\varphi_3+\theta_0\frac{K}{4\alpha^3}\varphi_4+M_0\varphi_1+Q_0\frac{1}{2\alpha}\varphi_2-\frac{q_0}{2\alpha^2}\varphi_3-\frac{\Delta q}{4\alpha^3 l}\varphi_4\\
&-\|_{x_1}\frac{1}{2\alpha}P\varphi_{2\alpha(x-x_1)}-\|_{x_2}M\varphi_{1\alpha(x-x_2)}\\
Q=&\,y_0\frac{K}{2\alpha}\varphi_2+\theta_0\frac{K}{2\alpha^2}\varphi_3-M_0\alpha\varphi_4+Q_0\varphi_1-\frac{q_0}{2\alpha}\varphi_2-\frac{\Delta q}{2\alpha^2 l}\varphi_3\\
&-\|_{x_1}P\varphi_{1\alpha(x-x_1)}-\|_{x_2}\alpha M\varphi_{4\alpha(x-x_2)}
\end{aligned}\right\}\tag{3-29}$$

式中，符号 $\|_{x_i}$ 表示附加项只有当 $x\geqslant x_i$ 时才存在。

式 (3-29) 是按温克尔假定计算弹性地基梁的方程，在衬砌结构的计算中经常使用。式中的位移 y、角变 θ、弯矩 M 和剪力 Q 与荷载的正向，如图 3-6 所示。

对于梁上作用有一段均布荷载或一段三角形分布荷载（图 3-5）引起的附加项，见式（3-25）与式（3-26）。式（3-29）没有将这两个公式综合到式中去。

【例题 3-1】 如图 3-7 所示基础梁，长度 $l=4\text{m}$，宽度 $b=0.2\text{m}$。$EI=1333\text{kN}\cdot\text{m}^2$。地基的弹性压缩系数 $k=40000\text{kN/m}^3$，梁的两端自由。求梁截面 1 和截面 2 的弯矩。

二维码 3-11
短梁算例

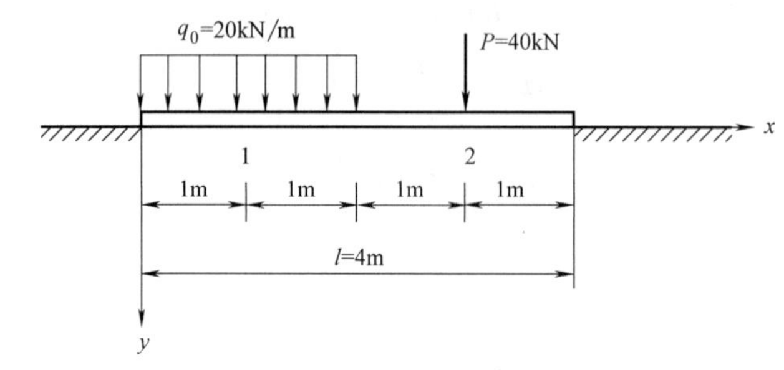

图 3-7　基础梁及荷载分布图

【解】

1）查双曲线三角函数

因梁宽 $b=0.2\text{m}$，故 K 值为：

$$K=bk=0.2\times40000=8000\text{kN/m}^2$$

由式（3-7）求出梁的弹性标值 α 为：

$$\alpha=\sqrt[4]{\frac{K}{4EI}}=\sqrt[4]{\frac{8000}{4\times1333}}=1.107\text{m}^{-1}$$

从附表 1 中查出各 φ 值，见表 3-1。

φ 值　　　　**表 3-1**

x(m)	αx	φ_1	φ_2	φ_3	φ_4
1	1.1	0.7568	2.0930	1.1904	0.8811
2	2.2	−2.6882	1.0702	3.6036	6.3163
3	3.3	−13.4048	−15.5098	−2.1356	11.2272
4	4.4	−12.5180	−51.2746	−38.7486	−26.2460

2）确定初参数 y_0、θ_0、M_0、Q_0

由梁左端的边界条件，知：

$$M_0=0;\ Q_0=0$$

其他两个初参数 y_0 和 θ_0 可由梁右端的边界条件 $M=0$ 与 $Q=0$ 由式（3-29）确定。

因梁上作用着一段均布荷载，故需将式（3-25）迭加到式（3-29）中，如图 3-7 所示，由 $x_1=3\text{m}$；$x_3=0$；$x_4=2\text{m}$，便可写出下列两式：

$$y_0\frac{K}{2\alpha^2}\varphi_3+\theta_0\frac{K}{4\alpha^3}\varphi_4-\frac{1}{2\alpha}P\varphi_{2\alpha(x-x_1)}+\frac{q_0}{2\alpha^2}[\varphi_{3\alpha(x-x_4)}-\varphi_3]=0$$

$$y_0\frac{K}{2\alpha}\varphi_2+\theta_0\frac{K}{2\alpha^2}\varphi_3-P\varphi_{1\alpha(x-x_1)}+\frac{q_0}{2\alpha}[\varphi_{2\alpha(x-x_4)}-\varphi_2]=0$$

将 α 值、K 值和表 3-1 中相应的 φ 值代入以上两式中，得：

$$-\frac{8000\times38.7486}{2\times1.107^2}y_0-\frac{8000\times26.2460}{4\times1.107^3}\theta_0-\frac{40\times2.0930}{2\times1.107}$$

$$+\frac{20}{2\times1.107^2}[3.6036-(-38.7486)]=0$$

$$-\frac{8000\times51.2746}{2\times1.107}y_0-\frac{8000\times38.7486}{2\times1.107^2}\theta_0-40\times0.7568$$

$$+\frac{20}{2\times1.107}[1.0702-(-51.2746)]=0$$

解出：

$$y_0=0.00247\text{m};\ \theta_0=-0.0001188$$

3）求截面 1 和截面 2 的弯矩

将式（3-25）迭加到式（3-29）中，集中荷载 P 的附加项对截面 1 和截面 2 的弯矩没有影响。由此，则得：

$$M=y_0\frac{K}{2\alpha^2}\varphi_3+\theta_0\frac{K}{4\alpha^3}\varphi_4+\frac{q_0}{2\alpha^2}[\varphi_{3\alpha(x-x_4)}-\varphi_3]$$

将 α 值、K 值、y_0、θ_0 和表 3-1 中相应的 φ 值代入以上式，算出截面 1 与截面 2 的弯矩如下：

（1）截面 1 的弯矩

截面 1 距坐标原点 $x=1\text{m}$，在均布荷载范围以内，故 $x_4=x$。截面 1 的弯矩为：

$$M=0.00247\times\frac{8000}{2\times1.107^2}\times1.1904-0.0001188\times\frac{8000}{4\times1.107^3}\times0.8811$$

$$+\frac{20}{2\times1.107^2}[0-1.1904]=-0.270\text{kN}\cdot\text{m}$$

（2）截面 2 的弯矩

截面 2 在均布荷载范围以外，由 $x_4=2\text{m}$，$x=3\text{m}$。截面 2 的弯矩为：

$$M=0.00247\times\frac{8000}{2\times1.107^2}\times(-2.1356)-0.0001188\times\frac{8000}{4\times1.107^3}\times11.2272$$

$$+\frac{20}{2\times1.107^2}[1.1904-(-2.1356)]=7.957\text{kN}\cdot\text{m}$$

二维码 3-12
长梁方程推导

3.2.4 按温克尔假定计算长梁

1. 无限长梁在集中力 P 作用下的计算

如图 3-8 所示的基础梁，在集中荷载 P 作用点向左或向右的梁的长度满足 $\alpha l\geqslant2.75$，故把梁看作无限长梁。尽管集中荷载 P 作用点不一定在梁的对称截面上，但只要该作用点向左或向右的梁足够长，此点就可以看作梁的对称点。

当 x 趋近于∞时，梁的沉陷应该趋近于零，有 $A_1=A_2=0$，式（3-12）变为：

$$y=e^{-\alpha x}(A_3\cos\alpha x+A_4\sin\alpha x)\tag{3-30}$$

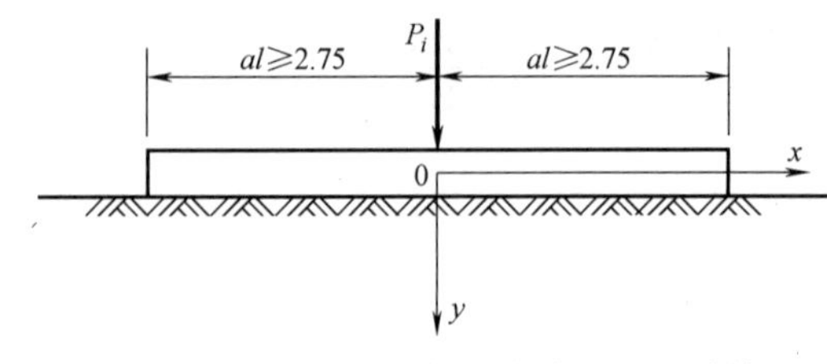

图 3-8　无限长梁在集中力作用下的计算

又由对称条件知，$\theta=\left.\frac{\mathrm{d}y}{\mathrm{d}x}\right|_{x=0}=0$，得 $A_3=A_4$。

由静力平衡条件 $\sum F_y=0$：$KA_3\int_0^\infty e^{-\alpha x}(\cos\alpha x+\sin\alpha x)\mathrm{d}x=\frac{P}{2}$，求得 $A_3=A_4=\frac{P\alpha}{2K}$，代入式（3-30），再由式（3-5）及式（3-7）得：

$$\left.\begin{aligned}
y&=\frac{P\alpha}{2K}e^{-\alpha x}(\cos\alpha x+\sin\alpha x)\\
\theta&=-\frac{P\alpha^2}{K}e^{-\alpha x}\sin\alpha x\\
M&=\frac{P}{4\alpha}e^{-\alpha x}(\cos\alpha x-\sin\alpha x)\\
Q&=-\frac{P}{2}e^{-\alpha x}\cos\alpha x
\end{aligned}\right\}\tag{3-31}$$

引用符号 φ，令：

$$\left.\begin{aligned}
\varphi_5&=e^{-\alpha x}(\cos\alpha x-\sin\alpha x)\\
\varphi_6&=e^{-\alpha x}\cos\alpha x\\
\varphi_7&=e^{-\alpha x}(\cos\alpha x+\sin\alpha x)\\
\varphi_8&=e^{-\alpha x}\sin\alpha x
\end{aligned}\right\}\tag{3-32}$$

则计算无限长梁右半部分在集中力 P 作用下的方程为：

$$\left.\begin{aligned}
y&=\frac{P\alpha}{2K}\varphi_7\\
\theta&=-\frac{P\alpha^2}{K}\varphi_8\\
M&=\frac{P}{4\alpha}\varphi_5\\
Q&=-\frac{P}{2}\varphi_6
\end{aligned}\right\}\tag{3-33}$$

式（3-33）中函数 $\varphi_5\sim\varphi_8$ 可以从附表 2 中查得，它们之间存在下列关系：

$$\left.\begin{aligned}
\frac{\mathrm{d}\varphi_5}{\mathrm{d}x}&=-2\alpha\varphi_6\\
\frac{\mathrm{d}\varphi_6}{\mathrm{d}x}&=-\alpha\varphi_7\\
\frac{\mathrm{d}\varphi_7}{\mathrm{d}x}&=-2\alpha\varphi_8\\
\frac{\mathrm{d}\varphi_8}{\mathrm{d}x}&=\alpha\varphi_5
\end{aligned}\right\}\tag{3-34}$$

对于无限长梁左半部分在集中力 P 作用下的方程，只需用 $-x$ 代替式（3-31）中的 x 并将 Q 和 θ 改变符号即可。

二维码 3-13
长梁算例

【例题 3-2】 如图 3-9 所示基础梁，$E=2\times10^{8}\text{kN/m}^{2}$，$I=2500\times10^{-8}\text{m}^{4}$，宽度 $b=0.2\text{m}$。地基的弹性压缩系数 $k=15\times10^{4}\text{kN/m}^{3}$。求点 B 的挠度及弯矩。

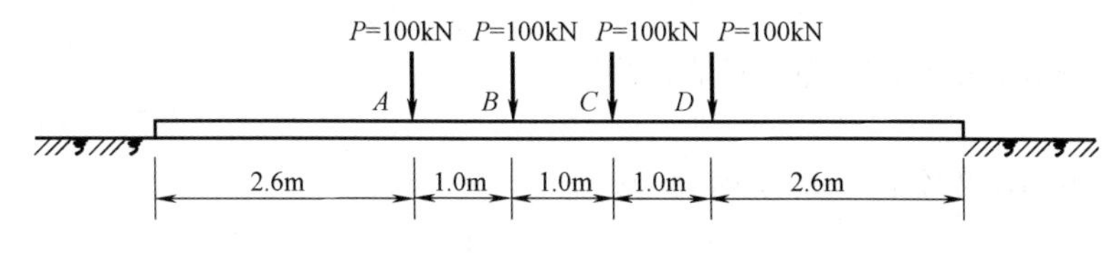

图 3-9　基础梁及荷载分布图

【解】

1）判定梁的类别

因梁的宽度 $b=0.2\text{m}$，故 K 值须用：

$$K=bk=0.2\times15\times10^{4}=30000\text{kN/m}^{2}$$

根据式（3-7）求出梁的弹性标值 α 为：

$$\alpha=\sqrt[4]{\frac{K}{4EI}}=\sqrt[4]{\frac{30000}{4\times2\times10^{8}\times2500\times10^{-8}}}=1.1\text{m}^{-1}$$

靠近梁端的荷载至梁端的距离为 2.6m，则：

$$\alpha x=1.1\times2.6=2.86>2.75$$

故可按无限长梁计算。

2）查双曲线三角函数 φ

将坐标原点分别放置于 A、B、C、D 各点，从附表 2 查出各 φ 值，见表 3-2。

φ 值　　**表 3-2**

荷载至点 B 的距离 x	0	1m	2m
αx	0	1.1	2.2
φ_5	1.0000	−0.1457	−0.1548
φ_7	1.0000	0.4476	0.0244

3）计算点 B 的挠度和弯矩

由式（3-33）求出点 B 的挠度和弯矩为：

$$y=\frac{P\alpha}{2K}\sum\varphi_7=\frac{100\times1.1}{2\times30000}(1+2\times0.4476+0.0244)=0.00355\text{m}$$

$$M=\frac{P}{4\alpha}\sum\varphi_5=\frac{100}{4\times1.1}(1-2\times0.1457-0.1548)=12.59\text{kN}\cdot\text{m}$$

2. 无限长梁在集中力偶 m 作用下的计算

如图 3-10 所示的基础梁，在集中力偶 m 作用点向左或向右的梁的长度满足 $\alpha l\geqslant2.75$，此梁可看作无限长梁并且此作用点可以看作梁的对称点。

与推导无限长梁在集中力 P 作用下的方程类似，当 x 趋近于∞时，梁的沉陷应该趋近于零，有 $A_1=A_2=0$。在梁的对称面由反对称条件，$y|_{x=0}=0$，由式（3-30），得

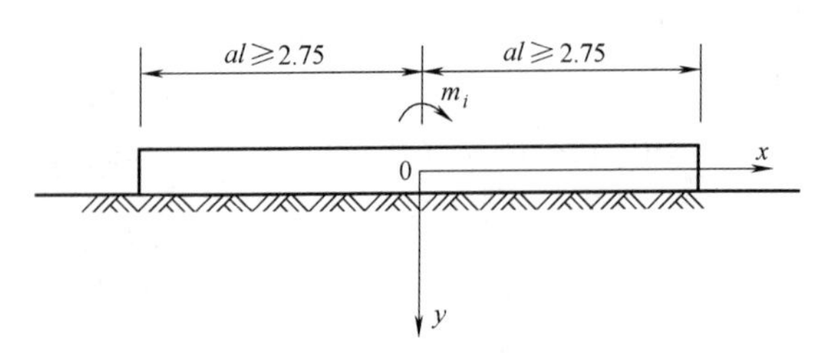

图 3-10 无限长梁在集中力偶作用下的计算

$A_3=0$。式（3-30）变为：

$$y=A_4e^{-\alpha x}\sin\alpha x \tag{3-35}$$

由静力平衡条件 $\sum M_{(o)}=0$：$KA_4\int_0^{\infty}xe^{-\alpha x}\sin\alpha x\mathrm{d}x=\frac{m}{2}$，求得 $A_4=\frac{m\alpha^2}{K}$，代入式（3-35），并由式（3-5）及式（3-7）得到无限长梁在集中力偶作用下右半部分的变形及内力为：

$$\left.\begin{aligned}y&=\frac{m\alpha^2}{K}\varphi_8\\\theta&=\frac{m\alpha^3}{K}\varphi_5\\M&=\frac{m}{2}\varphi_6\\Q&=-\frac{m\alpha}{2}\varphi_7\end{aligned}\right\} \tag{3-36}$$

对于无限长梁左半部分在集中力偶 m 作用下的方程，只需用 $-x$ 代替式（3-36）中的 x 并将 y 和 M 改变符号即可。

3. 半无限长梁

如图 3-11 所示的基础梁，从坐标原点向右为无限长，称为半无限长梁。在坐标原点作用集中力 Q_0 和力矩 M_0。半无限长梁的计算原理和无限长梁相同。

由静力平衡条件 $\sum M_{(o)}=M_0$：$K\int_0^{\infty}xe^{-\alpha x}(A_3\cos\alpha x+A_4\sin\alpha x)\mathrm{d}x=M_0$，得：

$$A_4=\frac{2\alpha^2M_0}{K} \tag{3-37}$$

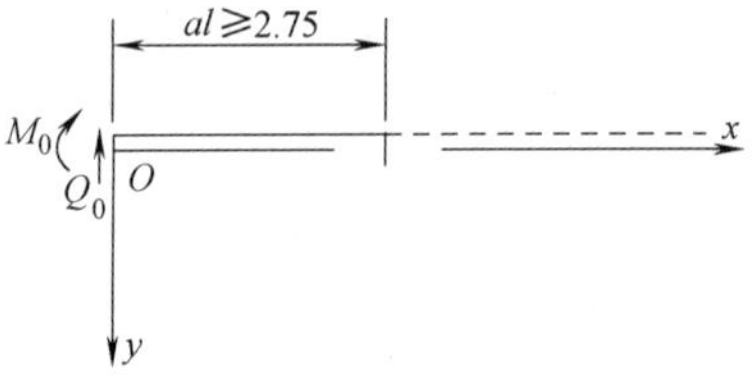

由静力平衡条件 $\sum F_y=0$：$K\int_0^{\infty}e^{-\alpha x}(A_3\cos\alpha x+A_4\sin\alpha x)\mathrm{d}x=-Q_0$，得：

图 3-11 半无限长梁

$$A_3+A_4=-\frac{2\alpha Q_0}{K} \tag{3-38}$$

联立式（3-37）和式（3-38）求得 $A_3=-\frac{2\alpha}{K}(Q_0+\alpha M_0)$，$A_4=\frac{2\alpha^2M_0}{K}$，代入式（3-30）并由式（3-5）及式（3-7）得到半无限长梁在初参数 Q_0 和 M_0 作用的变形及内力方程：

$$\left.\begin{aligned}y&=\frac{2\alpha}{K}(-Q_0\varphi_6-M_0\alpha\varphi_5)\\\theta&=\frac{2\alpha^2}{K}(Q_0\varphi_7+2M_0\alpha\varphi_6)\\M&=-\frac{1}{\alpha}(-Q_0\varphi_8-M_0\alpha\varphi_7)\\Q&=-(-Q_0\varphi_5+2M_0\alpha\varphi_8)\end{aligned}\right\} \tag{3-39}$$

3.2.5 按温克尔假定计算刚性梁

二维码 3-14
按温克尔假定
计算刚性梁

对刚性梁来说，没有弹性变形，只产生刚体移动和转动；对地基来说，由温克尔假定，任一点的地基反力与该点的地基沉陷成正比。所以，梁和地基的位移为直线分布、地基反力为直线分布。反力直线分布的假设只适用于温克尔地基上的绝对刚性梁这种特殊情况。

如图 3-12 所示的刚性梁，梁端作用有初参数 y_0 和 θ_0，并有梯形分布的荷载作用，显然，地基反力也呈梯形分布，地基反力 $\sigma=Ky_0+K\theta_0x$（$0\leqslant x\leqslant l$）。

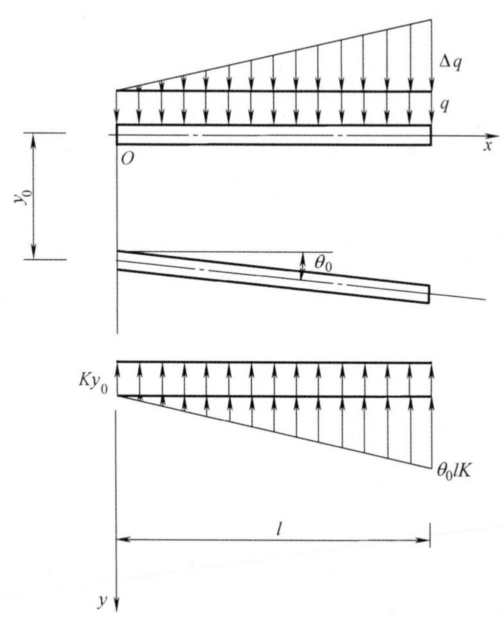

图 3-12 刚性梁的计算

按静定梁的平衡条件，可得刚性梁的变形与内力为：

$$\left.\begin{aligned}&y=y_0+\theta_0x\\&\theta=\theta_0\\&M=\frac{1}{2}Ky_0x^2+\frac{1}{6}K\theta_0x^3-\frac{1}{2}qx^2-\frac{1}{6l}\Delta qx^3\\&Q=Ky_0x+\frac{1}{2}K\theta_0x^2-qx-\frac{1}{2l}\Delta qx^2\end{aligned}\right\}\tag{3-40}$$

3.3 按地基为弹性半无限平面体假定计算基础梁

二维码 3-15
按弹性半无限
体假定计算
基础梁

3.3.1 基本假设

按照温克尔模型，地基的沉降只发生在梁的基底范围以内，对基底范围以外的岩土体没有影响，因而这种模型属于局部变形模型。

实际上，地基的变形不仅会在受荷区域内发生，而且会在受荷区域外一定范围内发生，为了反映这种变形的连续性，在地下结构计算中，也常采用弹性半无限平面体假定，即所谓的共同变形模型。

为了消除温克尔假设中没有考虑地基连续性这个缺点，后来又提出了另一种假设：把地基看作一个均质、连续、弹性的半无限体（所谓半无限体是指占据整个空间下半部的物体，即上表面是一个平面，并向四周和向下方无限延伸的物体）。

这个假设的优点：一方面反映了地基的连续整体性，另一方面又从几何上、物理上对地基进行了简化，因而可以把弹性力学中有关半无限弹性体这个古典问题的已知结论作为计算的基础。

当然这个模型也不是完美无缺的。例如其中的弹性假设没有反映土壤的非弹性性质，均质假设没有反映土壤的不均匀性，半无限体的假设没有反映地基的分层特点等。此外，这个模型在数学处理上比较复杂，因而在应用上也受到一定的限制。

采用上述假设后，地基梁的计算问题可分为三种类型：空间问题、平面应力问题、平面应变问题。后两类问题统称为平面问题。在空间问题中，地基简化为半无限空间体。在平面问题中，地基简化为半无限平面体。

地下结构沿纵向的截面尺寸一般相等，因而在实际计算中，经常可以将空间问题简化为平面问题。

3.3.2 基本方程

如图 3-13（a）所示为等截面基础梁，长度为 $2l$，荷载 $q(x)$ 以向下为正，地基对梁的反力 $\sigma(x)$ 以向上为正，坐标原点取在梁的中点。

如图 3-13（b）所示为地基受到的压力，此压力与地基反力大小相等，方向相反。以平面应力问题为例写出基本方程如下。

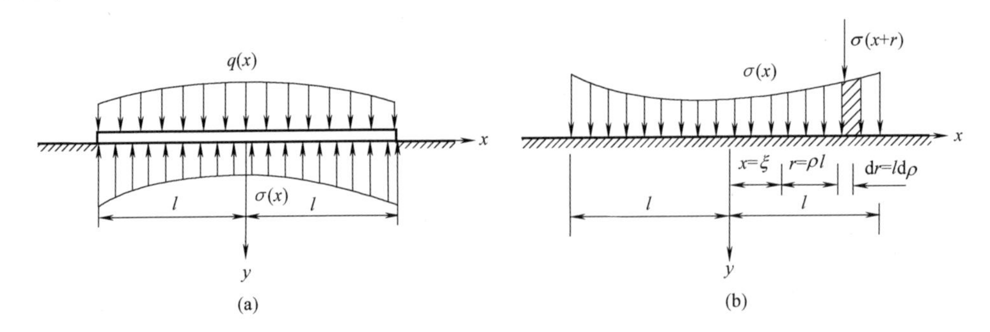

图 3-13 地基为弹性半无限平面体时的基础梁计算简图

1. 梁的挠度曲线微分方程

参照式（3-6）写出梁的挠度曲线微分方程为：

$$EI\frac{d^4y(x)}{dx^4}=-\sigma(x)+q(x) \tag{3-41}$$

引入无因次的坐标 $\zeta=\frac{x}{l}$，将 q、σ、y 都看作是 ζ 的函数，则式（3-41）变为：

$$\frac{\mathrm{d}^4 y(\zeta)}{\mathrm{d}\zeta^4}=\frac{l^4}{EI}[q(\zeta)-\sigma(\zeta)] \tag{3-42}$$

2. 平衡方程

由静力平衡条件$\sum F_{\mathrm{y}}=0$和$\sum M_{(\mathrm{o})}=0$可得：

$$\left.\begin{aligned}\int_{-l}^{l}\sigma(x)\mathrm{d}x&=\int_{-l}^{l}q(x)\mathrm{d}x\\ \int_{-l}^{l}x\sigma(x)\mathrm{d}x&=\int_{-l}^{l}xq(x)\mathrm{d}x\end{aligned}\right\} \tag{3-43}$$

考虑$\zeta=\frac{x}{l}$，式（3-43）可写为：

$$\left.\begin{aligned}\int_{-1}^{1}\sigma(\zeta)\mathrm{d}\zeta&=\int_{-1}^{1}q(\zeta)\mathrm{d}\zeta\\ \int_{-1}^{1}\zeta\sigma(\zeta)\mathrm{d}\zeta&=\int_{-1}^{1}\zeta q(\zeta)\mathrm{d}\zeta\end{aligned}\right\} \tag{3-44}$$

3. 地基沉陷方程

如图3-14所示为弹性半无限平面体的界面上作用一集中力P（沿厚度均布）。虚线表示界面的沉陷曲线。点B为任意选取的基点。w（x）表示界面上任一点K相对于基点B的沉陷量。

设为平面应力问题，根据弹性理论中的半无限平面体问题的解答：

$$w(x)=\frac{2P}{\pi E_0}\ln\frac{s}{r} \tag{3-45}$$

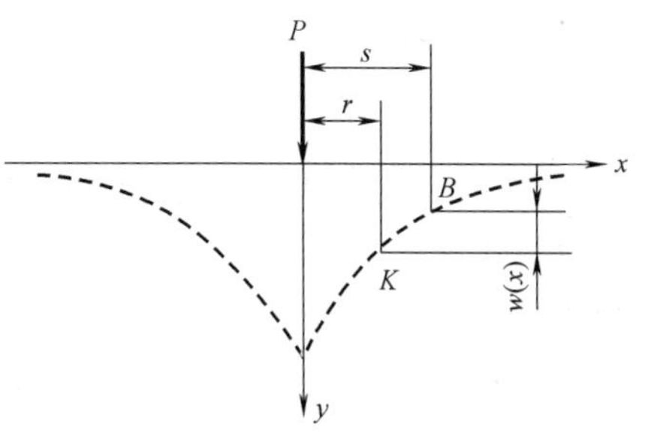

图3-14 地基沉陷曲线图

如图3-13（b）所示弹性半无限平面体的界面上承受分布力σ（x），可利用式（3-45）求出地基表面上任意一点K的相对沉陷量w（x），力σ（$x+r$）dr引起点K的沉陷可写为：

$$\frac{2\sigma(x+r)\mathrm{d}r}{\pi E_0}\ln\frac{s}{r}$$

因此，由于点K右方全部压力引起点K的沉陷为：

$$\frac{2}{\pi E_0}\int_0^{l-x}\sigma(x+r)\ln\frac{s}{r}\mathrm{d}r$$

同样，由于点K左方全部压力引起点K的沉陷为：

$$\frac{2}{\pi E_0}\int_0^{l+x}\sigma(x-r)\ln\frac{s}{r}\mathrm{d}r$$

梁底面全部压力引起点K的总沉陷量为以上两式的总和，即：

$$w(x)=\frac{2}{\pi E_0}\int_0^{l-x}\sigma(x+r)\ln\frac{s}{r}\mathrm{d}r+\frac{2}{\pi E_0}\int_0^{l+x}\sigma(x-r)\ln\frac{s}{r}\mathrm{d}r \tag{3-46}$$

式（3-46）就是地基沉陷方程。假定沉陷基点取在很远处，积分时可将s当作常量。

引用无因次坐标$\zeta=\frac{x}{l}$，可以写出$\rho=\frac{r}{l}$、$K=\frac{s}{l}$、$\mathrm{d}r=l\mathrm{d}\rho$。这样，式（3-46）变为：

$$w(\zeta)=\frac{2l}{\pi E_0}\int_0^{1-\zeta}\sigma(\zeta+\rho)\ln\frac{K}{\rho}\mathrm{d}\rho+\frac{2l}{\pi E_0}\int_0^{1+\zeta}\sigma(\zeta-\rho)\ln\frac{K}{\rho}\mathrm{d}\rho \tag{3-47}$$

以上得出了梁的挠度曲线微分方程式（3-42）、平衡积分方程式（3-44）和地基沉陷积分方程式（3-47）。

由梁的挠度和地基沉陷处处相等，即 $w(\zeta)=y(\zeta)$，将式（3-47）代入式（3-42）得：

$$\begin{aligned}&\frac{\mathrm{d}^4}{\mathrm{d}\zeta^4}\left[\int_0^{1-\zeta}\sigma(\zeta+\rho)\ln\frac{K}{\rho}\mathrm{d}\rho+\frac{2l}{\pi E_0}\int_0^{1+\zeta}\sigma(\zeta-\rho)\ln\frac{K}{\rho}\mathrm{d}\rho\right]\\&=\frac{\pi E_0 l^3}{2EI}[q(\zeta)-\sigma(\zeta)]\end{aligned} \tag{3-48}$$

式（3-48）就是用 $\sigma(x)$ 表示的连续条件。对于未知函数 $\sigma(x)$ 来说，这是一个微分积分方程。

总的来说，计算半无限体弹性地基梁时，如果以地基反力 $\sigma(x)$ 作为基本未知函数，则基本方程为连续方程式（3-48），此外还要满足平衡方程式（3-44）和梁的边界条件。

上面的连续方程式（3-48）是按平面应力问题导出的，如为平面应变问题，只需将式中的 E 换为 $\frac{E}{1-\mu^2}$，而 E_0 换为 $\frac{E_0}{1-\mu_0{}^2}$ 即可。其中 E_0、μ_0 分别为地基的弹性模量和泊松系数；E、μ 分别为基础梁的弹性模量和泊松比。对于空间问题，同样可以导出。

由于式（3-48）比较复杂，通常采用链杆法和级数法等近似解法或有限单元法。本节介绍按级数法求解地基反力。

将地基反力 $\sigma(\zeta)$ 用无穷幂级数表示，计算中只取前 11 项，即：

$$\sigma(\zeta)=a_0+a_1\zeta+a_2\zeta^2+a_3\zeta^3+\cdots+a_{10}\zeta^{10} \tag{3-49}$$

反力 $\sigma(\zeta)$ 必须满足平衡条件 $\sum F_y=0$、$\sum M_{(o)}=0$，为此，将式（3-49）代入式（3-44）积分后得含系数 a_i 的两个方程。

将式（3-49）代入式（3-48），并注意梁的边界条件，令方程左右两端 ζ 幂次相同的系数相等，可得到含系数的 9 个方程。这样，可得出 11 个方程，以求解 a_0～a_{11} 共 11 个系数。最后将求出的 11 个系数代入式（3-49）就得到地基反力的表达式。

当地基反力 $\sigma(\zeta)$ 求出后，就不难计算梁的弯矩 $M(\zeta)$、剪力 $Q(\zeta)$、角变 $\theta(\zeta)$ 和挠度 $y(\zeta)$。

为了计算简便，可将基础梁上的荷载分解为对称及反对称两组。按照以上所讲的计算程序，在对称荷载作用下，只需取式（3-49）中含偶次幂的项，得 5 个方程，再加式（3-44）中的第 1 个方程，共计 6 个方程，可解出系数 a_0、a_2、a_4、a_6、a_8、a_{10}；在反对称荷载的作用下，只需取式（3-49）中含 ζ 奇次幂的项，得 4 个方程，再加式（3-44）中的第 2 个方程，共计 5 个方程，可解出系数 a_1、a_3、a_5、a_7、a_9。

为了使用方便，将各种不同荷载作用下的地基反力、剪力和弯矩制成表格，见附表 4～附表 6，在附表 7～附表 11 中给出了计算基础梁角变 θ 的系数。

3.3.3 表格的使用

使用附表 4～附表 6 时，首先算出基础梁的柔度指标 t。在平面应力问题中，柔度指标为：

$$t=3\pi\frac{E_0}{E}\left(\frac{l}{h}\right)^3 \tag{3-50}$$

在平面应变问题中，柔度指标为：

$$t=3\pi\frac{E_0(1-\mu^2)}{E(1-\mu_0^2)}\left(\frac{l}{h}\right)^3 \tag{3-51}$$

二维码 3-16
表格的使用

如果忽略 μ 和 μ_0 的影响，在两种平面问题中，计算基础梁的柔度指标均可用近似公式：

$$t=10\frac{E_0}{E}\left(\frac{l}{h}\right)^3 \tag{3-52}$$

式中 l——梁的一半长度；

h——梁截面高度。

1. 全梁作用均布荷载 q_0

反力 σ、剪力 Q 和弯矩 M，如图 3-15 所示。根据基础梁的柔度指标 t 值，由附表 4 查出右半梁各十分之一分点的反力系数 $\bar{\sigma}$、剪力系数 $\overline{Q}$ 和弯矩系数 $\overline{M}$，然后按转换公式 (3-53) 求出各相应截面的反力 σ、剪力 Q 和弯矩 M。

$$\left.\begin{aligned}\sigma&=\bar{\sigma}\,q_0\\Q&=\overline{Q}\,q_0 l\\M&=\overline{M}\,q_0 l^2\end{aligned}\right\} \tag{3-53}$$

由于对称关系，左半梁各截面的反力 σ、剪力 Q 和弯矩 M 与右半梁各对应截面的反力 σ、剪力 Q 和弯矩 M 相等，但剪力 Q 要改变正负号。

注意，查附表时不必插值，只需按照表中最接近于算得的 t 值查出 $\bar{\sigma}$、$\overline{Q}$、$\overline{M}$ 即可。

如果梁上作用着不均匀的分布荷载，可变为若干个集中荷载，然后再查表。

2. 梁上受集中荷载 P

反力 σ、剪力 Q 和弯矩 M 如图 3-16 所示。根据 t 值与 α 值，由附表 5 查出各系数 $\bar{\sigma}$、$\overline{Q}$、$\overline{M}$。每一表中左边竖行的 α 值和上边横行的 ζ 值对应于右半梁上的荷载；右边竖行的 α 值和下边横行的 ζ 值对应于左半梁上的荷载。在梁端（$\zeta=\pm 1$），$\bar{\sigma}$ 为无限大。当右（左）半梁作用荷载时，表中带有星号（*）的 $\overline{Q}$ 值对应于荷载左（右）边邻近截面，对于荷载右（左）边的邻近荷载面，需从带星号（*）的 $\overline{Q}$ 值中减去 1，求反力 σ、剪力 Q 和弯矩 M 的转换公式为：

$$\left.\begin{aligned}\sigma&=\bar{\sigma}\frac{P}{l}\\Q&=\pm\overline{Q}P\\M&=\overline{M}Pl\end{aligned}\right\} \tag{3-54}$$

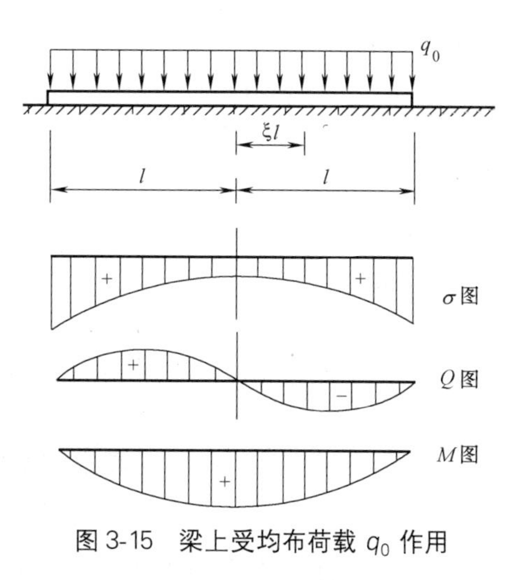

图 3-15 梁上受均布荷载 q_0 作用

在剪力 Q 的转换式中，正号对应于右半梁上的荷载，负号对应于左半梁上的荷载。

3. 梁上作用力矩荷载 m

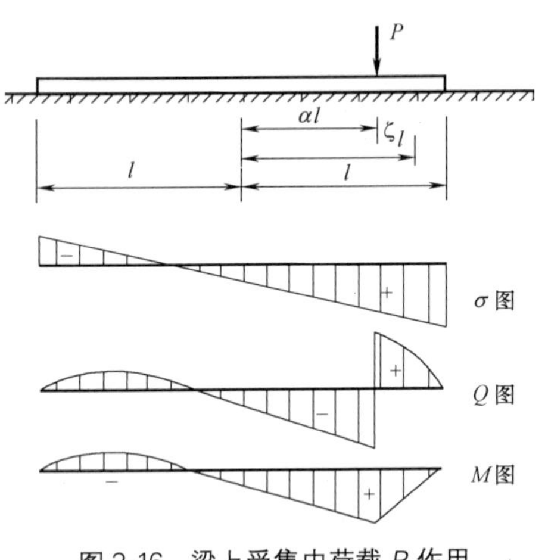

图 3-16 梁上受集中荷载 P 作用

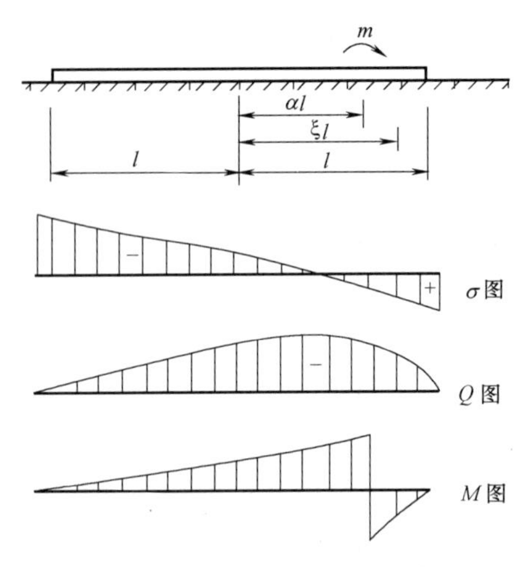

图 3-17 梁上受力矩荷载 m 作用

反力 σ、剪力 Q 和弯矩 M 如图 3-17 所示。如果梁的柔度指标 t 不等于零，可根据 t 值与 α 值由附表 6 查出 $\bar{\sigma}$、$\overline{Q}$、$\overline{M}$。每一表中左边竖行的 α 值和上边横行的 ζ 值对应于右半梁上的荷载，右边竖行的 α 值和下边横行的 ζ 值对应于左半梁上的荷载。在梁端（$\zeta=\pm1$），$\bar{\sigma}$ 为无限大。当右（左）半梁作用荷载时，表中带有星号（*）的 $\overline{M}$ 值对应于荷载左（右）边的邻近截面，对于荷载右（左）边的邻近截面，需将带星号（*）的 $\overline{M}$ 值加上 1。求反力 σ、剪力 Q 和弯矩 M 的转换公式为：

$$\left.\begin{aligned}\sigma&=\pm\bar{\sigma}\frac{m}{l^2}\\Q&=\overline{Q}\frac{m}{l}\\M&=\pm\overline{M}m\end{aligned}\right\}\tag{3-55}$$

式中的力矩 m 以顺时针向为正。在反力 σ 和弯矩 M 的转换公式中，正号对应于右半梁上的荷载，负号对应于左半梁上的荷载。

在梁的柔度指标 t 等于零（或接近于零）的特殊情况下，认为梁是刚体，并不变形，所以反力 σ 与剪力 Q 都与力矩荷载 m 的位置无关。这时只需根据 ζ 值由附表 6-4（a）和附表 6-4（b）查出 $\bar{\sigma}$ 和 $\overline{Q}$。弯矩 M 是与力矩荷载 m 的位置有关的，对于荷载左边的各截面，M 值如附表 6-4（c）中所示，但对于荷载右边的各截面，需把该表中的 $\overline{M}$ 值加上 1。转换公式是：

$$\left.\begin{aligned}\sigma&=\bar{\sigma}\frac{m}{l^2}\\Q&=\overline{Q}\frac{m}{l}\\M&=\overline{M}m\end{aligned}\right\}\tag{3-56}$$

在集中荷载和力矩荷载作用时，查附表也不必插值，只需按照表中最接近于算得的 t 值与 α 值查出 $\bar{\sigma}$、$\overline{Q}$、$\overline{M}$ 即可。

当梁上受有若干荷载时，可根据每个荷载分别计算，然后将算得的 σ、Q 或 M 叠加。

本章小结

(1) 地下结构的计算与弹性地基梁理论有密切关联；弹性地基梁是超静定梁，其计算模型有局部弹性地基模型和弹性半无限体计算模型。

(2) 按温克尔假定计算弹性地基梁的基本方程是一个常系数、线性、非齐次的4阶微分方程，它的一般解是由齐次解和特解所组成。

(3) 通过初参数和双曲三角函数的引用、边界条件和荷载引起的附加项，对短梁进行计算，得到地基梁的挠曲线、转角、弯矩和剪力方程。

(4) 在某些特定情况下，对短梁的计算方法进行简化，得到无限长梁和半无限长梁的计算方法。

(5) 为了消除温克尔假设中没有考虑地基连续性，地基为弹性半无限平面体假定把地基看作一个均质、连续、弹性的半无限体。

思考与练习题

3-1 简述弹性地基梁两种计算模型的区别。

3-2 简述弹性地基梁与普通梁的区别。

3-3 简述弹性特征系数 α 的含义及其确定公式。

3-4 何为弹性地基短梁、长梁及刚性梁？有什么区别？

3-5 如图 3-18 所示，无限长弹性地基梁，在 O 点作用集中力 P，求梁的变形及内力公式。

3-6 如图 3-19 所示，两端简支于刚性支座上的弹性地基梁，沿全长受有均布荷载 q，试导出梁的变形及内力公式。

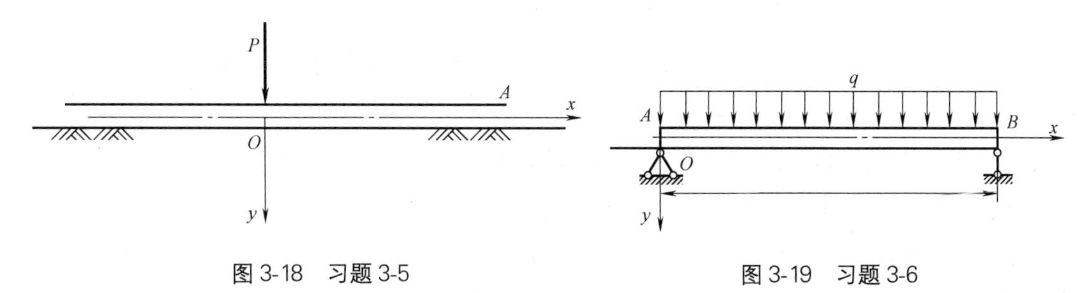

图 3-18 习题 3-5　　图 3-19 习题 3-6

3-7 如图 3-20 所示，在无限长梁上作用四个集中荷载，试求 B 点的挠度及弯矩。已知 $k=3000\text{N/cm}^3$，$E=2\times10^7\text{N/cm}^2$，$I=2500\text{cm}^4$。

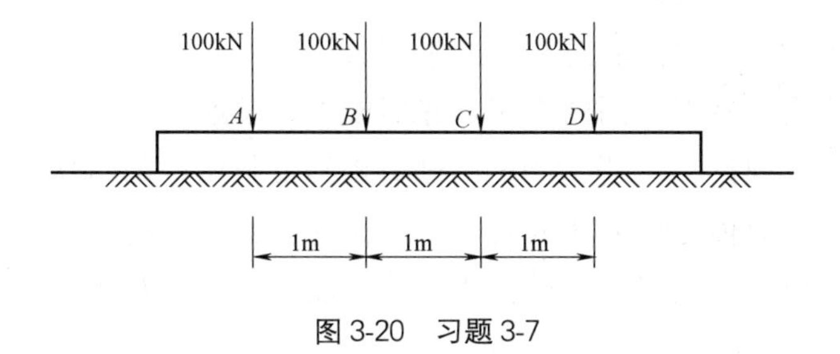

图 3-20 习题 3-7

第 4 章　地下结构的力学计算方法

本章要点及学习目标

本章要点：

(1) 地下结构的设计模型和计算方法的分类及概念；

(2) 地下结构工程中常见的岩土体本构模型；

(3) 荷载－结构法的计算原理；

(4) 地层－结构法的计算原理和设计步骤。

学习目标：

(1) 掌握各设计模型和计算方法的优点、缺点及适用条件；

(2) 熟悉地下结构工程中常用的岩土体本构模型和单元类型；

(3) 了解地下结构工程施工过程模拟的主要内容。

二维码 4-1
设计方法

4.1　概述

4.1.1　地下结构的设计方法

早期地下工程的建设完全依据经验，19 世纪初才逐渐形成自己的计算理论，开始用于指导地下结构物设计与施工，地下结构设计理论与岩土力学的发展有着密切关系。土力学的发展促使着松散地层围岩稳定和围岩压力理论的发展，而岩石力学的发展促使围岩压力和地下结构设计计算理论的形成。

在地下结构计算理论形成的初期，人们仅仅仿照地面结构的计算方法进行地下结构物的计算，这些方法可归类为荷载-结构法，包括框架内力的计算、拱形直墙结构内力的计算等。然而，由于地下结构所处的环境条件与地面结构是全然不同的，引用地面结构的设计理论和方法来解决地下工程中所遇到的各类问题，常常难以正确地阐述地下工程中出现的各种力学现象和过程。经过较长时间的实践，人们逐渐认识到地下结构与地面结构受力变形特点不同的事实，并形成以考虑地层对结构受力变形的约束作用为特点的地下结构理论。20 世纪中期，随着新型支护结构的出现，岩土力学、测试仪器、计算机技术和数值分析方法的发展，大大推动了地下结构工程的研究，地下结构理论正在逐渐形成一门完善的学科。地下结构设计理论的发展大致可以分为四大阶段，如表 4-1 所示。

地下结构设计理论发展阶段 表 4-1

发展阶段	形成时间	形成背景	代表理论及观点	优缺点
刚性结构阶段	19世纪早期	地下结构大都是以砖石材料砌筑的拱形圬工结构，这类建筑材料的抗拉强度很低，且结构物中存在许多接缝，容易产生断裂。为了维持结构的稳定，当时的地下结构的截面积都拟定得很大，结构受力后产生的弹性变形较小	压力线理论：该理论认为地下结构是由一些刚性块组成的拱形结构，所受的主动荷载是地层压力，当地下结构处于极限平衡状态时，它是由绝对刚体组成的三铰拱静定体系，铰的位置分别假设在墙底和拱顶，其内力可按静力学原理进行计算。这种计算理论认为，作用在支护结构上的压力是其上覆岩层的重力	该计算理论没有考虑围岩自身的承载能力。由于当时地下工程埋置深度不大，因而曾一度认为这些理论是正确的。压力线假设的计算方法缺乏理论依据，一般情况偏于保守，所设计的衬砌厚度将偏大很多
弹性结构阶段	19世纪后期至20世纪中期	混凝土和钢筋混凝土材料陆续出现，并用于建造地下工程，使地下结构具有较好的整体性。从这时起，地下结构开始按弹性连续拱形框架用超静定结构力学方法计算结构内力。作用在结构上的荷载是主动的地层压力，并考虑了地层对结构产生的弹性反力的约束作用	松动压力理论：该计算理论认为当地下结构埋置深度较大时，作用在结构上的压力不是上覆岩层的重力而只是围岩塌落体积内松动岩体的重力，即松动压力	该理论是基于当时的支护技术发展起来的。由于当时的掘进和支护所需的时间较长，支护与围岩之间不能及时紧密相贴，致使围岩最终有一部分破坏、塌落，形成松动围岩压力，但并没有认识到这种塌落并不是形成围岩压力的唯一来源，也不是所有的情况都会发生塌落，更没有认识到通过稳定围岩，可以发挥围岩的自身承载能力
连续介质阶段	20世纪中期以来	人们认识到地下结构与地层是一个受力整体。随着岩体力学开始形成一门独立的学科，用连续介质力学理论计算地下结构内力的方法也逐渐发展。围岩的弹性、弹塑性及黏弹性解答逐渐出现	连续介质力学理论：该理论以岩体力学原理为基础，认为坑道开挖后向洞室内变形而释放的围岩压力将由支护结构与围岩组成的地下共同承受。一方面围岩本身由于支护结构提供了一定的支护阻力，从而引起它的应力调整达到新的平衡；另一方面，由于支护结构阻止围岩变形，它必然要受到围岩给予的反作用力而发生变形	该理论较好地反映了支护与围岩的共同作用，符合地下结构的力学原理。但由于岩土的计算参数难以准确获得，如原岩应力、岩体力学参数及施工因素等。另外，从对岩土材料的本构关系与围岩的破坏失稳准则还认识不足。因此，目前根据共同作用所得的计算结果，一般也只能作为设计参考依据
现代支护理论阶段	20世纪中期以来	锚杆与喷射混凝土一类新型支护的出现和与此相应的一整套新奥地利隧道设计施工方法的兴起，终于形成了以岩体力学原理为基础的、考虑支护与围岩共同作用的地下工程现代支护理论	新奥法设计理论：该理论认为围岩本身具有“自承”能力，如果能采用正确的设计施工方法，最大限度地发挥这种自承能力，可以达到最好的经济效果	新奥法在设计理论上还不很成熟，目前常用的方法是先用经验统计类比的方法做事先的设计，再在施工过程中不断检测围岩应力应变状况，按其发展规律不断调整支护措施

目前地下工程中主要使用的工程类比设计法，正在向着定量化、精确化和科学化方向发展。

地下结构设计理论的另一类内容，是岩体中由于节理裂隙切割而形成的不稳定块体失稳，一般应用工程地质和力学计算相结合的分析方法，即岩石块体极限平衡分析法。这种方法主要是在工程地质的基础上，根据极限平衡理论，研究岩块的形状和大小及其塌落条件，以确定支护的参数。

与此同时，在地下结构设计中应用可靠性理论，推行概率极限状态设计研究方面也取得了重要进展。采用动态可靠度分析法，即利用现场监测信息，从反馈信息的数据推测地下结构的稳定可靠度，从而对支护结构进行优化设计，是改善地下结构设计的合理途径。考虑各主要影响因素及准则本身的随机性，可将判别方法引入可靠度范畴。在计算分析方法研究方面，随机有限元（包括摄动法、纽曼法、最大熵法和响应面法等）、蒙特—卡罗模拟、随机块体理论和随机边界元法等一系列新的地下工程支护结构理论分析方法近年来都有了较大的发展。

应当看到，由于岩土体的复杂性，地下结构设计理论还处在不断发展阶段，各种设计方法还需要不断提高和完善。后期出现的设计计算方法一般并不否定前期成果，各种计算方法都有其比较适用的一面，但又各自带有一定的局限性。设计者在选择计算方法时，应对其有深入的了解和认识。

二维码 4-2
设计模型

4.1.2 地下结构的设计模型

20 世纪 70 年代以来，各国学者在发展地下结构计算理论的同时，还致力于探索地下结构设计模型的研究。与地面结构不同，设计地下结构不能完全依赖计算。这是因为岩土介质在漫长的地质年代中经历过多次构造运动，影响其物理力学性质的因素很多，而这些因素至今还没有完全被人们认识，因此理论计算结果常与实际情况有较大的出入，很难用作确切的设计依据。在进行地下结构的设计时仍需依赖经验和实践，建立地下结构设计模型仍然面临较大困难。

国际隧道协会（ITA）在 1978 年成立了隧道结构设计模型研究组，收集和汇总了各会员国目前采用的设计地下结构的方法，结果列于表 4-2。经过总结，国际隧协认为可将其归纳为以下四种模型：①以参照以往隧道工程的实践经验进行工程类比为主的经验设计法；②以现场量测和实验室试验为主的实用设计方法，例如以洞周位移量测值为根据的收敛-限制法；③作用-反作用模型，例如对弹性地基圆环和弹性地基框架建立的计算法等；④连续介质模型，包括解析法和数值法，解析法中有封闭解，也有近似解，数值计算法目前主要是有限单元法。

各国采用的设计地下建筑结构方法　表 4-2

地区	方法			
	盾构开挖的软土质隧道	喷锚钢拱支撑的软土质隧道	中硬石质的深埋隧道	明挖施工的框架结构
奥地利	弹性地基圆环	弹性地基圆环，有限元法，收敛-约束法	经验法	弹性地基框架
德国	覆盖厚层小于 $2D$，顶部无支撑的弹性地基圆环，覆盖大于 $3D$，全支撑弹性地基圆环，有限元法		全支撑弹性地基圆环，有限元法，连续介质和收敛法	弹性地基框架（底部压力分布简化）

续表

地区	方法			
	盾构开挖的软土质隧道	喷锚钢拱支撑的软土质隧道	中硬石质的深埋隧道	明挖施工的框架结构
法国	弹性地基圆环，有限元法	有限元法，作用-反作用模型，经验法	连续介质模型，收敛法，经验法	—
日本	局部支撑弹性地基圆环	局部支撑弹性地基圆环，经验法加测试，有限元法	弹性地基框架，有限元法，特征曲线法	弹性地基框架，有限元法
中国	自由变形或弹性地基圆环	初期支护：有限元法，收敛法；二期支护：弹性地基圆环	初期支护：经验法；永久支护：作用-反作用模型；大型洞室：有限元法	弯矩分配法解算箱形框架
瑞士	—	作用-反作用模型	有限元法，有时用收敛法	—
英国	弹性地基圆环，缪尔伍德法	收敛-约束法，经验法	有限元法，收敛限制法，经验法	矩形框架
美国	弹性地基圆环	弹性地基圆环，作用-反作用模型	弹性地基圆环，Proctor-White 方法，有限元，锚杆经验法	弹性地基上的连续框架

按照多年来地下结构设计的实践，我国采用的设计方法近似可分为以下四种设计模型：

1. 荷载-结构模型

荷载-结构模型采用荷载结构法计算衬砌内力，并据以进行构件截面设计。其中衬砌结构承受的荷载主要是开挖洞室后由松动岩土的自重产生的地层压力。这一方法与设计地面结构时习惯采用的方法基本一致，区别是计算衬砌内力时需考虑周围地层介质对结构变形的约束作用。

2. 地层-结构模型

地层-结构模型的计算理论即为地层-结构法。其原理是将衬砌和地层视为整体，在满足变形协调条件的前提下分别计算衬砌与地层的内力，并据以验算地层的稳定性和进行构件截面设计。

3. 经验类比模型

由于地下结构的设计受到多种复杂因素的影响，使内力分析即使采用了比较严密的理论，计算结果的合理性也常仍需借助经验类比予以判断和完善，因此，经验设计法往往占据一定的位置。经验类比模型则是完全依靠经验设计地下结构的设计模型。

4. 收敛限制模型

收敛限制模型的计算理论也是地层-结构法，其设计方法则常称为收敛限制法，或称特征线法。

图 4-1 为收敛限制法原理的示意图。图中纵坐标表示结构承受的地层压力，横坐标表示洞周的径向位移。其值一般都以拱顶为准测读计算，曲线①为地层收敛线，曲线②为支

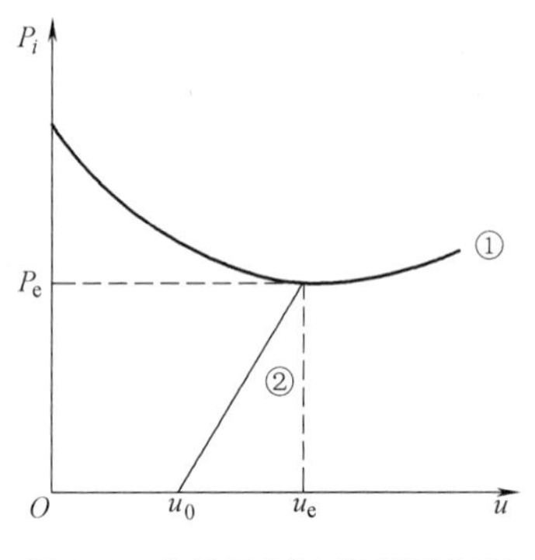

图 4-1　收敛限制法原理示意图

护特征线。两条曲线的交点的纵坐标（P_e）即为作用在支护结构上的最终地层压力，横坐标（u_e）则为衬砌变形的最终位移。

因洞室开挖后一般需隔开一段时间后才施筑衬砌，图 4-1 中以 u_0 值表示洞周地层在衬砌修筑前已经发生的初始自由变形值。

当前我国的地下结构设计计算，主要采用的是前三种模型，即荷载-结构模型、地层-结构模型和经验类比模型。我国工程界对地下结构设计较为注重理论计算，从衬砌与地层相互作用方式差异的角度区分，封闭解析解与数值计算法都可分别归属于荷载-结构法和地层-结构法。除了确有经验可供类比的工程外，在地下结构的设计过程中一般都要进行受力计算分析。其中荷载-结构法仍然是我国目前广为采用的一种地下结构计算方法，主要适用于软弱围岩中的浅埋隧道；地层-结构法虽仍处于发展阶段，但目前一些重要的或大型特定工程的研究分析中也普遍采用。如前所述，由于地下结构的特殊性，隧道支护的设计在很多情况下还需借助经验。

二维码 4-3
荷载-结构
模型

4.2　荷载-结构法

荷载-结构模型认为地层对结构的作用只是产生作用在地下结构上的荷载（包括主动地层压力和被动地层抗力），衬砌在荷载的作用下产生内力和变形，与其相应的计算方法称为荷载-结构法。早年常用的弹性连续框架（含拱形构件）法、假定抗力法和弹性地基梁（含曲梁）法等都可归属于荷载-结构法。其中假定抗力法和弹性地基梁法都形成了一些经典计算法，而类属弹性地基梁法的计算法又可按采用的地层变形理论的不同分为局部变形理论计算法和共同变形理论计算法。其中局部变形理论因计算过程较为简单而常用。

二维码 4-4
设计原理

这里重点介绍《公路隧道设计规范　第二册　交通工程与附属设施》JTG D70/2—2014 中的计算方法。

4.2.1　设计原理

荷载-结构模型的设计原理，是认为隧道开挖后地层的作用主要是对衬砌结构产生荷载，衬砌结构应能安全可靠地承受地层压力等荷载的作用。计算时先按地层分类法或由实用公式确定地层压力，然后按弹性地基上结构物的计算方法计算衬砌的内力，并进行结构截面设计。

4.2.2　计算原理

二维码 4-5
基本未知量
与基本方程

1. 基本未知量与基本方程

取衬砌结构结点的位移为基本未知量。由最小势能原理或变分原理可得系统整体求解时的平衡方程为：

$$[K]\{\delta\}=\{P\} \tag{4-1}$$

式中 $\{\delta\}$——由衬砌结构节点位移组成的列向量，即 $\{\delta\}=[\delta_1, \delta_2, \cdots, \delta_m]^{\mathrm{T}}$；

$\{P\}$——由衬砌结构点荷载组成的列向量，即 $\{P\}=[P_1, P_2, \cdots, P_m]^{\mathrm{T}}$；

$[K]$——衬砌结构的整体刚度矩阵，为 $m\times m$ 阶方阵，m 为体系节点自由度的总个数。

矩阵 $\{P\}$、$[K]$ 和 $\{\delta\}$ 可由单元的荷载矩阵 $\{P\}^{\mathrm{e}}$、单元刚度矩阵 $\{k\}^{\mathrm{e}}$ 和单元的位移向量矩阵 $\{\delta\}^{\mathrm{e}}$ 组装而成，故在采用有限元方法进行分析时，需先划分单元，建立单元刚度矩阵 $\{k\}^{\mathrm{e}}$ 和单元荷载矩阵 $\{P\}^{\mathrm{e}}$。

隧道承重结构轴线的形状为弧形时，可用折线单元模拟曲线。划分单元时，只需确定杆件单元的长度。杆件厚度 d 即为承重结构的厚度，杆件单元宽度为 1m。相应的杆件横截面积为 $A=d\times1$（m^2），抗弯惯性矩为 $I=\frac{1}{12}\times1\times d^3$（$\mathrm{m}^4$），弹性模量 E（$\mathrm{kN/m^3}$）取为混凝土的弹性模量。

2. 单元刚度矩阵

二维码 4-6
单元刚度矩阵

设梁单元在局部坐标系下的节点位移为 $\{\bar{\delta}\}=[\bar{u}_i, \bar{v}_i, \bar{\theta}_i, \bar{u}_j, \bar{v}_j, \bar{\theta}_j]^{\mathrm{T}}$，对应的节点力为 $\{\bar{f}\}=[\bar{X}_i, \bar{Y}_i, \bar{M}_i, \bar{X}_j, \bar{Y}_j, \bar{M}_j]^{\mathrm{T}}$，则有：

$$\{\bar{f}\}=[\bar{k}]^{\mathrm{e}}\{\bar{\delta}\} \tag{4-2}$$

$$[\bar{k}]^{\mathrm{e}}=\begin{bmatrix} \frac{EA}{l} & 0 & 0 & -\frac{EA}{l} & 0 & 0 \\ 0 & \frac{12EI}{l^3} & \frac{6EI}{l^2} & 0 & -\frac{12EI}{l^3} & \frac{6EI}{l^2} \\ 0 & \frac{6EI}{l^2} & \frac{4EI}{l} & 0 & -\frac{6EI}{l^2} & \frac{2EI}{l} \\ -\frac{EA}{l} & 0 & 0 & \frac{EA}{l} & 0 & 0 \\ 0 & -\frac{12EI}{l^3} & -\frac{6EI}{l^2} & 0 & \frac{12EI}{l^3} & -\frac{6EI}{l^2} \\ 0 & \frac{6EI}{l^2} & \frac{2EI}{l} & 0 & -\frac{6EI}{l^2} & \frac{4EI}{l} \end{bmatrix} \tag{4-3}$$

式中 $[\bar{k}]^{\mathrm{e}}$——梁单元在局部坐标系下的刚度矩阵；

l——梁单元的长度；

A——梁的截面积；

I——梁的抗弯惯性矩；

E——梁的弹性模量。

对于整体结构而言，各单元采用的局部坐标系均不相同，故在建立整体矩阵时，需按照式（4-4）将按局部坐标系建立的单元刚度矩阵 $[\bar{k}]^{\mathrm{e}}$ 转换成结构整体坐标系中的单元刚度矩阵 $[k]^{\mathrm{e}}$。

$$[k]^{\mathrm{e}}=[T]^{\mathrm{T}}[\bar{k}]^{\mathrm{e}}[T] \tag{4-4}$$

$$[T]=\begin{bmatrix} \cos\beta & \sin\beta & 0 & 0 & 0 & 0 \\ -\sin\beta & \cos\beta & 0 & 0 & 0 & 0 \\ 0 & 0 & 1 & 0 & 0 & 0 \\ 0 & 0 & 0 & \cos\beta & \sin\beta & 0 \\ 0 & 0 & 0 & -\sin\beta & \cos\beta & 0 \\ 0 & 0 & 0 & 0 & 0 & 1 \end{bmatrix} \tag{4-5}$$

式中 $[T]$——转置矩阵；

β——局部坐标系与整体坐标系之间的夹角。

二维码 4-7 地层反力作用模式

3. 地层反力作用模式

地层弹性抗力由下式给出：

$$F_n = K_n \cdot U_n \tag{4-6}$$

$$F_s = K_s \cdot U_s \tag{4-7}$$

$$K_n = \begin{cases} K_n^+ & U_n \geqslant 0 \\ K_n^- & U_n < 0 \end{cases} \tag{4-8}$$

$$K_s = \begin{cases} K_s^+ & U_s \geqslant 0 \\ K_s^- & U_s < 0 \end{cases} \tag{4-9}$$

式中 F_n、F_s——法向和切向弹性抗力；

K_n、K_s——相应的围岩弹性抗力系数；

K_n^+、K_s^+——压缩区的法向、切向弹性拉力系数；

K_n^-、K_s^-——拉伸区的法向、切向弹性抗力系数，通常令 $K_n^- = K_s^- = 0$。

杆件单元确定后，即可确定地层弹簧单元，它只设置在杆件单元的节点上。地层弹簧单元可沿整个截面设置，也可只在部分节点上设置。沿整个截面设置地层弹簧单元时，计算过程中，需用迭代法作变形控制分析，以判断出抗力区的确切位置。

应予指出，深埋隧道中的整体式衬砌、浅埋隧道中的整体或复合式衬砌及明洞衬砌等应采用荷载结构法计算，此外，采用荷载-结构法计算隧道衬砌的内力和变形时，应通过考虑弹性抗力等体现岩土体对衬砌结构变形的约束作用。对回填密实的衬砌结构可采用局部变形理论确定，弹性抗力的大小和分布。

二维码 4-8 地层-结构模型

4.3 地层-结构法

地层-结构模型把地下结构与地层作为一个受力变形的整体，按照连续介质力学原理来计算地下结构以及周围地层的变形；不仅计算出衬砌结构的内力及变形，而且计算周围地层的应力，充分体现周围地层与地下结构的相互作用，但是由于周围地层以及地层与结构相互作用模拟的复杂性，地层-结构模型目前尚处于发展阶段，在很多工程应用中，仅作为一种辅助手段。由于地层-结构法相对荷载-结构法，充分考虑了地下结构与周围地层的相互作用，结合具体的施工过程可以充分模拟地下结构以及周围地层在每一个施工工况的结构内力以及周围地层的变形使更能符合工程实际。因此，在今后的研究和发展中地层结构法将得到广泛应用和发展。

地层-结构法主要包括如下几部分内容：地层的合理化模拟、结构模拟、施工过程模拟以及施工过程中结构与周围地层的相互作用、地层与结构相互作用的模拟。

这里仍重点介绍《公路隧道设计规范　第二册　交通工程与附属设施》JTG D70/2—2014 中的计算方法。

4.3.1　设计原理

二维码 4-9
设计原理

地层-结构法的设计原理，是将衬砌和地层视为整体共同受力的统一体系，在满足变形协调条件的前提下分别计算衬砌与地层的内力，据以验算地层的稳定性和进行结构截面设计。

目前计算方法以有限单元法为主，适用于设计构筑在软岩或较稳定的地层内的地下结构。

4.3.2　计算初始地应力

二维码 4-10
计算初始
地应力

根据第 2 章初始地应力的确定方法，这时的初始自重应力和构造应力可按下述步骤计算：

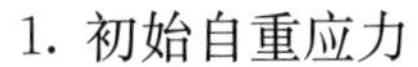

1. 初始自重应力

初始自重应力通常采用有限元方法或给定水平侧压力系数的方法计算。

1）有限元方法

即初始自重应力由有限元方法算得，并将其转化为等效节点荷载。

2）给定水平侧压力系数法

即在给定水平侧压力系数 K_0 后，按下式计算初始自重地应力：

$$\sigma_z^g = \sum \gamma_i H_i \tag{4-10}$$

$$\sigma_x^g = K_0 \cdot (\sigma_z - p_w) + p_w \tag{4-11}$$

式中　σ_z^g、σ_x^g——竖直方向和水平方向初始自重地应力；

γ_i——计算点以上第 i 层岩石的重度；

H_i——计算点以上第 i 层岩石的厚度；

p_w——计算点的孔隙水压力，在不考虑地下水头变化的条件下；p_w 由计算点的静水压力确定，即 $p_w = \gamma_w \cdot H_w$（γ_w 为地下水的重度，H_w 为地下水的水位差）。

2. 构造应力

构造地应力可假设均布或线性分布应力。假设主应力作用方向保持不变，则二维平面应变的普遍表达式为：

$$\left.\begin{aligned} \sigma_x^s &= a_1 + a_4 z \\ \sigma_z^s &= a_2 + a_5 z \\ \tau_{xz}^s &= a_3 \end{aligned}\right\} \tag{4-12}$$

式中　$a_1 \sim a_5$——常系数；

z——竖直坐标。

二维码 4-11
岩土单元

3. 初始地应力

将初始自重应力与构造应力叠加，即得到初始地应力。

4.3.3 本构模型

1. 岩土单元

1）弹性模型

对于平面应变问题，横观各向同性弹性体的应力增量可表示为：

$$\{\Delta\sigma\}=\begin{Bmatrix}\Delta\sigma_x\\ \Delta\sigma_z\\ \Delta\tau_{zx}\end{Bmatrix}=[D]\{\Delta\varepsilon\}=\begin{bmatrix}\dfrac{E_0E_v-\mu_{uh}^2E_h^2}{E_0} & \dfrac{E_hE_v\mu_{vh}(1+\mu_{hh})}{E_0} & 0\\ \dfrac{E_hE_v\mu_{vh}(1+\mu_{hh})}{E_0} & \dfrac{E_v^2(1-\mu_{hh}^2)}{E_0} & 0\\ 0 & 0 & G_{hv}\end{bmatrix}\begin{Bmatrix}\Delta\varepsilon_x\\ \Delta\varepsilon_z\\ \Delta\gamma_{zx}\end{Bmatrix} \tag{4-13}$$

式中 E_v——竖直方向（z）弹性模量；

E_h——水平方向（x，y）弹性模量；

μ_{vh}——竖直方向应变引起水平向应变的泊松比（竖直面内的泊松比）；

μ_{hh}——水平面内的泊松比；

G_{hv}——竖向平面内的剪变模量。

各向同性弹性材料的应力增量可表示为：

$$\{\Delta\sigma\}=\begin{Bmatrix}\Delta\sigma_x\\ \Delta\sigma_z\\ \Delta\tau_{zx}\end{Bmatrix}=[D]\{\Delta\varepsilon\}=\frac{E(1-\mu)}{(1+\mu)(1-2\mu)}\begin{bmatrix}1 & \dfrac{\mu}{1-\mu} & 0\\ \dfrac{\mu}{1-\mu} & 1 & 0\\ 0 & 0 & \dfrac{1-2\mu}{2(1-\mu)}\end{bmatrix}\begin{Bmatrix}\Delta\varepsilon_x\\ \Delta\varepsilon_z\\ \Delta\gamma_{zx}\end{Bmatrix} \tag{4-14}$$

2）非线性弹性模型

采用邓肯-张模型的假设，并认为应力应变关系可用双曲线关系近似描述，则在主应力 σ_3 保持不变时为：

$$\sigma_1-\sigma_3=\frac{\varepsilon_1}{a+b\varepsilon_1} \tag{4-15}$$

轴向应变 ε_1 和侧向应变 ε_3 之间假设也存在双曲线关系，即有：

$$\varepsilon_1=\frac{\varepsilon_3}{f+d\varepsilon_3} \tag{4-16}$$

式中 a、b、f、d——由试验确定的参数。

在不同应力状态下，弹性模量的表达式为：

$$E_i=\left[1-\frac{R_f(1-\sin\varphi)(\sigma_1-\sigma_3)}{2c\cos\varphi+2\sigma_3\sin\varphi}\right]^2Kp_0\left(\frac{\sigma_3}{p_0}\right)^n \tag{4-17}$$

式中 R_f——破坏比，数值小于1（一般在0.75～1.0之间）；

c、φ——土的黏聚力和内摩擦角；

p_0——大气压力，一般取 100kPa；

K，n——试验确定的参数。

不同应力状态下泊松比的表达式为：

$$\mu_i=\frac{G-F\lg\left(\frac{\sigma_3}{p_0}\right)}{(1-A)^2} \tag{4-18}$$

$$A=\frac{(\sigma_1-\sigma_3)d}{Kp_0\left(\frac{\sigma_3}{p_0}\right)^n\left[1-\frac{R_f(1-\sin\varphi)(\sigma_1-\sigma_3)}{2c\cos\varphi+2\sigma_3\sin\varphi}\right]} \tag{4-19}$$

式中　G、F、d——由试验确定的参数。

由 E_i 和 μ_i 即可确定该应力状态的弹性矩阵 $[D]$。

3）弹塑性模型

岩土材料的弹塑性应力-应变关系即本构关系包括以下四个组成部分：①屈服条件和破坏条件，确定材料是否塑性屈服和破坏；②强化定律，确定屈服后应力状态的变化；③流动法则，确定塑性应变的方向；④加载和卸载准则，表明材料的工作状态。

地下工程的弹塑性问题很难得到解析解，但有限单元法在这方面却有很成功的应用。

（1）屈服条件和破坏条件

二维码 4-12
屈服条件和
破坏条件

所谓屈服条件就是物体内某一点开始产生塑性变形时，其应力所必须满足的条件，屈服条件也称为屈服准则。以理想弹塑性模型为例，在单向受力状态下，当应力小于屈服极限σ_s 时，材料处于弹性状态；而当应力达到 σ_s 时，材料进入塑性状态。因此，$\sigma=\sigma_s$ 就是单向受力时的屈服条件。在复杂应力状态下，屈服条件一般说来应是 6 个应力分量的函数，可表示如下：

$$F(\sigma_x,\sigma_y,\sigma_z,\tau_{xy},\tau_{yz},\tau_{zx})=C \tag{4-20}$$

式中　C——与材料相关的常数；

F——屈服函数，为一种标量函数。

如果某点的 6 个应力分量使 $F<C$，表明该点处于弹性状态；如果 $F=C$，则表明该点处于塑性状态。

对于理想弹塑性材料，材料开始屈服也就是开始破坏，因此，其屈服条件亦即是破坏条件；对于应变硬化（软化）材料，在初始屈服之后，屈服面不断扩大（缩小）或发生平移，因此，这类材料的破坏面是代表极限状态的一个屈服面。

一般考虑的材料是各向同性的，坐标方向的改变对屈服条件没有影响，因此，屈服条件可用主应力 σ_1、σ_2、σ_3 表示，也可用应力张量不变量 I_1、I_2、I_3 表示，或应力偏张量不变量 J_1、J_2、J_3 来表示，如：

$$F(\sigma_1,\sigma_2,\sigma_3)=C \tag{4-21}$$

该式反映在主应力空间（由主应力 σ_1，σ_2，σ_3 构成的三维空间）内的图像称为屈服面，它是由多个屈服的应力点连接起来所构成的一个空间曲面。屈服面所包围的空间区域称为弹性区，在弹性区内的应力点处于弹性状态，位于屈服面上的应力点处于塑性状态。

在主应力空间中各点均有 $\sigma_1=\sigma_2=\sigma_3$ 的直线称为空间对角线，垂直于空间对角线的

任意平面称为 π 平面，显然 π 平面上 $\sigma_1+\sigma_2+\sigma_3=$常数，空间对角线与空间曲面母线组成的平面称为子午平面。屈服面与 π 平面的交线称为 π 平面上的屈服曲线，屈服面与子午平面的交线称为子午平面上的屈服曲线。

二维码 4-13 摩尔-库仑屈服准则

对于岩土、混凝土材料，其屈服条件受到静水应力的影响，一般表示如：

$$F(I_1, J_2, J_3)=C \tag{4-22}$$

屈服条件的具体形式见下面介绍的几种常用的岩土类材料屈服准则。

① 摩尔-库仑（Mohr-Coulomb）屈服准则

根据摩尔-库仑屈服准则，当应力状态达到下列极限时，材料即屈服，即：

$$\tau=c-\sigma\tan\varphi \tag{4-23}$$

式中 τ——最大剪应力；

σ——作用在同一平面上的正应力，这里以拉应力为正；

c——材料的黏聚力；

φ——材料的内摩擦角。

当 $\sigma_1\geqslant\sigma_2\geqslant\sigma_3$ 时，式（4-23）在主应力空间内的表达式为：

$$F(\sigma_1,\sigma_2,\sigma_3)=\frac{1}{2}(\sigma_1-\sigma_2)+\frac{1}{2}(\sigma_1+\sigma_3)\sin\varphi-c\cos\varphi=0 \tag{4-24}$$

摩尔-库仑屈服准则在主应力空间的屈服面为一不规则的六角锥面，如图 4-2 所示，角锥面形的顶点在静水应力轴上；$\sigma_1+\sigma_2+\sigma_3=c\cot\varphi$；图 4-2（b）表示了在 π 平面上的屈服线。

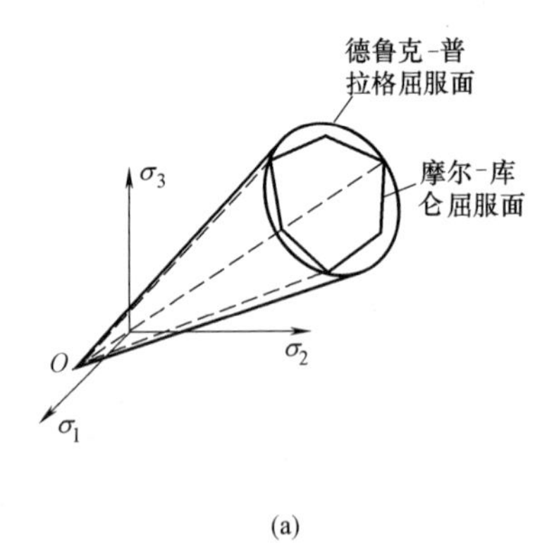

(a)

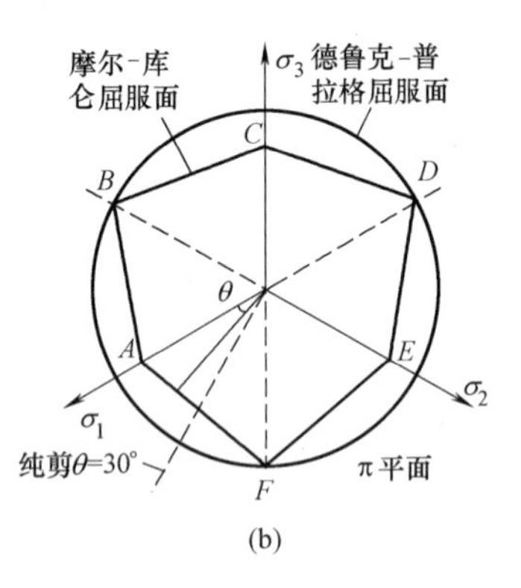

(b)

图 4-2 主应力空间及 π 平面上的屈服准则

(a) 主应力空间中的屈服面；(b) π 平面上的屈服线

如用应力张量不变量与应力偏张量不变量表示，则摩尔-库仑屈服准则变为：

$$\frac{I_1}{3}\sin\varphi+\sqrt{J_2}\left(\cos\theta-\frac{1}{\sqrt{3}}\sin\theta\sin\varphi\right)=c\cos\varphi \tag{4-25}$$

$$\theta=\arctan\left(\frac{1}{\sqrt{3}}\frac{2\sigma_2-\sigma_1-\sigma_3}{\sigma_1-\sigma_3}\right) \tag{4-26}$$

$$I_1=\sigma_1+\sigma_2+\sigma_3 \tag{4-27}$$

$$J_2=\frac{1}{6}[(\sigma_1-\sigma_2)^2+(\sigma_2-\sigma_3)^2+(\sigma_3-\sigma_1)^2] \tag{4-28}$$

二维码 4-14
德鲁克-普拉格屈服准则

式中 θ——罗德角。

② 德鲁克-普拉格（Drucker-Prager）屈服准则

由于摩尔-库仑屈服面为角锥面，其角在数值计算中容易产生奇异点，常引起数值计算困难。为了得到近似于摩尔-库仑屈服面光滑屈服面，1952年德鲁克-普拉格考虑岩土材料的静水压力因素，把 Von Mises 准则加以修改，提出了如下屈服准则：

$$F=\alpha I_1+\sqrt{J_2}-k=0 \tag{4-29}$$

式中，α、k 均为材料常数。

对于平面应变状态，常数 α、k 为：

$$\alpha=\frac{\sin\varphi}{\sqrt{3}\sqrt{3+\sin^2\varphi}},k=\frac{\sqrt{3}c\cos\varphi}{\sqrt{3+\sin^2\varphi}} \tag{4-30}$$

在主应力空间内，德鲁克-普拉格屈服面是一个正圆锥面，如图 4-2（a）所示；它在 π 平面上的截线是一个圆，如图 4-2（b）所示。适当地选取材料常数 α，可以使德鲁克-普拉格屈服曲面接近于摩尔-库仑屈服面。

如取：

$$\alpha=\frac{2\sin\varphi}{\sqrt{3}\sqrt{3-\sin\varphi}}，k=\frac{6c\cos\varphi}{\sqrt{3-\sin\varphi}} \tag{4-31}$$

在各截面上，德鲁克-普拉格屈服面都与摩尔-库仑屈服面六边形的外顶点相重合，对应于受压破坏。

如取：

$$\alpha=\frac{2\sin\varphi}{\sqrt{3}\sqrt{3+\sin\varphi}}，k=\frac{6c\cos\varphi}{\sqrt{3+\sin\varphi}} \tag{4-32}$$

在各截面上，德鲁克-普拉格屈服面都与摩尔-库仑屈服面六边形的内顶点相重合，对应于受拉破坏。

（2）强化定律

二维码 4-15
强化定律

强化定律又称硬化定律，指材料在初始屈服以后再进入塑性状态时，应力分量间所必须满足的函数关系，也称为强化条件、加载条件或后继屈服条件，以区别于初始屈服条件，强化条件在应力空间中的图形称为强化面或加载面。

如图 4-3（a）所示，在单向受力时，当材料中应力超过初始屈服点 A 而进入塑性状态点 B 后卸载，此后再加载，应力-应变关系仍将按弹性规律变化，直至卸载前所达到的最高应力点 B，然后材料再次进入塑性状态。应力点 B 是材料在经历了塑性变形后的新屈服点，称为强化点；新屈服点 B 应力比初始屈服点 A 高，这种现象称为加工强化或应变强化。而理想弹塑性材料的后继屈服点与初始屈服点的应力是相等的，或者说加载面与初始屈服面是同一的，因此，不存在加工强化现象。图 4-3（b）表示了在二维应力平面中岩石、混凝土等脆性材料的初始屈服面和后续屈服面。

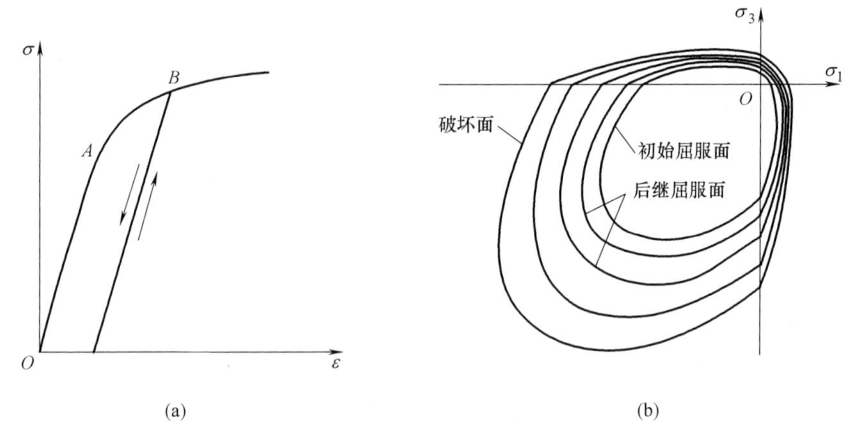

图 4-3　各种应力状态下的材料强度

在复杂应力状态下，加载条件可统一表示为：

$$F(\{\sigma\},K)=0 \tag{4-33}$$

式中　K——塑性应变的函数。

根据屈服面形状和大小的变化不同，材料的强化定律可分为三种类型，如图 4-4 所示。

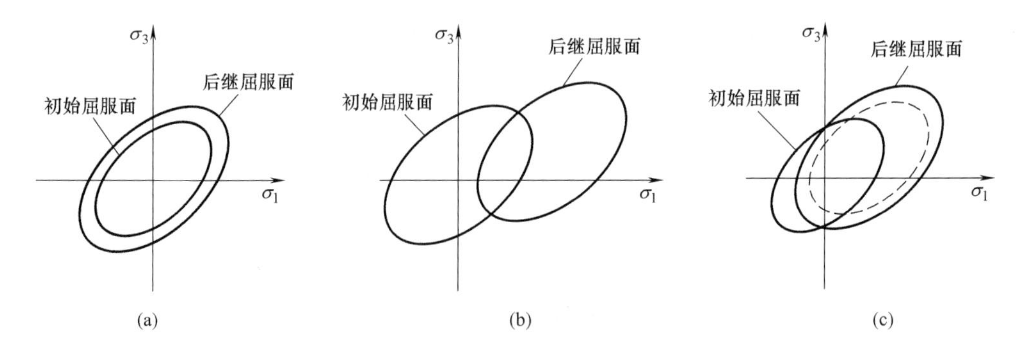

图 4-4　材料强化类型

（a）等向强化模型；（b）随动强化模型；（c）混合强化模型

二维码 4-16
等向强化模型

① 等向强化模型

等向强化模型指材料在初始受力状态下为各向同性，到达塑性状态后材料强化，但仍保持各向同性，即加载面在应力空间中的形状和中心位置保持不变，随着强化程度的增加，由初始屈服面在形状上作相似的扩大。加载面仅由其曾经达到过的最大应力点所决定，与加载历史无关，如图 4-4（a）所示，强化条件可表示为：

$$F(\sigma_{ij})-k(\varepsilon^{p})=0 \tag{4-34}$$

式中　$k(\varepsilon^{p})$——有效塑性应变 ε^{p} 的函数。

有效塑性应变与塑性主应变 ε^{p} 的关系为：

$$\varepsilon^{\mathrm{p}}=\frac{\sqrt{2}}{3}\sqrt{(\varepsilon_1^{\mathrm{p}}-\varepsilon_2^{\mathrm{p}})^2+(\varepsilon_2^{\mathrm{p}}-\varepsilon_3^{\mathrm{p}})^2+(\varepsilon_3^{\mathrm{p}}-\varepsilon_1^{\mathrm{p}})^2} \tag{4-35}$$

等向强化模型由于它便于进行数学处理，另外，如果在加载过程中应力方向或各应力分量的比值变化不大，采用各向同性强化模型的计算结果与实际情况也比较符合，因此，等向强化模型应用较为广泛。

② 随动强化模型

二维码 4-17
随动强化模型

随动强化模型指在加载条件下，屈服曲面的形状和大小都不改变，只是在应力空间中作刚性平移，如图 4-4（b）所示。设在应力空间中，屈服面内部中心的坐标用 α_{ij} 表示，它在初始屈服时等于 0，于是，随动强化模型的加载曲面可表示为：

$$F(\sigma_{ij}-\alpha_{ij})-k=0 \tag{4-36}$$

显然，$F(\sigma_{ij}-\alpha_{ij})-k=0$ 为初始屈服面，产生塑性变形以后，加载面随着 α_{ij} 而移动，α_{ij} 称为移动张量。

随动强化模型可以考虑材料的包兴格（Bauschinger）效应，在循环加载或者可能出现反向屈服的问题中，需要采用这种模型。

③ 混合强化模型

二维码 4-18
混合强化模型

如图 4-4（c）所示，混合强化模型是各向同性强化模型和随动强化模型的组合，它在塑性变形过程中，加载曲面不但作刚性平移，还同时在各个方向作均匀扩大，加载曲面可表示为：

$$F(\sigma_{ij}-\alpha_{ij})-k(\varepsilon^{\mathrm{p}})=0 \tag{4-37}$$

（3）流动法则

二维码 4-19
流动法则

塑性应变方向在单轴受力状态下与应力方向是一致的，但在三维应力状态下，由于有 6 个应力分量和 6 个应变分量，塑性应变方向的确定就较复杂了。流动法则假设，塑性应变增量 $\mathrm{d}\varepsilon_{ij}^{\mathrm{p}}$ 与塑性势 Q 应力梯度成正比：

$$\mathrm{d}\varepsilon_{ij}^{\mathrm{p}}=\mathrm{d}\lambda\,\frac{\partial Q}{\partial\sigma_{ij}} \tag{4-38}$$

式中　$\mathrm{d}\lambda$——一个正值的比例因子，又称为塑性乘数；

塑性势是应力的函数 $Q=Q(\sigma_{ij})$。

在主应力空间的塑性势函数为一曲面，在该曲面上塑性应变增量的矢量与该曲面的外法线方向一致，且任一点的塑性应变能 W_{P} 均相等。当塑性势面与屈服面一致时，称为关联流动法则，此时 $F\equiv Q$，故有：

$$\mathrm{d}\varepsilon_{ij}^{\mathrm{p}}=\mathrm{d}\lambda\,\frac{\partial F}{\partial\sigma_{ij}} \tag{4-39}$$

在这种情况下，塑性应变增量的矢量垂直于屈服面，这种关系称为正交条件。当塑性势面与屈服面不一致时，称为非关联流动法则。岩土材料一般并不遵从关联流动法则，但目前在岩土工程弹塑性分析中通常仍采用关联流动法则，原因是还不能有根据地确定塑性势函数，且由非关联流动法则所得到的弹塑性矩阵为非对称，导致计算工作量大大增加。

（4）加载和卸载准则

对于单向受力时，只有一个应力分量，材料达到屈服状态以后，根据这个应力分量的

二维码 4-20
加载和卸载准则

增加或减小变化，就可判断是加载还是卸载；对于复杂应力状态，有 6 个应力分量，各分量可增可减，判断是加载还是卸载，材料不同判断准则也不同。

① 理想塑性材料的加载和卸载准则

理想塑性材料不发生强化，应力点不可能位于屈服面外，当应力点保持在屈服面上时，称为加载，塑性变形可以继续增长；当应力点从屈服面上退回到屈服面内，称为卸载。设屈服条件为 $F(\sigma_{ij})=0$，当应力达到屈服状态后，对于应力增量 $\mathrm{d}\sigma_{ij}$，引起屈服函数的微量变化 $\mathrm{d}F$ 为：

$$\mathrm{d}F=F(\sigma_{ij}+\mathrm{d}\sigma_{ij})-F(\sigma_{ij})=\frac{\partial F}{\partial \sigma_{ij}}\mathrm{d}\sigma_{ij} \tag{4-40}$$

当 $F=0$、$\mathrm{d}F=0$ 时，为加载，表示为新的应力点保持在屈服面上；

当 $F=0$、$\mathrm{d}F<0$ 时，为卸载，表示为新的应力点从屈服面上退回屈服面内。

在应力空间中，如图 4-5（a）所示，屈服面的外法线方向 n 向量的分量与 $\frac{\partial F}{\partial \sigma_{ij}}$ 成正比，$\mathrm{d}F<0$，表示应力增量向量 $\mathrm{d}\sigma$ 指向屈服面内，为卸载；$\mathrm{d}F=0$，表示 $n\cdot\mathrm{d}\sigma=0$，应力点只能沿屈服面变化，属于加载。

② 强化材料的加载和卸载准则

强化材料的加载面可以向屈服面外扩展，因此，当 $\mathrm{d}\sigma$ 沿加载面变化时，只表示一点的应力状态从一个塑性状态过渡到另一个塑性状态，但不引起新的塑性变形，这种变化过程称为中性变载；只有当 $\mathrm{d}\sigma$ 指向面外时才是加载；当 $\mathrm{d}\sigma$ 指向加载面内时，为卸载，如图 4-5（b）所示。强化材料的加载和卸载准则可表示为对于式（4-40）确定的屈服函数的微量变化 $\mathrm{d}F$：

当 $F=0$、$\mathrm{d}F>0$ 时，为加载，表示为新的应力点移动到扩展后的屈服面上；

当 $F=0$、$\mathrm{d}F=0$ 时，为中性变载，表示为新的应力点仍保持在屈服面上；

当 $F=0$、$\mathrm{d}F<0$ 时，为卸载，表示为新的应力点从屈服面上退回到屈服面内。

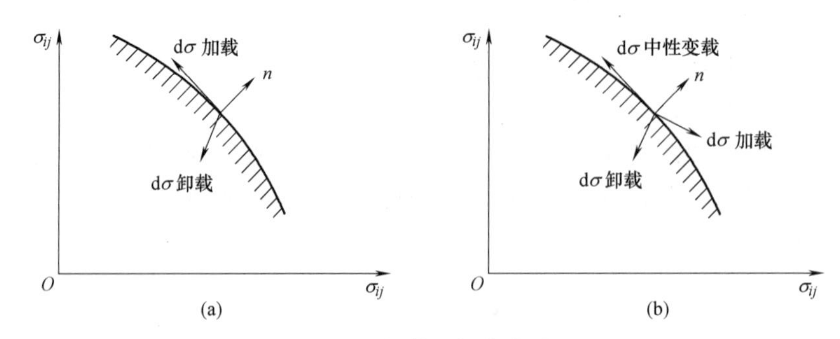

图 4-5 加载和卸载准则

4）黏弹性模型

三元件广义 Kelvin 模型，由弹性元件和 Kelvin 模型串联组成，如图 4-6 所示。

其应力应变关系式为：

$$\frac{\eta}{E_1+E_2}\dot{\sigma}+\sigma=\frac{\eta E_1}{E_1+E_2}\dot{\varepsilon}+\frac{E_1E_2}{E_1+E_2}\varepsilon \tag{4-41}$$

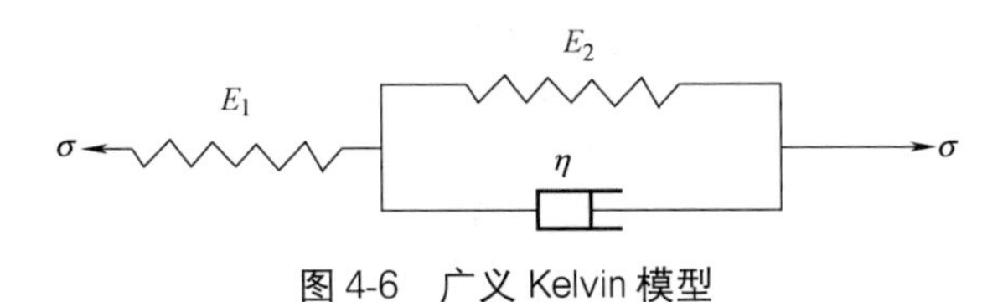

图 4-6 广义 Kelvin 模型

（1）蠕变

衬砌施作后的蠕变方程为：

$$\varepsilon(t)=\left[\frac{1}{E_1}+\frac{1}{E_2}(1-e^{-\frac{E_2}{\eta}t})\right]\sigma_0=\sigma_0 J(t) \tag{4-42}$$

式中 $J(t)$——蠕变柔量；

σ_0——常量应力。

广义 Kelvin 体的蠕变曲线如图 4-7 所示。当 $t=0$ 时，则广义 Kelvin 体有 $\varepsilon=\frac{\sigma_0}{E_1}$，此为与时间无关的瞬时变形。当 $t\to\infty$时，则有 $\varepsilon=\frac{\sigma_0}{E_1}+\frac{\sigma_0}{E_2}$，表示广义 Kelvin 体的最终蠕变有限，并为两个弹簧原件瞬时变形的和，但是被推迟实现。

（2）蠕变性质

考虑加载到 σ_0 到 t_1 时卸载，有蠕变 $\varepsilon_{t=t_1^-}=\frac{\sigma_0}{E_1}+\frac{\sigma_0}{E_2}\left[1-\exp\left(-\frac{E_2}{\eta}t_1\right)\right]$；

当 $t=t_1^+$ 及 $t>t_1$，则有 $\varepsilon_{t>t_1}=\left(\varepsilon_1-\frac{\sigma_0}{E_1}\right)\left[\exp\left(-\frac{E_2}{\eta}(t-t_1)\right)\right]$。

由此可见，当 $t>t_1$ 卸载后，ε 将不断减小。若 $t\to\infty$，则全部蠕变都将恢复，见图 4-8。因此，K 体的蠕变全部是弹性后效，无黏流。

2. 梁单元

与上节荷载结构法中“单元刚度矩阵的计算”相同。

3. 杆单元

二维码 4-21 杆单元

设杆单元在局部坐标系中的节点位移为 $\{\bar{\delta}\}=[\bar{u}_i, \bar{u}_j]^T$，对应的节点力为 $\{\bar{f}\}=[\bar{X}_i, \bar{X}_j]^T$，则有：

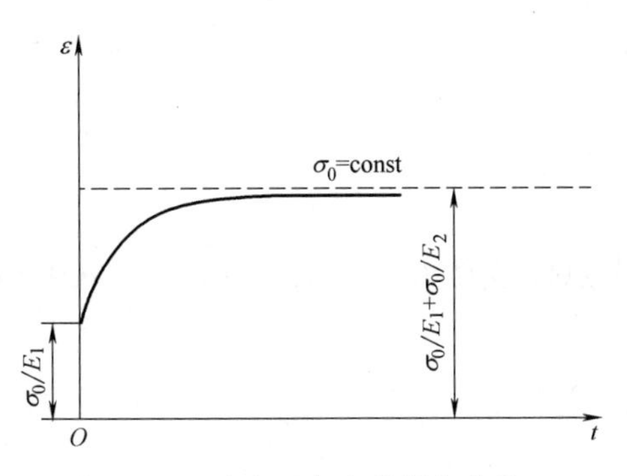

图 4-7 广义开尔文体蠕变曲线

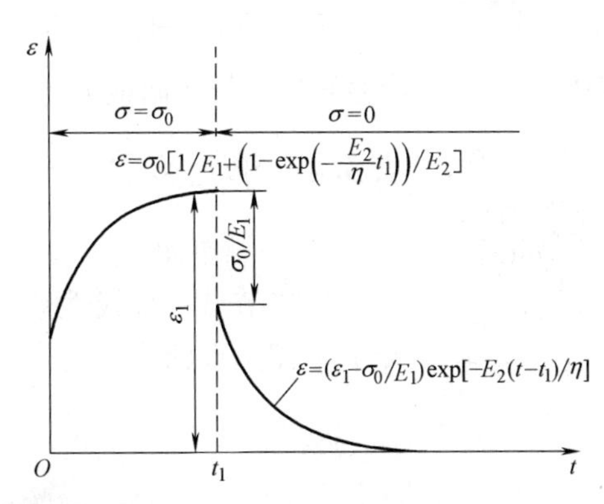

图 4-8 广义开尔文体蠕变的弹性后效

$$\{\bar{f}\}=[\bar{k}]\{\bar{\delta}\} \tag{4-43}$$

$$[\bar{k}]=\begin{bmatrix} \frac{EA}{l} & -\frac{EA}{l} \\ -\frac{EA}{l} & \frac{EA}{l} \end{bmatrix} \tag{4-44}$$

式中 $[\bar{k}]$——杆在局部坐标系下的单元刚度矩阵；

l——杆的长度；

A——杆的截面积；

E——杆的弹性模量。

二维码 4-22 接触面单元

4. 接触面单元

接触面采用无厚度节理单元模拟，不考虑法向和切向的耦合作用时，增量表达式：

$$\begin{Bmatrix} \Delta\tau_s \\ \Delta\sigma_n \end{Bmatrix}=\begin{bmatrix} K_s & 0 \\ 0 & K_n \end{bmatrix}\begin{Bmatrix} \Delta u_s \\ \Delta u_n \end{Bmatrix}=[K^e]\begin{Bmatrix} \Delta u_s \\ \Delta u_n \end{Bmatrix} \tag{4-45}$$

式中 K_s——接触面的切向刚度；

K_n——接触面的法向刚度。

接触面材料的应力-应变关系一般为非线性关系，并常处于塑性受力状态。当屈服条件采用摩尔-库仑屈服条件，并假定节理材料为理想塑性材料及采用关联流动法则时，对平面应变问题，可导出接触面单元剪切滑移的塑性矩阵为：

$$[D_p]=\frac{1}{S_0}\begin{bmatrix} K_s^2 & K_sS_1 \\ K_sS_1 & S_1^2 \end{bmatrix} \tag{4-46}$$

式中 $S_0=K_s+K_n\tan^2\varphi$；

$S_1=K_n\tan\varphi$；

φ——接触面的内摩擦角。

对处于非线性状态的接触面单元，应力与相对位移间的关系式为：

$$\tau_s=K_s\cdot\Delta u_s,\quad \sigma_n=K_nv_m\frac{\Delta u_n}{v_m-\Delta u_n}(\Delta u_n<v_m) \tag{4-47}$$

式中 v_m——接触面单元的法向最大允许嵌入量。

二维码 4-23 单元模式

4.3.4 单元模式

1. 一维单元

对二节点一维线性单元，设节点位移为 $\{\delta\}=\{u_i, v_i, u_j, v_j\}$ 时，单元上任意点的位移为：

$$u=\sum N_iu_i \tag{4-48}$$

$$N_1=\frac{1-\xi}{2},\ N_2=\frac{1+\xi}{2} \tag{4-49}$$

式中 N——插值函数。

2. 三角形单元

对三节点三角形单元，设节点坐标为 $\{x_i, y_i, x_j, y_j, x_m, y_m\}$，节点位移为 $\{\delta\}=\{u_i, v_i, u_j, v_j, u_m, v_m\}$，对应的节点力为 $\{F\}=\{X_i, Y_i, X_j, Y_j, X_m, Y_m\}$，则当取线性位移模式时，单元内任意点的位移为：

$$\begin{pmatrix} u \\ v \end{pmatrix}=[N]\{\delta\} \tag{4-50}$$

$$[N]=\begin{bmatrix} N_i & 0 & N_j & 0 & N_m & 0 \\ 0 & N_i & 0 & N_j & 0 & N_m \end{bmatrix} \tag{4-51}$$

$$\left.\begin{aligned} a_i&=x_i y_m-x_m y_i \\ b_i&=y_j-y_m \\ c_i&=x_m-x_i \end{aligned}\right\} \tag{4-52}$$

式中 $[N]$——形函数矩阵；

$N_i=\frac{1}{2\Delta}(a_i+b_i x+c_i y)$；

Δ——单元面积。

3. 四边形单元

采用四节点等参单元，并设节点位移为 $\{\delta\}=[u_1, v_1, u_2, v_2, u_3, v_3, u_4, v_4]^T$ 时，位移模式可由双线性插值函数给出，形式为：

$$\begin{aligned} u&=N_1 u_1+N_2 u_2+N_3 u_3+N_4 u_4 \\ v&=N_1 v_1+N_2 v_2+N_3 v_3+N_4 v_4 \end{aligned} \tag{4-53}$$

$$\left.\begin{aligned} N_1&=\frac{1}{4}(1-\xi)(1-\eta) \\ N_2&=\frac{1}{4}(1+\xi)(1-\eta) \\ N_3&=\frac{1}{4}(1+\xi)(1+\eta) \\ N_4&=\frac{1}{4}(1-\xi)(1+\eta) \end{aligned}\right\} \tag{4-54}$$

式中 N_i——插值函数（$i=1, 2, 3, 4$）。

4.3.5 施工过程的模拟

二维码 4-24
施工过程模拟

1. 一般表达式

开挖过程的模拟一般通过在开挖边界上施加荷载实现。将一个相对完整的施工阶段称为施工步，并设每个施工步包含若干增量步，则与该施工步相应的开挖释放荷载可在所包含的增量步中逐步释放，以便较真实地模拟施工过程。具体计算中，每个增量步的荷载释放量可由释放系数控制。

对各施工阶段的状态，有限元分析的表达式为：

$$[K]_i\{\Delta\delta\}_i=\{\Delta F_r\}_i+\{\Delta F_g\}_i+\{\Delta F_p\}_i (i=1,\cdots,L) \tag{4-55}$$

$$[K]_i = [K]_0 + \sum_{\lambda=1}^{i} [\Delta K]_\lambda \ (i \geqslant 1) \tag{4-56}$$

式中　L——施工步总数；

$[K]_i$——第 i 施工步岩土体和结构的总刚度矩阵；

$[K]_0$——岩土体和结构（施工开始前存在）的初始总刚度矩阵；

$[\Delta K]_\lambda$——施工过程中，第 λ 施工步的岩土体和结构刚度的增量或减量，用以体现岩土体单元的挖除、填筑及结构单元的施作或拆除；

$\{\Delta F_r\}_i$——第 i 施工步开挖边界上的释放荷载的等效节点力；

$\{\Delta F_g\}_i$——第 i 施工步新增自重等的等效节点力；

$\{\Delta F_p\}_i$——第 i 施工步增量荷载的等效节点力；

$\{\Delta\delta\}_i$——第 i 施工步的节点位移增量。

对每个施工步，增量加载过程的有限元分析的表达式为：

$$[K]_{ij}\{\Delta\delta\}_{ij} = \{\Delta F_r\}_i \alpha_{ij} + \{\Delta F_g\}_{ij} + \{\Delta F_p\}_{ij} \ (i=1,\cdots,L; j=1,\cdots,M) \tag{4-57}$$

$$[K]_{ij} = [K]_{i-1} + \sum_{\xi=1}^{j} [\Delta K]_{i\xi} \tag{4-58}$$

式中　M——各施工步增量加载的次数；

$[K]_{ij}$——第 i 施工步中施加第 j 荷载增量步时的刚度矩阵；

α_{ij}——与第 i 施工步第 j 荷载增量步相应的开挖边界释放荷载系数，开挖边界荷载完全释放时有 $\sum_{j=1}^{M} \alpha_{ij} = 1$；

$\{\Delta F_g\}_{ij}$——第 i 施工步第 j 增量步新增单元自重等的等效节点力；

$\{\Delta\delta\}_{ij}$——第 i 施工步第 j 增量步的节点位移增量；

$\{\Delta F_p\}_{ij}$——第 i 施工步第 j 增量步增量荷载的等效节点力。

2. 开挖工序的模拟

开挖效应可通过在开挖边界上设置释放荷载，并将其转化为等效节点力模拟。表达式为：

$$[K - \Delta K]\{\Delta\delta\} = \{\Delta P\} \tag{4-59}$$

式中　$[K]$——开挖前系统的刚度矩阵；

$[\Delta K]$——开挖工序中挖除部分刚度；

$\{\Delta P\}$——开挖释放荷载的等效节点力。

开挖释放荷载可采用单元应力法或 Mana 法计算。

3. 填筑工序的模拟

填筑效应包含两个部分，即整体刚度的改变和新增单元自重荷载的增加，其计算表达式为：

$$[K + \Delta K]\{\Delta\delta\} = \{\Delta F_g\} \tag{4-60}$$

式中　$[K]$——填筑前系统的刚度矩阵；

$[\Delta K]$——新增实体单元的刚度；

$\{\Delta F_g\}$——新增实体单元自重的等效节点荷载。

4. 结构的施作与拆除

结构施作的效应体现为整体刚度的增加及新增结构的自重对系统的影响，其计算表达式为：

$$[K+\Delta K]\{\Delta\delta\}=\{\Delta F_{g}^{s}\} \tag{4-61}$$

式中　$[K]$——结构施作前系统的刚度矩阵；

$[\Delta K]$——新增结构的刚度；

$\{\Delta F_{g}^{s}\}$——施作结构自重的等效节点荷载。

结构拆除的效应包含整体刚度的减小和支撑内力释放的影响，其中支撑内力的释放可通过施加一反向内力实现，其计算表达式为：

$$[K-\Delta K]\{\Delta\delta\}=-\{\Delta F\} \tag{4-62}$$

式中　$[K]$——结构施作前系统的刚度矩阵；

$[\Delta K]$——新增结构的刚度；

$\{\Delta F\}$——拆除结构内力的等效节点力。

5. 增量荷载的施加

在施工过程中施加的外荷载，可在相应的增量步中用施加增量荷载表示，其计算式为：

$$[K]\{\Delta\delta\}=\{\Delta F\} \tag{4-63}$$

式中　$[K]$——增量荷载施加前系统的刚度矩阵；

$\{\Delta F\}$——施加的增量荷载的等效节点力。

4.4 算例

二维码 4-25
算例

荷载-结构法的算例请参见整体式隧道结构，这里仅给出地层结构法的设计算例。

1. 概述

前已述及，地层-结构法主要包括如下几部分内容：地层的合理化模拟、结构模拟、施工过程模拟以及施工过程中结构与周围地层的相互作用、地层与结构相互作用的模拟。针对不同的地下结构类型，可进行相应的合理简化、采用相对适合的本构模型进行数值模拟。

2. 地层的模拟

由于地层-结构法把地层与结构作为一个有机的整体考虑，因此地层的合理模拟对结构及周围地层的变形及内力具有非常重要的影响。

经过多年的发展，地层材料发展了多种模型，有各向同性线弹性、非线性弹性及弹塑性体或横观各向同性、正交各向异性线弹性体；考虑周围地层时间效应的黏弹性、黏弹塑性模型；由于地下水在围岩及土体中的渗流，发展了渗流耦合模型，考虑到土体中孔隙水压力的变化，发展了固结模型等。

针对岩体所表现出的非线性、时间效应，应用较多是弹塑性模型和黏弹性模型。弹塑性模型有多种屈服准则，例如 Drucker-Prager 屈服准则、Mohr-Coulomb 准则、剑桥模型以及多种硬化准则等。黏弹性模型有 Maxwell、开尔文模型以及三元件模型等多种模型，以上模型反映岩体不可逆、剪胀、应变软化、各向异性等种种不同情况。对于土体介质，非线性弹性、剑桥模型、固结模型以及黏弹塑性模型应用较多。

对岩体内部存在的节理、裂隙等常见的地质现象，一般为接触面材料，采用节理单元模拟。

周围地层模型的物理力学参数，可以通过实验室试验、现场试验以及反分析得到。

3. 施工过程的模拟

1）时空效应

地下工程的支护理论是建立在地层与支护相互作用的基础上，支护的作用不是被动的承受荷载，而是充分发挥地层自身的稳定性；为此，从有效限制围岩变形发展着手，适时构筑支护结构。下面以隧洞施工说明施工中的时空效应。

随着隧洞的掘进，作业面的向前推进，一定范围内的围岩变形的发展和应力的重新分布受到作业面的限制，使得围岩的变形得不到自由、充分的释放，应力重新分布不能很快完成。实测表明：在作业面之后距其 2～3 倍的洞径或洞跨外，掘进面的空间约束效应才完全消失，应力得到充分释放。对许多围岩介质而言，开挖之后，应力释放、重新分布要一个过程，表现出明显的时间效应，即岩体的流变时效的作用，即使在空间效应消失之后，变形仍在发展。显然，在作业面附近，有两种效应的耦合作用。因此，在离开作业面一定距离外，围岩得不到及时的支护和处理，则随掘进面的约束作用的逐步消失和围岩介质本身的流变效应，围岩的变形将不能得到有效的控制，最终导致岩体的失稳和破坏。

隧洞掘进面的空间几何效应在洞轴方向表现为“半圆穹”约束，在洞室横断面表现为“环形”约束，如图 4-9 所示；“半圆穹”是指洞壁径向变形至开挖面的距离的曲线形状，一般用位移释放系数来描述，位移释放系数与隧洞截面的形状、地层荷载、岩体材料特性、埋深、施工方法等因素有直接的影响作用。

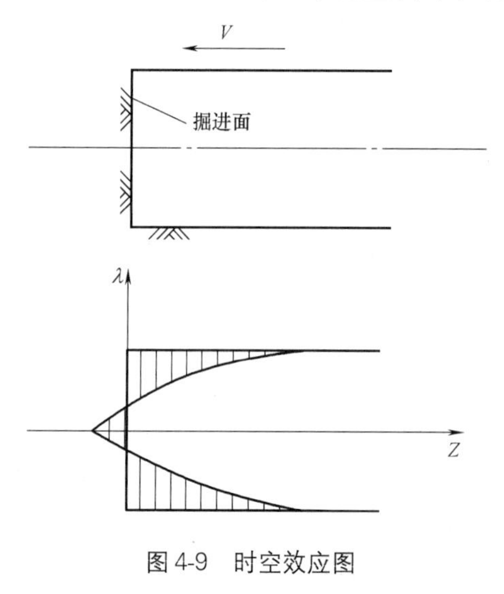

图 4-9 时空效应图

时空效应的研究方法主要有数值模拟和现场实测。数值模拟有两种方式，用二维或轴对称问题模拟和三维模拟；二维问题强调了围岩的特性，可以考虑非线性、塑性、蠕变、应力路径以及不连续面等，对作业面的效应，可根据现场实测数据应用位移释放系数模拟；三维问题由于几何模型的复杂性以及计算机的限制，侧重于地下结构的空间特性，一般采用弹性、黏弹性模型等。

2）初始地应力的计算

初始地应力可采用有限元计算法和设定水平侧压力系数法。对岩石地层，初始地应力分为自重地应力和构造地应力两部分。其中自重地应力由有限元法求得，构造地应力可假设为均布或线性分布等。对软土地层，常需根据水平侧压力系数计算初始地应力。

3）施工过程的有限元模拟

地下工程开挖施工过程主要包括岩土体分布开挖及支护结构的分层设置等。用以模拟上述不同施工阶段的力学形态的有限元方程可写为：

$$([K_0]+[\Delta K_i])\{\Delta\delta_i\}=\{\Delta F_{ir}\}+\{\Delta F_{in}\}(i=1,\cdots,M) \tag{4-64}$$

式中 M——施工阶段总数；

$[K_0]$——地层开挖前岩土体等的初始总刚度矩阵；

$[\Delta K_i]$——施工过程中岩土体和支护结构刚度的增量或减量，其值为挖去岩土体单元及设置或拆除支护结构单元的刚度；

$\{\Delta F_{ir}\}$——由开挖释放产生的边界增量节点力列阵，初次开挖由岩土体自重、地壳变形构造应力、地下水荷载、地面超载等确定，其后各开挖步由当前应力状态决定；

$\{\Delta F_{in}\}$——施工过程中增加的节点荷载列阵；

$\{\Delta\delta_i\}$——任一施工阶段产生的节点增量位移列阵。

任一施工阶段 i 的位移 δ_i、应变 ε_i 和应力 σ_i 为：

$$\{\delta_i\}=\sum_{k=1}^{i}\{\Delta\delta_{\mathrm{k}}\};\{\varepsilon_i\}=\sum_{k=1}^{i}\{\Delta\varepsilon_{\mathrm{k}}\};\{\sigma_i\}=\{\sigma_0\}+\sum_{k=1}^{i}\{\Delta\sigma_{\mathrm{k}}\} \tag{4-65}$$

式中 σ_0——初始应力；

$\Delta\delta_{\mathrm{k}}$——各施工阶段的增量应力。

当材料为弹塑性体时，计算采用增量初应力法。在对岩土体单元的受拉破坏或节理、接触面单元的受拉或受剪破坏进行非线性分析时，也归结为初应力法计算的问题。

在施工过程中，分部开挖指不同的开挖方式，如上下台阶法、侧壁导洞法等，计算时以不同的开挖阶段（同一开挖阶段时包括几个施工阶段）模拟；分部卸载由开挖面向前推进引起，计算时可依据经验或由现场量测位移分别在同一开挖阶段选定不同的地应力释放系数，据以反映不同施工阶段的变化；分部支护指不同的支护时机，如锚杆、喷层、二次衬砌及地层注浆、超前支护等，计算时分别采用在不同的施工阶段设置不同支护来模拟。显然，这里的“分部”兼有空间上的分部和时间上的分步骤两重含义。

4）注浆模拟

在施工过程中，注浆是常用的地层加固方法，在施工模拟时，通常采用材料替换法进行模拟。注浆后的地层用一种新的材料模拟，以反映注浆后材料的力学性质的变化。

4. 结构的模拟

地下结构的合理化模拟对结构内力有很大影响。锚喷支护一般采用杆单元模拟，也可对锚杆加固区的围岩取用提高的 c、φ 加以考虑；支撑、钢支架及衬砌一般采用梁单元模拟。衬砌结构也可采用四边形等参单元模拟，地下连续墙、桩一般也采用梁单元模拟。杆单元或梁单元都可以采用弹塑性模型、黏弹性模型以及和温度有关的本构关系。

对盾构隧道的结构设计，可以采用均质圆环模型、梁弹簧模型等。梁弹簧模型充分反映了结构的连接和受力特性；对梁弹簧模型，管片采用直（曲）梁单元模拟，管片之间以及环间接头用弹簧单元模拟。

5. 地层与结构的相互作用

1）地层与结构相互作用的模拟

支护结构和地层间相互作用，采用接触面单元模拟，并利用塑性理论接触面单元建立非线性本构关系。当法向应力为压应力时，采用摩尔-库仑屈服条件，不难导出其剪切滑移的塑性矩阵。

接触面的屈服条件为：

$$F(\tau_s,\sigma_n)=f(\tau_s,\sigma_n) \tag{4-66}$$

同时应用 Mohr-coulomb 准则，则屈服条件为：

$$F=\tau_s+\mu\sigma_n-c \tag{4-67}$$

$$\mu=\tan\varphi$$

式中　φ、c——结构与土体的内摩擦角和黏聚力。

作用于接触面的应力满足屈服条件后，接触面将产生塑性变形，屈服后的塑性变形服从流动法则，接触面位移增量中的塑性部分可表示为（$\Delta\delta_s^p$，$\Delta\delta_n^p$），采用关联流动法则，塑性位移增量为：

$$\Delta\delta_s^p=\Delta\lambda\frac{\partial F}{\partial\tau_s}=\Delta\lambda,\Delta\delta_n^p=\Delta\lambda\frac{\partial F}{\partial\sigma_n}=\Delta\lambda\mu \tag{4-68}$$

式中　$\Delta\lambda$——一个正的比例常数。

接触面屈服后若继续发生塑性变形，那么应力状态从（τ_s，σ_n）变为（$\tau_s+\Delta\tau_s$，$\sigma_n+\Delta\sigma_n$）将满足屈服条件，即：

$$\Delta F=\frac{\partial F}{\partial\tau_s}\Delta\tau_s+\frac{\partial F}{\partial\sigma_n}\Delta\sigma_n=0 \tag{4-69}$$

$$\begin{Bmatrix}\Delta\tau_s\\\Delta\sigma_n\end{Bmatrix}=\begin{bmatrix}k_s & 0\\0 & k_n\end{bmatrix}\cdot\begin{Bmatrix}\Delta\delta_s^e\\\Delta\delta_n^e\end{Bmatrix}=[k^e]\begin{Bmatrix}\Delta\delta_s-\Delta\delta_s^p\\\Delta\delta_n-\Delta\delta_n^p\end{Bmatrix} \tag{4-70}$$

得塑性状态下应力与应变关系为：

$$\begin{Bmatrix}\Delta\tau_s\\\Delta\sigma_n\end{Bmatrix}=[k^{ep}]\begin{Bmatrix}\Delta\delta_s\\\Delta\delta_n\end{Bmatrix} \tag{4-71}$$

$$[k^{ep}]=\frac{1}{k_s+\mu^2k_n}\begin{bmatrix}\mu^2k_sk_n & -\mu k_sk_n\\-\mu k_sk_n & k_sk_n\end{bmatrix} \tag{4-72}$$

2）双层衬砌之间的相互作用

双层衬砌之间的相互作用有两种模拟方式，分别用接触面单元和弹簧单元模拟。应用弹簧元模拟时，分别用径向、环向弹簧模拟两层之间的法向作用、剪切作用，弹簧参数根据实验和经验选取。

本章小结

（1）地下结构的计算模型有多种，大体上可以归纳为以下 4 种计算模型：荷载-结构计算模型、地层-结构计算模型、经验类比计算模型和收敛限制计算模型。

（2）荷载-结构计算法是指先按地层分类法或由实用公式确定地层压力，然后按弹性地基上结构物的计算方法计算衬砌的内力，并进行结构截面设计。

（3）地层-结构计算模型是指将衬砌和地层视为整体共同受力的统一体系，在满足变形协调条件的前提下分别计算衬砌与地层的内力，据以验算地层的稳定性和进行结构截面设计。

（4）岩土材料的本构模型主要包括弹性模型、非线性弹性模型、弹塑性模型及黏弹性模型。其中弹塑性模型包括以下四个组成部分：屈服条件和破坏条件、强化定律、流动法则以及加载和卸载准则。

思考与练习题

4-1 简述地下结构计算理论的发展过程。

4-2 简述地下结构计算方法的类型及其含义。

4-3 试述荷载-结构法、地层-结构法的基本含义和主要区别。

4-4 简述荷载-结构法和地层-结构法的计算过程。

第 5 章　地下结构的数值分析方法

本章要点及学习目标

本章要点：

（1）地下结构数值分析方法的概念和应用；

（2）地下结构常用的数值分析方法分类；

（3）地下结构常用数值分析方法的基本原理；

（4）地下结构常用数值分析软件的应用。

学习目标：

（1）了解地下结构数值分析方法的基本概念；

（2）熟悉地下结构常用的数值分析方法分类；

（3）了解地下结构常用数值分析方法的基本原理与工程应用；

（4）掌握地下结构工程中常用数值分析软件的使用方法。

二维码 5-1
地下工程发展概述

5.1　概述

随着我国交通事业的迅速发展和城市化进程的不断推进，地下结构工程在公路、铁路和市政建设等领域得到了空前的发展，数量越来越多，规模也越来越大。岩土体和地下水的作用往往是地下结构的主要荷载，而这些荷载都难以准确计算。地下结构工程的开挖与支护是一个十分复杂的力学工程，尽管经验类比和弹塑性分析等方法在地下结构工程稳定性分析与支护设计得到应用和发展，但是鉴于地下结构所固有的复杂特性，使其应用范围和求解能力仍受到很大的限制。尤其对复杂的工程断面和分部开挖等大跨度地下结构，无论是经验类型还是弹塑性分析，都不可能对工程开挖与支护的过程进行精确的模拟和准确的分析。近年来计算机的普及，给地下结构设计带来新的机遇，尤其是在地下结构设计计算及施工过程模拟方面。通过计算机对地下结构进行数值分析，可使地下结构设计更合理、施工过程更安全。

二维码 5-2
数值分析方法概述

5.1.1　地下结构数值分析方法

数值分析方法是研究使用计算机求解各种科学与工程问题的数值方法（近似方法），它以数字计算机求解数学问题的理论和方法为研究对象，对求得的解的精度进行评估，以及如何在计算机上实现求解等。数值分析方法在科学与工程计算、信息科学、管理科学、生命科学等交叉学科中有着广泛的应用。

为了解某科学与工程实际问题，首先是依据物理、力学规律建立问题的数学模型，这些模型一般为代数方程、微分方程等。科学计算的一个重要方面就是要研究这些数学问题的数值计算方法，然后通过计算软件在计算机上计算出实际需要的结果。数值分析内容包括：函数的插值与逼近方法，微分与积分计算方法，线性方程组与非线性方程组计算方法，常微分与偏微分数值解等。即运用数值分析解决问题的过程：实际问题→数学模型→数值计算方法→程序设计→计算求出结果。

随着计算机技术的迅速发展，借助于数值分析方法与计算机图形、图像技术、可视化技术相结合，对地下结构工程的开挖步骤、支护工艺的工程性态（稳定和变形）模拟和过程再现已成为现实。这种工程状态模拟和过程的图形显示技术被称为计算机仿真技术。

地下结构处于岩土体内部，往往难以直接观察，而计算机仿真技术则可把内部过程展示出来，具有很大的实用价值。例如，地下工程开挖经常会遇到塌方冒顶。根据地质勘查，我们可以知道断层、裂隙和节理的走向与密度。通过小型试验，可以确定本身的力学性能及岩体夹层和界面的力学特性、强度条件，并存入计算机中。在数值模型中，不仅可以模拟岩体中的断层、节理、裂隙等地质结构面，而且还可以模拟分步开挖、支护等施工过程，揭示不同施工步骤、施工工艺以及不同支护条件下的应力与位移。尤其采用不连续分析技术，模拟和显示洞室开挖过程，洞顶及边墙有些部位岩块失稳而下落或滑移，为支护设计提供可靠依据。这些都是解析方法难以实现的。

地下结构数值分析的可靠性与应用范围取决于三个条件：①岩土和支护结构的本构关系，它表征结构荷载与变形特性的关系；②有效的数值方法，这是提高数值计算分析的保证；③前、后处理系统，前处理能够将工程实际问题以简单直观的方式转变成数学模型，后处理能够更直观的展示数值分析的结果。

早期的数值分析程序的开发多注重数值计算方法，大部分程序中的前、后处理系统功能不强，有的程序根本就没有开发，不仅使数值分析费时费力，而且更让工程技术人员感到数值分析深不可测，产生畏惧情绪，难以推广和普及。目前，随着计算机速度的提高和内存扩大，使得数值分析系统前、后处理系统得到发展，尤其是图形显示得以实现。国内外一些商业软件和一些专业软件，面向对象的操作环境和强有力的图形显示功能，使得数值分析的建模和数据处理变得十分方便和容易。大部分前后处理系统采用面向对象的编程技术，开发出人机对话系统，用户只需要按动鼠标，就可进行建模和数据处理，成了方便用户使用的“傻瓜”系统。

然而地下结构工程毕竟是不同于地面结构工程。尽管用户不需要理解高深的计算理论更无须经历编程过程，但是，要真正地采用数值分析技术，解决工程问题，不仅需要具有一定的工程经验，更重要的还应了解各种数值分析方法的基本假设、应用前提和适用范围，并且了解国内外一些岩土工程应用软件的特点，以便可以根据所研究的问题，选取合适的数值方法和计算程序进行分析和研究，为地下工程开挖与设计提供依据。

岩土工程的数值分析方法是一项新兴的技术，同时也是一个处于发展与探索过程中的技术。因此，实际工程既不能够完全依赖于数值分析，同时也不能完全否定数值分析技术。就目前的情况来看，岩土工程数值分析技术作为一种模拟岩土工程问题的成因机制、发展过程与发展趋势很可信的技术，可以为岩土工程提供很多重要的信息，可以为设计施工提供科学的指导。但不能将岩土工程数值模拟的结果简单地视为定量化的结果。针对岩土工程数值模拟所存在的不能真正地定量分析的问题，必须充分认识前述的不确定性问题。在进行岩土工程数值分析的整个过程中，应当注重的是现场的原型调研，即工程地质的自然历史分析，该法的最大优点就是能够通过扎实的工程地质调查与研究，搞清岩土工程问题的工程地质条件，在原型调研的基础上建立能够代表复杂岩土体特性的模型进行数值分析。

5.1.2 地下结构数值分析方法分类

二维码 5-3 数值分析方法分类

材料力学、结构力学和弹性力学分别是研究杆件、杆系和连续体三种不同几何形态的古典力学计算方法。该方法是在严格满足结构的三大基本方程（平衡方程、物理方程和几何方程）和边界条件的基础上，寻找能够表征结构内力或位移的解析函数，由此给出问题的解。这种以解析函数表征结构力学性态的古典力学方法属于解析方法。

数值分析方法是在解析分析方法上发展起来的一种近似方法。按数值分析方法的满足条件，可分为三大类，如图 5-1 所示。

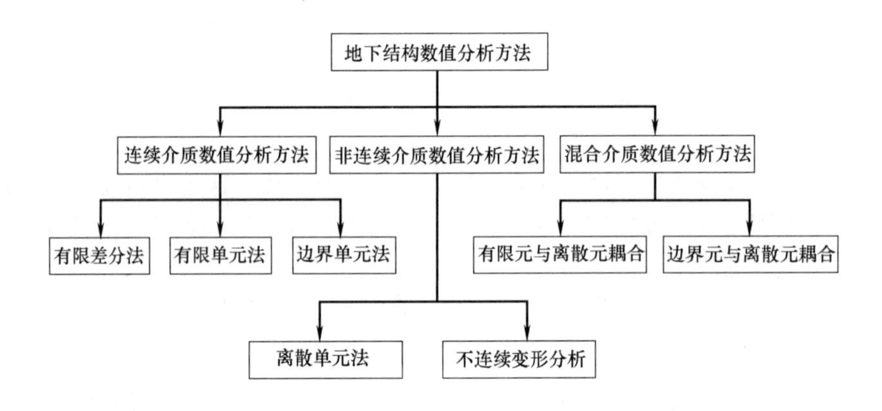

图 5-1 岩土工程常用的数值分析方法

1. 连续介质数值分析方法

连续介质数值分析方法的理论基础是弹（塑）性力学。因此，在该类数值分析方法公式的推导过程中，需要满足结构工程的基本方程和边界条件。只是在求解手段上，采用了不同于弹性力学的各种近似解法。这类数值分析方法包括有限差分法（Finite Difference Method，缩写为 FDM）、有限单元法（Finite Element Method，缩写为 FEM）和边界单元法（Boundary Element Method，缩写为 BEM）等，它适用于连续介质体的地下工程岩土体与结构的应力分析和位移求解。

2. 非连续介质数值分析方法

非连续介质数值分析方法的理论基础是牛顿运动定律，它并不满足结构的位移连续条件，但是可以求出结构在平衡状态下的位移或者在不可能处于平衡状态时的破坏模式。此外，尽管结构不受位移连续的约束，但应满足给定的单元和交界面的本构关系。这类数值分析方法主要有离散单元法（Discrete Element Method，缩写为 DEM）和不连续变形分析（Discontinuous Deformation Analysis，缩写为 DDA）。该数值分析方法可用于分析节理岩体可能发生的不连续变形，如洞室围岩附近岩块的分离与滑落等。

3. 混合介质数值分析方法

混合介质数值分析方法是连续和不连续分析方法的耦合。在地下结构的某些区域（如洞室附近），围岩体由于开挖影响而发生块体的分离而不连续，在另外区域（如远离洞室），则岩体一般仍相互联系而处于连续状态。因此，考虑两种不同力学介质的耦合分析是很自然的了。目前常用的耦合方法有有限元与离散元的耦合、边界元与离散元的耦合等。混合介质吸取连续介质和非连续介质两种数值分析方法中的优点，在可能发生不连续变形的岩体，采用非连续介质方法模拟，而远离洞室的岩体一般仍处于连续状态，可采用连续介质模型分析。从长远来看，混合介质数值分析方法将是岩土工程数值分析方法发展的一个重要方向。

5.1.3　弹性力学分析与连续介质数值分析方法比较

二维码 5-4 分析方法比较

为了深刻理解连续介质的数值分析方法的求解思路以及与弹性分析方法的根本区别，有必要重温弹性力学的求解方法。

弹性力学是在分析区域（连续结构体）中任取一“微元体”，然后，对微元体进行受力分析，根据微元体的平衡条件建立微元体的平衡微分方程。由于微元体是任意的，因此，它就表征了计算区域的平衡方程。同理，根据微元体在应力作用下所产生的变形条件，建立几何方程；显然，几何方程也是微分方程。同时，再加上表征应力和应变关系的物理方程，就构成了弹性力学的三个基本方程。一般情况下，基本方程是三维空间坐标（x，y，z）的函数。因此，弹性力学的解既适应于基本方程，还应满足边界条件，这才构成解的唯一解。由此可见，对于弹性力学工程问题的求解，实质上是求解一组含有边界条件的微分方程组。

弹性力学求解微分方程的思路是：根据特定问题的受力条件，找出一组含有待定参数的“全局函数”，该函数表征计算区域的位移或应力场分布，显然应满足边界条件，由此代入基本方程进行求解，并根据边界条件确定其积分参数，从而就确定了工程全局的应力函数和位移函数。

一般情况下，求解工程结构的微分方程组是非常困难的，只有在结构形状简单（如圆形洞室或矩形简支板），受力荷载简单（如受静水压力或均布荷载）的条件下，才能给出解析解。因此，为了求解复杂的工程问题，针对微分方程的求解提出了不同的近似解法，数值解法就是其中一类。根据求解微分方程方法的不同，数值解法又分为“有限差分法”“有限单元法”“边界单元法”和“离散单元法”等。

5.2　地下结构常用数值分析方法与软件

近几十年来，随着计算机应用的发展，数值计算方法在岩土工程问题分析中迅速得到了广泛应用，大大推动了岩土力学的发展。在岩土力学中所用的数值方法主要有以下几种：有限差分法、有限单元法、加权余量法、边界单元法、离散单元法、非连续变形分析法等，如表 5-1 所示。下面就对岩土工程数值分析中常见的几种方法的求解技术和相应的软件进行简要的介绍。

几种常用数值分析方法比较 **表 5-1**

数值分析方法	基本原理	求解方式	离散方式	适用情况
有限差分法(FLAC)	牛顿运动定理	显式差分	全区域划分单元	连续介质、大变形
有限单元法(FEM)	最小热能原理	解方程组	全区域划分单元	连续介质、小变形、非均质材料
边界单元法(BEM)	Belli 互等定理	解方程组	边界上划分单元	均质连续介质、小变形
离散单元法(DEM)	牛顿运动定理	显式差分	按节理分布特征划分	不连续介质、大变形、低应力水平
非连续变形分析法(DDA)	最小势能原理	解方程组	按节理切割实际情况	不连续介质、大变形

二维码 5-5
有限差分法

5.2.1 有限差分法

有限差分法由英国学者 South well 提出。它的基本思想是将待解决问题的基本方程和边界条件近似地用差分方程来表示，这样就把求解微分方程的问题转化为求解代数方程的问题。即它将实际的物理过程在时间和空间上离散，分解成有限数量的有限差分量，近似假设这些差分量足够小，以致在差分量的变化范围内物体的性能和物理过程都是均匀的，并且可以用来描述物理现象的定律。有限差分法的原理是将实际连续的物理过程离散化，近似地置换成一连串的阶跃过程，用函数在一些特定点的有限差商代替微商，建立与原微分方程相应的差分方程，从而将微分方程转化为一组代数方程，通常采用“显式”时间步进方法来求解代数方程组。该方法原理简单，容易编制程序，可以处理一些相对复杂的问题，所以从 20 世纪 40 年代末期以来，迄今盛行不衰，应用范围很广。

1. 理论基础与差分方式

1）一维有限差分表达式

用差分来近似地表示微分是很自然的。对于一维问题，若有函数 $y=y(x)$，则 y 对 x 的微分，或 y 对 x 的导数可表示为：

$$\frac{\mathrm{d}y}{\mathrm{d}x}=y=\lim_{\Delta x\to 0}\frac{\Delta y}{\Delta x}=\lim_{\Delta x\to 0}\frac{y(x+\Delta x)-y(x)}{\Delta x} \tag{5-1}$$

若 Δx 不趋于零，而是取某一足够小的有限值 h，则在 $x=x_n$ 的导数可用向前差分、向后差分和中心差分三种形式近似表达。

$$\left.\begin{aligned}\left(\frac{\Delta y}{\Delta x}\right)_n&=\frac{y_{n+1}-y_n}{h}\\\left(\frac{\Delta y}{\Delta x}\right)_n&=\frac{y_n-y_{n-1}}{h}\\\left(\frac{\Delta y}{\Delta x}\right)_n&=\frac{y_{n+1}-y_{n-1}}{2h}\end{aligned}\right\} \tag{5-2}$$

式中的符号意义如图 5-2 所示。在微分方程中，往往要用到高阶微分，高阶微分的差分表达式也可用类似的方法推出。例如，以中心差分为例：

$$\left(\frac{\Delta^2 y}{\Delta x^2}\right)_n=\frac{(y_{n+1}-y_n)/h-(y_n-y_{n-1})/h}{h}=\frac{y_{n+1}-2y_n+y_{n-1}}{h^2} \tag{5-3}$$

$$\left(\frac{\Delta^3 y}{\Delta x^3}\right)_n=\frac{y_{n+2}-2y_{n+1}+2y_{n-1}-y_{n-2}}{2h^3} \tag{5-4}$$

2）二维有限差分表达式

设二维函数 $f=f(x, y)$ 为二维弹性体内某一个连续函数，它可能是位移分量或应力分量。现假设 f 是 x 方向的位移分量，则 $u=u(x, y)$。在弹性体上用相隔等间距而平行于坐标轴的两组平行线划分网格，如图 5-3 所示。

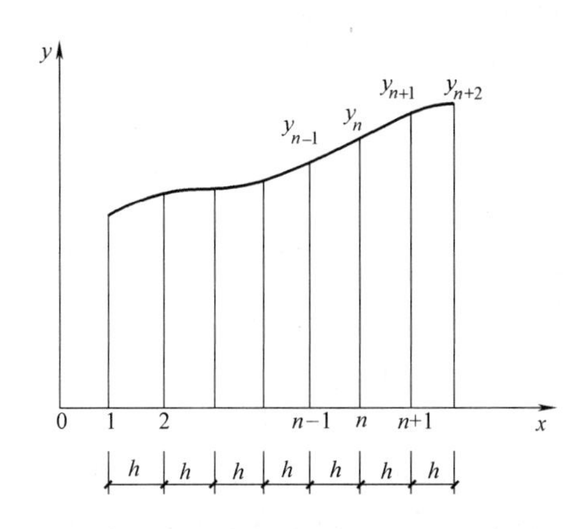

图 5-2 步长为 h 的一维差分网格

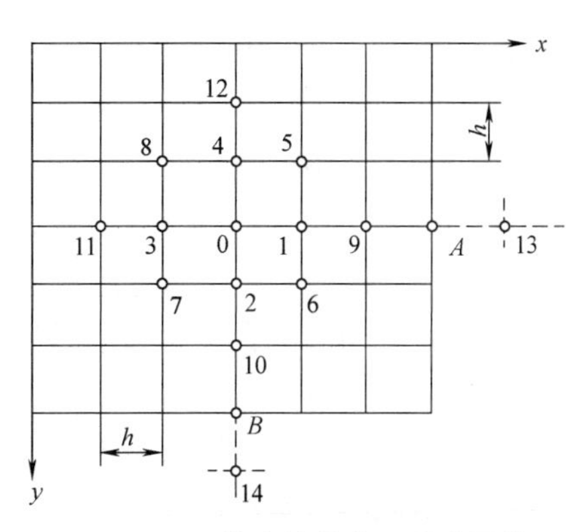

图 5-3 二维连续体有限差分网格

这个函数在平行于 x 轴的一根网线上，例如在 3-0-1 上，它只随 x 坐标的改变而变化。在邻近结点 0 处，函数 u 对 x 的一阶和二阶偏导数的差分公式为：

$$\left(\frac{\partial u}{\partial x}\right)_0=\frac{u_1-u_3}{2h} \tag{5-5}$$

$$\left(\frac{\partial^2 u}{\partial x^2}\right)_0=\frac{u_1+u_3-2u_0}{h^2} \tag{5-6}$$

同理，可以给出函数 u 对 y 的一阶和二阶偏导数的差分公式为：

$$\left(\frac{\partial u}{\partial y}\right)_0=\frac{u_2-u_4}{2h} \tag{5-7}$$

$$\left(\frac{\partial^2 u}{\partial y^2}\right)_0=\frac{u_2+u_4-2u_0}{h^2} \tag{5-8}$$

采用同样的方法，可以获得任意阶偏微分方程在任意一点的有限差分表达式。注意，式（5-5）～式（5-8）采用的是中心差分公式。

3）建立弹性体代数方程组

如上所述，有限差分法是将求解微分方程改变成求解代数方程组。因此，首先对结构区域划分成网格，并根据式（5-5）～式（5-8）的有限差分公式，对区域内的每一结点，将基本微分方程通过差分改换为代数方程。这些方程中包含区域内部结点的位移值，也包含边界结点处的已知位移值。这样，建立的代数方程组数能够求解所包含的结点的未知值。通过求解代数方程组，就可以求出每一结点的未知量。

2. 常用有限差分法软件

有限差分法最著名和最常用的软件是 FLAC（Fast Lagrangian Analysis of Continua），它是由 Itasca 公司推出的一款国际通用的岩土工程专业分析软件，具有强大的计算功能和广泛的模拟能力，尤其在大变形问题的分析方面具有独特的优势。软件提供的针对岩土体和支护体系的各种本构模型和结构单元更突出了 FLAC 的“专业”特性，因此在国际岩土工程界非常流行。FLAC 有二维和三维计算软件两个版本，即 FLAC2D 和 FLAC3D。FLAC3D 作为 FLAC2D 的扩展程序，不仅包括 FLAC 的所有功能，并且在其基础上进行了进一步开发，使之能够模拟计算三维岩、土体及其他介质中工程结构的受力与变形形态。

FLAC 可以模拟由土、岩石和其他在到达屈服极限时会发生塑性流动的材料所建造的建筑物和构筑物。FLAC 将计算区域划分为若干四节点平面应变等参单元，每个单元在给定的边界条件下遵循制定的线性或非线性本构关系，如果单元应力使得材料屈服或产生塑性流动，则单元网格及结构可以随着材料的变形而变形，这就是所谓的拉格朗日算法。拉格朗日算法非常适合于模拟大变形问题，FLAC 采用了显示有限差分格式来求解场的控制微分方程，并应用了混合单元离散模型，可以准确地模拟材料的屈服、塑性流动、软化直至大变形，尤其在材料的弹塑性分析、大变形分析以及模拟施工过程等领域有其独到的优点。在求解过程中，FLAC 采用了离散元的动态松弛法，无须求解大型联立方程组，没有形成矩阵，因此不需要占用太大内存，便于计算。显示公式的缺点（即小时步的局限性和需要阻尼的问题）在一定程度上可以通过自动惯性缩放和自动阻尼来克服，而这并不影响破坏的模式。

二维码 5-6
有限单元法

5.2.2 有限单元法

有限单元法出现于 20 世纪 50 年代，由英国学者 Zienkiewicz 提出。它基于最小总势能变分原理，能方便地处理各种非线性问题，能灵活地模拟岩土工程中复杂的施工过程，它是目前工程技术领域中实用性最强、应用最为广泛的数值模拟方法。有限元法将连续的求解域离散为有限数量单元的组合体，解析地模拟或逼近求解区域。由于单元能按各种不同的联结方式组合在一起，且单元本身又可有不同的几何形状，所以可以适应各种复杂几何形状的求解域。它的原理是利用每个单元内假设的近似函数来表示求解区域上待求的未知场函数，单元内的近似函数由未知场函数在各个单元节点上的数值以及插值函数表达。这就使未知场函数的节点值成为新未知量，把一个连续的无限自由度问题变成离散的有限自由度问题。只要解出节点未知量，便可以确定单元组合体上的场函数，随着单元数目的增加，近似解收敛于精确解。按所选未知量的类型，有限元法可分为位移型、平衡型和混合型有限元法。位移型有限元法在计算机上更易实现，且易推广到非线性和动力效应等方面，故比其他类型的有限元法应用广泛。

1. 有限元的求解思路

用有限元法求解一般的连续介质问题时，总是依次进行的。参照结构静力问题，可以把这些步骤叙述如下：

1）结构的离散化。有限元法的第一步，是把结构或求解域分割成许多小部分或单元，因而在着手分析时，必须用适当的有限元把结构模式化，并确定单元的数量、类型、大小和位置。

2）选择适当的插值模式或位移模式。由于在任意给定的荷载作用下，复杂结构的位移解不可能预先准确地知道，因此，可以假设用单元内的一些适当解来近似未知解。从计算的观点看，假设的解必须简单，而且应满足一定的收敛性要求。通常，把解或插值模式取为多项式形式。

3）单元刚度矩阵和荷载向量的推导。根据假设的位移模式，利用平衡条件或适当的变分原理就可以推导出单元的刚度矩阵和荷载向量。

4）由集合单元方程得到总的平衡方程组。由于结构是若干个有限元组成的，因此，应当把各个单元刚度矩阵和荷载向量按适当方式进行集合，从而建立如下形式的结构平衡方程：

$$[K]\{U\}=\{P\} \tag{5-9}$$

式中 $[K]$——整体结构的刚度矩阵；

$\{U\}$——整体结构的结点位移向量；

$\{P\}$——结点力向量。

5）求解未知结点位移。根据问题的边界条件，修改结构平衡方程。考虑了边界条件后，就可以把整体结构平衡方程式（5-9）变成可求解的方程组。由此可解出结点位移 $\{U\}$，利用固体力学或结构力学的有关方程算出单元的应变和应力。

有限单元法的不足之处是，形成总体刚度矩阵，常常需要巨大的存储容量；由于相邻界面上只能位移协调，对于奇异性问题（如应力出现间断的问题）的处理比较麻烦。随着计算机速度和内存的提高和扩展，使得有限元法被认为是最有效地求解各种实际问题的最好方法之一。尤其有限元法在考虑不同介质、岩体内的地质不连续面等地下岩体工程的固有特性的时候，使有限元法成为岩土工程中最有效的数值分析方法。关于有限单元法的原理可以查阅王勖成编著的《有限单元法》，下面用两个例子来分别介绍有限单元法解一维问题和平面问题的过程。

【例题 5-1】 用有限单元法求图 5-4（a）所示受拉阶梯杆的位移和应力。已知杆截面面积 $A^{(1)}=2\times10^{-4}\text{m}^2$，$A^{(2)}=1\times10^{-4}\text{m}^2$，各段杆长 $L^{(1)}=L^{(2)}=0.1\text{m}$，材料弹性模量 $E^{(1)}=E^{(2)}=2\times10^5\text{MPa}$，作用于杆端的拉力 $F_3=100\text{N}$。

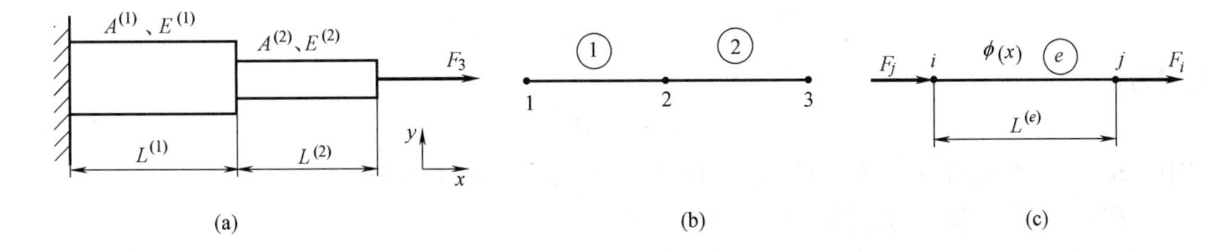

图 5-4 受拉阶梯杆

（a）示意图；（b）有限元模型；（c）单元图

【解】

1）单元划分

根据材料力学的平面假设，等截面受拉杆的同一横截面的不同点可认为具有相同的位移和应力，即位移只与截面的轴向坐标有关，所以可将阶梯杆看作由两个“一维单元”组成，同一单元内截面积及材料特性不变。每一单元有两个节点，它们分别位于单元两端，相邻两单元靠公共节点连接，用线段表示。图 5-4（a）中所示的受拉阶梯杆简化为由两个一维单元和三个节点构成的有限元模型，如图 5-4（b）所示，图中①②为单元号，1、2、3 是节点号。取节点位移为基本未知量，应力由求得的节点位移算出。

2）单元分析

确定单元插值函数（形函数）。本例中，每单元有两个节点，可采用线性插值方式。图 5-4（c）为一典型单元图，两节点号分别为 i 和 j，水平方向坐标为 X，设单元中坐标为 x 处节点的位移为 $\alpha^{e}(x)$，根据线性插值关系分别记为：

$$\alpha^{e}(x)=\sum_{i=1}^{n}N_{i}(\xi)\alpha_{i}=N\alpha^{e} \tag{5-10}$$

式中　n——单元节点数；

N_i——形函数，$N_1=\frac{1}{2}(1-\xi)$，$N_2=\frac{1}{2}(1+\xi)$；

ξ——单元内节点的自然坐标，$\xi=\frac{2}{l}(x-x_{c})$；

l——单元长度；

x_c——单元中心点的总体坐标，$x_{c}=\frac{x_{1}+x_{n}}{2}$。

3）单元方程

建立单元方程。由等截面杆变形与拉力的关系（胡克定律）得到：

$$\left.\begin{aligned}\frac{A^{e}E^{e}}{l^{e}}(\alpha_{i}^{e}-\alpha_{j}^{e})=P_{i}^{e}\\ \frac{A^{e}E^{e}}{l^{e}}(\alpha_{j}^{e}-\alpha_{i}^{e})=P_{j}^{e}\end{aligned}\right\} \tag{5-11}$$

式中　P_i^{e} 和 P_j^{e}——作用于单元 e 的节点 i 和节点 j 的节点力。

写成矩阵形式为：

$$\frac{A^{e}E^{e}}{l^{e}}\begin{bmatrix}1 & -1\\ -1 & 1\end{bmatrix}\begin{Bmatrix}\alpha_{i}^{e}\\ \alpha_{j}^{e}\end{Bmatrix}=\begin{Bmatrix}P_{i}^{e}\\ P_{j}^{e}\end{Bmatrix} \tag{5-12}$$

简记为：

$$\boldsymbol{K}^{e}\boldsymbol{\alpha}^{e}=\boldsymbol{P}^{e} \tag{5-13}$$

式中　$\boldsymbol{K}^{e}$——单元特性矩阵，在力学问题中常称为单元刚度矩阵；

$\boldsymbol{P}^{e}$——单元节点力列阵，$\boldsymbol{P}^{e}=\{P_{i}^{e}\quad P_{j}^{e}\}^{\mathrm{T}}$。

到目前为止，单元方程尚不能求解，因为节点力列阵 $\boldsymbol{P}^{e}$ 尚属未知。其分量 P_i^{e} 和 P_j^{e} 是相邻单元作用于单元 e 的节点 i 和 j 的力，即属于单元之间的作用力，只有将具有公共节点的单元“组集”在一起才能确定上述节点力和节点外载荷之间的关系。

4）整体分析

建立总体方程组，为获得总体方程组，必须先将单元方程按照局部自由度（α_i，α_j）和总体自由度（α_1、α_2、α_3）的对应关系进行扩展。具体来说，单元 1 的扩展方程为：

$$\frac{A^{(1)}E^{(1)}}{l^{(1)}}\begin{bmatrix}1 & -1 & 0\\ -1 & 1 & 0\\ 0 & 0 & 0\end{bmatrix}\begin{Bmatrix}\alpha_1\\ \alpha_2\\ \alpha_3\end{Bmatrix}=\begin{Bmatrix}P_1^{(1)}\\ P_2^{(1)}\\ 0\end{Bmatrix} \tag{5-14}$$

式中，各项上角码表示单元序号，下角码表示自由度总体序号。

单元 2 的扩展方程为：

$$\frac{A^{(2)}E^{(2)}}{l^{(2)}}\begin{bmatrix}0 & 0 & 0\\ 0 & 1 & -1\\ 0 & -1 & 1\end{bmatrix}\begin{Bmatrix}\alpha_1\\ \alpha_2\\ \alpha_3\end{Bmatrix}=\begin{Bmatrix}0\\ P_2^{(2)}\\ P_3^{(2)}\end{Bmatrix} \tag{5-15}$$

由于相邻单元公共节点上的位移相同，所以可将扩展后的各单元方程相加。将上两式相加得到：

$$\begin{bmatrix}\frac{A^{(1)}E^{(1)}}{l^{(1)}} & -\frac{A^{(1)}E^{(1)}}{l^{(1)}} & 0\\ -\frac{A^{(1)}E^{(1)}}{l^{(1)}} & \frac{A^{(1)}E^{(1)}}{l^{(1)}}+\frac{A^{(2)}E^{(2)}}{l^{(2)}} & -\frac{A^{(2)}E^{(2)}}{l^{(2)}}\\ 0 & -\frac{A^{(2)}E^{(2)}}{l^{(2)}} & \frac{A^{(2)}E^{(2)}}{l^{(2)}}\end{bmatrix}\begin{Bmatrix}\alpha_1\\ \alpha_2\\ \alpha_3\end{Bmatrix}=\begin{Bmatrix}P_1\\ P_2\\ P_3\end{Bmatrix} \tag{5-16}$$

上述组集过程可记为：

$$\sum_{i=1}^{N}\boldsymbol{K}^{\mathrm{e}}\boldsymbol{\alpha}=\sum_{i=1}^{N}\boldsymbol{P}^{\mathrm{e}} \tag{5-17}$$

式中 N——有限元模型的单元数。

组集后的结果简记为：

$$\boldsymbol{K\alpha}=\boldsymbol{P} \tag{5-18}$$

式中 $\boldsymbol{K}$——总体刚度矩阵；

$\boldsymbol{P}$——总体节点载荷列阵。

需要指出的是，对单元的一个公共节点而言，除了有相邻单元作用于该节点的力之外，还可能有作用于该节点的外载荷。若一节点上无外载荷作用，如本例中的节点 2，则说明各相邻单元作用于该节点的力是平衡的，即该节点的节点合力为零。若某节点上有外载荷作用，如本例中的节点 3，则各单元作用于该节点的内力和与该节点的外载荷 P_3 相平衡，即：

$$-\left(-\frac{A^{(2)}E^{(2)}}{l^{(2)}}\alpha_2+\frac{A^{(2)}E^{(2)}}{l^{(2)}}\alpha_3\right)+P_3=0 \tag{5-19}$$

这就是说，列阵 P 各分量的含义是作用于相应自由度（节点位移）上的节点外载荷。将相应数据代入得：

$$10^6\times\begin{bmatrix}4 & -4 & 0\\ -4 & 6 & -2\\ 0 & -2 & 2\end{bmatrix}\begin{Bmatrix}\alpha_1\\ \alpha_2\\ \alpha_3\end{Bmatrix}=\begin{Bmatrix}P_1\\ 0\\ 1\end{Bmatrix}$$

上式即为本题的总体线性方程组，但不能获得唯一解，因为上式中的矩阵是奇异的。这种奇异性是因为总体方程组式只考虑了力平衡条件，而只根据力平衡不能唯一地确定系统的位移，因为系统在任意刚性位移的情况下仍可处于力平衡状态。为获得各节点位移的唯一解，必须消除可能产生的刚体位移，即必须计入位移边界条件。

本题的位移边界条件为 $\alpha_1=0$，那么，式中只剩下两个待求的自由度 α_2 和 α_3。也就是说，可从式中消去一个方程。比如，舍去第一方程并将 $\alpha_1=0$ 代入后得到：

$$10^6\times\begin{bmatrix}6 & -2\\ -2 & 2\end{bmatrix}\begin{Bmatrix}\alpha_2\\ \alpha_3\end{Bmatrix}=\begin{Bmatrix}0\\ 1\end{Bmatrix}$$

解得：$\alpha_2=0.25\times10^{-6}\mathrm{m}$，$\alpha_3=0.75\times10^{-6}\mathrm{m}$，这与材料力学法求得的结果相同。

5）计算单元应力

由材料力学得知，单元任一点的应变 $\boldsymbol{\varepsilon}^{\mathrm{e}}(x)$ 与位移 $\boldsymbol{\alpha}^{\mathrm{e}}(x)$ 的关系为：

$$\varepsilon^{\mathrm{e}}(x)=\frac{\mathrm{d}\boldsymbol{\alpha}^{\mathrm{e}}(x)}{\mathrm{d}x}=\boldsymbol{B\alpha}^{\mathrm{e}} \tag{5-20}$$

式中 $\boldsymbol{B}$——应变矩阵。

应力-应变关系为：

$$\boldsymbol{\sigma}^{\mathrm{e}}(x)=\boldsymbol{E}^{\mathrm{e}}\boldsymbol{\varepsilon}^{\mathrm{e}}(x)=\boldsymbol{E}^{\mathrm{e}}\boldsymbol{B\alpha}^{\mathrm{e}} \tag{5-21}$$

对于单元1：

$$\sigma^{(1)}=E^{(1)}\frac{-\alpha_1+\alpha_2}{l^{(1)}}=\frac{2\times10^5\times(0+0.25)\times10^{-6}}{0.1}=0.5\mathrm{MPa}$$

对于单元2：

$$\sigma^{(2)}=E^{(2)}\frac{(-\alpha_2+\alpha_1)}{l^{(2)}}=\frac{2\times10^5\times(-0.25+0.75)\times10^{-6}}{0.1}=1\mathrm{MPa}$$

【例题 5-2】 如图 5-5（a）所示一悬臂梁，梁的宽度为 1m，长度为 2m，厚度为 t，板外端受垂直向下的外载荷，设泊松比 $\mu=1/3$，弹性模量为 E。用有限单元法求出节点位移和单元上的应力。

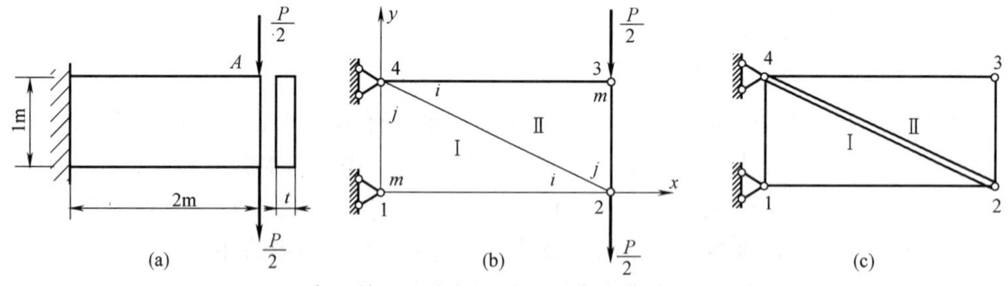

图 5-5 有限单元法求解悬臂梁受集中载荷问题示意图

（a）悬臂梁受集中载荷示意图；（b）离散化的有限元模型；（c）单元与节点编号关系图

【解】

1）单元划分

这是一个弹性力学平面应力问题，用3节点三角形单元离散该结构。离散化的单元划分及单元编号如图 5-5（b）所示，节点采用两种编号：一是节点整体编号，四个节点统一编号为 1、2、3、4，在建立节点的平衡方程时，按照这个整体节点编号顺序建立；二是节点的局部编号，规定每个单元的三个节点按逆时针方向顺序，各自编号为 i、j、m 用来进行单元分析。单元与节点整体编号关系如图 5-5（c）所示。作用在结构上的载荷和支座反力，在结构离散化后，都要作用在节点上，因此，悬臂梁固定端支承面上的节点 1

和 4 均可简化为铰支座。

2）单元分析

单元Ⅰ的形函数：

$$\boldsymbol{N}^{\mathrm{I}}=\begin{bmatrix}\frac{x}{2} & 0 & y & 0 & \left(1-\frac{x}{2}-y\right) & 0\\ 0 & \frac{x}{2} & 0 & y & 0 & \left(1-\frac{x}{2}-y\right)\end{bmatrix}$$

单元Ⅱ的形函数：

$$\boldsymbol{N}^{\mathrm{II}}=\begin{bmatrix}1-\frac{x}{2} & 0 & 1-y & 0 & \left(-1+\frac{x}{2}+y\right) & 0\\ 0 & 1-\frac{x}{2} & 0 & 1-y & 0 & \left(-1+\frac{x}{2}+y\right)\end{bmatrix}$$

3）单元方程

单元应变矩阵 $\boldsymbol{B}$：

$$\boldsymbol{B}=\frac{1}{2A}\begin{bmatrix}b_i & 0 & b_j & 0 & b_m & 0\\ 0 & c_i & 0 & c_j & 0 & c_m\\ c_i & b_i & c_j & b_j & c_m & b_m\end{bmatrix}=\begin{bmatrix}\frac{1}{b} & 0 & 0 & 0 & -\frac{1}{b} & 0\\ 0 & 0 & 0 & \frac{1}{a} & 0 & -\frac{1}{a}\\ 0 & \frac{1}{b} & \frac{1}{a} & 0 & -\frac{1}{a} & -\frac{1}{b}\end{bmatrix}$$

$$\boldsymbol{D}=\frac{E}{1-\mu^2}\begin{bmatrix}1 & \mu & 0\\ \mu & 1 & 0\\ 0 & 0 & \frac{1-\mu}{2}\end{bmatrix}$$

应力矩阵 $\boldsymbol{S}$：

$$\boldsymbol{S}=\boldsymbol{DB}=\frac{E}{1-\mu^2}\begin{bmatrix}\frac{1}{b} & 0 & 0 & \frac{\mu}{a} & -\frac{1}{b} & -\frac{\mu}{a}\\ \frac{\mu}{b} & 0 & 0 & \frac{1}{a} & -\frac{\mu}{b} & -\frac{1}{a}\\ 0 & \frac{1-\mu}{2b} & \frac{1-\mu}{2a} & 0 & -\frac{1-\mu}{2a} & -\frac{1-\mu}{2b}\end{bmatrix}$$

$$\boldsymbol{K}^{\mathrm{e}}=\boldsymbol{B}^{\mathrm{T}}\boldsymbol{DB}tA=\boldsymbol{B}^{\mathrm{T}}\boldsymbol{S}tA$$

$$=\frac{abt}{2}\times\frac{E}{1-\mu^2}\begin{bmatrix}\frac{1}{b} & 0 & 0\\ 0 & 0 & \frac{1}{b}\\ 0 & 0 & -\frac{1}{a}\\ 0 & \frac{1}{a} & 0\\ -\frac{1}{b} & 0 & -\frac{1}{a}\\ 0 & -\frac{1}{a} & -\frac{1}{b}\end{bmatrix}\begin{bmatrix}\frac{1}{b} & 0 & 0 & \frac{\mu}{a} & -\frac{1}{b} & -\frac{\mu}{a}\\ \frac{\mu}{b} & 0 & 0 & \frac{1}{a} & -\frac{\mu}{b} & -\frac{1}{a}\\ 0 & \frac{1-\mu}{2b} & \frac{1-\mu}{2a} & 0 & -\frac{1-\mu}{2a} & -\frac{1-\mu}{2b}\end{bmatrix}$$

$$=\frac{abEt}{2(1-\mu^2)}\begin{bmatrix} \frac{1}{b^2} & 0 & 0 & -\frac{\mu}{ab} & -\frac{1}{b^2} & -\frac{\mu}{ab} \\ 0 & \frac{1-\mu}{2b^2} & \frac{1-\mu}{2ab} & 0 & -\frac{1-\mu}{2ab} & -\frac{1-\mu}{2ab} \\ 0 & \frac{1-\mu}{2ab} & \frac{1-\mu}{2a^2} & 0 & -\frac{1-\mu}{2a^2} & -\frac{1-\mu}{2b^2} \\ \frac{\mu}{ab} & 0 & 0 & \frac{1}{a^2} & -\frac{\mu}{ab} & -\frac{1}{a^2} \\ -\frac{1}{b^2} & -\frac{1-\mu}{2ab} & -\frac{1-\mu}{2a^2} & -\frac{\mu}{ab} & \left(\frac{1}{b^2}+\frac{1-\mu}{2a^2}\right) & \left(\frac{\mu}{ab}+\frac{1-\mu}{2ab}\right) \\ -\frac{\mu}{ab} & -\frac{1-\mu}{2b^2} & -\frac{1-\mu}{2ab} & -\frac{1}{a^2} & \left(\frac{\mu}{ab}+\frac{1-\mu}{2ab}\right) & \left(\frac{1}{a^2}+\frac{1-\mu}{2b^2}\right) \end{bmatrix}$$

将 $a=1\text{m}$、$b=2\text{m}$ 代入式中，得到：

$$\boldsymbol{K}^{\mathrm{I}}=\frac{Et}{1-\mu^2}\begin{bmatrix} \frac{1}{4} & & & & & \\ 0 & \frac{1-\mu}{8} & & & & \\ 0 & \frac{1-\mu}{4} & \frac{1-\mu}{2} & & & \\ \frac{\mu}{2} & 0 & 0 & 1 & & \\ -\frac{1}{4} & -\frac{1-\mu}{4} & -\frac{1-\mu}{2} & -\frac{\mu}{2} & \frac{3-2\mu}{4} & \\ -\frac{\mu}{2} & -\frac{1-\mu}{8} & -\frac{1-\mu}{4} & -1 & \frac{1+\mu}{4} & \frac{9-\mu}{8} \end{bmatrix}$$

单元Ⅰ和单元Ⅱ的单元刚度矩阵相等，$\boldsymbol{K}^{\mathrm{I}}$ 为对称矩阵，且有 $\boldsymbol{K}^{\mathrm{I}}=\boldsymbol{K}^{\mathrm{II}}$。

4）整体分析

$$\boldsymbol{K}=\frac{Et}{1-\mu^2}\begin{bmatrix} \frac{3-2\mu}{4} & \frac{1+\mu}{4} & -\frac{1}{4} & -\frac{1-\mu}{4} & 0 & 0 & -\frac{1-\mu}{2} & -\frac{\mu}{2} \\ \frac{1+\mu}{4} & \frac{9-\mu}{8} & -\frac{\mu}{2} & -\frac{1-\mu}{8} & 0 & 0 & -\frac{1-\mu}{4} & -1 \\ -\frac{1}{4} & -\frac{\mu}{2} & \frac{3-2\mu}{4} & 0 & -\frac{1-\mu}{2} & -\frac{1-\mu}{4} & 0 & \frac{1+\mu}{4} \\ -\frac{1-\mu}{4} & -\frac{1-\mu}{8} & 0 & \frac{9-\mu}{8} & -\frac{\mu}{2} & -1 & -\frac{1+\mu}{2} & 0 \\ 0 & 0 & -\frac{1-\mu}{2} & -\frac{\mu}{2} & \frac{3-2\mu}{4} & \frac{1+\mu}{4} & \frac{1}{4} & -\frac{1-\mu}{4} \\ 0 & 0 & -\frac{1-\mu}{4} & -1 & \frac{1+\mu}{4} & \frac{9-\mu}{8} & -\frac{\mu}{2} & -\frac{1-\mu}{8} \\ -\frac{1-\mu}{2} & -\frac{1-\mu}{4} & 0 & \frac{1+\mu}{4} & -\frac{1}{4} & -\frac{\mu}{2} & \frac{3-2\mu}{4} & 0 \\ -\frac{\mu}{2} & -1 & \frac{1+\mu}{4} & 0 & -\frac{1-\mu}{4} & -\frac{1-\mu}{8} & 0 & \frac{9-\mu}{8} \end{bmatrix}$$

引入边界条件，在 4 个支承处有：

$$u_1=v_1=u_4=v_4=0$$

对于节点位移为零的约束，修改主对角线元素改为 1，其他元素改为 0，即修改 $\boldsymbol{K}$ 中的 1、2、7、8 各行和各列，修改后的单元刚度方程如下：

$$\begin{bmatrix}1&0&0&0&0&0&0&0\\0&1&0&0&0&0&0&0\\0&0&K_{33}&K_{34}&K_{35}&K_{36}&0&0\\0&0&K_{43}&K_{44}&K_{45}&K_{46}&0&0\\0&0&K_{53}&K_{54}&K_{55}&K_{56}&0&0\\0&0&K_{63}&K_{64}&K_{65}&K_{66}&0&0\\0&0&0&0&0&0&1&0\\0&0&0&0&0&0&0&1\end{bmatrix}\begin{Bmatrix}u_1\\v_1\\u_2\\v_2\\u_3\\v_3\\u_4\\v_4\end{Bmatrix}=\begin{Bmatrix}0\\0\\0\\-\dfrac{P}{2}\\0\\-\dfrac{P}{2}\\0\\0\end{Bmatrix}$$

将整体刚度矩阵 $\boldsymbol{K}$ 代入上式，得：

$$\frac{Et}{1-\mu^2}\begin{bmatrix}\dfrac{3-2\mu}{4}&0&-\dfrac{1-\mu}{2}&-\dfrac{1-\mu}{4}\\0&\dfrac{9-8\mu}{8}&-\dfrac{\mu}{2}&-1\\-\dfrac{1-\mu}{2}&-\dfrac{\mu}{2}&\dfrac{3-2\mu}{4}&\dfrac{1+\mu}{4}\\-\dfrac{1-\mu}{4}&-1&\dfrac{1+\mu}{4}&\dfrac{9-\mu}{8}\end{bmatrix}\begin{Bmatrix}u_2\\v_2\\u_3\\v_3\end{Bmatrix}=\begin{Bmatrix}0\\-\dfrac{P}{2}\\0\\-\dfrac{P}{2}\end{Bmatrix}$$

将 $\mu=1/3$ 代入，解得：

$$\begin{Bmatrix}u_2\\v_2\\u_3\\v_3\end{Bmatrix}=\frac{P}{Et}\begin{Bmatrix}-1.50\\-8.42\\1.88\\-8.99\end{Bmatrix}$$

结构的节点位移向量为：

$$\{\delta\}=[u_1\quad v_1\quad u_2\quad v_2\quad u_3\quad v_3\quad u_4\quad v_4]^{\mathrm{T}}$$
$$=\frac{P}{Et}[0\quad 0\quad -1.50\quad -8.42\quad 1.88\quad -8.99\quad 0\quad 0]^{\mathrm{T}}$$

5）求单元应力

由节点位移求单元应力的公式为：

$$\boldsymbol{\sigma}^{\mathrm{e}}=\boldsymbol{S}^{\mathrm{e}}\boldsymbol{\delta}^{\mathrm{e}}$$

$$\boldsymbol{S}=\frac{E}{1-\mu^2}\begin{bmatrix}\dfrac{1}{b}&0&0&\dfrac{\mu}{a}&-\dfrac{1}{b}&-\dfrac{\mu}{b}\\\dfrac{\mu}{b}&0&0&\dfrac{1}{a}&-\dfrac{\mu}{b}&-\dfrac{1}{a}\\0&\dfrac{1-\mu}{2b}&\dfrac{1-\mu}{2a}&0&-\dfrac{1-\mu}{2a}&-\dfrac{1-\mu}{2b}\end{bmatrix}$$

对于单元Ⅰ，有：

$$\boldsymbol{S}^{\mathrm{I}}=\frac{9E}{8}\begin{bmatrix}\frac{1}{2} & 0 & 0 & \frac{1}{3} & -\frac{1}{2} & -\frac{1}{3}\\ \frac{1}{6} & 0 & 0 & 1 & -\frac{1}{6} & -1\\ 0 & \frac{1}{6} & \frac{1}{3} & 0 & -\frac{1}{3} & -\frac{1}{6}\end{bmatrix}$$

$$\boldsymbol{\sigma}^{\mathrm{I}}=\frac{P}{Et}\frac{9E}{8}\begin{bmatrix}\frac{1}{2} & 0 & 0 & \frac{1}{3} & -\frac{1}{2} & -\frac{1}{3}\\ \frac{1}{6} & 0 & 0 & 1 & -\frac{1}{6} & -1\\ 0 & \frac{1}{6} & \frac{1}{3} & 0 & -\frac{1}{3} & -\frac{1}{6}\end{bmatrix}\begin{Bmatrix}-1.50\\-8.42\\0\\0\\0\\0\end{Bmatrix}=\frac{3P}{16t}\begin{Bmatrix}-4.50\\-1.50\\-8.42\end{Bmatrix}=\frac{P}{t}\begin{Bmatrix}-0.844\\-0.281\\-1.580\end{Bmatrix}$$

对于单元Ⅱ：

$$\boldsymbol{S}^{\mathrm{II}}=\frac{E}{2(1-\mu^2)A}\begin{bmatrix}b_i & \mu c_i & b_j & \mu c_j & b_{\mathrm{m}} & \mu c_{\mathrm{m}}\\ \mu b_i & c_i & \mu b_j & c_j & \mu b_{\mathrm{m}} & c_{\mathrm{m}}\\ \frac{1-\mu}{2}c_i & \frac{1-\mu}{2}b_i & \frac{1-\mu}{2}c_j & \frac{1-\mu}{2}b_j & \frac{1-\mu}{2}c_{\mathrm{m}} & \frac{1-\mu}{2}b_{\mathrm{m}}\end{bmatrix}$$

$$=\frac{E}{2(1-\mu^2)A}\begin{bmatrix}-a & 0 & 0 & -\mu b & a & \mu b\\ -\mu a & 0 & 0 & -b & \mu a & b\\ 0 & -\frac{1-\mu}{2}a & -\frac{1-\mu}{2}b & 0 & \frac{1-\mu}{2}b & \frac{1-\mu}{2}a\end{bmatrix}$$

$$=\frac{9E}{16}\begin{bmatrix}-1 & 0 & 0 & -\frac{2}{3} & 1 & \frac{2}{3}\\ -\frac{1}{3} & 0 & 0 & -2 & \frac{1}{3} & 2\\ 0 & -\frac{1}{3} & -\frac{2}{3} & 0 & \frac{2}{3} & \frac{1}{3}\end{bmatrix}$$

$$\boldsymbol{\sigma}^{\mathrm{II}}=\frac{P}{Et}\frac{3E}{16}\begin{bmatrix}-3 & 0 & 0 & -2 & 3 & 2\\ -1 & 0 & 0 & -6 & 1 & 6\\ 0 & -1 & -2 & 0 & 2 & 1\end{bmatrix}\begin{Bmatrix}0\\0\\-1.50\\-8.42\\1.88\\-8.99\end{Bmatrix}=\frac{3P}{16t}\begin{Bmatrix}4.50\\-1.50\\-2.23\end{Bmatrix}=\frac{P}{t}\begin{Bmatrix}0.844\\-0.289\\-0.418\end{Bmatrix}$$

2. 常用有限单元法软件

可用于岩土工程分析的有限元软件可粗略地分为两大类，即通用有限元软件和岩土工程专用软件。目前国际上比较著名的通用有限元程序有很多，如 ANSYS、ABAQUS、ADINA 等，其中 ANSYS 在线性结构问题分析中具有十分强大的功能，ABAQUS、ADINA 在非线性分析方面有较强的造诣，比较适用于岩土工程问题，而岩土工程专用有限元软件主要有 GeoStudio、MidasGTS、PLAXIS 等，这里仅简单介绍其中一些常用的有限元软件。

1）ABAQUS的命名来自中国古老的计算工具算盘（ABACUS），它是一套功能强大的工程模拟的有限元软件，其解决问题的范围从相对简单的线性分析到许多复杂的非线性问题。ABAQUS具有两个主求解器模块：ABAQUS/Standard和ABAQUS/Explicit。还包含一个全面支持求解器的图形用户界面，即人机交互前后处理模块ABAQUS/CAE。作为通用的模拟工具，ABAQUS除了能解决大量结构（应力/位移）问题，还可以模拟其他工程领域的许多问题，例如热传导、质量扩散、热电耦合分析、声学分析、岩土力学分析（流体渗透/应力耦合分析）及压电介质分析。ABAQUS拥有莫尔-库仑模型、Drucker-Prager模型、修正剑桥模型等，可以真实反应土体的大部分应力应变特点。其中修正剑桥模型是很多其他通用有限元软件所没有的。ABAQUS还提供了二次开发接口，用户可以灵活的自定义材料特性和功能。另外，ABAQUS中包含孔压单元，可以进行饱和土和非饱和土的流体渗透，应力耦合分析等。岩土工程中经常涉及土与结构的相互作用问题，ABAQUS具有强大的接触面功能，可以正确地模拟土与结构之间的脱开、滑移等现象。ABAQUS具有生死单元功能，可以精确地模拟填土或开挖造成的边界条件改变。可以说，ABAQUS可以求解绝大部分岩土工程问题，在岩土工程中具有较好的适用性。

2）ADINA（Automatic Dynamic Incremental Nonlinear Analysis）是一款自动动态增量非线性数值软件，数值计算功能非常完善，除了能够求解简单的线性问题外，还能够求解多场耦合作用的非线性复杂问题，可以用来解决热力、机械和流体-结构耦合等多个领域的工程问题，在岩土工程领域的运用也比较广泛。ADNIA拥有的单元类型：杆单元、壳单元、管单元、2-D实体单元、3-D实体单元、梁单元、板单元、Spring单元等。材料本构模型包括：D-P模型、莫尔-库伦模型、修正剑桥模型及混凝土材料模型等，能够有效地反映岩土工程中常见材料的应力和应变关系。ADINA具有直接、迭代、稀疏及多栅等多种求解器以及力、位移和能量等多种收敛准则。在处理非线性问题时，可根据实际问题的非线性特征选择不同类型的迭代算法，如BGFS矩阵更新法、完全牛顿法等。ADNIA系统的分析流程与有限元分析一般流程基本一致，区别在于ADNIA软件在定义分析单元的类型时需要划分单元组；数值求解的初始条件设置、约束方程选择、单元生死设定、接触设置、自由度设置、时间函数设置、分析时间步设置、求解方式设置及后处理文件设定等辅助设置可以在主流程里任意一步设置。图5-6为ADINA的分析流程图。

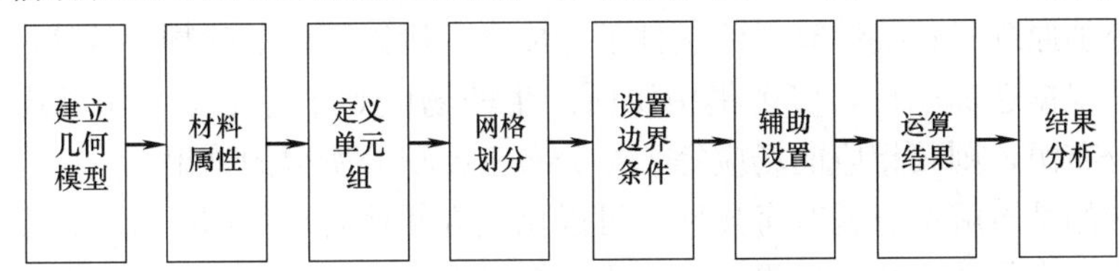

图5-6 ADNIA分析流程图

5.2.3 边界单元法

边界元法又称为边界积分方程法，出现在20世纪60年代，是由英国学者Brebbia提出。它以定义在边界上的边界积分方程为控制方程，通过对边界上离散单元的插值计算，将边界积分方程化为线性代数方程组进行求解。

二维码5-7
边界单元法

边界元法原理是把边值问题归结为求解边界积分方程的问题，在边界上划分单元，使所考虑问题的维数降低一维，即可把三维问题转变成二维问题、将二维问题转变成一维问题来处理，求边界积分方程的数值解，进而求出区域内任意点的场变量，故又称为边界积分方程法。边界元法只需对边界进行离散和积分，与有限元法相比，具有降低维数、输入数据较简单、计算工作量少、精度高等优点，比较适合于在无限域或半无限域问题的求解，尤其是等效均质围岩地下工程问题。边界单元法可以分为三大类。

第一类为边界元方法的直接表达式。在此类表达式中，积分方程内出现的未知元是真实的物理变量。正因为如此比如弹性问题中，解这种积分方程就可直接得出系统边界上的全部张力和位移，而物体内部的张力和位移则可通过数值积分由边界值推算出来。

第二类为边界元方法的半直接表达式。这种方法是采用类似于弹性力学中的应力函数或流体力学中的流函数等未知函数，写出用它表示的积分方程表达式。在求出用这类函数表示的解之后，只要作适当求导便可算出内部应力分布等。这类近似方法统称为半直接法。

第三类为边界元方法的间接表达式。在间接表达式中，积分方程完全用微分方程的单位奇异解表示，这些奇异解对应的奇点是以特定强度分布在感兴趣的边界上（比如，单位奇异解可以是微分方程的“自由空间格林函数”，这就说明边界元法跟通常所说的格林函数法也是密切相关的）。奇点密度函数本身并无具体的物理含义，但一旦从积分方程数值解求出密度函数，则只要作一些积分计算就可以得到物体内任意一点处解参数的值。

无论哪种解答都与基本解有密切关系。基本解的物理意义是：单位集中源所产生的，就是未知场（未知函数）的基本解。基本解是一个函数，它代表了单位集中源所产生的场。正因为如此，基本解又称为点源函数。对于任何一个工程、物理中的场问题，通常总是通过已知的边界条件和物理规律（由数学方程来表达）寻求未知函数。例如，对于弹性体静力学问题，在已知的外力和约束条件下，利用弹性力学的理论寻求弹性体的位移场和应力场；对于热传导问题，则是在已知的热源以及其他边界条件下，利用热力学规律，求解物体内部的温度场；对于静电场问题，则是在已知电源以及其他边界条件下，利用静电场的基本规律，求解电位场等。如果把外力、热源、电源等从其他条件中抽出来，并且概括地称为源。那么，在既定的物理规律和边界条件之下，一定的源就产生一定的场，而基本解就是单位集中源产生的场。有了基本解，就可以利用迭加原理把任何源所产生的场求出来。由于叠加原理只在线性算子的条件下才成立，所以用以反映物理规律的数学方程必须是线性的。根据迭加原理，多个集中源所产生的场应等于各个集中源所产生的场的总和。如果是分布源，则其相应的场应等于按分布密度积分所得的结果。

边界元法的基本解本身就有奇异性，可以比较方便地处理所谓奇异性问题，故目前边界元法得到研究人员的青睐。边界元法的主要缺点是，对于多种介质构成的计算区域，未知数将会有明显增加；当进行非线性或弹塑性分析时，为调整内部不平衡力，需在计算域内剖分单元，这时边界元法就不如有限元方法灵活自如。目前有研究人员将边界元法和有限元法进行耦合，以求更简便地解决一些复杂的岩土工程问题。

5.2.4　离散单元法

二维码 5-8
离散单元法

离散单元法是 Cundall 于 1971 年提出来的一种非连续介质数值法。它既能模拟块体受力后的运动，又能模拟块体本身受力的变形状态，其基本原理是建立在最基本的牛顿第二运动定律上。离散单元法的基本思想，最早可以追溯到古老的超静定结构的分析方法上，任何一个块体作为脱离体来分析，都会受到相邻单元对它的力和力矩作用。以每个单元刚体运动方程为基础，建立描述整个系统运动的显式方程组之后，根据牛顿第二运动定律和相应的本构模型，以动力松弛法进行迭代计算，结合CAD技术，可以形象直观地反映岩体运动变化的力场、位移场、速度场等各种力学参数的变化。

一般从宏观意义上说，岩石可以视为连续介质，从而可以用弹性力学或塑性力学的方法来进行分析和计算。但在某些情况下，岩体却不能视做连续介质，如地下节理岩体中的巷道，如图5-7所示，这时，就不宜用处理连续介质的力学方法来进行计算。于是，离散单元法作为一种处理节理岩体的数值方法应运而生。

近几十年来，离散单元法有了长足的发展，已成为解决岩土力学问题的一个重要的数值方法，越来越受到人们的重视。因为工程中所见到的岩体其形态常呈非连续结构，所形成的岩石块体运动和受力情况多是几何或材料非线性问题，所以很难用解决连续介质力学问题的有限单元法或边界单元法等数值方法来进行求解，而离散单元法正是充分考虑到岩体结构的不连续性，适用于解决节理岩体力学问题。离散单元法除了用于边坡、采场和巷道的稳定性研究以及颗粒介质微观结构的分析外，已扩展到用于研究地震、爆炸等动力过程和地下水渗流、热传导等物理过程。

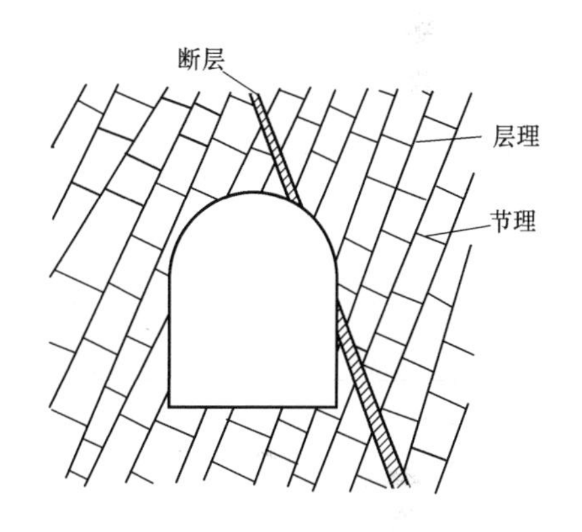

图5-7 节理岩体巷道

有限差分法、有限单元法和边界单元法都是属于连续介质的力学方法，也就是假设整个物体的体积都被组成这个物体的介质所填满，不留下任何空隙。这样，物体内的一些物理量，例如应力、形变、位移等是连续的，因而可用坐标的连续函数来表示它们的空间变化规律。事实上，这种假设对任何介质都是相对的，尤其对于岩体工程，由于节理、裂隙、孔隙等的存在，实际岩体结构的连续性和不连续是相对的。尽管有限元法或边界元法将问题域的内部或边界进行了离散化，但在计算过程中，仍要求保持整体完整性，单元之间不允许拉开，应力仍保持连续。离散单元法则完全强调岩体的非连续性。求解域由众多的岩体单元所组成，但这些单元之间并不要求完全紧密接触，单元之间既可以是面接触，也可以是面与点的接触，每个岩体单元不仅要输入它的材料弹性参数等，还要确定形成岩块四周结构面的切向刚度、法向刚度以及黏聚力、内摩擦角等。也允许块体之间滑移或受到拉力以后脱开，甚至脱离母体而自由下坠。可以说，离散单元法是实际岩体结构的另一极端假设（与连续介质力学方法的完全连续的假设对应），因此，特别适用于节理化岩体的应力分析，在采矿工程、隧道工程、边坡工程以及放矿力学等方面都有重要的应用。

另外，离散单元法与其他数值方法（如有限单元法、边界单元法等）耦合更能发挥各自方法的优点。例如，用边界单元法考虑远场应力的影响以模拟弹性的性质，用有限单元法作为中间过渡考虑塑性变形，再用离散单元法考虑近场不连续变形的情况，从而极大地扩展了数值方法的解题范围。

离散单元法适应岩土的破碎不连续性，在模拟大变形破坏中有重要的应用，主要数值计算模拟软件为 PFC（Particle Follow Code）颗粒流程序、UDEC（Universal Discrete Element Code）通用离散元程序和 3DEC（3 Dimension Disrete Element Code）三维离散元程序。PFC 颗粒流程序数值模拟技术，主要用于颗粒材料力学性态分析，如颗粒团粒体的稳定、变形及本构关系，专门用于模拟固体力学大变形问题。它通过圆球形（或异型）离散单元来模拟颗粒介质的运动及其相互作用。由平动和转动运动方程来确定每一时刻颗粒的位置和速度。采用 PFC 数值模型求解的过程如图 5-8 所示，是个不断反馈的过程，建立初步的颗粒模型规定其边界与初始条件，运行使其达到平衡状态，平衡后结果满意施加力或速度在墙体或者颗粒上，运算得到模型结果；如果结果不合理则需要重新施加外界变量。

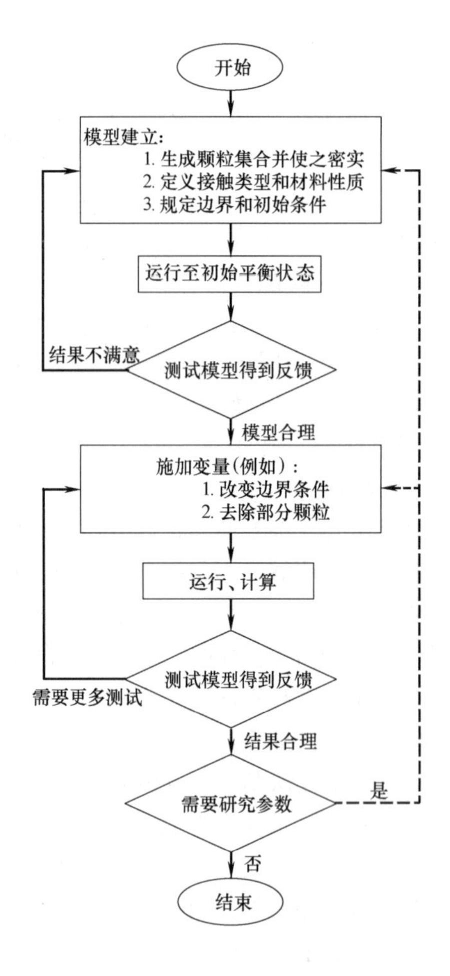

图 5-8　求解流程图

建立 PFC 的数值模拟模型，需解决基本参数确定的三个问题：①颗粒的组成；②材料的性质以及接触行为；③边界和初始条件。其中颗粒模型建立包括颗粒的位置与颗粒粒径的分布的确定，接触行为和相关的材料性质支配着受到扰动后的模型反应，边界和初始条件定义了原始状态。定义原始状态后，模型计算达到初始平衡状态，然后施加变量制造扰动，模型在这个过程中计算与再平衡并且得到结果。运用明确的时间推进法解决代数方程，结果由一系列的计算时步实现，计算时步速度与计算机处理器速度有关，最终时步数采用默认值，也可以人为确定合理值。

PFC分为PFC2D和PFC3D两种，在PFC2D中只有两个力分量和一个力矩分量，而在PFC3D中有三个力分量和三个力矩分量。而在运动方程或力一位移法则中则不能考虑空间力分量和两个平面力矩分量，所以准确地来讲，三维模拟的实质是二维模拟。PFC程序与UDEC（通用离散元程序）和3DEC（三维离散元程序）方法相比，具有三大优势：①具有潜在的高效率，因为圆形颗粒间接触判断比有棱角的颗粒间的接触判断容易；②被模拟的目标本质上无变形量的限制；③模拟断裂的块体是可能的，因为块体使用了黏结的粒子，而使用UDEC或3DEC程序不能模拟断裂的块体。

5.3 数值计算软件应用实例

二维码5-9
盾构隧道开挖
有限元分析

5.3.1 盾构隧道开挖的有限元分析

1. 研究背景

盾构隧道开挖的有限元分析与一般工程和结构的有限元分析有一定的不同。建立的有限元模型，随着隧道开挖的进行，模型也在逐渐发生改变。土体被挖掉后，不仅几何模型发生变化，原有的应力也发生改变。如何较好的模拟盾构隧道开挖的不同阶段的特性成为关键问题。利用有限元法来分析计算盾构隧道的施工问题无疑是一种简单有效的方法，但其中也涉及开挖卸载后土体的应力应变的变化，本构模型的选用，基本参数的确定等诸多需要进一步考虑的因素。ABAQUS是一款功能强大的有限元软件，它的本构模型能够真实反映出土体的性状，能够模拟土体与结构之间的相互作用，具备处理土木工程中特定问题的能力，非常适合分析盾构隧道的变形沉降问题。

2. 计算模型

依据上海地铁8号线工程，建立了三维的有限元模型，如图5-9所示，X轴为模型宽度方向，Y轴为模型深度方向，Z轴为模型隧道轴线方向，三个方向的尺寸分别为X方向宽50m，Y方向深为44m，Z方向长为60m。模型中隧道埋深为13.8m，盾构隧道的外径为6.2m，管片厚度为0.35m。

模型中土体、衬砌管片和盾构机均采用实体单元进行模拟，土体与衬砌管片间接触面的相互作用采用绑定接触模拟，土体与盾构机间的接触作用亦使用绑定接触。在模型垂直于X轴方向的两个边界面上，施加X方向的水平约束；模型垂直于Z轴方向的两个边界面上，施加Z方向的水平约束；对于模型底部边界，施加Y方向的竖向约束。土体考虑为弹塑性模型，利用Drucker-Prager模型进行模拟，衬砌管片和盾构机采用弹性模型进行模拟。

考虑到下卧层土体的不均匀性，下卧层采用两种土性，灰色粉质黏土和砂土，如图5-10所示，隧道轴线长度的二分之一处为两种下卧土体的分界面，上层土体采用灰色淤泥质黏土，土体参数如表5-2所示。

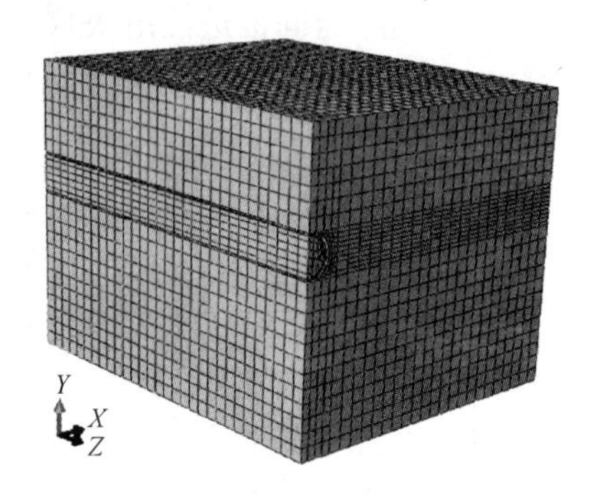

图 5-9 有限元模型示意图

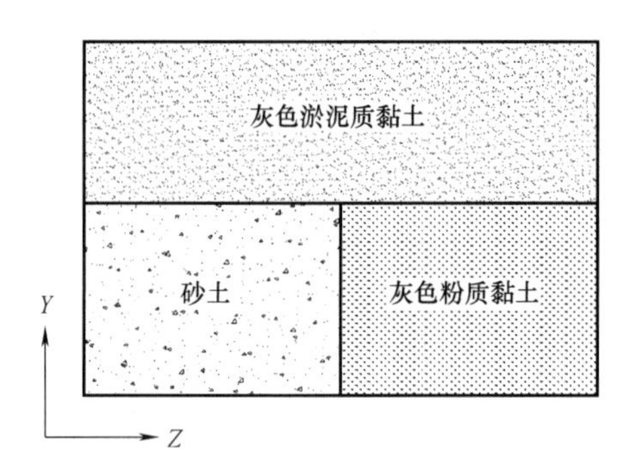

图 5-10 土体分布示意图

各层土体及结构的参数 **表 5-2**

土层及结构	厚度(m)	密度 ρ (kg/m^3)	弹性模量 E (MPa)	泊松比 μ	黏聚力 c (kPa)	摩擦角 ϕ (°)
灰色淤泥质黏土	20	1700	3	0.42	11	9.5
灰色粉质黏土	22	1800	4.5	0.35	17	16.5
砂土	22	1900	11	0.3	9	30
衬砌	0.35	2500	40000	0.3	—	—
盾构机	0.25	7500	2100000	0.3	—	

初始地应力场是盾构隧道开挖计算的基础，它的正确性直接影响着后续计算。初始应力场是土体受到自重应力和地面荷载引起的，它是隧道开挖时的地应力场。土体经过长期的固结，通常都已达到了稳定状态，因此，初始位移假设为零。

由于是模拟盾构隧道施工过程引起的沉降问题，与实际相比，需要做一定的简化。实际过程的管片拼装是多块组合成一环，模型中简化成多环的拼装。在土体开挖的过程中会受到一定的扰动，破坏原有的应力分布，因而也采用了应力释放来考虑这个问题。实际施工中，为了尽量减小施工带来的影响，在拼装管片的同时也会采取注浆措施。因此，在模型中也考虑了注浆压力。模型网格使用手动划分，隧道周围网格相对较密，选用实体三维八节点的 C3D8R 单元，模型单元总数为 22620 个。

实际工程中，土体在自重以及外荷载作用下基本已经完成固结沉降，相当于起始开挖状态的土体具有应力场，而位移都为零。因此，在模拟隧道开挖前需要先构建自重应力场，模拟固结完成的原状土。在模型中地应力平衡完成后，土体变形在 10^{-5}m 数量级，如图 5-11 所示，满足要求，可以作为隧道开挖的起始状态。

在实际的隧道施工工程中，盾构隧道的开挖施工是一个相当复杂的过程，其包含的步骤较多，包括开挖区域土体的移除、衬砌管片的安装施工以及隧道超挖部分间隙的注浆等，开挖过程就是上述步骤的依次循环的过程。对于施工过程精确的模拟才能反映实际隧道和土体的变形问题。因此，在模拟时，盾构隧道的开挖过程主要包括这几个方面：首先是工作面土体的开挖，开挖前需要将开挖部分土体软化，以考虑开挖过程中的应力释放；其次是衬砌环的拼装，土体和衬砌的接触作用在衬砌单元生成时形成，产生隧道与土体的相互作用；再是盾尾的注浆，主要考虑注浆压力对隧道和土体的作用；在这样的循环施工作用下完成隧道的开挖模拟过程，如图 5-12 所示。

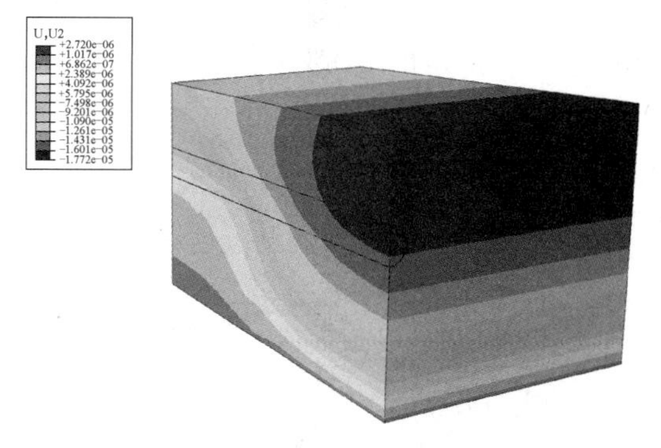

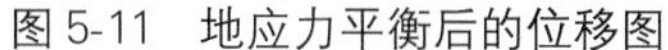

图 5-11 地应力平衡后的位移图

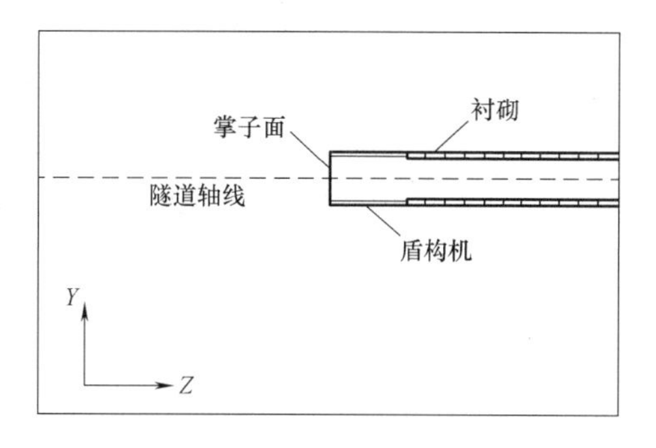

图 5-12 盾构隧道开挖示意图

3. 结果分析

本模型模拟不均匀下卧土层上的盾构隧道开挖引起的纵向沉降，开挖距离为 56m。土体的开挖、衬砌安装和注浆模拟交替进行，每个循环周期的开挖长度为 2m。开挖结束后的竖向位移如图 5-13 所示，从图中可以看出，在隧道周围的土体位移较大，而且盾构隧道施工的不同位置，土体位移的变化趋势不同，在盾构隧道上方的土体产生下沉位移，而盾构隧道下方的土体则产生上浮位移。最大下沉位移为－0.201m，最大上浮位移为 0.134m。隧道向地表方向上土体的位移是逐渐减小的，到地表位移达到最小值。从隧道向下土体的位移也是逐渐减小的，到模型底部位移也是相对最小。越靠近开挖土体的部分产生的位移也相对越大，沿着开挖方向，位移逐渐减小，说明位移具有累积效应。隧道下方约 14m 为竖向位移主要影响范围。可见，盾构隧道的开挖对纵向沉降分布具有显著影响，研究盾构隧道施工引起的纵向沉降是十分有必要的。

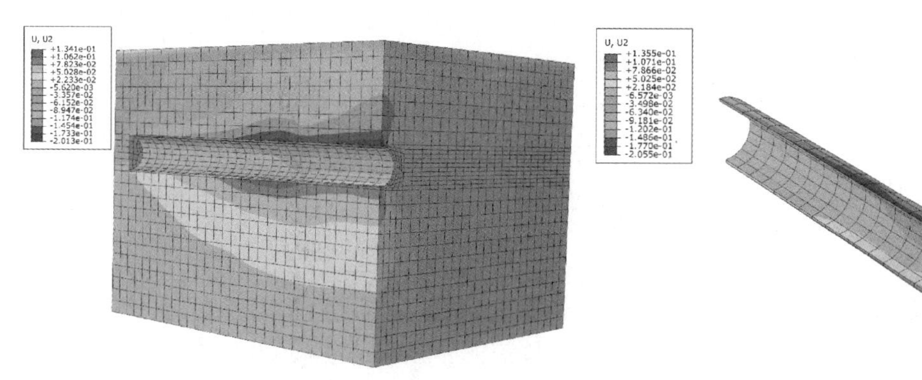

图 5-13 开挖结束后模型的竖向位移

图 5-14 开挖结束后衬砌的竖向位移

开挖结束后的衬砌管片竖向位移如图 5-14 所示，从图中可以看出，隧道管片的位移变形趋势和隧道周围土体的位移具有一致性，管片上部产生向下的位移，管片下部产生向上的位移，管片中部位移相对较小，呈现出圆形向椭圆形变化的趋势。上部最大下沉位移为－0.205m，下部最大上浮位移为 0.135m。管片两端向中间呈现位移减小的趋势，管片不同位置的位移变化趋势略有不同。

从图 5-13 上模型中的竖向位移可以看出，竖向位移分布不均匀，随位置的变化而变化。因此，有必要取几个位置的位移进行分析。沿隧道轴线方向的位移取值路径如图 5-15 所示，4

条路径均位于对称面上，路径1位于地表，路径2为隧道上表面土体，路径3为隧道中部土体，路径4为隧道下表面土体。考虑到边界的影响，模型中留有4m的土体没有开挖。

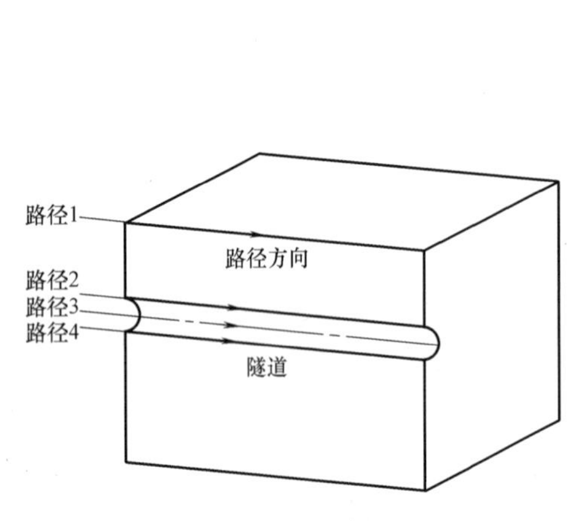

图5-15 竖向位移取值路径示意图

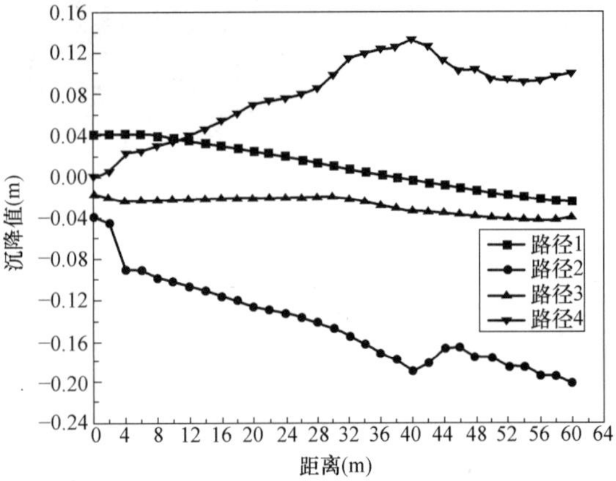

图5-16 不同路径上的竖向位移

开挖结束后4条路径上的竖向位移如图5-16所示。地表竖向位移（路径1）相对平缓，开挖起始端位于模型右侧，即60m位置处。先开挖的位置的位移相对较大，可能是在后续开挖过程对原先开挖的位置有影响，注浆压力也有一定影响，下卧层土体左硬右软也会产生一定影响。隧道上表面土体的竖向位移（路径2）具有明显的差异性，开挖过程中，土体受到扰动，应力部分释放，土体会产生一定位移。在40m处土体位移产生一个峰值，随着距离的增加位移逐渐减小，在46m处产生另一个局部峰值，之后随着距离的增加位移又增大。30m处为下卧土体分界面，差异沉降较明显的地方并非出现在分界面处，而是黏土部分40m处左右。左边砂土部分沉降相较于右边的黏土部分更加均匀。隧道中部土体位移（路径3）也相对较平缓，沉降值也相对较小。隧道开挖后，隧道上部土体向下压缩，隧道下部土体向上回弹，因而，隧道中部土体位移绝对值相对较小。隧道下表面土体的竖向位移（路径4）均表现为上浮位移，和路径2相似，从左至右表现为逐渐增大，在距离40m处出现峰值，之后位移又逐渐减小。就整体而言，分界面左边的砂土位移小于分界面右边黏土位移，黏土的回弹能力更强。峰值出现在40m处，与路径2类似，可能与起始开挖步有关，也可能受到土性软弱的影响，后面土体开挖时对已开挖土体的土体产生影响。所以，隧道开挖对于土体沉降有明显影响，对隧道开挖施工过程的控制是非常有必要的。

由于隧道周围土体竖向位移较大，因此，将隧道上表面土体（路径2）和隧道下表面土体（路径4）21个开挖周期的竖向位移分布提取出来进行分析，如图5-17所示。由前所述，可以看出模型40m处，隧道上下表面土体沉降最大，隧道上表面土体呈现下沉状态，隧道下表面土体呈现上浮状态。故而提取隧道上下表面（路径2和路径4）40m点处土体位移进行分析。隧道上表面40m处土体在21个周期中，沉降从－0.025m累积到－0.189m；隧道下表面40m处土体在21个周期中，沉降从－0.012m累积到0.134m。在第3个周期，土体沉降位移增长较大。在整个开挖过程中，土体的沉降基本没有出现较大波动，相对比较平稳，土体沉降速率初期较大，然后逐渐减小，最后沉降速率趋于缓和。

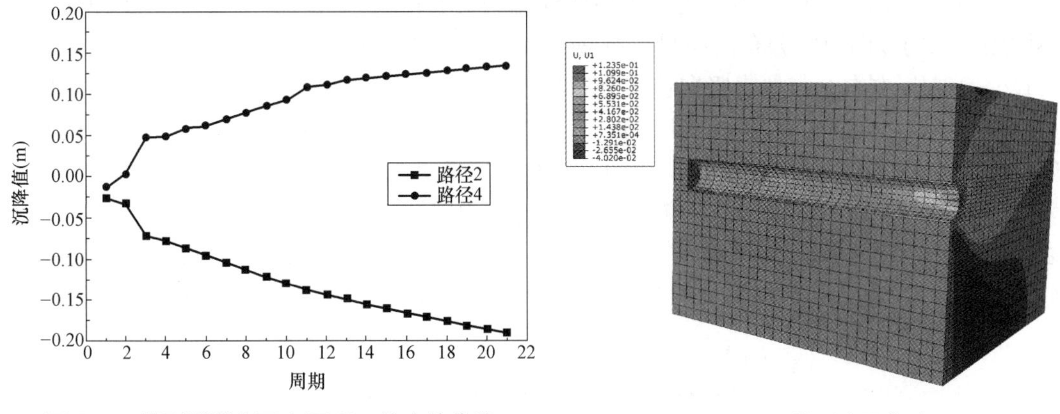

图 5-17　模型隧道上下表面 40m 处土体位移　　图 5-18　模型水平位移

模型计算完成后的水平位移如图 5-18 所示。相较于开挖完后的竖向位移，水平位移的量值较小。水平位移主要产生在隧道周围土体，并有向外扩散的趋势。起始开挖部位的水平位移较大，向隧道开挖方向逐渐减小。因而，在一般情况下多考虑竖向位移的影响，忽略水平位移。

取地表和隧道周围 4 条路径上的水平位移，如图 5-19 所示。路径 1、路径 2 和路径 4 的水平位移非常小，基本上重合在一起，都为 0m；路径 3 的水平位移变化范围较大，最小为－0.018m，最大为 0.123m，最小位移和最大位移值分别出现在开挖结束点和开挖起始点。这与隧道椭圆化，水平直径变大有关，随着隧道的开挖，先开挖部分的变形逐渐增大。因此，相对于新开挖土体，对原开挖土体需要采取一定加固措施。砂土部分的水平位移相对黏土部分更小，这与土性有一定关系，也会受到开挖的影响。

开挖完成后模型的竖向应力如图 5-20 所示。从上到下竖向应力逐渐增大，在分界面周围竖向应力分布具有明显差异。隧道上方土体竖向应力呈明显的层状分布，隧道下方土体的竖向应力有明显的不均匀性。这是下卧层不均匀和隧道开挖共同作用的结果。在下卧层两种土体分界面附近，相同深度下，砂土部分竖向应力大于黏土部分的竖向应力，可能与砂土密度较大有关。下卧层土体的竖向应力分布没有上部软土均匀，两种土体的界面处应力变化较大。

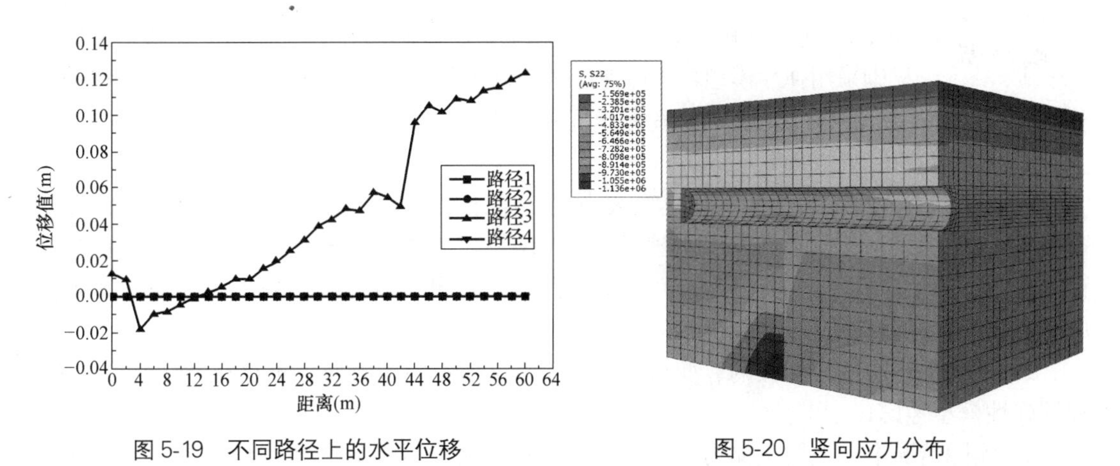

图 5-19　不同路径上的水平位移　　图 5-20　竖向应力分布

从图 5-20 已经可以看出开挖结束后竖向应力分布的大致规律。为了进一步探究，取不同路径上的竖向应力分布，如图 5-21 所示。地表（路径 1）的竖向应力相对均匀，都在 -1.5×10^5Pa 左右，与地表竖向位移分布比较一致；隧道上表面土体（路径 2）的竖向应力也相对均匀，局部略有波动，多数在 -4.5×10^5Pa 左右；隧道中部土体（路径 3）的竖向应力分布也比较规律，都在 -5.2×10^5Pa 左右，与竖向位移分布规律也比较一致；隧道下表面土体（路径 4）的竖向应力分布具有明显的不均匀性，在 -4.9×10^5Pa～-6.5×10^5Pa 之间变化，由于下卧层土体不均匀，开挖过程中，土体应力变化比较明显，特别是在黏土部分竖向应力波动较大。竖向应力的分布也受到不均匀下卧层土体和开挖过程的影响。

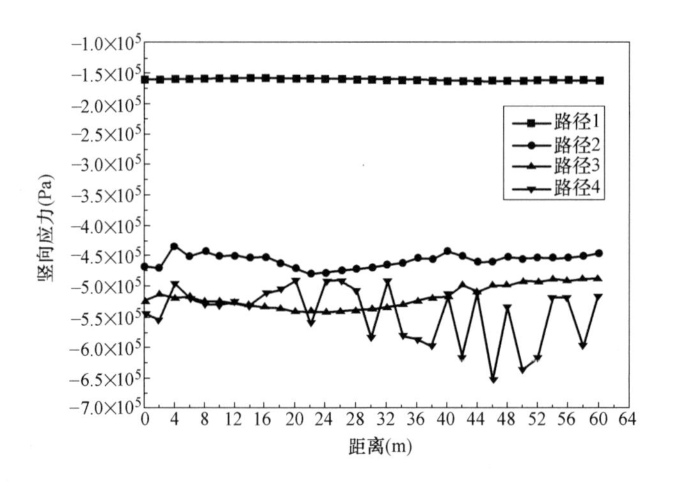

图 5-21　不同路径上的竖向应力

二维码 5-10
盾构隧道在
列车荷载作
用下的有
限元分析

5.3.2　盾构隧道在列车荷载作用下的有限元分析

1. 研究背景

地铁盾构隧道在列车荷载作用下的动力响应问题比较复杂，使用理论方法求解会对模型进行很多简化，所以想要准确全面地描述隧道动力模型有很大局限性。近些年，随着科技发展，更多的注意力集中到通过数值模拟研究地铁盾构隧道的瞬态响应问题，并取得一定的研究成果。这里利用 ADINA 建立钢轨、道床、衬砌和土体组成的隧道模型，其中钢轨、道床和衬砌采用弹性模型，土体使用多孔弹性介质模拟。将列车荷载模拟为移动点荷载形式，并采用 5 种荷载形式研究荷载速度和荷载频率对盾构隧道的瞬时响应的影响。

2. 计算模型

一般根据土体振动后产生的动应变大小把土体分为三类：$\varepsilon<10^{-4}$，土体作为弹性模型考虑；$\varepsilon=10^{-4}\sim10^{-2}$，土体为弹塑性；$\varepsilon>10^{-2}$，土体按照塑性来考虑。对于在振动荷载作用下的土体变形，土体应变 ε 一般小于 10^{-4}，可以按照弹性模型来考虑。在本章中考虑以下计算假设：

1）同种土体为各向同性的、变形小，由于本文研究瞬时响应，不存在塑性变形积累，按照弹性模型考虑；

2）实际情况中，地层土体为分层存在，但在本文中旨在研究盾构隧道周围土体在振动荷载作用下的响应规律，所以将隧道周围土体作为均匀土体考虑，不考虑分层；

3）不同界面上满足位移协调条件，土体、衬砌、道床和钢轨之间的界面不发生脱离现象；

4）实际的衬砌是有接缝存在，在本文为简化模型以减小计算量，假定衬砌的力学特性沿隧道方向不变化；

5）列车运行产生的荷载可以认为是以恒定速度移动的恒载或周期荷载。

实际地层应该看作是半无限空间土体介质，在建模过程中只能截取有限土体，称为截断边界。但是有限土体的边界会成为反射边界，反射波会重新进入研究区域，影响计算结果。目前对于数值计算中截断边界处理方法主要有黏弹性边界、无限元、透射边界和大范围截断。黏弹性边界是在边界上施加弹簧—阻尼系统吸收传播到边界的波；无限元和有限元类似，保证波传播到无限远处；透射边界是满足一定条件的边界可以使传到边界的波透过边界而不反射回研究区域；大范围截断即是截取足够大范围的土体，由于波在介质中传播存在衰减，只要范围取得足够大，当波传到截断边界时已经很小可以忽略即可满足计算要求。但是对于大范围截断边界，如果选取土体范围过大，计算机计算能力可能达不到导致计算成本增加。

一般认为，在模态分析中，若要整个模型的频率趋于稳定，建立模型的宽度应当不小于盾构隧道直径的 15 倍。若不加人工边界条件，直接使用截断边界，则模型宽度应达到分析土层厚度的 3 倍，模型高度要达到研究土层厚度的 2/3。所以选取的有限元模型尺寸为：深度 100m，垂直隧道方向 300m，隧道运行方向 600m。经过后续的计算可以认为截断边界附近的响应基本为零，截断范围是合适的。隧道埋深 18m，隧道外径 6.2m，内径 5.5m。材料参数如表 5-3 所示。

材料参数 **表 5-3**

土层及结构	密度 ρ(kg/m^3)	弹性模量 E(MPa)	泊松比 μ
土体	1870	207	0.35
衬砌	2500	35000	0.2
道床	3500	50000	0.22
钢轨	7850	200000	0.25

由于阻尼的存在以及传播距离增加引起的辐射衰减，波在土体介质中不会无限传播下去。阻尼作为介质材料的一种重要的属性，是不可忽略的。土体介质的阻尼一般分为两种：几何阻尼和材料阻尼。几何阻尼主要体现在近场，材料阻尼在远场表现比较明显。但是在结构动力分析中，可得到的与阻尼相关的信息很少，所以在实际计算分析中要想精确确定阻尼矩阵是很困难的。为了将阻尼量化，一般取 Rayleigh 阻尼，即把阻尼矩阵表示为质量矩阵和刚度矩阵在一定系数作用下之和。

Rayleigh 阻尼可以表示为：

$$[C]=\alpha[M]+\beta[K] \tag{5-22}$$

式中 $[C]$——阻尼矩阵；

$[M]$——质量矩阵；

$[K]$——刚度矩阵；

α、β——阻尼的质量和刚度系数。

若已知阻尼比 ξ，则可求得待定阻尼系数 α、β。由振型正交条件，对于结构的第 i 阶

模态固有频率 ω_i，α、β 应当满足下面的关系式：

$$\xi_i=\frac{\alpha}{2\omega_i}+\frac{\beta\omega_i}{2},(i=1,2,\cdots,n) \tag{5-23}$$

根据式（5-23），只需要确定两个模态的固有频率 ω_i 和 ω_j 及与其相对应的阻尼比 ξ_i 和 ξ_j，即可联立求解待定阻尼系数 α、β 的大小，即：

$$\xi_i=\frac{\alpha}{2\omega_i}+\frac{\beta\omega_i}{2},\quad \xi_j=\frac{\alpha}{2\omega_j}+\frac{\beta\omega_j}{2} \tag{5-24}$$

求解可得待定阻尼系数 α、β：

$$\alpha=\frac{2\omega_i\omega_j(\omega_i\xi_j-\omega_j\xi_i)}{\omega_i^2-\omega_j^2},\quad \beta=\frac{2(\omega_i\xi_i-\omega_j\xi_j)}{\omega_i^2-\omega_j^2} \tag{5-25}$$

若认为阻尼比 ξ_i 在一定频率范围（$\omega_i\sim\omega_j$）内保持不变，则对于确定的阻尼比 ξ_i，式（5-25）可以简化为：

$$\alpha=\frac{2\omega_i\omega_j}{\omega_i+\omega_j}\xi,\quad \beta=\frac{2}{\omega_i+\omega_j}\xi \tag{5-26}$$

Rayleigh 阻尼的一般思路是确定两个振型的圆频率 ω_i 和 ω_j，再根据式（5-26）得到待定阻尼系数 α、β。

由于一般结构的前几阶振型起主导作用，所以确定阻尼比 ξ 之后，选取前几阶振型中的某两个确定出阻尼系数 α、β。地铁振动主要侧重于分析竖向振动，所以首先在 ADIDA 中进行模态分析，提取整个体系模态。选取竖向振动的参与质量最大的两个振型对应的频率，以此振型来确定阻尼系数 α、β。取阻尼比保持不变，为 $\xi=0.05$，可得 Rayleigh 阻尼系数 $\alpha=0.05529$、$\beta=0.04516$。

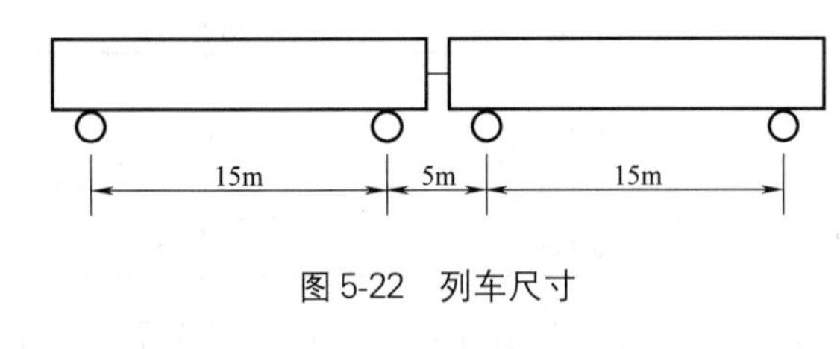

图 5-22 列车尺寸

这里荷载选取恒速移动点荷载，荷载施加在钢轨上。列车产生的荷载可以看作很多点荷载，本文只研究两节列车的情况。实际中的一节列车有八个轮子，每个轮子视为一个点荷载。由于前面两个轮子较近，可简化为一个荷载，同一节列车前后两个轮子间距为 15m，后一节车厢的前轮和前一节车厢的后轮间距为 5m（正视图见图 5-22）。假设所有轮子作为点荷载的大小相等，均分一节车厢满载时的重量 G，则每个点荷载 $F_0=G/4$。取满载 $G=800\text{kN}$，则 $F_0=G/4=200\text{kN}$。

选取荷载形式为：

$$F=F_0\cdot\sin\left(\frac{2\pi}{f}t\right)\cdot\delta(x-vt) \tag{5-27}$$

为对比分析荷载速度 v 和频率 f 的影响，本节所取的荷载形式如表 5-4 所示。

荷载形式 **表 5-4**

荷载编号	幅值 F_0(kN)	速度 v(m/s)	频率 f(Hz)
F_1	200	28	0
F_2	200	56	0
F_3	200	83	0
F_4	200	28	5
F_5	200	28	30

对计算结果的分析选取了 6 个参考点和 6 条路径，如图 5-23 所示。

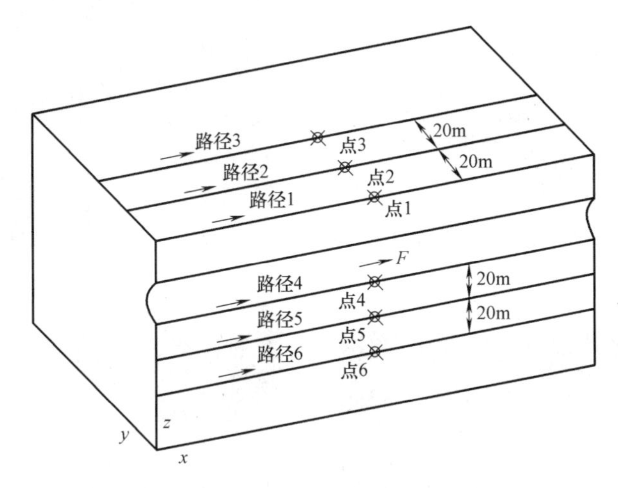

图 5-23 结果分析的参考点和路径

3. 结果分析

图 5-24 为五种荷载作用下，在时间中点时刻，u_z 和 u_x 在模型中点处的云图。对比 F_1、F_2 和 F_3 作用下的云图可以看出，在 F_1 作用下的云图，u_z 和 u_x 的分布具有一定的对称性，但是从 F_2 和 F_3 作用下的云图可以看出，云图在荷载移动方向形成尖峰，压缩了荷载移动前方的振动波，而大量振动波滞后在荷载后方。此种情形是由于多普勒效应引起，荷载速度越大，多普勒效应越明显，可见荷载速度对隧道的响应有很大的影响。对比 F_1、F_4 和 F_5 作用下的云图可以看出，荷载频率对隧道响应有一定的影响。

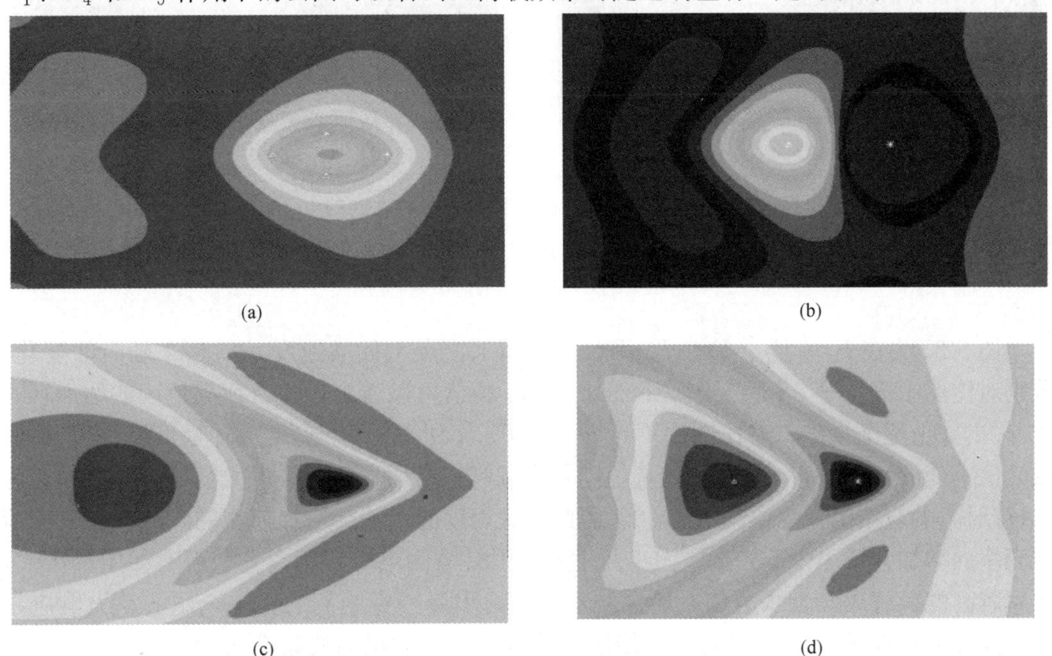

图 5-24 不同荷载作用下，当荷载运行到模型中点时地表的 u_z 和 u_x 云图

(a) F_1：u_z；(b) F_1：u_x；(c) F_2：u_z；(d) F_2：u_x

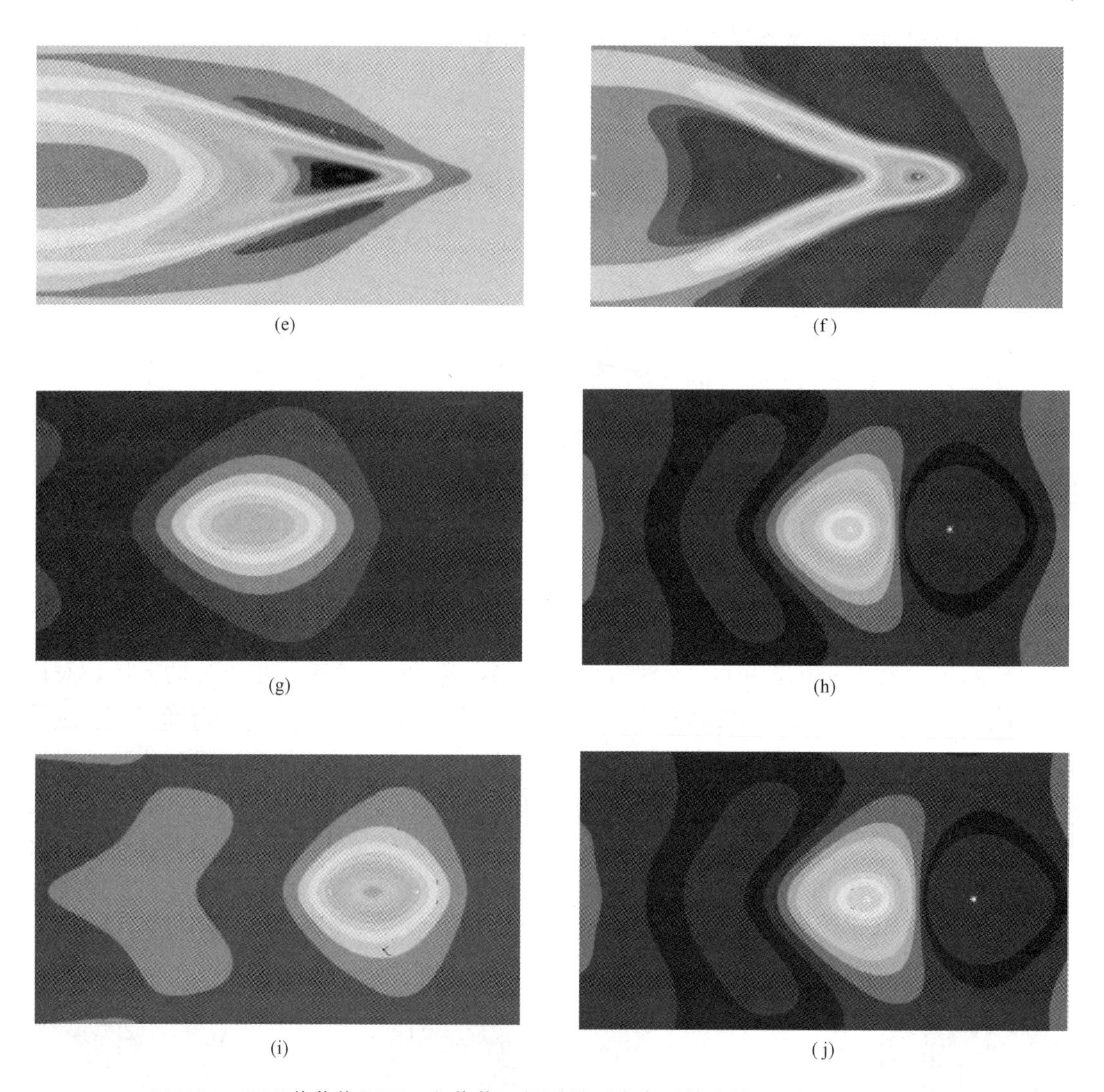

(e) (f) (g) (h) (i) (j)

图 5-24 不同荷载作用下，当荷载运行到模型中点时地表的 u_z 和 u_x 云图（续）

(e) F_3：u_z；(f) F_3：u_x；(g) F_4：u_z；

(h) F_4：u_x；(i) F_5：u_z；(j) F_5：u_x

图 5-25 为在 F_1、F_2、F_3、F_4 和 F_5 作用下，点 1 处加速度 a_z 和 a_x 随时间变化。分别对比图中 F_1、F_2 和 F_3 作用下的 a_z 或 a_x 幅值可以看出，随着荷载速度的增加，a_z 或 a_x 的幅值逐渐增加。对比图中 F_1、F_4 和 F_5 作用下的 a_z 或 a_x 幅值可以看出，在荷载幅值不变的情况下，a_z 或 a_x 的幅值随着荷载频率的增大而减小，尤其是当荷载频率为 30Hz 时，响应幅值只为恒载的 1/20。因此荷载速度的增加会增加模型的响应大小，而荷载频率的增加会减小模型的响应大小。主要原因是监测点 1 点距离荷载源有一定的距离，频率越高的荷载成分衰减越快，传播距离越短，引起一定距离的土体产生的动力响应越小。实际上根据图 5-25 可以看出，传播到监测点 1 点的振动波频率约为 0.8Hz，这也是在 F_4 和 F_5 作用下模型的响应相比 F_1 作用下更小的主要原因。

对比在 F_1、F_2、F_3、F_4 和 F_5 作用下的 a_z 和 a_x 幅值可以看出，a_x 的幅值约为 a_z

幅值的一半，说明竖向振动响应是最主要的部分，而且沿隧道运行方向的振动响应 a_x 也是不可忽略的。沿隧道运行方向的振动响应 a_x 是与荷载速度密切相关，但是在二维模型中无法获得 a_x 的值，因此二维模型具有一定的局限性，而此三维模型更能合理地描述列车运行引起的动力响应。

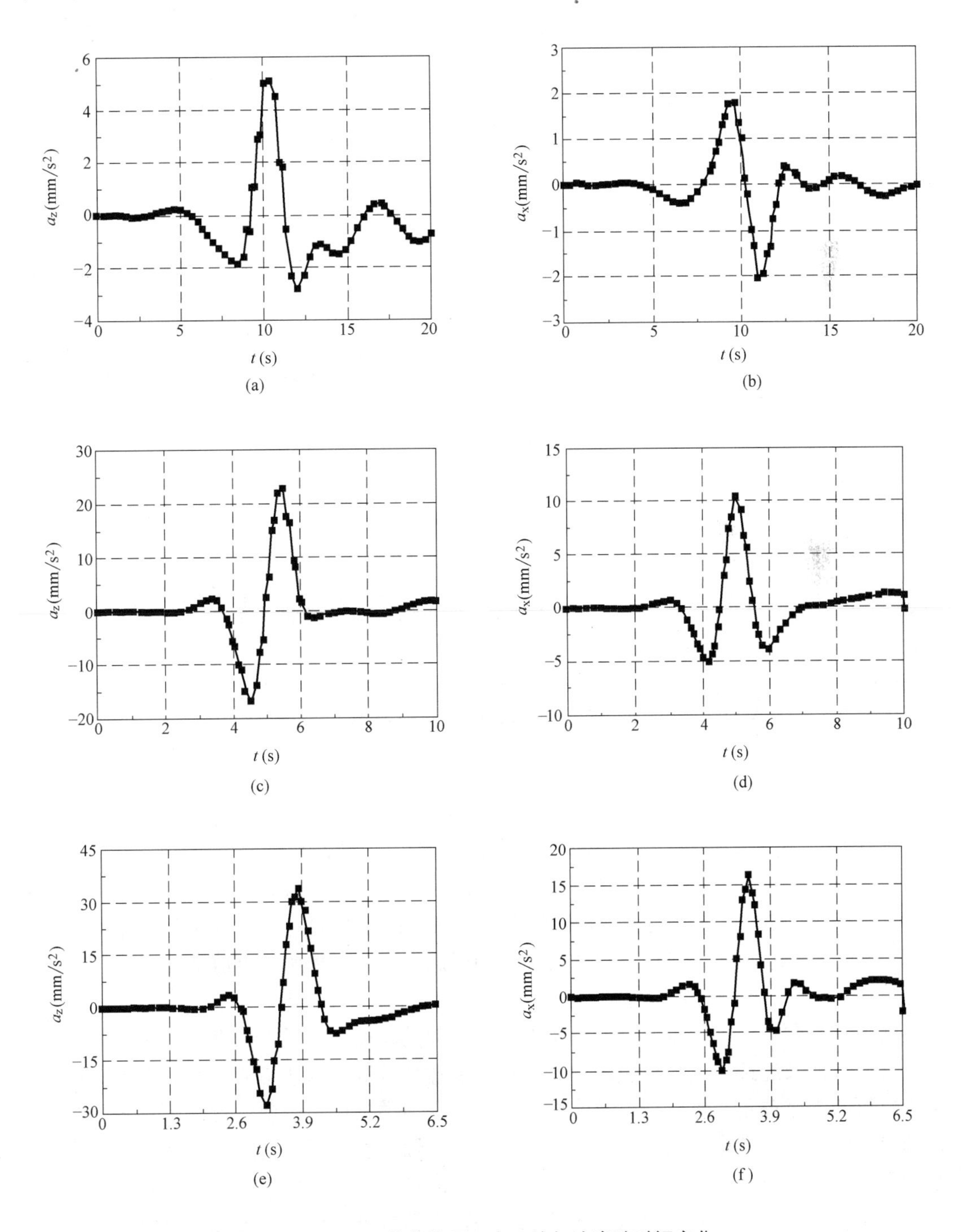

图 5-25 不同荷载作用下点 1 处加速度随时间变化

(a) F_1：a_z；(b) F_1：a_x；(c) F_2：a_z；(d) F_2：a_x；(e) F_3：a_z；(f) F_3：a_x

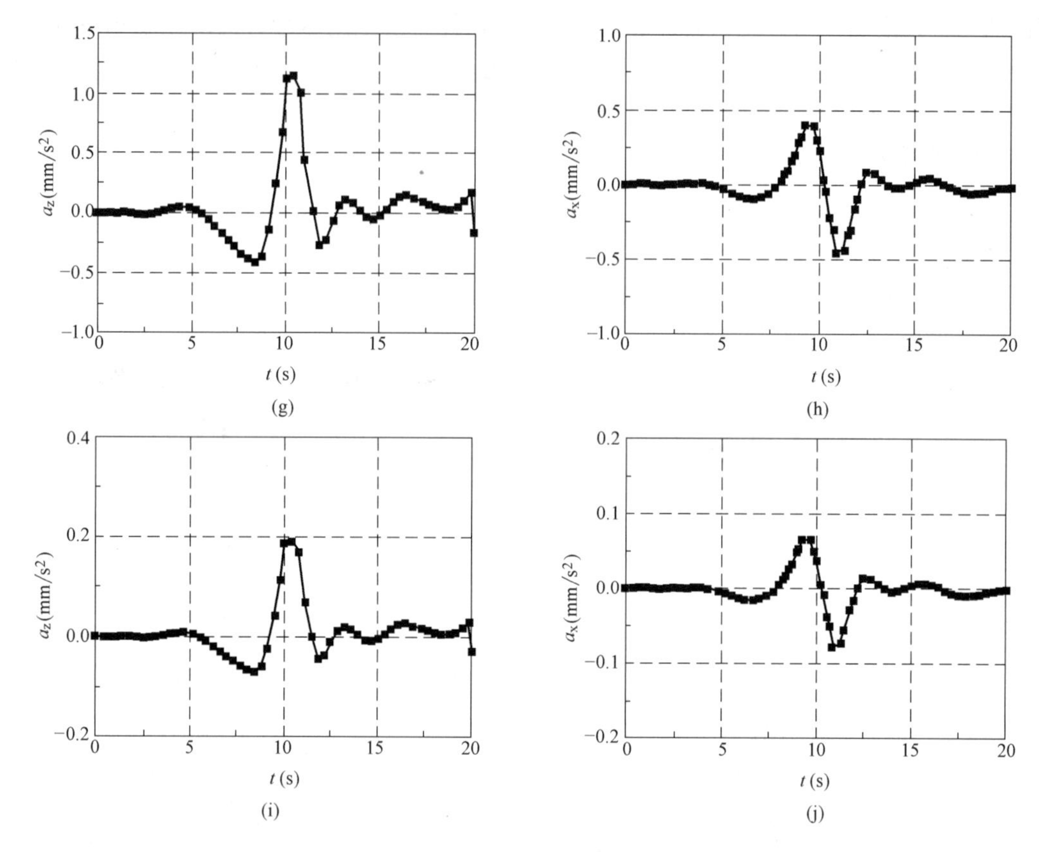

图 5-25　不同荷载作用下点 1 处加速度随时间变化（续）

(g) F_4：a_z；(h) F_4：a_x；(i) F_5：a_z；(j) F_5：a_x；

二维码 5-11 土层界面直剪试验离散元分析

5.3.3　土层界面直剪试验离散元分析

1. 研究背景

土层为非均质材料，界面错动不会产生明显的剪切断裂面，而是会形成一定范围内颗粒旋转移动的剪切带，对剪切带的研究可以加深对土层界面力学性质的了解。为了对直剪试验产生的剪切带进行研究，这里利用PFC 建立双层土剪切颗粒模型，通过调整模型的剪切方式和尺寸，观察得到剪应力-剪切位移曲线和剪切形态，以获得最优的直剪试验尺寸。

2. 计算模型

初步建立颗粒流模型需要确定模型参数：颗粒的粒径、粒径扩大倍数、颗粒级配、颗粒连接方式以及连接方式相对应的参数、颗粒摩擦系数等。这些参数的取值决定所建立模型中材料的内摩擦角、黏聚力以及弹性模量等宏观力学指标，需要进行标定才能根据所要模拟材料的宏观力学指标选定合适的颗粒流模型参数。设计标定时，主要标定颗粒摩擦系数与颗粒连接参数与宏观力学指标的关系。颗粒的粒径先根据模型设计的尺寸与经验进行试算，得到初步结果，再按照这个颗粒粒径与扩大倍数进行标定。因此，模拟的初步结果是根据经验确定其他参数以选取较合适粒径与模型颗粒数目。

整体试样长高尺寸为 400mm×200mm，剪切面的宽度选取为 300mm，考虑研究界面的摩擦，使得下盒长度为 435mm，保证剪切位移能够达到 35mm。在直剪试验尺寸的试验当中，只使得剪切位移达到 18mm，剪切运算时步为 40 万步，而在剪切位移 35mm 的土层剪切试验当中，剪切运算时步为 78 万步。由下剪盒运动，上剪盒的右侧受力面测定抗剪力，进而计算剪应力。

3. 结果分析

双层地基承受均布条形荷载作用问题可以看成是平面应变问题，也能够反映土体刚度变量对于双层土力学特性的影响。根据硬壳层的定义设定硬壳层的厚度不得小于 1.5m；根据《建筑地基基础设计规范》GB 50007—2011，硬壳层厚度与条形荷载宽度的比值不能小于 0.25，且大于 0.5 时应力扩散现象不会再明显增强，选择条形荷载宽度为 2m；根据均质地基的条形荷载作用下的附加应力系数知，在土层深度达到荷载宽度的 2 倍、水平方向到荷载中心点距离与荷载宽度比大于 0.5 时，应力系数已经小于 0.3，因而取下卧层厚度为 3m，地基模型整体宽度为 10m，减小边界效应。

在界面处设置 20 个半径为 0.25m 的测量圆，如图 5-26 所示。测量测量圆内的平均竖向应力，对比黏土模型与双层土模型的界面应力分布。

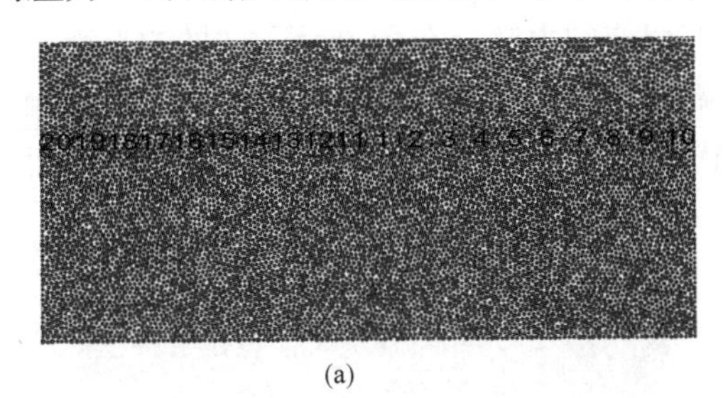

(a)

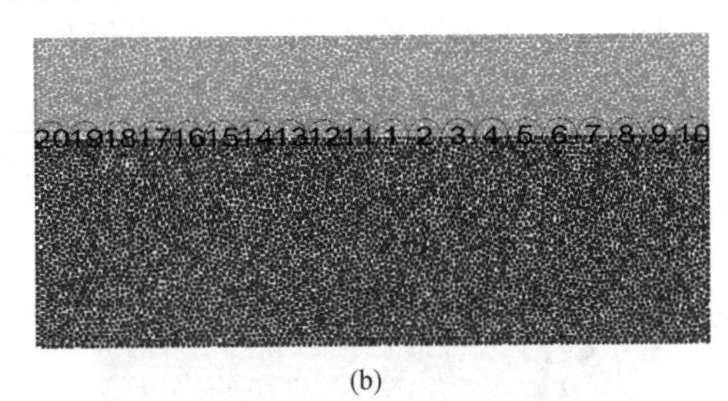

(b)

图 5-26　测量圆分布示意图

(a) 黏土；(b) 双层土

如图 5-27 所示，软黏土在 200kPa 宽 2m 的条形均布荷载作用下，受压至平均不平衡力与平均接触力的比值小于 0.015 时，强力链形成，力链集中；双层土在相同的荷载条件下同样产生强力链，但是在界面处力链分布出现变化，下卧层比上覆层软弱，故而力链更加分散，弱力链较多。

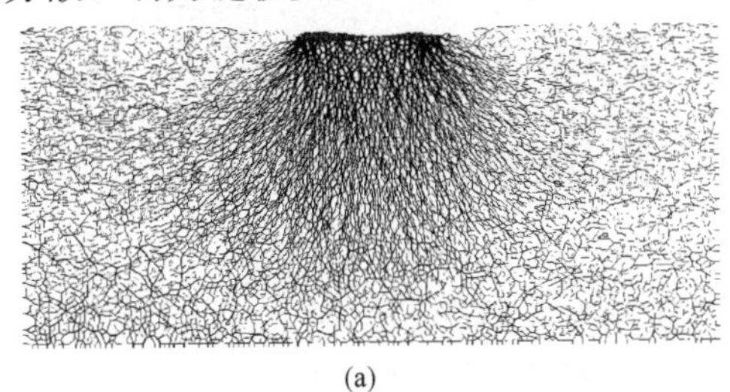

(a)

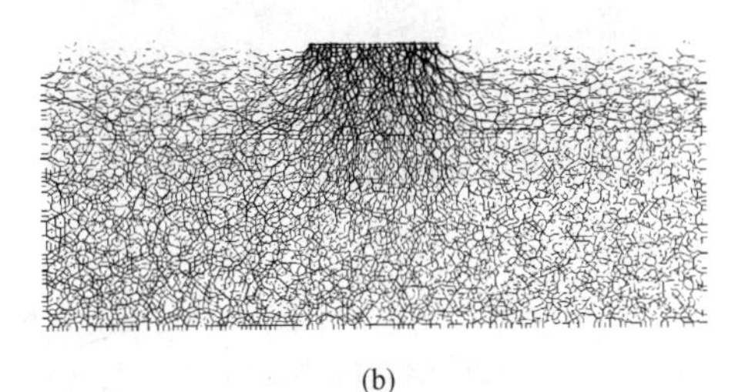

(b)

图 5-27　力链分布对比图

(a) 黏土；(b) 双层土

如图 5-28 所示，测量圆测得的黏土与双层土竖向应力分布，明显可以看出双层土的界面竖向应力更加分散，峰值较小。采用 PFC2D 模型是能体现出双层土土体刚度变化造

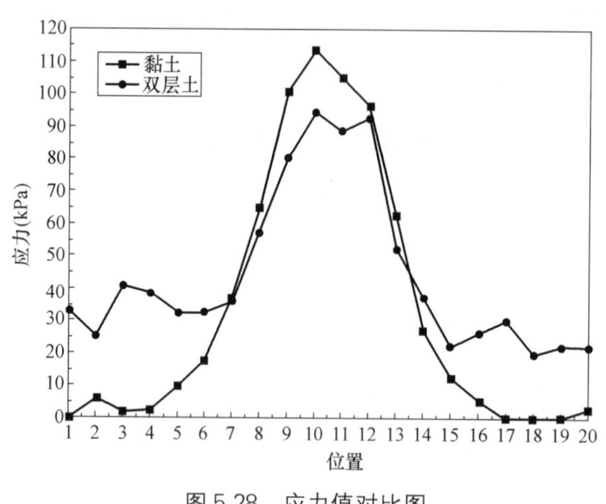

图 5-28　应力值对比图

成的上下应力分布差异的，所以能够通过 PFC2D 模型进行双层土变量分析。

双层土剪切试验的颗粒流模拟初步工作为：进行不改变上下盒尺寸的黏土直剪模拟，称为模型 A；然后按照选定的尺寸，在上下土盒尺寸不同的情况下进行黏土直剪模拟，称为模型 B，并将得到的结果进行对比；最后模拟上覆砂土与黏土土层界面的直剪试验，称为模型 C，观察界面变化与剪切带情况，并且得到剪应力-剪切位移关系。

1）模型 A 直剪试验

如图 5-29 和图 5-30 所示，下土盒向右移动，上土盒固定不动，正应力由上部柔性颗粒边界施加，能够观察上部土样的体积变化。剪切前的力链分布图显示了试样的平衡受力状态，在试样颗粒密集的情况下，会有部分局部受力，但是颗粒整体的不平衡力与接触力的比值已经小于 1%，认为已经达到平衡初始状态。剪切时力链贯穿整个剪切面，界面处出现速度矢量方向的偏转与不均匀分布。

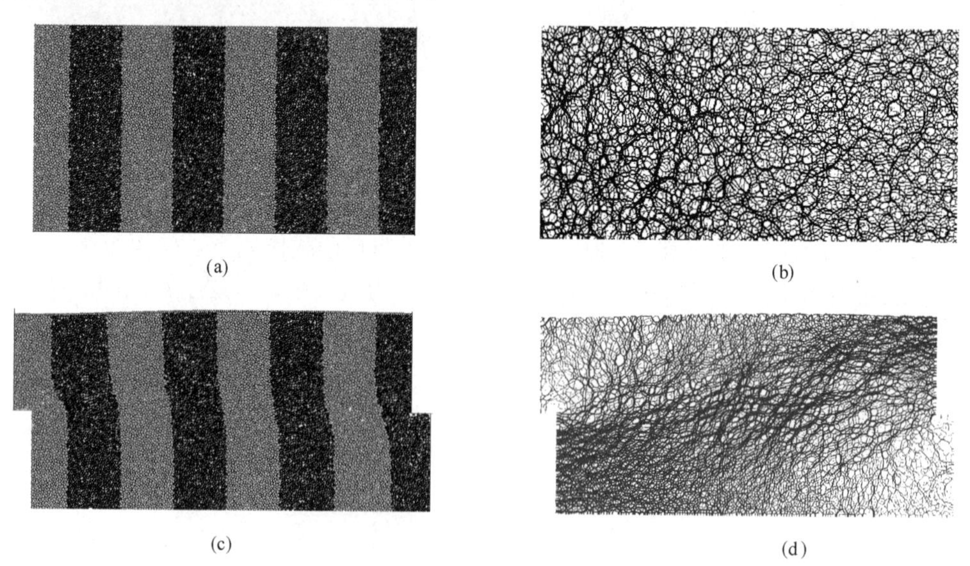

图 5-29　模型 A 剪切前后形态与力链分布图
(a) 剪切前形态；(b) 剪切前力链分布；(c) 剪切后形态；(d) 剪切后力链分布

2）模型 B 直剪试验

如图 5-31 和图 5-32 所示，模型 A 与模型 B 力链分布图以及剪切矢量图，虽然在剪切前模型 B 会在左侧产生比较明显的应力集中，不过在剪切过程中所显示出的力链分布合理，而且其界面处的速度矢量更加均匀，可知其界面受力更均匀。在土样生成土盒的不规

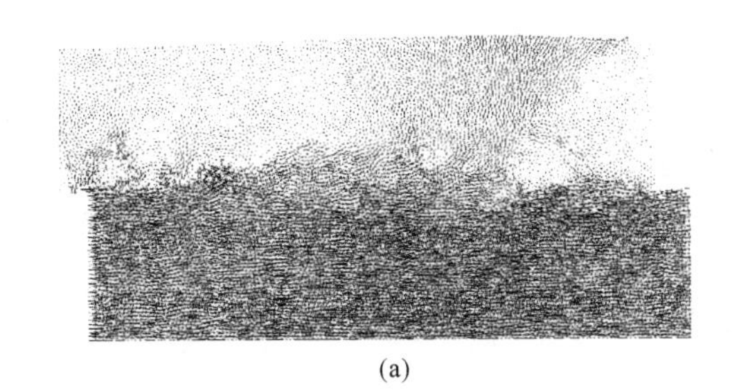
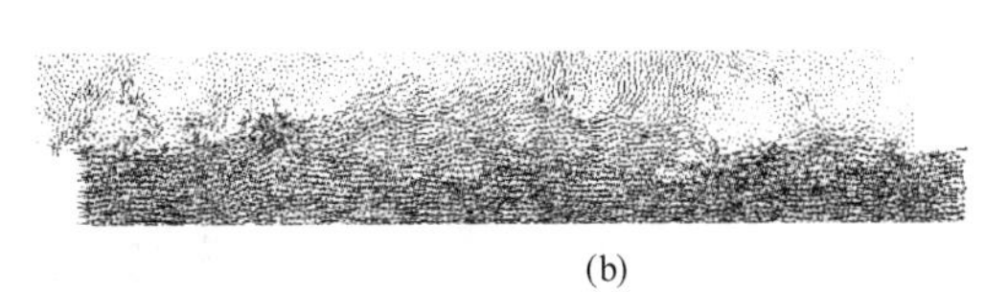

(a) (b)

图 5-30 模型 A 剪切后速度矢量分布

(a) 总体；(b) 界面

则形状会产生应力集中，以后的模拟当中通过改进土样生成方式将其消除。如图 5-33 所示，模型 B 的剪切应力一位移较稳定，得到其直剪试验结果土样的黏聚力为 25.18kPa、内摩擦角为 21.22°，十分接近最初试样选定的黏聚力 24kPa、内摩擦角 22°，剪切面面积不发生改变的直剪设计是合理的。

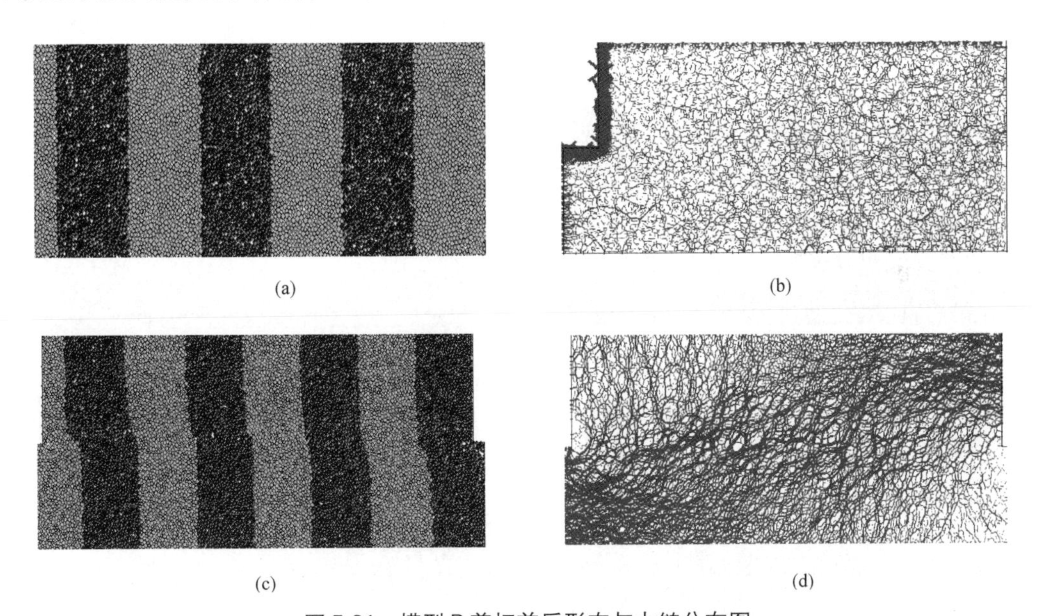

(a) (b) (c) (d)

图 5-31 模型 B 剪切前后形态与力链分布图

(a) 剪切前形态；(b) 剪切前力链分布；(c) 剪切后形态；(d) 剪切后力链分布

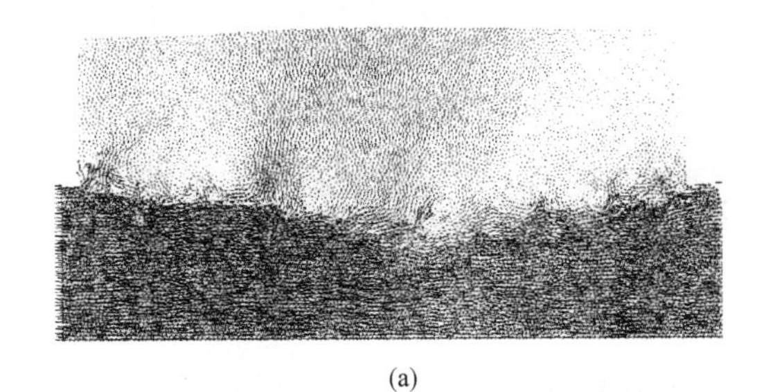

(a) (b)

图 5-32 模型 B 剪切后速度矢量分布

(a) 总体；(b) 界面

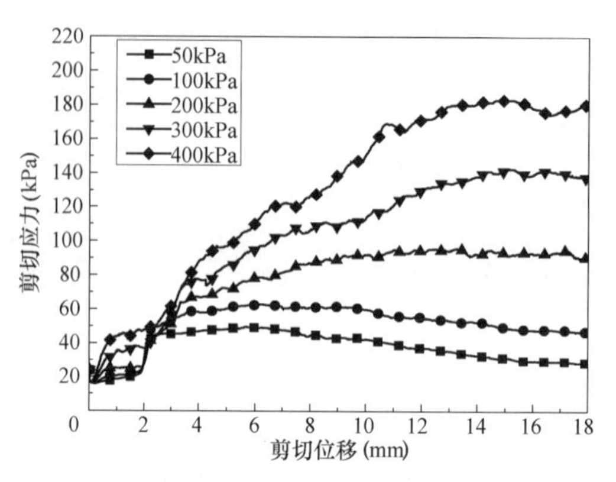

图 5-33 模型 B 直剪试验剪切应力-位移图

3）模型 C 直剪试验

如图 5-34 和图 5-35 所示，剪切位移达到 18mm 时，界面处颗粒的位移矢量不均匀，颗粒在小范围内旋转移动；剪切位移达到 35mm 时，界面处颗粒的位移矢量基本均匀，颗粒虽然还会发生小范围的旋转，但是基本达到界面摩擦稳定状态。

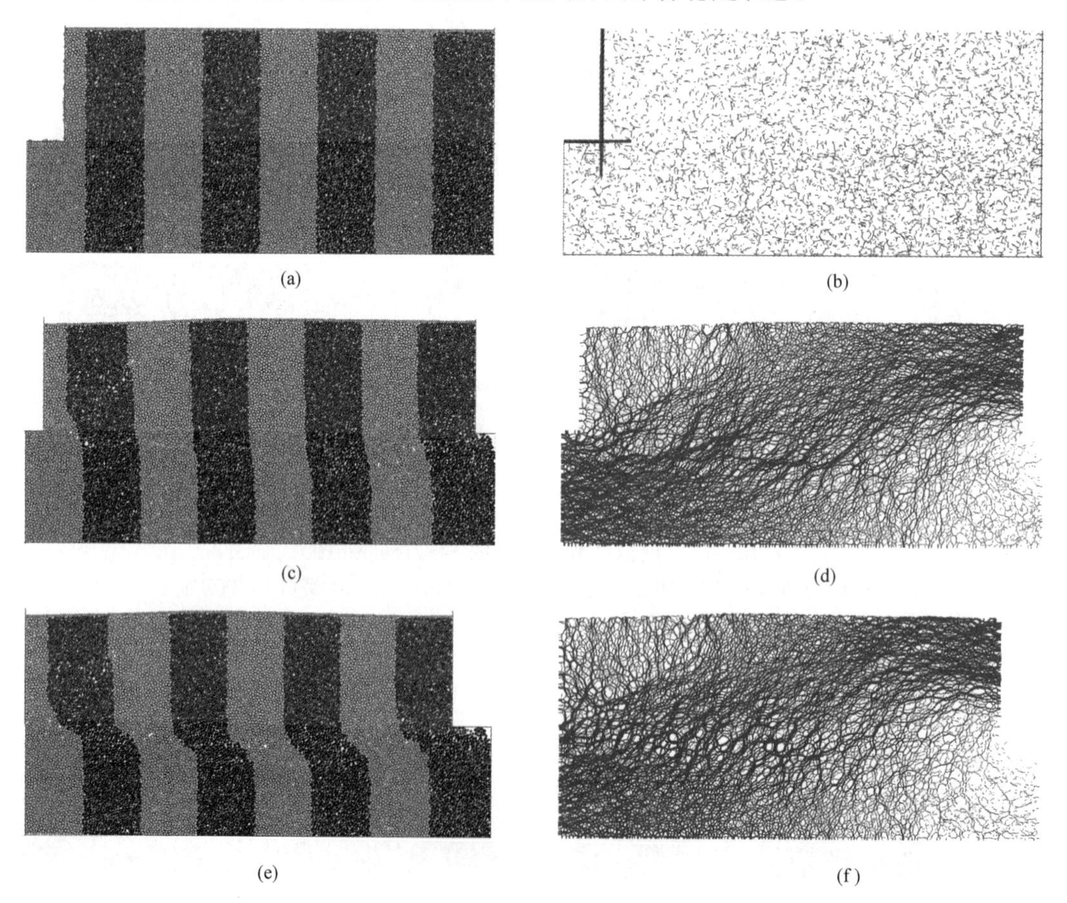

图 5-34 模型 C 剪切过程形态与力链分布图

（a）剪切前形态；（b）剪切前力链分布；（c）剪切位移 18mm 形态；（d）剪切位移 18mm 力链分布；（e）剪切位移 35mm 形态；（f）剪切位移 35mm 力链分布

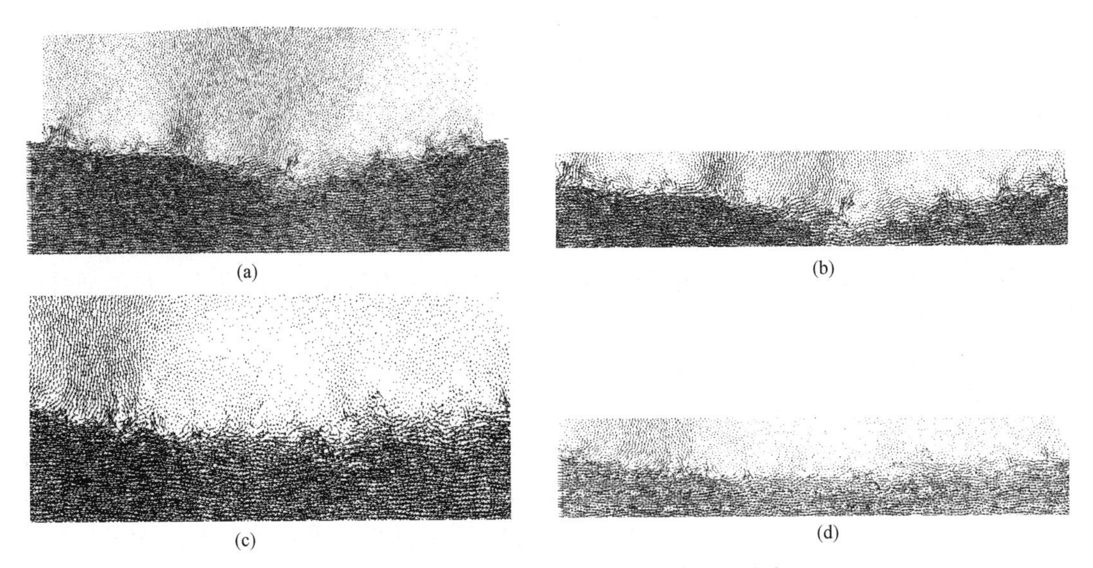

图 5-35 模型 C 不同剪切位移时速度矢量分布

（a）总体 18mm 位移；（b）界面 18mm 位移；（c）总体 35mm 位移；（d）界面 35mm 位移

如图 5-36 所示，在 300kPa 正应力作用下，模型 C 的剪切应力-位移关系并不是理想塑性模型，在错动变形阶段呈现一定的软化，最终达到稳定剪切应力。

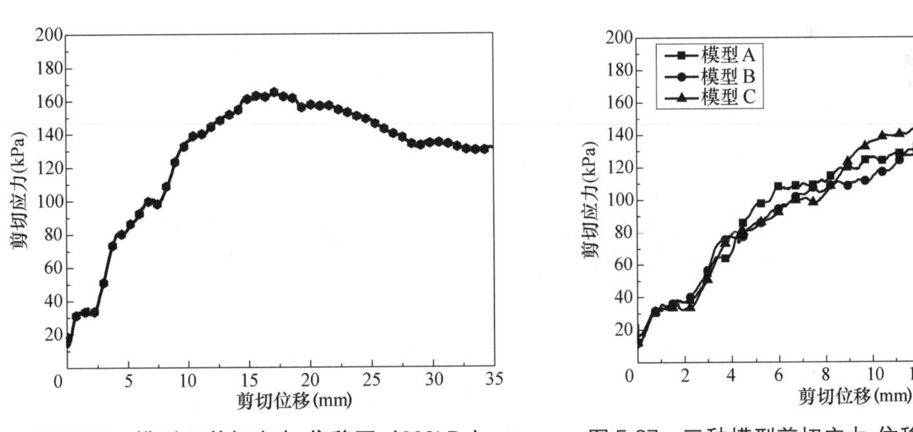

图 5-36 模型 C 剪切应力-位移图（300kPa）

图 5-37 三种模型剪切应力-位移图（300kPa）

如图 5-37 所示，将三种模型在同一正应力条件下的剪切应力-位移图作对比，发现模型 A 与 B 的差别并不大，虽然从模型 C 的剪切形态看来剪切破坏带在下部黏土中，但是与黏土剪切的曲线并不相同，可见土层性质的确会影响剪切试验的结果，土层的剪切与均质土的剪切会呈现不同特点。可以预见在实际试验中若上下盒大小不一致，会造成上部砂土外泄，因而在影响差别不大的情况下选择 A 模型更利于实际操作。

二维码 5-12 砂土场地地震响应有限差分法分析

5.3.4 砂土场地地震响应有限差分法分析

1. 研究背景

自由场的地震响应分析一直是岩土地震工程中具有理论和实际意义的

研究课题。目前在自由场地震响应研究中，土层参数随埋深变化的研究较少。本节利用FLAC建立了均匀和不均匀砂土可液化自由场数值模型，在参数赋值中考虑了土体剪切模量随埋深的变化。通过不同强度地震动输入，开展两种可液化自由场的地震响应研究。通过分析两种可液化场地中孔压、有效应力、加速度和位移响应，探究可液化自由场的液化发生机制和地震响应规律。

2. 计算模型

为排除其他因素对研究结果的影响，在建立均匀和不均匀砂土可液化自由场模型时作如下假设：①均匀砂土自由场模型沿深度方向假设为匀质，即不考虑土体参数沿深度的变化；②不均匀砂土自由场模型仅考虑其剪切模量沿埋深的变化；③两种场地参数在水平向均不变化；④水不可被压缩；⑤砂土颗粒不可压缩。

对于在地震作用下饱和砂土的孔压逐渐发展直至液化的动力响应现象，本节选用Finn本构进行模拟，均匀砂土场地的剪切模量选取埋深15m处的土体参数。由于Finn本构的本质是在Mohr-Coulomb模型的基础上增加了动孔压的上升模式，包括Mohr-Coulomb本构的全部参数，如表5-5所示。

Mohr-Coulomb本构模型参数　　表5-5

本构参数	体积模量(MPa)	剪切模量(MPa)	黏聚力(kPa)	内摩擦角(°)	干密度(kg/m^3)
标准砂	39.11	13.04	0	34.5	1600

本节定义不均匀砂土自由场为剪切模量随埋深线性变化的场地，砂土的切线模量作为数值分析中土体的弹性模量值，通过fish语言编写场地剪切模量随场地埋深的函数变化，不均匀砂土自由场剪切模量分布如图5-38所示。

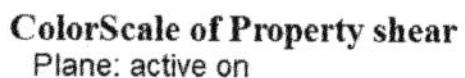

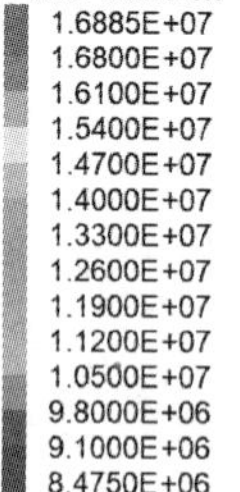

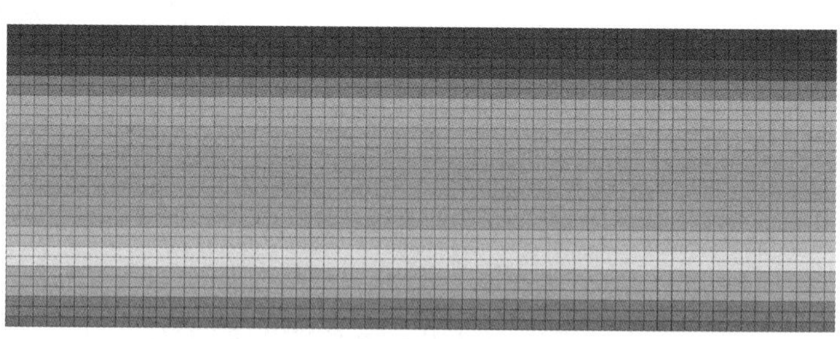

图5-38　不均匀砂土自由场剪切模量分布云图

在自由场地震响应研究中，分别在场地基底输入加速度峰值为0.1g、0.2g和0.4g三种强度地震波，持时20s，时间间隔0.02s，具体工况如表5-6所示。

自由场动力分析工况　　表5-6

场地条件	本构模型	加速度峰值(g)	持时(s)	截止频率(Hz)
均匀砂土场地	Finn	0.1、0.2、0.4	20	5
不均匀砂土场地	Finn	0.1、0.2、0.4	20	5

为了获取场地地震响应参数随地震持时的变化关系，在自由场中心面处布设监测点，

如图 5-39 所示。为了对比均匀和不均匀砂土场地的地震动力响应结果，两种场地的监测点位置相同。

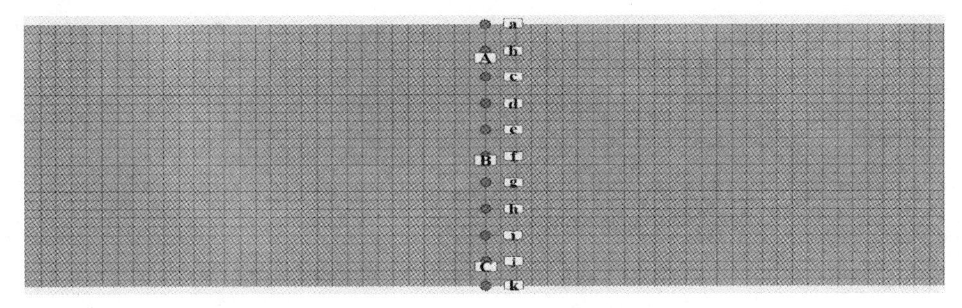

图 5-39 自由场监测点布置示意图

3. 结果分析

图 5-40 为 0.2g 加速度峰值下，均匀和不均匀砂土自由场的孔压发展情况。在地震初始强度较小时，超孔压发展缓慢；进入强震阶段，超孔压迅速发展；然后随地震波强度的衰减而消散。可以发现超孔压经历了“缓慢增长，迅速发展，逐渐消散”三个发展阶段，超孔压的发展取决于所对应时刻地震波的强度。对比不同埋深处场地的超孔压时程曲线可知，超孔压与埋深呈正相关，即埋深越大，超孔压越大。对比不同地震强度作用下场地相同埋深处超孔压时程曲线可知，超孔压与加速度峰值呈正相关，即加速度峰值越大，超孔压越大。

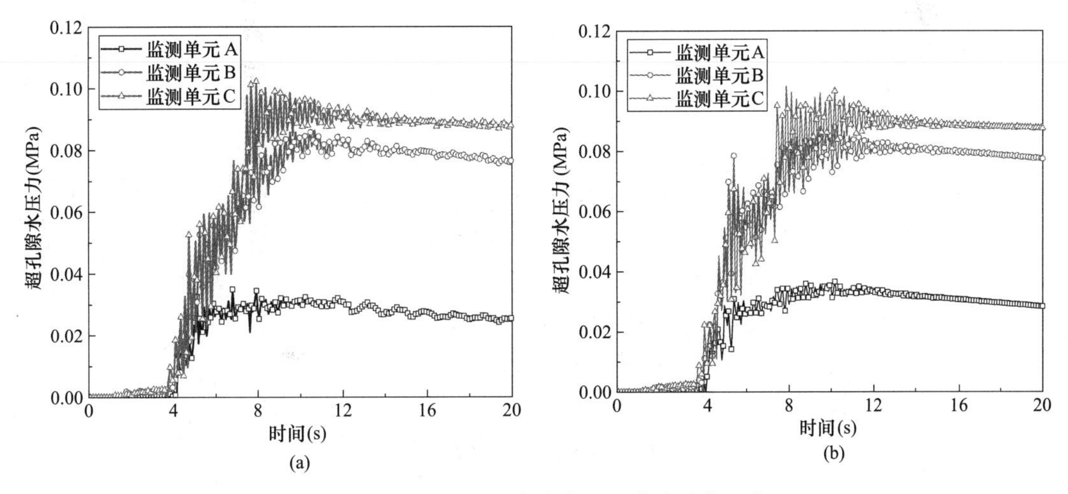

图 5-40 0.2g 加速度峰值下场地孔隙水压力

(a) 均匀砂土场地超孔压；(b) 不均匀砂土场地超孔压

图 5-41 为加速度峰值 0.2g 下，两种场地的平均有效应力时程曲线。场地有效应力的发展规律与超孔压类似，也经历了三个阶段：地震初始孔压发展缓慢，有效应力基本未下降；强震阶段，超孔压发展迅速，有效应力迅速下降；在地震后期有效应力随超孔压的消散而略有回升。对比场地不同埋深处的有效应力时程曲线，场地的有效应力随埋深的增大而增大，随加速度峰值的增大而逐渐降低至 0。对比两种场地的有效应力时程曲线，不均匀砂土场地浅部有效应力小于均匀砂土场地，在 0.2g 加速度峰值下不均匀场地浅部的有

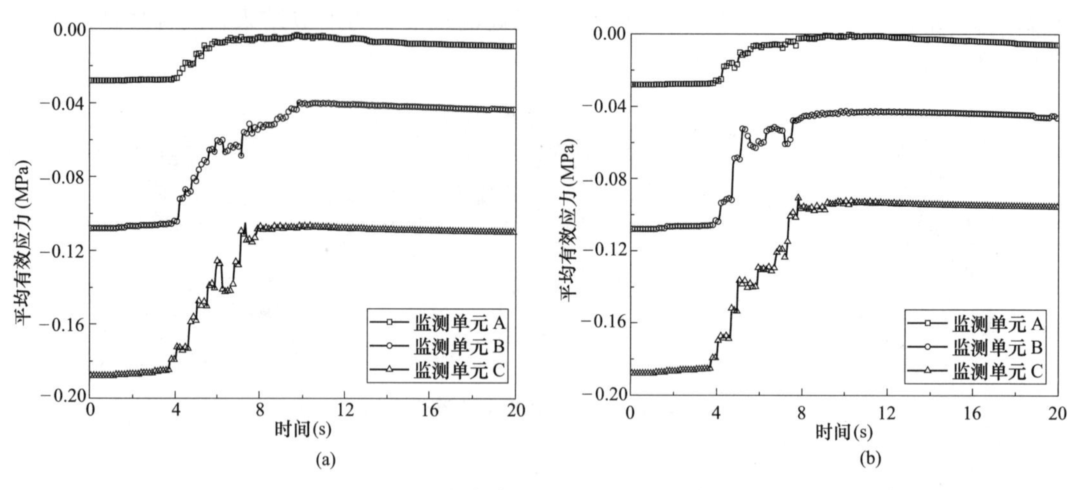

图 5-41　加速度峰值 0.2g 下场地有效应力

（a）均匀砂土场地；（b）不均匀砂土场地

效应力已趋近 0。

两种场地在不同工况下的加速度放大系数如图 5-42 所示，场地中上部对地震波的放大程度均随加速度峰值的增大而减小。对于均匀砂土场地而言，场地的中下部附近对地震波的放大效果最明显。对于不均匀砂土场地而言，0.1g 和 0.4g 加速度峰值时，场地中下部区域对加速度放大效果最明显；0.2g 加速度峰值时，场地中下部为地震波放大最显著的位置。

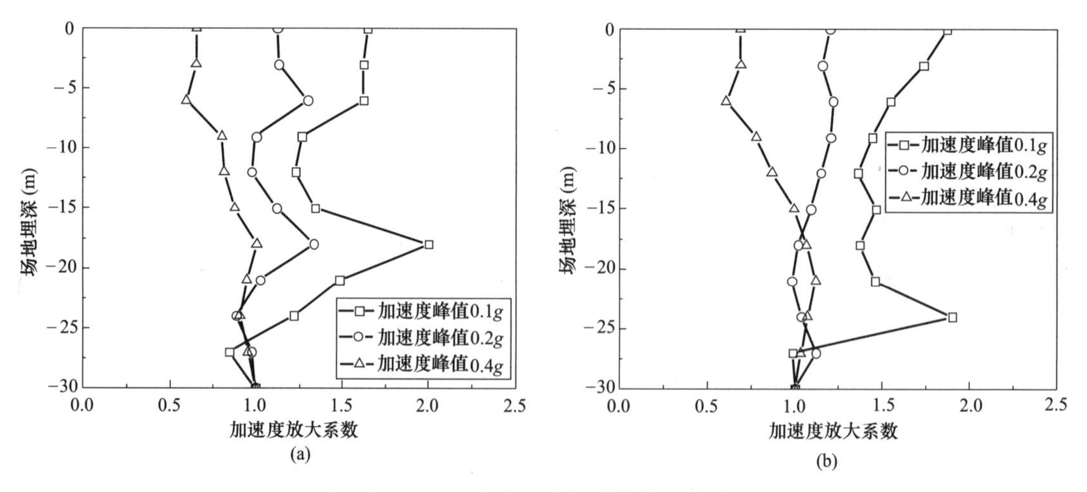

图 5-42　可液化场地加速度放大系数

（a）均匀砂土场地；（b）不均匀砂土场地

以加速度峰值 0.1g 为例，场地不同埋深处的竖向位移时程曲线如图 5-43 所示。场地竖向位移在初始 4s 基本未发展，然后随地震动强度的增大而呈波动发展，地表的位移波动较为明显。地表的竖向位移发展与场地的液化程度，即孔压的发展规律密切相关。对比场地不同埋深处的位移时程曲线，发现地震结束时刻两种场地的竖向位移值均随埋深的减小而增大。

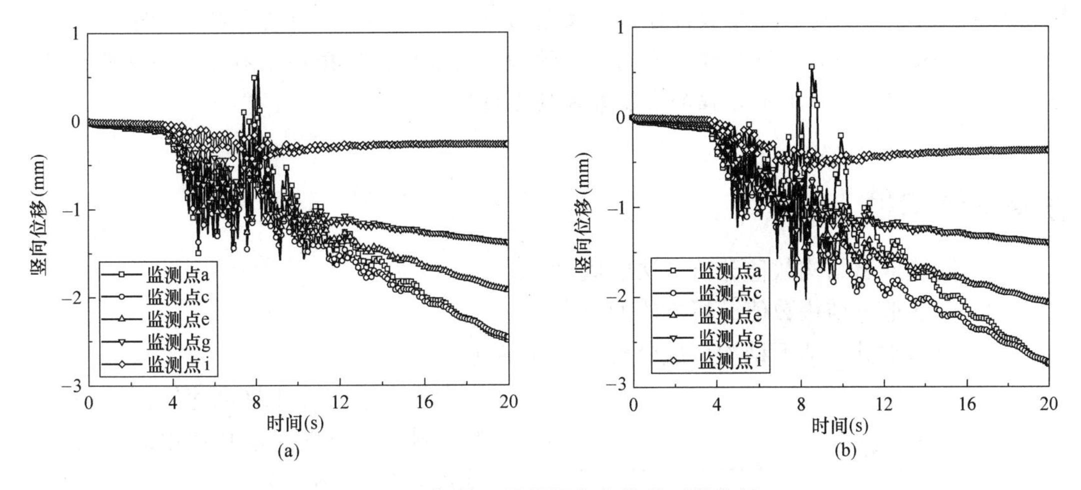

图 5-43　场地不同埋深竖向位移时程曲线
(a) 均匀砂土场地；(b) 不均匀砂土场地

图 5-44 为不同加速度峰值下场地的竖向位移终值，地震结束时刻两种场地不同埋深处的沉降量均随加速度峰值的增大而增大，不均匀砂土场地地表的竖向位移大于均匀砂土场地。

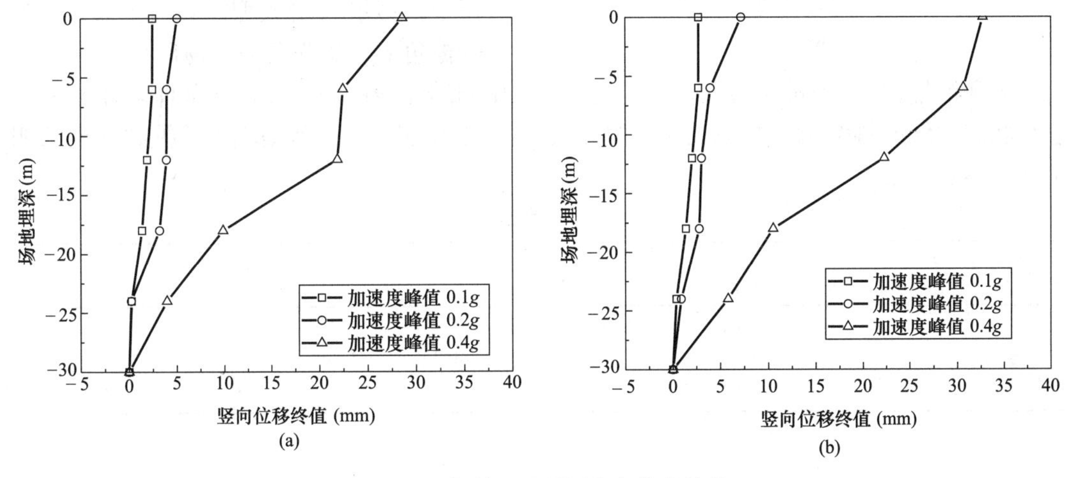

图 5-44　场地不同埋深竖向位移终值
(a) 均匀砂土场地；(b) 不均匀砂土场地

本章小结

(1) 数值分析方法是研究使用计算机求解各种科学与工程问题的数值方法（近似方法），它以数字计算机求解数学问题的理论和方法为研究对象，对求得的解的精度进行评估，以及如何在计算机上实现求解等。

(2) 地下结构数值分析方法可分为连续介质数值分析方法、非连续介质数值分析方法以及混合介质数值分析方法三大类。连续介质数值分析方法包括有限差分法、有限单元法和边界单元法等，非连续介质数值分析方法包括离散单元法和不连续变形分析等。

(3) 有限单元法的求解步骤主要包括：结构的离散化、选择插值函数、推导单元刚度矩阵和荷载向量、集合单元方程和求解未知结点位移。

思考与练习题

5-1　简述地下结构数值分析方法的概念。

5-2　简述地下结构数值分析方法的分类。

5-3　简述常见的地下结构数值分析方法的特点。

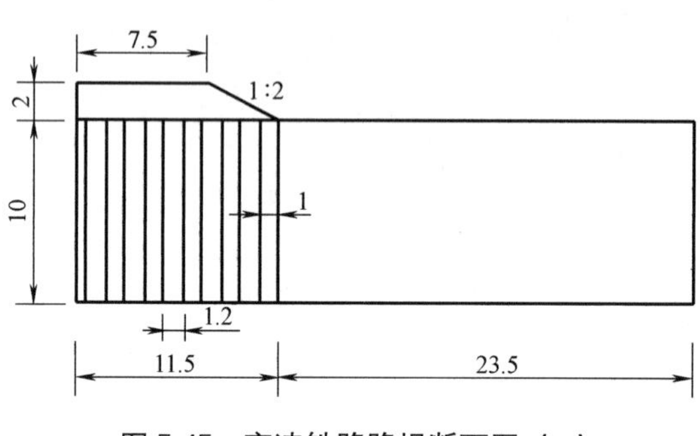

图 5-45　高速铁路路堤断面图（m）

5-4　在软土地区高速铁路采用碎石桩加固方法来提高地基的承载能力。利用 ABAQUS 软件建立如图 5-45 所示的高铁路堤二维有限元模型，对软土地基的固结沉降进行定量研究。碎石桩直径为 $r=1$m，间距为 $s=2.2$m，打入深度为 $H=10$m。路堤填土和碎石桩采用莫尔-库仑模型，路基软土采用修正的剑桥模型。莫尔-库仑模型需要的参数有：内摩擦角 φ，膨胀角 ψ，杨氏模量 E，黏聚力 c 和泊松比 ν。剑桥模型需要的参数有：初始固结曲线的斜率 λ，回弹曲线的斜率 κ，临界状态曲线的斜率 M，控制初始屈服面大小 a_0 和泊松比 ν。路堤填土、桩和软土的相关土工参数见表 5-7。

模型参数　　**表 5-7**

材料	E (MPa)	c (kPa)	φ (°)	ψ (°)	ν	λ	κ	M	a_0	k (m/s)
桩	30	5	30	5	0.32	—	—	—	—	2×10^{-5}
路基	—	—	—	—	0.3	0.143	0.021	1	30	1×10^{-8}
填土	10	15	30	0	0.3	—	—	—	—	2×10^{-5}

第 6 章　地下结构可靠度理论

本章要点及学习目标

本章要点：

(1) 可靠度理论的发展历程及分析特点；

(2) 地下结构可靠度分析的基本原理；

(3) 可靠度分析的近似方法；

(4) 中心点法以及验算点法的计算方法。

学习目标：

(1) 熟悉地下结构不确定因素及可靠度分析的特点；

(2) 掌握地下结构可靠度分析的基本原理；

(3) 掌握中心点法和验算点法的计算方法以及各自的优缺点；

(4) 了解结构体系的可靠度。

6.1　概述

6.1.1　可靠度理论的发展

可靠度研究至今大约有 60 年左右的发展历史。按照某些学者的观点，其发展大体可分为三个发展阶段。

1. 初期阶段

20 世纪 30～40 年代，各种武器装备上的电子设备经常发生故障，使装备失去了应有的战斗力。如美国海军舰艇上的 70%电子设备因“意外”事故而失效，人们才注意并开始研究这些“意外”事故发生的规律，这就是可靠度问题的提出。

2. 第二阶段

可靠度工程技术发展形成阶段，这一阶段大约在 20 世纪 50～60 年代。在这一时期，世界上许多发达国家都对产品可靠度问题进行了深入研究，大体上确定了可靠度研究的理论基础与研究方向，并开始进入工程应用。例如，1952 年美国有关部门联合成立了电子设备可靠度咨询组 AGREE（Advisory Group on Reliability of Electric Equipment）。1958、1959 和 1968 年美国颁布了各种军工和民用产品的可靠度标准，召开了各种有关可靠度学术会议。20 世纪 60 年代后期，美国有 40%的大学设置了可靠度工程的课程。其次，日本、苏联等在这一时期也相继出版了有关可靠度的学术著作，既重视可靠度理论研究，也进行可靠度在工程中的应用研究。英国、法国、意大利等欧洲一些国家在这一时期也有组织地进行了可靠度工程的研究。

3. 第三阶段

20 世纪 70～80 年代，是可靠度研究进一步发展的国际化时代，成立了许多国际化的学术机构和可靠度管理机构，颁布了一大批可靠度标准，并培养了一批硕士和博士研究生。

我国可靠度研究起步较晚，20 世纪 50 年代末和 60 年代初进行了一些初步研究，中间一段时间对可靠度研究比较少。直到 20 世纪 70 年代末，才开始注重可靠度研究。从 20 世纪 70 年代末至 80 年代初，各行业相继成立了可靠度学术组织，1988 年成立了“中国可靠度工程专业管理委员会”。在学术方面出版了一批专著，制定了一些可靠度标准，但是这一时期的绝大部分研究工作都集中在数学、电子、航空、机械、汽车和地面工程结构等领域。

我国结构可靠度研究发展较快。1985 年完成了《建筑结构设计统一标准》GBJ 68—1984 的编制和出版工作。此外，铁道、公路、水运和水工港口等各部门也都先后颁布了行业结构工程的可靠度设计统一标准，标志着我国结构工程的可靠度设计方法已逐步进入实用阶段。岩土工程的可靠度研究是一个比较困难的问题，它的发展远远落后于结构可靠度研究，国内外均是如此。国外岩土工程可靠度研究始于 20 世纪 60 年代末，以美国的伊利诺伊大学、斯坦福大学、麻省理工学院和俄亥俄州立大学的有关教授为代表。与此同时，澳大利亚、日本、欧洲一些国家也相继兴起研究热潮，研究领域涉及海洋平台、岩土边坡、挡土墙设计等问题的稳定性评价，并取得了成功。在这期间，国际工程界和学术界尽管存在一些不同看法，但岩土工程可靠度研究正方兴未艾，研究人数和所涉及的领域日益扩大，论文数量迅速增加，尤其在地质勘探资料分析方面出现许多新的成果，出版一些研究专著。

我国岩土可靠度研究始于 20 世纪 80 年代初，研究内容涉及地基承载力、土坡稳定、地基沉降和桩基等各个方面。随着可靠度理论和计算方法研究的深入，土木工程可靠度研究必将得到进一步的发展。

二维码 6-1
地下结构的
不确定因素

6.1.2　地下结构的不确定因素

地下结构由于其赋存的地层条件、施工环境和使用功能的特殊性，在很大程度上存在着随机性、离散性和不确定性，因而对地下结构的计算分析依靠传统的确定性力学、数学分析方法就难以准确地反映其真实的力学性态行为。

一般来说，地下结构中不确定性因素主要体现在其周围的地层介质特性、结构力学计算模型的假设、施工因素以及环境因素等。

1. 地层介质特性参数的不确定性

地层介质的形成经历了漫长的地质年代，并不断经历自然地质构造运动和人类活动的影响，使地层介质在多数情况下都明显呈现非均质、非线性、各向异性和随机离散等特性。工程实践中，地层介质的工程特性非常复杂且易于变化，即在一个地下结构的修建单元区内，介质特性也存在不同。通常，地层参数不确定性来源于介质本身的空间变异性、试验误差、分析误差和统计误差等。

2. 岩土体分类的不确定性

在进行地下结构设计时，设计人员往往需要根据岩土介质体的类别进行结构的初步设计。因此，岩土体类别的划分至关重要。然而，各种岩土体分类法根据工程服务部门都有相应的一套规范或标准，而这些标准规范本身通常是根据大量的经验确定，因而存在一定的不确定性；有时由于不同工程师对标准的理解和处理都不尽相同，因而也可能引起岩土体分类的随机性，进而导致地下结构设计上的不确定。

3. 分析模型的不确定性

在地下结构分析计算中，无论是解析法还是数值方法，都要涉及结构本身和周围岩土介质的力学性态模型和计算范围、边界的确定。一般来说，介质所服从的力学性态模型主要是通过室内试验得到其应力-应变关系来确定，如弹性模型、弹塑性模型、黏弹塑性等。尽管这些模型在确定其形式后是固定的，但模型以及模型内的参数在真正反映介质本身的性态及参数方面还存在很大差异，由此引起的不确定称为力学模型的不确定性。另外，在进行地下结构分析计算中，往往要对周围影响范围、边界条件、地层划分等作出简化假设，由此引起的不确定性称为计算模型的不确定性。

4. 载荷与抗力的不确定性

通过地下结构荷载的学习我们知道，载荷和抗力是影响地下结构分析的主要不确定性因素。地下结构施工与设计中所涉及的荷载包括已明确的荷载因素和未确知的其他因素。已确知的因素即为一般荷载；施工荷载（包括施工人员荷载、物料荷载、机械设备荷载等）是随时间变化的可变荷载，采用随机过程模型描述；其他恒载和活载在已掌握的大量资料和实测工作的基础上，可利用数理统计方法和实测所得的数据资料进行分析处理，并给出这些荷载的概率分布函数和统计参数。

5. 地下结构施工中的不确定因素

影响地下结构施工的不确定性因素很多，诸如在地下开挖和回填的过程中，土层的扰动、支护结构、边界条件和荷载都在不断变化，不确定因素很大。

6. 自然条件的不确定性

岩土介质的力学性状与自然条件，诸如天降大雨、泥石流、各种振动等有着密切的关系。当自然条件发生较大的变化时，岩土介质的性状大多会发生很大变化。如果对这种影响估计不足或没有很好地掌握其规律，就会出现意想不到的严重事故。因此，自然条件的不确定对岩土边坡的影响采用确定性分析方法是较难以模拟的。

6.1.3 地下结构可靠度分析特点

二维码 6-2
地下结构可靠度分析特点

在地下结构设计中应考虑的不确定性远比上部结构要复杂和繁多。通常，在进行地下结构工程可靠性分析时，应考虑以下六个主要方面。

1. 周围岩土介质特性的变异性

地下结构周围的岩土介质是自然界的产物，具有高度的地域差异性；此外，同一地区，岩土体的物理力学性质也变化复杂，具有场的效应，是空间和时间的函数。

2. 地下结构规模和尺寸的影响

由于地下结构赋存的岩土介质的变异，工程中，所研究的范围一般均较大，仅仅靠一点或几点的岩土体的性质，不能完全代表整个岩土工程研究范围内的土的性质，而是要考虑空间平均特性，即一定范围内的岩土平均特性。另外，室内试验多为小尺寸的试件，而研究范围的体积与试样尺寸相比非常大。这是地下结构工程与上部结构工程在可靠性分析方面最基本的区别。

3. 极限状态及失效模式的含义不同

结构设计的极限状态分为承载能力极限状态和正常使用极限状态，而地基基础设计中的承载能力极限状态，既包括整体失稳所引起的狭义的承载能力极限状态，也包含由于岩土体的局部破坏或者变形过大而导致的上部结构的破坏，这可以理解为广义的承载能力极限状态。

4. 极限状态方程呈非线性特征

岩土体的本构模型有多种，具有高度的非线性特征：在不同应力水平下，岩土体会表现出不同的变形特性。相应的极限状态方程也可能是非线性的。采用一次二阶矩计算可靠性指标时，需要在破坏面的一点（验算点）取作线性化点，而不是在基本变量的均值点上线性化。

5. 土性指标的相关性

描述岩土体性质的指标具有相关性，既有不同指标之间的互相关性，即两个随机场的随机变量之间的相关性，也有同一指标的自相关性，即同一随机场不同位置处的两个随机变量之间的相关性。作为随机变量的某一土性概率特征参数，不仅有均值和方差，还有自相关函数，土性的互相关性问题可以在计算方法中考虑。当采用一次二阶矩法时，公式中会出现相关变量的协方差，这些协方差必须根据变量的性质和实测值进行分析才能得到。

6. 概率与数理统计的理论与方法的应用

地下结构可靠性的研究始于20世纪50年代，由美国学者卡萨哥兰德于1956年提出了土木与基础工程中的风险计算问题，并将概率论与数理统计应用于地下工程的风险计算。近年基于可靠度的地下结构优化设计，既可以实现安全与经济的统一，而且更加合理全面地反映了工程的安全程度。

二维码6-3 基本随机变量

6.2 可靠度分析的基本原理

6.2.1 基本随机变量

结构可靠度理论是考虑到工程结构设计中存在着诸多不确定性而产生和发展的。不确定性是指出现或发生的结果是不确定的，需要用不确定性理论和方法进行分析和推断。通常将结构设计中影响结构可靠性的不确定性分为随机性、模糊性和知识的不完善性。目前的结构可靠度理论主要讨论的是随机不确定性下的可靠度。

分析结构的可靠度，需要考虑有关的设计参数。结构的设计参数主要分为两大类：一类是施加在结构上的直接作用或引起结构外加变形或约束变形的间接作用，如结构承受的人群、设备、车辆的重量，以及施加于结构的风、雪、冰、土压力、水压力、温度作用等。这些作用引起的结构的内力、变形等称为作用效应或荷载效应。另一类则是结构及其材料承受作用效应的能力，称为抗力，抗力取决于材料强度、截面尺寸、连接条件等。

实际上，各参数的具体数值是未知的，因而可以当作随机变量进行考虑。通常我们可以得到和使用的信息就是随机变量的统计规律。这些统计规律，构成了结构可靠性分析和设计的基本条件和内容。因此，在结构随机可靠性分析和设计中，决定结构设计性能的各参数都是基本随机变量，表示为向量形式，如 $X=[X_1, X_2, \cdots, X_n]^T$，其中 X_i $(i=1, 2, 3, \cdots, n)$ 为第 i 个基本随机变量。一般情况下，X_i 的累积分布函数和概率密度函数通过概率分布的拟合优度检验后，认为是已知的，如正态分布、对数正态分布等。

二维码 6-4
结构的极
限状态

6.2.2 结构的极限状态

整个结构或结构的一部分超过某一特定状态，就不能满足设计规定的某一功能要求，此特定状态称为结构的极限状态。结构极限状态是结构工作可靠与不可靠的临界状态。结构的可靠度分析与设计，以结构是否达到极限状态为依据。

极限状态一般可分为以下两类：

1. 承载能力极限状态

这种极限状态对应于结构或构件达到最大承载力或不适于继续承载的变形。当结构或构件出现下列状态之一时，即认为超过了承载能力极限状态：

1）整个结构或结构的一部分作为刚体失去平衡（如倾覆、滑动等）；

2）结构构件或其连接因材料强度被超过而破坏（包括疲劳破坏），或因过度的塑性变形而不适于继续承载；

3）结构转变为机动体系；

4）结构或结构构件丧失稳定性（如压屈等）。

2. 正常使用极限状态

这种极限状态对应于结构或构件达到正常使用和耐久性的某项规定限值。当结构或构件出现下列状态之一时，即认为超过了正常使用极限状态：

1）影响正常使用或外观的变形；

2）影响正常使用或耐久性能的局部损坏（包括裂缝）；

3）影响正常使用的振动；

4）影响正常使用的其他特定状态。

以上两种极限状态在结构设计中都应分别考虑，以保证结构具有足够的安全性、耐久性和适用性。通常的做法是先用承载能力极限状态进行结构设计，再以正常使用极限状态进行校核。

根据结构的功能要求和相应极限状态的标志，可建立结构的功能函数或极限状态方程。

设 $X=[X_1, X_2, \cdots, X_n]^T$ 是影响结构功能的 n 个基本随机变量，X 可以是结构的几何尺寸、材料的物理力学参数、结构所受的作用等，随机函数：

$$Z=g(X)=g(X_1,X_2,\cdots,X_n) \tag{6-1}$$

为结构的功能函数（或失效函数）。规定 $Z>0$ 表示结构处于可靠状态，$Z<0$ 表示结构处于失效状态，$Z=0$ 表示结构处于极限状态。这样，对于承载能力极限状态而言，随机变量 Z 就表示了结构某一功能的安全裕度。功能函数 $g(X)$ 的具体形式可通过力学分析等

途径得到。表示同一意义的功能函数，其形式也不是唯一的，如 $g(X)$ 可以用应力形式表达，也可以按内力形式写出。

特别地，方程：

$$Z=g(X)=g(X_1,X_2,\cdots,X_n)=0 \tag{6-2}$$

称为结构的极限状态方程。它表示 n 维基本随机变量空间中的 $n-1$ 维超曲面，称为极限状态面（或失效面）。

极限状态面将问题定义域 Ω 划分成为可靠域 $\Omega_\mathrm{r}=\{x \mid g(x)>0\}$ 和失效域 $\Omega_\mathrm{f}=\{x \mid g(x)\leqslant 0\}$ 两个区域，即：

$$Z=g(X)>0, \quad \forall X\in\Omega_\mathrm{r} \tag{6-3}$$

$$Z=g(X)\leqslant 0, \quad \forall X\in\Omega_\mathrm{f} \tag{6-4}$$

极限状态曲面是 Ω_r 和 Ω_f 的界限，式中极限状态无论包含在哪个区域都是可以的。根据对给定问题处理的方便，可以将极限状态的一部分或全部选择为可靠域或失效域。图6-1是说明二维的情形。今后在有关的公式中将 Ω_r 和 Ω_f 简单地表示成 $Z>0$ 或 $Z\leqslant 0$。

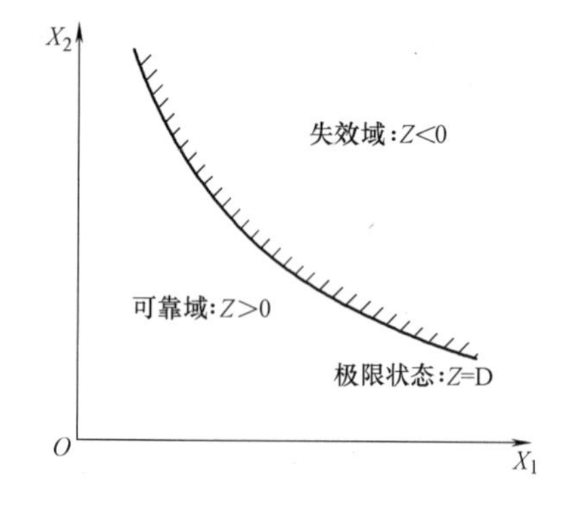

图6-1　二维定义域和极限状态

只有两个随机变量 R 和 S 的最简单的功能函数和极限状态方程分别表示为：

$$Z=g(R,S)=R-S \tag{6-5}$$

$$Z=g(R,S)=R-S=0 \tag{6-6}$$

注意到 Z 是一个随机变量，式（6-2）～式（6-4）、式（6-6）都是在一定的概率意义下成立的。

二维码6-5
地下结构
的可靠度

6.2.3　地下结构的可靠度

结构在规定时间内和规定条件下完成预定功能的能力，称为结构的可靠性。结构在规定时间内和规定条件下完成预定功能的概率，称为结构的可靠度。结构可靠度是结构可靠性的概率度量。这里的“规定时间”指结构的设计基准期，“规定条件”指结构设计预先确定的施工条件和适用条件，“预定功能”指结构需完成的各项功能要求。可见用概率来度量可靠安全的程度比较符合人们的习惯。对于工程结构来说，具体的可靠尺度有三种：可靠概率 p_r、失效概率 p_f、可靠度指标 β。

结构完成预定功能的概率用可靠概率 p_r 或 p_s 表示；相反，结构不能完成预定功能的概率用失效概率 p_f 表示。结构的可靠与失效是两个不相容事件，它们的和事件是必然事件，即存在以下关系：

$$p_\mathrm{r}+p_\mathrm{f}=1 \tag{6-7}$$

因此，p_r 和 p_f 都可用来表示结构的可靠度，有时因计算和表达上的方便而常用 p_f。结构可靠度分析的主要问题就是处理结构的随机信息以确定结构的失效概率。

考虑结构功能函数 Z 为连续随机变量，设 Z 的概率密度函数为 $f_Z(z)$，由可靠概率和失效概率的意义可知：

$$p_r = P\{Z > 0\} = \int_0^{+\infty} f_Z(z)\mathrm{d}z \tag{6-8}$$

$$p_f = P\{Z \leqslant 0\} = \int_{-\infty}^{0} f_Z(z)\mathrm{d}z \tag{6-9}$$

设随机变量 $X = [X_1, X_2, \cdots, X_n]^T$ 的联合概率密度为 $f_X(x) = f_X(x_1, x_2, \cdots, x_n)$，联合累计分布函数为 $F_X(x) = F_X(x_1, x_2, \cdots, x_n)$，结构的失效概率可表示为：

$$p_f = \int_{Z\leqslant 0} \mathrm{d}F_X(x) = \int_{Z\leqslant 0} f_X(x)\mathrm{d}x = \int,\cdots,\int_{Z\leqslant 0} f_X(x_1, x_2, \cdots, x_n)\mathrm{d}x_1\mathrm{d}x_2,\cdots,\mathrm{d}x_n \tag{6-10}$$

若各 X_i 相互独立，X_i 的概率密度函数为 $f_{X_i}(x_i)$，则：

$$p_f = \int,\cdots,\int_{Z\leqslant 0} f_{X_1}(x_1) f_{X_2}(x_2),\cdots, f_{X_n}(x_n)\mathrm{d}x_1\mathrm{d}x_2,\cdots,\mathrm{d}x_n \tag{6-11}$$

对于所示结构功能函数 $g(R, S)$，设抗力 R 和结构荷载效应 S 的联合概率密度函数为 $f_{RS}(r, s)$，联合累积分布函数为 $F_{RS}(r, s)$，失效域 Ω_f 简单地以 $R \leqslant S$ 表示，则：

$$p_f = P\{R \leqslant S\} = \iint_{R\leqslant S} \mathrm{d}F_{RS}(r,s) = \iint_{R\leqslant S} f_{RS}(r,s)\mathrm{d}r\mathrm{d}s \tag{6-12}$$

若 R 和 S 相互独立，其概率密度函数分别为 $f_R(r)$ 和 $f_S(s)$，累积分布函数分别为 $F_R(r)$ 和 $F_S(s)$，则：

$$p_f = P\{R \leqslant S\} = \int_{-\infty}^{+\infty}\int_{-\infty}^{s} f_R(r) f_S(s)\mathrm{d}r\mathrm{d}s = \int_{-\infty}^{+\infty} F_R(s) f_S(s)\mathrm{d}s \tag{6-13}$$

或

$$p_f = \int_{-\infty}^{+\infty}\int_{r}^{+\infty} f_R(r) f_S(s)\mathrm{d}s\mathrm{d}r = \int_{-\infty}^{+\infty} [1 - F_S(r)] f_R(r)\mathrm{d}r \tag{6-14}$$

由式（6-9）知，结构的失效概率 p_f 取决于功能函数 Z 的分布形式。不妨假定 Z 服从正态分布，其均值为 μ_Z，标准差为 σ_Z，表示为 $Z \sim N(\mu_Z, \sigma_Z^2)$。此时 Z 的概率密度函数为：

$$f_Z(z) = \frac{1}{\sqrt{2\pi}\sigma_Z}\exp\left[-\frac{(z-\mu_Z)^2}{2\sigma_Z^2}\right] \tag{6-15}$$

其曲线如图 6-2 所示。P_f 为图 6-2 概率密度曲线下阴影部分的面积。

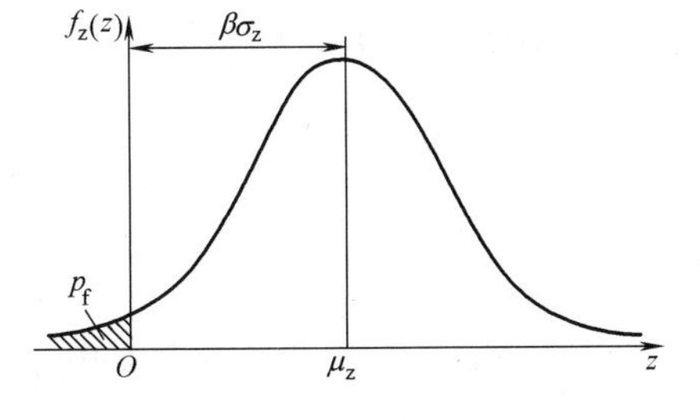

图 6-2 失效概率和可靠指标的关系

通过变换 $Y = (Z - \mu_Z)/\sigma_Z$，可以将 Z 转换为标准正态分布变量 $Y \sim N(0, 1)$，其概率密度函数和累积分布函数分别为：

$$\varphi(y) = \frac{1}{\sqrt{2\pi}}\exp\left(-\frac{y^2}{2}\right) \tag{6-16}$$

$$\Phi(y) = \int_{-\infty}^{y} \varphi(y)\mathrm{d}y \tag{6-17}$$

将式（6-15）代入式（6-9），并注意到式（6-16）和式（6-17），此时结构的失效概率为：

$$p_f = \int_{-\infty}^{0} \frac{1}{\sqrt{2\pi}\sigma_Z}\exp\left[-\frac{(z-\mu_Z)^2}{2\sigma_Z^2}\right]\mathrm{d}z = \int_{-\infty}^{-\frac{\mu_Z}{\sigma_Z}} \varphi(y)\mathrm{d}y = \Phi\left(-\frac{\mu_Z}{\sigma_Z}\right) \tag{6-18}$$

由图 6-2 可见，可以用标准差 σ_Z 度量原点 O 到平均值 μ_Z 的距离，即：

$$\beta=\frac{\mu_Z}{\sigma_Z} \tag{6-19}$$

式中　β——一个无量纲数，称为结构的可靠性指标，简称可靠指标。

因此，式（6-18）可表示成：

$$p_f=\Phi(-\beta)=1-\Phi(\beta) \tag{6-20}$$

图 6-2 和式（6-20）给出了 β 与失效概率 p_f 之间的一一对应关系，β 与可靠概率 p_r 的关系为：

$$p_r=\Phi(\beta) \tag{6-21}$$

如果功能函数 $Z=R-S$，假定 $R\sim N$（μ_R，σ_R^2），$S\sim N$（μ_S，σ_S^2），由于 Z 是 R 和 S 的线性函数，Z 也服从正态分布，$\mu_Z=\mu_R-\mu_S$，$\sigma_Z^2=\sigma_R^2+\sigma_S^2$，于是按照式（6-19），可靠指标为：

$$\beta=\frac{\mu_R-\mu_S}{\sqrt{\mu_R^2+\mu_S^2}} \tag{6-22}$$

如果功能函数的形式为 $Z=\ln R-\ln S$，R 和 S 均服从对数正态分布，即 $\ln R\sim N$（$\mu_{\ln R}$，$\sigma_{\ln R}^2$）、$\ln S\sim N$（$\mu_{\ln S}$，$\sigma_{\ln S}^2$），其中 $\mu_{\ln R}$、$\mu_{\ln S}$ 分别为 $\ln R$、$\ln S$ 的均值，$\mu_{\ln R}$、$\mu_{\ln S}$ 分别为 $\ln R$、$\ln S$ 的标准差，则 Z 也服从正态分布，可以证明对于对数正态随机变量 X，其对数 $\ln X$ 的统计参数与其本身的统计参数之间的关系为：

$$\mu_{\ln X}=\ln\mu_X-\frac{1}{2}\ln(1+\delta_X) \tag{6-23}$$

$$\sigma_{\ln X}=\sqrt{\ln(1+\delta_X^2)} \tag{6-24}$$

式中　δ_X——X 的变异系数。

根据式（6-19），可靠指标为：

$$\beta=\frac{\mu_{\ln R}-\mu_{\ln S}}{\sqrt{\mu_{\ln R}^2+\mu_{\ln S}^2}} \tag{6-25}$$

应用式（6-23）和式（6-24）可得结构抗力 R 和荷载效应 S 均为对数正态随机变量时，可靠指标的计算式为：

$$\beta=\frac{\ln\dfrac{\mu_R\sqrt{\ln(1+\delta_S^2)}}{\mu_S\sqrt{\ln(1+\delta_R^2)}}}{\sqrt{\ln[(1+\delta_R^2)(1+\delta_S^2)]}} \tag{6-26}$$

当 δ_R、δ_S 均小于 0.3 或近似相等时，式（6-26）可进一步简化为：

$$\beta\approx\frac{\ln(\mu_R/\mu_S)}{\sqrt{\delta_R^2+\delta_S^2}} \tag{6-27}$$

以上定义的可靠度指标是以功能函数 Z 服从正态分布或对数正态分布为前提的。在实际工程问题中，结构的功能函数不一定服从正态分布。当结构功能函数的基本变量不为正态分布或对数正态分布时，或者结构功能函数为非线性函数时，结构的可靠指标可能很难用基本变量的统计参数表达。此时失效概率与可靠指标之间已不再具有式（6-7）表示的精确关系，只是一种近似关系。这时要利用式（6-20）由失效概率 P_f 计算可靠指标：

$$\beta = -\Phi^{-1}(p_f) \tag{6-28}$$

式中 Φ^{-1}（·）——标准正态分布函数的反函数。

但当结构的失效概率小于等于 10^{-3} 时，结构的失效概率对功能函数 Z 的概率分布不再敏感，这时可以直接假定功能函数 Z 服从正态分布，进而直接计算可靠指标。

【例题 6-1】 设某结构的功能函数有 n 个彼此相互独立的正态随机变量 X_1，X_2，…，X_n，其相应的平均值和标准差分别为 μ_{X_i} 和 σ_{X_i}（$i=1$，2，…，n），结构功能函数为 $Z=a_0+\sum_{i=1}^{n}a_iX_i$，求结构的可靠指标。

【解】 由于 Z 为正态随机变量 X_i（$i=1$，2，…，n）的线性函数，由正态分布的性质知，Z 也服从正态分布，平均值为 $\mu_Z=a_0+\sum_{i=1}^{n}a_i\mu_{X_i}$，方差为 $\sigma_Z^2=\sum_{i=1}^{n}a_i^2\sigma_{X_i}^2$，所以结构可靠指标为：

$$\beta=\frac{\mu_Z}{\sigma_Z}=\frac{a_0+\sum_{i=1}^{n}a_i\mu_{X_i}}{\sqrt{\sum_{i=1}^{n}a_i^2\sigma_{X_i}^2}}$$

6.3 可靠度分析的近似方法

二维码 6-6 可靠度分析的四个层次

6.3.1 可靠度分析方法概述

1. 可靠度分析的四个层次

按照概率论与数理统计方法在地下结构工程中的应用情况，可将地下结构工程可靠度分析划分为四个层次。

1）半经验半概率法

运用数理统计方法考虑不确定性的影响，通过引入一些经验参数修正系数对设计表达式进行修正。目前使用的《建筑地基基础设计规范》GB 50007—2011、《岩土工程勘察规范》GB 50021—2001 等都处于这层次。

2）近似概率设计法

可近似给出破坏机制的失效概率。一次二阶矩法中的中心点法、验算点法以及实用设计法中的中心安全系数法和分项系数法等都属于该层次。

3）全概率法

其特点为运用概率统计理论，得出极限状态方程中所有不确定性参数的联合概率分布模型，可以此求解出真实失效概率。可靠度分析中采用的蒙特卡罗模拟法、多重降维解法，可以视为该水准基础上的近似算法。只有在分析比较理想条件下的简单问题时，真正属于该层次的可靠性计算才能实现。

4）广义可靠性分析

不仅分析设计阶段的安全性与失效概率，而且还应及时考虑经济效益和社会效益，吸收建筑经济学中有关费用与效益分析的理论和成果，分析竣工后地下结构工程体系破坏引起的经济损失的期望。

2. 可靠度分析方法

计算结构可靠度的方法主要有一次二阶矩法、二次二阶矩法、二次四阶矩法、渐进积分法、响应面方法、蒙特卡罗模拟法等。本节将对几种常用的可靠度方法进行简要介绍。

1）一次二阶矩法

将非线性功能函数展开成 Taylor 级数并取至一次项，并按照可靠指标的定义形成求解方程，就产生了求解可靠度的一次二阶矩法。在计算可靠度时，基本随机变量分布模型及其相关性需要作适当考虑。因此一次二阶矩法分中心点法、设计验算点法、JC 法等。中心点法不顾及变量的概率分布，基本的验算点法只处理正态随机变量，JC 法、映射法和实用分析法还能够处理其他概率分布随机变量。

一次二阶矩法只用到基本变量的均值和方差，是计算可靠度的最简单、最常用的方法。掌握一次可靠度方法，能够加深对可靠指标概念的理解，也便于其他计算方法的研究。

2）二次二阶矩法

结构随机可靠度分析的一次二阶矩法，概念清晰，简便易行，得到了广泛应用。但它没有考虑功能函数在设计验算点附近的局部性质，当功能函数的非线性程度较高时将产生较大误差。二次二阶矩方法除利用非线性功能函数的梯度外，还通过计算其二阶导数考虑极限状态曲面在验算点附近的凹向、曲率等非线性性质，因而可提高可靠度的分析精度。

由于极限状态曲面在验算点处的几何特性对结构可靠度分析的影响很大，因此，在利用积分计算结构的失效概率时，可以将非线性功能函数在验算点处展开成 Taylor 级数并取至二次项，以此二次函数曲面代替原失效面；也可以利用验算点处被积函数本身的特点，考虑功能函数在验算点的二次导数值，在该关键点处直接得到失效概率的渐近近似积分值。这样的二次二阶矩法都是以一次二阶矩法为基础，并设法对一次分析结果进行二次修正。

3）渐进积分法

在失效最大可能点处，将基本变量概率密度函数的对数展成 Taylor 级数并取至二次项，将功能函数也作 Taylor 级数展开，用所得超切平面或二次超曲面来逼近实际失效面，再利用一次二阶矩法和二次二阶矩法的成果即可完成失效概率的渐近积分。在基本随机变量空间中用渐近积分方法计算结构的失效概率，无须变量空间的变换，也不用到变量的累积分布函数，但要计算基本随机变量概率密度函数对数的一阶和二阶导数，使处理问题的繁琐程度有所增加。

4）响应面法

结构的极限状态方程一般都基于抗力－荷载效应模型。现有可靠度计算方法大多都是以功能函数的解析表达式为基础的，但是对于某些复杂结构系统，基本随机变量的输入与输出量之间的关系可能呈高度非线性的，有时甚至不存在明确的解析表达式。在计算这类复杂结构的可靠度时，可靠度分析模型预先不能确定，采用 JC 法等就存在困难，可能无法进行下去。

响应面法为解决此类复杂结构系统的可靠度分析提供了一种可靠的建模及计算方法。

该方法用包含未知参数的已知函数代替隐含或复杂的函数，用插值回归的方法确定未知参数。插值点的确定一般以试验设计为基础，若随机变量个数较多，则试验次数也会相应增多。利用响应面法进行可靠度分析时，一般可用二次多项式代替大型复杂结构的功能函数，并且通过迭代对插值展开点和系数进行调整，一般都能满足实际工程的精度要求，具有较高的计算效率。

6.3.2 中心点法

二维码 6-7
中心点法

结构可靠指标的定义是以结构功能函数服从正态分布或对数正态分布为基础的，利用正态分布概率函数或对数正态分布函数，可以建立结构可靠指标与结构失效概率间的一一对应关系。但在实际工程中，我们所遇到的结构功能函数可能是非线性函数，而且大多数基本随机变量并不服从正态分布或对数正态分布。在这种情况下，结构功能函数一般也不服从正态分布或对数正态分布，实际上确定其概率分布非常困难，因而不能直接计算结构的可靠指标，但确定随机变量的特征参数（如均值、方差等）较为容易，如果仅依据基本随机变量的特征参数，以及它们各自的概率分布函数进行结构可靠度分析，则在工程上较为实用，这就是可靠指标的近似计算方法。

1. 中心点法的基本原理

中心点法是结构可靠度研究初期提出的一种方法，其基本思想是首先将非线性功能函数在随机变量的平均值（也称为中心点）处作泰勒级数展开并保留至一次项，然后近似计算功能函数的平均值和标准差，再根据可靠指标的概念直接用功能函数的平均值（一阶矩）和标准差（二阶矩）进行计算，因此该方法也称为均值一次二阶矩法。

设 X_1，X_2，…，X_n 是 n 个相互独立的随机变量，其平均值为 μ_{X_1}，μ_{X_2}，…，μ_{X_n}，标准差为 σ_{X_1}，σ_{X_2}，…，σ_{X_n}，由这些随机变量表示的结构功能函数为 $Z=g(X)=g(X_1, X_2, \cdots, X_n)$。将功能函数 Z 在随机变量的平均值处展开为泰勒级数并保留至一次项，即：

$$Z_L=g(\mu_{X_1},\mu_{X_2},\cdots,\mu_{X_n})+\sum_{i=1}^{n}\left(\frac{\partial g}{\partial X_i}\right)_{\mu_x}(X_i-\mu_{X_i}) \tag{6-29}$$

Z_L 的平均值和方差为：

$$\mu_{Z_L}=E(Z_L)=g(\mu_{X_1},\mu_{X_2},\cdots,\mu_{X_n}) \tag{6-30}$$

$$\sigma_{Z_L}^2=E[Z_L-E(Z_L)]^2=\sum_{i=1}^{n}\left(\frac{\partial g}{\partial X_i}\right)_{\mu_x}^2\sigma_{X_i}^2 \tag{6-31}$$

从而结构可靠度指标为：

$$\beta=\frac{\mu_{Z_L}}{\sigma_{Z_L}}=\frac{g(\mu_{X_1},\mu_{X_2},\cdots,\mu_{X_n})}{\sqrt{\sum_{i=1}^{n}\left(\frac{\partial g}{\partial X_i}\right)_{\mu_x}^2\sigma_{X_i}^2}} \tag{6-32}$$

2. 可靠指标的几何意义

设有多个正态随机变量的极限状态方程：

$$Z=g(X)=g(X_1,X_2,\cdots,X_n)=0$$

则 n 维空间上，它表示一个非线性失效平面，它把空间分成安全区 g（X_1，X_2，…，

X_n）>0 和非安全区 g（X_1，X_2，…，X_n）<0 两个部分，则可靠度指标 β 即为原点 O 到失效面（极限状态面 g（X_1，X_2，…，X_n）=0）的最短距离。对于非线性失效平面，由于距离不唯一，因此采用切平面近似代替非线性失效面。中心点法即取中心点附近的切平面近似代替非线性失效面，则可靠度指标 β 为原点 O 到中心点 P 处的切平面的最短距离，即 $\beta=OP$。对于三维空间可表示成如图 6-3 所示。

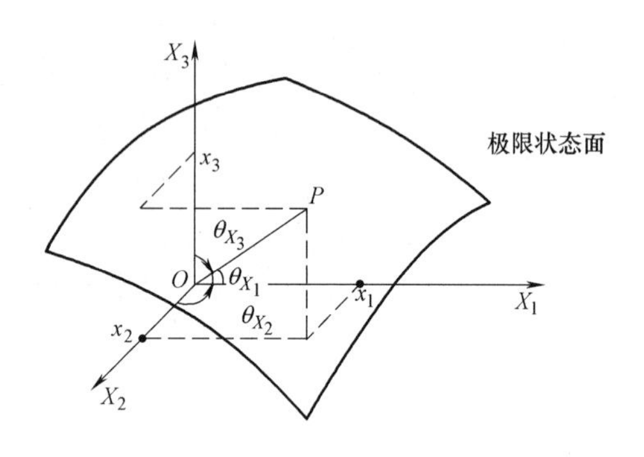

图 6-3　三个正态随机变量时的极限状态面与中心点

3. 中心点法的优缺点

中心点法最大的优点是计算简便，不需进行过多的数值计算，可以直接给出可靠指标 β 与随机变量特征参数之间的关系，所得到的用以度量结构可靠程度的可靠度指标 β 具有明确的物理概念与几何意义，对于 $\beta=1\sim2$ 的正常使用极限状态可靠度的分析，较为适用。但也存在着以下明显的缺陷：

1）该方法没有考虑有关基本变量分布类型的信息，只是直接取用随机变量的前一阶矩和二阶矩；因中心点法建立在正态分布变量基础上，当实际的变量分布不同于正态分布时，其可靠度（或失效概率）的计算结果必将不同，因而可靠指标的计算结果会有误差。

2）当功能函数为非线性函数时，功能函数在随机变量的平均值处展开不合理，由于随机变量的平均值不在极限状态曲面上，展开后的线性极限状态平面可能会较大程度地偏离原来的极限状态曲面；其近似程度取决于线性近似的极限状态曲面与真正的极限状态曲面之间的差异程度。一般来说，中心点离极限状态曲面的距离越近，则差别越小。然而出于结构可靠性的要求，中心点一般总离开极限状态曲面有相当的距离，因此对于非线性功能函数问题，可靠度指标的计算误差很难避免。

3）对有相同力学含义且数学表达式不同的极限状态方程，求得的结构可靠指标值可能不同。

【例题 6-2】 圆截面直杆承受轴向拉力 $P=100\text{kN}$。设杆的材料的屈服极限 f_{y} 和直径 d 为随机变量，其均值和标准差分别为 $\mu_{\text{fy}}=290\ \text{N/mm}^2$、$\sigma_{\text{fy}}=25\ \text{N/mm}^2$、$\mu_{\text{d}}=30\text{mm}$、$\sigma_{\text{d}}=3\text{mm}$。求杆的可靠指标。

【解】 此杆的极限状态方程为：

$$Z=g(f_{\text{y}},d)=0$$

由式（6-32），得杆的可靠指标：

$$\beta=\frac{g(\mu_{\text{fy}},\mu_{\text{d}})}{\sqrt{\left[\dfrac{\partial g(\mu_{\text{fy}},\mu_{\text{d}})}{\partial f_{\text{y}}}\right]^2\sigma_{\text{fy}}^2+\left[\dfrac{\partial g(\mu_{\text{fy}},\mu_{\text{d}})}{\partial d}\right]^2\sigma_{\text{d}}^2}}$$

以轴力表示的极限状态方程为：

$$Z=g(f_{\text{y}},d)=\frac{\pi d^2}{4}f_{\text{y}}-P=0$$

得到杆的可靠指标：

$$\beta=\frac{\pi\mu_{fy}\mu_d^2-4P}{\pi\mu_d\sqrt{\mu_d^2\sigma_{fy}^2+4\mu_{fy}^2\sigma_d^2}}=\frac{\pi\times290\times30^2-4\times100\times10^3}{\pi\times30\sqrt{30^2\times25^2+4\times290^2\times3^2}}=2.3517$$

以应力表示的极限状态方程为：

$$Z=g(f_y,d)=f_y-\frac{4}{\pi d^2}P=0$$

得到杆的可靠指标：

$$\beta=\frac{\pi\mu_{fy}\mu_d^3-4P\mu_d}{\sqrt{\pi^2\mu_d^6\sigma_{fy}^2+64P^2\sigma_d^2}}=\frac{\pi\times290\times30^3-4\times100\times10^3\times30}{\sqrt{\pi^2\times30^6\times25^2+64\times100^2\times10^6\times3^2}}=3.9339$$

6.3.3 验算点法

二维码 6-8
验算点法

验算点法实际上是在利用 Taylor 级数对功能函数进行展开时，把设计验算点取为线性化点。根据中心点法中 β 的几何意义，验算点法也可理解为当极限状态方程 $g(X_1, X_2, \cdots, X_n)=0$ 为非线性曲面时，不以通过中心点的切平面作为线性近似，而以通过 $g(X_1, X_2, \cdots, X_n)=0$ 上的某一点 $X^*=(X_1^*, X_2^*, \cdots, X_n^*)$ 的切平面作为线性近似，以减小中心点法的误差。这个特定的点称为验算点或设计点，可靠度指标 β 是原点 O 到验算点 P^* 处切平面的最短距离。

假定基本变量 X_i 互相独立，并服从正态分布 $N\sim(\mu_{Xi}, \sigma_{Xi}^2)$，现通过坐标变换将 X_i 标准化为 X_i'，X_i' 服从标准正态分布 $N\sim(0, 1)$，具体步骤如下：

假设功能函数为：$Z=g(X_1, X_2, \cdots, X_n)$

标准化有：

$$X_i'=\frac{X_i-\mu_{Xi}}{\sigma_{Xi}} \tag{6-33}$$

将 X 空间变换到 X' 空间，得：

$$Z'=g'(X')=g'(X_1',X_2',\cdots,X_n') \tag{6-34}$$

在 X' 空间中，容易写出通过验算点 $X'^*=[X_1'^*, X_2'^*, \cdots, X_n'^*]^T$ 在曲面 $Z'=0$ 上的切平面方程为：

$$\sum_{i=1}^{n}\frac{\partial g'}{\partial X'_i}\bigg|_{X'^*}(X'_i-X'^*_i)=0 \tag{6-35}$$

从原点到式（6-35）所代表切平面的距离为可靠指标 β。因此：

$$\beta=\frac{-\sum_{i=1}^{n}\frac{\partial g'}{\partial X'_i}\Big|_{X'^*}X'^*_i}{\sqrt{\sum_{i=1}^{n}\left(\frac{\partial g'}{\partial X'_i}\Big|_{X'^*}\right)^2}} \tag{6-36}$$

令：

$$\alpha_i=\frac{-\frac{\partial g'}{\partial X'_i}\Big|_{X'^*}}{\sqrt{\sum_{i=1}^{n}\left(\frac{\partial g'}{\partial X'_i}\Big|_{X'^*}\right)^2}} \tag{6-37}$$

可以证明实际上 α_i 就是原点到验算点 X'^* 的方向余弦。从而可得：

$$X_i'^* = \alpha_i \beta \tag{6-38}$$

然后再变回 X 空间可得：

$$X_i^* = \mu_{X_i} + \alpha_i \beta \sigma_{X_i} \tag{6-39}$$

因：

$$\left.\frac{\partial g'}{\partial X_i'}\right|_{X'^*} = \left.\frac{\partial g}{\partial X_i}\right|_{X^*} \sigma_{X_i} \tag{6-40}$$

将式（6-40）代入式（6-37），得：

$$\alpha_i = \frac{-\left.\frac{\partial g}{\partial X_i}\right|_{X^*} \sigma_{X_i}}{\left[\sum_{i=1}^{n}\left(\left.\frac{\partial g}{\partial X_i}\right|_{X^*} \sigma_{X_i}\right)^2\right]^{1/2}} \tag{6-41}$$

此外：

$$g(X_1^*, X_2^*, \cdots, X_n^*) = 0 \tag{6-42}$$

当功能函数 $g(X_1, X_2, \cdots, X_n^*) = 0$ 为线性函数时，可由式（6-39）、式（6-41）及式（6-42）联立解 $2n+1$ 个方程，可解得 X_i^*、$\alpha_i(i=1,2,\cdots,n)$及 β 共 $2n+1$ 个未知数。

例如，最简单的线性方程为：

$$g(R, G, L) = R - G - L = 0 \tag{6-43}$$

式中　R——结构总抗力；

G——恒载效应；

L——活载效应。

三个变量都服从正态分布，则由式（6-41）可得：

$$-\left.\frac{\partial g}{\partial R}\right|_{X^*} \sigma_R = -\sigma_R, -\left.\frac{\partial g}{\partial G}\right|_{X^*} \sigma_G = \sigma_G, -\left.\frac{\partial g}{\partial L}\right|_{X^*} \sigma_L = \sigma_L$$

则：

$$\alpha_R = \frac{-\sigma_R}{\sqrt{\sigma_R^2 + \sigma_G^2 + \sigma_L^2}}, \alpha_G = \frac{\sigma_G}{\sqrt{\sigma_R^2 + \sigma_G^2 + \sigma_L^2}}, \alpha_L = \frac{\sigma_L}{\sqrt{\sigma_R^2 + \sigma_G^2 + \sigma_L^2}}$$

由式（6-39）可得：

$$R^* = \mu_R + \alpha_R \beta \sigma_R, G^* = \mu_G + \alpha_G \beta \sigma_G, L^* = \mu_L + \alpha_L \beta \sigma_L \tag{6-44}$$

将式（6-44）代入式（6-43），可得：

$$\mu_R - \mu_G - \mu_L - \beta\left(\frac{\sigma_R^2 + \sigma_G^2 + \sigma_L^2}{\sqrt{\sigma_R^2 + \sigma_G^2 + \sigma_L^2}}\right) = 0$$

解得：

$$\beta = \frac{\mu_R - \mu_G - \mu_L}{\sqrt{\sigma_R^2 + \sigma_G^2 + \sigma_L^2}} \tag{6-45}$$

此时 β 是标准正态空间 X'中坐标原点到极限状态曲面的最短距离，也就是 P^* 点沿其极限状态曲面的切平面的法线方向至原点的线段长度。图 6-4 所示为三个正态随机变量的情况，法线的垂足 P^* 为所求的验算点。

但当功能函数 $g(X_1,X_2,\cdots,X_n)=0$ 是非线性函数时，则通常采用逐次迭代法解上述方程组。具体计算步骤为：

1）列出极限状态方程 $g(X_1,X_2,\cdots,X_n)=0$，并确定所有基本变量 X_i 的均值 μ_{X_i} 及标准差 σ_{X_i}。

2）假定 X_i^* 和 β 的初值，一般取 X_i^* 的初值 $X_{i0}^*=\mu_{X_i}$，$\beta_0=0$。

3）按式（6-41）求方向余弦：

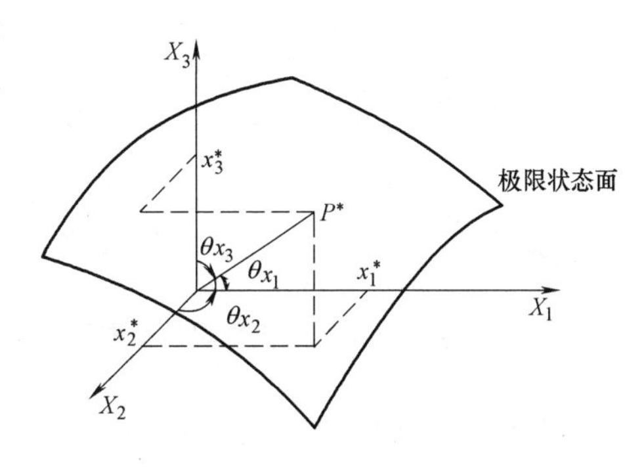

图 6-4 三个正态随机变量时的极限状态面与验算点

$$\alpha_i=\frac{-\left.\frac{\partial g}{\partial X_i}\right|_{X^*}\sigma_{X_i}}{\left[\sum_{i=1}^{n}\left(\left.\frac{\partial g}{\partial X_i}\right|_{X^*}\sigma_{X_i}\right)^2\right]^{1/2}}$$

4）按式（6-39）计算 X_i^* 的新值：

$$X_i^*=\mu_{X_i}+\alpha_i\beta\sigma_{X_i}$$

5）代入极限状态方程 $g(X_1,X_2,\cdots,X_n)=0$ 求出 β。

6）重复步骤③～⑤，一直到 β_i 与 β_{i-1} 之差值小于允许误差为止。

7）根据式（6-20）计算失效概率：

$$p_f=P\{Y<-\beta\}=\Phi(-\beta)$$

验算点法无疑优于中心点法，因此，在工程实际可靠度计算中，验算点法是求解可靠度指标的基础，但这种方法求解的结果只有在统计变量是独立的正态变量和具有线性极限状态方程的条件下才是精确的。在地下工程中，随机变量并非都服从正态分布，有的服从极值Ⅰ形或Γ分布。对于这类极限状态方程的可靠度分析，一般要把非正态随机变量当量化或变换为正态随机变量，常采用的方法有 3 种，即当量正态化法、映射变换法和实用分析法。其中当量正态化法是国际结构安全度联合委员会（JCSS）推荐的方法，故简称为 JC 法。限于篇幅，这里对 JC 法做以介绍，其余两种方法可参考有关文献。

6.3.4 JC 法

JC 法是拉克维茨和菲斯莱等人提出的，它适合于随机变量为任意分布下结构可靠度指标的计算。我国规范中采用 JC 法进行结构可靠度的计算。

JC 法的基本概念是在引用验算点法之前，将非正态的随机变量先“当量正态化”。“当量正态化”的条件是：①在验算点 X_i^* 处，当正态分布变量 X_i'（其均值 $\mu_{X_i'}$，方差 $\sigma_{X_i'}$）的分布函数 $F_{X_i'}(X_i^*)$ 与原非正态分布变量（其均值 μ_{X_i}，方差 σ_{X_i}）的概率分布函数 $F_{X_i}(X_i^*)$（尾部的面积）相同；②在验算点 X_i^* 处，当量正态分布变量 X_i' 的分布概率密度函数 $f_{X_i'}(X_i^*)$ 与原非正态分布变量的概率密度函数 $f_{X_i}(X_i^*)$（纵坐标）相等。

以上两个条件如图 6-5 所示。

根据条件①验算点上概率分布函数相等的条件：$F_{X_i'}(X_i^*)=F_{X_i}(X_i^*)$

或：

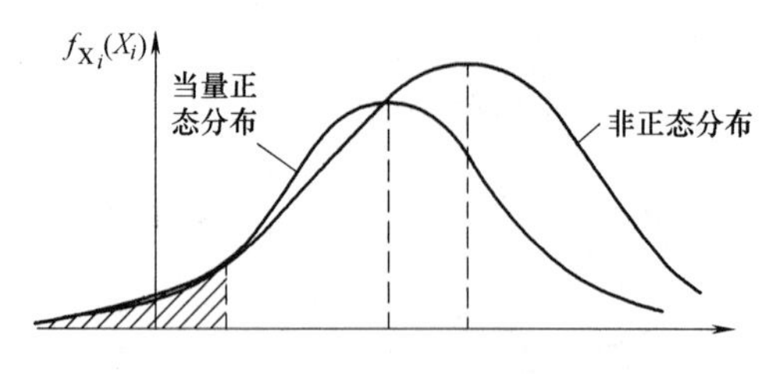

图 6-5 JC 法中对非正太随机变量的当量正态化

$$F_{X_i}(X_i^*)=\Phi\left[\frac{X_i^*-\mu_{X_i'}}{\sigma_{X_i'}}\right]$$

于是得出当量正态分布的平均值 $\mu_{X_i'}$ 为：

$$\mu_{X_i'}=X_i^*-\Phi^{-1}[F_{X_i}(X_i^*)]\sigma_{X_i'} \tag{6-46}$$

根据条件②由在验算点上概率密度函数相等的条件：$f_{X_i'}(X_i^*)=f_{X_i}(X_i^*)$。

或：

$$f_{X_i}(X_i^*)=\frac{1}{\sigma_{X_i'}}\varphi\left[\frac{X_i^*-\mu_{X_i'}}{\sigma_{X_i'}}\right]$$

$$f_{X_i}(X_i^*)=\frac{\varphi\{\Phi^{-1}[F_{X_i}(X_i^*)]\sigma_{X_i'}\}}{\sigma_{X_i'}}$$

可得：

$$\sigma_{X_i^*}=\varphi\left[\frac{X_i^*-\mu_{X_i'}}{\sigma_{X_i'}}\right]/f_{X_i}(X_i^*)=\varphi\{\Phi^{-1}[F_{X_i}(X_i^*)]\}/f_{X_i}(X_i^*) \tag{6-47}$$

式中 $\Phi(\cdot)$——标准正态分布函数；

$\Phi^{-1}(\cdot)$——标准正态分布函数的反函数；

$\varphi(\cdot)$——标准正态分布的密度函数。

在极限状态方程中，在得到非正态随机变量的当量正态函数的均值 $\mu_{X_i'}$、方差 $\sigma_{X_i'}$ 后，即可由式（6-39）、式（6-41）和式（6-42）计算 β。然而 $\mu_{X_i'}$ 及 $\sigma_{X_i'}$ 由验算点 X_i^* 计算的，而验算点 X_i^* 值又是待求值，所以式（6-39）、式（6-41）和式（6-42）与式（6-46）、式（6-47）互相制约，一般采用迭代法计算 β，当满足精度要求后即可收敛。计算主要步骤如下：

1）给出极限状态方程 $g(X_1,X_2,\cdots,X_n)=0$，并确定所有基本变量 X_i 的分布类型和特征参数 σ_{X_i} 及 σ_{X_i}。

2）假定 X_i^* 和 β 的初值，一般取 X_i^* 的初值 $X_{i_0}^*=\mu_{Xi}$、$\beta_0=0$。

3）对于非正态变量 X_i^*，在验算点处按式（6-46）和式（6-47）计算当量正态变量的均值 $\mu_{X_i'}$、方差 $\sigma_{X_i'}$，并分别代替原来变量的标准差 σ_{X_i} 和均值 σ_{X_i}。

4）按式（6-41）求方向余弦：

$$\alpha_i=\frac{-\left.\frac{\partial g}{\partial X_i}\right|_{X^*}\sigma'_{X_i}}{\left[\sum_{i=1}^{n}\left(\left.\frac{\partial g}{\partial X_i}\right|_{X^*}\sigma'_{X_i}\right)^2\right]^{1/2}}$$

5）按式（6-39）和式（6-42）计算 β：

$$g(\mu'_{X_1}+\alpha_1\beta\sigma'_{X_1},\mu'_{X_2}+\alpha_2\beta\sigma'_{X_2},\cdots,\mu'_{X_n}+\alpha_n\beta\sigma'_{X_n})=0$$

6）按式（6-39）计算 X_i^* 的新值：

$$X_i^* = \mu'_{X_i} + \alpha_i \beta \sigma'_{X_i}$$

7）重复步骤 3)～6)，直到 β_i 与 β_{i-1} 之差值小于允许误差为止；

8）根据式（6-20）计算失效概率：

$$p_f = P\{Y < -\beta\} = \Phi(-\beta)$$

以上所介绍的验算点法和 JC 法中，功能函数中各基本变量之间相互独立，但在实际地下建筑结构工程问题中，影响结构可靠性的随机变量间可能存在相关性，如土的黏聚力与内摩擦角之间负相关，重度与压缩模量、黏聚力之间等正相关。研究表明，随机变量间的相关性对结构的可靠度有明显的影响，因此，若随变量相关，则在结构可靠度分析中应予以充分考虑。对考虑随机变量之间相关性问题一般采用协方差矩阵将相关变量空间转化为不相关的变量空间，针对应用最广泛的 JC 法，考虑随机变量的分布类型和变量之间的相关性，可采用改进的 JC 方法进行可靠度的分析，具体请参考相关文献。

6.3.5 一次渐近积分法

在一次二阶矩方法和二次二阶矩方法中，需要对基本随机变量进行正态变换或当量正态化，必须已知随机变量的概率分布，有时比较麻烦，而且这种变换也是导致功能函数非线性从而成为误差的一种来源。

通过基本变量的概率密度函数在失效域上的积分来计算结构的失效概率，是最直接的方法，但面临积分是多维的和失效域形状复杂的困难。由于对失效概率的贡献主要是在结构失效最大可能点附近的积分，因此只要将积分局部化，集中在该点附近的失效域内进行，就能够得到失效概率积分的近似结果。

设结构的功能函数为 $Z = g_X(x)$，基本随机变量 $X = (X_1, X_2, \cdots, X_n)^T$ 的联合概率密度函数为 $f_X(x)$，则结构的失效概率 p_f 可由式（6-10）定义。

为以下推导方便，将式（6-10）改写成：

$$p_f = \int_{g_X(x)\leqslant 0} f_X(x)\mathrm{d}x = \int_{g_X(x)\leqslant 0} \exp[\ln f_X(x)]\mathrm{d}x = \int_{g_X(x)\leqslant 0} \exp[h(x)]\mathrm{d}x \quad (6\text{-}48)$$

其中：

$$h(x) = \ln f_X(x) \quad (6\text{-}49)$$

设 x^* 为极限状态面上的一点，在该点将 $h(x)$ 展成 Taylor 级数并取至二次项，得：

$$h(x) \approx h(x^*) + (x - x^*)^T \nabla h(x^*) + \frac{1}{2}(x - x^*)^T \nabla^2 h(x^*)(x - x^*)$$

$$= h(x^*) + \frac{1}{2}v^T B v - \frac{1}{2}(x - x^* - Bv)^T B^{-1}(x - x^* - Bv) \quad (6\text{-}50)$$

其中：

$$v = \nabla h(x^*) \quad (6\text{-}51)$$

$$B = -[\nabla^2 h(x^*)]^{-1} \quad (6\text{-}52)$$

将式（6-50）代入式（6-48）得：

$$p_f \approx f_X(x)\exp\left(\frac{v^T B v}{2}\right) \times \int_{g_X(x)\leqslant 0} \exp\left[-\frac{1}{2}(x - x^* - Bv)^T B^{-1}(x - x^* - Bv)\right]\mathrm{d}x \quad (6\text{-}53)$$

可注意到式中被积函数与均值为 x^*+Bv，协方差矩阵为 B 的正态分布的概率密度仅相差一个因子$\frac{1}{(2\pi)^{n/2}\sqrt{\det B}}$。

结构失效概率渐近积分的一次方法，就是将式（6-53）中的积分区域的边界，即极限状态面 $Z=g_X(x)=0$，以点 x^* 处的超切平面代替。为此，将功能函数 Z 在 x^* 展成 Taylor 级数并取至一次项，注意到 $g_X(x^*)=0$，得：

$$Z_L=(X-x^*)^T\nabla g_X(x^*) \tag{6-54}$$

由此得 Z_L 的均值和方差分别为：

$$\mu_{Z_L}=[\nabla g_X(x^*)]^T Bv \tag{6-55}$$

$$\sigma_{Z_L}^2=[\nabla g_X(x^*)]^T B\,\nabla g_X(x^*) \tag{6-56}$$

于是得一次二阶矩法的可靠指标：

$$\beta_L=\frac{\mu_{Z_L}}{\sigma_{Z_L}}=\frac{[\nabla g_X(x^*)]^T Bv}{\sqrt{[\nabla g_X(x^*)]^T B\,\nabla g_X(x^*)}} \tag{6-57}$$

将式（6-57）代入式（6-53），得一次失效概率为：

$$p_{fL}=(2\pi)^{n/2}\sqrt{\det B}\,f_X(x^*)\exp\left(\frac{v^T Bv}{2}\right)\Phi(-\beta_L) \tag{6-58}$$

为使式（6-58）与式（6-48）的误差最小，极限状态面上的点 x^* 应使 $h(x^*)$ 取最大值，即：

$$\begin{aligned}&\max \quad h(x)\\&\text{s. t. } g_X(x)=0\end{aligned} \tag{6-59}$$

根据解最优化问题的 Lagrange 乘子法，引入乘子 λ，则由泛函 $L(x,\lambda)=h(x)+\lambda g_X(x)$的驻值条件之一，即$\frac{\partial L(x^*,\lambda)}{\partial x}=0$，得：

$$\nabla g_X(x^*)=-\frac{1}{\lambda}\nabla h(x^*)=-\frac{v}{\lambda} \tag{6-60}$$

将式（6-60）代入式（6-57），经化简得：

$$\beta_L=\sqrt{v^T Bv} \tag{6-61}$$

当 β_L 为较大的正值时，$\varphi(\beta_L)\approx\beta_L\Phi(-\beta_L)$，因此，将式（6-61）代入式（6-58）得：

$$p_{fL}\approx(2\pi)^{n/2}\sqrt{\det B}\,f_X(x^*)\exp\left(\frac{v^T Bv}{2}\right)\frac{\varphi(-\sqrt{v^T Bv})}{\sqrt{v^T Bv}}=(2\pi)^{(n-1)/2}f_X(x^*)\sqrt{\frac{\det B}{v^T Bv}} \tag{6-62}$$

如果 X 的各个随机变量全都相互独立，则其联合概率密度函数为 $f_X(x)=\prod_{i=1}^{n}f_{X_i}(x_i)$，式（6-49）成为：

$$h(x)=\sum_{i=1}^{n}\ln f_{X_i}(x_i) \tag{6-63}$$

因此，有：

$$\frac{\partial h(x^*)}{\partial x_i}=\frac{f'_{X_i}(x_i^*)}{f_{X_i}(x_i)}(i=1,2,\cdots,n) \tag{6-64}$$

$$\frac{\partial^2 h(x^*)}{\partial x_i^2}=\frac{f''_{X_i}(x_i^*)}{f_{X_i}(x_i^*)}-\frac{f'^2_{X_i}(x_i^*)}{f^2_{X_i}(x_i^*)}(i=1,2,\cdots,n) \tag{6-65}$$

而$\frac{\partial^2 h(x^*)}{\partial x_i \partial x_j}=0(i\neq j)$。

结构失效概率渐进积分的一次方法计算步骤可归纳为：

1）求解 x^*，通过解式（6-59）最优化问题；

2）计算 v，利用式（6-49）和式（6-51）；

3）计算 B，利用式（6-49）和式（6-52）；

4）计算 p_{fL}，利用式（6-62）。

6.3.6 蒙特卡罗法

1. 蒙特卡罗法原理

结构可靠度的计算方法是可靠度理论中的一个重要研究内容，它涉及结构可靠度理论在工程中的应用，以及结构物的安全性和可靠性的正确评价。由于以一次二阶矩理论为基础的可靠度计算方法对于非正态分布的随机变量和非线性表示的极限状态函数等问题的处理上还存在着相当的近似性，而这类问题却是可靠度分析中经常要遇到的。所以，寻找一种有效而精确的结构可靠度计算方法是必需的。于是，基于蒙特卡罗法的结构可靠度数值模拟方法得到了人们的重视。

蒙特卡罗法的特点是明显的。在结构可靠度的数值模拟中，该方法具有模拟的收敛速度与基本随机变量的维数无关，极限状态函数的复杂程度与模拟过程无关，更无须将状态函数线性化和随机变量“当量正态化”，具有直接解决问题的能力；同时，数值模拟的误差也可以容易地确定，从而确定模拟的次数和精度。所以，上述特点决定了蒙特卡罗法将会在结构可靠度分析中发挥更大的作用。但是，对于实际工程的结构破坏概率通常小于 10^{-3} 以下量级的范畴时，蒙特卡罗法的模拟数目就会相当大，占据大量的计算时间，这是该法在结构可靠度分析中面临的主要问题。随着高速计算机的发展和数值模拟方法的改进，这个问题将会得到更好的改善。

本节主要介绍蒙特卡罗模拟，特别是抽样的一些基本方法。

工程结构的破坏概率可以表示为：

$$p_f=P\{G(X)<0\}=\int_{D_f} f(X)\mathrm{d}x \tag{6-66}$$

其结构的可靠指标为：

$$\beta=\Phi^{-1}(1-p_f) \tag{6-67}$$

式中 $X=(X_1,X_2,\cdots,X_n)^T$——具有 n 维随机变量的向量；

$f(X)=f(x_1,x_2,\cdots,x_n)$——基本随机变量 X 的联合概率密度函数，当 X 为一组相互独立的随机变量时，则有 $f(x_1,x_2,\cdots,x_n)=\prod_{i=1}^{n} f(x_i)$；

$G(X)$——一组结构的极限状态函数，当 $G(X)<0$ 时，就意味着结构发生破坏，反之，结构处于安全；

D_f——与 $G(X)$ 相对应的失效区域；

$\Phi(\cdot)$——标准正态分布的累积概率函数。

于是，用蒙特卡罗法表示的式（6-66）可写为：

$$\hat{p}_f=\frac{1}{N}\sum_{i=1}^{N}I[G(\hat{X})_i] \tag{6-68}$$

式中　N——抽样模拟总数。

当 $G(\hat{X}_i)<0$ 时，$I[G(\hat{X}_i)]=1$，反之 $I[G(\hat{X}_i)]=0$。

冠标“$\hat{}$”表示抽样值。

所以，式（6-68）的抽样方差为：

$$\hat{\sigma}^2=\frac{1}{N}\hat{p}_f(1-\hat{p}_f) \tag{6-69}$$

当选取95%的置信度来保证蒙特卡罗法的抽样误差时，有：

$$|\hat{p}_f-p_f|\leqslant Z_{a/2}\cdot\hat{\sigma}=2\sqrt{\frac{\hat{p}_f(1-\hat{p}_f)}{N}} \tag{6-70}$$

或者以相对误差 ε 来表示，有：

$$\varepsilon=\frac{|\hat{p}_f-p_f|}{p_f}<2\sqrt{\frac{\hat{p}_f(1-\hat{p}_f)}{N_{\hat{p}_f}}} \tag{6-71}$$

考虑到 P_f' 通常是一个小量，则式（6-71）可以近似地表示为：

$$\varepsilon=\frac{2}{\sqrt{N_{\hat{p}_f}}}\text{及 }N=\frac{4}{\hat{p}_f\cdot\varepsilon^2}$$

当给定 $\varepsilon=0.2$ 时，抽样数 N 就必须满足：

$$N=100/\hat{p}_f \tag{6-72}$$

这就意味着抽样数目 N 与 $\hat{p}_f$ 成反比，由于 $\hat{p}_f$ 一般是一个很小量，如当 $\hat{p}_f=10^{-3}$ 时，$N=10^5$（即要求计算上万次）才能获得对 p_f 的足够可靠的估计。而工程结构的破坏概率通常是较小的，这说明 N 必须要有足够大的数目才能给出正确的估计。很明显，这样直接的蒙特卡罗法是很难应用于实际的工程结构可靠分析之中，只有利用方差减缩技术，降低抽样模拟数目 N，才能使蒙特卡罗法在可靠性分析中得以应用。

2. 抽样方差减缩技术

1）对偶抽样技巧

假设 U 是一组在［0，1］区间内均匀分布的样本，且相应的基本随机变量为 $X(U)$，X 服从概率密度函数 $f(x_1,x_2,\cdots,x_n)$ 的分布，于是，也存在着 $I-U$ 和 $X(I-U)$，并且与 U 和 $X(U)$ 呈负相关，那么，式（6-66）的模拟估计为：

$$\hat{p}_f=\frac{1}{2}[\hat{p}_f(U)+\hat{p}_f(I-U)] \tag{6-73}$$

很明显，式（6-73）是 p_f 的无偏估计，且模拟估计的方差为：

$$\begin{aligned}\mathrm{Var}(\hat{p}_{\mathrm{f}})&=\frac{1}{4}\left\{\mathrm{Var}\begin{bmatrix}\hat{p}_{\mathrm{f}}(U)+\mathrm{Var}[\hat{p}_{\mathrm{f}}(I-U)]+\\2\mathrm{Cov}[\hat{p}_{\mathrm{f}}(U),\hat{p}_{\mathrm{f}}(I-U)]\end{bmatrix}\right\}\\&<\frac{1}{4}\{\mathrm{Var}[\hat{p}_{\mathrm{f}}(U)]+\mathrm{Var}[\hat{p}_{\mathrm{f}}(I-U)]\}=\frac{1}{2}\sigma^2\end{aligned}\tag{6-74}$$

其中，$\hat{p}_{\mathrm{f}}(U)$与$\hat{p}_{\mathrm{f}}(I-U)\hat{p}_{\mathrm{f}}$呈负相关，$\mathrm{Cov}[\hat{p}_{\mathrm{f}}(U),\hat{p}_{\mathrm{f}}(I-U)]<0$。因此，模拟估计方差总是要小于直接蒙特卡罗法的抽样方差。应当看到：对偶抽样技巧并不改变原来的抽样模拟估计过程，只是利用了抽样子样的负相关性，使得抽样模拟数目 N 得以减少，因此，将对偶抽样技巧与其他方差减缩技巧相结合就会进一步地提高抽样模拟效率。

2）条件期望抽样技巧

假设若存在一个基本随机变量 x_i，就有条件期望 $E(p_{\mathrm{f}}|x_i)$，并且这也是一个随机变量，那么，其抽样模拟估计为：

$$E[E(p_{\mathrm{f}}|x_i)]=\hat{p}_{\mathrm{f}}\tag{6-75}$$

相应的模拟估计方差为：

$$\begin{aligned}\mathrm{Var}[E(p_{\mathrm{f}}|x_i)]&=E[E(p_{\mathrm{f}}|x_i)]^2-\hat{p}_{\mathrm{f}}\\&=E\{E[(p_{\mathrm{f}}|x_i)^2]-\mathrm{Cov}(p_{\mathrm{f}}|x_i)\}+\mathrm{Var}(\hat{p}_{\mathrm{f}}-E(\hat{p}_{\mathrm{f}}^2))\\&=\mathrm{Var}(\hat{p}_{\mathrm{f}})-E[\mathrm{Var}(p_{\mathrm{f}}|x_i)]+E\{E[(p_{\mathrm{f}}|x_i)^2]-\hat{p}_{\mathrm{f}}^2\}\end{aligned}\tag{6-76}$$

由于 $E(\hat{p}_{\mathrm{f}}^2)$ 中 $\hat{p}_{\mathrm{f}}^2$ 是期望估计的变量，则有：

$$\begin{aligned}E(\hat{p}_{\mathrm{f}}^2)&=\int\hat{p}_{\mathrm{f}}^2f_{\mathrm{p_f}}(X)\mathrm{d}x=\int_{\mathrm{x}_i}\left[\int_{\mathrm{p_f}\,|\,\mathrm{x}_i}(p_{\mathrm{f}}|x_i)^2f_{\mathrm{p_f}\,|\,\mathrm{x}_i}(Y)\mathrm{d}Y\right]f_{\mathrm{x}_i}(x)\mathrm{d}x\\&=E\left[\int_{p_{\mathrm{f}}\,|\,\mathrm{x}_i}(p_{\mathrm{f}}|x_i)^2f_{\mathrm{p_f}\,|\,\mathrm{x}_i}(Y)\mathrm{d}Y\right]=E[E(p_{\mathrm{f}}|x_i)^2]\end{aligned}$$

式中$Y=\{x_1,x_2,\cdots,x_n\}^{\mathrm{T}}$，于是有：

$$\mathrm{Var}[E(p_{\mathrm{f}}|x_i)]=\mathrm{Var}(\hat{p}_{\mathrm{f}})-E[\mathrm{Var}(p_{\mathrm{f}}|x_i)]<\mathrm{Var}(\hat{p}_{\mathrm{f}})=\hat{\sigma}^2\tag{6-77}$$

所以，条件期望抽样技巧不仅减少了抽样模拟的方差，而且对式（6-66）的截尾分布概率的计算将非常有利。

3）重要抽样技巧

假设存在一个抽样密度函数 $h(X)$，满足下列关系：

$$\begin{gathered}\int_{D_{\mathrm{f}}}h(X)\mathrm{d}X=1\\h(X)\neq0,\quad X\in D_{\mathrm{f}}\end{gathered}\tag{6-78}$$

则式（6-66）就可写成重要抽样形式：

$$p_{\mathrm{f}}=\int_{D_{\mathrm{f}}}f(X)\mathrm{d}X=\int_{D_{\mathrm{f}}}\frac{f(X)}{h(X)}h(X)\mathrm{d}X\tag{6-79}$$

于是，式（6-79）的无偏估计为：

$$\hat{p}_{\mathrm{f}}=\frac{1}{N}\sum_{i=1}^{N}I[G(\hat{X}_i)]\frac{f(\hat{X}_i)}{h(\hat{X}_i)}\tag{6-80}$$

式中　$\hat{X}_i$——取自于抽样密度函数 $h(X)$的样本向量。

其抽样模拟方差为：

$$\mathrm{Var}(\hat{p}_{\mathrm{f}})=\int_{D_{\mathrm{f}}}\frac{f^{2}(\hat{X}_{i})}{h(\hat{X}_{i})}\mathrm{d}x-\hat{p}_{\mathrm{f}}^{2} \tag{6-81}$$

当抽样密度函数为：

$$h(X)=\int_{D_{\mathrm{f}}}\frac{f(X)}{f(X)\mathrm{d}X}=\frac{f(X)}{\hat{p}_{\mathrm{f}}},\quad X\in D_{\mathrm{f}} \tag{6-82}$$

式（6-80）的模拟方差则达到最小。应当说，式（6-81）仅仅提供了 $h(X)$ 的选取途径，实际上 $h(X)$ 的选取是非常困难的，它取决于随机变量的分布形式、极限状态函数和抽样模拟精度等条件。然而，式（6-80）是具有上下界限的，式（6-80）的界值可以采用 Cauchy-Schwary 不等式获得，即：

$$\frac{1}{N}\left[\left(\int_{D_{\mathrm{f}}}|f(\hat{X})|\mathrm{d}X\right)^{2}-\hat{p}_{\mathrm{f}}^{2}\right]\leqslant\mathrm{Var}(\hat{p}_{\mathrm{f}})\leqslant\frac{1}{N}\left[\hat{p}_{\mathrm{f}}\left\{\frac{f(X)}{h(X)}\right\}_{\max,X\in D_{\mathrm{f}}}-\hat{p}_{\mathrm{f}}^{2}\right] \tag{6-83}$$

同样，式（6-83）也可以表示成随机变量的联合概率密度函数 $f(X)$ 与抽样概率密度函数 $h(X)$ 的比值，即：

$$\hat{p}_{\mathrm{f}}\leqslant\frac{f(X)}{h(X)}\leqslant\left\{\frac{f(X)}{h(X)}\right\}_{\max,X\in D_{\mathrm{f}}}\quad X\in D_{\mathrm{f}} \tag{6-84}$$

这个表达式给出了抽样函数 $h(X)$ 的构造界限。很明显，式（6-79）是抽样函数 $h(X)$ 的上界，这要求 $h(X)$ 在失效区域 D_{f} 内满足 $f(X)/\hat{p}_{\mathrm{f}}$ 的比值，并且所有的抽样样本均落在 D_{f} 以内，见式（6-78）。同时，式（6-84）的上界为：

$$\left\{\frac{f(X)}{h(X)}\right\}_{\max,X\in D_{\mathrm{f}}}=\left\{\frac{f(X^{*})}{h(X^{*})}\right\} \tag{6-85}$$

其中，X^{*} 是结构极限状态函数上的最大似然点。考虑到式（6-85）的比值总是大于或等于 $\hat{p}_{\mathrm{f}}$，并且 $f(X)$ 在 X^{*} 的梯度方向上总是可以寻找到这样一个点以满足式（6-82）的条件，于是，选取该点作为失效区域的子域中心，使得在给定置信水平范围内由该子域获得的抽样平均值将满足式（6-82）的条件。这个观察对于构造抽样函数满足 $h(X)$ 非常有用的，其暗示了抽样中心可能在 X^{*} 的梯度方向，并且在失效区域的 X^{*} 附近。

事实上，上述的观察思想已经部分的体现在现有的重要抽样方法之中，但是，如何有效地确定重要抽样密度函数（类型与参数）仍然是一个迫切需要解决的问题。

6.3.7 结构体系的可靠度

二维码 6-9
结构体系
的可靠度

地下结构由于其特定的周围环境，属超静定结构。前面的可靠度分析方法主要是针对单一的结构构件（元件）或构件中某一截面的可靠度。实际上，对地下结构，结构构成非常复杂。从构件的材料来看，有脆性材料、延性材料、单一材料、多种材料。从失效的模式上有多种，例如，挡土结构的单一失效模式有倾覆、滑移和承载力不足三种，或者同时由这三者的组合。从结构的构件组成的系统来看，有串联系统、并联系统、混联系统等。例如对有支撑的基坑围护结构，如支撑体系中一根支撑破坏，很有可能导致整个基坑的失，基坑的支撑系统就是串联系统。本节主要介绍结构体系可靠度的分析方法。

1. 基本概念

1）结构构件的失效性质

构成整个结构的诸构件（连接也看成特殊构件），由于其材料和受力性质的不同，可以分成脆性和延性两类构件。

二维码 6-10
结构构件的
失效性质

脆性构件是指一旦失效立即完全丧失功能的构件。例如，隧道工程中采用的刚性构件一旦破坏，即丧失承载力。

延性构件是指失效后仍能维持原有功能的构件。例如。隧道工程中采用的柔性衬砌具有一定的屈服平台，在达到屈服承载力能保持该承载力而继续变形。

构件失效的性质不同，其对结构体系可靠度的影响也将不同。

2）结构体系的失效模型

二维码 6-11
结构体系的
失效模型

结构由各个构件组成，由于组成结构的方式不同以及构件的失效性质不同，构件失效引起结构失效的方式将具有各自的特殊性。但如果将结构体系失效的各种方式模型化后，总可以归并为三种基本形式，即串联模型、并联模型和串-并联模型。

（1）串联模型

若结构中任一构件失效，则整个结构也失效，具有这种逻辑关系的结构系统可用串联模型表示。

所有的静定结构的失效分析均可采用串联模型。例如一个隧道，各个管片可看做一个串联系统，其中每个管片均可看成串联系统的一个元件，只要其中一个元件失效，整个系统就失效。对于静定结构，其构件是脆性的还是延性的，对结构体系的可靠度没有影响。图 6-6 是串联元件的逻辑图。

图 6-6 串联元件的逻辑图

（2）并联模型

若结构中有一个或一个以上的构件失效，剩余的构件或与失效的延性构件，仍能维持整体结构的功能，则这类结构系统为并联系统。

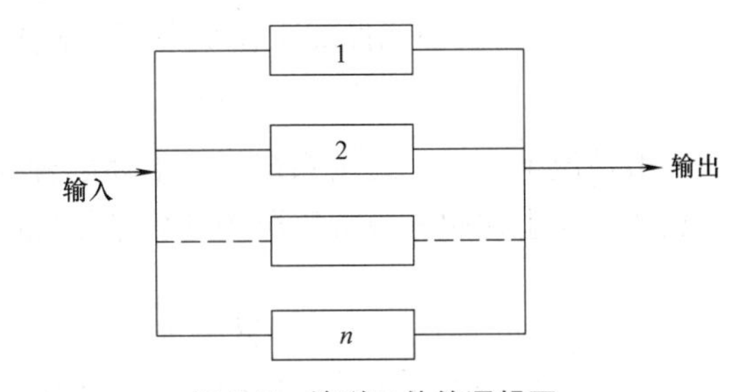

图 6-7 并联元件的逻辑图

超静定结构的失效可用并联模型表示。图 6-7 是并联元件的逻辑图，在输入与输出之间有 k 条路径，只有在全部路径都被堵塞时，整个系统才破坏。对于并联系统，元件的脆性或延性性质将影响系统的可靠度及其计算模型。脆性元件在失效后将逐个从系统中退出工作，因此在计算系统的可靠度时，要考虑元件的失效顺序。而延性元件在其失效后仍将在系统中维持原有的功能，因此只要考虑系统最终的失效形态。

（3）混合联合模型

在延性构件组成的超静定结构中，若结构的最终失效形态不限于一种，则这类结构系统可用串-并联模型表示，如图 6-8 所示。

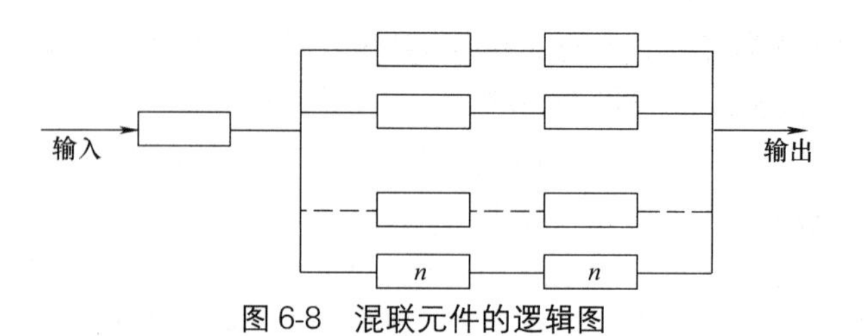

图 6-8　混联元件的逻辑图

二维码 6-12
构件间和失效形态间的相关性

3）构件间和失效形态间的相关性

值得注意的是构件间和失效形态间的相关性，这是因为构件的可靠度取决于构件的荷载效应和抗力，在同一个结构中，各构件的荷载效应来源于同一荷载，因此，不同构件的荷载效应之间应有高度的相关性；另外，结构内的部分或全部构件可能由同一批材料制成。因而构件的抗力之间也应有一定的相关性。可见同一结构中，不同构件的失效有一定的相关性，所以评价结构体系的可靠性时，要考虑各失效形态间的相关性，相关性的存在，使结构体系可靠度的分析问题变得非常复杂，这也是结构体系可靠度计算理论的难点所在。

2. 结构体系可靠的上下界

二维码 6-13
结构体系可靠的上下界

在特殊情况下结构体系可靠度可仅利用各构件可靠度按概率论方法计算。以下记各构件的工作状态为 X_i 失效状态为$\overline{X}_i$，各构件的失效概率为 p_{fi} 结构系统的失效概率为 p_f。

对于串联系统，设系统有 n 个元件，当元件的工作状态完全独立时，则：

$$p_f=1-p\left(\prod_{i=1}^{n}X_i\right)=1-\prod_{i=1}^{n}(1-p_{fi}) \tag{6-86}$$

当元件的工作状态完全相关时：

$$p_f=1-p(\min_{i\in 1,n}X_i)=1-\min_{i\in 1,n}(1-p_{fi})=\max_{i\in 1,n}p_{fi} \tag{6-87}$$

一般情况下，实际结构系统处于上述两种极端情况之间，因此，一般串联系统的失效概率也将介于上述两种极端情况的计算结果之间，即：

$$\max_{i\in 1,n}p_{fi}\leqslant p_f\leqslant 1-\prod_{i=1}^{n}(1-p_{fi}) \tag{6-88}$$

可见，对于静定结构，结构体系的可靠度总小于或等于构件的可靠度。

对于并联系统，当元件的工作状态完全独立时：

$$p_f=p\left(\prod_{i=1}^{n}\overline{X}_i\right)=\prod_{i=1}^{n}p_{fi} \tag{6-89}$$

当元件的工作状态完全相关时：

$$p_f=p(\min_{i\in 1,n}\overline{X}_i)=\min_{i\in 1,n}p_{fi} \tag{6-90}$$

因此，一般情况下：

$$\prod_{i=1}^{n}p_{fi}\leqslant p_f\leqslant\min_{i\in 1,n}p_{fi} \tag{6-91}$$

显然，对于超静定结构，当结构的失效形态唯一时，结构体系的可靠度总大于或等于构件的可靠度；而当结构的失效形态不唯一时，结构每一失效形态对应的可靠度总大于或等于构件的可靠度，而结构体系的可靠度又总小于或等于结构每一失效形态所对应的可靠度。

3. 结构体系失效概率的基本表达式

假定 m 已经是由上面方法得到的 m 个主要失效模式，其功能函数见式（6-1），则结构体系的失效概率为：

$$p_{\mathrm{fs}}=p\left(\bigcup_{i=1}^{m} Z_{\mathrm{L}i}<0\right) \tag{6-92}$$

如果功能函数是非线性的，则利用一次二阶矩方法，将各非线性功能函数在各验算点处线性化为 $Z_{\mathrm{L}i}(i=1,2,\cdots,m)$，这样结构体系的失效概率近似表示为：

$$p_{\mathrm{fs}}=p\left(\bigcup_{i=1}^{m} Z_{\mathrm{L}i}<0\right)=1-\Phi_{\mathrm{m}}(\beta,\rho) \tag{6-93}$$

式中 $\beta=(\beta_1,\beta_2,\cdots,\beta_{\mathrm{m}})^{\mathrm{T}}$——由各失效模式的可靠指标构成的可靠指标向量；

$\rho=(\rho_{ij})_{\mathrm{m}\times\mathrm{m}}$——功能函数间的线性相关系数矩阵；

$\Phi_{\mathrm{m}}(\cdot)$——m 维标准正态分布函数。

各失效模式的结构可靠指标 β 可以用 JC 法、映射变换法或实用分析法算得。若计算 β 时采用了 JC 法，则失效模式间的线性相关系数由下式计算：

$$\rho_{ij}=\frac{\displaystyle\sum_{k=1}^{n}\sum_{l=1}^{n}\rho_{x'_{\mathrm{k}}x'_l}\left.\frac{\partial g_i}{\partial X_{\mathrm{k}}}\frac{\partial g_j}{\partial X_l}\right|_{p^*}\sigma_{x'_{\mathrm{k}}}\sigma_{x'_l}}{\sigma_{\mathrm{Z}_i}\sigma_{\mathrm{Z}_j}} \tag{6-94}$$

其中：

$$\sigma_{\mathrm{Z}_i}=\left(\sum_{k=1}^{n}\sum_{l=1}^{n}\rho_{x'_{\mathrm{k}}x'_l}\left.\frac{\partial g_i}{\partial X_{\mathrm{k}}}\frac{\partial g_i}{\partial X_l}\right|_{p^*}\sigma_{x'_{\mathrm{k}}}\sigma_{x'_l}\right)^{1/2},$$

$$\sigma_{\mathrm{Z}_j}=\left(\sum_{k=1}^{n}\sum_{l=1}^{n}\rho_{x'_{\mathrm{k}}x'_l}\left.\frac{\partial g_j}{\partial X_{\mathrm{k}}}\frac{\partial g_j}{\partial X_l}\right|_{p^*}\sigma_{x'_{\mathrm{k}}}\sigma_{x'_l}\right)^{1/2}$$

而 $\rho_{x'_{\mathrm{k}}x'_l}\approx\rho_{x_{\mathrm{k}}x_l}$ 为当量正态化随机变量 X'_{k} 与 X'_l 间的线性相关系数。

在确定了向量 β 和矩阵 ρ 后，由式（6-92）表示的结构失效概率由下式计算：

$$p_{\mathrm{fs}}=1-\int_{-\infty}^{\beta_1}\int_{-\infty}^{\beta_2},\cdots,\int_{-\infty}^{\beta_{\mathrm{m}}}\varphi_{\mathrm{m}}(Z,\rho)\mathrm{d}z_1\mathrm{d}z_2,\cdots,\mathrm{d}z_{\mathrm{m}} \tag{6-95}$$

其中：

$$\varphi_{\mathrm{m}}(z,\rho)=\frac{1}{(\sqrt{2\pi})^m\sqrt{\det(\rho)}}\exp\left(-\frac{1}{2}z\rho^{-1}z^{\mathrm{T}}\right)$$

式中 m——标准正态概率密度函数；

$\det(\cdot)$——行列式的值；

ρ^{-1}——ρ 的逆矩阵。

由式（6-95）以看出，结构体系失效概率为高维积分，在实际工程中很难求解，因此需要研究计算简便而精度能满足工程应用要求的方法。目前工程实用的方法包括两类，一类是“区间估计法”，另一类是“点估计法”。区间估计法就是利用概率论的基本方法划定结构体系失效概率的上、下限，主要包括“宽界限法”和“窄界限法”；也有一些学者提出界限更窄的界限估计公式，但总的规律是界限愈窄计算愈复杂，但精度改善有限，因此实际应用不多。点估计法则是经过适当的近似处理，将具有多个积分边界的复杂高维积分问题，转化为简单的、一般方法易于解决的问题，从而获得问题的近似解。

4. 结构体系失效概率的区间估计方法

结构体系失效概率的宽界限公式为：

$$\max_i p_{fi} \leqslant p_{fs} \leqslant 1-\prod_{i=1}^{n}(1-p_{fi}) \tag{6-96}$$

其中：

$$p_{fi}=\Phi(-\beta_i) \tag{6-97}$$

式中 β_i——第 i 个失效模式的可靠指标。

宽界限公式只考虑单个失效模式的失效概率，而没有考虑失效模式间的相关性，因而一般情况下界宽较大，适用于粗略估计结构体系的可靠度。

改进的窄界限公式为：

$$p_{fi}+\sum_{i=2}^{m}\max\left(p_{fi}-\sum_{j=1}^{i=1}p_{fij},0\right) \leqslant p_{fs} \leqslant \sum_{i=1}^{m}p_{fi}-\sum_{i=1}^{m}\max_{j<1}(p_{fij}) \tag{6-98}$$

其中，p_{fi} 由式（6-97）计算，p_{fij} 表示两个失效模式都失效时的概率。与式（6-96）不同，由于式（6-98）考虑了两个失效模式都失效时的概率，因而所得界宽较窄，故称窄界限法。

两个失效模式都失效时的失效概率 p_{fij} 可表示为：

$$p_{fij}=\varphi_2(-\beta_i,-\beta_j,\rho_{ij}) \tag{6-99}$$

式中，$\varphi_2(-\beta_i,-\beta_j,\rho_{ij})$表示二维标准正态分布函数，具体表达式为：

$$\varphi_2(-\beta_i,-\beta_j,\rho_{ij})=\int_{-\infty}^{-\beta_i}\int_{-\infty}^{-\beta_j}\varphi_2(x_i,x_j,\rho_{ij})\mathrm{d}x_i\mathrm{d}x_j \tag{6-100}$$

其中 $\varphi_2(x_i,x_j,\rho_{ij})\mathrm{d}x_i\mathrm{d}x_j$ 表示为：

$$\varphi_2(x_i,x_j,\rho_{ij})=\frac{1}{2\pi\sqrt{1-\rho_{ij}^2}}\exp\left[-\frac{x_i^2+x_j^2-2\rho_{ij}x_ix_j}{2(1-\rho_{ij}^2)}\right]$$

式（6-100）也可表示为下面的一维积分：

$$\varphi_2(-\beta_i,-\beta_j,\rho_{ij})=\varphi(-\beta_i)\varphi(-\beta_j)+\int_0^{\rho_{ij}}\varphi_2(\beta_i,\beta_j,z)\mathrm{d}z \tag{6-101}$$

式（6-100）和式（6-101）均为 $\varphi_2(-\beta_i,-\beta_j,\rho_{ij})$的精确表达式，如果要得到具体结果需要进行数值积分，计算量较大，因此工程上常采用各种近似计算方法。

5. 结构体系失效概率的点估计方法

区间估计法是结构体系失效概率的估计方法之一，特别是窄界限法在过去的研究和分析中应用较多。但许多实际计算表明，当结构体系的失效模式较多或失效模式间的线性相关系数较大时（$\rho>0.6$），窄界限法的上、下限会明显拉宽，在这种情况下很难获得结构体系失效概率的准确估算值。因此许多研究着重于结构体系失效概率的点估计法。

概率网络估算技术（Probabilistic Network Evaluation Technique，简称 PNET 法）是早期的结构体系失效概率点估计方法之一。这种方法首先将所有主要失效模式按彼此相关的密切程度分成若干组，在每组中选出一个失效概率最大的失效模式作为代表失效模式（记其失效概率为 $p_{fi组}$），然后假定各代表失效模式相互独立，按下式估算结构体系的失效概率 p_f：

$$p_{fs}=1-\prod_{i=1}^{k}(1-p_{fi组}) \tag{6-102}$$

式中　k——所分组数。

PENT 法的关键是分组标准 ρ_0（相关系数）的选取：若 ρ_0 取得较大，将会得到偏于保守的结果；若 ρ_0 取得较小，又将得到偏于危险的结果；在 ρ_0 选取的比较合适时，才可以得到比较准确的结果。但在目前情况下，一般都是凭经验选 ρ_0，如取 $\rho_0=0.7$ 或 0.8。

6.4　算例

二维码 6-14
算例

【例题 6-3】　一个 L 形挡土墙如图 6-9 所示，填土重度 $\gamma=17.4\text{kN/m}^3$，内摩擦角的均值 $\mu_\phi=34°$，变异系数 $\delta_\phi=0.10$；基底与土的摩擦角均值 $\mu_\theta=30°$，变异系数 $\delta_\theta=0.10$；墙后填土的高度和超载折算高度之和为 6.7m。假设承载力失效可以忽略，并忽略挖土墙前被动土压力对倾覆稳定和滑移稳定的影响，试估计挡土墙整体的失效概率。

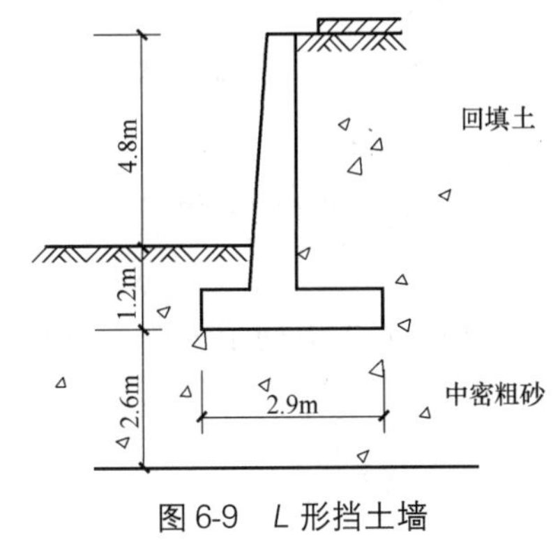

图 6-9　L 形挡土墙

【解】

1）按倾覆模式计算

由主动土压力形成的倾覆力矩为：

$$M_0=\frac{1}{2}\gamma\tan^2\left(45°-\frac{\phi}{2}\right)H^2d=\frac{1}{2}\times 17.4\times6.7^2\times\tan^2\left(45°-\frac{\phi}{2}\right)\times\frac{6.7}{3}$$

$$=872.2127\tan^2\left(45°-\frac{\phi}{2}\right)$$

抵抗力矩已知为 510kN·m/m，则倾覆模式的极限状态方程为：

$$g_1(X)=510-872.2127\tan^2\left(45°-\frac{\phi}{2}\right)=0$$

假定 X_i^* 和 β 的初值：

$$\phi_0^*=X_{i0}^*=\mu_\phi=34°,\beta_0=0$$

倾覆模式的方向余弦：

$$\alpha_{\phi_1}=\frac{-\left.\dfrac{\partial g_1}{\partial X_i}\right|_{X^*}\sigma_{X_i}}{\sqrt{\sum\limits_{i=1}^{n}\left(\left.\dfrac{\partial g_1}{\partial X_i}\right|_{X^*}\sigma_{X_i}\right)^2}}=-1$$

验算点坐标：

$$\sigma_{\phi}=\mu_{\phi}\cdot\delta_{\phi}=34\times0.1=3.4$$

$$\phi^{*}=\mu_{\phi}+\alpha_{\phi_1}\beta_1\sigma_{\phi}=34-3.4\beta_1$$

代入极限状态方程得：

$$510-872.2127\tan^2\left(45°-\frac{34-3.4\beta_1}{2}\right)=0$$

解得：$\beta_1=5.5318$ 。

$$p_{f_1}=1-\Phi(5.5318)=1.585\times10^{-8}$$

2）按滑移模式计算

驱动墙体发生滑动的水平力：

$$F=\frac{1}{2}\gamma H^2\tan^2\left(45°-\frac{\phi}{2}\right)=\frac{1}{2}\times17.4\times6.7^2\times\tan^2\left(45°-\frac{\phi}{2}\right)$$

$$=390.543\tan^2\left(45°-\frac{\phi}{2}\right)$$

基地摩阻力：

$$R=W\tan\theta=296\tan\theta$$

则滑移模式的极限状态方程为：

$$g_2(X)=296\tan\theta-390.543\tan^2\left(45°-\frac{\phi}{2}\right)=0$$

（1）第一次迭代

假定 X_i^* 和 β 的初值：

$$\phi_0^*=\mu_{\phi}=34°,\ \theta_0^*=\mu_{\theta}=30°,\ \beta_0=0$$

滑移模式的方向余弦：

$$\left.\frac{\partial g_2}{\partial\phi}\right|_{\phi_0^*}\sigma_{\phi}=-390.543\times2\tan\left(45°-\frac{\phi_0^*}{2}\right)\sec^2\left(45°-\frac{\phi_0^*}{2}\right)\times\left(-\frac{1}{2}\right)\times3.4$$

$$=905.6331$$

$$\left.\frac{\partial g_2}{\partial\theta}\right|_{\theta_0^*}\sigma_{\theta}=296\times\sec^2\theta_0^*\times\sigma_{\theta}=1184$$

$$\alpha_{\phi_1}=\frac{-905.6331}{\sqrt{905.6331^2+1184^2}}=-0.6075$$

$$\alpha_{\theta_1}=\frac{-1184}{\sqrt{905.6331^2+1184^2}}=-0.7943$$

验算点坐标：

$$\phi^{*}=\mu_{\phi}+\alpha_{\phi_1}\beta_1\sigma_{\phi}=34°-2.0655\beta_1$$

$$\theta^{*}=\mu_{\theta}+\alpha_{\theta_1}\beta_1\sigma_{\theta}=30°-2.3829\beta_1$$

代入极限状态方程：

$$g_2(X)=296\tan(30°-2.3829\beta_1)-390.543\tan^2\left(45°-\frac{34°-2.0655\beta_1}{2}\right)=0$$

解得：$\beta_1=2.332772$。

（2）第二次迭代

$$\phi_1^*=34°-2.0655\beta_1=29.1817°$$

$$\theta_1^*=30°-2.3829\beta_1=24.4412°$$

方向余弦：

$$\left.\frac{\partial g_2}{\partial \phi}\right|_{\phi_1^*}\sigma_\phi=-390.543\times 2\tan\left(45°-\frac{\phi_1^*}{2}\right)\sec^2\left(45°-\frac{\phi_1^*}{2}\right)\times\left(-\frac{1}{2}\right)\times 3.4$$

$$=1047.7801$$

$$\left.\frac{\partial g_2}{\partial \theta}\right|_{\theta_1^*}\sigma_\theta=296\times\sec^2\theta_1^*\times\sigma_\theta=1071.4249$$

$$\alpha_{\phi_2}=\frac{-1047.7801}{\sqrt{1047.7801^2+1071.4249^2}}=-0.6992$$

$$\alpha_{\theta_2}=\frac{-1071.4249}{\sqrt{1047.7801^2+1071.4249^2}}=-0.7150$$

验算点坐标：

$$\phi^*=\mu_\phi+\alpha_{\phi_2}\beta_2\sigma_\phi=34°-2.3773\beta_2$$

$$\theta^*=\mu_\theta+\alpha_{\theta_2}\beta_2\sigma_\theta=30°-2.145\beta_2$$

代入极限状态方程：

$$g_2(X)=296\tan(30°-2.145\beta_2)-390.543\tan^2\left(45°-\frac{34°-2.3773\beta_2}{2}\right)=0$$

解得：$\beta_2=2.314667$。

$$p_{f_2}=1-\Phi(2.314667)=0.0104$$

两个极限状态中都有 ϕ，可以预料是相关的，按单一模式界限：

$$0.0104\leqslant p_f\leqslant 0.0104+1.585\times 10^{-8}$$

从这个算例中可以发现，起控制作用的是挡土墙的滑移，系统的失效概率接近这个控制模式的失效概率。

本章小结

（1）可靠度的发展大概分为三个阶段，我国的可靠度发展起步较晚，但发展较快。

（2）地下建筑结构由于其赋存的地层条件、施工环境和使用功能的特殊性，需要考虑周围的地层介质、结构力学计算模型的假设、施工以及环境等不确定因素的影响，从而进行可靠度分析。

（3）结构的可靠度是结构在规定时间内和规定条件下完成预定功能的概率，衡量可靠度的三个参数分别为：可靠概率 p_r、失效概率 p_f、可靠度指标 β。

（4）运用概率论和数理统计方法可以近似的得到破坏机制的失效概率。计算结构可靠度的方法主要有一次二阶矩法、二次二阶矩法、二次四阶矩法、渐进积分法、响应面方法、蒙特卡罗模拟法等。

思考与练习题

6-1 简述描述可靠度的指标。

6-2 简述地下结构不确定因素及其特点。

6-3 简述结构可靠度分析的方法。

6-4 简述中心点法的优缺点。

6-5 简述如何用验算点法进行可靠度分析。

6-6 受永久荷载作用的薄壁型钢梁，极限状态方程 $Z=g(W,f,M)=Wf-M=0$。已知弯矩 M 服从正态分布，$\mu_M=130000$，$\delta_M=0.07$；截面抵抗矩 W 服从正态分布，$\mu_W=54.72$，$\mu_W=0.05$；钢材强度 f 服从正态分布，$\mu_f=3800$，$\delta_f=0.08$。求钢梁的失效概率 p_f。

第 7 章　浅埋式地下结构设计

本章要点及学习目标

本章要点：

(1) 浅埋式结构的概念、形式及特点；

(2) 浅埋式矩形闭合框架设计中的构造要求；

(3) 浅埋式矩形闭合框架的荷载确定和结构简化形式；

(4) 弹性地基上矩形闭合框架的内力计算方法。

学习目标：

(1) 掌握浅埋式结构的概念、形式及特点；

(2) 熟悉矩形闭合框架的荷载确定及不同结构形式的简化；

(3) 了解浅埋式结构的构造要求；

(4) 掌握浅埋矩形闭合框架的内力计算及结构设计。

7.1　概述

二维码 7-1
浅埋式地下
结构概述

埋设在土层中的建筑物，按其埋置深浅可分为深埋式结构和浅埋式结构两大类。本章内容仅限于浅埋式结构的设计，其中主要介绍浅埋式矩形结构的设计与计算。

所谓浅埋式结构，是指其覆盖土层较薄，不满足压力拱成拱条件［$H_{土} \leqslant (2 \sim 2.5)h_1$，$h_1$ 为压力拱高］或软土地层中覆盖厚度小于结构尺寸的地下结构。决定采用深埋式还是浅埋式的因素包括：建筑物的使用要求、环境条件、地质条件、防护等级以及施工能力等。

一般浅埋式建筑工程，常采用明挖法施工，比较经济；但在地面环境条件要求苛刻的地段，也可采用管幕法、箱涵顶进法等暗挖法施工。

浅埋式结构的形式很多，大体可归纳为以下三种：直墙拱形结构、矩形框架和梁板式结构，或者是上述形式的组合。

7.1.1　直墙拱形结构

二维码 7-2
直墙拱形结构

浅埋式直墙拱结构在小型地下通道以及早期的人防工程中比较普遍，一般多用在跨度 1.5～4m 左右的结构中。墙体部分通常用砖或块石砌筑，拱体部分视其跨度大小，可以采用砖砌拱、预制钢筋混凝土拱或现浇钢筋混凝土拱。前两种多用于跨度较小的人防工程的通道部分，后一种则在跨度较大的工程中采用。

从结构受力分析看，拱形结构主要承受轴向压力，其中弯矩和剪力都较小。所以，一些砖、石和混凝土等抗压性能良好而抗拉性能又较差的材料在拱形结构中得以充分发挥其材料的特性。

拱顶部分按照其轴线形状又可分为：半圆拱、割圆拱、抛物线拱等多种形式。如图7-1所示为几种常见的直墙拱结构。

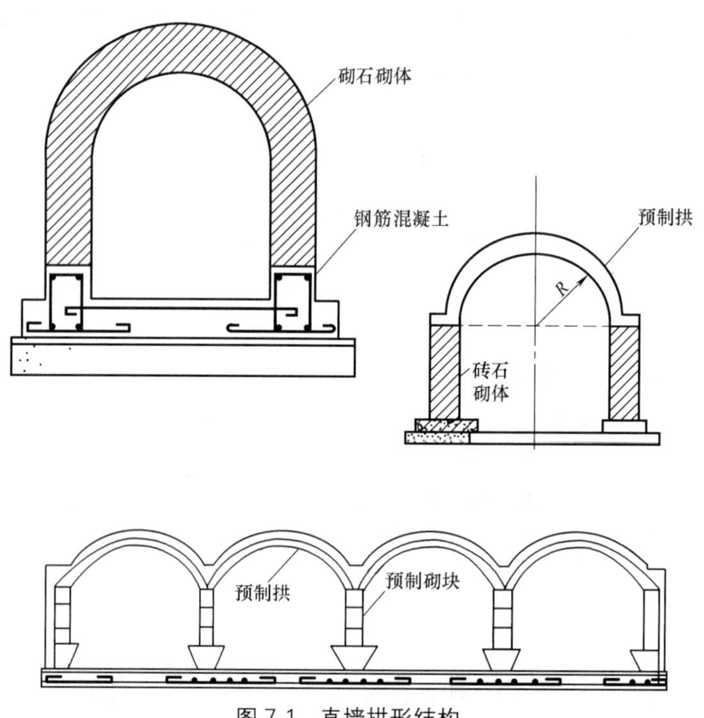

图7-1　直墙拱形结构

7.1.2　矩形闭合框架

二维码7-3
矩形闭合框架

随着地下结构跨度、复杂性的增加，以及对结构整体性、防水方面的要求越来越高，混凝土矩形闭合框架结构在地下建筑中的应用变得更为广泛。特别是车行立交地道、地铁通道、车站等最为适用。浅埋式矩形框架结构具有空间利用率高、挖掘断面经济且易于施工的优点。

矩形闭合框架的顶、底板为水平构件，承受的弯矩较拱形结构大，故一般做成钢筋混凝土结构。

在地铁工程中，根据使用要求及荷载和跨度的大小，闭合框架可以是单跨的、双跨的或是多跨的；有时在车站部分还需做成多层多跨的形式。

1. 单跨矩形闭合框架

当跨度较小时（一般小于6m），可采用单跨矩形闭合框架。图7-2（a）为地铁车站（或大型人防工程）的出入口通道。

2. 双跨和多跨的矩形闭合框架

当结构的跨度较大，或由于使用和工艺的要求，结构可设计成双跨的或多跨的。

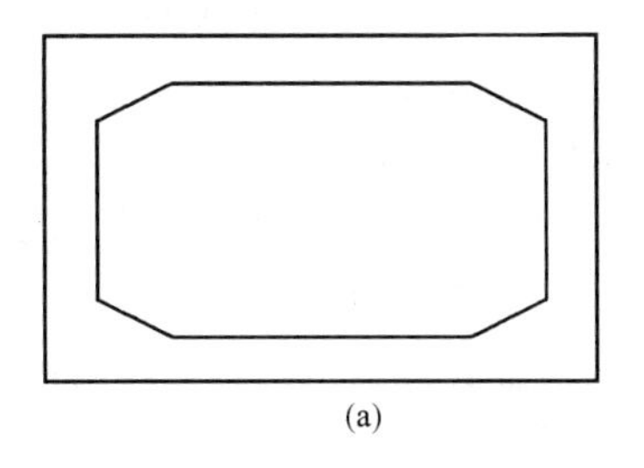
(a)

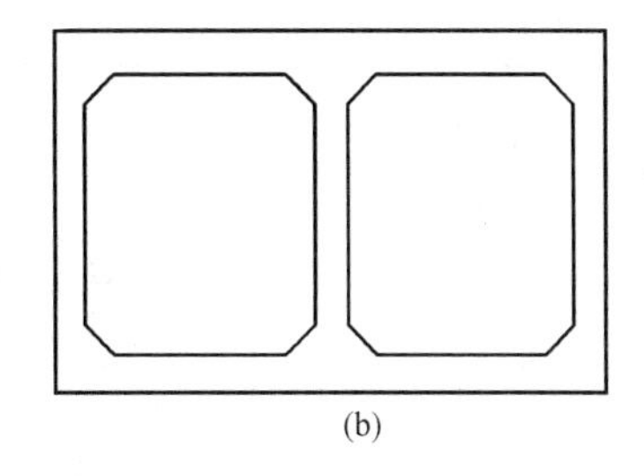
(b)

图 7-2　矩形闭合框架

图 7-2（b）为双孔（跨）通道。为了改善通风条件和节约材料，中间隔墙还可开设孔洞，如图 7-3 所示。这样，不但可以改善通风，节约材料，而且也使结构轻巧、美观。

中间隔墙还可以用梁、柱代替。事实上，当隔墙上的孔洞开设较大时，隔墙的作用即变成梁、柱的传力体系，如图 7-4 所示。

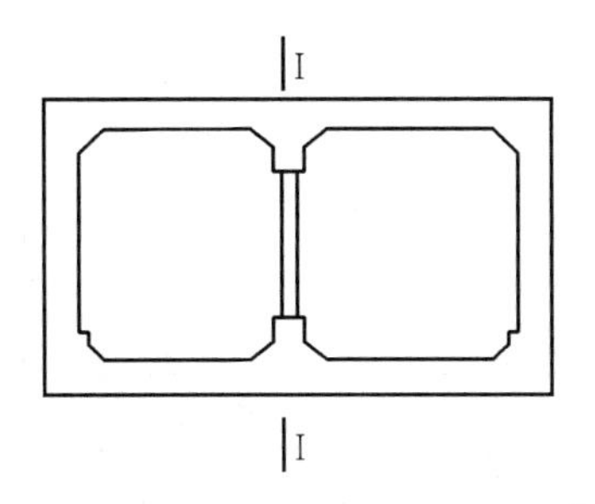

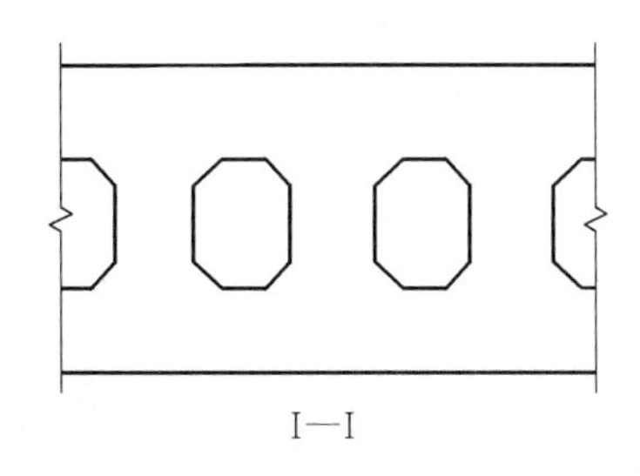

图 7-3　双跨开孔矩形闭合框架

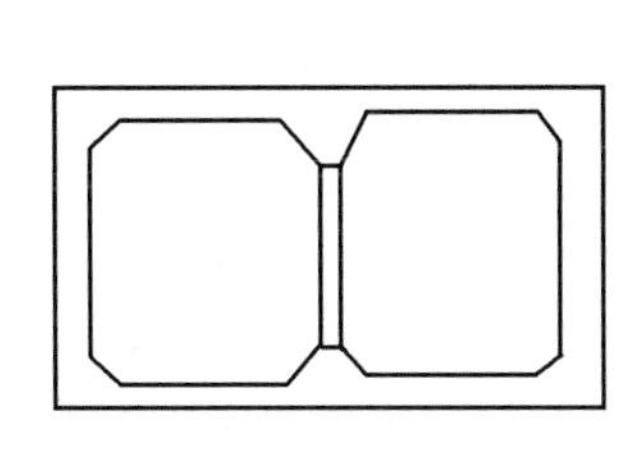

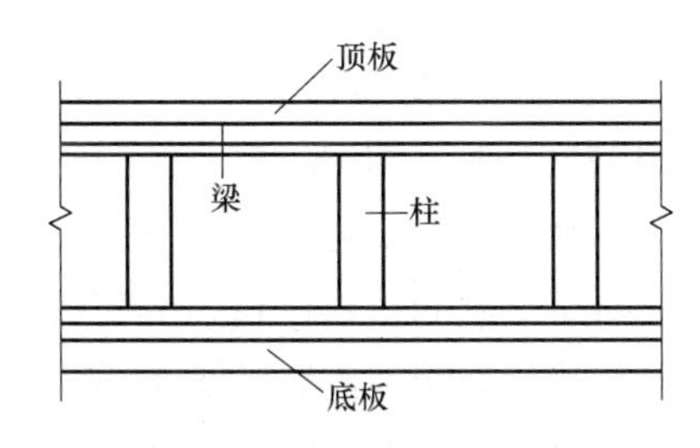

图 7-4　双跨开孔梁柱矩形闭合框架

3. 多层多跨的矩形闭合框架

有些地下厂房（例如地下热电站）由于工艺要求必须做成多层多跨的结构。地铁车站部分，为了达到换乘的目的，局部也做成双层多跨的结构，如图 7-5 所示。

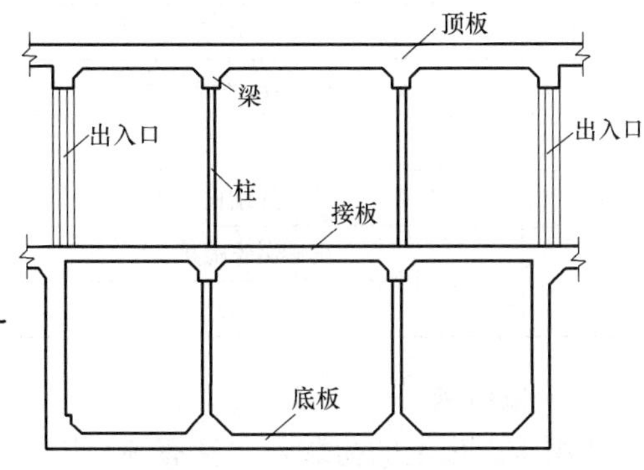

图 7-5　双层多跨的矩形闭合框架

7.1.3　梁板式结构

二维码 7-4
梁板式结构

浅埋地下工程中，梁板式结构的应用也很普遍，例如，地下医院、教室、指挥所等。这种工

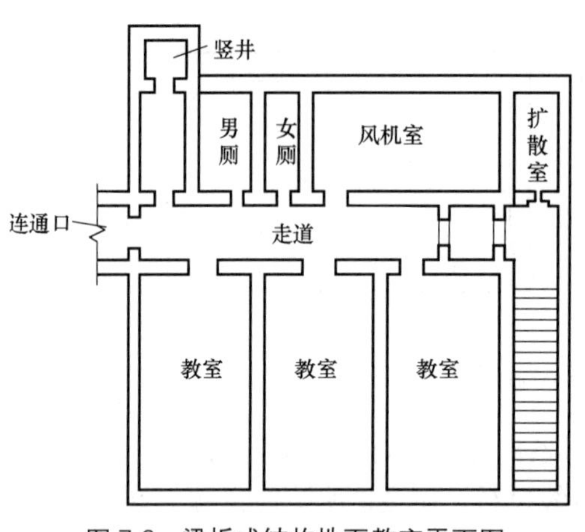

图 7-6 梁板式结构地下教室平面图

程在地下水位较低的地区或要求防护等级较低的工程中，顶、底板做成现浇钢筋混凝土梁板式结构，而围墙和隔墙则为砖墙；在地下水位较高或防护等级要求较高的工程中，一般除内部隔墙外，均做成箱形闭合框架钢筋混凝土结构。图 7-6 为一地下教室的平面图。

除上面所述的三种形式外，对于一些大跨度的建筑物，如地下礼堂、地下仓库等还可以采用壳体结构或折板结构。

7.2 矩形闭合框架的计算

结构计算通常包括三方面的内容，即荷载计算、内力计算、截面设计。本节将针对图 7-7 所示的地铁通道，说明单层矩形闭合框架的计算过程。

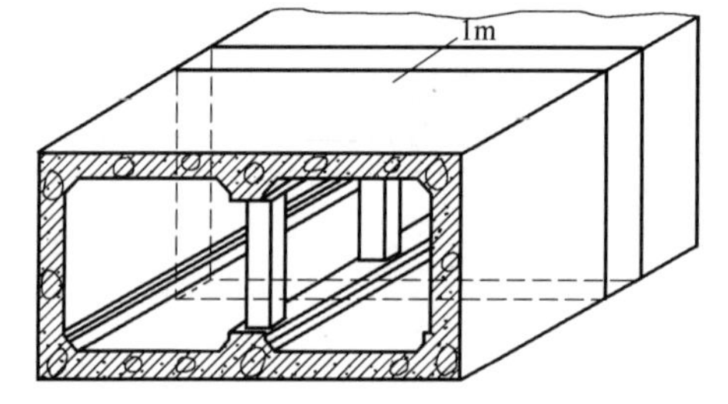

图 7-7 地铁通道

7.2.1 荷载计算

二维码 7-5
荷载计算

地下结构所受的荷载，可分为静载、活载、特殊荷载以及地震等偶然荷载三类（表 7-1）。静载是指长期作用在结构上的不变荷载，如结构自重、土压力及地下水压力等；活载是指结构物使用期间或施工期间可能存在的变动荷载，如人群、车辆、设备或施工设备以及施工期间堆放的材料、机器等荷载；特载则指常规武器（炮、炸弹）作用或核武器爆炸形成的荷载。处于地震区的地下结构，还受到地震荷载的作用。关于特载的大小是按照不同的防护等级采用的，它在人防工程的有关规范中有明确的规定。

荷载类型 **表 7-1**

序号	荷载类型	类别
1	水土压力、结构自重	恒载
2	地面超载	活载
3	特殊结构	偶然荷载
4	车辆爆炸荷载	偶然荷载
5	地震荷载	偶然荷载

1. 顶板荷载

作用于顶板上的荷载，包括有顶板以上的覆土压力、水压力、顶板自重、路面活荷载以及特载。

1）覆土压力

因为是浅埋结构，所以计算覆土压力时，只要将结构范围内顶板以上各层土壤（包括路面材料）的重量之和求出来，然后除以顶板的承压面积即可。如果某层土壤处于地下水中，则它的重度 γ_i 要采用浮重度 γ_i'。计算覆土压力时可用下式表示：

$$q_{土}=\sum_i \gamma_i h_i(\mathrm{kN/m^2}) \tag{7-1}$$

式中 γ_i——第 i 层土壤（或路面材料）的重度；

h_i——第 i 层土壤（或路面材料）的厚度。

2）水压力

计算水压力时可用下式表示：

$$q_{水}=\gamma_w h_w(\mathrm{kN/m^2}) \tag{7-2}$$

式子 γ_w——水重度；

h_w——地下水面至顶板表面的距离。

3）顶板自重

$$q=\gamma d\ (\mathrm{kN/m^2}) \tag{7-3}$$

式中 γ——顶板材料的重度；

d——顶板的厚度。

4）顶板所受的特载为 $q_{顶}^{t}$

5）地面超载 $q_{超}$

将上面的结果总和起来即得到顶板上所受的荷载为：

$$\left.\begin{aligned} q_{顶}&=q_{土}+q_{水}+q+q_{顶}^{t}+q_{超}\\ q_{顶}&=\sum_i \gamma_i h_i+\gamma_w h_w+\gamma d+q_{顶}^{t}+q_{超}\end{aligned}\right\} \tag{7-4}$$

2. 底板上的荷载

一般情况下，人防工程中的结构刚度都较大，而地基相对来说较松软，所以假定地基反力为直线分布。作用于底板上的荷载可按下式计算：

$$q_{底}=q_{顶}+\frac{\sum P}{L}+q_{底}^{t} \tag{7-5}$$

式中 $\sum P$——结构顶板以下，底板以上的两边墙及中间柱等重量；

L——结构横断面的宽度，如图 7-8 所示；

$q_{底}^{t}$——底板上所受的特载。

3. 侧墙上的荷载

侧墙上所受的荷载有土层的侧向压力、水压力及特载。

1）土层侧向压力

$$e=\left(\sum_i \gamma_i h_i\right)\tan^2\left(45°-\frac{\varphi}{2}\right) \tag{7-6}$$

式中 φ——结构埋置处土层的内摩擦角。

此外，处于地下水中的土壤，其中 γ_i 要用浮重度。

2）侧向水压力

$$e_w=\psi\gamma_w h \tag{7-7}$$

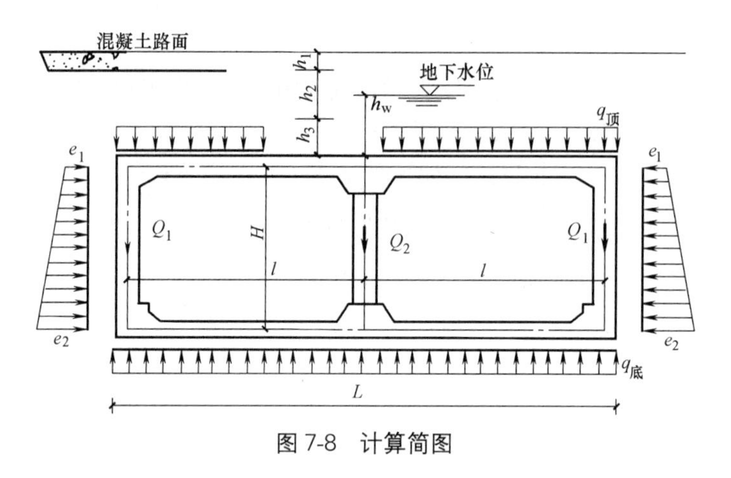

图 7-8　计算简图

式中　ψ——折减系数，其值依土壤的透水性来确定；对于砂土 $\psi=1$，对于黏土 $\psi=0.7$；

h——从地下水表面至考查点的距离。

所以，作用于侧墙上的荷载为：

$$q_{侧}=e+e_{w}+q_{侧}^{t} \tag{7-8}$$

式中　$q_{侧}^{t}$——作用于侧墙上的特载。

除上面所述的荷载外，由于温度变化、沉陷不匀、材料收缩等因素也会使结构产生内力，但要精确地考虑它是很困难的，通常只在构造上采取适当措施，例如，加配一些构造钢筋、设置伸缩缝和沉降缝等。

处于地震区的地下结构，还可能受到地震荷载的作用。

二维码 7-6
内力计算

7.2.2　内力计算

矩形闭合框架在静荷载作用下，可将地基视作弹性半无限平面，作为弹性地基上的框架进行分析。为了简化，本节将弹性地基上的反力作为荷载作用在闭合框架底部，按照一般平面框架计算。

1. 计算简图

浅埋地下结构中的闭合框架，如地铁通道、过江隧道、人防通道等，通常其横向断面比纵向短得多，且沿纵向受到的荷载基本不变，如纵向长度为 L，横向宽度为 B，当 $\frac{L}{B}>2$ 时，因端部边墙相距较远，对结构内力影响很小，因此不考虑结构纵向不均匀变形，所以可以把结构受力问题视为平面应变问题。计算时取纵向单位长度上荷载按杆件为等截面的矩形闭合框架进行计算，可以得到如图 7-9（a）所示计算简图。

一般情况下，框架的顶板、底板厚度都比内隔墙大得多，中隔墙的刚度相对较小，将中隔墙一般视为只承受轴力的二力杆，这样可以用图 7-9（b）代替图 7-9（a）。当中间为纵向梁和柱时，纵向梁可以看作框架的内部支承，柱则视为梁的支承，此时可以采用图 7-9（c）的计算简图，计算纵向梁和柱时采用图 7-10 所示的计算简图。

如果矩形闭合框架的横向宽度和纵向长度接近，就不能忽略两端部墙体影响，因而应视为空间的箱型结构。当采用近似方法对箱型结构进行计算时，顶板、底板和侧墙均可视为弹性支承板。

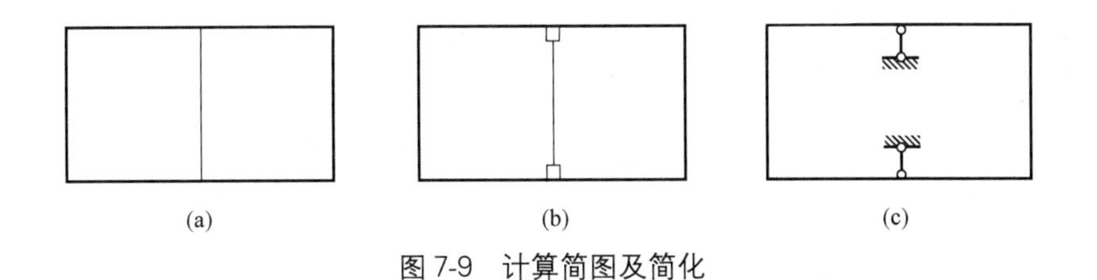

图 7-9　计算简图及简化

2. 截面选择

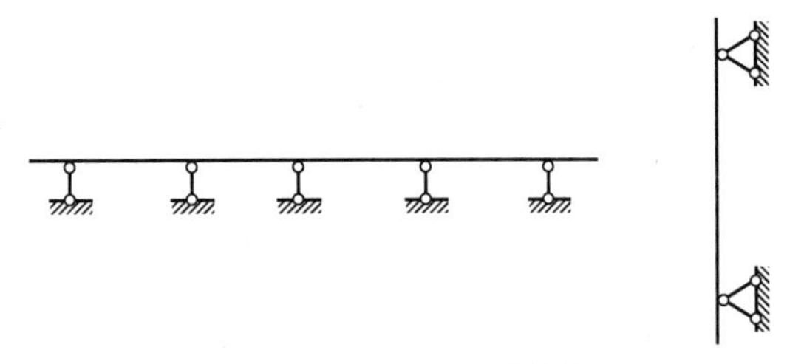

图 7-10　纵向梁和柱计算简图

由结构力学可知，计算超静定结构的内力，必须事先知道各杆件截面的尺寸，至少也要知道各杆件截面惯性矩的比值，否则无法进行内力计算。但是确定截面尺寸，只有知道内力之后才能进行，这一矛盾的产生，是由杆件系统结构力学理论本身带来的。克服这一矛盾的办法是：在进行内力计算之前，通常先根据以往的经验或近似计算方法设定各个杆件的截面尺寸，经内力计算后，再来验算所设截面是否合适。否则，重复上述过程，直至所设截面合适为止。

3. 计算方法

当不考虑线位移影响时，可按图 7-11 简化计算模式以力矩分配法进行手算。而静荷载作用下地层中的闭合框架一般按弹性地基上的框架进行计算，弹性地基可按温克尔地基考虑，也可将地基视作弹性半无限平面。

本节将介绍弹性地基上闭合框架的计算方法。

浅埋地下建筑中的闭合框架，如地铁通道、过江隧道、人防通道等，通常多为平面变形问题，如图 7-12 所示。计算时沿纵向取一单位宽度作为计算单元，对地基也截取相同的单位宽度并把它看作一个弹性半无限平面。

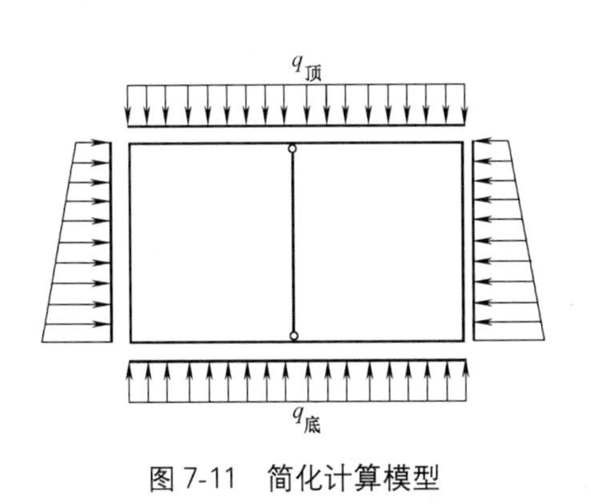

图 7-11　简化计算模型

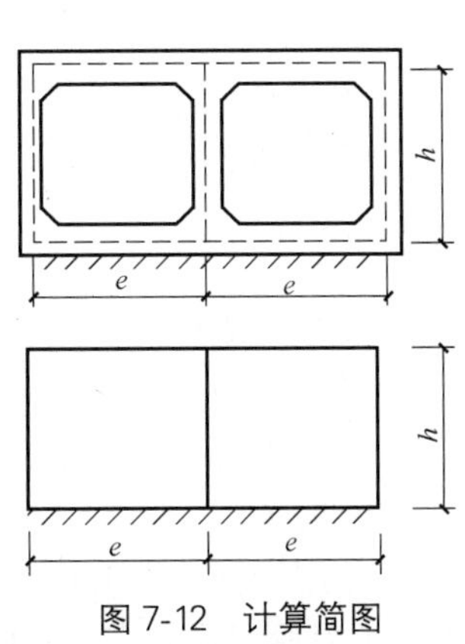

图 7-12　计算简图

框架的内力分析可采用如图 7-13 所示的计算简图，与一般平面框架的区别即在于底板承受未知的地基弹性反力而使内力分析变为复杂。

弹性地基上平面框架的内力计算仍可采用结构力学中的力法，只是需要将底板按弹性地基梁来考虑。如图 7-13（a）所示为一平面闭合框架，承受均布荷载 q_0，用力法计算内

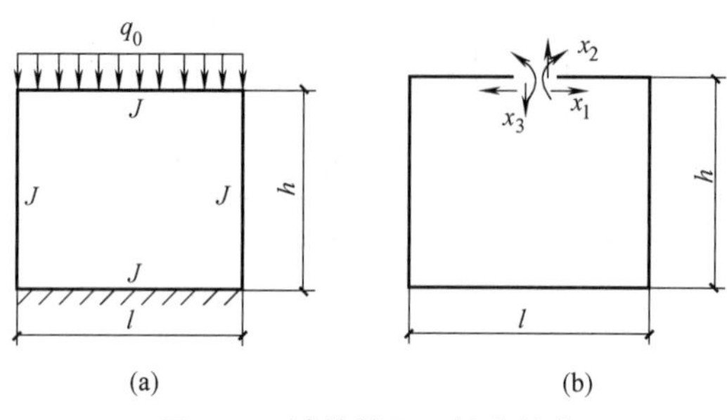

图 7-13 计算简图及基本结构

力时，可将横梁在中央切开，如图 7-13(b) 所示，并写出典型力法方程：

$$\left.\begin{array}{l}\delta_{11}x_1+\delta_{12}x_2+\delta_{13}x_3+\Delta_{1P}=0\\ \delta_{21}x_1+\delta_{22}x_2+\delta_{23}x_3+\Delta_{2P}=0\\ \delta_{31}x_1+\delta_{32}x_2+\delta_{33}x_3+\Delta_{3P}=0\end{array}\right\} \tag{7-9}$$

系数 δ_{ij} 是指在多余力 x_j 作用下，沿 x_i 方向的位移；Δ_{iP} 是指外荷载作用下沿 x_i 方向的位移，按下式计算：

$$\left.\begin{array}{l}\delta_{ij}=\delta'_{ij}+b_{ij}\\ \Delta_{ij}=\Delta'_{iP}+b_{iq}\\ \delta'_{ij}=\sum\int\dfrac{M_iM_j}{EJ}\mathrm{d}s\end{array}\right\} \tag{7-10}$$

式中 δ'_{ij}——框架基本结构在单位力作用下产生的位移（不包括底板）；

b_{ij}——底板按弹性地基梁在单位力 x_j 作用下算出的切口处 x_i 方向的位移；

Δ'_{iP}——框架基本结构在外荷载作用下产生的位移（不包括底板）；

b_{iq}——底板按弹性地基梁在外荷载 q 作用下算出的切口处 x_i 方向上的位移。

将所求到的系数及自由项代入力法方程，解出未知力 x_i，并进而绘出内力图。

二维码 7-7 设计弯矩、剪力及轴力的计算

4. 设计弯矩、剪力及轴力的计算

1）设计弯矩

根据计算简图求解超静定结构时，直接求得的是节点处的内力（即构件轴线相交处的内力），然后利用平衡条件可以求得各杆任意截面处的内力。由图 7-14 看出，节点弯矩（计算弯矩）虽然比附近截面的弯矩大，但其对应的截面高度是侧墙的高度，所以，实际不利的截面（弯矩大而截面高度又小）则是侧墙边缘处的截面，对应这个截面的弯矩称为设计弯矩。根据隔离体平衡条件，可以按下面的公式计算设计弯矩：

$$M_i=M_P-Q_P\times\frac{b}{2}+\frac{q}{2}\left(\frac{b}{2}\right)^2 \tag{7-11}$$

式中 M_i——设计弯矩；

M_P——计算弯矩；

Q_P——计算剪力；

b——支座宽度；

q——作用于杆件上的均布荷载。

设计中为了简便起见，式（7-11）可近似地用下式代替：

$$M_i=M_P-Q_P\times\frac{b}{2} \tag{7-12}$$

2）设计剪力

同上面的理由一样，对于剪力，不利截面仍然处于支座边缘处（图 7-15），根据隔离体条件，设计剪力按下式计算：

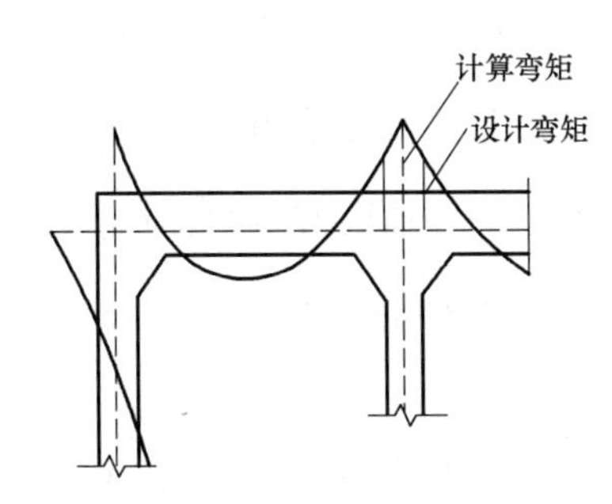

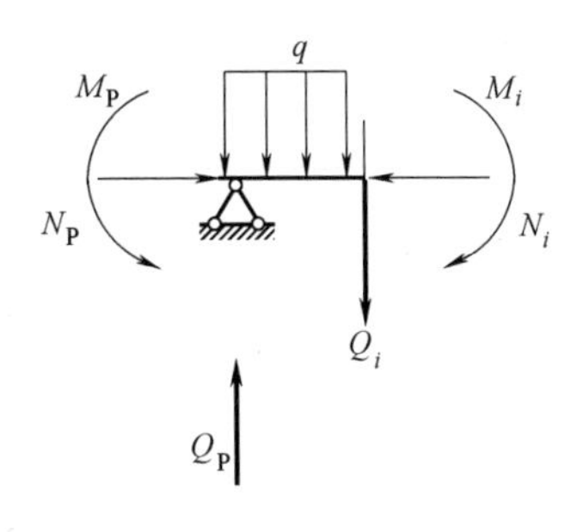

图 7-14 设计弯矩计算简图

$$Q_i = Q_P - \frac{q}{2} \times b \tag{7-13}$$

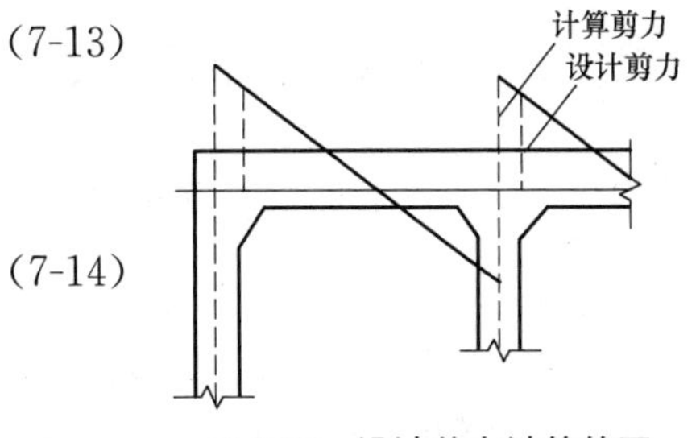

图 7-15 设计剪力计算简图

3）设计轴力

由静载引起的设计轴力按下式计算：

$$N_i = N_P \tag{7-14}$$

式中 N_P——由静载引起的计算轴力。

由特载引起的设计轴力按下式计算：

$$N_i^t = N_P^t \times \xi \tag{7-15}$$

式中 N_P^t——由特载引起的计算轴力；

ξ——折减系数，对于顶板 ξ 可取 0.3，对于底板和侧墙可取 0.6。

将上面两种情形求得的设计轴力加起来即得各杆件的最后设计轴力。

7.2.3 抗浮验算

二维码 7-8 抗浮验算

为了保证结构不因为地下水的浮力而浮起，在设计完成后，尚需按下式进行抗浮计算：

$$K = \frac{Q_{重}}{Q_{浮}} \geqslant 1.05 \sim 1.10 \tag{7-16}$$

式中 K——抗浮安全系数；

$Q_{重}$——结构自重、设备重及上覆土重之和；

$Q_{浮}$——地下水浮力。

当箱体已经施工完毕，但未安装设备和回填土时，计算 $Q_{重}$ 时只应考虑结构自重。

7.3 截面设计

二维码 7-9 截面设计

地下结构的截面选择和强度计算，除特殊要求外，一般以《混凝土结构设计规范》GB 50010—2010 为准。

在特殊荷载与其他荷载共同作用下，按弯矩及轴力对构件进行强度验算时，要考虑材料在动载作用下的强度提高，而按剪力和扭力对构件进行强度验算时，则材料的强度不提高。

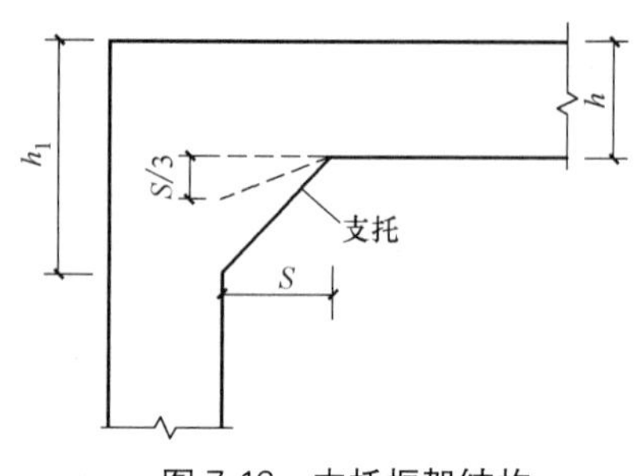

图 7-16　支托框架结构

在设有支托的框架结构中，进行构件截面验算时，杆件两端的截面计算高度采用 $h+\frac{S}{3}$。h 为构件截面高度，S 为平行于构件轴线方向的支托长度。同时，$h+\frac{S}{3}$的值不得超过杆件截面高度 h_1，即 $h+\frac{S}{3}\leqslant h_1$，如图 7-16 所示。

地下矩形闭合框架结构的构件（顶板、侧墙、底板）常按偏心受压构件进行截面验算。

二维码 7-10
配筋形式

7.4　构造要求

7.4.1　配筋形式

图 7-17 表示闭合框架的配筋形式，它由横向受力钢筋和纵向分布钢筋组成。为便于施工也可将钢筋制成焊网，如某地铁通道将顶、底板的纵向分布钢筋和侧墙的横向受力钢筋均制成焊网。

为改善闭合框架的受力条件，一般在角部设置支托，并配支托钢筋。当荷载较大时，需验算抗剪强度，并配置钢箍和弯起筋，如图 7-17 所示。

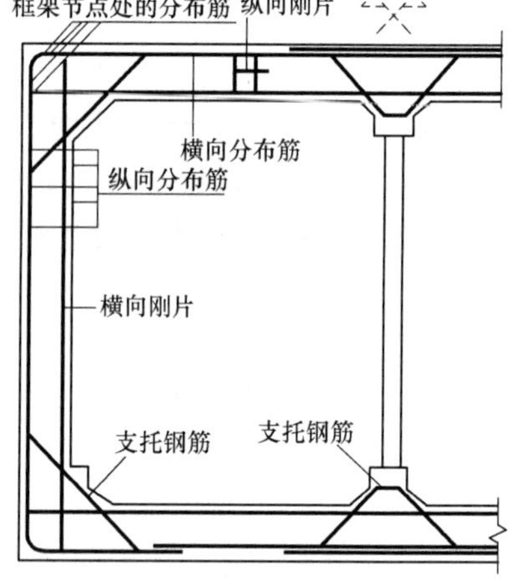

图 7-17　闭合框架配筋形式

二维码 7-11
混凝土保护层

对于考虑动载作用的地下结构物，为提高构件的抗冲击动力性能，构件断面上宜配置双筋。

7.4.2　混凝土保护层

地下结构的特点是外侧与土、水相接触，内侧相对湿度较高。因此，受力钢筋的保护层最小厚度（从钢筋的外边缘算起）比地面结构增加 5～10mm，应遵守表 7-2 规定。例如，某越江工程混凝土保护层为 35mm；某地铁工程中，周边构件保护层为 50mm。

二维码 7-12
横向受力钢筋

7.4.3　横向受力钢筋

横向受力钢筋的配筋百分率，不应小于表 7-3 中的规定。计算钢筋百分率时，混凝土的面积要按计算面积计算。

受弯构件及大偏心受压构件受拉主筋的配筋率，一般应不大于 1.2%，最大不得超过 1.5%。

配置受力钢筋要求细而密。为便于施工，同一结构中选用的钢筋直径和型号不宜过多。通常，受力钢筋直径 $d\leqslant$32mm，对于以受弯为主的构件 $d\geqslant$10～14mm；对于以受压为主的构件 $d\geqslant$12～16mm。

混凝土保护层最小厚度（mm） **表 7-2**

构件名称	钢筋直径	保护层厚度
墙板及环形结构	$d \leqslant 10$ $12 \leqslant d \leqslant 14$ $14 \leqslant d \leqslant 20$	15～20 20～25 25～30
梁柱	$d < 32$ $d \geqslant 32$	30～35 $d+(5 \sim 10)$
基础	有垫层 无垫层	35 70

钢筋的最小配筋百分率（%） **表 7-3**

	受力类型	最小配筋百分率
受压构件	全部纵向钢筋	0.6
	一般纵向钢筋	0.2
受弯构件、偏心受拉、轴心受拉构件一侧的受拉钢筋		0.2 和 $45f_t/f_y$ 中的最大值

注：1. 受压构件全部纵向钢筋最小配筋百分率，当采用 HRB400 级、RRB400 级钢筋时，应按表中规定减小 0.1；当混凝土强度等级为 C60 及以上时，应按表中规定增大 0.1；
2. 偏心受拉构件中的受压钢筋，应按受压构件一侧纵向钢筋考虑；
3. 受压构件的全部纵向钢筋和一侧纵向钢筋的配筋率以及轴心受拉构件和小偏心受拉构件一侧受拉钢筋的配筋率应按构件的全截面面积计算；受弯构件、大偏心受拉构件一侧受拉钢筋的配筋率应按全截面面积扣除受压翼缘面积 $(b_f'-b)h_f'$后的截面面积计算；
4. 当钢筋沿构件截面周边布置时，“一侧纵向钢筋”系指沿受力方向两个对边中的一边布置的纵向钢筋。

受力钢筋的间距应不大于 200mm，不小于 70mm，但有时由于施工需要，局部钢筋的间距也可适当放宽。

二维码 7-13
分布钢筋

7.4.4 分布钢筋

由于考虑混凝土的收缩、温差影响、不均匀的沉陷等因素的作用，必须配置一定数量的构造钢筋。

纵向分布钢筋的截面面积，一般应不小于受力钢筋截面积的 10%，同时，纵向分布钢筋的配筋率：对顶、底板不宜小于 0.15%；对侧墙不宜小于 0.20%。例如，某地铁通道顶、底板厚 50cm，其内或外侧采用$\frac{1}{12} \times 0.15\% \times 100 \times 50 = 3.75\text{cm}^2$ 的分布筋，选用Φ12@250 的钢筋，其面积为 4.52 cm^2。

纵向分布钢筋应沿框架周边各构件的内、外两侧布置，其间距可采用 100～300mm。框架角部，分布钢筋应适当加强（如加粗或加密），其直径不小于 12～14mm，如图 7-18 所示。

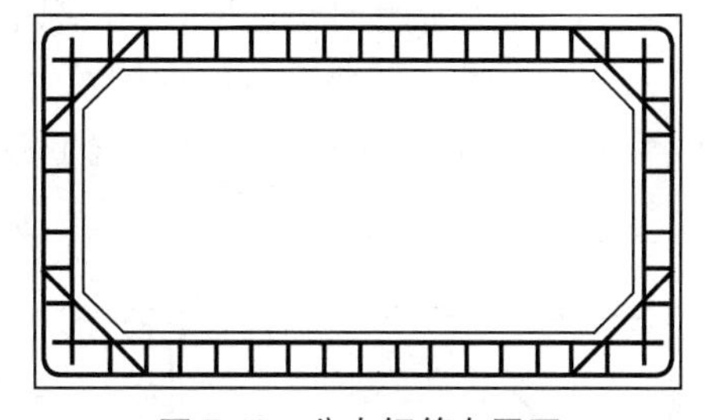

图 7-18 分布钢筋布置图

7.4.5 箍筋

二维码 7-14
箍筋

地下结构断面厚度较大，一般可不配置箍筋，如计算需要时，可参照表 7-4，按下述规定配置：

1）框架结构的箍筋间距在绑扎骨架中不应大于 $15d$，在焊接骨架中不

应大于 $20d$，（d 为受压钢筋中的最小直径），同时不应大于 400mm。

2）在受力钢筋非焊接接头长度内，当搭接钢筋为受拉钢筋时，其箍筋间距不应大于 $5d$，当搭接钢筋为受压筋时，其箍筋间距不应大于 $10d$（d 为受力钢筋中的最小直径）。

3）框架结构的箍筋一般采用直钩槽形箍筋，这种钢筋多用于顶、底板，其弯钩必须配置在断面受压一侧。L 形箍筋多用于侧墙。

箍筋的最大间距（mm） **表 7-4**

项次	板和墙厚	$V>0.7f_tbh_0$	$V\leqslant0.7f_tbh_0$
1	$150<h\leqslant300$	150	200
2	$300<h\leqslant500$	200	300
3	$500<h\leqslant800$	250	350
4	$h>800$	300	400

二维码 7-15
刚性节点构造

7.4.6 刚性节点构造

框架转角处的节点构造应保证整体性，即应有足够的强度、刚度及抗裂性，除满足受力要求外，还要便于施工。

当框架转角处为直角时，应力集中较严重，如图 7-19（a）所示。为缓和应力集中现象，在节点可加斜托，如图 7-19（b），斜托的垂直长度与水平长度之比以 1∶3 为宜。斜托的大小视框架跨度大小而定。

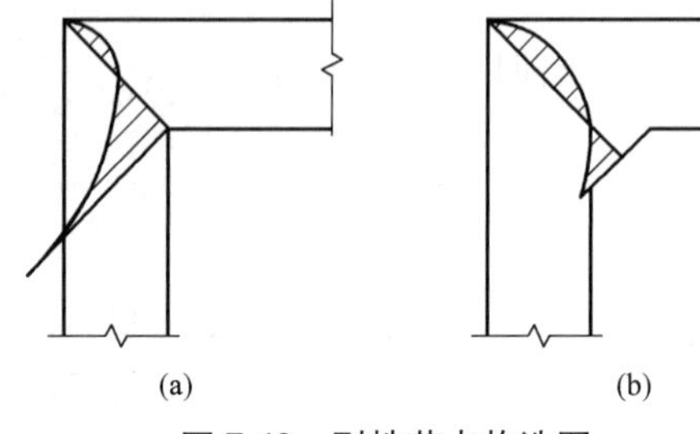

图 7-19 刚性节点构造图

框架节点处钢筋的布置原则如下：

1）沿节点内侧不可将水平构件中的受拉钢筋随意弯曲（图 7-20a），而应沿斜托另配直线钢筋（图 7-20b），或将此钢筋直接焊在侧墙的横向焊网上。

2）沿着框架转角部分外侧的钢筋，其弯曲半径 R 必须为所用钢筋直径的 10 倍以上，即 $R\geqslant10d$，见图 7-20（b）。

3）为避免在转角部分的内侧发生拉力时，内侧钢筋与外侧钢筋无联系，使表面混凝土容易剥落，因此最好在角部配置足够数量的箍筋，见图 7-21。

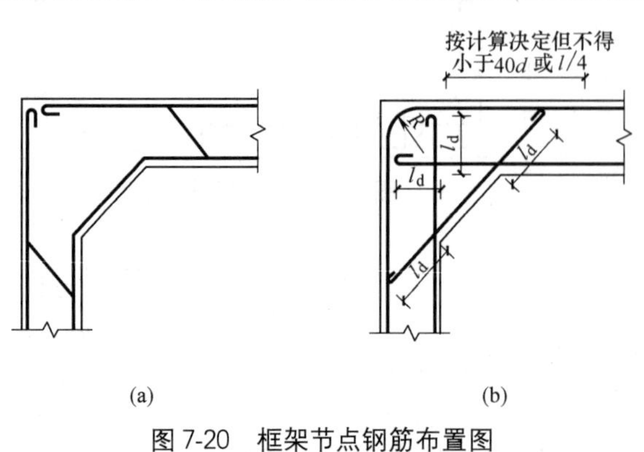

图 7-20 框架节点钢筋布置图

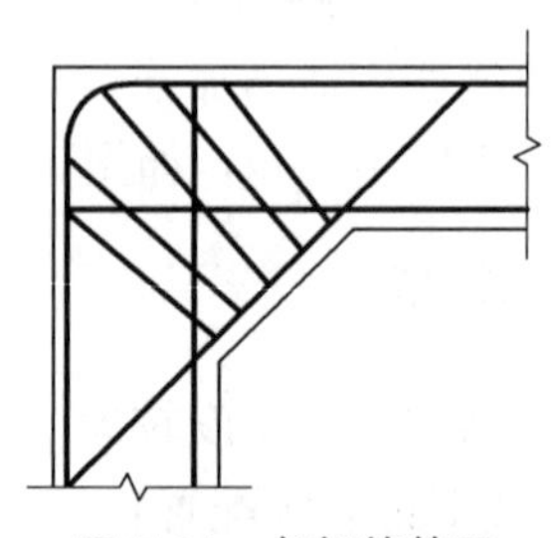

图 7-21 角部箍筋图

7.4.7 变形缝的设置及构造

二维码 7-16
变形缝的
设置及构造

为防止结构由于不均匀沉降、温度变化和混凝土收缩等引起破坏，沿结构纵向，每隔一定距离需设置变形缝。变形缝的间距为 30m 左右。

变形缝分为两种：一种是防止由于温度变化或混凝土收缩而引起结构破坏所设置的缝，称为伸缩缝；另一种是防止由于不同的结构类型（或结构相邻部分具有不同荷载）或不同地基承载力而引起结构不均匀沉陷所设置的缝，称为沉降缝。

变形缝为满足伸缩和沉降需要，缝宽一般为 20～30mm，缝中填充富有弹性且防水的材料。

变形缝的构造方式很多，主要分三类：嵌缝式、贴附式、埋入式。

1. 嵌缝式

图 7-22 表示嵌缝式变形缝，材料可用沥青砂板、沥青板等。为了防止板与结构物间有缝隙，在结构内部槽中填以沥青胶或环煤涂料（即环氧树脂和煤焦油涂料）等以减少渗水可能。也可在结构外部贴一层防水层，如图 7-22（b）所示。

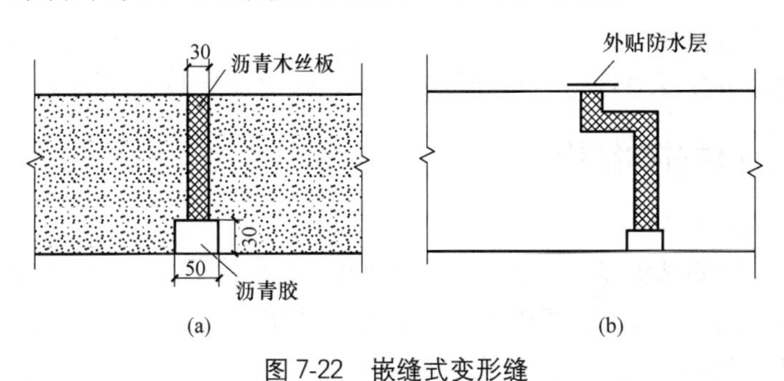

图 7-22 嵌缝式变形缝

嵌缝式的优点是造价低、施工易，但在有压水中防水效能不良，仅适于地下水较少的地区或防水要求不高的工程中。

2. 贴附式

图 7-23 表示贴附式变形缝，将厚度 6～8mm 的橡胶平板用钢板条及螺栓固定在结构上。

这种方式亦称为可卸式变形缝。其优点是橡胶平板年久老化后可以拆换，缺点是不易使橡胶平板和钢板密贴。这种构造可用于一般地下工程中。

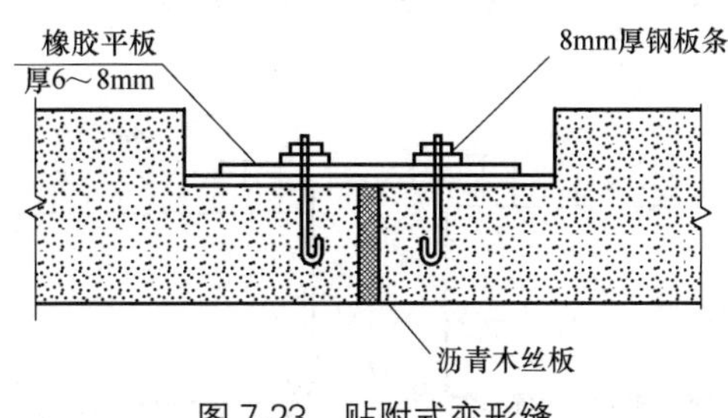

图 7-23 贴附式变形缝

3. 埋入式

图 7-24 表示埋入式变形缝。在浇灌混凝土时，把橡胶或塑料止水带埋入结构中。其优点是防水效果可靠，但橡胶老化问题需待改进，这种方法在大型工程中普遍采用。

在有水压而且表面温度高于 50℃或受强氧化及油类等有机物质侵蚀的地方，可在中间埋设紫铜片，但造价高，其做法见图 7-25。

当防水要求很高、承受较大的水压力时，可采用上述三种方法的组合，称为混合式，此法防水效果好，但施工程序多、造价高。

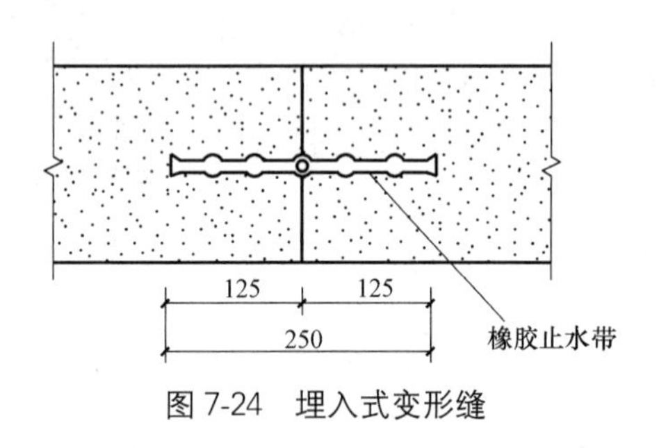

图 7-24 埋入式变形缝

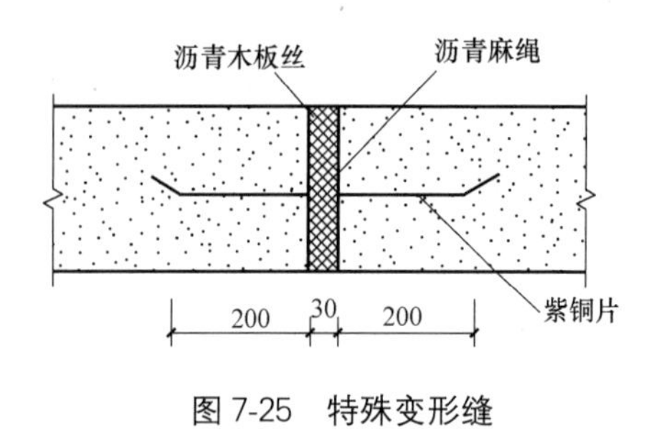

图 7-25 特殊变形缝

7.5 弹性地基上矩形闭合框架设计计算

作为平面框架的力学解法，当地下结构的纵向长度与跨度比值 $L/l \geqslant 2$ 时为平面变形问题，可沿纵向取 1m 宽的单元进行计算。当结构跨度较大、地基较硬时，可将封闭框架视为底板，按地基为弹性半无限平面的框架进行计算。这种假定称为弹性地基上的框架，此种力学解法比底板按反力均匀分布计算要经济，也更能反映实际的受力状况。

7.5.1 框架与荷载对称结构

1. 单层单跨对称框架

单层单跨对称框架结构见图 7-26（a），其假定的弹性地基上的框架的力学解可建立图 7-26（b）所示的计算简图，由图看出，上部结构与底板之间视为铰接，加一个未知力 x_1，原封闭框架成为两铰框架。由变形连续条件可列出如下的力法方程：

$$\delta_{11}x_1+\Delta_{1P}=0 \tag{7-17}$$

式（7-17）中的 δ_{11}、Δ_{1P} 可求出，由于是对称的荷载框架，先求框架点 A 处的角变，再求出底板（基础梁）A 处的角变，A 两处角变的代数和即是 Δ_{1P}。

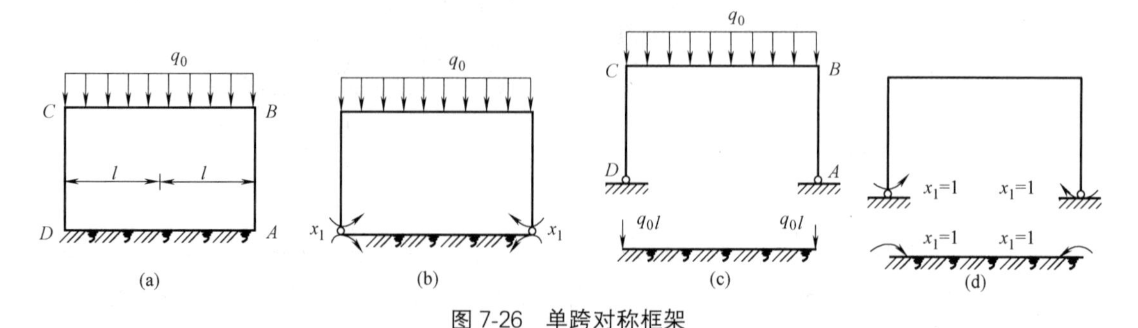

图 7-26 单跨对称框架

单层单跨的计算过程可为如下几个步骤：

1）列出力法方程

将闭合框架划分为两铰框架和基础梁，根据变形连续条件列出力法方程。

2）求解力法方程中的自由项和系数

求解两铰框架与基础梁的有关角变和位移，解基础梁与两铰框架的角变和位移可查表进行计算，这样可简化计算过程，两铰框架的角变和位移见表 7-5。

3）求框架的内力图

解力法方程，求解两铰框架的弯矩可采用力矩分配法等，求基础梁的内力及地基反力可采用查表法进行计算。

2. 双跨对称框架

图 7-27（a）为双跨对称框架，求该框架内力时，可建立图 7-27（b）的基本结构，A、D 两节点为绞节点，加未知力 x_1，中间竖杆在 F 点断开，加未知力 x_2，此杆由于对称关系仅受轴向力。根据 A、D 和 F 各截面的变形连续条件，建立如下力法方程：

$$\left.\begin{aligned}\delta_{11}X_1+\delta_{12}X_2+\Delta_{1P}=0\\ \delta_{21}X_1+\delta_{22}X_2+\Delta_{2P}=0\end{aligned}\right\} \tag{7-18}$$

式（7-18）中的各系数及自由项可按下述方法求得：

Δ_{1P} 是框架与基础梁 A 两角变的代数和；Δ_{2P} 是框架 F 点的竖向位移与基础梁中点的竖向位移的代数和再除以 2，见图 7-27（c）。

δ_{11} 是框架与基础梁 A 两端角变的代数和，见图 7-27（d）；δ_{22} 是框架 F 点的竖向位移与基础梁中点的竖向位移的代数和再除以 2，见图 7-27（e）；δ_{12} 是框架与基础梁 A 端角变的代数和，见图 7-27（e）；δ_{21} 是框架 F 点与基础梁中点的竖向位移的代数和再除以 2。

由位移互等定理得：

$$\delta_{12}=\delta_{21} \tag{7-19}$$

上述各系数与自由项可利用表进行计算，框架计算可查表 7-5，基础梁可查有关基础梁系数表。

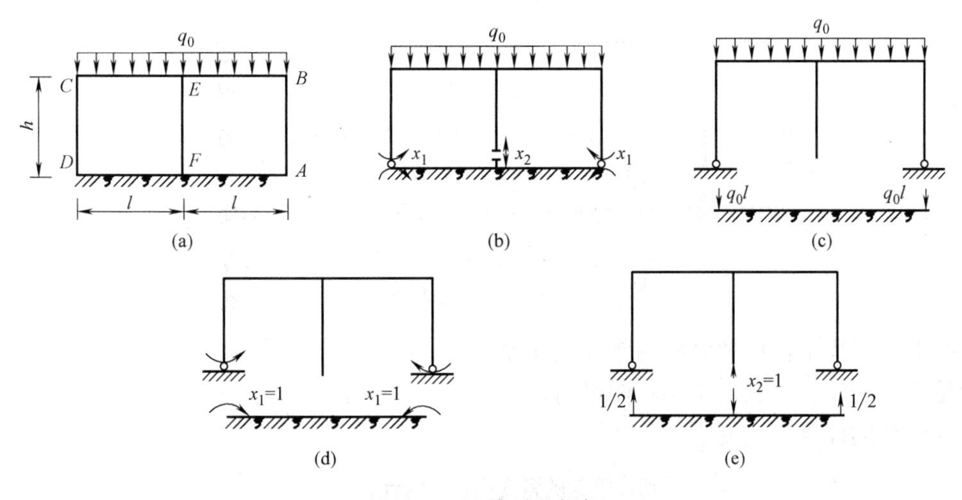

图 7-27 双跨对称框架

3. 三跨对称框架

图 7-28（a）为三跨对称框架，图 7-28（b）为该跨三跨对称框架的基本结构图，A、D 两节点改为铰节点并未加未知力 x_1，中间两根竖杆在 H、F 点断开，加未知力 x_2，根

据 A、D、F 和 H 各截面的变形连续条件，并注意对称关系，有如下力法方程：

$$\left.\begin{aligned}\delta_{11}x_1+\delta_{12}x_2+\delta_{13}x_3+\delta_{14}x_4+\Delta_{1P}=0\\ \delta_{21}x_1+\delta_{22}x_2+\delta_{23}x_3+\delta_{24}x_4+\Delta_{2P}=0\\ \delta_{31}x_1+\delta_{32}x_2+\delta_{33}x_3+\delta_{34}x_4+\Delta_{3P}=0\\ \delta_{41}x_1+\delta_{42}x_2+\delta_{43}x_3+\delta_{44}x_4+\Delta_{4P}=0\end{aligned}\right\}\tag{7-20}$$

式（7-16）中各系数及自由项的意义可按下述方法求得：

Δ_{1P} 是框架与基础梁在截面 A 的相对角变；Δ_{2P} 是截面 F 的相对竖向位移；Δ_{3P} 是截面 F 的相对角变；Δ_{4P} 是截面 F 的相对水平位移，见图 7-28（a）。

δ_{11} 是框架与基础梁在截面 A 的相对角变，δ_{21} 是截面 F 的相对竖向位移，δ_{31} 是截面 F 的相对角变，δ_{41} 是截面 F 的水平位移，见图 7-28（b）。同上述原理相似，δ_{12} 为截面 A 处的相对角变，δ_{22} 为 F 处相对竖向位移，δ_{32} 为 F 处的相对角变，δ_{42} 为 F 处的水平位移，见图 7-28（c）。δ_{13} 为 A 处的相对角变，δ_{23} 为 F 处的相对竖向位移，δ_{33} 为 F 处的相对角变，δ_{43} 为 F 处的相对水平位移，见图 7-28（d）。δ_{14} 为 A 处的相对角变，δ_{24} 为 F 处的相对竖向位移，δ_{34} 为 F 处的相对角变，δ_{44} 为 F 处的相对水平位移，见图 7-28（e）。

根据位移互等定理得：

$$\delta_{12}=\delta_{21};\ \delta_{13}=\delta_{31};\ \delta_{14}=\delta_{41};\ \delta_{23}=\delta_{32};\ \delta_{24}=\delta_{42};\ \delta_{43}=\delta_{34}$$

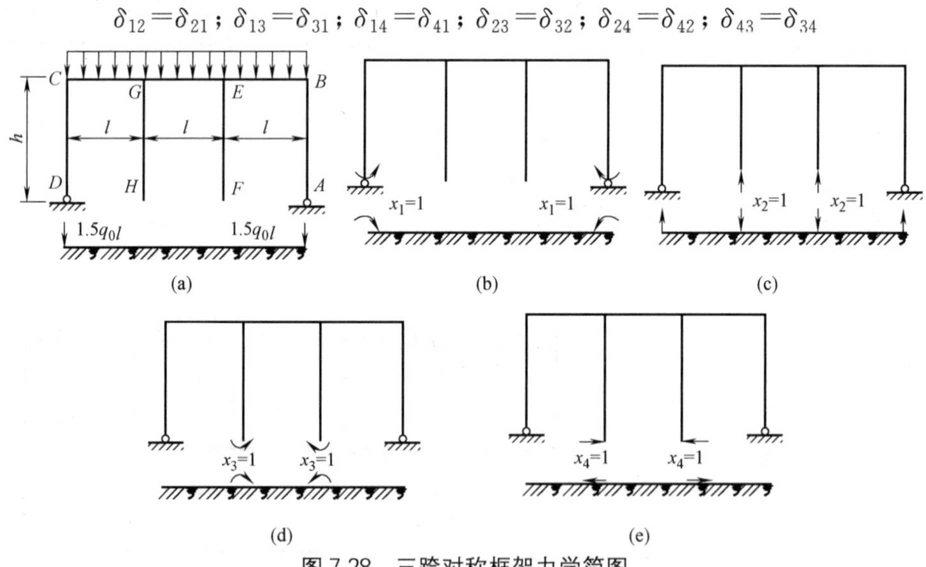

图 7-28　三跨对称框架力学简图

在地下工程中，中间竖杆的刚度往往比两侧墙的刚度小得多，因此，可假定中间竖杆不承受弯矩与剪力，其基本结构图可简化为中间竖杆上下两端为铰接的形式。两铰框架的角度和位移的计算公式见表 7-5。

两铰框架的角变和位移的计算公式　　表 7-5

情　形	简　图	位移及角变的计算公式
(1)对称	C B K_2 K_1 K_1 D A	$\theta_A=\dfrac{M_{BA}^F+M_{BC}^F-\left(2+\dfrac{K_2}{K_1}\right)M_{AB}^F}{6EK_1+4EK_2}$

续表

情　形	简　图	位移及角变的计算公式
(2)反对称	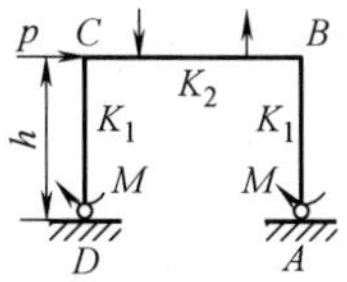	$\theta_A=\left[\left(\frac{3K_2}{3K_1}+\frac{1}{2}\right)hP-M_{BC}^F+\left(\frac{6K_2}{K_1}+1\right)M\right]\frac{1}{6EK_2}$
(3)	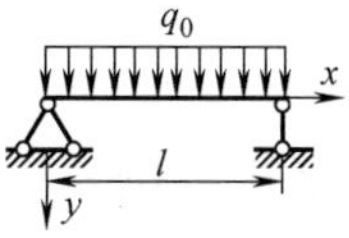	$\theta=\frac{q_0}{24EI}[l^3+6lx^2+4x^3]$ $y=\frac{q_0}{24EI}[l^3x-2lx^3+x^4]$
(4)	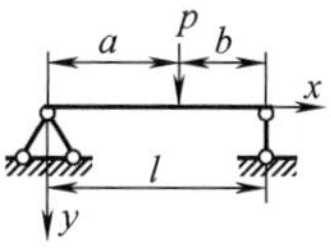	荷载左段 $\theta=\frac{P}{EI}\left[\frac{b}{6l}(l^2-b^2)-\frac{bx^2}{2l}\right]$ $y=\frac{P}{EI}\left[\frac{bx}{6l}(l^2-b^2)-\frac{bx^3}{6l}\right]$ 荷载右段 $\theta=\frac{P}{EI}\left[\frac{(x-a)^2}{2}+\frac{b}{6l}(l^2-b^2)-\frac{bx^2}{2l}\right]$ $y=\frac{P}{EI}\left[\frac{(x-a)^3}{6}+\frac{bx}{6l}(l^2-b^2)-\frac{bx^3}{6l}\right]$
(5)	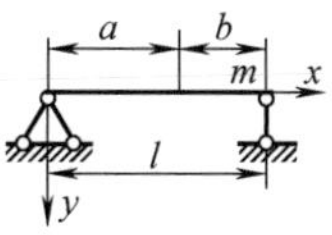	荷载左段 $\theta=\frac{m}{EI}\left[\frac{x^2}{2l}-a+\frac{l}{3}+\frac{a^2}{2l}\right]$ $y=\frac{m}{EI}\left[\frac{x^3}{6l}-ax+\frac{lx}{3}+\frac{a^2x}{2l}\right]$ 荷载右段 $\theta=\frac{m}{EI}\left[\frac{x^2}{2l}-x+\frac{l}{3}+\frac{a^2}{2l}\right]$ $y=\frac{m}{EI}\left[\frac{x^3}{6l}-\frac{x^2}{2}+\frac{lx}{3}+\frac{a^2x}{2l}-\frac{a^2}{2}\right]$
(6)	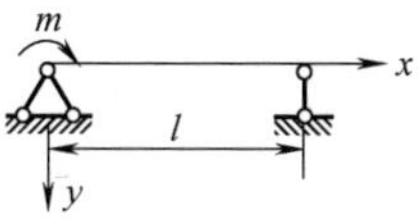	$\theta=\frac{m}{EI}\left[\frac{x^2}{2l}-x+\frac{l}{3}\right]$ $y=\frac{m}{EI}\left[\frac{x^3}{6l}-\frac{x^2}{2}+\frac{lx}{3}\right]$
(7)	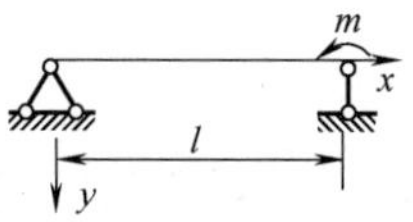	$\theta=\frac{m}{EI}\left[\frac{l}{6}-\frac{x^2}{2l}\right]$ $y=\frac{m}{6EI}\left[lx-\frac{x^3}{l}\right]$
(8)	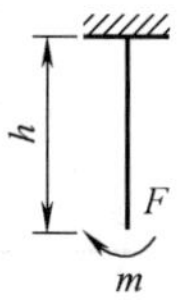	$\theta_F=\frac{mh}{EI}$(下端的角变) $y_F=\frac{mh^2}{2EI}$(下端的水平位移)
(9)	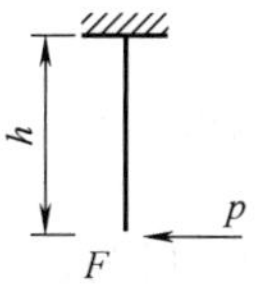	$\theta_F=\frac{Ph^2}{2EI}$(下端的角变) $y_F=\frac{Ph^3}{3EI}$(下端的水平位移)

续表

情　形	简　图	位移及角变的计算公式
说明	角变 θ 以顺时针向为正，固端弯矩 M^{F} 以顺时针为正，$K=\frac{I}{l}$	
	对称情况求铰 A 处的角变 θ_{A} 时用情形(1)的公式	
	反对称情况求解铰 A 处的 θ_{A} 时用情形(2)的公式。但应注意，M_{BA}^{F} 必须为零方可，否则不能使用该公式。图中所示的 M 和 P 为正方向	
	C G E B h H F D A 图A 图B	设欲求图 A 所示两铰框架截面 F 的角变，首先求出此框架的弯矩图，然后取出杆 BC 作为简支梁，如图 B 所示。 按情形(4)～(7)算出截面 E 的角变 θ_{E}。 按情形(3)算出截面 F 的角变 θ_{F}，截面 F 的最终角变 θ_{F} 为： $\theta_{F}=\theta_{E}+\theta_{F}$

7.5.2 框架与荷载反对称结构

对于对称框架荷载反对称的结构，其运算步骤与前述对称情况相同。其注意之点是在基本结构中所取的未知力亦应该为反对称，在计算力法方程中的自由项和系数时，求角变和位移仍可查表进行计算。

二维码 7-17 算例

7.6 算例

【例题 7-1】 一单跨闭合的钢筋混凝土框架通道，置于弹性地基上，几何尺寸如图 7-29（a）所示，横梁承受均布荷载 20kN/m，材料的弹性模量 $E=3.0\times10^{4}$MPa，泊松比 $\mu=0.2$，地基的形变模量 $E_{0}=80$MPa，泊松比 $\mu_{0}=0.3$，设为平面变形问题，绘制框架的弯矩图。

【解法一】

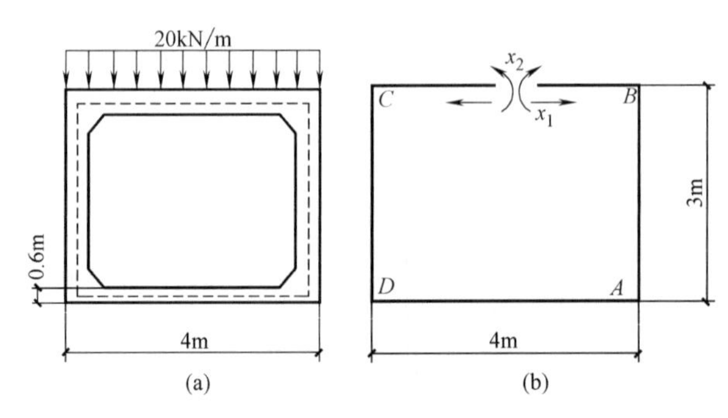

图 7-29 计算简图及基本结构

取基本结构如图 7-29（b），因结构对称，故 $x_{3}=0$，可写出典型方程为：

$$\begin{cases}x_1\delta_{11}+x_2\delta_{12}+\Delta_{1P}=0\\x_1\delta_{21}+x_2\delta_{22}+\Delta_{2P}=0\end{cases}$$

首先，求系数 δ_{ij} 与自由项 Δ_{iP}，因框架为等截面直杆，用图乘法求得：

$$\delta'_{11}=2\times\frac{2}{3}\times3\times\frac{3\times3}{2EI}=\frac{18}{EI},\delta'_{12}=\delta'_{21}=2\times1\times\frac{3\times3}{2EI}=\frac{9}{EI},\delta'_{22}=2\times1\times\frac{(3+2)\times1}{EI}=\frac{10}{EI}$$

$$\Delta'_{1P}=-2\times\frac{1}{2}\times3\times\frac{40\times3}{EI}=-\frac{360}{EI},\Delta'_{2P}=2\times\left(-\frac{40}{3}\times2\times1-40\times3\times1\right)=-\frac{293.333}{EI}$$

再求 b_{ij} 和 b_{iq}。为此，需计算出弹性地基梁的柔度指标 t：

$$t=10\frac{E_0}{E}\frac{(1-\mu^2)}{(1-\mu_0^2)}\left(\frac{l}{h}\right)^3=10\times\frac{80\times(1-0.2^2)}{3.0\times10^4\times(1-0.3^2)}\left(\frac{2.0}{0.6}\right)^3\approx1$$

在单位力 $x_1=1$ 作用下，A 点产生弯矩 $m_A=3\text{kN}\cdot\text{m}$（顺时针方向）。根据 $m_A=3\text{kN}\cdot\text{m}$，按照弹性地基梁计算，在 $\alpha=1$、$\zeta=1$ 产生的转角 θ_A 按下式计算：

$$\theta_A=\bar{\theta}_{Am}\frac{ml}{EI}$$

式中　m——作用于梁上两个对称弯矩值；

$\bar{\theta}_{Am}$——两对称力矩作用下，弹性地基梁的角变系数，可查附表 9-2。

代入数字可得：

$$\theta_{A1}=-0.952\times\frac{-3\times2}{EI}=\frac{5.712}{EI}\text{（顺时针方向）}$$

$$\theta_{A2}=-0.952\times\frac{-1\times2}{EI}=\frac{1.904}{EI}\text{（顺时针方向）}$$

在 $x_1=1$ 作用下，由于弹性地基梁的变形，使框架切口处沿 x_1 方向产生的相对线位移为：

$$b_{11}=2\times3\times\theta_{A1}=\frac{34.272}{EI}$$

在 $x_2=1$ 作用下，使框架切口处沿 x_1 方向产生的相对线位移为：

$$b_{12}=2\times1\times\theta_{A1}=2\times1\times5.712\frac{1}{EI}=\frac{11.424}{EI}$$

同理，在 $x_2=1$ 作用下，使框架切口处沿 x_2 方向的相对角位移为：

$$b_{22}=2\times1\times\theta_{A2}=2\times\frac{1.904}{EI}=\frac{3.808}{EI}$$

在 $x_1=1$ 作用下，使框架切口处沿 x_2 方向的相对角位移为：

$$b_{21}=2\times3\times\theta_{A2}=6\times\frac{1.904}{EI}=\frac{11.424}{EI}$$

如图 7-30 所示，在外荷载作用下，弹性地基梁（底板）的变形使框架切口处沿 x_1 及 x_2 方向产生位移，计算时应分别考虑外荷载传给地基梁两端的力 R 及弯矩 M 的影响，计算由两个对称弯矩引起 A 点的角变方法同前，而计算两个对称集中力 R 引起 A 点的角变值为：

$$\theta_{AR}=\bar{\theta}_{AR}\frac{Rl^2}{EI}$$

式中　R——作用于梁上两个对称集中力值，向下为正；

$\overline{\theta}_{AR}$——两个对称集中力作用下，弹性地基梁的角变计算系数，可查附表8-2求得。

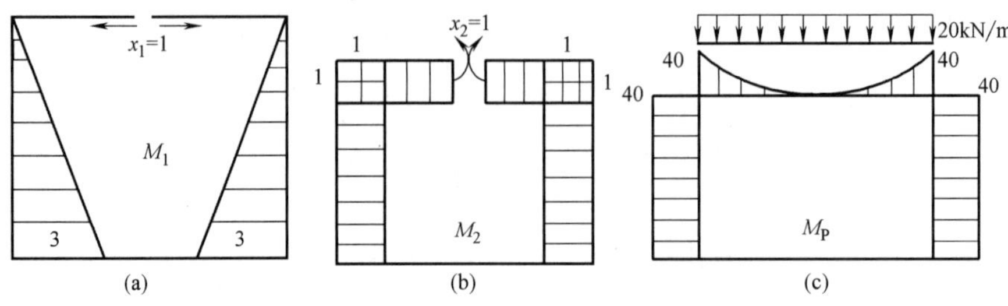

图7-30　在 x_1、x_2 和 q 单独作用下的弯矩图

因为力 $R_A=\frac{ql}{2}=40\text{kN}$，$A$ 点的弯矩 $m_A=40\text{kN}\cdot\text{m}$，所以 $\theta_{AR}=0.252\times\frac{40\times2^2}{EI}=\frac{40.32}{EI}$，$\theta_{Am}=-0.952\times\frac{40\times2}{EI}=-\frac{76.16}{EI}$。

由外荷载 q 引起弹性地基梁的变形，致使沿 x_1 及 x_2 方向产生的相对位移为：

$$b_{1q}=2\times(\theta_{AR}+\theta_{AM})\times3=6\times\left(\frac{40.32}{EI}-\frac{76.16}{EI}\right)=-\frac{215.04}{EI}$$

$$b_{2q}=\frac{b_{1q}}{h}=-\frac{215.04}{3EI}=-\frac{71.68}{EI}$$

将以上求出的相应数值叠加，得系数及自由项为：

$$\delta_{11}=\delta'_{11}+b_{11}=\frac{18}{EI}+\frac{34.272}{EI}=\frac{52.272}{EI},\ \delta_{21}=\delta'_{21}+b_{21}=\frac{9}{EI}+\frac{11.424}{EI}=\frac{20.424}{EI}$$

$$\delta_{22}=\delta'_{22}+b_{22}=\frac{10}{EI}+\frac{3.808}{EI}=\frac{13.808}{EI},\ \Delta_{1P}=\Delta'_{1q}+b_{1q}=-\frac{360}{EI}-\frac{215.04}{EI}=-\frac{575.04}{EI}$$

$$\Delta_{2P}=\Delta'_{2q}+b_{2q}=-\frac{293.333}{EI}-\frac{71.68}{EI}=-\frac{365.013}{EI}$$

代入典型方程为：

$$\begin{cases}52.272x_1+20.424x_2-575.04=0\\20.424x_1+13.808x_2-365.013=0\end{cases}$$

解得：$x_1=1.593\text{kN}$，$x_2=24.079\text{kN}\cdot\text{m}$。

已知 x_1 和 x_2，即可求出上部框架的弯矩图。底板的弯矩可根据 A 点及 D 点的力 R 和弯矩 m，按弹性地基梁方法算出，如图7-31所示。

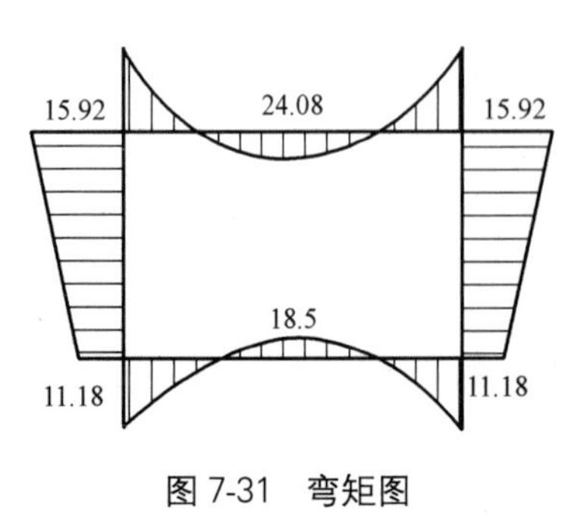

图7-31　弯矩图

【解法二】

对弹性地基框架的内力分析，还可以采用超静定的上部刚架与底板作为基础结构。将上部刚架与底板分开计算，再按照切口处反力相等（图7-32b），或变形协调（图7-32c），用位移法或力法解出切口处的未知位移或未知力，然后计算上部刚架和底板的内力。采用这种基本结构进行分析的优点，可以利用已有的刚架计算公式，或预先计算出有关的常数使计算得到简化。

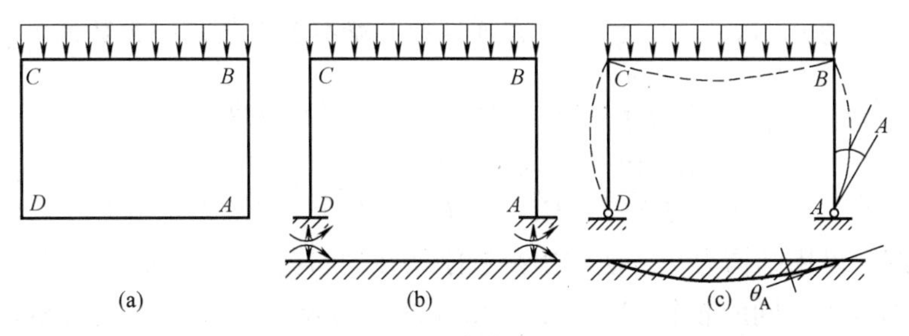

(a)　　(b)　　(c)

图 7-32　计算简图

取基本结构如图 7-33（b），因对称可取成未知力 x_1 并写出典型方程为：

$$\delta_{11}x_1+\Delta_{1P}=0$$

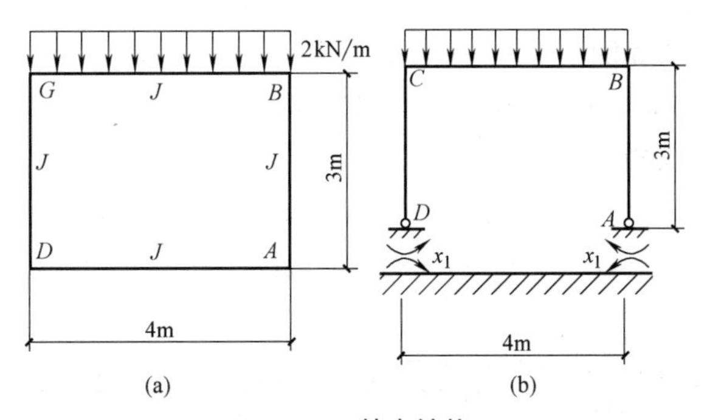

(a)　　(b)

图 7-33　基本结构

求系数 Δ_{1P}：对上部刚架，按表 7-5 计算 A 点角变 θ'_{Ap}，因固定端弯矩 $M^F_{AB}=M^F_{BA}=0$，$M^F_{BC}=\dfrac{q(2l)^2}{12}=26.67\text{kN}\cdot\text{m}$，所以 $\theta'_{Ap}=\dfrac{26.67}{6\dfrac{EI}{3}+4\dfrac{EI}{4}}=\dfrac{8.89}{EI}$（与 x_1 同向，顺时针方向）。

对底板，因为：

$$t=10\frac{E_0}{E}\frac{(1-\mu^2)}{(1-\mu_0^2)}\left(\frac{l}{h}\right)^3=10\times\frac{80\times(1-0.2^2)}{3.0\times10^4\times(1-0.3^2)}\left(\frac{2.0}{0.6}\right)^3\approx1$$

$$\theta''_{Ap}=\bar{\theta}_{AR}\frac{Rl^2}{EI}=0.252\times\frac{40\times2^2}{EI}=\frac{40.32}{EI}\text{（与 } x_1 \text{ 反向，顺时针方向）}$$

所以，$\Delta_{1P}=\theta'_{Ap}+\theta''_{Ap}=\dfrac{8.89}{EI}-\dfrac{40.32}{EI}=-\dfrac{31.43}{EI}$。

系数 δ_{11}：对上部框架，因 $M^F_{AB}=-1$，$M^F_{BA}=0$，$M^F_{BC}=0$，从表 7-5 中的情形（1）可得 A 点角变公式为$\left(\dfrac{K_2}{K_1}=\dfrac{EI}{4}\times\dfrac{3}{EI}=0.75\right)$。

$$\theta'_{A1}=\frac{-(2+0.75)(-1)}{6E\dfrac{I}{3}+4E\dfrac{I}{4}}=\frac{0.917}{EI}\text{（与 } x_1 \text{ 同向，顺时针方向）}$$

对底板，因为 $t=1$，$\alpha=1$，$\zeta=1$，查弹性地基梁有关系数表得系数值 $\bar{\theta}_{Am}=-0.952$，则 $\theta''_{A1}=-0.952\times\frac{1\times2}{EI}=-\frac{1.904}{EI}$（逆时针方向，与 x_1 同向）

所以，$\delta_{11}=\theta'_{A1}+\theta''_{A1}=\frac{0.917}{EI}+\frac{1.904}{EI}=\frac{2.821}{EI}$，代入典型方程得：$x_1=\frac{31.43}{2.821}=11.14$。

绘内力图，可用结构力学方法解出两铰刚架在均布荷载 $q=20\text{kN/m}$ 及 $x_1=11.14\text{kN}\cdot\text{m}$ 作用下的弯矩，同时根据 A 点及 D 点处的反力及弯矩计算底板弯矩，计算结果同前例。

【例题 7-2】 如图 7-34（a）所示一双跨对称的框架，几何尺寸及荷载见图中。底板厚度 0.5m 材料的弹性模量 $E=2\times10^7\text{kN/m}^2$，地基的弹性模量 $E_0=3700\text{kN/m}^2$。设为平面变形问题，绘出框架弯矩图。

根据图 7-34（a）建立图 7-34（b）简图，假设 A、D 处的刚节点为铰接，将中央竖杆在底部断开，分别设未知力 x_1 和 x_2。上部结构为两铰框架，下部结构为基础梁。根据变形连续条件，列出力法方程：

$$\delta_{11}x_1+\delta_{12}x_2+\Delta_{1P}=0$$

$$\delta_{21}x_1+\delta_{22}x_2+\Delta_{2P}=0$$

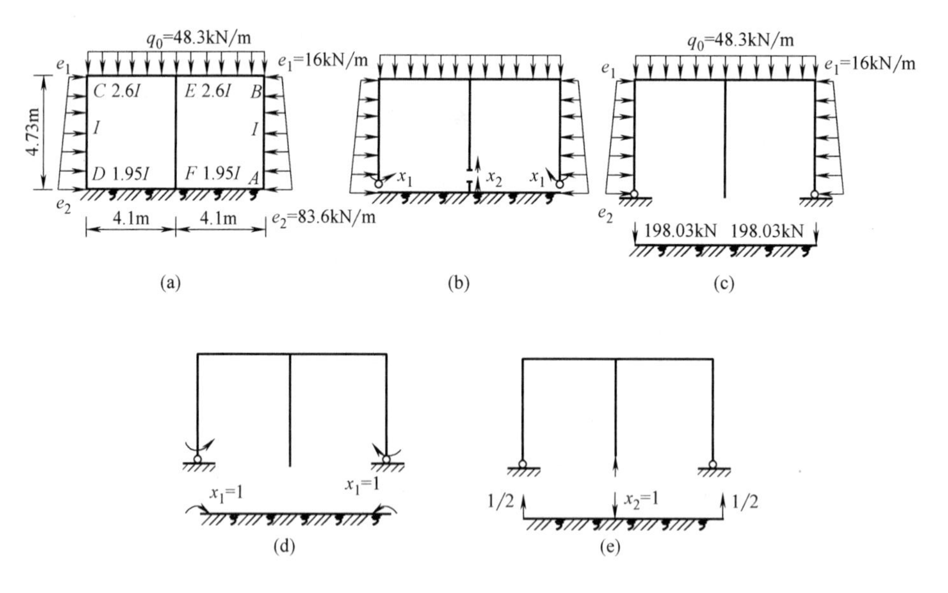

图 7-34 荷载及力学简图

1）求 Δ_{1P}

由图 7-34（c）可知，固端弯矩：

$M^F_{BC}=\frac{1}{12}ql^2=\frac{1}{12}\times48.3\times8.2^2=270.64\text{kN}\cdot\text{m}$（顺时针方向）

$M^F_{BA}=-\frac{1}{12}q_1l^2-\frac{1}{30}q_2l^2=-\frac{1}{12}\times16\times4.73^2-\frac{1}{30}\times(83.6-16)\times4.73^2=-80.24$ kN·m(逆时针方向)

$$M_{AB}^{F}=\frac{1}{12}q_1l^2+\frac{1}{20}q_2l^2=\frac{1}{12}\times16\times4.73^2+\frac{1}{20}\times(83.6-16)\times4.73^2=105.45\text{kN}\cdot\text{m}$$

（顺时针方向）

根据表 7-5 中的情形（1）项，算出两铰框架 A 处的角变为：

$$\theta'_A=\frac{-80.24+270.64-\left(2+\frac{2.6I}{8.2}\times\frac{4.73}{I}\right)\times105.45}{6E\frac{I}{4.73}+4E\frac{2.6I}{8.2}}=-\frac{70.43}{EI}$$（与 x_1 方向反向，逆时针方向）

基础梁 A 端的角变按下述方法计算：首先算出柔度指标 t，忽略 v 和 v_0（分别为基础梁和地基的泊松比系数）的影响，采用近似公式：

$$t=10\frac{E_0}{E}\left(\frac{l}{h}\right)^3=10\times\frac{3700}{2\times10^7}\times\left(\frac{8.2}{0.5}\right)^3=1.02\cong1$$

根据图 7-34（c），查两个对称集中荷载作用下基础梁的角变 θ''_A，因为 $\alpha=\zeta=1$，故基础梁 A 端的角变为 $\theta''_A=0.252\times\frac{198.03\times4.1^2}{1.95EI}=\frac{430.19}{EI}$（与 x_1 方向反向，顺时针方向）

由此得：

$$\Delta_{1P}=\frac{-70.43-430.19}{EI}=-\frac{500.62}{EI}$$

2）求 Δ_{2P}

根据图 7-34（c），先求出框架 F 点竖向位移 Δ'_F。其弯矩图见图 7-35（a），由于不考虑竖向杆的压缩，F 点的竖向位移等于 E 点的竖向位移。因此，将图 7-34（a）中的 BC 杆作为简支梁，按材料力学中梁挠曲线公式可得 F 点的竖向位移为：

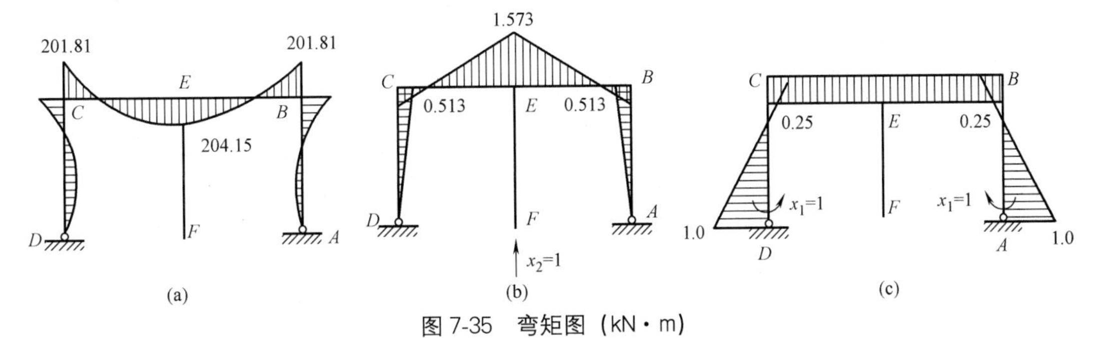

图 7-35　弯矩图（kN·m）

（a）荷载引起的 M 图；（b）$x_2=1$ 引起的 M 图；（c）$x_1=1$ 引起的 M 图

$$\Delta'_F=\frac{5ql^4}{384\times2.6EI}-2\times\frac{Ml^2}{16\times2.6EI}=\frac{5\times48.3\times8.2^4}{384\times2.6EI}-2\times\frac{201.81\times8.2^2}{16\times2.6EI}=\frac{441.23}{EI}$$

（与 x_2 方向相反，向下）

根据图 7-34（c）求基础梁中点竖向位移。由于 $t=1$，$\alpha=1$，$\zeta=1$，可得：

$$\Delta''_F=\left(0.036+0.071+0.105+0.137+0.167+0.194+0.217+0.235+0.247+\frac{0.252}{2}\right)$$

$$\times\frac{198.03\times4.1^2}{1.95EI}\times\frac{4.1}{10}=\frac{1074.38}{EI}$$

（与 x_2 方向相反，向上）

因此得：

$$\Delta_{2P}=-\frac{\Delta_F'+\Delta_F''}{2}=-\frac{441.23+1106.55}{2EI}=-\frac{757.81}{EI}$$

3）求 δ_{11}

图 7-34（d）两铰框架铰 A 处的角变，由表 7-5 中的情形（1），因固端弯矩 $M_{BA}^F=0$，$M_{BC}^F=0$，$M_{AB}^F=-1$，故得：

$$\theta_A'=\frac{-\left(2+\frac{2.6I}{8.2}\times\frac{4.73}{I}\right)\times(-1)}{6E\,\frac{I}{4.73}+4E\,\frac{2.6I}{8.2}}=\frac{1.38}{EI}$$ （与 x_1 同向，顺时针方向）

在图 7-34（d）中，求基础梁 A 端的角变，可得：

$$\theta_A''=-0.952\times\frac{1\times4.1}{1.95EI}=-\frac{2.002}{EI}$$ （与 x_1 同向，逆时针方向）

因此得：

$$\delta_{11}=\theta_A'+\theta_A''=\frac{1.38}{EI}+\frac{2.002}{EI}=\frac{3.382}{EI}$$

4）求 δ_{22}

图 7-34（e）两铰框架 F 点的竖向位移，其弯矩图见图 7-35（b）。可得两铰框架 F 点的竖向位移为：

$$\Delta_F'=\frac{Pl^3}{48\times2.6EI}-2\times\frac{Ml^2}{16\times2.6EI}=\frac{-1\times8.2^3}{48\times2.6EI}-2\times\frac{-0.513\times8.2^2}{16\times2.6EI}=-\frac{2.76}{EI}$$

（与 x_2 方向相同，向上）

根据图 7-34（e）求出基础梁中点 F 的竖向位移，可得：

$$\Delta_F''=-\left[\left(0.036+0.071+0.105+0.137+0.167+0.194+0.217+0.235+0.247+\frac{0.252}{2}\right)\times\frac{-0.5\times4.1^2}{1.95EI}\times0.41\right]+\left[\left(-0.053-0.098-0.134-0.162-0.184-0.199-0.209-0.215-0.217-\frac{0.218}{2}\right)\times\frac{-0.5\times4.1^2}{1.95EI}\times0.41\right]=\frac{5.505}{EI}$$ （与 x_2 方向相同，向下）

因此得：

$$\delta_{22}=\frac{\Delta_F'+\Delta_F''}{2}=\frac{2.76+5.505}{2EI}=\frac{4.133}{EI}$$

5）求 δ_{12} 和 δ_{21}

图 7-34（e）基础梁 A 端的角变，因固端弯矩 $M_{AB}^F=M_{BA}^F=0$，$M_{BC}^F=-\frac{Pl}{8}=-\frac{1\times8.2}{8}=-1.025$，可得：

$$\theta'_{\mathrm{A}}=\frac{-1.025}{6E\dfrac{I}{4.73}+4E\dfrac{2.6I}{8.2}}=-\frac{0.404}{EI}$$（与 x_1 方向相反，逆时针方向）

$$\theta''_{\mathrm{A}}=0.252\times\frac{-0.5\times4.1^2}{1.95EI}+(-0.218)\times\frac{0.5\times4.1^2}{1.95EI}=-\frac{2.026}{EI}$$（与 x_1 方向相同，逆时针方向）

因此得：

$$\delta_{12}=\theta'_{\mathrm{A}}+\theta''_{\mathrm{A}}=\frac{2.026-0.404}{EI}=\frac{1.622}{EI}$$

根据位移互等定理知 $\delta_{12}=\delta_{21}$。

6）求未知力 x_1 和 x_2

将以上求出的各系数与自由项代入力法方程中则得：

$$\frac{3.382}{EI}x_1+\frac{1.622}{EI}x_2-\frac{500.62}{EI}=0,$$

$$\frac{1.622}{EI}x_1+\frac{4.133}{EI}x_2-\frac{757.81}{EI}=0$$

解得：

$$x_1=74.03\mathrm{kN\cdot m},x_2=153.83\mathrm{kN}$$

7）求框架的弯矩图

求两铰框架的弯矩图，可将图 7-35（c）乘以 x_1，图 7-35（b）乘以 x_2，然后叠加，再与图 7-35（a）叠加，最终的弯矩图见图 7-36。

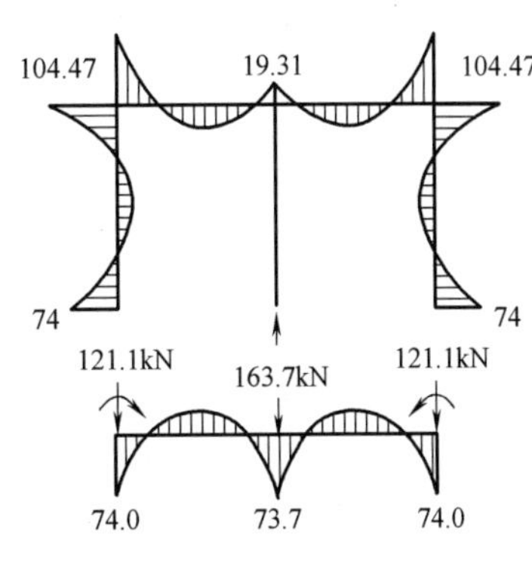

图 7-36　最终弯矩图（kN·m）

本章小结

（1）浅埋式地下结构是指覆盖厚度较薄，不满足压力成拱条件 [$H_{土}\leqslant(2\sim2.5)h_1$，$h_1$ 为压力拱高] 或软土地层中覆盖厚度小于结构尺寸的地下结构。其结构形式主要分为直墙拱形结构、矩形闭合结构和梁板式结构。

（2）矩形闭合结构设计主要包括计算简图、内力计算、截面计算、抗浮验算等；构造要求主要涉及配筋形式、混凝土保护层、受力与构造钢筋、箍筋、刚节点构造和变形缝的设置及构造。

（3）当矩形闭合框架的纵向长度与跨度比值 $L/l\geqslant2$ 时，可视为平面变形问题，沿纵向取 1m 宽的单元进行计算。当结构跨度较大、地基较硬时，可将封闭框架视为底板，按地基为弹性半无限平面的框架进行计算。

思考与练习题

7-1　试列举几种工程中常见的浅埋式地下结构形式并简述其特点。

7-2　简述浅埋式矩形闭合框架结构的计算原理，如何确定其计算简图？

7-3　简述浅埋式地下结构的适用场合。

7-4　浅埋式地下结构的地层荷载如何考虑?

7-5　浅埋式地下结构考虑与不考虑弹性地基影响有何区别?

7-6　浅埋式地下结构节点设计弯矩与计算弯矩有何区别? 如何计算节点的设计弯矩?

7-7　在进行浅埋式矩形闭合框架计算时，地基反力是如何假定的?

7-8　在什么情况下地基作为弹性半无限平面?

第8章　附建式地下结构设计

本章要点及学习目标

本章要点：
(1) 附建式地下结构的概念、特点、形式与构造要求；
(2) 梁板式结构和装配式结构的设计内容；
(3) 口部结构的构造要求；
(4) 附建式地下结构的发展。
学习目标：
(1) 掌握附建式地下结构的形式与特点；
(2) 掌握梁板式结构设计计算内容；
(3) 熟悉装配式结构的概况和设计原则；
(4) 了解口部结构的构造要求。

二维码8-1
附建式地下
结构概述

8.1　概述

附建式地下结构是指根据一定防护要求修建于较坚固的建筑物下面的地下室，又称“防空地下室”或“附建式防空地下室”，如图8-1所示。它与独立修建的地下人防工事（单建式）相对应。

此外，在已建成的掘开式工事上方修建地面建筑物或在已有的地面建筑内掘开式工事所形成的地下结构，也称附建式地下结构。如今，在工程实践中大量的附建式地下结构是与上部建筑同时设计、施工的地下室，一般采用“平战结合”，平时既可作为地下停车场、商场、设备间等，也可结合防空时要求进行人防预留。

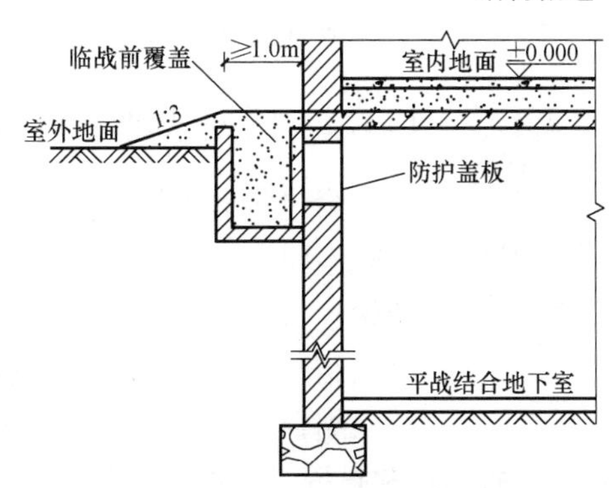

图8-1　附建式地下结构

在第二次世界大战以后，各国对修建防空地下室都很重视。在国外，有的国家规定新建住宅和公共建筑物按人口定额修建地下室，由国家统一设计、建造、完成；有的国家给予经费补贴，鼓励私人建造住宅下的防空地下室。在我国，防空地下室是人防工程建设的重点，国家人防部门规定：新建10层以上（含10层）或者基础埋置深度3m以上（含3m）的民用建筑，以及人民防空重点城市的居民住宅楼（包括整体拆迁的居民住宅楼），按照地面首层建筑面积修建规定抗力等级的防空地下室；开发区、工业园区、保税区和重要经济目标区除上面规定以外的其他民用建筑，按照一次性规划地面总建筑面积的确定比例修建规定抗力等级的防空地下室。

根据人民防空战术技术要求，防空地下室的分级如下：

1. 抗力分级

防空地下室抗力等级：4 级、4B 级、5 级、6 级、6B 级。

人防工程的抗力级别主要用以反映人防工程能够抵御敌人空袭能力的强弱，其性质与地上建筑抗震烈度类似，是一种国家设防能力的体现。对于核武器，抗力级别按核爆炸冲击波地面超压的大小划分；对于常规武器，抗力等级按其爆炸破坏效应划分主要取决于装药量的大小。人防工程的抗力等级与其建筑类型之间有着一定的关系，但没有直接关系。即人防工程的使用功能与其抗力等级之间虽有某种联系，但他们之间没有一一对应的关系。如人员掩蔽工程核武器抗力等级可以是 5 级、6 级，也可以是 6B 级。

2. 设防的武器种类分级

1）防常规武器：常 5 级、常 6 级（乙类防空地下室）；

2）防核武器：核 4 级、核 4B 级、核 5 级、核 6 级、核 6B 级（甲类防空地下室）。

3. 防化分级

防化分级是以人防工程对化学武器不同防护标准和防护要求划分的级别，防化级别也反映了对生物武器和放射性沾染等相应武器的防护。防化级别是依据人防工程的使用功能确定的，与其抗力等级没有直接关系。现行规范包括了甲级、乙级、丙级和丁级的各防化等级的防护标准和防护要求。

由于附建式地下结构容易做到“平战结合”，它是城市人防工程建设中较有发展前途的一些类型，而且便于提供恒湿、恒温、安静、清洁的条件，在未来现代化的城市建设中也将会充分发挥它的作用。因此，遇到下列情况，应优先考虑修建附建式地下结构：①低洼地带需进行大量填土的建筑；②需要做深基础的建筑；③新建的高层建筑；④人口密集、空地缺少的平原地区建筑。

8.1.1　附建式地下结构的特点

二维码 8-2
附建式地下
结构的特点

附建式地下结构是整个建筑物的一部分，也是防护结构的一种形式，它既不同于一般地下室的结构，也不同于单建式地下结构。由于防空地下室附建与上部地面基础建筑的下面，因此，它成为地面建筑物的一部分，可以结合基本建设进行构筑。

结合基本建设修建防空地下室与修建单建式工事相比，包括以下优点：①节省用地和投资；②便于平战结合、人员和设备容易在战时迅速转移地下；③增强上层建筑的抗地震能力；④上部建筑对战时核爆炸冲击波、光辐射、早期核辐射以及炮（炸）弹有一定防护作用；⑤附建式地下结构的造价比单建式防空地下室要低；⑥结合基本建设同时施工，便于施工管理，同时也便于使用过程中的维护。

缺点主要包括：①施工周期长，土方量较大，结构构造比较复杂，影响上部地上建筑的施工速度；②防火设计要求高，地上建筑遭到破坏时容易造成出入口的堵塞、引起火灾等不利因素，设计中必须满足防火要求。

为达到这个要求，上部地面建筑（无论多层还是单层地面建筑）均须在外墙材料、开孔比例及屋盖结构方面满足一定要求。需满足下面的两个条件：①上部结构为多层建筑，底层外墙为砖石砌体或不低于一般砖石砌体强度的其他墙体，并且任何一面外墙开设的门窗孔面积不大于该墙面面积的一半；②上部结构为单层建筑，外墙使用的材料和开孔比例，应符合上述要求，而且屋盖为钢筋混凝土结构。

防空地下室与普通地下室的区别在于，防空地下室要考虑战时规定武器的作用（如核爆炸动荷载），具有规定的设防等级，能够保障隐蔽人员的安全，而普通地下室在战时必须经过改造转换才能达到相应的防护能力。

二维码 8-3
防空地下室

与普通地下室结构相比较，防空地下室包括以下主要特点：

1．承受爆炸动荷载

防空地下室应能承受常规武器爆炸动荷载或核武器爆炸动荷载作用。常规武器、核武器爆炸荷载均属于偶然性荷载，具有超压、瞬时由零增到峰值、作用时间短且不断衰减、一次性作用的脉冲荷载等特点。防空地下室的抗力级别主要用于反映防空地下室抵御空袭能力的强弱，对于核武器的抗力级别按核爆炸冲击波地面超压的大小划分；对于常规武器，抗力等级按其爆炸破坏效应划分。

2．产生振动性运动

在爆炸荷载作用下结构受力的基本特征是产生加速度，迫使结构由静止转为运动。这种运动来回往复，具有振动性特点，其振动在阻尼力的综合作用下逐渐衰减。结构在冲击波作用时间内的振动为强迫振动，在冲击波消失后的振动为自由振动。核武器爆炸冲击波作用的时间以秒计，其最大的动位移发生在强迫振动阶段，而常规武器爆炸冲击波作用的时间以毫秒计，其最大的动位移一般发生在自由振动阶段。

3．材料强度提高

防空地下室结构在爆炸动荷载作用下，结构构件所经受的是毫秒级快速变形，从受力到变形以毫秒计（在 10～100ms 之间）。试验表明，在这种荷载作用下，材料强度一般可提高 20％～40％，即使静荷载应力已经达到 65％～70％的屈服强度值，然后再加动荷载，此时材料强度的提高仍与单独施加瞬间动荷载时一致，不影响材料强度提高的比值，这对防空地下室是一个有利因素。在爆炸动荷载作用下，材料强度取材料动力强度设计值，这是防空地下室结构设计的特点。

4．结构可靠指标降低

防空地下室结构，主要承受爆炸动荷载，而这类荷载是一种偶然性荷载，结构可按荷载效应的偶然组合进行设计或采取防护措施，保证主要承重结构不致因出现规定的偶然事件丧失承载能力。人防荷载比平时的荷载大很多，结构承受的爆炸动荷载，是基于工程必须达到的抗力要求而确定的。按国家规定的防护级别所对应的地面冲击波最大超压值进行承载力计算时，只考虑一次作用，不考虑超载。在一般情况下，人防动荷载分项系数取 1.0，即能达到防空地下室必须满足的抗力。从安全与经济两方面考虑，按偶然荷载组合验算结构的承载能力时，所采用的可靠指标值允许比基本组合有所降低。当防空地下室结构构件承受的荷载由人防荷载控制时，其承载能力极限状态的可靠指标比一般工业与民用建筑结构构件的可靠指标低。

5. 可按弹塑性状态工作阶段设计

在爆炸动荷载作用下，结构构件的变形通常是随时间的增长至最大值，随之即出现衰减，因此可以考虑由结构构件产生的塑性变形来吸收爆炸动荷载的能量，及在爆炸动荷载作用下，允许结构构件进入弹塑性工作阶段。在爆炸动荷载作用下，结构构件即使进入塑性屈服状态，只要动荷载引起的变形不超过允许的最大变形，则在这种瞬间动荷载消失以后，由于阻尼力的综合作用，其振动变形不断衰减，最后仍能达到某一静止平衡状态。此时，结构构件虽然出现一些残余变形，但仍具有足够的承载能力及防毒密闭能力。由于结构构件在弹塑性工作阶段比在弹性工作阶段可吸收更多能量，因此，可充分利用材料潜力。如钢筋混凝土受弯构件，在达到屈服后还要经历很大的变形才会完全坍塌。

在实际工程中，防空地下室顶板一般都采用钢筋混凝土结构，考虑结构在弹塑性阶段的工作，能充分利用材料的潜在能力，节省钢材，具有很大的经济意义。

6. 一般情况下不必进行变形验算

由于核爆炸动荷载的作用仅在很短的时间内使结构产生变形，这种变形不会危及防空地下室的安全，而且根据动荷载设计的结构有足够的刚度和整体稳定性，它在静载作用下不会产生很大的变形，因此，对于防空地下室不必进行结构变形的验算。在控制延性比的条件下，不必再进行结构构件裂缝开展的计算，但对要求高的平战结合工程可另做处理。

二维码 8-4
附建式地下结构设计的特点

附建式地下结构设计的特点：

1）地上地下综合考虑，使地上与地下部分的建筑材料、平面布置、结构形式、施工方法等尽量取得一致；

2）附建式地下结构的侧墙与上部地面建筑的承重外墙相结合，要尽量不做或少做局部地下室，要修全地下室；

3）根据核爆炸，化学生物武器的杀伤作用与因素，确定对附建式地下结构的要求；

4）对附建式地下结构中的钢筋混凝土结构，可按弹塑性阶段设计；

5）附建式地下结构以平时设计荷载和战时设计荷载两者中的控制状况作为设计依据；在验算时仅验算结构的强度，不单独进行结构变形和地基变形的验算；在控制延性比的条件下，不再进行结构构件裂缝开展的计算；

6）附建式地下结构的设计要做到“平战结合”、一物多用；地下室在平面布置、空间处理及结构方案设计等方面，应根据战时的防护要求与平时的利用情况来确定；另外在平面布置、采暖通风、防潮防湿等方面，要恰当处理战时防护要求与平时利用的矛盾。

二维码 8-5
附建式地下结构的形式

8.1.2　附建式地下结构的形式

附建式地下结构选型的依据主要是：上部地面建筑的类型、战时防护能力的要求、地质及水文地质的条件、战时与平时使用的要求、建筑材料的供应情况、施工条件等。设计时，应对上述条件结合平面布置和空间处理进行综合分析，经过几种方案的比较，而后确定结构的形式。在国外，由于各国的设计要求与技术条件不同，附建式地下结构形式较多。目前，在我国防空地下室所选用的结构形式主要有以下几种：

1. 梁板结构

防空地下室除个别作为指挥所、通信室外，主要在战时作为人员掩蔽工地下医院、救护站、生产车间、物资仓库等，属于大量性防空工事，防护能力要求较低。其上部地面建筑，多为民用房屋或一般中小型工业厂房。在地下水位较低及土质较好的地区，地下室的结构形式、所用的建筑材料及施工方法等，基本上是与上部地面建筑相同的，主要承重结构有顶盖、墙（柱）结构及基础等，防空地下室的顶盖采用钢筋混凝土的梁板结构，是实际工程中较为多见的。在地下水位较低的地区可以采用砖外墙，而在地下水位较高的地区则不宜采用砖外墙。顶板的支撑可能是梁或承重墙，当房间的开间较小时，钢筋混凝土顶板直接支撑在四周承重墙上，即为无梁体系；当战时与平时使用上要求大房间、承重墙的间距较大时，为了不使顶板跨度过大则可能要设钢筋混凝土梁，梁可在同一方向设置，也可在两个方向设置，梁的跨度不宜过大，否则可能要在梁下设柱。钢筋混凝土梁板结构，可用现浇法施工。这样整体性好，但需要模板，施工进度慢。已建工程以现浇钢筋混凝土顶板居多（图 8-2）。

在使用要求比较高、地下水位高、地质条件差、材料供应有保障以及采用大模板或预制构件装配施工的建筑中，可采用现浇的或预制的钢筋混凝土墙板。随着墙体的改革，建筑工业化的发展，砖墙有可能逐步被预制砌块或大板等代替，在我国某些工程中，宜采用的内浇外挂剪力墙结构，其内承重墙是现浇钢筋混凝土的，外筋、楼板、隔墙等是预制钢筋混凝土的，这样就取消了砖墙。

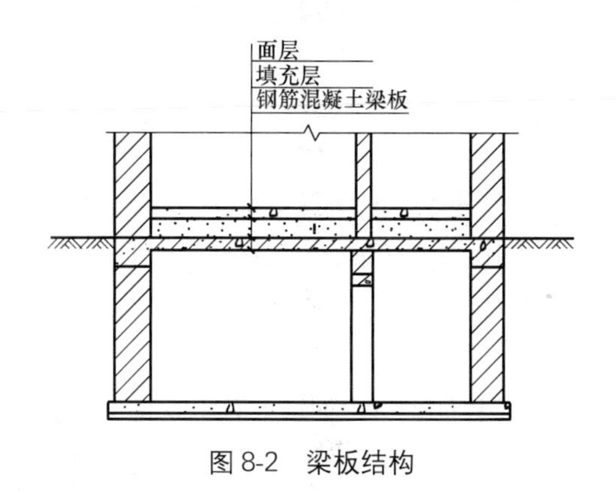

图 8-2 梁板结构

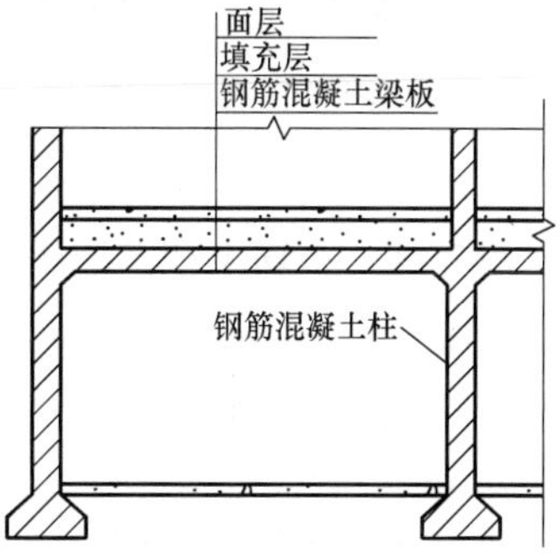

图 8-3 板柱结构

2. 板柱结构

为使附建式地下结构与上部地面建筑相适应，或满足平时使用要求，可以不用内承重墙和梁的平板顶盖，防空地下室的顶板采用无梁楼盖的形式，即板柱结构（图 8-3）。其外墙，当地下水位较低时，可用砖砌或预制构件；当地下水位较高时，采用整体混凝土或钢筋混凝土的构件。在这种情况下，如地质条件较好，可在柱下设单独基础；如地质条件较差，可设筏式基础。为使顶板受力合理，柱距一般不宜过大。例如，有一平时做冷藏库的防空地下室即采用柱距为 6m 的板柱结构。无梁的板柱结构对通风、采光都比较有利，并可减少建筑高度，满足大房间的要求，平时做商店、食堂的效果也比较好。

3. 箱形结构

箱形结构是指由现浇钢筋混凝土墙和板组成的结构（图 8-4），其特点为整体性好、强度高、防水防潮效果好、防护能力强，但造价高。因此箱形结构一般适用于以下几种情况：

1）工事的防护等级较高，结构需要考虑某种常规武器命中引起的效应；

2）土质条件差，在地面上部是高层建筑物（框架结构或剪力墙结构），需要设置箱形基础；

3）地下水位高，地下室处于饱和状态的土层中，结构要有较高的防水要求；

4）根据平时的使用要求，需要密封的房间（如冷藏库等）；

5）采用诸如沉井法、地下连续墙法等特殊的施工方法等。

箱形结构多为钢筋混凝土空间结构，为了计算方便，一般采用计算简化的近似方法：有的把箱形整体结构分解为纵向框架、横向框架和水平框架，然后按平面框架计算；也有的把箱形结构拆开为顶板、底板、墙板，分别计算。对于多层建筑下面的防空地下室箱形结构，目前有的设计单位把它视为整个建筑物的箱形基础进行设计。

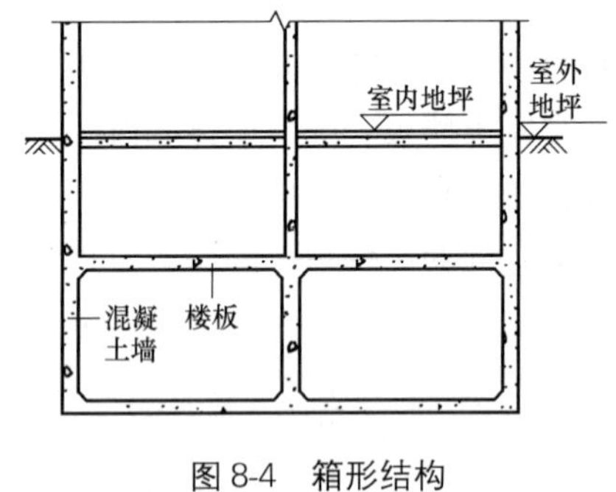

图 8-4　箱形结构

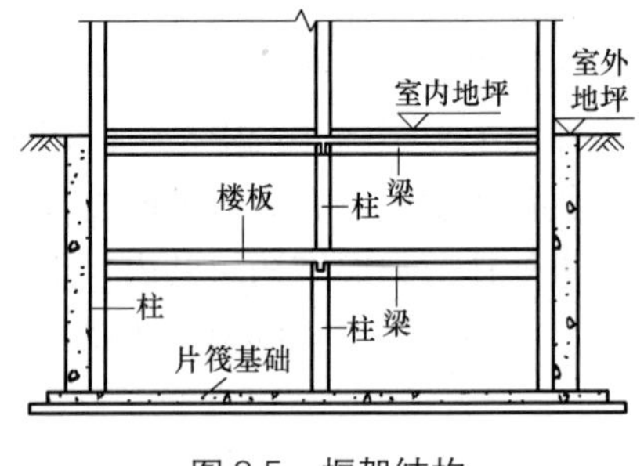

图 8-5　框架结构

4. 框架结构

框架结构是指由钢筋混凝土柱、梁和板组成的结构体系，如图 8-5 所示。框架结构常用于地面建筑为框架的情况，该结构体系外墙只承受水土压力和动荷载的自重和活荷载，基础形式为独立基础、条形基础、片形基础、桩基础等。

5. 拱壳结构

拱壳结构是指地下结构的顶板为拱形或折板型结构，其具体形式有双曲形式或筒壳、单跨或多跨折板结构等，如图 8-6 所示。拱壳结构的特点是受力较好，内部空间结构，节省钢材，但是地下室埋深要加大，室内观感较差，施工相对复杂。拱壳结构适用于地面建筑物是单层大跨度（车间、商场、会堂、食堂等），且下面的附建式地下结构为平战两用的情况。

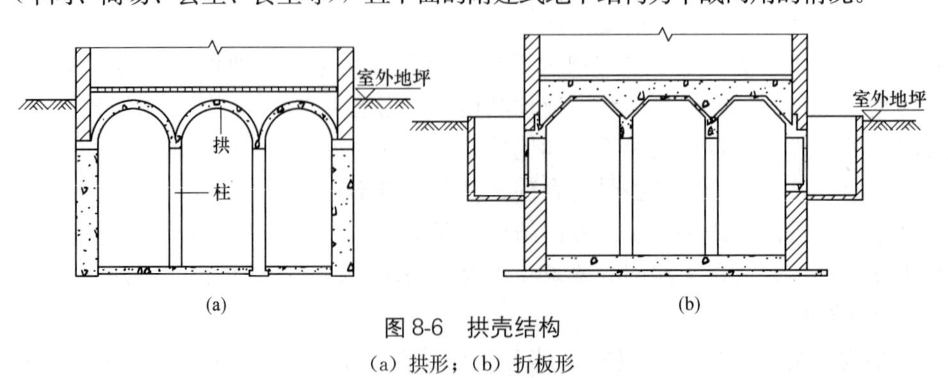

图 8-6　拱壳结构

（a）拱形；（b）折板形

6. 外墙内框和墙板结构

外墙内框结构是指外墙为现浇钢筋混凝土结构或砖墙，内部为主梁组成的框架。墙板结构类似于箱形结构，内外墙均为现浇钢筋混凝土墙。这两种结构均可采用地下连续墙的施工方法，把挡土用的挡土墙与建筑用的围护结构结合成一体，可节约建筑造价，施工方法先进，但施工技术要求高。如图8-7所示为外墙内框结构。

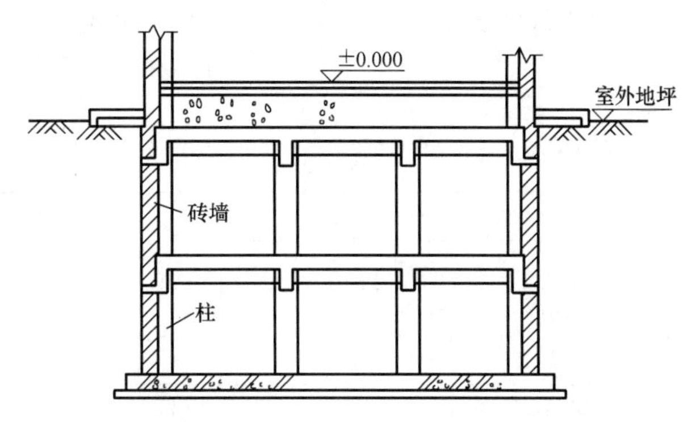

图8-7 外墙内框结构

8.1.3 附建式地下结构的构造

二维码8-6 附建式地下结构的构造

为了适应现代战争中防核武器、化学武器、生物武器的要求，附建式地下结构设计不仅要根据强度和稳定性的要求确定其断面尺寸与配筋方案，对结构进行防光辐射和早期辐射的验算，对其延性比加以限制不使结构的变形过大，同时要保证整体工事具有足够的密闭性和整体性。此外，由于根据它处于土层介质中的工作条件，其构造要求如下。

1. 建筑材料强度等级

建筑材料强度等级，应不低于表8-1的值。

材料强度的等级 **表8-1**

材料种类	钢筋混凝土		混凝土	砖	砂浆		料石
	独立柱	其他			砌砖	装配填缝	
强度等级	C30	C20	C15	MU10	M5	M10	MU30

注：1. 防空地下室结构不得采用硅酸盐砖和硅酸盐砌块；

2. 严寒地区，很潮湿的土应采用MU15砖，饱和土应采用MU20砖。

2. 结构防水

附建式地下结构防水至关重要，直接关系到安全性、适用性和耐久性，故应遵循“防、排、截、堵”相结合。通常，防水结构宜选用“直防水＋附加防水层”的双层做法，其中地下结构混凝土是最重要的一道防线，其最低抗渗标准不应小于0.6MPa，具体的抗渗等级可根据工程埋置深度按表8-2选用。附加防水层是外贴在结构表面并做好保护层，其做法有防水砂浆、卷材沥青、涂料防水等，位置宜设在迎水面或复合衬砌之间。

防水混凝土抗渗等级 **表8-2**

工程埋置深度(m)	设计抗渗等级
<10	P6
10～20	P8
20～30	P10
30～40	P12

结构构件的最小厚度，应不低于表 8-3 的值。

结构构件的最小厚度（mm） **表 8-3**

构件类别	材料			
	钢筋混凝土	混凝土	砖砌体	料石砌体
平板、壳	200	—	—	—
承重外墙	200	200	490	300
承重内墙	200	200	370	300
非承重隔墙	—	—	240	—

注：1. 表中结构最小厚度，未考虑防早期核辐射要求；
2. 表中顶板最小厚度系指实心截面，如密肋板，其厚度不宜小于 100mm。

3. 保护层最小厚度

附建式地下结构受力钢筋的混凝土保护层最小厚度，应比地面结构增加一些，因为地下结构的外侧与土壤接触，内侧的相对湿度较高。混凝土保护层的最小厚度（从钢筋的外边缘算起），可按表 8-4 的规定取值。

保护层最小厚度（mm） **表 8-4**

结构类型	部位	
	内层	外层
现浇	20	20
预制	15	30

注：1. 表中所谓的外层，系指与土壤接触的一侧；
2. 在有侵蚀性介质中的结构，其混凝土保护层应适当增加。

4. 变形缝的设置

1）在防空地下室的一个防护单元内，不允许设置沉降缝、伸缩缝等，以满足防护要求（特别有密闭性要求的）；

2）上部地面建筑需设置伸缩缝、抗震缝时，防空地下室可不设置；地下室若设置沉降缝和伸缩缝时，应与上部地面建筑设缝位置相同；

3）在地下室的室外出入口与主体结构的连接处应设置沉降缝，以防止产生不均匀沉降时断裂；

4）钢筋混凝土结构设置伸缩缝最大间距以及沉降缝、收缩缝和防震缝的宽度等应按现行的有关标准执行。

5. 圈梁的设置

为了保护结构的设置整体性，对于混合结构来说，可按以下两种情况设置圈梁：

1）当防空地下室的顶盖采用迭合板、装配整体式平板或拱形结构时，应沿着外墙与内墙的顶部设置圈梁一道；围梁的高度不小于 180mm，宽度与墙的厚度相同，在圈梁上下各配三根直径为 12mm 的钢筋，箍筋直径不小于 6mm，间距大于 300mm；圈梁应设置在同一个水平面上，并且要相互连通，不得断开；如圈梁兼作过梁时，应对这一部分圈梁另行验算；

2）当防空地下室顶盖采用现浇钢筋混凝土结构时，除沿外墙顶部的同一水平面上按上述要求设置圈梁外，还可以在内隔墙上间隔设置圈梁，但是，其间距不宜大于 12m。

6. 构件相接处的锚固

1）钢筋混凝土顶板与内、外墙的相接处应设置锚固钢筋，一般钢筋直径 8mm、间距 200mm，伸入圈梁内的锚固长度不应小于 240mm，伸入砖墙内的锚固长度，不应小于 450mm；

2）砖墙转角处及内外墙的交接处，除应同时咬槎砌筑外，还应沿墙高设置拉结筋，拉结筋每边伸入墙身 10mm，其数量当墙厚为 490mm 时，可取每 10 皮砖设置 4 根直径为 6mm 的钢筋。

7. 其他构造要求

1）对于双向配筋的钢筋混凝土顶板、底板或墙板，均应设置呈梅花形排列的联系筋或拉结筋，拉结筋的长度应能拉住最外层受力钢筋。当拉结钢筋兼做受力箍筋时，其直径及间距应符合箍筋的计算和构造要求；

2）连续梁及框架在距支座边缘 1.5 倍梁的截面高度范围内，箍筋配筋率应不低于 0.15%，箍筋间距不宜大于 $h/4$，且不宜大于主筋直径的 5 倍；对于受拉钢筋搭接处，宜采用封闭钢筋，箍筋间距不应大于主筋直径的 5 倍，且不应大于 100mm；

3）承受核爆炸动荷载的钢筋混凝土结构构件，纵向受力钢筋的配筋率最小值应符合表 8-5 的规定。

钢筋混凝土结构构件受力钢筋的最小配筋率（%）　　表 8-5

分类	混凝土强度等级			
	C20	C25～C35	C40～C55	C60～C80
轴心受压构件的全部受压钢筋	0.60	0.60	0.60	0.70
偏心受压及偏心受拉构件的受压钢筋	0.20	0.20	0.20	0.20
受弯构件、偏心受压及偏心受拉构件的受拉钢筋	0.20	0.25	0.30	0.35

注：受压钢筋和偏心受压构件的受拉钢筋的最小配筋率按构件的全截面面积计算，其余的受压钢筋的最小配筋率按全截面面积扣除位于受压边或受拉较小边翼缘面积后的截面面积计算。

8.1.4 附建式地下结构的发展

1. 待研究的问题

1）防水。由于地下空间结构埋在土中，且相当多的情况下被水包围，土质及水质情况复杂，水中各种化学元素及各种腐蚀性介质的地表水，水在常年季节处于升降变化和对结构产生的压力，水的渗透与腐蚀就会对维护结构的耐久性与强度造成伤害。因此，地下结构防水防潮问题一直是值得研究的重要方面。地下结构防水主要有刚性防水和柔性防水两种。

2）计算理论与方法。从地下空间结构的实践来看，从结构构件厚度、配筋等各方面比较而言，同类工程在相近条件下的设计，尽管统一按规范来执行，但不同的计算方法取得的结果却相差很大。如前述中的墙板与厚板基础中出现的问题，这些问题集中反映在与土接触的围护结构及底板或基础上。土与结构相互作用关系仍是值得进一步继续研究的，最终表现在计算理论与模型的准确性，从实践中看是趋于保守的设计与计算。

3）平战结合与防护。附建式结构做到平战结合，以平时为主是在长期和平条件下的一个设计原则。20 世纪 60～80 年代是“以战时为主”的原则，使许多工程都按战时要求设计成具有防护能力而且安装了大量防护设备（除尘、滤毒、防护门、消波活门等），若干年之后由于不能定期维护和处在不使用状态下，这些设备大多都报废了，造成了很大的经济损失。我们认为在相对和平时期，地下空间防护建筑仍坚持“平时为主，平战结合”的基本原则，在动荡和紧张时期坚持“战时为主，平战结合”的方针。为了做到长期准备又不失投资-效益准则，在长时期和平年代，我们应该设计出以平时的防护能力为主的，且能够有效地做到一旦进到紧张备战状态能在很短时间内即可将这些工程转换为具有一定防护等级的工程，这就是所谓临战前加固工程，它表现为平时与战时功能转换，这是一个很有前景的学科，要长期加以研究的课题。

4）深基础沉降及基坑支护。由于附建式结构常同地面建筑相结合，有的高层建筑下地下空间规模很大，如有地下街、车库、地铁、综合管线廊道等多种功能，这必然涉及建筑的不均匀沉降、变形缝的设置、施工方法与支护等。这些方面固然取得了很大的进步，但仍存在许多问题。主要表现为：对土的回弹后再压缩的特性研究较少，沉降量计算不准确；施工方法与结构使用阶段的荷载关系；支护结构与稳定性的关系；深基础抗浮等。

5）大跨大型地下工程。随着地下空间结构的发展，大型复杂结构与大跨结构在地下空间中的应用逐渐成为实际需要，这就涉及一系列有关的建筑、结构、设备、施工、设计理论的课题研究。

地下空间工程是21世纪建筑发展的重要方向，同时也是一门新兴的建筑工程学科。除上述有待研究的内容之外，还有岩土力学、岩土与结构的相互作用、环境岩土工程学以及地震灾害对地下结构的破坏等都需要进一步的深入研究。

2. 附建式地下结构发展展望

在21世纪，地下空间将会有很大的发展，城市用地紧张及人类对空间资源的需求，地下空间将由浅层向次浅层及深层发展。在发展过程中会促进施工、设计等方法的进步。

附建式地下结构建造方便且能满足使用要求，又具有良好的防护方式。现代以高技术武器为中心的战争给予我们对附建式地下结构设计的诸多提示与启发，附建式防护结构如何划分等级与标准、高技术武器所袭击的目标与范围、与不同类型工程的防护关系等一系列问题需要进一步深入研究。

8.2 梁板式结构设计

主要用作人员掩蔽工事的防空地下室，其顶盖常采用整体式钢筋混凝土梁板结构或无梁结构。由于防空地下室顶盖要承受核爆炸冲击波动载，计算荷载很大，为使设计合理和用料少，应对顶板的跨度加以限制（例如2～4m）。顶板的支承可以是承重墙或梁，如平时要求大开间房间，承重墙间距较大，要设梁。这时候，梁的断面较大，影响净空高度，并增加施工麻烦；开间较小的房间可以不设梁，使顶板直接将荷载传给四周的承重墙。由于没有梁的原因，减少了建筑高度，施工简单。因此，最好充分利用承重墙。

二维码 8-7 梁板式结构顶板

8.2.1 顶板

1. 荷载

在顶板的战时荷载组合中，应包括以下几项：

1）核爆炸冲击波超压所产生的动载，不仅与土中压缩波的参数有关，还应考虑上部地面建筑的影响，可能有两种情况：一是上部地面建筑符合第一节指出的条件，对等级不高的大量性防空地下室来说，可考虑上部地面建筑对冲击波有一定的削弱作用；二是上部地面建筑不符合上述条件，或防护等级稍高，则不考虑上部地面建筑的作用。在设计中常将冲击波动载变为相应的等效静载，对于居住建筑、办公楼和医院等类型地面建筑物下面的防空地下室顶板，须根据有关规定作用。例如，按地面超压 ΔP，覆土层厚度 h，得出等效静载 q_{j1}。

2）顶板以上的静荷载，包括设备夹层、房屋底层地坪和覆土层重以及战时不迁动的固定设备等。由于倒塌的上层建筑碎块被冲击波吹到顶板以外组合中不考虑这种碎块重量。

3）顶板自重，根据初步选定的断面尺寸及采用的材料估算。

2. 计算简图

在计算顶板的内力之前，应将实际构造的板和梁简化为结构计算的图示，即计算简图。在计算简图中应表示出：荷载的形式、位置和数量；板的跨数、各跨的跨度尺寸；板的支承条件等。在选择计算简图时，应力求计算简便，而与实际结构受力情况尽可能符合。

作用在顶板上的荷载，一般取为垂直均布荷载。

整体式梁板结构，可分为单向板梁板结构和双向板梁板结构。当板的长边 l_2 与短边 l_1 之比大于 2（即 $l_2/l_1>2$），板在受荷载后主要沿一个方向弯曲，即沿板的短边 l_1 方向产生弯矩而沿长边 l_2 方向的弯矩很小，可略而不计的，即为单向板梁板结构；当 $l_2/l_1\leqslant$ 2 时，板在两个方向均产生弯矩，即为双向板梁板结构。对于小开间的房向，顶板直接支承在承重墙上，一般属于双向板的情况。

属于多列双向板情况的顶板可简化为单跨双向板或单向连续板进行近似计算。

第一种简化：各跨受均布荷载的顶板，当各路跨度相等或相近时，中间支座的截面基本不发生转动。因此，可近似地认为每块板都固定在中间支座上，而边支座是简支的。这就可以把顶板分为每一块单独的单跨双向板计算。但实际的支承是弹性固定的，因此，其计算结果有时与实际受力情况有较大的出入。

第二种简化：首先根据比值 l_2/l_1 将作用在每块双板上的荷载近似分地配到 l_1 与 l_2 两个方向上，而后再按互相垂直的两个单向连续板计算。其支座条件，对支承在任何支座上的钢筋混凝土整浇顶板（或次梁），一般均按不动铰考虑。各路跨度相差不超出 20% 时，可近似地按等跨连续板计算，在计算跨中弯矩时，则取所在该跨的计算跨度。

3. 内力计算

1）单向连续板

凡连续板两个方向的跨度 $l_2/l_1>2$，及双向板的荷载已经分配而简化为单向连续板的情况，均可按下述方法计算内力；连续板的计算又按弹性理论和按塑性理论两种方法。当防水要求较高时，整浇钢筋混凝土顶板应按弹性法计算；当防水要求不高时，可按塑性法计算。按弹性法计算连续板，对于等跨情况可直接按中国建筑工业出版社出版的《建筑结构静力计算实用手册（第三版）》计算；对于不等跨情况可用弯矩分配法或其他方法。按塑性法计算连续板，分等跨与不等跨两种情况介绍如下。

当属于等跨情况（两跨相差小于 20%），已有简化公式为：

$$M=\beta ql^2 \tag{8-1}$$

$$Q=\alpha ql \tag{8-2}$$

式中 β——弯矩系数，可按表 8-6 采用；

α——剪力系数，可按表 8-7 采用；

q——作用于单向板上的均布荷载；

l——连续板计算跨度，取净跨。

β 值 **表 8-6**

截面	边跨中	第一内支座	中跨中	中间支座
β 值	+1/11	−1/14	+1/16	−1/14

α 值 **表 8-7**

截面	边支座	第一内支座左边	第一内支座右边	中间支座边
α 值	0.45	0.60	0.55	0.55

当属于不等跨情况时，先按弹性法求出内力图，再将各支座负弯矩减少 30%，并相应地增加跨中正弯矩，使每跨调整后两端支座弯矩的平均值与跨中弯矩绝对值之和不小于相应的简支梁跨中弯矩的调整值（例如从 30%减到 25%或 20%），使不因支座负弯矩过小而造成跨中最大正弯矩的过分增加。最后，再根据调整后的支座弯矩计算剪力值。前面等跨计算公式中的内力系数，就是根据这原则给出的。

2）多列双向板

多列双向板的计算也分弹性法和塑性法两种。按弹性法计算时，可简化为单跨双向板或将荷载分配后再按两个互相垂直的单向连续板计算；按塑性法计算时，如图 8-8 所示，任何一块双向板的弯矩可表示为：

$$2\overline{M}_1+2\overline{M}_2+\overline{M}_{\mathrm{I}}+\overline{M}'_{\mathrm{I}}+\overline{M}_{\mathrm{II}}+\overline{M}'_{\mathrm{II}}=\frac{ql_1}{12}(3l_2-l_1) \tag{8-3}$$

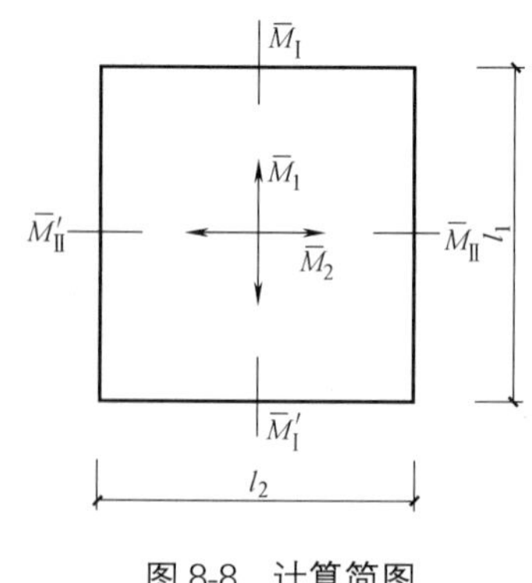

图 8-8 计算简图

式中 $\overline{M}_1$——平行 l_1 方向板的跨中弯矩；

$\overline{M}_2$——平行 l_2 方向板的跨中弯矩；

$\overline{M}_{\mathrm{I}}$、$\overline{M}'_{\mathrm{I}}$——平行 l_1 方向板的支座弯矩；

$\overline{M}_{\mathrm{II}}$、$\overline{M}'_{\mathrm{II}}$——平行 l_2 方向板的支座弯矩；

q——作用在该板上的均布荷载；

l_1——板的短跨计算长度，取轴线距离；

l_2——板的长跨计算长度，取轴线距离。

当板中有自由支座时，则该支座的弯矩应为零。为了了解双向板的跨中及支座弯矩的比例关系，按经济和构造要求，提出如下建议：

（1）跨中两个方向正弯矩之比 $\overline{M}_2/\overline{M}_1$ 应根据 l_2/l_1 的比值按表 8-8 确定。

（2）各支座与跨中弯矩之比各值，在 1.0～2.5 范围内采用；同时，对于中间区格最好采用接近 2.5 比值。

计算多区格双向板时，可从任一区格（最好是中间区格）开始选定弯矩比，以任一弯矩（例如 $\overline{M}_1$）来表示其他的跨中及支座弯矩，再将各弯矩代表值代入式（8-3），即可求

$\overline{M}_2/\overline{M}_1$ 与 l_2/l_1 的关系 表 8-8

l_2/l_1	$\overline{M}_2/\overline{M}_1$	l_2/l_1	$\overline{M}_2/\overline{M}_1$
1.0	1.0～0.8	1.6	0.5～0.3
1.1	0.9～0.7	1.7	0.45～0.25
1.2	0.8～0.6	1.8	0.4～0.2
1.3	0.7～0.5	1.9	0.35～0.2
1.4	0.6～0.4	2.0	0.3～0.15
1.5	0.55～0.35	—	—

得此弯矩 $\overline{M}_1$；其余弯矩则由比例求出。这样，便可转入另一相邻区格，此时，与前一区格共同的支座弯矩是已知的，第二区格其余内力可由相同方法计算；以后以此类推。

4. 截面设计

防空地下室顶板的截面，由战时动载作用的荷载组合控制，可只验算强度，但要考虑材料动力强度的提高和动荷安全系数。当按弹塑性工作阶段计算时，为防止钢筋混凝土结构的突然脆性破坏，保证结构的延性，应满足下列条件。

1）对于超静定钢筋混凝土梁、板和平面框架结构，发生最大弯矩和最大剪力的截面，应验算斜截面抗剪强度。

2）受拉钢筋配筋率 μ，不宜大于 1.5%；对于受弯、大偏心受压构件，当 $\mu>1.5\%$ 时，其延性比 [β] 值按下列式确定：

$$[\beta]\leqslant\frac{0.5}{x/h_0} \tag{8-4}$$

当 [β] <1.5 时，仍取 1.5。

3）连续梁的支座，以及框架的钢架的节点，当验算抗剪强度时，混凝土轴心抗压动力强度 R_{ad} 应乘以折减系数 0.8，且箍筋配筋率 μ_k，不小于 0.15%。构件跨中受拉钢筋的 μ_1 和支座受拉钢筋的 μ_2（当两端支座配筋不等时 μ_2 取平均值），两者之和应满足：

$$\mu_1+\mu_2<0.3\frac{R_{ad}}{R_{gd}} \tag{8-5}$$

式中 R_{ad}——混凝土轴心抗压动力强度；

R_{gd}——钢筋抗拉动力强度。

应当指出，双向板的受拉钢筋是纵横叠置的，跨中顺短边方向的应放在顺长边方向的下面，计算时取其各自的截面有效高度。

由于板的弯矩从跨中向两边逐渐减小，为了节省材料，可将双向板在两个方向上分为三个板带；中间板带按最大正弯矩配筋，两边板带适当减少，但当中间板带配筋不多或当板跨较小时，可不分板带。

8.2.2 侧墙

二维码 8-8 梁板式结构侧墙

1. 侧墙的战时荷载组合

1）压缩波形成的水平方向的动载，可通过计算将动载转变为等效静载。对于大量性防高空地下室侧墙，可按表 8-9 取值。

2）顶板传来的动荷载与静荷载，可由前述顶板荷载计算结果根据顶板受力情况所求出的反力来确定。

侧墙的战时荷载组合（kN/m） **表 8-9**

土壤类别		结构材料	
		砖、混凝土	钢筋混凝土
碎石土		20～30	20
砂土		30～40	30
黏性土	硬塑	30～50	20～40
	可塑	50～80	40～70
	软塑	90	70
地下水以下土壤		90～120	70～100

注：1. 取值原则，碎石及砂土-密实颗粒组的取最小值，反之取最大值；黏性土-液性指数低的取最小值，反之取最大值；地下水以下土壤-砂土取最小值，黏性土取最大值；
2. 在地下水位以下的侧墙未考虑砌体；
3. 砖及素混凝土侧墙按弹性工作阶段计算，钢筋混凝土侧墙按弹塑性工作阶段计算并取［β］＝2.0；
4. 计算时按净空不大于 3.0m，开间不大于 4.2m 考虑；
5. 地下水位标高按室外地坪以下 0.5～1.0m 考虑。

3）上部地面建筑自重，与作用在顶板上的冲击波动载类似，考虑上部地面建筑自重是个比较复杂的问题。在实际工程中可能有两种情况：一是当为大量性防空地下室时，所受冲击波超压不大，只有一部分上部地面建筑破坏并随冲击波吹走，残余的一部分重量仍作用在地下室结构上。在这种情况下，有人建议取上部地面建筑自重的一半作为荷载作用在侧墙上。二是当冲击波超压较大，上部地面建筑全部破坏并吹走。在这种情况下可不考虑作用在侧墙上的上部地面建筑重量。

4）侧墙自重，根据初步假设的墙体确定。

5）土壤侧压力及水压力，处于地下水位以上的侧墙所受的侧向土压力按下式计算：

$$e_{kt}=\sum_{1}^{n}\gamma_i h_i \tan^2\left(45°-\frac{\varphi}{2}\right) \tag{8-6}$$

式中 e_{kt}——侧墙上位置 k 处的土壤侧压强度；

γ_i——第 i 层土在天然状态下的重度；

h_i——各层土壤厚度；

φ——位置 k 处土层的内摩擦角，工程上常因不考虑黏聚力而将 φ 值提高。

处于地下水位以下的侧墙上所受的土、水侧压力，可将土、水分别计算，其中土压力仍按式（8-6）计算，但土层重度 γ_i 应以土壤浸水重度 γ'_i 代替，而侧向水压力按下列式计算：

$$e_{ks}=\gamma_s h_s \tag{8-7}$$

式中 e_{ks}——侧墙在位置 k 处的水压力强度；

h_s——k 处离开地下水位距离。

2. 计算简图

为了便于计算，常将侧墙所受的荷载及其支承条件等进行一些简化。因而，按计算简图计算是近似的，其简化的基本原则如下。

侧墙上所承受的水平方向荷载，例如水平动载及侧向水土压力，那是随深度而变化的，在简化时一般取为均布荷载。有的为了简单和偏于安全起见，甚至不考虑墙顶所受的轴向压力，将受压弯作用的墙板简化为受弯构件。

砖砌外墙的高度：当为条形基础时，取顶板或圈梁下皮至室内地坪；当基础为整体式底板时，取顶板或圈梁下皮至底板上表面。

支承条件按下述不同情况考虑：在混合结构中，当砖墙厚度 d 与基础宽度 d' 之比 $d/d'\leqslant 0.7$ 时，按上端简支、下端固定计算；当基础为整体式底板时，按上端和下端均为简支计算。在钢筋混凝土结构中，当顶板、墙板与底板分开计算时，将和顶板连接处的墙顶视为铰接，和底板连接处的墙底视为固定端（因为底板刚度比墙板刚度大），此时墙板成为上端铰支、下端固定的有轴压梁。这种将外墙和顶板、底板分开计算的方法比较简单，一般防空地下室结构常采用这样的计算简图进行计算。此外，有将墙顶与顶板连接处视为铰接，而侧墙与底板当整体考虑的；也有将顶板、侧墙和底板作为整体框架的（图 8-9）。

根据两个方向的长度比值的不同，墙板可能是单向板或双向板。当墙板按双向板计算时，在水平方向上，如外纵墙与横墙或山墙整体砌筑（砖墙）或整体浇筑（混凝土或钢筋混凝土墙），且横向为等跨，则可将横墙视为纵墙的固定支座，按单块双向板计算内力。

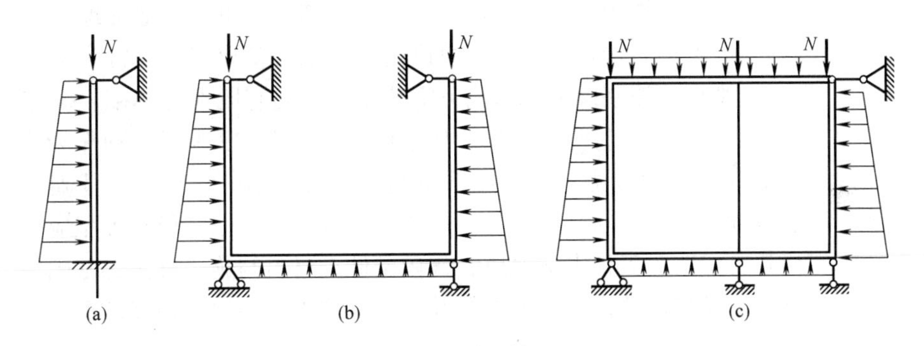

图 8-9 计算简图

（a）压弯构件；（b）半框架；（c）整体框架

3. 内力计算

根据上述原则确定计算简图后则可求出其内力。对于由砖砌体及素混凝土构筑的侧墙，计算内力时按弹性工作阶段考虑；当等跨情况时，可利用中国建筑工业出版社出版的《建筑结构静力计算实用手册（第三版）》直接求出内力。

对于钢筋混凝土构筑的侧墙，按弹塑性工作阶段考虑，可将按弹性法计算出的弯矩进行调整或更简单些。直接取支座或跨中截面弹性法计算的弯矩平均值，作为按弹塑性法的计算弯矩。

4. 截面设计

在偏心受压砌体的截面设计中，当考虑核爆炸动载与静荷载同时作用时，荷载偏心距 e_0 不宜大于 $0.95y$，其中 y 为截面中心至纵向力所在方面的截面边缘的距离。当 $e_0\leqslant 0.95y$ 时，可仍由抗压强度控制进行截面选择。

在钢筋混凝土侧墙的截面设计中，一般多为双向配筋，通常 $x>2a'_g$，则：

$$A_s=A'_s=\frac{M_{max}}{f_{yd}(h_0-a'_s)} \tag{8-8}$$

其中：

$$M_{max}=Ne' \tag{8-9}$$

$$e'=e'_0-\frac{h}{2}+a'_s \tag{8-10}$$

式中　N——对应最大受弯截面的轴力。

当不考虑作用在墙上的轴向压力及受弯构件计算时，则 M_{max} 就是受弯界面的最大弯矩值。

应当指出，在防空地下室侧墙的强度与稳定性计算时，应将“战时动载作用”阶段和“平时正常使用”阶段所得出的结构截面及配筋进行比较，取其较大值，因为侧墙不一定像顶板那样由战时动载作用控制截面设计。

二维码 8-9
附建式地下
结构基础

8.2.3　基础

附建式结构基础设计同地面建筑基础设计方法基本相同。当地面建筑与地下结构连接为一个整体时，则共同考虑基础设计，有的高层建筑把地下室部分直接作为基础设计，即所谓箱形基础，也有把地面地下统一为一个建筑，然后直接在地下室下边再设计基础。箱形基础通常为全现浇钢筋混凝土结构，该基础可作为地下室使用，因此它既作为基础，又作为地下室。作为箱形基础地下室规范有特殊的规定。如果把地下室不作为基础，而作为普通地下空间结构设计是其中的另一种方法。单从地下室基础形式来划分，有条形基础、独立基础、桩基础、筏形基础、梁板式基础等几种。具体针对某一工程采用何种类型应根据建筑物的使用性质、荷载、层数、工程水文地质、气候条件、材料与施工方法、基础造价等因素来确定，基础类型选择与设计详见有关书籍及规范。这里主要说明核爆炸动荷载对基础的影响。

1. 条形基础

在地下水位较低的地区，混合结构一般多采用条形基础。对于受动载较小的大量性防空地下室条形基础，可不考虑核爆炸动载作用下的荷载组合，而只按上部地面建筑平时正常使用条件下的荷载组合进行设计；对于受动载较大的条形基础以及各种单独柱基，则考虑其动、静荷载的组合。当考虑核爆炸动载作用时，对于条形基础以及单独柱基的天然地基，应进行承载能力验算，地基的允许承载能力，可以适当提高，提高系数见表 8-10。

提高系数　　**表 8-10**

卵石及密实硬塑粉质黏土	5
密实粉质黏土	4
中密实以上细砂	3
中密、可塑或软塑粉质黏土及中密以上砂土	2

2. 整体基础（底板）

与前面提到过的顶板及侧墙相对应的整体基础，对于大量性防空地下室底板的等效静载值，应按规定及覆土层厚度计算出 q_{j3}。

在一般情况下，只有在高水位地区才采用整体基础，因此，上述数值也只是在地下水位以下的底板所受的等效静载。至于在什么情况下应考虑冲击波动载的作用，也和顶板、侧墙类似，按两种情况分述如下：

1）对于防护等级不高的大量性防空地下室，在地下水位较低的地区，只因土质差而根据上部建筑的需要设置的整体基础，其底板实际所受的动载不大，可不予考虑，仍按平时使用条件下的正常荷载设计；但位于饱和土中的底板，其所受的动反力较大，应考虑核爆炸冲击波动载作用下的荷载组合。

2）对于防护等级更高的防空地下室，其基础底板相应的冲击波动反力也更大，必须考虑核爆炸动载作用下的荷载组合。

根据上面的分析，考虑动载的底板荷载组合，应包括以下内容：

属于第一种情况，即大量性防空地下室底板的荷载组合有：①底板核爆炸动载，常化为等效静载；②上部地面建筑自重的一半，这里的自重，指防空地下室上部±0.000标高以上地面建筑的墙体和楼板传来的静载，取一半的理由与侧墙中分析一样；③顶板传来的静载，包括顶板的自重、覆土重、设备夹层以及在战时不拆迁的设备重量等；④墙重，由于底板自重与底压抵消，故应不计入。

属于第二种情况，即防护等级更高的防空地下室底板的荷载组合有：①底板核爆炸动载，如果是条形基础或单独柱基，则为墙（柱）传来的核爆炸动载，亦化为等效静载；②顶板传来的静载；③墙重，不包括上部地面建筑自重的理由，亦如侧墙所分析。

在确定了底板压力之后，应根据战时与平时两个组合情况的比较，取其中比较大的作为设计的依据。

底板的计算简图可和顶板一样，拆开为单向或双向连续板，也可与侧墙一起构成整体框架。对于有防水要求底板，应按弹性工作阶段计算，不考虑塑性变形引起的内力重分布。

当防空地下室考虑核爆炸冲击波瞬间动载作用时，可不验算基础沉降和地下室的倾覆，对于整体基础的天然地基，在核爆炸冲击波动载作用下，可不必验算其承载能力。

8.2.4 承重内墙（柱）

二维码 8-10
承重内墙（柱）

1. 荷载

大量性防空地下室的承重内墙（柱）所承受的荷载包括以下四项：①上部地面建筑的部分自重（目前建议取其一半）不应计入；②顶板传来的动荷载，一般化为等效静载；③顶板传来的静荷载；④地下室内墙（柱）的自重。

除防护隔墙外，一般内墙（柱）不承受侧向水平荷载，因此，为了简化计算起见，常将承重内墙（柱）近似地按中心受压构件计算。在这个假定下，当顶板按弹塑性工作阶段计算时，为保证墙（柱）不先于顶板破坏，在计算顶板传给墙（柱）的等效静载时，应将顶板支反力乘以1.25的系数。而按弹性工作阶段计算时，可直接取支反力（大偏心受压也这样取）。

确定荷载后，则不难进行内力计算和截面选择。

2. 承重内墙门洞的计算

在地下室承重内墙上开设的门洞较大时，门洞附近的应力分布比较复杂，应按“孔附近的应力集中”理论计算。但在实际工程中，常采用近似方法，其计算如下：

1）将墙板视为一个整体简支梁，承受均布荷载 q（图 8-10），先求出门洞中心处的弯矩 M 与剪力 Q，再将弯矩化为作用在门洞上下横梁上的轴向力 $N=M/H_1$，剪力按上下横梁的刚度进行分配：

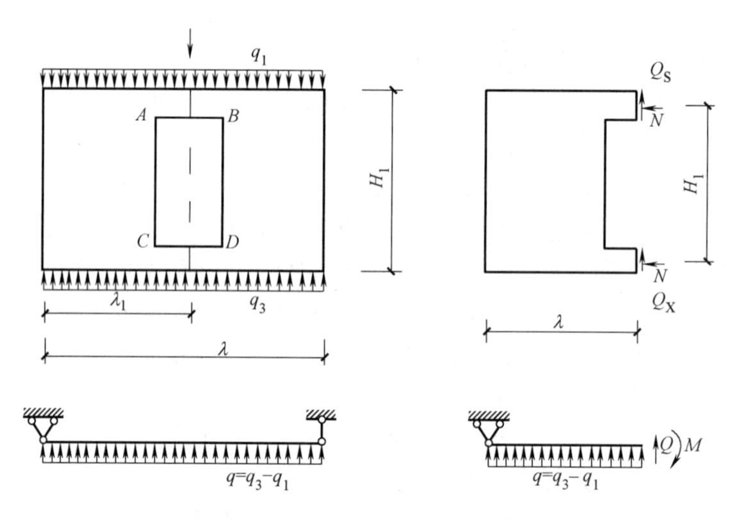

图 8-10　承重内墙门洞计算简图

$$Q_S=\frac{J_S}{J_S+J_X}Q \tag{8-11}$$

$$Q_X=\frac{J_X}{J_S+J_X}Q \tag{8-12}$$

2）将上下横梁分别视为承受局部荷载的两端固定梁，求出上下横梁的固定端弯矩分别为：

$$M_A=M_B=\frac{q_1 l_1^2}{12} \tag{8-13}$$

$$M_C=M_D=\frac{q_3 l_1^2}{12} \tag{8-14}$$

3）将以上两组内力叠加：

上梁：

$$M=Q_S\frac{l_1}{2}-\frac{q_1 l_1^2}{12} \tag{8-15}$$

$$N=\frac{M}{H_1} \tag{8-16}$$

下梁：

$$M=Q_S\frac{l_1}{2}-\frac{q_3 l_1^2}{12} \tag{8-17}$$

$$N=\frac{M}{H_1} \tag{8-18}$$

最后根据上面的内力配置受力钢筋，而斜截面根据 Q_S、Q_X 配置箍筋。

8.3 装配式结构

二维码 8-11
装配式结构

8.3.1 概况

装配式钢筋混凝土结构是我国建筑结构发展的重要方向之一，它有利于我国建筑工业化的发展，提高生产效率节约能源，发展绿色环保建筑，并且有利于提高和保证建筑工程质量。与现浇施工工法相比，装配式 RC 结构有利于绿色施工，因为装配式施工更能符合绿色施工的节地、节能、节材、节水和环境保护等要求，降低对环境的负面影响，包括降低噪声、防止扬尘、减少环境污染、清洁运输、减少场地干扰，节约水、电、材料等资源和能源，遵循可持续发展的原则。而且，装配式结构可以连续地按顺序完成工程的多个或全部工序，从而减少进场的工程机械种类和数量，消除工序衔接的停闲时间，实现立体交叉作业，减少施工人员，从而提高工效、降低物料消耗、减少环境污染，为绿色施工提供保障。另外，装配式结构在较大程度上减少建筑垃圾（占城市垃圾总量的 30%～40%），如废钢筋、废铁丝、废竹木材、废弃混凝土等。

附建式地下结构作为整个建筑物的一部分，它可以采用上部地面建筑所采用的钢筋混凝土定型构件。

8.3.2 设计原则

1. 结构类型的选择

1）全装配式结构：在全装配式结构中，顶板、柱、墙板以及基础都是采用工厂生产的装配式构件，其中梁、板本身的连续性及梁与柱之间的刚性连接，是通过预留钢筋的连接以及在接头中增设钢筋和现浇少量混凝土来实现。

2）预制-现浇式结构：防空地下室结构要承受很大的冲击波动荷载，特别是顶板，如单纯在顶板中采用地面建筑中的定型构件，可能不满足受力要求。解决这个问题的方法之一，是在定型构件（预制板）上再浇一层混凝土，这样就增加了顶板的工作高度，也就相应地提高了顶板的承载能力。当认为预制和现浇两部分混凝土共同工作时，受力钢筋是根据整个截面的工作条件来确定的。此外，还可以在预制构件之间留出一定的间隔，并在其中放置附加的纵向钢筋和横向钢筋，然后浇上混凝土以保证其连续性。

在装配式结构中，墙体可以采用预制大板或者预制砌块。当采用预制墙板时，其构造与顶板类似。当采用预制块砌筑墙体时，多见于干土中的地下室。当由于墙体受弯而需要加强时，可在墙体内侧再浇筑一层钢筋混凝土。无论条形基础或柱基础，均可采用预制的或整体式的，预制基础的构造也很简单。

在达不到截面需要的预制构件上，预留钢筋，然后再在其上再浇一层混凝土，使之达到截面计算高度，这就是预制-现浇叠合式构件，简称叠合构件。叠合构件是预制-现浇式构件的一种主要类型，有较高的技术经济指标，已在一些国家大量推荐采用，特别是在顶板结构中更是多见。当地下室为板柱体系的无梁顶盖时，由于柱头构造复杂，只在一定条件下才采用叠合式构件。叠合式构件比较多的是用在梁板结构中，不仅用在顶板中，还用在墙体中。

预制-现浇式结构的主要优点包括：

(1) 部分构件在工厂中生产，能保证质量，并用机械装配施工，速度快；现浇混凝土时，用预制构件做模板，节省木材；

(2) 节点为整体现浇，且有钢筋连接，具有必要的刚度，保证了结构的空间稳定性；

(3) 装配式结构在中间支座处的连续性容易实现，这些支座处的钢筋是在浇混凝土之前放置的，可以根据需要而改变；

(4) 在构件的接头处，都是用混凝土现浇的，因而保证了被连接预制构件的紧密性。

预制现浇叠合梁、板的动载与静载实验证明：在大量性防空地下室所承受的荷载作用下，预制-现浇叠合板的整体性和现浇板没有明显的差别，能保证两部分混凝土板的共同工作。实践表明，采用这种结构，方便施工，缩短工期，节省模板，保证质量。在现有条件下推广这类结构是切实可行的。

目前，在我国除大量推广定型预制（单向）板外，还有的工程因有较好的吊装能力，采用了按开间尺寸做成的整块预制双向板，然后在其上做现浇混凝土层，并在支座处配置受力钢筋。这样就构成了连续双向板。

设计工作中应在满足安全、经济和整体性等要求的前提下，采用装配式或预制-现浇式结构。

2. 叠合板设计中的几项原则

虽然叠合式结构的应用已有了一定的经验，但用于人民防空工程还是一个新课题，需要进一步研究、发展和提高。目前在实际人防工程叠合板的设计中，应遵循以下几项原则：

1) 目前，叠合板结构暂只用于大量性的防空地下室，特别是属于砖墙承重的混合结构，具有一般的梁板结构顶板，跨度不宜大于 4m 的。对于 6m×6m 柱网的一般工业厂房或较大跨度的公共建筑，如采用单向板时，其配筋量将有所增加，是否使用叠合板应酌情考虑。

2) 设计中所取的荷载，应为顶板的全部荷载，包括动荷载与静荷载。

3) 内力计算时，按单项简支或连续板考虑，有条件时也按双向连续板考虑。

4) 叠合板断面由预制的与现浇的两部分组成。如能保证设计的构造要求，可将这两部分视为共同工作的整体进行截面设计与配筋。当按简支板设计计算时，其主筋全部配置在预制板内；当按连续板计算时，宜采用分离式配筋，将跨中受拉钢筋配置在预制板内，将支座负弯矩钢筋配置在现浇板内。

5) 预制板应按下列情况进行验算：

(1) 按制作、运输及吊装时的标准荷载校核预制板的强度。

(2) 按浇筑混凝土时的施工荷载（包括预制板和现浇混凝土自重及 200kg/m^2 的施工荷载），校核预制板的强度和挠度，其挠度一般不应大于 $l_0/200$（l_0 为板的计算跨度）。

3. 构造要求

为了保证附建式地下结构的空间稳定性，装配式结构也应满足圈梁设置、构件相接处的锚固等构造要求。

如前所述，目前在我国防空地下室顶板中采用叠合板还处于推广阶段，需要不断改进，构造要求比较保守。下面是目前对采用叠合板的几项构造要求：

1）目前，叠合板的预制板只限于采用实心板；

2）为了保证叠合板的整体性，应将预制板的上表面进行打毛、做成锯齿形或留槽齿等处理；

3）叠合板与墙身的锚固构造应按规范要求处理；

4）叠合板一端伸入墙内的有效支承长度 a_0，应按现浇板计算；

5）中间墙上两块预制板之间，应留空隙（有的单位建议不少于 8cm）以便现浇混凝土；

6）为了保证预制板与现浇板之间能够紧密结合形成整体，除在设计中采取必要措施之外，施工质量非常重要，必须将预制板表面和预制板中间的空隙的杂物、油污等清洗干净，去掉积水，然后涂刷素水泥浆一道，随即浇筑混凝土；板缝之间的混凝土，必须浇捣密实。

8.4 口部结构

二维码 8-12
口部结构

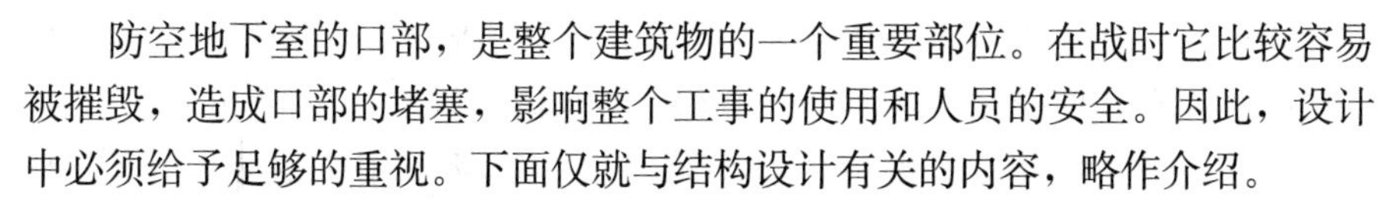

防空地下室的口部，是整个建筑物的一个重要部位。在战时它比较容易被摧毁，造成口部的堵塞，影响整个工事的使用和人员的安全。因此，设计中必须给予足够的重视。下面仅就与结构设计有关的内容，略作介绍。

8.4.1 室内出入口

为使地下室与地面建筑联系，特别是为平战结合创造条件，每个独立的防空地下室至少有一个室内出入口。室内出入口有阶梯式与竖井式两种。作为人员出入的主要出入口，多采用阶梯式的，它的位置往往设在上层建筑楼梯间的附近，竖井式的出入口，主要的用战时安全出入口，平时可供运送物品之用。

1. 阶梯式

设置在楼梯间附近的阶梯式入口，以平时使用为主，在战时（或地震时）倒塌堵塞的可能性很大，这是个严重的问题。因此，它很难作为战时的主要出入口。位于防护门（防护密闭门）以外通道内的防空地下室外墙称为“临空墙”。临空墙的外侧没有土层，它的厚度应满足防早期核辐射的要求，同时它是直接受冲击波的作用的，所受的动荷载要比一般外墙大得多。因此在平面设计时，首先要尽量减少临空墙，其次，在可能的条件下，要设法改善临空墙的受力条件。例如，在临空墙的外侧填土，使它变为非临空墙，或在其内侧布置小房间（像通风机室、洗涤间等），以减小临空墙的计算长度。还有的设计，为了满足平时利用需要大房间的要求，暂时不修筑其中的隔墙，只根据设计做出留槎，临战前再行修补。这种临空墙所承受的水平方向荷载较大，可能要采用混凝土或钢筋混凝土结构，其内力计算与侧墙类似。为了节省材料，这种钢筋混凝土临空墙可按弹塑性工作阶段计算，$[\beta]=2.0$。

防空地下室的室内阶梯式出入口，除临空墙外其他与防空地下室无关的墙、楼梯板、休息平台板等，一般均不考虑核爆炸动载，可按平时使用的地面建筑进行设计。当进风口设在室内出入口处时，可将按出入口附近的楼梯间适当加强，避免堵塞过死，难以清理。

为了避免建筑物的倒塌堵塞出入口，有建议设置坚固棚架的。

2. 竖井式

当在市区建筑物密集，场地有限，难以做到把室外安全出入口设在倒塌范围以外，而又没有条件与人防支干道连通，或几个工事连通合用适当安全出入口的情况下，有的单位提出设置室内竖井式安全出入口的方案，并做出了定型图。竖井是内径 1.0m×1.0m 的钢筋混凝土方筒结构，壁厚度 20cm，配筋直径 14mm、间距 200mm。竖井的顶端在底层地面建筑顶板之下。为避免互相干扰，竖井应与其他结构完全分离，但这一方案不能认为是完美的。

8.4.2　室外出入口

每一个独立的防空地下室（包括人员掩蔽室的每个防护单元）应设有一个室外出入口，作为战时的主要出入口，室外出入口的口部应尽量布置在地面建筑的倒塌范围以外。室外出入口也有阶梯式与竖井式两种形式。

1. 阶梯式

当把室外出入口作为战时主要出入口时，为了人员进出方便，一般采用阶梯式。设于室外阶梯式出入口的伪装遮雨篷，应采用轻型结构，使它在冲击波作用下不能被吹走，以避免堵塞出入口，不宜修建高出地面的口部其他建筑物。由于室外出入口比室内出入口所受荷载更大一些，室外阶梯室出入口的临空墙，一般采用钢筋混凝土结构；其中除按内力配置受力钢筋外，在受压区还应配置构造钢筋，构造钢筋不应少于受力钢筋的 1/3～2/3。

室外阶梯式出入口的敞开段（无顶盖段）侧墙，其内、外侧均不考虑受动荷载的作用，按一般挡土墙进行设计。

当室外出入口没有条件设在地面建筑物倒塌范围以外，而又不能和其他地下室连通时，也可考虑在室外出入口口部设置坚固棚架的方案。

2. 竖井式

室外的安全出入口一般采用竖井式的，也应尽量布置在地面建筑物的倒塌范围以外。竖井计算时，无论有无盖板，一般只考虑由土中压缩波产生的法向均布荷载，不考虑其内部压力的作用。试验表明：作用在竖井式室外出入口处的临空墙上的冲击波等效静载，要比阶梯式的小一些，但又比室内大一些。在第一道门以外的通道结构既受压缩波外压又受冲击波内压，情况比较复杂，根据相关文献该通道结构一般只考虑压缩波外压，不考虑冲击波内压的作用。

当竖井式室外出入口不能设在地面建筑物倒塌范围以外时，也可考虑设在建筑物外墙一侧，其高度可在建筑物底层的顶板水平上。

8.4.3　通风采光洞

为了贯彻平战结合的原则，给平时使用所需自然通风和天然采光创造条件可在地下室气墙开设通风采光洞，但必须在设计上采取必要的措施，保证地下室防核爆炸冲击波和早期核辐射的能力。现根据已有经验，介绍如下：

1. 设计的一般原则

1）防护等级较高时结构承受荷载较大，窗洞的加强措施比较复杂。因而，仅大量性防空地下室才开设通风采光洞，等级稍高的防空地下室不宜开设通风采光洞，而以采用机械通风为好。

2）洞口过多、过大将给防护处理增加困难，因此，防空地下室开设的洞口宽度，不应大于地下室开间尺寸的 1/3，且不应大于 1.0m。

3）临战前必须要用黏性土将通风采光井填土。因为黏性土密实可靠，能满足防早期核辐射的要求。

4）在通风采光洞上，应设防护挡板一道。考虑上述回填条件，可以认为挡板及窗井内墙身的荷载与侧墙的荷载相同，挡板的计算与防护门基本一致。

5）洞口的周边应采用钢筋混凝土柱和梁予以加强，使侧墙的承强力不因开洞而降低。柱和梁的计算，可按梁两端铰支的受弯构件考虑。

6）凡是开设通风采光洞的侧墙，在洞口上缘的圈梁应按过梁进行验算。

2. 洞口的构造措施

1）砖外墙洞口两侧钢筋混凝土柱的上端主筋应伸入顶板，其锚固长度不小于 30d（d 为柱内主筋直径，下同）；柱下端如为条形基础嵌入室内地面以下 500mm。如为钢筋混凝土整体基础应将主筋伸入地板其锚固长度不小于 30d（图 8-11）。

2）砖砌外墙，应在沿洞口两侧每六块皮砖加三根直径 6mm 的拉结筋，拉结筋的一端伸入墙身长度不小于 500mm，另一端与柱内的钢筋扎结（图 8-11）。

3）素混凝土外墙，在洞口两侧沿墙高设钢筋混凝土柱，柱的上、下两端的主筋应分别伸入顶板与底板，其锚固长度不小于 30d（图 8-11）。

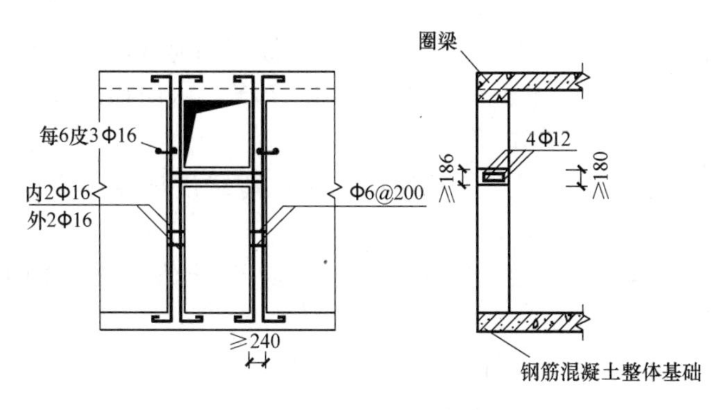

图 8-11 洞口构造图

4）钢筋混凝土外墙，除按素混凝土外墙在洞口两侧设置在加固钢筋外，应将洞口范围内被截断的钢筋与洞口周边的加固钢筋扎结。

5）钢筋混凝土和混凝土外墙开设有通风采光洞时，洞口四角应设置斜向构造钢筋，洞口四角各配三根，直径为 12mm，一端锚固长度不小于 30d（图 8-12）。

洞口周边加强钢筋配置的依据条件是：①防空地下室侧墙的等效静载应按规定选取；②通风采光井内回填土按黏土考虑；③洞口宽度取为 1.0m；④钢筋混凝土柱的计算高度为 2.6m；⑤钢筋混凝土梁与柱均按两端铰支的受弯构件计算。

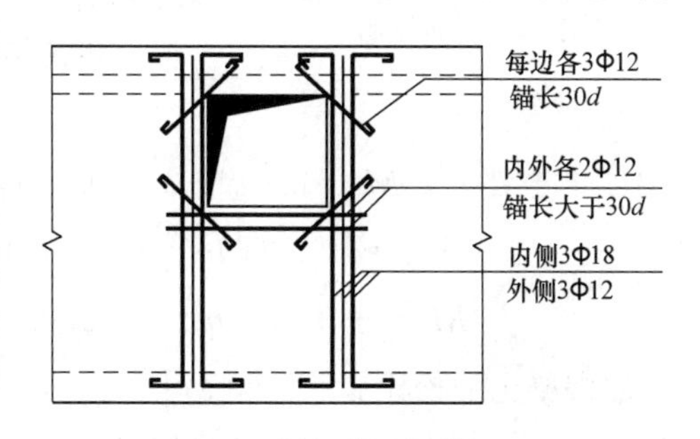

图 8-12 斜向构造钢筋配置图

8.5 附建式地下结构设计算例

某甲类人防地下室，位于地下一层，层高 4m，采用钢筋混凝土结构，混凝土采用 C35，顶板覆土厚 0.1m，上面为停车场，按顶板面标高考虑地下水位影响，人防抗力等级为核 6 级常 6 级，柱截面为 600mm×600mm，横向（x 向）柱距为 5m，竖向（y 向）柱距为 6.5m，平面图如图 8-13 所示，试对顶板（包括梁和板）及外墙进行配筋。

1. 初步确定梁、板及墙体尺寸

按《人民防空地下室设计规范》GB 50038—2005 要求，取顶板厚度为 250mm。

正常使用状态下，估算多跨连续梁高度与跨度的比值 $h/l=1/18\sim1/12$，此地下室横向（x 向）柱距 5m，则 h 取 350～500mm；竖向（y 向）柱距为 6.5m，则 h 取 450～650mm；人防工况下，考虑到人防荷载较大，取横向（x 向）梁高 $h=700$mm，取竖向（y 向）梁高 $h=800$mm 进行计算。因板厚较大，先不布置次梁进行试算。

2. 荷载计算

250mm 厚楼板自重：$25\text{kN/m}^3\times0.25\text{m}=6.25\text{kN/m}^2$；

0.1m 厚顶板覆土自重：$18\text{kN/m}^3\times0.1\text{m}=1.8\text{kN/m}^2$；

考虑到顶板有装修及粉刷层，取顶板装修荷载为：2kN/m^2；

恒载合计：10.05kN/m^2；

根据《建筑结构荷载规范》GB 50009—2012，停车场荷载取：4kN/m^2；

根据《人民防空地下室设计规范》GB 50038—2005，人防荷载取：60kN/m^2。

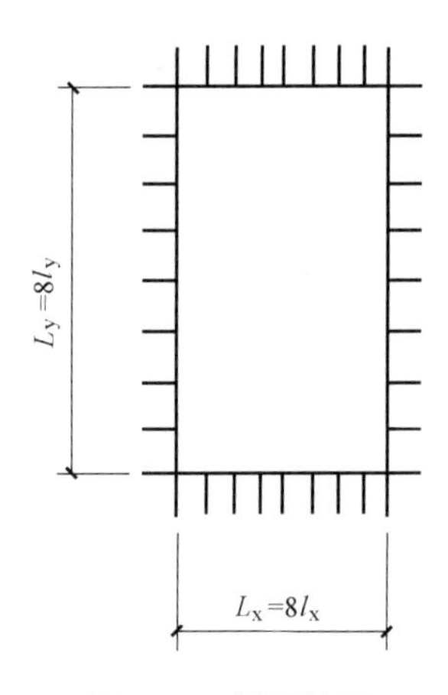

图 8-13 平面简图

3. 荷载组合

1）正常使用工况：荷载设计值 $1.2\times10.05+1.4\times4=17.66\text{kN/m}^2$；

2）人防工况：荷载设计值 $1.2\times10.05+1.0\times60=72.06\text{kN/m}^2$。

4. 内力及配筋计算

1）顶板计算

（1）正常使用工况

取其中一跨进行计算，如图 8-13 所示。

其中，$l_x=5000$mm，$l_y=6500$mm，$\lambda=l_x/l_y=0.77$，取 $\lambda=0.8$ 计算。

查《建筑结构静力计算实用手册（第三版）》，弯矩 $M_x=0.0271ql^2=0.0271\times17.66\times5^2=11.96\text{kN}\cdot\text{m}$

$$M_y=0.0144ql^2=0.0144\times17.66\times5^2=6.36\text{kN}\cdot\text{m}$$

$$M_x^0=-0.0664ql^2=-0.0664\times17.66\times5^2=-29.3\text{kN}\cdot\text{m}$$

$$M_y^0=-0.0559ql^2=-0.0559\times17.66\times5^2=-24.70\text{kN}\cdot\text{m}$$

取混凝土泊松比 $\nu=0.2$，$M_x^{(2)}=M_x+\nu M_y=11.96+0.2\times6.36=13.2\text{kN}\cdot\text{m}$

$$M_y^{(2)}=M_y+\nu M_x=6.36+0.2\times11.96=8.8\text{kN}\cdot\text{m}$$

配筋计算：取 $a_s=20\text{mm}$，则 $h_0=250-20=230\text{mm}$；选用 C35 混凝土，HRB400 钢筋，$f_c=16.7\text{N/mm}^2$，$f_t=1.57\text{kN/mm}^2$，$f_y=f'_y=360\text{N/mm}^2$；

最小配筋率 $\rho_{min}=\max\{0.2\%,0.45f_t/f_y\}=\max\{0.2\%,0.196\%\}=0.2\%$；

最小配筋面积 $A_{s,min}=bh_0\rho_{min}=1000\times230\times0.2\%=460\text{mm}^2$；由公式 $a_s=\dfrac{\gamma_d M}{f_c bh_0^2}$，$\zeta=1-\sqrt{1-2a_s}$，$A_s=\dfrac{f_c\zeta bh_0}{f_y}$ 及 $\rho=\dfrac{A_s}{bh_0}$ 计算的结果如表 8-11 所示。

计算结果 **表 8-11**

弯矩(kN·m)	a_s	ξ	计算面积 A_s	ρ(%)	实际配筋
$M_x^{(2)}=13.2$	0.015	0.015	161	0.070	Φ10@170($A_s=462\text{mm}^2/\text{mm}$),满足
$M_y^{(2)}=8.8$	0.010	0.010	107	0.046	Φ10@170($A_s=462\text{mm}^2/\text{mm}$),满足
$M_x^0=-29.3$	0.033	0.034	360	0.157	Φ10@170($A_s=462\text{mm}^2/\text{mm}$),满足
$M_y^0=-24.7$	0.028	0.028	303	0.132	Φ10@170($A_s=462\text{mm}^2/\text{mm}$),满足

(2) 正常使用阶段验算

① 挠度验算

刚度 $B_c=3.15\times10^7\times0.25^3/[12\times(1-0.2^2)]=4.27\times10^4\text{kN}\cdot\text{m}$

$f=0.00182\times ql^4/B_c=0.00182\times17.66\times5^4/(4.27\times10^4)=0.47\text{mm}<[f]=l_0/200=30\text{mm}$

挠度满足规范要求。

② 裂缝计算

跨中 X 方向裂缝：

a. 计算荷载效应

$M_x=(q_{gk}+q_{qk})L_p^2=(0.0271+0.0144\times0.200)\times(10.050+4.000)\times5^2=10.531\text{kN}\cdot\text{m}$

b. 带肋钢筋

所以取值 $\upsilon_j=1.0$。

c. 计算按荷载准永久组合或标准组合下，构件纵向受拉钢筋应力

$\sigma_{qk}=M_q/(0.87\times h_0\times A_s)=10.531\times10^6/(0.87\times230\times462)=113.909\text{N/mm}$

d. 计算按有效受拉混凝土截面面积计算的纵向受拉配筋率

矩形截面积，$A_{te}=0.5\times b\times h=0.5\times1000\times250=125000\text{mm}^2$。

$\rho_{te}=A_s/A_{te}=462/125000=0.0037$

因为 $\rho_{te}=0.0037<0.01$，所以 $\rho_{te}=0.01$。

e. 计算裂缝间纵向受拉钢筋应变不均匀系数 φ

$\varphi=1.1-0.65f_{tk}/(\rho_{te}\cdot\sigma_{sk})=1.1-0.65\times2.200/(0.0100\times113.909)=-0.16$

因为 $\varphi=-0.16<0.2$，所以 $\varphi=0.2$。

f. 计算单位面积钢筋根数 n

$n=1000/d_{ist}=1000/170=6$

g. 计算受拉区纵向钢筋的等效直径 d_{eq}

$d_{eq}=(\sum n_j\times d_j^{\ 2})/(\sum n_j\times v_j\times d_j)=6\times10\times10/(6\times1.0\times10)=10$

h. 计算最大裂缝宽度

$$\omega_{max}=\alpha_{cr}\cdot\varphi\cdot\sigma_{sk}/E_s\cdot(1.9c+0.08\cdot D_{eq}/\rho_{te})$$
$$=1.9\times0.200\times113.909/2.0\times10^5\times(1.9\times20+0.08\times10/0.0100)$$
$$=0.0255\text{mm}\leqslant0.30\text{，满足要求。}$$

以此类推：

跨中 Y 方向裂缝 $\omega_{max}=0.0169\text{mm}\leqslant0.30$，满足规范要求。

支座上、下方向裂缝 $\omega_{max}=0.1016\text{mm}\leqslant0.30$，满足规范要求。

支座左、右方向裂缝 $\omega_{max}=0.1508\text{mm}\leqslant0.30$，满足规范要求。

(3) 人防工况

C35 混凝土，HRB400 钢筋，$f_c=16.7\text{N/mm}^2$，$f_t=1.57\text{N/mm}^2$，$f_y=f'_y=360\text{N/mm}^2$

则由《人民防空地下室设计规范》GB 50038—2005 知：

$$f_{cd}=16.7\times1.5=25.05\text{N/mm}^2, f_{yd}=f'_{yd}=360\times1.35=486\text{N/mm}^2$$

人防工况下的内力计算简图与图 8-11 相同。

$l_x=5000\text{mm}$，$l_y=6500\text{mm}$，$\lambda=l_x/l_y=0.77$，取 $\lambda=0.8$ 计算。

按四边固结来计算，查相关工具书，总弯矩系数 $W=0.092$，则总弯矩：

$M_0=Wql_x^2=0.092\times72.06\times5^2=165.7\text{kN}\cdot\text{m}$

查相关工具书，边界条件系数 $B=0.658$，$a=0.65$。

由下式即可求出 M_x：

$$M_x=B[M_0-\sum(M_x^0+M_y^0)/2]$$

其中跨中弯矩：$M_y=aM_x$。

支座弯矩：$M_x^0=2M_x$；$M_y^0=2M_y$。

由以上四个式子代入数据，计算结果如下：

$M_x=0.0288ql_x^2=0.0288\times72.06\times5^2=51.9\text{kN}\cdot\text{m}$；

$M_y=0.65M_x=0.65\times51.9=33.7\text{kN}\cdot\text{m}$；

$M_x^0=2M_x=2\times51.9=103.8\text{kN}\cdot\text{m}$；$M_y^0=2M_y=2\times33.7=67.4\text{kN}\cdot\text{m}$。

同样，在人防工况下，根据《人民防空地下室设计规范》GB 50038—2005 规定，最小配筋率 $\rho_{min}=0.25\%$，最小配筋面积 $A_{s,min}=bh_0\rho_{min}=1000\times230\times0.25\%=575\text{mm}^2$。配筋表见表 8-12。

实际配筋 **表 8-12**

弯矩(kN·m)	a_s	ξ	计算面积 A_s	ρ(%)	实际配筋
$M_x=51.9$	0.039	0.040	472	0.206	Φ12@180($A_s=628\text{mm}^2$/mm)，满足
$M_y=33.7$	0.025	0.026	305	0.133	Φ12@180($A_s=628\text{mm}^2$/mm)，满足
$M_x^0=103.8$	0.078	0.082	968	0.421	Φ12@180+Φ10@180($A_s=1064\text{mm}^2$/mm)，满足
$M_y^0=67.4$	0.051	0.052	619	0.270	Φ12@180($A_s=628\text{mm}^2$/mm)，满足

人防工况不考虑结构变形与裂缝，因此最后配筋结果取两种工况中的最大值，由上面计算结果比较可知，此地下室人防荷载组合起控制作用，配筋结果按人防工况确定。其配筋结果如图 8-14 所示。

2) 外墙计算

取最高水位进行计算，计算简图如图 8-15 所示。

墙顶水平荷载：$P_1=18\times0.1\times0.5=0.9\text{kN/m}^2$。

墙底水平荷载：$P_2=P_1+[10+(18-10)\times0.5]\times4=56.9\text{kN/m}^2$。

根据《人民防空地下室设计规范》GB 50038—2005，人防荷载取 50kN/m^2。

平时工况荷载组合：墙顶：$1.2\times0.9=1.08\text{kN/m}^2$；墙底：$1.2\times59.9=68.3\text{kN/m}^2$。

战时工况荷载组合：墙顶：$1.2\times0.9+1.0\times50=51.08\text{kN/m}^2$；墙底：$1.2\times59.9+1.0\times50=118.3\text{kN/m}^2$。

取一延米的板进行计算，墙顶铰支座，墙底固定支座，其计算模型如图 8-15 所示。

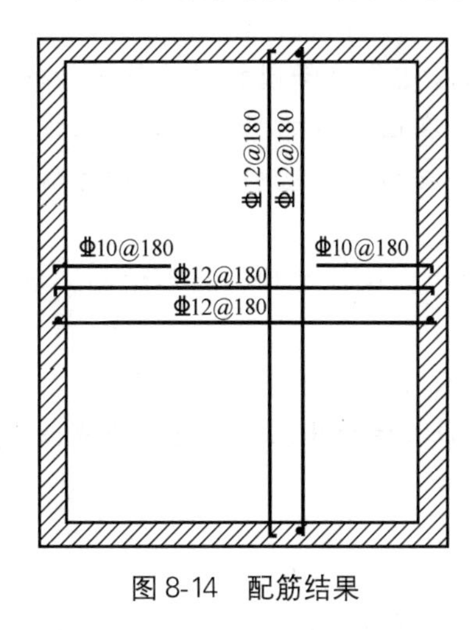

图 8-14 配筋结果

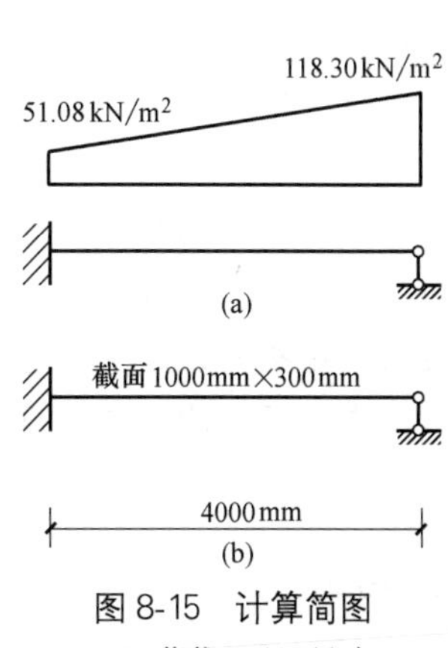

图 8-15 计算简图

(a) 荷载；(b) 尺寸

分平时和战时两种工况进行对比，其计算方法与（1）相同，此处省略计算过程，计算结果如图 8-16 所示，两种工况计算结果对比与（1）类似，人防荷载组合起控制作用，计算结果如表 8-13、图 8-16 和图 8-17 所示。

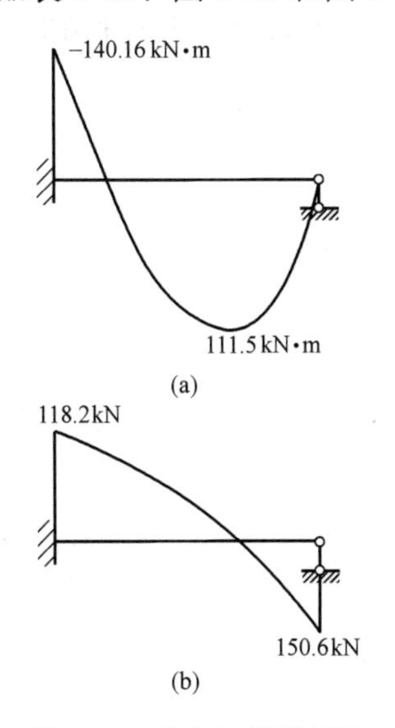

图 8-16 内力计算结果图

(a) 弯矩；(b) 剪力

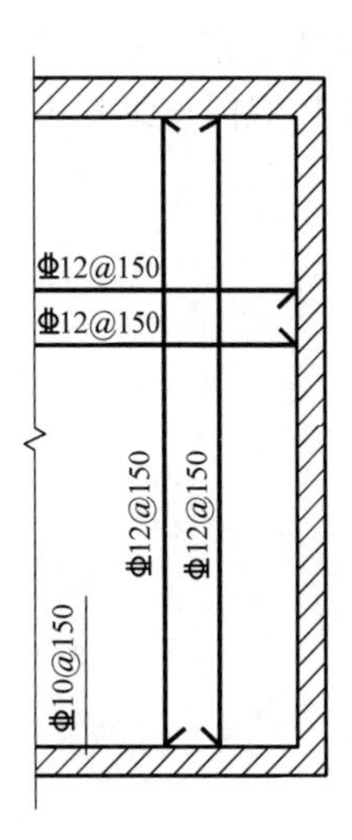

图 8-17 外墙配筋图

内力计算结果 表 8-13

	左	中	右
上部弯矩(kN·m)	140.16	0.00	0.00
下部弯矩(kN·m)	0.00	111.50	0.00
上部纵筋(mm^2)	1070	750	750
下部纵筋(mm^2)	750	844	750

本章小结

(1) 附建式地下结构是指根据一定的防护要求修建于较坚固的建筑物下面的地下室，又称“防空地下室”或“附建式人防工事”。此外，在已建成的掘开式工事上方修建地面建筑物或在已有的地面建筑内构筑掘开式工事所形成的地下结构，也可称为附建式地下结构。

(2) 附建式地下结构的主要形式可为梁板式结构、板柱结构、箱形结构、框架结构、拱壳结构、外墙内框和墙板结构。

(3) 梁板式结构的设计主要包括顶板、侧墙、基础、承重内墙的设计计算。

(4) 附建式地下结构的口部设计包括室内出入口、室外出入口和通风采光洞。

思考与练习题

8-1 什么是附建式地下结构？附建式地下结构的形式、用途及特点有哪些？

8-2 附建式地下结构的荷载有哪几类？如何确定附建式地下结构的荷载？

8-3 简述附建式地下结构设计要点。

8-4 简述附建式地下结构的口部结构的重要性及特点。

8-5 附建式结构的顶板、临空墙、洞口的防护要求有何特点？构造上如何处理？

8-6 简述附建式地下结构的主要构造要求。

8-7 简述双向连续板多向连续板的内力计算方法。

第 9 章　地下连续墙结构设计

本章要点及学习目标

本章要点：

(1) 地下连续墙的概念；

(2) 地下连续墙设计计算流程及具体设计方法；

(3) 地下连续墙的构造要求。

学习目标：

(1) 熟悉地下连续墙的概念；

(2) 掌握地下连续墙的设计计算内容；

(3) 掌握地下连续墙的静力计算方法；

(4) 了解地下连续墙的细部设计。

9.1　概述

二维码 9-1
地下连续墙
概述

地下连续墙起源于欧洲。自 1950 年意大利在修建水库大坝中使用地下连续墙以来，该技术取得了突飞猛进的发展。世界各国都是首先从水利水电基础工程中开始应用，然后推广到建筑、市政、交通、矿山、铁道和环保等部门。最初地下连续墙厚度一般不超过 0.6m，深度不超过 20m。到了 20 世纪 80 年代，随着技术设备的提高，该技术得到快速发展。墙厚超出 1.2m、深度超出 100m 的地下连续墙不断涌现。到了 20 世纪 90 年代，出现了超厚（3.20m）和超深（170m）的地下连续墙结构。

1958 年我国水电部门首先用地下连续墙技术在青岛丹子口水库修建了水坝防渗墙，并在 1974 年试用排桩式地下连续墙建造煤矿竖井获得成功，板式地下连续墙在主体结构的首次适用还是在唐山大地震之后。近几十年来，地下连续墙技术在工程实践中和理论研究上获得了巨大的成就。目前，国内众多的工程采用了地下连续墙技术，例如，北京的王府井宾馆、广州的白天鹅宾馆、上海的金茂大厦、浦东国际金融大厦、中环广场、长风海洋世界、海伦宾馆、上海地铁，这说明地下连续墙技术在地下施工中扮演着越来越重要的作用。

地下连续墙是利用一定的设备和机具，首先开挖导墙，导墙沿着地下连续墙轴线方向全长周边设置，然后在泥浆护壁的条件下向地下钻挖一段狭长的深槽，在深槽的两端安装接头管，接着清除槽底的沉渣，在槽内吊放入钢筋笼，最后向深槽内灌注混凝土筑成一段钢筋混凝土墙段，拔出接头管，这就形成了一个墙段，再把每一墙段逐个连接起来形成一道连续的地下墙壁。地下连续墙具有防渗（水）、挡土和承重的作用。

二维码 9-2
地下连续墙
设计计算
主要内容

9.2 地下连续墙的设计

地下连续墙设计计算的主要内容为：

1）确定在施工过程和使用阶段各工况的荷载，连续墙的土压力、水压力以及上部传来的垂直荷载。

2）确定地下连续墙所需的入土深度，以满足抗管涌、抗隆起，防基坑整体失稳破坏以及满足地基承载力的需要。

3）验算开挖槽段的槽壁稳定，必要时重新调整槽段长、宽、深度的尺寸。

4）地下连续墙结构体系（包括墙体和支撑）的内力分析和变形验算。

5）地下连续墙结构的截面设计，包括墙体和支撑的配筋设计、截面强度验算、接头的连接强度验算和构造处理。

二维码 9-3
槽幅设计

9.2.1 槽幅设计及稳定性验算

1. 槽幅设计

槽幅是指地下连续墙一次开挖成槽的槽壁长度。槽幅设计的内容包括槽壁长度的确定及槽段划分。从理论上讲，除去小于钻挖机具长度的尺寸外，各种长度均可施工，而且越长越好。这样能减少地下连续墙的接头数，提高地下连续墙的防水性能和整体性。但是，槽段长度越长，槽壁坍塌危险性就越大。槽段的实际长度需要综合下列因素确定：

1）地下连续墙所处的地层情况和地下水位对槽段稳定性的影响；

2）地下连续墙的厚度、深度、构造（柱及主体结构等的关系）和形状（拐角和端头等）；

3）地下连续墙对相邻结构物的影响；

4）工地所具备的起重机能力和钢筋笼的重量及尺寸；

5）单位实际供应混凝土的能力；

6）泥浆池的容积；

7）工地所能占用的场地面积以及可以连续作业的时间；

8）挖槽机的型号及其最小挖槽长度。

一般来说，单元槽段的长度采用挖槽机的最小挖掘长度（一个挖掘单元的长度）或接近这个尺寸的长度（2～3m）。当施工不受条件限制且作业场地宽阔，可增大单元槽段的长度。一般以5～8m为多，也有取10m或更大一些的情况。

标准单元槽段长度计算式：

$$L=nW+nD \tag{9-1}$$

若需要根据结构尺寸调整单元槽段长度时，其计算式：

$$L=nW\pm nD \tag{9-2}$$

式中 L——单元槽段长度（m）；

W——抓斗开口宽度（m）；

D——导孔直径（m）；

n——单元槽段挖掘次数。

2. 槽壁稳定性验算

二维码 9-4
槽壁稳定性
验算

槽壁稳定性验算是地下连续墙工程的重要内容，有理论分析和经验公式法两种方法，这里主要介绍两种经验公式法。

1）梅耶霍夫经验公式法

梅耶霍夫提出以下根据现场试验获得的公式。

开挖槽段的临界深度 H_{cr} 按下面的公式求得：

$$H_{cr}=\frac{N\cdot c_u}{K_0\gamma'-\gamma'_1} \tag{9-3}$$

$$N=4\left(1+\frac{B}{L}\right) \tag{9-4}$$

式中　c_u——黏土的不排水抗剪强度（kPa）；

K_0——静止土压力系数；

γ'——黏土的有效重度（kN/m^3）；

γ'_1——泥浆的有效重度（kN/m^3）；

N——条形基础的承载力系数；

B——槽壁的平面宽度（m）；

L——槽壁的平面长度（m）。

槽壁的坍塌安全系数 F_s 按下式计算：

$$F_s=\frac{N\cdot c_u}{P_{0m}-P_{1m}} \tag{9-5}$$

式中　P_{0m}——开挖的外侧（土压力）槽底水平压力强度；

P_{1m}——开挖的内侧（泥浆压力）槽底水平压力强度。

开挖槽壁的横向变形 Δ 按下式计算：

$$\Delta=(1-\mu^2)(K_0\gamma'-\gamma'_1)\frac{zL}{E_s} \tag{9-6}$$

式中　z——所考虑点的深度（m）；

E_s——土的压缩模量（kN/m^2）；

μ——土的泊松比。

对于黏土，当 $\mu=0.5$ 时，式（9-6）可写成：

$$\Delta=0.75(K_0\gamma'-\gamma'_1)\frac{zL}{E_s} \tag{9-7}$$

2）非黏性土的经验公式

对于无黏性的砂土（$c=0$），安全系数可由下式求得：

$$F_s=\frac{2(\gamma-\gamma_1)^{\frac{1}{2}}\tan\varphi_d}{\gamma-\gamma_1} \tag{9-8}$$

式中　γ——砂土的重度（kN/m^3）；

γ_1——泥浆的重度（kN/m^3）；

φ_d——砂土的内摩擦角。

从式（9-8）可见，对于砂土没有临界深度，F_s 为常数，与槽壁深度无关。

二维码 9-5
导墙设计

9.2.2　导墙设计

导墙是建造地下连续墙必不可少的构筑物，必须认真设计。

导墙的形式与所选择的材料有关，最常用的是钢筋混凝土导墙，其配筋率一般较低。导墙的基本断面形式有板墙形、Γ形、L形和匿字形，在特殊情况下则需要在基本形式基础上设计出特殊形式的导墙，如图 9-1 所示。

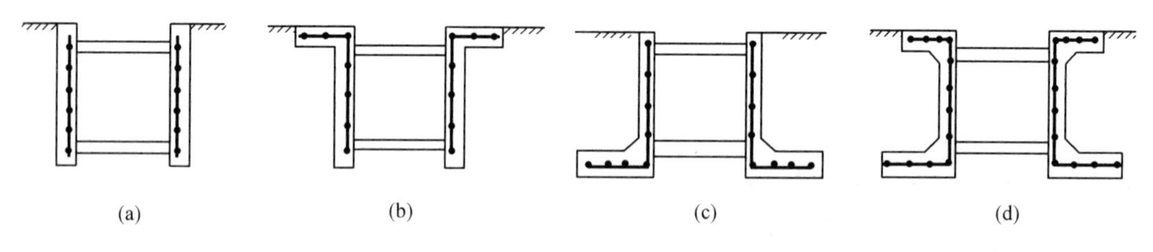

图 9-1　导墙的断面形式

（a）板墙形；（b）Γ形；（c）L形；（d）匿字形

导墙厚度一般为 0.15～0.20m，深度为 1.5m 左右。导墙一般采用 C20 混凝土浇筑，水平钢筋必须连接起来使导墙成为整体。导墙面应高于地面约 10cm，以防止地面水流入槽内污染泥浆。导墙的内墙面应平行于地下连续墙轴线，对轴线距离的最大允许偏差为±10mm，内外导墙面的净距离应为地下连续墙墙厚加 5cm 左右，墙面应垂直；导墙顶面应水平，全长范围内的高差应小于 10mm，局部高差应小于 5mm。

二维码 9-6
地下连续墙厚度的设计

9.2.3　地下连续墙厚度和深度的设计

1. 地下连续墙厚度的设计

地下连续墙的厚度应根据成槽机的规格、墙体的抗渗要求、墙体的受力和变形计算等综合确定。现浇地下连续墙的常用墙厚为 600mm、800mm、1000mm 和 1200mm。预制地下连续墙墙体厚度应略小于成槽宽度，墙厚不宜大于 800mm。

二维码 9-7
地下连续墙深度的设计

2. 地下连续墙深度的设计

地下连续墙的入土深度首先根据经验假定，一般取为 0.7～1.0，也可以由以下两种古典的稳定性判别方法直接计算得到一个初值。这两种方法在确定基坑入土深度后，都需要验算基坑的整体稳定性、基坑的抗隆起稳定、基坑坑底抗渗流稳定等，直到满足基坑需要的验算。

1）板柱底端为自由的稳定状态

所谓自由的稳定状态，就是板桩底端刚从自由（入土深度过小）变为稳定状态。板桩在 T、E_a、E_p 三力作用下达到平衡，如图 9-2 所示。其中：E_a 为主动侧土压力的合力，E_p 为被动侧土压力的合力。通过二个平衡方程 $\sum X=0$，$\sum M=0$，即可求得两个未知数：支承轴力 T 和板桩入土深度 D。

2）板柱底端为嵌固的稳定状态

当板桩的入土深度较大或底端打入较硬的地层、底端达到嵌固的程度时，对于悬臂式板桩，其变形曲线如图 9-3 虚线所示，此时 E_a 和 E_{p1} 组成力偶，不能平衡，必须设想在底端作用着一个向左的力 E_{p2}。这样未知量有两个：E_{p2} 和 D，用两个平衡方程式即可求出。

对于有撑或锚的板桩，其变形曲线有一反弯点 Q，如图 9-4 所示。此时，未知量有三个 T、D、E_{p2}，而可以利用的平衡方程式只有两个。为了求解这种板桩，曾有过很多种解法，其中最有代表性的解法之一，就是所谓弹性曲线法。即首先假定一个入土深度 D，板桩底端为固定，在土压力（假定为已知）作用下，按梁的理论画出板桩挠曲线，检验支点反力 T 的作用点的变位是否与实际变位一致。为简单计，可把 T 的变位当作零。

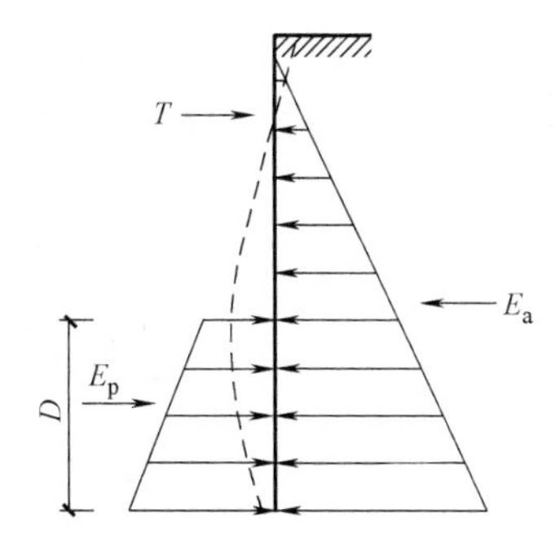

图 9-2 板柱底端为自由

T—横撑或锚杆之力；E_a—主动土压力；E_p—被动土压力

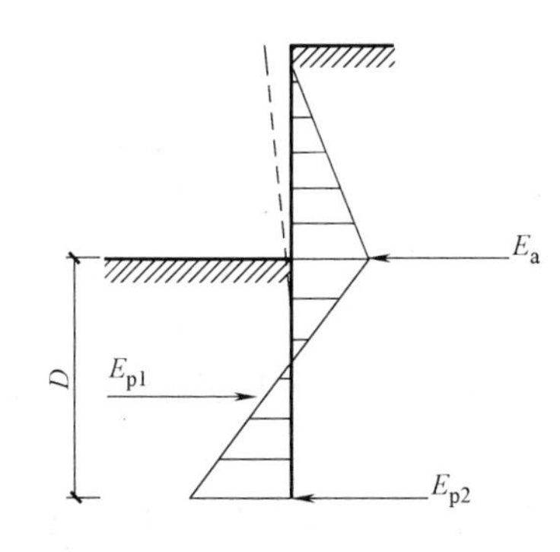

图 9-3 板桩底端为嵌固的稳定（悬臂式板桩）

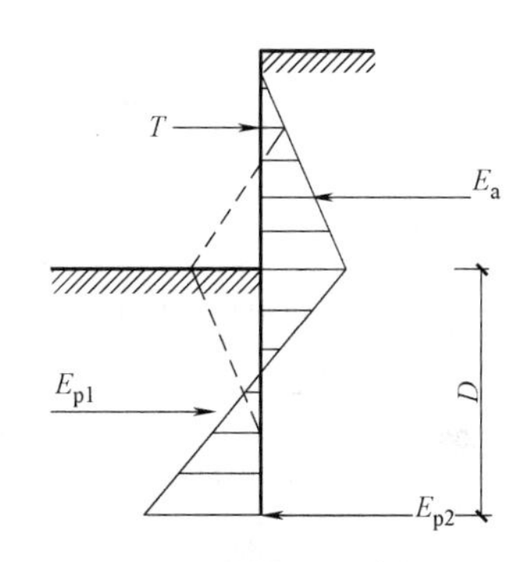

图 9-4 板桩底端为嵌固的稳定（有撑或锚的板桩）

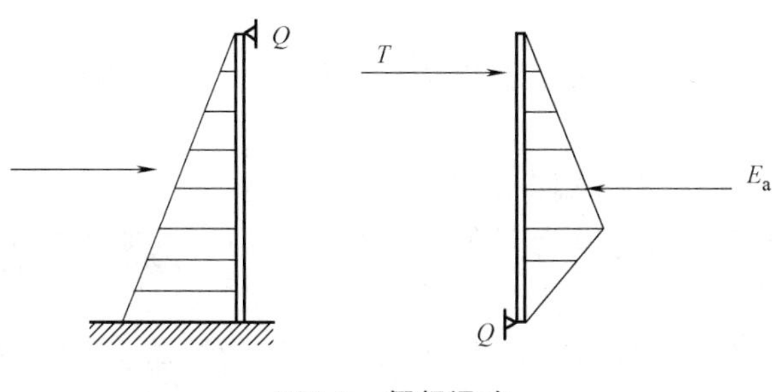

图 9-5 假想梁法

如果发现挠曲线在 T 点不等于零，则需重新假定 D，再求出挠曲线。这样反复凑算，直到挠曲线在 T 点的变位为零为止。这种弹性曲线法运算起来很麻烦，实际计算常采用弹性曲线法的近似计算法。其中有一种称为假想梁法，即找出弹性曲线的反弯点 Q 的位置，认为该点的弯矩为零，于是把板桩分为两段假想梁，即上部为简支梁，下部为一次超静定架，如图 9-5 所示，于是板桩的内力就可以求得。

9.2.4 地下连续墙的静力计算

1. 山肩邦男法

1）精确解法

支撑轴力、墙体弯矩不变化的计算方法，是以某些实测现象为依据的，如：

二维码 9-8 山肩邦男精确解法

（1）下道支撑设置以后，上道支撑的轴力几乎不发生变化，或者稍微发生变化；

（2）下道支撑点以上的墙体变位，大部分是在下道支撑设置前产生的；

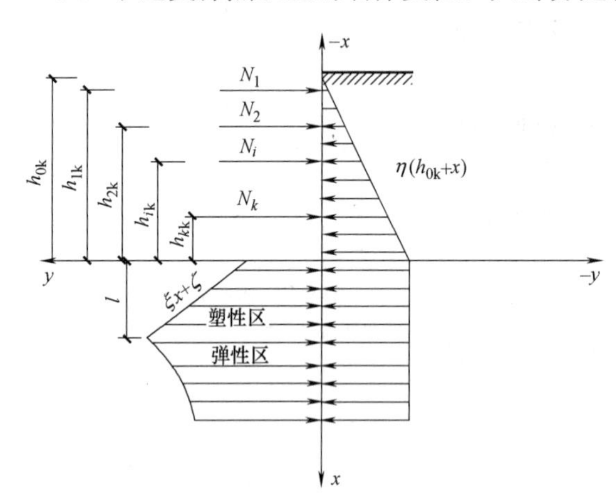

图 9-6　山肩邦男精确解法示意图

（3）下道支撑点以上部分的墙体弯矩，其大部分数值也是下道支撑设置前残留下来的。

根据这些实测现象，山肩邦男提出了支撑轴力、墙体弯矩不随开挖过程变化的计算方法，示意图如图 9-6 所示，其基本假定为：

（1）在黏性土层中，墙体作为无限长的弹性体；

（2）墙背土压力在开挖面以上取为三角形，在开挖面以下取为矩形（已抵消开挖面一侧的静止土压力）；

（3）开挖面以下土的横向抵抗反力分为两个区域，达到被动土压力的塑性区高度为 l，以及反力与墙体变形成直线关系的弹性区。

（4）支撑设置后，即作为不动支点；

（5）下道支撑设置后，认为上道支撑的轴力值保持不变而且下道支撑点以上的墙体仍然保持原来的位置。

这样，就可把整个横剖面图分成三个区间，即第 k 道支撑到开挖面的区间、开挖面以下的塑性区间及弹性区间，建立弹性微分方程。根据边界条件及连续条件即可推导出第 k 道支撑轴力 N_k 的计算公式及其变位和内力公式，由于公式中包含未知数的五次函数，因此运算较为复杂。

二维码 9-9
山肩邦男
近似解法

2）近似解法

为了简化计算，山肩邦男通过研究后提出了近似解法，示意图如图 9-7 所示，其基本假定为：

（1）在黏性土层中，墙体作为底端自由的有限长弹性体；

（2）墙背土压力在开挖面以上取为三角形，在开挖面以下取为矩形（已抵消开挖面一侧的静止土压力）；

（3）开挖面以下土的横向抵抗反力取为被动土压力，其中（$\xi x+\zeta$）为被动土压力减去静止土压力 $\eta_0 x$ 后的数值；

（4）支撑设置后，即作为不动支点；

（5）下道支撑设置后，认为上道支撑的轴力值保持不变而且下道支撑点以上的墙体仍然保持原来的位置；

（6）开挖面以下的墙体弯矩 $M=0$ 的那点，假想为一个铰，而且忽略此铰以下的墙体对上面墙体的剪力传递。

近似解法只需要应用两个静力平衡方程式可推导出 N_{k} 和 x_{m} 的计算公式：

$$\sum Y=0 \text{ 和 } \sum M_{\mathrm{A}}=0$$

由 $\sum Y=0$，得：

$$N_k=\frac{1}{2}\eta h_{0k}^2+\eta h_{0k}x_m-\sum_{i=1}^{k-1}N_i-\zeta x_m-\frac{1}{2}\xi x_m^2 \tag{9-9}$$

由$\sum M_A=0$，得：

$$\begin{aligned}&\frac{1}{3}\xi x_m^3-\frac{1}{2}(\eta h_{0k}-\zeta-\xi\cdot h_{kk})x_m^2-(\eta h_{0k}-\zeta)h_{kk}\cdot x_m\\&-\left[\sum_{i=1}^{k-1}N_ih_{ik}-h_{kk}\sum_{i=1}^{k-1}N_i+\frac{1}{2}\eta h_{0k}^2\left(h_{kk}-\frac{1}{3}h_{0k}\right)\right]=0\end{aligned} \tag{9-10}$$

式中　N_i——第 i 道支撑的轴力；

h_{0k}、h_{ik}、h_{kk}——主动土压力零点到开挖面距离、第 i 道支撑到开挖面距离、最下道支撑到开挖面距离；

x_m——开挖面到假想铰的距离。

根据计算结果的对比，认为支撑轴力的近似解一般稍大于精确解，是偏于安全的，墙体弯矩的近似解除负弯矩部分以外，与精确解的形状是类似的，而且最大弯矩值比精确解仅大10%，也是偏于安全的。

二维码 9-10
国内常用的
计算方法

3）国内常用的计算方法

基本假定与山肩邦男法相同，但墙后的水、土压力不一样，开挖面以下的水压力认为衰减到零。被动侧的土抗力认为达到被动土压力，为区别于山肩邦男法已减去静止土压力部分，以（$wx+v$）代替（$\xi x+\zeta$），示意图如图 9-8 所示。

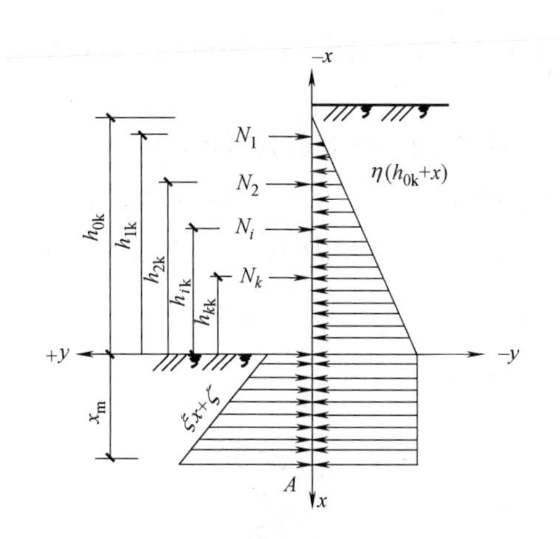

图 9-7　近似解法示意图

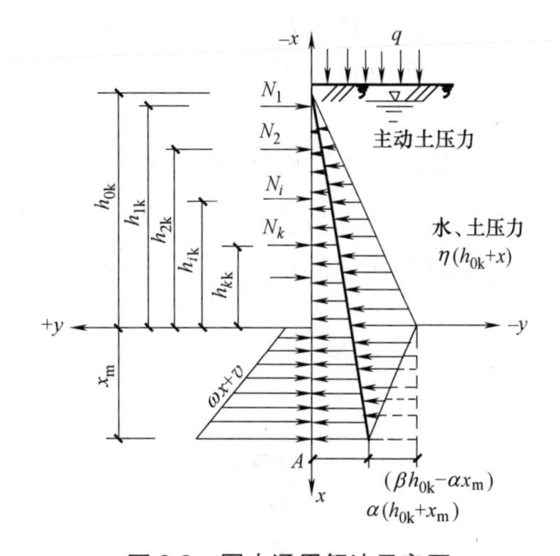

图 9-8　国内通用解法示意图

根据静力平衡条件，可推导出计算 N_k 及 x_m 的公式：

$\sum Y=0$：

$$-\sum_{i=1}^{k-1}N_i-N_k-vx_m-\frac{1}{2}wx_m^2+\frac{1}{2}\eta h_{0k}^2+\eta h_{0k}x_m-\frac{1}{2}(\beta h_{0k}-\alpha x_m)x_m=0 \tag{9-11}$$

式中，$\beta=\eta-\alpha$。

$$N_k=\eta h_{0k}x_m+\frac{1}{2}\eta h_{0k}^2-\frac{1}{2}wx_m^2-vx_m-\sum_{i=1}^{k-1}N_i-\frac{1}{2}\beta h_{0k}x_m+\frac{1}{2}\alpha x_m^2 \tag{9-12}$$

$\sum M_A = 0$：

$$\sum_{1}^{k-1} N_i(h_{ik}+x_m)+N_k(h_{kk}+x_m)+\frac{1}{2}vx_m^2+\frac{1}{6}wx_m^3-\frac{1}{2}\eta h_{0k}^2\left(\frac{h_{0k}}{3}+x_m\right) -\eta h_{0k}x_m\cdot\frac{x_m}{2}+\frac{1}{2}(\beta h_{0k}-\alpha x_m)\frac{x_m^2}{3}=0 \tag{9-13}$$

$$\frac{1}{3}(w-\alpha)x_m^3-\left(\frac{1}{2}\eta h_{0k}-\frac{1}{2}v-\frac{1}{2}wh_{kk}+\frac{1}{2}xh_{kk}-\frac{1}{3}\beta h_{0k}\right)x_m^2-\left(\eta h_{0k}-v-\frac{1}{2}\beta h_{0k}\right) h_{kk}x_m-\left[\sum_{i=1}^{k-1}N_ih_{ik}-h_{kk}\sum_{i=1}^{k-1}N_i+\frac{1}{2}\eta h_{0k}^2\left(h_{kk}-\frac{1}{3}h_{0k}\right)\right]=0 \tag{9-14}$$

2. 弹性法

二维码 9-11
弹性法

弹性法计算简图如图 9-9 所示，墙体作为无限长的弹性体，用微分方程求解，主动侧的土压力为已知，但入土面（开挖底面）以下只有被动侧的土抗力，土抗力的数值与墙体变位成正比，此法的其他假定均与山肩邦男法相同。

同济大学曾将此法进行局部修改，其不同的是考虑了入土面以下主动侧的水、土压力，如图 9-10 所示，基本假定是：

(1) 墙体作为无限长的弹性体；

(2) 已知水、土压力，并假定为三角形分布；

(3) 开挖面以下作用在墙体的土抗力，假定与墙体的变位成正比；

(4) 支撑（楼板）设置后，即把支撑支点作为不动点；

(5) 下道支撑设置以后，认为上道支撑的轴力保持不变，其上部的墙体也保持以前的变位。

符号规定：y 为墙体变位（m）；k_h 为地基土的水平向基床系数（kN/m^3）；$E_s = k_h \times B$ 为地层横向弹性模量（kN/m^2）；E 为墙体的弹性模量（kN/m^2）；I 为墙体水平方向每米的截面惯性矩（m^4）；B 为墙体水平方向长度，一般取为 1m；η 为水、土压力的斜率。

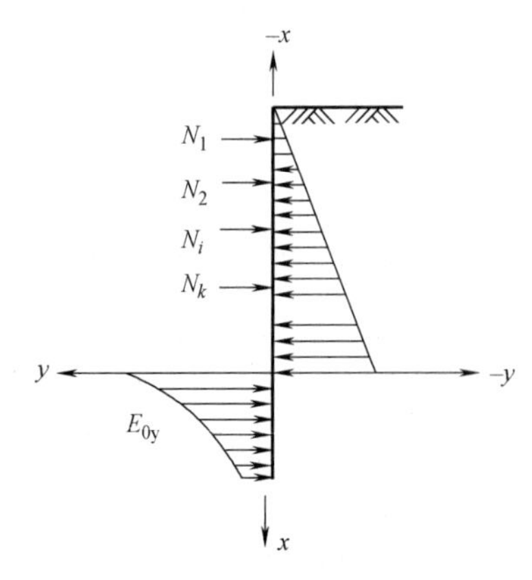

图 9-9　弹性法计算简图

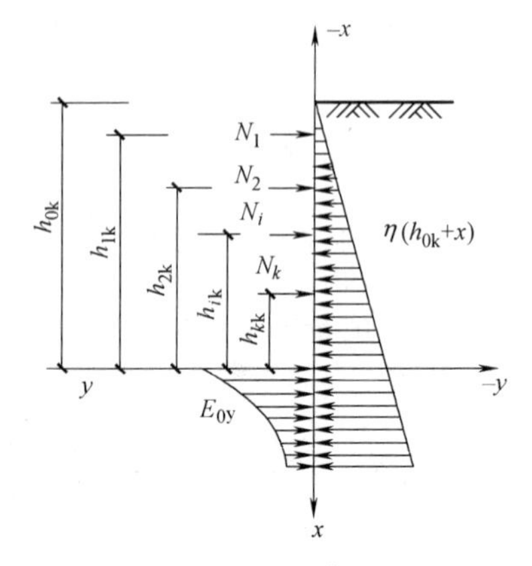

图 9-10　基本假定图示

公式推导：

1）首先建立弹性曲线方程

（1）第 k 道支撑到开挖面的区间（$-h_{kk} \leqslant x \leqslant 0$）

$$M=\frac{1}{6}\eta(h_{0k}+x)^3-\sum_{i=1}^{k}N_i(h_{ik}+x) \tag{9-15}$$

$$\frac{d^2y_1}{dx^2}=\frac{M}{EI}=\left[\frac{1}{6}\eta(h_{0k}+x)^3-\sum_{i=1}^{k}N_i(h_{ik}+x)\right]\frac{1}{EI} \tag{9-16}$$

$$\frac{dy_1}{dx}=\frac{\eta}{24EI}(h_{0k}+x)^4-\frac{1}{2EI}\sum_{i=1}^{k}N_i(h_{ik}+x)^2+C_1 \tag{9-17}$$

$$y_1=\frac{\eta}{120EI}(h_{0k}+x)^5-\frac{1}{6EI}\sum_{i=1}^{k}N_i(h_{ik}+x)^3+C_1x+C_2 \tag{9-18}$$

$$EI\frac{d^3y_1}{dx^3}=\frac{1}{2}\eta(h_{0k}+x)^2-\sum_{i=1}^{k}N_i \tag{9-19}$$

（2）在开挖面以下的弹性区间（$x \geqslant 0$）

$$EI\frac{d^4y_2}{dx^4}=q$$

$$EI\frac{d^4y_2}{dx^4}=\eta(h_{0k}+x)-E_sy_2$$

$$EI\frac{d^4y_2}{dx^4}+E_sy_2=\eta(h_{0k}+x) \tag{9-20}$$

式（9-20）对应的齐次方程的通解为：

$$y_{2,1}=He^{\alpha x}\cos\alpha x+We^{\alpha x}\sin\alpha x+Ae^{-\alpha x}\cos\alpha x+Fe^{-\alpha x}\sin\alpha x$$

非齐次方程的特解：

令 $y_{2,2}=Px+R$，代入式（9-20）得：

$$E_s(px+R)=\eta(h_{0k}+x)$$

$$E_spx+E_sR=\eta h_{0k}+\eta x$$

$$E_sPx=\eta x$$

$$E_sR=\eta h_{0k}$$

$$y_{2,2}=Px+R=\frac{\eta}{E_s}x+\frac{\eta}{E_s}h_{0k}$$

因为当 $x=\infty$ 时，$e^{\alpha x}$、$\cos\alpha x$、$\sin\alpha x$ 不可能为零，而 H 和 $W=0$，所以非齐次方程的特解为：

$$y_2=e^{-\alpha x}(A\cos\alpha x+F\sin\alpha x)+\frac{\eta}{E_s}(h_{0k}+x) \tag{9-21}$$

其中，$\alpha=\sqrt[4]{\frac{E_s}{4EI}}$。

$$\frac{dy_2}{dx}=-\alpha e^{-\alpha x}[(A-F)\cos\alpha x+(A+F)\sin\alpha x]+\frac{\eta}{E_s} \tag{9-22}$$

$$EI\frac{d^2y_2}{dx^2}=-2EI\alpha^2e^{-\alpha x}[F\cos\alpha x-A\sin\alpha x] \tag{9-23}$$

$$EI\frac{d^3y_2}{dx^3}=2EI\alpha^3e^{-\alpha x}[(A+F)\cos\alpha x-(A-F)\sin\alpha x] \tag{9-24}$$

根据连续条件求解方程的待定系数：连续条件 $x=0$ 处，$y_1=y_2$，$y_1'=y_2'$

$$y_1|_{x=0}=\frac{\eta}{120EI}h_{0k}^5-\sum_{i=1}^{k}\frac{N_i}{6EI}h_{ik}^3+C_2$$

$$y_2|_{x=0}=A+\frac{\eta}{E_s}h_{0k} \tag{9-25}$$

使 $y_1|_{x=0}=y_2|_{x=0}$：

$$\frac{\eta}{120EI}h_{0k}^5-\sum_{1}^{k}\frac{N_i}{6EI}h_{ik}^3+C_2=A+\frac{\eta}{E_s}h_{0k} \tag{9-26}$$

$$y_1'|_{x=0}=\frac{\eta}{24EI}h_{0k}^4-\sum_{i=1}^{k}\frac{N_i}{2EI}h_{ik}^2+C_1$$

$$y_2'|_{x=0}=-\alpha(A-F)+\frac{\eta}{E_s}$$

使 $y_1'|_{x=0}=y_2'|_{x=0}$：

$$\frac{\eta}{24EI}h_{0k}^4-\sum_{1}^{k}\frac{N_i}{2EI}h_{ik}^2+C_1=-\alpha(A-F)+\frac{\eta}{E_s} \tag{9-27}$$

$x=0$ 处的内力

由式（9-15）得：
$$M_0=\frac{\eta}{6}h_{0k}^3-\sum_{i=1}^{k}N_ih_{ik}$$

由式（9-23）得：

$$M_0=-2\alpha^2FEI$$

$$F=-\frac{M_0}{2\alpha^2EI} \tag{9-28}$$

剪力：

由式（9-19）得：

$$Q_0=\frac{\eta}{2}h_{0k}^2-\sum_{1}^{k}N_i$$

由式（9-24）得：

$$Q_0=2\alpha^3(A+F)EI$$

$$A=\frac{Q_0}{2\alpha^3EI}-F \tag{9-29}$$

由式（9-28）代入式（9-29）得：

$$A=\frac{Q_0}{2\alpha^3EI}-\left(-\frac{M_0}{2\alpha^3EI}\right)=\frac{1}{2\alpha^3EI}(Q_0+\alpha M_0) \tag{9-30}$$

将式（9-30）代入式（9-26）得：

$$C_2=\frac{1}{2\alpha^3EI}(Q_0+\alpha M_0)-\frac{\eta}{120EI}h_{0k}^5+\sum_{i=1}^{k}\frac{N_i}{6EI}h_{ik}^3+\frac{\eta}{E_s}h_{0k} \tag{9-31}$$

将式（9-28）和式（9-30）代入式（9-27）得：

$$C_1=-\frac{1}{2\alpha^2EI}(Q_0+2\alpha M_0)-\frac{\eta}{24EI}h_{0k}^4+\sum_{i=1}^{k}\frac{N_i}{2EI}h_{ik}^2+\frac{\eta}{E_s} \tag{9-32}$$

2）弹性曲线的最终形式

（1）在（$-h_{kk}\leqslant x<0$）区间

$$y_1=N_kA_1+A_2+A_3 \tag{9-33}$$

$$N_k=\frac{1}{A_1}(y_1-A_2-A_3) \tag{9-34}$$

$$A_1=\frac{x}{2\alpha^2EI}-\frac{1}{6EI}(h_{kk}+x)^3+\frac{x}{2EI}h_{kk}^2+\frac{x}{\alpha EI}h_{kk}+\frac{h_{kk}^3}{6EI}-\frac{1}{2\alpha^3EI}-\frac{h_{kk}}{2\alpha^2EI} \tag{9-35}$$

$$A_2=\sum_{i=1}^{k-1}\frac{N_i}{2EI}h_{ik}^2x-\sum_{i=1}^{k-1}\frac{N_i}{6EI}(h_{ik}+x)^3+\frac{1}{2\alpha^2EI}\sum_{i=1}^{k-1}N_ix+\frac{1}{\alpha EI}\sum_{i=1}^{k-1}N_ih_{ik}x+\sum_{i=1}^{k-1}\frac{N_i}{6EI}h_{ik}^3-\frac{1}{2\alpha^3EI}\sum_{i=1}^{k-1}N_i-\frac{1}{2\alpha^2EI}\sum_{i=1}^{k-1}N_ih_{ik} \tag{9-36}$$

$$A_3=\frac{\eta}{120EI}(h_{0k}+x)^5+\frac{\eta}{E_s}x-\frac{\eta}{24EI}h_{0k}^4x-\frac{\eta}{4\alpha^2EI}h_{0k}^2x-\frac{\eta}{6\alpha EI}h_{0k}^3+\frac{\eta}{E_s}h_{0k}-\frac{\eta}{120EI}h_{0k}^5+\frac{\eta}{4\alpha^3EI}h_{0k}^2+\frac{\eta}{12\alpha^2EI}h_{0k}^3 \tag{9-37}$$

$$M_x=\frac{\eta}{6}(h_{0k}+x)^3-\sum_{i=1}^{k}N_i(h_{ik}+x) \tag{9-38}$$

$$Q_x=\frac{\eta}{2}(h_{0k}+x)^2-\sum_{1}^{k}N_i \tag{9-39}$$

（2）在（$x\geqslant 0$）区间

$$y_2=e^{-\alpha x}(A\cos\alpha x+F\sin\alpha x)+\frac{\eta}{E_s}(h_{0k}+x) \tag{9-40}$$

$$M_x=-2EI\alpha^2e^{-\alpha x}(F\cos\alpha x-A\sin\alpha x) \tag{9-41}$$

$$Q_x=2EI\alpha^3e^{-\alpha x}[(A+F)\cos\alpha x-(A-F)\sin\alpha x] \tag{9-42}$$

以上则为弹性法的推导过程。

3. 支撑内力随开挖过程变化的计算方法

这类方法考虑各道支撑轴力及墙体内力均随开挖和支撑工程的进展而不断变化。例如日本建筑结构基础设计规范中的弹塑性法就属于此类计算方法，如图 9-11 所示，该方法的基本特点是：

(1) 考虑支撑的弹性应变，支撑以弹簧代替；

(2) 主动侧的土压力可采用实测资料，并假设为坐标的二次函数；

(3) 进入土体部分为朗肯被动土压力的塑性区及土抗力与墙体变位成正比的弹性区；

(4) 墙体作为有限长梁，前端支撑可以是自由、铰接或固定的。

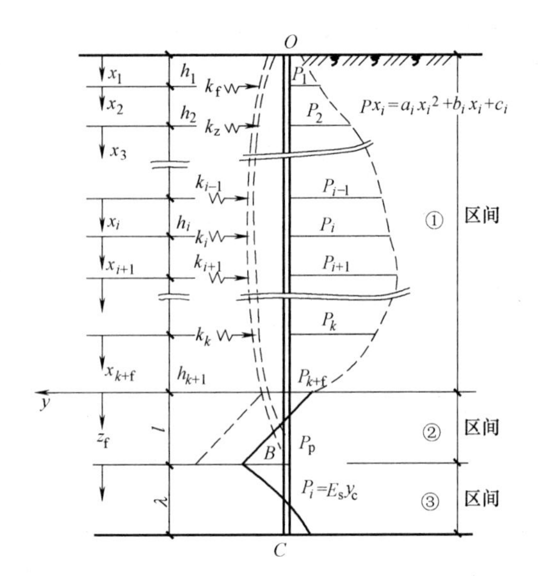

图 9-11　支撑内力随开挖过程变化的计算示意图

1) 变位的符号规定

① 区间

$$y_i=\delta_i+g_i$$

式中　y_i——支撑在 i 点之变位；

δ_i——支撑在 i 点安装前之变位；

g_i——支撑在 i 点安装后之变位。

② 区间

变位为 y_p。

③ 区间

变位为 y_c。

2) 弹性曲线方程的建立

① 区间

$$EI\frac{d^4y_i}{dx_i^4}=a_ix_i^2+b_ix_i+c_i$$

所以
$$y_i=\frac{1}{EI}\left(\frac{a_ix_i^6}{360}+\frac{b_ix_i^5}{120}+\frac{c_ix_i^4}{24}+\frac{A_ix_i^3}{6}+\frac{B_ix_i^2}{2}+C_ix+D_i\right)$$

其中，$0\leqslant x_i\leqslant h_i$，$i=1\sim(K+1)$，$K=$支撑数，未知量 A_i、B_i、C_i、D_i 共 $4(K+1)$ 个。

② 区间

开挖面以下被动土压力为定值。

$$EI\frac{d^4y_p}{dZ_1^4}=-\left[\gamma_t\tan^2\left(45°+\frac{\varphi}{2}\right)Z_1+2c\tan\left(45°+\frac{\varphi}{2}\right)-P_{k+1}\right]$$

式中　γ_t——土的湿重度（kN/m^3）。

令：
$$K_p=\gamma\tan^2\left(45°+\frac{\varphi}{2}\right),\beta=K_pg\gamma_t$$

$$\beta S_0=2c\tan^2\left(45°+\frac{\varphi}{2}\right),\quad Z_i=0\sim l$$

所以：
$$y_p=\frac{1}{EI}\left(-\frac{\beta Z_1^5}{120}-\frac{\beta S_0Z_1^4}{24}+\frac{E_1Z_1^3}{6}+\frac{E_2Z_1^2}{2}+E_3Z_1+Z_4\right)$$

未知量有四个：E_1、E_2、E_3、E_4。

③ 区间

$$EI\frac{d^4y_c}{dZ_2^4}=-E_sy_c$$

$$y_c=\frac{1}{EI}[e^{\alpha z_2}(F_1\cos\alpha z_2+F_2\sin\alpha z_2)+e^{-\alpha z_2}(F_3\cos\alpha z_2+F_4\sin\alpha z_2)]$$

$$\alpha=\sqrt[4]{\frac{E_s}{4EI}},Z_2=0\sim\lambda$$

未知量有四个：F_1、F_2、F_2、F_4。

其余未知量尚有：g_i（支撑安装后的变位量）K 个，以及②区间长度 l。

此法的总未知量为：总未知量$=4(K+1)+4+4+K+1=(5K+13)$个。但利用（$5K+13$）个边界条件和连续条件，则可以得到完全的解答。

3）方程式

① 区间

0 点
$$\begin{cases}[M_i]_0=0 & 1个\\ [Q_i]_0=0 & 1个\end{cases}$$

$$[M_i]h_i=[M_{i+1}] \qquad K个$$

$$[Q_i]h_i+K_ig_i=[Q_{i+1}] \qquad K个$$

$$[\theta_i]h_i=[\theta_{i+1}] \qquad K个$$

$$[y_i]h_i=[y_{i+1}]_0=\delta_i+g_i$$

其中
$$[y_i]h_i=\delta_i+g_i \qquad K个$$
$$[y_i+1]_0=\delta_i+g_i \qquad K个$$

② 区间

$$\begin{cases}[Q_{k+1}]h_{k+1}=[Q_p] & 1个\\ [M_{k+1}]h_{k+1}=[M_p] & 1个\\ [\theta_{k+1}]h_{k+1}=[\theta_p] & 1个\\ [y_{k+1}]h_{k+1}=[y_p] & 1个\end{cases}$$

$$\begin{cases}[Q_p]_l=[Q_c] & 1个\\ [M_p]_l=[M_c] & 1个\\ [\theta_p]_l=[\theta_c] & 1个\end{cases}$$

$$\begin{cases}[y_p]_l=[y_c] & 1个\\ [P_p]_l=[P_c] & 1个\end{cases}$$

③ 区间

前端支撑取为铰接时：

$$[M_c]_\lambda=0 \qquad 1个$$

$$[Q_c]_\lambda = 0 \qquad 1个$$

如对有四道支撑的地下连续墙来说，共有未知量33个，33个方程式相联立，可利用计算机求解。

4. 共同变形理论

考虑挡墙墙体的变位对土压力的影响作用，一般称为共同变形理论。日本森重龙马提出，墙体变位对土压力会产生增加或减小的影响。

共同变形理论的基本假定是：

(1) 初始状态时，墙体完全没有变位，土压力（包括水压力）按静止土压力考虑；

(2) 假定墙体、支撑以及地基均为弹性体；

(3) 作用于墙上的土压力随墙体的变位而变化，但其最小的主动土压力值为 p_a，最大的被动土压力值为 p_p；

(4) 墙上不同深度处的水平向基床系数 K_h，墙的刚度 EI，水平支撑的弹簧系数 EA/l，可根据地基和地下墙的情况而分别采用不同的数值；

(5) 假定水平支撑只承受压力，而不承受拉力。

下面将具体说明共同变形理论的计算过程：

1) 基本计算公式

如墙体上任一点的水平位移为 δ，则：

$$p = p_0 + K_h\delta \ (p_a < p < p_p) \tag{9-43}$$

式中 p_0——作用在墙上的静止土压力（kN/m^2）；

p——作用在墙上的土压力（kN/m^2）；

K_h——水平向的地基基床系数（kN/m^3）；

δ——墙体的水平变位（m）；

p_a、p_p——主动、被动土压力（kN/m^2）。

与墙体变位协调的土压力作用下，其达到平衡状态时的基本方程为：

$$K_h\delta = (p_{0\beta} - k_\beta\delta) - (p_{0\alpha} + k_\alpha\delta)$$

将上式改写为：

$$K_h\delta = (p_{0\beta} - p_{0\alpha}) - (k_\beta + k_\alpha)\delta$$

符号 α 指开挖的一侧，β 指不开挖的一侧。

令：

$$p_{0\beta} - p_{0\alpha} = p'$$
$$k_\beta + k_\alpha = k'$$

则得：

$$K_h\delta = p' - k'\delta$$

上式与弹性地基梁求解应力等采用的基本公式形式相同。

2) 计算步骤

(1) 准备计算

① 如图9-12 (a) 所示，把墙体分成 n 个结点，把结点布置在准备安设水平支撑的位置，以及墙体作为主体结构的一部分时主体结构的楼板所在位置等。

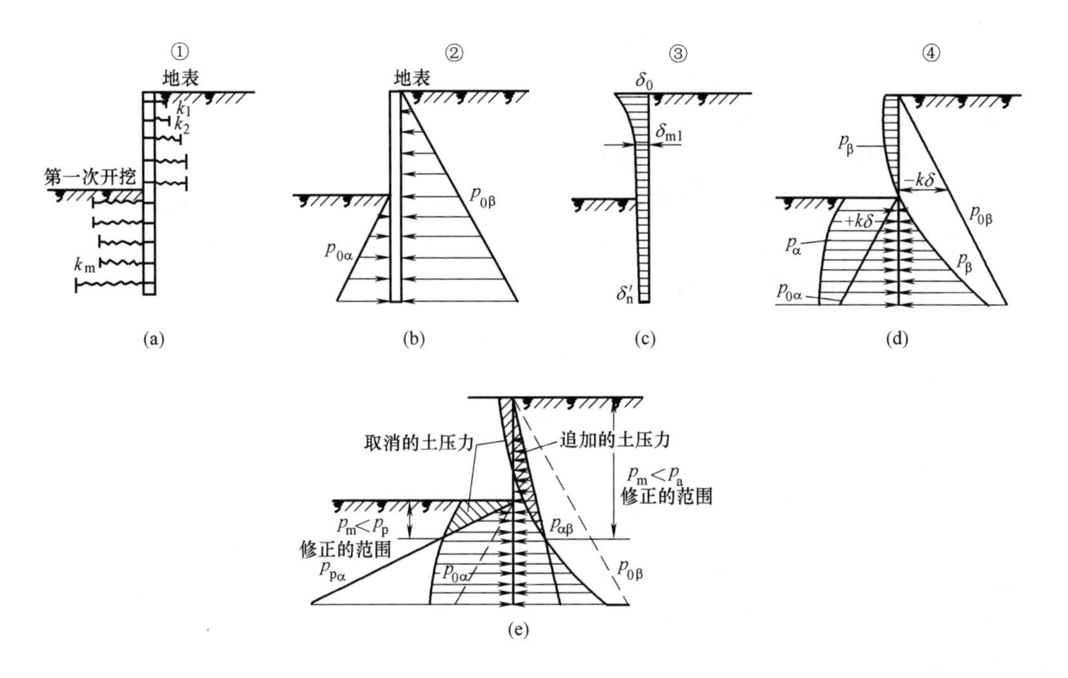

图 9-12 第一次开挖终了时按悬臂式地下墙考虑的计算图

② 计算出各结点之间（单元）地下墙的刚度、各结点处地基的水平方向的弹簧系数以及水平支撑的刚度等：

$$G_w=\frac{E_w I}{\lambda} \tag{9-44}$$

式中 G_w——相连两结点之间的地下墙刚度（kN·m²/m）；

E_w——墙体的弹性模量（kPa）；

I——墙体的惯性矩（m⁴）；

λ——相邻两结点的间距（m）。

$$K_\alpha=k_\alpha B\lambda' \tag{9-45}$$

$$K_\beta=k_\beta B\lambda' \tag{9-46}$$

式中 K_α——开挖一侧地基对结点的水平方向弹簧系数（kN/m）；

K_β——不开挖一侧地基对结点的水平方向弹簧系数（kN/m）；

k_α——开挖一侧水平方向的地基基床系数（kN/m³）；

k_β——不开挖一侧水平方向的地基基床系数（kN/m³）；

B——墙体宽度（m）；

λ'——结点的跨中至跨中的距离（m）。

$$K_s=\frac{E_s A}{l} \tag{9-47}$$

式中 K_s——水平支撑的弹簧系数（kN/m）；

E_s——水平支撑的弹性模量（kPa）；

A——水平支撑的界面面积（m²）；

l——水平支撑的长度（m）。

（2）第一次开挖终了时的计算

第一次开挖后形成无支撑的悬臂式地下墙，其计算步骤如图 9-12 所示，即：

① 如上所述的各节点及墙体的准备计算；

② 第一次开挖终了时的标准状态，如图 9-12（b）所示；

③ 计算标准状态的有效土压力（水压）所产生的变位值 δ'_1，如图 9-12（c）所示；

④ 根据 δ'_1 求出墙体上作用的土压力值：

$$p_{m1}=p_0\pm\delta'_1 k$$

⑤ 土压力修正，应满足：

$$p_{am}<p_m<p_{pm}$$

⑥ 重复计算：根据上述⑤所计算出的土压力（水压力）再重复③～⑤的计算，直至开始计算时的土压力与计算后的土压力之差可略而不计时为止；

⑦ 变位值、土压力和墙体内力的计算：根据⑥的重复计算所求出的变位、土压力和内力作为第一次开挖终了时的数值。

对于悬臂式地下连续墙计算的程序框图如图 9-13 所示，多支撑地下墙第一次开挖终了时的计算也是如此。

（3）安设第一道水平支撑并预加轴力时的计算

以图 9-12 所示第一次开挖终了时的墙体变位值、土压力及内力作为标准状态，然后在水平撑加上初始轴力 H_t 时的情况，计算步骤除了标准状态不同和在水平撑置处还要加上 H_t 力的有效土压力之外，其他与图 9-12 所示相同。如果在水平撑上未施加初始轴力（即 $H_t=0$），则不必进行本项计算。

（4）第一道水平支撑设置后，因开挖而产生的内力计算

将上一项计算的结果作为标准状态，按照图 9-12 相同的步骤进行计算。

（5）以后的开挖和水平撑设置的验算只需重复上述步骤

5. 有限单元法

有限单元法是目前最常用的数值分析法，它是用有限个单元的集合体代替无限多个单元的连续体，作物理上的近似。具体做法是，先将结构划分为单元，写出单元各节点，以位移为未知数的刚度矩阵方程。随后以地基土作为脱离体，建立柔度矩阵，并对其求逆的地基刚度矩阵与结构刚度矩阵耦合，从而求得结构单元各节点的位移值。于是结构的内力迎刃而解。

有限单元法目前已成为研究土与结构相互作用问题的一个强大分析工具，并已成功地在国内外用于分析地下连续墙结构。其突出的优点是：可以反映地下连续墙在各种边界条件、初始状态、结构外形以及不同的施工阶段，不同的介质条件下的墙体内力与变形。有的有限单元分析方法还可考虑结构的空间作用，土层介质的各向异性与非线性等比较复杂的情况。按结构和单元形状，划分不同，目前在地下连续墙结构分析中应用得较普遍的有限单元法有以下几种：

1）弹性地基杆系有限单元法

这是一种最通用的有限单元分析方法，一般将基坑底面以上的墙体理想化为单位墙宽的梁单元，将入土部分墙体作为温克尔弹性地基梁，其水平向基床系数沿深度的变化可以

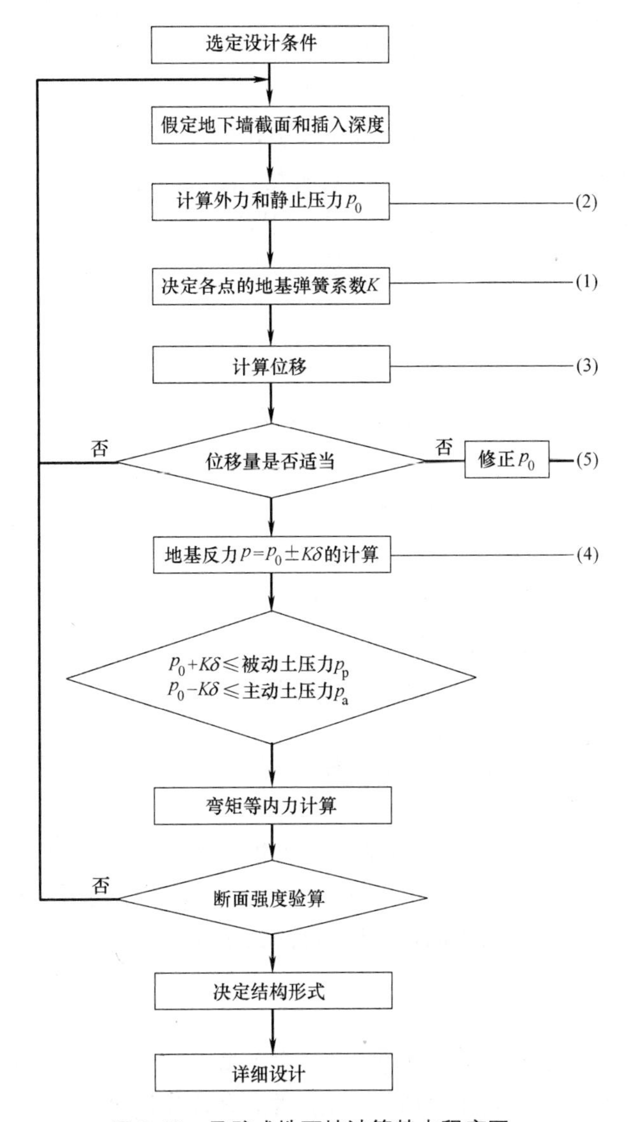

图 9-13 悬臂式地下墙计算基本程序图

是线性的，也可以是常数值或其他假想的图形。将水平支撑，各种斜度的锚杆，墙顶的水平框架梁、帽梁等作为弹性支承的杆件，这些弹性杆件的单元截面可换算成单位长度的截面面积，从而将整个地下连续墙工程当作平面结构分析。悬臂式、单铺式、多层横撑式、多锚式、格形的挡土结构，都可简化为平面结构应用此法分析。前述的弹性法与森重龙马的共同变形理论法都可应用杆系有限单元法来分析。

2）弹性地基薄板有限单元法

一般将基坑底面以上的墙体理想化为薄板弯曲单元，将入土部分墙体作为温克尔弹性地基上的薄板单元。薄板单元可为各向同性，也可为各向异性；支撑或锚杆可作为附加直杆单元。该法适用于地下连续墙与梁、板、柱等组合结构分析。

3）弹性地基薄壳有限单元法

该法系将地下连续墙及上部结构作为由三角形薄板单元组成的平面或空间壳体，将温克尔弹性地基（被动侧）和其他杆件理想化为壳体单元节点相连的附加“弹簧”单元。这种方法适用于结构布置和受力条件比较复杂的地下连续墙工程。

4）二维有限单元法

该法的最大优点是不必事先对墙后的土压力作假设，较好地反映了土体与结构的共同作用，主要是对深基坑开挖中影响基坑周围地层移动的因素如地层特性、支护结构、分步开挖工况及基坑几何形状等进行模拟，以确定基坑周围土体在开挖支撑过程中的位移规律，目前一般是用二维有限元分析法研究基坑坑底和墙后土体在横向的位移以及地下连续墙的墙体位移。

二维码 9-12
混凝土
工程设计

9.3　地下连续墙细部设计

9.3.1　混凝土工程设计

现浇地下连续墙混凝土设计强度等级不应低于 C25；由于混凝土是在泥浆中浇筑，其强度经常略低于空气中浇筑的混凝土强度，同时在整个墙面上强度分散性较大。因此，施工时混凝土一般应按结构设计强度等级提高 C5 进行配合比设计，对于重要工程，在断面配筋设计时，还应将混凝土强度等级的各种强度指标乘以 0.7～0.75 左右的折减系数。

为了混凝土具有良好的和易性，能在槽内均衡地、基本水平地上升，水泥用量不应小于 400kg/m^3，坍落度以 18～20cm 为宜，水灰比不宜大于 0.6。

泥浆中浇筑的地下连续墙主钢筋的保护层厚度一般为 7～8cm。配制混凝土用的骨料，宜用粒度良好的河砂及粒径不大于 25mm 的坚硬河卵石。如使用碎石，应增加水泥用量及砂率。水泥宜采用普通硅酸盐水泥或矿渣硅酸盐水泥。

二维码 9-13
钢筋工程
设计

9.3.2　钢筋工程设计

地下连续墙钢筋可按一般钢筋混凝土构件计算，墙面和墙背的钢筋应形成刚度大、起吊不易扭曲的钢筋笼，还应使混凝土浇捣时能流畅通过，以确保工程质量。钢筋笼的整体刚度主要靠设置纵向桁架（一般间距 2.5～3.0m），横向桁架（一般间距 5.0～6.0m）及设于墙面、墙背钢筋网上的交叉钢筋（直径 16～18mm）来保证。

作为挡土结构时，一般以纵向垂直钢筋为主筋，并宜布置在钢筋笼的内侧。由于是在泥浆下浇灌混凝土，主筋宜采用变形钢筋，并用焊接性能良好的钢材，不能用带钩的钢筋。钢筋要布置得当，在所用骨料粒径大于 20mm 的情况下，主筋之间的净距应取 100mm；在骨料粒径小于或等于 20mm 的情况下，主筋之间的净距不得小于钢筋最大直径或粗骨料最大尺寸的 2～2.5 倍。当断面一侧必须配置双层钢筋时，外排钢筋与内排钢筋间距至少要有 80mm。

主钢筋应采用 HRB400 钢筋，直径不宜小于 16mm，多数用直径 32mm 以下的变形钢筋，可根据结构受力大小与吊装的要求配置。构造钢筋可采用 HPB300 钢筋，直径不小于 12mm，与主筋垂直方向的构造钢筋（一般即水平筋），考虑到钢筋的变形，可采用直径为 16～18mm 及以上的变形钢筋（或圆筋），最大间距在 300mm 以下，在主要部位间距小些。

钢筋笼的设计与制作尺寸，应根据单元槽段大小、形状、接头形式及起承能力等因素确定，常使钢筋笼端部和接头管或预制接头面留 15～20cm 空隙。主筋净保护层常采用 7～8cm，异形钢筋笼（如 L、T 及多边形），为便于下放入槽，一般保护层厚度取大值。

为确保钢筋的设计保护层厚度及钢筋笼在吊运过程中具有足够刚度，应正确布置保护层铁件，纵、横向钢筋桁架及主筋平面的交叉钢筋。保护层垫块厚 5cm，在垫块与墙面之间留有 2～3cm 间隙，垫块采用薄钢板制作，焊接在钢筋笼上；也可用预制混凝土垫块，在钢筋笼内布置的纵、横桁架，应根据钢筋笼重量和起吊方式吊点位置布置。桁架上下弦杆、斜杆应通过计算确定，一般以加大相应位置受力钢筋断面作为桁架上下弦杆。桁架应注意留有插入导管的空间。

纵向受力钢筋底部一般从槽底 10～20cm 开始布置，但按设计要求不通到底的钢筋除外。为了便于钢筋笼插入槽内，其底部做成稍许闭合状。顶部钢筋应预留伸入顶圈梁或其他上部结构的锚固长度。地下连续墙与主体结构连接时，预埋在墙内的受拉和受剪钢筋，连接螺栓或连接板锚筋，均应满足受力计算要求，其锚固长度不应小于 $30d$。

钢筋笼必要时可分节制作吊放，接头应尽量布置在应力小的位置，接头处纵向钢筋预留的搭接长度应满足设计要求并相互错开。受力钢筋搭接时，最小搭接长度为 $45d$，受力钢筋搭接接头在同一断面时，最小搭接长度为 $70d$，且不少于 1.5m。

钢筋笼制作时，除位于四周的纵、横向桁架交点及与钢筋笼交点全部点焊外，其余可用 50%交错点焊。成型后临时绑扎的铁丝全部拆除。钢筋笼在起吊、运输及入槽过程中，不允许发生不可恢复的变形，不得强行入槽，必要时应采取措施防止在浇灌混凝土时钢筋笼上浮（例如槽段钢筋笼内预留孔洞较多时）。

9.3.3 地下连续墙接头设计

二维码 9-14 地下连续墙接头设计

地下连续墙的接头形式较多，为了简明清晰可分为两大类：施工接头和结构接头。施工接头是浇筑地下连续墙时连接两相邻单元墙间的接头；结构接头是已竣工的地下连续墙墙体与地下结构物其他构件（梁、柱、楼板等）相连接的接头。如图 9-14 所示。

1. 施工接头

施工接头应满足受力和防渗的要求，并要求施工简便、质量可靠。但目前尚缺少既能满足结构要求又方便施工的最佳方法，对各种接头的评价也少定论。

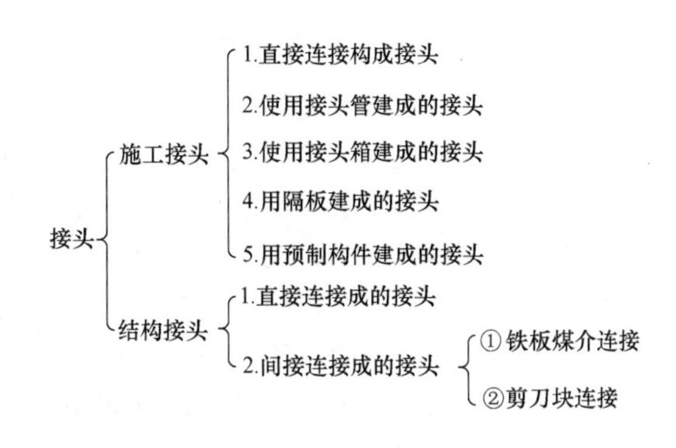

图 9-14 接头形式

1）直接连接构成接头

单元槽段挖成后，随即吊放钢筋笼，浇灌混凝土。混凝土与未开挖土体直接接触。在开挖下一单元槽段时，用冲击锤等将与土体相接触的混凝土改造成凹凸不平的连接面，再浇灌混凝土形成所谓“直接接头”（图 9-15）。而黏附在连接面上的沉渣与土是利用抓斗的斗齿或射水等方法清除的。但难以清除干净，故受力与防渗性能均较差。

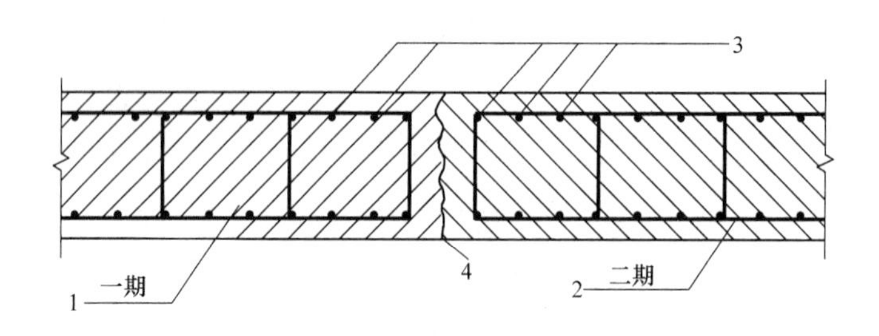

图 9-15　直接接头

1—一期工程；2—二期工程；3—钢筋；4—接缝

2）使用接头管（也称锁口管）建成接头

一期单元槽段挖成后，在槽段的端头吊放入接头管，槽内吊放钢筋笼、浇灌混凝土，再拔出接头管，使端部形成半圆形表面。继续施工就能形成两相邻单元槽段的接头，施工程序见图 9-16。这种接头形式因其施工简单，已成为当前使用最多的一种方法。

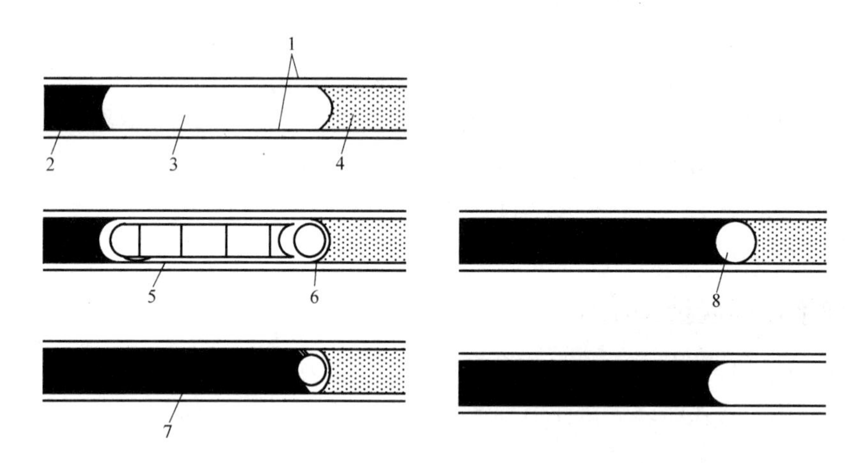

图 9-16　施工工序

1—倒槽；2—混凝土墙；3—开挖地段；4—未开挖地段；5—连锁管；
6—钢筋笼；7—混凝土浇筑；8—连锁管拔出后的孔洞

接头管大多为圆形，此外还有缺口圆形、带翼的及带凸榫的等（图 9-17）。接头管的外径应不小于设计混凝土墙厚的 93％以上。除特殊情况外，一般不用带翼的接头管，因为使用这种接头管时泥浆容易淤积，影响工程质量。带凸榫的接头管也很少使用。

3）使用接头箱建成的接头

施工方法与接头管法相仿。一期单元槽段挖成后即放下接头箱，再吊放下钢筋笼。由于接头箱再浇灌混凝土的一侧敞开，故可将钢筋笼端头的水平钢筋插入接头箱内。浇灌混凝土时，由于接头箱的敞开口被焊在钢筋笼上的钢板所遮蔽，因而阻挡混凝土进入接头箱内（图 9-18）。接头箱拔出后再开挖二期单元槽段，吊放二期墙段钢筋笼，浇灌混凝土形成接头，采用这种接头方法，可使两相邻单元墙段的水平钢筋交错搭接（虽然不及钢筋间

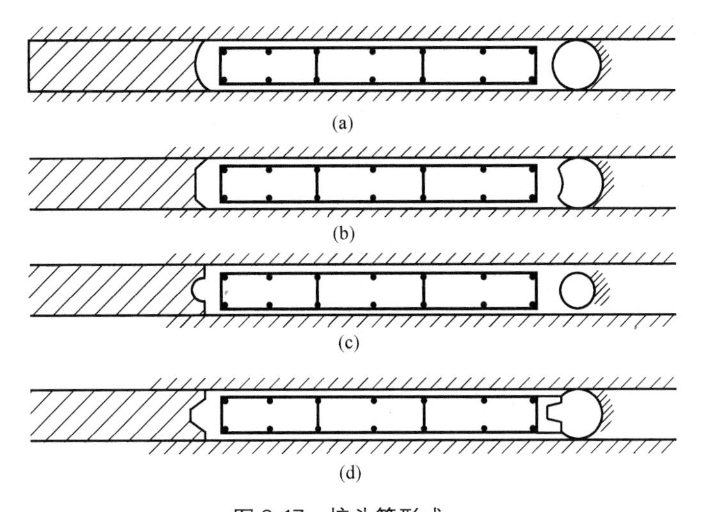

图 9-17 接头管形式

（a）圆形；（b）缺口圆形；（c）带翼形；（d）带凸棒形

直接绑扎或焊接），但也能使墙体结构连成整体。

4）用隔板建成的接头

按隔板的形状可分作：平隔板、V 形隔板和榫形隔板。按水平钢筋的关系可分成：搭接接头和不搭接接头（图 9-19）。

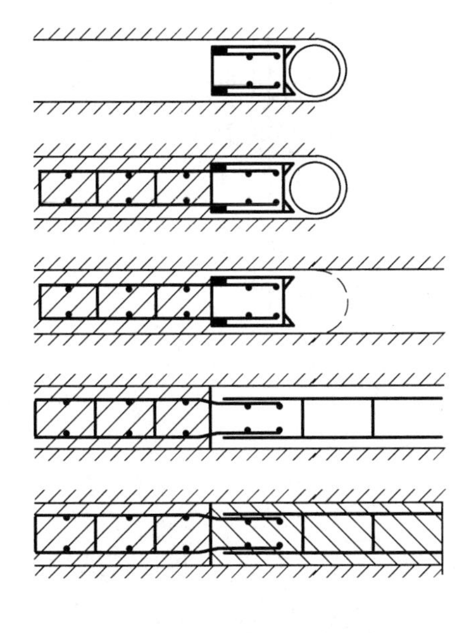

图 9-18 接头箱建成的接头

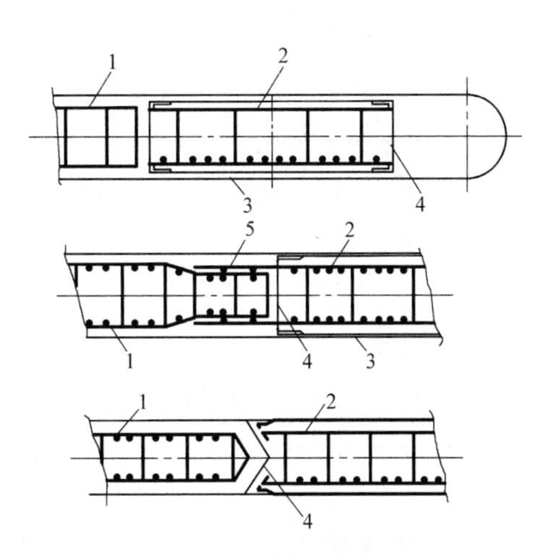

图 9-19 隔板建成的接头

1—钢筋笼（正在施工阶段）；2—钢筋笼（完工阶段）；3—用化纤布铺盖；4—钢制隔板；5—连接钢筋

5）用预制构件建成的接头

用预制构件作为接头的连接件，按所用材料可分：钢筋混凝土接头（图 9-20a）、钢筋混凝土和钢材组合而成的接头（图 9-20b）、全部用钢材制成的接头（图 9-20c）。

图 9-21 是日本大阪某工程所用的波形接头。日本认为这种接头适用于较深地下连续墙，而且对于受力和防渗都相当有效。

图 9-22 是英国首创的接头方法。这种接头是借助钢板桩防水并承受拉力。

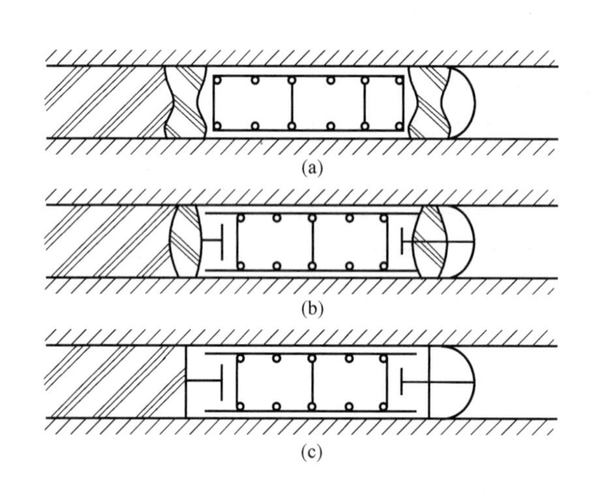

图 9-20 预制构件建成的接头

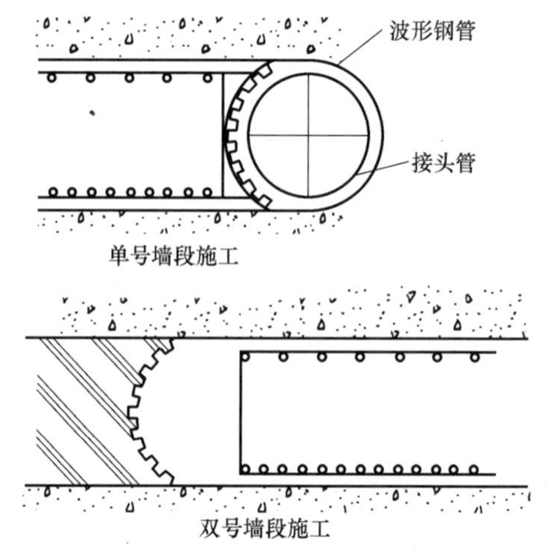

图 9-21 波形钢板接头

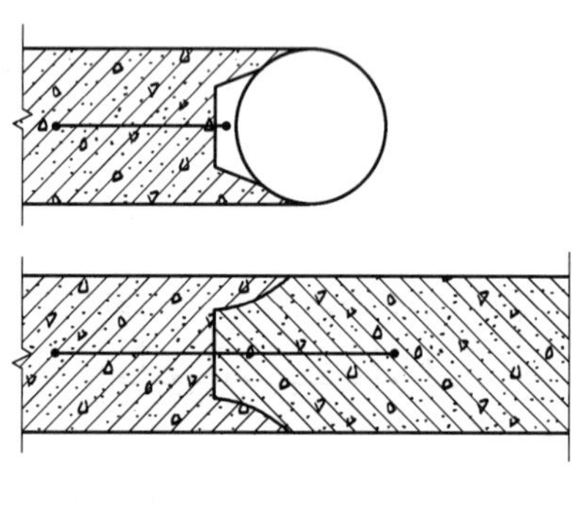

图 9-22 钢板桩式接头

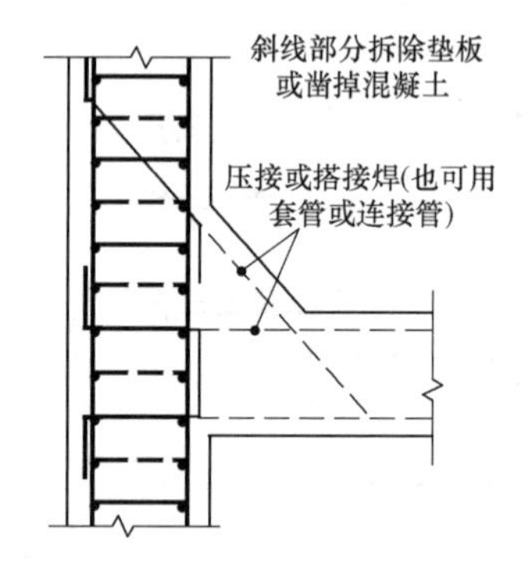

图 9-23 直接接头

2. 结构接头

可分为直接连接和间接连接。

1）直连接成的接头

即在地下连续墙体内预埋钢筋（即加热并弯起原设计连接钢筋），待地下墙竣工后，开挖土体出露墙体时，再凿去预埋钢筋处的墙面，将预埋筋再弯成原状与地下结构物其他构件的钢筋相连接（图 9-23）。根据日本资料，有些实验结果证明，如果避免急剧加热并施工仔细的话，钢筋强度几乎不会降低。但由于连接处往往是结构薄弱环节，所以设计时还是留有 20%的余地；另外，为便于施工，应采用直径不大于 22mm 的钢筋。

2）间接连接成的接头

即通过焊接将地下连续墙的钢筋与地下结构物其他构件的钢筋相连接，这种接头又有钢板媒介连接（图 9-24）与剪刀块连接（图 9-25a、b）两种。

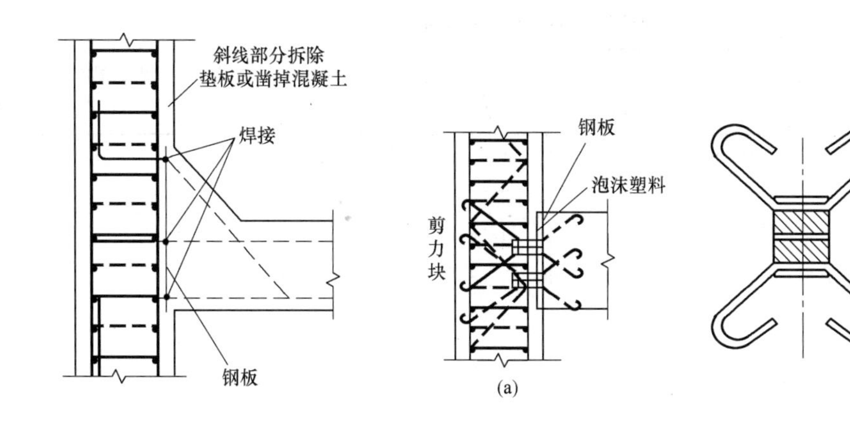

图 9-24 钢板连接接头

图 9-25 剪刀块连接接头

3）钢筋接驳器连接接头

利用在连续墙中预埋的锥螺纹或直螺纹钢筋（又称钢筋接驳器），采用机械连接的方式连接。这种方式方便、快速、可靠，是目前应用较多较广的一种方式。但接驳器的预留精度由于受到施工工艺及地层条件等的影响，不易控制，因此对成槽精度、钢筋笼制作、吊放等施工控制要求较高。

4）植筋法接头

在很多情况下，由于预埋钢筋受到多种因素的限制，难以预埋，有时即使已经预埋，其位置可能偏离设计位置较大，以至无法利用，在这些情况下，通常可以采取在现场施工完的连续墙上直接钻孔埋设化学螺栓来代替预埋钢筋，称为植筋法。

为了保证结构连接质量，沿地下连续墙四周将连接构件（楼板、梁等）进行加强处理，加配一些钢筋，同时在楼板、梁与地下连续墙接触面处设止水条，增强防水能力。有时可在连接处设剪力键增强抗剪能力。

9.4 地下连续墙设计算例

二维码 9-15
地下连续墙
设计算例

9.4.1 工程概况

某市地铁一号线某站是一个换乘站，该换乘站是二层车站，车站16.2m深，东西跨度193m，南北跨度为20.3m。南侧广场及高铁站房，西南侧为BRT及公交停车场，东南侧为社会停车场，北侧为观景平台及音乐喷泉，西北侧现状为绿地。

该基坑开挖深度16.2m，地下连续墙的总深31m，其中嵌固深度为14.8m，架设4道支撑，均为钢支撑，标高分别为−1.5m、−5.5m、−9.5m、−13.2m。

9.4.2 工程地质条件

车站位于长江下游，地形平坦。勘察得到的土层物理力学见表9-1。

各层土的物理力学参数 表 9-1

层号	土层名称	重度 γ (kN/m^3)	黏聚力 c (kPa)	内摩擦角 φ(°)	承载力标准值 f_k(kPa)	深度 (m)	侧壁摩阻力 q_{sia} (kPa)
①$_1$	填土	18.0	0	0	57.6	1.0	57.6
①$_2$	浜土	18.0	0	0	57.6	1.8	57.6
②	黏土	18.6	19.2	16.3	22	2.7	22
③	淤泥质粉质黏土	17.6	12.3	15.9	9.8	5.0	9.8
④	淤泥质粉土	18.1	11.6	17.5	23	10.5	23
⑤$_1$	黏土	18.7	16.2	15.6	26	11.5	26
⑤$_{3-1}$	粉质黏土	17.6	18.7	17.1	43	10.0	43
⑤$_{3-2}$	砂质粉土	17.6	18.7	21.1	48	20.5	48
⑦$_1$	砂质粉土	17.9	13.5	30.3	52	7.8	52
⑧$_1$	黏土	18.2	15.6	15.9	29	9.3	29

9.4.3 荷载及土压力计算

按土层厚度的加权平均值计算土层的重度、黏聚力和内摩擦角，见式（9-48）～式(9-50)。

$$\bar{\gamma}=\sum_{i=1}^{n}\frac{\gamma_i\times h_i}{H} \tag{9-48}$$

$$\bar{c}=\sum_{i=1}^{n}\frac{c_i\times h_i}{H} \tag{9-49}$$

$$\bar{\varphi}=\sum_{i=1}^{n}\frac{\varphi_i\times h_i}{H} \tag{9-50}$$

式中 $\bar{\gamma}$——地连墙深度范围内的加权平均重度（kN/m^3）；

$\bar{c}$——地连墙深度范围内的加权平均凝聚力（kPa）；

$\bar{\varphi}$——地连墙深度范围内的加权平均内摩擦角（°）；

H——计算深度（m）；

h_i——第 i 层土的厚度（m）；

φ_i——第 i 层土的内摩擦角（°）；

γ_i——第 i 层土天然重度（kN/m^3）；

c_i——第 i 层土的黏聚力（kPa）。

根据表 9-1 各层土的物理特性可知各层土的参数，地下连续墙施工深度为 31m，计算的地连墙外侧的土层加权平均参数：$\gamma_1=18.247$kN/m^3；$c_1=12.811$kPa；$\varphi_1=14.944°$。

基坑开挖深度为 $h_1=16.2$m，嵌固深度 $h_2=14.8$m，可计算坑底内侧土层加权平均参数：$\gamma_2=18.505$kN/m^3；$c_2=14.708$kPa；$\varphi_2=16.216°$。

一般情况下基坑边堆放的施工材料综合超载为 20kPa，则超载换算为地表土当量高度：

$$h'=\frac{q_0}{\gamma_1}=\frac{20}{18.247}=1.096\text{m}$$

土压力采用朗肯土压力理论进行计算，墙背产生的是由于土体自重和基坑边超载产生的主动土压力，基坑内侧产生的是被动土压力。由于在计算土层范围内都是黏土和粉土，适宜采用水土合算计算土压力。土压力计算简图如图 9-26 所示。土压力分布图如图 9-27 所示。

为了简化计算，这里采用各土层参数的加权平均值进行土压力计算。主动土压力系数 K_a 和被动土压力系数 K_p 分别按式（9-51）和式（9-52）计算：

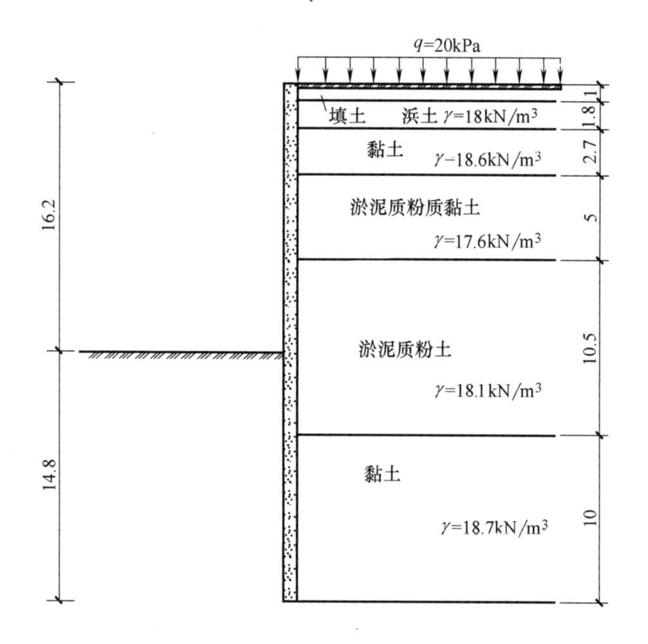

图 9-26　土压力计算简图（m）

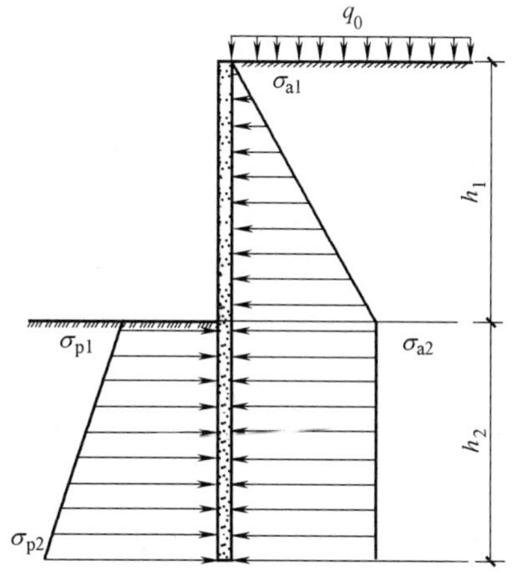

图 9-27　土压力分布图

$$K_a=\tan^2\left(45°-\frac{\varphi}{2}\right) \tag{9-51}$$

$$K_p=\tan^2\left(45°+\frac{\varphi}{2}\right) \tag{9-52}$$

地连墙所受的主动土压力和被动土压力按式（9-53）～式（9-56）计算：

$$\sigma_{a1}=\gamma_1 h' K_a-2c_1\sqrt{K_a} \tag{9-53}$$

$$\sigma_{a2}=\gamma_1(h'+h_1)K_a-2c_1\sqrt{K_a} \tag{9-54}$$

$$\sigma_{p1}=2c_2\sqrt{K_p} \tag{9-55}$$

$$\sigma_{p2}=\gamma_2 h_2 K_p+2c_2\sqrt{K_p} \tag{9-56}$$

式中　σ_{a1}——地面的主动土压力（kPa），根据规范当其小于 0 时取 0；

σ_{a2}——基坑底部平面处，墙背所受的主动土压力（kPa）；

σ_{p1}——基坑底部平面处，地连墙所受的被动土压力（kPa）；

σ_{p2}——地连墙底部平面处，墙体所受的被动土压力（kPa）。

由式（9-51）和式（9-52），可算得主、被动土压力系数：

$$K_{a}=\tan^{2}\left(45°-\frac{14.944°}{2}\right)=0.590$$

$$K_{p}=\tan^{2}\left(45°+\frac{16.216°}{2}\right)=1.775$$

将土压力系数及各土层参数代入式（9-53）～式（9-56）可得：

$$\sigma_{a1}=18.247\times1.096\times0.590-2\times12.811\times\sqrt{0.590}=-7.878\text{kPa}$$

$$\sigma_{a2}=18.247\times(1.096+16.2)\times0.610-2\times22.411\times\sqrt{0.610}=157.509\text{kPa}$$

$$\sigma_{p1}=2\times26.6\times\sqrt{1.775}=70.878\text{kPa}$$

$$\sigma_{p2}=18.505\times14.8\times1.775+2\times14.708\times\sqrt{1.775}=525.308\text{kPa}$$

验算围护结构地基承载力时可按照式（9-57）～式（9-59）计算，地连墙竖向承载力 P 由两部分组成，一部分是墙端部承载力 F，另一部分是侧壁摩阻力 R。

$$P=F+R \tag{9-57}$$

$$F=q_{pa}A_{p} \tag{9-58}$$

$$R=L\sum q_{sia}h_{i} \tag{9-59}$$

式中　A_{p}——地连墙墙底面积，这里取单位面积 0.8m^2 计算；

q_{pa}——地连墙端部阻力特征值，这里取墙底土层承载力 $q_{pa}=150\text{kPa}$；

q_{sia}——第 i 层土的侧阻力特征值；

L——地连墙单位长度（m），这里取 1m。

数据代入式（9-57）～式（9-59）得：

$$F=150\times0.8=120\text{kN}$$

$$R=1\times[57.6\times1+57.6\times1.8+22\times2.7+9.8\times5+23\times(10.5+4.8)+2\times26\times10]$$
$$=1141.58\text{kN}$$

$$P=120+1141.58=1261.58\text{kN}$$

需要验算的竖向荷载有地连墙体的自重和上部超载及施工传来的荷载。

地连墙墙体的自重：$G=\gamma V=26\times1\times0.8\times31=644.8\text{kN}$。

上部施工及超载传来荷载取 400kN，则 $400+644.8=1044.8\text{kN}\leqslant1261.58\text{kN}$，故墙体地基承载力满足要求。

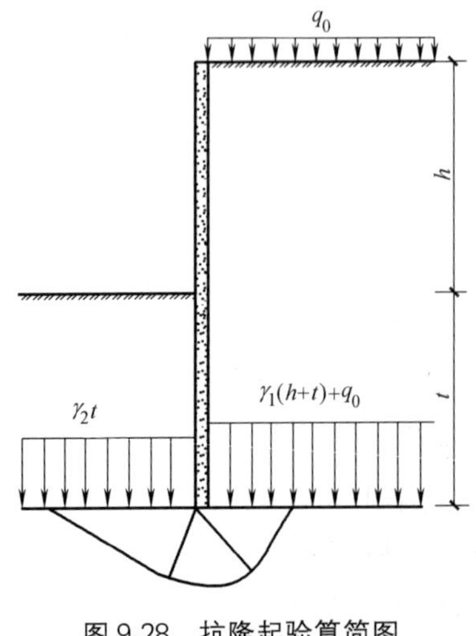

图 9-28　抗隆起验算简图

9.4.4　基坑底部土体抗隆起稳定性验算

根据规范本工程所用的地下连续墙结合支撑的围护结构体系属于支撑式支挡结构，嵌固深度需要满足坑底抗隆起稳定性要求，按式（9-60）～式（9-62）进行验算，计算简图如图 9-28 所示。

$$\frac{\gamma_{2}tN_{q}+cN_{c}}{\gamma_{1}(h+t)+q_{0}}\geqslant K_{he} \tag{9-60}$$

$$N_q = \tan^2(45° + \varphi/2)e^{\pi\tan\varphi} \tag{9-61}$$

$$N_c = (N_q - 1)/\tan\varphi \tag{9-62}$$

式中 γ_1——基坑外地连墙底面以上土按厚度的加权平均重度，18.247kN/m^3；

γ_2——基坑内地连墙底面以上土按厚度的加权平均重度，18.505kN/m^3；

t——地连墙的入土深度，取 14.8m；

h——基坑开挖深度，取 16.2m；

q_0——基坑边地面超载，取 20kPa；

c、φ——地连墙底面以下土层的黏聚力和内摩擦角，分别取 16.2kPa 和 15.6°；

N_c、N_q——地基承载力系数；

K_{he}——抗隆起安全系数，根据规范一级基坑取 1.8。

数据代入式（9-60）～式（9-62）计算：

$$N_q = \tan^2(45° + 15.6°/2)e^{\pi\tan15.6°} = 4.173$$

$$N_c = (4.173 - 1)/\tan15.6° = 11.210$$

$$K_{he} = \frac{18.505 \times 14.8 \times 4.173 + 16.2 \times 11.210}{18.247 \times 31 + 20} = 2.262 > 1.8$$

故基底抗隆起验算满足要求。

9.4.5 基坑底部抗渗流稳定性验算

根据规范，基坑底部抗渗稳定性验算分为两部分，一部分是抗渗流稳定性验算，根据式（9-63）以及图 9-29 进行基坑底部抗渗流稳定性验算；另外由于本工程基坑底下一定深度内存在承压水，承压水压力 560kPa，承压水位于⑤$_{3-2}$ 层顶下 7.36m。需要进行基坑底下抗承压水验算，根据式（9-64）及图 9-30 进行基坑底部抗承压水稳定性验算。

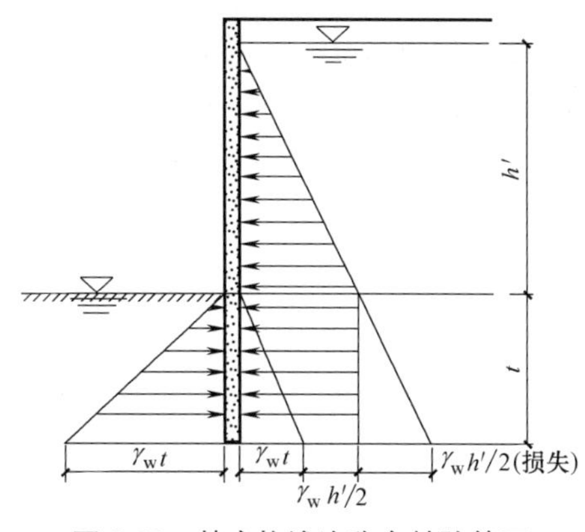

图 9-29 基底抗渗流稳定性验算图

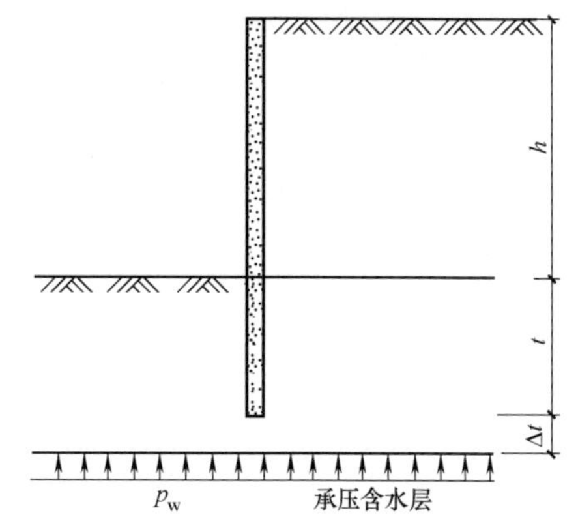

图 9-30 基底抗承压水验算图

抗渗流稳定性验算：

$$\frac{\gamma_m t}{\gamma_w(0.5h' + t)} \geq 1.1 \tag{9-63}$$

式中 γ_m——深度范围内 t 各层土按厚度加权的平均饱和重度，18.505kN/m^3；

γ_w——水的重度，10kN/m^3；

h'——基坑内外地下水位的水头差，16.2－1.5＝14.7m。

抗承压水稳定性验算：

$$\frac{\gamma'_{m}(t+\Delta t)}{p_{w}} \geqslant 1.2 \tag{9-64}$$

式中 γ'_{m}——承压水顶面以上、基坑地面以下深度范围各层土按厚度加权的平均饱和重度（kN/m³）；

$(t+\Delta t)$——承压含水层顶至基坑底面的深度（m）；

p_{w}——承压含水层的水压力（kPa）。

对于抗渗流验算，将数据代入式（9-63）可得：

$\frac{18.505\times14.8}{10\times(0.5\times14.7+14.8)}=1.236\geqslant1.1$，故坑底抗渗流验算满足要求。

对于抗承压水验算：

$\gamma'_{m}(t+\Delta t)=\sum\gamma_{i}h_{i}=18.1\times10.5+18.7\times11.5+17.6\times10+17.6\times7.36=710.636\text{kPa}$

代入公式（9-63）得：

$\frac{710.636}{560}=1.269\geqslant1.2$，故基底抗承压水验算满足设计要求。

9.4.6 地下连续墙抗倾覆稳定性验算

根据规范规定，板式支护体系围护墙应验算最下道支撑的抗倾覆稳定性，抗倾覆验算公式按式（9-65）进行验算，示意图如图 9-31 所示，其验算原理是分别求出坑底的被动土压力对最下道支撑的力矩和坑外最下道支撑以下和墙底以上之间主动土压力对最下道支撑的力矩，使两者之比大于一定安全系数。因此在验算式（9-65）前需要求出被动土压力力矩和主动土压力力矩，按式（9-66）和式（9-67）计算。

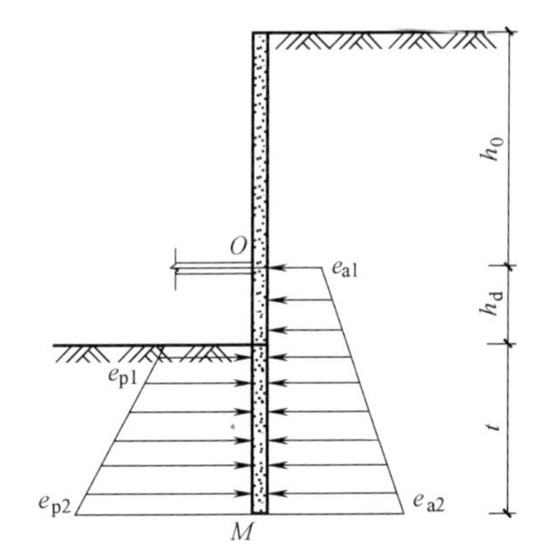

图 9-31 地连墙抗倾覆稳定性验算简图

$$K_{T}=\frac{M_{p}}{M_{a}} \tag{9-65}$$

$$M_{p}=e_{p1}\left(\frac{t}{2}+h_{d}\right)t+\frac{t}{2}(e_{p2}-e_{p1})\left(\frac{2t}{3}+h_{d}\right) \tag{9-66}$$

$$M_{a}=\left(\frac{e_{a1}}{6}+\frac{e_{a2}}{3}\right)(t+h_{d})^{2} \tag{9-67}$$

式中 M_{p}——基内被动土压力对最下道支撑处 O 的力矩（kN·m）；

M_{a}——基坑迎土侧最下道支撑以下墙顶以上范围内（OB）主动土压力对最下层支点处 B 点的力矩（kN·m）；

t——地连墙的入土深度（m）；

h_{d}——最下道支撑到坑底的距离（m）；

e_{a1}、e_{a2}——坑外最下道支撑处、墙底处的主动土压力（kPa），按式（9-54）计算；

e_{p1}、e_{p2}——基坑底处、墙底处的被动土压力（kPa），按式（9-56）计算。

代入数据计算得：

$e_{p1}=39.182\text{kPa}$

$e_{p2}=525.308\text{kPa}$

$$e_{a1}=\gamma_1(h'+h_0)K_a-2c_1\sqrt{K_a}$$
$$=18.247\times(1.096+13.2)\times0.590-2\times12.811\times\sqrt{0.590}=134.229\text{kPa}$$

$e_{a2}=325.859\text{kPa}$

$$M_p=39.182\times14.8\times\left(\frac{14.8}{2}+3\right)+(525.308-39.182)\times\frac{14.8}{2}\times\left(\frac{2\times14.8}{3}+3\right)$$
$$=5.232\times10^4\text{kN}\cdot\text{m}$$

$$M_a=\left(\frac{134.229}{6}+\frac{325.859}{3}\right)\times(3+14.8)^2=4.150\times10^4\text{kN}\cdot\text{m}$$

$$K_T=\frac{5.232\times10^4}{4.150\times10^4}=1.261>1.2$$

因此地连墙的抗倾覆稳定性验算符合设计要求。

9.4.7 整体圆弧滑动稳定性验算

围护结构的整体稳定性验算采用圆弧滑动简单条分法进行验算。但是根据刘国彬和王卫东主编的《基坑工程手册》（第二版），当设置多道支撑时，一般不发生整体稳定性破坏。由于本工程在地连墙上设置了 4 道钢支撑，根据工程经验一般不会发生整体稳定性破坏，在此不作验算。

9.4.8 支撑轴力及地连墙内力计算

山肩邦男近似解法主要应用$\sum Y=0$ 和$\sum M_A=0$ 进行计算，按式（9-9）和式（9-10），计算简图如图 9-7 所示。

基坑迎土侧主动土压力系数 $K_a=0.590$，开挖面以下被动土压力系数 $K_p=1.775$，坑底静止土压力系数 $K_0=0.95-\sin\varphi'_2=0.95-\sin20.051=0.607$。

墙体外侧主动土压力写成方程形式有：

$\sigma_a=18.247\times0.590\times(h+1.096)-2\times12.811\times\sqrt{0.590}=10.766h-7.878$，令 $\sigma_a=0$、$h=0.73$，所以主动土压力为零的点位于地表下 0.73m，则换算后的主动土压力斜率为 $\eta=10.766$。

根据山肩邦男近似假设的第三条，其中（$\xi x+\zeta$）等于被动土压力减去静止土压力 ηx 的数值，所以：

$$\xi x+\zeta=\gamma_2xK_p+2c_2\sqrt{K_p}-\gamma_2K_0x \tag{9-68}$$

其中，（$\xi x+\zeta$）为基坑底面以下 x 处被动土压力与静止土压力 η_0x 的差值；x 为基坑底部的深度（m）。

将数值代入式（9-68），得：

$\xi x+\zeta=18.505\times(1.775-0.607)x+2\times14.708\times\sqrt{1.775}=21.614x+39.182$，所以 $\xi=21.614$，$\zeta=39.182$。

1. 第一道支撑计算

已知 $k=1$，$h_{0k}=4.77\text{m}$，$h_{kk}=h_{1k}=4\text{m}$，如图 9-32 所示，代入式（9-10）并且整理得：

$$-7.205x_m^3+37.142x_m^2-48.687x_m-295.174=0$$

解方程得：$x_m=2.818\text{m}$。

将 x_m 代入式（9-9），求得第一道支撑的轴力 N_1：

$$N_1=\frac{1}{2}\times10.766\times4.77^2+10.766\times4.77\times2.818-39.182\times2.818$$

$$-\frac{1}{2}\times21.614\times2.818^2$$

$$=70.959\text{kN}$$

假设墙体外侧主动土压力为 0 的点弯矩为零，则墙体弯矩：

$M_1=0$

$$M_2=\frac{1}{6}\times10.766\times4.77^2-70.959\times4=-89.095\text{kN}\cdot\text{m}$$

2. 第二道支撑计算

已知 $k=2$、$h_{0k}=8.77\text{m}$、$h_{kk}=4\text{m}$、$h_{1k}=8\text{m}$，如图 9-33 所示，代入式（9-10）并且整理得：

$$-7.205x_m^3+15.610x_m^2-22.943x_m-729.600=0$$

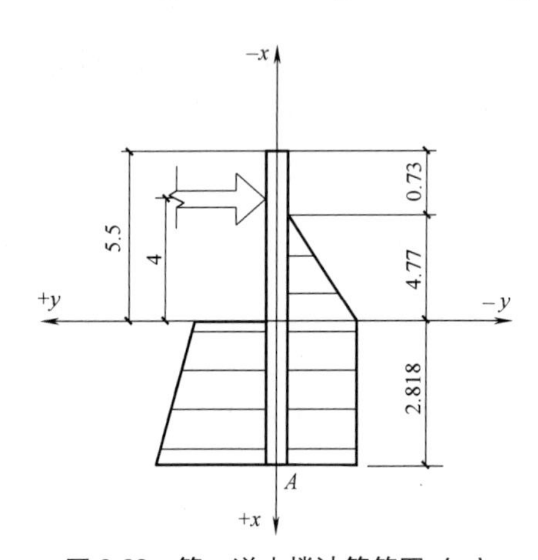

图 9-32　第一道支撑计算简图（m）

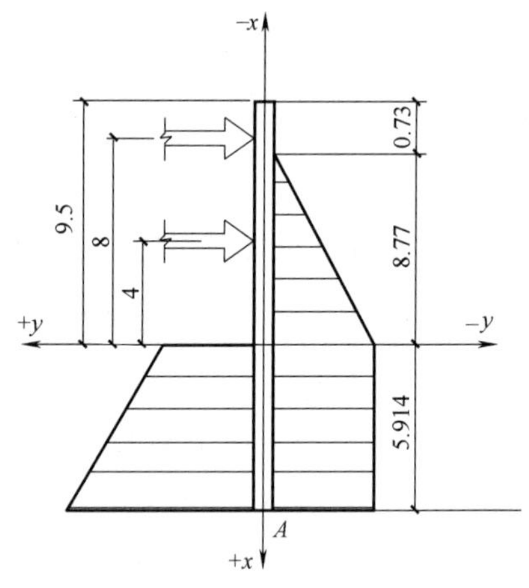

图 9-33　第二道支撑计算简图（m）

解方程得：$x_m=5.914\text{m}$。

将 x_m 代入式（9-9），求得第二道支撑的轴力 N_2：

$$N_2=\frac{1}{2}\times10.766\times8.77^2+10.766\times8.77\times5.914$$

$$-70.959-39.182\times5.914-\frac{1}{2}\times21.614\times5.914^2$$

$$=291.749\text{kN}$$

墙体弯矩 M_3：

$$M_3=\frac{1}{6}\times10.766\times8.77^2-70.959\times8-291.749\times4=-524.343\text{kN}\cdot\text{m}$$

3. 第三道支撑计算

已知 $k=3$、$h_{0k}=12.47$m、$h_{kk}=3.7$m、$h_{1k}=11.7$m、$h_{2k}=7.7$m，如图 9-34 所示，代入式（9-10）并且整理得：

$$-7.205x_m^3-7.549x_m^2-351.759x_m-1352=0$$

解方程得：$x_m=6.675$m。

将 x_m 代入式（9-9），求得第三道支撑的轴力 N_3：

$$N_3=\frac{1}{2}\times10.766\times12.47^2+10.766\times12.47\times8.901-(70.959+291.749)-39.182\times8.901-\frac{1}{2}\times21.614\times8.901^2=464.357\text{kN}$$

墙体弯矩 M_4：

$$M_4=\frac{1}{6}\times10.766\times12.47^3-70.959\times11.7-291.749\times7.7-464.357\times3.7=-1315.424\text{kN}\cdot\text{m}$$

4. 第四道支撑计算

已知 $k=4$、$h_{0k}=15.47$m、$h_{kk}=3$m、$h_{1k}=14.7$m、$h_{2k}=10.7$m、$h_{3k}=6.7$m，如图 9-35 所示，代入式（9-10）并且整理得：

$$7.205x_m^3-31.263x_m^2-382.104x_m-2017=0$$

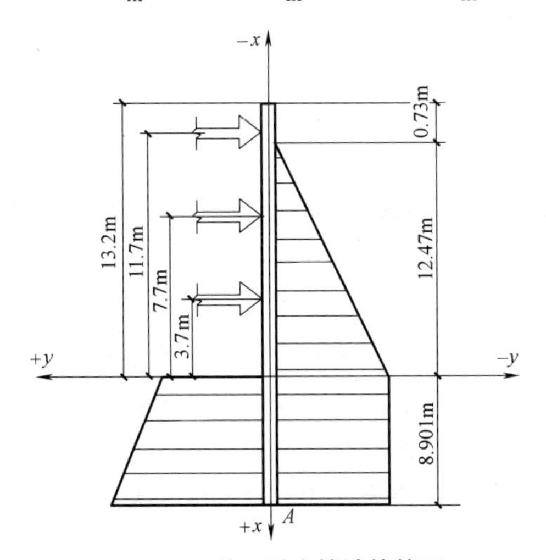

图 9-34 第三道支撑计算简图

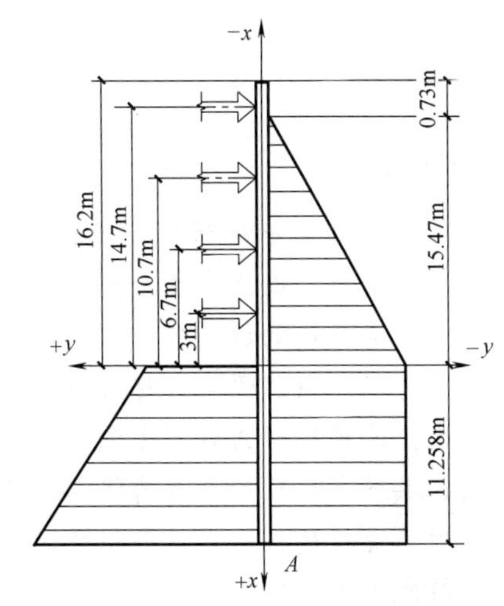

图 9-35 第四道支撑计算简图

解方程得：$x_m=11.258$m。

将 x_m 代入式（9-9），求得第四道支撑轴力 N_4：

$$N_4=\frac{1}{2}\times10.766\times15.47^2+10.766\times15.47\times11.258-(70.959+291.749+464.357)-39.182\times11.258-\frac{1}{2}\times21.614\times11.258^2=525.402\text{kN}$$

墙体弯矩 M_5：

$$M_5=\frac{1}{6}\times10.766\times15.47^3-70.959\times14.7-291.749\times10.7$$
$$-464.357\times6.7-525.402\times3$$
$$=-2209.060\text{kN}\cdot\text{m}$$

5. 计算最大弯矩

对第四道支撑和坑底间的弯矩方程求导，令其为 0 得：$h=15.85>15.47$，因此最大弯矩为 $M_5=-2209.060\text{kN}\cdot\text{m}$。围护结构内力图如图 9-36 所示。

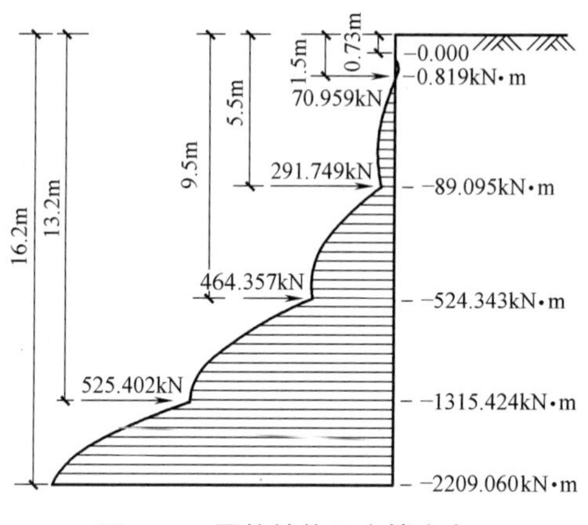

图 9-36 围护结构及支撑内力图

本章小结

(1) 地下连续墙是指利用挖槽机械，借助于泥浆护壁作用，在地下挖出窄而深的沟槽，并在其内浇筑混凝土形成一道具有防渗、挡土和承重功能的连续的地下连续墙体。

(2) 地下连续墙的设计包括挡土墙的设计、钢筋设计、混凝土设计和接头设计。挡土墙的设计又包括：荷载设计、槽幅设计、导墙设计以及地下连续墙深度和厚度的选择。

(3) 地下连续墙静力计算方法包括山肩邦男法、弹性法、支撑内力随开挖过程变化的计算方法、共同变形理论以及有限单元法等。

(4) 地下连续墙接头设计包括施工接头设计和结构接头设计。接头形式灵活多样，应根据工程特点合理选择。

思考与练习题

9-1 地下连续墙结构包括哪些设计内容？

9-2 地下连续墙槽段划分的依据是什么？槽段长度对槽壁稳定性影响如何？

9-3 导墙的作用是什么？如何确定导墙的深度和宽度？

9-4 地下连续墙结构槽段间接接头形式有哪几种？其适用条件如何？

9-5 论述地下连续墙的静力计算方法。

第 10 章　基坑支护结构设计

本章要点及学习目标

本章要点：
(1) 基坑支护结构的概念及特点；
(2) 基坑支护结构的设计原则及内容；
(3) 基坑支护结构的类型及使用条件；
(4) 基坑支护结构稳定性分析。
学习目标：
(1) 了解基坑支护结构的概念、类型特点、设计原则和内容；
(2) 掌握基坑支护结构的水平荷载及土压力计算；
(3) 掌握几种常见的基坑支护结构的设计计算内容；
(4) 了解基坑支护结构稳定性分析的内容和方法。

10.1　概述

二维码 10-1 基坑工程概念及特点

近 20 年是我国城市基坑工程发展的迅猛时期，在建筑物稠密的城市中心，深基坑的开挖成为岩土工程的一个重要课题。基坑围护体系，是一个土体、支护结构相互共同作用的有机体，由于周围建筑物及地下管道等因素的制约，对支护结构的安全性有了更高的要求。基坑工程不仅要能保证基坑的稳定性及坑内作业的安全、方便，而且要使坑底和坑外的土体位移控制在一定范围内，确保邻近建筑物及市政设施正常使用。

10.1.1　基坑工程概念及特点

基坑是为了修筑建筑物的基础或地下室、埋设市政工程的管道以及开发地下空间（如地铁车站、地下商场）等所开挖的地面以下的坑。而建（构）筑物基础工程或其他地下工程（如地下变电站、地铁车站等）施工中所进行的基坑开挖、降水、支护和土体加固以及监测等工程统称为基坑工程。因此，基坑工程具有以下特点：

1）支护结构通常都是临时性结构，一般情况下安全储备相对较小；

2）具有很强的区域性和个案性，设计和施工是必须因地制宜，切忌生搬硬套；

3）它是一项综合性很强的系统工程，不仅涉及结构、岩土及地质等多门学科，而且勘察、设计、施工等工作环环相扣，紧密相连；

4）对周边环境有较大影响，基坑开挖、降水引起周边场地土的应力和地下水位的变化会使土体产生变形，对相邻建筑物和地下管线等产生影响；

5）具有较强的时空效应，支护结构所受荷载及其产生的应力和变形在实践和空间上具有较强的变异性。

二维码 10-2 类型及适用条件

10.1.2 基坑支护结构的类型及适用条件

基坑支护结构是指基坑支护工程中采用的围护墙体（包括防渗帷幕）以及内支撑系统（或土层锚杆）等的总称。常用的支护形式及适用条件见表 10-1。

常用支护形式及其适用条件 表 10-1

类型	支护方式或结构	支挡构件或护坡方法	适用条件
放坡	自然边坡	根据土质按一定坡率放坡（单一坡或分阶坡），土工膜覆盖坡面，抹水泥砂浆或喷混凝土（砂浆）保护坡面，袋装砂、土包反压坡脚、坡面	坑周边开阔，相邻建（构）筑物距离较远，无地下管线或地下管线不重要，可以迁移改道； 坑底土质软弱时，为防止坑底隆起破坏可通过分阶放坡卸载
墙体加固	水泥土桩墙（重力式水泥土墙）	注浆、旋喷、深层搅拌水泥土挡墙（壁式、格栅式、拱式、扶壁式），墙底有软土时加暗墩，抗拉强度不够时，墙体插毛竹或钢管	适用于包括软弱土层在内的多种土质，支护深度不宜超过 6m（加扶壁可加大支护深度），可兼作隔渗帷幕；墙底没有软土；基坑周边需有一定的施工场地
	土钉墙	钢筋网喷射混凝土面层、土钉	适用于除淤泥、淤泥质土外的多种土质，支护深度不宜超过 6m；坑底没有软土
	复合土钉墙	钢筋网喷射混凝土面层、土钉；另加水泥土搅拌桩或其他支护桩，解决坑底隆起问题和深部整体滑动稳定问题	坑底下有一定厚度的软土层，单独土钉不能满足要求时可采用复合土钉墙，可兼做防渗帷幕，支护深度不宜超过 12.0m
排桩	悬臂式	钻孔灌注桩、人工挖孔桩、预制桩、板桩（钢板桩组合，异型钢组合，预制钢筋混凝土板组合）；冠梁	悬臂高度不宜超过 6m，对深度大于 6m 的基坑可结合冠梁顶以上放坡卸载使用，坑底以下软土层厚度很大时不宜采用；嵌入岩层、密实卵砾石、碎石层中的刚度较大的悬臂桩的悬臂高度可以超过 6m
	双排桩	两排钻孔灌注桩，顶部钢筋混凝土横梁连接必要时对桩间土进行加固处理	使用双排桩可在一定程度上弥补单排悬臂桩变形大、支护深度有限的缺点，适宜的开挖深度应视变形控制要求经计算确定； 当设置锚杆和内支撑有困难时可考虑双排桩； 坑底以下有厚层软土，不具备嵌固条件时不宜采用
	锚固式（单层或多层）	上列桩型加预应力或非预应力灌浆锚杆、螺旋锚或灌浆螺旋锚、锚定板（或桩）；冠梁；围檩	可用于不同深度的基坑，支护体系不占用基坑范围内空间，但锚杆需伸入邻地，有障碍时不能设置，也不宜锚入毗邻建筑物地基内； 锚杆的锚固段不应设在灵敏度高的淤泥层内，在软土中也要慎用； 在含承压水的粉土、粉细砂层中应采用跟管钻进施工锚杆或一次性锚杆

续表

类型	支护方式或结构	支挡构件或护坡方法	适用条件
排桩	内撑式 (单层或多层)	上列桩型加型钢或钢筋混凝土支撑，包括各种水平撑(对顶撑、角撑、桁架式支撑)，竖向斜撑；能承受支撑点集中力的冠梁或围檩；能限制水平撑变位的立柱	可用于不同深度的基坑和不同土质条件，变形控制要求严格时宜选用； 支护体系需占用基坑范围内空间，其布置应考虑后续施工的方便
地下连续墙	悬臂式或撑锚式	钢筋混凝土地下连续墙、SMW 工法、连锁灌注桩；需要时设内支撑或锚杆	可用于多层地下室的超深基坑，宜配合逆作法施工使用，利用地下室梁板柱作为内支撑

现行《建筑基坑支护技术规程》JGJ 120—2012 推荐按表 10-2 选用排桩、地下连续墙、水泥土墙、逆作拱墙、土钉墙、原状土放坡或采用上述形式的组合。

支护结构选型表 **表 10-2**

类型	适用条件
排桩或地下连续墙	1)适于基坑侧壁安全等级一、二、三级； 2)悬臂式结构在软土场地中不宜大于 5m； 3)当地下水位高于基坑底面时，宜采用降水、排桩加截水帷幕或地下连续墙
重力式水泥土墙	1)基坑侧壁安全等级宜为二、三级； 2)水泥土桩施工范围内地基土承载力不宜大于 150kPa； 3)坑深度不宜大于 6m
土钉墙	1)坑侧壁安全等级宜为二、三级的非软土场地； 2)坑深度不宜大于 12m； 3)当地下水位高于基坑底面时，应采取降水或截水措施
逆作拱墙	1)基坑侧壁安全等级宜为二、三级； 2)淤泥和淤泥质土场地不宜采用； 3)拱墙轴线的矢跨比不宜小于 1/8； 4)基坑深度不宜大于 12m； 5)地下水位高于基坑底面时，应采取降水或截水措施
放坡	1)基坑侧壁安全等级宜为三级； 2)施工场地应满足放坡条件； 3)可独立或与上述其他结构结合使用； 4)当地下水位高于坡脚时，应采取降水措施

10.1.3 基坑支护工程设计原则及内容

二维码 10-3 设计原则及内容

基坑支护工程设计的基本原则：

1) 在满足支护结构本身强度、稳定性和变形要求的同时，确保基坑周边环境的安全；

2) 在保证安全可靠的前提下，设计方案应具有较好的技术经济和环境效应；

3) 为基坑支护工程和基础工程施工提供最大限度的施工方便，并保证施工的安全。

根据《建筑基坑支护技术规程》JGJ 120—2012，基坑支护结构极限状态可分为承载力极限状态和正常使用极限状态。承载力极限状态对应于支护结构达到最大承载力或土体失稳、过大变形导致结构或基坑周边环境破坏，正常使用极限状态对应于支护结构的变形已妨碍地下施工或影响基坑周边环境的正常使用功能。

基坑支护结构的安全等级按破坏后果分为三级，如表 10-3 所示。

支护结构的安全等级及重要性系数 **表 10-3**

安全等级	破坏后果	重要性系数 γ_0
一级	支护结构失效、土体过大变形对基坑周边环境或主体结构施工安全的影响很严重	1.10
二级	支护结构失效、土体过大变形对基坑周边环境或主体结构施工安全的影响严重	1.00
三级	支护结构失效、土体过大变形对基坑周边环境或主体结构施工安全的影响不严重	0.90

基坑工程从规划、设计到施工检测全过程应包括：①基坑内建筑场地勘察和基坑周边环境勘察；②支护体系方案技术经济比较和选型；③支护结构的强度、稳定和变形以及基坑内外土体的稳定性验算；④基坑降水和止水帷幕设计以及支护墙的抗渗设计；⑤基坑开挖施工方案和施工检测设计。

二维码 10-4 基坑工程设计

10.1.4 基坑工程设计

1. 基坑设计所需资料

1）工程地质调查

调查基坑所处地的地质构成、土层分类、土的参数、地层描述、地质剖面图以及必要数量的勘探点地质柱状图。

2）水文地质调查

水文地质调查包括：地下各层含水层的地下水位的高度及升降变化规律；地下各层土层中水的补给和动态变化及其与附近大小水体的连通情况，土层中水的竖向和水平向渗透系数；潜水、承压水的水质和水压以及地下贮水层的水流速度、流向；特别要注意可能导致基坑失稳的流砂和水土流失问题，调查黏性土中薄砂层的流动性。

3）地下障碍物调查

地下障碍物调查包括：是否存在旧建筑物基础和桩；是否存在废弃地下室、人防工程、废井和废管道；是否存在工业和建筑垃圾；是否存在暗滨及其分布情况。

4）周围环境的调查

周围环境的调查包括：临近建筑物和地下设施的类型、分布情况和结构质量的检测资料；用地退界线及红线范围图、场地周围地下管线图、建筑总平面图、地下结构平面和剖面图。

2. 围护方案比选

基坑工程的围护结构主要支撑承受基坑开挖卸荷所产生的土压力和水压力，并将荷载传至支撑，是稳定基坑的一种临时性挡墙结构。

常用的围护结构包括：地下连续墙、水泥土墙、土钉墙、灌注桩 、预制混凝土板桩、钢管桩、桩板式墙和钢板桩墙等。

3. 基坑设计参数确定

1）计算原则

作用于支护结构上的水平荷载通常有：土压力、水压力以及影响区范围内建（构）筑物荷载、施工荷载、地震荷载和其他附加荷载引起的侧压力。其中重要的荷载是土压力和水压力，其计算方法有水土分算和水土合算两种。对于砂土和砂质粉土，可按水土分算法，即分别计算土压力、水压力，然后叠加；对黏性土和黏质粉土可按水土合算法，即采用土的饱和重度计算总的水土压力。

作用于支护结构的土压力可采用朗肯土压力理论或库伦土压力理论计算，当对支护结构水平位移有严格限制时，应采用静止土压力计算。同一土层的土压力可采用沿深度线性分布形式。实际上，在基坑开挖过程中，作用在支挡结构上的土压力、水压力等随着开挖的进程逐步形成的，其分布形式除与土性和地下水等因素有关外，更重要的还与墙体的位移量及位移形式有关。而位移性状随着支撑和锚杆设置及每步开挖施工方式的不同而不同，因此土压力并不处于静止和主动状态。有关实测资料证明：当支护墙上有支锚时，土压力分布一般呈上下小，中间大的抛物线或更复杂的形状；只有当支护墙无支锚时，墙体上端绕下段外倾，才会产生呈直线分布的主动土压力。太沙基和佩克根据实测和模型试验结果，提出了作用于板桩墙上的土压力分布经验图（图 10-1）。因此，当按变形控制原则设计支护结构时，作用在支护结构的计算土压力可按支护结构与土体的相互作用原理确定，也可按地区经验确定。

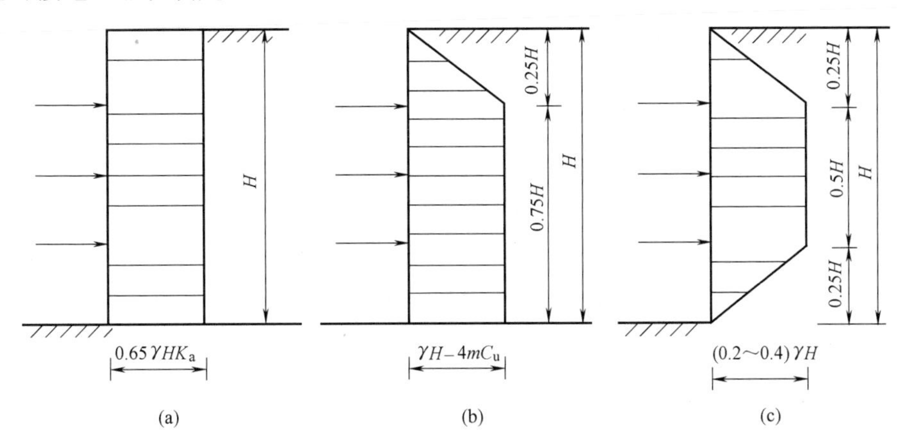

图 10-1 太沙基和佩克提出的侧向土压力图

（a）砂土；（b）软至中硬黏土；（c）硬黏土

γ_0—土的重度（kN/m^3）；H—开挖深度（m）；C_u—土的不排水抗剪强度（kPa）

K_a—主动土压力系数；m—修正系数，一般情况下取 1，当基底下为软土层时，取 0.4

2）影响因素

土体作用在围护墙上的土压力计算应考虑下列因素：土的物理力学性质；墙体相对土体的变位方向和大小；地面坡度、地面超载和邻近基础荷载；地下水位及其变化；支护结构体系的刚度；基坑工程的施工方法和施工顺序。

土压力计算包括：静止土压力、主动土压力、被动土压力、动用土压力（提高的主动土压力、降低的被动土压力和增大的被动土压力）。

二维码 10-6
水泥土桩墙
概述

10.2 水泥土桩墙

10.2.1 概述

水泥土桩是通过深层搅拌机将水泥固化剂和原状土就地强制搅拌而成。由水泥土桩形成的支护墙具有造价低、无振动、无噪声、无污染、施工简便和工期短等优点，适合于对环境污染要求较严，对隔水要求较高且施工场地较宽敞的软土地层，支护深度一般不大于 7m，如果采用加筋水泥土桩墙等复合式水泥土桩墙，则支护深度可达到 10m。

水泥土桩墙的破坏模式通常有整体滑动破坏、墙体向外倾覆破坏、墙体水平滑移破坏、地基承载力不足导致变形过大而失稳、挡土墙墙身强度不够导致墙体断裂破坏共五种形式。

二维码 10-7
水泥土桩墙
计算

10.2.2 计算

水泥土是一种具有一定刚性的脆性材料，其抗压强度比抗拉强度大得多，因此水泥土桩墙的很多性能类似重力式挡土墙，设计时一般按重力式挡土墙考虑。但由于水泥土桩墙与一般重力式挡土墙相比，埋置深度相对较大，而桩体本身刚性不大，所以实际工程中变形也较大，其变形规律介于刚性挡土墙和柔性支挡结构之间。因此，为安全起见，可沿用重力式挡土墙的方法验算其抗倾覆、抗滑移稳定性，用圆弧滑动法验算整体稳定性。

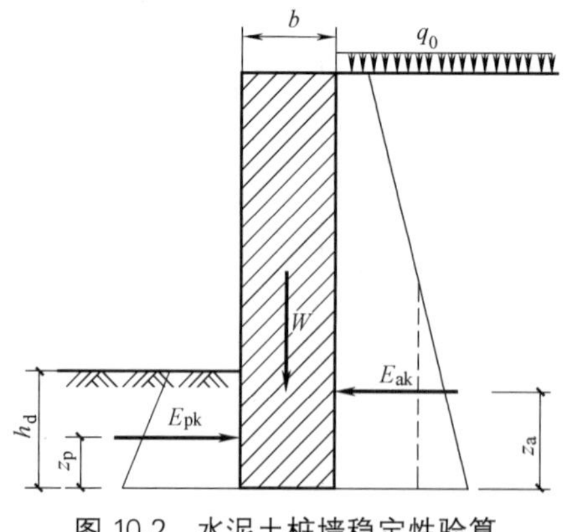

图 10-2 水泥土桩墙稳定性验算

1. 土压力计算

对于水泥土桩墙支护结构，作用在其上的土压力通常按朗肯土压力理论计算，但也有按梯形土压力分布形式计算的（如图 10-2 中的虚线）。水压力的计算既可与土压力合算也可分开计算。

2. 抗倾覆稳定性验算

如图 10-2 所示，水泥土桩墙稳定性验算水泥土桩墙绕墙趾 O 的抗倾覆稳定安全系数：

$$K_q=\frac{\text{抗倾覆力矩}}{\text{倾覆力矩}}=\frac{\frac{b}{2}(W-u_m b)+z_p E_{pk}}{z_a E_{ak}} \tag{10-1}$$

式中 W——墙体自重（kN/m）；

E_{ak}——墙后主动土压力标准值（kN/m）；

E_{pk}——墙前被动土压力标准值（kN/m）；

z_a——主动土压力作用线离墙趾距离（m）；

z_p——被动土压力作用线离墙趾距离（m）；

b——水泥土桩墙厚度（m）；

u_m——墙底面上平均水压力（kPa）；

K_q——抗倾覆安全系数，$K_q \geqslant 1.3$。

3. 抗滑移稳定性验算

水泥土桩墙沿墙底抗滑移安全系数由式（10-2）确定：

$$K_h = \frac{墙体抗滑力}{墙体滑动力} = \frac{(W - u_m b)\tan\varphi_0 + c_0 b + E_{pk}}{E_{ak}} \tag{10-2}$$

式中 c_0——墙底与土层的黏结力（kPa），可取墙底处土层黏聚力；

φ_0——墙底与土层的内摩擦角（°），可取墙底土层的内摩擦角；

K_h——墙底抗滑移安全系数，$K_h \geqslant 1.2$。

4. 墙体应力验算

水泥土桩墙的墙体应力验算包括正应力验算和剪应力验算两个方面，正应力验算又包含拉应力验算和压应力验算。

1）拉应力验算

$$\frac{6M_i}{B^2} - \gamma_{cs} z \leqslant 0.15 f_{cs} \tag{10-3}$$

式中 M_i——水泥土墙验算截面的弯矩设计值（kN·m/m）；

B——验算截面处水泥土墙的宽度（m）；

γ_{cs}——水泥土墙的重度（kN/m^3）；

z——验算截面至水泥土墙顶的垂直距离（m）；

f_{cs}——水泥土开挖龄期时的轴心抗压强度设计值（kPa），应根据现场试验或工程经验确定。

2）压应力验算

$$\gamma_0 \gamma_F \gamma_{cs} z + \frac{6M_i}{B^2} \leqslant f_{cs} \tag{10-4}$$

式中 γ_0——支护结构重要性系数，按表 10-3 取值；

γ_F——荷载综合分项系数，不应小于 1.25。

3）剪应力验算

$$\frac{E_{ak,j} - \mu W_i - E_{pk,j}}{B} \leqslant \frac{1}{6} f_{cs} \tag{10-5}$$

式中 $E_{ak,j}$、$E_{pk,j}$——验算截面以上的主动土压力、被动土压力标准值（kN/m）；

W_i——验算截面以上的墙体自重（kN/m）；

μ——墙体材料的抗剪剪断系数，取 0.4～0.5。

5. 基底地基承载力验算

水泥土桩墙是由加固土形成的重力式挡墙，加固后的墙重比原状土增加不大，一般仅增加 3%左右。因此基底承载力一般可满足要求，不必验算。若基底土质确实很差，比如为较厚的软弱土层时，则应对地基承载力进行验算，验算方法按有关规范进行，验算截面选取基底截面。

【例题 10-1】 某基坑开挖深度 $h=5.0\text{m}$，采用水泥土搅拌桩墙进行支护，水泥土桩墙位于地下水面以上，墙体宽度 $b=4.5\text{m}$，墙体入土深度（基坑开挖面以下）$h_d=6.5\text{m}$，墙体重度 $\gamma_0=20\text{kN/m}^3$，墙体与土体摩擦系数 $\mu=0.3$。基坑土层重度 $\gamma=19.5\text{kN/m}^3$，内摩擦角 $\varphi=24°$，黏聚力 $c=0$，地面超载为 $q_0=20\text{kPa}$。试验算支护墙的抗倾覆、抗滑移稳定性。

【解】 沿墙体纵向取 1 延米进行计算，则主动和被动土压力系数为：

$$K_a=\tan^2\left(45°-\frac{24°}{2}\right)=0.42$$

$$K_p=\tan^2\left(45°+\frac{24°}{2}\right)=2.37$$

地面超载引起的主动土压力：

$$E_{a1}=q_0(h+h_d)K_a=20\text{kPa}\times(5\text{m}+6.5\text{m})\times0.42=96.6\text{kN/m}$$

E_{a1} 作用点距墙趾的距离：

$$z_{a1}=\frac{1}{2}(h+h_d)=\frac{1}{2}\times(5\text{m}+6.5\text{m})=5.75\text{m}$$

墙后主动土压力：

$$E_{a2}=\frac{1}{2}\gamma(h+h_d)^2K_a=\frac{1}{2}\times19.5\text{kN/m}^3\times(5\text{m}+6.5\text{m})^2\times0.42=541.56\text{kN/m}$$

E_{a2} 作用点距墙趾的距离：

$$z_{a2}=\frac{1}{3}(h+h_d)=\frac{1}{3}\times(5\text{m}+6.5\text{m})=3.83\text{m}$$

墙前的被动土压力：

$$E_p=\frac{1}{2}\gamma h_d^2K_p=\frac{1}{2}\times19.5\text{kN/m}^3\times(6.5\text{m})^2\times2.37=976.29\text{kN/m}$$

E_p 作用点距墙趾的距离：

$$z_p=\frac{1}{3}h_d=\frac{1}{3}\times6.5\text{m}=2.17\text{m}$$

墙体自重：

$$W=b(h+h_d)\gamma_0=4.5\text{m}\times(5\text{m}+6.5\text{m})\times20\text{kN/m}^3=1035\text{kN/m}$$

抗倾覆安全系数：

$$K_q=\frac{\frac{b}{2}(W-u_mb)+z_pE_{pk}}{z_aE_{ak}}=\frac{\frac{4.5\text{m}}{2}\times(1035\text{kN/m}-0)+2.17\text{m}\times976.29\text{kN/m}}{5.75\text{m}\times96.6\text{kN/m}+3.83\text{m}\times541.56\text{kN/m}}=1.69>1.3$$

满足要求。

抗滑移安全系数：

$$K_h=\frac{(W-u_mb)\tan\varphi_0+c_0b+E_{pk}}{E_{ak}}=\frac{(1035\text{kN/m}-0)\times0.3+0+976.29\text{kN/m}}{96.6\text{kN/m}+541.56\text{kN/m}}=2.02>1.2$$

满足要求。

10.2.3 水泥土桩墙构造要求

二维码 10-8
水泥土桩墙
构造要求

1）水泥土墙宜采用水泥土搅拌桩相互搭接形成的格栅状结构形式，也可采用水泥土搅拌桩相互搭接成实体的结构形式。搅拌桩的施工工艺宜采用喷浆搅拌法。

2）水泥土桩墙的嵌固深度，对淤泥质土，不宜小于 $1.2h$，对淤泥，不宜小于 $1.3h$；重力式水泥土墙的宽度 b，对淤泥质土，不宜小于 $0.7h$，对淤泥，不宜小于 $0.8h$；此处，h 为基坑深度。

3）重力式水泥土墙采用格栅形式时，每个格栅的土体面积应符合下式要求：

$$A=\delta \frac{cu}{\gamma_{\mathrm{m}}} \tag{10-6}$$

式中 A——格栅内土体的截面面积（m^2）；

δ——计算系数，对黏性土，取 $\delta=0.5$，对砂土、粉土，取 $\delta=0.7$；

c——格栅内土的黏聚力（kPa）；

u——计算周长（m），按图 10-3 计算；

γ_{m}——格栅内土的天然重度（$\mathrm{kN/m^3}$），对成层土取水泥土墙深度范围内各层土按厚度加权的平均天然重度。

水泥土格栅的面积置换率，对淤泥质土，不宜小于 0.7；对淤泥，不宜小于 0.8；对一般黏性土、砂土，不宜小于 0.6。格栅内侧的长宽比不宜大于 2。

4）水泥土搅拌桩的搭接宽度不宜小于 150mm。

5）当水泥土桩墙兼作截水帷幕时，应符合相关规程的要求。

6）水泥土墙体 28d 无侧限抗压强度不宜小于 0.8MPa。当需要增强墙身的抗拉性能时，可在水泥土桩内插入杆筋。杆筋可采用钢筋、钢管或毛竹。杆筋的插入深度宜大于基坑深度。杆筋应锚入面板内。

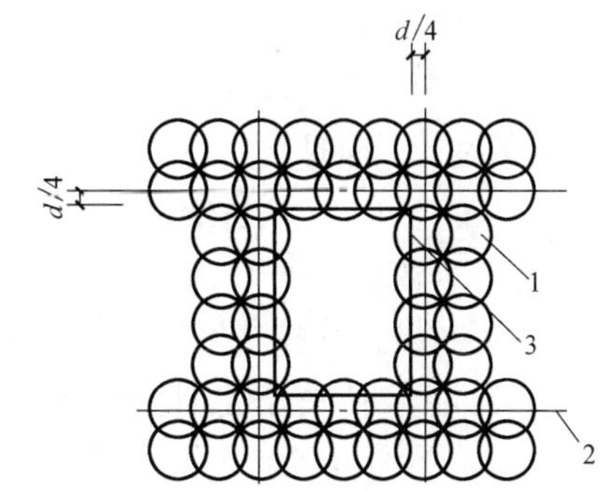

图 10-3 格栅式水泥土墙
1—水泥土桩；2—水泥土桩中心线；3—计算周长

7）水泥土墙顶面宜设置混凝土连接面板，面板厚度不宜小于 150mm，混凝土强度等级不宜低于 C15。

10.3 土钉墙

二维码 10-9
土钉墙概述

10.3.1 概述

1. 土钉墙

土钉、被加固的土体、面层组成的支护结构。土钉墙支护在某些施工企业也称为喷锚支护。

2. 土钉

用来加固、锚固现场原位土体的细长杆件。通常采用土中钻孔，置入变形钢筋，并沿孔全长注浆的方法做成。土钉依靠与土体之间的界面黏结力或摩擦力，在土体发生变形的条件下被动受力，并主要承受拉力作用。土钉也可用钢管、角钢直接击入土中，并全长注浆的方法做成。

3. 面层

在土钉端部沿水平方向及竖向焊接加强钢筋，在加强钢筋上焊接分布钢筋，再喷射混凝土制作而成。

4. 加固原理

基坑临空面形成后，侧壁土体有向临空面位移的趋势，及沿某一潜在破坏面破坏的趋势，置入土钉后，土钉承受了由周围土体及面层传递过来的土压力，把土压力传递至稳定的土层中去，从而阻止了侧壁土体向基坑方向的位移；土钉加固土体使土体强度提高，并由于土钉的拉力，使潜在破坏面上的法向应力增大，因而摩擦力增大，阻止基坑侧壁沿某一潜在破坏面破坏。

10.3.2 土钉墙结构尺寸的确定

二维码 10-10 土钉墙结构尺寸确定

在初步设计时，应先根据基坑环境条件和工程地质资料，确定土钉墙的适用性，然后确定土钉墙的结构尺寸，土钉墙高度由工程开挖深度决定，开挖面坡度可取 60°～90°，在条件许可时，尽可能降低坡面坡度。

土钉墙均是分层分段施工，每层开挖的最大高度取决于该土体可以自然站立而不破坏的能力。在砂性土中，每层开挖高度一般为 0.5～2.0m，在黏性土中可以增大一些。开挖高度一般与土钉竖向间距相同，常用 1.0～1.5m；每层单次开挖的纵向长度，取决于土体维持稳定的最长时间和施工流程的相互衔接，一般多用 10m 长。

10.3.3 参数设计

二维码 10-11 参数设计

土钉参数设计主要包括土钉间距、长度、布置、孔径和钢筋直径等。

1. 土钉间距

土钉水平间距和竖向间距宜为 1～2m；当基坑较深、土钉墙坡体范围内土的抗剪强度较低时，土钉间距取小值，并可小于 1m。

2. 土钉长度

土钉长度一般可取开挖深度的 0.5～1.2 倍，软土地区可取开挖深度的 1.5～2.0 倍。土钉不宜超越用地红线，同时不应进入邻近建（构）筑物基础之下。

3. 土钉倾角

土钉与水平面夹角应为 5°～20°，应根据土性和施工条件确定。当利用重力向钢筋土钉孔中注浆时，夹角不宜小于 15°。

4. 注浆材料

注浆材料应根据土钉类型采用强度等级不低于 M10 的水泥砂浆或素水泥浆。

5. 支护面层

喷混凝土面层的厚度宜在 50～150mm 之间，混凝土强度等级不低于 C20，3 天不低于 10MPa。喷混凝土面层内应设置钢筋网，钢筋网的钢筋直径 6～8mm，网格尺寸为 150～300mm。当面层厚度大于 120mm 时，宜设置二层钢筋网。

10.3.4 土钉承载力计算

二维码 10-12
土钉承载力计算

假定土钉为受拉工作，不考虑其抗弯刚度，只需进行单根土钉的极限抗拔承载力和土钉杆体的受拉承载力验算。

1. 土钉所受土压力

$$e_{k}=\zeta e_{ak} \tag{10-7}$$

$$\zeta=\frac{\tan\frac{\beta-\varphi_{m}}{2}\left(\frac{1}{\tan\frac{\beta+\varphi_{m}}{2}}-\frac{1}{\tan\beta}\right)}{\tan^{2}\left(45^{\circ}-\frac{\varphi_{m}}{2}\right)} \tag{10-8}$$

式中 e_{k}——土钉所受实际土压力标准值（kPa）；

e_{ak}——主动土压力强度标准值（kPa）；

ζ——墙面倾斜时主动土压力折减系数，可按式（10-8）计算；

β——土钉坡面与水平面的夹角（°）；

φ_{m}——基坑底面以上各土层按厚度加权的等效内摩擦角平均值（°）。

2. 土钉轴向拉力

单根土钉轴向拉力标准值可按式（10-9）计算：

$$N_{k,j}=\eta_{j}\cdot e_{k,j}\cdot s_{x,j}\cdot s_{z,j}/\cos\alpha_{j} \tag{10-9}$$

$$\left.\begin{aligned}\eta_{j}&=\eta_{a}-(\eta_{a}-\eta_{b})z_{j}/h\\ \eta_{a}&=\frac{\sum(h-\eta_{b}z_{j})\Delta E_{aj}}{\sum(h-z_{j})\Delta E_{aj}}\end{aligned}\right\} \tag{10-10}$$

式中 $N_{k,j}$——第 j 层土钉轴向拉力标准值（kN）；

$e_{k,j}$——第 j 层土钉处所受实际土压力标准值（m）；

$s_{x,j}$——土钉的水平间距（m）；

$s_{z,j}$——土钉的垂直间距（m）；

α_{j}——第 j 层土钉倾角（°）；

η_{j}——第 j 层土钉轴向拉力调整系数，可按式（10-10）计算；

z_{j}——第 j 层土钉至基坑底面的垂直距离（m）；

h——基坑深度（m）；

ΔE_{aj}——作用在 $s_{x,j}$、$s_{z,j}$ 为边长的面积内的主动土压力标准值（kN）；

η_{a}——计算系数；

η_{b}——经验系数，可取 0.6～1.0。

3. 土钉抗拔承载力

单根土钉的极限抗拔承载力应通过抗拔试验确定，但对于安全等级为三级的土钉墙或进行初步设计时也可按式（10-11）估算。

$$R_{k,j}=\min\{\pi d_j \sum q_{sk,i} l_i,\ f_{yk} A_s\} \tag{10-11}$$

式中 $R_{k,j}$——第 j 层土钉的极限抗拔承载力标准值（kN）；

d_j——第 j 层土钉的锚固体直径（m）；对成孔注浆土钉，按成孔直径计算，对打入钢管土钉，按钢管直径计算；

$q_{sk,i}$——第 j 层土钉在第 i 层土的极限黏结强度标准值（kPa）；应由土钉抗拔试验确定，无试验数据时，可根据工程经验并结合表 10-4 取值；

l_i——第 j 层土钉在滑动面外第 i 土层中的长度（m）；计算单根土钉极限抗拔承载力时，取图 10-4 所示的直线滑动面，直线滑动面与水平面的夹角取 $\frac{\beta+\varphi_m}{2}$；

f_{yk}——土体杆体抗拉强度标准值（kPa）；

A_s——土体杆体的截面面积（m^2）。

土钉的极限黏结强度标准值 **表 10-4**

土的名称	土的状态	q_{sk}(kPa)	
		成孔注浆土钉	打入钢管土钉
素填土	—	15～30	20～35
淤泥质土	—	10～20	15～25
黏性土	$0.75<I_L\leqslant 1$	20～30	20～40
	$0.25<I_L\leqslant 0.75$	30～45	40～55
	$0<I_L\leqslant 0.25$	45～60	55～70
	$I_L\leqslant 0$	60～70	70～80
粉土	—	40～80	50～90
砂土	松散	35～50	50～65
	稍密	50～65	65～80
	中密	65～80	80～100
	密实	80～100	100～120

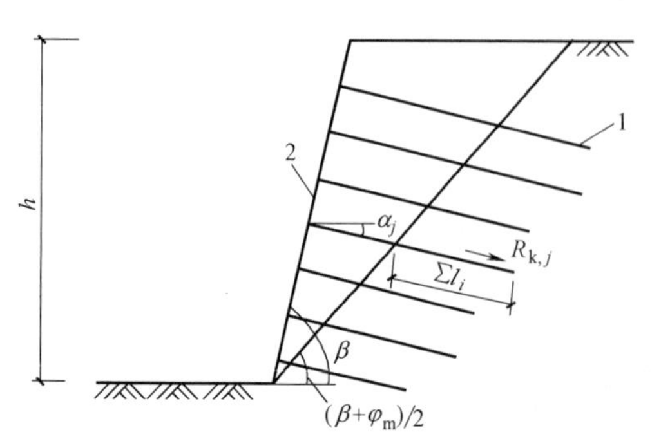

图 10-4 土钉抗拔承载力计算

1—土钉；2—喷射混凝土面层

4. 土钉承载力验算

1）单根土钉的抗拔承载力应符合式规定：

$$\frac{R_{k,j}}{N_{k,j}}\geqslant K_t \tag{10-12}$$

式中 $R_{k,j}$——第 j 层土钉的极限抗拔承载力标准值（kN），按式（10-11）计算；

$N_{k,j}$——第 j 层土钉轴向拉力标准值（kN），按式（10-9）计算；

K_t——土钉抗拔安全系数；安全等级为二级、三级的土钉墙，分别不应小于 1.6、1.4。

2）土钉杆体的受拉承载力应满足如下要求：

$$N_j \leqslant f_y \cdot A_s \tag{10-13}$$

式中 N_j——第 j 层土钉的轴向拉力设计值（kN），$N_j=\gamma_0\gamma_F \cdot N_{k,j}$；

f_y——土钉杆体的抗拉强度设计值（kPa）；

A_s——土钉杆体的截面面积（m^2）。

【例题 10-2】 有一开挖深度为 6m 的基坑，采用土钉支护结构支护，安全等级为三级，其计算参数和结构简图如图 10-5 所示。基坑边坡土层为黏土，液限指数 $I_L=0.4$，土层重度为 $20kN/m^3$，内摩擦角 $\varphi=37°$，黏聚力为 $c=0$。边坡坡度 78.7°，土钉采用注浆型土钉。试验算单个土钉的承载力。

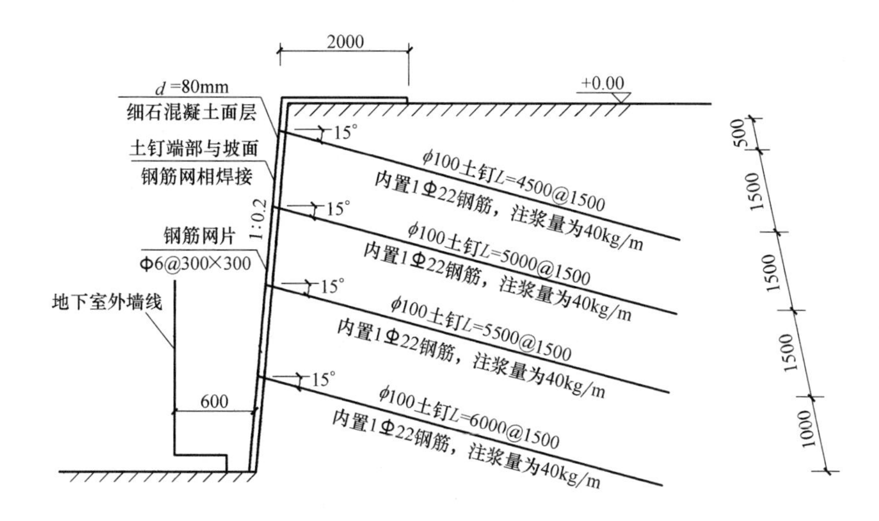

图 10-5 土钉墙计算图（mm）

【解】

1. 土压力计算

$$K_a=\tan^2\left(45°-\frac{37°}{2}\right)=0.25$$

$e_{a1}=\gamma hK_a=0.25\times20\times0.5=2.5kPa, e_{a2}=\gamma hK_a=0.25\times20\times2.0=10kPa$

$e_{a3}=\gamma hK_a=0.25\times20\times3.5=17.5kPa, e_{a4}=\gamma hK_a=0.25\times20\times5.0=25kPa$

$$\zeta=\tan\frac{\beta-\varphi_m}{2}\left(\frac{1}{\tan\frac{\beta+\varphi_m}{2}}-\frac{1}{\tan\beta}\right)/\tan^2\left(45°-\frac{\varphi_m}{2}\right)$$

$$=\tan\frac{78.7°-37°}{2}\times\left(\frac{1}{\tan\frac{78.7°+37°}{2}}-\frac{1}{\tan78.7°}\right)/\tan^2\left(45°-\frac{37°}{2}\right)=0.65$$

$e_{k1}=\zeta e_{a1}=0.65\times2.5kPa=1.63kPa, e_{k2}=\zeta e_{a2}=0.65\times10kPa=6.50kPa$

$e_{k3}=\zeta e_{a3}=0.65\times17.5kPa=11.38kPa, e_{k4}=\zeta e_{a4}=0.65\times25kPa=16.25kPa$

2. 土钉荷载计算

图中可知 $S_x=S_y=1.5\text{m}$，土钉直径 $d_j=100\text{mm}$。

单根土钉受拉荷载标准值（取 $\eta=1.0$）：

$$N_{k1}=\eta\cdot e_{k1}\cdot s_x\cdot s_z/\cos\alpha=1.0\times1.63\text{kPa}\times1.5\text{m}\times1.5\text{m}/\cos15°=3.80\text{kN}$$

$$N_{k2}=\eta\cdot e_{k2}\cdot s_x\cdot s_z/\cos\alpha=1.0\times6.50\text{kPa}\times1.5\text{m}\times1.5\text{m}/\cos15°=15.14\text{kN}$$

$$N_{k3}=\eta\cdot e_{k3}\cdot s_x\cdot s_z/\cos\alpha=1.0\times11.38\text{kPa}\times1.5\text{m}\times1.5\text{m}/\cos15°=26.51\text{kN}$$

$$N_{k4}=\eta\cdot e_{k4}\cdot s_x\cdot s_z/\cos\alpha=1.0\times16.25\text{kPa}\times1.5\text{m}\times1.5\text{m}/\cos15°=37.85\text{kN}$$

3. 土钉抗拔承载力

$$l_1=L_1-\frac{H-z_1}{\sin\beta}\times\frac{\sin\frac{\beta-\varphi}{2}}{\sin\left(\frac{\beta+\varphi}{2}+\alpha\right)}=4.5\text{m}-\frac{6\text{m}-0.5\text{m}}{\sin78.7°}\times\frac{\sin\frac{78.7°-37°}{2}}{\sin\left(\frac{78.7°+37°}{2}+15°\right)}=2.41\text{m}$$

$$l_2=L_2-\frac{H-z_2}{\sin\beta}\times\frac{\sin\frac{\beta-\varphi}{2}}{\sin\left(\frac{\beta+\varphi}{2}+\alpha\right)}=5.0\text{m}-\frac{6\text{m}-2\text{m}}{\sin78.7°}\times\frac{\sin\frac{78.7°-37°}{2}}{\sin\left(\frac{78.7°+37°}{2}+15°\right)}=3.48\text{m}$$

$$l_3=L_3-\frac{H-z_3}{\sin\beta}\times\frac{\sin\frac{\beta-\varphi}{2}}{\sin\left(\frac{\beta+\varphi}{2}+\alpha\right)}=5.5\text{m}-\frac{6\text{m}-3.5\text{m}}{\sin78.7°}\times\frac{\sin\frac{78.7°-37°}{2}}{\sin\left(\frac{78.7°+37°}{2}+15°\right)}=4.55\text{m}$$

$$l_4=L_4-\frac{H-z_4}{\sin\beta}\times\frac{\sin\frac{\beta-\varphi}{2}}{\sin\left(\frac{\beta+\varphi}{2}+\alpha\right)}=6.0\text{m}-\frac{6\text{m}-5\text{m}}{\sin78.7°}\times\frac{\sin\frac{78.7°-37°}{2}}{\sin\left(\frac{78.7°+37°}{2}+15°\right)}=5.62\text{m}$$

液限指数 $I_L=0.4$，故按表10-4取 $q_{sk}=40\text{kPa}$。

$$f_{yk}A_s=355\text{N/mm}^2\times380.1\text{mm}^2=134.94\text{kN}$$

$$R_{k,j}=\min\{\pi d_j\sum q_{sk,i}l_i,f_{yk}A_s\}$$

$$R_{k1}=\pi d_1\sum q_{sk}l_1=\pi\times0.1\text{m}\times40\text{kPa}\times2.41\text{m}=30.28\text{kN}$$

$$R_{k2}=\pi d_2\sum q_{sk}l_2=\pi\times0.1\text{m}\times40\text{kPa}\times3.48\text{m}=43.73\text{kN}$$

$$R_{k3}=\pi d_3\sum q_{sk}l_3=\pi\times0.1\text{m}\times40\text{kPa}\times4.55\text{m}=57.18\text{kN}$$

$$R_{k4}=\pi d_4\sum q_{sk}l_4=\pi\times0.1\text{m}\times40\text{kPa}\times5.62\text{m}=70.62\text{kN}$$

4. 土承载力验算

1）极限抗拔承载力验算，安全等级为三级，故 $K_t=1.4$。

$$\frac{R_{k1}}{N_{k1}}=\frac{30.28\text{kN}}{3.80\text{kN}}=7.97>K_t=1.4,\frac{R_{k2}}{N_{k2}}=\frac{43.73\text{kN}}{15.14\text{kN}}=2.89>K_t=1.4$$

$$\frac{R_{k3}}{N_{k3}}=\frac{57.18\text{kN}}{26.51\text{kN}}=2.16>K_t=1.4,\frac{R_{k4}}{N_{k4}}=\frac{70.62\text{kN}}{37.85\text{kN}}=1.87>K_t=1.4$$

各排土钉均符合要求。

2）受拉承载力验算

$$N_j \leqslant f_y \cdot A_s = 300\text{N/mm}^2 \times 380.1\text{mm}^2 = 114.03\text{kN}$$

显然各排土钉均符合要求。

二维码 10-13
土钉墙
稳定性验算

10.3.5 稳定性验算

应对基坑开挖各个工况条件下的土钉墙整体滑动稳定性进行验算，其验算方法可采用圆弧滑动条分法（图 10-6）：

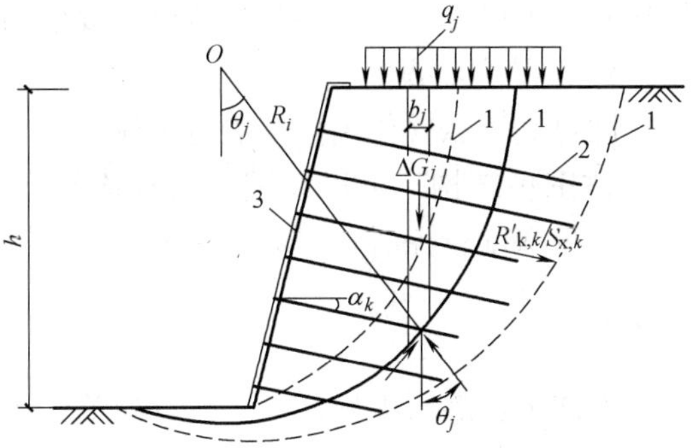

图 10-6 土钉墙整体滑动稳定性验算

1—滑裂面；2—土钉；3—喷射混凝土面层

$$\min\{K_{s,1}, K_{s,2}, \cdots, K_{s,i}\} \geqslant K_s \tag{10-14}$$

$$K_{s,i} = \frac{\sum[c_j l_j + (q_j b_j + \Delta G_j)\cos\theta_j \tan\varphi_j] + \sum R'_{k,k}[\cos(\theta_k + \alpha_k) + 0.5\sin(\theta_k + \alpha_k)\tan\varphi_k]/s_{x,k}}{\sum(q_j b_j + \Delta G_j)\sin\theta_j} \tag{10-15}$$

式中 K_s——圆弧滑动整体稳定安全系数；安全等级为二级、三级的土钉墙，K_s 分别不应小于 1.3、1.25；

$K_{s,i}$——第 i 个滑动圆弧的抗滑力矩与滑动力矩的比值；抗滑力矩与滑动力矩之比的最小值宜通过搜索不同圆心及半径的所有潜在滑动圆弧确定；

c_j——第 j 土条滑弧面处土的黏聚力（kPa）；

φ_j——内摩擦角（°）；

b_j——第 j 土条的宽度（m）；

θ_j——第 j 土条滑弧面中点处的法线与垂直面的夹角（°）；

l_j——第 j 土条的滑弧长度（m）；

q_j——作用在第 j 土条上的附加分布荷载标准值（kPa）；

ΔG_j——第 j 土条的自重（kN），按天然重度计算；

$R'_{k,k}$——第 k 层土钉或锚杆对圆弧滑动体的极限拉力值（kN）应取土钉或锚杆在滑动面以外的锚固体极限抗拔承载力标准值与杆体受拉承载力标准值的较小值；

α_k——第 k 层土钉或锚杆的倾角（°）；

θ_k——滑弧面在第 k 层土钉或锚杆处的法线与垂直面的夹角（°）；

$s_{x,k}$——第 k 层土钉或锚杆的水平间距（m）；

φ_k——第 k 层土钉或锚杆与滑弧面交点处土的内摩擦角（°）。

10.4 排桩支护结构

10.4.1 概述

基坑开挖时，对不能放坡开挖或由于场地限制不能采用搅拌桩围护，开挖深度在6～10m时，即可采用排桩支护。排桩支护可采用钻孔灌注桩、人工挖孔桩、预制混凝土板桩或钢板桩。排桩支护结构除受力桩外，有时还包括冠梁、腰梁和桩间护壁构造件等。

按基坑开挖深度及支挡结构受力状况，排桩围护可分为：①无支撑（悬臂）围护结构：当基坑开挖深度不大，即可利用悬臂作用挡住墙后土体；②单支撑结构：当基坑开挖深度较大时，不能采用无支撑围护结构，可以在围护结构顶部附近设置一道单支撑或拉锚；③多支撑结构：当基坑开挖深度较深时，可设置多道锚杆，以减少挡墙的内力。

10.4.2 悬臂式支护结构

目前悬臂桩的计算方法有四类：静力平衡法，杆系有限单元法，共同变形法和有限单元法。静力平衡法简单而近似，在工程设计计算中被广泛应用；后三种方法正成为研究的热门，但要广泛用于工程设计计算尚待进一步发展。下面重点介绍一下静力平衡法。

古典的静力平衡法认为悬臂桩在主动土压力作用下，将趋向于绕桩上的某一点发生转动，从而使土压力的分布发生变化。桩后土压力由主动土压力转到被动土压力，而桩前土压力则由被动土压力转到主动土压力。

静力平衡法常用的土压力分布形式如图10-7所示。

图10-7（a）比较接近实际的土压力分布，是实际曲线的初步简化。图10-7（b）是用布鲁姆法将悬臂桩的受力简化，将旋转点以下的被动土压力近似的用一个通过其中心的集中力代替。下面主要介绍布鲁姆简化计算法。

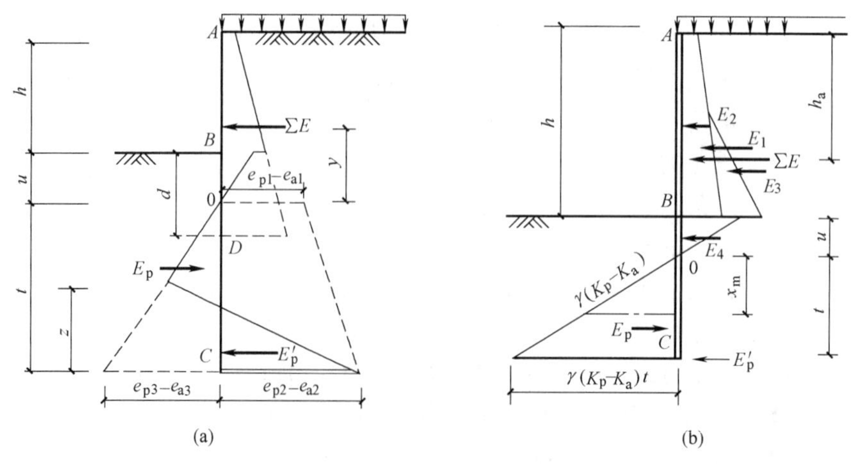

图10-7 静力法土压力分布图

（a）静力平衡法；（b）布鲁姆法

根据图10-7（b），由桩底部C点的力矩平衡条件$\sum M_C=0$，有：

$$(h+u+t-h_a)\sum E-\frac{t}{3}\sum E_p=0 \tag{10-16}$$

因$\sum E_p=\frac{1}{2}\gamma(K_p-K_a)t^2$，代入上式可得：

$$t^3-\frac{6\sum E}{\gamma(K_p-K_a)}t-\frac{6(h+u-h_a)\sum E}{\gamma(K_p-K_a)}=0 \tag{10-17}$$

式中 t——桩的有效嵌固深度（m）；

$\sum E$——桩后侧 AO 段作用于桩墙上净土、水压力（kN/m）；

K_a——主动土压力系数；

K_p——被动土压力系数；

γ——土体重度（kN/m^3）；

h——基坑开挖深度（m）；

h_a——$\sum E$ 作用点距地面距离（m）；

u——土压力零点 O 距基坑底面的距离（m）。

由上式可计算求出桩的有效嵌固深度 t。悬臂式桩受力简化后，计算出的 t 会有一定的误差，布鲁姆建议增加20%，因此，为了保证桩的稳定，基坑底面以下的最小插入深度 t_c 应为：

$$t_c=u+1.2t \tag{10-18}$$

最大弯矩应在剪力为零处，于是有：

$$\sum E-\frac{1}{2}\gamma(K_p-K_a)x_m^2=0 \tag{10-19}$$

由此可求得最大弯矩点距土压力为零点 O 的距离 x_m 为：

$$x_m=\sqrt{\frac{2\sum E}{\gamma(K_p-K_a)}} \tag{10-20}$$

而此处的最大弯矩为：

$$M_{max}=(h+u+x_m-h_a)\sum E-\frac{\gamma(K_p-K_a)x_m^3}{6} \tag{10-21}$$

【例题 10-3】 在粗砂地层中开挖深 4.5m 的基坑，采用悬臂式灌注桩支护，$\gamma=19.5kN/m^3$，内摩擦角 $\varphi=25°$，地面超载 $q_0=10kPa$，不计地下水影响，试确定桩的最小长度和最大弯矩。

【解】 沿支护桩墙长度方向取 1 延米进行计算，则有：

$$K_a=\tan^2\left(45°-\frac{25°}{2}\right)=0.41, K_p=\tan^2\left(45°+\frac{25°}{2}\right)=2.46$$

基坑开挖地面土压力强度：

$$e_a=(q_0+\gamma h)K_a-2c\sqrt{K_a}=(10+19.5\times4.5)\times0.41-2\times0\times\sqrt{0.41}=40.1kN/m^2$$

土压力零点距开挖面距离：

$$u=\frac{e_a}{\gamma(K_p-K_a)}=\frac{40.1}{19.5\times(2.46-0.41)}=1.0m$$

开挖面以上桩后侧地面超载引起的侧压力：

$$E_{a1}=q_0K_ah=10\times0.41\times4.5=18.5kN/m$$

其作用点距地面的距离：$h_{a1}=\frac{1}{2}h=\frac{1}{2}\times4.5=2.25\text{m}$

开挖面以上桩后侧主动土压力：

$$E_{a2}=\frac{1}{2}\gamma h^2K_a=\frac{1}{2}\times19.5\times4.5^2\times0.41=80.9\text{kN/m}$$

其作用点距地面的距离：　$h_{a2}=\frac{2}{3}h=\frac{2}{3}\times4.5=3.0\text{m}$

桩后侧开挖面至土压力零点净土压力：

$$E_{a3}=\frac{1}{2}e_a u=\frac{1}{2}\times40.1\times1.0=20.05\text{kN/m}$$

其作用点距地面的距离：$h_{a3}=h+\frac{1}{3}u=4.5+\frac{1}{3}\times1.0=4.83\text{m}$

作用于桩后的土压力合力：

$$\sum E=E_{a1}+E_{a2}+E_{a3}=18.5+80.9+20.05=119.45\text{kN/m}$$

$\sum E$ 的作用点距店面的距离：

$$h_a=\frac{E_{a1}h_{a1}+E_{a2}h_{a2}+E_{a3}h_{a3}}{\sum E}=\frac{18.5\times2.25+80.9\times3.0+20.05\times4.83}{119.45}=3.19\text{m}$$

将上述计算得到的 K_a、K_p、u、$\sum E$、h_a 值代入式（10-17）得：

$$t^3-\frac{6\times119.45}{19.5\times(2.46-0.41)}t-\frac{6\times119.45\times(4.5+1.0-3.19)}{19.5\times(2.46-0.41)}=0$$

$$t^3-17.93t-41.42=0$$

由此可得：$t=5.10\text{m}$

桩的最小长度：$l_{min}=h+u+1.2t=4.5+1.0+5.10\times1.2=11.62\text{m}$

最大弯矩点距土压力零点的距离：

$$x_m=\sqrt{\frac{2\sum E}{\gamma(K_p-K_a)}}=\sqrt{\frac{2\times119.45}{19.5\times(2.46-0.41)}}=2.44\text{m}$$

最大弯矩：

$$M_{max}=(h+u+x_m-h_a)\sum E-\frac{\gamma(K_p-K_a)x_m^3}{6}$$

$$=119.45\times(4.5+1.0+2.44-3.19)-\frac{19.5\times(2.46-0.41)\times2.44^3}{6}$$

$$=470.60\text{kN}\cdot\text{m/m}$$

10.4.3　单层支撑支护结构

对于基坑较深的情况，悬臂式支护结构常常需要很深的嵌固深度，并且会在地面处发生很大的位移。这时就应当沿支护结构不同高度处设置一层或多层支点，将静定的悬臂梁结构改变成超静定的多跨梁结构以增加支护的稳定性，减少其水平位移。支点可以是锚杆、内支撑或锚定板。最简单的便是单层支点，称为单层支撑支护结构。

1. 入土深度较浅时单支点桩支挡结构计算

当支护桩、墙入土深度较浅时，桩、墙前侧的被动土压力全部发挥，墙的底端可能有少许向前位移的现象发生。桩、墙前后的被动和主动土压力对支锚点的力矩相等，墙体处于极限平衡状态。此时桩墙可看作支锚点铰支而下端自由的结构（图 10-8）。

对于排桩则以每根桩的控制宽度作为分析单元，先假设桩的有效嵌固深度 t，根据对支点 A 的力矩平衡条件（$\sum M_A=0$）求得：

$$\sum E(h_a-h_0)-\sum E_p\left(h-h_0+u+\frac{2}{3}t\right)=0 \tag{10-22}$$

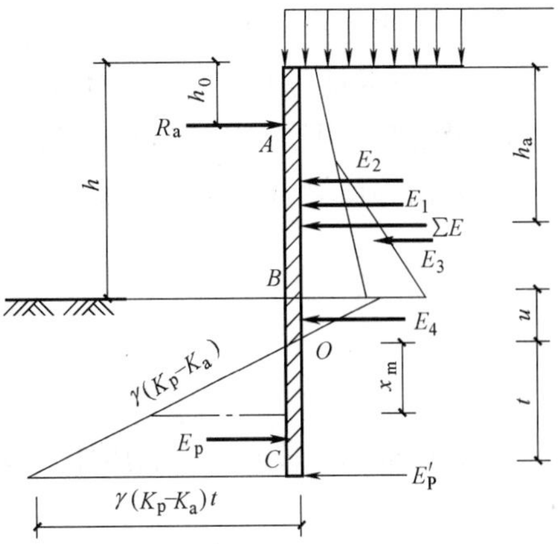

图 10-8　单支点计算简图

由式（10-22）经试算可求出 t。桩墙在基坑底以下的最小插入深度 t_c 仍可按式（10-18）确定。

支点 A 处的水平力 R_a 根据水平力平衡条件求出：

$$R_a=\sum E-\sum E_p \tag{10-23}$$

根据最大弯矩截面的剪力等于零，可求得最大弯矩截面距土压力零点的距离 x_m：

$$x_m=\sqrt{\frac{2\sum(E-R_a)}{\gamma(K_p-K_a)}} \tag{10-24}$$

由此可求出最大弯矩：

$$M_{max}=(h+u+x_m-h_a)\sum E-R_a(h-h_0+u+x_m)-\frac{\gamma(K_p-K_a)x_m^3}{6} \tag{10-25}$$

2. 入土深度较深时单支点桩支挡结构计算

当支护桩、墙入土深度较深时，桩、墙的底端向后倾斜，墙前墙后均出现被动土压力，支护桩在土中处于弹性嵌固状态，相当于上端简支而下端嵌固的超静定梁。工程上常采用等值梁法来计算。

等值梁法的基本原理如图 10-9 所示。一根一端固定另一端简支的梁（图 10-9a），弯矩的反弯点在 b 点，该点弯矩为零（图 10-9b）。如果在 b 点切开，并规定 b 点为左端梁的简支点，这样在 ab 段内的弯矩保持不变，由此，简支梁 ab 称之为图 10-9（a）中 ac 梁 ab 段的等值梁。

等值梁法应用于单支点桩墙计算，计算简图如图 10-10 所示，其计算步骤如下：

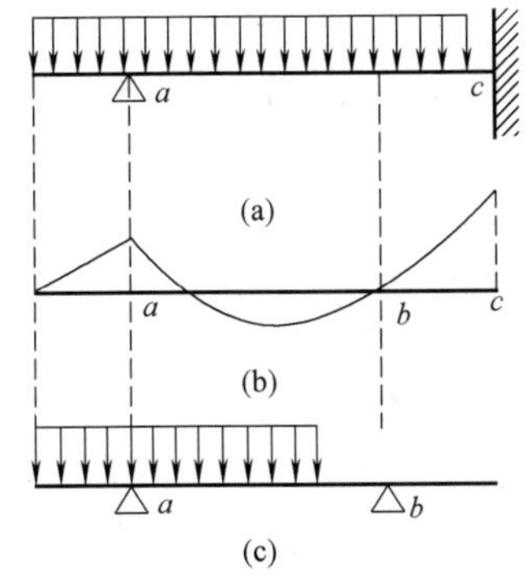

图 10-9　等值梁法基本原理

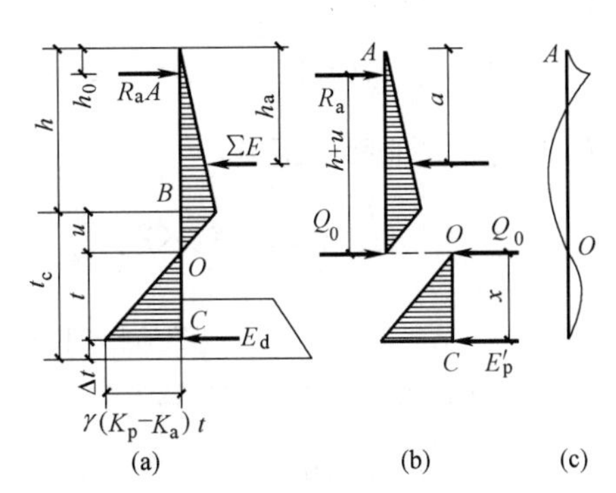

图 10-10　等值梁法简化计算

1）确定正负弯矩反弯点的位置。实测结果表明净土压力为零点的位置与弯矩零点位置很接近，因此可假定反弯点就在净土压力为零点处，即为图 10-10 中的 O 点。它距基坑底面的距离 u 根据作用于墙前后侧土压力为零的条件求出。

2）由等值梁 AO 根据平衡方程计算支点反力 R_a 和 O 点剪力 Q_0：

$$R_a=\frac{\sum E(h-h_a+u)}{h-h_0+u} \tag{10-26}$$

$$Q_0=\frac{\sum E(h_a-h_0)}{h-h_0+u} \tag{10-27}$$

3）取桩墙下段 OC 为隔离体，取 $\sum M_c=0$，可求出有效嵌固深度 t：

$$t=\sqrt{\frac{6Q_0}{\gamma(K_p-K_a)}} \tag{10-28}$$

而桩在基坑底以下的最小插入深度仍按式（10-18）确定。

4）由等值梁计算最大弯矩 M_{max}。由于作用于桩上的力均已求得，M_{max} 可以很方便地求出。

【例题 10-4】 某基坑工程开挖深度 $h=6$m，采用一道锚杆的板状支护，锚杆支点距地表 1.5m，支点水平间距 2.0m，基坑周围土层重度 $\gamma=20.0\text{kN/m}^3$，内摩擦角 $\varphi=25°$，黏聚力 $c=0$。地面施工荷载 $q_0=20$kPa。试按等值梁法计算板桩的最小长度、锚杆拉力和最大弯矩。

【解】 取支锚点水平间距 $S_h=2.0$m 作为计算宽度。

$$K_a=\tan^2\left(45°-\frac{25°}{2}\right)=0.41, K_p=\tan^2\left(45°+\frac{25°}{2}\right)=2.46$$

墙后地面处主动土压力强度：

$$e_{a1}=q_0K_a-2c\sqrt{K_a}=20\times0.41-2\times0\times\sqrt{0.41}=8.20\text{kPa}$$

墙后基坑底面处主动土压力强度：

$$e_{a2}=(q_0+\gamma h)K_a-2c\sqrt{K_a}=(20+20\times6)\times0.41-2\times0\times\sqrt{0.41}=57.04\text{kPa}$$

净土压力零点离基坑底距离：

$$u=\frac{e_{a2}}{\gamma(K_p-K_a)}=\frac{57.04}{20\times(2.46-0.41)}=1.39\text{m}$$

墙后净土压力：

$$\sum E=\frac{1}{2}\times(8.20+57.04)\times6\times2+\frac{1}{2}\times57.04\times1.39\times2=470.73\text{kN}$$

$\sum E$ 作用点离地面的距离：

$$h_a=\frac{\frac{1}{2}\times8.2\times6^2\times2+\frac{2}{3}\times\frac{1}{2}\times(57.04-8.20)\times6^2\times2+\frac{1}{2}\times57.04\times1.39\times\left(6+\frac{1}{3}\times1.39\right)\times2}{470.73}$$

$$=4.21\text{m}$$

支点水平锚固拉力：

$$R_a=\frac{\sum E(h-h_a+u)}{h-h_0+u}=\frac{470.73\times(6-4.21+1.39)}{6-1.5+1.39}=254.15\text{kN}$$

土压力零点（即反弯点）剪力：

$$Q_0=\frac{\sum E(h_a-h_0)}{h-h_0+u}=\frac{470.73\times(4.21-1.5)}{6-1.5+1.39}=216.58\text{kN}$$

桩的有效嵌固深度：

$$t=\sqrt{\frac{6Q_0}{\gamma(K_p-K_a)S_h}}=\sqrt{\frac{6\times216.58}{20\times(2.46-0.41)\times2.0}}=3.98\text{m}$$

桩的最小长度：$l_{min}=h+u+1.2t=6+1.39+3.98\times1.2=12.17\text{m}$

求剪力为零点的点离地面距离 h_q，由 $R_a-\frac{1}{2}\gamma h_q^2K_aS_h-q_0K_ah_qS_h=0$ 得：

$$h_q=\frac{-q_0K_aS_h+\sqrt{q_0^2K_a^2S_h^2+2\gamma K_aS_hR_a}}{\gamma K_aS_h}=\frac{1}{\gamma}\left[-q_0+\sqrt{q_0^2+2\gamma R_a/(K_aS_h)}\right]$$

$$=\frac{1}{20}\times\left[-20+\sqrt{20^2+2\times20\times254.15/(0.41\times2.0)}\right]=4.66\text{m}$$

最大弯矩：

$$M_{max}=254.15\times(4.66-1.5)-\frac{1}{6}\times20\times4.66^3\times0.41\times2.0-\frac{1}{2}\times20\times4.66^2\times0.41\times2.0$$

$$=348.45\text{kN}\cdot\text{m}$$

10.4.4　多层支撑支护结构

当基坑较深，地质条件较差，用单锚或单撑不能满足支护结构的稳定与强度要求时，可采用多层支撑式结构。目前对多支点支护结构的计算方法通常采用等值梁法、连续梁法、支撑荷载 1/2 分担法、逐层开挖支撑力不变法、弹性支点法以及有限单元法等。以下对其中主要的几种方法予以简单介绍。

1. 支撑荷载 1/2 分担法

对多支点的支护结构，若支护墙后的主动土压力分布采用太沙基和佩克假定的图式，则支撑或拉锚的内力及其支护墙的弯矩，可按以下经验法计算（图 10-11）：

1）每道支撑或拉锚所受的力是相应于相邻两个半跨的土压力荷载值，如图 10-11（b）所示。

2）假设土压力强度用 q 表示，对于按连续梁计算，最大支座弯矩（三跨以上）为 $M=\frac{ql^2}{10}$，最大跨中弯矩 $M=\frac{ql^2}{20}$。

2. 弹性支点法

弹性支点法，工程界又称为弹性抗力法、地基反力法。其计算方法如下：

1）桩后的荷载既可直接按朗肯主动土压力理论计算（即三角形分布土压力模式，如图 10-12a 所示）；也可按矩形分布的经验土压力模式（图 10-12b）计算。后者在我国基坑支护结构设计中被广泛采用。

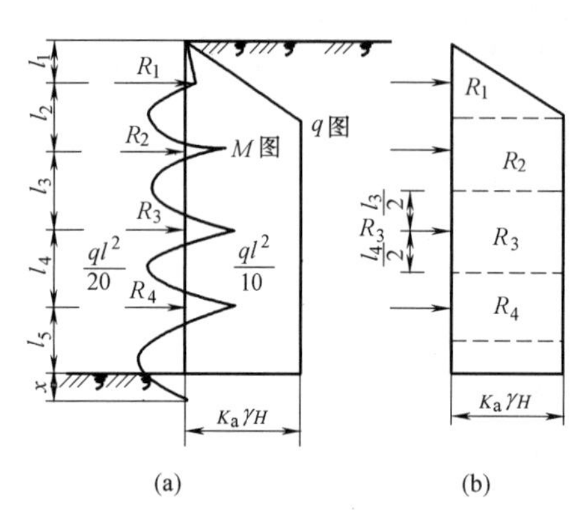

图 10-11　支撑荷载 1/2 分担法

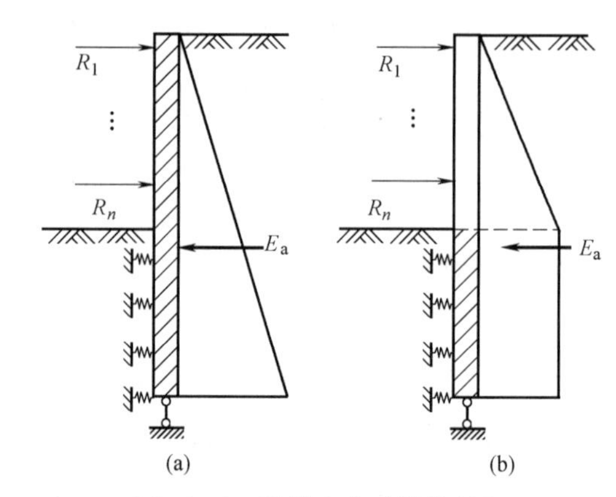

图 10-12　弹性支点法计算简图

(a) 三角形分布；(b) 矩形分布

2）基坑开挖面以下的支护结构受到的土体抗力用弹簧模拟：

$$\sigma_s = k_s y + \sigma_{s0} \tag{10-29}$$

式中　k_s——地基土的水平反力系数（kN/m^3）；

σ_{s0}——初始分布土反力（kPa）；

y——土体水平变形（m）。

3）支锚点按刚度系数为 k_z 的弹簧进行模拟。以“m”法为例，基坑支护结构的基本挠曲微分方程为：

$$EI\frac{d^4y}{dz^4} + m \cdot (z-h) \cdot b \cdot y + \sigma_{s0}b - e_a \cdot b_s = 0 \tag{10-30}$$

式中　EI——支护桩的抗弯刚度（$kN \cdot m^2$）；

y——支护桩的水平挠曲变形（m）；

z——竖向坐标（m）；

b——支护桩计算宽度（m）；

e_a——主动侧土压力强度（kPa）；

m——地基土的水平反力系数 k_s 的比例系数（kN/m^4）；

b_s——主动侧荷载作用宽度（m）。

求解式（10-30）即可得到支护结构的内力和变形，通常可用杆系有限元法求解。首先将支护结构进行离散，支护结构采用梁单元，支撑或锚杆用弹性支撑单元，外荷载为支护结构后侧的主动土压力和水压力，其中水压力既可单独计算，即采用水土分算模式，也可与土压力一起算，即水土合算模式，但需注意的是水土分算和水土合算时所采用的土体抗剪强度指标不同。

二维码 10-14
基坑支护
稳定性概述

10.5　基坑支护稳定性

10.5.1　概述

基坑失事主要由于失稳。失稳的形式有局部失稳和整体失稳。导致失稳的原因可能是土的抗剪强度不足、支护结构的强度不足或渗透破坏。应当注意的是，土中水常常是引起基坑失稳的主要因素。降雨、浸水、邻近水管漏水或地下水处理不当都会使地基土的抗剪强度降低，引起异常的渗流。异常渗流常常会增加荷载，冲刷地基土或使地基土发生渗流破坏，严重引起基坑失事。因此，对基坑支护的稳定性分析异常重要。

基坑稳定性分析的内容包括支护结构整体稳定性、踢脚稳定性、坑底抗隆起稳定性和基坑抗渗流稳定性等验算。分析方法主要有工程地质对比法和力学分析法，两种方法相互补充和验证。对具体问题，应通过综合分析以得出最后的结论。工程地质对比法是通过大量已有工程的调查研究，结合拟设计项目的地质条件来确定支护结构的嵌固深度。一般来说，其比较可靠，但必须在工程和地质条件基本一致的情况下才能使用。力学分析法是以土力学理论为基础，但由于实际地质因素很复杂，不能简单地用力学分析加以概括，因此，有其局限性，有时不能正确判断基坑稳定性的安全程度；但在一定条件下，它仍不失为一个解决基坑稳定性问题的得力工具。

10.5.2 整体稳定性分析

二维码 10-15 整体稳定性分析

基坑整体稳定性分析实际是对支护结构的直立土坡进行稳定性分析，通过分析确定支护结构的嵌固深度，如水泥土桩墙、多层支点排桩和地下连续墙的嵌固深度。

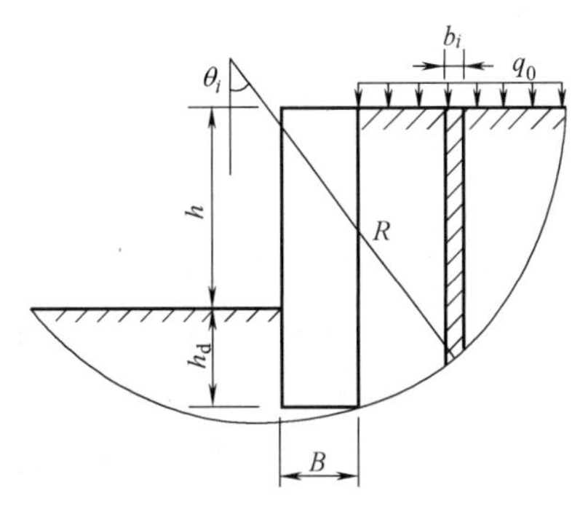

图 10-13 基坑整体稳定性分析

基坑整体稳定性计算方法，采用圆弧滑动面简单条分法，按总应力计算。取单位墙宽分析（图 10-13），基坑支护结构整体稳定安全系数应满足：

$$K_{SF}=\frac{\sum c_iL_i+\sum[(q_0b_i+W_i)\cos\theta_i-u_iL_i]\tan\varphi_i}{\sum(q_0b_i+W_i)\sin\theta_i} \tag{10-31}$$

式中 K_{SF}——整体稳定性安全系数，安全等级为一级、二级、三级的支挡结构，系数分别不应小于 1.35、1.3、1.25；

c_i——第 i 土条底面上的黏聚力（kPa）；

φ_i——第 i 土条底面上的内摩擦角（°）；

L_i——第 i 土条底面面积（m^2）；

b_i——第 i 土条的宽度（m）；

W_i——第 i 土条重力，按上覆土层的饱和容积密度计算；

θ_i——第 i 土条底面倾角（°）；

u_i——作用于第 i 土条底面上的水压力（kPa）。

式（10-31）中安全系数 K_{SF} 应通过若干滑动面试算后取最小者，可通过计算机编程计算求得。

当有软弱土夹层、倾斜基岩面等情况时，宜用非圆弧滑动面进行计算。当嵌固深度下部软弱土层时，尚应继续验算软弱下卧层的整体稳定性。当滑动面外伸处有锚杆的锚固段时，应计其抗拔力对支护结构整体稳定性的贡献。

10.5.3 支护结构绕最下层支锚点转动稳定性分析

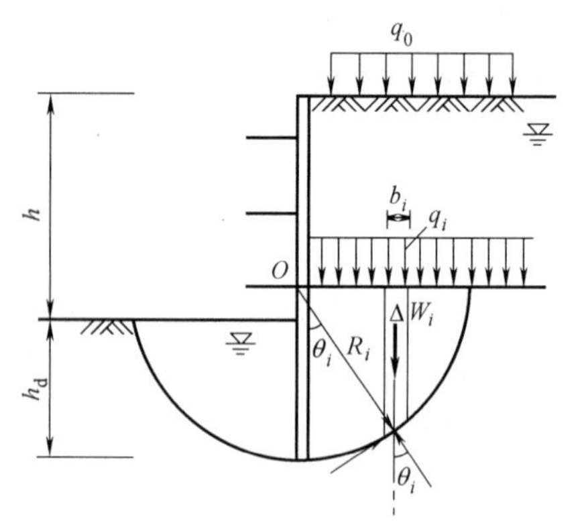

图 10-14 绕最下层支点转动稳定性验算

二维码 10-16
绕最下层
支锚点转动
稳定性分析

对于内撑式或锚拉式支挡结构，当坑底以下为软土时，在水平荷载作用下，单支点结构可能产生以支点处为转动点的失稳，而多层支点结构可能产生绕最下层支点转动的失稳。计算模型如图 10-14 所示。

锚拉式或支撑式支挡结构绕最下层支点 O 转动稳定性应满足：

$$K_{\mathrm{T}}=\frac{\sum\left[c_il_i+(q_ib_i+\Delta W_i)\cos\theta_i\tan\varphi_i\right]}{\sum(q_ib_i+\Delta W_i)\sin\theta_i} \tag{10-32}$$

式中 K_{T}——绕最下层支点转动稳定安全系数，安全等级为一级、二级、三级的支挡结构，分别不应小于 2.2、1.9、1.7；

c_i——第 i 土条在滑弧面处的黏聚力（kPa）；

φ_i——第 i 土条在滑弧面处的内摩擦角（°）；

b_i——第 i 土条宽度（m）；

q_i——第 i 土条顶面上的竖向压力标准值（kPa）；

θ_i——第 i 土条滑弧面中点处法线与垂直面的夹角（°）；

ΔW_i——第 i 土条的自重（kN）。

10.5.4 坑底隆起稳定性分析

二维码 10-17
坑底隆起
稳定性分析

《建筑基坑支护技术规程》JGJ 120—2012 规定基坑支护结构顶端平面下土层的隆起稳定性分析应满足（图 10-15）：

$$K_{\mathrm{L}}=\frac{\bar{\gamma}_2h_{\mathrm{d}}N_{\mathrm{q}}+cN_{\mathrm{c}}}{\bar{\gamma}_1(h+h_{\mathrm{d}})+q_0} \tag{10-33}$$

$$N_{\mathrm{q}}=\tan^2\left(45°+\frac{\varphi}{2}\right)e^{\pi\tan\varphi} \tag{10-34}$$

$$N_{\mathrm{c}}=\frac{N_{\mathrm{q}}-1}{\tan\varphi} \tag{10-35}$$

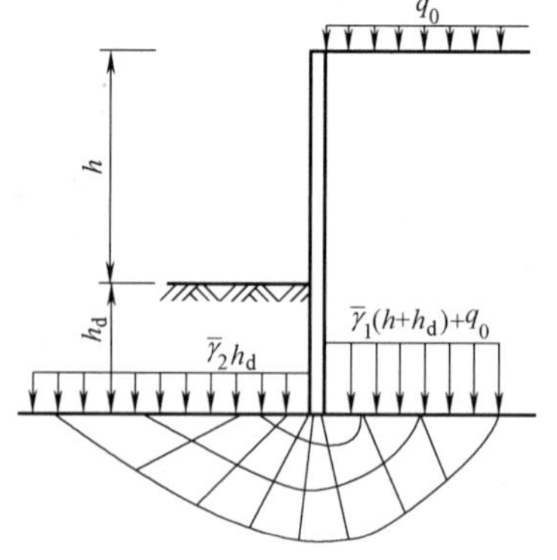

图 10-15 基坑抗隆起计算图

式中 K_{L}——抗隆起安全系数，对于安全等级分别为一级、二级、三级的支挡结构，其分别不应小于 1.8、1.6、1.4；

$\bar{\gamma}_1$——基坑外支护结构底端平面以上土层按厚度加权的平均重度（$\mathrm{kN/m^3}$）；

$\bar{\gamma}_2$——基坑内支护结构底端平面以上土层按厚度加权的平均重度（$\mathrm{kN/m^3}$）；

h——基坑深度（m）；

h_{d}——嵌固深度（m）；

c——支护结构底端平面下土的黏聚力（kPa）；

φ——内摩擦角（°）。

10.5.5 基坑抗渗流稳定性分析

二维码 10-18
基坑抗渗流
稳定性分析

基坑渗流稳定性验算包括坑底抗流砂稳定性验算和抗承压水稳定性验算。

1. 坑底抗流砂稳定性

如图 10-16 所示，地下水由高处向低处渗流，在基坑底部，当向上的动水压力（渗透力）$j \geqslant \gamma'$（γ'为土的有效重度）时，将会产生流砂现象。若近似地按紧贴墙体的最短路线计算最大渗透力 j，则抗流砂稳定安全系数应满足：

$$K_{LS}=\frac{\gamma'}{j}=\frac{(h-h_w+2h_d)\gamma'}{(h-h_w)\gamma_w} \geqslant 1.5 \tag{10-36}$$

式中 h_w——墙后地下水位埋深（m）；

γ_w——地下水位重度（kN/m^3）。

2. 基坑底抗突涌稳定性

如果在基底下的不透水层较薄，而且在不透水层下面存在有较大水压的滞水层或承压水层时，当上覆土重不足以抵挡下部的水压时，基坑底土体将会发生突涌破坏。因此，在设计坑底下有承压水的基坑时，应进行突涌稳定性验算。根据压力平衡概念（图 10-17），基坑底土突涌稳定性应满足：

$$K_{TY}=\frac{\gamma h_s}{\gamma H} \geqslant 1.1 \tag{10-37}$$

式中 h_s——不透水层厚度（m）；

H——承压水头高于含水层顶板的高度（m）。

若基坑底土抗突涌稳定性不满足要求，可采用隔水挡墙隔断滞水层，加固基坑底部地基等处理措施。

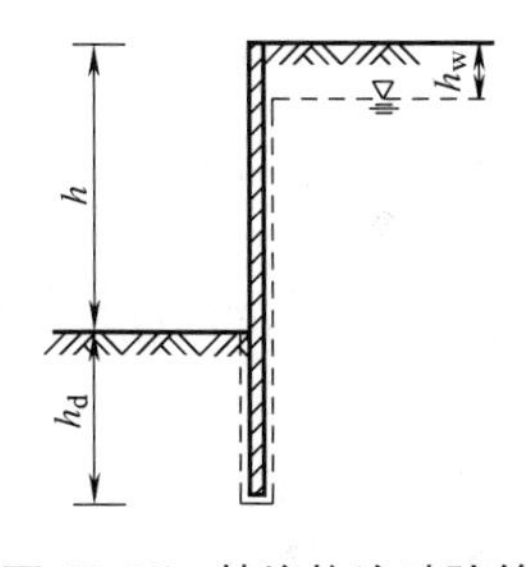

图 10-16 基坑抗流砂验算

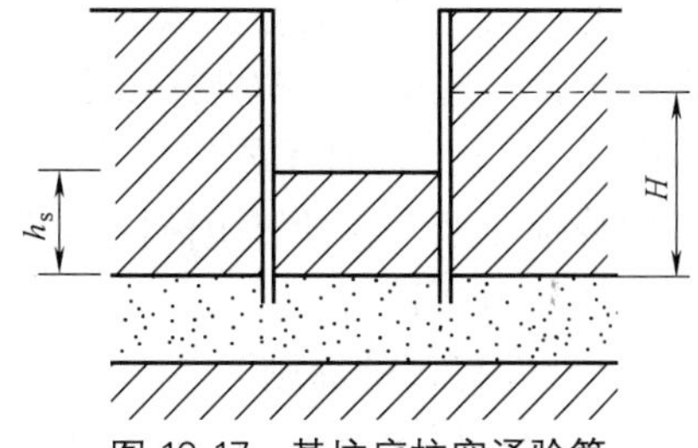

图 10-17 基坑底抗突涌验算

10.6 基坑现场监测设计

二维码 10-19
监测和预报的
作用

10.6.1 监测和预报的作用

从许多起基坑工程事故的分析中，我们可以得出这样一个结论，那就是任何一起基坑工程事故无一例外与监测不力或险情预报不准确相关。换言之，如果基坑的环境监测与险情预报准确而及时，就可以防止重大事故的发生。或者说，可以将事故所造成的损失减少到最小。

基坑工程的环境监测既是检验设计正确性的重要手段，又是及时指导正确施工、避免事故发生的必要措施。基坑工程的监测技术是指基坑在开挖施工过程中，用科学仪器、设备和手段对支护结构、周边环境（如土体、建筑物、道路、地下设施等）的位移、倾斜、沉降、应力、开裂、基底隆起以及地下水位的动态变化、土层孔隙水压力变化等进行综合监测。然后，根据前一段开挖期间监测到的岩土变位等各种行为表现，及时捕捉大量的岩土信息，及时比较勘察、设计所预期的性状与监测结构的差别，对原设计成果进行评价并判断事故方案的合理性。通过反分析方法计算和修正岩土力学参数，预测下一段工程实践可能出现的新行为、新动态，为施工期间进行设计优化和合理组织施工提供可靠的信息，对后续的开挖方案与开挖步骤提出建议，对施工过程中可能出现的险情进行及时的预报，当有异常情况时立即采取必要的措施，将问题抑制在萌芽状态，以确保工程安全。

二维码 10-20
监测系统
设计原则

10.6.2 监测系统设计原则

施工监测工作是一项系统工程，监测工作的成败与监测方法的选取及测点的布设有关。监测系统的设计原则，可归纳为以下 5 条。

1. 可靠性原则

可靠性原则是监测系统设计中所要考虑的最重要的原则。为了确保其可靠，必须做到：第一，系统需要采用可靠的仪器。一般而言，机测式的可靠性高于电测式仪器，所以如果使用电测式仪器，则通常要求具有目标系统或与其他机测式仪器互相校核；第二，应在监测期间内保护好测点。

2. 多层次监测原则

多层次监测原则的具体含义有 4 点：

1）在监测对象上以位移为主，但也考虑其他物理量监测；

2）在监测方法上以仪器监测为主，并辅以巡检的方法；

3）在监测仪器选型上以机测式仪器为主，辅以电测式仪器；为了保证监测的可靠性，监测系统还应采用多种原理不同的方法和仪器；

4）考虑分别在地表、基坑土体内部及邻近受影响建筑物与设施内布点以形成具有一定测点覆盖率的监测网。

3. 重点监测关键区的原则

据研究，在不同支护方法的不同部位，其稳定性是各不相同的。一般地说，稳定性差的部位容易失稳塌方，甚至影响相邻建筑物的安全。因此，应将易出问题而且一旦出问题就将带来很大损失的部分，列为关键区进行重点监测，并尽早实施。

4. 方便实用原则

为了减少监测与施工之间的相互干扰，监测系统的安装和测读应尽量做到方便实用。

5. 经济合理原则

考虑到多数基坑都是临时工程，因此其监测时间较短，另外，监测范围不大，量测者容易到达测点，所以在系统设计时应尽量考虑实用而低价的仪器，不必过分追求仪器的

“先进性”，以降低监测费用。

10.6.3 监测内容

二维码 10-21
监测内容

基坑工程的现场监测主要包括对支护结构的监测，对周围环境的监测和对岩土性状受施工影响而引起变化的监测。其监测方法如下：

1）支护结构顶部水平位移监测，这是最重要的一项监测。一般每间隔 5～8m 布设一个仪器监测点，在关键部位适当加密布点。基坑开挖期间，每隔 2～3 天监测一次，位移较大者每天监测 1～2 次。考虑到施工场地狭窄，测点常被阻挡的实际情况，可用多种方法进行监测。一是用位移收敛计对支护结构顶部进行收敛量测。该方法测定布设灵活方便，仪器结构不复杂，操作方便，读数可靠，测量精度为 0.05mm，从而可准确地捕捉支护结构细微的变位动态，并尽早对未来可能出现的新行为、新动态进行预测预报。二是用精密光学经纬仪进行观测。在基坑长直边的延长线上两端静止的构筑物上设观察点和基准点，并在观察点位置旋转一定角度的方向上设置校正点，然后监测基坑长直边上若干测点的水平位移。三是用伸缩仪进行量测。仪器的一端放在支护结构顶部，另一端放在稳定的地段上并与自动记录系统相连，可连续获得水平位移曲线和位移速率曲线。

2）支护结构倾斜监测。根据支护结构受力及周边环境等因素，在关键的地方钻孔布设测斜管，用高精度测斜仪定期进行监测，以掌握支护结构在各个施工阶段的倾斜变化情况，及时提供支护结构深度-水平位移-时间的变化曲线及分析计算结果。也可在基坑开挖过程中及时在支护结构侧面布设测点，用光学经纬仪观测支护结构的倾斜。

3）支护结构沉降观测。可按常规方法用精密水准仪对支护结构的关键部位进行沉降观测。

4）支护结构应力监测。用钢筋应力计对桩顶圈梁钢筋中较大应力断面处的应力进行监测，以防止支护结构的结构性破坏。

5）支撑结构受力监测。施工前应进行锚杆现场抗拔试验以求得锚杆的容许拉力；施工过程中用锚杆测力计监测锚杆的实际承受力。对钢管内支撑，可用测压应力传感器或应变仪等监测其受力状态的变化。

6）基坑开挖前应进行支护结构完整性检测。例如，用低应变动测法检测支护桩桩身是否断裂、严重缩颈、严重离析和夹泥等，并判定缺陷在桩身的部位。

7）邻近建筑物的沉降、倾斜和裂缝的发生时间和发展的监测。

8）邻近构筑物、道路、地下管网设施的沉降和变形监测。

9）对岩土性状受施工影响而引起变化的监测，包括对表层沉降和水平位移的观测，以及深层沉降和倾斜的监测。监测范围着重在距离基坑位 1.5～2 倍的基坑开挖深度范围之内。该项监测可及时掌握基坑边坡的整体稳定性，及时查明土体中可能存在的潜在滑移面的位置。

10）桩侧土压力测试。桩侧土压力是支护结构设计计算中重要的参数，常常要求进行测试。可用钢弦频率接收仪进行测试。

11）基坑开挖后的基底隆起观测。这里包括由于开挖卸载基底回弹的隆起和由于支护结构变形或失稳引起的隆起。

12）土层孔隙水压力变化的测试。一般用振弦式孔隙压力计、电测式侧压计和数字式钢弦频率接收仪进行测试。

13）当地下水位的升降对基坑开挖有较大影响时，应进行地下水位动态监测，以及渗漏、冒水、管涌和冲刷的观测。

14）肉眼巡视与裂缝观测。经验表明，由有经验的工程师每日进行的肉眼巡视工作有着重要意义。肉眼巡视主要是对桩顶圈梁、邻近建筑物、邻近地面的裂缝、塌陷以及支护结构工作失常、流土渗漏或局部管涌的功能不良现象的发生和发展进行记录、检查和分析。肉眼巡视包括用裂缝读数显微镜量测裂缝宽度和使用一般的度、量、衡手段。

上述监测项目中，水平位移监测、沉降观测、基坑隆起观测、肉眼巡视和裂缝观测等是必不可少的，其余项目可根据工程特点、施工方法以及可能对环境带来的危害的功能综合确定。当无地区经验时，可参考表10-5来确定。

基坑监测项目表 **表10-5**

监测项目	基坑结构的安全等级		
	一级	二级	三级
支护结构顶部水平位移	应测	应测	应测
基坑周边建(构)筑物、地下管线、道路沉降	应测	应测	应测
坑边地面沉降	应测	应测	宜测
支护结构深部水平位移	应测	应测	选测
锚杆拉力	应测	应测	选测
支撑轴力	应测	宜测	选测
挡土构件内力	应测	宜测	选测
支撑立柱沉降	应测	宜测	选测
支护结构沉降	应测	宜测	选测
地下水位	应测	应测	选测
土压力	宜测	选测	选测
孔隙水压力	宜测	选测	选测

10.6.4 监测结果的分析和评价

基坑支护工程监测的特点是在通过监测获得准确数据之后，十分强调定量分析与评价，强调及时进行险情预报，提出合理化措施与建议，并进一步检验加固处理后的效果，直至解决问题。任何没有仔细深入分析的监测工作，充其量只是施工过程的客观描述，决不能起到指导施工进程和实现信息化施工的作用。对监测结果的分析评价主要包括下列方面：

1）对支护结构顶部的水平位移进行细致深入的定量分析，包括位移速率和累积位移量的计算，及时绘制位移随时间的变化曲线，对引起位移速率增大的原因（如开挖深度、超挖现象、支撑不及时、暴雨、积水、渗漏、管涌等）进行准确记录和仔细分析。

2）对沉降和沉降速率进行计算分析。沉降要区分是由支护结果水平位移引起还是由地下水位变化等原因引起。一般由支护结构水平位移引起相邻地面的最大沉降与水平位移之比在0.65～1.00，沉降发生时间比水平位移发生时间滞后5～10d；而地下水位降低会较快地引起地面较大幅度的沉降，应予以重视。邻近建筑物的沉降观测结果可与有关规范中的沉降限值相比较。

3）对各项监测结果进行综合分析并相互验证和比较。用新的监测资料与原设计预计情况进行对比，判断现有设计和施工方案的合理性，必要时，及早调整现有设计和施工方案。

4）根据监测结果，全面分析基坑开挖对周围环境的影响和基坑支护的工程效果。通过分析，查明工程事故的技术原因。

5）用数值模拟法分析基坑施工期间各种情况下支护结构的位移变化规律和进行稳定性分析，推算岩土体的特性参数，检验原设计计算方法的适宜性，预测后续开挖工程可能出现的新行为和新动态。

10.6.5 报警

险情预报是一个极其严肃的技术问题，必须根据具体情况，认真综合考虑各种因素，及时做出决定。但是，报警标准目前尚未统一，一般为设计容许值和变化速率两个控制指标。例如，当出现下列情形之一，应考虑报警：

1）支护结构水平位移速率连续几天急剧增大，如达到 2.5～5.5mm/d。

2）支护结构水平位移累积值达到设计容许值。如最大位移与开挖深度的比值达到 0.35%～0.70%，其中周边环境复杂时取较小值。

3）任一项实测应力达到设计容许值。

4）邻近地面及建筑物的沉降达到设计容许值。

如地面最大沉降与开挖深度的比值达到 0.5%～0.7%，且地面裂缝急剧扩展。建筑物的差异沉降达到有关规范的沉降限值。例如，某开挖基坑邻近的六层砖混结构，当差异沉降达到 20mm 左右时，墙体出现了十余条长裂缝。

5）煤气管、水管等设施的变位达到设计容许值。例如，某开挖基坑邻近的煤气管局部沉降达 30mm 时，出现了漏气事故。

6）肉眼巡视检查到的各种严重不良现象，如桩顶圈梁裂缝过大，邻近建筑物的裂缝不断扩展，严重的基坑渗漏、管涌等。险情发生时刻，预报的实现途径可归纳如下：

（1）首先进行场地工程地质、水文地质、基坑周围环境、基坑周边地形地貌及施工方案的综合分析。从险情的形成条件入手，找出险情发生的必要条件（如岩土特性、支护结构、有效临空面、邻近建筑物及地下设施等）和某些相关的诱发条件（如地下水、气象条件、地震、开挖施工等），再结合支护结构稳定性分析计算，得出是否会发生险情的初步结论。

（2）现场监测是实现险情预报的必要条件。现场监测的目的是运用各种有效的监测手段，及时捕捉险情发生前所暴露出的种种前兆信息，以及诱发险情的各种相关因素。监测成果不仅要表示出险情发生动态要素的演变趋势，而且要及时绘出水平位移及其速率、沉降、应力及裂缝等随时间的变化曲线，并及时进行分析评价。

（3）模拟实验有利于险情发生时刻的准确预报。险情发生时刻是现场监测数据达到了险情发生模式中的临界极限指标的时刻。模拟实验可以较准确地确定各种可能的险情发生模式和确定临界状态时的相关极限指标和险情预报根据。

(4) 要及时捕捉宏观的险情发生前兆信息。用肉眼巡视和一般的险情预报实例表明，大多数的险情是可以通过肉眼巡视早期发现的。

在经过细致深入的定量分析评价和险情报警之后，应及时提出处理措施和建议，并积极配合设计、施工单位调整施工方案，采取必要的补强或其他应急措施，及时排除险情，通过跟踪监测来检验加固处理后的效果，从而确保工程后续进程的安全。

10.6.6 监测点保护

由于基坑施工现场条件复杂，测试点极易受到破坏，造成监测数据间断，给数据分析带来无法估量的损失。因此，监测点必须牢固，标志醒目，并要求施工单位给予密切配合，确保测点在监测阶段不遭破坏。

本章小结

(1) 根据不同的支挡构件和护坡方法，可将基坑支护结构大致分为自然边坡、水泥土桩墙、土钉墙、复合土钉墙、排桩、地下连续墙等。设计时按照其适用条件选择恰当的支护形式。

(2) 水泥土桩墙计算分为土压力计算、抗倾覆稳定性计算、抗滑移稳定性计算、抗滑移计算、墙体稳定性计算和基地承载力计算；土钉墙设计步骤为土钉墙尺寸确定、参数设计、土钉墙承载力计算和稳定性验算；按基坑开挖深度及支挡结构受力状况，排桩围护可分为无支撑（悬臂）结构、单支撑结构和多支撑结构，按照选取结构形式的种类采用不同的计算方法。

(3) 基坑稳定性分析的内容包括支护结构整体稳定性、踢脚稳定性、坑底抗隆起稳定性和基坑抗渗流稳定性等验算。分析方法主要有工程地质对比法和力学分析法，两种方法相互补充和验证。

(4) 基坑工程中现场监测的目的是为了能够提前发现基坑四周建筑物、管线及坑底等变形的情况，能够提前预警，防患于未然并为信息化施工提供支持；信息化施工是为了提高施工效率，降低工程成本。

思考与练习题

10-1 基坑支护结构的形式有哪几种？其各自的适用条件如何？

10-2 基坑支护结构中土压力的计算模式有哪些？适用条件是什么？

10-3 排桩支护结构计算中的静力平衡法和等值梁法有什么区别？

10-4 基坑支护结构的计算方法的主要特点是什么？

10-5 基坑支护结构的稳定性分析包括哪些方面？

10-6 基坑支护结构的计算为什么要考虑施工过程的影响？如何考虑？

10-7 某基坑开挖深度$h=5.0$m，采用水泥土搅拌桩墙进行支护，水泥土桩墙位于地下水面以上，墙体宽度$b=3.2$m，墙体入土深度（基坑开挖面以下）$h_d=5.5$m，墙体重度$\gamma_0=20$kN/m^3，墙体与土体摩擦系数$\mu=0.3$。基坑土层重度$\gamma=18.0$kN/m^3，内摩

擦角 $\varphi=12°$，黏聚力 $c=0$，地面超载为 $q_0=20\text{kPa}$。试验算支护墙的抗倾覆、抗滑移稳定性。

10-8　某基坑位于中密、密实中粗砂地层，开挖深度为 5.0m，土层重度 $\gamma=20\text{kN/m}^3$，内摩擦角 $\varphi=30°$，地面超载 $q_0=10\text{kPa}$，不计地下水影响。现拟采用悬臂式排桩支护，试确定桩的最小长度和最大弯矩。

10-9　某基坑工程开挖深度 $h=8.0\text{m}$，采用单支点桩锚支挡结构，锚杆支点距地表 1.0m，支点水平间距 2.0m，基坑周围土层重度 $\gamma=18.0\text{kN/m}^3$，内摩擦角 $\varphi=28°$，黏聚力 $c=0$。地面施工荷载 $q_0=20\text{kPa}$。试按等值梁法计算板桩的最小长度、锚杆拉力和最大弯矩。

第 11 章　盾构法隧道结构设计

本章要点及学习目标

本章要点：

(1) 盾构法隧道结构的形式、设计内容和应用范围；

(2) 盾构法隧道结构的设计原则和设计流程；

(3) 盾构法隧道衬砌结构的形式和构造；

(4) 盾构法隧道常用的设计模型和方法；

(5) 盾构法隧道结构防水处理方法。

学习目标：

(1) 熟悉盾构法隧道结构的形式、设计内容和应用范围；

(2) 掌握盾构法隧道衬砌结构荷载计算方法；

(3) 熟悉盾构法隧道常用的设计模型和方法；

(4) 了解盾构法隧道结构防水处理方法；

(5) 了解有限元法在隧道计算模型中的应用。

11.1　概述

二维码 11-1
盾构法概述

盾构（shield）是一种钢制的圆形活动防护装置成活动支撑，是通过软弱含水层，特别是河底、海底以及城市居民区修建隧道（长条形地下结构）时使用的一种施工机械。采用盾构法施工形成的地下结构称作盾构法装配式地下结构，简称盾构衬砌。

盾构法修建隧道始于 1818 年，至今有近 200 年的历史，其发明者为法国工程师布鲁诺尔（M. I. Brunel）。1869 年英国工程师格雷托海德（J. H. Greathead）成功地应用 P. W. Barlow 式盾构修建了泰晤士河下的水底隧道，使得盾构得到隧道工程界的普通认可。随后，随着盾构建造技术及施工工艺的不断改进，盾构法在隧道建造中的应用越来越广泛。我国于 1957 年在北京的下水道工程中首次使用了直径为 2.6m 的小盾构。目前在我国城市地铁建设以及过江隧道工程中均大量采用盾构法施工。

盾构法隧道通常适用于软土地层中，其设计内容可以分为三个阶段：一是隧道的方案设计，以确定隧道的线路、线形、埋置深度以及隧道的断面形状与尺寸等；二是衬砌结构的设计，包括管片的相关参数，如厚度、分块及拼接方式等；三是管片内力的计算及断面校核。实际应用中盾构隧道衬砌设计较为复杂，往往需要结合工程经验和理论知识，相关衬砌参数不仅取决于地层情况，也取决于施工状况。本章内容主要讨论盾构隧道衬砌结构的设计和管片的内力计算及校核。

11.2 盾构法隧道衬砌结构设计流程

二维码 11-2
设计原则

11.2.1 设计原则

1. 应用范围

适用于软土中，如淤泥质土层和冲洪积土层，由高强混凝土组成的管片衬砌及盾构开挖隧道的二次衬砌，也适用于盾构机开挖的地下软岩隧道的管片衬砌。

软土物理特性规定如下：

$$\left.\begin{array}{l} N \leqslant 50 \\ E = 2.5 \times N \leqslant 125\mathrm{MN/m^2} \\ q_{\mathrm{u}} = N/80 \leqslant 0.6\mathrm{MN/m^2} \end{array}\right\} \tag{11-1}$$

式中 N——标准贯入试验测定的贯入度；

E——土体的弹性模量；

q_{u}——土的无侧限抗压强度。

2. 设计原理

为了检验盾构隧道衬砌安全性，隧道衬砌报告中，需要阐述设计计算必要性、设计寿命及永久性等问题。

11.2.2 设计流程

二维码 11-3
设计流程

国际隧道协会（研究）工作组于 2002 年提出了指导性意见，盾构隧道的设计必须按照以下准则实行：

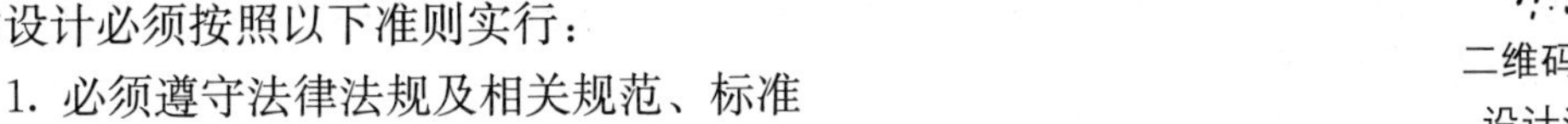

1. 必须遵守法律法规及相关规范、标准

隧道设计应满足工程项目负责人或负责人与设计者讨论后所确定的技术要求、规范及标准。

2. 隧道内部限界的确定

设计的隧道内径应该由隧道功能所需要的地下空间决定。此空间决定因素的确定方法包括：用地铁隧道确定结构的标准尺寸及列车的轨距；用公路隧道确定交通客流量及车道的数量；用给水排水管道计算流量；用普通管道考虑设备的种类及尺寸。

3. 荷载条件的确定

作用在衬砌上的荷载包括土压力、水压力、静荷载、超载及盾构千斤顶的推力等，设计者需考虑关键因素设计衬砌结构。

4. 衬砌形式的确定

确定衬砌的条件具体包括：衬砌的尺寸（厚度）、材料的强度、配筋等。

5. 内力计算

需选取合理的计算模型及设计方法来计算弯矩、轴力、剪力等内力。

6. 安全性校核

依据计算内力校核衬砌的安全性。

7. 复查检验

设计的衬砌结构应满足设计荷载要求及经济性要求，若不满足，需改变衬砌条件重新设计。

8. 设计的审批

设计者确定衬砌的设计是安全、经济和最优化后，由项目负责人签发文件审批通过。

二维码 11-4 衬砌断面形式及选型

11.3 衬砌结构设计

11.3.1 衬砌形式与构造

1. 衬砌断面形式及选型

盾构法隧道衬砌结构在施工阶段作为隧道施工的支护结构，它保护开挖面以防止土体变形，土体坍塌及泥水渗入，并承受盾构推进时千斤顶顶力及其他施工荷载；在隧道竣工后作为永久性支撑结构，并防止泥水渗入，同时支承衬砌周围的水、土压力以及使用阶段和某些特殊需要的荷载，以满足结构的预期使用要求。因此，必须依据隧道的使用目的、地质条件以及施工方法，合理选择衬砌的强度、结构、形式和种类等。根据这些条件，盾构隧道横断面一般有圆形、矩形、半圆形、马蹄形等多种形式，最常用衬砌的横断面形式为圆形与矩形。在饱和含水软土地层中修建地下隧道，由于顶压和侧压较为接近，较有利的结构形式是选用圆形结构。目前在地下隧道施工中盾构法应用得十分普遍，装配式圆形衬砌结构在一些城市的地下铁道、市政管道等方面也广泛应用。

1）内部使用限界的确定

隧道内部轮廓的净尺寸，应根据建筑限界或工艺要求，并考虑曲线影响及盾构施工偏差和隧道不均匀沉降来决定。

对于地下铁道，为了确保列车安全运行，凡接近地下铁道线路的各种建筑物（隧道衬砌、站台等）及设备、管线，必须与线路保持一定距离。因此，应根据线路上运行的车辆在横断面上所占有的空间，正确决定内部使用限界。

（1）车辆限界

车辆限界是指在平、直线路上运行中的车辆可能达到的最大运动包迹线，即是车辆在运行中横断面的极限位置，车辆任何部分都不得超出这个限界。在确定车辆限界的各个控制点时，除了考虑车辆外轮廓横断面的尺寸外，还需考虑到制造上的公差、车轮和钢轨之间及在支承中的机械间隙、车体横向摆动和在弹簧上颤动倾斜等。

（2）建筑限界

建筑限界是决定隧道内轮廓尺寸的依据，是在车辆限界以外一个形状类似的轮廓。任何固定的结构、设备、管线等都不得入侵这个限界以内。建筑限界由车辆限界外增加适量安全间隙来求得，其值一般为 150～200mm。

一般说来，内部使用限界是根据列车（或车辆），以设计速度在直线上运行条件确定的。曲线上的限界，由于车辆纵轴的偏移及外轨超高，而使车体向内侧倾斜，因而需要加宽，其值视线路条件确定。

2）圆形隧道断面的优点

隧道衬砌断面形状虽然可以采用半圆形、马蹄形、长方形等形式，但最普遍的是采用圆形。因为圆形隧道衬砌断面有以下优点：

（1）可以等同地承受各方向外部压力，尤其是在饱和含水软土地层中修建地下隧道，由于顶压、侧压较为接近，更可显示出圆形隧道断面的优越性；

（2）施工中易于盾构推进；

（3）便于管片的制作、拼装；

（4）盾构即使发生转动，对断面的利用也毫无妨碍。

用于圆形隧道的拼装式管片衬砌一般由若干块组成，分块的数量由隧道直径、受力要求、运输和拼装能力等因素确定。管片类型分为标准块、邻接块和封顶块三类。管片的宽度一般为 700～1200mm，厚度为隧道外径的 5%～6%，块与块、环与环之间用螺栓连接。

3）单双层衬砌的选用

隧道衬砌是直接支承地层、保持规定的隧道净空，防止渗漏，同时又能承受施工荷载的结构。通常它是由管片拼装的一次衬砌和必要时在其内面灌注混凝土的二次衬砌所组成。一次衬砌为承重结构的主体，二次衬砌主要是为了一次衬砌的补强和防止漏水与侵蚀而修筑的。近年来，由于防水材料质量地提高，可以考虑省略二次衬砌，采用单层的一次衬砌，既承重又防水。但对于有压的输水隧道，为了承受较大的内水压力，需做二次衬砌。

综上所述，应根据隧道的功能、外围土层的特点、隧道受力等条件，选用单层装配式衬砌，或选用在单层装配式衬砌内再浇筑整体式混凝土、钢筋混凝土内衬的双层衬砌等。

由于单层预制装配式钢筋混凝土衬砌的施工工艺简单，工程施工周期短，节省投资；而双层衬砌施工周期长，造价贵，且它的止水效果在很大程度上还是取决于外层衬砌的施工质量、渗漏情况，所以只有当隧道功能有特殊要求时，才选用双层衬砌。通常在满足工程使用要求的前提下，应优先选用单层装配式钢筋混凝土衬砌。近年来，由于钢筋混凝土管片制作精度的提高和新型防水材料的应用，管片衬砌的渗漏水显著减少，故可以省略二次衬砌。

2. 衬砌的分类及比较

1）按材料及形式分类

（1）钢筋混凝土管片

二维码 11-5 衬砌分类及比较

钢筋混凝土管片一般有箱形管片和平板形管片。箱形管片是由主肋、接头板或纵向肋构成的凹形管片，一般用于较大直径的隧道。手孔较大利于螺栓的穿入和拧紧，同时节省了大量的混凝土材料，减轻了结构自重，但在盾构顶力作用下容易开裂，国内应用很少（图 11-1），在上海穿越黄浦江的打浦路公路隧道和延安东路公路隧道中都采用的是箱形管片。平板形管片是具有实心断面的弧板状管片，一般用于中小直径的盾构隧道，因其手孔小对管片截面削弱相对较少，对盾构千斤顶推力有较大的抵抗能力，正常运营时对隧道通风阻力也较小。现在国内外很多大直径隧道普遍采用平板形管片（图 11-2）。

（2）铸铁管片

国外在饱和含水不稳定地层中修建隧道时较多采用铸铁管片，最初采用的铸铁材料全为灰口铸铁，第二次世界大战后逐步改用球墨铸铁，其延性和强度接近于钢材，因此管片就显得较轻，耐蚀性好，机械加工后管片精度高，能有效地防渗抗漏。缺点是金属消耗量大，机械加工量也大，价格昂贵。近十几年来已逐步由钢筋混凝土管片所取代。由于铸铁管片具有脆性破坏的特性，不宜用作承受冲击荷重的隧道衬砌结构。

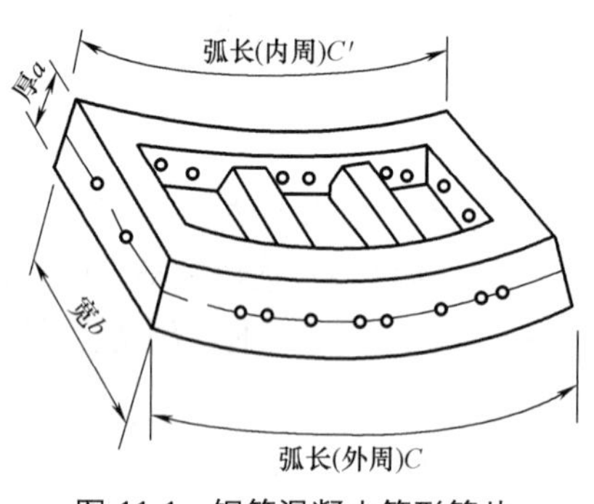

图 11-1　钢筋混凝土箱形管片

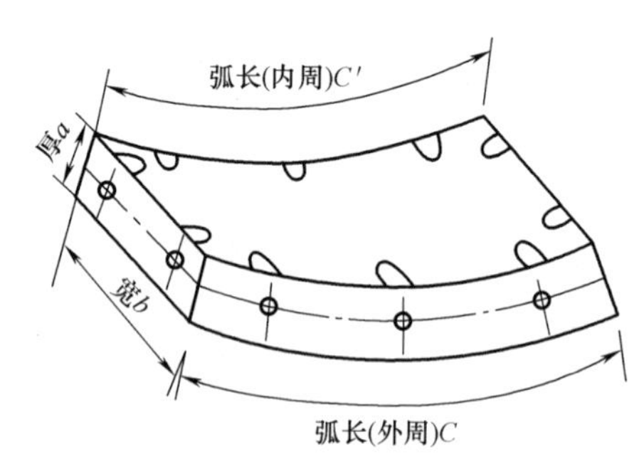

图 11-2　钢筋混凝土平板形管片

（3）钢管片

钢管片的优点是质量小，强度高。缺点是刚度小，耐锈蚀性差，需进行机械加工以满足防水要求，成本昂贵，金属消耗量大。国外在使用钢管片的同时，再在其内浇筑混凝土或钢筋混凝土内衬。

（4）复合管片

外壳采用钢板制成，在钢壳内浇筑钢筋混凝土，组成一复合结构。其质量比钢筋混凝土管片轻，刚度比钢管片大，金属消耗量比钢管片小，缺点是钢板耐蚀性差，加工复杂冗繁。

2）按结构形式分类

根据不同的使用要求隧道外层装配式钢筋混凝土衬砌结构分成箱形管片、平板形管片等结构形式。钢筋混凝土管片四侧都设有螺栓与相邻管片连接起来。平板形管片在特定条件下可不设螺栓（此时称为砌块），砌块四侧设有不同几何形状的接缝槽口，以便砌块间和环间相互衔接起来。

（1）管片

管片适用于不稳定地层内各种直径的隧道，接缝间通过螺栓予以连接。由错缝拼装的钢筋混凝土衬砌环近似地可视为一匀质刚度圆环，接缝由于设置了一排或两排的螺栓可承受较大的正、负弯矩。环缝上设置了纵向螺栓，使隧道衬砌结构具有抵抗隧道纵向变形的能力。管片由于设置了数量众多的环、纵向螺栓，这样使管片拼装进度大为降低，增加工人劳动强度，也相应地增高了施工费用和衬砌费用。

（2）砌块

砌块一般适用于含水量较少的稳定地层内。由于隧道衬砌的分块要求，使由砌块拼成的圆环（超过 3 块）成为一个不稳定的多铰圆形结构。衬砌结构在通过变形后（变形量必须予以限制）地层介质对衬砌环的约束使圆环得以稳定。砌块间以及相邻环间接缝防水、防泥必须得到满意的解决，否则会引起圆环变形量的急剧增加而导致圆环丧失稳定，形成工程事故。砌块由于在接缝上不设置螺栓，施工拼装进度就可加快，隧道的施工和衬砌费用也随之而降低。

3）按形成方式分类

按衬砌的形成方式，可将衬砌分为装配式衬砌和挤压混凝土衬砌两种。

装配式衬砌圆环一般是由分块的预制管片在盾尾拼装而成的，按照管片所在位置及拼装顺序不同可将管片划分为标准块、邻接块和封顶块，根据工程需要组成衬砌的预制构件有铸铁、钢、混凝土、钢筋混凝土管片和砌块之分。我国目前广泛使用的是钢筋混凝土管片或砌块。与整体式现浇衬砌相比，装配式衬砌的特点在于：

（1）安装后能立即承受荷载；

（2）管片生产工厂化，质量易于保证，管片安装机械化，方便快捷；

（3）在其接缝处防水需要采取特别有效的措施。

近年来，国外发展有在盾尾后现浇混凝土的挤压式衬砌工艺，即在盾尾刚浇捣而未硬化的混凝土在高压作用下，作为盾尾推进的后座。盾尾在推进的过程中，不产生建筑空隙，空隙由注入的混凝土直接填充。挤压混凝土衬砌施工方法的特点是：

（1）自动化程度高，施工速度快；

（2）整体式衬砌结构可以达到理想的受力、防水要求，建成的隧道有满意的使用效果；

（3）采用钢纤维混凝土能提高薄形衬砌的抗裂性能；

（4）在渗透性较大的砂砾层中要达到防水要求尚有困难。

4）按构造形式分类

按衬砌的构造形式大致可分为单层及双层衬砌两种。修建在饱和含水软土地层内的隧道，由于目前对隧道防水（特别是接缝防水），还没有得到完善的解决，影响了使用要求，因此较多的还是选择双层衬砌结构，外层是装配式衬砌结构，内层是内衬混凝土或钢筋混凝土层。例如，在地下铁道的区间隧道以及一些市政管道也已采用了这种双层衬砌结构形式。由于采用了双层衬砌，同时导致下列问题：①开挖断面增大，增加了出土量；②施工工序复杂，延长了施工期限，导致了隧道建设成本的增加。为此，目前不少国家正在研究解决单层衬砌的防水技术和使用效果，以逐步取代双层衬砌结构。另一种做法是在目前隧道防水尚未得到较为满意解决的条件下，把外层衬砌视作一施工临时支撑结构，这样就简化了外层衬砌的要求。在内层现浇衬砌施工前，对外层衬砌进行清理、堵漏，作必要的结构构造处理，然后再浇捣内衬层，并使内层衬砌与外层衬砌连成一起，视作一整体结构（或近似整体结构）以共同抵抗外荷载。

11.3.2 装配式钢筋混凝土管片

二维码 11-6
装配式钢筋
混凝土管片

目前，由于国内外应用装配式钢筋混凝土管片较为普遍，这里着重介绍钢筋混凝土管片的构造。

1. 环宽

根据国内外实践经验，无论是钢筋混凝土管片或金属管片，环宽一般为 300～2000mm，常用 750～900mm。环宽过小会导致接缝数量增加而加大防水难度；而环宽过大虽对防水有利，但也会使盾尾长度增长而影响盾构的灵敏度，单块管片质量也增大。一般来说，大隧道的环宽可以比小隧道的大一些。

盾构在曲线段推进时还必须设有楔形环，楔形环的锥度可按隧道曲率半径计算。如表11-1所示，为隧道外径与管片环宽锥度的经验数值。

隧道外径与锥度经验值 表11-1

隧道外径(m)	$D_{外}<3$	$3<D_{外}<6$	$D_{外}>6$
锥度(mm)	15～30	20～40	30～50

2. 分块

单线地下铁道衬砌一般可分成6～8块，双线地下铁道衬砌可分为8～10块。小断面隧道可分为4～6块。衬砌圆环的分块主要考虑在管片制作、运输、安装等方面的实践经验而定。但也有少数从受力角度考虑采用4等份管片，把管片接缝设置在内力较小的45°或135°处，使衬砌圆环具有较好的刚度和强度，接缝构造也相应得到简化。管片的最大弧、弦长一般较少超过4m，管片越薄其长度越短。

3. 封顶管片形式

根据隧道施工的实践经验，考虑到施工方便以及受力的需要，目前封顶块一般趋向于采用小封顶形式。封顶块的拼装形式有两种：一为径向楔入，另一为纵向插入。采用后者形式的封顶块受力情况较好，在受荷后，封顶块不易向内滑移。其缺点是需加长盾构千斤顶行程。在一些隧道工程中也有把封顶块设置于45°、135°和185°处。

4. 拼装形式

圆环的拼装形式有通缝、错缝两种，所有衬砌环的纵缝环环对齐的称为通缝，而环间纵缝相互错开，犹如砖砌体一样的称为错缝。

圆环衬砌采用错缝拼装较普遍，其优点在于能加强圆环接缝刚度，约束接缝变形，圆环近似地可按匀质刚度考虑。当管片制作精度不够好时，采用错缝拼装形式容易使管片在盾构推进过程中顶碎。另外在错缝拼装条件下，环、纵缝相交处呈丁字形式，而通缝拼装时则为十字形式，在接缝防水上丁字缝比十字缝较易处理。

11.3.3 荷载的计算

二维码11-7
荷载的计算

衬砌的设计不仅应满足隧道使用阶段的承载及使用功能要求，而且还必须满足施工过程中的安全性要求。

在衬砌设计中必须考虑的荷载有：①土压力；②水压力；③自重荷载；④超载；⑤地基弹性抗力。应该考虑的荷载：①内部荷载；②施工期的荷载；③地震效应。特殊荷载包括：①邻近隧道的影响；②沉降的影响；③其他荷载。荷载简图如图11-3所示（衬砌环宽按1m计算）。

1. 自重荷载

管片自重是作用在隧道断面形心上的垂直方向荷载，一次衬砌静荷载按照式（11-2）进行计算：

$$g=\delta\gamma_{h} \tag{11-2}$$

式中 δ——管片厚度（m），当管片为箱形管片时，可考虑折算厚度；

γ_{h}——混凝土重度（kN/m^{3}），一般取25～26kN/m^{3}。

2. 竖向土压

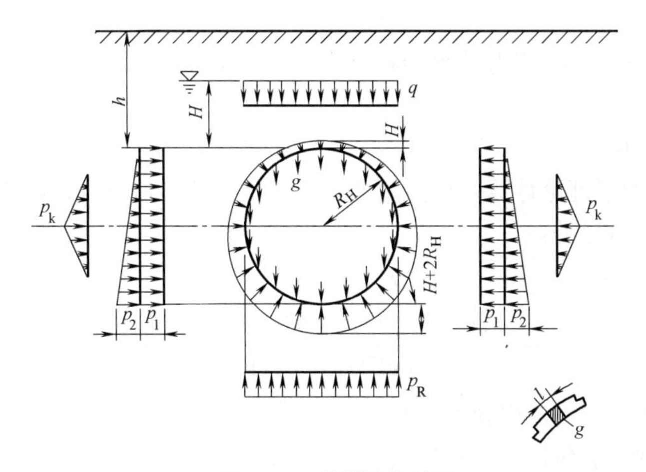

图 11-3 荷载计算简图

竖向土层压力可以分为拱上部和拱背两部分，对于拱上部土压为：

$$q_1=\sum_{i=1}^{n}\gamma_i \cdot h_i \tag{11-3}$$

式中 γ_i——衬砌顶部以上各个土层的重度，在地下水位以下的土层重度取土浮重度（kN/m^3）；

h_i——衬砌顶部以上各个土层的厚度（m）。

对于拱背土压可近似化为均布荷载为：

$$q_2=\frac{G}{2R_H} \tag{11-4}$$

$$G=2\left(1-\frac{\pi}{4}\right)R_H^2 \cdot \gamma=0.43R_H^2\gamma \tag{11-5}$$

式中 R_H——衬砌圆环计算半径（m）；

G——拱背总地层压力；

γ——土重度（kN/m^3）。

因此，竖向土压力为：$q=q_1+q_2$。

3. 侧向土压

按朗肯主动土压力计算，可分为均匀分布和三角形分布分别计算。

侧向均匀主动土压：

$$p_1=q_1 \cdot \tan^2\left(45°-\frac{\varphi}{2}\right)-2c \cdot \tan\left(45°-\frac{\varphi}{2}\right) \tag{11-6}$$

侧向三角形主动土压：

$$p_2=2R_H \cdot \gamma \cdot \tan^2\left(45°-\frac{\varphi}{2}\right) \tag{11-7}$$

$$\gamma=\frac{\gamma_1h_1+\gamma_2h_2+\cdots+\gamma_nh_n}{h_1+h_2+\cdots+h_n},\varphi=\frac{\varphi_1h_1+\varphi_2h_2+\cdots+\varphi_nh_n}{h_1+h_2+\cdots+h_n},c=\frac{c_1h_1+c_2h_2+\cdots+c_nh_n}{h_1+h_2+\cdots+h_n}$$

式中 q_1——竖向拱上部土压（kN/m）；

γ，φ，c——衬砌圆环各个土层的土壤的重度、内摩擦角、黏聚力的加权平均值。

4. 超载

当隧道埋深较浅时，必须考虑地面荷载的影响，一般取 20kN/m^2。此项荷载可累加到竖向土压项。

5. 侧向地层抗力

按温克尔局部变形理论计算，抗力图形呈一等腰三角形，抗力范围按与水平直径上下呈 45°考虑，在水平直径处：

$$p_k = k \cdot y \ (\mathrm{kN/m^2}) \tag{11-8}$$

$$y = \frac{[2q - 2p_1 - p_2 + (24 - 6\pi)g]R_H^4}{24(\eta EI + 0.045KR_H^4)} \tag{11-9}$$

式中 k——衬砌圆环侧向地层弹性系数（kN/m^3），如表 11-2 所示；

K——衬砌圆环侧向地层弹性压缩模量（kN/m^2）；

y——衬砌圆环在水平直径处的变形量（m）；

EI——衬砌圆环抗弯刚度（kN·m^2）；

η——衬砌圆环抗弯刚度的折减系数，$\eta = 0.25 \sim 0.8$。

地层弹性压缩系数表 **表 11-2**

土的种类	k(kN/m^3)
固结密实黏性土及坚实砂质土	$(3\sim5)\times10^4$
密实砂质土及硬黏性土	$(1\sim3)\times10^4$
中等黏性土	$(0.5\sim1.0)\times10^4$
松散砂质土	$(0\sim1)\times10^4$
软弱黏性土	$(0\sim0.5)\times10^4$
极软黏性土	0

6. 水压力

一般按静水压力考虑。即衬砌圆环上任一点水压力大小等于该点的水头乘以水的重度。

$$p_w = [H + (1 - \cos\varphi)R_H]\gamma_w \tag{11-10}$$

式中 γ_w——水的重度；

其他符号含义如前。

7. 拱底反力

$$p_R = q + \pi g - \frac{\pi}{2}R_H \cdot \gamma_w \tag{11-11}$$

需要说明的是，此处采用土力学理论和公式来计算盾构隧道衬砌所承受的土压力，尚需根据具体的水文地质条件、隧道施工方法、衬砌的刚度等进行具体分析。

首先，在计算衬砌结构承受的竖向地层压力时，按照隧道顶部全部上覆的重力来考虑，这种计算方法在软黏土情况下较为合适，国内外一些观测资料都说明了这一点；但是，当隧道位于本身具有较大的抗剪强度的地层内（如砂土层中），且隧道埋深又较大（大于隧道衬砌外径）时，衬砌结构承受的竖向地层压力就小于隧道顶部全部土柱的重力，此时可按照“松动高度”理论进行计算，使用较为普遍的有普氏理论和太沙基理论公式。监测结果表明，在洪积砂层中，太沙基理论公式计算结果更接近于实际。

其次，在计算侧向土压力时大多按照朗肯主动土压力公式进行计算，而实际上盾构隧道衬砌承受的侧向土压力常常受地层条件、施工方法和衬砌刚度的影响，有时会出现很大的差异。例如，在采用挤压盾构法施工时，刚开始时侧压很大，而顶压小于侧压，隧道出现“竖鸭蛋”现象。这种现象在国内外的工程实践中都出现过。采用进土量较多的盾构施工时就不会出现这种现象。

再次，在计算含水地层的侧向压力时，如果地层为砂土层，往往采用水土分离原则计算；而如果地层为黏土层，则按照水土合算原则计算。实际上，地层侧压力系数的取值大小，对盾构隧道衬砌结构内力计算影响很大，必须谨慎对待。在日本，盾构隧道衬砌结构设计时对地层侧压力系数的取值范围大致在 0.3～0.8，也有不超过 0.7 的做法。最后，地层的侧向弹性抗力取值大小和分布，对盾构隧道衬砌结构内力的计算结构影响甚大，因此在考虑确定地层侧向弹性抗力（主要是地层弹性抗力系数）时，必须谨慎、合理。国外的某些工程在设计时常结合主动侧压力系数的取值来选取地层弹性抗力值，其目的在于使衬砌结构具有一定的抗弯能力，保证结构具有一定的安全度。

11.3.4 盾构隧道常用的设计模型

二维码 11-8
盾构隧道
常用的
设计模型

早期的地下建筑多采用以砖石为主要建筑材料的拱形结构，因而计算方法主要采用拱桥的设计理念，采用压力线理论将地下结构视为刚性的三铰拱结构。以此为代表的主要有海姆（A. Haim）理论、朗肯（W. J. M. Rankine）理论。这些方法将地下结构置于极限平衡状态，可按静力学原理进行计算，但刚性设计方法比较保守，没有考虑围岩自身的承受能力。19 世纪后期，随着钢筋混凝土材料大量应用于建筑结构，将超静定计算方法引入地下结构计算。Kommerell（1910）在整体式隧道衬砌的计算中首次引入弹性抗力概念，将衬砌边墙所受抗力假设为直线分布，并将拱圈视为无铰拱结构。Hewett 和 Johason（1922）在此基础上将弹力抗性分布假设为更接近实际情况的梯形，并以衬砌水平直径处的位移等于零为条件来确定衬砌抗力幅值。Schmid 和 Windels（1926）利用连续介质弹性理论分析了地层和圆形衬砌间的相互作用。Bodrov（1939）在考虑结构与地层的相互作用时用刚性链杆代替物质间的直接作用。1960 年日本土木工程协会（JSCE）提出不考虑管片柔性接头的设计方法，这一方法将地层抗力假设按三角形规律分布，分布范围为沿水平方向正负 45°以内。Schulze 和 Duddek（1964）在研究结构与土层的相互作用时同时考虑了径向变形和切向变形对结构的影响。侯学渊（1982）结合弹-塑-黏性理论提出了地层压力与衬砌刚度的本构关系。周小文（1997）等利用隧道离心模型试验研究了砂土拱效应，并提出在确定盾构隧道衬砌土压力时应考虑松动压力和应力重分布。Lee（2001）等在对隧道衬砌长期监测的基础上，提出了一种基于结构力学的隧道衬砌计算方法。何川（2007）等以南京地铁区间盾构隧道工程为背景，利用梁-弹簧模型分析结构与地层相互作用，提出了砂性土层中隧道计算的水土分算理论。

目前，国内外学者在盾构法隧道衬砌结构横向设计方面做了大量工作，相对而言，对纵向设计的研究起步较晚。Kuwahara（1997）采用离心机实验研究了软黏土中由盾构尾部空隙引起的纵向地层和隧道之间的变形问题。Taylor（1997）研究了在盾构施工以及竣工之后隧道纵向沉降的机理。

盾构法隧道，由于其施工灵活性、成本效益和对地面交通和上部结构影响小被广泛采用在软土城市地下隧道施工中。随着盾构技术的发展和施工技术的进步这些隧道直径可达5～17m。为了施工方便，盾构隧道预制管片通常采用通缝和错缝的拼接方式。由于接头的存在，盾构隧道衬砌是个不连续环状结构，应在隧道衬砌设计中考虑接头内力和位移的影响。国际隧道协会（International Tunnel Association）在1987年成立了隧道设计模型研究组，收集和汇总了各会员国目前采用的地下结构设计方法，经过总结，国际隧道协会认为，目前采用的地下结构设计方法可以归纳为以下四种模型：

1）以参照过去隧道工程实践经验进行工程类比为主的经验设计法；

2）以现场测量和试验为主的实用设计方法，例如以洞周位移测量值为根据的收敛-约束法；

3）作用与反作用模型，即荷载-结构模型，例如弹性地基圆环计算和弹性地基框架计算等计算方法；

4）连续介质模型，包括解析法和数值法，数值计算方法目前主要是有限单元法。

软土中的盾构隧道衬砌设计典型方法如表11-3所示。

不同国家盾构隧道典型设计方法 **表11-3**

国家	方　法
中国	自由变形圆环法或圆环-弹性地基梁法
美国	圆环-弹性地基梁法
英国	圆环-弹性地基梁法 Muir Wood 法
日本	圆环-局部弹性地基梁法
法国	圆环-弹性地基梁法；有限元法
德国	圆环或完全弹性地基梁法；有限元法
澳大利亚	圆环-弹性地基梁法

第3）种方法是迄今为止最常采用的设计方法。这种方法也可以按照混凝土管片接缝的处理方法被分为以下几类：

（1）圆环的抗弯刚度被认为是整个衬砌均质环，存在接头但刚度没有折减，即衬砌与刚性环管片自身具有相同的刚度；

（2）由于接头的存在而导致刚度降低，整个刚性衬砌用折减系数η来考虑；

（3）衬砌被简化为铰接的圆环，接头的刚度被忽略，接缝被假定为完全的铰接，衬砌形成一个超静定结构，承受周围的压力，包括衬砌结构周围的土壤侧压力。

其中，（1）与（3）相似，考虑衬砌刚度且衬砌假定是一个铰接环。接缝被认为具有相同刚度的弹性铰。

上述方法有不同的特点，它们已经应用于各类工程中。第（1）种方法很简单，但是会引起很大的误差。第（2）种方法虽然看上去更合理，但是η值只能根据在各种不同地层的经验得到一个定性的值。后两种方法似乎是最全面的，它可以用来研究不同土壤侧压力下接头刚度对内力和位移的影响，进而模拟不同的地层响应条件。

圆形隧道衬砌的计算方法较多，在饱和含水地层中（淤泥、流砂、含水砂层、稀释黏土等土壤），因内摩擦角很小，主动与被动土压力几乎是相等的，结构变形不能产生很大抗力，故常假定结构可以自由变形，不受地层约束，认为圆环只是处在外部荷载及与之平衡底部地层反力作用下工作（地层反力分布情况也较复杂），为便于计算，又假定地层反力沿衬砌环水平投影均匀分布。结构物的承载能力由其材料性能、截面尺寸大小决定。

装配式圆形衬砌根据不同的防水要求，选择不同的连接构造，无论采用错缝拼装还是通缝拼装，都按整体考虑，事实上接缝处的刚度远远小于断面的刚度，与整体式等刚度圆形衬砌差异更大。据日本资料可知，接头刚度折减系数 η 对于铸铁管片 $\eta=0.9\sim1.0$；钢筋混凝土管片 $\eta=0.5\sim0.7$。但为了方便计算，特别是早期地铸铁（钢筋混凝土）管片，纵向采用双排螺栓，错缝拼装连接，仍近似地将这种圆环视为整体式刚度均质圆环。

简言之，在饱和含水地层中上述按整体式自由变形均质圆环计算的方法，尽管存在着一些问题仍然得到较为普遍的应用，是一种常用的方法。

当土层较好，衬砌变形后能提供相应的地层抗力，则可按有弹性抗力整体式匀质圆环进行内力计算。常用的有日本、苏联的假定抗力法等。

11.3.5 衬砌结构内力计算方法

二维码 11-9
自由变形
均质圆环法

1. 自由变形均质圆环法

在饱和含水软土地层中，主要由工程上的防水要求，装配式衬砌组成的衬砌圆环，其接缝必须具有一定的刚度，以减少接缝变形量。由于相邻环间接缝错缝拼装，并设置一定数量的纵向螺栓或在环缝上设有凹凸榫槽，使纵缝刚度有所提高。因此，圆环可近似地认为是一均质刚性圆环。衬砌圆环上的荷载分布见图 11-4。

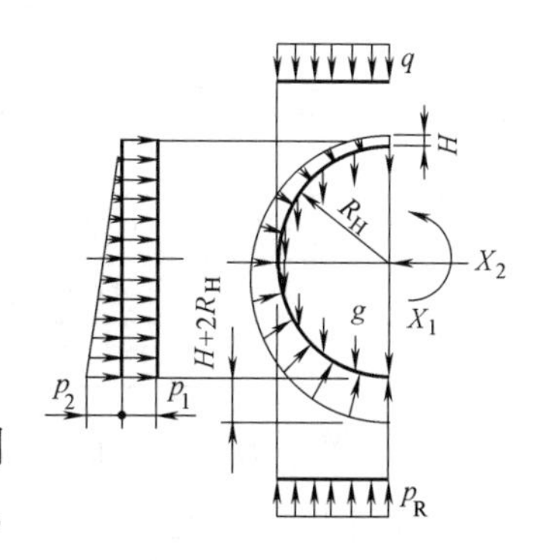

图 11-4 计算简图

由于荷载的对称性，故整个圆环为二次超静定结构。按结构力学力法原理，可解出各个截面上的 M、N 值。

圆环内力详见表 11-4。其中所示圆环内力均以 1m 为单位，若环宽为 b（一般 $b=0.5\sim1$m），则内力 M、N 值尚应乘以 b。弯矩 M 以内缘受拉为正，外缘受拉为负。轴力 N 以受压为正，受拉为负。

断面内力系数表 **表 11-4**

荷载	截面位置	截面内力	
		M(kN·m)	N(kN)
自重	$0\sim\pi$	$gR_H^2(1-0.5\cos\alpha-\alpha\sin\alpha)$	$gR_H(\alpha\sin\alpha-0.5\cos\alpha)$
上部荷载	$0\sim\frac{\pi}{2}$	$qR_H^2(0.193+0.106\cos\alpha-0.5\sin^2\alpha)$	$qR_H(\sin^2\alpha-0.106\cos\alpha)$
	$\frac{\pi}{2}\sim\pi$	$qR_H^2(0.693+0.106\cos\alpha-\sin\alpha)$	$qR_H(\sin\alpha-0.106\cos\alpha)$
底部反力	$0\sim\frac{\pi}{2}$	$p_RR_H^2(0.057-0.106\cos\alpha)$	$0.106P_RR_H\cos\alpha$
	$\frac{\pi}{2}\sim\pi$	$p_RR_H^2(-0.443+\sin\alpha-0.106\cos\alpha-0.5\sin^2\alpha)$	$p_RR_H(\sin^2\alpha-\sin\alpha+0.106\cos\alpha)$
水压	$0\sim\pi$	$-R_H^3(0.5-0.25\cos\alpha-0.5\alpha\sin\alpha)\gamma_w$	$[R_H^2(1-0.25\cos\alpha-0.5\alpha\sin\alpha)+HR_H]\gamma_w$
均布荷载	$0\sim\pi$	$p_1R_H^2(0.25-0.5\cos^2\alpha)$	$p_1R_H\cos^2\alpha$
三角形分布侧压	$0\sim\pi$	$p_2R_H^2(0.25\sin^2\alpha+0.083\cos^3\alpha-0.063\cos\alpha-0.125)$	$p_2R_H\cos\alpha(0.063+0.5\cos\alpha-0.25\cos^2\alpha)$

2. 考虑土壤介质侧向弹性抗力

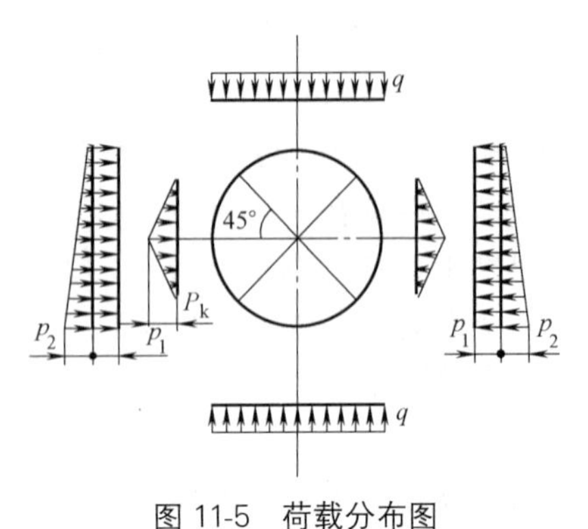

图 11-5 荷载分布图

仍按匀质刚度圆环计算。荷载分布详见图 11-5。土壤抗力图形分布在水平直径上下各 45°范围内：

$$p_k = ky(1-\sqrt{2}\,|\cos\alpha|)$$

圆环水平直径处受荷后最终半径变形值为：

$$y = \frac{[2q-2p_1-p_2+(24-6\pi)g]R_H^4}{24(\eta EI+0.045KR_H^4)}$$

式中 η——圆环刚度有效系数，$\eta=0.25\sim0.8$。

由 p_k 引起的圆环内力 M、N、Q 参见表 11-5。将由 p_k 引起的圆环内力和其他衬砌外荷引起的圆环内力叠加，即得最终的圆环内力。

P_k 引起的圆环内力 **表 11-5**

内力	$0\leqslant\alpha\leqslant\frac{\pi}{4}$	$\frac{\pi}{4}\leqslant\alpha\leqslant\frac{\pi}{2}$
M	$(0.2346-0.3536\cos\alpha)p_kR_H^2$	$(0.1513-0.5\cos^2\alpha+0.2357\cos^3\alpha)p_kR_H^2$
N	$0.3536\cos\alpha p_kR_H$	$(-0.707\cos\alpha+\cos^2\alpha+0.707\sin^2\alpha\cos\alpha)p_kR_H$
Q	$-0.3536\sin\alpha p_kR_H$	$(-\sin\alpha\cos\alpha+0.707\cos^2\alpha\sin\alpha)p_kR_H$

表中，R_H 为衬砌圆环计算半径；α 为计算断面与圆环垂直轴的夹角。

3. 日本修正惯用法

错缝拼装的衬砌圆环，可通过环间剪切键或凹凸榫等结构使接头处部分弯矩传递到相邻管片。对于错缝拼装的管片，挠曲刚度较小的接头承受的弯矩不同于与之邻接的挠曲刚度较大的管片承受的弯矩。事实上这种弯矩传递主要由环间剪切来完成。目前考虑接头的影响主要通过假定弯矩传递的比例来实现。国际隧协推荐两种估算方法，即 η-ξ 法和旋转弹簧（半铰）（K-ξ 法）。

1）η-ξ 法

首先将衬砌环按均质圆环计算，但考虑纵缝接头的存在，导致整体抗弯刚度降低，取圆环抗弯刚度为 ηEI（η 为抗弯刚性的有效率，$\eta\leqslant1$）。计及圆环水平直径处变位 y，两侧抗力 $p_k=ky$ 后，考虑错缝拼装管片接头部弯矩的传递，错缝拼装弯矩重分配见图 11-6。

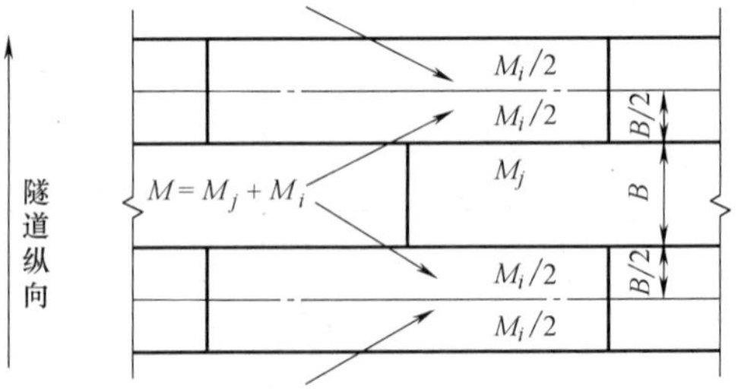

图 11-6 错缝拼装弯矩传递及分配示意图

接头处内力：

$$\left.\begin{aligned} M_j &= (1-\xi)\times M \\ N_j &= N \end{aligned}\right\} \tag{11-12}$$

管片：

$$\left.\begin{aligned} M_s &= (1+\xi)\times M \\ N_s &= N \end{aligned}\right\} \tag{11-13}$$

式中 ξ——弯矩调整系数；

M、N——均质圆环计算弯矩和轴力；

M_j、N_j——调整后的接头弯矩和轴力；

M_s、N_s——调整后管片本体弯矩和轴力。

根据试验结果：$0.6\leqslant\eta\leqslant0.8$，$0.3\leqslant\eta\leqslant0.5$。如果管片内没有接头，则 $\eta=1$，$\xi=0$。

2）K-ξ 法

用一个旋转弹簧（半铰）模拟接头，且假定弯矩与转角 θ 成正比，由此计算构件内力，如图 11-7 所示和下式：

$$M=K\theta \tag{11-14}$$

式中 K——旋转弹簧常数（kN・m/rad)，通常根据试验来确定或根据以往设计计算的实践来确定。

如果管片环没有接头，则 $K=\infty$，$\xi=0$。又若假定管片环的接头为铰接，则 $K=0$，$\xi=1$。

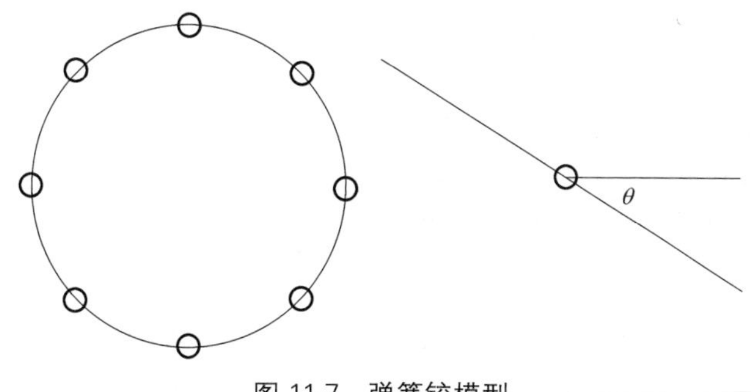

图 11-7 弹簧铰模型

4. 按多铰圆环计算圆环内力

在衬砌外围土壤介质能明确地提供弹性抗力的条件下，装配式衬砌圆环可按多铰圆环计算。多铰圆环的接缝构造，可分为设置防水螺栓，设置拼装施工要求用的螺栓，或不设置螺栓而代以各种几何形状的榫槽几种形式。

按多铰圆环计算有多种方法，这里仅介绍日本山本法。山本法计算原理在于圆环多铰衬砌环在主动土压和被动土压作用下产生变形，圆环由一不稳定结构逐渐转变成稳定结构，圆环变形过程中，铰不发生突变。这样多铰系衬砌环在地层中就不会引起破坏，能发挥稳定结构的机能。

1）计算中的几个假定

（1）适用于圆形结构；

（2）衬砌环在转动时，管片或砌块视作刚体处理；

（3）衬砌环外围土抗力按均变形式分布，土抗力的计算要满足对砌环稳定性的要求，土抗力作用方向全部朝向圆心；

（4）计算中不计及圆环与土壤介质间的摩擦力，这对于满足结构稳定性是偏于安全的；

（5）土抗力和变位间关系按温克尔公式计算。

2）计算方法

具有 n 个衬砌组成的多铰圆环结构计算如图 11-8 所示，$(n-1)$ 个铰由地层约束，而剩下一个成为非约束铰，其位置经常在主动土压力一侧，整个结构可以按静定结构来解析。

衬砌各个截面处地层抗力方程式：

$$q_{\alpha i}=q_{i-1}+\frac{(q_i-q_{i-1})\alpha_i}{\theta_i-\theta_{i-1}} \tag{11-15}$$

式中 q_{i-1}——$i-1$ 铰处的土层抗力（kN/m^2）；

q_i——i 铰处的土层抗力（kN/m^2）；

α_i——以 q_i 为基轴的截面位置；

θ_i——i 铰与垂直轴的夹角；

θ_{i-1}——$i-1$ 铰与垂直轴的夹角。

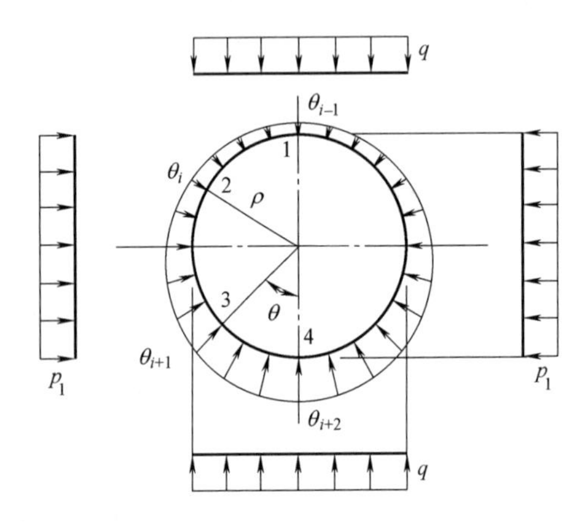

图 11-8 多铰圆环结构示意图

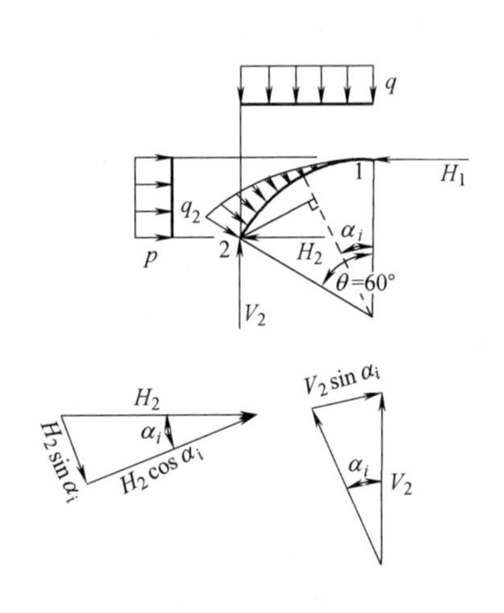

图 11-9 1-2 杆

解 1-2 杆（图 11-9）：

$$\theta_{i-1}=0$$

$$\theta_i=60°$$

$\sum X=0$：

$$H_1=H_2+pr(1\text{-}\cos\theta_i)+r\int_0^{\theta_i-\theta_{i-1}}\frac{q_2\alpha_i}{\frac{\pi}{3}}\sin(\theta_{i-1}+\alpha_i)\mathrm{d}\alpha_i$$

$$H_1=H_2+0.5pr+0.327q_2r$$

$\sum Y=0$：

$$V_2=qr\sin\theta_i+r\int_0^{\theta_i-\theta_{i-1}}\frac{q_2\alpha_i}{\frac{\pi}{3}}\cos\alpha_i\,\mathrm{d}\alpha_i$$

$$V_2=0.866qr+\frac{3q_2r}{\pi}\left(\frac{\sqrt{3}\pi-3}{6}\right)=0.866qr+0.388q_2r$$

$\sum M_2=0$：

$$0.5H_1r=q\frac{(r\sin\theta_i)^2}{2}+p\frac{[r(1-\cos\theta_i)]^2}{2}+\frac{3r^2}{\pi}q_2\int_0^{\theta_i-\theta_{i-1}}\sin(\theta_i-\theta_{i-1}-\alpha_i)\mathrm{d}\alpha_i$$

$$=0.375qr^2+0.125Pr^2+\frac{3r^2}{\pi}q_2\left(\frac{2\pi-3\sqrt{3}}{6}\right)$$

$$=0.375qr^2+0.125Pr^2+q_2r^2\left(\frac{2\pi-3\sqrt{3}}{2\pi}\right)$$

$$H_1=(0.75q+0.25qp+0.346q_2)r$$

对于 2-3 杆（图 11-10）：

$\sum X=0$：

$$H_2+H_3=p\cdot 2r\sin\frac{\theta_i-\theta_{i-1}}{2}+\frac{3r}{\pi}\int_0^{\theta_i-\theta_{i-1}}\left[\frac{\pi}{3}q_2+(q_3-q_2)\alpha_i\right]\cdot\sin(\theta_{i-1}+\alpha_i)\mathrm{d}\alpha_i$$

$$H_2+H_3=pr+\frac{r}{2}(q_3+q_2)$$

$\sum Y=0$：

$$V_2=V_3-\frac{3r}{\pi}\int_0^{\theta_i-\theta_{i-1}}\left[\frac{\pi}{3}q_2+(q_3-q_2)\alpha_i\right]\cdot\cos(\theta_{i-1}+\alpha_i)\mathrm{d}\alpha_i$$

$$=V_3+0.089(q_3-q_2)$$

$\sum M_3=0$：

$$H_2r=\frac{pr^2}{2}+\frac{3r^2}{\pi}\int_0^{120°-60°}\left[\frac{\pi}{3}q_2+(q_3-q_2)\alpha_i\right]\cdot\sin(\theta_i-\theta_{i-1}-\alpha_i)\mathrm{d}\alpha_i$$

$$=\frac{pr^2}{2}+0.173q_3r^2+0.327q_2r^2$$

$$H_2=\left(\frac{p}{2}+0.173q_3+0.327q_2\right)r$$

对于 3-4 杆（图 11-11）：

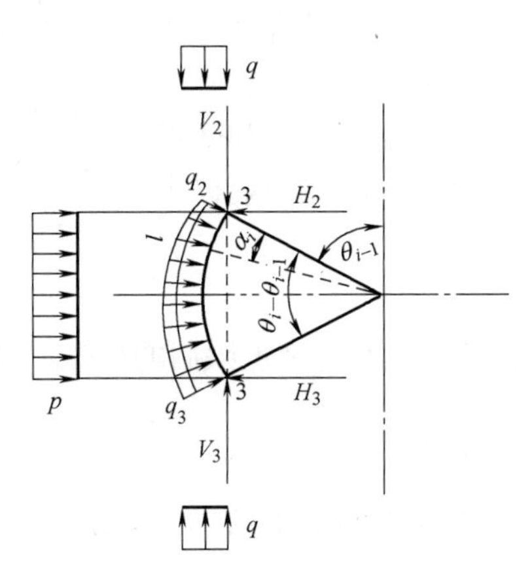

图 11-10　2-3 杆

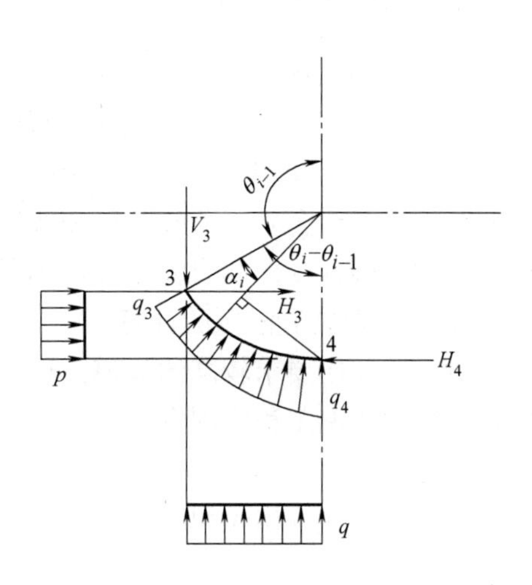

图 11-11　3-4 杆

$$\theta_{i-1}=120°$$
$$\theta_i=180°$$
$$\theta_i-\theta_{i-1}=180°-120°=60°$$

$\sum X=0$：

$$H_4=H_3+pr[1-\cos(\theta_i-\theta_{i-1})]+\frac{3r}{\pi}\int_0^{180°-120°}\left[\frac{\pi}{3}q+(q_4-q_3)\alpha_i\right]\times\sin(\theta_{i-1}+\alpha_i)\mathrm{d}\alpha_i$$

$$=H_3+0.5pr+0.327q_3r+0.173q_4$$

$\sum Y=0$：

$$V_3=qr\sin(\theta_i-\theta_{i-1})-\frac{3r}{\pi}\int_0^{180°-120°}\left[\frac{\pi}{3}q_3+(q_4-q_3)\alpha_i\right]\times\cos(\theta_{i-1}+\alpha_i)\mathrm{d}\alpha_i$$
$$=0.866qr+0.389q_3+0.478q_4$$

$\sum M_4=0$：

$$H_3r[1-\cos(\theta_i-\theta_{i-1})]+\frac{p}{2}\{r[1-\cos(\theta_i-\theta_{i-1})]\}^2$$
$$+q\frac{[r\sin(\theta_i-\theta_{i-1})]^2}{2}+\frac{3r^2}{\pi}\int_0^{180°-120°}\left[\frac{\pi}{3}q_3+(q_4-q_3)\alpha_i\right]\times\sin(\theta_i-\theta_{i-1}-\alpha_i)\mathrm{d}\alpha_i$$
$$=V_3r\sin(\theta_i-\theta_{i-1})=0.866r\cdot V_3$$
$$0.866rV_3=0.5H_3+\frac{pr}{8}+0.375qr+0.328q_3r+0.173q_4r$$

由以上九个方程式解出九个未知数：q_2、q_3、q_4、H_1、H_2、H_3、H_4、V_2、V_3。

在上述几个未知数解出后，即可算出各个截面上的 M、N、Q 值。各个约束铰的径向位移：

$$\mu=q/k \tag{11-16}$$

式中　k——土壤（弹性）基床系数（$\mathrm{kN/m^3}$）。

11.3.6　衬砌断面设计

二维码 11-10
衬砌断面
设计

衬砌结构在各个工作阶段的内力计算完成后，就可分别或组合几个工作阶段的内力情况进行断面设计。断面选择在各个不同工作阶段具有不同的内容和要求。在基本使用荷载阶段，需进行抗裂或裂缝限制强度和变形等验算，而在组合基本荷载阶段和特殊荷载阶段的衬砌内力时，一般仅进行强度的检验，变形和裂缝开展可不予以考虑。

1. 抗裂及裂缝限制的计算

对一些使用要求较高的隧道工程，衬砌必须进行抗裂或裂缝宽度限制的计算，以防止钢筋侵蚀而影响工程使用寿命。

1）抗裂计算

当衬砌不允许出现裂缝时，需进行抗裂计算。偏压构件断面上的内力分别为弯矩 M 和轴力 N。

混凝土抗拉极限应变值：

$$
\left.\begin{aligned}
&\varepsilon_l=0.6R_1(1+0.3\beta^2)\times10^{-5}\\
&\beta=\frac{\mu}{d}\\
&\mu=\frac{A_g}{bh}\times100\%\\
&\varepsilon_l\approx1.5\sim2.5\times10^{-4}
\end{aligned}\right\}\qquad(11\text{-}17)
$$

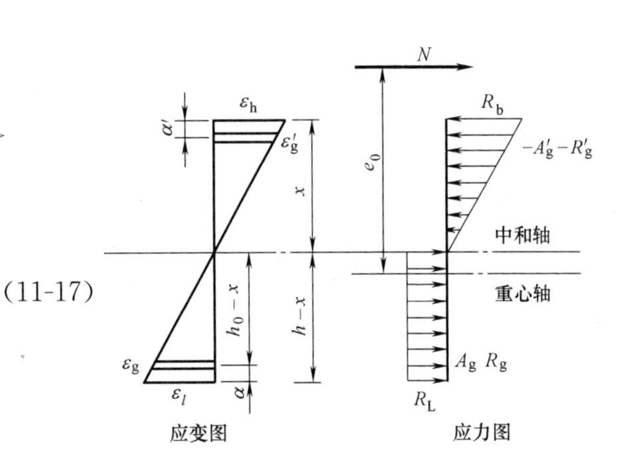

图 11-12 衬砌应力、应变图

式中 μ——断面含钢百分率。

受拉钢筋的应变值：$\varepsilon_g=\frac{h_0-x}{h-x}\varepsilon_l$

混凝土最大压应变：$\varepsilon_h=\frac{x}{h-x}\varepsilon_l$

受压钢筋的应变值：$\varepsilon'_g=\frac{x-a'}{x}\varepsilon_h=\frac{x-a'}{h-x}\varepsilon_l$

裂缝出现前中和轴 x 的位置（图 11-12）。

$\sum X=0$：

$$N+(h-x)b\cdot x\cdot R_1+A_g\varepsilon_gE_g=A'_g\varepsilon'_gE'_g+\frac{1}{2}R_h\cdot x\cdot b$$

从上式可解出中和轴高度 x。

$\sum M_{A_g}=0$：

$$KN(e_0+h_0-x)+(h-x)b\cdot R_1\left(\frac{h-x}{2}-a\right)=\frac{1}{2}R_h\cdot x\cdot b\left(\frac{2}{3}x+h_0-x\right)+A'_gR'_g(h_0-a')$$

由上式可解出 K。

对偏心距 e_0 取矩，则：

$$N(K_{e_0}e_0+h_0-x)+(h-x)b\cdot R_1\left(\frac{h-x}{2}-a\right)=\frac{1}{2}R_h\cdot x\cdot b\left(\frac{2}{3}x+h_0-x\right)+A'_gR'_g(h_0-a')$$

式中 A'_g、A_g——受压、受拉钢筋面积（mm^2）；

R_h——裂缝出现前混凝土压应力（MPa）；

b、h——砌断面的宽度、高度（mm）；

ε_l、ε_g——混凝土截面纤维最大拉应变和受拉钢筋应变值；

ε_h、ε'_g——混凝土截面纤维最大压应变和受压钢筋应变值；

E_g——混凝土构件和钢筋的弹性模量（MPa）。

由上式可求出 K_{e_0}，K 或 K_{e_0} 都要求大于或等于 1.3。

一般隧道衬砌结构常处于偏心受压状态，由于衬砌结构受荷情况常常是不够明确，从实际的大偏心受压状态下，结构的承载能力往往是由受拉情况下特别是弯矩 M 值控制，故为偏于安全计，常按 K_{e_0} 验算。

2）裂缝宽度验算

对于裂缝宽度限制的计算可参阅混凝土结构设计规范、水工结构设计规范等。

2. 衬砌断面强度计算

衬砌结构应根据不同工作阶段的最不利内力，按偏压构件进行强度计算和截面设计。

基本使用荷载阶段隧道衬砌构件的强度计算，可按《混凝土结构设计规范》GB 50010—2010 进行。

基本使用荷载和特殊荷载组合阶段的强度安全系数可按特殊规定进行。

由于隧道衬砌结构接缝部分的刚度较为薄弱，通过相邻环间采用错缝拼装以及利用纵向螺栓或环缝面上的凹凸榫槽加强接缝刚度。这样，接缝部位上的部分弯矩 M 值可通过纵向构造设置，传递到相邻环的截面上去（环缝面上的纵向传递能力必须事先估算并于事后通过结构试验予以检定）。从国外的一些资料来看，这种纵向传递能力大致为（20%～40%）M。断面强度计算时，其弯矩 M 值应乘以传递系数 1.3，而接缝部位则乘以折减系数 0.7。

3. 衬砌圆环直径变形计算

为满足隧道使用上和结构计算的需要，必须对衬砌圆环直径的变形量计算和控制，直径变形的计算可采用一般结构力学方法求得。由于变形计算与衬砌圆环刚度 EI 值有关，装配式衬砌组成正圆环 EI 值很难用计算方法表达出来，必须通过衬砌结构整环试验测得，从国外的一些有关资料知道衬砌实测的刚度 EI 值远比理论计算的值小，其比例可称为刚度效率 η，η 值与隧道衬砌直径、断面厚度、接缝构造、位置及其数值等均有密切关系，大致 η 在 0.25～0.8。

衬砌圆环的水平直径变形计算（图 11-13）。

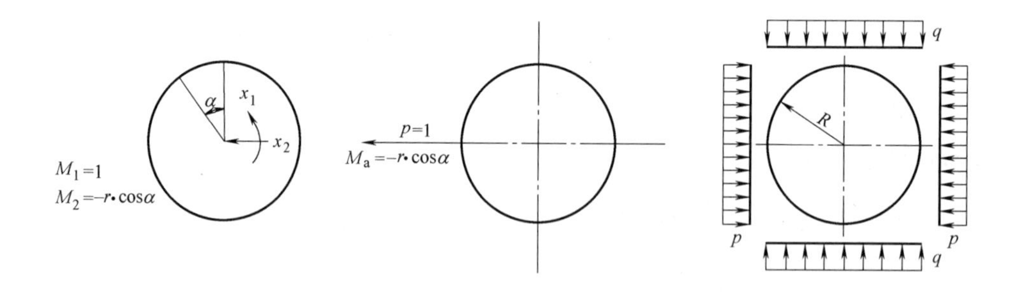

图 11-13　衬砌圆环计算简图

$$M_1=1,\quad M_2=-r\cos\alpha,\quad \delta_{11}=\int\frac{M_1^2\mathrm{d}s}{EI},\quad \delta_{22}=\int\frac{M_2^2\mathrm{d}s}{EI}$$

$$M_a=-r\cos\alpha,\quad \delta_{1a}=\int\frac{M_1\cdot M_a\mathrm{d}s}{EI},\quad \delta_{2a}=\int\frac{M_2\cdot M_a\mathrm{d}s}{EI}$$

$$M_q=-\frac{1}{2}q\cdot(r\sin\alpha)^2, M_p=-\frac{1}{2}pr^2\cdot(1-r\cos\alpha)^2,\ \delta_{aq}=\int\frac{M_a\cdot M_q\mathrm{d}s}{EI},\ \delta_{aP}=\int\frac{M_a\cdot M_p\mathrm{d}s}{EI}$$

衬砌圆环的水平直径变形通过上式可以求得，$y_{水平}=x_1\cdot\delta_{1a}+x_2\cdot\delta_{2a}+\delta_{ap}+\delta_{aq}$ 式中，x_1、x_2 为圆环超静定内力。

表 11-6 列出各种荷载条件下的圆环水平直径变形系数。

各种荷载条件下圆环水平直径变形系数 **表 11-6**

编号	荷重形式	水平直径处	图　示
1	铅直分布荷重 q	$\frac{1}{12}q \cdot r^4/EI$	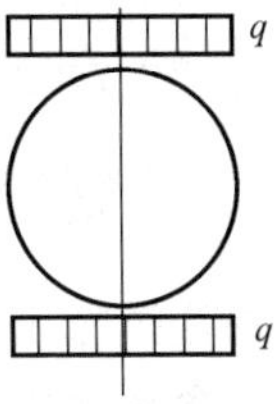
2	水平均布荷重 p	$-\frac{1}{12}p \cdot r^4/EI$	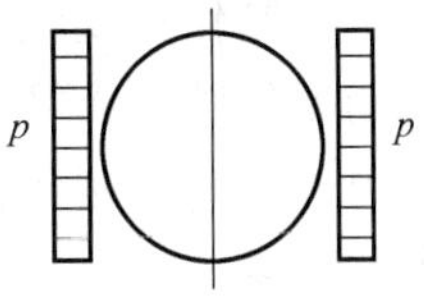
3	等边分布荷重	0	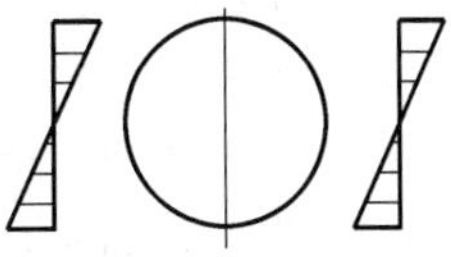
4	等腰三角形分布荷重	$-0.454p_k \cdot r^4/EI$	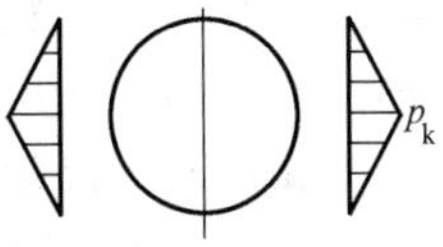
5	自重	$0.1304g \cdot r^4/EI$	

衬砌圆环垂直直径的计算与水平直径相似。

11.4 隧道防水及处理

在饱和含水软土地层中采用装配式钢筋混凝土管片作为隧道衬砌，除应满足结构强度和刚度的要求外，另一重要的技术课题是完满地解决隧道防水问题。在地下铁道的区间隧道内，潮湿的工作环境会使衬砌（金属附件）和设备加速锈蚀。盾构隧道的防水设计应根据隧道的使用功能与要求，结构构造特点、衬砌内外水压施工条件等进行综合防水设计。其中接缝防水材料的选择尤为重要。

11.4.1 衬砌的抗渗

衬砌埋设在含水地层内，承受一定静水压力，衬砌在这种静水压的作用下应满足以下指标：

1）衬砌合理的抗渗指标；

2）经过抗渗试验的混凝土的合适配合比，严格控制水灰比；

3）衬砌构件的最小混凝土厚度和钢筋保护层；

4）管片生产工艺：振捣方式及养护条件的选择；

5）严格的产品质量检验制度；

6）减少管片堆放、运输和拼装损坏率。

11.4.2　管片制作精度

国内外隧道施工实践表明，管片制作精度对于隧道防水效果具有很大的影响。钢筋混凝土管片在含水地层中应用和发展往往受到限制，其主要原因是管片制作精度不够而引起隧道漏水。制作精度较差的管片，再加上拼装误差的累计，往往导致衬砌不密贴而出现了较大的初始裂隙，当管片防水密封垫的弹性变形量不能适应这一初始裂隙时就出现了漏水现象。另外，管片制作精度的不够，在盾构推进过程中造成管片的顶碎和开裂，同样造成了漏水的现象。

初始缝隙量越大，则对防水密封垫的要求越高，也就越难达到满足使用的要求，从已有的试验资料来看，以合成橡胶（氯丁橡胶或丁苯橡胶）为基材的齿槽形管片定型密封垫防水效果较好。在两个静水压力作用下，其容许弹性变形量为2～3mm，不致漏水，并从密封垫的构造上，周密地解决了管片角部的水密问题。要能生产出高精度的钢筋混凝土管片，就必须要有一个高精度的钢模。这种钢模必须进行机械加工，并具有足够的刚度（特别是要确保两侧模的刚度），管片与钢模的重量比为1∶2。钢模的使用必须有一个严格的操作制度。采用这种高精度的钢模时在最初生产的管片较易保证精度，而在使用一个时期之后，就会产生翘曲、变形、松脱等现象，必须随时注意精度的检验，对钢模作相应的维修和保养。国外钢模在生产了400～500块管片后必须检修。

11.4.3　接缝防水的基本技术要求

对接缝防水材料的基本要求为：

1）保持永久的弹性状态和具有足够的承压能力，适应隧道长期处于“蛹动”状态而产生的接缝张开和错动；

2）具有令人满意的弹性龄期和工作效能；

3）与混凝土构件具有一定的黏结力；

4）能适内地下水的侵蚀。

环、纵缝上的防水密封垫除了要满足上述的基本要求外，还得按各自所承担的工作效能相应指出不一样的要求。环缝密封垫需要有足够的承压能力和弹性复原力，能承受均布千斤顶顶力，防止管片顶碎。

11.4.4　二次衬砌

在目前隧道接缝防水尚未能完全满足要求的情况下，在地铁区间隧道内较多的是采用双层衬砌。在外层装配式衬砌已趋基本稳定的情况下，进行二次内衬，在内衬混凝土浇筑前应对隧道内渗漏点进行修补堵漏，污泥以高压水冲浇、清理。内衬混凝土层的厚度根据防水和内衬混凝土施工的需要，至少不得小于150mm，也有厚达300mm的。双层衬砌的做法不一，有在外层衬砌结构内直接振捣两次内衬混凝土的，也有在外层衬砌的内侧面先喷筑 20mm 厚的找平层，再铺设油毡或合成橡胶类的防水层，在防水层上浇筑内衬混凝土层的。

内衬混凝土一般都采用混凝土泵再加钢模车台配合分段进行，每段大致为 8～10m 左右。内衬混凝土每 24h 进行一个施工循环，使用这种内衬施工方法往往使隧道顶拱部分混凝土质量难以保证，尚需预留压浆孔进行压注填实。一般城市地下铁道的区间隧道大都采用这种方法。除了上述方法外，也有用喷射混凝土进行二次衬砌。

11.5 盾构法隧道结构设计算例

二维码 11-11 盾构法隧道结构设计算例

均质圆环法设计方便，忽略地层抗力，其设计结果偏安全。因此，本节内容以弹性均质圆环法为例对软土地区某一区间隧道进行设计。其标段高度为－18.366m、最大覆土约为 20m、地面标段高度为 4.24m，土层分布及隧道参数具体如图 11-14 所示。

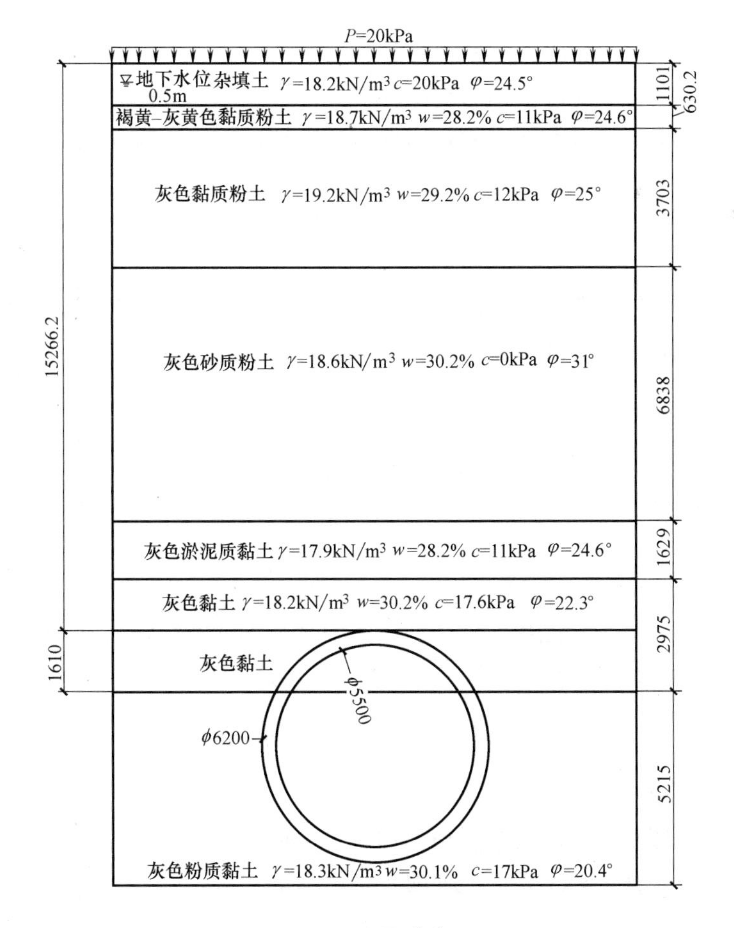

图 11-14 土层分布图

使用装配式钢筋混凝土作为衬砌，混凝土强度等级为 C60。区间隧道外径为 ϕ6200mm，内部直径为 ϕ5500mm。荷载计算取 $b=1.2$m 的单位宽度。

1. 基本使用阶段的荷载计算

1）衬砌自重

$$g=\gamma_h \times \delta \tag{11-18}$$

式中　g——衬砌自重（kPa）；

γ_h——钢筋混凝土重度（kN/m^3），一般 γ_h 采用 $25kN/m^3$；

δ——管片厚度（m）。

计算可得：$g=25\times0.35=8.75kPa$。

2）衬砌拱顶竖向地层压力

拱顶部：

$$q=q_0+\sum_{i=1}^{n}\gamma_i h_i \tag{11-19}$$

式中　q——衬砌拱部顶端的竖向地层压力（kPa）；

q_0——地面超载（kPa），取地面超载为20kPa；

γ_i——衬砌顶部以上到地面的土层的重度（kN/m^3），地下水位以下取浮重度；

h_i——衬砌顶部以上各个土层的厚度（m）。

$$\begin{aligned}q=&20+18.2\times0.5+8.2\times0.601+0.6302\times8.7+9.2\times3.7028\\&+8.6\times6.83787+7.9\times1.62926+8.2\times1.36187=156.42870kPa\end{aligned}$$

3）拱背土压

$$G=\left(1-\frac{\pi}{4}\right)R_H\gamma \tag{11-20}$$

式中　G——拱背均布荷载（kPa）；

γ——衬砌拱背覆土的加权平均权重（kN/m^3）；

R_H——衬砌圆环计算半径（m）。

计算可得：

$$\gamma=\frac{8.2\times1.60991+8.3\times1.31509}{2.925}=8.24496kN/m^3$$

$$G=\left(1-\frac{\pi}{4}\right)R_H\gamma$$

$$G=0.2146\times2.925\times8.24496=5.175447kPa$$

4）侧向水平均匀土压力

$$p_1=q\tan^2\left(45°-\frac{\varphi}{2}\right)-2c\tan\left(45°-\frac{\varphi}{2}\right) \tag{11-21}$$

式中　p_1——侧向水平均匀土压力（kPa）；

φ——衬砌环直径高度内摩擦角的加权平均值（°）；

c——衬砌环直径高度黏聚力加权平均值（kPa）。

$$\varphi=\frac{\sum_{i=1}^{n}\varphi_i\cdot h_i}{\sum_{i=1}^{n}h_i}=20.89336° \tag{11-22}$$

$$c=\frac{\sum_{i=1}^{n}c_i\cdot h_i}{\sum_{i=1}^{n}h_i}=17.1558\text{kPa} \tag{11-23}$$

计算可得：

$$p_1=156.42870\times0.688652^2-2\times17.1558\times0.688652=50.552531\text{kPa}$$

5）侧向三角形水平方向的土压力

$$p_2=2R_{\text{H}}\gamma_0\tan^2\left(45°-\frac{\varphi}{2}\right) \tag{11-24}$$

式中 p_2——侧向三角形水平土压力（kPa）；

R_{H}——衬砌圆环计算半径；

γ_0——衬砌环直径高度内土重度加权平均值（kN/m^3）。

计算可得：

$$\gamma_0=\frac{8.2\times1.60991+8.3\times4.59009}{6.2}=8.274033\text{kN/m}^3$$

$$p_2=2\times2.925\times8.274033\times0.688652=22.95476\text{kPa}$$

6）静水压力

水位高为 14.94m。

7）衬砌拱底反力

$$p_{\text{R}}=q+0.2146R_{\text{H}}\gamma+\pi\cdot g-\frac{\pi}{2}R_{\text{H}}\gamma_{\text{w}} \tag{11-25}$$

式中 p_{R}——衬砌拱底反力（kPa）；

q——衬砌拱顶竖向地层压力（kPa）；

R_{H}——衬砌圆环计算半径（m）；

g——衬砌自重（kPa）；

γ_{w}——水的重度（kN/m^3），取为 10kN/m^3。

计算可得：

$$p_{\text{R}}=156.42870+0.2146\times2.925\times8.274033+\pi\times10-\frac{\pi}{2}\times2.925\times10=147.092\text{kPa}$$

2. 考虑特殊荷载作用

特殊荷载就是附近隧道的地基发生沉降和影响作用力等，采取竖向特殊荷载 100kN 和 40kN 的侧向荷载。

黄兴路-江浦路站区间隧道设计先计算基本使用时候的受力，然后计算特殊的荷载阶段，然后按照最有害的情况进行叠加。取左半部分的衬砌圆环均分为 12 个部分，0°表示衬砌圆环垂直直径处，10°为 0°处向左旋转 10°，以此类推。

计算中弯矩用 M 表示，轴力用 N 表示，弯矩以内侧受拉为正，外侧的受压为正；轴力正好相反。最后结果就是各种荷载作用下的内力叠加。

各断面内力系数表见表 11-4。隧道内力图见图 11-15。

根据表 11-4，计算结果如表 11-7 所示。

3. 断面与接缝张开设计计算

1）管片断面

根据《混凝土结构设计规范》GB 50010—2010，按偏心受压的方式计算配筋，以截面 $\theta=180°$、截面 $\theta=90°$处为依据进行配筋计算。

（1）设计管片内排钢筋

由表 11-7 可知，在 $\theta=180°$处，弯矩 $M=679.3961\text{kN}\cdot\text{m}$；轴力 $N=1081.991\text{kN}$。

热轧钢筋：HRB400（20MnSiV），C60 强度的混凝土。

$h=350\text{mm}, h_0=h-a_s=350-50=300\text{mm}$

$$e_0=\frac{M}{N}=627.913\text{mm} \quad (11\text{-}26)$$

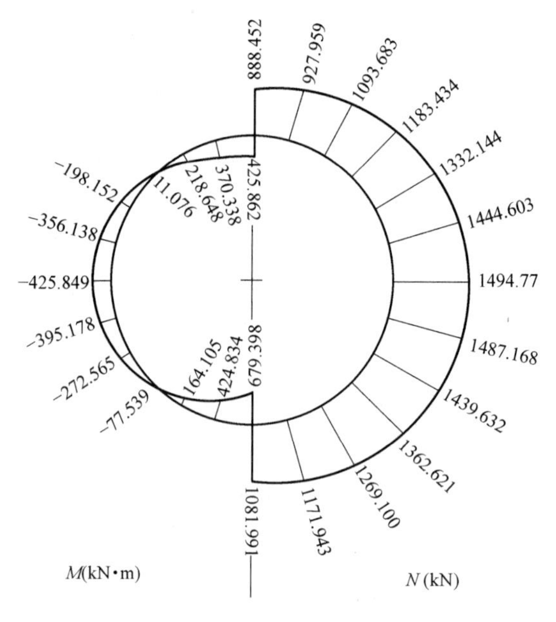

图 11-15 隧道内力图

e_a 取 20mm 和$\frac{h}{30}=\frac{350}{30}=11.67\text{mm}$之间的较大值，所以取 $e_a=20\text{mm}$。

$$e_i=e_0+e_a=627.913+20=647.913\text{mm} \quad (11\text{-}27)$$

式中 e_0——截面初始偏心距；

e_i——修正的截面初始偏心距；

a_s——混凝土保护层厚度；

h——管片厚度；

e_a——轴向力在偏心方向上的附加偏心距。

管片内力计算表 **表 11-7**

角度	基本使用阶段		特殊荷载阶段		合力		1.2m 管片合力	
	M(kN·m)	N(kN)	M(kN·m)	N(kN)	M(kN·m)	N(kN)	M(kN·m)	N(kN)
0°	184.620	654.382	170.257	85.995	354.877	740.377	425.8521	888.452
15°	158.641	674.491	149.973	98.808	308.615	773.299	370.3376	927.9585
30°	88.267	729.196	93.940	134.024	182.207	911.403	218.6481	1093.683
45°	−6.130	803.369	15.360	182.826	9.230	986.195	11.07618	1183.434
60°	−97.537	876.997	−67.589	233.123	−165.126	1110.120	−198.152	1332.144
75°	−160.346	931.117	−136.436	272.719	−296.782	1203.836	−356.138	1444.603
90°	−177.772	953.141	−177.101	292.500	−354.874	1245.641	−425.849	1494.77
105°	−146.431	940.911	−182.883	298.396	−329.315	1239.307	−395.178	1487.168
120°	−76.537	901.628	−150.601	298.065	−227.138	1199.693	−272.565	1439.632
135°	11.581	848.265	−76.196	287.253	−64.616	1135.518	−77.5388	1362.621
150°	92.948	796.732	43.806	260.851	136.754	1057.583	164.1048	1269.1
165°	144.253	761.803	209.776	214.816	354.029	976.619	424.8343	1171.943
180°	149.504	753.654	416.659	148.005	566.163	901.659	679.3961	1081.991

$$e=e_i+\frac{h}{2}-a_s \tag{11-28}$$

式中 e——轴向力到收拉钢筋合力点的距离。

将以上数值代入式（11-18）可得：$e=647.913+175-50=772.913\text{mm}$。

对受压面进行配筋：

$$A_s'=\frac{Ne-a_1f_cbh_0^2\xi_b(1-0.5\xi_b)}{f_y'(h_0-a_s)} \tag{11-29}$$

式中 a_1——等效矩形应力强度与混凝土受压区所受的最大压应力 f_c 的比值；

f_c——混凝土抗压强度设计值；

b——管片宽度；

ξ_b——界限相对受压区高度；

f_y'——钢筋受压屈服强度设计值；

h_0——截面有效高度。

选 HRB400 钢筋和 C60 混凝土，查表可得：

$$a_1=0.98;\ f_c=27.5\text{N/mm}^2;\ b=1.0\text{m};$$

$$\xi_b=0.499;\ f_y'=360\text{N/mm}^2;\ h_0=300\text{mm}。$$

代入式（11-29）可得：

$$A_s'=\frac{1081.991\times10^3\times772.913-0.98\times27.5\times1200\times300^2\times0.499\times(1-0.5\times0.499)}{360\times(300-50)}$$

$$=-2569.53\text{mm}<0$$

满足混凝土抗压强度。

按最小配筋率 $\rho_{\min}$ 计算：

查表得：

$$f_t=2.04\text{N/mm}^2;\ f_y=f_y'=360\text{N/mm}^2$$

$$\rho_{\min}=\max\left\{0.2\%,0.45\frac{f_t}{f_y}\right\}=0.255\% \tag{11-30}$$

式中 $\rho_{\min}$——最小配筋率；

f_t——混凝土抗拉强度值（N/mm^2）；

f_y——混凝土抗压强度值（N/mm^2）。

$$A_s'=\rho_{\min}bh \tag{11-31}$$

式中 h——截面高度。

由式（11-31）可得：

$$A_s'=0.255\%\times1200\times350=1017\text{mm}^2$$

因此需再次计算受压区高度 x：

$$Ne=a_1f_cbx\left(h_0-\frac{x}{2}\right)+f_y'A_s'(h_0-a_s') \tag{11-32}$$

式中 N——截面承受的最大轴力（N）。

代入式（11-32）可得：

$$x=92.991<2a_s=100\text{mm},\text{且 }x<h_0\xi_b=149.7\text{mm}。$$

对受拉面进行配筋：

$$A_s=\frac{N|e_i-h/2+a_s|}{f_y(h_0-a_s')} \tag{11-33}$$

式中 f_c——混凝土抗压强度值（N/mm^2）。

由式（11-33）可得：

$$A_s=\frac{1081.991\times10^3\times(647.913-175+50)}{360\times(300-50)}=6536mm^2$$

（2）外排钢筋设计计算

在 $\theta=90°$处，弯矩 $M=-425.849kN\cdot m$；轴力 $N=1494.770kN$。

$$e_0=\left|\frac{M}{N}\right|=284.893mm$$

$e_a=20mm$，e_a 取 20 和$\frac{h}{30}=\frac{350}{30}=11.67mm$ 较大者。

$$e_i=e_0+e_a=284.893+20=304.893mm$$

$$e=e_i+\frac{h}{2}-a_s=304.893+175-50=429.893mm$$

对受压面进行配筋：

$$A_s'=\frac{Ne-a_1f_cbh_0^2\xi_b(1-0.5\xi_b)}{f_y'(h_0-a_s)} \tag{11-34}$$

计算可得：

$$A_s'=\frac{1494.770\times10^3\times429.893-0.98\times27.5\times1200\times300^2\times0.499\times(1-0.5\times0.499)}{360\times(300-50)}$$

$$=-4626.422mm^2<0$$

同前面讲的一样。

按最小配筋率 ρ_{min} 计算：

$$\rho_{min}=\max\left\{0.2\%,0.45\frac{f_t}{f_y}\right\}=0.255\% \tag{11-35}$$

重新计算受压区高度 x：

$$Ne=a_1f_cbx\left(h_0-\frac{x}{2}\right)+f_y'A_s'(h_0-a_s') \tag{11-36}$$

代入上式得：$x=66.97mm<2a_s=100mm$。

对受拉面进行配筋：

$$A_s=\frac{N|e_i-h/2+a_s|}{f_y(h_0-a_s')} \tag{11-37}$$

式中 f_c——混凝土抗压强度（N/mm^2）。

由上式可得：

$$A_s=\frac{1494.770\times10^3\times(429.893-175+50)}{360\times(300-50)}=3332.755mm^2$$

故取 $A_s=3332.755mm^2$。

（3）管片配筋

内筋：选择 5Φ36 @150＋2Φ32 @150 钢筋进行布置，$A_s=5089+1609=6689mm^2>6536mm^2$。

外筋：选择 7Φ25@150 钢筋进行布置，$A_s=3436mm^2>3332.755mm^2$。

总的配筋率为：

$$\rho=\frac{A_s+A_s'}{h_0b}=\frac{6698+3436}{300\times1200}=2.815\%>\rho_{min}=0.255\% \tag{11-38}$$

最大配筋率为：

$$\rho_{max}=\xi_b\frac{a_1f_c}{f_y}=0.499\times\frac{0.98\times27.5}{360}=3.74\%>\rho=2.815\% \tag{11-39}$$

配筋图见图 11-16。

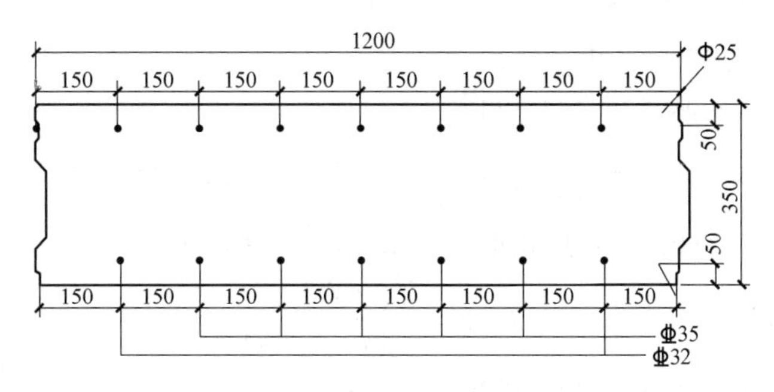

图 11-16 配筋图说明

2）接缝张开量计算

江浦路-黄兴路段隧道接缝张开量主要是螺栓达到许用应力作为计算的目标。此时，$[\sigma]=\frac{400}{1.55}=258.1N/mm^2$。计算简图，见图 11-17。

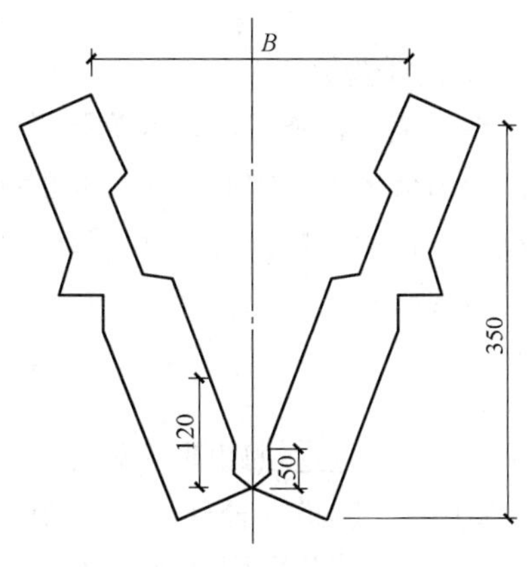

图 11-17 计算简图

内侧螺栓伸长量为：

$$l=\frac{[\sigma]\times l}{E}=\frac{258.1\times350}{2.1\times10^5}=0.43mm \tag{11-40}$$

衬砌外张开量为：

$$B=l\times(350-50)/(120-50)=1.84mm<3mm$$

式中 l——弹性密封垫的宽度；

E——螺栓钢筋的弹性模量（HPB300），$E=2.1\times10^5N/mm^2$。

因此，接缝张开量满足弹性密封垫防水。

4. 千斤顶作用管片受力计算

1）局部承压计算

圆形衬砌外径 6200mm，内径 5500mm。盾构外径 6340mm，千斤顶中心线直径 $5815mm^2$；盾构机采用环向安装 24 台最大推力 1500kN 的千斤顶。根据混凝土结构设计规范：

$$F_l\leqslant1.35\beta_c\beta_lf_cA_{ln} \tag{11-41}$$

式中 F_l——混凝土管片允许荷载(kN)；

β_c——混凝土强度系数，$\beta_c=0.933$（规范内插法）；

β_l——混凝土局部受压强度系数$=1.0$；

f_c——混凝土抗压强度值（MPa），C60 的混凝土为 $27.5N/mm^2$；

A_{ln}——净面积（混凝土局部受压），$695\times300=208500mm^2$。

可得：$F_l=1.35\times0.933\times1.0\times27.5\times695\times300=7221.9kN>F=1500kN$，满足局部承压要求。

2）预埋件设计

计算重量最大的封底块：

$$\omega=\gamma_h\nu \tag{11-42}$$

式中 γ_h——衬砌管片的重度（kN/mm^3），取 $25kN/mm^3$；

ν——管片的体积（mm^3）。

将以上各数值代入式（11-25）可得：

$$w=25\times\frac{84}{360}\times\pi\times(3.1^2-2.75^2)\times1.2=45.027kN$$

2 根 HRB400（20MnSiV）热轧钢筋，2Φ18，$A_g=509mm^2$。

$$K=\frac{f_y\times A_g}{w} \tag{11-43}$$

将以上各数值代入式（11-43）可得：

$$K=\frac{360\times509}{45.027\times10^3}=4.07>4\text{,满足要求。}$$

5. 抗浮验算

在隧道工程施工中，因为隧道体积比较大，内部也不都是实体结构，所以隧道会不稳定。浮力会较大，因此一定要检验抗浮性能。取覆土最浅的地方进行抗浮验算，即江浦路起点处，覆土的埋深选择 9.863m。

1）浮力

$$F=V\gamma_w=\frac{1}{4}\pi D^2 l\times\gamma_w \tag{11-44}$$

式中 V——隧道衬砌圆环体积（m^3）；

D——隧道外径（m），6.2m；

l——管片宽度（m），1.2m。

由式（11-27）可得：

$$F=\frac{\pi}{4}\times6.2^2\times1.2\times10=362.288kN$$

2）结构自重

$$G_1=\pi(R_{外}^2-R_{内}^2)l\times\gamma_h \tag{11-45}$$

式中 γ_h——衬砌重度（kN/m^3），$25kN/m^3$；

$R_{外}$——衬砌环外径（m）；

$R_{内}$——衬砌环内径（m）；

l——管片的宽度（m），取 1.2m。

由式（11-45）可得：

$$G_1=\pi\times(3.1^2-2.75^2)\times1.2\times25=192.972kN$$

3）隧道覆土重（土层参数见表 11-8）

$$G_2 = \gamma \times H \times D \times l \tag{11-46}$$

式中　H——覆土深度（m）；

D——隧道外径（m），取 6.2m；

l——衬砌片的宽度（m），取 1.2m；

γ——上覆土层加权平均重度（kN/m^3）。

最小埋深面土层　**表 11-8**

土层层号	土层名称	土层厚度（mm）	湿重度 γ（kN/m^3）	含水量 ω（%）	黏聚力 c（kPa）	内摩擦角 φ（°）
	杂填土	1066	18.2	—	20	24.5
②2	褐黄-灰黄色黏质粉土	601	18.7	28.2	11	24.6
$②_{3-1}$	灰色黏质粉土	3662.8	19.2	29.2	12	25
④	灰色淤泥质黏土	1599.26	17.9	50.1	16	19.8
$⑤_{1-1}$	灰色黏土	2934.78	18.2	30.2	17.6	22.3

$$\gamma = \frac{18 \times 0.5 + 8.2 \times 0.566 + 8.7 \times 0.601 + 9.2 \times 3.6628 + 7.9 \times 1.59926 + 8.2 \times 2.93478}{9.863} + 10$$

$$= 19.05 kN/m^3$$

将算得的数据代入式（11-46）：

$$G_2 = 19.05 \times 9.863 \times 6.2 \times 1.2 = 1397.903 kN$$

4）抗浮系数

$$K = \frac{G_1 + G_2}{F} = \frac{192.972 + 1397.903}{362.288} = 4.39 > 1.1，满足要求。$$

各项参数见表 11-9，管片使用 HRB400（20MnSiV）型热轧钢筋。

管片使用材料参数　**表 11-9**

物　理　量	参　　数
外筋	7Φ25
内筋	5Φ36+2Φ32
管片厚度	350mm
管片宽度	1200mm
混凝土强度等级	C60

11.6　有限单元法在隧道计算模型中的应用

目前在设计隧道的结构体系时，主要采用两类计算模型：第一类模型是以支护结构作为承载主体，围岩作为载荷的主要来源，同时考虑其对支护结构的变形起约束作用；第二类模型是以围岩为承载主体，支护结构约束和限制围岩向隧道内发生变形。

第一类模型又称为传统的结构力学模型。它将支护结构和围岩分开来考虑，支护结构是承载主体，围岩作为载荷来源和支护结构的弹性支撑，因此称为载荷-结构模型，见图

11-18（a）。这类模型中隧道的支护结构与围岩的相互作用是通过弹性支承对支护结构施加约束来体现的，而围岩的承载能力是在确定围岩压力和弹性支承的约束时间来间接考虑。围岩的承载能力越高，它给予支护结构的压力越小，弹性支承约束支护结构变形的抗力越大，相对来说，支护结构所起的作用就减少了。

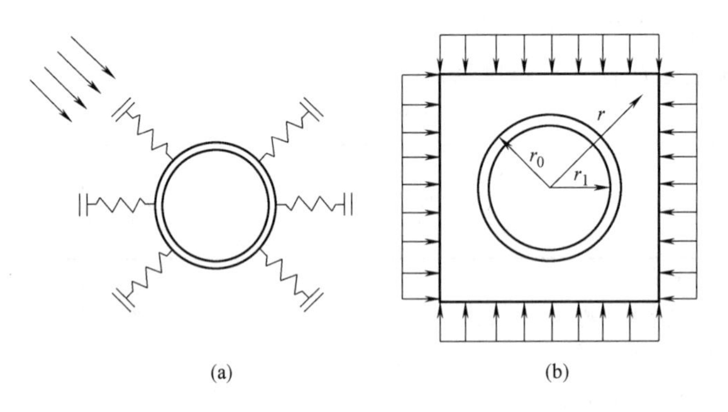

图 11-18　隧道计算模型

（a）荷载-结构模型；（b）地层-结构模型

这一类计算模型主要适用于围岩过分变形而发生松弛和崩塌，支护结构用来承担围岩压力的情况。利用这种模型进行隧道支护结构设计的关键问题，是如何确定作用在支护结构上的主动荷载，其中最主要的是围岩松动产生的松动压力，以及弹性支承支护结构的弹性抗力。然后利用结构力学方法求出超静定体系的内力和位移。由于这类模型概念清晰，计算简便，至今运用广泛，特别是在模注衬砌。

属于这一类模型的计算方法有，弹性连续框架法、假定抗力法和弹性地基梁（包括曲梁和圆环）法等。当软弱地层对结构变形的约束能力较差时，内力计算常用弹性连续框架法，反之，假定抗力法和弹性地基梁法。弹性连续框架法即为地面结构内力计算时的力法和位移法，假定抗力法和弹性地基梁法则形成了一些经典计算方法。这些经典计算方法按采用地层变形理论不同，荷载-结构法又可以分为两类：局部变形理论法和共同变形理论法。

第二类模型又称为现代的岩体力学模型。它将支护结构与围岩看为一个整体，作为共同承载的隧道结构体系，故又称为地层-结构模型或整体复合模型（图 11-18b）。对这种模型而言，围岩是直接的承载单元，支护结构只是用来约束和限制围岩的变形，这一点正好与第一类模型相反。复合整体模型是目前隧道结构体系设计中正在采用和发展的模型，它符合当前施工水平，采用快速和高强的支护技术可以限制围岩的变形，从而可以阻止围岩松动压力的产生。在围岩-结构模型中可以考虑各种几何形状、围岩和支护材料的非线性、开挖面空间效应所形成的三维状态以及地质中不连续面等。这种模型有些问题可以用解析法求解，或用收敛-约束法图解，但绝大多数问题，由于数学上的困难必须依赖数值解法，尤其是有限单元法。

利用此种模型进行隧道结构体系设计的关键问题是如何确定围岩的初始应力场以及表示材料非线性特性的各种参数及其变化情况。

本节采用 ABAQUS 软件对圆形隧道的衬砌受力和变形分别采用荷载-结构法和地层-

结构法进行计算分析。

1. 荷载-结构法

1）模型介绍

如图 11-19 所示，计算中，隧道的地面载荷取为 20kN/m³，隧道埋深 9.0m，重度为 20kN/m³，侧压力系数取 0.3，围岩弹性抗力系数 30MPa/m。隧道内径为 8m，衬砌厚度 30cm，衬砌的重度为 25kN/m³。

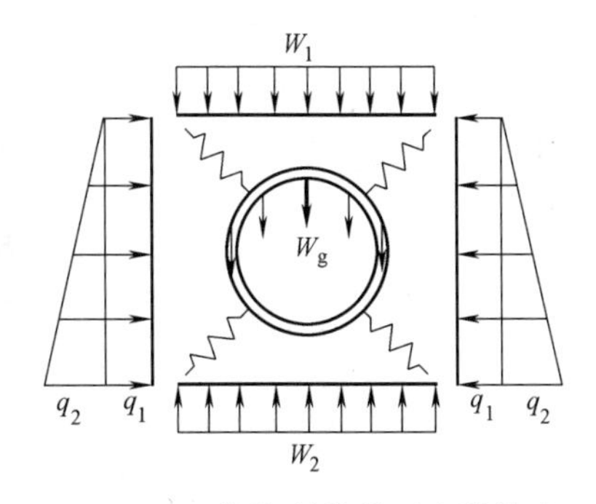

图 11-19 载荷-结构模型力学模式

2）计算模拟

隧道衬砌采用梁单元模拟，围岩与衬砌之间采用弹簧模拟，弹簧的刚度可根据弹性抗力系数换算求得。弹簧不与衬砌相连的节点二维 X、Y 方向自由度约束，衬砌的受力采用节点力施加，计算模型如图 11-20 所示。计算包括：①节点、单元定义，弹簧采用 SPRINGA 单元，衬砌采用梁单元定义；②弹簧和衬砌梁单元的材料定义；③边界约束条件设定；④载荷施加；⑤结果分析。

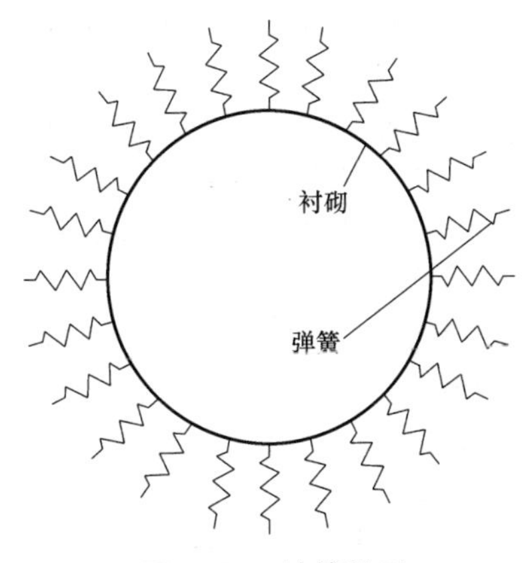

图 11-20 计算模型

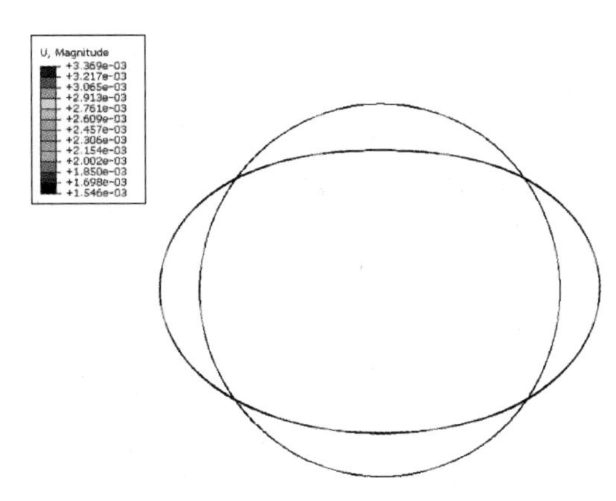

图 11-21 衬砌第一次变形图（m）

初次计算结果分析。计算结果如图 11-21～图 11-25 所示，衬砌在外界施力后向两侧

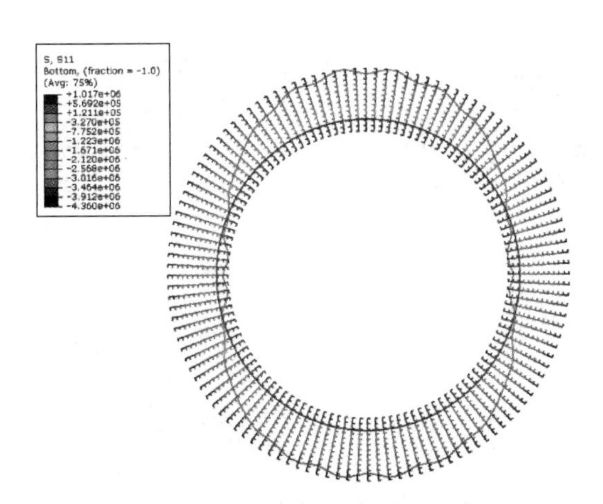

图 11-22 衬砌轴应力分布图

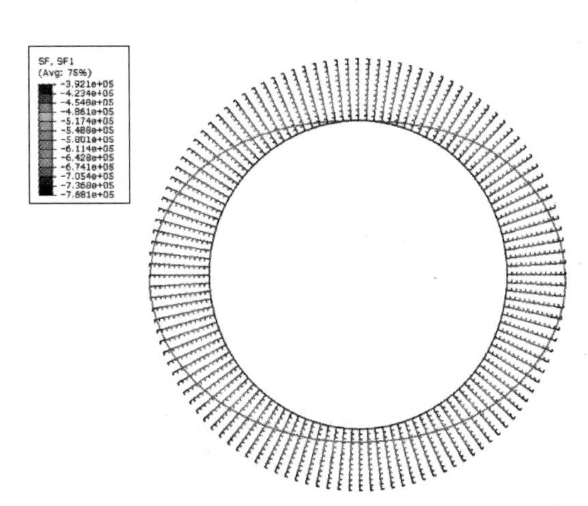

图 11-23 轴力分布云图

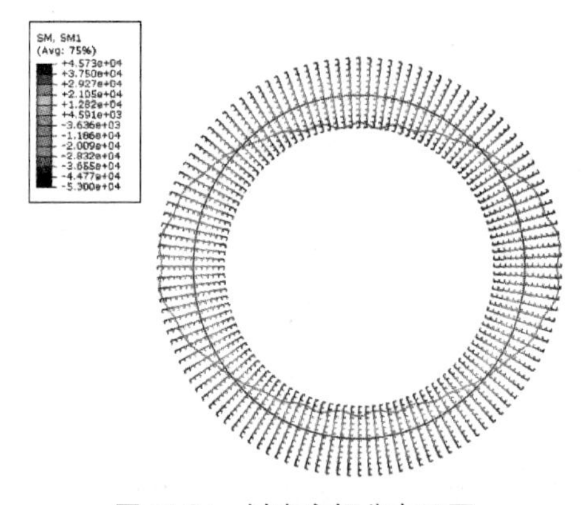

图 11-24 衬砌弯矩分布云图

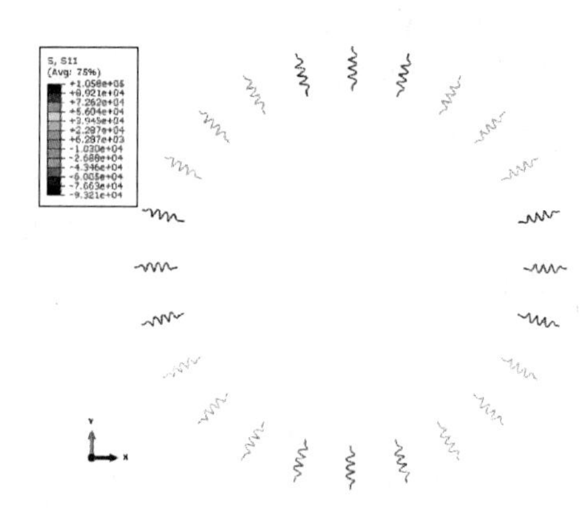

图 11-25 弹簧轴向受力分布云图

变形，上下拱受到挤压变形，与此同时，弹簧上下部分受压，两侧受压。因此需去除受拉弹簧单元，重新计算。

去除受拉弹簧单元后计算结果分析。在 ABAQUS 中，去除受拉弹簧采用 * model change 命令实现。然后在分析步中将其杀死，重新计算的模型和计算结果如图 11-26～图 11-31 所示。

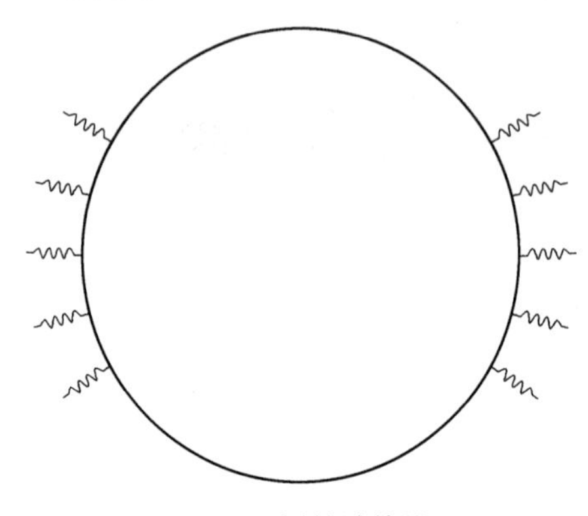

图 11-26 新的计算模型

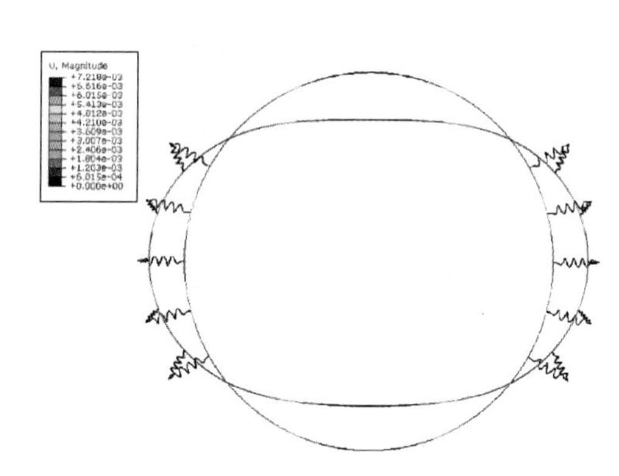

图 11-27 变形图（m）

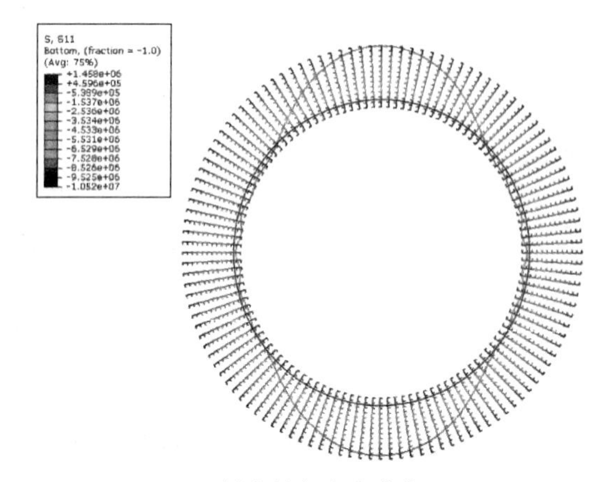

图 11-28 衬砌轴向应力分布图（Pa）

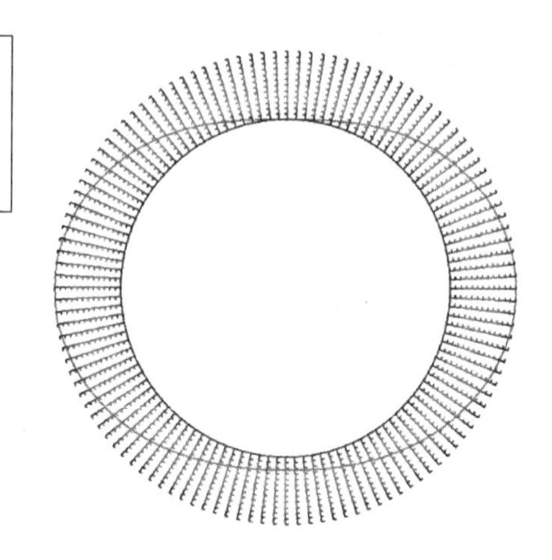

图 11-29 轴力分布云图（Pa）

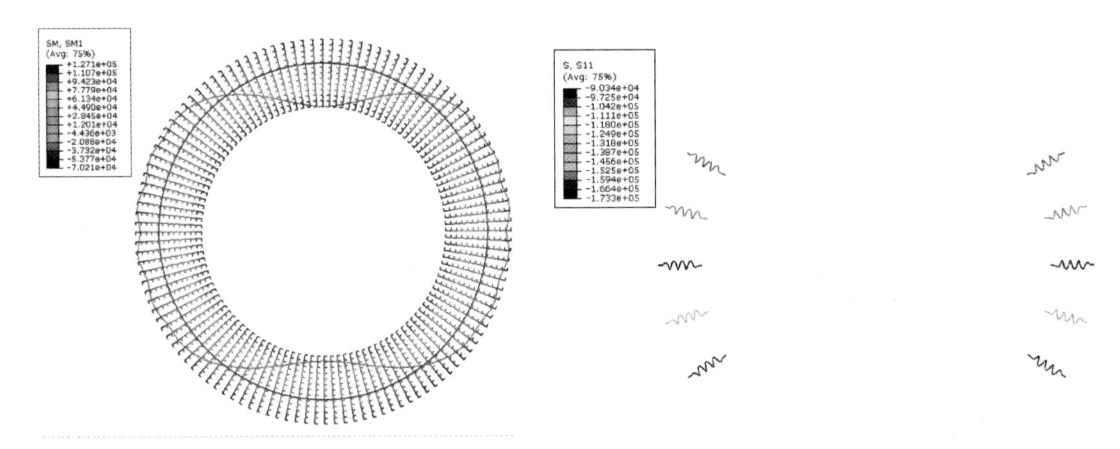

图 11-30 衬砌弯矩分布图（N・m）

图 11-31 弹簧受压受力分布图（Pa）

2. 地层-结构法

本部分采用地层-结构法计算隧道开挖支护后的衬砌受力和变形情况。

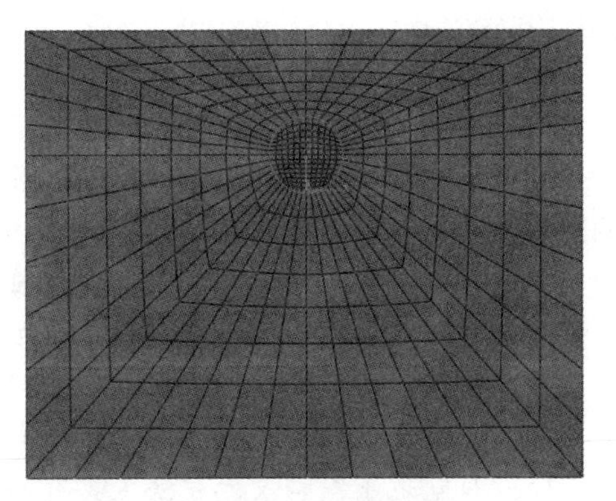

图 11-32 模型网格图

模型如图 11-32 所示，隧道顶拱距离模型上表面 9m，整个模型横向尺寸 60m，竖向尺寸 46.75m，衬砌采用梁单元模拟。计算过程包括：①节点、围岩体和衬砌梁单元定义；②围岩体和衬砌梁单元的材料定义；③边界约束条件设定；④施加地应力和自重荷载；⑤结果分析。

通过计算，得到围岩岩体和衬砌的受力及变形图，如图 11-33～图 11-36 所示。与采用载荷-结构法计算结果对比，地层-结构法计算结果偏小，如衬砌弯矩和轴力。因此，采用载荷-结构法相对较为保守，而采用地层-结构法则更能真实地反映具体工程实际。

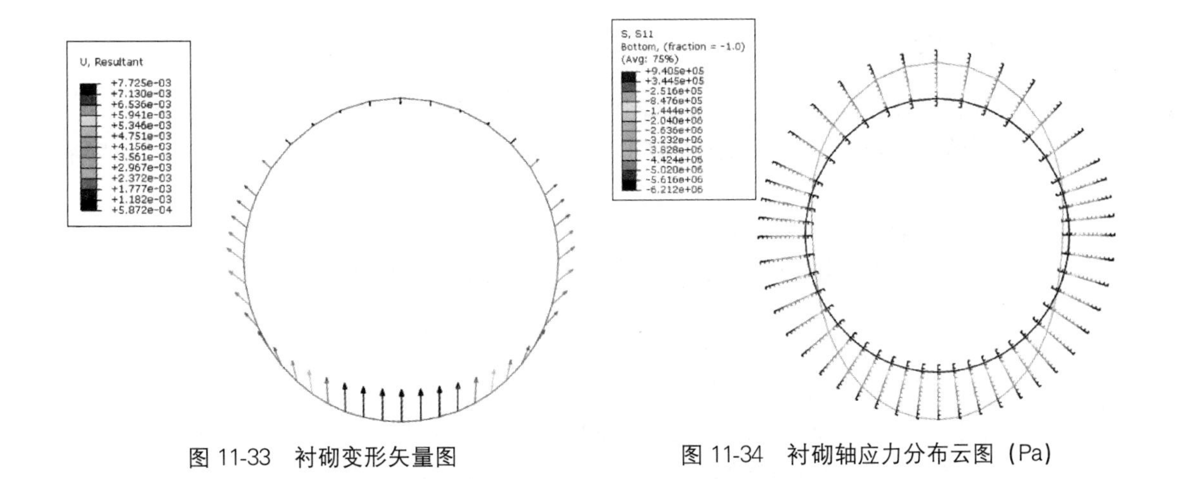

图 11-33 衬砌变形矢量图

图 11-34 衬砌轴应力分布云图（Pa）

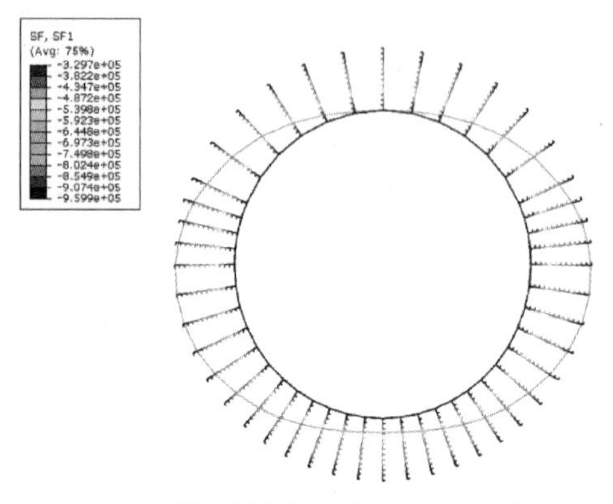

图 11-35　衬砌轴力分布云图（N）

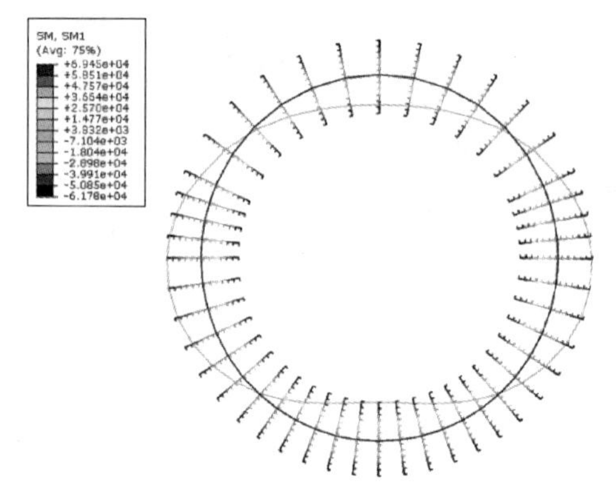

图 11-36　衬砌弯矩分布云图（N·m）

本章小结

（1）盾构法隧道通常适用于软土地层，其设计内容可以分为三个阶段：一是隧道的方案设计，以确定隧道的线路、线形、埋置深度以及隧道的断面形状与尺寸等；二是衬砌结构的设计，包括管片的相关参数，如厚度、分块及拼接方式等；三是管片内力的计算及断面校核。实际应用中盾构隧道衬砌设计较为复杂，往往需要结合工程经验和理论计算，相关衬砌参数不仅取决于地层情况，也取决于施工状况。

（2）衬砌结构设计，除了需要确定衬砌形式与构造，更重要的是计算衬砌结构所承受的荷载，它主要包括土压力、水压力、自重荷载、超载及地基弹性抗力等。

（3）目前地下结构设计方法主要有四种模型：①以参照过去隧道工程实践经验进行工程类比为主的经验设计法；②以现场测量和试验为主的实用设计方法；③作用与反作用模型，即荷载-结构模型；④连续介质模型，包括解析法和数值法。

（4）衬砌结构内力计算主要包含自由变形均质圆环法、多铰圆环法及日本修正惯用法等。

（5）隧道防水问题是隧道设计的重点之一。盾构隧道的防水设计应根据隧道的使用功能与要求、结构的构造特点及衬砌内外水压施工条件等进行综合防水设计。

思考与练习题

11-1　简述盾构法隧道的适用条件和特点。

11-2　盾构法隧道衬砌管片形式有哪些？举出三种常见型号并简述其各自特点和使用条件。

11-3　盾构法隧道结构计算模式有哪几种？各有何优劣？如何考虑接头的影响？

11-4　盾构法隧道结构的水土荷载如何计算？试分析地层抗力对隧道结构内力的影响？

11-5　简述几种新型管片形式的特点。

11-6　盾构法圆形衬砌管片拼装方式有哪几种？各有何优缺点和适用性？

11-7　盾构法隧道衬砌内力分布与管片结构的关系如何？

11-8　盾构法隧道衬砌结构断面选择时都应验算哪些内容？在验算时都应注意什么？

11-9　盾构法隧道衬砌结构的防水、抗渗都可以采取哪些措施？

第 12 章　沉井结构设计

本章要点及学习目标

本章要点：
(1) 沉井结构的概念、特点、适用范围及施工步骤；
(2) 沉井的类型与构造；
(3) 沉井结构设计的主要程序和内容；
(4) 沉箱结构的概念、特点及主体结构组成；
(5) 现代压气沉箱工法的原理和特点。
学习目标：
(1) 熟悉沉井结构的概念、特点、适用范围及施工步骤；
(2) 熟悉沉井结构的类型与构造；
(3) 掌握沉井结构设计的程序和内容；
(4) 了解沉箱结构的概念、特点和主体结构组成；
(5) 了解现代压气沉箱工法的原理及特点。

12.1　沉井概述

12.1.1　沉井结构的概念、特点及应用

二维码 12-1
沉井结构的概念、特点及应用

随着我国国民经济的高速增长，城市基础设施建设飞速发展，沉井在城市污水处理配套管网中的应用日益增多。沉井在技术上比较稳妥可靠，挖土量少，对邻近建筑物的影响比较小，可避免在城市基础设施建设中因降水施工沉井而导致周边建（构）筑物和道路的不均匀下沉，沉井基础埋置较深，稳定性好，能支承较大的荷载。

沉井结构主要以其施工方式命名，简言之，就是将已建的“井”通过某种方法“沉”到地下或水下的一定位置处后修筑而成的一种地下结构。具体来说，先在地表制作成一个井筒状的结构物，然后在井壁的围护下通过从井下不断挖土，借助井体自重及其他辅助措施而逐步下沉至预定设计标高，再浇筑底板、内部结构和顶盖，从而完成地下工程的建设。

沉井结构的特点是：①躯体刚度大，断面大，承载力高，抗渗能力强，耐久性好，内部空间可有效利用；②施工场地占地面积较小，可靠性良好；③适应土质范围广（淤泥土、砂土、黏土、砂砾等土层均可施工）；④施工深度大；⑤施工时周围土体变形较小，

因此对临近建筑（构筑）物的影响小，适合近接施工；⑥具有良好的抗震性能。

沉井结构在大型地下构筑物和深基础方面有着极其广泛的应用，如作为永久性地下构造物使用的地下储油罐、地下气罐、地下泵房、地下沉淀池、地下水池、地下防空洞、地下车库、地下变电站、地下料坑等多种地下设施，作为盾构隧道施工中的临时性工作井、盾构设备的接收井和永久性的隧道通风井、排水泵房井等，作为桥梁墩台、重型厂房和各种工业构筑物的深基础。大型沉井可用于地下工厂、车间、地下车库、地下娱乐场所等地下空间开发，大型浮运沉井可用来建造海上石油开采平台。

二维码 12-2
沉井结构的分类

12.1.2 沉井结构的分类

沉井的分类如下：

1）按下沉环境可分为陆地沉井（包括在浅水中先筑捣制作的沉井）和浮运沉井（用于在深水中施工的沉井）；

2）按沉井构造方式可分为独立沉井（多用于独立深基础或独立深井构筑物）和连续沉井（多用于隧道工程）；

3）按沉井平面方式可分为圆形、圆端形、正方形、矩形和多边形等，也可分为单孔沉井和多孔沉井（见图 12-1）；

4）按沉井制作材料可分为混凝土、钢筋混凝土、钢、砖、石以及组合式沉井等。

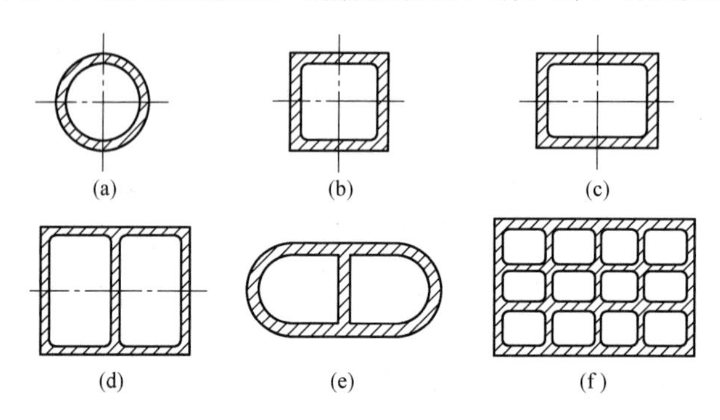

图 12-1 沉井按平面形式分类
（a）圆形单孔沉井；（b）正方形单孔沉井；（c）矩形单孔沉井；
（d）矩形双孔沉井；（e）圆端形双孔沉井；（f）矩形多孔沉井

二维码 12-3
沉井结构的
设计原则

12.1.3 沉井结构的设计原则

沉井平面尺寸及其形状与高度，应根据墩台的底面尺寸、地基承载力及施工要求确定。力求结构简单对称，受力合理，施工方便。具体要求为：

1）沉井棱角处宜做成圆角或钝角，可使沉井在平面框架受力状态下减少应力集中，减少井壁摩擦面积和便于吸泥（不至于形成死角）。沉井顶面襟边的宽度不应小于沉井全高的 1/50，且不得小于 200mm。浮式沉井大于 400mm。

2）沉井的长短边之比越小越好，以保证下沉时的稳定性。

3）为便于沉井制作和井内挖土出土，一般沉井应分节制作，每节高度不宜大于 5m，且不宜小于 3m。沉井底节高度除应满足拆除支承时沉井的纵向抗弯要求之外，在松软土层中下沉的沉井，底节高度不宜大于 0.8b（b 为沉井宽度）。如沉井高度小于 8m，地基土质情况和施工条件都允许时，沉井也可一次浇成。

12.2 沉井的构造

沉井一般由井壁、顶板、封底、内隔墙、取土井、凹槽和刃脚等部分组成，如图 12-2 所示。

二维码 12-4
井壁

12.2.1 井壁

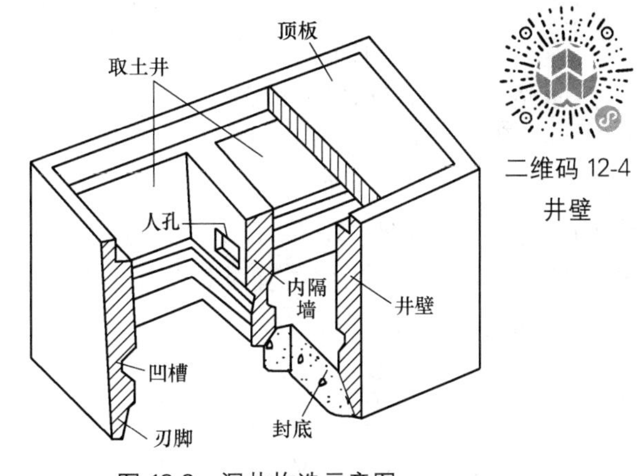

图 12-2 沉井构造示意图

井壁即沉井外壁，是沉井重要的结构构件。在施工下沉阶段，井壁承受周围水、土压力所引起的弯曲应力，同时要有足够的自重以克服井筒外壁与土的摩擦力和刃脚踏面底部土的阻力，使沉井能够下沉到设计标高；施工完成后，井壁成为传递上部荷载的基础或基础的一部分。因此，井壁应有足够的厚度与强度。此外，井壁内根据需要还常埋设有射水管、探测管、泥浆管和风管等。

井壁厚度应根据结构强度、施工下沉需要的重力、便于取土和清基等因素而定。设计时通常先假定井壁厚度，再进行强度验算。井壁厚度一般为 0.4～1.2m。有战时防护要求的，井壁厚度可达 1.5～1.8m。但钢筋混凝土薄壁沉井及钢模薄壁浮式沉井的壁厚不受此限制。为了承受在下沉过程中各种最不利的荷载组合（水、土压力）所产生的内力，在钢筋混凝土井壁中一般应配置两层竖向钢筋及水平钢筋，以承受弯曲应力。

井壁的外壁有多种形式，如图 12-3 所示。竖井井壁施工方便，周围土层能较好地约束井壁，较容易控制垂直下沉，并且能够减少对周围建（构）筑物的影响；但井壁周围土的摩擦阻力较大，一般在沉井入土深度不大时或松软土层中采用。当沉井入土深度较大，而土体又较密实时，可在沉井分节处做成台阶形，台阶宽度一般为 100～200mm，也可把

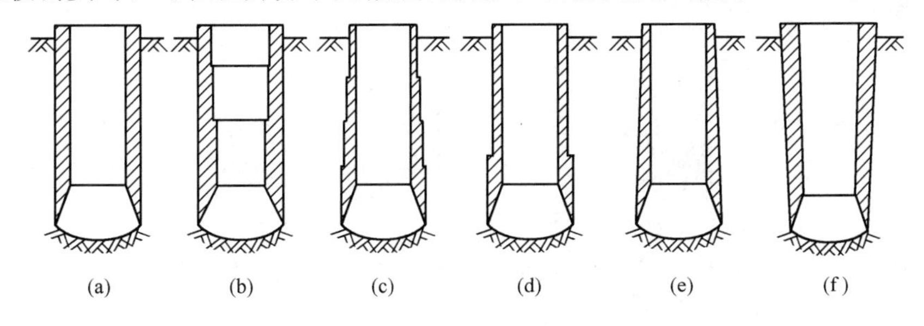

图 12-3 沉井井壁剖面类型示意图
(a)、(b) 竖直形；(c)、(d) 台阶形；(e) 锥形；(f) 倒锥形

外壁做成锥形。在软土地区施工沉井时，若沉井自重较大或软弱地基承载力过小，沉井下沉速度可能过快，易造成偏位或超沉等情况，可将沉井外壁做成倒锥形，其斜率根据下沉条件系数验算和施工经验确定。

二维码 12-5
刃脚

12.2.2　刃脚

如图 12-4 所示，井壁最下端一般都做成刀刃状的“刃脚”，其主要作用是减少下沉阻力。刃脚还应具有一定的强度，以免下沉过程中损坏，一般采用不低于 C20 的钢筋混凝土制成。刃脚底的水平面称为踏面。踏面宽度 b 一般为 10～30cm，视土质的软硬及井壁厚度而定。沉井重，土质软时，踏面要宽些；相反，沉井轻，又要穿过硬土层时，踏面要窄些。刃脚内侧的倾角 α（刃脚斜面与水平面的夹角）一般为 45°～60°。当沉井下沉较深且土质较坚硬时，刃脚面常以型钢（角钢或槽钢）加强（图 12-4b）；在坚硬地基上且需要用爆破方法清除刃脚下障碍物时可采用钢板刃脚，并不设踏面而直接做成尖角（图 12-4c）。刃脚的高度应视井壁的厚度而定，同时应考虑方便抽拔垫木和挖土，一般干封底时取 0.60m 左右，湿封底时取 1.50m 左右。

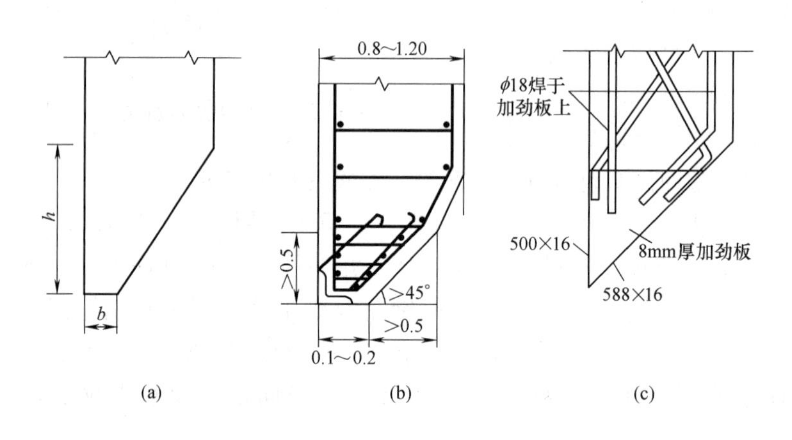

图 12-4　刃脚构造示意图

(a) 混凝土刃脚；(b) 角钢刃脚 (m)；(c) 钢板刃脚 (mm)

刃脚有多种形式（图 12-5），在具体施工中主要根据刃脚穿越土层的软硬程度以及刃脚单位长度上的反力大小来确定。

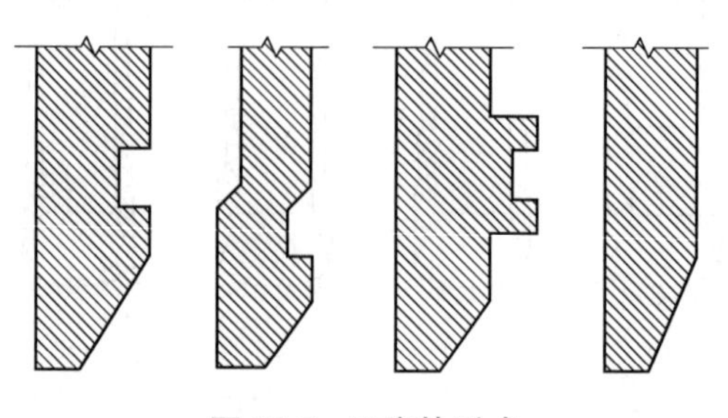

图 12-5　刃脚的形式

12.2.3 凹槽

二维码 12-6

凹槽

沉井内设凹槽是为了使封底混凝土嵌入井壁，形成整体，将传至沉井壁上的力更好地传递至封底混凝土底面。同时，当遇到意外困难，还可以在凹槽处浇筑钢筋混凝土盖板，将沉井改为沉箱。凹槽水平方向深约0.15～0.25m，高约为1.0m，其底面距刃脚底面一般大于1.5m。

12.2.4 内隔墙与底梁

二维码 12-7

内隔墙与底梁

当沉井平面尺寸较大时，应在其内部设置内隔墙。内隔墙的主要作用是增加沉井在下沉过程中的刚度并减小井壁跨径，同时又把整个沉井分隔成多个施工井孔（取土井），使挖土和下沉可以均衡地进行，也便于沉井倾斜时的纠偏。内隔墙的间距一般不大于6m，厚度一般为0.5～1.0m。为避免土体顶住内墙妨碍沉井下沉，内隔墙的底面一般应比井壁刃脚踏面高出0.5～1.0m。但当穿越软土层时，为了防止沉井"突沉"，也可与井壁刃脚踏面齐平。内隔墙下部应设人孔，供施工人员于各取土井间往来之用。人孔的尺寸一般为0.8m×1.2m～1.1m×1.2m。

在某些大型的沉井中，由于使用要求，不能设置内隔墙，则可在沉井底部增设底梁，并构成框架以增加沉井在施工下沉阶段和使用阶段的整体刚度。有的沉井因高度较大，常于井壁不同高度设置若干道由纵横大梁组成的水平框架，以减少井壁的跨度，使整个沉井结构布置合理、经济。

在松软地层中下沉沉井，底梁的设置还可以防止沉井"突沉"和"超沉"，便于纠偏和分格封底，以争取采用干封底。但纵横底梁不宜过多，以免增加结构造价、施工耗时，甚至增大阻力，影响下沉。

12.2.5 取土井

二维码 12-8

取土井

取土井是沉井下沉施工过程中挖土、排土的工作场所和通道，在平面上应沿沉井的中轴线对称布置，以利于沉井均匀下沉和纠偏。

取土井孔尺寸视挖土方法而定，除应满足使用要求之外，还应保证挖土机具可在井孔中自由升降，不受阻碍。用挖土斗取土时，取土井孔的最小边长一般不小于2.5m。

12.2.6 封底

二维码 12-9

封底

当沉井下沉到设计标高，经过技术检验并对坑底清理后，即可封底，以防止地下水渗入井内。封底可分为湿封底（即水下浇筑混凝土）和干封底两种，若井中的水可以排干（渗水量上升速度不大于6mm/min），排水后用C15或C20普通混凝土浇筑封底。若井中是渗水量大于6mm/min时，宜采用导管法浇筑C20水下混凝土封底。封底混凝土厚度按照承载力条件计算确定，一般其顶面应高出凹槽顶面0.5m。封底完毕，待混凝土结硬后即可在其上方浇筑钢筋混凝土底板。

二维码 12-10
顶板

12.2.7 顶板

在沉井下沉完毕并封底后，如作基础用，则取土井可用素混凝土、片石混凝土或片石填充，此时沉井可采用素混凝土顶板。但在其他情况下，若条件允许，为节约工期和造价、减轻结构自重，可做成空心沉井或以其他松散料（粗砂或砂砾）填心，此时沉井顶部须设置钢筋混凝土顶板，顶板厚度一般为 1.0～2.0m，配筋由承载力计算和构造要求确定。排水下沉的沉井，其顶面在地面或水位以下时，应在井壁的顶部设置挡土防水墙。

12.3 沉井结构设计计算

二维码 12-11
下沉系数计算

12.3.1 下沉系数计算

沉井下沉是靠在井孔内不断取土，使沉井自身重力克服四周井壁与土的摩擦阻力和刃脚下土的正面阻力而实现的，所以为使沉井能够顺利下沉，当全部尺寸初步拟定后，应验算沉井自重是否能克服下沉时土的摩擦阻力。可用下沉系数 K 表示：

$$\left.\begin{aligned} &K=\frac{G_s}{R_j+R_r}\geqslant 1.10\sim 1.25\\ &R_j=f_0\times F_0\\ &f_0=\frac{f_1h_1+f_2h_2+\cdots+f_nh_n}{h_1+h_2+\cdots+h_n}\end{aligned}\right\} \tag{12-1}$$

式中 G_s——沉井自重（kN）；

R_r——刃脚踏面下正面阻力总和（kN）；

R_j——沉井井壁侧面与土体间的总摩擦阻力（kN）；

h_i——沉井穿过的第 i 层土的厚度（m），$i=1，2，\cdots，n$；

F_0——沉井井壁四周总面积（m^2）；

f_i——第 i 层土对井壁单位面积的摩擦阻力（kPa），$i=1，2，\cdots，n$。

摩擦阻力 F_i 值与土的种类及其物理力学性能、井壁材料及其表面的粗糙程度等有关，可根据实践经验、实测资料来确定。若无资料，对下沉深度在 20m 以内或放宽至最深不超过 30m 的沉井，可参考：黏性土，25～50kPa；砂性土，12～25kPa；砂卵土，18～30kPa；砂砾土，15～20kPa；软土，10～12kPa；泥浆套，3～5kPa。

二维码 12-12
沉井底节验算

12.3.2 沉井底节验算

沉井底节即为沉井的第一节。沉井底节自抽除垫木开始，刃脚下的支承位置就在不断变化。

1）在排水或无水情况下下沉沉井，由于可以直接看到挖土的情况，沉井的支承点比较容易控制在使井体受力最为有利的位置上。对于圆端形或矩形沉井，当其长边大于 1.5 倍短边时，支承点可设在长边上，两支点的间距等于 0.7 倍长边（图 12-6），以使支承处产生的弯矩与长边中点处产生的弯矩大致相等，并按照此条件验算沉井自重所引起的井壁顶部混凝土的拉应力。若验算混凝土的拉应力超过容许值，可加大底节沉井的高度或按需要增设钢筋。

2）对于不排水下沉的沉井，由于不能直接看到挖土的情况，刃脚下的土的支承位置很难控制，可将底节沉井作为梁并按下列假定的不利支承情况进行验算：

（1）假定底节沉井仅支承于长边的中点（图 12-7 的 3 点），两端悬空，验算由于沉井自重在长边中点附近最小竖截面上所产生的井壁顶部混凝土拉应力。

（2）假定底节沉井支承于短边的两端点（图 12-7 的 2 点），验算由于沉井自重在短边处引起的刃脚底面混凝土的拉应力。

（3）沉井底节的最小配筋率，钢筋混凝土不宜小于 0.1%，少筋混凝土不宜少于 0.05%，沉井底节的水平构造钢筋不宜在井壁转角处有接头。因为沉井下沉过程中井孔内的土体未被挖出，增加了沉井的下沉阻力，使井壁产生拉力，为防止转角处拉力过大，钢筋布置要求较为严格。

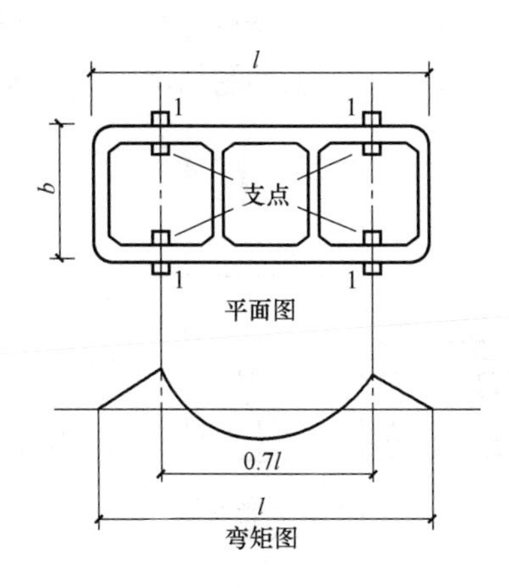

图 12-6 支承在 1 点上的沉井

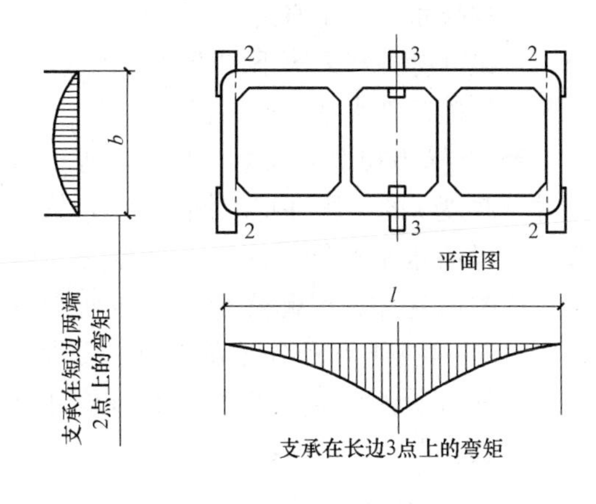

图 12-7 支承在 2 点、3 点上的沉井

12.3.3 沉井井壁计算

二维码 12-13 沉井井壁计算

混凝土厚壁沉井由于井壁的厚度较大，除刃脚外，可不进行验算；混凝土薄壁沉井的井壁应根据实际可能发生的情况进行验算。沉井井壁应进行竖直和水平两个方向的内力计算。

1. 竖直方向内力计算

在沉井的下沉过程中，当沉井被四周土体嵌固着而刃脚下的土已被掏空时，应验算井壁接缝处的竖向拉应力。假定接缝处混凝土不承受拉应力而由接缝处的钢筋承受，此时钢筋的抗拉安全系数可采用 1.25。从井壁受竖向拉应力的最不利条件考虑，井壁摩阻力可假定沿沉井全高按倒三角形分布，即在刃脚底面处为零，在地面处为最大（图 12-8），此时最危险的截面在沉井入土深度的 1/2 处，此处井壁所承受的最大竖向拉力为此时沉井全部重力 G 的 1/4。

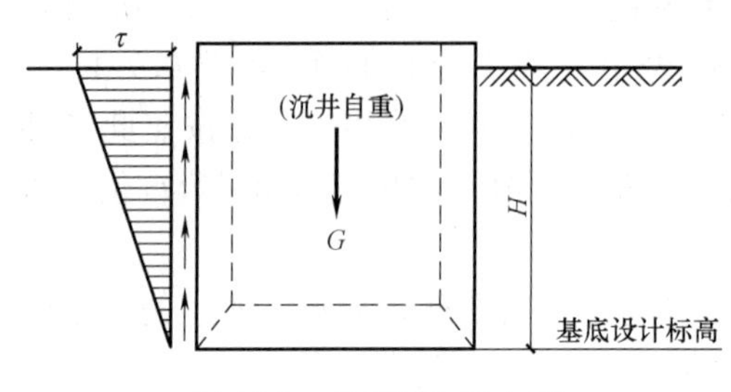

图 12-8 井壁竖向受力图

实际工程中，沉井被卡住较为常见，也出现过被拉裂的情况，这与各土层的情况和施工方法等多种因素有关，并且被卡住沉井的外力分布也不可能如上述所假定的那么理想。因此建议沉井井壁的竖向拉力按沉井结构和影响范围内的建筑物安全等级参考表 12-1 取值并进行验算，同时满足最小配筋率要求。

沉井竖向拉力取值及最小配筋率 **表 12-1**

沉井施工状态	沉井结构或受其影响建筑物的安全等级与拉力取值			纵向钢筋最小构造配筋率 ρ_{min}
	一级	二级	三级	
排水下沉	0.50G	0.30G	0.25G	钢筋混凝土：$\rho_{min} \geqslant 0.1\%$ 少筋混凝土：$\rho_{min} \geqslant 0.05\%$
不排水下沉	0.40G	0.25G	0.20G	
泥浆套中下沉	0.30G	0.25G	0.20G	

2. 水平方向内力计算

根据排水或不排水的情况，沉井井壁在水压力和土压力等水平荷载作用下，须按沉井下沉至设计标高，刃脚下的土已被掏空，井壁受最大水平外力的最不利情况，将井壁作为水平框架验算其水平方向的挠曲。

1）验算刃脚根部以上，其高度等于该处井壁厚度 t 的一段井壁（图 12-9），依此设置该段的水平钢筋。因这段井壁是刃脚悬臂梁的固定端，因此除承受自身所受的水压力 W 和土压力 E 外，还承受由刃脚悬臂传来的水平剪力 Q_1，即作用在该段井壁上的荷载 q(kN/m) 为：

$$\left.\begin{aligned} q &= W+E+Q_1 \\ W &= \frac{w_1+w_2}{2}t \\ E &= \frac{e_1+e_2}{2}t \end{aligned}\right\} \qquad (12\text{-}2)$$

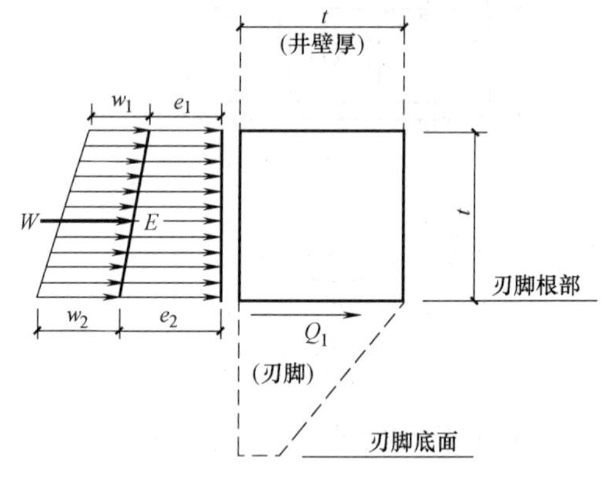

图 12-9 沉井井壁计算简图

式中 w_1、w_2——作用在该段井壁上、下截面处的水压力强度（kPa）；

e_1、e_2——作用在该段井壁上、下截面处的土压力强度（kPa）。

计算水压力时应考虑折减系数 λ，如排水开挖下沉，则作用在井内壁的水压力为零，作用在井外壁的水压力按土的性质来确定：砂性土取 $\lambda=1.0$，黏性土取 $\lambda=0.7$；如不排水开挖下沉，则井外壁水压力取 $\lambda=1.0$，而井内壁水压力根据施工期间的水位差按最不利情况进行计算，一般可取 $\lambda=1.0$。

根据以上计算出来的 q 值，即可以按框架分析求刃脚根部以上 t 高度范围的最大弯矩 M、轴向压力 N 和剪力 Q，并设计该段井壁中的水平钢筋。

2）其余各段井壁的计算，可按井壁断面的变化，将井壁分成数段，取每一段中控制设计的井壁（位于每一段最下端的单位高度）进行计算。作用在框架上的荷载 $q=W+E$，然后用同样的计算方法，求出水平框架的最大弯矩 M、轴向压力 N 和剪力 Q，并根据此设计水平钢筋，将水平钢筋布置于全段上。

采用泥浆润滑套下沉的沉井，应将沉井外侧泥浆压力 γH 按照 100%计算，因为泥浆压力一定要大于水压力及土压力的总和，才能保证泥浆套不被破坏。

采用空气幕下沉的沉井，由于压气时气压对井壁的作用不明显，可以略去不计，故其井壁压力与普通沉井的计算相同。

12.3.4 沉井刃脚验算

二维码 12-14
沉井刃脚验算

沉井刃脚部分可分别作为悬臂或水平框架验算其竖直及水平方向的弯曲强度。

1. 按悬臂梁计算刃脚竖直方向的挠曲强度

在计算沉井刃脚竖直方向的挠曲强度时，将刃脚作为悬臂梁计算，可求得刃脚内外侧竖向钢筋的数量。此时，刃脚根部可以认为与井壁嵌固，刃脚高度作为悬臂梁长度，并可根据以下两种不利情况分别计算。

1）刃脚向外挠曲计算

在沉井下沉途中，刃脚内侧已切入土中深约 1m，且沉井顶部露出水面较高时，刃脚因受井孔内土体的横向压力而在刃脚根部水平断面上产生最大的向外弯矩，这是设计刃脚内侧竖向钢筋的主要依据（图 12-10）。

（1）在井壁的水平方向取一个单位宽度，计算作用在刃脚外壁上单位宽度上的土压力 E 和水压力 W。

（2）作用在刃脚单位宽度上的摩阻力 T_1，取 $T_1=E\tan\varphi\approx0.5E$ 和 $T_1=f_iA$ 的较小值。其中 φ 为土体与刃脚外壁的外摩擦角，一般土在水中的外摩擦角可用 26.5°，tan26.5°≈0.5；f_i 为土与刃脚外壁之间的单位摩擦阻力；A 为刃脚外壁与土接触的单位宽度上的面积，即 $A=1\times h=h$（h 为刃脚高度）。

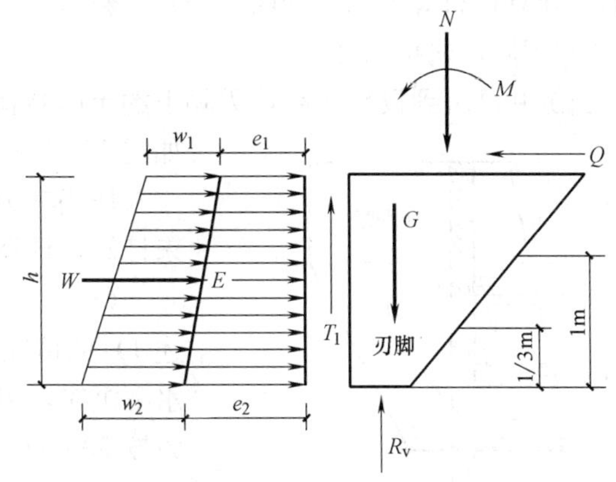

图 12-10 在刃脚上的外力

（3）求刃脚底面单位宽度上土的垂直反力 R_v，可按 $R_v=G-T_1$ 计算。其中 G 为沿沉井外壁单位周长（单位宽度）上的沉井自重，其值等于该高度沉井的总重除以沉井的周长；在不排水挖土下沉时，应在沉井总重中扣除淹没在水中部分的浮力（图 12-11）。

R_v 的作用点见图 12-12，假定作用在刃脚斜面上的土体反力的方向与斜面上的法线成 β 角，β 为土体与刃脚斜面之间的外摩擦角（一般取 $\beta=30°$）。作用在刃脚斜面上的土体反力可分解成水平力 U 与垂直力 V_2，刃脚踏面上的垂直反力为 V_1。假定 V_2 为三角形分布，则 V_1 和 V_2 的作用点距刃脚外壁的距离分别为 $a/2$ 和 $(a+b)/3$，则由 $R_v=V_1+V_2$、$V_1/V_2=2a/b$、$b=(t-a)/h$，可求得 V_1 和 V_2 及其合力 R_v 的作用点。

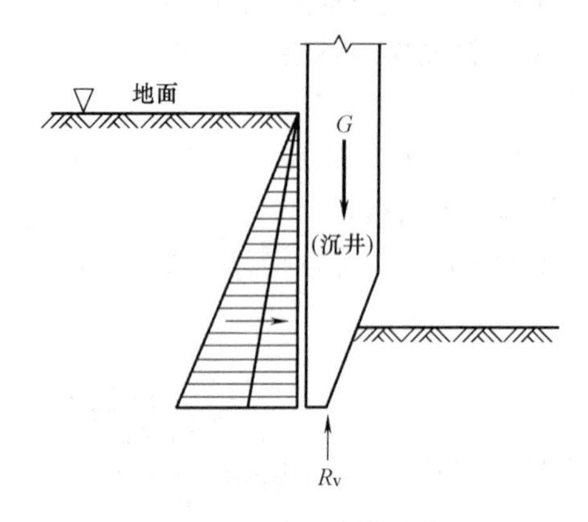

图 12-11　刃脚下土的反力 R_V

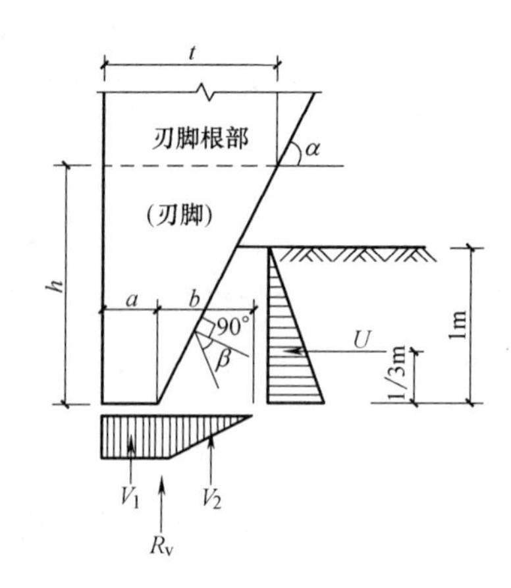

图 12-12　在刃脚斜面上的土体反力

（4）作用在刃脚斜面上的水平反力假定为三角形分布，其合力为 $U=V_2\tan(\alpha-\beta)$，U 的作用点在距刃脚底面 1/3m 高处。其中 α 为刃脚斜面与水平面所成的夹角。

（5）刃脚单位宽度的重力 G 按 $G=\gamma_c h\ (t+a)/2$ 计算。其中 γ_c 为钢筋混凝土重度，一般取 25kN/m^3，若不排水下沉，则应扣除水的浮力。

（6）求得作用在刃脚上的所有外力的大小、方向和作用点之后，即可求算刃脚根部处截面上每单位周长（单位宽度）内的轴向压力 N、水平剪力 Q 及对截面重心轴的弯矩 M，并据此计算在刃脚内侧的钢筋（竖直）数量。

2）刃脚向内挠曲计算

当沉井已沉到设计标高，刃脚下的土已被掏空，这时刃脚处于向内挠曲的不利情况，如图 12-13 所示。可按此情况确定刃脚外侧竖向配筋。

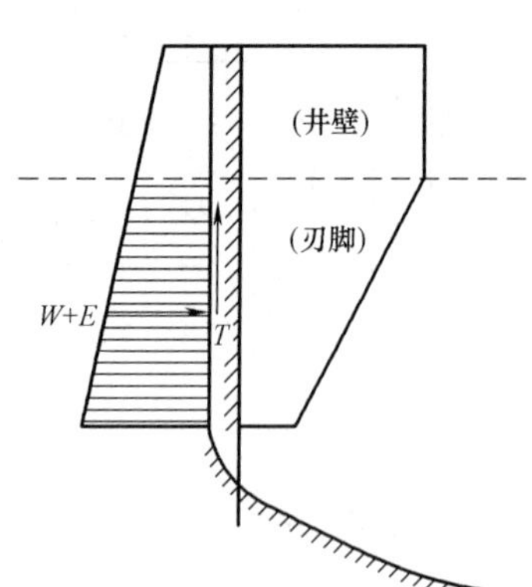

图 12-13　刃脚向内挠曲

作用在刃脚上的外力，可沿沉井周边取一单位宽度来计算，计算步骤和上述 1）的情况相似。

（1）计算刃脚外侧的土压力和水压力。土压力与上述 1）的情况相同。水压力可按下列情况计算：当不排水下沉时，刃脚外侧水压力值 100%按计算，内侧水压力按 50%计算，但也可按施工中可能出现的水头差计算；当排水下沉时，在不透水的土层中，可按静水压力的 70%计算，在透水的土层中，可按静水压力的 100%计算。

（2）由于刃脚下的土已被掏空，故刃脚下的垂直反力 R_V 和刃脚斜面水平反力 U 等于零。

（3）作用在井壁外侧的摩阻力 T_1、刃脚单位宽度的自重 g 也与上述 1）的计算方法相同。

（4）根据以上计算的所有外力，可以算出刃脚根部处截面上单位周长（单位宽度）内的轴向压力 N、水平剪力 V 及对截面重心轴的弯矩 M，并据此计算刃脚外侧需布设的竖向钢筋数量。

2. 按封闭的水平框架计算刃脚水平方向的挠曲强度

按封闭的水平框架计算，可求得刃脚内水平方向的钢筋数量。当沉井下沉到设计标高，刃脚下的土已被掏空时，刃脚将受到最大的水平力。图 12-14 表示刃脚沿井壁竖直方向割取的单位高度所形成的水平框架，作用在这个水平框架上的外力计算与上述计算刃脚竖直方向挠曲强度的方法相同。

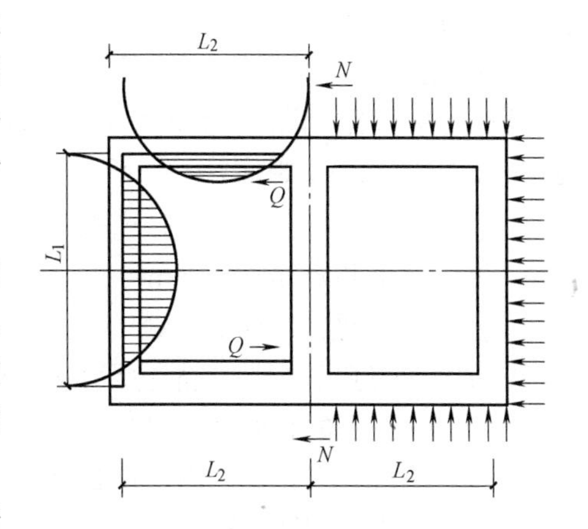

图 12-14 矩形沉井刃脚的水平框架

作用在矩形沉井上的最大弯矩 M、轴向力 N 和剪力 Q 可近似按 $M=qL_1^2/16$、$N=qL_2/2$、$Q=qL_1/2$ 计算。其中 q 为作用在刃脚框架上的水平均布荷载，L_1、L_2 分别为沉井外壁支承与内隔墙间的最大和最小计算跨径。

根据以上计算的 M、N 和 Q 即可计算配置刃脚内的水平方向钢筋。为便于施工，不必按正负弯矩将钢筋弯起，直接布置成内、外两道水平方向钢筋。

沉井刃脚相当于是三面固定、一面自由的双向板，为简化计算，一方面看作固定在刃脚根部处的悬臂梁，其悬长度为刃脚的高度；另一方面，又可将刃脚视为一个封闭的水平框架。因此，作用在刃脚侧面上的水平外力将由悬臂梁和框架来共同承担，也就是说，作用在刃脚侧面上的水平外力一部分由悬臂梁承担，另一部分由水平框架承担。设悬臂梁和水平框架的荷载分配系数分别为 η_1、η_2，则按变形关系导出的 η_1、η_2 计算公式如下：

$$\eta_1=\frac{0.1L_1^2}{h^4+0.05L_1^4}\leqslant 1.0 \tag{12-3}$$

$$\eta_2=\frac{h^4}{h^4+0.05L_2^4} \tag{12-4}$$

上述公式适用于当内墙刃脚踏面高出外壁不超过 0.5m，或当刃脚处由内隔墙或底梁加强，且内隔墙或底梁不高于刃脚踏面 0.5m 的情况，否则全部水平力都由悬臂梁承担，即 $\eta_1=1.0$。

12.3.5 沉井封底计算

二维码 12-15 沉井封底计算

沉井下沉至设计标高后，应进行基底检验和沉降观测，满足设计要求后即可进行封底作业。由于封底混凝土的反力分布非常复杂，为了简化计算，一般将其视为支承于刃脚斜面及内隔墙上的周边支承板，至于各边的支承情况（简支或嵌固）和计算强度应在设计中视具体情况而定。

1. 沉井封底混凝土计算注意事项

1）在施工抽水时，封底混凝土应承受基底水、土的向上反力，此时因混凝土龄期不足，计算时应降低其容许应力。

2）沉井井孔用混凝土填充时，封底混凝土应承受基础设计的最大基底反力，并将井孔内填充物的重力计入。

3）封底混凝土的厚度，一般建议不宜小于 1.5 倍的井孔直径（圆形沉井时）或短边边长（矩形沉井时）。

2. 干封底及相关计算

1）沉井下沉至设计标高时，若刃脚处于不透水黏土层中，并且不透水黏土层厚度满足式时，可以采用干封底。

$$A\gamma' h + cUh > A\gamma_w H_w \tag{12-5}$$

式中 A——沉井底部面积（m^2）；

γ'——土的有效重度（kN/m^3），即浮重度；

h——刃脚下不透水黏土层厚度（m）；

c——黏土的黏聚力（kPa）；

U——沉井刃脚底面内壁周长（m）；

γ_w——水的重度（kN/m^3）；

H_w——透水砂层的水头高度（m）。

若不透水黏土层厚度不满足式（12-5），则其可能会被下层含水砂层中的地下水压力“顶破”，从而无法采用干封底方式。

2）若井底虽有涌水、翻砂，但数量不大；或在沉井内设吸水鼓并有良好滤层的情况下进行降水，一直降到钢筋混凝土底板能够承受地下水位回升后的水土压力时，方可拆除并封闭降水管。在上述情况下，也可采用干封底。

3. 水下封底混凝土计算

当水文地质条件极为不利时，需采用水下混凝土封底，又称湿封底。如位于江中、江边的沉井工程，在下沉过程中常需采用不排水下沉；在地层极不稳定时，为防止流砂、涌泥、突沉、超沉以及倾侧歪斜，也需要采用灌水下沉；还有如本节前文所述，有时即使沉井刃脚停在不透水黏土层上，但黏土层厚度不足以抵抗地下水的“顶破”（涌水）作用，即由底层含水砂层中的地下水压力所引起的破坏，以致产生沉井施工中非常严重的事故，也应采用水下封底的办法。

至于水下封底混凝土的厚度，主要根据抗浮和强度这两个条件确定：

1）按抗浮条件计算：沉井封底抽水后，在底面最大水浮力的作用下，沉井结构是否会上浮，应用抗浮系数来衡量井的稳定性，并进行最小封底混凝土厚度计算，此时井内水已抽干，井内水重不能再计入，且要保证足够的抗浮系数。

2）按封底素混凝土的强度条件计算：封底后，将井内水抽干，在尚未做钢筋混凝土底板之前，封底混凝土将受到可能产生的最大水压作用，其向上荷载值即为地下水头高度（浮力）与封底混凝土重量的差值。封底混凝土作为一块素混凝土板，除需验算承受水浮力产生的弯曲应力外，还应验算沿刃脚斜面高度截面上产生的剪应力（图 12-15）。

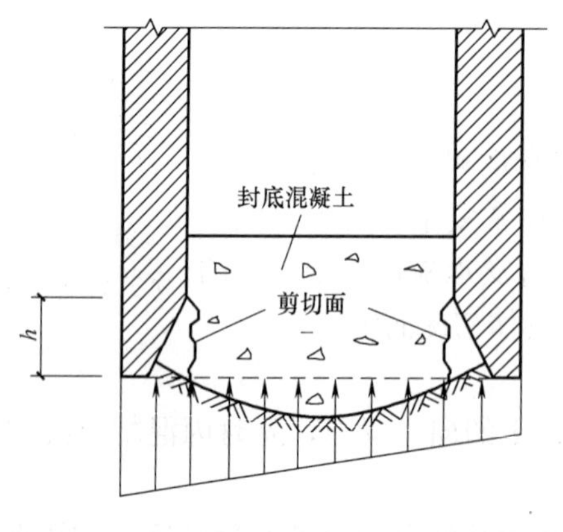

图 12-15 水下封底混凝土抗剪计算示意图
h-刃脚斜面高度

12.3.6 沉井底板计算

二维码 12-16
沉井底板计算

1. 沉井底板荷载计算

沉井底板下的均匀反力为沉井结构的最大自重除以沉井的外围底面积。在计算沉井底板下的均布反力时，一般不考虑井壁侧面摩擦阻力。

由于封底混凝土产生裂缝，造成漏（渗）水，通常水压力全部由钢筋混凝土底板承受。计算水头高度应从沉井外最高地下水位面算到钢筋混凝土底板下面，同时应扣除底板的自重。

沉井钢筋混凝土底板下的均布计算反力应取上述土反力和水压力中数值较大者进行结构的内力计算。

2. 沉井底板内力计算

沉井钢筋混凝土底板的内力可按单跨或多跨板计算。沉井底板的边界支承条件，应根据沉井井壁与底梁的预留凹槽和水平插筋的具体情况决定。在底板周边具有牢固连接的情况下，可视为嵌固支承；否则可视为简支。对于矩形或圆形沉井，底板的内力可按有关的《建筑结构静力计算实用手册（第三版）》进行计算。

12.3.7 沉井抗浮稳定验算

二维码 12-17
沉井抗浮
稳定验算

沉井沉到设计标高后，即着手进行封底工作，铺设垫层并浇筑钢筋混凝土底板，由于内部结构和顶盖等还未施工，此时整个沉井向下荷载为最小。待到内部结构、设备安装及顶盖施工完毕，所需时间很长，而底板下的水压力能逐渐增长到静力水头，会对沉井发生最大的浮力作用。因此，验算沉井的抗浮稳定性，一般可用下式计算：

$$K_{\mathrm{f}}=\frac{G+R_{j}}{Q}\geqslant 1.05\sim 1.10 \tag{12-6}$$

式中 K_{f}——抗浮安全系数；

G——井壁与底板的重量（不包括内部结构和顶盖）(kN)；

Q——底板下面的地下水浮力（kN)；

R_{j}——井壁与土体间极限摩擦力（kN)；

其他参数意义同前。

12.4 沉箱结构

二维码 12-18
沉箱结构

不同断面形状（如圆形、圆端形、矩形等）的井筒或箱体，按边排土边下沉的方式使其沉入地下，即沉井或沉箱。沉井也称为开口沉箱，沉箱也称闭口沉箱。由于闭口沉箱下沉施工时采用压气排水的施工方法，故通常称其为压气沉箱。本节所介绍的沉箱结构就是指压气沉箱结构。

众所周知，将杯状容器杯口向下压入水中，随着容器的下沉，容器内的空气受到压缩，下沉深度越大，容器内的气压越高。16 世纪初，在意大利有人依靠上述原理制造了潜水钟，利用其下沉到湖底进行某项作业，而沉箱是从潜水钟发展起来的。1841 年法国工程师塔利哥（M. Triger）在采煤工程中为克服管状沉井下沉困难，把沉井的一段改装为气闸，成了沉箱，并提出了用管状沉箱建造水下基础的方案，这标志着压气沉箱施工技术的诞生。1851 年勒特在英国罗切斯特梅德韦河建桥时，首次下沉了深 18.6m 的管状沉箱。1859 年法国弗勒尔-圣德尼在莱茵河上建桥时，下沉了底面和基底相同的矩形沉箱，自此，沉箱结构被广泛应用。

如图 12-16 所示，将杯口向下的茶杯竖直压入水中，茶杯内的空气受到压缩体积缩小，为了防止水进入茶杯内，可以从茶杯顶部充入适当的压缩空气，压气沉箱法就是利用了这个简单的原理。也就是说，在沉箱底部设置一个高气密性的钢筋混凝土结构工作室，并向工作室内充入压缩空气，防止水的进入，这样，作业人员可以和在地上一样的无水的环境下进行挖排土。形象地说，茶杯的中空部分相当于压气沉箱工作室，茶杯的杯口相当于压气沉箱刃脚。当压气沉箱刃脚下沉至地下水位以下时，周围的地下水将要涌入压气沉箱工作室，为了防止地下水的涌入，通过气压自动调节装置向工作室内注入压缩空气，保证刃脚最下端处的压缩空气压力和地下水压力相等。与刃脚最下端处的地下水压力相等的气压称为理论气压，与之相对应工作室内的实际气压称为工作气压，在工作室内原则上应当保持工作气压恒等于理论气压。

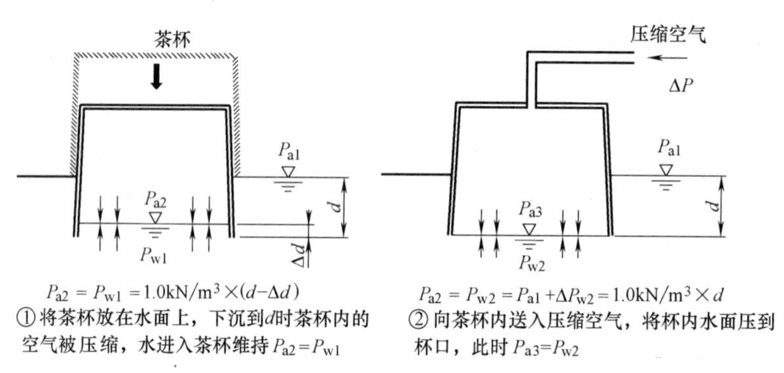

图 12-16 压气沉箱工作原理

现代压气沉箱工法，是在沉箱下部设置一个气密性高的钢筋混凝土结构工作室，以便工作人员可以在无水、较干燥的环境下进行挖土排土，使沉箱下沉。为了防止地下水渗入工作室，该工法通过气压自动调节装置向工作室内注入与刃脚处地下水压力相等的压缩空气，在下部工作室内挖掘土体并向外排土，箱体在本身自重以及上部荷载或压载的作用下，下沉到指定的深度，最后在沉箱结构底部浇筑混凝土底板。

现代压气沉箱工法在日本、美国得到了广泛的应用，它有以下四个显著的优点：

1）压气沉箱的侧壁可以兼作挡土结构，与地下连续墙明挖法相比，减少了临时设施用地，可以充分地利用狭小的施工空间资源。

2）由于连续地向压气沉箱底部的工作室内注入与地下水压力相等的压缩空气，因而可以避免或控制周围地基的沉降以及发生的喷沙管涌现象。由于压气的作用，地下水位几乎不发生变化，不需要采用其他的地基改良等辅助施工方法。

3）现代压气沉箱技术可以在地上通过远程控制系统，在无水的地下作业室内实现挖排土的无人机械化，不会产生泥水等工业垃圾，排出的土体也可以作为普通土进行处理。

4）施工安全，具有高质量、高精度、高效率的特点。整个箱体的结构分段在地上浇筑，可以进行强度和形状检查，因此高质量的施工可以得到保证。施工期间可以随时观测沉箱的下沉情况，下沉精度非常高。另外，工作室挖排土和箱体结构浇筑可以同时进行，从而可以进一步提高施工效率，缩短施工工期。

沉箱基础结构设计主要包括以下三个方面内容：

1）针对作用在沉箱主体结构上的各种荷载，确定沉箱结构的平面尺寸形式，以保证结构土体中安全稳定。

2）沉箱结构建成以后通常是一种永久性的构筑物，为了保证施工和使用期间的安全，对组成沉箱结构的各个构件的断面尺寸进行计算。

3）沉箱结构具有主体结构在地上构筑，然后下沉至地下的特点，所以应该考虑下沉到预计深度的方法，进行沉箱结构的下沉关系计算。

另外，还应针对下沉过程中的各种压力变化，进行构件的强度验算。限于篇幅，本节主要对沉箱的主体结构设计以及设计时应该注意的事项进行说明，其他详细内容，如结构整体问题性以及下沉关系计算，可参考有关的专业设计书籍或资料。

二维码 12-19
压气沉箱结构

12.4.1　沉箱的主体结构组成

压气沉箱结构，一般由侧壁、隔墙、顶板、刃脚、吊桁、工作室顶板、内部充填混凝土、胸墙和止水壁等构成，如图 12-17 所示。表 12-2 所示为沉箱主体结构各个构件的特征。

沉箱结构的各个构件特征　　**表 12-2**

构件名称	特　征
侧壁	构成沉箱四周的墙壁
隔墙	将侧壁围成的内部空间进行划分的墙壁，小型沉箱不需要设置隔墙，大型沉箱可能需要设置很多隔墙
顶板	承受上部传来的荷载，并向侧壁、隔墙传递的板状构筑物
刃脚	形成工作室的外周围护，下端尖的倒台锥形结构物，为了便于沉箱贯入土中而制成的楔形
吊桁	位于隔墙的最下端，不仅仅是起到分割沉箱内部空间的分割墙作用，更重要的是形成井格状桁架结构，对工作室顶板进行加固，并和侧壁形成一个整体，从而增强沉箱结构的刚性
工作室顶板	与刃脚形成一个整体，确保工作室气密性的板状构筑物
工作室内混凝土	为了确保将基础的荷载向地基传递，最后在工作室内充填素混凝土
胸墙	沉箱下沉结束后为了构筑顶板而设置的挡土墙
止水壁	在沉箱下沉过程中，为了防止土砂及地下水流入沉箱内部而临时设置的挡土墙，在顶板构筑完成后拆除

12.4.2　沉箱结构设计条件与方法

一般压气沉箱结构设计首先根据设计条件假设外形尺寸和各构件尺寸，然后进行稳定计算、各结构构件的强度计算、下沉关系计算三大计算。当假设外形尺寸不能满足设计要求时，需要变更相应尺寸再次进行计算。沉箱的结构计算基本与沉井结构相似，可参考上节内容。另外，为了提高压气沉箱设计的合理化与迅速化，必须在设计之前收集好收集所需的各种资料。设计时所必需的各种资料一般是在计划调

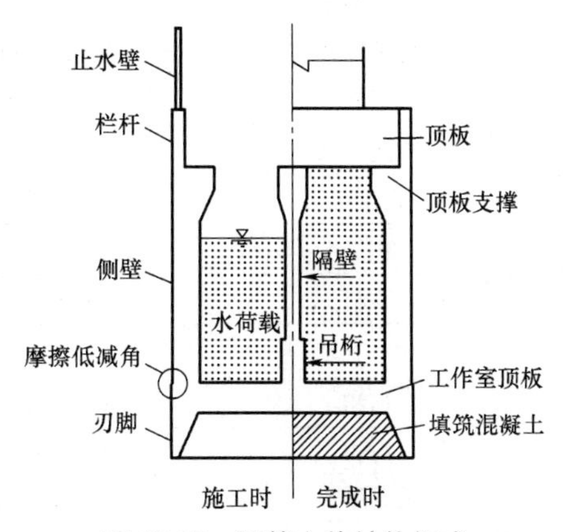

图 12-17　沉箱主体结构组成

查阶段获得，如果调查不充分或是调查资料有误，会给工期以及工程成本带来很大的影响，所以必须慎重地确定设计条件。在调查资料不充分的情况下，应该追加调查，并收集类似地基以及邻近工程的各种信息资料。沉箱结构的设计条件与所必需的资料见表 12-3。

沉箱结构的设计条件与所必需的资料 **表 12-3**

设计条件	项目	内　　容	主要提供资料
躯体	用途	桥台，桥墩	桥梁一般图
	形状	圆形，圆端形，长方形	躯体一般图
	平面尺寸	沉箱最小平面尺寸	—
沉箱	形状	圆形，圆端形，长方形	—
	平面尺寸	沉箱最大平面尺寸	—
荷载	检验状态	常时，地震时(震度法)，温度变化时，暴风时，地震时(保有水平最大承载力法)	—
	作用荷载	竖向荷载，水平荷载，弯矩	躯体设计计算书
	设计震度	水平震度	—
	上面堆载	偏土压，基础上填土重量	周围地形，地面高度
地基	液化	抗震地基面，地基参数低减率	室内土质试验(物理试验)
	流动化	流动范围，流动力	室内土质试验(物理试验)
	地层构成	地基层数，层厚，持力层位置	标准贯入试验，土质柱状图
	土质	N 值，周面摩擦力，承载力	标准贯入试验，土质柱状图
	强度特性	单位体积重度，黏聚力，摩擦角，一轴压缩强度	室内土质试验(力学/物理试验)
	变形特性	变形系数，地基反力系数	现场原位置试验(载荷试验)
	压密特性	负周面摩擦力	室内土质试验(力学试验)
	孔隙水压	工作气压	孔隙水压试验
地形	水位面	常时，地震时，施工时	水位变动，地下水位测定
	设计地面	常时，地震时，施工时，刃脚就位面	计划河床，地下水位面
	周围地形	偏土压，基础上填土重量	周围地形
	倾斜	地表面的倾斜角度	—
施工期间	用地面积	沉箱最大平面尺寸	能够施工的施工场地
	就位地基	地基强度	—
	作业空间	构筑分段长度，下沉方法	上空限制条件
	临近施工	下沉方法，沉箱最大平面尺寸	地表面下沉的影响范围
	促进下沉	下沉荷载，降低周面摩擦力的方法	促进下沉工法，施工实绩
建筑材料	混凝土	强度等级，强度设计值	使用建筑材料
	钢筋	等级，强度设计值，配筋的限制条件	—
	钢材	屈服应力，强度设计值，预应力量	—
	中空充填	水、土、砂	—
自然环境	河相	流速，波高，水位差，水深	—
	海相	波高，干满差	—
其他	桥梁形式	容许位移量	静定/超静定结构
	计划河床	常时地基面，冲刷深度	河床管理设施等构造要求

12.4.3 沉箱结构设计的注意事项

沉箱结构设计过程中必须考虑的因素很多，一般情况下应结合实际工程进行综合判断。下面较为详细地介绍一些设计项目在选择判断时的注意事项。

1. 地基参数选定时的注意事项

在设计时使用的地基参数中，有的可以直接使用，例如地基土的天然重度 γ 以及内摩擦角 φ 等，有的需要进行转换才可使用，例如变形系数（弹性模量）需要先转换成地基反力系数。对于一些需要变换后才能使用的地基参数，应正确理解其推导过程和适用条件。

根据日本相关的设计规范，标准贯入试验锤击数 $N_{63.5}$ 是需要转换以后才能使用的地基参数，标准贯入试验实施方便、应用广泛，而且 $N_{63.5}$ 可以转换成各种地基参数用于设计计算。但是，标准贯入试验也有其适用范围，适用范围以外进行的标准贯入试验 $N_{63.5}$ 可信度很低或不具有可信性。为了正确评价地基条件，除标准贯入试验以外还要进行其他各种相关试验，综合分析试验结果与数据，对地基条件进行正确评价。

2. 持力层与埋入深度选定时的注意事项

与基础周围地基反力相比，沉箱结构基础更注重基础底面的地基反力，因此，通常要求沉箱结构下沉至良好的持力层。根据日本相关的设计规范，可参照以下几个指标标准进行持力层的选择和判断：

1）对于黏性土层，选择 $N_{63.5}$ 在 20 以上（单轴压缩强度在 0.4MPa 以上）的地层；

2）对于砂层、砂砾层，选择 $N_{63.5}$ 在 30 以上的地层；

3）岩石地基一般具有足够的承载力，但是对于非均质岩基，需对其影响程度进行综合判断和分析。

此外，还应从沉箱基础的安全性与经济性的角度，对沉箱基础贯入持力层的深度极限综合判断。基础贯入良好持力层的深度应综合考虑持力层的倾斜程度和持力层上表面的深度。一般沉箱基础应该贯入持力层深度为 1～2m，若持力层倾斜，沉箱基础则应贯入更深一些。有时良好持力层埋深很深，但其上方却含有地基参数 $N_{63.5}$ 小于参考指标标准 $N_{63.5}$ 的中间土层，这时可将该中间土层作为沉箱基础的持力层。这种情况下需要对该中间土层的容许承载力的降低程度进行验算。当基础底面下方存在软弱黏性土层时，竣工后沉箱基础可能会继续下沉，这时可以将沉箱基础的应力分散传递到这个下卧的软弱黏性土层上，根据固结沉降理论对其进行验算与分析，计算结果必须满足基础的稳定性要求。

当良好持力层埋深很深，施工的最终阶段沉箱下部工作室内的理论气压有可能大于 0.4MPa，这时可以采用降低地下水位或地基改良处理等辅助方法，从而降低最终施工阶段沉箱下部工作室的气压。当然，这种情况下也可以采用先进的压气沉箱的施工方法，即无人化自动挖排土沉箱工法。最终采取什么样的辅助方法，这时应从经济性等方面进行综合比较。

3. 平面尺寸选定时的注意事项

1）平面形状

沉箱基础常用的平面形状有圆形、圆端形和矩形。目前上部结构平面形状对沉箱基础平面形状选定时的影响，不再是主要因素，因此通常是从建筑的难易程度来选择沉箱结构的平面形状，多数情况下采用矩形结构。

进行沉箱基础平面形状选定时应该注意以下两点：

（1）当进行地基反力系数换算或进行基础的稳定性验算时，圆形和圆端形要进行有效宽度换算。如果出现有效宽度小于圆形直径，地基抵抗反力将会小于同等宽度的矩形沉箱的反力。

（2）在横断面积相等的情况下，圆形或圆端形的周长小于矩形，周面摩擦力会比较小。

2）平面尺寸

沉箱基础的平面尺寸的选定，应该综合考虑沉箱基础上部桥墩的底面尺寸、桥墩与止水壁的间隔、基础的安全性能、施工场地的限制条件以及施工条件等因素。以下以桥梁基础为例说明。

当几座同时施工的沉箱基础均采用圆端形形状时，如果桥轴线方向尺寸采用相同的尺寸，圆形部分的模板可以重复使用，这样就可以节约施工成本；桥轴线方向采用相同的尺寸，沿桥轴线方向的通行效果会比较好，桥梁竣工以后，桥梁的视觉效果也会比较好。

桥墩的每个沉箱基础都可以单独进行设计，但为了数字简单以避免出现差错，选择平面尺寸时最好以 0.5m 为一个单位。沉箱基础最小平面尺寸，应根据沉箱主体结构内部所设置的气闸立管尺寸来确定。如图 12-18 所示，除了立管尺寸以外，作业空间至少不应小于 2.2m。沉箱主体结构内空部加上侧壁尺寸即为沉箱结构的最小尺寸，一般沉箱结构的最小平面尺寸为 4.0m。

沉箱基础的长边与短边之比一般尽可能控制在 3 以下，这时因为平面形状扁平的沉箱在下沉过程中容易发生倾斜，这样就会增加沉箱下沉过程中的施工管理难度。

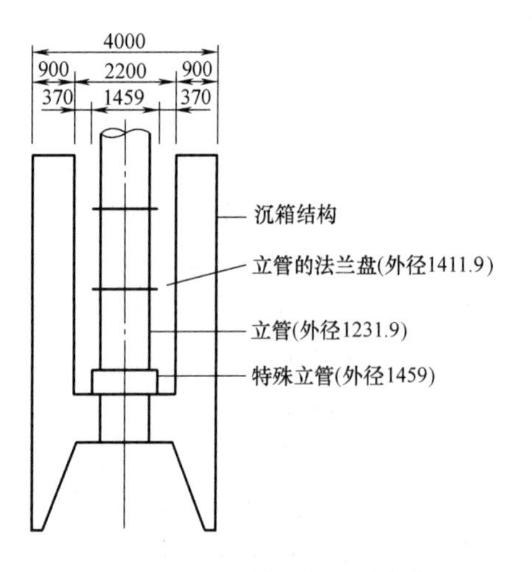

图 12-18 沉箱内部尺寸与气闸立管的关系（mm）

3）隔墙数量与位置

隔墙数量与位置的选择，需要综合考虑立管接长作业、沉箱作业、根据气闸立管数量与配置决定的挖掘效率、各种施工条件与设计条件等因素。随着平面尺寸的增大，侧壁水平的断面应力也在增加。设置隔墙具有降低局部横断面应力的作用。另外，当沉箱基础存在比较大的垂直方向的断面应力时，隔墙与侧壁可共同成为承受荷载作用的有效结构构件。同时，设置隔墙还可以起到增加基础抗挠曲刚度的作用。

在隔墙配置时需要注意以下五点：

（1）为了最大限度地减小沉箱结构的横断面应力，在隔墙设置时，应考虑左右对称；对于圆端形沉箱，隔墙只能设置在直线部分。

（2）在进行抗震验算时，一般来讲即使平面尺寸相同，沉箱重量越大稳定性也就越高。因此，从稳定性方面以及结构构件的强度验算的角度来考虑，有时也可考虑增加隔墙。

（3）从沉箱建筑时的施工便利方面来考虑，隔墙配置越少越有利于施工。

（4）为了缩短建设工期，提高挖掘效率，可以先依据挖掘效率来确定气闸立管的配置数量，然后再依据气闸立管配置来确定隔墙配置数量和位置。

（5）隔墙配置间隔根据沉箱平面尺寸的不同而不同，一般在6～8m。

4）气闸室数量

气闸是压气沉箱施工专有配备设备。气闸室数量确定，应综合考虑沉箱挖掘面积、下沉深度、挖掘设备等因素。气闸室的配置数量的多少直接影响着压气沉箱施工的挖掘效率，它对工程的建设成本以及工期会产生比较大的影响。沉箱挖掘面积与气闸室安装设备数量的关系见表12-4（参照日本压气技术协会所编写的压气沉箱施工手册）。

另外，即使下部挖掘面积相同，如果沉箱的长边与短边的比值较大，当气闸立管的配置间隔比较大时，下部工作室的开挖土砂装入排土装置的效率也会降低。在这种情况下，一般可采用增加气闸室配置数量以达到缩短工期的目的。除非结构构造上不得已（如平面积太小等），原则上压气沉箱施工时都要设置人员专用气闸室。

沉箱的挖掘面积与气闸室数量的关系　　表12-4

挖掘面积A(m^2)	建材闸室(个)	人员闸室(个)	合计(个)
$A<40$	1(标准闸室)	1	2
$40\leqslant A<100$	1(标准闸室)	1	2
$100\leqslant A<200$	1(标准闸室)	1	2
$200\leqslant A<300$	2(标准闸室)	1	3
$300\leqslant A<450$	2(大型闸室)	2	4
$450\leqslant A<600$	2(大型闸室)	2	4
$600\leqslant A<750$	3(大型闸室)	2	5
$750\leqslant A<900$	3(大型闸室)	2	5
$900\leqslant A<1050$	4(大型闸室)	3	7

5）构件尺寸选定时的注意事项

组成沉箱主体结构的各个构件间是相互关联的，原则上应该按照三维结构来考虑。然而在实际设计时，常常将各个构件从主体结构中简化出来，分别按梁、板等二维结构来进行相关计算。为了对各个构件进行合理设计，应尽可能考虑相邻结构构件间的圆滑过渡。在确定压气沉箱结构的各个构件尺寸时，可参考如表12-5所示的标准进行。

压气沉箱构件的标准尺寸（单位：m）　　表12-5

构件名称	最小值	最大值	变化幅度	尺寸设计标准
女儿墙厚	0.3	0.8	0.1	根据顶板厚与牛腿厚的关系确定，但不宜过厚
顶板厚	1.5	5.0	0.5	根据构件设计确定，一般采用2.5～4.5m
牛腿高(垂直部分)	0.5	2.0	0.5	整个牛腿根据构件设计确定，一般采用1.0～1.5m
牛腿高(倾斜部分)	1.0	2.0	0.5	根据牛腿厚关系确定
牛腿厚	1.0	2.5	0.1	一般是隔墙厚+0.5m左右
侧壁厚	0.7	2.0	0.1	根据构件设计确定，一般采用短边长的1/10左右
隔墙厚	0.5	1.5	0.1	一般采用隔墙厚−0.2m左右
吊桁高	2.5	4.0	0.5	与隔墙同一位置混凝土浇筑高度相适应

续表

构件名称	最小值	最大值	变化幅度	尺寸设计标准
吊桁厚	0.7	1.5	0.1	与侧壁厚相同，比隔墙厚 0.2～0.3m
工作室顶板厚	0.8	1.5	0.1	与侧壁厚相同或是稍微厚一些
竖井孔径	1.2	1.2	—	与圆筒尺寸相同
工作室高	1.8	2.3	—	日本规定是不小于 1.8m，目前主要采用 2.0m 或 2.3m
刃脚根部厚	0.9	1.6	0.1	考虑下沉时冲击力及局部应力，一般与侧壁厚相同
摩擦切口宽	0.0	0.1	0.05	一般采用 0.05～0.10m，但在软弱地盘、临近施工要求严格控制周围地盘下沉等情况下尽可能采用较小值

12.5 沉井结构设计算例

1. 设计条件

1）工程概况及地质资料

某雨水泵站进水井拟采用矩形沉井结构。为满足使用要求，沉井结构净空尺寸6500mm×6700mm，顶面标高 4.800m，底板标高至少为－10.300m，沉井结构示意图如图 12-19 所示。地层条件见表 12-6，其中地面标高＋4.30m，地下水潜水位为地表下 0.5m。

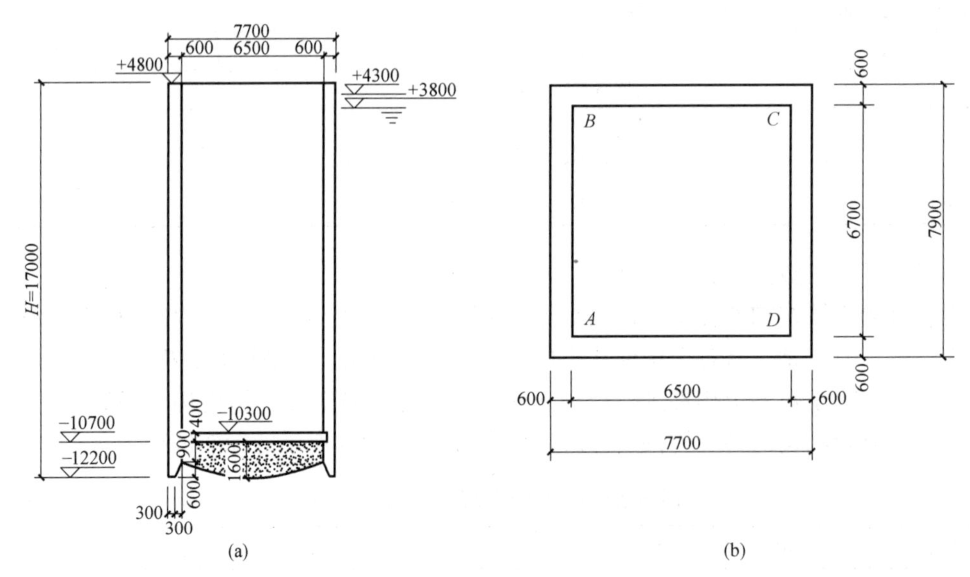

图 12-19 沉井结构示意图（mm）

（a）剖面图；（b）平面图

沉井地层条件 表 12-6

序号	土性	层顶标高（m）	层底标高（m）	天然重度（kN/m^3）	黏聚力（kPa）	内摩擦角（°）
1	素填土	＋4.30	＋1.26	18.5	18.0	15.0
2	粉质黏土	＋1.26	－2.48	19.0	11.0	5.0
3	粉土	－2.48	－9.54	19.2	16.4	21.2

续表

序号	土性	层顶标高（m）	层底标高（m）	天然重度（kN/m^3）	黏聚力（kPa）	内摩擦角（°）
4	黏土	−9.54	−22.5	19.0	65.0	16.7
5	粉砂	−22.5	−25.4	19.4	5.0	24.0
6	黏土	−25.4	−32.9	19.8	72.0	18.4

2）沉井材料

混凝土：采用C30，$f_c=14.3N/mm^2$，$f_t=1.43N/mm^2$。

钢筋：$d\geqslant 10mm$，采用热轧钢筋HRB400，$f_y=360N/mm^2$。

2. 水土压力的计算

本沉井采用排水法下沉，对于作用在井壁上的水、土压力，按《给水排水工程钢筋混凝土沉井结构设计规程》CECS 137—2015计算：

$h=0m, P_{W+E}=0$

$h=0.5m, P_{W+E}=3\times 0.5=1.5kN/m^2$

$h=5m, P_{W+E}=3\times 5+10\times(5-0.5)=60kN/m$

$h=9.8m, P_{W+E}=3\times 9.8+10\times(9.8-0.5)=122.4kN/m^2$

$h=14.6m, P_{W+E}=3\times 14.6+10\times(14.6-0.5)=184.8kN/m^2$

$h=15m, P_{W+E}=3\times 15+10\times(15-0.5)=190kN/m^2$

$h=15.9m, P_{W+E}=3\times 15.9+10(15.9-0.5)=201.7kN/m^2$

$h=16.5m, P_{W+E}=3\times 16.5+10\times(16.5-0.5)=209.5kN/m^2$

根据上述计算，绘制水压力、主动土压力示意图，如图12-20所示。

3. 下沉计算

1）沉井自重

井壁钢筋混凝土重度按$25kN/m^3$计，沉井重量为：

$$G_s=(7.7\times 7.9\times 17-6.5\times 6.7\times 17)\times 25=7344kN$$

2）摩阻力

井壁侧面的摩阻力分布如图12-21所示。单位摩阻力，按《给水排水工程钢筋混凝土沉井结构设计规程》CECS 137—2015规定：可塑、软塑状态黏性土$f=12\sim 25kN/m^2$。取$f=15kN/m^2$。

$$h_k=\frac{1}{2}\times 5+11.5=14m$$

井壁总摩阻力：

$$R_j=Uh_k f=(7.7+7.9)\times 2\times 14\times 15=6225kN$$

下沉系数：$K=G_s/R_j=7344/6552=1.12\geqslant 1.10$，满足要求。

4. 沉井竖向计算

1）抽垫木时井壁竖向计算

沉井在开始下沉特别是在抽垫木时，井壁会产生较大的弯曲应力。沉井采用四个支承点，定位支撑点布置如图12-22所示。

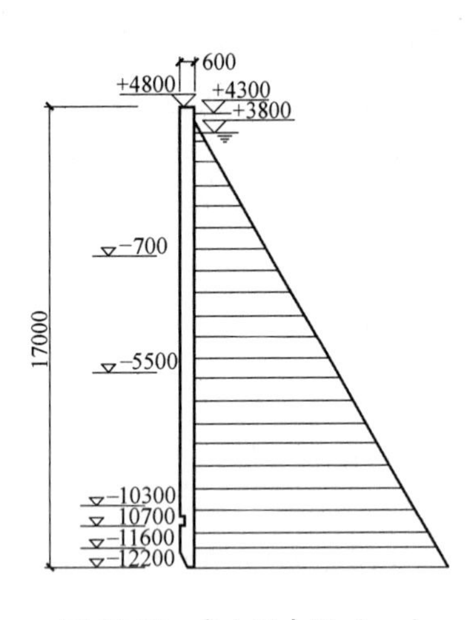

图 12-20 水土压力图（mm）

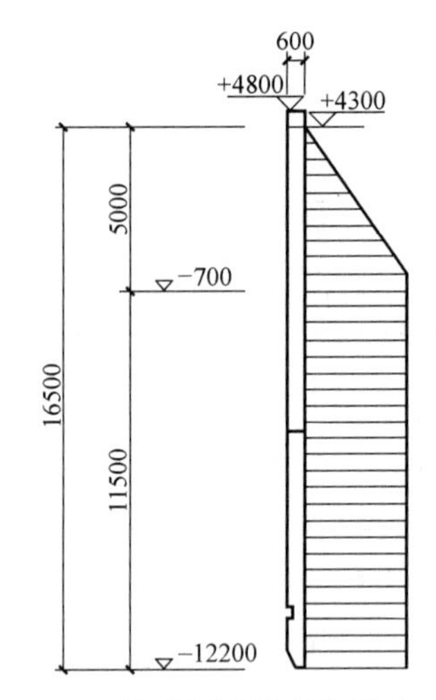

图 12-21 井壁侧摩擦阻力图（mm）

（1）假定定位承垫木间距为 $0.7l$，不考虑刃脚下回填砂的承载力，如图 12-23（a）所示。

井壁单宽自重标准值：$g_k=(17\times0.6-0.6\times0.3/2-0.4\times0.2)\times25=250.75\text{kN/m}$

井壁单宽自重设计值：$g_s=1.2\times250.75=300.9\text{kN/m}$

支座弯矩：

$$M_{支}=-\frac{1}{2}\times300.9\times(7.7\times0.15)^2-\frac{1}{2}\times6.7\times300.9\times(7.7\times0.15-0.3)=1062.56\text{kN}\cdot\text{m}$$

跨中弯矩：$M_{中}=\frac{1}{8}\times300.9\times(7.7\times0.7)^2-1062.56=30.16\text{kN}\cdot\text{m}$

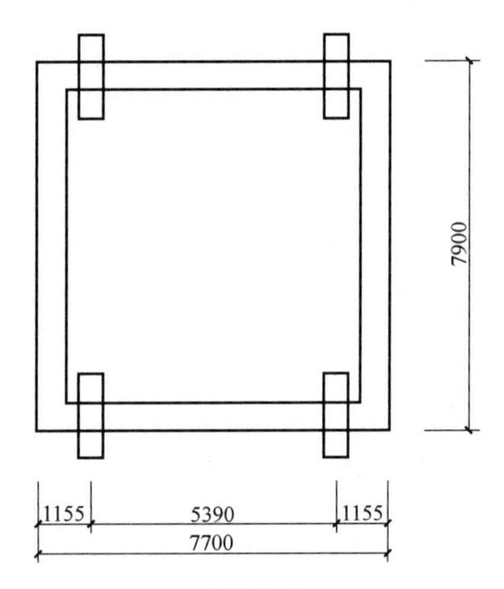

图 12-22 支撑点布置图（mm）

（2）假定抽垫木时，先抽并回填部位已经压实变形成支点。此时，沉井井壁支承在三支点上，如图 12-23（b）所示。

支座弯矩：$M_{支}=-\frac{1}{8}\times300.9\times3.85^2=-557.51\text{kN}\cdot\text{m}$

跨中弯矩：$M_{中}=0.07\times300.9\times3.85^2=312.21\text{kN}\cdot\text{m}$

（3）配筋计算

$l/h\leqslant2$，按深梁进行设计，根据《混凝土结构设计规范》GB 50010—2010，计算如下：

因为 $l<h$，内力臂：$z_1=0.6l=0.6\times7.7=4.62\text{m}$

刃脚底部：$M_{中}=312.21\text{kN}\cdot\text{m}$，$A_s=\frac{M_{中}}{f_y z_1}=\frac{312.21\times10^3}{360\times4.62}=187.71\ \text{mm}^2$

井墙顶部：$M_{支}=1062.56\text{kN}\cdot\text{m}$，$A_s=\frac{M_{支}}{f_y z_1}=\frac{1062.56\times10^3}{360\times4.62}=638.86\ \text{mm}^2$

求得的钢筋值较小，故按构造配筋已能满足要求。

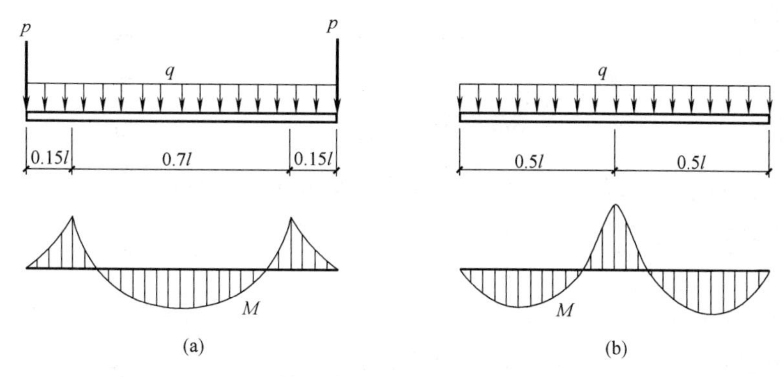

图 12-23　抽垫木时井壁受力的弯矩变化图

2）井壁的抗拉计算

根据《给水排水工程钢筋混凝土沉井结构设计规程》CECS 137—2015，由于本工程地基为土质均匀的软黏土地基，不必进行竖向拉断计算。

5. 刃脚计算

1）刃脚外侧竖直钢筋计算（刃脚向内挠曲）

本沉井采用排水法施工，井内无水，刃脚按第一种情况：沉井位于设计标高，刃脚下的土已经挖空情况计算，如图 12-24 所示。

（1）外力计算

井壁外水平侧向压力标准值如图 12-20 所示。

（2）内力计算及配筋

① 刃脚跟部 C-C 截面弯矩的计算及配筋

计算时，刃脚自重及井壁摩阻力略去不计。

$$M=\frac{1}{2}\times1.27\times201.7\times0.6^2+\frac{1}{2}\times1.27\times(209.5-201.7)\times0.6^2\times\frac{2}{3}=47.30\text{kN}\cdot\text{m}$$

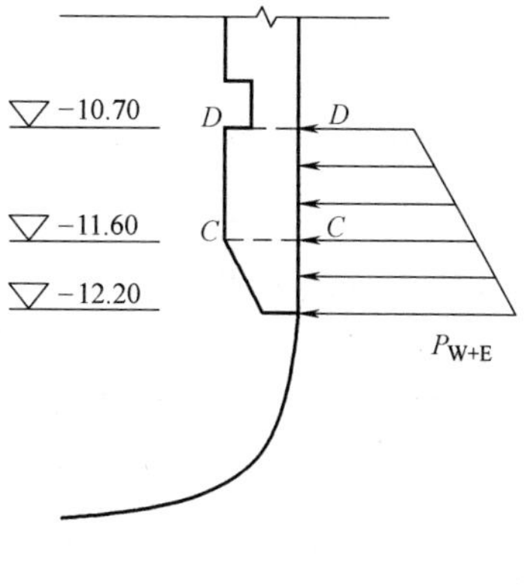

图 12-24　刃脚向内挠曲计算图（m）

选择钢筋截面（保护层厚度 $c=45$mm）：

$M=47.30\text{kN}\cdot\text{m}$，$h_0=600-45=555$mm，$b=1000$mm

$$\alpha_s=\frac{M}{\alpha_1 f_c b h_0^2}=\frac{47.30\times10^6}{1.0\times14.3\times1000\times555\times555}=0.01074$$

$$\xi=1-\sqrt{1-2\alpha_s}=0.01080<\xi_b=0.518\text{，满足防止超筋适用条件。}$$

$$A_s=\frac{\alpha_1 f_c b h_0 \xi}{f_y}=\frac{1.0\times14.3\times1000\times555\times0.01080}{360}=238.10\text{mm}^2$$

$A_s=239\text{mm}^2<A_{s,\min}=0.2\%\times600\times1000=1200\text{mm}^2$，应按构造配筋，取 $A_s=1200\text{mm}^2$，选配 8Φ14@125。

② 槽下口 D-D 截面弯矩计算及配筋

$$M_D=\frac{1}{2}\times1.27\times190\times1.5^2+\frac{1}{2}\times1.27\times(209.5-190)\times1.5^2\times\frac{2}{3}=290.04\text{kN}\cdot\text{m}$$

选择钢筋截面：

$M=290.04\text{kN}\cdot\text{m}, h_0=400-45=355\text{mm}, b=1000\text{mm}$

$$\alpha_s=\frac{M}{\alpha_1 f_c b h_0^2}=\frac{290.04\times10^6}{1.0\times14.3\times1000\times355\times355}=0.1609$$

$\xi=1-\sqrt{1-2\alpha_s}=0.1765<\xi_b=0.518$，满足防止超筋适用条件。

$$A_s=\frac{\alpha_1 f_c b h_0 \xi}{f_y}=\frac{1.0\times14.3\times1000\times355\times0.1765}{360}=2488.90\ \text{mm}^2$$

$A_s=2489\ \text{mm}^2>A_{s,\min}=0.2\%\times400\times1000=800\ \text{mm}^2$，选配 8Φ22@125。

2）刃脚内侧竖直钢筋计算（刃脚向外挠曲）

按第二种情况，沉井已部分入土，刃脚内侧切入土中 60cm 进行验算，计算简图如图 12-25 所示。

按 $\beta=\varphi=30°$（取砂垫层内摩擦角）。

$$a=60\text{cm}, h=b=30\text{cm}, c=30\text{cm}$$

$$\alpha=\arctan a/b=\arctan 600/300=63°$$

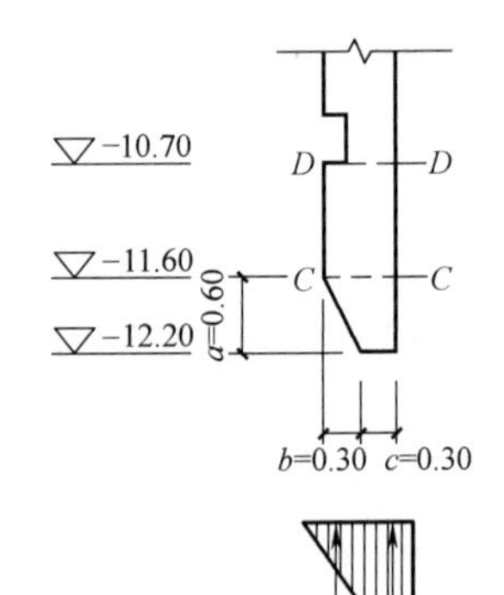

图 12-25 刃脚向外挠曲计算图（m）

（1）水平作用力 U 的计算

井壁单宽重量设计值：$g_s=300.9\text{kN/m}$

土反力：$R_v=g_s=V_1+V_2=300.9\text{kN}\cdot\text{m}$

由图 12-25 可知：

$$R_v=\sigma\cdot c+\frac{1}{2}\sigma\cdot b, \sigma=\frac{2R_v}{b+2c}$$

$$V_2=\frac{1}{2}\sigma\cdot b=\frac{1}{2}\times\frac{2\times300.9\times0.3}{0.3+2\times0.3}=100.3\text{kN/m}$$

$U=V_2\tan(\alpha-\beta)=100.3\times\tan(63°-30°)=65.13\text{kN/m}$

（2）内力计算及配筋

① 刃脚跟部 C-C 截面弯矩的计算及配筋

计算时，刃脚自重及井壁摩阻力略去不计。

$$M_c=\frac{2}{3}\times0.6\times65.13=26.05\text{kN/m}$$

选择钢筋截面（保护层厚度 $c=45\text{mm}$）：

$$M=26.05\text{kN}\cdot\text{m}, h_0=600-45=555\text{mm}, b=1000\text{mm}$$

$$\alpha_s=\frac{M}{\alpha_1 f_c b h_0^2}=\frac{26.05\times10^6}{1.0\times14.3\times1000\times555\times555}=0.00591$$

$\xi=1-\sqrt{1-2\alpha_s}=0.00593<\xi_b=0.518$，满足防止超筋适用条件。

$$A_s=\frac{\alpha_1 f_c b h_0 \xi}{f_y}=\frac{1.0\times14.3\times1000\times355\times0.00593}{360}=130.79\text{mm}^2$$

$A_s=131\text{mm}^2<A_{s,\min}=0.2\%\times600\times1000=1200\text{mm}^2$，应按构造配筋，取 $A_s=1200\ \text{mm}^2$，选配 8Φ14@125。

② 槽下口 D-D 截面弯矩计算及配筋

$$M_D=\left(\frac{2}{3}\times a+0.9\right)\times U=\left(\frac{2}{3}\times 0.6+0.9\right)\times 65.13=84.67\text{kN}\cdot\text{m}$$

选择钢筋截面：

$$M=84.67\text{kN}\cdot\text{m}, h_0=400-45=355\text{mm}, b=1000\text{mm}$$

$$\alpha_s=\frac{M}{\alpha_1 f_c b h_0^2}=\frac{84.67\times 10^6}{1.0\times 14.3\times 1000\times 355\times 355}=0.0470$$

$$\xi=1-\sqrt{1-2\alpha_s}=0.0481<\xi_b=0.518\text{，满足防止超筋适用条件。}$$

$$A_s=\frac{\alpha_1 f_c b h_0 \xi}{f_y}=\frac{1.0\times 14.3\times 1000\times 355\times 0.0481}{360}=678.85\text{mm}^2$$

$A_s=679\text{mm}^2<A_{s,\min}=0.2\%\times 400\times 1000=800\text{mm}^2$，应按构造配筋，取 $A_s=800\text{mm}^2$，选配 6Φ14@160。

6. 井壁水平框架的内力计算及配筋（封底前）

采用弯矩分配法进行计算。

1）框架分配系数

在计算框架的分配系数时，单位刚度 i 按净跨计算，由于各跨梁的材料相同，各截面的 h 相等，故用相对值计算：

$$i=730\times 710/l$$

$$S_{BA'}=730\times 710/365=1420, S_{BC}=S_{CB}4i_{BC}=4\times 730\times 710/710=2920$$

$$S_{CD'}=i_{CD'}=730\times 710/365=1420\text{。}$$

分配系数：

$$u_{BA'}=1420/(1420+2920)=0.327, u_{BC}=2920/(1420+2920)=0.673$$

$$u_{CB}=2920/(1420+2920)=0.673, u_{CD'}=1420/(1420+2920)=0.327, C_{BC}=0.5$$

井壁水平框架弯矩分配系数图如图 12-26 所示。

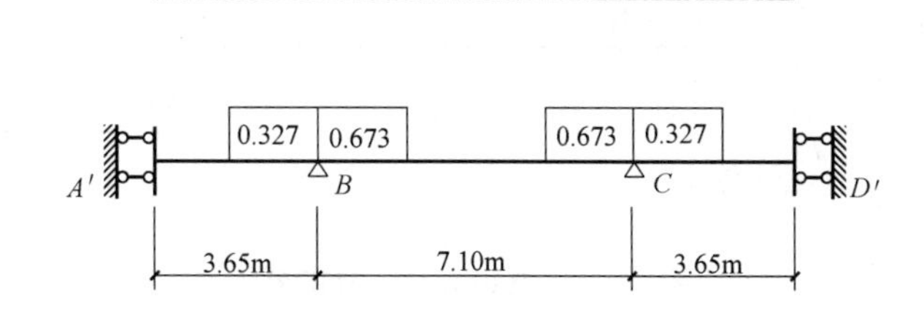

图 12-26 弯矩分配系数图

注：A'、D'分别为 AB、CD 的中点

2）弯矩分配

固端弯矩（当 $q=10\text{kN/m}$ 时）：

$$M_{\mathrm{BA'}}=\frac{10\times3.65^2}{3}44.4\mathrm{kN}\cdot\mathrm{m}, M'_{\mathrm{CB}}=\frac{10\times7.1^2}{12}=42.0\mathrm{kN}\cdot\mathrm{m}$$

跨中弯矩（当 $q=10\mathrm{kN/m}$ 时）：

$$M_{\mathrm{A'B}}=M_{\mathrm{D'C}}=\frac{10\times7.3^2}{8}=66.6\mathrm{kN}\cdot\mathrm{m}, M_{\mathrm{BC中}}=\frac{10\times7.1^2}{8}=63.01\mathrm{kN}\cdot\mathrm{m}$$

当 $q=10\mathrm{kN/m}$ 时，弯矩分配及弯矩图如图 12-27 所示。不同部位的弯矩如表 12-7 和表 12-8 所示。

标高 $-0.7\mathrm{m}$，$q_s=60\times1.27=76.2\mathrm{kN/m}$。

标高 $-5.5\mathrm{m}$，$q_s=122.4\times1.27=155.45\mathrm{kN/m}$。

标高 $-10.3\mathrm{m}$，$q_s=184.8\times1.27=234.70\mathrm{kN/m}$。

刃脚顶面以上 $1.5t=0.9\mathrm{m}$，标高 $-10.7\sim-11.6\mathrm{m}$，$q_s=1.27\times[(190+201.7)/2]=248.73\mathrm{kN/m}$。

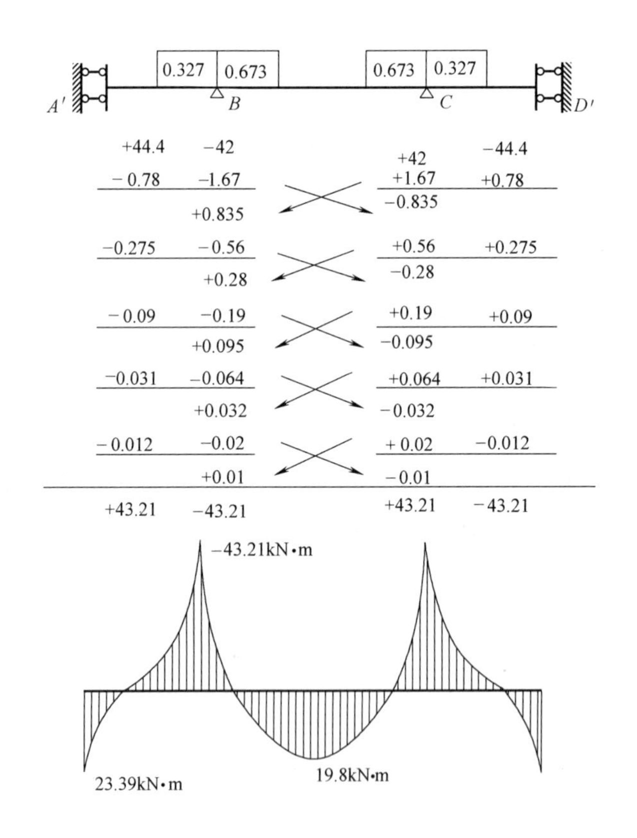

图 12-27 弯矩分配及弯矩图

3）按承载能力极限状态进行井壁配筋

标高 $+4.8\sim-0.7\mathrm{m}$ 的井壁，根据标高 $-0.7\mathrm{m}$ 处下沉时的内力，配置水平钢筋。竖向钢筋的配置，可按构造配筋。

标高 $-0.7\sim-5.5\mathrm{m}$ 的井壁，根据标高 $-5.5\mathrm{m}$ 处下沉时的内力，配置水平钢筋。竖向钢筋的配置，可按构造配筋。

井壁水平框架弯矩表（设计值） 表 12-7

序号	框架位置标高(m)	q_s (kN/m)	$M_{A'B}$ (kN·m)	M_{BC} (kN·m)	$M_{BC中}$ (kN·m)	M_{CB} (kN·m)	$M_{D'C}$ (kN·m)
1	+4.8	10	23.39	−43.21	19.8	−43.21	23.39
2	−0.7	76.2	178.23	−329.26	150.88	−329.26	178.23
3	−5.5	155.45	363.60	−671.70	307.79	−671.70	363.60
4	−10.3	234.70	555.28	−1025.80	470.05	−1025.80	555.28
5	−10.7～−11.6	248.73	581.78	−1074.76	492.48	−1074.76	581.78

井壁水平框架弯矩表（标准值） 表 12-8

序号	框架位置标高(m)	q_s (kN/m)	$M_{A'B}$ (kN·m)	M_{BC} (kN·m)	$M_{BC中}$ (kN·m)	M_{CB} (kN·m)	$M_{D'C}$ (kN·m)
1	+4.8	10	23.39	−43.21	19.8	−43.21	23.39
2	−0.7	60	14034	−259.26	118.8	−259.26	140.34
3	−5.5	122.4	286.30	−528.89	242.35	−528.89	286.30
4	−10.3	184.8	432.25	−798.52	365.90	−798.52	432.25
5	−10.7～−11.6	195.8	458.09	−846.27	387.78	−846.27	458.09

标高−5.5～−10.3m 的井壁，根据标高−5.5m 处下沉时的内力，配置水平钢筋。竖向钢筋的配置，可按构造配筋。

标高−10.7～−11.6m 的刃脚部分，根据该段下沉时在水平荷载（平均值）作用下产生的内力，按框架配置水平钢筋。

关于井壁水平配筋的计算结果，如表 12-9 所示。

参考公式：$\alpha_s=\dfrac{M}{\alpha_1 f_c bh_0^2}$，$\xi=1-\sqrt{1-2\alpha_s}<\xi_b=0.518$，$A_s=\dfrac{\alpha_1 f_c bh_0\xi}{f_y}$

井壁配筋计算表 表 12-9

井壁		位置	b (mm)	h_0 (mm)	M (kN·m)	α	ξ	A_s (mm²)	max(A_s、$A_{s,min}$) (mm²)	配筋
标高−0.7m以上	AB,CD	跨中	1000	555	178.23	0.0405	0.0413	911	1200	8Φ14
	固端	A,D,B,C	1000	555	329.26	0.0747	0.0778	1715	1715	7Φ18
	AD,BC	跨中	1000	555	150.88	0.0342	0.0348	769	1200	8Φ14
标高−0.7～−5.5m	AB,CD	跨中	1000	555	363.60	0.0825	0.0863	1902	1902	8Φ18
	固端	A,D,B,C	1000	555	671.70	0.1525	0.1663	3667	3667	10Φ22
	AD,BC	跨中	1000	555	307.79	0.0699	0.0725	1599	1599	8Φ16
标高−5.5～−10.3m	AB,CD	跨中	1000	555	555.28	0.1261	0.1352	2981	2981	8Φ22
	固端	A,D,B,C	1000	555	1025.80	0.2329	0.2691	5933	5933	10Φ28
	AD,BC	跨中	1000	555	470.05	0.1067	0.1131	2494	2494	8Φ20
标高−10.7～−11.6m	AB,CD	跨中	900	555	581.78	0.1467	0.1595	3165	3165	9Φ22
	固端	A,D,B,C	900	555	1074.76	0.2711	0.3234	6417	6417	8Φ32
	AD,BC	跨中	900	555	492.48	0.1242	0.1331	2641	2641	7Φ22

4）按正常使用极限状态进行计算

按受弯构件进行强度配筋计算，控制裂缝宽度 0.3mm。

由《混凝土结构设计规范》GB 50010—2010 裂缝计算公式：

$$w_{\max}=\alpha_{\mathrm{cr}}\psi\frac{\sigma_{\mathrm{s}}}{E_{\mathrm{s}}}\left(1.9c_{\mathrm{s}}+0.08\frac{d_{\mathrm{eq}}}{\rho_{\mathrm{te}}}\right);\alpha_{\mathrm{cr}}=1.9$$

（1）混凝土：采用 C30 混凝土，$f_{\mathrm{ck}}=20.1\ \mathrm{N/mm^2}$，$f_{\mathrm{tk}}=2.01\mathrm{N/mm^2}$；钢筋：采用 HRB400，$E_{\mathrm{a}}=2.0\times10^5\mathrm{N/mm^2}$。

（2）$A_{\mathrm{te}}=0.5\times b\times h=0.5\times1000\times600=300000\ \mathrm{mm^2}$；$\rho_{\mathrm{te}}=A_{\mathrm{s}}/A_{\mathrm{te}}$，当 $\rho_{\mathrm{te}}<0.01$ 时，取 0.01。

（3）受弯构件，求 σ_{s}，$\sigma_{\mathrm{s}}=\dfrac{M_{\mathrm{k}}}{0.87h_0A_{\mathrm{s}}}$。

（4）$\psi=1.1-0.65\dfrac{f_{\mathrm{tk}}}{\rho_{\mathrm{te}}\sigma_{\mathrm{s}}}$，当 $\psi<0.2$ 时，ψ 取 0.2，当 $\psi>1$ 时，ψ 取 1。

（5）求 $w_{\max}$，列表计算见表 12-10。$c=35\mathrm{mm}$。

井壁裂缝宽度计算表 **表 12-10**

井壁		位置	承载能力配筋	A_{s} (mm²)	ρ_{te}	M_{k} (kN·m)	σ_{s} (N/mm²)	ψ	$w_{\max}$	使用极限配筋
标高 −0.7m 以上	AB,CD	跨中	8Φ14	1232	0.0100	140.34	235.92	0.546	0.218	8Φ14
	固端	A,D,B,C	7Φ18	1781	0.0100	259.26	301.48	0.667	0.402	9Φ18
	AD,BC	跨中	8Φ14	1232	0.0100	118.80	199.71	0.446	0.151	8Φ14
标高 −0.7 ～ −5.5m	AB,CD	跨中	8Φ18	2036	0.0100	286.30	291.23	0.651	0.379	10Φ18
	固端	A,D,B,C	10Φ22	3801	0.0127	528.89	288.17	0.743	0.493	10Φ25
	AD,BC	跨中	8Φ16	1608	0.0100	242.35	312.14	0.681	0.393	10Φ16
标高 −5.5 ～ −10.3m	AB,CD	跨中	8Φ22	3041	0.0101	432.25	294.38	0.661	0.448	9Φ25
	固端	A,D,B,C	10Φ28	6158	0.0205	298.52	100.40	0.465	0.128	10Φ28
	AD,BC	跨中	8Φ20	2513	0.0100	365.90	301.55	0.667	0.432	9Φ22
标高 −10.7 ～ −11.6m	AB,CD	跨中	9Φ22	3421	0.0114	458.09	277.32	0.687	0.439	9Φ22
	固端	A,D,B,C	8Φ32	6434	0.0214	846.27	272.40	0.876	0.731	8Φ32
	AD,BC	跨中	7Φ22	2661	0.0100	387.28	301.42	0.433	0.300	7Φ22

因标高−10.7～−11.6m 位于钢筋混凝土底板以下，开裂也不影响沉井结构的正常使用，故按承载能力极限状态配筋。

7. 水下封底混凝土计算

水下封底混凝土重度取 $24\mathrm{kN/m^3}$，厚 1.6m。

1）荷载计算

标准值 $q_{\mathrm{k}}=10\times(15.5+1.6-0.5)-1.6\times24=127.6\mathrm{kN/m^2}$；

设计值 $q_{\mathrm{s}}=1..20\times127.6=153.12\mathrm{kN/m^2}$。

2）封底厚度验算

$$l_x=6.5\text{m}，l_y=6.7\text{m}$$

$$\lambda=\frac{l_x}{l_y}=\frac{6.5}{6.7}=0.97$$

查《建筑结构静力计算实用手册（第三版）》得：

单位板宽弯矩系数：$\phi_x=0.03992$，$\phi_y=0.03662$。l 取 l_x、l_y 中的较小值：$l=l_x=6.5$m。

$M_x=\phi_x\times q_s\times l^2=0.03992\times153.12\times6.5^2=258.25\text{kN}\cdot\text{m}$

$M_y=\phi_y\times q_s\times l^2=0.03662\times153.12\times6.5^2=236.91\text{kN}\cdot\text{m}$

按《给水排水工程钢筋混凝土沉井结构设计规程》CECS 137—2015 封底混凝土厚度：$h_c=\sqrt{\frac{9.09M}{bf_t}}+h_u=\sqrt{\frac{9.09\times258.25\times10^6}{1000\times1.43}}+300=1581.25\text{mm}$，故水下封底混凝土厚度取 1.6m。

8. 钢筋混凝土底板的计算

1）荷载计算

底板厚度采用 40cm。

水托浮力产生的底板反力（标准值）：$q_k=10\times(10.7+4.3)-0.4\times25=140\text{kN/m}^2$

水托浮力产生的底板反力（设计值）：$q_s=1.27\times80=177.8\text{kN/m}^2$

2）弯矩计算

$$l_x=6.7\text{m}，l_y=6.9\text{m}，\frac{l_x}{l_y}=0.97<2，按双向板计算，\lambda=\frac{l_x}{l_y}=\frac{6.5}{6.7}=0.97。$$

查《建筑结构静力计算实用手册（第三版）》得：

单位板宽弯矩系数：$\phi_x=0.03992$，$\phi_y=0.03662$。l 取 l_x、l_y 中的较小值：$l=l_x=6.7$m。

则设计值产生的板中弯矩：

$$M'_x=M_x+VM_y，M'_y=M_y+VM_x$$

$$钢筋混凝土板\ V=\frac{1}{6}$$

$$M_x=\phi_x\times q_s\times l^2=0.03992\times177.8\times6.7^2=318.61\text{kN}\cdot\text{m}$$

$$M_y=\phi_y\times q_s\times l^2=0.03662\times177.8\times6.7^2=292.28\text{kN}\cdot\text{m}$$

$$M'_x=M_x+VM_y=318.61+\frac{1}{6}\times292.28=367.32\text{kN}\cdot\text{m}$$

$$M'_y=M_y+VM_x=292.28+\frac{1}{6}\times318.61=345.38\text{kN}\cdot\text{m}$$

同理，标准值产生的板中弯矩：

$$M_{xk}=\phi_x\times q_k\times l^2=0.03992\times140\times6.7^2=250.75\text{kN}\cdot\text{m}$$

$$M_{yk}=\phi_y\times q_k\times l^2=0.03662\times140\times6.7^2=230.14\text{kN}\cdot\text{m}$$

$$M'_x=M_x+VM_y=250.75+\frac{1}{6}\times230.14=289.11\text{kN}\cdot\text{m}$$

$$M'_y=M_y+VM_x=230.14+\frac{1}{6}\times250.75=271.93\text{kN}\cdot\text{m}$$

3）按承载能力进行配筋计算

(1) 上层钢筋

参考公式：$\alpha_s=\dfrac{M}{\alpha_1 f_c bh_0^2}$，$\xi=1-\sqrt{1-2\alpha_s}<\xi_b=0.518$，$A_s=\dfrac{\alpha_1 f_c bh_0\xi}{f_y}$。

得：$A_{s1}=3249\text{mm}^2>A_{s,\min}=800\text{mm}^2$，选配 7Φ25；$A_{s2}=3028\text{mm}^2>A_{s,\min}=800\text{mm}^2$，选配 7Φ25。

(2) 下层钢筋

因简支板支座弯矩为零，故按构造配筋，取 $A_s=800\text{mm}^2$，选配 6Φ14@160。

4) 按正常使用极限状态进行裂缝宽度计算

按纯弯计算，裂缝宽度控制在 0.25mm。

由《混凝土结构设计规范》GB 50010—2010 裂缝计算公式：

$$w_{\max}=\alpha_{cr}\psi\frac{\sigma_s}{E_s}\left(1.9c_s+0.08\frac{d_{eq}}{\rho_{te}}\right),\alpha_{cr}=1.9$$

(1) 混凝土：采用 C30，$f_{ck}=20.1\text{N/mm}^2$，$f_{tk}=2.01\text{N/mm}^2$；钢筋：采用 HRB400，$E_a=2.0\times10^5\text{N/mm}^2$。

(2) $A_{te}=0.5\times b\times h=0.5\times1000\times600=300000\text{mm}^2$，$\rho_{te}=A_s/A_{te}$，当 $\rho_{te}<0.01$ 时，取 $\rho_{te}=0.01$。

(3) 受弯构件，求 σ_s，$\sigma_s=\dfrac{M_k}{0.87h_0A_s}$。

(4) $\Psi=1.1-0.65\dfrac{f_{tk}}{\rho_{te}\sigma_s}$，当 $\Psi<0.2$ 时，取 $\Psi=0.2$，当 $\Psi>1$ 时，取 $\Psi=1$。

(5) 求 $w_{\max}$，其中 $c=35\text{mm}$，$w_{\max}=\alpha_{cr}\Psi\dfrac{\sigma_s}{E_s}\left(1.9c_s+0.08\dfrac{d_{eq}}{\rho_{te}}\right)=0.611>0.25\text{mm}$，故上层钢筋选用 8Φ32@120，下层钢筋选用 6Φ14@160。

此时，$w_{\max}=\alpha_{cr}\Psi\dfrac{\sigma_s}{E_s}\left(1.9c_s+0.08\dfrac{d_{eq}}{\rho_{te}}\right)=0.241<0.25\text{mm}$，满足要求。

综合上述配筋结构，上层钢筋选用 8Φ32@120，下层钢筋选用 6Φ14@160。钢筋混凝土底板配筋如图 12-28 所示。

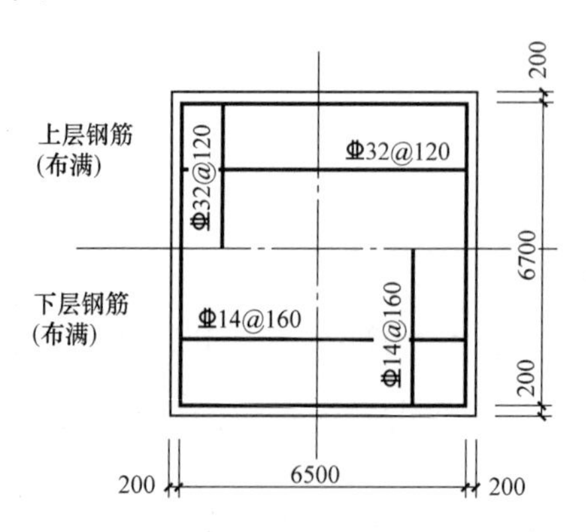

图 12-28 底板配筋图 (mm)

9. 抗浮验算

1）沉井自重

封底后，沉井抗浮验算时，沉井重除井壁重量以外，尚应包括封底混凝土的重量，封底素混凝土重度按 24kN/m^3 计，封底厚度按 1.6m 计。

井壁重：7344kN；封底重：1.6×6.5×6.7×24=1672.32kN；总重：G=9016.32kN。

2）浮力

$$Q=16.5\times7.7\times7.9\times10=10036.95\text{kN}$$

3）反摩阻力

计算反摩阻力时，由于本工程地质情况为软黏土，所以单位摩阻力按《建筑地基基础设计规范》GB 50007—2011 取值：f=10kN/m^2，其分布规律如图 12-22 所示。

$$R_j=(16.5-2.5)\times10\times(7.7+7.9)\times2=4368\text{kN}$$

4）抗浮安全系数

$K_\mathrm{f}=(G+R_j)/Q=(4368+9016.32)/(10036.95)=1.33>1.25$，满足要求。

若不计反摩阻力，则可算得 $K_\mathrm{f}<1.0$，不满足要求。

10. 砂垫层及承垫木的计算

1）砂层厚度校核

根据施工要求，砂垫层顶面标高为 4.30m，取砂垫层平均厚度为 1.50m。

（1）下卧层的地基允许承载力

根据《建筑地基基础设计规范》GB 50007—2011，采用地基临界荷载 $p_{1/4}$ 的修正公式来确定地基承载力特征值，即修正后的地基承载力特征值 $f_\mathrm{a}=M_\mathrm{b}\gamma b+M_\mathrm{d}\gamma_\mathrm{m}d+M_\mathrm{c}c_\mathrm{k}$。

根据工程地质资料，土的内摩擦角标准值 $\phi_\mathrm{k}=15°$，查表得承载力系数 $M_\mathrm{b}=0.335$、$M_\mathrm{d}=2.3$、$M_\mathrm{c}=4.825$。

沉井刃脚标高为−12.2m，地下潜水位标高为+3.80m，故根据地质资料：

$$\gamma=\frac{0.5\times18.5+(3.04-0.5)\times(18.5-10)+3.74\times(19-10)+7.06\times(19.2-10)+2.66\times(19-10)}{3.04+3.74+7.06+2.66}$$

$$=9.3\text{kN/m}^3$$

基础埋深范围内土层的加权平均重度 $\gamma_\mathrm{m}=18.5\text{kN/m}^3$，基底下一倍基宽的深度内土的黏聚力标准值 c_k=18kPa。

故，$f_\mathrm{a}=M_\mathrm{b}\gamma b+M_\mathrm{d}\gamma_\mathrm{m}d+M_\mathrm{c}c_\mathrm{k}=0.335\times9.3\times0.6+2.3\times18.5+4.825\times18=152.5\text{kN/m}^2$。

（2）沉井自重在下卧层顶面处产生的压力

沉井单宽重：G=300.9kN/m，θ=26.33°，$\tan\theta$=0.5。

$$P_\mathrm{z}=\frac{G}{l+2\times h\times\tan\theta}=\frac{300.9}{2.5+2\times1.5\times0.5}=75.225\text{kN/m}^2$$

砂垫层自重对下卧层顶面处产生的压力为：

$$P_\mathrm{cz}=1.5\times18=27\text{kN/m}^2$$

下卧层顶面承受的总的压力：

$P=27+75.225=102.225\text{kN/m}^2<152.5\text{kN/m}^2$，偏于安全，满足要求。

2）承垫木根数的确定

沉井每延米所需承垫木的根数按下式计算：

$$n=\frac{G}{A[P]} \tag{12-7}$$

式中 A——每根承垫木与砂垫层接触的面积，按 0.5m^2 计；

$[P]$——砂垫层顶面允许压力，按 $120\ \text{kN/m}^2$ 计。

$$n=\frac{300.9}{0.5\times120}=5.015$$

沉井共需承垫木：$n=5.015\times(7.1+7.3)\times2=144.4$ 根，采用 150 根。

本章小结

（1）沉井通常是用钢筋混凝土材料制成的井筒状结构物。不同断曲形状（如圆形、矩形、多边形等）的井筒，按边排土边下沉的方式使其沉入地下，即为沉井。沉井施工法是深基础施工中采用的主要施工方法之一。

（2）沉井一般由井壁、刃脚、凹槽、内隔墙、底梁、取土井、封底及顶板等部分组成。

（3）沉井结构的设计与计算必须兼顾施工阶段和使用阶段的各项要求，沉井结构设计主要包括沉井建筑平面布置的确定、沉井主要尺寸的确定和下沉系数的计算、沉井底节验算、沉井井壁计算等方面的内容。

（4）压气沉箱结构一般由侧壁、隔墙、顶板、刃脚、吊桁、工作室顶板、内部充填混凝土、胸墙和止水壁等构成。

（5）沉箱结构设计首先应根据设计条件假设外形尺寸和各构件尺寸，然后再进行稳定计算、各结构构件的强度计算、下沉关系计算三大计算。沉箱结构设计过程中必须考虑的因素很多，一般情况下应结合实际工程进行综合判断。

思考与练习题

12-1 沉井主要有哪些优缺点？工程建设中沉井基础的应用范围是什么？

12-2 沉井分类有哪些？

12-3 简述沉井结构主要由哪几部分组成及各部分的作用。

12-4 简述沉井的主要施工工序。

12-5 简述沉井结构设计计算上的特点及其需要进行的主要验算项目。

12-6 简述沉箱结构的特点及应用范围。

12-7 压气沉箱结构在施工上有何特点？它与沉井结构的施工有何不同？

12-8 简述压气沉箱主体结构的构成情况以及在设计上的注意事项。

12-9 计算某个连续沉井（两端无钢封门）下沉接近设计标高时的“下沉系数”。沉井自重计算数据见表 12-11。

沉井自重计算数据表 **表 12-11**

构件名称	数量	高(m)	宽(m)	长(m)	材料密度 (kN/m^3)	自重 (kN)
井壁	2	7.6	0.8	28.0	25	8510
中间底横梁	3	1.2	0.7	12.2	25	770
两端底横梁	2	1.2	0.8	12.2	25	587
中间顶横梁	3	0.6	0.7	12.2	25	385
两端顶横梁	2	0.6	0.8	12.2	25	293
沉井自重						10545kN

12-10 设某矩形沉井封底前井自重 27786kN，井壁周长为 $2\times(20+32)\text{m}=104\text{m}$。井高 8.15m，一次下沉，试求沉井刚开始下沉时刃脚向外挠曲所需的竖直钢筋的数量。(踏面宽 $a=35\text{cm}$，$b=45\text{cm}$，刃脚高 80cm)。

12-11 验算大型圆形沉井的“抗浮系数”。已知沉井直径 $D=68\text{m}$，底板浇筑完毕后的沉井自重为 650100kN，井壁土壤间摩擦力 $f_0=20\text{kN/m}^2$，5m 内按三角形分布，沉井入土深度为 $h_0=26.5\text{m}$，封底时的地下水静水头 $H=24\text{m}$。

第 13 章　沉管结构设计

本章要点及学习目标

本章要点：

(1) 沉管结构的概念和基本类型；

(2) 沉管结构的荷载和浮力设计计算；

(3) 沉管结构的防水措施、变形缝及管段接头的构造要求；

(4) 沉管结构的基础处理方法；

(5) 沉管结构的管段沉设方式和水下连接方法。

学习目标：

(1) 掌握沉管结构的荷载和浮力设计计算；

(2) 熟悉沉管结构常用防水措施；

(3) 了解沉管结构的基础处理方法及管段沉设方式。

二维码 13-1
沉管结构概述

13.1　概述

公路或者城市道路、地铁等遇到江河湖海、港湾时，渡越的办法很多，常见的有轮渡、桥梁、水底隧道等。这些渡越方案各有其优缺点及其适用范围，需要根据交通需要及工程水文、气候、地质条件等因地制宜地进行选择。

桥梁的主要优点是单位长度造价低，一定程度上还能为城市景观增色。传统观点一般认为：如果河道浅，则选择桥梁；如果河道深，则宜选择水底隧道。而桥梁跨度、桥下净空高度、引桥长度都会受到水文地质条件和航道要求的制约。若水道通航孔的通行能力为10万～20万t以上，就需要50～60m以上的桥下垂直净空，较大的净空要求必然导致造价的大幅增长，其成本很可能超过水底隧道。同时，由于受到城市规划的限制，跨江越海桥梁的两岸接线条件随城市发展变得更为困难。在此种情况下，水底隧道作为“高桥”的替代方案，一般是比较经济、合理的，且其运营可以是全天候的不受气候条件的影响；其建造作业一般不受地面土地动迁等较大的外部制约。

目前修建水下隧道主要有压气沉箱法、矿山法、盾构法、围堰明挖法和沉管法。其中沉管法是20世纪初发展起来的一种专门修建水下隧道的工法，至今已有100年历史。世界上第一条沉管铁路隧道建于1910年，穿越美国密歇根州和加拿大安大略省之间的底特律（Detroit）河，如今共有100多座沉管隧道（含在建）。由于20世纪50年代解决了两项关键技术——水力压接法和基础处理，沉管法已经成为水底隧道最主要的施工方法，尤其在荷兰，除了一座公路隧道和一座铁路隧道外，已建的隧道均采用了沉管法。

广州珠江和宁波甬江水下隧道的成功修建标志着我国沉管工法技术领域进入了新的发展阶段，我国在珠江口伶仃洋 30 万 t 主航道上修建了一座港珠澳大桥沉管隧道，该隧道是港珠澳大桥建设的关键性工程，为世界最长的双向 6 车道公路沉管隧道。

沉管隧道的施工质量容易保证。另外，随着接缝工艺的改进，已使接缝能够做到“滴水不漏”，建筑单价和工程总价均较低。

13.1.1 沉管隧道特点

二维码 13-2
沉管隧道特点

一百多年来，大多数的水底隧道都用盾构法施工。但从 20 世纪的 50 年代起，由于沉管法的主要技术难关相继突破，它的施工方便、防水可靠、造价便宜等优点更明显突出。所以，在近年来的水底隧道建设中，沉管法已取代了曾经保持了一百多年首居地位的盾构法。

沉管法的主要优点是：

1）隧道深度与其他隧道相比，因能够设置在不妨碍通航的深度下，故隧道全长可以缩短；

2）隧道主体结构在干坞中工厂化预制，因而可保持良好的制作质量和水密性；

3）因有浮力作用在隧道上，所以视密度小，要求的地层承载力不大，故也适用于软弱地层；

4）断面形状无特殊限制，可按用途自由选择，特别适应较宽的断面形式；

5）沉管的沉放，虽然需要时间，但基本上可在 1～3 日内完成，对航运的限制较小；

6）不需要沉箱法和盾构法的压缩空气作业，在相当水深的条件下，能安全施工；

7）因采用预制方式施工，效率高，工期短；

8）接头数量少，只有管节之间的连接接头，由于采用了 GINA 和 OMEGA 止水带两道防水屏障，隧道的防水性能好。

沉管的主要缺点有：

1）需要一个占用较大场地的干坞，这在市区内有时很难实施，需在离市区较远的地方建造干坞；

2）基槽开挖数量较大且需进行清淤，对航运和市区环境的影响较大，另外，河（海）床地形地貌复杂的情况下，会大幅增加施工难度和造价；

3）管节浮运、沉放作业需考虑水文、气象条件等的影响，有时需要短期局部封航。

4）水体流速会影响管段沉放的准确度，超过一定的流速可能导致沉管无法施工。

盾构法与沉管法两种隧道修建方法的比较归纳在表 13-1 中。

盾构法和沉管法优缺点对照表 **表 13-1**

项目	盾构法	沉管法
隧道埋深	应保持一定的覆土厚度，最小宜为 (0.6～1)D，D 为隧道直径	可紧贴河床甚至高出河床
隧道长度	相对较长	相对较短

续表

项目	盾构法	沉管法
断面形状	基本为圆形，一般容纳两车道	断面形状多为矩形，可容纳4、6或更多车道
防水性能	纵、环向接头数量多，防水性能相对较差	接头数量少，防水性能好
对航运影响	无影响	有影响
水文、气象条件	不受限制	要考虑水文、气象条件的影响
地质条件影响	与地质条件密切相关	较弱地层均可适应
施工期间对地面的影响	可能产生地面变形	施工期岸边隧道开挖有影响

二维码 13-3
沉管隧道设计

13.1.2 沉管隧道设计

水底道路用的沉管隧道，设计内容较多，涉及面较广，主要有：总体几何设计、结构设计、通风设计、照明设计、内装设计、给水排水设计、供电设计、运行管理设施设计等。其中总体几何设计非常重要，常是决定隧道工程设计成败的一个关键。总体几何设计的构思是否先进，对整个工程的经济性和合理性常带来根本性的影响。绝不能简单地把工程能否建成、通车，视作衡量设计成败的准绳。

20世纪60年代以后的水底道路隧道，都十分注意总体几何设计的革新。总是千方百计地降低覆盖率，把洞口建筑尽可能地移近水边（有的工例甚至把洞口移到河中）。虽然增加了引道的支挡建筑高度，使引道的设计和施工增添不少麻烦，同时也增加了局部工程费用，但却带来了通风方式的根本性变革。许多20世纪60年代和70年代建成的水底隧道，在隧管中不再设置风道（图13-1），甚至连通风机房也省掉了。不论是土建费或设备费，建设费或运行费都得到大幅度的降低，这不能不引起高度重视。

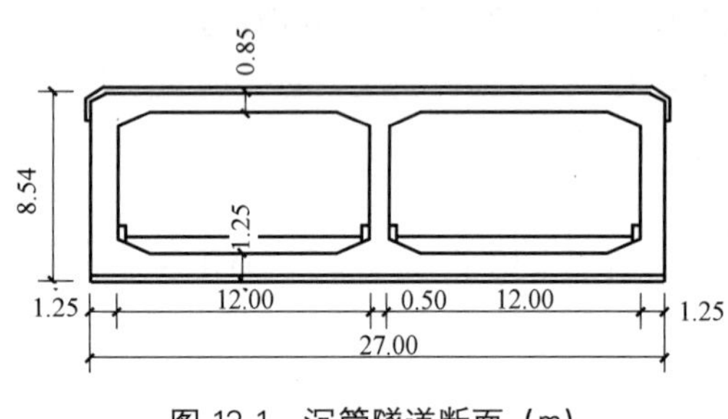

图13-1 沉管隧道断面（m）

二维码 13-4
沉管结构的
类型和构造

13.2 沉管结构设计

13.2.1 沉管结构的类型和构造

1. 沉管结构的类型

沉管结构有两种基本类型：钢壳沉管和钢筋混凝土沉管。

钢壳沉管是外壁或内外壁均为钢壳，中间为钢筋混凝土或混凝土，钢壳和混凝土共同受力的复杂结构。它的特点是钢壳在船坞内预制，下水后浮在水面浇灌钢壳内的大部分混凝土，钢壳既是浇灌混凝土的外模板又是隧道的防水层，省去了钢筋混凝土管段预制所需的干坞工程。但是隧道耗钢量大，钢壳制作的焊接工作量大，防水质量难以保证；钢壳的防腐蚀、钢壳与混凝土组合结构受力等问题不易得到较好解决，且施工工序复杂；钢壳沉管由于制造工艺及结构受力等原因，断面一般为圆形，每孔一般只能容纳两车道，断面利用率很低、不经济。

第一座钢壳管段沉管隧道是20世纪初在北美建成的。目前，全世界修建的钢壳管段沉管隧道大多在北美，日本也修建了几座，欧洲采用得不多。

钢壳管段沉管隧道是钢壳与混凝土的组合结构。钢壳主要起着防水作用，混凝土主要作为镇载物并承受压力，同时也有助于结构的需要。由于钢壳具有弹性，因此完工的钢壳管段沉管隧道可以看作一个具有柔性的整体结构。

钢筋混凝土沉管主要由钢筋混凝土组成，外涂防水涂料。沉管预制一般在干坞内进行，临时干坞工程量较大；管段预制时须采取严格的施工措施防止混凝土产生裂缝。但与钢壳管段相比，钢筋混凝土沉管用钢量少，造价相对较低。钢筋混凝土管段一般采用矩形断面，因而断面利用率高，多管孔可随意组合。

钢筋混凝土管段隧道最早出现在欧洲。半个世纪以前，在荷兰的鹿特丹建成了欧洲第一座沉管隧道。此后，这种施工方法得到了极大的简化和优化，现今全世界约建成了40多座钢筋混凝土管段沉管隧道。钢筋混凝土管段沉管隧道大多数在欧洲，其中约有一半在荷兰。亚洲的日本、中国也修建了几座钢筋混凝土管段沉管隧道。

钢筋混凝土管段沉管隧道的主要特点是隧道的管段由钢筋混凝土制成，钢筋混凝土用于结构构造和作为镇载物。尽管大多数新近建造的混凝土管段沉管隧道没有防水薄膜，但以前建造的使用了钢筋混凝土管段的沉管隧道一般都使用了钢板或沥青防水薄膜。大多数完工的钢筋混凝土管段由多个节段组成，管节长约20～25m，用柔性接缝将其连在一起。因为每一管节是一个整体结构，所以更易控制混凝土的灌注和限制管节内的结构力。只有极少数的钢筋混凝土管段沉管隧道有刚性的隧道接缝。

2. 沉管结构的构造

沉管结构施工时，先在隧址以外建造临时干坞，其两端用临时封墙封闭起来，然后在干坞内制作钢筋混凝土隧道管段（道路隧道管段每节长60～140m，目前最长的达268m，但大多都是100m左右）。干坞制成后，向临时干坞内灌水使管段逐节浮出水面，然后用拖轮托运到指定位置，并在设计隧位处开挖一个水底沟槽。待管段定位就绪后，向管段里灌水压载使之下沉至预定的位置，最后在水下把这些沉设完毕的管段连接好。

由此我们可知沉管结构施工包含两个部分：隧道管段和管段连接。其中管段连接又包括连接的结构性和连接处的止水措施。

13.2.2 沉管结构的荷载

二维码 13-5
沉管结构的荷载

作用在沉管结构上的荷载有：结构自重、水压力、土压力、浮力、施工荷载、预应力、波浪和水流压力、沉降摩擦力、车辆活载、沉船荷载、地基反力、混凝土收缩影响、变温影响、不均匀沉陷影响、地震荷载等，见表13-2。

在上述荷载中，只有结构自重及其相应的地基反力是恒载。钢筋混凝土的重度可分别按24.6kN/m^3（浮运阶段）及24.2kN/m^3（使用阶段）计算。至于路面下的压载混凝土的重度，则由于密实度稍差，一般可按22.5kN/m^3计算。

沉管荷载表　　　　表 13-2

序号	荷载类型	荷　　载	横向	纵向
1	基本荷载	水土压力、结构自重、管段内外压载重	★	★
2		管内建筑及车辆荷载	★	★
3		混凝土收缩应力	★	
4		浮力、地基反力	★	★
5	附加荷载	施工荷载	★	★
6		温差应力	★	★
7		不均匀沉降产生的应力		★
8	偶然荷载	沉船抛锚及河道疏浚产生的特殊荷载	★	★
9		地震荷载	★	★

注：表中“★”标记表示作用有该种荷载。

作用在管段结构上的水压力，是主要荷载之一。在覆土较小的区段中，水压力常是作用在管段上的最大荷载。设计时要按各种荷载组合情况分别计算正常的高、低潮水位的水压力，以及台风时或若干年一遇（如 100 年一遇）的特大洪水位的水压力。

土压力是作用在管段结构上的另一主要荷载，且常不是恒载。例如，作用在管段顶面上的垂直土压力（土荷载），一般为河床底面到管段顶面之间的土体重量。但在河床不稳定的场合下，还要考虑河床变迁所产生的附加土荷载。作用在管段侧边上的水平土压力，也不是一个常量。在隧道刚建成时，侧向土压力往往较小，以后逐渐增加，最终可达静止土压力。设计时应按不利组合分别取用其最小值与最大值。

作用在管段上的浮力，也不是个常量。一般来说，浮力应等于排水量，但作用于沉放在黏性土层中的管段上的浮力，有时也会由于“滞后现象”的作用而大于排水量。

施工荷载主要是端封墙、定位塔、压载等重量。在进行浮力设计时，应考虑施工荷载。在计算浮运阶段的纵向弯矩时，施工荷载将是主要荷载。如果施工荷载所引起的纵向负弯矩过大，则可调整压载水罐（或水柜）的位置来抵消一部分弯矩。

波浪力一般不大，不致影响配筋。水流压力对结构设计影响也不大，但必须通过水工模拟试验予以确定，以便据以设计沉设工艺及设备。

沉降摩擦力是在覆土回填之后，沟槽底部受荷不均，沉降亦不均的情况下发生的。沉管底下的荷载比较小，沉降亦小，而其两侧荷载较大，沉降亦大；因而，在沉管的侧壁外侧就受到这种沉降摩擦力的作用（图 13-2）。如在沉管侧壁防水层之外再喷涂一层软沥青，则可使此项沉降摩擦力大为减小。

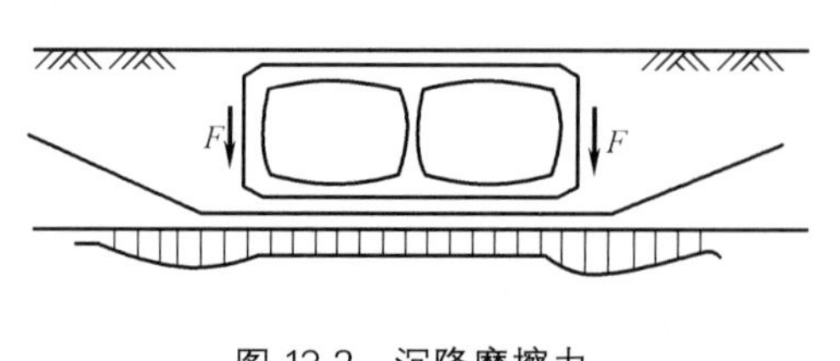

图 13-2　沉降摩擦力

车辆活载在进行横断面结构分析时，一般是略去不计的。在进行道路隧道的纵断面结构分析时，也常略去不计。

沉船荷载是船只失事后恰巧沉在隧道顶上时，所产生的特殊荷载。这种荷载究竟有多大，应视船只的类型、吨位、装载情况、沉没方式、覆土厚度、隧顶土面是否突出于两侧河床底面等许多因素而定，因而在设计时只能作假设的估定，而不能统作规定。在以往的沉管设计中，常假定为 50～130kN/m^2。近年来对计算这项荷载的必要性，也有不同的看法，因其发生的概率实在太小，犹如设计地上建筑时没有必要考虑飞机的失事荷载一样。

地基反力的分布规律，有不同的假定：①反力按直线分布；②反力强度与各点地基沉降量成正比（文克尔假定）；③假定地基为半无限弹性体，按弹性理论计算反力。

在按文克尔假定设计时，有采用单一地基系数的，也有采用多种地基系数的。日本东京港第一航道水底道路隧道，在设计时考虑到沉管底宽较大（37.4m），基础处理会有不匀之处，因而既采用了单一地基系数计算，也采用了不同组合的多地基系数计算，然后作出内力包络图（图 13-3）。

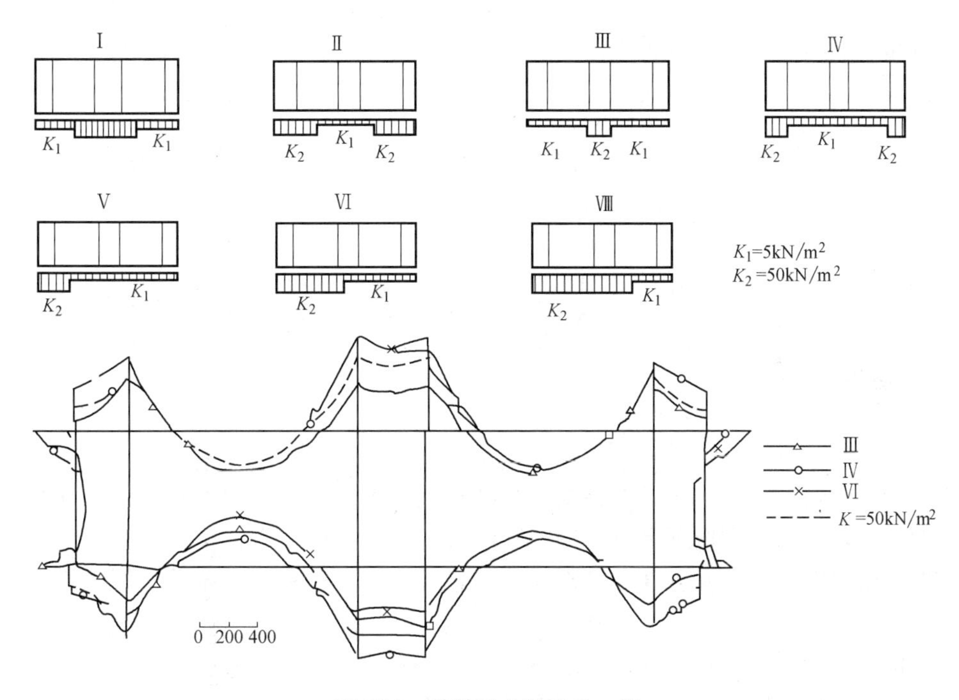

图 13-3 地基反力假设的一例

混凝土收缩影响是由施工缝两侧不同龄期混凝土的（剩余）收缩差所引起，因此应按初步的施工计划，规定龄期差并设定收缩差。

变温影响主要由沉管外壁的内外侧温差所引起。设计时可按持续 5～7 天的最高气温或最低气温计算。计算时可采用日平均气温，不必按昼夜最高或最低气温计算。计算变温应力时，还应考虑徐变影响。

管段计算应根据管段在预制、浮运、沉设和运营等各不同阶段进行荷载组合，荷载组合一般考虑以下三种：①基本荷载；②基本荷载＋附加荷载；③基本荷载＋偶然荷载。

二维码 13-6
沉管结构的
浮力设计

13.2.3 沉管结构的浮力设计

在沉管结构设计中，有一点与其他地下结构迥然不同：必须处理好浮力与重量间的关系，也即所谓的浮力设计。浮力设计的内容包括干舷的选定和抗浮安全系数的验算，其目的是最终确定沉管结构的高度和外廓尺寸。

1. 干舷

管段在浮运时，为了保持稳定，必须使管顶露出水面，露出的高度就称为干舷。具有一定干舷的管段，遇到风浪而发生倾侧后，会自动产生一个反倾覆力矩 M_t（图 13-4），从而使管段恢复平衡。

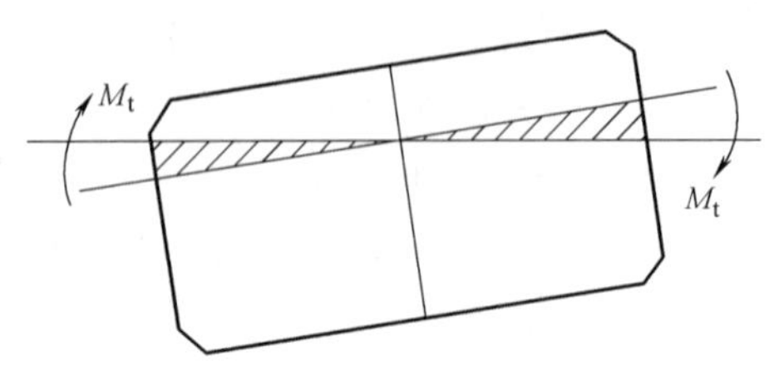

图 13-4 管段干舷与反倾力矩

一般矩形断面的管段，干舷多为 10～15cm，而圆形、八角形或花篮形断面的管段（图 13-5），因顶宽较小，干舷高度多为 40～50cm。干舷高度不宜过小，否则稳定性差。但干舷高度也不宜过大，因为沉管沉设时，首先要灌注一定数量的压载水，以消除上述干舷所代表的浮力而下沉。干舷越大，所需压载水罐（或水柜）的容量越大，就越不经济。

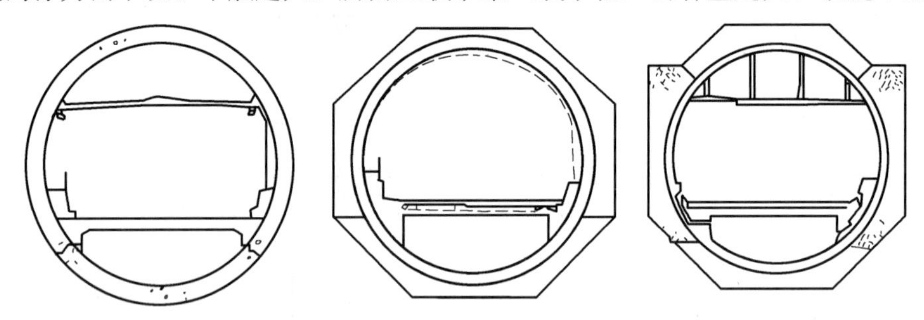
图 13-5 圆形、八角形和花篮形断面

在极个别的情况下，由于沉管的结构厚度较大，无法自浮（即没有干舷），则须于顶部设置浮筒助浮，或在管段顶上设置钢围堰，以产生必要的干舷。

在制作管段时，混凝土重度和模板尺寸总有一定幅度的变动和误差。同时，在涨潮、落潮以及各不同施工阶段中，河水密度也会有一定幅度的变动。所以在进行浮力设计时，应按最大的混凝土重度、最大的混凝土体积和最小的河水密度来计算干舷。

在进行干舷设计时，干舷计算的理论值也受到很多因素影响，其计算公式如下：

$$B-G=WLf\gamma_w \tag{13-1}$$

对于矩形断面的管节，根据浮力平衡原则有：

$$f=\frac{B-G}{WL\gamma_w} \tag{13-2}$$

对于顶面带有倒角的矩形断面管节，其浮力平衡方程为：

$$B-G=(W-2a+f)fL\gamma_w \tag{13-3}$$

即：

$$f^2+(W-2a)f-\frac{B-G}{L\gamma_w}=0 \tag{13-4}$$

式中 f——干舷高度；

W——管节全宽；

L——管节全长；

γ_w——水的重度；

B——管节总排水量，即全沉没后的总浮力；

G——管节重量；

a——管节顶面倒角宽度。

2. 抗浮安全系数

在管段沉设施工阶段，抗浮安全系数应取为 1.05～1.10。管段沉设完毕后进行抛土回填时，周围的河水会变得浑浊起来，使得河水密度变大，浮力也相应增加。因此施工阶段的抗浮安全系数必须保证在 1.05 以上，否则很易导致“复浮”。施工阶段的抗浮安全系数应根据覆土回填开始前的情况进行计算。因此，临时安设在管段上施工设备（如索具、定位塔、出入筒、端封墙等）的重量，均应不计。

覆土回填后的管段使用阶段，抗浮安全系数应取为 1.2～1.5。计算使用阶段的抗浮安全系数时，可考虑两侧填土的部分负摩擦力作用。

进行抗浮设计时，应按最小混凝土重度和体积、最大河水密度来计算各个阶段的抗浮安全系数，其计算公式为：

$$\text{抗浮安全系数}=\frac{\text{管体重量}}{\text{管体所占的空间}\times\gamma_{\text{wmax}}} \tag{13-5}$$

式中的管体重量已包括内部压载的混凝土重量，γ_{wmax} 为最大河水密度。在实际情况中，如果考虑覆土重量与管段侧面负摩擦力的作用，则抗浮安全系数会增大。

3. 沉管结构的外轮廓尺寸

隧孔的内净宽度和车行道净空高度，必须根据沉管隧道使用阶段的通风要求及行车界限等来确定。而沉管结构（图 13-6）的全高以及其他外轮廓尺寸必须满足沉管抗浮设计要求，因此这些尺寸都必须经过多次浮力计算和结构分析才能予以确定。

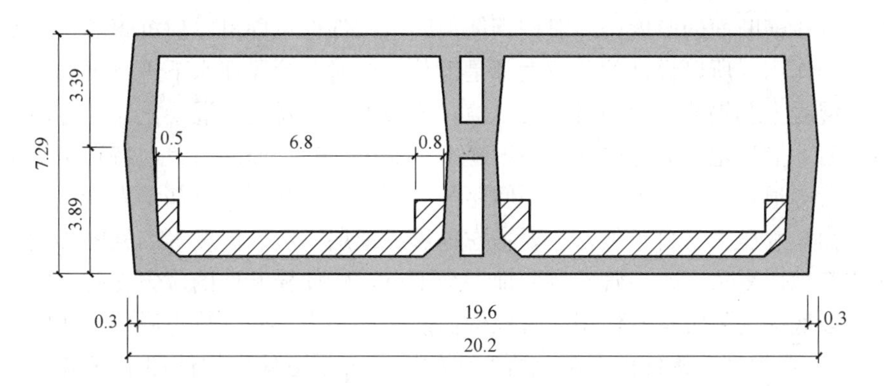

图 13-6 沉管结构的外轮廓尺寸（m）

13.2.4 沉管结构的计算

二维码 13-7
横向结构计算

1. 横向结构计算

沉管横截面多为多孔（单孔的极少）箱形框架，其管段横断面内力一般按弹性支撑型框架结构计算。由于荷载组合种类较多，箱形框架的结构分析必须经过“假定构件尺寸-分析内力-修正尺寸-复算内力”的几次循环。而在同一节管段（一般为 100m 长）中，因隧道纵坡和河底标高变化的关系，各处断面所受水、土压力会不同（尤其是接近岸边时，荷载常急剧变化），不能仅按一个横断面的结构分析结果来进行整节管段的横向配筋。因此横向结构计算的工作量非常大。但自从计算机普及之后，利用一般平面杆系结构分析的通用程序，使计算工作量大大减小。

接下来分别介绍钢壳管段和钢筋混凝土管段设计的横向结构分析。

钢壳管段中，钢壳和混凝土是作为一个整体共同作用的，在浇灌混凝土时钢壳起着模板的作用，而灌注后的管段与干船坞方式的管段是一样的。但在设计上，由于钢壳较难与混凝土成为一体，加之腐蚀、残留应力的问题，很难将其视为一个有效的承载构件。现在正在进行如何把钢壳和混凝土当作组合构件来设计的研究，该研究将钢壳的横向强度简化成具有一定间隔的横向肋，从而形成各自独立的横向闭合框架来承受作用在肋间的荷载。不过目前大多仍将钢壳当作临时构件来设计。

钢壳的横向断面一般取决于灌注混凝土时所产生的应力。在混凝土灌注过程中，钢壳吃水深度和水压不断增加，因此设计断面也将不断变化。所以应该对各个施工阶段的混凝土重量和水压力进行应力计算，然后由最危险状态决定钢壳断面。横断方向混凝土的灌注一般是按从下往上的顺序进行的。但对长方形断面管段，因管壁上混凝土是按集中荷载作用的，为不使变形和应力过大，应科学安排灌注量和灌注顺序。

对用干船坞制作的钢筋混凝土管段，在决定横断面时重点要注意对浮力的平衡，而从施工的角度来看，应力方面不会有什么问题。在进行结构应力计算时，一般将其处理为作用在地基上的平面骨架结构来考虑，而地基反力系数由地层性质和基础宽度等因素决定。如果干船坞处在软弱的地基上，要先进行地基处理或采用桩基，以防止在制作过程因地基处理不当而对管段产生有害应力。

混凝土管段横断面的厚度，一般按钢筋混凝土构件计算即可。但沉管隧道主要受水压力、土压力的作用，所以设计的荷载大都是恒载。同时，管段在水下进行维修也是较为困难的。因此混凝土和钢筋应力的目标设计值，要根据开裂宽度、混凝土流变等因素，并加以充分研究后才能选定。另外构件的厚度还要考虑施工时钢筋的布置，特别是上水深大和大断面的沉管隧道，应遵循大直径、小间距的原则，且使必要的钢筋量大于 200kg/m。

除土压力、水压力、自重外，还要考虑地震、地层下沉、温度等因素的影响。例如当回填土比既有地层重量大时，管段侧面地层会下沉，将使横断面的应力受到一定影响。此影响要按管段底面的下沉量和作用在管段侧面的摩擦力来判断计算。温度变化的影响，主要表现在构件内部温差所产生的应力及隧道外周构件和中壁温差所产生的应力，应加以研究。

二维码 13-8
纵向结构计算

2. 纵向结构计算

在施工阶段，纵向受力分析主要计算浮运和沉设时施工荷载（定位塔、端封墙等）所引起的内力。而使用阶段一般按弹性地基梁理论进行计算。在进行沉管隧道纵断面设计时，除考虑各种荷载外，还要考虑温变和地基不均匀沉降等作用，并根据隧道性能要求进行合理组合。

钢壳管段纵断面设计时，可以把整个钢壳视为沿纵断方向的梁，然后根据施工荷载研究其强度和变形。其设计状态可分为：进水时、混凝土灌注时、拖航停泊时等。钢壳在制作及纵向进水时会产生比较大的应力，故多由此状态确定断面尺寸，而其他状态下的应力也应进行计算和考虑。混凝土灌注时的应力，根据混凝土的一次灌注量、灌注地点以及灌注顺序的不同而变化较大。因此，一次混凝土灌注的区段和顺序，要按使断面应力最小的原则确定。混凝土灌注时的变形，因各灌注阶段的变形是重合的，所以即使荷载在最终阶段分布是均匀的，也会有残余变形。因此在决定灌注顺序时，要考虑管段的轴向变形。

除上述状态外，在牵引和停泊时的波浪会对结构产生局部集中应力作用，故要考虑对结构自身的加强。

混凝土管段纵断面设计时，除考虑混凝土灌注、牵引及沉放时的状态外，还要考虑完成后地震、地层下沉及温度变化等的影响。

同横断面设计一样，施工过程一般不能起决定性作用。混凝土大体积灌注时，会因温度的变化和混凝土的干燥收缩而开裂，在设计阶段应加以研究。

混凝土沉管隧道沉设后，沿纵向有不均匀荷载作用以及基础地层有压密沉降时，要考虑地层下沉的影响。护岸附近沉管隧道上部至地层部分的回填土导致了荷载的不均匀性，并使沉管隧道产生弹性下沉，所以隧道可按坐落在弹性地基梁上来设计。

对于温度变化的影响，一般的混凝土结构设计时考虑 10～15℃的温度变化量。若采用可挠性接头，设计时要计算出伸缩量。沉管隧道的长度较长，管体的断面面积较大，可挠性接头的伸缩量也越大。而采用刚性接头时，因约束变形，沿轴向产生的轴向力不能忽视。

二维码 13-9
预应力的应用

13.2.5 预应力的应用

一般情况下，沉管隧道多采用普通钢筋混凝土结构。这是因为沉管结构的厚度往往不是由强度决定的，而是取决于抗浮安全系数。所以预应力的优点在沉管结构中不能充分发挥。虽然预应力混凝土有助于提高结构的抗渗性，但由于结构厚度大、所施预应力不高，单纯为了防水而采用预应力混凝土结构不够经济。故沉管隧道一般不采用预应力钢筋混凝土结构，而多用普通钢筋混凝土结构。

然而当隧孔跨度较大（例如三车道以上），而水、土压力又较大（例如达到 300～400kN/m^2）时，作用在沉管结构的顶、底板的剪力较大，若采用普通钢筋混凝土，就必须放大支托。但放大后的支托是不容许侵入车边净空界限的，因此只能相应地增加沉管结构的全高度（常需增加 1～1.5m），这必然导致：

1）增加沉管的排水量，但为保证规定的抗浮安全系数，又要相应地增加压载混凝土的数量；

2）增加水底沟槽的开挖深度，亦即增加潜挖土方量；

3）增加引道深度，不但使引道的支挡结构受到更大的土压力，从而增加这部分结构的工程量，而且更会遇到其他水文地质上的困难；

4）增加隧道全长、总工程量和总造价。

在这种情况下，采用预应力钢筋混凝土结构就可得到较经济的解决。有的沉管隧道仅在水深最大处采用预应力钢筋混凝土结构，其余部分仍用普通钢筋混凝土结构，这样可以更好地发挥预应力的优点。荷兰鹿特丹市的培纳勒克斯（Benelux）水底道路隧道就是一例。

沉管结构横断面采用预应力钢筋混凝土时有两种做法：全预应力和部分预应力。

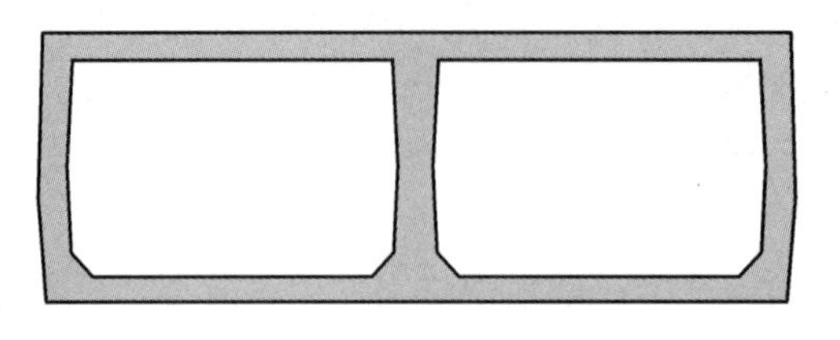

图 13-7 阿尔曼德斯隧道断面

古巴哈瓦那市的阿尔曼德斯（Almendares）河下的水底道路隧道（建成于1953年）是世界上第一条采用预应力钢筋混凝土的沉管隧道。该隧道在顶、底板的上、下两侧对称地布置直索（图13-7）。而这种布索方式在荷载较大时不够经济，所以其后所有采用预应力的沉管隧道都改用了弯索。

然而，在采用弯索以后，又遇到了另外的问题。沉管隧道要到沉设开始之后才陆续承受水土压力的作用，而这些作用远比沉管结构的自重大得多（有时大到十几倍以上），使得难以在管段沉设、回填等工作进行时逐步施加预应力。全部预应力索都必须在干坞制作中张拉完毕，并做好压浆和锚具的防水处理。因此为了保持平衡，就得在预应力索的对侧配置大量非预应力钢筋以防结构开裂过限。但配置的非预应力钢筋在管段沉设和回填完毕之后，便不起永久性作用，从而造成了浪费。

为了避免这种浪费，可在隧孔跨中的顶、底板之间设置临时对拉预应力筋。在干坞中张拉预应力索时，同时张拉临时对拉预应力筋，使之有效替代沉设和回填完毕后的水、土压力作用。待沉设施工开始后，随着水、土压力的增加，逐步卸载临时拉筋中的应力，这样就可省去大量不起永久作用的普通钢筋。1967年建成的加拿大勒方汀（Lafontaine）水底道路沉管隧道，就是采用这样的方法（图13-8）。

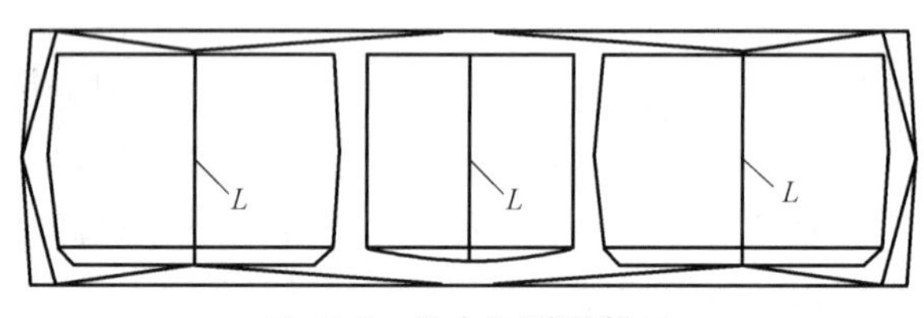

图 13-8 勒方汀隧道断面

L—临时对拉预应力筋

在现已建成的预应力钢筋混凝土沉管隧道中，采用部分预应力的较多，且一般都配置了相应的非预应力钢筋，以作临时抗衡之用。

13.3 沉管结构构造

13.3.1 沉管防水措施

沉管结构的防水措施包括外防水（管段表面防水）和内防水（管段自身防水）。外防水的发展历史总共经历了以下几个阶段。

早期的沉管隧道采用的都是钢壳圆形、八角形或花篮形管段，利用船厂里的设备和船台制成钢壳，待钢壳下水之后再在浮态下进行衬砌混凝土的浇筑。这种钢壳既可以在施工阶段作为外模，又可以在管段沉设以后的使用阶段作为防水层。

20世纪40年代初，矩形钢筋混凝土管段开始应用于水底道路隧道，制作时不必再用船台，而改用干坞进行整体浇筑。从施工的需要来说，本可改用其他更为节省的方法来制作外模，但由于当时认为只有钢壳才是较为可靠的防水措施，所以最初的矩形管段仍旧采用四边包裹的钢壳。不但底板下边及两侧墙外边用钢板防水，连顶板上面亦用钢板防水。

20 世纪 50 年代以后，开始改用三边包裹的钢壳，顶板上的钢板改用柔性防水层代替，这样不但节省了钢材、降低了造价，而且更利于施工的进行。从 1956 年以后，又发展成只在底板下采用钢板防水，而另外三边采用柔性防水层的做法。

20 世纪 60 年代初，开始在一些沉管隧道的工例中，全部采用柔性防水，完全不用钢板。

柔性防水层的种类也很多，最早使用的是沥青油毡，20 世纪 50 年代开始采用玻璃纤维布油毡，到 20 世纪 60 年代后期，异丁橡胶卷材开始应用于管段防水。近年来，涂料防水逐步替代了施工较麻烦的卷材防水，运用的越来越广泛。

以上所述都是管段外表面的防水措施，可概称为外防水。除外防水以外，沉管自身防水也是一项极为重要的防水措施。管段在混凝土浇筑过程中会产生大量裂缝，而导致的开裂的原因有很多种，采用单一的方法显然是不够的，必须多种方法配合使用才行。这些方法中涉及的有：混凝土配合比的构成、降低地板和侧墙之间的温差、施工期间的特殊措施等。例如：①在管段降低到适当温度时再拆除模板；②在顶板新浇筑的混凝土上覆盖一层隔热性能良好的木模板以降低侧墙内外层以及侧墙与底板之间的温差；③连续浇筑以解决不同时间浇筑所导致的温差问题，但这种方法在宽大型的道路隧道管段中难以实现。

1. 止水缝带

在管段各节段间的变形缝，是保证管段不裂、不漏的"安全阀"，所以必须进行精心的设计和施工。在变形缝的各组成部分中，最为主要的是既能适应变形，又能有效地堵住渗漏的止水缝带，简称止水带。

止水带的种类与形式很多，铜片等金属止水带现在已经很少采用，塑料（聚氯乙烯）止水带弹性较差，只能适应幅度较小的变形，预制管段中用得不多。在管段中用得较普遍的是橡胶止水带（图 13-9）和钢边橡胶止水带（图 13-10）。

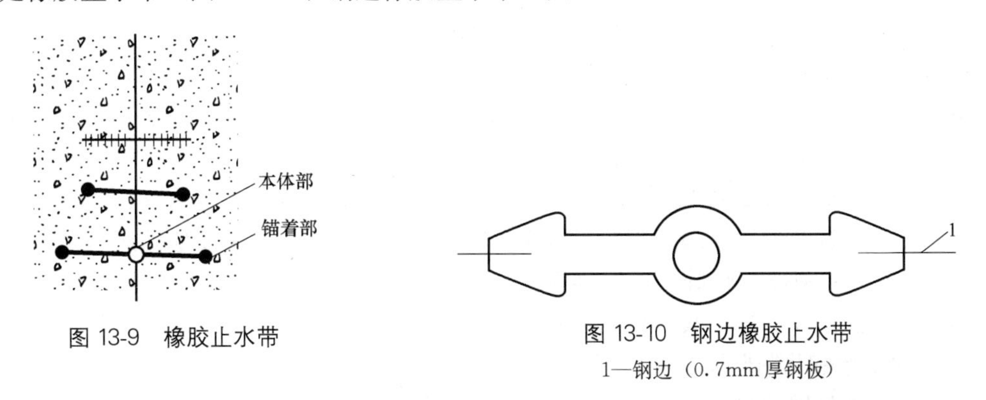

图 13-9 橡胶止水带

图 13-10 钢边橡胶止水带
1—钢边（0.7mm 厚钢板）

1）橡胶止水带

橡胶止水带可用天然橡胶（含胶率 70%）制成，亦可用合成橡胶（如氯丁橡胶等）制成。橡胶止水带的寿命是人们所关心的问题。橡胶制品应用于水底隧道进中，其环境条件（潮湿、无日照及温度较低）是较为理想的。虽然橡胶止水带在 20 世纪 50 年代才开始应用于水底隧道中，究竟能耐多久，迄今尚未有实际记录，但无疑比用于其他工程中要耐久得多。曾发现60年以前埋置的橡胶制品，尚未明显老化，说明地下工程中的橡胶止水带的耐用寿命应在60年以上。经老化加速实验亦可判断其安全年限超过100年。

2）钢边橡胶止水带

钢边橡胶止水带是在橡胶止水带两侧锚着部中加镶一段薄钢板，其厚度仅0.7mm左右。这种止水带（图13-10）自20世纪50年代初于荷兰的凡尔逊（Velsen，1957年）水底道路隧道试用成功后，现已在各国广泛应用。钢边橡胶止水带可以充分利用钢片与混凝土之间良好的黏结力，使变形前后的止水效果都较一般橡胶止水带为好，也可增加止水带的刚度，并节约橡胶。

2. 钢壳钢板防水

钢壳防水虽然在如今的工程中不再常用，但到20世纪70年代仍有一些工程继续采用它，然而其主要目的已经由防水变为了缩小干坞规模。如果将钢壳单纯的作为防水措施，还是有不少缺点的，主要是：

1）耗钢量大。钢壳除了外皮是一层6～10mm厚的钢板外，还需要不少由型钢组成的加劲和支撑件，因此耗钢量相当可观。

2）焊接质量难以保证。焊接质量问题，是在钢壳防水中相当棘手的问题。虽然在施工中尽一切可能使用自动焊接设备，但是手焊的工作量仍然很大。对焊缝做全面检验后，仍不免有焊接缺陷的发生与存在，常导致没完没了的堵漏工作。

3）防锈问题仍未切实解决。钢材在水中的防锈问题，还未有较妥善的解决办法。目前多用喷涂环氧焦油的办法来防锈。喷涂前先用喷灯烧除钢壳表面污垢，而后喷涂防锈涂料，过后再用喷灯加热促其固化。由于涂料薄膜厚度很小，薄胶之外又不设防护层，所以施工时难免碰损。还有用阴极保护法防锈的，但是费用较高，工例不多。

4）钢板与混凝土之间黏结不良。本来钢材与混凝土之间的黏结是比较良好的，可是在采用钢壳时，情况就不同了。在钢壳底部，常有夹气囊的现象，而在钢壳的两侧（特别在端部）尤其多见大面积脱离的现象。这种现象的存在，再加上焊缝质量和防锈措施的问题，进入钢壳的水就会窜到另外的地方，并渗漏到隧道里面，堵漏工作非常困难。

由于钢壳防水昂贵且不可靠，改用钢板防水（即仅在管段底板下用钢板防水层）的工例日渐增多。用在底板下的防水钢板，基本上不用焊接（至少完全不用手焊），而用拼接贴封的办法，从而排除了焊接质量问题（图13-11）。拼接缝的做法有两种：①先嵌石棉绳，再用沥青灌缝，最后在缝上封贴两层卷材（约20cm宽）；②在接缝处用合成橡胶黏结大约20cm宽的钢板条贴封。防水钢板的厚度一般为4～6mm，比防水钢壳薄了很多，且无须设置加强筋及支撑，其单位面积用钢量仅为钢壳的1/4左右。

3. 卷材防水和涂料防水

卷材防水层是用胶料把多层沥青类卷材或合成橡胶类卷材胶合成的粘贴式防水层。沥青类卷材品种很多，沉管隧道外防水用的卷材，以选用织物卷材为宜，其强度大、韧性好。尤其是玻璃纤维布油毡更适于水下或地下工程，我国许多隧道均用这种卷材做防水层。这种玻璃纤维布油毡系以玻璃纤维织布为胎，浸涂沥青制成，性能全面，价格仅稍高于普通沥青油毡。

合成橡胶类卷材应用到沉管隧道防水上，最初是1969年建成的丹麦帘姆菲奥特斯

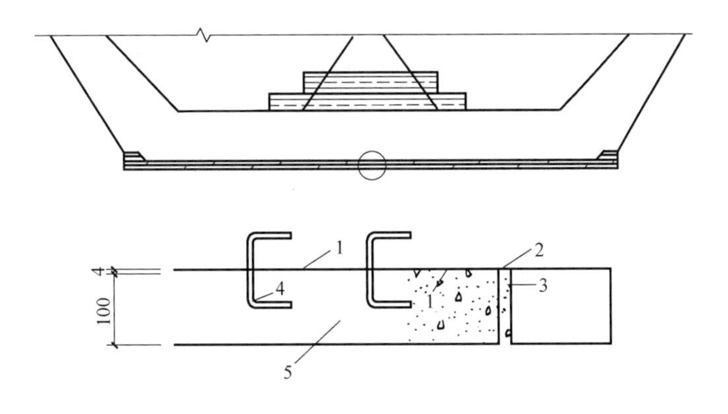

图 13-11 防水钢板的构造（mm）

1—防水钢板；2—贴封；3—填料；4—横栓；5—混凝土垫层

(Limfjords）水底道路隧道。该隧道用的是异丁橡胶卷材，厚度仅 2mm。

卷材的层数，应视水头大小而定。水底隧道的水下深度一般为 20 多米，所用卷材层数有达 5～6 层之多。但如精心施工，三层亦已足够，采用三层的实例不在少数。卷材防水的主要缺点是施工艺较繁，而且施工操作过程中稍有不慎就会造成“起壳”而返工，返工时非常费事。随着化学工业的发展，涂料防水渐渐被引用到管段防水上来，它最突出的优点是操作工艺比卷材防水简单得多，而且在平整度较差的混凝土面上，可以直接施工。

目前涂料在管段防水上尚未普遍推广，主要是它的延伸率还不够（不及卷材）。在沉管隧道中，结构设计的容许裂缝开展宽度为 0.15～0.2mm，而防水设计的容许裂缝开展宽度为 0.5mm。防水卷材易于满足此要求，而防水涂料尚不能完全满足这项要求。因此提高延伸率，是当前防水涂料试验研究的一项主要课题。防水涂料的另一要求是能在潮湿的混凝土面上能直接涂布，目前也没有完全解决好。

13.3.2 变形缝与管段接头设计

1. 变形缝的布置和构造

钢筋混凝土沉管结构，如无适当的措施，很容易因隧道纵向变形而开裂。假定混凝土浇筑温度为 5～15℃，沉管外侧温度为 10℃，内侧温度为 0～25℃，而整个沉管隧道又是整体无缝的，那么在变温影响下所产生的纵向应力可达 $400kN/m^2$，沉管结构势必发生严重的开裂。又如，管段在干坞中预制时，一般都是先浇筑底板，隔上若干时日后再浇筑竖墙和底板。两次浇筑的混凝土的龄期、弹性模量、剩余收缩率均不相同，后浇的混凝土因不能自由收缩而受到偏心受拉内力的作用，常易发生如图 13-12 所示的裂缝。此外，不均匀沉降、地震影响等都可能导致管段开裂。这种纵向变形所引起的裂缝都是通透的，对防水很不利。因此，在设计中必须采取适当措施加以防止。

最有效的措施是在垂直于隧道轴线的方向设置变形缝，把每节管段分剖成若干节段。根据各国的实践经验，节段的长度不宜过大，一般为 15～20m，如图 13-13 所示。

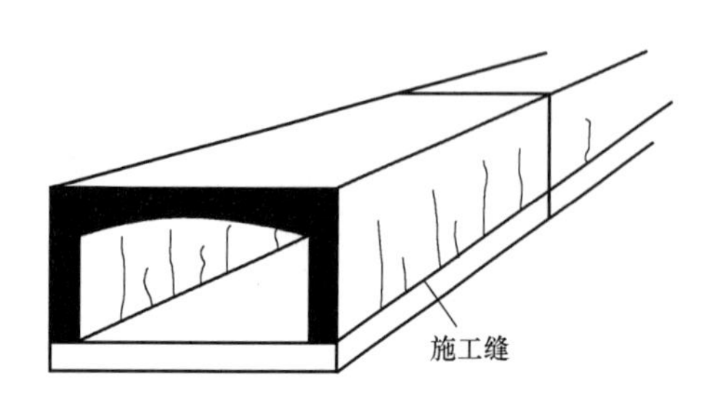

图 13-12　管段侧壁的收缩裂缝

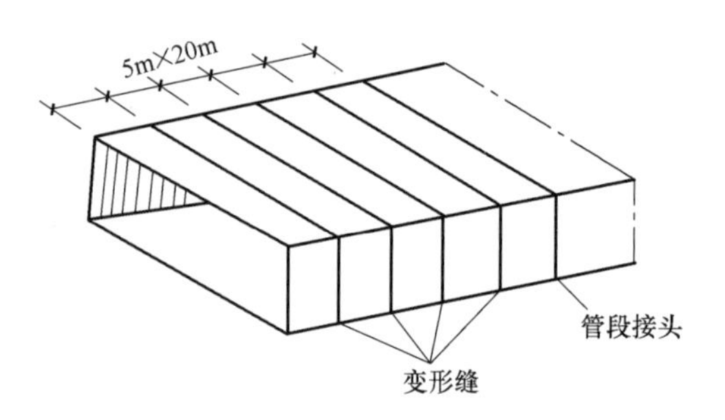

图 13-13　管段的节段与变形缝

节段间的变形缝构造，需满足以下四点要求：

1）能适应一定幅度的线变形与角变形。变形缝前后相邻节段的端面之间须留一小段间隙，以便张合活动，间隙中以防水材料充填。间隙宽度应按变温幅度与角度适应量来决定。

2）在浮运、沉设时能传递纵向弯矩。可将管段侧壁、顶板和底板中的纵向钢筋于变形缝处在构造上采取适当的处理。即外排纵向钢筋全部切断；而内排纵向钢筋则暂时不予切断，任其跨越变形缝，连贯于管段全长以承受浮运、沉设时的纵向弯矩。待沉设完毕后再将内排纵向钢筋切断。因此需在浮运之前安设临时的纵向预应力索（或筋），待沉设完毕后再撤去。

3）在任何情况下能传递剪力。为传递横向剪力，可采用图 13-14 所示的台阶形变形缝。

4）为传递横向剪力，宜采用台阶缝；为保证变形前后均能防水，各变形缝处均设置一道止水缝带，如图 13-15 所示。

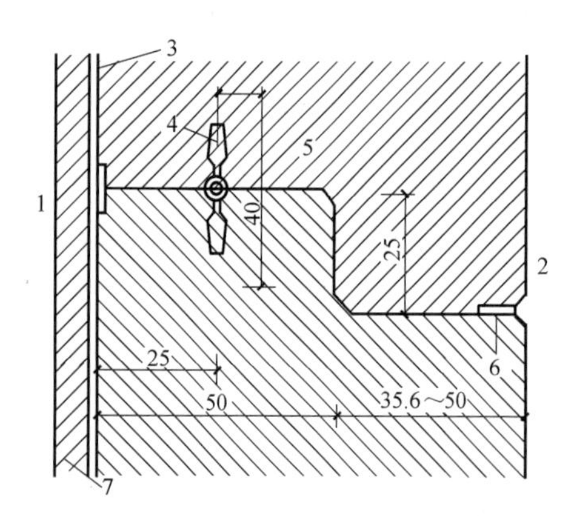

图 13-14　台阶形变形缝（mm）

1—沉管外侧；2—沉管内侧；3—卷材防水层；4—钢边橡胶止水带；5—沥青防水；6—沥青填料；7—钢筋混凝土保护层

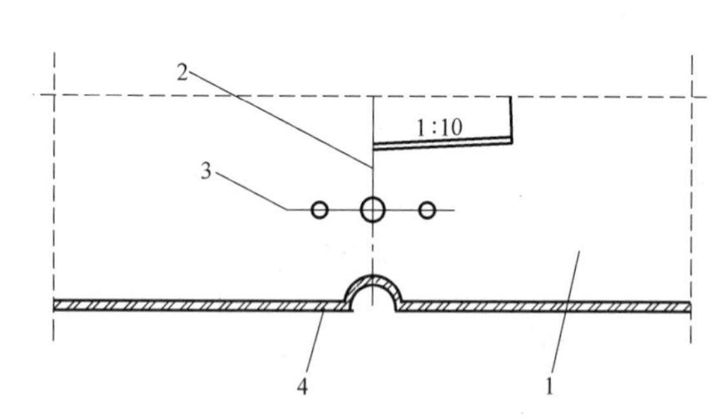

图 13-15　变形缝的抗剪措施

1—管壁；2—变形缝；3—钢边橡胶止水带；4—止水钢板

2. 管段接头

管段沉设完毕之后，须与前面已沉设好的管段（简称既设管段）或竖井通过永久性的管段接头接合起来，因连接工作在水下进行，故也称为水下连接。管段接头的构造主要有刚性接头和柔性接头两种。

管段接头应具有以下功能和要求：第一是水密性，要求在施工和运营各阶段均不漏水；第二是接头应具有抵抗各种荷载作用和变形的能力；第三是接头各构件功能明确，造价适度；第四是接头施工性好，施工质量有保证，方便检修。

刚性接头是在水下连接完毕后在相邻两节管段端面之间，沿隧道外壁（两侧与顶、底板）以一圈钢筋混凝土连接起来形成一个永久性接头。刚性接头的构造应具有抵抗轴力、剪切力和弯矩的必要强度，一般要不低于管段本体结构的强度。刚性接头的最大缺点为水密性不可靠，往往在隧道通车后不久即因沉降不匀而开裂渗漏。

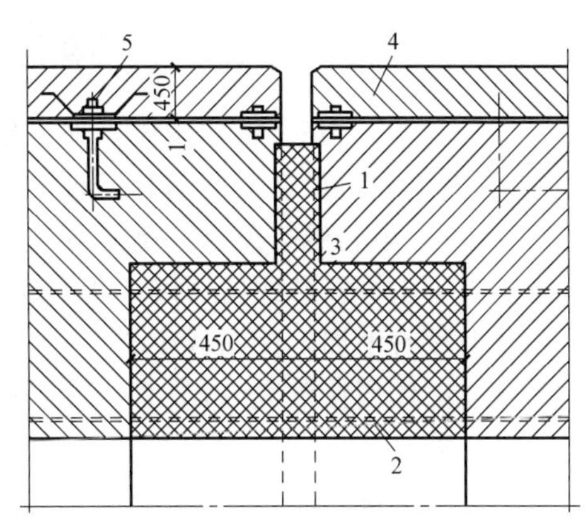

图 13-16 “先柔后刚”式接头（mm）

1—胶垫；2—后封混凝土；3—钢膜；4—钢筋混凝土保护层；5—锚栓

自水力压接法出现后，许多隧道仍用刚性接头，但其构造迥异于以前的刚性接头。水力压接时所用的胶垫留在外圈作为接头的永久性水防线。刚性接头处于胶垫底防护之下不再有渗漏，这种刚性接头可称作“先柔后刚”式接头（图 13-16）。其刚性部分一般在沉降基本结束之后，再以钢筋混凝土浇筑。

水力压接法出现后，又有柔性接头问世。这种接头主要是利用水力压接时所用的胶垫吸收变温伸缩与地基不均匀沉降，以消除或减小管段所受变温或沉降应力。在地震区中的沉管隧道宜采用柔性接头（图 13-17）。

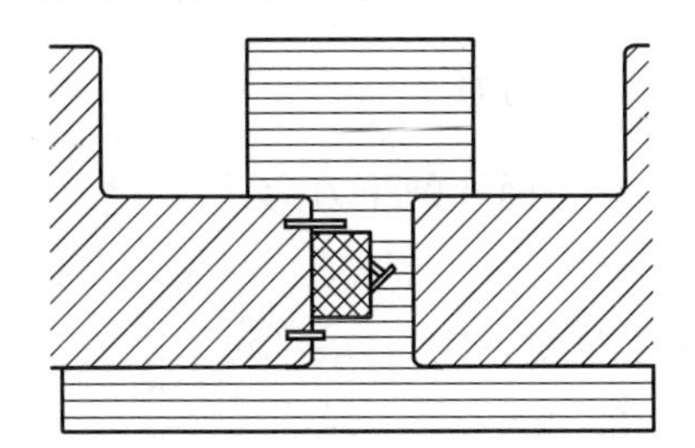

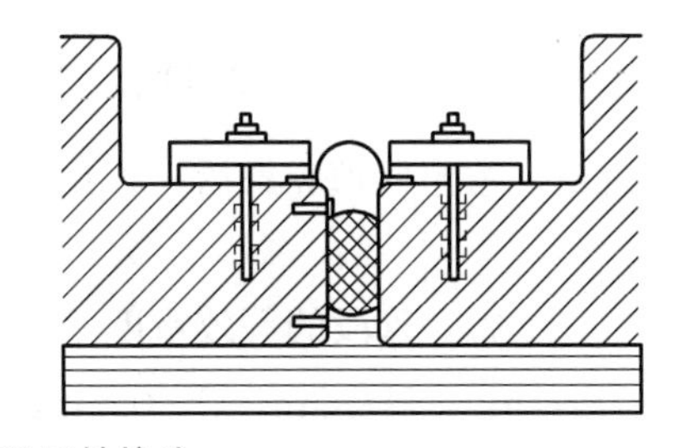

图 13-17 普通柔性接头

常用接头有 GINA 止水带、OMEGA 止水带以及水平剪切键、竖直剪切键、波形连接件、端钢壳及相应的连接件。其中 GINA 带和 OMEGA 带起防水作用，水平剪切键可承受水平剪力，竖直剪切键可承受竖直剪力及抵抗不均匀沉降，波形连接件增加接头的抗弯抗剪能力，端钢壳主要起连接端封门和接头其他部件、调整隧道纵坡的作用（图 13-18）。

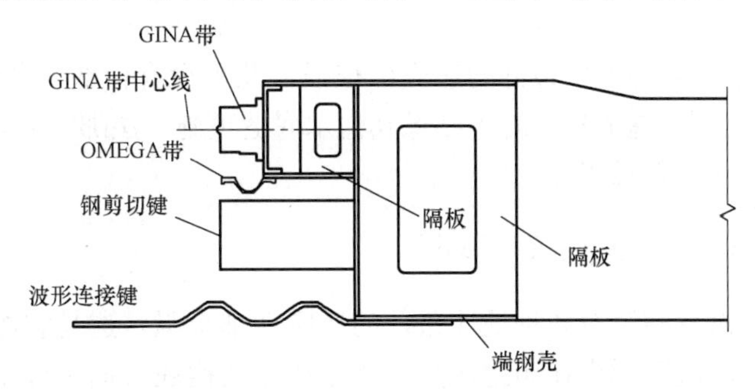

图 13-18 GINA 止水带接头构造图

二维码 13-10
地质条件和
沉管基础

13.4　沉管基础

13.4.1　地质条件和沉管基础

在工程建设中，地上建筑应根据地基地质条件选择适当的基础，否则就会产生对建筑物有害的沉降。如有流砂层，施工难度还会增加，必须采取特殊措施（如疏干等）。但在水底沉管隧道中，情况就完全不同：首先，不会产生由于土壤固结或剪切破坏所引起的沉降；其次，在沉管沉设后，作用在沟槽地面的荷载非但没有增加，反而减小了。

开槽前，作用在槽底 A-A 面（图 13-19）上的初始压力 P（单位 kN/m^2）为：

$$P_0=\gamma_s(H+C) \tag{13-6}$$

式中　γ_s——土壤的浮重度，$5\sim9kN/m^3$；

H——沉管的全高（m）；

C——覆土厚度，一般为 0.5m，有特殊需要时为 1.5m。

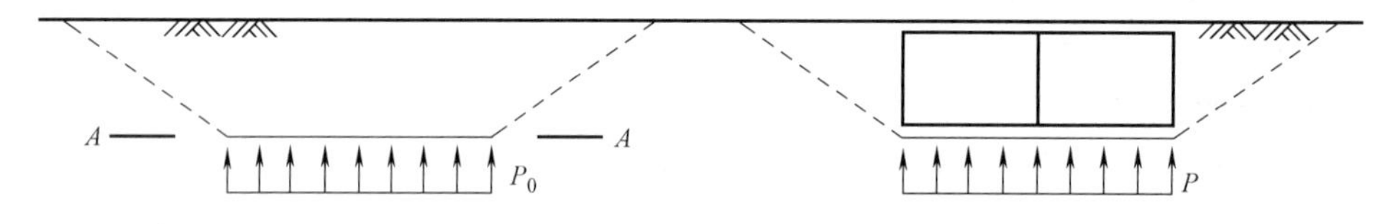

图 13-19　管段底面的压力分布

在管段沉设，覆土回填完毕后，作用在槽底 A-A 面上的压力为：

$$P=(\gamma_t-10)H \tag{13-7}$$

式中　γ_t——竣工后，管段的等效重度（包括覆土重量在内）（kN/m^3）。

设 $\gamma_s=7kN/m^3$，$H=8m$，$C=0.5m$，$\gamma_t=12.5kN/m^3$，则：

$$P_0=7\times(8+0.5)=59.5kN/m^2$$

$$P=(12.5-10)\times8=20kN/m^2<P_0$$

所以沉管隧道很少需要构筑人工基础以解决沉降问题。

此外，沉管隧道是在水下进行开挖沟槽施工的，不会产生流砂现象。遇到流砂时，不必像地上建筑或其他方法施工的水底隧道（如明挖隧道、盾构隧道等）那样采用费用较高的疏干措施。

所以，沉管隧道对各种地质条件的适应性很强，几乎没有什么复杂的地质隧道施工。正因如此，一般水底沉管隧道施工时不必像其他水底隧道施工法那样，须在施工前进行大量的水下钻探工作。

二维码 13-11
沉管基础处理

13.4.2　沉管基础处理

沉管隧道对各种地质条件的适应性都很强，这是它的一个很重要的特点。但沉管隧道在用挖泥船开槽作业后的槽底表面十分不平整，使得槽底表面与沉管底面之间存在着很多不规则空隙。这些不规则空隙会导致地基因受力不均匀而产生局部破坏，使沉管结构受到较高的局部应力而开裂。因此在沉管隧道中必须进行基础垫平处理，以消除这些有害空隙，其处理方法主要如图 13-20 所示。

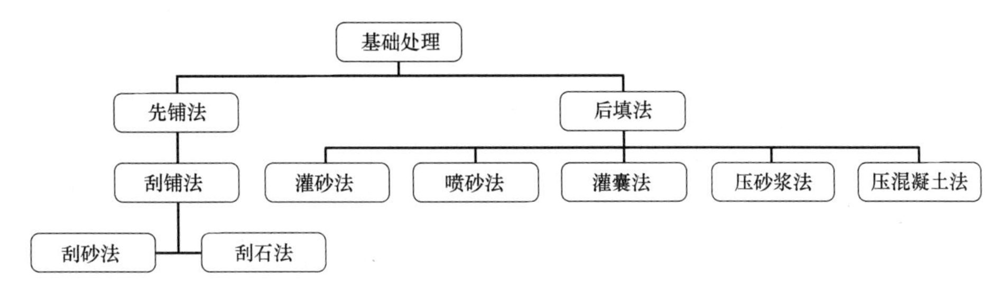

图 13-20 沉管基础处理方法

沉管隧道基础的处理方法大体可分为两类：先铺法和后填法。先铺法是在管段沉设之前，先在槽底上铺好砂、石垫层，然后将管段沉设在这垫层上，适用于底宽较小的沉管工程。后填法是在管段沉设完毕之后，再进行垫平作业，大多（除灌砂法之外）适用于底宽较大的沉管工程。各种处理方法都是为了消除基底的不均匀空隙，但由于不同方法之间"垫平"途径的差别，其效果以及费用上的出入都很大，计算时须详作比较。

1. 先铺法

先铺法实际上是利用刮铺机（图 13-21）将铺垫材料（砂或石）设置成平整的垫层。刮砂和刮石两者操作工艺基本相同。

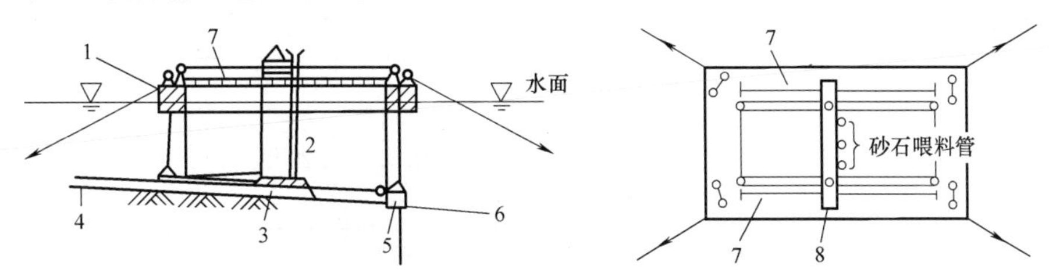

图 13-21 刮铺机

1—方环形浮箱；2—砂石喂料管；3—刮板；4—砂石垫层（0.6～0.9m）；5—锚块；6—沟槽底面；7—钢轨；8—移动钢梁

铺垫材料可为粗砂，也可为最大粒径不超过 100mm 的碎石。在地震区应避免用砂料铺垫。每次投料铺垫的范围，宽度可比沉管底宽多 1.5～2m，长度则与管段一节长度相同。由于刮铺垫层的表面不完全平整，还不能使沉管底面和垫层密贴，故常在管段沉设后，加一道"压密"工序。可以采用灌满压载水、加砂石料，使之发生超荷而使垫层压紧密贴。

2. 后填法

在后填法中，安设水底临时支座，临时支座大多数是在道砟堆上设置钢筋混凝土支撑板，也可以采用短钢简易墩（图 13-22）。

后填法有多种工艺，后填法的基本工序是：在挖沟槽时，先超挖 100cm 左右；在沟槽底面上安设临时支座；管段沉设完毕后，于临时支座上搁妥后，往管底空间回填垫料。

1）灌砂法

在管段沉设完毕后，从水面上通过导管沿着管段侧面，向管段底下灌填粗砂，构成两条纵向的垫层。

2）喷砂法

在管段宽度较大时，从水面上用砂泵将砂、水混合料通过伸入隧管底面下的喷管向管段下喷注以填满其空隙。喷砂法所构成的垫层厚度一般为 1m（图 13-23）。

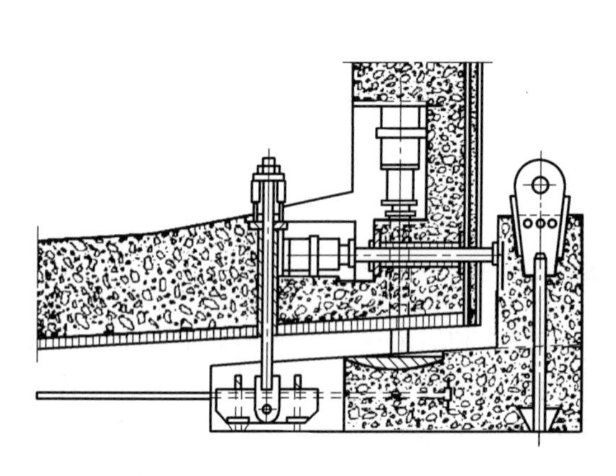

图 13-22　预制支承板

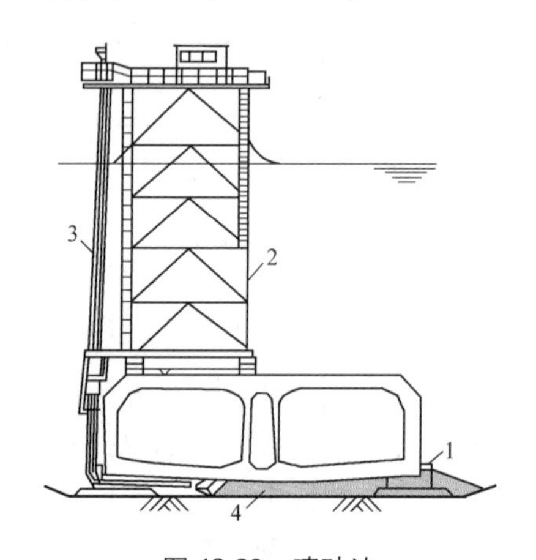

图 13-23　喷砂法

1—预制支承板；2—喷砂台架；3—喷砂管；4—喷入砂垫层

3）灌囊法

灌囊法系干砂、石垫层面上用砂浆囊袋将剩余空隙切实垫密。所以在沉设管段之前仍需铺设一层砂、石垫层。垫层与沉管底之间仍须留出 15～20cm 的空间（图 13-24）。

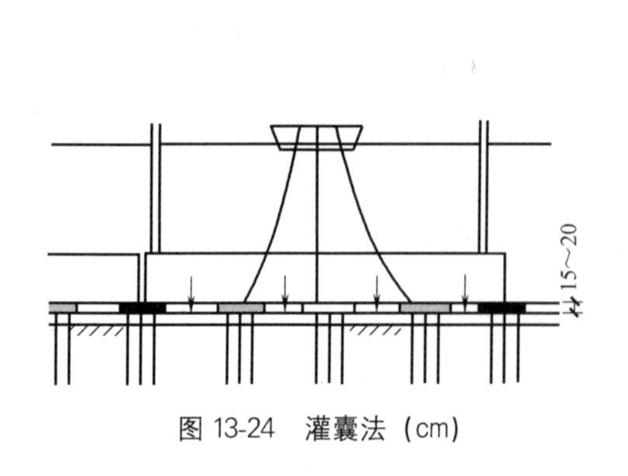

图 13-24　灌囊法（cm）

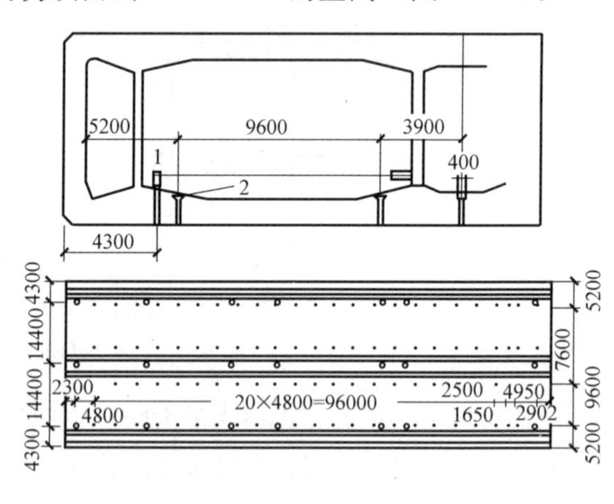

图 13-25　压浆法（mm）

4）压浆法

采用压浆法时，沉管沟槽也需先超挖 1m 左右，然后摊铺一层碎石（厚约 40～50cm），但不必刮平，再堆设临时支座所需碎石堆，完成后即可沉设管段。管段沉设结束后，沿着管段两侧边及后端底边抛堆砂、石混合料以封闭管周边（图 13-25）。

最后从隧道内部用通常的压浆设备，经预埋在管段底板上带单向阀的压浆孔，向管底空隙压注混合砂浆。

5）压砂法

压砂法（图 13-26、图 13-27）与压浆法颇多相似，不同点是压注物料为砂水混合料。

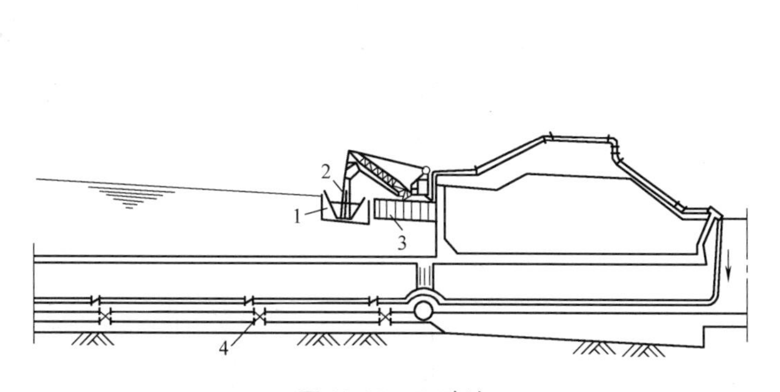

图 13-26 压砂法

1—驳船；2—吸口；3—浮箱；4—压砂孔

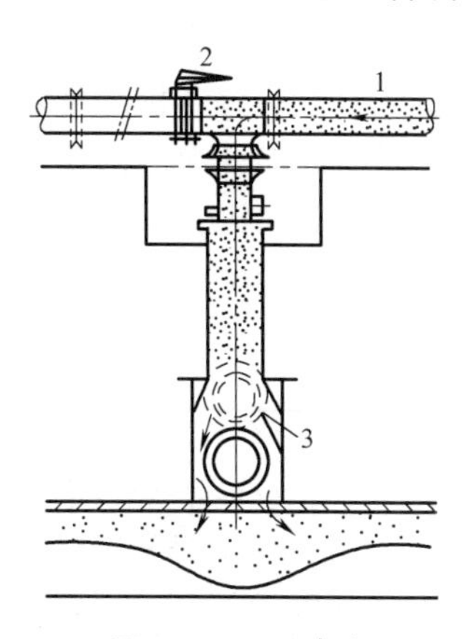

图 13-27 压砂孔

1—压砂管；2—阀门；3—球阀

13.4.3 软弱土层上的沉管基础

二维码 13-12 软弱土层上的沉管基础

如果沉管下的地基土特别软弱、容许承载力非常小，则仅作“垫平”处理是不够的。虽然这种情况比较少见，但仍应认真对待。解决的办法有：①以砂置换软弱土层；②打砂桩并加荷预压；③减轻沉管重量；④采用桩基。

方法①工程费用较大，且在地震时有液化危险，不适用于砂源较远的情况，如在震区内则更不安全。丹麦的帝姆菲奥特斯（Limfjords）水底道路隧道采用的就是此法，将软弱土层全部挖去，用砂回填至原土面，如图 13-28 所示。方法②工程费用也较大，且不论加荷多少，要使地基土达到固结密实所需的时间都很长，对工期影响较大，所以一般不用。方法③能有效减少沉降，但由于沉管抗浮安全系数不大，因此减轻沉管重量的办法并不实用。综上，只有方法④较为适宜。

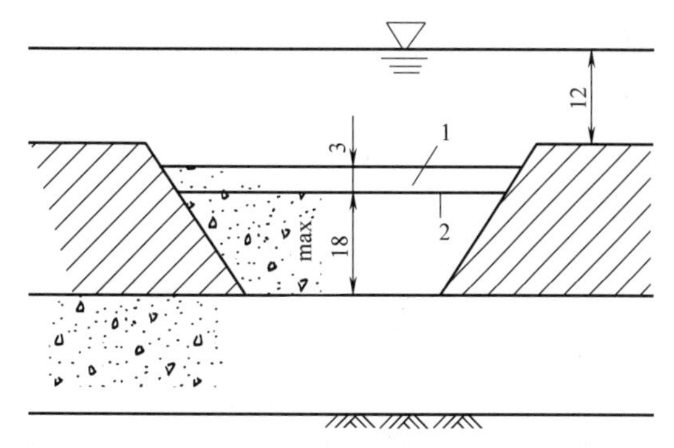

图 13-28 砂置换法（m）

1—砂置换；2—隧道底高程

沉管隧道采用桩基后，也会遇到一些地上建筑通常所碰不到的问题。基桩桩顶标高在实际施工中不能完全齐平，所以难以保证所有桩顶与管底保持接触，使基桩受力均匀。故在沉管基础设计中必须采取有效措施，来解决基桩受力不均匀的状况，常有以下三种方法。

1. 水下混凝土传力法

该法具体操作为：基桩打好后，先浇一、二层水下混凝土将桩顶裹住，然后在水下铺一层砂石垫层，从而使沉管荷载经砂石垫层和水下混凝土层传到桩基上去。美国的本克海特（Bankhead，1940 年建成）水底道路隧道等曾用过此法（图 13-29）。

2. 砂浆囊袋传力法

该法具体操作为：在管段底部与桩底之间，用大型化纤囊袋灌注水泥砂浆加以垫实，从而使所有基桩均能同时受力。所用囊袋不但要有较高的强度，而且要有充分的透水性，以保证灌注砂浆时囊内河水能顺利地排除囊外。所用砂浆强度略高于地基土的抗压强度即可，但要求流动度要高。故一般常在水泥砂浆中掺入适量的半脱土砂浆，以减少工程费用。瑞典的汀斯达特水底道路隧道（Tjngstad，1968 年建成）曾用过此法（图 13-30）。

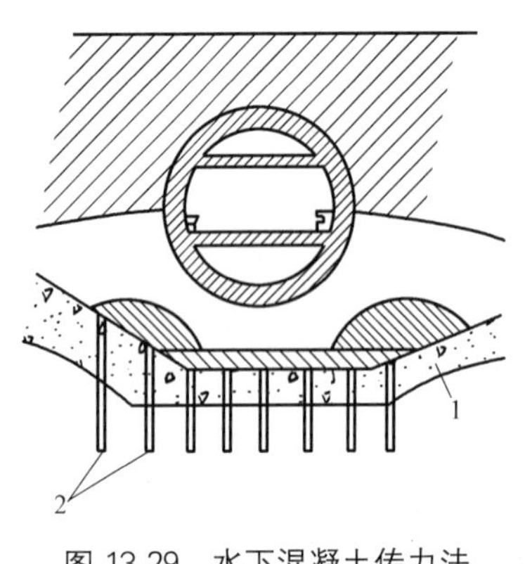

图 13-29　水下混凝土传力法

1—水下混凝土；2—桩

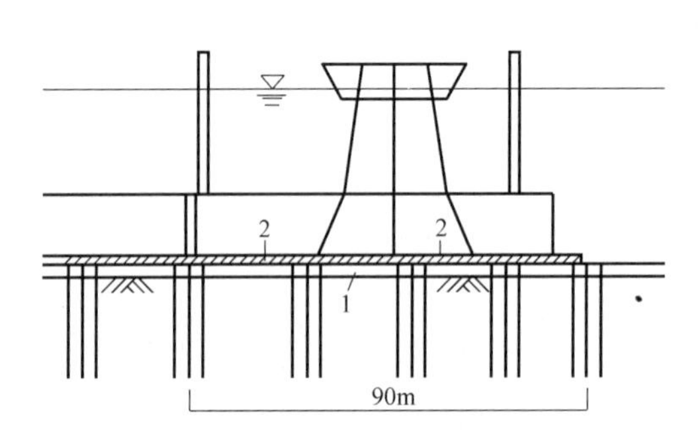

图 13-30　砂浆囊袋传力法

1—砂、石垫层；2—砂浆囊袋

3. 活动桩顶法

该法的具体操作为：先在基桩顶端设一小段预制混凝土活动桩顶，待管段沉设完毕后，向活动桩顶与桩身之间的空腔中灌注水泥砂浆，直至活动桩顶升到与管底密贴接触为止，从而使基桩受力均匀（图 13-31）。该方法首次运用的记录，是在荷兰鹿特丹市的地下铁道河中的沉管隧道工程中。随后日本东京港第一航道水底道路隧道（1973 年建成）采用了一种钢制的活动桩顶，基桩顶部与活动桩间的空隙用软垫层垫实，而垫层厚度则按预计沉降量来决定。待管段沉设完毕之后，用砂浆将管底与活动桩间的空隙灌注填实（图 13-31、图 13-32）。

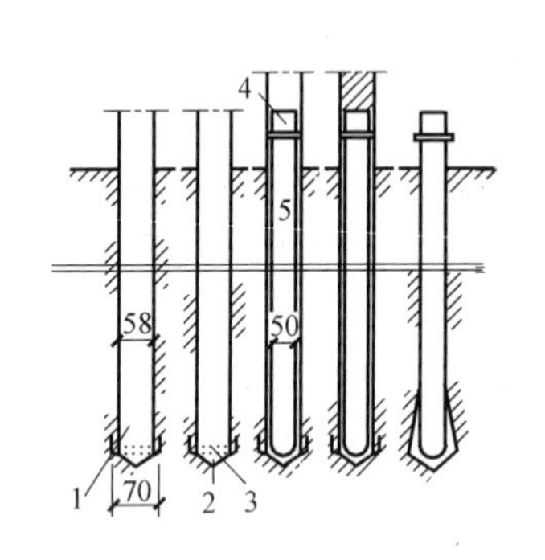

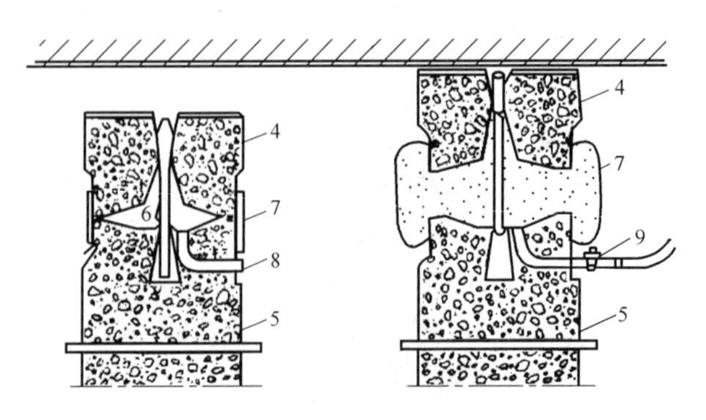

图 13-31　活动桩顶法之一（mm）

1—钢管桩；2—桩靴；3—水泥浆；4—活动桩顶；5—预制混凝土桩；
6—导向管；7—尼龙布囊；8—压浆管；9—控制阀

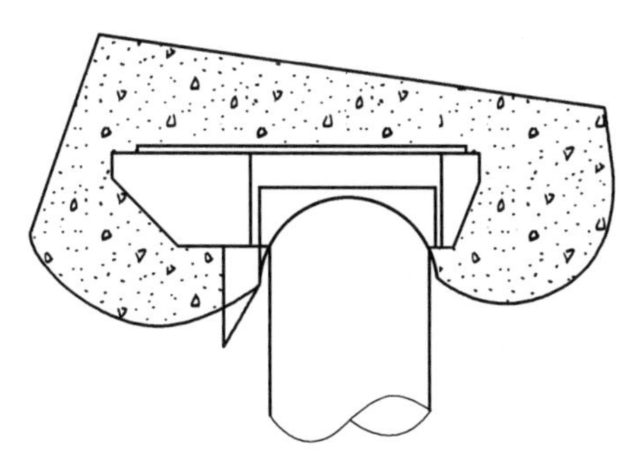

图 13-32 活动桩顶法之二

13.5 管段沉设与水下连接

13.5.1 沉设方法与设备

二维码 13-13
沉设方法
与设备

在沉管隧道施工中，需根据自然条件、航道条件、管段规模以及设备条件等因素，因地制宜选用最经济的沉设方案，目前的沉设方法有以下四种。

1. 分吊法

分吊法就是在沉设作业时用 2～4 艘起重船或浮箱提着各个吊点，一般均在管段上预埋 3 或 4 个吊点，逐渐将管段沉设到规定位置上。早期的双车道钢壳圆形管段几乎都是用 3～4 艘 100～150t 的起重船分吊沉设。20 世纪 60 年代荷兰人柯恩（Coen，1966 年）首创了以大型浮筒代替起重船的分吊沉设法。比利时的凯斯尔特（Schelde，1969 年）隧道采用浮箱代替浮筒。图 13-33、图 13-34、图 13-35 分别表示采用起重船、浮筒及浮箱的分吊法。

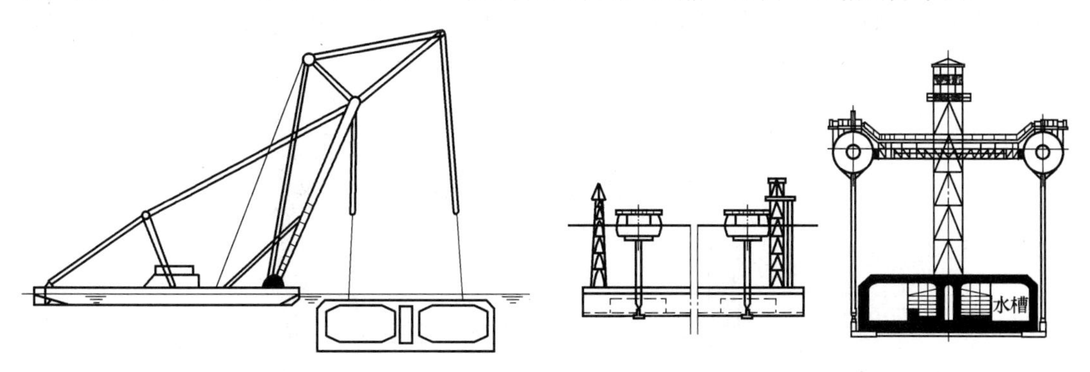

图 13-33 起重船分吊法

图 13-34 浮筒分吊法

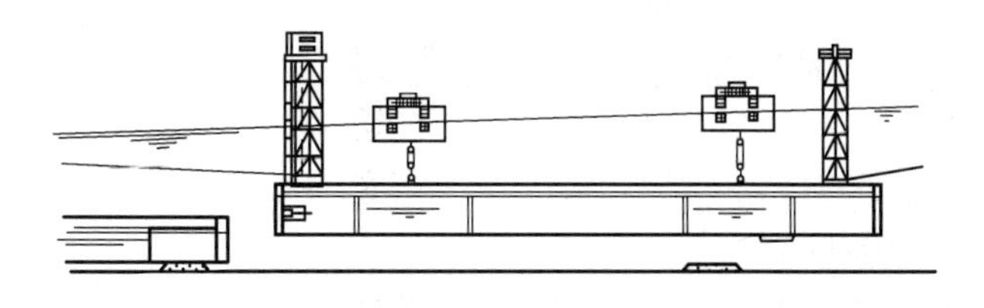

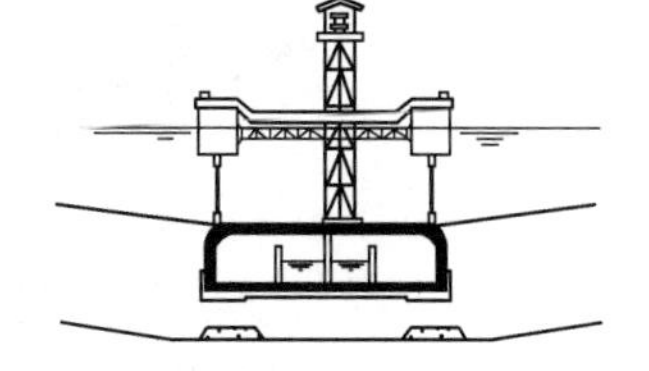

图 13-35 浮箱分吊法

2. 扛吊法

扛吊法亦称方驳扛沉法（图 13-36），其基本概念就是“二副扛棒”。这种方驳扛沉法中最主要的大型工具就是四艘小型方驳，设备费很少。

3. 骑吊法

骑吊法系用水上作业平台“骑”于管段上方，将其慢慢地吊放沉设，如图 13-37 所示。国外常简称作 SEP（Self-Elevating Platform），其平台部分实际为一个浮箱，反复调整浮箱内水压进行定位。

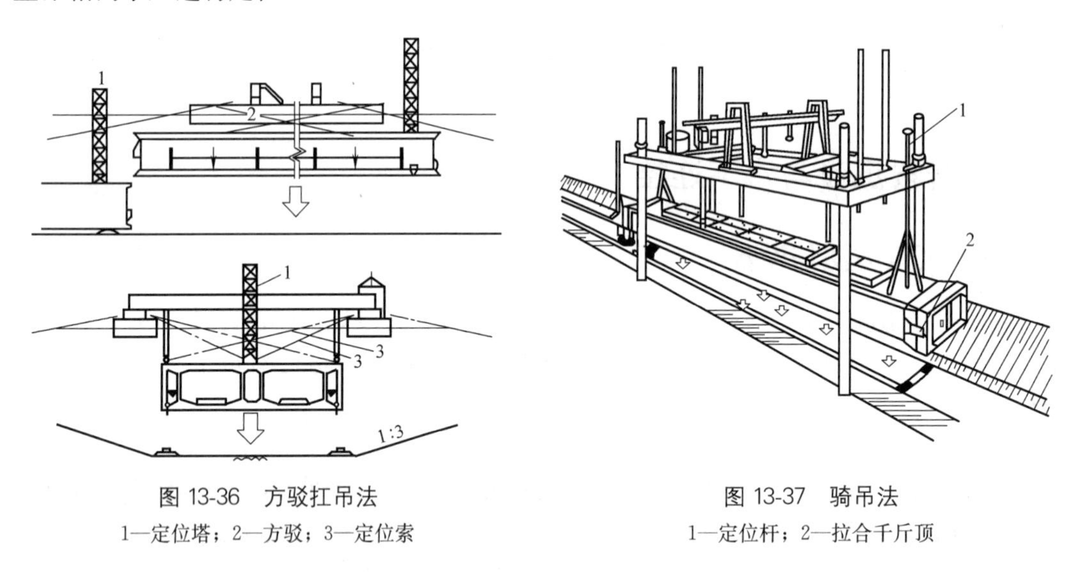

图 13-36 方驳扛吊法

1—定位塔；2—方驳；3—定位索

图 13-37 骑吊法

1—定位杆；2—拉合千斤顶

4. 拉沉法

拉沉法主要特点是利用预先设置在沟槽地面上的水下桩墩作为地垄，依靠架在管段上面的钢桁架顶上的卷扬机和扣在地垄上的钢索，将具有 200～300t 浮力的管段缓缓地“拉下水”，沉设到桩墩上（图 13-38）。

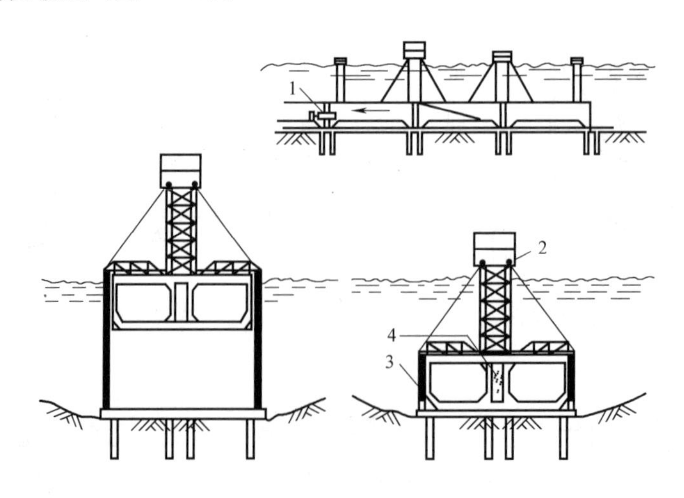

图 13-38 拉沉法

1—拉合千斤顶；2—拉沉卷扬机；3—拉沉索；4—压载水

13.5.2　水下连接

二维码 13-14
水下连接

水下连接的方法有两种：水下混凝土连接法和水力压接法。目前使用较多的是水力压接法。

水力压接法就是利用作用在管段上的巨大水压力使安装在管段前端面（即靠近已设管段或竖井的端面）周边上的一圈胶垫发生压缩变形，从而形成水密性良好的管段间接头。在管段下沉完成后，先将新设管段拉向既设管段并紧密靠上，这时胶垫产生了第一次压缩变形，具有初步止水作用，随即将既设管段后端端封墙与新设管段前端端封墙之间的水（这时这部分水已与河水隔离）排走。排水之前，作用在新设管段前后端封墙上的水压力是相互平衡的。排水之后，作用在前端封墙上的水压力变成一个大气压，于是作用在后端封墙上的巨大水压力就将管段推向前方，使胶垫产生第二次压缩变形（图 13-39）。经二次压缩变形后的胶垫，使管段接头具有非常可靠的水密性。水力压接法具有工艺简单、施工方便、质量可靠、工料费省等优点，目前已在各国水底隧道工程中普遍采用。

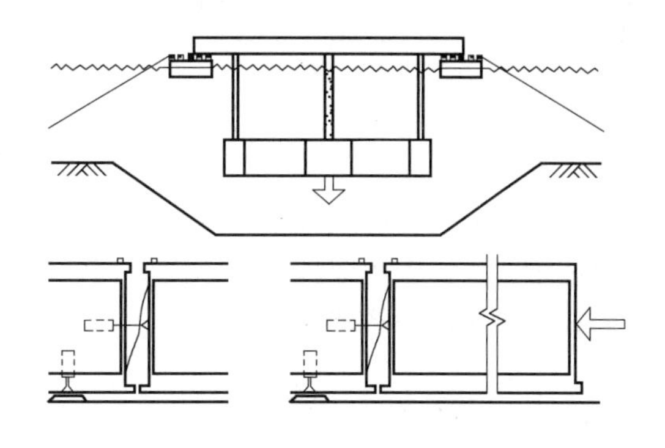

图 13-39　水力压接法示意图

13.6　沉管结构设计实例

二维码 13-15
工程概况

13.6.1　工程概况

港珠澳大桥东连香港，西接珠海和澳门，海中段采用桥、岛、隧组合方案，按照六车道高速公路标准建设，设计速度 100km/h。

为满足香港机场航空限高，跨越伶门主航道段采用沉管方案，标准管节长 180m，宽 37.95m，高 11.4m，重约 76000t，最大沉放水深约 44m，如图 13-40 和图 13-41 所示。

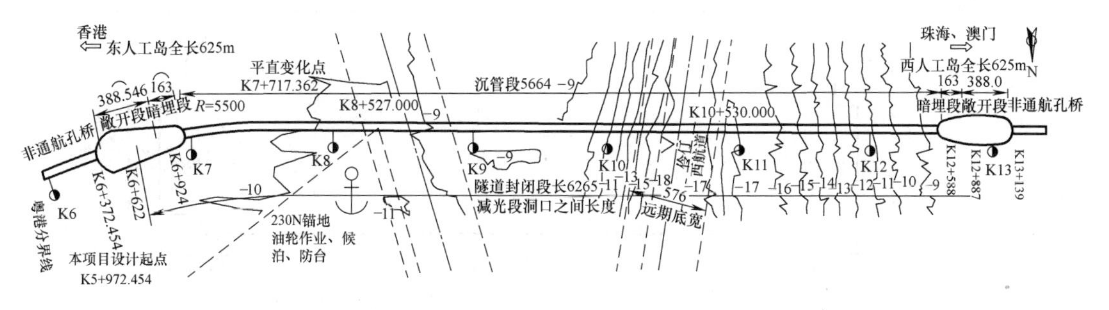

图 13-40　隧道平面示意图（单位：m）

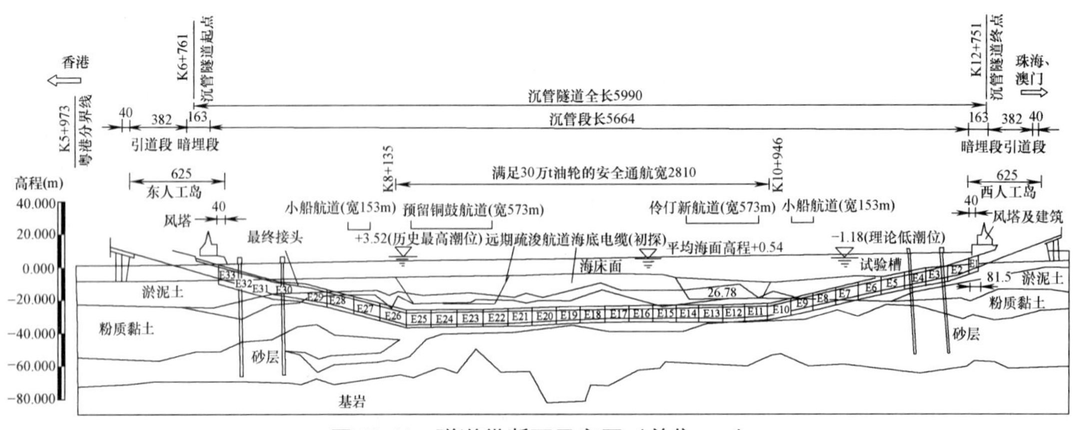

图 13-41　隧道纵断面示意图（单位：m）

该工程水域是国际最繁忙的黄金水道之一，每天有超过4000艘船舶通行，航线交错，安全管理难度大；工程穿越中华白海豚保护区，环保要求严格；设计使用寿命120年，采用两个人工岛实现桥隧转换。

二维码 13-16
平纵设计

13.6.2　总体设计方案

1. 平纵设计

参考图13-40和图13-41，为满足香港段接线需要，东侧有约1000m隧道处于半径5500m的平曲线段，增加了建设难度及投入，沉管隧道应尽量避免曲线进入沉管段。为满足300,000t级油轮通航要求，K8＋135～K10＋945段隧道通航顶部控制高程为－30.18m，设计采用W形纵断面，尽可能减少开挖，隧道理论设计纵坡具体组成如表13-3所示。

隧道理论设计纵坡组成（由小里程至大里程方向）　　表 13-3

纵坡(%)	−2.98	−1.95	−2.65	−0.3	0.3	−0.3	0.3	1.85	1.5	2.98
坡长(m)	794	400	504.4	431.6	970	970	400	667.3	816.7	714

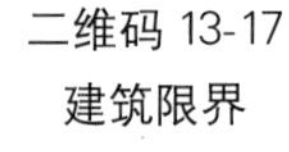

二维码 13-17
建筑限界

2. 建筑限界

依据《公路工程技术标准》JTG B01—2014和香港TPDM，拟定隧道行车孔内的建筑限界如图13-42所示，主隧道建筑限界宽度为14.25m（0.75m＋0.5m＋3×3.75m＋1.0m＋0.75m），高度为5.1m。

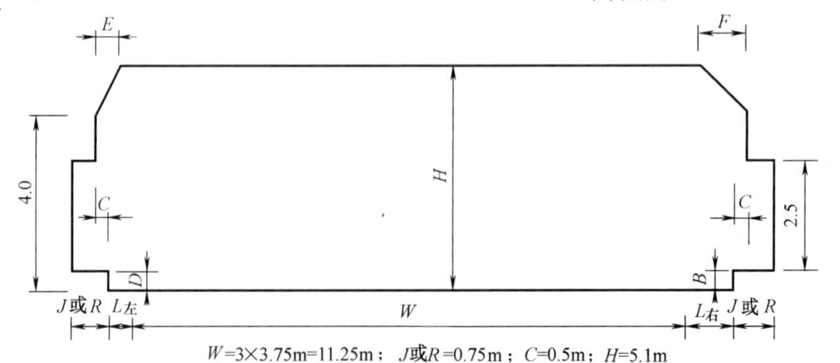

图 13-42　隧道建筑界限图

3. 横断面

二维码 13-18
横断面

本沉管采用纵向通风方式，沉管横断面采用两孔单管廊结构，两侧为行车孔，中间为综合管廊，管廊上层为专用排烟通道，中层为安全通道等，下层为电缆沟和海底泵房。横断面外包尺寸宽为 37.95m，高为 11.4m，如图 13-43 和表 13-4 所示。

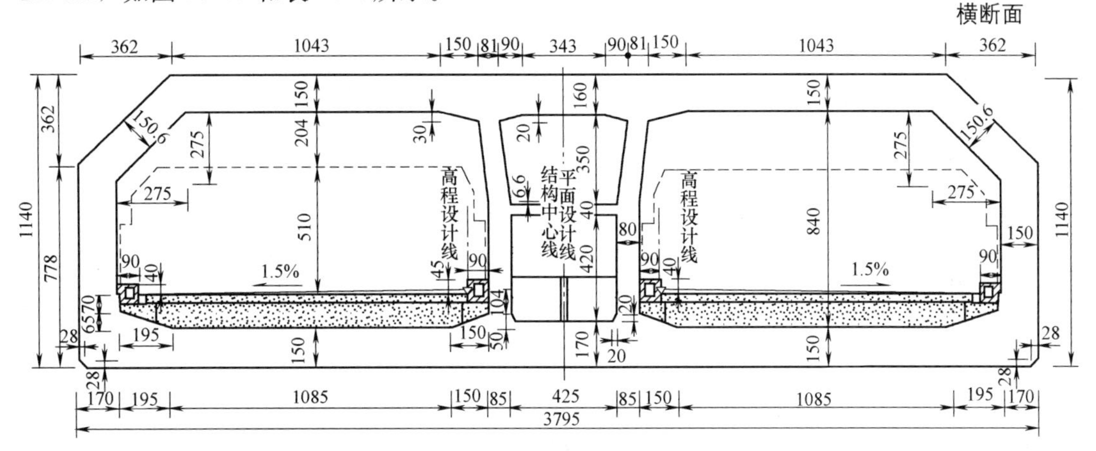

图 13-43　沉管段管节横断面图（单位：cm）

管节横断面主要参数　　**表 13-4**

结构外包尺寸 宽(m)×高(m)	车道孔尺寸 宽(m)×高(m)	排烟道净面积 (m^2)	安全通道高度 (m)	主体结构混凝土面积 (m^2)
37.95×11.4	14.55×8.40	16.48	2.59	153.32

4. 管节划分

二维码 13-19
管节划分

根据沉管结构设计及施工能力分析论证，确定管节最大长度为 180m，考虑实现标准化节段配置进行管节分段，沉管段共分 33 个管节，分段组合自西向东为：112.5m＋112.5m＋24×180m＋2×157.5m＋172.15m＋9.7m＋172.15m＋180m＋135m＋135m，对应编号 E1～E33，其中，E1～E28 管节为直线管节，E29 ～E33 为曲线段管节，采用以直代曲进行预制，最终接头位于 E29 和 E30 之间。标准管节长度 180m，由 8×22.5m 节段组成。

5. 纵向结构体系

二维码 13-20
纵向结构体系

沉管纵向结构需要考虑管节的结构形式与接头的传力和止水，接头包括节段接头与管节接头。

管节与管节间接头称为管节接头，每个接头主要包括端钢壳、竖向钢剪力键、水平向混凝土剪力键、预应力锚具、防水构造、防火构造等。

每个管节都由多个 22.5m 长的节段组成，节段与节段间的接头称为节段接头，节段接头包括 OMEGA 止水带预埋件、混凝土剪力键、预应力管道接头、防火构造、防水构造等，如图 13-44 所示。

港珠澳沉管隧道为满足 300，000t 级油轮通航要求，约 3km 沉管隧道需埋置于海床 22.5m 以下，沉管结构需长期承受超过 20m 厚淤泥及 44m 水压荷载，是目前世界上唯一的深埋沉管，受力不同于常规浅埋隧道。

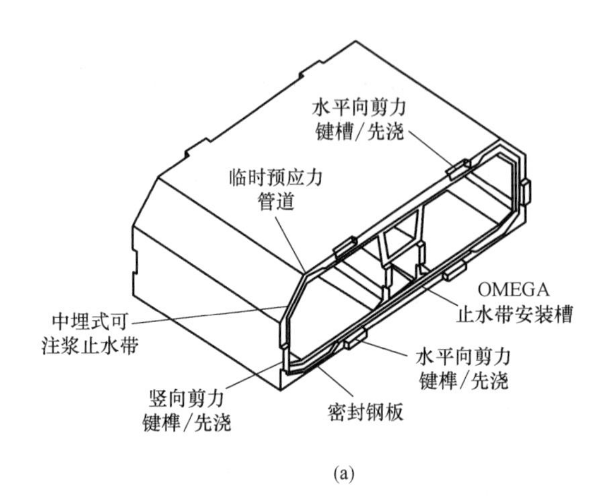

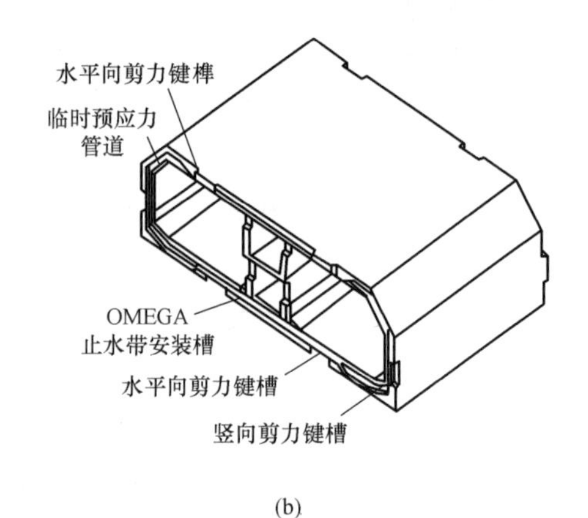

图 13-44 节段接头构造示意图

（a）节段接头先浇端；（b）节段接头匹配端

二维码 13-21
基础

6. 基础

根据沉管隧道结构、荷载及工程地质条件不同，沉管纵向按岛上段、过渡段、中间段分别采用不同基础方案。

中间段的基础长度超过 3km，经评估采用天然地基，基床部分采用 2m 厚的夯平块石层和 1.3m 厚的先铺碎石层给合的形式。

过渡段的基础包括西岛过渡段 E1-S3～E6-S2 以及东岛过渡段 E30～E33-S3，以西岛侧为例，与中间段相接区段管底土层附加应力小，软土层薄，采用 55%～62%不同置换率的挤密砂桩（SCP）加固；与岛上暗埋段相接的区段附加应力大，软土层厚，采用 42%～70%不同置换率的 SCP＋堆载预压加固。

岛上段基础处理形式从隧道到桥梁方向分为高压旋喷桩复合地基、PHC 桩复合地基。

二维码 13-22
基槽

7. 基槽

深槽段（E8～E29）槽底高程低于淤泥层底，按淤泥（含淤泥质土）与黏土（含砂层）地层分两级边坡，上下边坡坡率分别采用 1∶5 和 1∶2.5（图 13-45）；浅槽段槽底高程位于淤泥层内，采用一级边坡，E1～E3 和 E31～E33 管节采用 1∶7，E4～E7 和 E30 管节采用 1∶5，坡率不同处采用 1∶6.5 坡率边坡过渡。基槽开挖宽度以管段平面轴线为对称，基槽开挖包括粗挖和精挖，距基槽底 3m 范围采用精挖，其余部分采用粗挖。

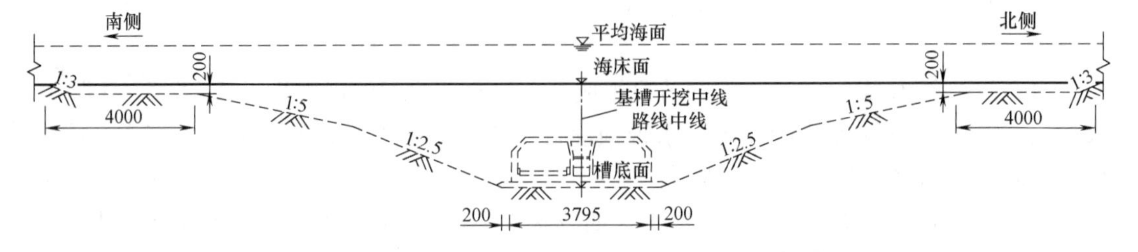

图 13-45 基槽开挖典型断面图（单位：cm）

8. 回填防护及岛头防撞

二维码 13-23
回填防护及
岛头防撞

中间一般段回填防护用来满足防冲刷、防锚、限制管节侧移、为管节提供足够的抗浮安全度，由锁定回填、一般回填、护面层回填三部分组成。一般回填的典型断面如图 13-46 所示；岛头防撞段的回填在过渡段基础堆载预压碎石开挖卸载的基础上实施，未开挖堆载碎石作为岛头防撞段回填防护的一部分，岛头防撞的典型断面如图 13-47 所示。

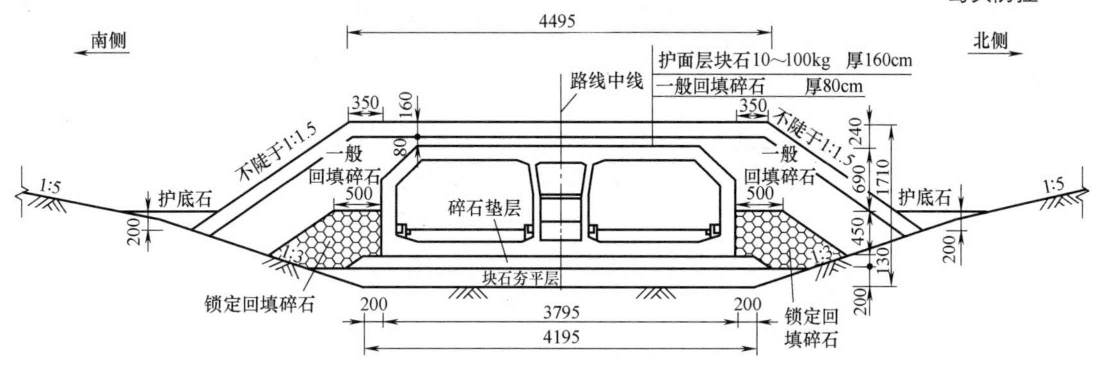

图 13-46 一般回填防护典型断面图（单位：cm；高程单位：m）

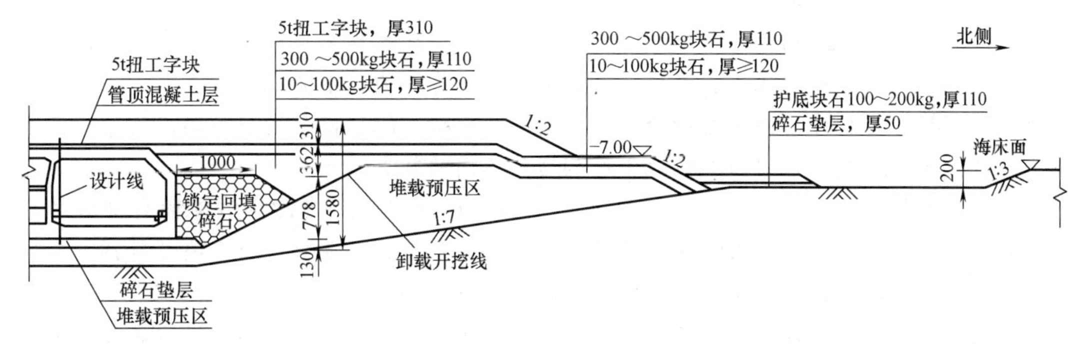

图 13-47 岛头防撞段回填防护典型断面图（单位：cm）

9. 管内工程

二维码 13-24
管内工程

管内工程主要包括结构防火、装饰、逃生、密封隔断、排水体系等。设计全部采用标准化、装配化的构件，提高质量和效率，减少现场工作量。

隧道结构防火采用外敷防火板，沉管段、东岛暗埋段、西岛暗埋段外侧侧墙采用搪瓷钢板进行隧道墙面装饰。在管节接头与节段接头处设有可伸缩或变形的构造，中墙每 135m 设置一道甲级防火门。

中管廊从上至下分别设置排烟道、安全通道及电缆通道，各通道之间设置隔断结构。E13-S3、E24-S1 节段中管廊底部为废水泵房，通过设置横向整幅组合钢格板实现泵房与安全通道隔断。

隧道内的车道两侧设置宽度 0.75m 的检修道，采用 C45 钢筋混凝土预制结构；隧道路面底侧设置一体式预制成品排水沟，以疏排运营期消防水、冲洗废水及结构渗水等，跨管节接头处设置可伸缩结构，适应管节接头张合量。

二维码 13-25
临时辅助设施及
沉管预制场

10. 临时辅助设施及沉管预制场

沉管隧道临时辅助设施为浮运安装过程所需临时结构，根据浮运安装工艺不同会有差别。港珠澳沉管的临时辅助设施主要包括端封门、压载水箱、测量塔、人孔井、吊耳、导向架、系缆柱（拉合基座）、对接纵向线缆锚点柱等。

港珠澳大桥沉管采用工厂流水线进行预制，工厂位于珠海桂山岛至牛头岛内，共设置两条生产线，结合地形总平面呈 L 形布置，包括钢筋加工、绑扎区、混凝土浇筑区、顶推及浅坞区、深坞区等，每 75 天生产两个管节。

开发了钢筋加工、绑扎流水线，攻克了全断面浇筑及温控难题，研发 8 万 t 沉管顶推技术，采用工厂法除预制完成 28 节直线沉管外，还实现了世界范围第一次用工厂法预制曲线沉管。

本章小结

（1）沉管法方便快捷、防水性能优良、地质条件适应性好、造价便宜，在近年来的水底隧道建设中被广泛使用。

（2）作用在沉管结构上的荷载除了自重、土压力、地基反力、施工荷载、车辆荷载等常规荷载外，还要考虑水压力、浮力、预应力、沉降摩擦力、水流压力等方面。沉管结构设计主要包括浮力设计、横向结构分析、纵向结构分析、配筋以及预应力的应用等，其中浮力设计是沉管结构设计中与其他地下结构迥然不同的特点。

（3）沉管结构的防水措施包括外防水（管段表面防水）和内防水（管段自身防水）。管段接头主要有刚性接头和柔性接头两种，不仅要满足水密性要求，而且要具有抵抗各种荷载作用和变形的能力，各构件功能明确，造价适度，利于施工。

（4）沉管管段的沉设方法主要包括吊沉法和拉沉法两大类。管段水下连接主要采用水力压接法，是利用作用在管段上的巨大水压力使安装在管段前端面周边上的一圈胶垫发生压缩变形，形成一个水密性相当良好可靠的管段间接头。

思考与练习题

13-1 沉管结构的适用条件如何？它与盾构法隧道结构相比有何优缺点？

13-2 沉管结构设计的关键点有哪些方面？

13-3 管段沉放的浮力受哪些因素影响？设计中如何考虑？

13-4 简述沉管运输中干舷设计的意义。

13-5 简述沉管结构设计的方法和原则。

13-6 简述沉管管段之间连接处理的方法。

13-7 简述沉管基础的处理措施。

第14章　顶管、管幕及箱涵结构设计

本章要点及学习目标

本章要点：
(1) 顶管结构的概念及适用范围；
(2) 顶管工程的设计计算；
(3) 管幕结构和箱涵结构的概念及适用范围；
(4) 箱涵结构的设计内容及具体设计方法。
学习目标：
(1) 了解顶管结构、管幕结构及箱涵结构的概念和适用范围；
(2) 熟悉顶管工程的设计计算方法；
(3) 熟悉箱涵结构的设计内容及具体设计方法。

14.1　顶管结构

二维码 14-1
顶管结构概述

14.1.1　概述

顶管法是继盾构法之后发展起来的，与盾构法相比，顶管法主要用于地下进水管、排水管、煤气管、电信电缆管的施工。它不需要开挖地层，并且能够穿越公路、铁道、河川、地面建筑物、地下构筑物以及各种地下管线等，是一种非开挖的施工方法。它最早始于1896年美国的北太平洋铁路铺设工程的施工中，我国的顶管施工最早始于1953年的北京。

在软土地区，开挖沟槽必须采取围护措施和降水措施，不仅会影响市区繁忙的交通，而且会危及临近的管线和建筑物的安全。采用顶管法施工可显著减小对邻近建筑物、脊线和道路交通的影响，具有广泛的应用前景。

顶管法是采用液压千斤顶或具有顶进、牵引功能的设备，以顶管工作井作承压壁，将管子按设计高程、方位、坡度逐根顶入土层直至到达目的地的一种修建隧道和地下管道的施工方法，如图14-1所示。

顶管技术可用于特殊地质条件下的管道工程，主要有：①穿越江河、湖泊、港湾水体下的供水、输气、输油管道工程；②穿越城市建筑群、繁华街道地下的上下水、煤气管道工程；③穿越重要公路、铁路路基下的通信、电力电缆管道工程；④水库、坝体、涵管重建工程等。

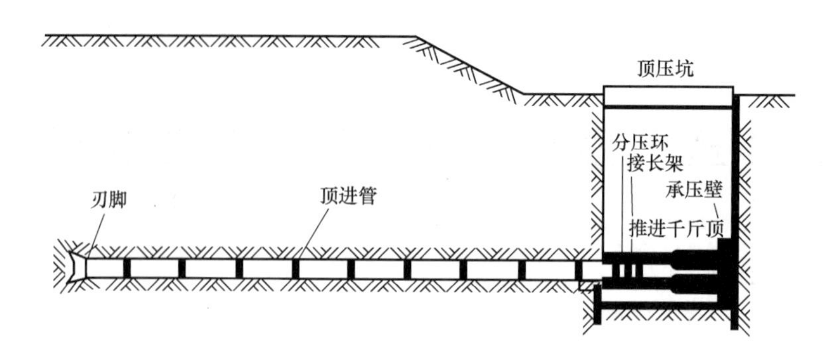

图 14-1　顶管法施工示意图

随着现代科学技术的发展，先后发明了中继环接力顶推装置、触变泥浆减阻顶进技术、自动测斜纠偏技术、泥水平衡技术、土压平衡技术、气压保护技术和曲线顶管技术等，大大地推进了顶管技术的发展。

对于长距离顶管，由于管壁四周的土体总摩阻力和迎面阻力很大，常常将管道分段，在每段之间设置中继环，且在管壁四周加注减摩剂以进行长距离管道的顶推。

二维码 14-2
顶管的分类

14.1.2　顶管的分类

1. 按口径分

按顶管管道内径大小可分为小口径、中口径和大口径三种。

根据我国顶管施工的实际情况，小口径一般指内径小于 800mm 的顶管；中口径一般指介于 800～1800mm 口径范围的顶管。

2. 按顶进距离分

按顶管一次顶进距离的长短可分为中短距离、长距离、超长距离三种。长距离顶管与中短距离顶管的区分一般以是否需要采用中继环。根据目前国内顶管达到的施工技术水平，顶管长度超过 300m 才需要设置中继环，而超长距离顶管是指超过 1km 以上的顶管。

二维码 14-3
微型顶管

二维码 14-4
曲线顶管

3. 按管材分

按顶管管材分可分为钢管顶管、混凝土顶管、玻璃钢顶管及其他复合材料制顶管等。

4. 按顶进轴线分

按顶管轴线是直线还是曲线区分，可分为直线顶管和曲线顶管，其中曲线顶管以曲率半径 300m 为界，又可分为常曲线顶管和急曲线顶管。

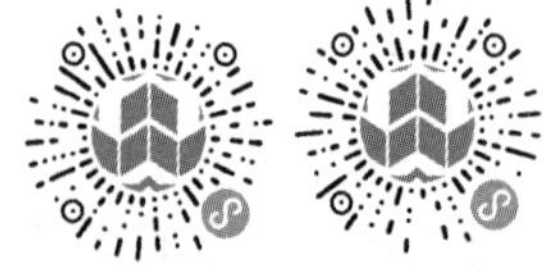

二维码 14-5　顶管与盾构区别

二维码 14-6　顶管工程设计计算

14.1.3　顶管工程的设计计算

1. 设计内容

顶管工程中最重要的设计计算是顶力值的计算。通过计算确定顶进设备能力、验算管节所能承受的最大顶力、布置顶进设备、计算后背的承载能力和选择相应的后背形式等。

工作井是顶管工程中造价较大的设施，而现浇后背的修建费用占的比率也很高。所以尽可能算出接近实际的顶力值，以便经济合理地选定后背结构形式。如后背结构的设计荷载小于实际的顶力值，在最大顶力作用下除后背破坏外，还可能使后背土体遭到破坏，轻者地面出现裂缝，重者产生向上滑移直到地面隆起使后背土体丧失承载能力、工程停顿。如估算的顶力过大，就要提高后背造价。

管端面上所能承受的顶力取决于管材、管径和管壁厚度。当计算求得的顶力值大于端面的承压能力，将导致管体破坏。如用的是钢筋混凝土管就产生脱皮、裂缝，甚至破裂，如用的是钢管，管口会出现卷曲变形、管缝开裂等。

施工方案的选择也需要考虑顶力值，当顶力值过大时，后背结构或管材强度不能承受全部顶力时，就应考虑采用适当的辅助措施，如采用膨润土泥浆润滑减阻。当顶距较长采用减阻措施不能满足要求时，或土呈松散或液化状态难以灌注润滑剂时，就要采用中继环进行接力顶进。

后背土的土抗力值的计算与顶力值、后背结构形式有同等的重要性，应比较准确地算出土抗力值，以期在保证安全的前提下充分发挥土体的抗力。如对土抗力值估计过高，在顶进过程中顶力较大时，一般出现土的弹性变形过大，使千斤顶的部分行程消耗于回弹变形上，造成顶进效率下降。严重时后背土遭到破坏，不能继续顶进。

2. 顶进力计算

1）顶进力的构成

为了推动管道在土体内顺利前进，千斤顶的顶力值（R_f）需要克服作用于管道的外力，统称为顶进阻力，包括贯入阻力、摩擦阻力、管节自重产生的摩擦阻力。

顶进过程中，如土质均匀，则摩擦系数是一常数，而且不过量校正则无局部阻力，此时作用于管节的外力如图 14-2 所示。图 14-2 中，P_x 为由竖向土压力施加管壁的法向力（kN）；P_y 为由水平土压力施加管壁的法向力（kN）；G 为管节自重（kN）；f 为管壁与土间的摩擦系数；F 为摩阻力（kN）；R_f 为顶力（kN）；P_A 为贯入阻力（kN）。

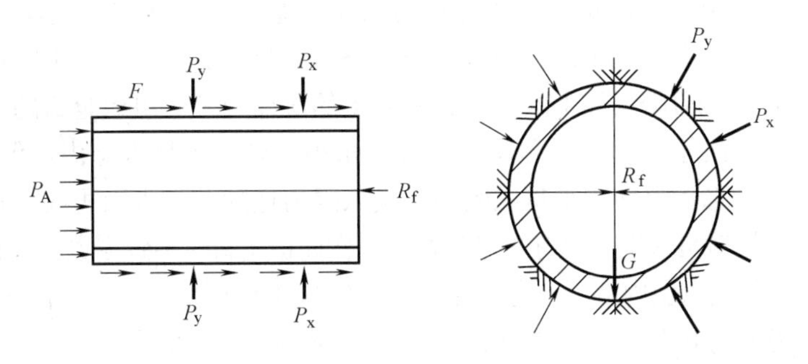

图 14-2 管节上的外力

根据轴向力平衡原理，可以求出顶力值。此值为管前的贯入阻力和沿顶进长度的摩阻力之和。将摩阻力记为$\sum F$，则有：

$$\sum F = f(p_x + p_y + G) \tag{14-1}$$

$$R_f = P_A + \sum F \tag{14-2}$$

在顶进过程中管节由于不断受各种外界因素的影响，如土质、误差校正、千斤顶行程的同步性、后背的位移等，所以管节周壁的受力状态经常处于变化之中，变化情况事先又难以估测。考虑到这种因素，确定顶进设备能力时一定要有适当的安全系数，以便克服在顶进过程中所遇到的各种意外阻力，既应保证安全可靠的顶力值，也要考虑施工的经济性。

2）顶进力的影响因素

影响顶进力的因素很多，这些因素既有一定的规律性，也有其特殊性。外部条件如土的种类、土的物理力学件质、覆土深度、管材和管径等，可通过调查、试验以及设计提供是可以预先掌握的。但是在施工过程中，由于操作不当、设备故障以及土质突然变化的坍方、土液化、大量涌水等原因，都能造成顶力突然上升。这是受外界影响的特殊因素，事先都难估计，也不可能计算。因此在开工前需要做周密的调查研究，同时对施工中可能出现的问题进行预估。

（1）顶进过程中的摩擦阻力

管壁与土层接触面之间的摩擦力，与垂直于接触面上的作用力（法向力）的大小成正比，并与接触的介质有关。例如管壁直接与土接触和灌注触变泥浆时的摩阻力显然不同，由于后者的摩擦系数受泥浆润滑的影响较前者要小得多，所以摩阻力降低甚多。

土内的管节四周受有土压力。这些土压力的大小取决于覆土深度、土的重度、土的内摩擦角及黏聚力。一般情况下覆土越深，土柱越高，土压力也越大，摩阻力也随着土压力的增加而变大。此时管节下部的土施加于管体的抗力也会产生。

摩阻力与土的种类和管材性质有关。如在砂、砾层内顶管，由于砂砾土重度较黏性土大，使土压力增加同时砂砾土表面较黏性土粗糙，所以其摩擦系数也大，这就使摩阻力增加。管节表面光滑时，摩阻力就低，故在同一条件下顶进钢管就比顶进钢筋混凝土管省力。

（2）管端的贯入阻力

向土内顶进时，在首节管端面上要受到土的阻力，称贯入阻力，也称迎面阻力。

贯入阻力与土的种类及含水量多少有关，还受管端结构形式的影响。软土容易贯入，而干燥的黏土或砂砾石土贯入阻力就大。

管端装有刃脚，贯入阻力的产生首先来自刃脚入土时土的抗剪力，随着前进迎面土抗力和管壁与土之间的摩阻力逐渐增加。土通过刃口挤入管内时，又产生土与刃脚之间的摩阻力，此摩阻力的垂直分力压缩土层，而水平分力挤压刃脚形成土抗力。土的抗剪力、刃脚外壁与土之间的摩阻力、刃脚斜面上的土抗力和对土的压缩力等，组成全部的贯入阻力。此贯入阻力的大小主要取决于刃脚形式和尺寸，刃脚角小，虽利于贯入土内，但刃脚刚度降低，使刃脚容易变形，变形后反而增加贯入阻力。贯入阻力还随着贯入面积或周长加大而增加。

工作面的稳定性对贯入阻力也有一定影响。工作面稳定暂时不致塌方，允许向管前有一定的超挖量，管端无须贯入土内就可顶进。此时，不存在贯入阻力。反之，采用挤压顶进，无论出土与否，贯入阻力仍取决于土的抗剪强度。在软土内顶进比在低含水量的黏性土内顶进要省力得多。一般顶管中，贯入阻力较摩阻力要小，当土种类无变化时，贯入阻力是个常数。

（3）顶进力计算

① 理论公式

顶进力的计算式为：

$$R_f = K[f(2P_v + 2P_h + P_B) + P_A] \tag{14-3}$$

式中 R_f——计算顶力（kN）；

P_v——管顶上的竖向土压力（kN）；

P_h——管侧的侧土压力（kN）；

P_B——全部顶进的管段重量（kN）；

f——管壁与土间的摩擦系数；

P_A——管端部的贯入阻力（kN）；

K——安全系数，一般采用 1.2。

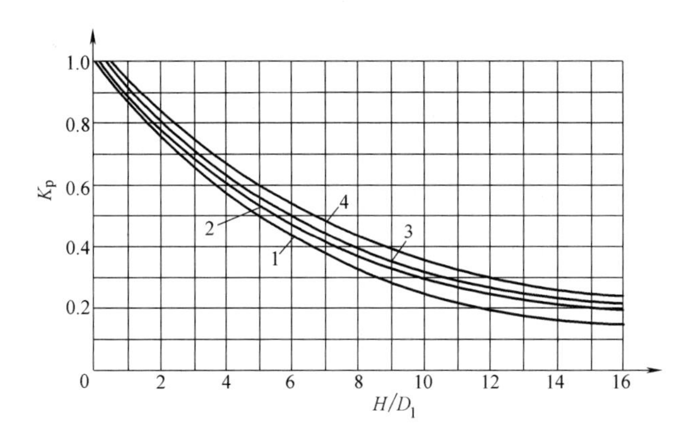

图 14-3 H/D_1-K_p 关系

1—黏土和耕植土（干燥）；2—砂土硬黏土耕植土（湿的或者饱和的）；3—塑性黏土；4—流塑性黏土

管顶覆土的竖向压力计算公式：

$$P_v = K_p \cdot \gamma \cdot H \cdot D_1 \cdot L \tag{14-4}$$

式中 K_p——竖向土压力系数，如图 14-3 所示；

γ——土的重度（kN/m^3）；

H——管顶覆土深度（m）；

D_1——顶入管节外径（m）；

L——顶进管段长度（m）。

管侧土压力总用计算公式：

$$P_H = \gamma\left(H + \frac{D_1}{2}\right) D_1 L \tan^2\left(45° - \frac{\varphi}{2}\right) \tag{14-5}$$

式中 φ——土的内摩擦角（°）。

施工前应该沿着管线进行钻探，取土样进行试验求出有关土的各项性质指标。管壁与土体间的摩擦系数值可参阅表 14-1。

管壁与土体间的摩擦系数 **表 14-1**

土的种类	钢筋混凝土管			钢管		
	干燥	潮湿	一般值	干燥	潮湿	一般值
软土	—	0.20	0.20	—	0.20	0.20
黏土	0.40	0.20	0.30	0.40	0.20	0.30
砂黏土	0.45	0.25	0.35	0.38	0.32	0.34
粉土	0.45	0.30	0.38	0.45	0.30	0.37
砂土	0.47	0.35	0.40	0.48	0.32	0.39
砂砾土	0.50	0.40	0.45	0.50	0.50	0.50

$$P_B = G \cdot L \tag{14-6}$$

式中　G——管节单位长度重量（kN/m）；

L——顶进总长度（m）。

从理论上计算贯入阻力是比较复杂的，即使算出也不精确，故一般多采用经验值。贯入阻力与土的种类及其物理性质指标有关，也受工作面上操作方法的影响。

② 顶力计算的经验公式

顶进钢筋混凝土管时，顶力值可用下列经验公式估算：

$$R_f = n \cdot G \cdot L \tag{14-7}$$

式中　n——土质系数；

G——管节单位长度重量（kN/m）；

L——顶进管段长度（m）。

土质系数 n 是按管顶土的种类判断它能否形成卸力拱而定，见表 14-2。

土质系数 *n* 值　　**表 14-2**

土的种类、含水量及工作面稳定状态	n 值
软土、砂黏土、含水量不大的粉土、砂土，挖土后能短期或暂时形成土拱时	1.5～2
密实砂土、含水量大的粉土、砂土、砂砾土，挖土后不能形成土拱，但塌方尚不严重时	3～4

③ 管段允许顶力计算

钢管允许顶力可按下式计算：

$$F = \frac{\pi}{K}\sigma_T t(d+t) \tag{14-8}$$

式中　F——钢管允许顶力（kN）；

K——安全系数，取 $K=4$；

σ_T——钢材的屈服强度（MPa）；

t——钢管的壁厚（m）；

d——钢管内径（m）。

混凝土管允许顶力可按下式计算：

$$F = \frac{\pi}{K}\sigma(t - L_1 - L_2)(d+t) \tag{14-9}$$

式中　F——混凝土管允许顶力（kN）；

K——安全系数，取 $K=5～6$；

σ——混凝土抗压强度（kPa）；

t——壁厚（m）；

L_1——密封圈槽底与外壁距离（m）；

L_2——木垫片至内壁的预留距离（m）；

d——混凝土管内径（m）。

3. 后背的设计计算

最大顶力确定后就可进行后背的结构设计。后背结构及其尺寸主要取决于管径大小和后背土体的被动土压力（土抗力）。计算土抗力的目的是考虑在最大顶力条件下保证后背土体不被破坏，以期在顶进过程中充分利用天然的后背土体。

当顶力通过后背传到土体后，土受压缩产生位移，同时产生被动土压力作用于后背上，此种被动土压力称土抗力。后背土体未破坏前，土体在顶力反复作用下，土的应力-应变曲线基本呈一直线。图14-4所示是某工程在砂黏土后背上试验取得的应力-应变曲线。从图14-4中b-c段可看到土压力并未增加，但土的压缩变形继续增加，此种情况说明后背土体已遭到破坏，卸荷后后背回弹，残余变形达2.4cm。

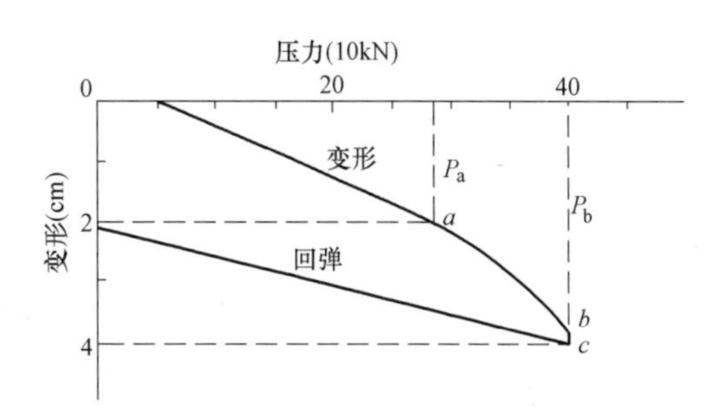

图14-4 后背土的应变曲线

由于最大顶力一般在顶进段接近完成时出现，所以后背计算时应充分利用土抗力，而且在工程进行种应严密注意后背土的压缩变形值，将残余变形控制在2.0cm左右。当发现变形过大时，应考虑采取辅助措施，必要时可对后背上进行加固，以提高土抗力。

后背土体受压后产生的被动土压力应按下式计算：

$$\sigma_p = K_p \cdot \gamma \cdot h \tag{14-10}$$

式中 σ_p——被动土压力（kN/m^2）；

K_p——被动土压力系数；

h——后背土的高度（m）；

γ——后背土的重度（N/m^3）。

被动土压力系数与土的内摩擦角有关，其计算式如下：

$$K_p = \tan^2\left(45° + \frac{\varphi}{2}\right) \tag{14-11}$$

不同的K_p土的值见表14-3。

土的主动和被动土压力系数值 **表14-3**

土名称	φ(°)	被动土压力系数K_p	主动土压力系数K_A	K_p/K_A
软土	10	1.42	0.70	2.03
黏土	20	2.04	0.49	4.16
砂黏土	25	2.46	0.41	6.00
粉土	27	2.66	0.38	7.00
砂土	30	3.00	0.33	9.09
砂砾土	35	3.69	0.27	13.67

在考虑后背土的土抗力时，按下式计算土的承载能力：

$$R_c = K_r \cdot B \cdot H \cdot \left(h + \frac{H}{2}\right)\gamma \cdot K_p \tag{14-12}$$

式中 R_c——后背土的承载能力（kN）；

B——后背墙的宽度（m）；

H——后背墙的高度（m）；

h——后背墙顶至地面的高度（m）；

γ——土的重度（kN/m^3）；

K_p——被动土压力系数；

K_r——后背的土抗系数。

后背结构形式不同，使土受力状况也不一样，为了保证后背的安全，根据不同的后背形式，采用不同的土抗力系数值。

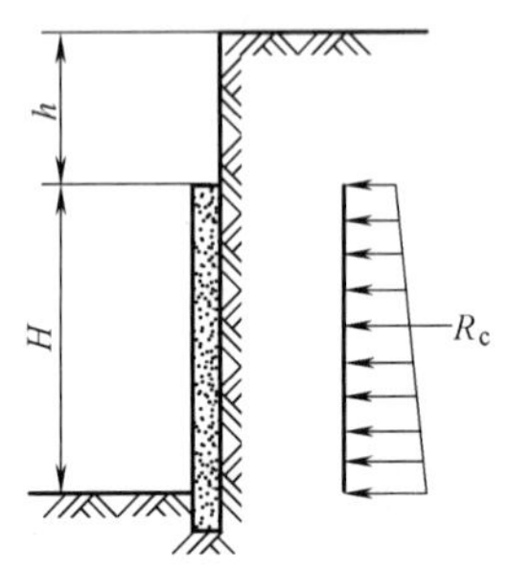

图 14-5 无板桩支撑的后背

1）无板桩

后背不需要打板桩，而背身直接接触土面如图 14-5 所示，此时用计算公式计算土的承载力时，土抗力系数采用 0.85 时，则计算公式变为：

$$R_c = 0.85 \cdot B \cdot H \cdot \left(h + \frac{H}{2}\right)\gamma \cdot K_p \quad (14\text{-}13)$$

2）有板桩

后背打入钢板柱，顶力通过钢板桩传递，如图 14-6 所示。此时土抗力系数取决于不同的后背形式及后背的覆土高度。覆土高度 h 值越小，土抗力系数 K_r 值也越小。有板桩支撑时，应考虑在板桩的联合作用下，土体上顶力分布范围扩大导致集中应力减少，因而土抗力系数 K_r 值增加。图 14-7 是土抗力系数曲线。它是不同后背的板桩支承高度 h 值与后背高度 H 的比值下，相应的土抗力系数 K_r 值。

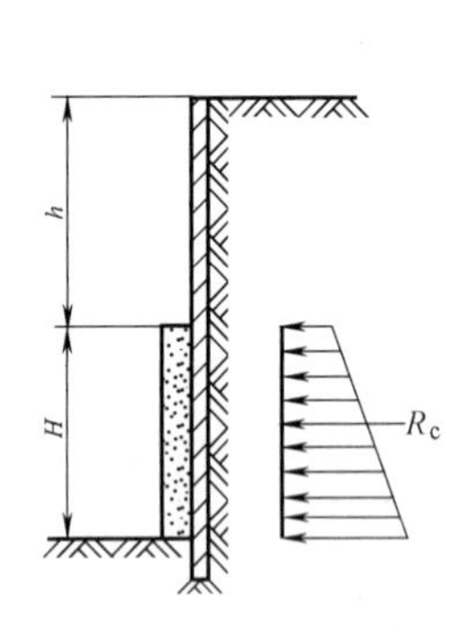

图 14-6 有板桩支撑的后背

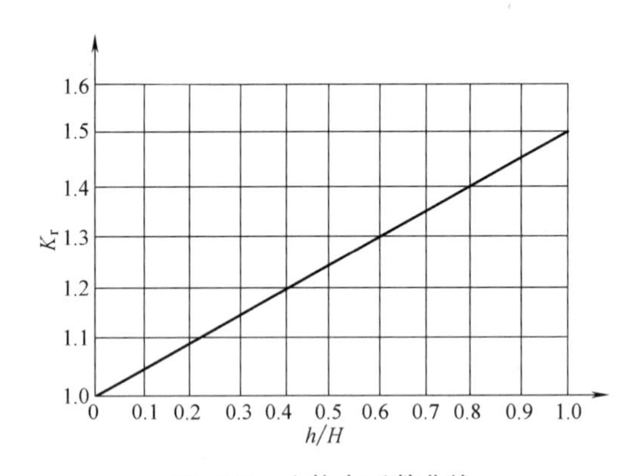

图 14-7 土抗力系数曲线

14.1.4 顶管工程的主要设备

二维码 14-7 顶管工程的主要设备

1. 常用顶管工具管

目前常用的顶管工具管有手掘式、挤压式、泥水平衡式、三段两铰型水力挖土式和多刀盘土压平衡式等。

手掘式顶管工具管为正面全敞开、采用人工挖土，如图 14-8 所示。

挤压式顶管工具管正面有网格切土装置或将切口刃脚放大，由此减小开挖面，采用挤土顶近，如图 14-9 所示。

泥水平衡式顶管工具管正面设置削土刀盘，其后设置密封舱，在密封舱中注入稳定正面土体的护壁泥浆，刮土刀盘刮下的泥土沉入密封舱下部的水中并通过水力运输管道排放至地面的泥水处理装置，如图 14-10 所示。

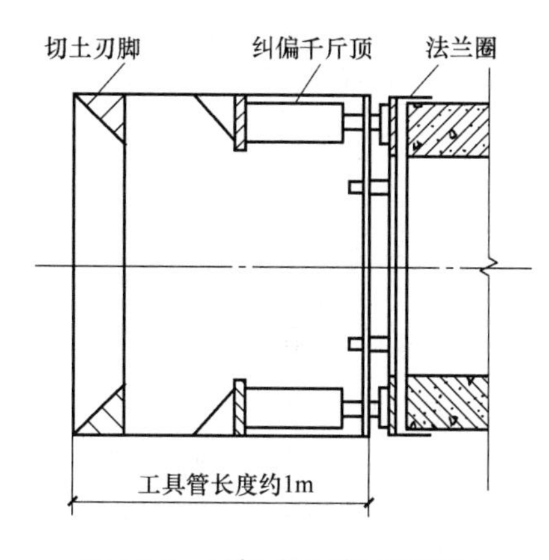

图 14-8 手掘式顶管工具管图

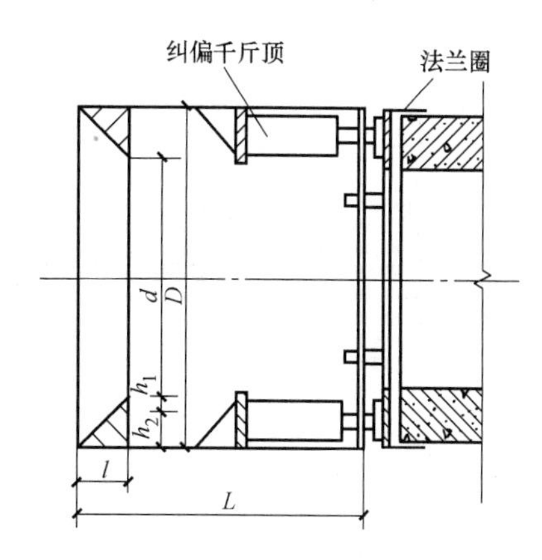

图 14-9 挤压式顶管工具管图

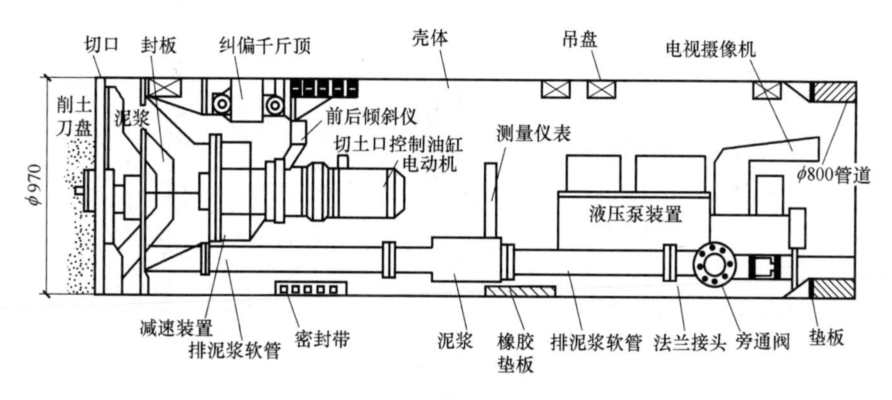

图 14-10 泥水平衡式顶管工具

三段两铰型水力挖土式顶管的工具管的内腔分为前、中、后三个舱室。前舱为冲泥舱，舱前端共有切削、挤压土的格栅。中舱为操作室，两者之间用胸板隔开。后舱为控制室。设有各种测试仪器和仪表，在千斤顶顶推下，格栅将土体切开，再经高压水射流破碎、搅混成流态，内吸泥泵吸出并送入水力运输管道排放至地面的贮泥水池，如图 14-11 所示。

多刀盘土压平衡式顶管工具管头部设置密封舱，密封阴极上装设数个刀盘切土器，顶进时螺旋器出土速度与工具管推进速度相协调，如图 14-12 所示。

近年来，顶管法已普遍用于建筑物密集市区以及穿越江河、堤坝和铁路路基的地下工程。钢筋混凝土管道和外包钢板复合式钢筋混凝土管道的顶距已达 100～290m。钢管的顶距已达 1200m。在合理的施工条件下，采用一般顶管工具管引起的地表沉降量可控制在 50～100mm，而采用泥水平衡式顶管工具管引起的地表沉降更在 30mm 以下。

上述顶管工具管的基本原理及施工工艺与盾构基本相似。在顶管施工中，已实现地面遥控操作。管道轴线和标高可采用激光测量仪连续量测，并能做到及时纠偏，智能化程度较高。

2. 中继环

1）中继接力原理

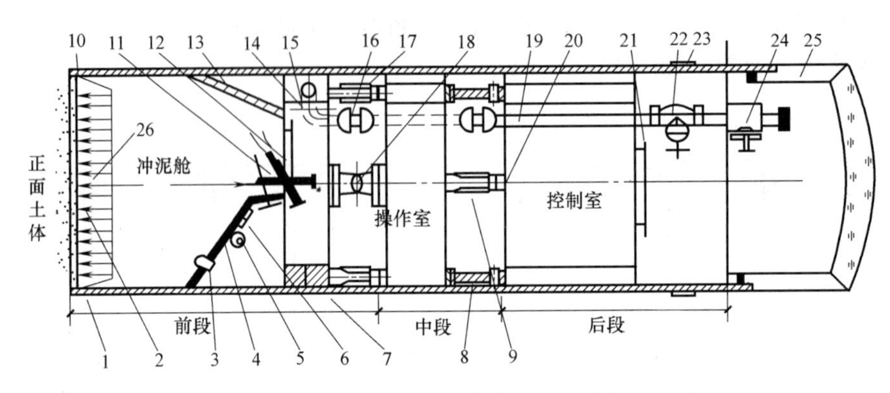

图 14-11 三段两铰型水力挖土式顶管的工具管

1—刃脚；2—格栅；3—照明灯；4—胸板；5—真空压力表；6—观察窗；7—高压水仓；8—垂直铰接；9—左右纠偏油缸；10—水枪；11—小水密门；12—吸口格栅；13—吸泥门；14—阴井；15—吸管进口；16—双球活接头；17—上下纠偏油缸；18—水平铰链；19—吸泥管；20—气阀门；21——大水密门；22—吸泥管闸阀；23—泥浆环；24—清理阴井；25—管道；26—气压

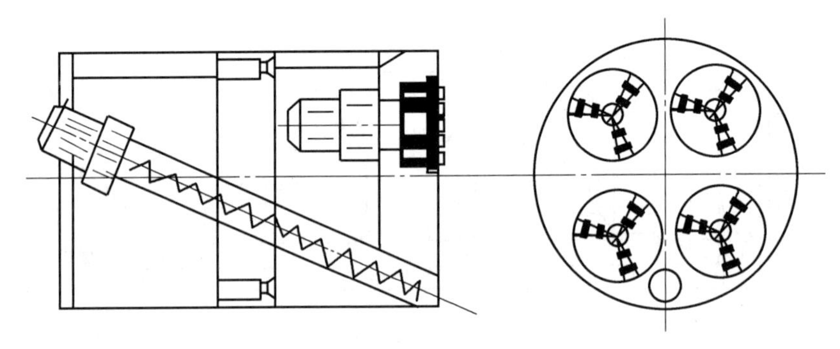
图 14-12 多刀盘土压平衡式

在长距离的顶管工程中，当顶进阻力（即顶管掘进迎面阻力和管壁外围摩阻力之和）超过主千斤顶的容许总顶力、管节容许的极限压力或工作井承压壁后背土体极限反推力三者中之一，无法一次达到顶进距离要求时，应采用中继接力顶进技术，实施分段顶进。使顶入每段管道的顶力降低到允许顶力范围内。

采用中继环接力技术时，将管道分成数段，在段与段之间设置中继环，如图 14-13 所示。中继环将管道分成前后两个部分，中继油缸工作时，后面的管段成为受压后座，前面管段被推向前方。中继环按先后次序逐个启动，实现管道分段顶进，由此达到减小顶力的目的。采用中继接力技术以后，管道的顶进长度不再受承压壁后背土体极限反推力大小的

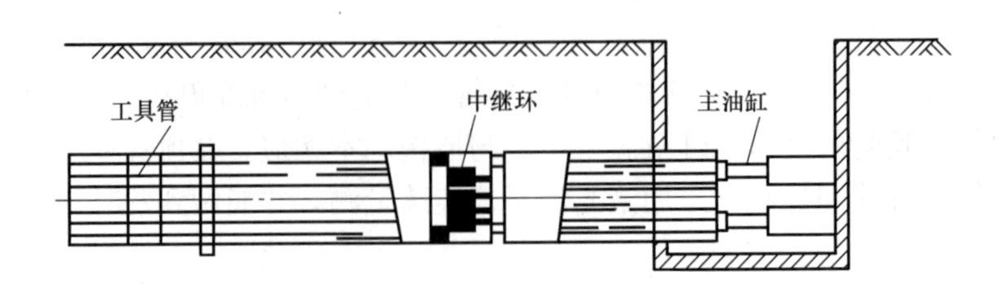

图 14-13 中继环示意图

限制，只要增加中继环的数量，就可以增加管道顶进的长度。中继接力技术是长距离顶管不可缺少的技术措施。

中继环安装的位置应通过顶力计算，第 1 组中继环主要考虑工具管的迎面阻力和管壁摩阻力，并应有较大的安全系数。其他中继环则考虑克服管壁的摩阻力，可预留适当的安全系数。

2）中继环构造

中继环必须具备足够的刚度及良好的水密封性，并且要加工精确、安装方便。其主体结构由以下几个部分组成：

（1）短冲程千顶组（冲程为 150～300mm，规格、性能要求一致）；

（2）液压、电器与操作系统；

（3）壳体与千斤顶紧固件、止水密封圈；

（4）承压法兰片。

液压操纵系统应按现场环境条件布置，可采用管内分别控制或管外集中控制。中继环的壳体应和管道外径相同，并使壳体在管节的移动有较好的水密封性和润滑性，滑动的一端应与管道采用特殊管节相接。

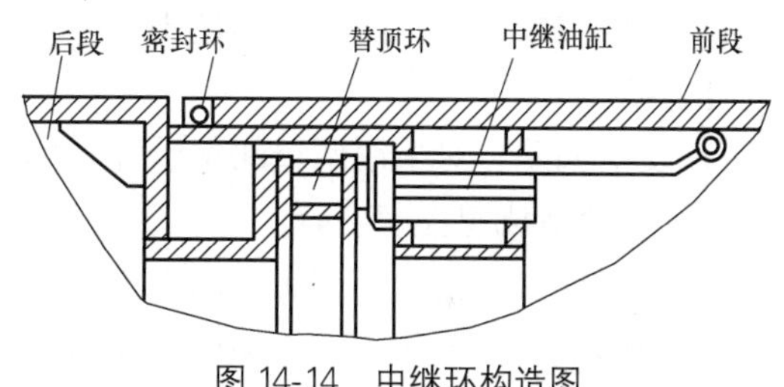

图 14-14 中继环构造图

用于钢管管道的中继环构造如图 14-14 所示，其前后管段均设置环形梁，前环形梁上均布中继油缸，两环形梁间设置替顶环，供中继油缸拆除时使用。前后管段间是套接的，其间有橡胶密封环以防止泥水渗漏。前后环形梁在顶进结束后割除。

3）中继环自动控制

中继环序号从工具管向工作井依次为 1 号、2 号……。工作时，首次启动 1 号中继环工作，其后面的管段即成其顶推后座，等该中继环顶推行程达到允许行程后停止 1 号中继环，启动 2 号中继环工作，直到最后启动工作井主千斤顶，使整个管道向前顶进了一定长度。

中继环是根据控制的指令出动或停止操作的，它严格按照预定的程序动作，当置于管道中的中继环数量超过 3 只时，假如有 5 只中继环，则 1 号环的第二循环可与 4 号环的第一循环同步进行，2 号环的第二循环与 5 号环的第一循环同步进行，依次类推。因此只有前三只中继环的工作周期占用实际的顶进时间，其余中继环的动作不再影响顶管速度。应用中继环自动控制程序，可解决长距离顶管的中继环施工的工效问题。

14.1.5 顶管工程的关键技术

二维码 14-8 顶管工程的关键技术

1. 顶进中的方向控制

在顶管的顶进过程中要严格控制方向，以便于一方面能校正在建线上、航线上管道偏差，另一方面能保证曲线、坡道上所要求的方向变更。

在顶进过程中，应经常对管道的轴线进行观测，发现偏差须及时采取措施纠正。

管道偏离轴线主要是由作用于工具管的外力不平衡造成的，外力不平衡的主要原因是：

1）推进的管线不可能绝对在一定直线上；

2）管道曲面不可能绝对垂直于管道轴线；

3）管节之间垫板的压缩性不完全一致；

4）顶管迎面阻力的合力不一定与顶管后端推进顶力的合力重合一致；

5）推进的管道在发生挠曲时，沿管道纵向的一些地方会产生约束管道挠曲的附加抗力。

上述原因造成的直接结果就是顶管的顶力产生偏心。顶进施工中应随时监测顶进中管节接缝上的不均匀压缩情况，从而推算接头端面上的应力分布状况及顶推合力的偏心度，并据此调整纠偏幅度，防止因偏心度过大而使管节接头压损或管节中部出现环向裂缝。

顶进中的方向控制可采用以下几种措施：

1）严格控制挖土，两侧均匀挖土，左右侧切土钢刀角要保持吃土10cm，正常情况下不允许超挖；

2）发生偏差，对采用调整纠偏千斤顶的编组操作进行纠正，要逐渐纠正，不可急于求成，否则会造成忽左忽右；

3）利用挖土纠偏，多挖土一侧阻力小，少挖土一侧阻力大，利用土本身的阻力纠偏；

4）利用承压壁顶铁调整，加换承压壁顶铁时，可根据偏差的大小和方向；将一侧顶铁楔紧，另一侧顶铁楔松或留1～3cm的间隙，顶进开始后，则楔紧一侧先走，楔松一侧不动，这种方法很有效，但要严格掌握顶进时楔的松紧程度，掌握不好容易使管道由于受力不均匀出现裂缝。

以上这些措施在顶进中可以同时采用，也可单独使用，主要根据具体情况采取相应的措施。

2. 减少顶进阻力的措施

顶管的顶进阻力主要由迎面阻力和管壁外周摩阻力两部分组成，为了充分发挥顶力的作用，达到尽可能长的顶进距离，除了在管道中间设置若干个中继环之外，更为重要的是尽可能降低顶进中的管壁外周摩阻力。目前常用的顶管减阻措施为触变泥浆减阻。

1）原理及适用条件

将按一定配合比制成的膨润土泥浆压入已顶进土层中的管节外壁，并填满管节外壁与周围土层间的空隙。此时管壁周围形成一个充满泥浆的外环，在外环和圆管之间，通过膨润土泥浆，使土压力间接传递到圆管上。由于圆管整体均为膨润土悬浮液所包围，必然受到浮力。故在顶进中，只要克服管壁与膨润土泥浆间的摩阻力即可。由于膨润土泥浆的触变性及其润滑作用是相当突出的，在未压注泥浆的情况下，管壁表面摩阻力约为10～15kPa，而采用泥浆压注后总阻力仅为一般顶进法的1/6～1/4。

2）性能及制作

触变泥浆系膨润土、苛性钠（NaOH）或碳酸钠及水，按一定的配合比混合而成。加碱的作用在于使泥浆形成胶体，保持良好的稠度及和易性，土颗粒不易沉淀。配合比的参考资料详见表 14-4。

触变泥浆配合比 **表 14-4**

配方号	干膨润土重量比(%)	水重量比(%)	碱重按土重量的百分比计
1	20	80	4
2	25	70	4
3	14	86	2

触变泥浆的制作方法是先将膨润土碾成粉末，徐徐洒入水中拌合，使其呈泥浆状，再将碱水倒入泥浆中拌合均匀。此后泥浆逐渐变稠，数小时后即成糊状。由于膨润土都是天然沉积的黏土，产地不同，化学成分常有变化，故制浆配合比，亦应相应调整。例如按某种配合比制成泥浆后，如经过一昼夜后仍然太稀，此时可先提高用碱量，或同时适当增加膨润土。再过 24h，如泥浆呈糊状即为适度。最好的办法是用剪力仪测出剪力与稠度，使泥浆稠度掌握适度。

触变泥浆的稠度与压入土层中的土壤颗粒粒径有关，故在每立方米泥浆中应有适量的膨润土，才能保证泥浆的稳定性。如果泥浆太稀时，就失去其支点和润滑作用。在通常情况下，每立方米泥浆中至少应有 40kg 膨润土。表 14-5 为土的颗粒粒径与泥浆中的膨润土的含量关系。

土的颗粒粒径与泥浆中膨润土的含量关系 **表 14-5**

压浆土层的土的平均粒径(mm)	每立方米泥浆中干膨润土含量(kg/m^3)	压浆土层的土的平均粒径(mm)	每立方米泥浆中干膨润土含量(kg/m^3)
50	100	1.0	34
30	82	0.3	24
10	60	0.2	21
3	45	0.1	18
2	40	—	—

3）压浆

在整个顶进过程中，在顶进范围内，要不断地压注膨润土泥浆，并使其均匀地分布于管壁周围。为此，压浆嘴必须沿管壁周围均匀设置。压浆嘴的间距及其数量，应按泥浆在土壤中的扩散程度而定。如在密实的砂层和砂砾层中，间距要小；在松散的砾石层中则可适当放大。压浆嘴的布置，可采用在整个管周上用一根环形管与各压浆嘴相连接，也可将压浆嘴分成上半部和下半部，各自联成一组。在顶进中由出圆管下平部压浆嘴压浆易于扩散，而在静止时则由上半部压浆嘴压浆易于扩散。为避免泥浆流入工作面，通常在切削环后部第二节圆管处开始压浆。由于顶进中泥浆是随着圆管向前移动的，常常会使后部形成空隙，故每隔一定距离应设置压浆孔进行中间补浆。

为了使压浆产生良好的效果，施工时应做到：

(1) 对工点进行调查研究，摸清土层情况，分析出大颗粒含量及颗粒级配；

(2) 根据土层颗粒粒径，确定膨润土泥浆的稠度；

(3) 计算出土层压力，据以求出膨润土悬浮液注入的压力；

（4）注意做到连续压浆，使其饱满、均匀。

14.1.6 顶管结构设计算例

1. 工程概况

顶管部分管道长 2887m，管径 1.0m，顶管底部标高为 86.000～80.335m；共有工作井 26 座，接收井 34 座，工作井和接收井内径 6m、壁厚 50～60cm，钢筋混凝土结构，混凝土等级 C30。

1）工程地质条件

见表 14-6。

土层物理力学参数　　表 14-6

土层编号	含水量 ω (%)	密度 ρ (g/cm^3)	孔隙比 e	液性指数 I_L	黏聚力 c(kPa)	摩擦角 φ(°)	压缩模量 E_s(MPa)	基底摩擦系数 μ	承载力基本容许值 f_{ak}(kPa)
③	22	2.01	0.654	0.38	36.8	16.6	9.08	0.3	180
④	21	2.03	0.629	0.11	51.8	18.1	10.39	0.3	220
⑤	26.6	1.97	0.755	0.14	51.1	17.2	11.07	0.3	220
⑥	25.1	1.97	0.75	0.1	56	18.2	13.07	0.3	225
⑦	—	—	—	—	—	—	—	0.4	380

备注：③为粉质黏土；④为含砾粉质黏土；⑤为黏土；⑥为含砾黏土；⑦为硅质岩。

2）水文地质条件

地表水埋深约 0.20～1.50m，主要接受大气降水补给，水量大小受季节性影响较明显，水量较小，易于疏干。

地下水稳定水位埋深 0.20～4.20m，相应高程为 86.56～96.19m，根据区域水文地质资料，年水位变化幅度 1.00～3.00m。

2. 编制依据

1）《建筑结构荷载规范》GB 50009—2012（2019 修订）；

2）《混凝土结构设计规范》GB 50010—2010。

3. 顶管作业验算

顶管前工作井侧壁受力验算，因工作井与接收井结构及尺寸一致，只对工作井验算，工作井壁的受力示意图如图 14-15 和图 14-16 所示。

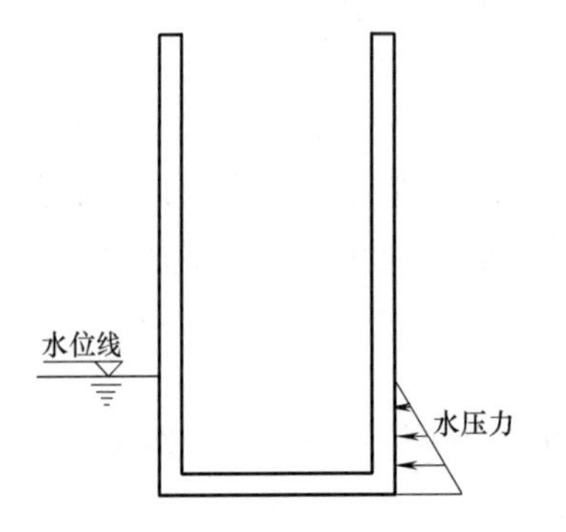

图 14-15 工作井壁受水压力示意图

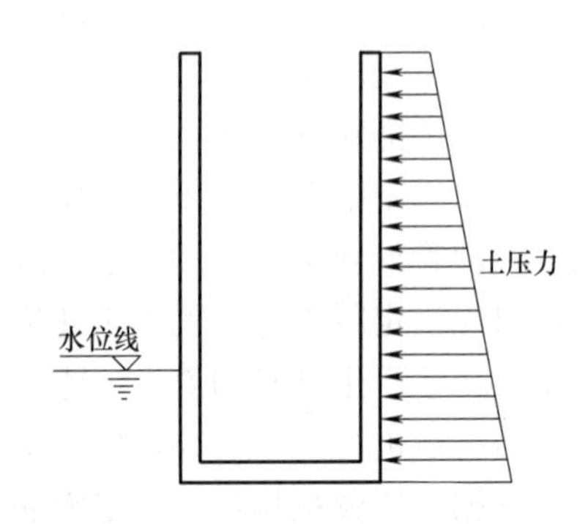

图 14-16 工作井壁受主动土压力示意图

1）验算说明

工作井尺寸：净尺寸为 6.0m×4.5m，壁厚取值为 $t=0.5$m。

工作井配筋情况：水平向为双层Φ20 钢筋，间距 10cm；垂直向为双层Φ20 钢筋，间距 20cm。

为便于计算且偏于安全，工作井四周荷载按 1.5m 堆土计算，自由水水位按 1.0m 高计算，井深按最大深度 $H=11$m。取最底部 1m 井壁作为结构计算单元，计算模型简化为跨度 $L=6$m、厚度 $t=0.5$m、宽 1m 两端刚接的梁结构。

2）计算单元荷载计算

水压力荷载：

$$q_1=\frac{1}{2}\gamma_w[0+h_1]=\frac{1}{2}\times10\times[0+1]=5\text{kN/m}^2$$

井底土压力荷载：

$$\begin{aligned}q_2&=\frac{1}{2}[\gamma h_2K_a+\gamma(H-h_1)K_a-2c\sqrt{K_a}+\gamma h_2K_a+\gamma HK_a-2c\sqrt{K_a}]\\&=\frac{1}{2}[20\times1.5\times0.556+20\times(11-1)\times0.556-2\times36.8\times0.745\\&\quad+20\times1.5\times0.556+20\times11\times0.556-2\times36.8\times0.745]\\&=78.5\text{kN/m}^2\end{aligned}$$

计算单元总荷载：

$$q=q_1+q_2=5.0+78.5=83.5\text{kN/m}$$

式中 q_1——计算单元侧自由水压力荷载（kN/m）；

q_2——计算单元侧主动土压力荷载（kN/m）；

q——计算单元侧压力荷载（kN/m）；

γ——土的天然密度，取值为 20kN/m^3；

H——工作井深度，取值为 11m；

h_1——自由水水位，取值为 1m；

h_2——井周地表荷载按堆土，取值为 1.5m；

K_a——主动土压力系数，$K_a=\tan^2(45°-\varphi/2)$；

φ——土的内摩擦角，取较小值 16.6°；

c——土的黏聚力，取较小值 36.8kPa。

3）井壁计算单元容许弯矩值（顶管前 C30 钢筋混凝土强度按 70%计算，取 C20 标准）

最大弯矩：$M_{max}=\frac{1}{12}ql^2=\frac{1}{12}\times83.5\times6.5^2=294.0\text{kN}\cdot\text{m/m}$

式中 M_{max}——计算单元弯矩最大值（kN·m）；

q——计算单元侧压力荷载（kN/m）；

l——计算单元跨度（m），$l=L+t$。

假设计算单元受拉区由钢筋承受拉力，受压区由混凝土的承受压力，根据计算单元受力平衡条件计算中轴位置 x 值。

中轴 x 值及弯矩计算：

$$R_y \times A_{s1} = f \times S_{压}$$

$$360 \times 10^3 \times 3.14 \times 0.01^2 \times 10 = 11 \times 10^3 \times 1.0x$$

$$x = 0.103\text{m}$$

在不考虑受拉区混凝土作用的情况下，计算单元弯矩值容许值：

$$[M] = R_y \times A_{s1} \times (0.5 - 0.05 - x)$$
$$= 360 \times 10^3 \times 3.14 \times 0.01^2 \times 10 \times (0.5 - 0.05 - 0.103)$$
$$= 392.2\text{kN} \cdot \text{m} > M_{max} = 294.0\text{kN} \cdot \text{m}$$

式中 $[M]$——计算单元容许弯矩值（kN·m）；

R_y——HRB400 钢筋抗拉强度设计值，取值为 360MPa；

A_{s1}——结构计算单元受剪钢筋截面积（m^2）；

f——C20 混凝土（C30 混凝土 70%强度）的弯曲抗压强度设计值，取值为 11kPa；

$S_{压}$——计算单元受压混凝土截面积。

结果偏于安全。

4）剪力验算（顶管施工前井壁 C30 混凝土强度按 70%计算，取 C20 标准）

最大剪力：$Q_{max} = \frac{1}{2} ql = \frac{1}{2} \times 83.5 \times 6.5 = 271.4\text{kN}$

式中 Q_{max}——计算单元剪力最大值（kN）；

q——计算单元侧压力荷载（kN/m）；

l——计算单元跨度。

井壁计算单元承受的容许剪力值，因钢筋及混凝土无具体抗剪强度标准值，按常规：钢筋抗剪取抗拉强度的 75%，混凝土抗剪取抗拉强度的 50%。

$$[Q] = 0.75 \times R_y \times A_{s2} + 0.5 \times f_{t1} \times S$$
$$= 0.75 \times 360 \times 10^3 \times 3.14 \times 0.01^2 \times 10 + 0.5 \times 1.1 \times 10^3 \times 1 \times 0.5$$
$$= 1122.8\text{kN} > q_{max} = 271.4\text{kN}$$

式中 $[Q]$——计算单元容许剪力值（kN）；

R_y——HRB400 钢筋抗拉强度设计值，取值为 360MPa；

A_{s2}——结构计算单元受剪钢筋截面积（m^2）；

f_{t1}——C20 混凝土（C30 混凝土 70%强度）的弯曲抗拉强度设计值，取值为 1.1MPa；

S——结构计算单元受剪混凝土截面积。

计算结果偏于安全。

5）挠度验算

$$f_{max} = \frac{ql^4}{384EI} = 83.5 \times 10^3 \times 6.5^4 / (384 \times 3.0 \times 10^4 \times 10^6 \times 0.01042)$$
$$= 1.24\text{mm} < L/400 = 16.3\text{mm}$$

式中 f_{max}——计算单元挠度最大值（mm）；

q——计算单元侧压力荷载（kN/m）；

L——计算单元跨度（m）；

E——C30 混凝土弹性模量，取值为 3.0×10^4MPa；

I——计算单元截面惯性矩，$I=\frac{1}{12}Bh^3=0.01042\text{m}^4$；

B——计算单元宽度，取值为1m；

h——计算单元高度，取值为0.5m。

计算结果偏于安全。

6）抗裂缝验算

因工作井为临时结构，在满足弯矩及剪力的要求下，不作抗裂缝验算。

4.顶管受力验算

1）验算说明

工作井尺寸：净尺寸为6.0m×4.5m，壁厚取值0.5m。

工作井配筋情况：水平向为双层Φ20钢筋，间距10cm；垂直向为双层Φ20钢筋，间距20cm。

顶背尺寸：宽×高×厚=3m×3.5m×1.0m，C30混凝土。

2）顶背受力验算

（1）顶管施工顶力计算

$$F=K_1\times\pi\times D\times L\times f_k=1.3\times3.14\times1.2\times60\times5=1470\text{kN}$$

式中 F——顶管施工所需最大顶力（kN）；

K_1——顶力储备系数，取值为1.3；

D——管道外径，取值为1.2m；

L——顶管顶进最大长度，取值为60m；

f_k——顶管顶进时侧壁与周边土的摩阻力，取值5kN/m^2。

（2）顶背处被动土压力计算

$$\begin{aligned}q&=\gamma\times(H-3.5/2)\times K_p\times3.5+2\times c\times\sqrt{K_p}\times3.5\\&=20\times(8-1.75)\times1.3416^2\times3.5+2\times36.8\times1.3416\times3.5\\&=1133.05\text{kN/m}\end{aligned}$$

式中 q——顶管作业时侧壁压力荷载（kN/m）；

γ——土的天然密度（kN/m^3）；

H——工作井深度，取最小值8m；

K_p——主动土压力系数，$K_p=\tan^2(45°+\varphi/2)$；

φ——土的内摩擦角，参照表14-6，取较小值16.6°；

c——土的黏聚力，取较小值36.8kPa。

（3）顶背后区域土的最大被动土压力计算

$$K_2=1-\frac{\pi d^2}{4BH}=1-\frac{3.14\times1.5^2}{4\times3\times3.5}=0.832$$

$$P=K_2\times q\times B=0.832\times1133.05\times3=2828\text{kN}>F=1470\text{kN}$$

式中 q——顶管作业时侧壁压力荷载（kN/m）；

B——顶背宽度（m）；

H——顶背高度（m）；

K_2——扣除顶管入口洞口面积后的顶背面积有效系数；

d——顶管入口洞口直径，取值为1.5m。

故顶背区受力平衡，无须顶背区以外工作井侧壁提供平衡力。

(4) 顶背弯矩、剪力及挠度验算

因顶背所受顶管液压杆荷载被顶背与液压杆之间钢板均匀传递至顶背，且与顶背外侧被动土压力维持平衡，故无须对顶背的弯矩、剪力及挠度进行验算。

(5) 工作井顶管施工时整体滑移验算

因顶背处所提供的被动土压力足以抵消顶管施工时产生的最大顶力，故工作井顶管施工时不产生整体滑移。

14.2 管幕结构

14.2.1 管幕法的特点及适用范围

管幕法（Pipe Roofing Method）作为穿越道路、铁路、结构物、机场等的非开挖技术，在日本、美国都取得了较好的效果。管幕钢管依靠锁口相连，并在锁口处注入止水剂或者砂浆，形成密封的止水管幕。管幕有多种形状，如半圆形、圆形、门字形、口字形等。然后在管幕的保护下，对管幕内土体加固处理后，边开挖边支撑，直至管幕段开挖贯通，再浇筑结构体；或者先在两侧工作井内现浇箱涵，然后边开挖土体边推进箱涵。该工法由于管幕的作用，可以显著减少地面沉降。

为降低对地面活动及其他地下设施与管线的影响，管幕工法在近年来城市隧道施工中，已广泛成为工程界接受和选择的方案之一。世界许多国家，如美国、德国、葡萄牙及日本等皆有成功使用管幕工法的施工案例，然而这些工程大多施工在砂土或卵砾石等土层中，也有部分在岩层中，在软弱黏土中施工的大型管幕工程则较少。

管幕工法严格来说应为隧道施工的辅助工法，其目的主要是作为隧道开挖时的临时挡土设施，并减少施工时对地面活动及其他地下设施与管线的影响，必要时亦可提供施工时的止水功能。相对于常见的隧道工法如盾构工法（Shield Tunnel Method）或新奥法（NATM），管幕工法的优点在于，在开挖面无法自立的地质中进行隧道施工时提供临时挡土及止水设施（隧道断面几何形状可根据设计需要变化），以及在长度较短的隧道施工时，费用较盾构法节省。在覆土厚度较小，但又无法采用明挖（Cut-and-Cover）法施工的工程，管幕工法具有以上其他工法无法替代的优势。软土隧道工程，若无法采用明挖法施工，且对地层变形（地表沉陷）限制较严格，以及隧道几何形状不利于采用盾构工法等情形下，管幕工法可能是唯一选择。此时管幕之构筑，如顶管精度、管幕闭合及隧道开挖时的土体稳定沉降控制及支撑架设等与工程成败有密切的关系。土层与管幕结构以及支撑的相互作用需在设计及分析时作详细考虑，并在施工中进行监测与设计反馈分析，根据分析结果随时修正设计与施工，方可顺利完成工程。

管幕工法是以单管推进为基础，将各单管以榫头于钢管侧缘相接形成管排，并在接榫空隙注入止水填剂以达到管排止水要求。管排形状可为线形、半圆形、圆形或拱形，再以管排单元的组合形成马蹄形管幕、口字形管幕及门字形管幕（图14-17）。其中，口字形及圆形管幕的止水性及结构完整性较佳。常用管幕钢管外接式锁口如图14-18所示。

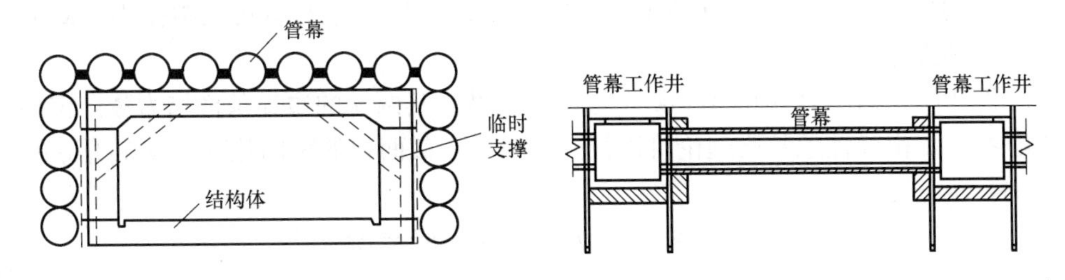

图 14-17 管幕工法示意图

管幕是由刚性较高的钢管形成临时挡土结构，以减少开挖时对邻近土体扰动，降低地层变形，达到开挖时不影响地面活动，且维持上部结构体与管线正常功能等目的。对于管幕内隧道开挖方式亦可根据设计条件对土体变形的要求及工程费用而有不同选择，一般可使用人工或配合机械挖掘及架设支撑的方式，若对于土体变形限制要求较高，则可配合地层改良或其他工法如箱涵顶进、无限自走工法（Endless Self Advance Method，ESA）等进行开挖。

管幕工法在日本、西欧、马来西亚等国家和地区应用较普及，为大都市地下空间开发和利用积累了不少经验和数据，不失为一种成功的暗挖方法。但是该工法还存在着成本较高的缺点，主要有两点：①作为管幕的钢管埋入土体，不能再回收，成本较高；②高精度的顶管机研制或购置费用较高。

图 14-18 常用管幕钢管外接式锁口

14.2.2 管幕结构的力学分析

管幕技术在国内的应用刚刚起步，管幕结构的设计计算方法还不成熟。目前主要有两种方法：一是采用两维平面有限元方法，按地层中的弹性刚架进行计算，计算工况按开挖时的实际开挖工况为准，也可按荷载结构模型，如图 14-19 所示，将地层作用等效为土体弹簧。二是采用一维弹性地基梁解析方法，如图 14-19（b）所示。这里主要详细介绍后一种方法。

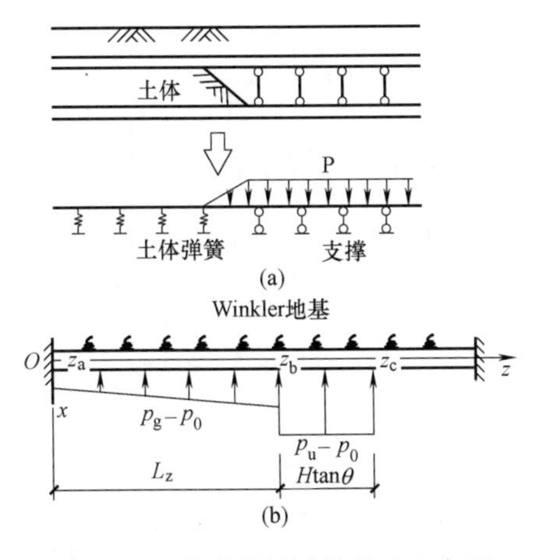

图 14-19 管幕结构计算模式示意图

在实际工程中钢管幕的纵向两端是嵌固在两侧工作井壁的地下连续墙上的，因此可将钢管端部视为固定端。随着管幕内土方开挖掘进，使得管幕下的初始应力发生变化，该应力变化量导致钢管幕产生竖向变形。设在未开挖掘进前钢管幕下的初始土压力为 p_0，则开挖后钢管幕下的土压力变化量为 p_g-p_0。在掘进面前端滑移土体范围内的钢管幕下的土压力变化量为 p_u-p_0，则钢管幕力学分析模型可表示为如图 14-19 所示。其中 L_z 为箱涵已顶进的长度，为表述方便，记 z_a、z_b、z_c 分别为作用于地基梁上的分布荷载的端点距坐标原点 O 的距离，显然有 $z_b=L_z$。于是就可以根据 Winkler 地基梁方法计算顶部钢管的竖向位移。

对于图 14-19（b）所示的 Winkler 地基梁模型，其两端的边界条件均为竖向位移 $x=0$ 和转角 $\xi=0$，由弹性地基梁理论可以得到梁体任一截面处的竖向位移 x 和转角 ξ 的一般表达式为：

$$\left.\begin{aligned} x&=2\alpha^2 M_0\varphi_1/uk+\alpha Q_0\varphi_4/uk-\Delta x\\ \xi&=2\alpha^3 M_0\varphi_2/uk+2\alpha^2 Q_0\varphi_3/uk-\Delta\xi \end{aligned}\right\} \tag{14-14}$$

式中 M_0、Q_0——在左端点 $Z=0$ 处的截面弯矩、剪力，需要根据另一端（右端点）的边界条件确定；

u——梁的计算宽度；

k——地基弹性系数；

α——弹性地基梁的特征系数：$\alpha=\sqrt[4]{\dfrac{K}{4EI}}=\sqrt[4]{\dfrac{ku}{4EI}}$；

$\varphi_1\sim\varphi_4$——弹性地基计算参数；

Δx、$\Delta\xi$ 则根据地基梁横截面的不同位置 Z 按式（14-15）～式（14-18）计算。

当 $0\leqslant z\leqslant z_a$ 时：

$$\Delta x=0,\Delta\xi=0 \tag{14-15}$$

当 $z_a\leqslant z\leqslant z_b$ 时：

$$\left.\begin{aligned} \Delta x&=\frac{a_1-p_0}{K}\left[1-\varphi_{1\alpha(z-z_a)}\right]+\frac{a_2}{K}\left[(z-z_a)-\frac{1}{2\alpha}\varphi_{2\alpha(z-z_a)}\right]\\ \Delta\xi&=\frac{(a_1-p_0)\alpha}{K}\varphi_{4\alpha(z-z_a)}+\frac{a_2}{K}\left[1-\varphi_{1\alpha(z-z_a)}\right] \end{aligned}\right\} \tag{14-16}$$

当 $z_b\leqslant z\leqslant z_c$ 时：

$$\left.\begin{aligned} \Delta x=&\frac{a_1-p_0}{K}\left[\varphi_{1\alpha(z-z_b)}-\varphi_{1\alpha(z-z_a)}\right]+\frac{a_2}{K}\Big\{(z_b-z_a)\varphi_{1\alpha(z-z_b)}\\ &+\frac{1}{2\alpha}\left[\varphi_{2\alpha(z-z_b)}-\varphi_{2\alpha(z-z_a)}\right]\Big\}+\frac{p_u-p_0}{K}\left[1-\varphi_{1\alpha(z-z_b)}\right]\\ \Delta\xi=&-\frac{(a_1-p_0)\alpha}{K}\left[\varphi_{4\alpha(z-z_b)}-\varphi_{4\alpha(z-z_a)}\right]-\frac{a_2\alpha}{K}\Big\{(z_b-z_a)\varphi_{4\alpha(z-z_b)}\\ &-\frac{1}{\alpha}\left[\varphi_{1\alpha(z-z_b)}-\varphi_{1\alpha(z-z_a)}\right]\Big\}+\frac{(p_u-p_0)\alpha}{K}\varphi_{4\alpha(z-z_b)} \end{aligned}\right\} \tag{14-17}$$

当 $z\geqslant z_c$ 时：

$$\left.\begin{aligned} \Delta x=&\frac{a_1-p_0}{K}\left[\varphi_{1\alpha(z-z_b)}-\varphi_{1\alpha(z-z_a)}\right]+\frac{a_2}{K}\Big\{(z_b-z_a)\varphi_{1\alpha(z-z_b)}\\ &+\frac{1}{2\alpha}\left[\varphi_{2\alpha(z-z_b)}-\varphi_{2\alpha(z-z_a)}\right]\Big\}+\frac{p_u-p_0}{K}\left[\varphi_{1\alpha(z-z_c)}-\varphi_{2\alpha(z-z_b)}\right]\\ \Delta\xi=&\frac{(a_1-p_0)\alpha}{K}\left[\varphi_{4\alpha(z-z_b)}-\varphi_{4\alpha(z-z_a)}\right]-\frac{a_2\alpha}{K}\Big\{(z_b-z_a)\varphi_{4\alpha(z-z_b)}\\ &-\frac{1}{\alpha}\left[\varphi_{1\alpha(z-z_b)}-\varphi_{1\alpha(z-z_a)}\right]\Big\}-\frac{(p_u-p_0)\alpha}{K}\left[\varphi_{4\alpha(z-z_c)}-\varphi_{4\alpha(z-z_b)}\right] \end{aligned}\right\} \tag{14-18}$$

实际计算时，将 M_0、Q_0 代入式，就可以得到在地基梁的任一横截面 z 处的竖向位移 x 及转角 ξ 的计算表达式。

14.2.3 管幕工法顶进

对于管幕钢管顶进而言，由于锁口之间的约束作用，所以纠偏比较困难，施工的难点主要是钢管幕顶进的高精度方向控制。

管幕钢管顶进过程中，如果顶进偏差过大，会导致锁口变形或开裂，使管幕无法闭合，甚至会因管幕偏差过大导致箱涵无法推进。本工程管幕段的方向控制精度要求是：上下±15mm，左右±20mm。根据工程具体情况，从如下三个方面来保证顶进的高精度方向控制：

1）掘进机系统的精度控制

①采用计算机轨迹控制软件来指导施工；②采用泥水平衡掘进机施工保持开挖面的稳定；③为掘进机装备激光反射纠偏系统、倾斜仪传感器和纠偏油缸行程仪传感器以及偏转传感器等措施提高顶进精度；④建立健全可靠的精度管理和监督机制等措施，提高掘进机系统的方向显示和控制精度。

2）采用特殊构造措施，提高纠偏的灵敏性

为使机头纠偏能带动后续整体刚性钢管导向，一是提高机头长径比，二是在机头后方紧跟三节过渡钢管。钢管之间可以产生微小空隙的铰相连，形成多段可动的铰构造，这样在纠偏油缸的作用下，可以带动后续钢管，达到纠偏和导向的目的。

3）采用合理的施工方法及顶进顺序

实践表明，单根钢管的顶进精度可以达到 20mm，因此通过设计合理的钢管顶进顺序，可以控制管幕的累积偏差在允许的范围内。本工程中，钢管先顺序顶进，当累积偏差不能满足精度要求时，则增加基准管，同时对闭合钢管根据测量结果，用异形锁口来封闭。

14.3 箱涵结构

14.3.1 结构形式

箱涵结构是重要的水工建筑物，它被广泛应用于水利、桥梁道路的建设中。箱涵结构由洞身、进口建筑物和出口建筑物三部分组成。

箱涵进口建筑物由进口翼墙（或护锥）、护底和涵前铺砌构成。洞身位于填土下面，是箱涵过水的主要部分。箱涵出口建筑物由出口翼墙（或锥体）、护底和出口防冲铺砌或消能设施构成。通常无压缓坡箱涵（图 14-20）出口流速不大，故出口多做一段防冲铺砌。有压、半有压或陡坡箱涵（图 14-21）出口流速较大，常需设消能设施。

箱涵结构多采用现场浇筑的钢筋混凝土结构，如图 14-22 所示。

14.3.2 箱涵结构的设计

1. 箱涵的设计阶段

箱涵工程一般可采用两阶段设计，即初步设计和技术施工图设计。对设计方案及主要

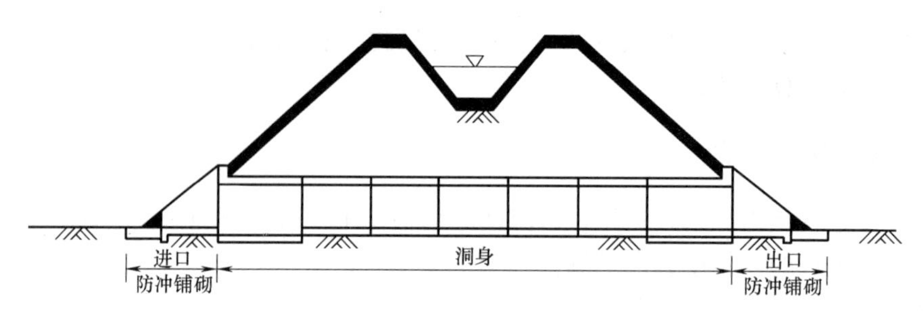

图 14-20 缓坡箱涵

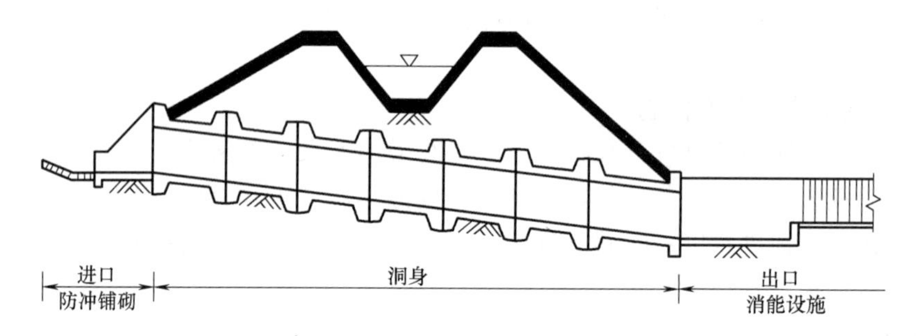

图 14-21 陡坡箱涵

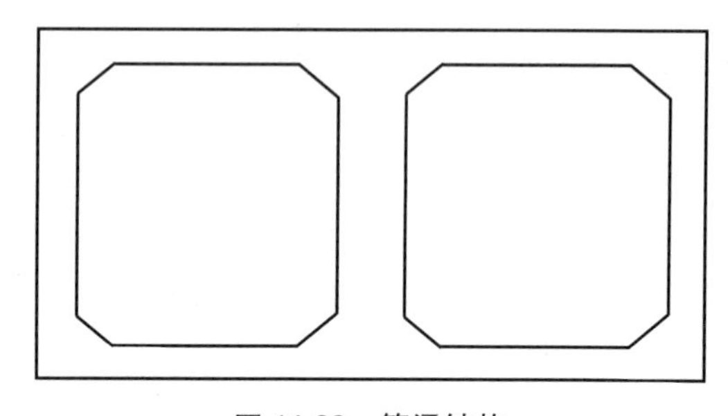

图 14-22 箱涵结构

技术原则已经明确的简易工程，可将初步设计和技术设计施工合为一阶段设计。以下主要介绍技术施工设计的内容和步骤，初设的步骤可比照技术施工设计适当简化。

2. 箱涵的设计内容和步骤

在设计箱涵所需基本资料已具备的前提下，首先应进行轮廓尺寸设计；然后结合水力设计确定箱涵进出口底高程、纵坡及孔径尺寸；再次结合水力设计确定箱涵出口防冲铺砌或消能设施的尺寸，最后进行结构及进出口翼墙的结构设计及防渗防水等设计。在渠（路）下箱涵设计中，还需进行进出口引渠或移河改道等工程设计。实际上，箱涵的设计并不一定严格按上述步骤进行，这是因为各设计步骤之间是互相联系和制约的，在进行箱涵设计阶段通常先按上述步骤进行考虑，然后再按上述步骤绘制总体布置图，同时做各部设计和进行有关水力和结构计算。

本节关于箱涵的结构设计部分主要讲述箱涵结构设计，进出口翼墙等结构的设计可参考其他有关资料。

新建或改建的小型箱涵，设计所需的边界条件比较简单，可采用定型设计，在采用定型设计时，应注意其使用条件，切忌生搬硬套。

3. 作用在箱涵上的荷载

为了求解箱涵的内力，选择合理的设计断面，首先必须计算作用在箱涵上的各种荷载。作用于箱涵上的主要荷载有：填土的垂直土压力，地面静荷载及活荷载，箱涵自重力，填土的水平土压力，内外水压力等。

1）垂直土压力计算

为避免在箱涵施工中进行大开挖，或为保证道路或渠堤的完整性，在箱涵施工中有时采用顶管法或盾构法。上述施工方法的特点是在距地面较深的地方取土，在施工中被扰动的土体仅局限于箱涵周围邻近的土体，这时箱涵上部的破坏区域为一天然卸力拱形，如图14-23所示，作用于箱涵上部的土压力为与箱涵顶宽相对应的卸力拱内部分的土压力。拱圈的尺寸，应根据不同拱的断面形式及普氏坚固系数 f_{KP} 确定。

（1）$f_{KP}<2.0$ 的情况

一般箱涵多修建在此类土质中。此时箱涵所受垂直土压力为介于卸力拱与箱涵顶所切建筑物水平投影间的土重，如图14-23所示。图中 $\bar{h}_0$ 为拱圈矢高；h_x 为横坐标等于 x 处拱圈的高度；γ 为土的重度；L_{CB} 为拱圈跨长；σ_z 为对应不同 α 角的垂直土压力；q_B 为作用于箱涵顶点处（$\alpha''=0$）的 σ_z 值。其中：

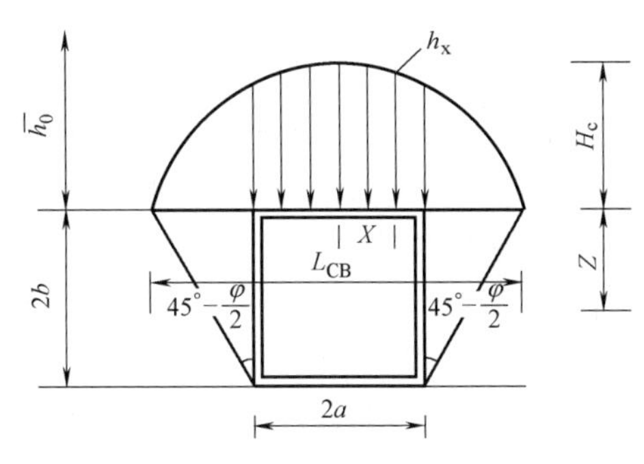

图 14-23 $f_{KP}<2.0$ 时，箱涵垂直土压力的分布示意图

$$\bar{h}_0=\frac{L_{CR}}{2f_{KP}} \tag{14-19}$$

式中 L_{CB}——卸力拱圈跨长；

f_{KP}——普氏坚固系数，其取值见表14-7。

$$\left.\begin{aligned} h_x&=\bar{h}_0\left(1-\frac{4\alpha^2}{L_{CB}^2}\right) \\ \sigma_z&=\gamma h_\alpha \end{aligned}\right\}$$

$$q_B=[\sigma_z]_{x=0}=\gamma\bar{h}_0=\frac{\gamma L_{CR}}{2f_{KP}}$$

箱涵结构：

$$L_{CB}=2a+4b\tan\left(45°-\frac{\varphi}{2}\right) \tag{14-20}$$

普氏坚固系数 **表 14-7**

	土的种类	f_{KP}	γ(kN/m³)	φ(°)
普通土	软板岩、软石灰石、冻结的土、普通泥灰石、破坏的软岩、灰质卵石及初卵石、多石的土	2.0	24	65
	碎石土破坏的板岩、变坏的卵石或碎石，变硬的黏土	1.5	18～20	60
	密实的土（f_{KP}=1.0～1.4），密实黏土、含有石块的土	1.0	18	45
	黏土、黄土	0.8	16	40
松软土	砂、净小卵石	0.7	15	35
	有机土、轻质砂黏土、湿砂	0.6	15	30
不稳定土	砂、小卵石、新堆积土	0.5	17	27
	流砂、泥泞的土	0.3	15～18	9

（2）$f_{KP}>2.0$ 的情况

$f_{KP}>2.0$ 为坚固系数较高的土壤（如岩石），这时对箱涵两侧将不产生主动土压力

（仅当箱涵变形时产生弹性抗力），此时卸力拱的跨长将等于箱涵的跨径。

$$\left.\begin{aligned}\bar{h}_0&=\frac{a}{f_{KP}}\\q_B&=\gamma\bar{h}_0\\G_B&=\frac{4\gamma}{3f_{KP}}a^2\end{aligned}\right\}\tag{14-21}$$

（3）$H<\bar{h}_0$

若求得的卸力拱圈矢高 $\bar{h}_0$ 大于箱涵上部覆土深度 H 时，为简化计算，可取覆土深度作为卸力拱的矢高，即 $\bar{h}_0=H$，这时 $q_B=\gamma H$。

2）箱涵结构侧向土压力计算

作用于箱涵的侧向土压力与箱涵的刚度、埋置方式及填土性质等有关。对于刚性箱涵，处于箱涵两侧的填土可近似地认为对箱涵产生主动土压力作用；对于柔性涵管，在垂直土压力作用下可能会产生较大变形，从而使周围土对涵管侧壁产生被动的弹性抗力作用。用顶管法施工的箱涵应按卸力拱理论计算侧压力。

按破坏棱体理论计算，在图 14-24 中，抛物线 $M'O'N'$ 以内土体积（单位长度）为：

$$V'=\frac{2}{3}L_{CB}H_C=\frac{1}{3}\frac{L_{CB}^2}{f_{KP}}=\frac{1}{3f_{KP}}\left[2a+4b\tan\left(45°-\frac{\varphi}{2}\right)\right]^2$$

在抛物线 MON 及 $M'O'N'$ 之间的土体积为：

$$V=V'-\frac{(2a)^2}{3f_{KP}}=\frac{8b}{3f_{KP}}\tan\left(45°-\frac{\varphi}{2}\right)\times\left[2a+2b\times\tan\left(45°-\frac{\varphi}{2}\right)\right]$$

单位宽度上的超载 q_S 为：

$$q_S=\frac{\gamma V}{4b\times\tan\left(45°-\frac{\varphi}{2}\right)}=\frac{2\gamma\left[2a+2b\times\tan\left(45°-\frac{\varphi}{2}\right)\right]}{3f_{KP}}$$

距箱涵顶点为 Z 的土侧压力 q_σ 为：

$$\begin{aligned}q_\sigma&=q_S\tan^2\left(45°-\frac{\varphi}{2}\right)+\gamma Z\tan^2\left(45°-\frac{\varphi}{2}\right)\\&=\gamma\tan^2\left(45°-\frac{\varphi}{2}\right)\left\{\frac{2}{3f_{KP}}\left[2a+2b\times\tan\left(45°-\frac{\varphi}{2}\right)\right]+Z\right\}\end{aligned}$$

作用于箱涵垂直边墙上的总侧压力 G_σ 为：

$$G_\sigma=2\gamma b\tan^2\left(45°-\frac{\varphi}{2}\right)\left\{\frac{2}{3f_{KP}}\left[2a+2b\times\tan\left(45°-\frac{\varphi}{2}\right)\right]+b\right\}$$

式中 b——箱涵高度之半；

a——箱涵宽度之半。

3）箱涵的内外水压力计算

（1）箱涵的内水压力计算

对于无压箱涵以充满水流时为最不利条件，充满水流箱涵（图 14-25），作用垂直内边墙的内水静压力顶部为 0，底部为 $\gamma_B h_0$；作用于底板的内水静压力为 $\gamma_0 h_0$，总水重力为 $D\gamma_0 h_0$。

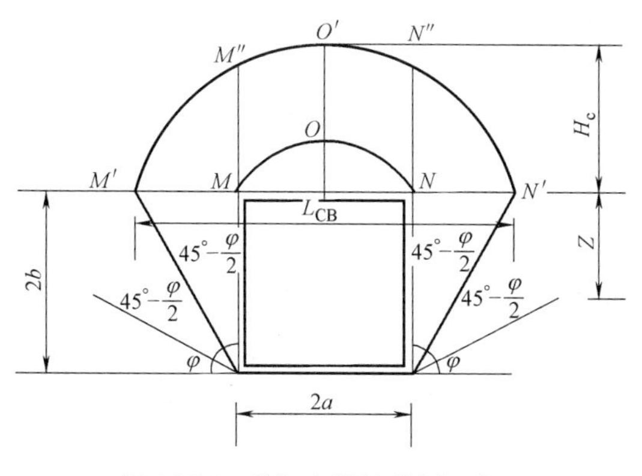

图 14-24 按卸力拱计算侧压力图

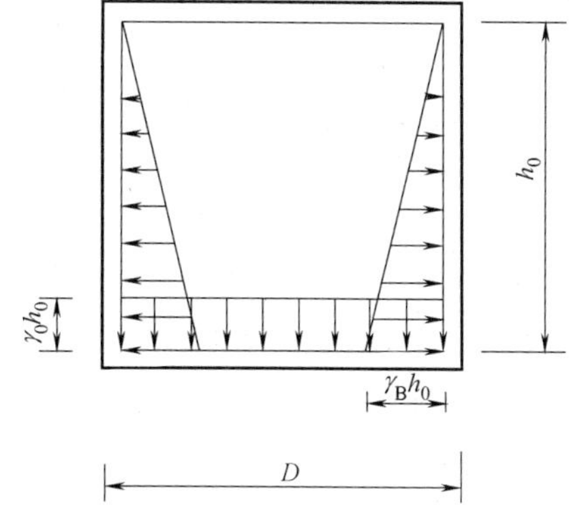

图 14-25 无压箱涵内水压力

(2) 箱涵的外水压力计算

当箱涵位于地下水位以下时，则箱涵将受到外水压力作用，箱涵所受到的外水压力，也可分为无压箱涵外静水压力和均匀外水压力两部分，如图 14-26 所示，外水静压力为 $\gamma_B h_0$。

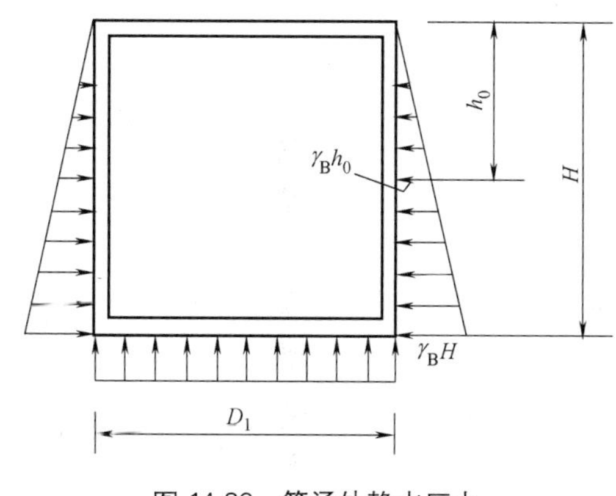

图 14-26 箱涵外静水压力

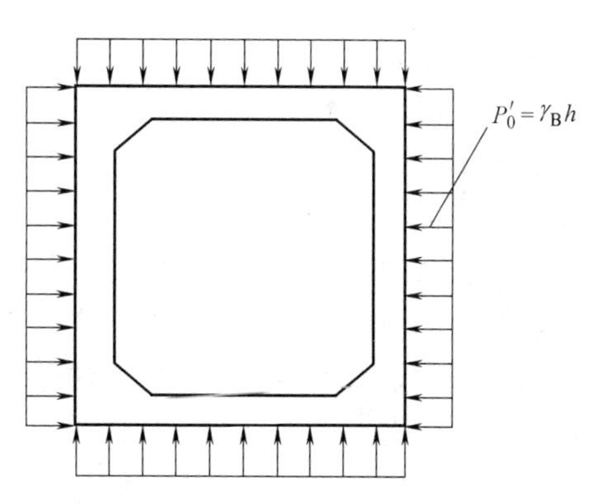

图 14-27 箱涵均匀外水压力

均匀外水压力强度可按箱涵外顶部到最高地下水位间的高度计算，即 $P'_0=\gamma_B h$，箱涵的均匀外水压力分布，如图 14-27 所示。

为使箱涵获得最不利的荷载组合情况，箱涵外地下水压力，仅在箱涵内无水时期的荷载组合情况下加以考虑。

当单独考虑地下水的外水压力作用时，在垂直和侧向土压力计算中，应取其浮重度进行计算。

4) 车辆荷载的计算

作用于箱涵上的车辆荷载分计算荷载和验算荷载两种。荷载以汽车车队表示，验算荷载以履带车或平板挂车表示。

(1) 计算荷载

汽车荷载由行驶于箱涵上的汽车行列组成，包括一辆加重车及若干辆标准车。汽车行列在行车道上的纵横向布置均取最不利位置，以使计算部位发生最大应力。计算荷载的汽车车队分汽车-10 级、汽车-15 级、汽车-20 级和汽车-超 20 级四个等级。车队的纵向排列及横向布置如以及其他主要技术指标规定参照相关规范规定。

（2）验算荷载

验算荷载分为500kN履带车（简称履带-50），800、1000和1200kN平板挂车（简称挂车-80、挂车-100和挂车-120）四级，主要技术指标规定参照相关规范。

4. 箱涵结构设计计算

箱涵结构设计的步骤和方法

1）初拟箱涵的断面尺寸

箱涵的孔径由水力计算确定，其断面尺寸及配置钢筋数量则需通过结构设计确定。

箱涵属于超静定结构，其结构内力的大小与各杆的刚度有关，因此为求解内力，需预先拟定箱涵的断面尺寸。

箱涵的断面尺寸，通常需根据实践经验或参考有关的设计资料初步拟定。

单孔箱涵顶板和侧墙的厚度一般取其跨径的1/12～1/9。底板的厚度一般取等于顶板或略大于顶板的厚度。

双孔箱涵顶板的厚度一般可取跨径的1/13～1/12。底板厚度一般取等于或略大于顶板的厚度。

2）荷载计算

作用于箱涵的荷载通常有垂直土压力、活荷载、箱涵自重力、土的侧向压力及内外水压力等。作用于箱涵上的一切垂直荷载将由底板下的地基反力平衡；地基反力是作用在箱涵底面的一种外荷载。地基反力的分布与箱涵的路径及地基等条件有关。对于一般跨径较小箱涵，为简化计算，多假定地基反力按均匀分布。

3）内力计算

求解箱涵结构的内力一般要建立与未知数相等的条件方程式，并将其联立进行求解。根据选取未知量的不同，箱涵的解法分力法和位移法两种。力法是以多余未知力作为未知量，而变位法则是以节点的变位作为未知量。解箱涵的内力，位移法较为适用，属于这一类的方法有转角位移法、力矩分配法等。

求解箱涵内力时，应结合箱涵的结构特点及荷载分布情况，采用不同的内力计算方法。

4）强度计算

强度计算的目的是保证设计断面具有足够的承载能力，以防止由于各种内力作用而引起的破坏，并据此确定合理的断面尺寸及所需配置的钢筋数量。计算得出的钢筋数量应控制在经济含钢率以内（常用0.3%～0.8%）。同时还应根据构造要求和施工条件来判定初拟的断面尺寸是否合适，如不符合上述要求则需更新拟定断面尺寸。

（1）强度计算所需的基本资料

① 箱涵各截面的内力值（M、Q、N）；

② 建筑物等级及相应的安全系数（见《建筑结构荷载规范》GB 50009—2012）；

③ 材料的设计强度；

④ 材料的弹性模量。

（2）强度计算公式的选择

箱涵的各部分构件通常受弯矩、剪力和轴力三种内力作用，在进行配筋计算时应注意根据不同部位所受上述三种内力的大小采用不同的公式进行配筋计算。

水头较低的有压、半有压或无压箱涵，其各部分构件多属于偏心受压构件。偏心受压构件又可分为大偏心和小偏心受压两种情况。混凝土结构设计可参照《混凝土结构设计规范》GB 50010—2010。

14.3.3 沉裂缝的位置

1）涵洞和急流槽、端墙、翼墙等须在结构分段处设置沉降缝以防止由于受力不均，基础产生不均衡沉降而使结构物破坏，沉降缝必须贯穿整个断面（包括基础），缝宽约2～3cm。

2）涵身每隔4～6m应设沉降缝一道，具体设置需根据地基土的情况及路堤填土高度而定。高路堤下的涵洞，在路基边缘下的涵身及基础均应设置沉降缝。

3）凡地基土质发生变化，基础埋置深度不一或基础对地基的压力发生较大变化，以及基础填挖交界处，均应设置沉降缝。

4）凡采用填土抬高基础的箱涵，都应设置沉降缝，其间距不宜超过3m。

5）置于岩石地基上的涵洞，可以不设沉降缝。

14.3.4 涵管顶进方法

顶进施工法目前已为铁路、公路、水利施工单位广泛采用。近几年来随着施工工艺不断提高，顶进施工法也在逐步完善。从顶入单孔发展到顶入多孔（5～6孔）钢筋混凝土框架。顶进的施工手法除一般顶入法外，已逐步采用顶拉法、对顶法、对拉法、中继环顶入法等。涵管顶进的施工方法有如下优点：

1）不受涵管之上行车及其他设施的限制：由于涵管顶进法是在道路或建筑物之下进行施工的，因此不影响车辆的通行，不需另修复线。涵管之上的水渠和土坝可不受破坏，这是顶管法最突出的优点。

2）工程造价低：由于涵管顶进是洞挖工程，显然较开槽明挖土方量少，同时涵管顶进施工方法的现场和设备比较简单，修建费用少。

3）进度快、工期短：涵管顶入法一般在汛期和雨天仍可继续施工，又加之开挖工程量和辅助工程量少，所以使用这种方法较开槽明挖施工进度快。

4）施工简单：涵管顶入法一般所需设备比较简单。

涵管顶入法尽管有上述优点，但其应用也受一些条件限制，这些条件是：

1）当涵管要穿过土坝或填方路（渠）堤时，要求通过土体的土质必须较密实，其沉陷也应基本稳定，涵管通过处的基础土质也要求坚实。如涵管在原状土中通风，该土为黏性很低的土或含砾石较多的土则容易塌洞，同时含砾石很多的土壤顶进也很困难，对于上述情况不宜采用顶管法。

2）当涵管在地下水位高的土体中通过时，需采用集中排水降低地下水位到工作坑底板高程以下，这时排水设施的费用较大，在这种条件下，采用开槽明挖还是采用涵管顶入法需通过方案比较确定。

3）当采用涵管顶入法施工时，设置截水环和做好接缝止水的前提下，不宜用于水头较高的有压涵管。

4）用顶入法施工的涵管纵坡不能过大，渠堤或路下的陡坡排涵不宜用顶管法施工。

14.3.5 箱涵结构设计算例

1. 设计条件

单孔箱涵、内净跨 1.5m、高 1.6m，用填埋式构筑，如图 14-28 所示。顶部填土高度 $H=6$m，回填土重度 $\gamma=18\text{kN/m}^3$，内摩擦角 $\varphi=30°$。地基土为砂质黏土，地面设计活荷载为汽-10（单车行驶）、地下水位很低，不考虑外水压力，设计钢筋混凝土箱涵的断面尺寸。

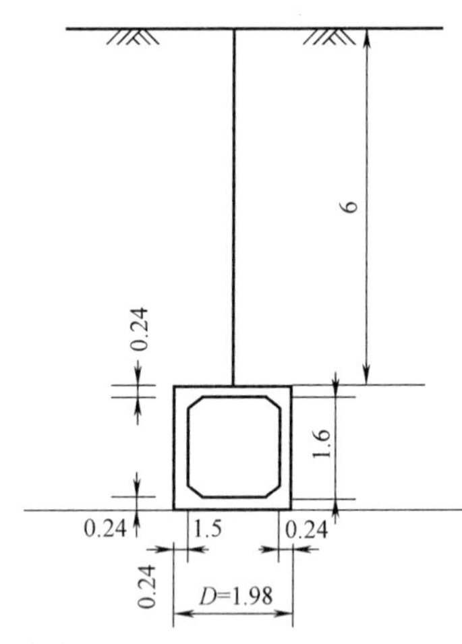

图 14-28 填埋式单孔箱涵（m）

2. 箱涵的断面尺寸

初拟箱涵的顶板、底板及侧墙厚度均为 240mm。

3. 荷载计算

1）垂直土压力的计算

由于地基土性质取 $\gamma=0.2$，平基敷管 $a_0=1.0$，则 $\gamma a_0=0.2$，又 $\dfrac{H}{D}=\dfrac{6}{1.98}=3.03$，得 $C_h=4.1$。

垂直土压力合力：$G_B=G_h\gamma D^2=4.1\times18\times1.98^2=289.33\text{kN}$。

垂直土压力强度：$q_B=\dfrac{G_B}{D}=146.13\text{kN/m}$。

2）侧向土压力的计算

作用在箱涵顶板厚度中心线处侧向土压力的强度为：

$$q_1=\gamma H_1\tan^2\left(45°-\frac{\varphi}{2}\right)=18\times(6+0.12)\times\tan^2\left(45°-\frac{30°}{2}\right)=36.72\text{kN/m}$$

作用在箱涵底板厚度中心线处侧向土压力的强度为：

$$q_2=\gamma H_2\tan^2\left(45°-\frac{\varphi}{2}\right)=18\times(6+0.24+1.6+0.12)\times\tan^2\left(45°-\frac{30°}{2}\right)=47.71\text{kN/m}$$

3）汽车荷载产生的垂直压力计算

汽-10 加重车重量为 150kN，后轮轮压 $P=100/2=50\text{kN}$；着地宽度 $d=0.5$m；着地长度 $c=0.2$m，轮距 1.8m。

$$H=6.0\text{m}>\frac{1.8-d}{2\tan30°}=1.12\text{m}$$

$$q'_B=\frac{P}{(c+1.5H)\left(d+\dfrac{1.8-d}{2}+H\tan30°\right)}=1.5\text{kN/m}$$

4）顶板自重力

$$q''_B=\gamma_1\delta=25\times0.24=6\text{kN/m}$$

5）侧墙自重

$$P=25\times(0.24+1.6)\times0.24=11\text{kN}$$

作用在箱涵顶上的总均布荷载（包括自重力）：

$$q_3=q_B+q'_B+q''_B=146.13+1.5+6=153.63\text{kN}$$

6）作用在箱涵底部的地基反力

$$q_4=q_3+\frac{2P}{l}=153.63+\frac{2\times 11.0}{(1.5+0.24)}=166.27\text{kN/m}$$

箱涵计算简图如图 14-29 所示。

4. 内力计算

本例为单孔箱，属于节点无线位移结构，用结构力学求解出箱涵内力。杆件各截面最大弯矩计算结果如下：

AB 杆：$M_{max}=33.65\text{kN}\cdot\text{m}$；

CD 杆：$M_{max}=35.95\text{kN}\cdot\text{m}$；

CA 杆：$M_{max}=-7.89\text{kN}\cdot\text{m}$（立墙外侧受拉，为最小负弯矩）。

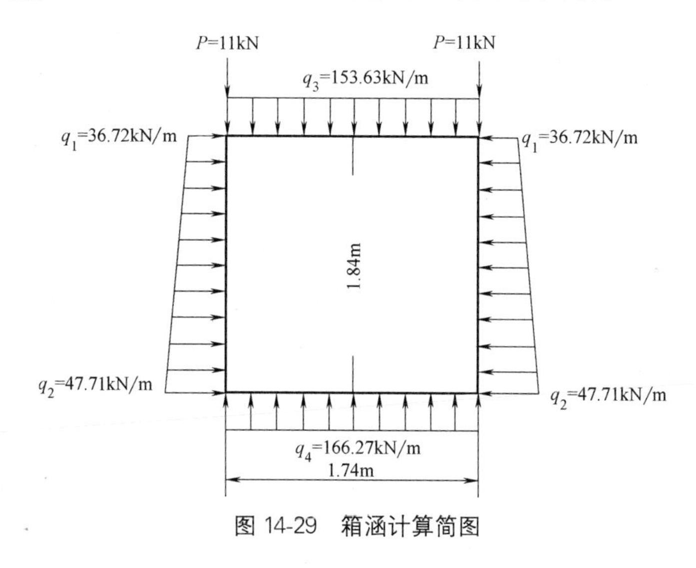

图 14-29　箱涵计算简图

本章小结

（1）顶管法作为一种非开挖技术的典型方法，时采用顶管机械分段施工的预制管道结构，主要用于中小型地下管道结构施工。

（2）顶管主要四种分类方法：按口径分，按顶进距离分，按管材分，按顶进轴线分。

（3）顶管工程的设计计算包括顶进力的设计计算和后背的设计计算。顶管的主要施工设备包括常用顶管工具、中继环及中继环控制。顶进施工的主要技术措施包括顶进中的方向控制和减少顶进阻力两方面。

（4）管幕法是隧道施工的辅助方法，在覆土厚度较小，又无法使用明挖法，管幕法具有无可替代的优势。

（5）箱涵结构是重要的水工建筑物，在水利、桥梁道路建设中应用广泛。箱涵结构由洞身、进口建筑物和出口建筑物组成。

（6）箱涵结构的设计计算包括：初拟箱涵的断面尺寸、荷载计算、内力计算和强度计算。

思考与练习题

14-1 顶管结构是如何进行分类的?

14-2 顶管法有哪些优缺点?

14-3 如何确定顶管机的最大推力?

14-4 箱涵结构的构造特点有哪些?如何考虑?

14-5 某工程顶进直径为1640mm的钢筋混凝土管，顶进长度为30m，管顶覆土深度为5m，土重度$\gamma=17\ kN/m^3$，土的内摩擦角$\varphi=20°$，摩擦系数$f=0.25$，设混凝土管外径$D_1=1910mm$，管节单位长度重量$G=20kN/m$。求最大顶力值。

14-6 某工程设置的后背，高度H为3.5m，宽度B为4m，$\gamma=19kN/m^3$，后背顶到地面的高度h为3m，没有板桩支承。后背土为砂性土，$\gamma=19kN/m^3$，内摩擦角$\varphi=30°$，问能否承受6000kN的顶力。

第 15 章　整体式隧道结构设计

本章要点及学习目标

本章要点：

(1) 整体式隧道结构的概念、分类和一般技术要求；

(2) 整体式隧道结构常用的计算方法；

(3) 半衬砌结构、直墙拱结构及曲墙拱结构的受力特征及计算方法；

(4) 复合衬砌结构和连拱隧道结构的设计原则和方法。

学习目标：

(1) 了解整体式隧道结构的概念、分类和一般技术要求；

(2) 了解整体式隧道结构常用的计算方法；

(3) 掌握半衬砌结构和直墙拱结构的受力特征及计算方法；

(4) 熟悉曲墙拱结构的受力特征及计算方法；

(5) 了解复合衬砌结构和连拱隧道结构的设计原则和方法。

15.1　概述

隧道结构作为一种地下人工建筑，是人类社会发展的产物，人类智慧的结晶。古代，人类利用洞穴栖息。最早的人工隧道，可追溯到古代战争时期，作为转移通道，作为破坏固定结构通道、蔽护等。此外，古代人还利用隧道，作为引水设施。在近代隧道被广泛用于探矿、交通以及军事设施中，随着现代交通的不断发展，隧道在交通运输中的地位及重要性不断提高。

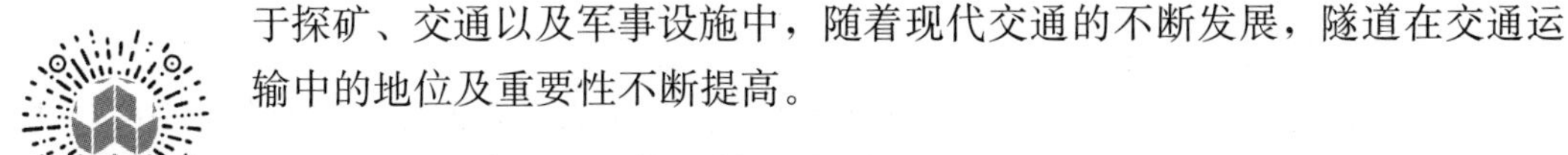

二维码 15-1
整体式隧道结构的概念

15.1.1　整体式隧道结构的概念

整体式衬砌是传统衬砌结构形式，它不考虑围岩的承载作用，主要通过衬砌的结构刚度抵御地层的变形，承受围岩的压力。通常采用就地整体模筑混凝土衬砌，按照等截面或变截面要求，在隧道内架立模板、拱架，然后浇灌混凝土而成。根据隧道建筑物的作用，可将其分为主体建筑物和附属建筑物，前者包括洞身衬砌和洞门；后者包括通风、照明、防排水、通信、消防安全设备等。隧道衬砌结构不仅要承受围岩压力、地下水压力和支护结构自身重力，阻止围岩向隧道内变形和防止隧道围岩的风化，有时还要承受化学物质的侵蚀，地处高寒地区的隧道还要承受冻害的影响。

二维码 15-2
整体式隧道
结构的分类

15.1.2 整体式隧道结构的分类

隧道结构是地下结构的重要组成部分，它的结构形式可根据地层的类别、使用功能和施工技术水平等进行选择。按照衬砌结构形式的不同，整体式隧道结构一般可分为半衬砌结构、厚拱薄墙衬砌结构、直墙拱形衬砌结构、曲墙拱形衬砌结构、锚喷衬砌结构、复合衬砌结构和连拱隧道结构等形式。

1. 半衬砌结构

半衬砌结构一般用于坚硬岩层中，侧壁无坍塌危险，仅顶部岩石可能有局部滑落的危险，可仅做顶部衬砌，不做边墙，喷一层不小于 2cm 后的水泥砂浆护面，如图 15-1（a）所示，常使用于岩层比较稳定，完整性较好岩层中，宜用在无水平压力且顶部稳定性较差的围岩中。

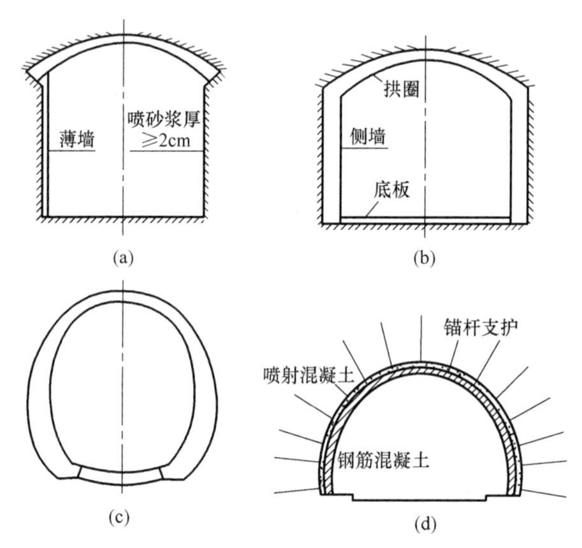

图 15-1 隧道结构形式

（a）半衬砌结构；（b）直墙拱结构；（c）曲墙拱结构；（d）锚喷结构

2. 厚拱薄墙衬砌结构

在中硬岩层中，拱顶所受的力通过拱脚大部分传给岩体，充分利用岩石的强度，使边墙的受力大大减少，从而减少边墙的厚度，如图 15-1（a）所示。厚拱薄墙衬砌结构适合在水平压力较小，且稳定性较差的围岩中。对于稳定或基本稳定的围岩中的大跨度、高边墙洞室，如采用锚喷结构施工装备条件存在困难，或锚喷结构防水达不到要求时，也可考虑使用。

3. 直墙拱衬砌结构

直墙拱结构是指一种由拱圈和侧墙作为承重构件的地下结构，被广泛应用于隧道结构，如铁路隧道等，如图 15-1（b）所示。直墙拱结构的组成除了拱圈和侧墙外，还有底板。结构与周围岩不紧密相贴，施工时，衬砌与岩壁间的超挖部分应密实回填，回填方式有干砌块石、浆砌块石、压力灌浆以及混凝土回填等，一般根据工程要求、地质状况及施工条件而定。直墙拱结构的拱圈和侧墙是整体浇筑的，底板和侧墙分别浇筑，只有在地质条件很差或地下水压较大情况下才与侧墙整体浇筑。直墙拱结构的整体性和受力性能比较好，由于结构与围岩紧密相贴，所以能有效地阻止围岩继续风化和塌落，毛洞开挖量也小。但是，直墙拱结构也具有排水防潮处理比较困难，不易检修，超挖回填工作量大等缺点。

4. 曲墙拱衬砌结构

曲墙拱衬砌结构一般用在很差的岩层中，岩体松散且易坍塌，衬砌结构一般由拱圈、曲线形的侧墙和仰拱形底板组成。这种衬砌结构的受力性能相对较好，但施工技术要求较高，也是一种被广泛应用的隧道结构形式，在公路隧道中宜采用曲墙拱衬砌结构，如图15-1（c）所示。

5. 锚喷衬砌结构

锚喷衬砌结构由喷射混凝土和锚杆两种支护形式构成，如图 15-1（d）所示。喷射混凝土是指利用空压机的高压空气作动力，把混凝土混合料直接喷射到隧道围岩表面上。它具有封闭界面、防止风化松动、填充坑凹及裂隙、维护和提高围岩的整体性、发挥围岩自身的承载作用和调整围岩应力分布、防止应力集中、控制围岩变形、防止掉块和坍塌等支护作用。锚杆是一种锚固在岩体内部的杆状体钢筋，与岩体融为一体，实现加固围岩、维护围岩稳定的目的。利用锚杆的悬吊作用、组合拱作用、减跨作用、挤压加固作用，将围岩中的节理、裂隙窜成一体，提高围岩的整体性，改善围岩的力学性能，从而发挥围岩的自承能力。锚杆支护不仅对硬质围岩，而且对软质围岩也能起到良好的支护效果。

6. 复合衬砌结构

复合衬砌结构一般认为围岩具有一定自承能力，衬砌支护的作用首先要加固和稳定围岩，使围岩的自承能力得到充分发挥，可允许围岩发生一定的变形并由此减薄支护的厚度。工程施工时，一般先向洞壁施作柔性薄层喷射混凝土，必要时同时设置锚杆，并通过重复喷射增厚喷层，或在喷层中增设网筋稳定围岩。当围岩变形趋于稳定后，再施作内衬永久支护。复合衬砌结构通常由初期支护和二次衬砌组成，防水要求高时在初期支护和二次衬砌间增设防水层，如图 15-2 所示。初期支护多采用锚喷支护，具有支护及时、柔性的特点，并在一定程度上能够随着围岩的变形而变形，能很好地发挥围岩的自承能力。二次衬砌应采用刚度较大、整体性较好和外观平顺的模筑（钢筋）混凝土衬砌，衬砌截面宜采用连接圆顺、等厚的衬砌截面，仰拱厚度宜与拱墙厚度相同。初期锚喷支护和二次衬砌结构共同组成复合结衬砌构的洞周承载环。复合衬砌结构适合多种地质条件，技术较为成熟，是目前公路隧道最好的衬砌结构形式。

7. 连拱隧道结构

隧道设计中除考虑工程地质、水文地质等相关条件外，同时受线路要求以及其他条件的制约，还需要考虑安全、经济、技术等方面的综合比较。因此，对于长度不是特别长的公路隧道（100～500m），尤其是处于地质、地形条件复杂及征地受严格限制地区的小隧道，常采用连拱结构形式，如图 15-3 所示。连拱隧道结构是将两隧道之间的岩体用混凝土取代，或者说是将两隧道相邻的边墙连接成一个整

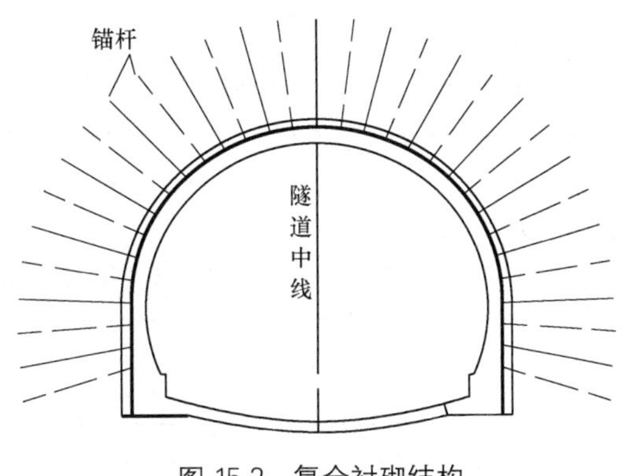

图 15-2 复合衬砌结构

体，形成双洞拱墙相连的一种结构形式。同时，也适用于洞口地形狭窄，或相对两洞间距有特殊要求的中短隧道，按中墙的结构形式不同可分为整体式中墙和复合式中墙。

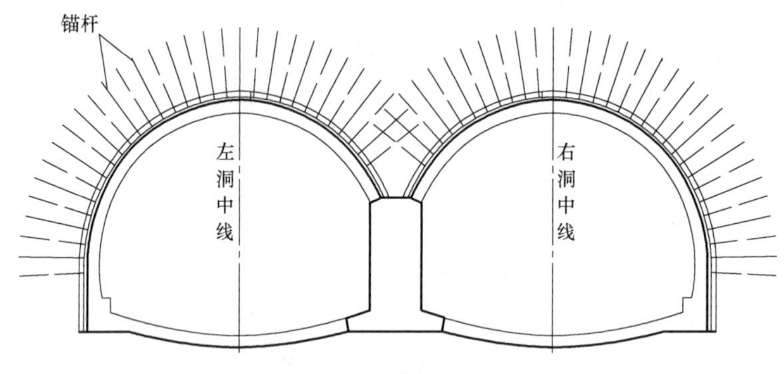

图 15-3　连拱隧道结构

隧道衬砌结构类型应根据隧道围岩地质条件、施工条件和使用要求确定。高速公路、一级公路、二级公路的隧道应采用复合式衬砌；汽车横通道、三级及三级以下公路隧道，在Ⅰ、Ⅱ、Ⅲ级围岩条件下，除洞口段外可采用锚喷衬砌；隧道洞口段宜采用复合式衬砌或整体式衬砌。

二维码 15-3
衬砌断面
和几何尺寸

15.2　整体式隧道结构的一般技术要求

15.2.1　衬砌断面和几何尺寸

衬砌的断面和几何尺寸，应根据使用要求、围岩级别、围岩地质和水文地质条件、隧道埋置位置、结构受力特点，并结合工程施工条件、环境条件，通过工程类比和结构计算综合分析确定在施工阶段，还应根据现场围岩监控量测和现场地质跟踪调查调整支护参数，必要时可通过试验分析确定。另外，为了便于使用标准拱架模板和设备，确定衬砌方案时，类型要尽量少，且同一跨度的拱圈内轮廓应相同。一般采取调整厚度和局部加筋等措施来适应不同的地质条件。岩石地下结构中，拱圈一般采用割圆拱，有时也采用三心圆或其他形状；边墙则采用直墙形式。

1. 衬砌截面尺寸

衬砌的断面尺寸，即衬砌的截面厚度，应满足构造要求。通常根据已有设计经验，并参考已建工程初步选定截面厚度，经过计算修正，最后确定所采用的截面尺寸。

不管初步选定，或最终确定的截面尺寸怎样，从构造要求出发，均不得小于表 15-1 所规定的断面最小厚度。

衬砌断面最小厚度（cm）　　**表 15-1**

工程部位	喷砂浆	喷混凝土	混凝土		钢筋混凝土		浆砌料石	浆砌乱毛石
			现浇	砌块	现浇	装配		
拱圈	2	5	20	20	20	5	30	—
边墙	2	3	20	20	20	5	30	40

注：装配式钢筋混凝土衬砌的截面最小厚度，是指槽形板的板厚。

2. 衬砌几何尺寸的计算

当衬砌结构的内部净跨、净高、墙高以及拱轴形状、厚度及其变化规律确定以后，即可根据几何关系计算其余尺寸，常用的割圆拱、三心圆尖拱的计算公式列成表 15-2（参见图 15-4、图 15-5）。

衬砌几何尺寸计算公式汇总表 **表 15-2**

计算项目	三心圆尖拱	割圆拱		计算顺序		
	Ⅰ	Ⅱ	Ⅲ	Ⅰ	Ⅱ	Ⅲ
	已知：l_0、f_0、d_0、d_n、φ_0、r_0	已知：l_0、f_0、d_0、d_n	已知：l_0、f/l、d_0、d_n			
R_0	$\dfrac{\left(r_0-\frac{l_0}{2}\right)\left(r_0+\frac{l_0}{2}\right)-(r_0-f_0)^2}{l_0\sin\varphi_0+2(r_0-f_0)\cos\varphi_0-2r_0}+r_0$	$\dfrac{l_0^2}{8f_0}+\dfrac{l_0}{2}$		1	1	5
a	$(R_0-r_0)\sin\varphi_0$	0		2		
b	$(R_0-r_0)\cos\varphi_0$	0		2		
c	$(R_0-r_0)(1-\cos\varphi_0)$	0		3		
m_1	$\dfrac{(d_n-d_0)[R_0-0.25(d_n-d_0)]}{2[f_0+c-0.5(d_n-d_0)]}$		$R-0.5d_n-R_0$	4	2	6
m_2	$\dfrac{(d_n-d_0)[R_0-0.5(d_n-d_0)]}{f_0+c-(d_n-d_0)}$		$R_1-d_n-R_0$	4	2	6
r	$r_0+0.5d_0+m_1$	—		5		
r_1	$r_0+d_0+m_2$	—		5		
R	$R_0+0.5d_0+m_1$		$\dfrac{l^2}{8f}+\dfrac{f}{2}$	5	3	4
R_1	$R_0+d_0+m_2$		$\dfrac{l_1^2}{8f_1}+\dfrac{f_1}{2}$	5	3	4
$\sin\varphi_{n0}$	$\dfrac{l_0}{2R_0}$					
$\cos\varphi_{n0}$	$\dfrac{R_0-f_0}{R_0}$					
$\sin\varphi_n$	$\dfrac{0.5l_0+a}{R-0.5d_n}$		$\dfrac{\frac{4f}{l}}{1+4\left(\frac{f}{l}\right)^2}$	6	4	1
$\cos\varphi_n$	$\dfrac{R_0-f_0-c+m_1}{R-0.5d_n}$		$\dfrac{1-4\left(\frac{f}{l}\right)^2}{1+4\left(\frac{f}{l}\right)^2}$	6	4	1
$\sin\varphi_{n1}$	$\dfrac{(R+0.5d_n)\sin\varphi_n}{R_1}$					
$\cos\varphi_{n1}$	$\dfrac{(R+0.5d_n)\cos\varphi_n+m_2-m_1}{R_1}$					
f_0	—		$f_0-0.5d_0+0.5d_n\cos\varphi_n$			4
f	$f_0+0.5d_0-0.5d_n\cos\varphi_n$		$l\times\dfrac{f}{l}$	7	5	3

续表

计算项目	三心圆尖拱	割圆拱		计算顺序		
	Ⅰ	Ⅱ	Ⅲ	Ⅰ	Ⅱ	Ⅲ
	已知：l_0、f_0、d_0、d_n、φ_0、r_0	已知：l_0、f_0、d_0、d_n	已知：l_0、f/l、d_0、d_n			
f_1	$f_0+d_0-d_n\cos\varphi_n$ 或 $f+0.5d_0-0.5d_n\cos\varphi_n$			7	5	4
l	$l_0+d_n\sin\varphi_n$			7	5	2
l_1	$l_0+2d_n\sin\varphi_n$ 或 $l+d_n\sin\varphi_n$			7	5	2
d_i	$d_0+m_2(1-\cos\varphi_i)$					
t	$f_0+d_0-f_1$ 或 $d_n\cos\varphi_n$			7	5	2
Δh	$f_0+\frac{d_0}{2}-f$ 或 $\frac{t}{2}$			7	5	2
Δ	$\frac{1}{2}(d_c-d_n\sin\varphi_n)$ 或 $\frac{1}{2}(l_0+d_c-l)$			7	5	2
校核	$d_n=\sqrt{R_1^2-(m_2-m_1)^2\sin\varphi_n}-\sqrt{R_0^2-m_1^2\sin\varphi_n}-m_2\cos\varphi_n$			8	6	7

表 15-2 中各符号的意义为：f_0、f、f_1 分别为拱圈内缘、轴线及外缘的矢高；l_0、l、l_1 分别为拱圈内缘、轴线及外缘的弦长；R_0、R、R_1 分别为割圆拱圈及三心圆大圆拱圈内缘、轴线与外缘的半径；r_0、r、r_1 分别为三心圆小圆拱圈内缘、轴线及外缘的半径；φ_0 为三心圆小圆拱圈圆心角的一半；φ_i 为拱圈任意截面与竖直线间夹角；φ_{n0}、φ_n、φ_{n1} 分别为拱脚截面处的内缘、轴线及外缘圆弧半径与竖直线间夹角；m_1、m_2 分别为拱圈内缘圆心至轴线圆心、外缘圆心的距离；a、b 分别为三心圆拱圈内缘、轴线及外缘大小圆的圆心间的水平距离及竖直距离；d_i 为拱圈任意截面的厚度；Δ、Δh 分别为拱脚截面中心至边墙轴线与拱脚内缘的距离；t 为拱脚内外缘间的竖直距离；h_0 为拱脚内缘至墙脚的竖直距离；d_0、d_n 分别为拱顶及拱脚截面的厚度。

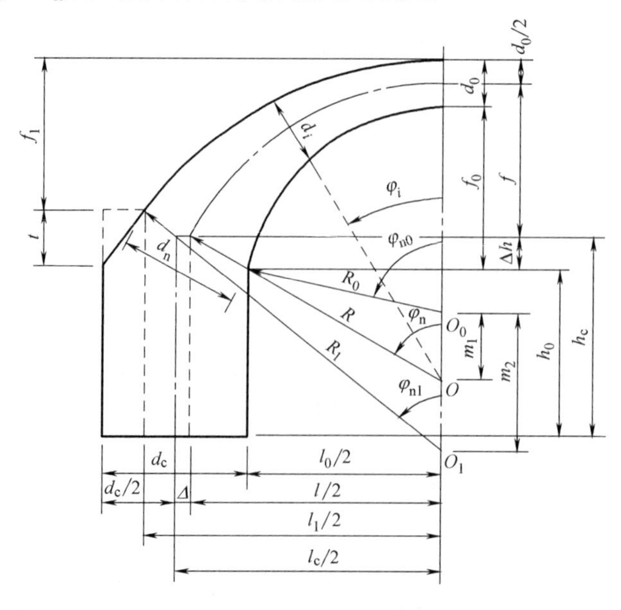

图 15-4 割圆拱衬砌断面图

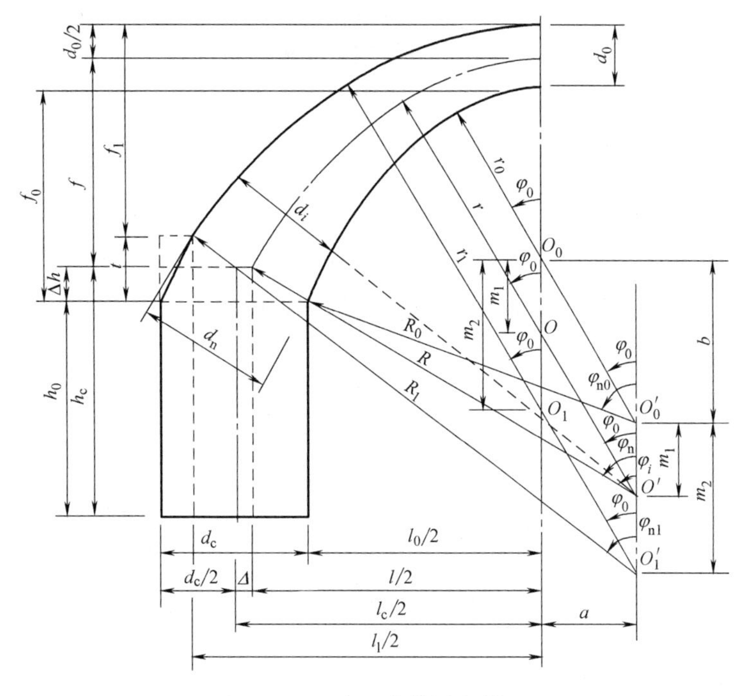

图 15-5　三心圆尖拱衬砌断面图

15.2.2　衬砌材料的选择

二维码 15-4
衬砌材料
的选择

隧道衬砌材料应具有足够的强度、耐久性和防水性，在特殊条件下，还要求具有耐腐蚀性和抗风化及抗冻性等。此外还要满足经济、就地取材、易于机械化施工等要求。衬砌材料选用时，要根据工程地质和水文地质条件、使用要求、衬砌结构、施工技术条件以及施工期限等因素综合加以考虑。

1. 隧道衬砌材料种类

1）混凝土与钢筋混凝土

混凝土的优点是：整体性和抗渗性较好，既能在现场浇筑，也可以在加工场预制，而且能采用机械化施工。若在水泥中掺入密实性的附加剂，可以提高混凝土的强度，此外还可根据施工上需要可加入其他外加剂。

现浇混凝土的缺点是：混凝土浇筑后需要养护而不能立即承受荷载，需要达到一定强度才能拆模，占用和耗用较多的拱架及模板，化学稳定性（耐侵蚀性能）较差。

钢筋混凝土主要在明洞衬砌及地震区、偏压、通过断层破碎带或淤泥、流砂等不良地质地段的隧道衬砌中使用，其强度等级不低于 C20。

2）喷射混凝土

采用混凝土喷射机，将掺有速凝剂的混凝土干拌混合料和水高速喷射到清洗干净的岩石表面上并充填围岩裂隙而凝结成的混凝土保护层，能很快起到支护围岩的作用。

喷射混凝土早期强度和密实性较高，其施工过程可以全部机械化，且不需要拱架和模板。在石质较软的围岩，还可以与锚杆、钢丝网等配合使用，是一种理想的衬砌材料。

3）锚杆和钢架

锚杆是用专门机械施工加固围岩的一种材料，通常可分为机械型锚杆和黏结型锚杆，或分为非预应力锚杆和预应力锚杆。

钢架是为了加强支护刚度而在初期支护或二次衬砌中放置的型钢支撑或格栅钢支撑。

4）片石混凝土

在岩层较好地段的边墙衬砌，为了节省水泥，可采用片石混凝土（片石的掺量不应超过总体积的 20％）。此外，当起拱线以上 1m 以外部位有超挖时，其超挖部分也可用片石混凝土进行回填。选用的石料要坚硬，其抗压强度不应低于 MU40，严禁使用风化和有裂隙的片石，以保证其质量。

5）块石混凝土

块石强度等级不低于 MU60，混凝土块强度等级不低于 MU20。

优点：能就地取材，大量节约水泥和模板，可保证衬砌厚度并能较早地承受荷载。

缺点：整体性和防水性差，施工进度慢，要求砌筑技术高。

6）装配式材料

对于软土地区的地铁隧道，常用盾构法施工，衬砌可采用装配式材料，如钢筋混凝土预制块、加筋肋铸铁预制块等。

2. 隧道衬砌材料的选用

隧道衬砌材料的强度等级除不应低于表 15-3 的规定值，还应符合表 15-4 的规定。

隧道衬砌建筑材料 **表 15-3**

工程部位 \ 材料种类	混凝土	片石混凝土	钢筋混凝土	喷混凝土
拱圈	C20	—	C25	C20
边墙	C20	—	C25	C20
仰拱	C20	—	C25	C20
底板	C20	—	C25	—
仰拱填充	C10	C10	—	—
水沟沟身、电缆槽身	C25	—	C25	—
水沟盖板、电缆槽盖板	—	—	C15	—

隧道洞门建筑材料 **表 15-4**

工程部位 \ 材料种类	混凝土	钢筋混凝土	片石混凝土	砌体
端墙	C20	C25	C15	M10 水泥砂浆砌片石、块石镶面或混凝土预制块镶面
顶帽	C20	C25	—	M10 水泥砂浆砌粗料石
翼墙和洞口挡土墙	C20	C25	C15	M7.5 水泥砂浆砌片石
侧沟、截水沟	C15	—	—	M5 水泥砂浆砌片石
护坡等	C15	—	—	M5 水泥砂浆砌片石

注：1. 护坡材料可采用 C20 喷射混凝土；

2. 最冷月份平均气温低于−15℃的地区，表中水泥砂浆强度应提高一级。

隧道衬砌材料选用时还应考虑以下因素：

1）隧道衬砌部位选用的材料，应当符合结构强度和耐久性的要求，并考虑其抗冻、抗渗性和抗侵蚀性的需要；

2）当有侵蚀性的水作用时，衬砌结构物的混凝土或砂浆均应选用具有抗侵蚀性能的特种水泥；

3）在寒冷及严寒地区，当隧道衬砌受冻害影响时，宜采用整体式混凝土衬砌，且混凝土强度等级适当提高。

15.2.3 衬砌结构的一般构造要求

二维码 15-5 衬砌结构的一般构造要求

在隧道结构的设计中，除合理的选择结构形式、材料及确定衬砌截面的尺寸外，尚应根据地下结构与地面结构的差异，在构造方面满足以下要求。

1. 混凝土的保护层

钢筋混凝土衬砌结构，受力钢筋的混凝土保护层最小厚度一般装配式衬砌为 20mm，现浇衬砌内层为 25mm，外层为 30mm。若有侵蚀性介质作用时可增大到 50mm，钢筋网喷混凝土一般为 20mm。然而，随着截面厚度的增加，保护层厚度也应适当增加，其值可参考相关规范。

2. 衬砌的超挖或欠挖

隧道结构施工中，洞室的开挖尺寸不可能与衬砌所设计的毛洞尺寸完全符合，这就产生了衬砌的超挖或欠挖问题。超挖通常会增加回填的工作量，而欠挖则不能保证衬砌截面尺寸，故对超、欠挖有一定的限制。衬砌的允许超、欠挖均按设计毛洞计算。

现浇混凝土衬砌一般不允许欠挖，如出现个别点欠挖，欠挖部分进入衬砌截面的深度，不得超过衬砌截面厚度的 1/4，并不得大于 15cm，面积不大于 1m^2。通常隧道衬砌结构，平均超挖允许值不得超过 10～15cm，对于洞室的某些关键部位，如穹顶的环梁岩台，厚拱薄墙衬砌（及半衬砌）的拱座岩台、岔洞的周边等，超挖允许值更应该严格控制，一般也不宜超过 15cm。

3. 变形缝的设置

为了使衬砌所承受的变形压力最小，应允许围岩产生一定的变形，释放一定的能量。在施工过程中要预留一定的变形缝。变形缝一般是指沉降缝和伸缩缝。其中沉降缝是为了防止结构因局部不均匀下沉引起变形断裂而设置的，而伸缩缝是为了防止结构因热胀冷缩，或湿胀干缩产生裂缝而设置的。因此，沉降缝是满足结构在垂直与水平方向上的变形要求而设置的，伸缩缝是满足结构在轴线方向上的变形要求而设置的。预留变形缝的大小应根据围岩地质条件，采用工程类比法确定。无类比资料时可参照表 15-5，并应根据现场量测数据进行调整，缝内可夹沥青木板和沥青麻丝。伸缩缝、沉降缝应垂直于隧道轴线竖向设置。

变形缝缝宽（mm） **表 15-5**

围岩级别	两车道隧道	三车道隧道
Ⅰ	—	—
Ⅱ	—	10～50

续表

围岩级别	两车道隧道	三车道隧道
Ⅲ	20～50	50～80
Ⅳ	50～80	80～120
Ⅴ	80～120	100～120
Ⅵ	现场量测确定	

15.3 整体式隧道结构的计算方法

隧道开挖后，衬砌承受地层压力和其他荷载，并阻止地层向洞室内变形，衬砌对地层起约束作用。在主动土压力（洞室周围地层变形或坍塌而施加于衬砌上的力）作用下，衬砌发生变形，而衬砌又会受到地层产生的反作用力（地层对衬砌的弹性抗力）。可见，地下结构同时承受主动土压力和地层的弹性抗力，衬砌结构与地层之间存在着相互作用。地下结构按是否考虑相互作用分为：

1）自由变形结构，和地面建筑一样按结构力学方法计算，只在拱脚或墙底受弹性地基的约束产生反力；

2）考虑衬砌与地层相互作用的结构。

按计算理论可分为（确定弹性抗力的大小和其作用范围的理论）：

1）局部变性理论：视衬砌为符合温克尔假定的弹性公式中的弹性结构（认为弹性地基某点上施加的外力只会引起该点的沉陷）。

2）共同变形理论：视衬砌为直线变形公式中的弹性结构（认为弹性地基上某点的外力，不仅引起该点发生沉陷，而且还会引起附近一定范围内的地基发生沉陷）。

根据计算中选取未知数方法的不同，决定抗力分布形式采用弹性地基梁理论的不同，以及采用计算途径的不同，其计算方法又可分多种，常用的计算方法如表 15-6 所示。

整体式隧道结构的计算方法 **表 15-6**

计算理论	基本为指数选取方法	方法名称	边墙弹性抗力分布形式	边墙类型及刚度	编号	计算简图	计算结构图示	主要未知数	备注
局部变形理论	力法	朱-布法	假定抗力分布	曲墙	1			(1)拱顶力矩和推力； (2)弹性抗力最大值	边墙为直墙时，一般不采用此法
		纳乌莫夫法	弹性地基梁（巴斯捷尔纳克）	刚性梁 短梁	2 3			(1)拱顶力矩和推力； (2)拱脚弹性抗力强度； (3)边墙为短梁时，增加墙脚弯矩和剪力	隧道式结构中较少遇到长梁

续表

计算理论	基本为指数选取方法	方法名称	边墙弹性抗力分布形式	边墙类型及刚度	编号	计算简图	计算结构图示	主要未知数	备注
局部变形理论	力法	矩阵力法	集中反力链杆	曲墙 直墙	4 5			(1)各链杆中内力； (2)与链杆数目相应的内力矩； (3)拱顶力矩及推力	此法即为链杆法，采用杆件系统矩阵力学计算，故称矩阵力法
	位移法	角变位移法、不均衡力矩及侧力传播法	弹性地基梁（初参数法）	刚性梁 短梁	6 7 8 9			拱脚（即墙顶）处的角变及侧移	计算单层单跨衬砌（单跨双层、单层双跨连拱结构）较方便
共同变形理论	力法	达魏多夫法	弹性地基梁（日莫契金法）	刚性墙 弹性墙	10 11			(1)弹性中心的弯矩和推力； (2)边墙侧面和底部各五个链杆内力； (3)固定边墙下端的链杆内力； (4)边墙脚的角位移	地道式结构中，因仰拱构造设置，不考虑仰拱对结构的影响

注：1. 表中指衬砌结构和荷载均为对称的计算方法，不对称时，也有相应的方法；
2. 基本结构图示中，主动荷载均未表示出。

二维码 15-6
半衬砌结构概述

15.4 半衬砌结构

15.4.1 概述

半衬砌结构一般是指隧道开挖后，只在拱部构筑拱圈，而侧喷不构筑侧墙（或仅砌筑构造墙）的结构，如图 15-6 所示，该种结构适合于围岩比较稳定、完整性较好的岩层（Ⅳ、Ⅴ类围岩）中。用先拱后墙法施工时，在拱圈已做好，但下台阶尚未开挖前，拱圈也处于半衬砌工作状态。

半衬砌结构包括半衬砌结构和厚拱薄墙衬砌结构。其中半衬砌结构为仅做拱圈，不做边墙的衬砌结构；厚拱薄墙衬砌结构为拱脚直接放在岩石上起维护作用，与薄墙基本互不联系的衬砌结构。

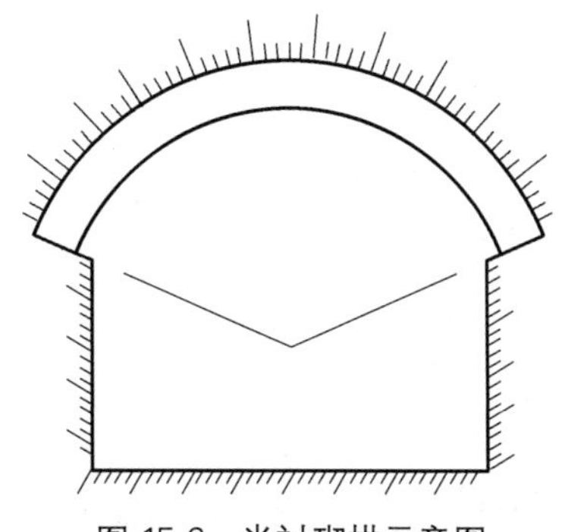

图 15-6 半衬砌拱示意图

半衬砌结构宜用在无水平压力且顶部稳定性较差的围岩中，对于稳定或基本稳定的围岩中的大跨度、高边墙洞室，如锚喷结构达不到要求时，也可考虑采用。

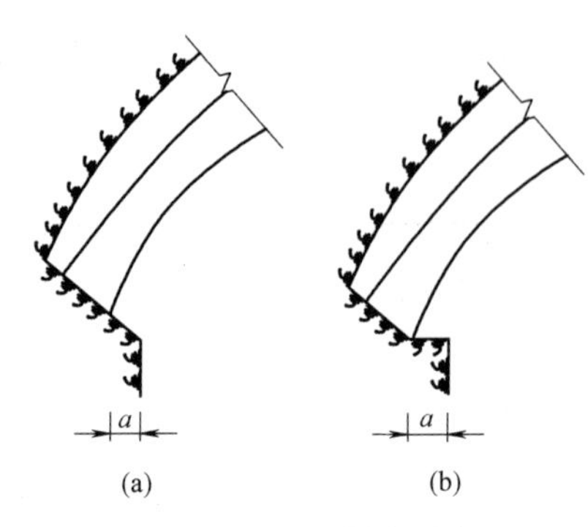

图 15-7 合理拱座形式
(a) 斜拱座；(b) 折线形拱座

半衬砌结构的关键部位就是拱座，拱座应采取受力明确的合理形式，通常采用斜拱座和折线形拱座（如图 15-7 所示）。

台阶的宽度尺寸 a 与地质条件、施工方法、隧道尺寸等因素有关，一般为 0.3～1.2m，具体可参考相关规范。

二维码 15-7
半衬砌结构
的计算简图

15.4.2 半衬砌结构的计算简图

1. 基本假定

根据半衬砌结构的特点和受力特征，其内力计算的基本假定如下：

1）半衬砌结构的墙与拱脚基本上互不联系，故拱圈对薄墙影响很小。因此，内力计算时可忽略拱圈和薄墙的相互影响，把厚拱薄墙衬砌视为半衬砌结构。

2）拱脚处的约束既非铰接，亦非完全刚性固定，而是介于两者之间的“弹性固定”，即只能产生转动和沿拱轴切线方向的位移，且岩层将随拱脚一起变形，并假定其变形符合温克尔（E. Winker）假设。

3）半衬砌结构在各种垂直荷载作用下，拱圈的绝大部分位于脱离区，因此，可忽略弹性抗力的影响，这样考虑是偏于安全的。

4）半衬砌结构，实际上是一个空间结构，但由于其纵向较之其跨度方向大得多，受力特征复合平截面假设，计算时按平面应变问题处理，这样简化的计算结构偏于安全。

2. 计算简图

基于上述基本假定，半衬砌结构的计算简图如图 15-8 所示，该力学模型为弹性固定无铰拱三次超静定结构。根据结构力学的最基本方法——力法可求解结构内力。

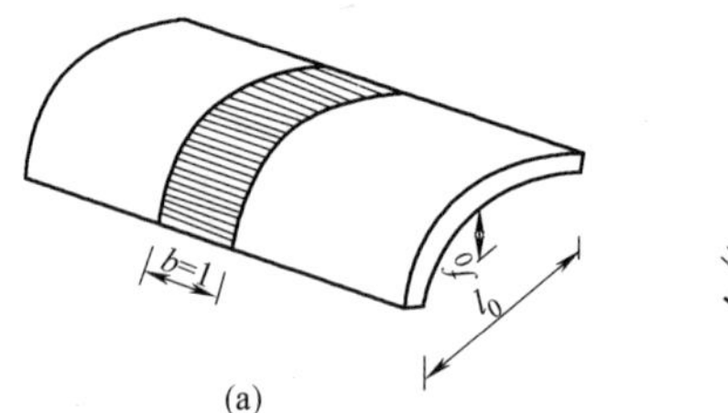

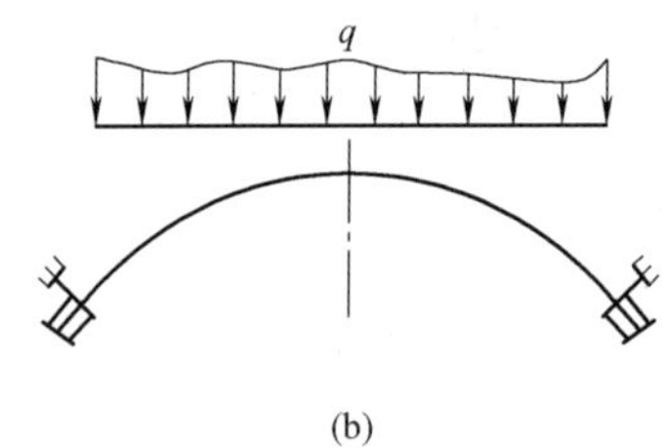

图 15-8 计算简图
(a) 微元体；(b) 计算简图

15.4.3 半衬砌结构的内力计算方法

二维码 15-8
半衬砌结构的
内力计算方法

半衬砌结构的内力计算可归结为一个弹性无铰拱的力学问题，按荷载可分为对称和非对称两个问题进行讨论。

需要说明的是，这里的对称问题是结构和荷载均为对称（称为“对称问题”）的情况；非对称问题是结构对称，而荷载不对称（称为“非对称问题”）的情况。

1. 对称问题的解

根据结构力学的力法，在拱顶截面切开，以多余未知力 X_1（弯矩）、X_2（轴力）、X_3（剪力）代替半拱之间的作用力，如图 15-9 所示。规定图中所示未知力方向为正，拱脚截面的转角以向拱外转为正，水平位移以向外移为正，反之为负。值得注意的是，在对称问题中 $X_3=0$，左、右拱脚具有对称弹性变位。

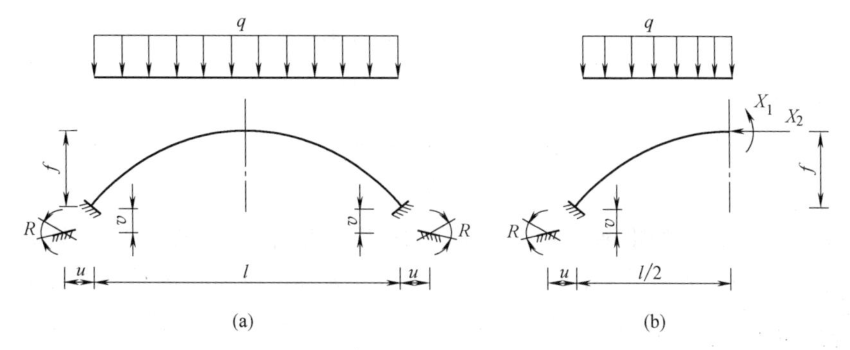

图 15-9 对称问题的计算简图及基本结构

（a）计算简图；（b）基本结构

根据拱顶截面相对转角和相对水平位移为零的条件，可建立变形协调方程为：

$$\left.\begin{aligned}X_1\delta_{11}+X_2\delta_{12}+\Delta_{1\mathrm{p}}+\beta_0=0\\X_1\delta_{21}+\delta_2 X_{22}+\Delta_{2\mathrm{p}}+u_0+\beta_0 f=0\end{aligned}\right\}\tag{15-1}$$

式中 δ_{ik}——拱顶截面处的单位变位，即在基本结构中，拱脚为刚性固定时，悬臂端在 $X_k=1$ 作用下，沿未知力 X_i 方向产生的变位（i，$k=1$，2），由位移互等定理知 $\delta_{ik}=\delta_{ki}$；

$\Delta_{i\mathrm{p}}$——拱顶截面处的载变位，即在基本结构中，拱脚为刚性固定时，在外荷载作用下，沿未知力 X_i 方向产生的变位（$i=1$，2）；

β_0——拱脚截面总弹性转角；

u_0——拱脚截面总水平位移。

根据计算简图 15-9 的关系和变位叠加原理，可以得到 β_0 和 u_0 的表达式为：

$$\left.\begin{aligned}\beta_0=X_1\beta_1+X_2(\beta_2+f\beta_1)+\beta_\mathrm{p}\\u_0=X_1u_1+X_2(u_2+fu_1)+u_\mathrm{p}\end{aligned}\right\}\tag{15-2}$$

式中 β_1、u_1——拱脚截面处作用有单位弯矩 $M_\mathrm{A}=1$ 时，该截面的转角及水平位移；

β_2、u_2——拱脚截面处作用有单位水平推力 $H_\mathrm{A}=1$ 时，该截面的转角及水平位移，由位移互等定理知 $\beta_2=u_1$；

β_p、u_p——外荷载作用下，基本结构拱脚截面的转角及水平位移；

f——拱轴线矢高；

其余符号含义同前。

这里的 β_1、β_2、u_1、u_2、β_p、u_p 均称为拱脚弹性固定系数。

将式（15-1）和式（15-2）联立，并注意到 $\delta_{12}=\delta_{21}$、$\beta_2=u_1$，经整理可得求解多余

未知力 X_1、X_2 的方程组为：

$$\left.\begin{aligned} a_{11}X_1+a_{12}X_2+a_{10}=0 \\ a_{21}X_1+a_{22}X_2+a_{20}=0 \end{aligned}\right\} \tag{15-3}$$

解此方程，可得拱顶截面的多余未知力为：

$$\left.\begin{aligned} X_1=\frac{a_{20}a_{12}-a_{10}a_{22}}{a_{11}a_{22}-a_{12}^2} \\ X_2=\frac{a_{10}a_{12}-a_{20}a_{11}}{a_{11}a_{22}-a_{12}^2} \end{aligned}\right\} \tag{15-4}$$

式中，a_{ik}（i，$k=1$，2）的物理意义是，基本结构取为弹性固定悬臂梁时的单位变位；a_{i0}（$i=1$，2）为载变位；若令式中的 $\beta_1\sim\beta_p$、$u_1\sim u_p$ 为零，则所得的结果，即为刚性固定时的单位变位。例如，$a_{11}=\delta_{11}+\beta_1$，当 $\beta_1=0$ 时，$a_{11}=\delta_{11}$ 为刚件固定时的单位变位，其余类似。因此，刚性固定无铰拱结构，仅是弹性固定无铰拱结构的一个特例。

2. 非对称问题的解

图 15-10 是非对称问题的计算简图和基本结构，取全拱作为基本计算结构。拱的内力和拱脚变位的正负号规定与对称问题相同。

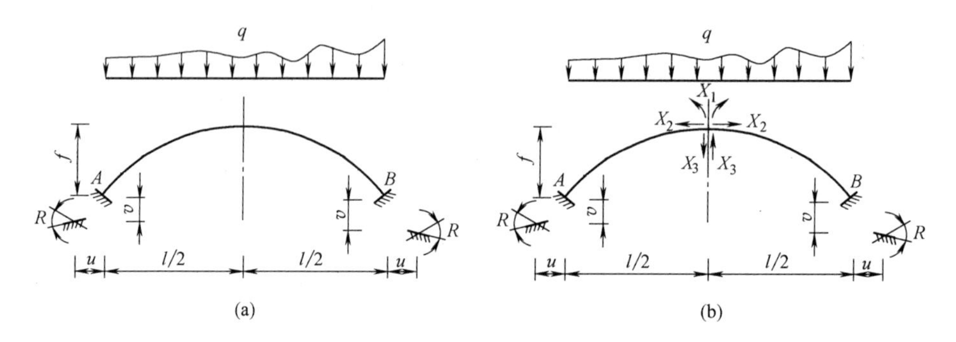

图 15-10 非对称问题的计算简图及对称结构

（a）计算简图；（b）基本结构

根据拱顶截面处的相对转角、相对水平位移和垂直位移为零的条件，可建立变形协调方程式为：

$$\left.\begin{aligned} &X_1\delta_{11}+X_2\delta_{12}+\Delta_{1p}+(\beta_{0L}+\beta_{0R})=0 \\ &X_1\delta_{21}+\delta_2 X_{22}+\Delta_{2p}+(u_{0L}+u_{0R})+f(\beta_{0L}+\beta_{0R})=0 \\ &X_3\delta_{33}+\Delta_{3p}+(v_{0L}+v_{0R})+\frac{l}{2}(\beta_{0R}-\beta_{0L})=0 \end{aligned}\right\} \tag{15-5}$$

式中，拱脚截面的总弹性转角、总水平位移、总垂直位移分别为 β_{0L}、u_{0L}、v_{0L}（左拱脚）和 β_{0R}、u_{0R}、v_{0R}（右拱脚）。其中 $\delta_{13}=\delta_{31}=\delta_{23}=\delta_{32}=0$，其余符号含义同式（15-1）。

根据变位叠加原理，可求得 β_{0L}、u_{0L}、v_{0L} 及 β_{0R}、u_{0R}、v_{0R} 的表达式为：

$$\left.\begin{aligned}
\beta_{0L}&=X_1\beta_{1L}+X_2(\beta_{2L}+f\beta_{1L})+X_3\left(\beta_{3L}-\frac{l}{2}\beta_{1L}\right)+\beta_{pL}\\
\beta_{0R}&=X_1\beta_{1R}+X_2(\beta_{2R}+f\beta_{1R})+X_3\left(\beta_{3R}+\frac{l}{2}\beta_{1R}\right)+\beta_{pR}\\
u_{0L}&=X_1u_{1L}+X_2(u_{2L}+fu_{1L})+X_3\left(u_{3L}-\frac{l}{2}u_{1L}\right)+u_{pL}\\
u_{0R}&=X_1u_{1R}+X_2(u_{2R}+fu_{1R})+X_3\left(u_{3R}+\frac{l}{2}u_{1R}\right)+u_{pR}\\
v_{0L}&=X_1v_{1L}+X_2(v_{2L}+fv_{1L})+X_3\left((v_{3L}-\frac{l}{2}v_{1L}\right)+v_{pL}\\
v_{0R}&=X_1v_{1R}+X_2(v_{2R}+fv_{1R})+X_3\left(v_{3R}+\frac{l}{2}v_{1R}\right)+v_{pR}
\end{aligned}\right\}\quad(15\text{-}6)$$

式中 v_{1L}、v_{2L}、v_{3L}——左拱脚截面处作用有（M_A，H_A，V_A）=1时，该截面的垂直位移；

v_{1R}、v_{2R}、v_{3R}——右拱脚截面处作用有（M_B，H_B，V_B）=1时，该截面的垂直位移；

v_{pL}、v_{pR}——外荷载作用下，基本结构左、右拱脚截面的垂直位移；

其余符号含义同式（15-2）。

同样的，$\beta_{1L}\sim\beta_{pL}$，$\beta_{1R}\sim\beta_{pR}$，$u_{1L}\sim u_{pL}$，$u_{1R}\sim u_{pR}$ 被称为左、右拱脚的弹性固定系数。

联立式（15-5）和式（15-6），并利用位移互等定理，经整理后可得到求解多余未知力 X_1、X_2 和 X_3 的方程组为：

$$\left.\begin{aligned}
a_{11}X_1+a_{12}X_2+a_{13}X_3+a_{10}=0\\
a_{21}X_1+a_{22}X_2+a_{23}X_3+a_{20}=0\\
a_{31}X_1+a_{32}X_2+a_{33}X_3+a_{30}=0
\end{aligned}\right\}\quad(15\text{-}7)$$

式中，系数 a_{ik} 等的物理含义同前。

解方程组式（15-7），得拱顶截面的多余未知力为：

$$X_1=\frac{\begin{vmatrix}-a_{10}&a_{12}&a_{13}\\-a_{20}&a_{22}&a_{23}\\-a_{30}&a_{32}&a_{33}\end{vmatrix}}{\begin{vmatrix}a_{11}&a_{12}&a_{13}\\a_{21}&a_{22}&a_{23}\\a_{31}&a_{32}&a_{33}\end{vmatrix}};X_2=\frac{\begin{vmatrix}a_{11}&-a_{10}&a_{13}\\a_{21}&-a_{20}&a_{23}\\a_{31}&-a_{30}&a_{33}\end{vmatrix}}{\begin{vmatrix}a_{11}&a_{12}&a_{13}\\a_{21}&a_{22}&a_{23}\\a_{31}&a_{32}&a_{33}\end{vmatrix}};X_3=\frac{\begin{vmatrix}a_{11}&a_{12}&-a_{10}\\a_{21}&a_{22}&-a_{20}\\a_{31}&a_{32}&-a_{30}\end{vmatrix}}{\begin{vmatrix}a_{11}&a_{12}&a_{13}\\a_{21}&a_{22}&a_{23}\\a_{31}&a_{32}&a_{33}\end{vmatrix}}$$

3. 拱圈任意截面的内力表达式

拱顶截面的多余未知力求出后，按静力平衡条件即可计算出拱圈任意截面 i 的内力（图 15-11），即：

$$\left.\begin{aligned}
M_i&=X_1+X_2y_i\pm X_3x_i+M_{ip}^0\\
N_i&=X_2\cos\varphi_i\pm X_3\sin\varphi_i+N_{ip}^0\\
Q_i&=\pm X_2\sin\varphi_i+X_3\cos\varphi_i+Q_{ip}^0
\end{aligned}\right\}\quad(15\text{-}8)$$

式中 M_{ip}^0、N_{ip}^0、Q_{ip}^0——基本结构在外荷载作用下，截面 i 处产生的弯矩、轴力和剪力；

φ_i——截面 i 与竖直线间的夹角。

求出截面弯矩和轴力后，即可绘出内力图，如图 15-12 所示，并确定出危险截面。并请注意，弯矩 M_i 以截面内缘受拉为正，轴力 N_i 以截面受压为正，剪力 Q_i 以使曲梁顺时针转动为正；该公式为非对称问题的表达式，公式中的正负号分别为左半拱和右半拱，计算对称问题时可令 $X_3=0$。

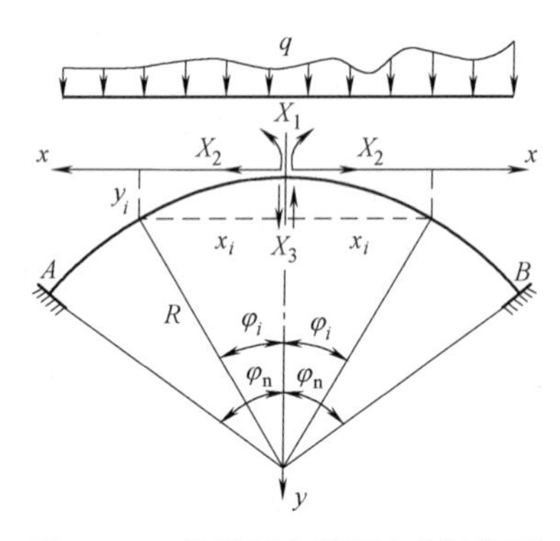

图 15-11 拱圈任意截面内力计算图

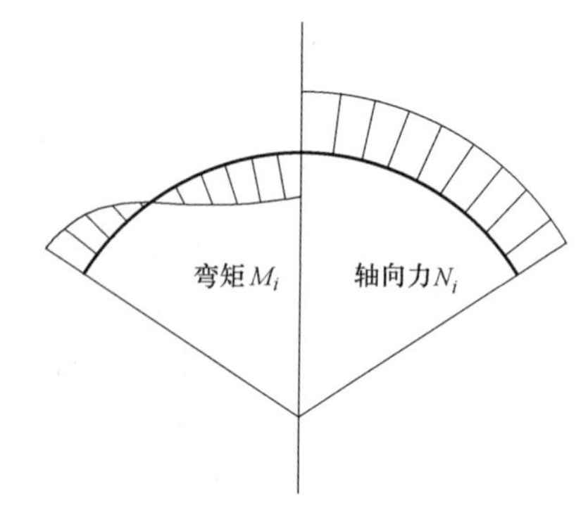

图 15-12 半衬砌结构弯矩和轴力示意图

15.4.4 拱脚弹性固定系数的确定

二维码 15-9
拱脚弹性固定系数的确定

求得单位变位和载变位后，由拱顶截面变形协调方程知要获得多余未知力的解，尚需求出拱脚弹性固定系数。

根据局部变形理论和支承面仍为平面的假定，并认为拱脚与支承面间的摩擦力足够大，可以平衡该面上的剪力，即不产生沿该面方向的变位。

1）当单位弯矩作用在拱脚地层上时，地层支承面便绕中心点转动 β 角，如图 15-13（a）所示，拱脚边缘处地层应力为：

$$\sigma=\frac{M}{W}=\frac{6}{bd_n^2} \tag{15-9}$$

式中 b、d_n——拱脚截面宽度和厚度。

又由局部变形理论 $\sigma=Ky$ 及 $\tan\beta=\frac{y}{d_j/2}\approx\beta$ 可得：

$$\beta=\frac{1}{KI_n} \tag{15-10}$$

式中 I_n——拱脚截面的惯性矩；

K——围岩弹性抗力系数；

其余符合含义同前。

在单位弯矩作用下，因拱脚处无线位移，故水平及垂直位移均为零，这时的拱脚弹性固定系数 $u=v=0$。

2）当单位轴力作用在拱脚岩层上时，拱脚截面只产生沿轴向的沉陷，这时地层的正应力为（图 15-13b）：

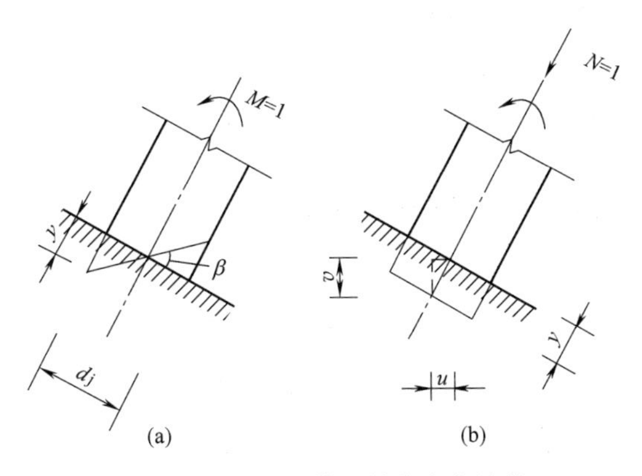

图 15-13 拱脚截面单位变位计算

$$\sigma=\frac{1}{bd_{\mathrm{n}}} \tag{15-11}$$

由局部变形理论：

$$y=\frac{\sigma}{K}=\frac{1}{Kbd_{\mathrm{n}}} \tag{15-12}$$

所以有：

$$\left.\begin{aligned}u&=\frac{\cos\varphi_{\mathrm{n}}}{Kbd_{\mathrm{n}}}\\v&=\frac{\sin\varphi_{\mathrm{n}}}{Kbd_{\mathrm{n}}}\end{aligned}\right\} \tag{15-13}$$

在单位轴力作用下，这时的弹性固定系数 $\beta=0$。

3）当外荷载作用下产生的弯矩和轴力作用在拱脚岩层上时，若基本结构拱脚处的弯矩和轴力分别为 M_{p}^0 和 N_{p}^0，利用叠加原理，这时的拱脚弹性固定系数为：

$$\left.\begin{aligned}\beta_{\mathrm{p}}&=M_{\mathrm{p}}^0\beta=\frac{M_{\mathrm{p}}^0}{KI_{\mathrm{n}}}\\u_{\mathrm{p}}&=M_{\mathrm{p}}^0u+\frac{N_{\mathrm{p}}^0\cos\varphi_{\mathrm{n}}}{Kd_{\mathrm{n}}b}=\frac{N_{\mathrm{p}}^0\cos\varphi_{\mathrm{n}}}{Kd_{\mathrm{n}}b}\\v_{\mathrm{p}}&=M_{\mathrm{p}}^0v+\frac{N_{\mathrm{p}}^0\sin\varphi_{\mathrm{n}}}{Kd_{\mathrm{n}}b}=\frac{N_{\mathrm{p}}^0\sin\varphi_{\mathrm{n}}}{Kd_{\mathrm{n}}b}\end{aligned}\right\} \tag{15-14}$$

15.4.5 拱圈变位值的计算

二维码 15-10 拱圈变位值的计算

根据结构力学中的位移法，曲梁某一点在单位力作用下的变位计算基本公式为：

$$\delta_{ik}=\int\frac{M_iM_k}{EI}\mathrm{d}s+\int\frac{N_iN_k}{EA}\mathrm{d}s\ (f/l\leqslant 1/4) \tag{15-15}$$

$$\delta_{ik}=\int\frac{M_iM_k}{EI}\mathrm{d}s\ (f/l>1/4) \tag{15-16}$$

式中 f/l——拱的矢跨比；

EI、EA——拱圈的抗弯和抗压刚度；

E——拱圈材料的弹性模量；

I、A——拱圈截面的惯性矩和截面积；

其余符号含义同前。

图 15-14 为拱圈基本结构的单位变位计算图。

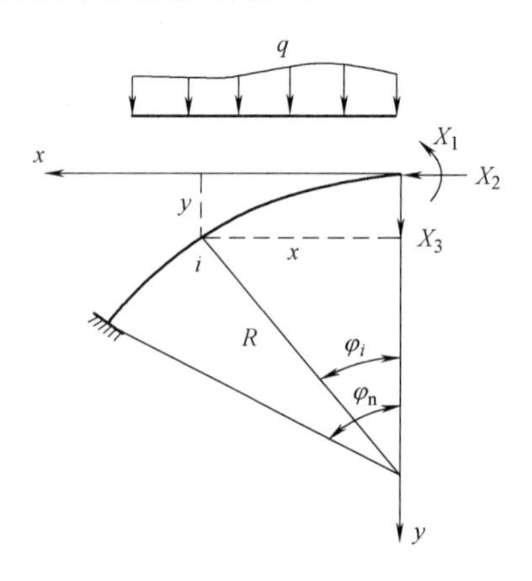

图 15-14 基本结构单位变位计算图

根据上述变位计算基本公式（15-15），在 X_1、X_2、X_3 的及荷载作用下，拱圈结构的单位变位及载变位的一般公式为：

$$\left.\begin{aligned}
\delta_{11}&=\int_0^{s/2}\frac{M_1^2}{EI}ds+\int_0^{s/2}\frac{N_1^2}{EA}ds=\int_0^{s/2}\frac{1}{EI}ds\\
\delta_{12}=\delta_{21}&=\int_0^{s/2}\frac{M_1M_2}{EI}ds+\int_0^{s/2}\frac{N_1N_2}{EA}ds=\int_0^{s/2}\frac{y}{EI}ds\\
\delta_{22}&=\int_0^{s/2}\frac{M_2^2}{EI}ds+\int_0^{s/2}\frac{N_2^2}{EA}ds=\int_0^{s/2}\frac{y^2}{EI}ds+\int_0^{s/2}\frac{\cos^2\varphi}{EA}ds\\
\delta_{33}&=\int_0^{s/2}\frac{M_3^2}{EI}ds+\int_0^{s/2}\frac{N_3^2}{EA}ds=\int_0^{s/2}\frac{x^2}{EI}ds+\int_0^{s/2}\frac{\sin^2\varphi}{EA}ds\\
\Delta_{1p}&=\int_0^{s/2}\frac{M_1M_p}{EI}ds+\int_0^{s/2}\frac{N_2N_p}{EA}ds=\int_0^{s/2}\frac{M_p}{EI}ds\\
\Delta_{2p}&=\int_0^{s/2}\frac{M_2M_p}{EI}ds+\int_0^{s/2}\frac{N_2N_p}{EA}ds=\int_0^{s/2}\frac{yM_p}{EI}ds+\int_0^{s/2}\frac{N_p\cos\varphi}{EA}ds\\
\Delta_{3p}&=\int_0^{s/2}\frac{M_3M_p}{EI}ds+\int_0^{s/2}\frac{N_3N_p}{EA}ds=-\int_0^{s/2}\frac{xM_p}{EI}ds+\int_0^{s/2}\frac{N_p\sin\varphi}{EA}ds
\end{aligned}\right\}\quad(15\text{-}17)$$

1）当 $X_1=1$ 作用时，$M_1=1$，$N_1=0$；当 $X_2=1$ 作用时，$M_2=y$，$N_2=\cos\varphi$；当 $X_3=1$ 作用时，$M_3=-x$，$N_3=-\sin\varphi$；当 q 作用时为 M_p 和 N_p。

2）当矢跨比 $f/l>1/4$ 时，可不考虑轴力的影响，故式（15-17）中的含 $1/EA$ 项应舍去。

3）根据式（15-17）计算基本结构的单位变位 δ_{ik} 及 Δ_{ip} 时，拱轴线、截面及荷载规律应能用数学形式表现。对于复杂情况，宜采用分段求和的近似积分方法。

4）其余符号含义同前。

值得指出的是，拱圈变位值的计算归根到底是求定积分，但当拱轴线、截面及荷载的变化规律所用的数学表达式非常复杂时，使积分存在困难。因此，实际工程中，此情况可采用数值积分法计算，拱的变位值通常采用辛普生公式近似计算，可参考有关文献。

15.5 直墙拱形衬砌结构

二维码 15-11 直墙拱形衬砌结构概述

15.5.1 概述

直墙拱结构一般由拱圈、竖直侧墙和底板组成，如图 15-15 所示，该结构与围岩的超挖部分应密实回填，回填方式一般根据工程要求、地质状况等确定。采用直墙拱结构形式具有整体性和受力性能好的优点，但也存在防水防潮较为困难、超挖大、不易检修等缺点。

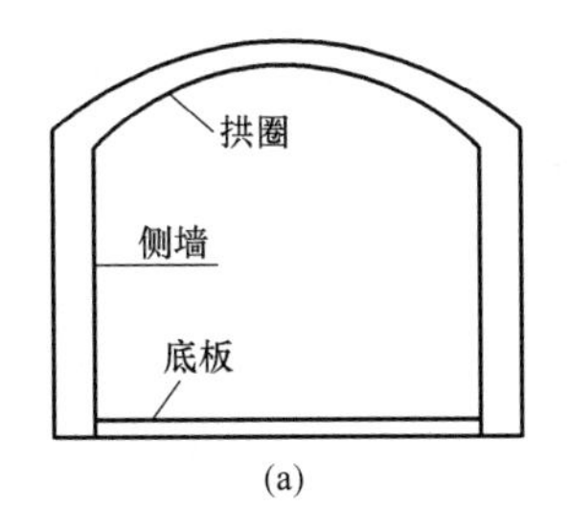

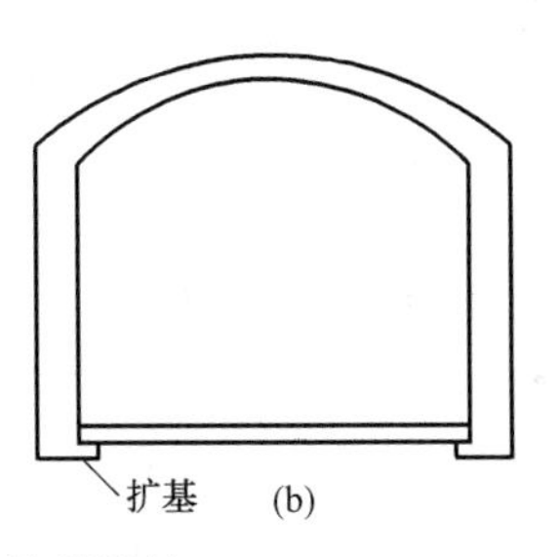

图 15-15 直墙拱结构

（a）基本组成；（b）扩基结构

15.5.2 直墙拱形衬砌结构的计算简图

二维码 15-12 直墙拱形衬砌结构的计算简图

直墙拱结构的主要受力构件是拱圈和侧墙，拱圈在外荷载作用下产生变形，如拱顶下凹，拱脚两侧外凸，计算内力和位移值的关键是如何考虑弹性抗力。直墙拱结构计算简图从如下四个方面考虑。

1. 结构简化

直墙拱结构为一个长廊形的空间结构，但是一般直墙拱结构的断面形状、荷载大小与分布及支承情况沿纵向不变，并且能满足纵向长度远大于跨度的要求，因此可看作平面应变问题，即沿纵长方向截取单位宽度拱带计算。

2. 结构形状简化

拱圈和侧墙均以轴线代替，但拱脚截面中心和墙顶截面中心不重合。实际施工中，拱脚与墙顶的连接处都要配置一定数量构造钢筋，截面尺寸也较大，故通常认为拱脚与墙顶的连接段的刚度无穷大。

3. 荷载简化

作用在拱圈结构上的荷载主要有：地层压力、结构自重和弹性抗力，前两者以梯形分布，后者以抛物线分布。侧墙视为弹性地基梁，弹性抗力按局部变形理论确定。

4. 支座简化

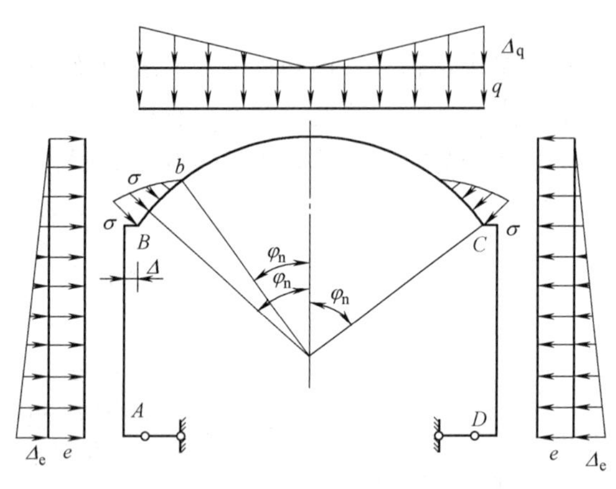

图 15-16 直墙拱结构的计算简图

支座简化主要指侧墙部分，侧墙外侧和底面支承在地层上，墙顶受拱脚传来的弯矩、水平力和垂直力作用，使侧墙向地层方向变形，地层给以侧墙水平和垂直的支承反力，这种受力状态与地基梁相同，所以侧墙按弹性地基梁进行计算。另外，墙底与地层间摩擦力很大，不可能发生水平位移，以一水平刚性链杆代替。侧墙在外荷载作用下产生竖向弹性变形，底板与侧墙分别浇筑不予考虑。计算简图如图 15-16 所示。

在进行直墙拱结构计算时，通常把拱圈和侧墙分开来计算，拱圈按弹性固定在墙顶上的无铰拱计算，侧墙按竖放的弹性地基梁计算，但须考虑拱圈和侧墙的相互制约。

15.5.3 直墙拱形衬砌结构的内力计算方法

二维码 15-13 直墙拱形衬砌结构的内力计算方法

1. 拱圈的基本方程

基于结构力学中的力法计算直墙拱结构，先从拱顶切开，去掉三个方向的多余联系，而以多余未知力 X_1（弯矩）、X_2（轴力）、X_3（剪力）来代替。对于结构和荷载对称时，反对称的剪力 $X_3=0$，这时，基本结构可简化为弹性固定墙（弹性地基梁）上的悬臂曲梁。

根据拱顶切口处相对转角和相对水平位移为零的条件，可列出对称条件下拱圈的力法方程为：

$$\left.\begin{aligned}X_1\delta_{11}+X_2\delta_{12}+\Delta_{1\mathrm{p}}+\Delta_{1\sigma}+2\beta_0=0\\X_1\delta_{21}+X_2\delta_{22}+\Delta_{2\mathrm{p}}+\Delta_{2\sigma}+2u_0+2\beta_0 f=0\end{aligned}\right\}\tag{15-18}$$

式中 β_0、u_0——拱脚转角和水平位移；

$\Delta_{1\sigma}$、$\Delta_{2\sigma}$——弹性抗力 σ 引起的拱顶切口处的相对角变与相对水平位移；

其余符号含义同前。

由于拱脚的角变及水平位移应等于墙顶的角变和水平位移。因此，拱脚转角 β_0 和水平位移 u_0 可用下式表达：

$$\left.\begin{aligned}\beta_0=&X_1\beta_1+X_2(\beta_2+f\beta_1)+(M^0_{\mathrm{np}}+M^0_{\mathrm{n}\sigma})\beta_1\\&+(Q^0_{\mathrm{np}}+Q^0_{\mathrm{n}\sigma})\beta_2+(V^0_{\mathrm{np}}+V^0_{\mathrm{n}\sigma}+V_{\mathrm{c}})\beta_3+\beta_{\mathrm{ne}}\\u_0=&X_1u_1+X_2(u_2+fu_1)+(M^0_{\mathrm{np}}+M^0_{\mathrm{n}\sigma})u_1\\&+(Q^0_{\mathrm{np}}+Q^0_{\mathrm{n}\sigma})u_2+(V^0_{\mathrm{np}}+V^0_{\mathrm{n}\sigma}+V_{\mathrm{c}})u_3+u_{\mathrm{ne}}\end{aligned}\right\}\tag{15-19}$$

式中 β_1、u_1——墙顶在单位力矩作用下发生的墙顶的角变和水平位移；

β_2、u_2——墙顶在单位水平力作用下发生的墙顶的角变和水平位移；

β_3、u_3——墙顶在单位竖向力作用下发生的墙顶的角变和水平位移；

β_{ne}、u_{ne}——梯形分布的水平力 e 引起的墙顶的角变和水平位移，即墙顶的载变位；

M_{np}^0、Q_{np}^0、V_{np}^0——基本结构中左半拱上的荷载引起的墙顶弯矩、水平力和竖向力；

$M_{n\sigma}^0$、$Q_{n\sigma}^0$、$V_{n\sigma}^0$——基本结构中左半拱上的弹性抗力引起的墙顶弯矩、水平力和竖向力；

V_c——边墙自重，但不包括下端加宽的一段。

将式（15-19）代入式（15-18），则有：

$$\left.\begin{aligned}a_{11}X_1+a_{12}X_2+a_{1p}=0\\a_{21}X_1+a_{22}X_2+a_{2p}=0\end{aligned}\right\}\tag{15-20}$$

解此方程，可得：

$$\left.\begin{aligned}X_1=\frac{a_{2p}a_{12}-a_{1p}a_{22}}{a_{11}a_{22}-a_{12}^2}\\X_2=\frac{a_{1p}a_{12}-a_{2p}a_{11}}{a_{11}a_{22}-a_{12}^2}\end{aligned}\right\}\tag{15-21}$$

式（15-21）即为计算顶拱的力法方程的最终形式，其中：

$$\left.\begin{aligned}&a_{11}=\delta_{11}+2\beta_1\\&a_{12}=a_{21}=\delta_{12}+2(\beta_2+f\beta_1)\\&a_{22}=\delta_{22}+2u_2+4f\beta_2+2f^2\beta_1\\&a_{1p}=\Delta_{1p}+\Delta_{1\sigma}+2(M_{np}^0+M_{n\sigma}^0)\beta_1+2(Q_{np}^0+Q_{n\sigma}^0)\beta_2\\&\qquad+2(V_{np}^0+V_{n\sigma}^0+V_c)\beta_3+2\beta_{ne}\\&a_{2p}=\Delta_{2p}+\Delta_{2\sigma}+2(M_{np}^0+M_{n\sigma}^0)u_1+2(Q_{np}^0+Q_{n\sigma}^0)u_2\\&\qquad+2(V_{np}^0+V_{n\sigma}^0+V_c)u_3+2u_{ne}+2f(M_{np}^0+M_{n\sigma}^0)\beta_1\\&\qquad+2f(Q_{np}^0+Q_{n\sigma}^0)\beta_2+2f(V_{np}^0+V_{n\sigma}^0+V_c)\beta_3+2f\beta_{ne}\end{aligned}\right\}\tag{15-22}$$

2. 拱圈基本方程中各参数的确定

这里仅讨论单心圆拱的情况。

1）单位变位 δ_{ik} 的计算

根据拱涵结构单位变位的计算公式可求得 δ_{ik} 的计算式，即：

$$\left.\begin{aligned}&\delta_{11}=\frac{2R}{EI_0}(\varphi_n-\xi K_0)\\&\delta_{12}=\delta_{21}=\frac{2R^2}{EI_0}(k_1-\xi K_1)\\&\delta_{22}=\frac{2R^3}{EI_0}(k_2-\xi K_2)+\frac{2R}{EA_0}(k_2'-\xi'K_2')\\&\delta_{33}=\frac{2R^3}{EI_0}(k_3-\xi K_3)\end{aligned}\right\}\tag{15-23}$$

其中：

$$K_0=\frac{1-\cos\varphi_n}{\sin\varphi_n};$$

$$k_1=\varphi_n-\sin\varphi_n;$$

$$K_1=\frac{1}{\sin\varphi_n}\left(1-\cos\varphi_n-\frac{1}{2}\sin^2\varphi_n\right);$$

$$k_2=\frac{3}{2}\varphi_n-2\sin\varphi_n+\frac{1}{2}\sin\varphi_n\cos\varphi_n;$$

$$K_2=\frac{1}{\sin\varphi_n}\left(\frac{1}{3}-\cos\varphi_n+\cos^2\varphi_n-\frac{1}{3}\cos^2\varphi_n\right);$$

$$k_2'=\frac{1}{2}(\varphi_n+\sin\varphi_n\cos\varphi_n);$$

$$K_2'=\frac{1}{8\sin^2\varphi_n}(\varphi_n-\sin\varphi_n\cos\varphi_n+2\cos\varphi_n\sin^3\varphi_n);$$

$$k_3=\frac{1}{2}(\varphi_n-\sin\varphi_n\cos\varphi_n);$$

$$K_3=\frac{1}{\sin\varphi_n}\left(\frac{1}{3}\cos^3\varphi_n-\cos\varphi_n+\frac{2}{3}\right)$$

式中 φ_n——拱脚截面与竖直面的夹角；

R——拱轴线半径；

E——材料的弹性模量。

在地下结构中，一般采用变截面割圆拱。拱的截面积和惯性矩的变化规律，可近似地按下式计算：

$$\left.\begin{aligned}\frac{1}{I}&=\frac{1}{I_0}\left(1-\xi\frac{\sin^2\varphi}{\sin^2\varphi_n}\right)\\\frac{1}{A}&=\frac{1}{A_0}\left(1-\xi'\frac{\sin\varphi}{\sin\varphi_n}\right)\end{aligned}\right\}\tag{15-24}$$

$$\xi=1-\frac{I_0}{I_n};\xi'=1-\frac{A_0}{A_n}$$

式中 I_0——拱顶截面惯性矩；

I_n——拱脚截面惯性矩；

A_0——拱顶截面积；

A_n——拱脚截面积。

注意到式（15-23）是根据变厚度单心圆拱导出的，当用于等厚度的单心圆拱时，$\xi=\xi'=0$。

2）载变位 Δ_{ip} 的计算

根据拱圈结构单位变位的计算式（15-17）同样可求得 Δ_{ip} 的计算式。

（1）竖向均布荷载 q 作用下的位移（图 15-16）

$$\left.\begin{aligned}\Delta_{1q}&=-\frac{2qR^3}{EI_0}(a_1-\xi A_1)\\\Delta_{2q}&=-\frac{2qR^4}{EI_0}(a_2-\xi A_2)\end{aligned}\right\}\tag{15-25}$$

其中：

$$a_1=\frac{1}{4}(\varphi_n-\sin\varphi_n\cos\varphi_n);$$

$$A_1=\frac{1}{6\sin\varphi_n}(2-3\cos\varphi_n+\cos^3\varphi_n);$$

$$a_2=\frac{1}{2}\left(\frac{1}{2}\varphi_n-\frac{1}{2}\sin\varphi_n\cos\varphi_n-\frac{1}{3}\sin^3\varphi_n\right);$$

$$A_2=\frac{1}{2\sin\varphi_n}\left(\frac{2}{3}-\cos\varphi_n+\frac{1}{3}\cos^3\varphi_n-\frac{1}{4}\sin^4\varphi_n\right)$$

（2）水平均布荷载 e 作用下的位移（图 15-16）

$$\left.\begin{aligned}\Delta_{1e}&=-\frac{2eR^3}{EI_0}(a_3-\xi A_3)\\\Delta_{2e}&=-\frac{2eR^4}{EI_0}(a_4-\xi A_4)\end{aligned}\right\}\quad(15\text{-}26)$$

其中：

$$a_3=\frac{1}{4}(3\varphi_n-4\sin\varphi_n+\sin\varphi_n\cos\varphi_n);$$

$$A_3=\frac{1}{2\sin\varphi_n}(\frac{1}{3}-\cos\varphi_n+\cos^2\varphi_n-\frac{1}{3}\cos^3\varphi_n);$$

$$a_4=\frac{1}{2}(\frac{5}{2}\varphi_n-4\sin\varphi_n+\frac{3}{2}\sin\varphi_n\cos\varphi_n+\frac{1}{3}\sin^3\varphi_n);$$

$$A_4=\frac{1}{8\sin\varphi_n}(7-4\cos\varphi_n-6\sin^2\varphi_n-4\cos^3\varphi_n+\cos^4\varphi_n)$$

（3）竖向三角形分布荷载 Δ_q 作用下的位移（图 15-16）

$$\left.\begin{aligned}\Delta_{1\Delta_q}&=-\frac{2\Delta_qR^3}{EI_0}(a_5-\xi A_5)\\\Delta_{2\Delta_q}&=-\frac{2\Delta_qR^4}{EI_0}(a_6-\xi A_6)\end{aligned}\right\}\quad(15\text{-}27)$$

其中：

$$a_5=\frac{1}{6\sin\varphi_n}\left(\frac{2}{3}-\cos\varphi_n+\frac{1}{3}\cos^3\varphi_n\right);$$

$$A_5=\frac{1}{6\sin^2\varphi_n}\left(\frac{3}{8}\varphi_n-\frac{3}{8}\sin\varphi_n\cos\varphi_n-\frac{1}{4}\cos\varphi_n\sin^3\varphi_n\right);$$

$$a_6=\frac{1}{6\sin\varphi_n}\left(\frac{2}{3}-\cos\varphi_n+\frac{1}{3}\cos^3\varphi_n-\frac{1}{4}\sin^4\varphi_n\right);$$

$$A_6=\frac{1}{6\sin^2\varphi_n}\left(\frac{3}{8}\varphi_n-\frac{3}{8}\sin\varphi_n\cos\varphi_n-\frac{1}{4}\cos\varphi_n\sin^3\varphi_n-\frac{1}{5}\sin^5\varphi_n\right)$$

（4）水平分布荷载 Δ_e 作用下的位移（图 15-16）

$$\left.\begin{aligned}\Delta_{1\Delta_e}&=-\frac{2\Delta_e R^3}{EI_0}(a_7-\xi A_7)\\\Delta_{2\Delta_e}&=-\frac{2\Delta_e R^4}{EI_0}(a_8-\xi A_8)\end{aligned}\right\}\tag{15-28}$$

其中：

$a_7=\frac{1}{6(1-\cos\varphi_n)}\left(\frac{5}{2}\varphi_n-4\sin\varphi_n+\frac{3}{2}\sin\varphi_n\cos\varphi_n+\frac{1}{3}\sin^3\varphi_n\right)$；

$A_7=\frac{1}{6\sin\varphi_n(1-\cos\varphi_n)}\left(\frac{7}{4}-\cos\varphi_n-\frac{3}{2}\sin^2\varphi_n-\cos^3\varphi_n+\frac{1}{4}\cos^4\varphi_n\right)$；

$a_8=\frac{1}{6(1-\cos\varphi_n)}\left(\frac{35}{8}\varphi_n-8\sin\varphi_n+\frac{27}{8}\sin\varphi_n\cos\varphi_n+\frac{4}{3}\sin^3\varphi_n+\frac{1}{4}\sin\varphi_n\cos^3\varphi_n\right)$；

$A_8=\frac{1}{6\sin\varphi_n(1-\cos\varphi_n)}\left(\frac{11}{5}-\cos\varphi_n-2\sin^2\varphi_n-2\cos^3\varphi_n+\cos^4\varphi_n-\frac{1}{5}\cos^5\varphi_n\right)$

3）弹性抗力引起的位移 $\Delta_{i\sigma}$ 的计算

顶拱的弹性抗力 σ 的分布规律可近似地用下式表示：

$$\sigma=\sigma_n\frac{\cos^2\varphi_b-\cos^2\varphi}{\cos^2\varphi_b-\cos^2\varphi_n}\tag{15-29}$$

式中　σ_n——拱脚处的弹性抗力；

σ——拱的 Bb 段上任意点的弹性抗力，σ_n 和 σ 的作用线与拱轴线上相应点的切线相垂直；

φ_b——通常定为 45°。

通过积分求解，弹性抗力引起的变位为：

$$\left.\begin{aligned}\Delta_{1\sigma}&=-\frac{2R^3}{EI_0}(a_9-\xi A_9)\sigma_n\\\Delta_{2\sigma}&=-\frac{2R^4}{EI_0}(a_{10}-\xi A_{10})\sigma_n\end{aligned}\right\}\tag{15-30}$$

其中：

$a_9=\frac{1}{3(1-2\cos^2\varphi_n)}\left(\frac{3}{2}-\sqrt{2}\sin\varphi_n-\sqrt{2}\cos\varphi_n+\sin\varphi_n\cos\varphi_n\right)$；

$$A_9=\frac{1}{3\sin\varphi_n(1-\cos^2\varphi_n)}\left(\begin{aligned}&\frac{\sqrt{2}}{6}-\frac{\sqrt{2}}{8}\pi+\frac{\sqrt{2}}{2}\varphi_n+\cos\varphi_n-\frac{\sqrt{2}}{2}\sin^2\varphi_n\\&-\frac{\sqrt{2}}{2}\sin\varphi_n\cos\varphi_n-\frac{2}{3}\cos^3\varphi_n\end{aligned}\right);$$

$$a_{10}=\frac{1}{3(1-2\cos^2\varphi_n)}\left[\begin{aligned}&\frac{3}{2}+\frac{\sqrt{2}}{3}-\frac{\sqrt{2}}{8}\pi+\frac{\sqrt{2}}{2}\varphi_n-(1+\sqrt{2})\sin\varphi_n-\sqrt{2}\cos\varphi_n\\&-\frac{\sqrt{2}}{2}\sin^2\varphi_n+\left(1+\frac{\sqrt{2}}{2}\right)\sin\varphi_n\cos\varphi_n+\frac{2}{3}\sin^3\varphi_n\end{aligned}\right];$$

$$A_{10}=\frac{1}{3\sin\varphi_n(1-2\cos^2\varphi_n)}\left[\begin{aligned}&\frac{11}{24}+\frac{\sqrt{2}}{6}-\frac{\sqrt{2}}{8}\pi+\frac{\sqrt{2}}{2}\varphi_n+\cos\varphi_n-\frac{1}{2}(1+\sqrt{2})\sin^2\varphi_n\\&-\frac{\sqrt{2}}{2}\sin\varphi_n\cos\varphi_n-\frac{\sqrt{2}}{3}\sin^3\varphi_n-\frac{1}{3}(2+\sqrt{2})\cos^3\varphi_n+\frac{1}{2}\sin^4\varphi_n\end{aligned}\right]$$

需要指出的是，式（15-30）仅适用于单心圆拱情形，若为三心圆拱，仍需基于数值积分求解。

4）墙顶单位变位和墙顶载变位的计算

根据弹性地基梁理论，边墙可分为短梁、长梁和刚性梁三种形式，因此墙顶单位变位和载变位可按不同梁形式的计算公式确定。

（1）当边墙属于短梁时（图 15-17）

令 $M_0=1$、$Q_0=1$、$V_0=1$ 和梯形分布荷载分别单独作用在边墙上，根据弹性地基梁短梁的计算公式可求出墙顶单位变位及墙顶载变位为：

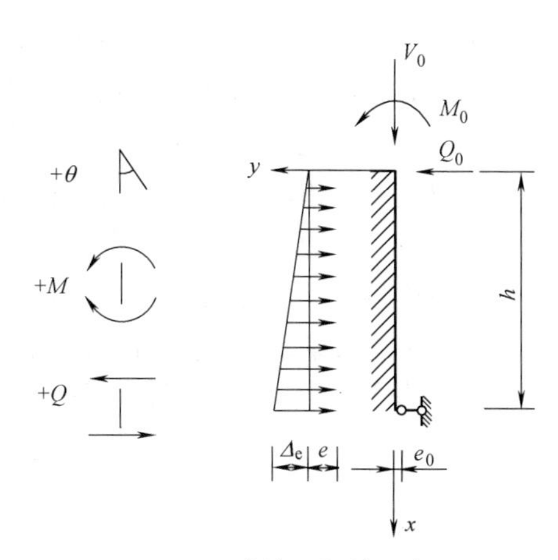

图 15-17 边墙为短墙示意图

$$\left.\begin{aligned}
\beta_1&=\frac{4\alpha^3}{K}\left[\frac{\varphi_{11}+\varphi_{12}A}{\varphi_9+\varphi_{10}A}\right]\\
u_1=\beta_2&=\frac{2\alpha^2}{K}\left[\frac{\varphi_{13}+\varphi_{11}A}{\varphi_9+\varphi_{10}A}\right]\\
u_2&=\frac{2\alpha}{K}\left[\frac{\varphi_{10}+\varphi_{13}A}{\varphi_9+\varphi_{10}A}\right]\\
\beta_3&=\frac{2\alpha^3e_0}{K}\left[\frac{\varphi_1A}{\varphi_9+\varphi_{10}A}\right]\\
u_3&=\frac{\alpha^2e_0}{K}\left[\frac{\varphi_2A}{\varphi_9+\varphi_{10}A}\right]
\end{aligned}\right\}\tag{15-31}$$

$$\left.\begin{aligned}
\beta_e&=-\frac{\alpha}{K}\left[\frac{\varphi_4+\varphi_3A}{\varphi_9+\varphi_{10}A}\right]e-\frac{\alpha}{K}\left[\frac{\left(\varphi_4-\frac{\varphi_{14}}{\alpha h}\right)+\left(\varphi_3-\frac{\varphi_{10}}{\alpha h}\right)A}{\varphi_9+\varphi_{10}A}\right]\Delta_e\\
u_e&=-\frac{1}{K}\left[\frac{\varphi_{14}+\varphi_{15}A}{\varphi_9+\varphi_{10}A}\right]e-\frac{1}{K}\left[\frac{\frac{\varphi_2}{2\alpha h}-\varphi_1+\frac{\varphi_4A}{2}}{\varphi_9+\varphi_{10}A}\right]\Delta_e
\end{aligned}\right\}\tag{15-32}$$

$$A=\frac{6K}{\alpha^3B^3K_b}\tag{15-33}$$

$\varphi_1=\mathrm{ch}\alpha x\cos\alpha x$； $\varphi_2=\mathrm{ch}\alpha x\sin\alpha x+\mathrm{sh}\alpha x\cos\alpha x$； $\varphi_3=\mathrm{sh}\alpha x\sin\alpha x$；

$\varphi_4=\mathrm{ch}\alpha x\sin\alpha x-\mathrm{sh}\alpha x\cos\alpha x$； $\varphi_9=\frac{1}{2}(\mathrm{ch}^2\alpha x+\cos^2\alpha x)$；

$\varphi_{10}=\frac{1}{2}(\mathrm{sh}\alpha x\,\mathrm{ch}\alpha x-\sin\alpha x\cos\alpha x)$； $\varphi_{11}=\frac{1}{2}(\mathrm{sh}\alpha x\,\mathrm{ch}\alpha x+\sin\alpha x\cos\alpha x)$；

$\varphi_{12}=\frac{1}{2}(\mathrm{ch}^2\alpha x-\sin^2\alpha x)$； $\varphi_{13}=\frac{1}{2}(\mathrm{sh}^2\alpha x+\sin^2\alpha x)$；

$\varphi_{14}=\frac{1}{2}(\mathrm{ch}\alpha x-\cos\alpha x)^2$； $\varphi_{15}=\frac{1}{2}(\mathrm{sh}\alpha x+\sin\alpha x)(\mathrm{ch}\alpha x-\cos\alpha x)$

式中　K——岩石的弹性压缩系数；

e、Δ_e——边墙的均布荷载与三角形荷载；

e_0——边墙中线对墙基底中线的偏心距；

K_b——边墙下端基岩处岩石的弹性压缩系数；

B——边墙下端基底宽度。

（2）当边墙属于长梁时（图 15-18）

图 15-18 的长梁仅墙顶作用有 M_0、Q_0、V_0，令 $V_0=0$，然后再令 $M_0=1$ 和 $Q_0=1$ 分别单独作用于墙顶，则可求得墙顶的单位变位为：

$$\left.\begin{aligned}\beta_1&=\frac{4\alpha^3}{K}\\u_1&=\beta_2=\frac{2\alpha^2}{K}\\u_2&=\frac{2\alpha}{K}\end{aligned}\right\}\tag{15-34}$$

需要说明的是，按长梁理论计算时，M_0 与 Q_0 不引起墙下端的位移与内力，但 V_0 与墙自重因有偏心距 e_0，会使墙下端产生弯矩和剪力，但对衬砌厚度影响较小，可以忽略不计。

（3）当边墙属于刚性梁时（图 15-19）

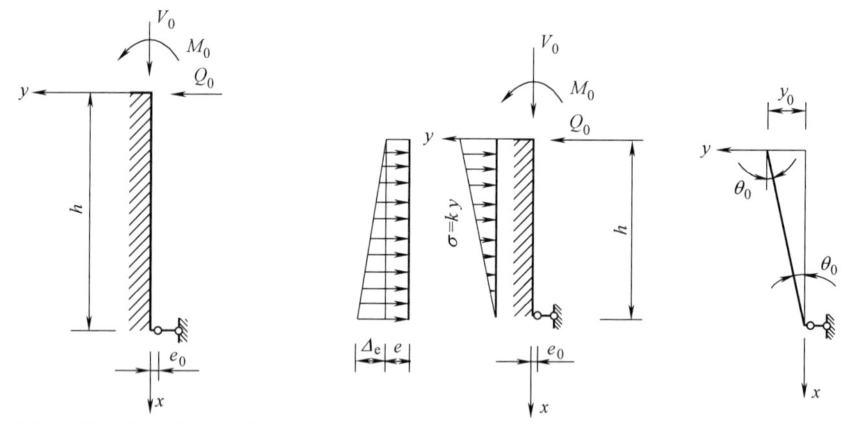

图 15-18　边墙为长梁示意图

图 15-19　边墙为刚性梁示意图

刚性墙受力后仅发生整体旋转，令 $M_0=1$、$Q_0=1$、$V_0=1$ 和梯形分布荷载分别单独作用在边墙上，根据弹性地基梁刚性梁的计算公式可求出墙顶单位变位及墙顶载变位为：

$$\left.\begin{aligned}\beta_1&=\frac{\beta_b}{G}\\u_1&=\beta_2=\frac{h\beta_b}{G}\\u_2&=\frac{h^2\beta_b}{G}\\\beta_3&=\frac{e_0\beta_b}{G}\\u_3&=\frac{he_0\beta_b}{G}\end{aligned}\right\}\tag{15-35}$$

$$\left.\begin{aligned}\beta_{ne}&=-\frac{h^2\beta_b}{G}\left(\frac{e}{2}+\frac{\Delta_e}{6}\right)\\u_{ne}&=-\frac{h^3\beta_b}{G}\left(\frac{e}{2}+\frac{\Delta_e}{6}\right)\end{aligned}\right\}\tag{15-36}$$

式中 $\beta_b=\frac{12}{K_bB^3}$；

$G=1+\frac{1}{3}\beta_bKh^3$；

h——边墙高度。

（4）弹性抗力 σ 引起的弯矩 $M_{n\sigma}^0$、水平力 $Q_{n\sigma}^0$、竖向力 $V_{n\sigma}^0$ 的计算

假定弹性抗力的分布规律为式（15-29），则通过计算 $M_{n\sigma}^0$、$Q_{n\sigma}^0$、$V_{n\sigma}^0$ 的表达式为：

$$\left.\begin{aligned}M_{n\sigma}^0&=-\frac{R^2\sigma_n}{3(1-2\cos^2\varphi_n)}(\cos^2\varphi_n-\sin^2\varphi_n+\sqrt{2}\sin\varphi_n-\sqrt{2}\cos\varphi_n)\\Q_{n\sigma}^0&=-\frac{R\sigma_n}{1-2\cos^2\varphi_n}\left(\frac{\sqrt{2}}{3}-\cos\varphi_n+\frac{2}{3}\cos^3\varphi_n\right)\\V_{n\sigma}^0&=\frac{R\sigma_n}{1-2\cos^2\varphi_n}\left(\frac{\sqrt{2}}{3}-\frac{1}{3}\sin\varphi_n-\frac{2}{3}\sin\varphi_n\cos^2\varphi_n\right)\end{aligned}\right\}\tag{15-37}$$

$$\left.\begin{aligned}M_{i\sigma}^0&=-\frac{R^2\sigma_n}{3(1-2\cos^2\varphi_n)}(\cos^2\varphi_i-\sin^2\varphi_i+\sqrt{2}\sin\varphi_i-\sqrt{2}\cos\varphi_i)\\Q_{i\sigma}^0&=-\frac{R\sigma_n}{1-2\cos^2\varphi_n}\left(\frac{\sqrt{2}}{3}-\cos\varphi_i+\frac{2}{3}\cos^3\varphi_i\right)\\V_{i\sigma}^0&=\frac{R\sigma_n}{1-2\cos^2\varphi_n}\left(\frac{\sqrt{2}}{3}-\frac{1}{3}\sin\varphi_i-\frac{2}{3}\sin\varphi_i\cos^2\varphi_i\right)\end{aligned}\right\}\tag{15-38}$$

式中符号含义同前。

15.5.4 直墙拱结构设计算例

设有某地下洞室工程所处地层的围岩类型介于Ⅱ级和Ⅲ级之间，时有地下水活动影响。地层重度 $\gamma_0=2.5\times10^4\text{N/m}^3$，抗力系数 $k=3\times10^8\text{N/m}^3$，$k_d=4\times10^8\text{N/m}^3$。衬砌材料：拱圈边墙均采用强度等级为 C15 的混凝土，$\gamma=2.4\times10^4\text{N/m}^3$，$E=2.6\times10^{10}\text{N/m}^2$。平均超挖每边 0.1m，衬砌断面及尺寸如图 15-20 所示。内净跨 $l_0/2=4.45\text{m}$，内净高 7.8m。根据净空高度及结构要求选定 $d_0=0.6\text{m}$、$d_c=1.0\text{m}$、$d_n=0.9\text{m}$、$R_0=4.68\text{m}$、$h_0=7.8\text{m}$、$f_0=R_0-\sqrt{R_0^2-(l_0/2)^2}$，边墙底部展宽 0.2m、厚 0.6m。完成直墙拱形结构的设计计算。

【解】

1. 顶拱的计算

1）几何尺寸

已知：$d_0=0.6\text{m}$，$d_c=1.0\text{m}$，$d_n=0.9\text{m}$，$R_0=4.68\text{m}$，$h_0=7.8\text{m}$，$l_0/2=$

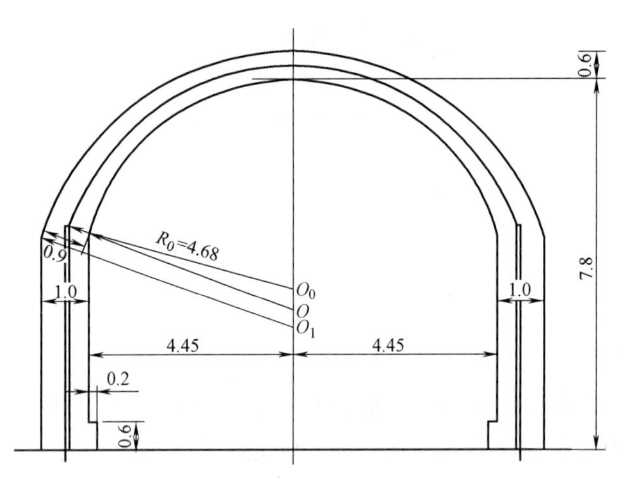

图 15-20 直墙拱结构断面尺寸（m）

4.45m。根据表 15-2，按照割圆拱衬砌结构计算衬砌断面尺寸。

$$f_0=R_0-\sqrt{R_0^2-(l_0/2)^2}=4.68-\sqrt{4.68^2-4.45^2}=3.230897\text{m}$$

$$m_1=\frac{(d_n-d_0)[R_0-0.25(d_n-d_0)]}{2[f_0-0.5(d_n-d_0)]}=\frac{(0.9-0.6)\times[4.68-0.25\times(0.9-0.6)]}{2\times[3.230897-0.5\times(0.9-0.6)]}=0.224204\text{m}$$

$$m_2=\frac{(d_n-d_0)[R_0-0.5(d_n-d_0)]}{f_0-(d_n-d_0)}=\frac{(0.9-0.6)\times[4.68-0.5\times(0.9-0.6)]}{3.230897-(0.9-0.6)}=0.463681\text{m}$$

$$R=R_0+0.5d_0+m_1=4.68+0.5\times0.6+0.224204=5.204204\text{m}$$

$$R_1=R_0+d_0+m_2=4.68+0.6+0.463681=5.743681\text{m}$$

$$\sin\varphi_{n0}=\frac{l_0}{2R_0}=\frac{4.45}{4.68}=0.950855$$

$$\cos\varphi_{n0}=\frac{R_0-f_0}{R_0}=\frac{4.68-3.230897}{4.68}=0.309637$$

$$\sin\varphi_n=\frac{0.5l_0}{R-0.5d_n}=\frac{0.5\times8.9}{5.204204-0.5\times0.9}=0.936014$$

$$\cos\varphi_n=\frac{R_0-f_0+m_1}{R-0.5d_n}=\frac{4.68-3.230897+0.224204}{5.204204-0.5\times0.9}=0.351964$$

$$\varphi_n=1.211128$$

$$\sin\varphi_{n1}=\frac{(R+0.5d_n)\sin\varphi_n}{R_1}=\frac{(5.204204+0.5\times0.9)\times0.936014}{5.743681}=0.921432$$

$$\cos\varphi_{n1}=\frac{(R+0.5d_n)\cos\varphi_n+m_2-m_1}{R_1}$$

$$=\frac{(5.204204+0.5\times0.9)\times0.351964+0.463681-0.224204}{5.743681}=0.388175$$

$$f=f_0+0.5d_0-0.5d_n\cos\varphi_n=3.230897+0.5\times0.6-0.5\times0.9\times0.351964=3.372513\text{m}$$

$$l=l_0+d_n\sin\varphi_n=8.9+0.9\times0.936014=9.742412\text{m}$$

$$\Delta h=f_0+\frac{d_0}{2}-f=3.230897+\frac{0.6}{2}-3.372513=0.158384\text{m}$$

$\Delta=\frac{1}{2}(l_0+d_c-l)=\frac{1}{2}\times(8.9+1.0-9.742412)=0.078794\text{m}$

$h_c=h_0+\frac{d_0}{2}-f=7.8+\frac{0.6}{2}-3.372513=4.727487\text{m}$

$I_0=\frac{bd_0^3}{12}=\frac{1\times0.6^3}{12}=0.018\text{m}^4$

$I_n=\frac{bd_n^3}{12}=\frac{1\times0.9^3}{12}=0.06075\text{m}^4$

$EI_0=2.6\times10^{10}\times0.018=4.68\times10^8\text{N}\cdot\text{m}^2$

$\xi=1-\frac{I_0}{I_n}=1-\frac{0.018}{0.06075}=0.703704$

边墙的弹性标准值：$\alpha=\sqrt[4]{\frac{K}{4EI}}=\sqrt[4]{\frac{3\times10^8}{4\times2.6\times10^{10}\times(1\times1^3/12)}}=0.431338\text{m}^{-1}$

$\lambda=\alpha h_c=0.431338\times4.727487=2.039143<2.75$，边墙属于短梁。

$f/l=3.372513/9.742412=0.346168>\frac{1}{4}$，故可忽略轴力的影响。

2）主动荷载

（1）围岩压力

洞室平均每边超挖0.1m，边墙为1m厚，毛洞跨度和高度分别为：

$$L=l_0+2d_c+2\times0.1=8.9+2\times1+2\times0.1=11.1\text{m}$$

$$H=h_0+d_0+0.1=7.8+0.6+0.1=8.5\text{m}$$

围岩垂直均布压力为：

$$q_1=K\left(L+\frac{H}{2}\right)\gamma_0=0.1325\times\left(11.1+\frac{8.5}{2}\right)\times2.5\times10^4=50875\text{N/m}^2$$

围岩水平均布压力为：

$$e=0.1q_1=0.1\times50875=5087.5\text{N/m}^2$$

（2）超挖回填层重

平均超挖0.1m考虑，有：

$$q_2=0.1\gamma_0=0.1\times2.5\times10^4=2500\text{N/m}^2$$

（3）衬砌拱圈自重

近似取平均厚度时的自重，有：

$$q_3=\gamma\frac{d_0+d_n}{2}=2.4\times10^4\times\frac{0.6+0.9}{2}=18000\text{N/m}^2$$

综合以上各项，作用在衬砌上的主动荷载，有垂直均布荷载和水平均布荷载分布为：

$$q=q_1+q_2+q_3=50875+2500+18000=71375\text{N/m}^2$$

$$e=5087.5\text{N/m}^2$$

直墙拱的荷载结构示意图如图15-21所示。

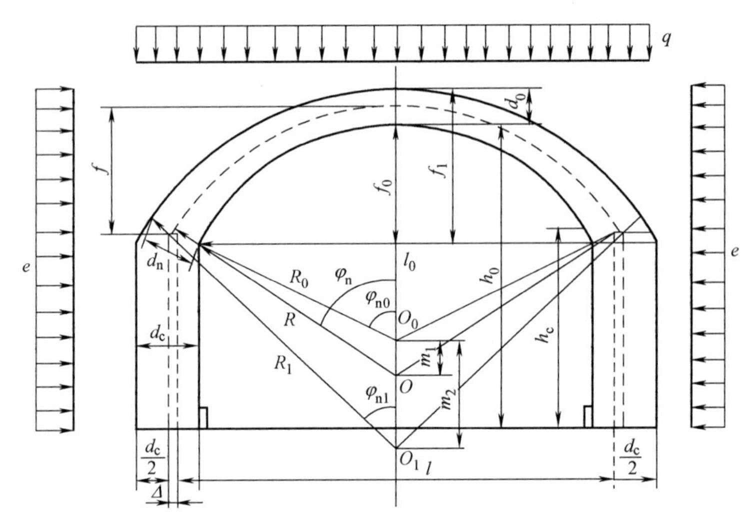

图 15-21 直墙拱的荷载结构示意图

3）拱圈基本方程式（15-18）～式（15-22）中参数的计算

（1）拱圈单位变位 δ_{ik} 的计算

由式（15-23）得：

$$K_0=\frac{1-\cos\varphi_n}{\sin\varphi_n}=\frac{1-0.351964}{0.936014}=0.692336$$

$$k_1=\varphi_n-\sin\varphi_n=1.211128-0.936014=0.275114$$

$$K_1=\frac{1}{\sin\varphi_n}\left(1-\cos\varphi_n-\frac{1}{2}\sin^2\varphi_n\right)=\frac{(1-\cos\varphi_n)^2}{2\sin\varphi_n}=\frac{(1-0.351964)^2}{2\times0.936014}=0.22433$$

$$k_2=\frac{3}{2}\varphi_n-2\sin\varphi_n+\frac{1}{2}\sin\varphi_n\cos\varphi_n$$

$$=\frac{3}{2}\times1.211128-2\times0.936014+\frac{0.936014\times0.351964}{2}=0.109386$$

$$K_2=\frac{1}{\sin\varphi_n}\left(\frac{1}{3}-\cos\varphi_n+\cos^2\varphi_n-\frac{1}{3}\cos^3\varphi_n\right)=\frac{(1-\cos\varphi_n)^3}{3\sin\varphi_n}=\frac{(1-0.351964)^3}{3\times0.936014}=0.096916$$

$$\delta_{11}=\frac{2R}{EI_0}(\varphi_n-\xi K_0)=\frac{2\times5.204204}{4.68\times10^8}\times(1.211128-0.703704\times0.692336)=1.61003\times10^{-8}$$

$$\delta_{12}=\delta_{21}=\frac{2R^2}{EI_0}(k_1-\xi K_1)$$

$$=\frac{2\times5.204204^2}{4.68\times10^8}\times(0.275114-0.703704\times0.22433)=1.357114\times10^{-8}$$

$$\delta_{22}=\frac{2R^3}{EI_0}(k_2-\xi K_2)$$

$$=\frac{2\times5.204204^3}{4.68\times10^8}\times(0.109386-0.703704\times0.096916)=2.480845\times10^{-8}$$

（2）拱圈载变位 Δ_{ip} 的计算

由式（15-25）、式（15-26）得：

竖向均布荷载 q 作用下的位移：

$$a_1=\frac{1}{4}(\varphi_n-\sin\varphi_n\cos\varphi_n)=\frac{1}{4}\times(1.211128-0.936014\times0.351964)=0.220421$$

$$A_1=\frac{1}{6\sin\varphi_n}(2-3\cos\varphi_n+\cos^3\varphi_n)$$

$$=\frac{1}{6\times0.936014}\times(2-3\times0.351964+0.351964^3)=0.175872$$

$$a_2=\frac{1}{2}\left(\frac{1}{2}\varphi_n-\frac{1}{2}\sin\varphi_n\cos\varphi_n-\frac{1}{3}\sin^3\varphi_n\right)=a_1-\frac{1}{6}\sin^3\varphi_n$$

$$=0.220421-\frac{1}{6}\times0.936014^3=8.374436\times10^{-2}$$

$$A_2=\frac{1}{2\sin\varphi_n}\left(\frac{2}{3}-\cos\varphi_n+\frac{1}{3}\cos^3\varphi_n-\frac{1}{4}\sin^4\varphi_n\right)=A_1-\frac{1}{8}\sin^3\varphi_n$$

$$=0.175872-\frac{1}{8}\times0.936014^3=7.336393\times10^{-2}$$

$$\Delta_{1q}=-\frac{2qR^3}{EI_0}(a_1-\xi A_1)$$

$$=\frac{-2\times71375\times5.204204^3}{4.68\times10^8}\times(0.220421-0.703704\times0.175872)=-4.155651\times10^{-3}$$

$$\Delta_{2q}=-\frac{2qR^4}{EI_0}(a_2-\xi A_2)$$

$$=\frac{-2\times71375\times5.204204^4}{4.68\times10^8}\times(8.374436\times10^{-2}-0.703704\times7.336393\times10^{-2})$$

$$=-7.186122\times10^{-3}$$

水平均布荷载 e 作用下的位移：

$$a_3=\frac{1}{4}(3\varphi_n-4\sin\varphi_n+\sin\varphi_n\cos\varphi_n)$$

$$=\frac{1}{4}\times(3\times1.211128-4\times0.936014+0.936014\times0.351964)$$

$$=5.469313\times10^{-2}$$

$$A_3=\frac{1}{2\sin\varphi_n}\left(\frac{1}{3}-\cos\varphi_n+\cos^2\varphi_n-\frac{1}{3}\cos^3\varphi_n\right)=\frac{1}{6\sin\varphi_n}(1-\cos\varphi_n)^3$$

$$=\frac{1}{6\times0.936014}\times(1-0.351964)^3=4.845789\times10^{-2}$$

$$a_4=\frac{1}{2}\left(\frac{5}{2}\varphi_n-4\sin\varphi_n+\frac{3}{2}\sin\varphi_n\cos\varphi_n+\frac{1}{3}\sin^3\varphi_n\right)$$

$$=\frac{1}{2}\times\left(\frac{5}{2}\times1.211128-4\times0.936014+\frac{3}{2}\times0.936014\times0.351964+\frac{1}{3}\times0.936014^3\right)$$

$$=2.564191\times10^{-2}$$

$$A_4=\frac{1}{8\sin\varphi_n}(7-4\cos\varphi_n-6\sin^2\varphi_n-4\cos^3\varphi_n+\cos^4\varphi_n)=\frac{1}{8\sin\varphi_n}(1-\cos\varphi_n)^4$$

$$=\frac{1}{8\times0.936014}\times(1-0.351964)^4=2.355186\times10^{-2}$$

$$\Delta_{1e}=-\frac{2eR^3}{EI_0}(a_3-\xi A_3)$$

$$=-\frac{2\times5087.5\times5.204204^3}{4.68\times10^8}\times(5.469313\times10^{-2}-0.703704\times4.845789\times10^{-2})$$

$$=-6.310649\times10^{-5}$$

$$\Delta_{2e}=-\frac{2eR^4}{EI_0}(a_4-\xi A_4)$$

$$=-\frac{2\times5087.5\times5.204204^4}{4.68\times10^8}\times(2.564191\times10^{-2}-0.703704\times2.355186\times10^{-2})$$

$$=-1.446224\times10^{-4}$$

将以上荷载引起的位移相叠加，则得：

$$\Delta_{1p}=\Delta_{1q}+\Delta_{1e}=-4.155651\times10^{-3}-6.310649\times10^{-5}=-421.875749\times10^{-5}$$

$$\Delta_{2p}=\Delta_{2q}+\Delta_{2e}=-7.186122\times10^{-3}-1.446224\times10^{-4}=-7.330744\times10^{-3}$$

(3) 顶拱的弹性抗力引起的位移 $\Delta_{i\sigma}$ 的计算

由式（15-30）得：

$$a_9=\frac{1}{3(1-2\cos^2\varphi_n)}\left(\frac{3}{2}-\sqrt{2}\sin\varphi_n-\sqrt{2}\cos\varphi_n+\sin\varphi_n\cos\varphi_n\right)$$

$$=\frac{1}{3\times(1-2\times0.351964^2)}\left(\frac{3}{2}-\sqrt{2}\times0.936014-\sqrt{2}\times0.351964+0.936014\times0.351964\right)$$

$$=3.53068\times10^{-3}$$

$$A_9=\frac{1}{3\sin\varphi_n(1-2\cos^2\varphi_n)}\left(\begin{array}{l}\frac{\sqrt{2}}{6}-\frac{\sqrt{2}}{8}\pi+\frac{\sqrt{2}}{2}\varphi_n+\cos\varphi_n-\frac{\sqrt{2}}{2}\sin^2\varphi_n\\-\frac{\sqrt{2}}{2}\sin\varphi_n\cos\varphi_n-\frac{2}{3}\cos^3\varphi_n\end{array}\right)$$

$$=\frac{\left(\begin{array}{l}\frac{\sqrt{2}}{6}-\frac{\sqrt{2}}{8}\pi+\frac{\sqrt{2}}{2}\times1.211128+0.351964-\frac{\sqrt{2}}{2}\times0.936014^2\\-\frac{\sqrt{2}}{2}\times0.936014\times0.351964-\frac{2}{3}\times0.351964^3\end{array}\right)}{3\times0.936014\times(1-0.351964^2)}$$

$$=3.395587\times10^{-3}$$

$$a_{10}=\frac{1}{3(1-2\cos^2\varphi_n)}\left[\begin{array}{l}\frac{3}{2}+\frac{\sqrt{2}}{3}-\frac{\sqrt{2}}{8}\pi+\frac{\sqrt{2}}{2}\varphi_n-(1+\sqrt{2})\sin\varphi_n-\sqrt{2}\cos\varphi_n\\-\frac{\sqrt{2}}{2}\sin^2\varphi_n+\left(1+\frac{\sqrt{2}}{2}\right)\sin\varphi_n\cos\varphi_n+\frac{2}{3}\sin^3\varphi_n\end{array}\right]$$

$$=\frac{\left[\begin{array}{l}\frac{3}{2}+\frac{\sqrt{2}}{3}-\frac{\sqrt{2}}{8}\pi+\frac{\sqrt{2}}{2}\times1.211128-(1+\sqrt{2})\times0.936014-\sqrt{2}\times0.351964\\-\frac{\sqrt{2}}{2}\times0.936014^2+\left(1+\frac{\sqrt{2}}{2}\right)\times0.936014\times0.351964+\frac{2}{3}\times0.936014^3\end{array}\right]}{3(1-2\times0.351964^2)}$$

$$=2.012993\times10^{-3}$$

$$A_{10}=\frac{\begin{bmatrix}\frac{11}{24}+\frac{\sqrt{2}}{6}-\frac{\sqrt{2}}{8}\pi+\frac{\sqrt{2}}{2}\varphi_n+\cos\varphi_n-\frac{1}{2}(1+\sqrt{2})\sin^2\varphi_n\\-\frac{\sqrt{2}}{2}\sin\varphi_n\cos\varphi_n-\frac{\sqrt{2}}{3}\sin^3\varphi_n-\frac{1}{3}(2+\sqrt{2})\cos^3\varphi_n+\frac{1}{2}\sin^4\varphi_n\end{bmatrix}}{3\sin\varphi_n(1-2\cos^2\varphi_n)}$$

$$=\frac{\begin{bmatrix}\frac{11}{24}+\frac{\sqrt{2}}{6}-\frac{\sqrt{2}}{8}\pi+\frac{\sqrt{2}}{2}\times1.211128+0.351964\\-\frac{1}{2}\times(1+\sqrt{2})\times0.936014^2-\frac{\sqrt{2}}{2}\times0.936014\times0.351964\\-\frac{\sqrt{2}}{3}\times0.936014^3-\frac{1}{3}\times(2+\sqrt{2})\times0.351964^3+\frac{1}{2}\times0.936014^4\end{bmatrix}}{3\times0.936014\times(1-2\times0.351964^2)}$$

$$=1.943475\times10^{-3}$$

$$\Delta_{1\sigma}=-\frac{2R^3}{EI_0}(a_9-\xi A_9)\sigma_n$$

$$=-\frac{2\times5.204204^3}{4.68\times10^8}\times(3.53068\times10^{-3}-0.703704\times3.395587\times10^{-3})\times\sigma_n$$

$$=-6.87395\times10^{-10}\sigma_n$$

$$\Delta_{2\sigma}=-\frac{2R^4}{EI_0}(a_{10}-\xi A_{10})\sigma_n$$

$$=-\frac{2\times5.204204^4}{4.68\times10^8}(2.012993\times10^{-3}-0.703704\times1.943475\times10^{-3})\times\sigma_n$$

$$=-2.023043\times10^{-9}\sigma_n$$

（4）墙顶单位变位和载变位的计算（边墙属于短梁）

由式（15-31）、式（15-32）得：

$$A=\frac{6K}{\alpha^3B^3K_b}=\frac{6\times3\times10^8}{0.431338^3\times1.2^3\times4\times10^8}=32.450165$$

$$\alpha x=0.431338\times4.727487=2.039143$$

查表或按下式计算双曲线三角函数值：

$\varphi_1=\text{ch}\alpha x\cos\alpha x$，$\varphi_2=\text{ch}\alpha x\sin\alpha x+\text{sh}\alpha x\cos\alpha x$，$\varphi_3=\text{sh}\alpha x\sin\alpha x$，

$\varphi_4=\text{ch}\alpha x\sin\alpha x-\text{sh}\alpha x\cos\alpha x$，$\varphi_9=\varphi_1^2+\frac{1}{2}\varphi_2\varphi_4=\frac{1}{2}(\text{ch}^2\alpha x+\cos^2\alpha x)$，

$\varphi_{10}=\frac{1}{2}(\varphi_2\varphi_3-\varphi_1\varphi_4)=\frac{1}{2}(\text{sh}\alpha x\,\text{ch}\alpha x-\sin\alpha x\cos\alpha x)$，

$\varphi_{11}=\frac{1}{2}(\varphi_1\varphi_2+\varphi_3\varphi_4)=\frac{1}{2}(\text{sh}\alpha x\,\text{ch}\alpha x+\sin\alpha x\cos\alpha x)$，

$\varphi_{13}=\frac{1}{4}(\varphi_2^2+\varphi_4^2)=\frac{1}{2}(\text{sh}^2\alpha x+\sin^2\alpha x)$，

$\varphi_{14}=\varphi_1^2-\varphi_1+\frac{1}{2}\varphi_2\varphi_4=\frac{1}{2}(\mathrm{ch}\alpha x-\cos\alpha x)^2$,

$\varphi_{15}=\frac{1}{2}(\varphi_2\varphi_3-\varphi_1\varphi_4)+\frac{1}{2}\varphi_4=\frac{1}{2}(\mathrm{sh}\alpha x+\sin\alpha x)(\mathrm{ch}\alpha x-\cos\alpha x)$。

$\varphi_1=-1.7637$,$\varphi_2=1.781396$,$\varphi_3=3.370223$,$\varphi_4=5.191303$,$\varphi_9=7.734521$,$\varphi_{10}=7.579802$,$\varphi_{11}=7.177$,$\varphi_{12}=7.234521$,$\varphi_{13}=7.530749$,$\varphi_{14}=9.498221$,$\varphi_{15}=10.175453$。

$$\beta_1=\frac{4\alpha^3}{K}\left[\frac{\varphi_{11}+\varphi_{12}A}{\varphi_9+\varphi_{10}A}\right]$$

$$=\frac{4\times0.431338^3}{3\times10^8}\times\left[\frac{7.177+7.234521\times32.450165}{7.734521+7.579802\times32.450165}\right]=1.020409\times10^{-9}$$

$$u_1=\beta_2=\frac{2\alpha^2}{K}\left[\frac{\varphi_{13}+\varphi_{11}A}{\varphi_9+\varphi_{10}A}\right]$$

$$=\frac{2\times0.431338^2}{3\times10^8}\times\left[\frac{7.530749+7.177\times32.450165}{7.734521+7.579802\times32.450165}\right]=1.175447\times10^{-9}$$

$$u_2=\frac{2\alpha}{K}\left[\frac{\varphi_{10}+\varphi_{13}A}{\varphi_9+\varphi_{10}A}\right]$$

$$=\frac{2\times0.431338}{3\times10^8}\times\left[\frac{7.579802+7.530749\times32.450165}{7.734521+7.579802\times32.450165}\right]=2.855788\times10^{-9}$$

$$\beta_3=\frac{2\alpha^3e_0}{K}\left[\frac{\varphi_1A}{\varphi_9+\varphi_{10}A}\right]$$

$$=\frac{2\times0.431338^3\times0.1}{3\times10^8}\times\left[\frac{-1.7637\times32.450165}{7.734521+7.579802\times32.450165}\right]=-1.206928\times10^{-11}$$

$$u_3=\frac{\alpha^2e_0}{K}\left[\frac{\varphi_2A}{\varphi_9+\varphi_{10}A}\right]$$

$$=\frac{0.431338^2\times0.1}{3\times10^8}\times\left[\frac{1.781396\times32.450165}{7.734521+7.579802\times32.450165}\right]=1.41209\times10^{-11}$$

$$\beta_{\mathrm{ne}}=-\frac{\alpha}{K}\left[\frac{\varphi_4+\varphi_3A}{\varphi_9+\varphi_{10}A}\right]e$$

$$=-\frac{0.431338}{3\times10^8}\times\left[\frac{5.191303+3.370223\times32.450165}{7.734521+7.579802\times32.450165}\right]\times5087.5=-3.302902\times10^{-6}$$

$$u_{\mathrm{ne}}=-\frac{1}{K}\left[\frac{\varphi_{14}+\varphi_{15}A}{\varphi_9+\varphi_{10}A}\right]e$$

$$=-\frac{1}{3\times10^8}\times\left[\frac{9.498221+10.175453\times32.450165}{7.734521+7.579802\times32.450165}\right]\times5087.5=-2.270645\times10^{-5}$$

(5)拱上的荷载引起墙顶处的竖向力、水平力和力矩

$$V_{\mathrm{np}}^0=\frac{l}{2}q=\frac{9.742412}{2}\times71375=347682.338263\mathrm{N}$$

$$Q_{\mathrm{np}}^0=-ef=-5087.5\times3.372513=-17157.660689\mathrm{N}$$

$$M_{\mathrm{np}}^0=-\left(\frac{1}{8}ql^2+\frac{1}{2}ef^2\right)-V_{\mathrm{np}}^0\times\Delta$$

$$=-\left(\frac{1}{8}\times71375\times9.742412^2+\frac{1}{2}\times5087.5\times3.372513^2\right)-347682.338263\times0.078794$$

$$=-903143.622108\text{N}\cdot\text{m}$$

(6) 拱上的弹性抗力 σ 引起的墙顶处的竖向力、水平力和力矩

由式（15-37）得：

$$V_{\text{n}\sigma}^0=\frac{R\sigma_\text{n}}{1-2\cos^2\varphi_\text{n}}\left(\frac{\sqrt{2}}{3}-\frac{1}{3}\sin\varphi_\text{n}-\frac{2}{3}\sin\varphi_\text{n}\cos^2\varphi_\text{n}\right)$$

$$=\frac{5.204204\times\sigma_\text{n}}{1-2\times0.351964^2}\times\left(\frac{\sqrt{2}}{3}-\frac{1}{3}\times0.936014-\frac{2}{3}\times0.936014\times0.351964^2\right)$$

$$=0.567979\sigma_\text{n}$$

$$Q_{\text{n}\sigma}^0=-\frac{R\sigma_\text{n}}{1-2\cos^2\varphi_\text{n}}\left(\frac{\sqrt{2}}{3}-\cos\varphi_\text{n}+\frac{2}{3}\cos^3\varphi_\text{n}\right)$$

$$=-\frac{5.204204\times\sigma_\text{n}}{1-2\times0.351964^2}\times\left(\frac{\sqrt{2}}{3}-0.351964+\frac{2}{3}\times0.351964^3\right)$$

$$=-1.02715\sigma_\text{n}$$

$$M_{\text{n}\sigma}^0=-\frac{R^2\sigma_\text{n}}{3(1-2\cos^2\varphi_\text{n})}(\cos^2\varphi_\text{n}-\sin^2\varphi_\text{n}+\sqrt{2}\sin\varphi_\text{n}-\sqrt{2}\cos\varphi_\text{n})-V_{\text{no}}^0\Delta$$

$$=-\frac{5.204204^2\times\sigma_\text{n}}{3(1-2\times0.351964^2)}\times(0.351964^2-0.936014^2+\sqrt{2}\times0.936014-\sqrt{2}\times0.351964)$$

$$-0.567979\sigma_\text{n}=-0.92959\sigma_\text{n}$$

(7) 边墙自重为：

$$V_\text{c}=h_\text{c}\times d_\text{c}\times b\times\gamma=4.727487\times1\times1\times2.4\times10^4=113459.684217\text{N}$$

4）求解多余未知力

求解式（15-18）～式（15-20）中参数的计算：

$$a_{11}=\delta_{11}+2\beta_1=1.61003\times10^{-8}+2\times1.020409\times10^{-9}=1.814112\times10^{-8}$$

$$a_{12}=a_{21}=\delta_{12}+2(\beta_2+f\beta_1)$$

$$=1.357114\times10^{-8}+2\times(1.175447\times10^{-9}+3.372513\times1.020409\times10^{-9})$$

$$=2.280472\times10^{-8}$$

$$a_{22}=\delta_{22}+2u_2+4f\beta_2+2f^2\beta_1$$

$$=2.480845\times10^{-8}+2\times2.855788\times10^{-9}+4\times3.372513\times1.175447\times10^{-9}$$

$$+2\times3.372513^2\times1.020409\times10^{-9}$$

$$=6.958882\times10^{-8}$$

$$a_{1\text{p}}=\Delta_{1\text{p}}+\Delta_{1\sigma}+2(M_{\text{np}}^0+M_{\text{n}\sigma}^0)\beta_1+2(Q_{\text{np}}^0+Q_{\text{n}\sigma}^0)\beta_2+2(V_{\text{np}}^0+V_{\text{n}\sigma}^0+V_\text{c})\beta_3+2\beta_{\text{ne}}$$

$$=-421.875749\times10^{-5}-6.87395\times10^{-10}\sigma_\text{n}$$

$$+2\times(-903143.622108-0.92959\sigma_\text{n})\times1.020409\times10^{-9}$$

$$+2\times(-17157.660689-1.02715\sigma_\text{n})\times1.175447\times10^{-9}$$

$$+2\times(347682.338263+0.567979\sigma_\text{n}+113459.684217)\times(-1.206928\times10^{-11})$$

$$+2\times(-3.302902\times10^{-6})$$

$=-6.119983\times10^{-3}-5.013572\times10^{-9}\sigma_n$

$a_{2p}=\Delta_{2p}+\Delta_{2\sigma}+2(M_{np}^0+M_{n\sigma}^0)u_1+2(Q_{np}^0+Q_{n\sigma}^0)u_2+2(V_{np}^0+V_{n\sigma}^0+V_c)u_3+2u_{ne}$
$+2f(M_{np}^0+M_{n\sigma}^0)\beta_1+2f(Q_{np}^0+Q_{n\sigma}^0)\beta_2+2f(V_{np}^0+V_{n\sigma}^0+V_c)\beta_3+2f\beta_{ne}$
$=-7.330744\times10^{-3}-2.023043\times10^{-9}\sigma_n$
$+2\times(-903143.622108-0.92959\sigma_n)\times(1.175447\times10^{-9})$
$+2\times(-17157.660689-1.02715\sigma_n)\times(2.855788\times10^{-9})$
$+2\times(347682.338263+0.567979\sigma_n+113459.684217)\times(-1.41209\times10^{-11})$
$+2\times(-2.270645\times10^{-5})+2\times3.372513\times(-903143.622108-0.92959\sigma_n)$
$\times(1.020409\times10^{-9})+2\times3.372513\times(-17157.660689-1.02715\sigma_n)$
$\times(1.175447\times10^{-9})+2\times3.372513\times(347682.338263+0.567979\sigma_n$
$+113459.684217_c)\times(-1.206928\times10^{-11})+2\times3.372513\times(-3.302902\times10^{-6})$
$=-1.456446\times10^{-2}-2.465061\times10^{-8}\sigma_n$

$\beta_0=X_1\beta_1+X_2(\beta_2+f\beta_1)+(M_{np}^0+M_{n\sigma}^0)\beta_1+(Q_{np}^0+Q_{n\sigma}^0)\beta_2+(V_{np}^0+V_{n\sigma}^0+V_c)\beta_3+\beta_{ne}$
$=X_1\times1.020409\times10^{-9}+X_2\times(1.175447\times10^{-9}+3.372513\times1.020409\times10^{-9})$
$+(-903143.622108-0.92959\sigma_n)\times1.020409\times10^{-9}$
$+(-17157.660689-1.02715\sigma_n)\times1.175447\times10^{-9}$
$+(347682.338263+0.567979\sigma_n+113459.684217)\times(-1.206928\times10^{-11})$
-3.302902×10^{-6}
$=1.020409\times10^{-9}X_1+4.61679\times10^{-9}X_2-9.506126\times10^{-4}-2.163089\times10^{-9}\sigma_n$

$u_0=X_1u_1+X_2(u_2+fu_1)+(M_{np}^0+M_{n\sigma}^0)u_1+(Q_{np}^0+Q_{n\sigma}^0)u_2+(V_{np}^0+V_{n\sigma}^0+V_c)u_3+u_{ne}$
$=X_1\times1.175447\times10^{-9}+X_2\times(2.855788\times10^{-9}+3.372513\times1.175447\times10^{-9})$
$+(-903143.622108-0.92959\sigma_n)\times1.175447\times10^{-9}$
$+(-17157.660689-1.02715\sigma_n)\times2.855788\times10^{-9}$
$+(347682.338263+0.567979\sigma_n+113459.684217)\times(-1.41209\times10^{-11})$
-2.270645×10^{-5}
$=1.175447\times10^{-9}X_1+6.819998\times10^{-9}X_2-1.126786\times10^{-3}-4.018737\times10^{-9}\sigma_n$

按温克尔假定有：

$\sigma_n=Ku_0\sin\varphi_n=3\times10^8\times u_0\times0.936014=2.808041\times10^8u_0$

联立求解，可得：

$\sigma_n=72765.621691\ \mathrm{N/m^2}$，$a_{1p}=-6.484798\times10^{-3}$，$a_{2p}=-1.778994\times10^{-2}$，$\beta_0=4.195797\times10^{-5}$，$u_0=2.591331\times10^{-4}$，$V_{n\sigma}^0=41329.351283\mathrm{N}$，$Q_{n\sigma}^0=-74760.480231\mathrm{N}$，$M_{n\sigma}^0=-67642.1871\mathrm{N\cdot m}$，$X_1=61485.149992\mathrm{N\cdot m}$ $X_2=235494.559942\mathrm{N}$。

5）求拱的内力

将左半拱分为六等段，计算0～6各截面的弯矩及轴力，即：

$$M_i=X_1+X_2y-\frac{qx^2}{2}-\frac{ey^2}{2}+M_{i\sigma}$$

$$N_i = X_2\cos\varphi + qx\sin\varphi - ey\cos\varphi + V_{i\sigma}\sin\varphi + Q_{i\sigma}\cos\varphi$$

式中，$x=R\sin\varphi$，$y=R(1-\cos\varphi)$，$M_{i\sigma}$、$V_{i\sigma}$、$Q_{i\sigma}$ 按式（15-38）计算。

各截面的坐标尺寸，弯矩及轴力得计算结果分别见表 15-7～表 15-9。

拱轴线的坐标 **表 15-7**

截面	φ	角度(°)	$\sin\varphi$	$\cos\varphi$	x(m)	y(m)
0	0	0	0	1	0	0
1	0.201855	11.565421	0.200487	0.979696	1.043374	0.105664
2	0.403709	23.130843	0.392832	0.919610	2.044379	0.418365
3	0.605564	34.696264	0.56226	0.822181	2.962368	0.925406
4	0.807419	46.261685	0.722505	0.691366	3.760063	1.606196
5	1.009273	57.827107	0.846445	0.532476	4.405074	2.433091
6	1.211128	69.392528	0.936014	0.351964	4.871206	3.372513

拱的弯矩 **表 15-8**

截面	X_1	X_2y	$qx^2/2$	$ey^2/2$	$M_{i\sigma}$(N·m)	M_i(N·m)
0	61485.149992	0	0	0	—	61485.149992
1	61485.149992	24883.286776	38850.437912	28.400642	—	47489.598214
2	61485.149992	98522.707690	149155.391147	445.230950	—	10407.235586
3	61485.149992	217927.975575	313080.065970	2178.405061	—	−35945.345465
4	61485.149992	378250.382550	504552.629658	6562.531789	−9.323698	−71388.952603
5	61485.149992	572979.692244	692504.265000	15058.826442	−9676.651906	−82774.901112
6	61485.149992	794208.501950	846816.170507	28932.218214	−64385.687993	−84440.424773

拱的轴力 **表 15-9**

截面	$X_2\cos\varphi$	$qx\sin\varphi$	$ey\cos\varphi$	$V_{i\sigma}\sin\varphi$	$Q_{i\sigma}\cos\varphi$	N_i(N)
0	235494.559942	0	—	—	—	235494.559942
1	230713.178230	14930.404896	526.650876	—	—	245116.932250
2	216563.191387	57321.115044	1957.328167	—	—	271926.932250
3	193619.190083	120356.563312	3870.829548	—	—	310104.923847
4	162812.864870	193901.934108	5649.509693	122.845480	−121.053910	351067.080855
5	125395.172881	266132.626149	6591.173023	12468.280506	−10608.889225	386796.017288
6	82885.540029	325435.412867	6038.873986	38684.836743	−26312.976310	414653.939243

2. 边墙的计算

因对称，故仅计算左边墙。边墙属于短梁，按短梁相应公式计算。墙顶的力矩 M_0、水平力 Q_0 及竖向力 V_0 分别为：

$$M_0 = X_1 + fX_2 + M_{np}^0 + M_{n\sigma}^0$$
$$= 61485.149992 + 3.372513 \times 235494.559942 - 903143.622108 - 67642.1871$$
$$= -115092.157266\text{N}\cdot\text{m}$$

$$Q_0 = X_2 + Q_{np}^0 + Q_{n\sigma}^0$$
$$= 235494.559942 - 17157.660689 - 74760.480231 = 143576.419021\text{N}$$

$$V_0 = V_{np}^0 + V_{n\sigma}^0 = 347682.338263 + 41329.351283 = 389011.689546\text{N}$$

墙顶的角变 θ_0 与水平位移 y_0 为：

$\theta_0=\beta_0=4.195797\times10^{-5}$，$y_0=u_0=2.591331\times10^{-4}\text{m}$

将坐标原点取在墙顶，求 7～12 各截面的弯矩 M_i、轴力 N_i 和弹性抗力 σ_i，计算公式分别为：

$$M_i=-y_0\frac{K}{2\alpha^2}\varphi_3+\theta_0\frac{K}{4\alpha^3}\varphi_4+M_0\varphi_1+Q_0\frac{1}{2\alpha}\varphi_2-\frac{e}{2\alpha^2}\varphi_3$$

$$N_i=V_0+x\gamma bd_c$$

$$\sigma_i=Ky_i$$

其中，$y_i=y_0\varphi_1-\theta_0\frac{1}{2\alpha}\varphi_2+M_0\frac{2\alpha^2}{K}\varphi_3+Q_0\frac{\alpha}{K}\varphi_4-\frac{e}{K}(1-\varphi_1)$。

计算结果如表 15-10 所示。

边墙的内力 **表 15-10**

截面	x(m)	φ_1	φ_2	φ_3	φ_4	M_i(N·m)	N_i(N)	σ_i(N/m^2)
7	0	1	0	0	0	−115092.157266	389011.689546	77739.915517
8	0.945497	0.99539	0.814905	0.166273	0.045215	−14173.633698	411703.626389	61147.003346
9	1.890995	0.926308	1.60726	0.662026	0.361007	27682.433448	434395.563233	42189.496925
10	2.836492	0.628531	2.264743	1.459714	1.207958	27032.248207	457087.500076	26221.539874
11	3.781989	−0.160464	2.499643	2.452958	2.796902	−1847.782821	479779.43692	13309.911751
12	4.727487	−1.7637	1.781396	3.370223	5.191303	−47152.368189	502471.373763	3.069647×10^{-10}

计算结果表明，沿边墙的弹性抗力均为压力（对围岩）。根据假定，边墙下端不能产生位移，故该处的弹性抗力应等于零，而计算结果却并不等于零，这是由于计算误差所致，不过误差可以忽略。

3. 截面强度校核

对顶拱截面强度进行验算，顶拱截面作用着轴力和弯矩，由混凝土结构设计规范，有：

偏心距 $e=\frac{M}{N}$，当 $e\geqslant0.45\frac{d_i}{2}$时，其抗拉强度按下式计算：

$$KN\leqslant\varphi\frac{1.75f_tbd_i}{6e/d_i-1}$$

当 $e<0.45\frac{d_i}{2}$时，其抗压强度按下式计算：

$$KN\leqslant\varphi f_cb(d_i-2e)$$

式中 K——构件强度设计安全系数，抗拉时为 2.65，抗压时为 1.65，附加安全系数取 1.1；

N——轴力；

φ——纵向弯曲系数，衬砌与围岩间充满回填，$\varphi=1$；

f_t、f_c——混凝土的抗拉强度和抗压强度设计值，对于 C15 混凝土，$f_t=910000\text{N/m}^2$，$f_c=7200000\text{N/m}^2$。

计算校验结果见表 15-11。

顶拱截面强度验算 表 15-11

截面	d_i	偏心距 e		$0.45\frac{d_i}{2}$	计算 K 值		设计安全系数	是否符合
0	0.6	0.261089	>	0.135	2.518736	<	2.915	不符合
1	0.609414	0.193743	>	0.137118	4.362886	>	2.915	符合
2	0.637275	0.038272	<	0.143387	14.846862	>	1.815	符合
3	0.682451	0.115913	<	0.153552	10.462568	>	1.815	符合
4	0.743108	0.203348	>	0.167199	5.251579	>	2.915	符合
5	0.816782	0.214001	>	0.183776	5.878709	>	2.915	符合
6	0.900482	0.203641	>	0.202608	9.690551	>	2.915	符合

由以上结果可以看出，将顶拱左半拱等分为六段，只有拱顶 0-0 截面的安全系数小于设计值，不符合要求。所以，需要修改设计参数，可以提高混凝土强度，也可以加厚拱顶尺寸，这里选择后者来修正。

4. 轮廓修正

1）这里将顶拱的厚度 d_0 从 0.6m 提高到 0.8m，重新按照之前的步骤计算直墙拱结构的几何尺寸如下：

已知：$d_0=0.8$m，$d_c=1.0$m，$d_n=0.9$m，$R_0=4.68$m，$h_0=7.8$m，$l_0/2=4.45$m。根据表 15-2，按照割圆拱衬砌结构重新计算衬砌断面尺寸，计算结果如下：

$f_0=3.230897$m，$m_1=0.073171$m，$m_2=0.147881$m，$R=5.153171$m，$R_1=5.627881$m

$\sin\varphi_{n0}=0.950855$，$\cos\varphi_{n0}=0.309637$，$\sin\varphi_n=0.94617$，$\cos\varphi_n=0.32367$，$\varphi_n=1.241191$

$\sin\varphi_{n1}=0.942016$，$\cos\varphi_{n1}=0.335524$，$f=3.485245$m，$l=9.751553$m，$\Delta h=0.145651$m，

$\Delta=0.074223$m，$h_c=4.714755$m，$I_0=0.0427\text{m}^4$，$I_n=0.06075\text{m}^4$

$EI_0=1.109333\times10^9\text{N}\cdot\text{m}^2$，$\xi=0.297668$，边墙的弹性标准值：$\alpha=0.431338\text{m}^{-1}$，

$\lambda=2.033651<2.75$，边墙属于短梁，$f/l=0.357404>\frac{1}{4}$，故可忽略轴力的影响。

2）主动荷载

（1）围岩压力

围岩垂直均布压力为：$q_1=50875\text{N/m}^2$。

围岩水平均布压力为：$e=5087.5\text{N/m}^2$。

（2）超挖回填层重

平均超挖 0.1m 考虑，有：$q_2=2500\text{N/m}^2$。

（3）衬砌拱圈自重

近似取平均厚度时的自重，有：$q_3=20400\text{N/m}^2$。

综合以上各项，作用在衬砌上的主动荷载为：

$$q=73775\text{N/m}^2, e=5087.5\text{N/m}^2$$

3）拱圈基本方程式（15-18）～式（15-22）中参数的计算

（1）拱圈单位变位 δ_{ik} 重新计算结果为：

$K_0=0.714808$，$k_1=0.295021$，$K_1=0.241723$，$k_2=0.122569$，$K_2=0.10899$

$\delta_{11}=9.554567\times10^{-9}$，$\delta_{12}=\delta_{21}=1.067956\times10^{-8}$，$\delta_{22}=2.223538\times10^{-8}$

(2) 拱圈载变位 Δ_{ip} 重新计算结果

竖向均布荷载 q 作用下的位移：

$a_1=0.233736$，$A_1=0.187228$，$a_2=0.092561$，$A_2=0.081347$

$\Delta_{1q}=-3.239896\times10^{-3}$，$\Delta_{2q}=-6.410541\times10^{-3}$

水平均布荷载 e 作用下的位移：

$a_3=6.128469\times10^{-2}$，$A_3=5.449491\times10^{-2}$，$a_4=3.000789\times10^{-2}$，$A_4=2.764241\times10^{-2}$

$\Delta_{1e}=-5.65613\times10^{-5}$，$\Delta_{2e}=-1.408708\times10^{-4}$

将以上荷载引起的位移相叠加，则得：

$\Delta_{1p}=-3.239896\times10^{-3}-5.65613\times10^{-5}=-329.64573\times10^{-5}$

$\Delta_{2p}=-6.410541\times10^{-3}-1.408708\times10^{-4}=-65.514118\times10^{-4}$

(3) 顶拱的弹性抗力引起的位移 $\Delta_{i\sigma}$ 重新计算结果

$a_9=4.394771\times10^{-3}$，$A_9=4.226231\times10^{-3}$，$a_{10}=2.601353\times10^{-3}$，$A_{10}=2.511863\times10^{-3}$，

$\Delta_{1\sigma}=-7.73878\times10^{-10}\sigma_n$，$\Delta_{2\sigma}=-2.356646\times10^{-9}\sigma_n$

(4) 墙顶单位变位和载变位的计算（边墙属于短梁）

重新计算结果为：

$A=32.450165$，$\alpha x=2.033651$，查表得：

$\varphi_1=-1.735291$，$\varphi_2=1.800612$，$\varphi_3=3.360387$，$\varphi_4=5.154339$

$\varphi_9=7.651719$，$\varphi_{10}=7.497517$，$\varphi_{11}=7.097993$，$\varphi_{12}=7.151719$

$\varphi_{13}=7.452353$，$\varphi_{14}=9.38701$，$\varphi_{15}=10.074686$

$\beta_1=1.01981\times10^{-9}$，$u_1=\beta_2=1.175282\times10^{-9}$，$u_2=2.857023\times10^{-9}$，$\beta_3=-1.200514\times10^{-11}$，$u_3=1.444002\times10^{-11}$，$\beta_{ne}=-3.328755\times10^{-6}$，$u_{ne}=-2.272706\times10^{-5}$。

(5) 拱上的荷载引起墙顶处的竖向力、水平力和力矩

$V_{np}^0=359710.414937\text{N}$，$Q_{np}^0=-17731.186127\text{N}$，$M_{np}^0=-934531.518777\text{N}\cdot\text{m}$

(6) 拱上的弹性抗力 σ 引起的墙顶处的竖向力、水平力和力矩

由式（15-37）得：

$V_{n\sigma}^0=0.586278\sigma_n$，$Q_{n\sigma}^0=-1.110461\sigma_n$，$M_{n\sigma}^0=-1.049907\sigma_n$

(7) 边墙自重

$V_c=113154.109669\text{N}$

4) 求解多余未知力

重新计算式（15-18）～式(15-20）中的参数：

$a_{11}=1.159419\times10^{-8}$，$a_{12}=a_{21}=2.01387\times10^{-8}$，$a_{22}=6.910914\times10^{-8}$

$a_{1p}=-5.262235\times10^{-3}-5.539576\times10^{-9}\sigma_n$，$a_{2p}=-1.573242\times10^{-2}-2.776244\times10^{-8}\sigma_n$

$\beta_0=1.01981\times10^{-9}X_1+4.729569\times10^{-9}X_2-9.828889\times10^{-4}-2.382849\times10^{-9}\sigma_n$

$u_0=1.175282\times10^{-9}X_1+6.95317\times10^{-9}X_2-1.164896\times10^{-3}-4.398085\times10^{-9}\sigma_n$

按温克尔假定有：$\sigma_n=2.83851\times10^8u_0$。

联立求解，可得：

$\sigma_n=66798.132397\text{N/m}^2$，$a_{1p}=-5.63227\times10^{-3}$，$a_{2p}=-1.75869\times10^{-2}$

$\beta_0=2.974818\times10^{-5}$，$u_0=2.353281\times10^{-4}\text{m}$，$V_{n\sigma}^0=39162.247182\text{N}$

$Q_{n\sigma}^0=-74176.740878\text{N}$，$M_{n\sigma}^0=-70131.826825\text{N}\cdot\text{m}$

$X_1=88654.067551\text{N}\cdot\text{m}$，$X_2=228645.928351\text{N}$

5）求拱的内力

将左半拱分为六等段，参照表 15-7～表 15-9，重新计算顶拱内力，各截面的坐标尺寸，弯矩及轴力得计算结果分别如表 15-12～表 15-14 所示。

拱轴线的坐标 **表 15-12**

截面	φ	角度(°)	$\sin\varphi$	$\cos\varphi$	x	y
0	0	0	0	1	0	0
1	0.206865	11.852499	0.205393	0.97868	1.058425	0.109868
2	0.41373	23.704999	0.402028	0.915628	2.071717	0.434786
3	0.620595	35.557498	0.58152	0.813532	2.99667	0.9609
4	0.827461	47.409998	0.736215	0.676748	3.793843	1.665775
5	1.034326	59.262497	0.859518	0.511106	4.429243	2.519356
6	1.241191	71.114997	0.94617	0.32367	4.875777	3.485245

拱的弯矩 **表 15-13**

截面	X_1	X_2y	$qx^2/2$	$ey^2/2$	$M_{i\sigma}$(N·m)	M_i(N·m)
0	88654.067551	0	0	0	—	88654.067551
1	88654.067551	25120.795097	41323.697896	30.705364	—	72420.459388
2	88654.067551	99412.009612	158321.625894	480.867238	—	29263.584031
3	88654.067551	219705.806791	331250.973473	2348.716254	—	−25239.81385
4	88654.067551	380872.762998	530930.785031	7058.417053	−55.640835	−68518.01237
5	88654.067551	576040.59431	723666.099027	16145.580201	−11360.155363	−86477.176607
6	88654.067551	796887.176973	876933.802875	30898.767713	−67225.069709	−89516.395773

拱的轴力 **表 15-14**

截面	$X_2\cos\varphi$	$qx\sin\varphi$	$ey\cos\varphi$	$V_{i\sigma}\sin\varphi$	$Q_{i\sigma}\cos\varphi$	N_i(N)
0	228645.928351	0	—	—	—	228645.928351
1	223771.105803	16038.162284	547.034689	—	—	239262.233398
2	209354.504491	61446.290106	2025.343269	—	—	268775.451328
3	186010.859812	128561.990815	3977.015777	—	—	310595.834851
4	154735.563432	206059.828272	5735.186371	389.426754	−378.629357	355071.00273
5	116862.218978	280862.4331	6550.956166	13179.124751	−10974.626793	393378.19387
6	74005.776123	340347.242844	5739.049020	37054.147721	−24008.769011	421659.348658

6）边墙内力计算

因对称，故仅计算左边墙。边墙仍然属于短梁。墙顶的力矩 M_0、水平力 Q_0 及竖向

力 V_0 分别为：

$M_0=-119122.101078\text{N}\cdot\text{m}$，$Q_0=136738.001345\text{N}$，$V_0=398872.662119\text{N}$

墙顶的角变 θ_0 与水平位移 y_0 为：

$\theta_0=\beta_0=2.974818\times10^{-5}$，$y_0=u_0=2.353281\times10^{-4}$

将坐标原点取在墙顶，求 7～12 各截面的弯矩 M_i-轴力 N_i 和弹性抗力 σ_i，计算结果如表 15-15 所示。

边墙的内力 **表 15-15**

截面	x	φ_1	φ_2	φ_3	φ_4	M_i(N·m)	N_i(N)	σ_i(N/m²)
7	0	1	0	0	0	−119211.1010785	398872.662119	70598.438585
8	0.942951	0.995439	0.812718	0.165379	0.044851	−22150.356276	421503.484053	57160.349629
9	1.885903	0.927098	1.603188	0.658499	0.358106	19692.191692	444134.305987	40428.265226
10	2.828853	0.632495	2.260588	1.452258	1.198362	20896.784095	466765.127921	25704.646159
11	3.771804	−0.148223	2.500999	2.441973	2.775396	−5459.947257	489395.949855	13272.053968
12	4.714755	−1.735291	1.800612	3.360387	5.154339	−48086.426184	512026.771788	7.115077×10^{-11}

7）截面强度校核

对顶拱截面强度进行验算，校验结果见表 15-16。

顶拱截面强度验算 **表 15-16**

截面	d_i	偏心距 e		$0.45\dfrac{d_i}{2}$	计算 K 值		设计安全系数	是否符合
0	0.8	0.387735	>	0.18	2.92028	>	2.915	符合
1	0.803153	0.302682	>	0.180709	4.238551	>	2.915	符合
2	0.812477	0.108877	<	0.182807	15.931514	>	1.815	符合
3	0.827575	0.081263	<	0.186204	15.416688	>	1.815	符合
4	0.847803	0.19297	>	0.190756	10.398466	>	2.915	符合
5	0.872298	0.219832	>	0.196267	6.895856	>	2.915	符合
6	0.900016	0.212296	>	0.202504	8.185201	>	2.915	符合

由以上结果可以看出，经过截面修正，拱顶截面已满足强度要求，拱顶截面尺寸符合要求。直墙拱修正轮廓图如图 15-22 所示，拱顶和边墙的弯矩图和轴力图如图 15-23 所示。

5. 零弯矩位置的计算

1）拱截面弯矩零点位置的计算

由表 15-13 可以看出，顶拱轴线的弯矩值从拱顶到拱脚，从数值上可以看出，截面 2 到截面 3 之间的弯矩从正到负，并且弯矩是连续的，所以截面 2 和截面 3 之间存在一个零点，并且这两个截面之间的弹性抗力引起的弯矩可以忽略不计，故有：

$$\left.\begin{aligned}M_i&=0\\M_i&=X_1+X_2y-\frac{qx^2}{2}-\frac{ey^2}{2}\\x&=R\sin\varphi\\y&=R(1-\cos\varphi)\end{aligned}\right\}$$

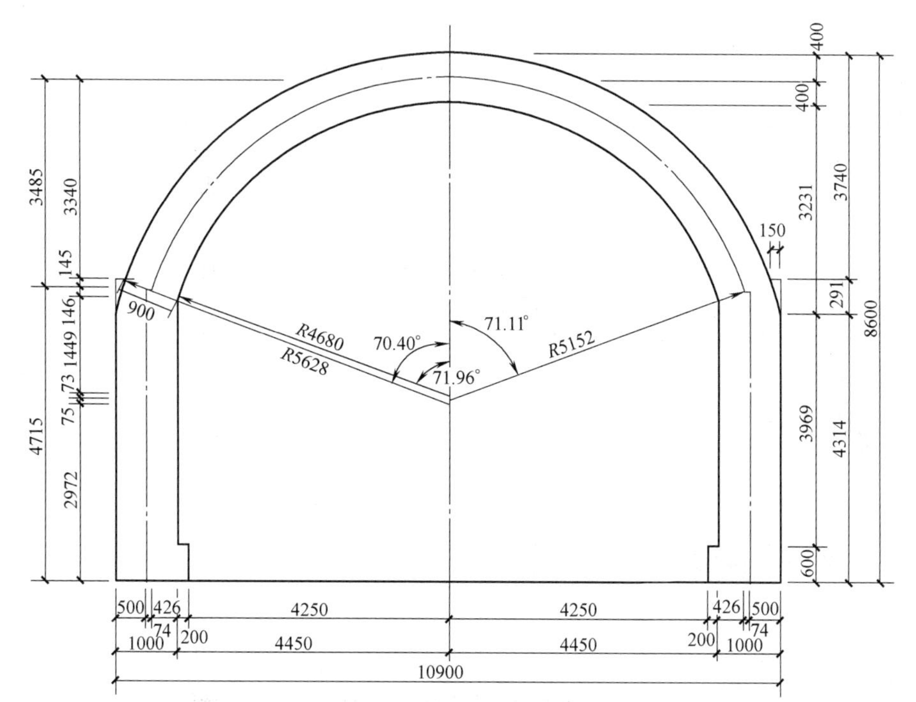

图 15-22 直墙拱修正轮廓图

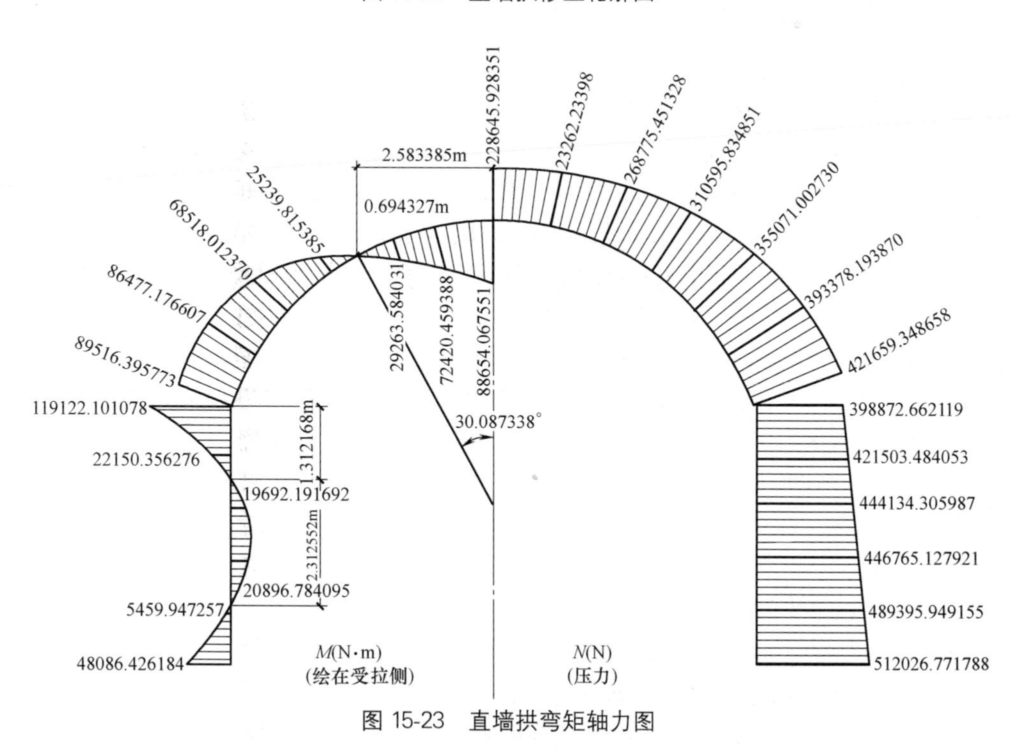

图 15-23 直墙拱弯矩轴力图

其中，X_1=88654.067551N·m，X_2=228645.928351N，q=73775N/m^2，e=5087.5N/m^2，R=5.153171m。

易解得：

φ=0.525123，x=2.583385，y=0.694327

2）边墙弯矩零点位置的计算

由表 15-15 可以看出，边墙截面的弯矩值从墙顶到墙脚底端，从数值上是先负后正再负，说明边墙上的弯矩值存在两个零点，第一个位于截面 8 到截面 9 之间，第二个位于截面 10 和截面 11 之间，故有：

$$M_i=0$$

$$M_i=-y_0\frac{K}{2\alpha^2}\varphi_3+\theta_0\frac{K}{4\alpha^3}\varphi_4+M_0\varphi_1+Q_0\frac{1}{2\alpha}\varphi_2-\frac{e}{2\alpha^2}\varphi_3$$

其中，$y_0=2.353281\times10^{-4}$m，$\theta_0=2.974818\times10^{-5}$，$M_0=-119122.101078$N·m

$Q_0=136738.001345$N，$e=5087.5$N/m^2，$\alpha=0.431338$m^{-1}，$K=3\times10^8$N/m^2

求解得到两个解，分别为：$x_1=1.312168$m 和 $x_2=3.62472$m。

两个解正好处于截面 8 和截面 9 以及截面 10 和截面 11 之间。

15.6 曲墙衬砌结构

当结构的跨度较大时，为适应较大侧向土层压力的作用，改善隧道结构的受力性能，常采用曲墙拱衬砌结构，其计算方法是力法，抗力的分布是假定的，即表 15-6 中的朱-布法。

15.6.1 曲墙拱形衬砌结构的计算简图

二维码 15-14 曲墙拱形衬砌结构的计算简图

1. 假定抗力分布的计算原理

曲墙拱衬砌可以看作是基础支承在弹性地基上的尖拱，仰供一般在拱圈和边墙建成后浇筑，故在计算中可不考虑仰拱的影响。在垂直和侧向土层压力作用下，衬砌顶部向隧道内变形，而两侧向地层方向变形并引起地层对衬砌的弹性抗力，抗力的图形作如下假定：

1）弹性抗力区上零点 a'在拱顶两侧 45°处（图 15-24 中 $\varphi_{a'}=45°$），下零点 b'在墙脚，最大抗力 σ_h 发生在 h 点，$a'h$ 的垂直距离相当于$\frac{1}{3}a'b'$的垂直距离。

2）$a'b'$段上弹性抗力的分布如图 15-24 所示，各个截面上的抗力强度是最大抗力 σ_h 的二次函数，在 $a'h$ 段有：

$$\sigma=\sigma_h\frac{\cos^2\varphi_{a'}-\cos^2\varphi_i}{\cos^2\varphi_{a'}-\cos^2\varphi_h} \tag{15-39}$$

在 hb'段有：

$$\sigma=\sigma_h\left(1-\frac{y_i^2}{y_{b'}^2}\right) \tag{15-40}$$

式中 φ_i——所求抗力截面与竖直面的夹角；

y_i——所求抗力截面与最大抗力截面的垂直距离；

σ_h——最大弹性抗力值；

$y_{b'}$——墙底外边缘 b'至最大抗力截面的垂直距离。

以上是根据多次计算和经验统计得出的对均布荷载作用下曲墙拱衬砌弹性抗力分布的规律。

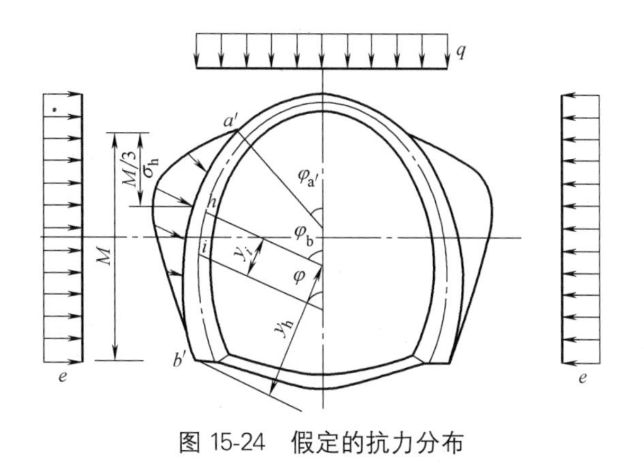

图 15-24 假定的抗力分布

2. 计算简图

曲墙拱衬砌可以看作是拱脚弹性固定、两侧受地层约束的无铰拱。由于墙底摩擦力较大，不能产生水平位移，仅有转动和垂直沉陷，在荷载和结构均为对称的情况下，垂直沉陷对衬砌内力将不产生影响，一般也不考虑衬砌与介质之间的摩擦力，其计算简图如图 15-25（a）所示。

对于图 15-25（a）所示的结构，采用力法求解时，可选取从拱顶切开的悬臂曲梁作为基本结构，切开处有多余未知力 X_1、X_2 作用，另有附加的未知量，根据切开处的变形协调条件，只能写出两个方程式，所以必须利用 h 点的变形协调条件来增加一个方程，这样才能解出三个未知数 X_1、X_2 和 σ_h。

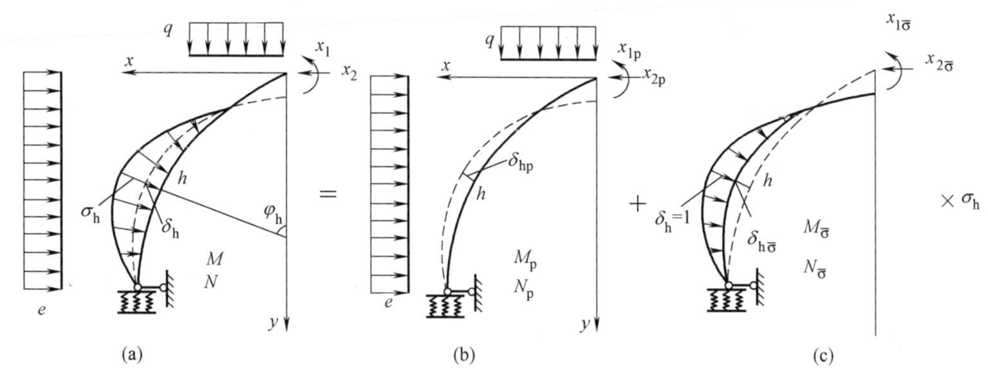

图 15-25 曲墙拱衬砌计算简图及问题分解

（a）总图式；（b）主动图式；（c）被动图式

为此，可先将在主动荷载（包括垂直和侧向的）作用下，最大抗力点 h 处的位移 δ_{hp} 求出来（图 15-25b）。然后，单独以 $\sigma_h=1$ 时的弹性抗力图形作为外荷载，也可求出相应的点的位移 $\delta_{h\bar{\sigma}}$（图 15-25c）。根据叠加原理，h 点的最终位移即为：

$$\delta_h=\delta_{hp}+\sigma_h\cdot\delta_{h\bar{\sigma}} \tag{15-41}$$

而 h 点的位移与该点的弹性抗力 σ_h 存在下述关系：

$$\sigma_h=K\delta_h \tag{15-42}$$

将其代入上式，简化后得：

$$\sigma_{\mathrm{h}}=\frac{\delta_{\mathrm{hp}}}{\dfrac{1}{K}-\delta_{\mathrm{h}\bar{\sigma}}} \tag{15-43}$$

式（15-43）即为所需要的附加方程式。联立此三个方程，可求出多余未知力 X_1、X_2 及附加的未知量 σ_{h}。

3. 曲墙拱衬砌计算的基本原理

曲墙拱衬砌计算的基本原理是：首先求出主动荷载作用下的衬砌内力，此时不考虑弹力，即按自由变形结构计算（图 15-25b）。然后，以最大弹性抗力 $\sigma_{\mathrm{h}}=1$ 分布图形作为荷载（被动荷载），求出结构的内力。求出主动荷载作用下的内力和被动荷载 $\sigma_{\mathrm{h}}=1$ 作用下的内力后，再按式（15-43）求出 σ_{h}。最后把 $\sigma_{\mathrm{h}}=1$ 作用下求出的内力乘以 σ_{h}，再与主动荷载作用下的内力叠加起来，得到最终结构的内力。

15.6.2 曲墙拱形衬砌结构的内力计算步骤

二维码 15-15 曲墙拱形衬砌结构的内力计算步骤

1. 求主动荷载作用下的衬砌结构的内力

此时可采用图 15-26（a）所示的基本结构，多余未知力 $x_{1\mathrm{p}}$、$x_{2\mathrm{p}}$ 列出力法基本方程：

$$\left.\begin{array}{l} x_{1\mathrm{p}}\delta_{11}+x_{2\mathrm{p}}\delta_{12}+\Delta_{1\mathrm{p}}+\beta_{\mathrm{p}}=0 \\ x_{1\mathrm{p}}\delta_{21}+x_{2\mathrm{p}}\delta_{22}+\Delta_{2\mathrm{p}}+f\beta_{\mathrm{p}}+u_{\mathrm{p}}=0 \end{array}\right\} \tag{15-44}$$

式中 β_{p}、u_{p}——墙底截面的转角和总水平位移。

参照曲墙拱拱脚计算的图 15-26，分别计算 $x_{1\mathrm{p}}$、$x_{2\mathrm{p}}$ 和主动荷载的影响后，按叠加原理求得：

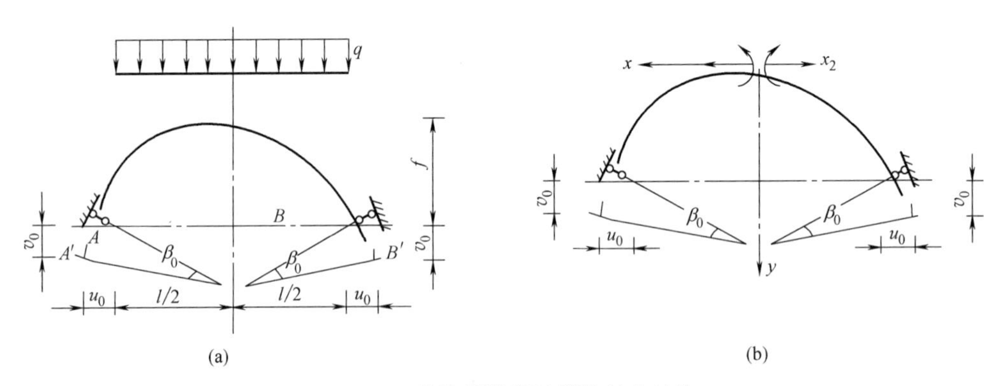

图 15-26 曲墙拱拱脚计算的基本结构

（a）x_1；（b）基本结构

$$\beta_{\mathrm{p}}=x_{1\mathrm{p}}\bar{\beta}_1+x_{2\mathrm{p}}(\bar{\beta}_2+f\bar{\beta}_1)+\beta_{\mathrm{p}}^0 \tag{15-45}$$

式中 $\bar{\beta}_1$——当拱顶作用 $x_{1\mathrm{p}}=1$ 时，在墙底截面引起的转角；

$x_{1\mathrm{p}}\bar{\beta}_1$——当拱顶弯矩 $x_{1\mathrm{p}}$ 所引起的墙基截面的转角；

$\bar{\beta}_2$——当拱顶作用 $x_{2\mathrm{p}}=1$ 时，在墙底截面所产生的单位水平力所引起的转角，故 $\bar{\beta}_2=0$；

$\bar{\beta}_2+f\bar{\beta}_1$——当拱顶作用单位力 $x_{2p}=1$ 时，在墙基截面产生的转角；

$x_{2p}(\bar{\beta}_2+f\bar{\beta}_1)$——拱顶水平力 x_{2p} 所引起的墙基截面的转角；

f——衬砌的矢高；

β_p^0——在主动荷载作用下，在墙底截面所产生的转角。

此处，因墙基截面无水平位移，所以 $u_p=0$，代入上式经整理后得：

$$\left.\begin{array}{l}x_{1p}(\delta_{11}+\bar{\beta}_1)+x_{2p}(\delta_{12}+f\bar{\beta}_1)+\Delta_{1p}+\beta_p^0=0\\x_{1p}(\delta_{12}+f\bar{\beta}_1)+x_{2p}(\delta_{22}+f^2\bar{\beta}_1)+\Delta_{2p}+f\beta_p=0\end{array}\right\} \tag{15-46}$$

式中 δ_{ik}、Δ_{ik}——基本结构的单位变位和荷载变位，按一般结构力学计算，或参考半衬砌的方法计算；

$\bar{\beta}_1$——墙底截面的单位转角，与半衬砌相同，$\bar{\beta}_1=12/(bh_x^3K_0)$。

推导如下：

当拱脚处作用单位力矩 $M=1$，拱脚边缘处地基受到的压力为：

$$\sigma=\frac{M}{W}=\frac{6}{bh_x^2}$$

地基的压缩变形为：

$$\delta=\frac{\sigma}{K_0}=\frac{6}{bh_x^2K_0}$$

则拱脚的转角为：

$$\bar{\beta}_1=\frac{\delta}{h_x/2}=\frac{12}{bh_x^3K_0}$$

式中 W——墙底截面的抵抗矩；

b——墙底截面的宽度，通常 $b=1\text{m}$；

h_x——墙底截面的厚度；

K_0——墙底地层弹性抗力系数；

β_p^0——墙底截面的荷载转角，$\beta_p^0=M_{bp}^0\bar{\beta}_1$；

M_{bp}^0——在主动荷载作用下墙底截面的弯矩。

解出 x_{1p} 和 x_{2p} 后，即得主动荷载作用下衬砌结构任一截面的内力，如图 15-27 所示。

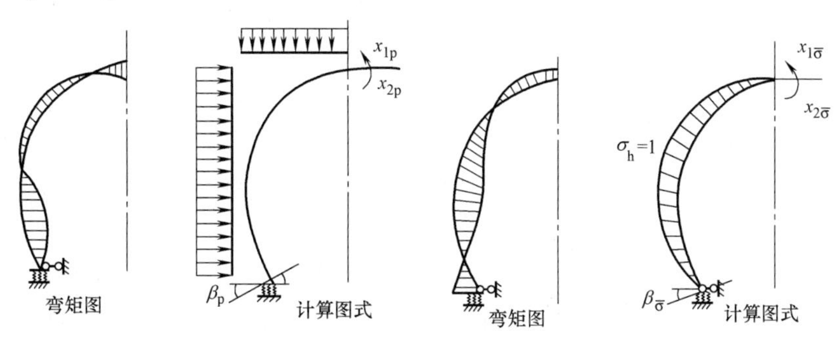

图 15-27 主动荷载和被动荷载作用下的内力图

$$\left.\begin{aligned}M_{ip}&=x_{1p}+x_{2p}y_i+M_{ip}^0\\N_{ip}&=x_{2p}\cos\varphi_i+N_{ip}^0\end{aligned}\right\}\tag{15-47}$$

式中 M_{ip}^0、N_{ip}^0——基本结构上，主动荷载作用下衬砌各截面的弯矩和轴力；

y_i、φ_i——所求截面 i 的纵坐标和该截面与竖直间的夹角。

2. 求多余未知力 $x_{1\bar{\sigma}}$ 和 $x_{2\bar{\sigma}}$

其力法基本方程为：

$$\left.\begin{aligned}x_{1\bar{\sigma}}\delta_{11}+x_{2\bar{\sigma}}\delta_{12}+\Delta_{1\bar{\sigma}}+\beta_{\bar{\sigma}}&=0\\x_{2\bar{\sigma}}\delta_{21}+x_{2\bar{\sigma}}\delta_{22}+\Delta_{2\bar{\sigma}}+\mu_{\bar{\sigma}}+f\beta_{\bar{\sigma}}&=0\end{aligned}\right\}\tag{15-48}$$

为了说明本步骤，有关符号加了 $\bar{\sigma}$ 的脚标，表示最大弹性拉力 $\sigma_h=1$ 的抗力图形作用下引起的未知力、转角和位移。

$\beta_{\bar{\sigma}}$ 和 $\mu_{\bar{\sigma}}$ 同上一样可得：

$$\beta_{\bar{\sigma}}=x_{1\bar{\sigma}}\bar{\beta}_1+x_{2\bar{\sigma}}(\bar{\beta}_2+f\bar{\beta}_1)+\beta_{\bar{\sigma}}^0\tag{15-49}$$

此处，$\bar{\beta}_2=0$，$\bar{\mu}_{\bar{\sigma}}=0$。

代入式（15-49）得：

$$\left.\begin{aligned}x_{1\bar{\sigma}}(\delta_{11}+\bar{\beta}_1)+x_{2\bar{\sigma}}(\delta_{12}+f\bar{\beta}_1)+\Delta_{1\bar{\sigma}}+\beta_{\bar{\sigma}}^0&=0\\x_{2\bar{\sigma}}(\delta_{21}+f\bar{\beta}_1)+x_{2\bar{\sigma}}(\delta_{22}+f^2\bar{\beta}_1)+\Delta_{2\bar{\sigma}}+f\beta_{\bar{\sigma}}^0&=0\end{aligned}\right\}\tag{15-50}$$

式中 $\Delta_{1\bar{\sigma}}$、$\Delta_{2\bar{\sigma}}$——单位弹性抗力作用下，基本结构在 x_1、x_2 方向上得位移；

$\beta_{\bar{\sigma}}^0$——单位弹性抗力作用下，墙底截面得转角 $\beta_{\bar{\sigma}}^0=M_{b\bar{\sigma}}^0\bar{\beta}_1$；

$M_{b\bar{\sigma}}^0$——单位弹性抗力作用下，墙底截面的弯矩；

其余符号意义同式（15-46）。

求解式（15-50）得出 $x_{1\bar{\sigma}}$ 和 $x_{2\bar{\sigma}}$，即可求得在单位弹性抗力荷载作用下的任意截面内力：

$$\left.\begin{aligned}M_{i\bar{\sigma}}&=x_{1\bar{\sigma}}+x_{2\bar{\sigma}}y_i+M_{i\bar{\sigma}}^0\\N_{i\bar{\sigma}}&=x_{2\bar{\sigma}}\cos\varphi_i+N_{i\bar{\sigma}}^0\end{aligned}\right\}\tag{15-51}$$

式中 $M_{i\bar{\sigma}}^0$、$N_{i\bar{\sigma}}^0$——单位弹性抗力作用下任一截面的弯矩和轴力。

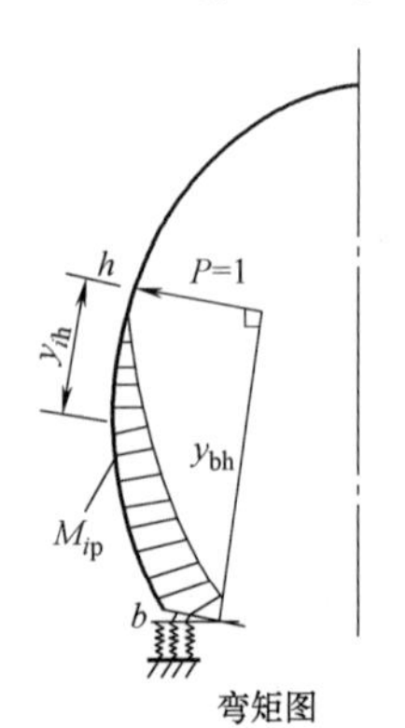

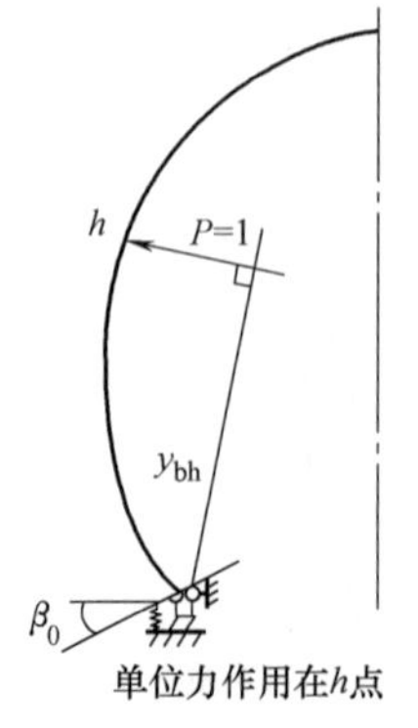

图 15-28 求最大抗力 σ_h 的计算简图

3. 求最大抗力 σ_h

由式（15-28）可知，欲求 σ_h，必须先求 h 点在主动荷载作用下的法向位移 δ_{hp} 和单位弹性抗力荷载作用下的法向位移 $\delta_{h\bar{\sigma}}$，但求这两项位移时，要考虑弹性支承的墙底截面转角 β_0 的影响，按结构力学求位移的方法，在基本结构 h 点上沿 σ_h 方向作用一单位力，并求出此力作用下的弯矩图（图 15-28）。用图 15-28 弯矩图乘图 15-27 的弯矩图再加上 $\beta_{\bar{\sigma}}$ 的影响可得位移 $\delta_{h\bar{\sigma}}$，即：

$$\left.\begin{aligned}\delta_{\mathrm{hp}}&=\int_s \frac{M_{i\mathrm{p}} y_{i\mathrm{h}}}{EI}\mathrm{d}s+y_{\mathrm{bh}}\beta_{\mathrm{p}}\\ \delta_{\mathrm{h}\bar{\sigma}}&=\int_s \frac{M_{i\bar{\sigma}} y_{i\mathrm{h}}}{EI}\mathrm{d}s+y_{\mathrm{bh}}\beta_{\bar{\sigma}}\end{aligned}\right\} \tag{15-52}$$

式中　β_{p}——主动荷载作用下，墙底截面的转角；

$\beta_{\bar{\sigma}}$——单位弹性抗力图荷载作用下，墙底截面的转角；

$y_{i\mathrm{h}}$——所求抗力截面中心至最大抗力截面的垂直距离；

y_{bh}——墙底截面中心至最大抗力截面的垂直距离。

4. 计算各截面最终的内力值

利用叠加原理可得：

$$\left.\begin{aligned}M_i&=M_{i\mathrm{p}}+\sigma_{\mathrm{h}}\cdot M_{i\bar{\sigma}}\\ N_{i\bar{\sigma}}&=N_{i\mathrm{p}}+\sigma_{\mathrm{h}}\cdot N_{i\bar{\sigma}}\end{aligned}\right\} \tag{15-53}$$

5. 计算的校核

在对称荷载作用下，求得的内力应满足在拱顶截面处的相对转角和相对水平位移为零的条件，即：

$$\left.\begin{aligned}&\int_s \frac{M_i}{EI}\mathrm{d}s+\beta_0=0\\ &\int_s \frac{M_i y_i}{EI}\mathrm{d}s+f\beta_0=0\end{aligned}\right\} \tag{15-54}$$

$$\beta_0=\beta_{\mathrm{p}}+\sigma_{\mathrm{h}}\beta_{\bar{\sigma}} \tag{15-55}$$

除按式（15-54）校核外，还应按 h 点的位移协调条件校核，即：

$$\int_s \frac{M_i y_{i\mathrm{h}}}{EI}\mathrm{d}s+y_{\mathrm{bh}}\cdot\beta_0-\frac{\sigma_{\mathrm{h}}}{K}=0 \tag{15-56}$$

以上所介绍的计算方法比较接近隧道结构的实际受力状态，力学概念比较清晰，便于掌握。其缺点是弹性抗力图是假定的，事实上弹性抗力的分布是随衬砌的刚度、结构的形状，主动荷载的分布和衬砌与介质间的回填等因素而变化。其次，这种方法只适用于结构和荷载都对称的情况，当荷载分布显著不均匀、不对称时，上述假定的弹性抗力分布规律就不再适用了。

15.7　复合衬砌结构

20 世纪 50 年代以来，新奥法技术在奥地利学者腊布希维兹等一大批学者和工程技术人员的努力下开始形成，并于 1962 年正式命名，复合衬砌结构作为一种结构形式也应运而生。

15.7.1　复合衬砌的构造

二维码 15-16
复合衬砌的构造

复合衬砌结构常由初期支护和二次支护组成，防水要求较高时须在初期支护和二次支护间增设防水层。

初期支护常为喷射混凝土支护，必要时增设锚杆加固围岩，成为锚喷支护。岩石条件较差时，可在喷层中增设网筋或型钢拱架，也可采用钢纤维喷射混凝土支护围岩。施工时常先施作薄层喷射混凝土封闭围岩，然后施作锚杆、挂网和分次逐步加厚喷层至设计厚度值。穿越石质条件极差的断层破碎带时，常需借助设置超前锚杆和注浆工艺预先加固地层。对大断面地下洞室，埋深较大、岩石条件中等、成洞条件较差时还常施作预应力锚索改善围岩的受力变形状态，帮助围岩保持稳定。

二次支护常为整体式现浇混凝土衬砌，或为喷射混凝土衬砌，必要时可借助设置钢筋增强截面。其中整体式浇筑混凝土衬砌有表面平顺光滑、外观视觉较好、通风阻力较小等优点，适宜于对室内环境有较高要求的场合；喷射混凝土衬砌工艺简单、省工省时、投资较低，但外观视觉相对较差、通风阻力较大，对室内环境要求较低时宜于采用，否则需另设内衬改善景观和通风条件。

二次支护的厚度和配筋量主要取决于洞形、净空尺寸、围岩地层的工程地质条件和施作支护的时机。岩质较好、跨度不大时常在围岩变形趋于稳定后施作，截面厚度和配筋量可按构造要求确定；岩质较差或岩质中等但跨度较大时，则常在围岩变形尚未稳定时施作，故需与初期支护共同承受形变压力的作用，截面厚度和配筋量需由计算确定。

防水层的常见形式有塑料板防水层和喷涂防水层两类，前者多采用厚 1～2mm 的聚乙烯塑料板，后者常为厚 3～5mm 的阳离子乳化沥青氯丁胶乳。防水层应在初期支护变形基本稳定后，二次衬砌灌注前施作，二次衬砌应能同时承受水压力的作用。水压力过大时，应设置合适的排水通道疏水导流。

15.7.2 复合衬砌结构的计算原理和方法

二维码 15-17 复合衬砌结构的计算原理和方法

1. 复合结构的承载机理

围岩破坏一般自洞周开始，首先出现的破坏通常是张性破裂，接着是塑性剪切流动破坏，如能及时施作支护，使在洞周形成处于稳定状态的承载环，洞室围岩即可保持稳定。

形成洞周承载环的方法有两种：第一种方法是通过锚杆支护所及的范围内形成了承载能力较强的承载环；第二种方法是施作衬砌结构，或施作由喷层（必要时同时设置锚杆和网筋）和衬砌结构共同组成的复合结构，使衬砌结构或复合结构成为洞周承载环。因此，由复合结构构成的承载环同时具有两类承载环的承载机理的特点。

2. 复合结构的计算

在用数值方法分析洞室围岩的稳定性时，通常的做法是先按线弹性、弹塑性或弹黏塑性模型进行应力分析，然后用屈服准则判断进入塑性状态的围岩的部位和范围的大小。目前最常采用的屈服准则是德鲁克-普拉格准则和莫尔-库仑准则，这两个准则有普遍适用性。但是，在坚硬围岩中出现的破坏常是表面附近的张性破坏，而对剪切破坏则有较大的承受能力。由此可见对于这类岩石的稳定性分析，有必要增补用于检验围岩的抗张拉承载能力的判据。

大量洞室长期观测的资料表明，软弱地层或节理岩体中，洞室围岩的变形通常都具有流变变形的特征，使在采用复合支护作为隧道结构时，各层支护将因施作时间不同而具有不同的受力变形特点。其中第一层支护设置时间最早，支护发生的变形量最大，其承载能力将较充分地发挥。中间各层支护一般都在实测变形量过大，变形速率发展过快，或前一层支护承载能力的发挥已接近极限时（其外观表现为喷层出现裂缝等）施作，承受的荷载应为与自施作支护时起发生的变形量相应的形变压力。通常情况下，洞周围岩承受的地层压力最大，初期支护次之，最后修筑的内衬结构层的变形和受力都最小。在约束围岩的同时允许围岩产生适当的变形，充分发挥围岩的自支承能力，以及借助调整支护结构层的施作时间（适时支护）改善结构层受力的分布，使其承载力提高等，是复合支护受力变形的主要特点。

复合支护自问世以来，早期设计采用的计算方法均为地下结构设计常用的方法，即荷载结构法和地层结构法。这些方法的缺点，是不能反映复合支护的施作过程对结构受力变形的影响，由此导致计算结果常与实际不符。一般说来，地层岩性较差，采用荷载结构法计算内力时可望取得较好的结果，而当围岩地层的自支承能力较好时，计算结果则常有较大的误差。目前，对复合支护的设计开展建立计算方法的研究已取得一定成果。已经建立的方法可分为黏弹性分析法和弹黏塑性分析法两类。两类方法都以隧道施工力学研究的成果为基础，并都以可反映支护施作过程和时机对结构受力变形的影响为特点。鉴于这些方法能反映围岩自支承能力的作用，故可用于地层岩性较好，适宜于采用地层结构法计算结构内力的场合。具体的计算方法这里不再赘述，可参考相关文献。

15.8 连拱隧道结构

二维码 15-18
连拱隧道
结构概述

15.8.1 概述

连拱隧道是洞体衬砌结构相连的一种特殊双洞结构形式，即连拱隧道的侧墙相连。该隧道形式主要用在山区地形较为狭窄或桥隧相连地段，其最大优点是双洞轴线间距可以很小，可减小占地，便于洞外接线。同时，连拱隧道较独立的双洞设计，施工更为复杂、工程造价更高、工期更长，从各地采用连拱隧道的经验看，主要用在500m以下的隧道居多，而中、长隧道一般不采用这一结构形式。在地形极其困难的条件下也有采用这一结构形式，如浙江温州肩牛山隧道长700m。也有采用从连拱隧道过渡到独立双洞的隧道，如重庆菜袁路龙家湾隧道长762m，就采用了从连拱到小净距和独立双洞的结合形式。但总体来看连拱隧道还主要用于短隧道较为适宜。连拱隧道的设计计算理论尚不成熟，其发展大体经历了两个阶段，第一阶段主要采用中墙一次施作的结构形式，一般结构如图15-29所示。它与单洞隧道主要区别在于中墙一次施作和排水系统不同，其中墙在中导洞贯通后即浇筑，它既是初期支护和二次衬砌的支撑点，又是防水层的支撑结构。洞室开挖后初期支护支撑于中墙，而防水层则绕过初期支护与中墙的结合部越过中墙顶与洞室内其他防排水设施形成完整的排防水系统；中墙的中央纵向每隔一定间距埋设竖向排水管，以排除中墙顶凹部的积水。中墙与中导洞之间的空洞是待初期支护和中墙防水层施工完成后回填，其优点是双洞净距最小。但它也有三个较为明显的缺点：①由于中墙与中导洞之间的空洞得不到及时的回填造成开挖时毛洞跨度增大，B/H 值较大（B 为毛洞跨度，H 为毛洞高度），使洞周围岩处于较为不利的受力状态，从而影响施工安全和进度；在回填空洞时，由于受支护等因素干扰施工，往往没办法回填密实，这就给运营安全留下隐患；②由于部分围岩裂隙水经中墙顶凹部通过排水管排入排水沟，容易造成凹部集水，并且该部排防水

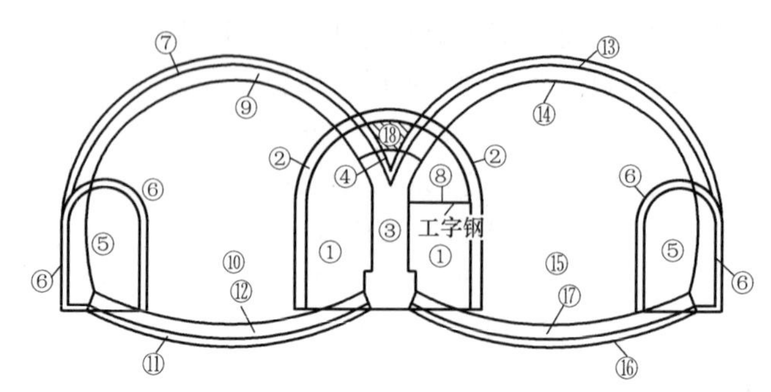

图 15-29 整体式中墙连拱隧道一般结构图（图中序号为施工顺序）

系统施工难度大，质量难以控制，造成隧道中墙渗漏水，影响结构耐久性和运营安全；③由于行车单洞两侧不对称，结构不美观。因此，对这一结构形式一般不倡导。

中墙分次施作连拱隧道的一般结构如图 15-29 所示。它与中墙一次施作的连拱隧道的主要区别在于中墙和中墙处的排防水处理。在中导洞贯通后随即修建中墙，要求中墙顶部与中导洞顶紧密接触，这就克服了中墙与围岩间存在着空洞的缺点，使主洞开挖时毛洞跨度相对减小，有利于洞周围岩的稳定，从而减少了施工时的辅助措施，加快了施工进度，节省了工程投资，并大大提高结构的可靠性，使施工与运营安全得到进一步的保证。由于中墙分次施作两侧外轮廓与双洞隧道初期支护轮廓一致，有利于防水板的全断面铺设，从而使连拱隧道中间部分的排防水结构与独立的单洞隧道相同。其施工工艺相对较为简单，质量容易控制，隧道建成后排防水系统运作可靠，且较美观。因此，在有条件加大中墙厚度的地段宜采用这一结构形式。

15.8.2 设计和计算方法

二维码 15-19 连拱隧道结构的设计和计算方法

由于连拱隧道的结构形式特殊，其中墙的存在有其特殊性，如何形成一套反映连拱隧道实际受力机理的荷载模式是连拱隧道设计中的重要部分。因此，按一般的力学方法较难获得解析解，目前主要采用数值方法进行计算。连拱隧道的设计一般也是沿用单洞的设计方法，即常用的设计方法：荷载结构法和地层结构法。这两种方法均可以用数值方法来求解。由于公路隧道的锚杆、初衬、二衬等结构在几何形状上分别具有两个方向或一个方向的尺度比其他方向小得多的特点。计算时有限单元法软件可采用专门的杆梁板壳单元来模拟这些结构构件，尽管尚存在一定不足之处。

1. 内轮廓的设计

隧道内轮廓线是决定衬砌断面大小最基本的要素。内轮廓线的确定，首先要考虑结构受力和行车界限，此外还应从经济上、美学上加以比较，以求得合理的断面形式。公路中的双向连拱隧道横断面的设计一般按现行设计规范执行，要考虑行车道宽、两侧路缘带宽、中隔墙宽、建筑界限高度等因素，还应考虑洞内排水、通风、照明、消防、运营管理等附属设施所需空间，并考虑围岩压力影响、施工方法等必要的富余量。一般情况下，无论是双向四车道还是双向六车道的连拱隧道，均采用上行线和下行线左右对称的结构，但个别也有设计成左右不对称的结构。对于单洞的净空轮廓，一般包括中墙、边墙和拱部三部分的组合。如果将三者进行组合，可把连拱隧道的净空轮廓分为直边墙、曲边墙和曲中墙三种。其中直边墙形式类似直墙拱结构，在国内外应用较少；目前国内以直中墙应用最多，直中墙净空轮廓的连拱隧道施工工艺简单，洞内行车道中心线与洞外路基行车道中心线偏离较小，但视觉效果差；近年来，曲中墙应用也逐渐增多，例如曲墙半圆拱不仅造型美观线形流畅，而且能够满足施工和界限要求，开挖面小，施工方便，是一种较为流行的断面形式。

2. 中墙的设计

连拱隧道的特点在于设置连接左右二次衬砌的特有中隔墙结构，施工时一般以中导洞超前，随后浇筑中墙，中墙成为左右二次衬砌结构的支撑点，因此，中墙的设计与施工是整个隧道的关键部分，在设计和施工中有举足轻重的作用，成功与否将关系到整个连拱隧道的成败，尤其是防水系统是连拱隧道的关键问题之一。

复合式中墙连拱隧道一般结构如图 15-30 所示。中墙的形式取决于隧道内轮廓的要求，一般设计成直墙或曲墙，此外，还应该考虑中墙和二次衬砌的连接形式。连接形式关系到结构的整体安全和稳定以及施工方法的选取，但是与二次衬砌的连接部位往往也是结构的薄弱环节，成为地下水渗漏的主要部位，处理不当，会严重影响隧道的使用功能和寿命。因此，中墙的设计应该和二次衬砌共同考虑，内轮廓的设计也应该考虑中墙与二次衬砌连接后的形状。根据国内外连拱隧道的设计经验，中墙和二次衬砌的连接形式主要可分为如下四种形式：

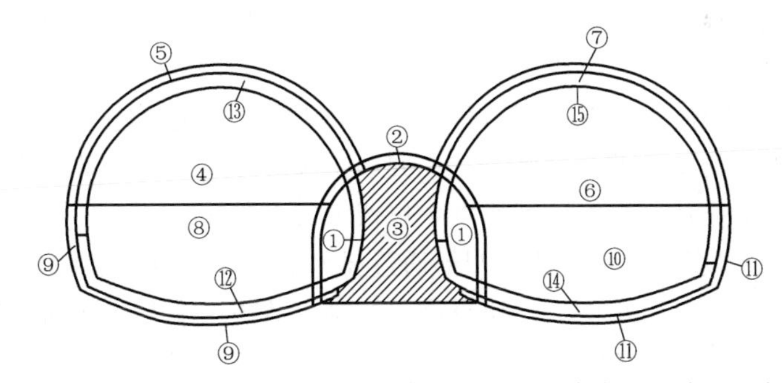

图 15-30 复合式中墙连拱隧道一般结构图（图中序号为施工顺序）

1）上部支撑形式。即将中墙作为双洞结构的共同部分，二次衬砌的拱脚支撑在中墙的上部，中墙设计的相对较厚，如图 15-31（a）所示。

2）贴壁式支撑。即将双洞按两个独立的洞来考虑，中墙相对独立于左右洞，成为双洞间的充填结构。在中墙先行施工结束后，二次衬砌的施筑和单洞的方法相同，如图 15-31（b）所示。

3）下部支撑。介于上部支撑和贴壁式支撑之间，二次衬砌的支撑点转移到中墙的基础上，如图 15-31（c）所示。

4）混合式支撑。即将中墙设计成非对称形式，是①和②形式的混合使用，如图 15-31（d）所示。

其中上部支撑连接形式最为常见，不同的是一般采用直墙。采用直墙上部支撑形式的优点在于施工相对简单、方便，中墙质量易于保证。由于开挖后初期支护支撑于中墙，而防水层需绕过初期支护与中墙的连接部位越过墙顶与洞内其他排水设施形成完整的防排水系统，中墙的中央纵向每隔一定距离埋设竖向排水管以排除中墙顶凹部的积水，中墙与中

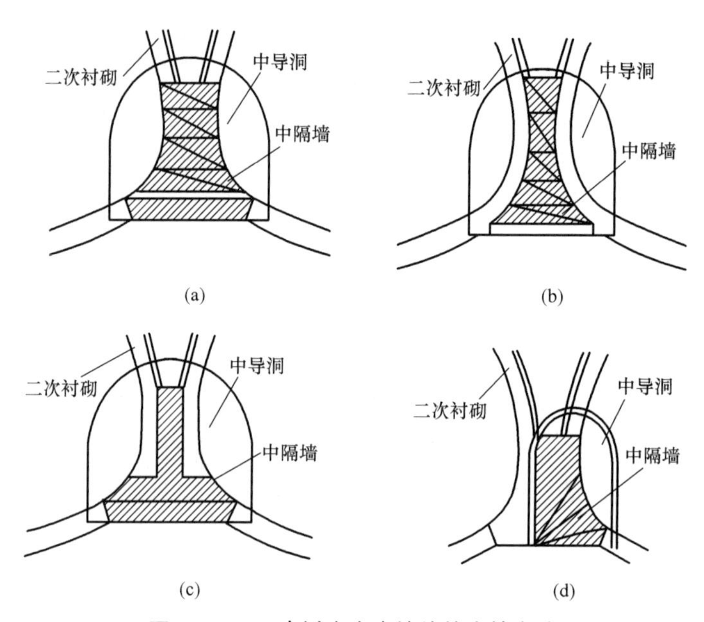

图 15-31 二次衬砌在中墙处的支撑方式

（a）上部支撑；（b）贴壁式支撑；（c）下部支撑；（d）混合式支撑

导洞之间的空隙是在初期支护和中隔墙防水层施工完成后回填，可以看出上部支撑形式存在着两个较为明显的缺点：

1）由于中墙与中导洞之间的空隙得不到及时的回填造成开挖毛洞跨度增大，高跨比变大，使围岩处于较为不利的受力状态。在回填空隙时由于受支护等因素的干扰，施工时往往没办法回填密实，从而影响施工进度，也留下安全隐患。

2）由于部分围岩裂隙水需经墙顶凹部通过排水管排入排水沟，这样容易造成凹部积水，并且该处防水系统施工难度大，质量难以控制，造成中墙与二次衬砌连接处的纵向施工缝渗漏水，影响结构的耐久性和运营的安全。

而贴壁式连接方式则克服了上部支撑形式中墙与中导洞之间存在空隙的缺点，使主洞开挖时毛洞跨度相对减小，并有利于洞周围岩的稳定，从而减少施工时辅助措施，加快了施工进度，节省了工程投资，并大大提高结构的可靠度，使运营安全得到更进一步的保证。由于中墙两侧外轮廓与双洞隧道初期支护轮廓一致，有利于防水板的全断面铺设。一、二次衬砌分段浇筑的施工缝转移到墙角，从而使曲中墙连拱隧道中间部分的排水结构与独立的单洞隧道相同，其施工工艺相对较为简单，质量容易控制，隧道建成后防排水系统运作可靠。

为了改善通风条件、节约材料和便于人员通行，中隔墙还可以开设孔洞，如图 15-32 所示，这样不但可以改善通风，节省材料，而且也使结构轻巧、美观。中隔墙还可以用梁、柱代替，事实上，当中隔墙的孔洞较大时，隔墙的作用即变成梁柱的传力体系。如某地铁侧式站台，每跨 8.0m 的连拱结构，中间的圆洞直径为 2.5m，孔中心的间距 5.0m。这种采用柱代替墙体的形式主要应用于地铁车站、地下商场和车库等地下工程，在公路隧道尚未使用。

中墙的宽度一般由墙体受力和稳定要求、隧道宽度、施工方法和结构计算而定，其高

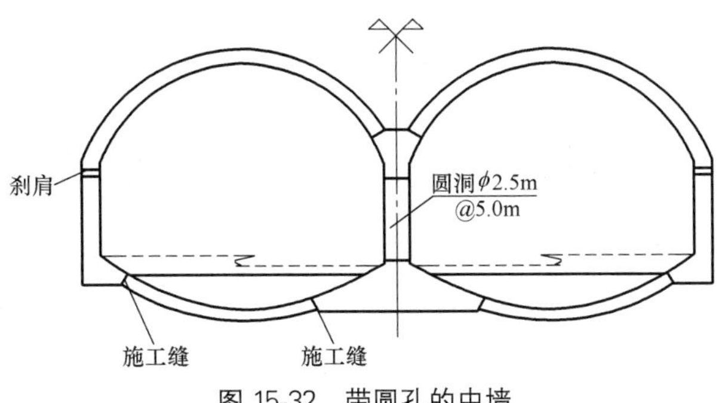

图 15-32 带圆孔的中墙

度一般由经济技术指标决定。

3. 中导洞的设计

中导洞的作用在于先期开挖后，便于中墙浇筑，使随后的正洞初期支护和二次衬砌有支撑点和受力点。同时，先期开挖的导洞还可以起到探明前方地质情况的作用，对后续的施工起到预测和预报的作用，因此，中导洞的施工作用在连拱隧道中不容忽视。中导洞的高度一般根据中墙高度确定，针对目前常见的直中墙形式，导洞的高度一般要高出中墙顶部0.5m左右，太高则回填浪费多，太矮则中墙顶部的回填和防水设施施工难度加大。中导洞的宽度一般要与围岩成洞条件和高度相协调，同时应考虑施工机械和车辆的进出予以确定。在中导洞与中墙的相对布置形式上应充分考虑上述因素，一般形式见图 15-33，即对称中墙布置和不对称中墙布置。根据已建连拱隧道的施工经验，中导洞轴线与中墙的竖轴线应该偏离一定的距离，一方面使机械车辆进出方便，另一方面使后开挖一侧的洞室围岩与中墙间空隙尽量减小，减少防止中墙偏压而采取措施所需要的临时支护材料，也使先行开挖侧的洞室跨度尽量小，对保证施工过程的安全稳定有一定的作用。

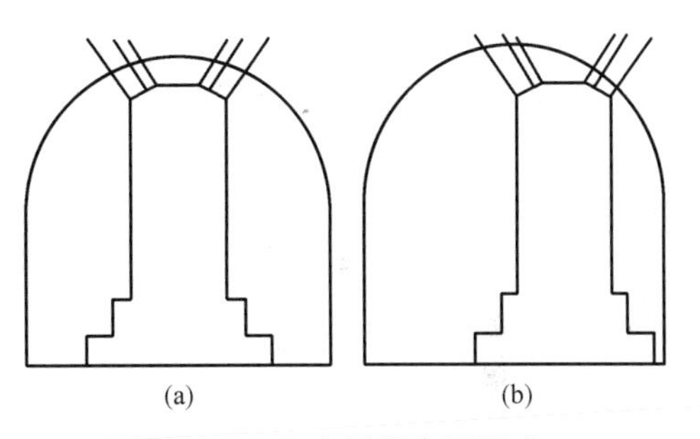

图 15-33 中导洞布置形式

(a) 对称于中墙布置；(b) 不对称于中墙布置

4. 锚喷支护的设计

新奥法通常以“管超前、少扰动、早锚喷、勤量测、紧封闭”为设计原则，以光面或预裂爆破为主要开挖方式，以喷射混凝土、锚杆、钢拱架为初期支护，形成隧道开挖支护的完整体系。锚喷支护不仅是永久衬砌的组成部分，而且也是施工期维持工作面稳定的手段，尤其当锚喷与钢支撑等联合使用时，支护能力强，可作为大断面开挖的施工支护。由于锚喷与围岩共同组成支护体系，抑制围岩变形，因而作用在二次衬砌上的荷载不再是全部松散压力，其截面厚度大为减小。锚喷初期支护参数一般是由围岩类别、跨度、埋深等参照工程类比而确定。对于连拱隧道，鉴于目前国内同类工程实例不多，设计规范也没有涉及这方面的内容，一般采用新奥法信息化设计模式，应用多种方法进行比较，力求做出既安全又经济的设计方案，一般采用工程类比法进行初定，然后对结构进行校核，并通过有限元等数值方法从理论上进行整体稳定分析。

由于力学分析的荷载、结构和材料特性的不明确性，隧道支护设计计算结果与实际情况往往相差较远，因此，对于连拱隧道的锚喷支护设计仍然以半经验半理论的方法为主。对于Ⅰ、Ⅱ级围岩，结构面的不连续性是决定围岩稳定性的主要因素，计算时可根据地质结构确定危岩块体，然后用块体静力平衡计算所需支护抗力，并核算喷层与锚杆的支护参数。对于Ⅲ级及其以上较软弱的围岩，支护参数可根据相关弹塑性理论计算确定。对于二次衬砌的设计，目前主要根据围岩级别、水文条件、地质条件、地形及埋置深度、结构跨度及施工方法等多种因素，按工程类比综合确定二次衬砌的参数。除工程类比法，必要时应作数值计算和理论分析，一般可按弹塑性力学方法进行验算，先计算变形压力，而后验算强度。

本章小结

（1）整体式隧道结构是传统衬砌结构形式，通常采用就地整体模筑混凝土衬砌，按照等截面或变截面要求，在隧道内架立模板、拱架，然后浇灌混凝土而成，它不考虑围岩的承载作用，主要通过衬砌的结构刚度抵御地层的变形，承受围岩的压力。

（2）整体式隧道结构按照衬砌结构形式的不同，一般可分为半衬砌结构、厚拱薄墙衬砌结构、直墙拱形衬砌结构、曲墙拱形衬砌结构、锚喷衬砌结构、复合衬砌结构和连拱隧道结构等形式。

（3）半衬砌结构的内力计算可归结为一个弹性无铰拱的力学问题；直墙拱衬砌结构内力计算时，通常把拱圈和侧墙分开来计算，拱圈按弹性固定在墙顶上的无铰拱计算，侧墙按竖放的弹性地基梁计算，但须考虑拱圈和侧墙的相互制约。曲墙拱衬砌结构内力计算时，先分别求出主动荷载和弹性抗力作用下的衬砌内力，然后把两者叠加得到最终结构的内力。

（4）复合衬砌结构常由初期支护和二次支护组成，初期支护常为喷射混凝土支护，二次支护常为整体式现浇混凝土衬砌，防水要求较高时须在初期支护和二次支护间增设防水层。连拱隧道结构是洞体衬砌结构相连的一种特殊双洞结构形式，其最大优点是双洞轴线间距可以很小，可减小占地，便于洞外接线。其设计内容主要包括内轮廓的设计、中墙的设计和中导洞的设计等。

思考与练习题

15-1 简述整体式隧道结构的基本形式及其特点。

15-2 简述半衬砌结构的受力特征及计算方法。

15-3 简述直墙拱结构的受力特征及计算方法。

15-4 简述曲墙拱结构的受力特征及计算方法。

15-5 简述复合衬砌结构的构造、承载机理及计算方法。

15-6 试分析连拱隧道结构形式的特点及中墙的受力特征。

15-7 变厚度单心圆拱，拱脚固定，拱顶厚度 $d_0=0.4\text{m}$，拱脚厚度 $d_n=0.5\text{m}$，拱截面宽度 $b=1\text{m}$，跨度 $l=8\text{m}$，矢高 $f=2\text{m}$。受竖向均布荷载 $q_0=50\text{kN/m}$，如图 15-34 所示，求解并绘制拱的内力 M、N 和 Q 图。

15-8 如图 15-35 所示，等厚度单心圆拱，拱脚固定，厚度 $d=0.4\mathrm{m}$，界面宽度 $b=1\mathrm{m}$，跨度 $l=8\mathrm{m}$，矢高 $f=2\mathrm{m}$。受竖向集中荷载 $P=100\mathrm{kN}$，求拱脚的水平反力 H、竖向反力 V 和固端弯矩 M。

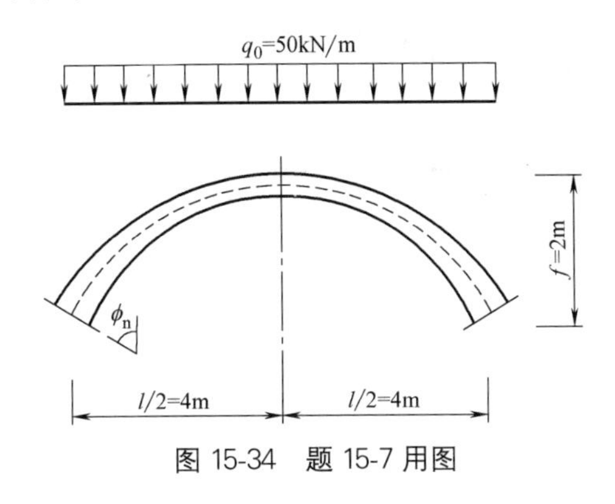

图 15-34 题 15-7 用图

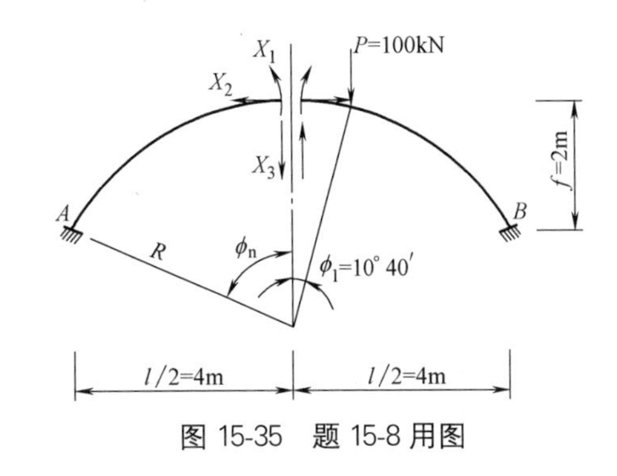

图 15-35 题 15-8 用图

15-9 如图 15-36 所示，变厚度、单心圆、弹性固定无铰拱，跨度 $l=8\mathrm{m}$，矢高 $f=2\mathrm{m}$，拱顶厚度 $d_0=0.4\mathrm{m}$，拱脚厚度 $d_n=0.5\mathrm{m}$，截面宽度 $b=1\mathrm{m}$。围岩的弹性压缩系数 $K=6\times10^5\mathrm{kN/m^3}$，混凝土的弹性模量 $E=1.4\times10^7\mathrm{kN/m^2}$，受竖向均布荷载 q_0，求多余力 x_1 与 x_2。

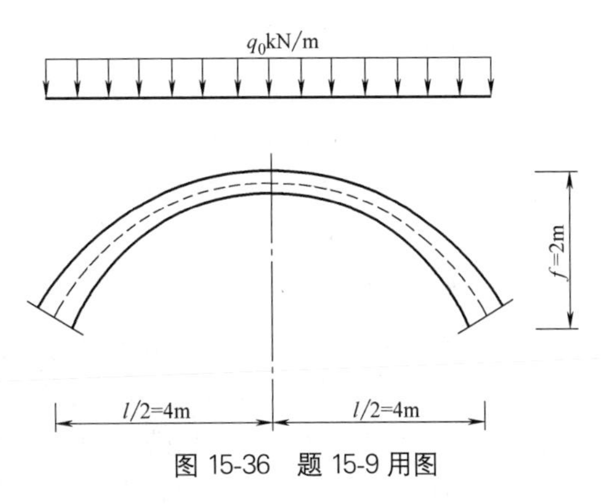

图 15-36 题 15-9 用图

15-10 如图 15-37 所示，某一直墙拱，顶拱为等厚度单心圆拱，顶拱和边墙的厚度均为 0.5m，宽度为 1.0m。跨度 $l=6.3\mathrm{m}$，拱的矢高 $f=2.1\mathrm{m}$。竖向均布荷载（包括地层压力与结构自重）$q_0=55\mathrm{kN/m}$，材料的弹性模量 $E=14\times10^7\mathrm{kN/m^2}$，围岩的弹性压缩系数 $K=4\times10^5\mathrm{kN/m^3}$，求结构的内力。

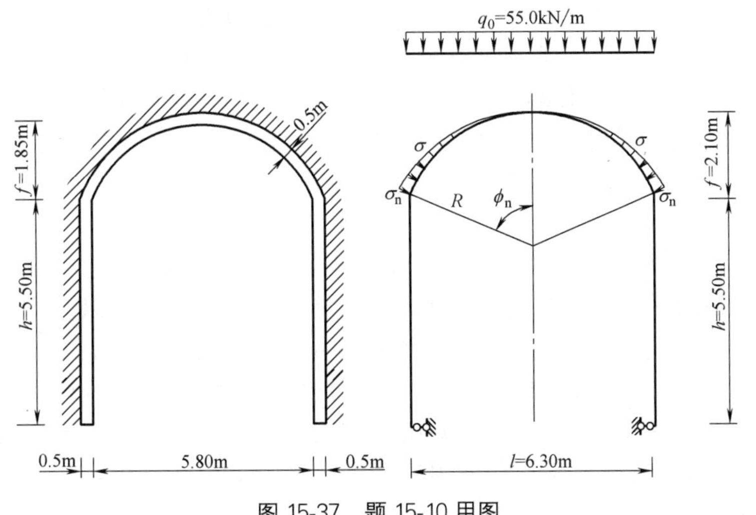

图 15-37 题 15-10 用图

第 16 章　锚喷支护结构设计

本章要点及学习目标

本章要点：

(1) 锚喷支护结构的概念及类型；

(2) 锚喷支护结构设计与监控设计；

(3) 锚喷支护结构施工信息的反馈。

学习目标：

(1) 了解锚喷支护结构的概念、作用和方法；

(2) 熟悉围岩分级的依据和方法；

(3) 掌握喷锚支护结构的设计原理和计算方法。

16.1　概述

锚喷支护技术在 20 世纪 50 年代问世，且随着新奥地利隧道施工方法（New Austrian Tunneling Method，简称为 NATM）的推广，已逐渐在世界各地水工、建筑、隧道、矿山等部门广为应用。该技术最初的应用范围局限于对岩体进行加固的工程项目中，但随着建设施工的发展，逐步开始应用到土体的加固工程中。20 世纪 80 年代，我国将锚喷支护技术引入到隧道支护建设工程和高边坡治理工程中，取得较好的效果。

锚喷支护是喷射混凝土、锚杆、钢筋网喷射混凝土、锚杆喷射混凝土、锚杆钢筋网喷射混凝土等用于岩土体加固的总称，既可以用于加固局部岩土体而作为临时支护，也可以作为永久支护。锚喷支护具有施工及时、与岩土体密贴和共同变形等特点。其作用机理是加固岩土体，在岩土体变形破坏以前，锚喷支护与岩土体构成共同作用体系，可充分利用岩土体的强度和自稳能力，使岩土体、锚杆和喷射混凝土三者共同承受岩土体的形变压力，即将岩土体既作为荷载又视为结构的组成部分。锚喷支护属于柔性支护结构，能适应围岩的变形。在施工过程中，监测人员应进行监控量测，如变形、应力等，以利于调整支护措施，有效控制变形。

国内广泛应用的锚喷支护类型包括：锚杆支护、喷射混凝土支护、锚杆喷射混凝土支护、钢筋网喷射混凝土支护、锚杆钢筋网喷射混凝土联合支护以及锚喷加设钢拱架或设置仰拱支护。一般对于整体围岩，宜采用喷射混凝土或锚喷混凝土支护；对于层状围岩，宜采用锚喷或喷射混凝土支护，有可能失稳的层状岩体及软硬互层岩体，则必须以锚杆为主；对于块状岩体，宜采用锚杆钢筋网喷射混凝土，或钢筋网喷射混凝土支护；对散状体和软弱岩体，宜采用锚杆钢筋网喷混凝土支护，必要时加设钢拱架或设置仰拱支护。

隧道与地下工程锚杆喷射混凝土（锚喷）支护的设计，应采用工程类比与监测量测相结合的设计方法。对于大跨度、高边墙的隧道洞室，还应辅以理论验算法复核。对于复杂的大型地下洞室群可用地质力学模型试验验证。工程类比设计法通常有直接类比法和间接类比法。直接类比法一般考虑围岩的岩体强度、岩体完整性、地下水的影响程度、工程的形状与尺寸、施工方法及使用要求等方面因素，将拟设计的工程与上述条件基本相同的已建工程进行对比，由此确定锚喷支护类型和参数。间接类比法一般是根据现行技术规范《岩土锚杆与喷射混凝土支护工程技术规范》GB 50086—2015，按其围岩类别表及锚喷支护设计参数确定拟建工程的锚喷支护类型和参数。其中锚喷支护设计参数既包括支护类型、支护数量和尺寸，又包括工程开挖程序、方法及施作时间等。

16.2 围岩分级

二维码 16-1
围岩及其
分级依据

16.2.1 围岩及其分级依据

围岩是指地层中受开挖作用影响的那一部分岩体，围岩的工程性质主要是强度和变形两个方面，与岩体的结构特征及其完整性、岩石的物理力学性质、地下水条件及原岩应力等有关。对地下工程来说，最为关心的问题就是地层被开挖后的稳定性，这是一个反映地质环境的综合指标，但由于影响围岩性质的因素复杂，当前应用的力学模型还不能完全反映出围岩的真实状态，因此在地下工程中，工程类比设计法占据一定的地位，而围岩分级是工程类比设计的重要依据。影响围岩稳定的因素是多方面的，要在围岩分级中全面反映所有因素的影响是困难的，同时也是不现实的，因此在围岩分级中主要考虑以下四个分级指标。

1. 岩体的结构特征及其完整性

岩体的结构特征及其完整性是指围岩被各种结构面切割的破碎程度及其组合状态，通常取决于岩体结构类型、地质构造影响与结构面发育情况。

2. 岩体的物理力学性质

岩体的物理力学性质，即围岩的岩石强度、物理特性、水理性质等是决定岩体稳定状态的最主要因素。在围岩分级中主要是岩石单轴饱和抗压强度 R_c 较有意义。通常以 $R_c=30$MPa 作为软、硬岩的分界指标，而 $R_c<5$MPa 的岩土体属于半岩质，或略具有结构强度的土体。

3. 地下水的影响

地下水对围岩稳定有很大的影响，是造成围岩失稳的重要原因之一。因此在围岩分级中通常采取“遇水降级”的经验处理方法，即视围岩性质、地下水性质、流通条件等，将围岩级别适当降级。但对于较好的围岩，因水的影响小，一般情况下不做降级处理。

4. 原岩应力的影响

地下工程通常在原始应力的岩体中修筑，在埋深和构造应力不大的坚硬岩体中开挖洞室，原岩应力不会有明显影响，但在高地应力地区，原岩应力的影响较大，因此岩体的初始应力场常常成为判断围岩级别的依据。在围岩分级中，应当考虑初始应力场的影响。

在围岩分级中，除了上述定性和定量指标外，还有一些综合指标，它同时能反映上述多种因素，例如 *RQD* 指标、声波纵波速度、围岩自稳时间及变形量等。尤其是应用较广的声波纵波速度能较好综合反映岩体的完整性和强度，而且测试简易、快速，因此国内外多个围岩分级中都采用了这一指标，并与其他指标相结合进行分级。

16.2.2 围岩分级方法

二维码 16-2
围岩分级方法

围岩分级方法根据所考虑因素的多少和分级指标的不同一般可分为以下四种。

1. 单因素岩石力学指标分级法

该方法以岩石强度或弹性模量等单一因素作为指标分级依据。这种分级方法不能全面反映围岩的稳定性，目前应用较少。

2. 多因素综合指标分级法

该方法是以一定勘测手段，或对开挖后围岩状态进行测试所获得的资料为分级指标。其指标虽也是单一的，但反映的因素却是综合的，如围岩的弹性波速度既可以反映岩石的软硬，又可表达岩体的破碎程度，是一个反映岩性和岩体完整性的综合指标，在国内外应用较多。

3. 组合指标函数法

该方法将岩体的稳定性概述为多种因素参数的函数，然后将这些参数按一定函数关系式进行组合，从而得到一个组合指标，并以此作为围岩分级的依据。组合指标函数能够全面地考虑多个因素，而且最终获得一个定量指标，便于应用。因此从理论上讲是较先进的方法也是今后发展的方向，但目前还不成熟。

4. 定性与定量多因素指标相结合分级法

该法是目前国内外应用最广的一种分级方法，能够综合考虑上述多种因素，较适合目前的技术状况。《公路隧道设计规范》JTGD 70—2014 就是采用该方法，在《工程岩体分级标准》GB/T 50218—2014 基础上，根据调查、勘探、试验等资料以及岩石隧道的围岩定性特征、围岩基本质量指标（BQ）或修正的围岩基本质量指标［BQ］值、土体隧道中的土体类型、密实状态等定性特征，确定围岩分级，见表 16-1。

公路隧道围岩分级 **表 16-1**

围岩级别	围岩或土体主要定性特征	围岩基本质量指标(BQ)或修正的围岩基本质量指标[BQ]
Ⅰ	坚硬岩，岩体完整，巨整体状或巨厚层状结构	>550
Ⅱ	坚硬岩，岩体较完整，块状或厚层状结构	550～451
	较坚硬岩，岩体完整，块状整体结构	
Ⅲ	坚硬岩，岩体较破碎，巨块（石）碎（石）状镶嵌结构较坚硬岩或较软硬岩层，岩体较完整，块状体或中厚层结构	450～351
Ⅳ	坚硬岩，岩体破碎，碎裂结构	350～251
	较坚硬岩，岩体较破碎-破碎，镶嵌碎裂结构	
	较软岩或软硬岩互层，且以软岩为主，岩体较完整-较破碎，中薄层状结构	
	土体：①略具压密或成岩作用的黏性土及砂性土；②黄土（Q_1、Q_2）；③一般钙质、铁质胶结的碎石土、卵石土、大块石土	—

续表

围岩级别	围岩或土体主要定性特征	围岩基本质量指标(BQ)或修正的围岩基本质量指标[BQ]
V	较软岩，岩体破碎；软岩，岩体较破碎-破碎；极破碎各类岩体，碎、裂状、松散结构	＜250
	一般第四季的半干硬至硬塑的黏性土及稍湿至潮湿的碎石土，卵石土、圆砾、角砾土及黄土(Q_3、Q_4)；非黏性土呈松散结构、黏性土及黄土呈松软结构	—
Ⅵ	软塑状黏性土及潮湿、饱和粉细砂层、软土等	—

注：1. 本表不适用于特殊条件的围岩分级，如膨胀性围岩、多年冻土等；
2. 当根据岩体基本质量定性划分和（BQ）值确定的级别不一致时，应重新审查定性特征和定量指标计算参数的可靠性，并对它们重新观察、测试。

一般认为，服务于工程设计的围岩分级是按其稳定性分级的。实际上，围岩的稳定性不仅取决于自然的地质因素，而且还与工程规模、洞室形状及施工条件等人为因素有关，因此目前这种根据地质因素划分围岩级别的方法实际上是岩体质量分级，它仅与岩体质量有关，而与工程状况和施工状况无关。严格来说，目前的围岩分级也不完全等同于岩体质量分级，例如分级中考虑的岩体结构特征既与自然条件有关，也与人为条件有关。

16.3 锚喷支护设计

二维码 16-3 锚喷支护设计原则

16.3.1 锚喷支护设计原则

锚喷支护设计，是将喷射混凝土和锚杆作为加强和利用围岩自身承载力的手段，因此设计时，必须从具体围岩的变形、破坏和稳定性出发，进行分析研究，针对不同的围岩，采取不同的设计原则。锚喷支护设计原则包括下列四个方面：

1）工程地质条件和岩体力学特性。工程地质条件和岩体力学特性是锚喷支护设计的基本资料，将关系到洞体布局、锚喷支护形式及参数的选取等。

2）依据不同的围岩压力特点，对拱、墙等不同部位，采用不同的支护参数。对于中等以上的围岩，破坏形式主要为局部失稳而承受松散地压，支护参数的选取遵循“拱是重点、拱墙有别”的原则；而对不稳定围岩，主要承受变形地压，拱墙宜采用相同的支护参数。

3）锚喷支护设计力求体现锚喷支护灵活性的特点。对于围岩局部和整体加固采取等强度支护原则，对于不同的岩体和不同的部位分别采用不同的支护类型与参数。如缓倾角的层状岩体或软硬互层的层状岩体，宜在拱部采用锚喷支护，而边墙采用喷射混凝土支护。又如岩层走向与洞轴线夹角较小，且为陡倾角岩层时，则必须在易向洞内顺层滑落的边墙上采用锚喷支护。

4）锚喷支护设计应遵循实测位移评价的原则。鉴于锚喷的灵活性和易补性，使得有可能将实测位移看作为锚喷设计的一个组成部分。但由于岩体的地质条件和施工条件过于复杂，以致不大可能使所有的实测参数和模拟与实际情况完全一致。因此，施工期和施工后的位移观测可以对实际锚喷情况作出客观评价，为修改设计和补充加固提供基础资料。另一方面，也正因为实测位移评价原则和锚喷具有易补性这一优点，可以避免过于保守的设计，使锚喷支护设计完全可以做到安全可靠及更经济。

二维码 16-4
按局部作用
原理设计

16.3.2　按局部作用原理设计

1. 锚杆的计算和设计

根据局部作用设计锚杆时，通常是基于悬吊原理。假定拱顶有一危岩 ABC（图 16-1）需用锚杆加固。在节理裂隙上的抗剪力均已丧失的情况下，其重量 G 全部由锚杆悬吊，由静力平衡条件得：

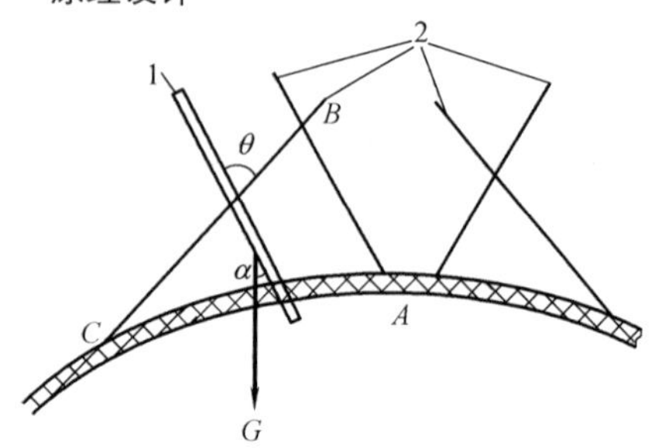

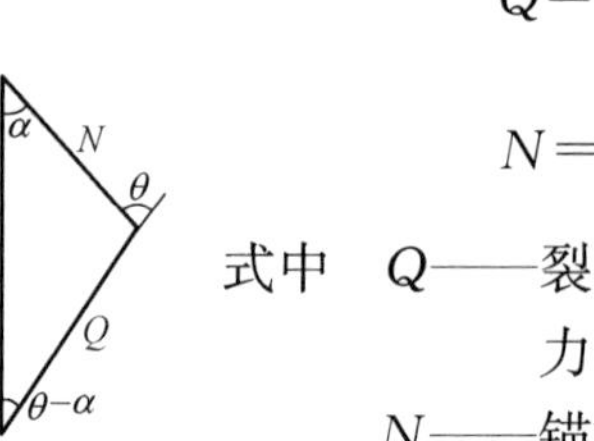

图 16-1　锚杆加固拱顶危岩

1—锚杆；2—裂隙

$$\left.\begin{aligned} Q&=\frac{G\sin\alpha}{\sin\theta} \\ N&=\frac{G\sin(\theta-\alpha)}{\sin\theta} \end{aligned}\right\} \tag{16-1}$$

式中　Q——裂隙 BC 上锚杆所承受的剪力（kN）；

N——锚杆应承受的拉力（kN）；

θ——锚杆与裂隙 BC 的夹角（°）；

α——锚杆与垂直线的夹角（°）。

锚杆所需的截面积为：

$$\left.\begin{aligned} A_s&=\frac{K^*N}{R_t} \\ A_s&=\frac{K^*Q}{\tau_s}\sin\theta \end{aligned}\right\} \tag{16-2}$$

式中　A_s——所需锚杆钢筋的截面积（mm^2）；

R_t——钢筋抗拉设计强度（N/mm^2）；

τ_s——钢筋抗剪设计强度（N/mm^2）；

K^*——安全系数，一般取 1.5～2.0。

锚杆必须穿过被悬吊的危岩，并锚固在稳定岩层中。因此，锚杆的设计长度必须满足：

$$l=l_m+h_r+l_e \tag{16-3}$$

式中　l——锚杆的设计长度（m）；

l_m——锚固长度，即锚杆插入稳定岩层中的长度（m）；

h_r——加固长度，即沿锚杆方向所悬吊的危岩高度（m）；

l_e——锚杆的外露长度（m）。

当危岩处于侧壁上时（图 16-2），作用在锚杆和滑移面上的力为：

$$\left.\begin{aligned} N&=\frac{G\sin(\alpha-\theta)}{\sin\theta} \\ Q&=G\cos(\alpha-\theta)-G\sin(\alpha-\theta)\tan\varphi \end{aligned}\right\} \tag{16-4}$$

式中　φ——滑动面 BC 上岩体的内摩擦角（°）；

N——压力（kN），可由岩体本身承受，锚杆则主要用来承受剪切力；

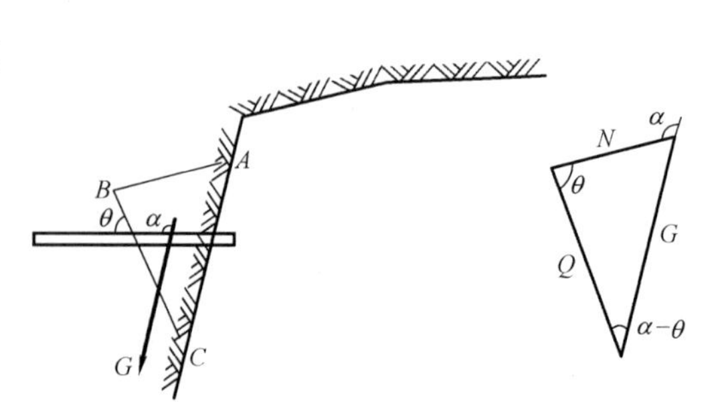

图 16-2　锚杆加固侧壁危岩

其余符号含义同前。

2. 喷射混凝土的计算和设计

被节理裂隙切割形成的块状围岩中，围岩结构面的组合，对围岩的变形和破坏起控制作用。采用喷射混凝土支护洞室，能够有效地防止围岩松动、离层和塌落，为达到这些功能就要求喷射混凝土层应有足够的抗拉力，使喷层在节理面处不出现冲切破坏；同时喷层和围岩间也应有足够的黏结力，使喷层不出现撕裂现象。这种观点可称为局部加固原理。

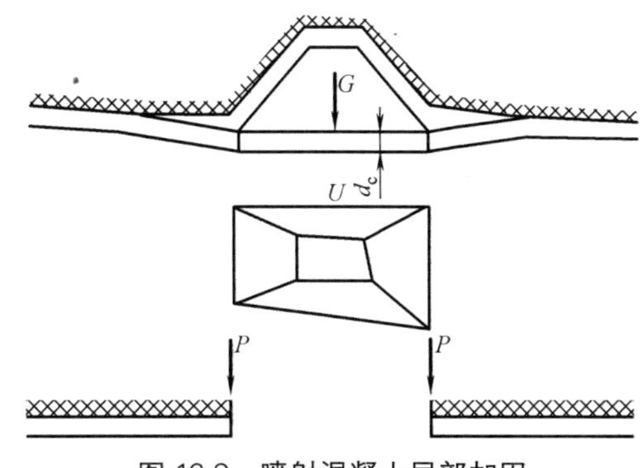

图 16-3　喷射混凝土局部加固

假设不稳定岩面块体的重量为 G，在保证喷层不沿危岩周边剪切破坏的条件下，喷层厚度应 d_c 为（图 16-3）：

$$d_c=\frac{K^*G}{U\tau_s} \tag{16-5}$$

式中　U——危岩周边长度（m）；

τ_s——喷层的抗剪强度极限值（N/mm^2）；

K^*——安全系数。

若按抗拉强度进行校核，这时可取 τ_t 来代替式（16-5）中的 τ_s。

根据弹性地基梁理论，可将喷层看作弹性地基上半无限长梁（梁宽 $b=1m$）进行验算。根据图 16-3，作用在梁端上的集中力 P 可近似取为：

$$P=\frac{G}{U} \tag{16-6}$$

式中符号含义同前。

梁端位移 y 为：

$$y=\frac{P\alpha}{2K} \tag{16-7}$$

梁端的弹性拉力 σ 为：

$$\sigma=Ky=\frac{P\alpha}{2} \tag{16-8}$$

其中 α 为弹性地基梁柔度特征值，即：

$$\alpha=\sqrt[4]{\frac{K}{4EI}}=\sqrt[4]{\frac{bk}{4EI}}=1.316\sqrt[4]{\frac{k}{Ed_c^3}} \tag{16-9}$$

式中　k——喷层与危岩之间的弹性拉力系数（kN/m^3）；

E——喷射混凝土的弹性模量（kN/m^2）；

I——喷射混凝土的惯性矩（m^4）；

d_c——喷层厚度（m）。

将 P 和 α 代入式（16-8）得：

$$\sigma=0.658\frac{G}{U}\sqrt[4]{\frac{k}{Ed_c^3}} \tag{16-10}$$

σ 不能超过喷层与岩石间的黏结强度 σ_u，考虑强度安全系数 K^*，则：

$$K^*\sigma \leqslant \sigma_u \tag{16-11}$$

则喷层厚度为：

$$d_c \geqslant 0.5723\left(\frac{K^*G}{U\sigma_u}\right)^{\frac{4}{3}}\left(\frac{k}{E}\right)^{\frac{1}{3}} \tag{16-12}$$

二维码 16-5 按整体作用原理设计

16.3.3　按整体作用原理设计

1. 锚杆的计算和设计

用锚杆群对洞室围岩做整体加固时，被锚杆加固的不稳定围岩可视为锚杆组合拱，并认为锚杆组合拱内切向缝（与拱轴线相切）的剪力由锚杆承受，斜向缝（与拱轴线斜交）的剪力由锚杆和岩石共同承受，径向缝（与拱轴线的切线垂直）的剪力由岩石承受（图 16-4）。

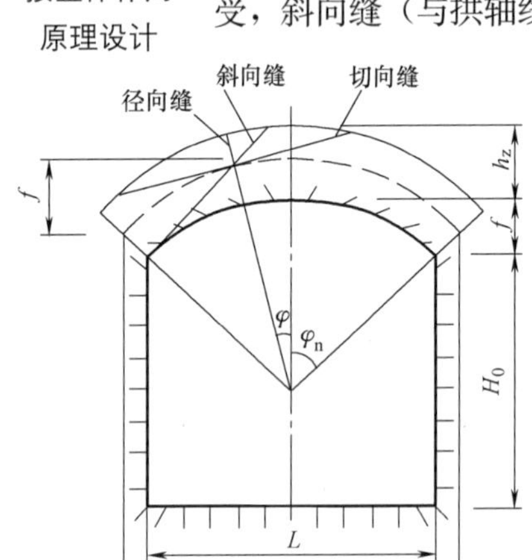

图 16-4　组合拱原理计算

锚杆长度 l 应超过组合拱高度：

$$l = K^* h_z + l_e \tag{16-13}$$

式中　K^*——安全系数，可取为 1.2；

h_z——组合拱高度（m）；

l_e——锚杆外露长度（m）。

组合拱计算跨度，可近似取为：

$$l_0 = L + h_z \tag{16-14}$$

式中　L——毛洞跨度（m）。

组合拱假定为两端固定的等截面圆拱，荷载按自重形式均布于拱轴上（图 16-5）。单位长度上的荷载为：

$$q = \gamma h b \tag{16-15}$$

$$h = \frac{N_0 l_0}{6}$$

式中　γ——围岩重度（kN/m^3）；

h——荷载高度（m）；

b——组合拱纵向宽度（m）；

N_0——围岩压力基本值（kN），根据围岩类别确定。

按照固端割圆拱公式对组合拱进行内力分析，可近似计算出各个截面上的弯矩、轴力和剪力。

拱脚处径向截面内力（图 16-5a）为：

$$\left.\begin{aligned} Q_n &= H_n \sin\varphi_n - V_n \cos\varphi_n \\ N_n &= V_n \sin\varphi_n + H_n \cos\varphi_n \end{aligned}\right\} \tag{16-16}$$

式中　H_n、V_n——拱脚截面的水平和竖向反力（kN）；

φ_n——拱脚截面与垂直线间的夹角（°）。

任意径向截面之内力（图 16-5b）为：

$$
\left.\begin{aligned}
M_{\varphi}&=M_0+N_0 r(1-\cos\varphi)-qr^2(\varphi\sin\varphi+\cos\varphi-1)\\
Q_{\varphi}&=N_0\sin\varphi-qr\varphi\cos\varphi\\
N_{\varphi}&=qr\varphi\sin\varphi+N_0\cos\varphi
\end{aligned}\right\}\tag{16-17}
$$

式中　M_0、N_0——拱顶截面的弯矩和轴力（kN）；

r——计算拱轴线半径（m）；

φ——拱上任意截面与垂直线间的夹角（°）。

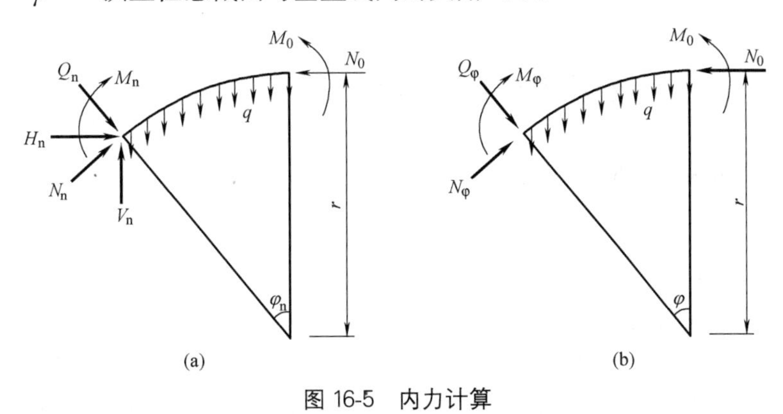

图 16-5　内力计算

根据上述的内力数值可以校核组合拱各个截面的强度，校核时主要在径向、切向或斜向的裂缝或结构面上进行。

组合拱计算虽然考虑了围岩的自承能力，但主要是从结构力学的概念进行分析的，尚不能完全反映锚喷支护的共同作用本质。其存在的主要问题是组合拱高度难以精确确定，通常首先将普氏自然拱高度或围岩分级中围岩的换算高度作为组合拱的高度；其次，把自重作为组合拱的唯一荷载，尚缺乏依据；此外，要清楚掌握围岩的结构特征，如结构面长度、走向及其分布规律也还有一定困难。

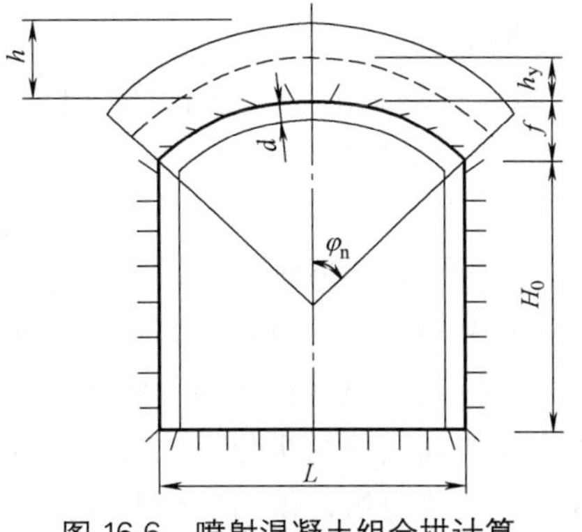

图 16-6　喷射混凝土组合拱计算

2. 喷混凝土的计算和设计

由于洞室围岩被若干组节理裂隙切割，存在一些不同倾向的缝，如径向缝、斜向缝和切向缝。采用喷射混凝土加固后，可认为第一层岩石与喷射混凝土结成整体，形成组合拱。现假定组合拱为一端固定的割圆拱（图 16-6），承受围岩荷载高度的全部岩石重量。荷载 q 以自重形式作用于该组合拱的拱轴线上，大小为：

$$
q=(\gamma_r h+\gamma_c d)b\tag{16-18}
$$

式中　γ_r、γ_c——围岩和喷射混凝土重度（kN/m^3）；

h——围岩荷载高度（m）；

d——喷射混凝土厚度（m）；

b——组合拱纵向宽度（m）。

组合拱高度及计算跨度：

$$\left.\begin{aligned}h_z&=h_y+d\\l_0&=L+h_y+d\end{aligned}\right\}\tag{16-19}$$

式中 h_y——组合拱中采用的岩石拱高度（m）；

l_0——组合拱的计算跨度（m）。

喷混凝土岩石组合拱截面内力的计算公式和锚杆岩石组合拱相同。根据内力数值计算来校核各个截面组合拱的强度，同样校核时主要在径向、切向或斜向的裂缝上进行。

二维码 16-6
监控设计目的、原理与方法

16.4 锚喷支护监控设计

16.4.1 监控设计目的、原理与方法

由于地下工程所处环境及结构受力的复杂性，初始的锚喷支护设计可能与实际情况不相适应。自 20 世纪 50 年代以来，国际上就开始通过对地下工程的量测来监视围岩和支护的稳定性，并应用现场检测结果来修正设计，指导施工。近年来，现场量测又与工程地质、力学分析紧密配合，逐渐形成一整套监控设计的原理与方法，较好地反应和适应地下工程的规律和特点。尽管这种方法目前还不很成熟，但随着岩体力学和测试技术的发展，地下工程监控设计将会得到不断的完善。

具体来讲，监控量测的目的主要有以下几点：

1）提供监控设计的依据和信息：掌握围岩力学形态的变化和规律，掌握支护的工作状态。

2）指导施工，预报险情：做出工程预报，确定施工对策，监视险情，安全施工。

3）工程运营期间的监视手段：掌握工程运营的安全状况，及时发现险情，采取相应的补强措施。

4）校核理论，完善工程类比法：为理论解析、数值分析提供计算数据与对比指标，为工程类比提供参数指标。

5）为地下工程设计与施工积累资料。

监控设计的原理是通过现场量测获得围岩力学动态和支护工作状态的信息，据此，再通过必要的力学分析，以修正和确定支护系统的设计和施工对策。

监控设计通常包含两个阶段：初始设计阶段和修正设计阶段。初始设计，一般应用工程类比法与数理初步分析法进行。修正设计则是根据现场监控量测所得到的信息进行理论分析与数值分析，做出综合判断，得出最终设计参数与施工对策。

监控设计的主要环节是：现场监测、数据处理、信息反馈三个方面。现场检测包括制订方案、确定测试内容、选择测试手段、实施监测计划。数据处理包括原始数据整理、明确数据处理的目的、选择处理方法、提出处理结果。信息反馈包括：反馈方法（定性反馈和定量反馈）和反馈作用（修正设计与指导施工）

二维码 16-7
监控量测内容及手段

16.4.2 监控量测内容及手段

《岩土锚杆与喷射混凝土支护工程技术规范》GB 50086—2015 规定：实施现场监控量测的隧洞必须进行地质和支护状况观察，以及周边位移和拱顶下沉量测。对于有特殊性质和要求的隧洞尚应进行围岩内部位移和松动区范围、围岩压力及两层支护间接触应力、钢架结构受力、支护结构内力及锚杆内力等项目量测，具体内容如下：

1）现场观察：开挖掌子面附近的围岩稳定性；围岩构造情况；支护变形与稳定情况；校核围岩分级。

2）岩体力学参数测试：抗压强度、变形模量、黏聚力、内摩擦角和泊松比。

3）应力应变测试：岩体原岩应力；围岩应力、应变；支护结构的应力、应变；围岩与支护结构的接触应力。

4）压力测试：支撑上的围岩压力、渗水压力。

5）位移测试：围岩位移（含地表沉降）；支护结构的位移；围岩与支护倾斜度。

6）温度测试：岩体（岩石）温度；洞内温度；气温。

7）物理探测：弹性波（声波）测试；视电阻率测试。

现场量测手段，按其仪器的物理效应的不同，可分为以下类型：机械式，如百分表、千分表、挠度计、测力计等。电测式，如电阻型、电感型、电容型、振弦型、电磁型等。光弹式，如光弹应力计、光弹应变计。物探式，如弹性波法、形变电阻率法。

数据分析及信息反馈。现场量测的数据是随时间和空间变化的，一般称为时间效应与空间效应。现场监控量测的各类数据均应及时绘制成时态曲线，即量测数据随时间的变化规律，例如位移-时间曲线，进行回归分析或其他数学方法分析。

16.4.3 锚喷支护监控信息反馈

二维码 16-8
锚喷支护监控信息反馈

新奥法的重要思想之一是“适时支护”，即过迟的支护会引起洞室变形的不收敛，造成破坏；而过早的支护往往需要过大的支护力，这又容易造成支护的浪费或支护的破坏。但是，要做到施工开挖之前就能准确地确定各项支护参数以及最优开挖支护方案，并非易事。地下洞室的稳定性与许多因素有关，如岩体构造、岩体材料的物理力学特征、初始地应力、地下水作用和时间等。地下工程的设计者们总是试图事先确定上述因素，利用各种方法确定最优的支护类型和参数，但即使再大规模的室内试验和再大型的电子计算机，也还没有可能精确地模拟整个工程区域的岩体材料性质和地质构造因素。实际工程中，总是要采用大量的简化，因此其结果用于宏观控制有较大意义，但用于工程施工还有一定距离。因此，施工信息反馈，即所谓的信息化设计就是适应上述情况而提出的一种新的围岩稳定性评价方法和地下工程设计方法。与其他方法不同，基于施工信息反馈的信息化设计要求在施工过程中布置监测系统，从现场围岩的开挖及支护过程中获得围岩稳定性及支护设施的工作状态信息。地下工程的围岩是一个包含有各种复杂因素的共同作用的模糊系统，具有很多不确定条件，用常规的力学方法难以描述围岩与支护的力学特征和变化势态。为了避开这项难度很大的工作，我们可将上述模糊系统看作一个“黑箱”，工程施工看作“输入”因素，而监测的结果则为系统的“输出”结果。这些输出信息包含了各种因素的综合作用，通过分析研究这些输出信息，就可以间接地描述围岩的稳定性和支护的作用，并反馈于施工决策、系统修正和确定新的开挖方案的支护参数。

施工信息反馈方法并不排斥以往的各种计算、模型试验和经验类比等设计方法，而是把它们最大限度地包含在自己的决策支持系统中去，以发挥各种方法特有的长处。

反馈分析相当于力学计算的逆命题，不是由已知边界条件、荷载、材料的物理力学参数求解域内各点的位移和应力，而是根据部分测点的位移、应力反求材料参数及初始地应力，同时对洞室稳定性进行判断。反馈分析有“正演法”和“逆演法”两种。正演法仍利用力学计算应力分析的基本格式，对反馈分析所需的参数进行数学上的近似，并进行不断的优化。如在位移反馈分析中采用如下的目标函数 J：

$$J=\sum_{i=1}^{n}(u_{\mathrm{m}i}-u_{\mathrm{c}i})^2 \tag{16-20}$$

式中 $u_{\mathrm{m}i}$——实测位移；

$u_{\mathrm{c}i}$——计算位移。

可用各种优化方法使目标函数 J 趋于最小，即可得到相应的参数，这种方法适应性广，但计算量大。

“逆演法”则需要建立一套与常规应力分析格式相反的计算公式。在线弹性情况下，可用叠加原理建立逆演法的计算格式，非线性情况则并非易事。但无论是“正演”还是“逆演”，所得出的弹性模量和其他参数，都只能是“等效参数”，或称“综合参数”，不再是弹性力学概念上的弹性模量和参数。

16.5 锚喷支护设计算例

【例题 16-1】 某地下洞室，开挖宽 11m，高 13m，顶部为割圆拱。围岩为石英砂岩，属稳定性较差的 V 级围岩，其密度为 $26\mathrm{kN/m^3}$。采用 16 锰 $d_{\mathrm{m}}=20\mathrm{mm}$ 的螺纹钢筋砂浆锚杆，抗拉设计强度为 $R_{\mathrm{g}}=340\mathrm{MPa}$。喷混凝土为 C25，抗拉设计强度为 0.89MPa。钻孔直径 42mm，砂浆与钢筋的黏结力 3MPa，与钻孔岩石的黏结力 2MPa。试设计该洞室的锚喷支护。

【解】

1）锚杆参数的计算

锚杆长度：$l=l_1+h_{\mathrm{y}}+l_2+l_3$

锚固长度：$l_1=\dfrac{d_{\mathrm{m}}R_{\mathrm{g}}}{4\tau_{\mathrm{m}}}=\dfrac{2}{4}\times\dfrac{340}{3}=57\mathrm{cm}$

$$l_1=\frac{d_{\mathrm{m}}^2}{d_{\mathrm{z}}}\frac{R_{\mathrm{g}}}{4\tau_{\mathrm{z}}}=\frac{2^2}{3.8}\times\frac{340}{4\times2}=45\mathrm{cm}$$

取 $l_1=57\mathrm{cm}$，取 $h_{y}=h=\dfrac{1}{6}\times0.9\times11=1.65\mathrm{m}$，$l_2$ 取 5cm，l_3 为外加长度取 20cm，则 $l=0.57+1.65+0.05+0.20=2.47\mathrm{m}$，采用 2.5m。

锚杆间距：$a=\dfrac{d_{\mathrm{m}}}{2}\sqrt{\dfrac{\pi R_{\mathrm{g}}}{Kh_{\mathrm{y}}\gamma}}=\dfrac{2.0}{2}\sqrt{\dfrac{\pi\times340}{1.5\times1.65\times26\times10^{-3}}}=132\mathrm{cm}$

取 $a=1.2\mathrm{m}$。

2）喷混凝土厚度计算

如取单位宽度为 1.0m 计算，则均布荷载为：

$$q=\frac{\gamma a}{2}b=\frac{26\times1.2\times1.0}{2}=15.6\text{kN/m}$$

弯矩：$M=\frac{1}{10}qa^{2}=\frac{1}{10}\times15.6\times(1.2)^{2}=2.25\text{kN}\cdot\text{m}$

应力：$\sigma=\frac{M}{W}=\frac{2.25\times10^{3}}{\frac{100\times d^{2}}{6}}=\frac{135}{d^{2}}\leqslant[\sigma_{l}]_{\text{h}}$

因 $[\sigma_{l}]_{\text{h}}=0.89\text{MPa}$，所以 $d=\sqrt{\frac{135}{0.89}}=12.3\text{cm}$，取 $d=12\text{cm}$。

以上按悬吊设计原理计算时，锚喷结构的参数为：锚杆直径 20cm，长 2.5m，间距 1.2m，喷射混凝土厚度为 12cm。

当然，此设计参数并不是唯一的。

本章小结

（1）锚喷支护结构是地下工程结构的重要一环，其主要作用是加固岩土体。工程常用的锚喷支护类型包括：锚杆支护、喷射混凝土支护、锚杆喷射混凝土支护、钢筋网喷射混凝土支护、锚杆钢筋网喷射混凝土联合支护以及锚喷加设钢拱架或设置仰拱支护。

（2）锚喷支护设计应采用工程类比与监测量测相结合的设计方法，对于大跨度、高边墙的隧道洞室，还应辅以理论验算法复核。对于复杂的大型地下洞室群可用地质力学模型试验验证。

（3）锚杆支护监控设计通过对地下工程的量测来监视围岩和支护的稳定性，并应用现场检测结果来修正设计，指导施工。

思考与练习题

16-1　什么是锚喷支护？锚喷支护中，锚杆主要起到什么作用？

16-2　试述锚喷支护技术的作用原理。

16-3　围岩分级的依据是什么？分级方法有哪些？

16-4　锚喷支护设计中的局部作用原理和整体作用原理有何不同？

16-5　锚喷支护信息反馈分析有哪些方法？

16-6　某地下洞室，开挖宽为 10m，高 12m，顶部为割圆拱。围岩为石英砂岩，属稳定性较差的 V 级围岩，其密度为 25kN/m^{3}。采用 16 锰 $d_{\text{m}}=20\text{mm}$ 的螺纹钢筋砂浆锚杆，抗拉设计强度为 $R_{\text{g}}=340\text{MPa}$。喷混凝土强度等级为 C20，抗拉设计强度为 0.84MPa。钻孔直径 38mm，砂浆与钢筋的黏结力 3MPa，与钻孔岩石的黏结力 2MPa。试设计该洞室的锚喷支护。

第 17 章　特殊地下结构设计

本章要点及学习目标

本章要点：

(1) 穹顶直墙的衬砌形式和计算原理；

(2) 洞门的类型和构造要求；

(3) 岔洞的形式和构造要求；

(4) 竖井和斜井结构的构造及计算原理。

学习目标：

(1) 了解穹顶直墙结构的衬砌形式和计算原理；

(2) 掌握洞门墙的稳定性验算方法；

(3) 掌握圆形、矩形竖井的计算方法；

(4) 了解竖井和斜井的构造要求。

17.1　概述

地下建筑结构中，穹顶直墙结构、洞门、岔洞、竖井和斜井的设计与计算也是重要的课题。由于使用要求的不同，会出现多种不同的布置形式、类型与构造。目前对特殊结构的设计主要采用工程类比法，在构造上加强处理，在结构设计和构造形式上保证结构受力明确、施工方便。

17.2　穹顶直墙结构

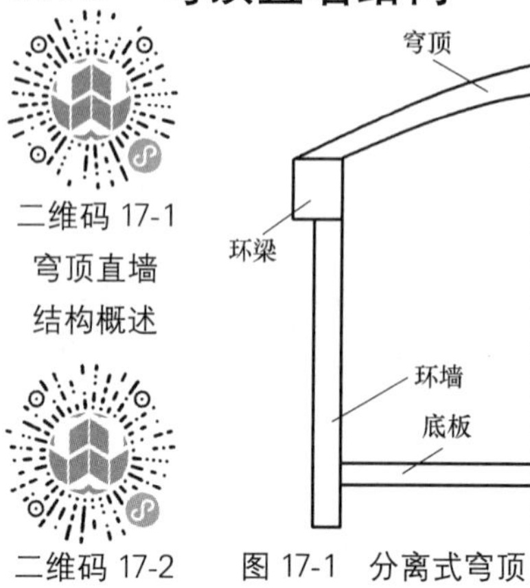

二维码 17-1 穹顶直墙结构概述

二维码 17-2 衬砌形式

图 17-1　分离式穹顶直墙衬砌示意图

穹顶直墙衬砌结构是一种圆底薄空间结构。它具有良好的受力性能和较小的表面积，可以节省材料、降低造价。这种衬砌结构一般包括顶、墙整体连接的整体式结构和顶、墙互不联系的分离式结构两种。这里仅介绍常用的分离式结构，它主要用于无水平压力或水平压力较小的围岩中，但须验算环墙的强度。

17.2.1　衬砌形式

穹顶直墙衬砌由穹顶（顶盖）、环梁（支座环）、环墙及底板组成（图 17-1）。衬砌的几何尺寸，主要由使用要求、地质条件、施工条件、材料供应等因素决定。当作地下油罐用时，应使衬砌表面积小时盛油量大，即用料最省、造价最低，目前修建的油罐内径一般为墙高的 1～2 倍（地质条件好的取高值，一般硬质岩整体性较好时，取 1.5 左右为宜）。当用作回车场时，应使岔洞交于环墙，这样，既构造简单、施工方便，也有利于受力。

穹顶通常为等厚度钢筋混凝土球面壳体，它是由一根平面圆弧绕位于同一平面且通过圆弧圆心的一根轴旋转而成的曲面，其几何尺寸计算与割圆拱相似。

穹顶一般采用矢跨比为 1/7～1/5 的扁球壳，厚度可先按 $\delta=(0.012\sim0.014)D_0$ 估算，目前常用 20～30cm。为了便于应用现有薄壳理论，δ 值不能太大，应符合 $\delta/R\leqslant1/20$（R 为穹顶曲面球的计算半径）的要求。但在环梁附近的穹顶，应根据其内力大小均匀地逐渐增厚（图 17-1），增厚区弧长一般小于 1/7.5 穹顶内缘底直径，增加的厚度不小于穹顶中央部分的厚度。

环梁为等截面圆形封闭曲梁，多采用高宽比为 1 左右的矩形截面，常用宽 $b_h\geqslant60$cm，高 $h_h\geqslant40$cm。

环墙一般为等截面或内斜外直的变截面，厚 20～40cm，当内外均无水平压力时，可由构造确定，否则，需进行计算。

在岩石地下建筑中，底板为平板，厚度一般按构造确定，取值为 15～30cm。

17.2.2 衬砌构造

二维码 17-3
衬砌构造

1. 穹顶

穹顶一般做成现浇钢筋混凝土结构，当跨度很小时，也可做成砌体局部辅以钢筋混凝土的结构。穹顶主要承受垂直均布荷载，在中央区弯矩很小，以经向和纬向压力为主，这个区域可以不配钢筋或按含钢率不小于 0.1%构造配筋。环梁附近的边缘区有经向压力、纬向压力及较大的径向弯矩存在，需要配筋，钢筋混凝土穹顶的配筋，由辐射状的径向钢筋和同心圆状的纬向钢筋构成的正交钢筋网组成。当穹顶上作用集中荷载时，需根据计算设置附加钢筋网，具体的配筋可参考相关规范。

2. 环梁

环梁通常是一个拉弯构件，可按偏心受拉构件设计，上下对称配筋。常用受力钢筋直径为 ϕ12～16mm，并配有直径 ϕ6～8mm、间距 25～30cm 的封闭箍筋。受力钢筋不得采用非焊接的搭接接头。

环梁直接搁置在岩台上，应采用控制爆破法开挖岩台，保证岩台稳定及设计断面。如因施工不当、地质较差等原因不能保证岩台设计断面或使岩台破裂时，在灌注环梁混凝土前需进行加固处理。

3. 环墙

在无水平压力的围岩中，环墙的受力主要取决于使用要求，若无使用荷载，一般仅作构造处理；在有水平压力的围岩中，或虽无水平压力但有使用荷载（如液压等）时，环墙要产生环向拉（压）力及竖、环向弯矩，这时需配置环向钢筋和既作架立钢筋又承受竖向弯矩的竖向受力钢筋。

环向钢筋可布置成单层或双层，一般当环墙较厚时（不小于 20cm），常布置成双层，配筋形式可采用单个钢筋环。单个钢筋环中如果采用搭接，搭接长度在光面钢筋时不得小于30倍钢筋直径，且必须设置弯钩，接头应当错开。常用的环向钢筋直径为ϕ8～10mm，间距20～25cm；竖向钢筋直径为ϕ10～16mm，间距20～30cm，一般双层配置，这对抵抗温差变化、混凝土收缩等影响面出现的裂缝是有利的。竖向钢筋也可以分段配置或只将半数的竖向钢筋伸至墙顶，另一半在墙高中部交替截断。

4. 底板

底板为弹性地基圆板。在岩石地下结构中，分离式穹顶直墙衬砌的底板，在可能承受的边缘分布集中力、边缘分布弯矩及液体均布压力等荷载作用下，内力很小，可不计算，一般仅做构造处理。

二维码 17-4
计算原理

17.2.3 计算原理

分离式穹顶直墙结构的环墙与穹顶和环梁是互不联系的，计算时需要分别考虑。穹顶结构是球面薄壳，环梁是直接搁置在围岩上的弹性地基环梁，两者整体连接共同工作。计算简图的简化原则为：①将穹顶视为其边缘与弹性地基环梁整体连接的球面薄壳结构，忽略穹顶局部增厚的影响；②弹性地基环梁与地面壳体的环梁不同，侧面及底面均与围岩紧密接触，计算时应考虑侧面及底曲的弹性抗力作用；③计算时还应考虑环梁与围岩间存在的摩擦力；④弹性地基环梁可按结构力学方法计算，穹顶的球面薄壳按壳体结构理论计算。

分离式穹顶结构的计算关键在于如何考虑环梁区的围岩弹性抗力及环梁与围岩间的摩擦力。计算表明，若考虑环梁区的围岩弹性抗力及底部摩擦力时，将使环梁内力及壳体最大纬向拉力较不考虑围岩弹性抗力和摩擦力时减小很多，并对弯矩也有一定影响。作用于穹顶上的荷载，除自重、回填层重及使用荷载外，围岩压力应按空间洞室确定。

二维码 17-5
洞门概述

17.3 洞门

洞门附近通常都比较破碎松软，易于失稳，形成崩塌。为了保护岩土体的稳定和使车辆不受崩塌、落石等威胁，确保行车安全，应该选择恰当的洞门形式，并对边、仰坡进行适宜的护坡。洞门设计主要是洞门墙的设计。洞门墙是用以阻止削坡坍塌的构筑物，实质上是为了加固地下建筑口部的洞门仰坡及与洞门相连的那部分路堑边坡的挡土墙。此外，洞门墙还能把仰坡汇流的地表水引离洞口，洞门形式的设计应保证运营安全，并与周边环境协调。

二维码 17-6
洞门类型

17.3.1 洞门类型

洞门基本上可分为如下几类：

1. 端墙式（图 17-2）

由洞口衬砌和端墙组成的洞门称为端墙式洞口。它用于仰坡岩层比较稳定，不会产生很大水平主动压力时的地下建筑口部。端墙式洞门一般适用于岩质稳定的Ⅲ级以上围岩和地形开阔的地区，洞口衬砌应与洞内衬砌连成整体，以加强结构的稳定性。

2. 翼墙式（图 17-3）

由洞口衬砌和端墙，以及翼墙组成的洞门称为翼墙式洞门。它用于岩层较差，仰坡不稳定，可能产生很大水平主动压力的地下建筑口部。翼墙式洞门适用于地质较差的Ⅳ级以下围岩，以及需要开挖路堑的情况。在端墙两侧设置的翼墙，能保证端墙的稳定和支持洞口路堑边坡，加固坡脚。端墙应与衬砌连成整体，以加强洞门结构的稳定性。

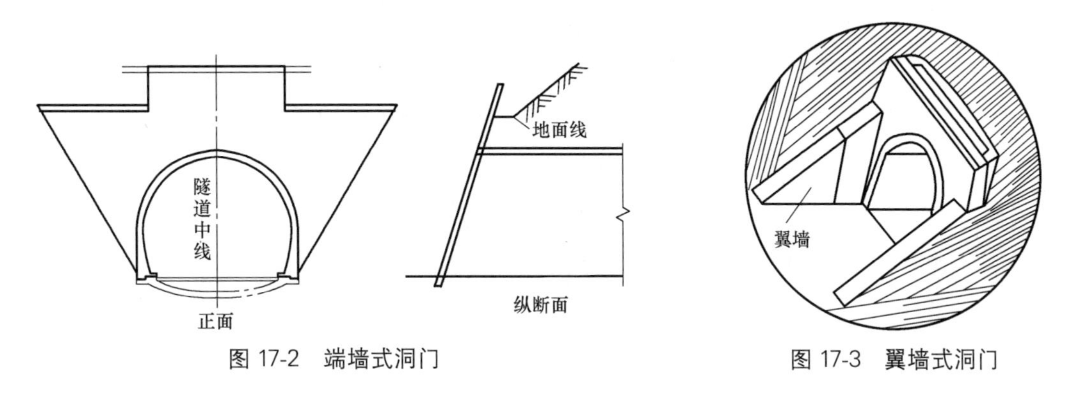

图 17-2　端墙式洞门　　图 17-3　翼墙式洞门

3. 柱式洞门（图 17-4）

柱式洞门是在端墙上增加对称的两个立柱，不但雄伟壮观，而且可对端墙局部加强，增加洞门的稳定性。此种形式一般适用于城镇、乡村、风景区附近的隧道。

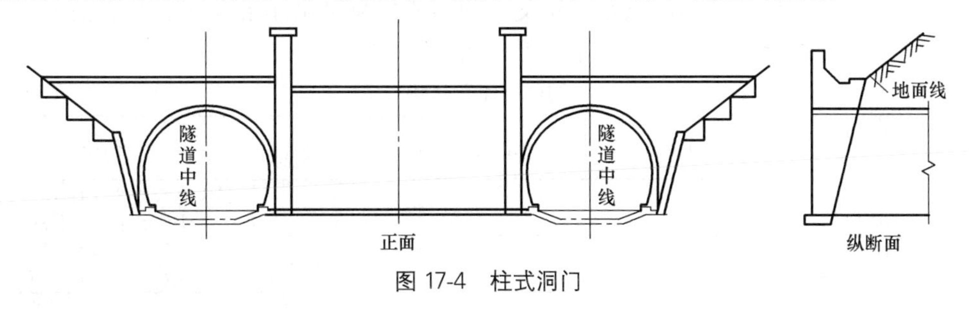

图 17-4　柱式洞门

4. 台阶式洞门（图 17-5）

台阶式洞门在沿溪线傍山隧道半路堑情况下常采用这种形式，为了适应山坡地形，将端墙常做成台阶式。

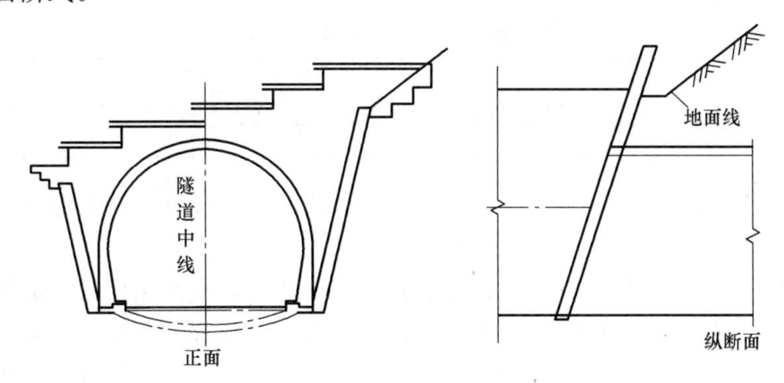

图 17-5　台阶式洞门

5. 环框式洞门（图 17-6）

环框式洞门形式最简单，一般适用于洞口地形陡峭、岩层完整、坚硬而且无风化岩层，开挖后边坡和仰坡稳固，坡面无坍塌可能，坡面上汇水量少，对隧道的施工和运营无影响。环框与洞口衬砌用混凝土整体灌注。当洞口为松软的堆积层时，通常应避免大的仰、边坡，一般宜采用接长明洞，恢复原地形地貌的办法。环框上方及两侧仍应设置排水沟渠，以排除地表水，防止漫流。

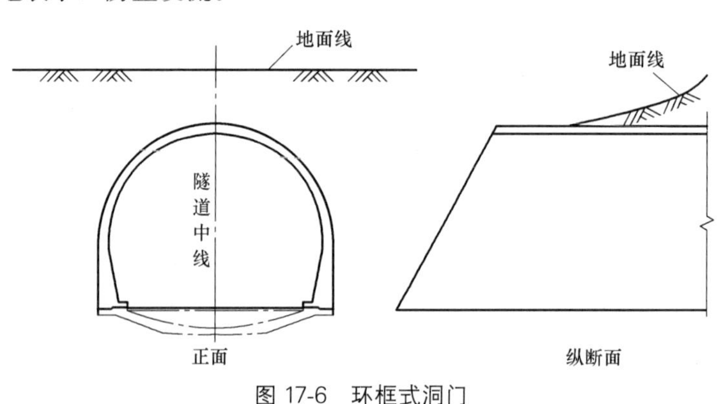

图 17-6　环框式洞门

二维码 17-7
衬砌构造

17.3.2　衬砌构造

洞门宜与隧道轴线正交。洞门墙材料可采用混凝土、片石混凝土和石砌体等，其强度等级不应低于表 17-1 的规定。

洞门墙建筑材料　　　　**表 17-1**

工程部位 \ 材料种类	混凝土	钢筋混凝土	片石混凝土	石砌体
端墙	C20	C25	C15	M10 水泥砂浆片石、块石镶面
顶帽	C20	C25	—	M10 水泥砂浆粗料石
翼墙和洞口挡土墙	C20	C25	C15	M7.5 水泥砂浆片石
侧沟、截水沟、护坡等	C15	—	—	M5 水泥砂浆片石

注：1. 护坡材料可采用 C20 喷射混凝土；
　　2. 最冷月份平均气温低于−15℃的地区，表中水泥砂浆的强度应提高一级。

洞门墙应根据实际需要设置伸缩缝、沉降缝和泄水孔；其结构的最小截面厚度，应根据不同的材料种类拟定，见表 17-2。

洞门墙结构最小截面厚度（cm）　　　　**表 17-2**

工程部位	材料种类				
	混凝土及钢筋混凝土	片石混凝土	浆砌粗料石或混凝土块	浆砌块石	浆砌片石
洞门端墙、翼墙和洞门挡土墙	30	40	30	30	50

洞门墙的正面尺寸，取决于所采用的洞门墙形式、边坡坡度、衬砌形式、地质条件及美观要求等因素。

在正常地形、地质条件下，可采用端墙式洞门。此时，应在设计时确定洞室中轴至边坡坡底的距离 a，基础埋置深度 h，洞门墙高 H 以及洞门墙厚 d。尺寸 a 应大于洞室衬砌的半跨及排水沟顶宽之和。洞门墙的基础必须置于稳固地基上，应视地形和地质条件，埋置足够的深度，保证洞门的稳定。其埋置深度 h，在坚硬岩石中可取 0.4～0.6m，中等坚硬岩石中可取 0.6～0.8m，松软岩层中可取 0.8～1.2m，在冻胀土壤地区，其埋置深度亦不得小于冰冻线以下 0.25m。基地埋置深度应大于墙边各种沟、槽基底的埋置深度。

岩石较差时，为防止洞顶石块坍落及减少落石冲击，洞顶仰坡坡脚至洞门墙背距离，一般不小于 1.5m；洞门墙顶至仰坡坡脚的高度不得小于 0.5m；洞门墙与仰坡之间水沟的沟底至衬砌拱顶外缘底高度通常不小于 1m（水沟底下如有填土应紧密夯实）。洞门墙应向后倾仰，其倾斜坡度一般为 1∶0.05～1∶0.02。

17.3.3 计算原理

二维码 17-8
计算原理

洞门墙可视为挡土墙来验算其强度，并应验算绕墙趾倾覆及沿基底滑动的稳定，从而最后决定洞门墙结构各部分尺寸。

1. 洞门墙承受的荷载（图 17-7）

1）墙背土石主动压力 E_a，可采用库仑公式或朗金公式计算，即按断面形状、尺寸大小、墙背回填上石表面的形状，以及土石内摩擦角因素进行计算；

2）墙身自重 W_1 与基础自重 W_2；

3）墙基础与地基间的摩擦力 F。

2. 洞门墙稳定件及强度验算

全部荷载作用下，整个洞门墙应不产生滑动和转动；同时，墙身截面应满足强度要求，而基础底面压力不得超过地基承载力。

1）荷载计算

土石主动压力 E_a，可按库仑公式或朗金公式计算，并根据墙的几何尺寸及所用材料的重度计算墙身和基础的自重。

2）稳定性验算（图 17-8）

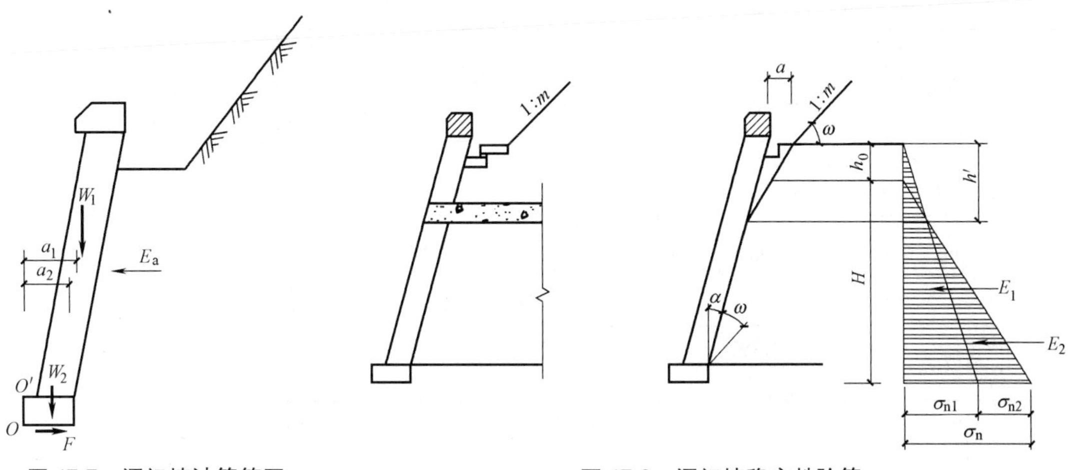

图 17-7 洞门墙计算简图 图 17-8 洞门墙稳定性验算

（1）倾覆稳定验算

对墙前前趾 O 的倾覆力矩为：

$$M_O = E_1 b_1 + E_2 b_2 \tag{17-1}$$

$$b_1 = \frac{1}{3}(H + h_0), b_2 = \frac{1}{3}(H + h_0 - h'), E_1 = \frac{1}{2}(H + h_0)\sigma_{H_1}, E_2 = \frac{1}{2}(H + h_0 - h')\sigma_{H_2}$$

$$而\ \sigma_{H_1} = \frac{H + h_0}{h'}\sigma_k, \sigma_{H_2} = \sigma_H - \frac{H + h_0}{h'}\sigma_k, h' = \frac{a}{\tan\omega - \tan\alpha}$$

式中 b_1、b_2——力臂。

对墙基前趾 O 的抗倾覆力矩为：

$$M_y = W_1 a_1 + W_2 a_2 \tag{17-2}$$

式中 W_1、W_2——洞门墙身及基础自重；

a_1、a_2——W_1、W_2 对墙基前趾 O 的力臂。

因此抗倾覆安全系数为：

$$K_r = \frac{M_y}{M_O} \tag{17-3}$$

一般要求 $K_r \geq 1.5$。

（2）滑动稳定验算

抗滑安全系数计算公式为：

$$K_S = \frac{f(W_1 + W_2)}{E_a} \tag{17-4}$$

式中 f——基底摩擦系数，$F = f(W_1 + W_2)$；

E_a——作用于全墙的上石主动压力。

（3）基底压力及墙身强度验算

为了保证洞门墙的基底应力不超过地基的容许承载力，应进行基底应力验算。基底应力验算可根据《公路桥涵地基与基础设计规范》JTG 3363—2019 进行计算，而墙身截面强度验算包括法向应力和剪应力验算，亦可根据相关规范进行（见表 17-3）。

洞门墙主要验算规定 **表 17-3**

墙身截面荷载效应值 S_d	不大于结构抗力效应值 R_d（按极限状态计算）
墙身截面偏心距 e	不大于 0.3 倍截面厚度
基底应力 σ	不大于地基容许承载力
基底偏心距 e	岩石地基不大于 $B/4 \sim B/5$；土质地基不大于 $B/6$（B 为墙底厚度）
滑动稳定安全系数 K_c	不大于 1.3
倾覆稳定安全系数 K_0	不大于 1.6

洞门设计计算参数按现场试验资料采用。当缺乏试验资料时，可参照表 17-4 选用。

洞门设计计算参数 **表 17-4**

仰坡坡度	计算摩擦角 φ (°)	重度 γ (kN/m^2)	基底摩擦系数 f	基地控制压应力 (MPa)
1∶0.50	70	25	0.6	0.8
1∶0.75	60	24	0.5	0.6
1∶1.00	50	20	0.4	0.40～0.35
1∶1.25	43～45	18	0.4	0.30～0.25
1∶1.50	38～40	17	0.35～0.4	0.25

17.4 端墙

为了防止地下建筑纵向近端的围岩进一步变形或破坏，需设置端墙。端墙可以做成平板形（图 17-9）。这种形式的结构，施工较为方便。

17.4.1 端墙形式

二维码 17-9
端墙形式

作用在端墙上的荷载，主要是围岩水平压力，可按该洞室所处的围岩条件计算，或由工程类比法估算水平压力值。

端墙的材料选择应根据水平压力的大小和端墙的高度、宽度等因素确定。当水平压力，端墙的高度、宽度均不大时，可选取混凝土、混凝土预制块或砖墙砌体来构筑。若水平压力，端墙的高度、宽度较大时，选取钢筋混凝土较为适宜。

17.4.2 端墙的计算

二维码 17-10
端墙计算

平板形端墙的计算，实际上是解周边简支（与衬砌分开施工时）或周边嵌固（底边可视具体情况，考虑嵌固或简支）的不规则薄板问题。为使计算得以简化，工程中常假定：

1）端墙所受水平压力是均匀分布的。

2）将不规则薄板简化为矩形薄板，其水平及竖向计算跨度近似取为（图 17-10）：

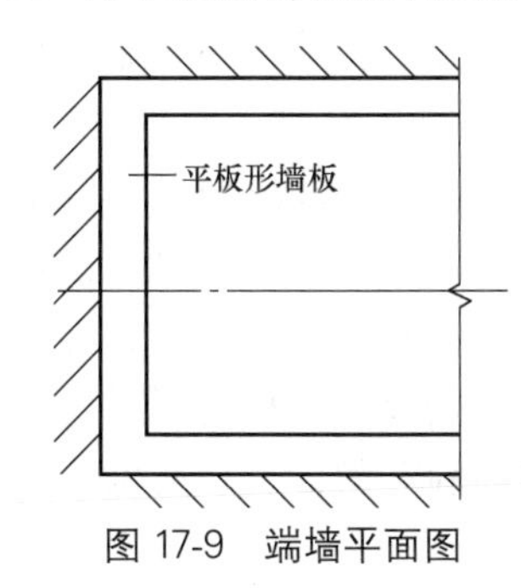

图 17-9　端墙平面图

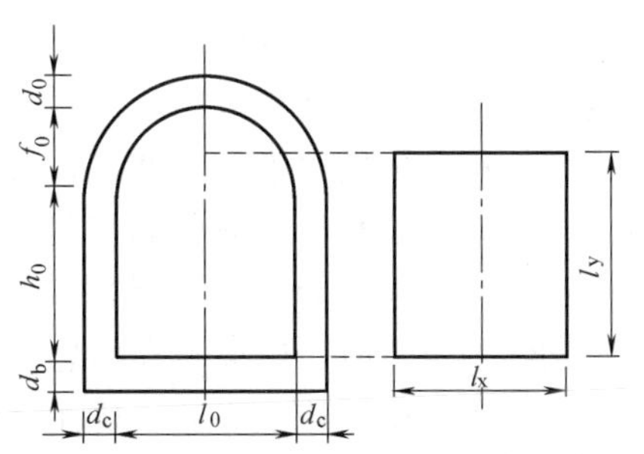

图 17-10　端墙水平及竖向计算跨度

$$l_x = l_0 + d_c$$

$$l_y = h_0 + \frac{2}{3} f_0 + \frac{1}{2} d_b$$

$\frac{l_y}{l_x}\left(或\frac{l_x}{l_y}\right) > 2$ 时，按单向板计算；$\frac{l_y}{l_x}\left(或\frac{l_x}{l_y}\right) \leqslant 2$ 时，按单向板计算。

3）当端墙用混凝土且与衬砌（不包括底板）整体构筑时，可按三边嵌固、底边简支的矩形板计算。当端墙用混凝土且与衬砌（包括底板，板厚不小于 20cm）整体构筑时，可按四边嵌固的矩形板计算。当端墙用混凝土预制块、砖石砌体时，可按四边简支的矩形板计算。

对于跨度、高度均不大的地下建筑，其端墙可按图 17-10 布置。这时，其工作状态，类似均布荷载作用下的单跨双向板。当为大跨度、高边墙的地下建筑时，端墙的高度和宽度，也势必随之较大，此时，可在端墙中再布置一些纵横方向的肋以减小板的跨度，加强端墙抵抗侧压力的承载能力（图 17-11）。最好是

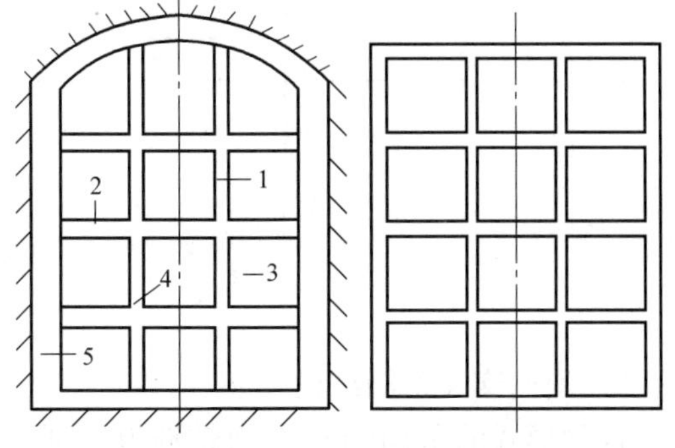

图 17-11　大跨度、高边墙洞室端墙结构布置图
1—纵肋；2—横肋；3—双向板；4—长锚杆；5—衬砌

将纵、横肋与洞内结构的楼盖梁板系统，以及纵向隔墙有机地结合起来，较为经济合理。否则，应在纵、横肋上，或十字交点处加设适当数量的长锚杆，以避免纵、横肋跨度过大所造成结构在技术经济上的不合理现象。上述加设纵、横肋的端墙结构工作状态，类似均布荷载作用下的连续双向板。

端墙按双向板计算时，可用双向肋形楼盖的计算公式。概括起来，大致是按弹性理论，或塑性理论两种方法计算。

但需要指出，视地下建筑的端墙为双向板的计算理论的选择，这里，应以采用弹性理论的计算方法为宜。

二维码 17-11
岔洞概述

17.5 岔洞

由于地下建筑的使用要求不同，会出现多种形式的平面布置，如“棋盘式”“放射式”等平面布置方案。这样，便会构成洞室在平面和空间方面纵横交错的交汇贯通。这种交汇贯通处的衬砌，称为岔洞结构。

岔洞结构为一空间结构体系，较直通式衬砌，无论受力状态、构造形式、施工技术等方面都复杂得多。由于岔洞处的围岩因应力集中极易失稳、塌方、冒顶，常因处理不当，致使施工和使用阶段发生事故。加之，目前对岔洞结构的设计，尚因缺乏对其实际受力状态的深入了解，还没有比较完善的实用计算方法。故当前主要以工程类比法进行设计，并在构造上进行某些加强处理。设计时，在满足使用要求的情况下，应尽量减少岔洞的数量；布置岔洞的位置时，应设置在围岩比较稳定的地段。在结构设计和构造形式方面，应能保证结构受力明确、施工方便。要注意吸取工程实践中的经验和教训，切实保证岔洞结构安全可靠，同时注意这方面的科学研究工作。

二维码 17-12
岔洞形式

17.5.1 岔洞及接头形式

1. 岔洞形式

1）垂直正交岔洞结构

这种形式的岔洞结构平面轴线相互垂直，包括双向的十字形岔洞形式及L形和T形岔洞结构，如图17-12（a）、(b)、(c）所示。

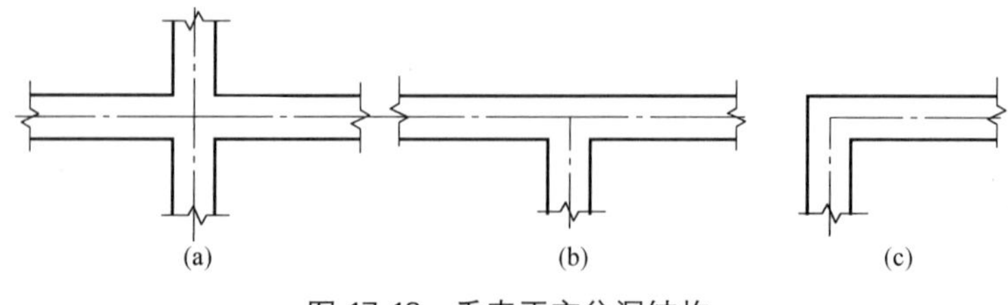

图17-12 垂直正交岔洞结构

（a）十字形；（b）T形；（c）L形

2）斜向交叉岔洞结构

这种形式的岔洞结构平面轴线互不垂直，且两相交轴线间的最小夹角 $\alpha \geqslant 60°$，如图17-13所示。

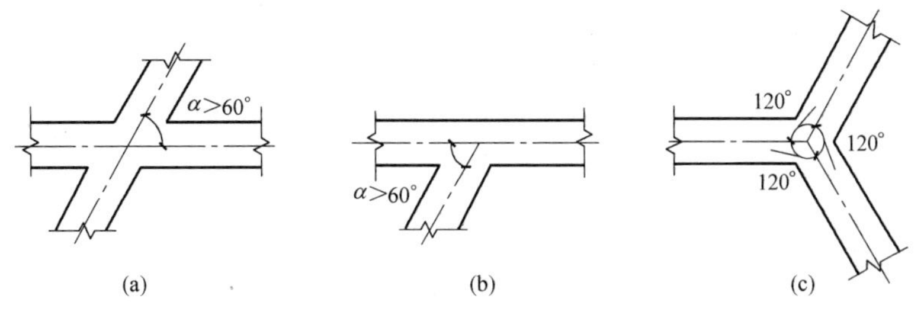

图 17-13 斜向交叉岔洞结构

(a) 双向贯穿交叉；(b) 单向交叉；(c) 三向交叉

3）混合式岔洞结构

这种形式的岔洞结构平面轴线有的相互垂直，有的不垂直，它是垂直正交和斜向交叉岔洞结构的混合形式，如图 17-14 所示。

4）放射式岔洞结构

这种形式的岔洞结构平面轴线以多于 4 条的数量交于一点，如图 17-15 所示。

实践表明，岔洞处相交的洞室越少，且各平面轴线相互垂直时，岔洞结构的受力情况较其他平面形式有利，故设计上常采用平面垂直正交岔洞结构。其他特殊的岔洞结构形式，仅在特殊情况下才采用。

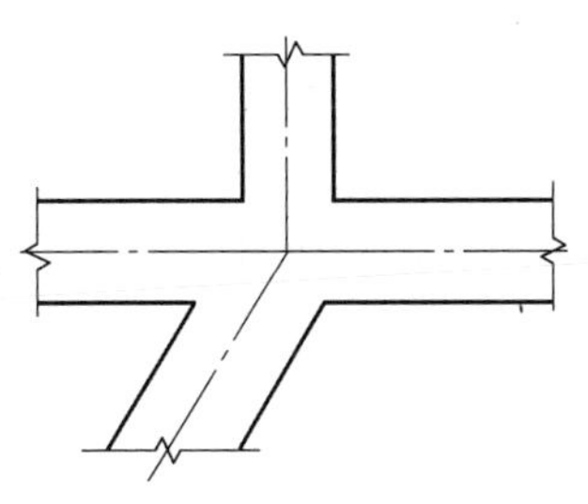

图 17-14 混合式岔洞结构

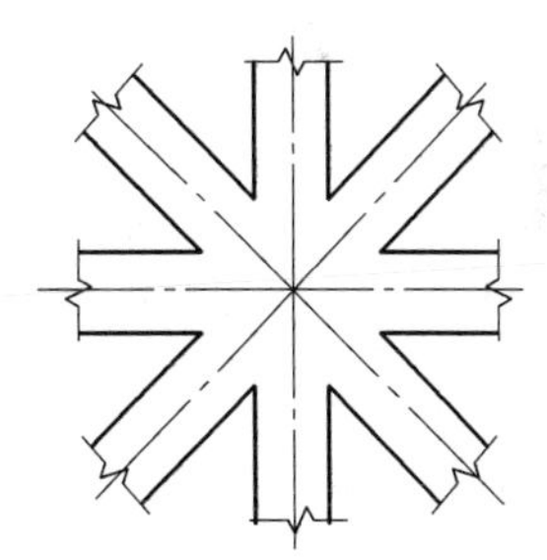

图 17-15 放射式岔洞结构

2. 岔洞接头形式

二维码 17-13 岔洞接头形式

岔洞的接头形式，是指岔洞结构的竖向连接形式。根据地下建筑的使用情况，对洞室的跨度，边墙高度的要求，将有所不同。这样，便会出现不同的岔洞接头形式。工程中，常见的岔洞接头形式（图 17-16）有：

1）边墙相交的岔洞接头

当一个洞室的拱顶标高低于另一个洞室的边墙顶的标高时，可采用这种接头形式，它构造简单、受力明确、施工方便。

2）拱顶平交的岔洞接头

当两个洞室的拱顶标高相等时的拱部相交，称为拱顶平交。

3）拱部半交的岔洞接头

当两个洞室的拱顶标高不相等时的拱部相交，称为拱部半交。

4）圆筒形岔洞接头

在多条洞室相交的岔洞，当使用要求通行车辆时，可采用圆筒和穹顶结构形式，并在穹顶底部做一环梁，使各相交洞室的拱顶标高低于穹顶环梁的标高。这种连接形式，受力比较明确，但土石方量较大。

5）边墙留孔岔洞接头

无论相交洞室的高度相等或不相等，均可采用。这种接头形式，也具有构造简单、受力明确的优点。但在施工过程中，交接跨处的岩石容易塌落，洞内管线通过处需预留孔洞。

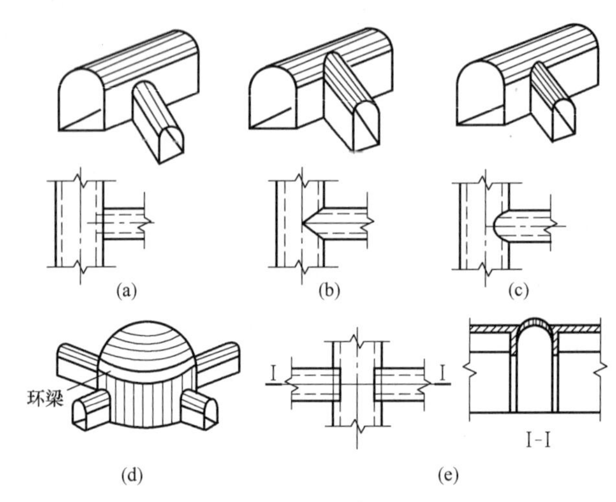

图 17-16 岔洞接头形式

（a）边墙相交；（b）拱顶平交；（c）拱部半交；（d）圆筒形；（e）边墙留孔

以上几种接头形式，如条件许可，以采用边墙相交，或边墙留孔的接头形式为宜。拱部半交和拱部平交（统称拱部相交）岔洞结构，根据试验资料表明，当垂直荷载作用时，裂缝首先在拱顶出现，这对结构是很不利的。因此，应尽量避免拱部相交。拱部平交较之拱部半交受力性能更差。在不得已采用拱部相交岔洞接头形式时，特别应注意加强拱顶的强度，并采取可靠的构造措施。

二维码 17-14 岔洞构造

17.5.2 岔洞构造

目前对于岔洞结构尚无统一的计算方法，可运用有限元法对岔洞结构进行数值分析，但岔洞结构的计算和设计仍主要是按工程类比法，并根据现有经验做适当构造处理。

1. 边墙相交或边墙留孔

构造的主要要求为：

1）当所留孔洞的上部墙壁高度较小时，可局部加厚边墙或配置构造钢筋。

2）所留孔洞上部的墙壁应有足够的强度，起着承受主洞室传来的围岩压力、回填荷载及衬砌自重的作用。

3）当所留孔洞的上部墙壁强度不足时，可局部加厚边墙或按构造配置钢筋。

2. 拱部相交

根据岔洞接头所处的地质情况，一般可采用加厚截面或按 0.2%配筋率配置构造钢筋的办法来处理。

主要的构造要求为：

1）当跨度较小时，可加厚截面。其中，岔洞处的拱部和边墙厚度可增加 5～10cm，加厚范围一般大于或等于 3m。

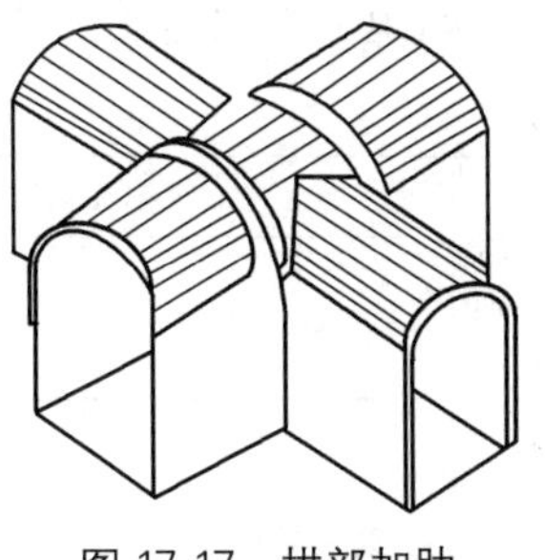
图 17-17　拱部加肋

2）当岔洞处的围岩稳定性较差时，如其中一个洞室的跨度不大，而另一个较大时，可在拱部相交的两侧加设拱肋，以增强岔洞结构的刚度，如图 17-17 所示。

3）当跨度较大时，应按 0.2%配筋率配置构造钢筋；如拱圈厚度不大于 40cm，受力筋直径不小于 12mm，间距 20～30cm；分布筋直径不小于 8mm，间距 30～50cm。如果拱圈厚度大于 40cm 受力筋直径不小于 16mm，间距 20～30cm。拱圈配筋加强范围，一般取（1/3～1/2）L，但不小于 3m。

4）斜交拱的配筋，可通过对斜交拱的近似计算确定。斜交拱内力按两端固定在边墙上的无铰拱计算，所承受的荷载有垂直围岩压力、回填荷载、斜交拱自重，以及由搭接拱脚传给斜交拱的三角形垂直荷载。斜交拱及搭接拱均按双面配置钢筋。

总之，关于岔洞结构，目前尚无比较实用的合理计算方法，可通过有限元等数值方法进行分析，并采取一些必要的构造处理措施来弥补岔洞结构计算中的不足。

17.6　竖井和斜井

二维码 17-15
竖井和斜井概述

地下建筑由于通风、排烟、交通运输，以及动力线路和管道不同用途，有时需布置成垂直或倾斜的永久性辅助洞室，这种辅助洞室称为竖井或斜井。对于施工中需要增加工作面，或临时性通风、运输等所构筑的临时竖井或斜井，应尽量与永久性竖井或斜井相结合，以节省人力、材料和降低工程造价。

17.6.1　竖井的构造和计算原理

二维码 17-16
竖井的构造
和计算原理

竖井是由井口、井筒及与水平洞室相邻的连接段组成。接近地表的竖井衬砌，称为井口，竖井与水平洞室相邻的连接衬砌，称为连接段，竖井其余部分，称为井筒，如图 17-18 所示。

竖井的布置应符合下列规定：

1）井口位置的高程应高出洪水频率为 1/100 的水位至少 0.5m。

图 17-18　竖井构造图

2）平面位置以设在隧道中线的一侧为宜，与隧道的净距宜为 15～20m。

3）竖井断面宜采用圆形，井筒内应设置安全梯。

4）井筒与井底车场连接处（或称马头门）应能满足通过隧道内所需的材料和设备的要求。

5）竖井应根据使用期限、井深、提升量，并结合安装维修等因素，选用钢丝绳罐道、钢罐道或木罐道。竖井的衬砌参数见表 17-5，竖井的衬砌设计应符合下列规定：①竖井井口应设混凝土或钢筋混凝土井颈，马头门应做模筑混凝土衬砌；②井口段、通过地质条件较差的井身段及马头门的上方宜设壁座，其形式、间距可根据地质条件、施工方法及衬砌类型确定。

竖井衬砌参数 **表 17-5**

围岩级别	锚喷衬砌		支护衬砌	复合衬砌		
				初期支护		二次衬砌
	D<5m	5m≤*D*≤7m		*D*<5m	5m≤*D*≤7m	
Ⅰ	喷混凝土厚 10cm	喷混凝土厚 10～15cm，必要时局部设锚杆	模筑混凝土或钢筋混凝土厚 30cm 或砌体厚 40cm	—	—	—
Ⅱ	喷混凝土厚 10～15cm，锚杆 1.5～2m，间距 1～1.5m	喷混凝土厚 15～20cm，锚杆长 2～2.5m，间距 1m，配钢筋网必要时加钢圈梁	模筑混凝土或钢筋混凝土厚 30cm 或砌体厚 50cm	—	—	—
Ⅲ	喷混凝土厚 15～20cm，锚杆长 2～2.5m，间距 1m，配钢筋网必要时加钢圈梁	喷混凝土厚 20cm，锚杆长 2.5～3m，间距 1m，配钢筋网，加钢圈梁	混凝土或钢筋混凝土厚 40cm 或砌体厚 60cm	喷混凝土厚 5～10cm，锚杆长 1.5～2m，间距 1m，必要时配钢筋网	喷混凝土厚 10～15cm，锚杆长 2～2.5m，间距 1m，必要时局部配钢筋网	30cm
Ⅳ	—	—	混凝土或钢筋混凝土厚 50cm 或砌体厚 70cm	喷混凝土厚 10～15cm，锚杆长 2～2.5m，间距 1m，必要时配钢筋网	喷混凝土厚 15～20cm，锚杆长 2.5～3m，间距 0.75～1m，配钢筋网	40cm
Ⅴ	—	—	混凝土或钢筋混凝土厚 60cm 或砌体厚 80cm	喷混凝土厚 15～20cm，锚杆长 2.5～3m，间距 0.75～1m，配钢筋网必要时加钢圈梁	喷混凝土厚 20～25cm，锚杆长 3～3.5m，间距 0.5～0.7m，配钢筋网必要时加钢圈梁	50cm

注：1. Ⅳ级围岩地段应采用特殊支护措施；
2. 钢筋网的钢筋宜选用 ϕ6～8mm，网格间距宜选用 10～20cm；
3. *D* 为竖井直径。

另外，竖井必须有相应的安全措施，应设置可靠的防坠器。

井口属于地下建筑的口部之一，它的作用是承受井口衬砌的自重和作用于井口衬砌上的地面荷载、围岩压力、水压力等。因此，井口需做衬砌。通常，可用钢筋混凝土或混凝土构筑。井口埋入地表以下的深度，按有关单位经验，当为浅表土层时，宜埋置在基岩以下 2～3m；厚表土层时，应埋置在冰冻线以下 0.25m 以下，并将底部扩大成盘状（锁口盘）。

井筒是竖井的主体部分，通常采用喷锚结构。当井筒采用其他材料构筑永久衬砌结构时，沿井筒全长，需根据地质条件、衬砌结构类型等确定每隔一定深度是否需要用混凝土构筑一圈井筒壁座。井筒壁座能将衬砌结构的重量和其他荷载传递给支撑壁座的围岩。但在较好的围岩中，当采用现浇混凝土衬砌时，由于井筒与围岩间存在着黏结抗剪力，实际上足以支撑一定高度的井筒，故一般可不做壁座。如在表土层和破碎带较厚的情况下，则需穿过软弱层，将壁座搁置在较好的围岩上。

连接段一般为钢筋混凝土构筑而成。竖井与正洞的连接有两种形式，一种是竖井的轴线在正洞的上方与正洞直交；一种是竖井的轴线在正洞的一侧与正洞以平道连接，其平洞长度一般为 15～20m。此外，竖井底部应设置集水坑，以便于抽水机将积水定时排出洞室。

竖井断面形式，一般为圆形。但在特殊用途的竖井中，有矩形、椭圆形以及多跨闭合形框架等形式。从受力特点看，圆形竖井通常是最有利的结构形式；矩形和多跨闭合框架形式的衬砌结构弯矩较大，需要较厚的截面尺寸，此时，竖井衬砌的截面仅承受轴向压力，而无弯矩作用；椭圆形竖井衬砌结构的受力性能介于上述两种形式之间。

竖井围岩压力计算可按有关章节内容进行。竖井结构属于弹性理论空间问题，因此，竖井结构的计算一般根据弹性理论，对于不同竖井形式进行简化计算。

1. 圆形竖井

二维码 17-17
圆形竖井

为了简化计算，按垂直于井筒轴线的环形结构进行内力分析。通常取井筒单位长度作为计算单元，先按筒壁厚度 d 与平均半径 r_0 的比值 d/r_0，来作为薄壁圆筒和厚壁圆筒的界限。当 $d/r_0 \leqslant \frac{1}{8}$ 时，可按薄壁圆筒计算；当 $d/r_0 > \frac{1}{8}$ 时，可按厚壁圆筒计算。地下建筑中的竖井大多属于薄壁圆筒。

由结构力学可知，薄壁圆筒是一个三次超静定环形结构，其多余未知力可用弹性中心法解出，假定井筒在正常情况下所受的围岩压力是径向均匀分布的，且筒壁仅产生轴向压力，则由平衡条件（图 17-19）可得：

$$N = P_h \cdot r_0 \tag{17-5}$$

$$N = \frac{r_1 + r_2}{2} \cdot P_h \tag{17-6}$$

式中　P_h——竖井围岩水平压力；

r_0——竖井井筒平均半径；

r_1——竖井井筒内半径；

r_2——竖井井筒外半径。

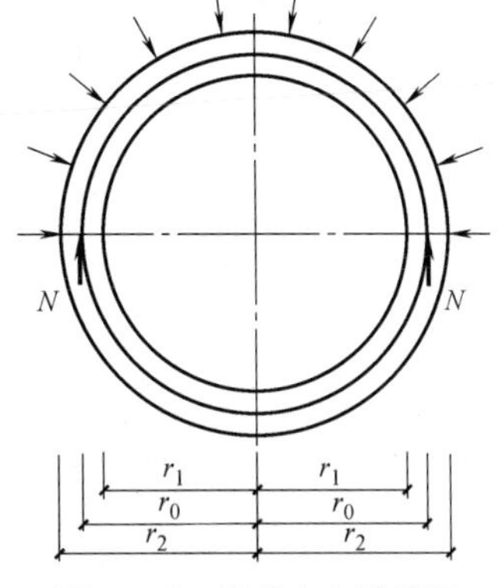

图 17-19　竖井内力计算图

竖井井筒径向的均布围岩压力 P_h 一般随深度而增加，因此，设计计算时可将竖井井筒全长分成若干段，并分别计算各段的径向均布围岩压力和各段的筒壁轴向压力 N，然后确定筒壁厚度。

此外，对于井口段的筒壁由于受其他非对称荷载（如地面荷载等）的影响，处于偏心受压状态，其内力分析应根据荷载最不利组合求解，筒壁强度则按偏心受压构件验算，在此不再赘述。

2. 矩形竖井

二维码 17-18
矩形竖井

矩形竖井井筒截面在侧向均布围压作用下，处于偏心受压状态，其内力分析可按结构力学解超静定结构的一般方法进行。

如图 17-20 所示，假定竖井井筒的长轴为 $2a_1$，短轴为 $2a_2$，并规定使截面内纤维受拉时的弯矩和使截面受压时的轴力为正。根据对称性原理，

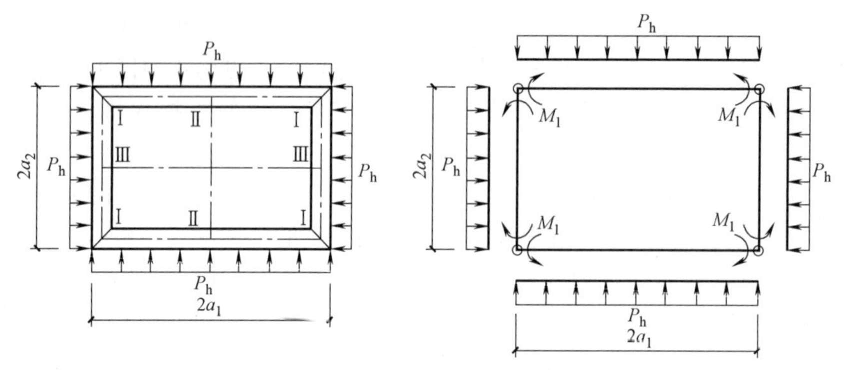

图 17-20 矩形竖井结构计算图

此时属于结构和荷载双对称结构。

由基本结构图可求得四个角点（截面Ⅰ）的弯矩为：

$$M_{\mathrm{I}}=-\frac{P_{\mathrm{h}}}{3}\cdot\frac{a_1^3+a_2^3}{a_1+a_2} \tag{17-7}$$

各杆件跨中弯矩（截面Ⅱ和Ⅲ）为：

$$M_{\mathrm{II}}=-\frac{P_{\mathrm{h}}}{6}\cdot\frac{a_1^3+3a_1^2a_2-2a_2^3}{a_1+a_2} \tag{17-8}$$

$$M_{\mathrm{III}}=-\frac{P_{\mathrm{h}}}{6}\cdot\frac{a_1^3+3a_1a_2^2-2a_1^3}{a_1+a_2} \tag{17-9}$$

杆件截面Ⅱ和Ⅲ的轴力为：

$$\left.\begin{aligned}N_{\mathrm{II}}&=P_{\mathrm{h}}\cdot a_2\\N_{\mathrm{III}}&=P_{\mathrm{h}}\cdot a_1\end{aligned}\right\} \tag{17-10}$$

式中符号含义同前。

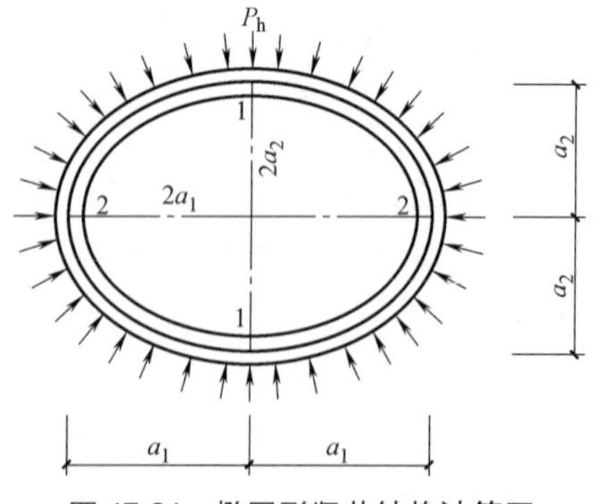

图 17-21 椭圆形竖井结构计算图

二维码 17-19 椭圆形竖井

根据上述公式即可求得矩形竖井的相应弯矩和轴力，进而确定筒壁厚度。

3. 椭圆形竖井

如图 17-21 所示，假定椭圆竖井的长轴为 $2a_1$，短轴为 $2a_2$，则根据弹性理论公式，可得到图 17-21 所示截面Ⅰ、Ⅱ的弯矩及轴力为：

$$\left.\begin{aligned}M_{\mathrm{I}}&=P_{\mathrm{h}}\cdot a_1^2\cdot\lambda \qquad N_{\mathrm{I}}=P_{\mathrm{h}}\cdot a_1\\M_{\mathrm{II}}&=-P_{\mathrm{h}}\cdot a_1^2\cdot\mu \quad N_{\mathrm{II}}=P_{\mathrm{h}}\cdot a_2\end{aligned}\right\} \tag{17-11}$$

式中系数 λ 和 μ 值可由表 17-6 查得。

根据现行规范进行筒壁强度验算时，由于井筒与围岩紧贴，故可取纵向弯曲系数 $\varphi=1$。

计算圆形竖井截面内力系数 λ 和 μ **表 17-6**

a_1/a_2	0.5	0.6	0.7	0.8	0.16	1.0
λ	0.629	0.391	0.237	0.133	0.057	0
μ	0.871	0.496	0.283	0.148	0.06	0

关于井口锁口盘的计算，也属于弹性理论问题，可假定为嵌固在井筒上得悬臂梁，但计算过程复杂而繁冗，在此不再赘述。

壁座的计算，主要是确定壁座尺寸，以满足壁座的强度要求。此外，壁座底部的地基反力，不得超过容许承载力。

二维码 17-20 井口锁口盘及壁座的计算

壁座一般用现浇混凝土构筑而成，其基本形式有单锥式和双锥式两种（图 17-22），一般多用双锥式，对于中等坚硬的岩层，也可用单锥式。

根据煤矿设计部门经验，壁座上斜边与水平线间的夹角 α，一般取 50°左右；下斜边与水平线间的夹角 β，一般取值：软岩层 $\beta=50°\sim60°$；中等坚硬岩层 $\beta=25°\sim45°$；坚硬岩层 $\beta=0°\sim15°$；所选定的 β 值，不应大于围岩的内摩擦角。

1）双锥式壁座的计算（图 17-23）

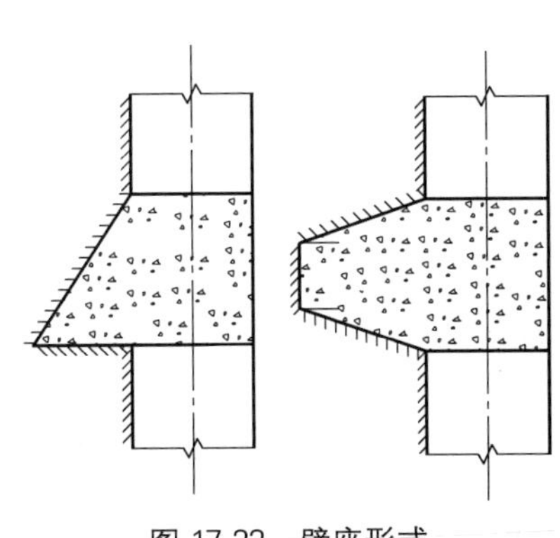

图 17-22　壁座形式

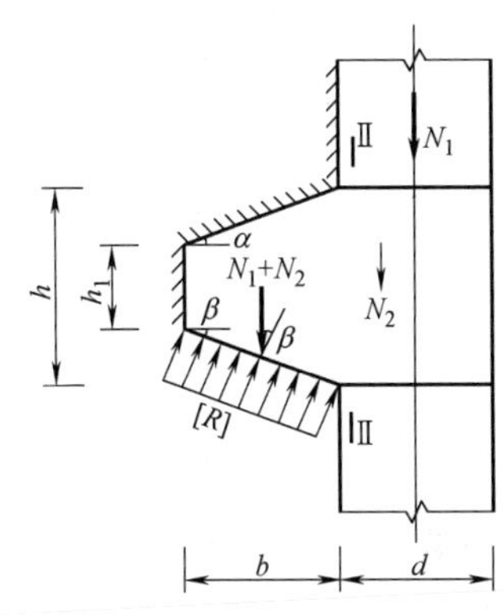

图 17-23　双锥式壁座计算图

计算时，不考虑筒壁与围岩间的黏结抗剪力（如考虑，则应通过试验确定该值），这时，上下两壁座间的井筒段自重及其他荷载，只能传给壁座的底部围岩。

根据壁座嵌固端抗弯、抗剪强度条件，及支承壁座底部的围岩地基容许承载力来确定壁座的宽度和高度。

（1）壁座宽度 b 计算

设沿井筒每单位弧长两壁座间的井筒衬砌自重及其他荷载为 N_1，每单位弧长壁座自重为 N_2，则作用在单位弧长壁座底部围岩地基的反力应满足：

$$\frac{N_1+N_2}{b}\cos^2\beta\leqslant[R]$$

解上式，得壁座宽度为：

$$b\geqslant\frac{N_1+N_2}{[R]}\cos^2\beta \tag{17-12}$$

式中　$[R]$——壁座底部围岩地基容许承载力。

按上式算得的壁座宽度，应大于筒壁厚度 d，一般可取 40～120cm。

（2）壁座高度 h 计算

根据混凝土受弯构件的正截面强度条件，来确定混凝土壁座嵌固端截面的高度。

壁座嵌固端（截面Ⅰ-Ⅰ）弯矩为：

$$M=\frac{b^2[R]}{2\cos^2\beta} \tag{17-13}$$

由混凝土受弯构件矩形截面正截面强度条件知：$KM\leqslant\frac{h^2}{3.5}R_1$。

经整理后得：

$$h\geqslant\frac{1.32b}{\cos\beta}\sqrt{\frac{K[R]}{R_1}} \tag{17-14}$$

所算得的壁座高度需大于筒壁厚度 d，一般可取 100～150cm。同时，尚应按下式验算壁座嵌固端截面的抗剪强度：

$$K(N_1+N_2)\leqslant R_1 h \tag{17-15}$$

式中 K——混凝土按抗拉强度计算的受压、受弯构件强度设计安全系数；

R_1——混凝土抗拉设计强度。

2）单锥式壁座的计算

单锥式壁座底部是水平的，故 $\beta=0$（即 $\cos\beta=1$），很容易从式（17-12）、式（17-14）得到计算单锥式壁座宽度和高度的公式为：

$$\left.\begin{aligned} b&=\frac{N_1+N_2}{[R]}\\ h&=1.32\sqrt{\frac{K[R]}{R_1}}\end{aligned}\right\} \tag{17-16}$$

壁座嵌固端抗剪强度，仍按式（17-15）验算。

二维码 17-21 斜井的构造和计算原理

17.6.2 斜井的构造和计算原理

斜井的布置应符合下列规定：

1）斜井不得设在可能被洪水淹没处，井口位置的高程应高出洪水频率 1/100 的水位至少 0.5m；如设于山沟低洼处，必须有防洪措施。

2）斜井提升方式应根据提升量、斜井长度及井口地形选择。各种提升方式的斜井倾角规定如下：①箕斗提升不大于 35°；②串车提升不大于 25°；③胶带输送机提升不大于 15°。

3）与隧道中线连接处的平面交角宜采用 40°～50°。

4）井身纵断面不宜变坡，井口和井底变坡点应设置竖曲线，竖曲线半径宜采用 12～20m。

5）斜井的必须设置宽度不小于 0.7m 的人行道，倾角大于 15°时应设置台阶。斜井井口段和地质较差的地段，宜作衬砌。斜井平导横洞及风道衬砌参数可参见表 17-7。

斜井平导横洞及风道衬砌参数 表 17-7

围岩级别	锚喷支护	模筑混凝土上衬砌	复合衬砌	
			初期支护	二次衬砌
Ⅰ	5cm	20cm	不支护，局部喷混凝土或水泥砂浆护面	20cm
Ⅱ	5cm	20cm	局部喷射混凝土厚 5cm	20cm
Ⅲ	10cm，局部锚杆长 2～2.5m	25～30cm	喷混凝土厚 5～8cm，局部设锚杆，长 2m	20cm

续表

围岩级别	锚喷支护	模筑混凝土上衬砌	复合衬砌	
			初期支护	二次衬砌
Ⅳ	—	35～40cm	喷混凝土厚 8～10cm，拱部设锚杆，长 2～2.5m，间距 1～1.2m，必要时拱部设钢筋网	25～30cm
Ⅴ	—	45～50cm，必要时设仰拱	喷混凝土厚 10～15cm，设系统锚杆，长 2.5～3m，间距 1m，设钢筋网	35～40cm，必要时设仰拱

注：1. Ⅳ级围岩地段应特殊设计；
2. 喷锚衬砌仅适用于地下水不发育，无侵蚀条件并能保证光面爆破效果的Ⅰ～Ⅲ级围岩地段；
3. 适用于通进宽度不大于 5m，当通道宽度大于 5m 时另行设计。

另外，斜井必须有相应的安全措施，并在适当位置设挡车设备，严防溜车。倾角在15°以上的斜井应有轨道的防滑措施。

斜井的工作状态，除与地质条件等因素有关外，还取决于斜井轴线与水平线间的夹角。通常斜井的倾角主要取决于提升方式和提升量，并需结合斜井长和井口地形，规范中规定的是不同提升方式的最大倾角。此外，斜井口和井底设置竖曲线是为了斜井的运渣车辆能顺利通过变坡点，不致发生脱轨脱钩现象，以保证牵引和运输的畅顺。

斜井坡度较大，出渣、进料的运输安全要特别强调，规范规定斜井运输车辆一般不允许人员乘坐，且必须设置不小于 0.7m 宽的人行道供上下班工人行走。如洞内发生骤急情况，作为紧急出口，人行道更是不可少，并尽可能的设置台阶，通常斜井倾角大于 15°时应设置台阶。

关于斜井的设计计算（图 17-24），一般可根据其倾角大小作如下简化：

1）当斜井倾角 $\alpha<45°$时，可按水平洞室进行设计。首先取垂直于斜井轴线的断面作为计算断面，作用在斜井计算断面上的拱部围岩压力，为按相应的水平洞室确定的围岩垂直压力乘以 $\cos\alpha$，而边墙水平压力，与相应的水平洞室确定的水平压力相同。同时，为了保证斜井的稳定，避免斜井沿斜面滑移，应采取必要的构造措施。一般可将斜井的墙底做成高度为 0.4～1.0m 的台阶基础（图 17-25）。若斜井边墙为天然石料或混凝土预制块时，则应水平砌筑。有必要时，也可每隔一定长度于衬砌周围设置与衬砌整体连接的壁座。

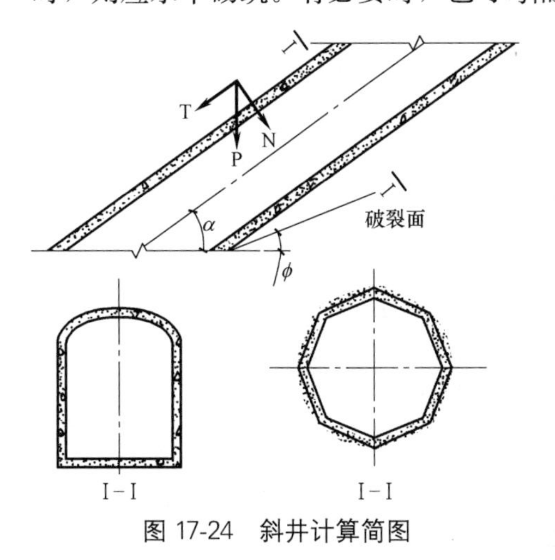

图 17-24　斜井计算简图

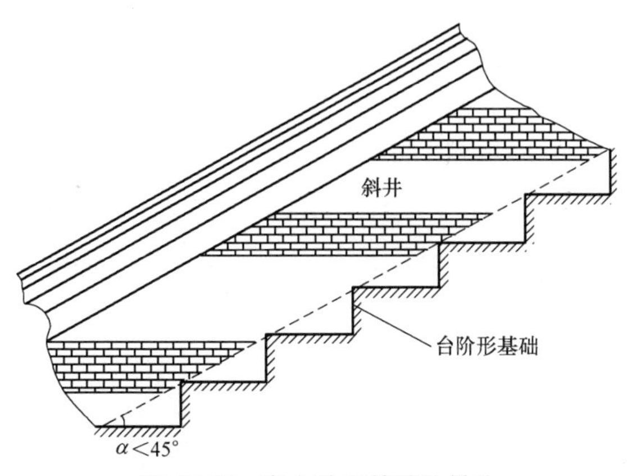

图 17-25　有台阶形基础的斜井

衬砌的计算方法与贴壁式直墙衬砌结构相同。

2）当斜井倾角 $\alpha > 45°$时，可按竖井结构进行设计，这时作用在计算断面周围的水平压力，为按相应竖井计算的水平压力乘以 $\sin\alpha$，且计算方法与竖井相同。

本章小结

（1）特殊地下结构主要包括穹顶直墙、洞门、岔洞、端墙、竖井、斜井等。

（2）为了保护岩（土）体的稳定和使车辆不受崩塌、落石等威胁，确保行车安全，应该选择恰当的洞门形式，洞门主要有端墙式、翼墙式、柱式、台阶式、环框式。

（3）岔洞结构为一空间结构体系，主要分为垂直正交岔洞结构、斜向交叉岔洞结构、混合式岔洞结构、放射式岔洞结构。

思考与练习题

17-1 简述穹顶直墙的形式和构造要求。

17-2 简述洞门的类型及各自适用范围。

17-3 简述岔洞及接头的形式。

17-4 简述竖井的特点及计算方法。

附录　弹性地基梁计算用表

双曲线三角函数 $\varphi_1 \sim \varphi_4$　　　　**附表 1**

αx	φ_1	φ_2	φ_3	φ_4	αx	φ_1	φ_2	φ_3	φ_4
0.0	1.0000	0	0	0	3.6	-16.4218	-24.5016	-8.0918	8.2940
0.1	1.0000	0.2000	0.0100	0.0006	3.7	-17.1622	-27.8630	-10.7088	6.4196
0.2	0.9997	0.4000	0.0400	0.0054	3.8	-17.6875	-31.3522	-13.6686	3.9876
0.3	0.9987	0.5998	0.0900	0.0180	3.9	-17.9387	-34.9198	-16.9818	0.9284
0.4	0.9957	0.7994	0.1600	0.0427	4.0	-17.8498	-38.5048	-20.6530	-2.8292
0.5	0.9895	0.9980	0.2498	0.0833	4.1	-17.3472	-42.0320	-24.6808	-7.3568
0.6	0.9784	1.1948	0.3596	0.1439	4.2	-16.3505	-45.4110	-29.0548	-12.7248
0.7	0.9600	1.3888	0.4888	0.2284	4.3	-14.7722	-48.5338	-33.7546	-19.0004
0.8	0.9318	1.5782	0.6372	0.3406	4.4	-12.5180	-51.2746	-38.7486	-26.2460
0.9	0.8931	1.7608	0.8042	0.4845	4.5	-9.4890	-53.4894	-43.9918	-34.5160
1.0	0.8337	1.9336	0.9890	0.6635	4.6	-5.5791	-55.0114	-49.4234	-43.8552
1.1	0.7568	2.0930	1.1904	0.8811	4.7	-0.6812	-55.6548	-54.9646	-54.2928
1.2	0.6561	2.2346	1.4070	1.1406	4.8	5.3164	-55.2104	-60.5178	-65.8416
1.3	0.5272	2.3534	1.6366	1.4448	4.9	12.5239	-53.4478	-65.9628	-78.4928
1.4	0.3656	2.4434	1.8766	1.7959	5.0	21.0504	-50.1130	-71.1550	-92.2100
1.5	0.1664	2.4972	2.1240	2.1959	5.1	30.9997	-44.9322	-75.9238	-106.9268
1.6	-0.0753	2.5070	2.3746	2.6458	5.2	42.4661	-37.6114	-80.0700	-122.5384
1.7	-0.3644	2.4644	2.6236	3.1451	5.3	55.5317	-27.8402	-83.3652	-138.8984
1.8	-0.7060	2.3578	2.8652	3.6947	5.4	70.2637	-15.2880	-85.5454	-155.8096
1.9	-1.1049	2.1776	3.0928	4.2908	5.5	86.7044	0.3802	-86.3186	-173.0223
2.0	-1.5656	1.9116	3.2980	4.9301	5.6	104.8687	19.5088	-85.3550	-190.2232
2.1	-2.0923	1.5470	3.4718	5.6078	5.7	124.7352	42.4398	-82.2908	-207.0252
2.2	-2.6882	1.0702	3.6036	6.3162	5.8	146.2448	69.5128	-76.7280	-222.9716
2.3	-3.3562	0.4670	3.6816	7.0457	5.9	169.2837	101.0406	-68.2396	-237.5220
2.4	-4.0976	-0.2772	3.6922	7.7842	6.0	193.6813	137.3156	-56.3624	-250.0424
2.5	-4.9128	-1.1770	3.6210	8.5170	6.1	219.2004	178.5894	-40.6086	-259.8072
2.6	-5.8003	-2.2472	3.4512	9.2260	6.2	245.5231	225.0498	-20.4712	-265.9924
2.7	-6.7565	-3.5018	3.1654	9.8898	6.3	272.2487	276.8240	4.5772	-267.6700
2.8	-7.7759	-4.9540	2.7442	10.4832	6.4	298.8909	333.9444	35.0724	-263.7944
2.9	-8.8471	-6.6158	2.1676	10.9772	6.5	324.7861	396.3274	71.5426	-253.2420
3.0	-9.9669	-8.4970	1.4138	11.3384	6.6	349.2554	463.7602	114.5056	-234.7480
3.1	-11.1119	-10.6046	0.4606	11.5392	6.7	371.4244	535.8748	164.4510	-206.9720
3.2	-12.2656	-12.9422	-0.7148	11.5076	6.8	390.2947	612.1116	221.8174	-168.4760
3.3	-13.4048	-15.5098	-2.1356	11.2272	6.9	404.7145	691.6650	286.9854	-117.7327
3.4	-14.5008	-18.3014	-3.8242	10.6356	7.0	413.3762	773.6144	360.2382	-53.1368
3.5	-15.5198	-21.3050	-5.8028	9.6780					

双曲线三角函数 $\varphi_5-\varphi_8$　　附表 2

αx	φ_5	φ_6	φ_7	φ_8	αx	φ_5	φ_6	φ_7	φ_8
0.0	1.0000	1.0000	1.0000	0.0000	3.6	-0.0124	-0.0245	-0.0366	-0.0121
0.1	0.8100	0.9004	0.9907	0.0903	3.7	-0.0079	-0.0210	-0.0341	-0.0131
0.2	0.6398	0.8024	0.9651	0.1627	3.8	-0.0040	-0.0177	-0.0314	-0.0137
0.3	0.4888	0.7078	0.9267	0.2189	3.9	-0.0008	-0.0147	-0.0286	-0.0139
0.4	0.3564	0.6174	0.8784	0.2610	4.0	0.0019	-0.0120	-0.0258	-0.0139
0.5	0.2415	0.5323	0.8231	0.0908	4.1	0.0040	-0.0096	-0.0231	-0.0136
0.6	0.1413	0.4530	0.7628	0.3099	4.2	0.0057	-0.0074	-0.0204	-0.0131
0.7	0.0599	0.3798	0.6997	0.3199	4.3	0.0070	-0.0055	-0.0179	-0.0124
0.8	-0.0093	0.3030	0.6354	0.3223	4.4	0.0079	-0.0038	-0.0155	-0.0117
0.9	-0.0657	0.2528	0.5712	0.3185	4.5	0.0085	-0.0024	-0.0132	-0.0109
1.0	-0.1108	0.1988	0.5083	0.3096	4.6	0.0089	-0.0011	-0.0111	-0.0100
1.1	-0.1457	0.1510	0.4476	0.2967	4.7	0.0090	-0.0002	-0.0092	-0.0091
1.2	-0.1716	0.1092	0.3899	0.2807	4.8	0.0089	0.0007	-0.0075	-0.0082
1.3	-0.1897	0.0729	0.3355	0.2626	4.9	0.0087	0.0014	-0.0059	-0.0073
1.4	-0.2011	0.0419	0.2849	0.2430	5.0	0.0084	0.0020	-0.0046	-0.0065
1.5	-0.2068	0.0158	0.2384	0.2226	5.1	0.0080	0.0024	-0.0033	-0.0056
1.6	-0.2077	-0.0059	0.1959	0.2018	5.2	0.0075	0.0026	-0.0023	-0.0049
1.7	-0.2047	-0.0236	0.1576	0.1812	5.3	0.0069	0.0028	-0.0014	-0.0042
1.8	-0.1985	-0.0376	0.1234	0.1610	5.4	0.0064	0.0029	-0.0006	-0.0035
1.9	-0.1899	-0.0484	0.0932	0.1415	5.5	0.0058	0.0029	0.0001	-0.0029
2.0	-0.1794	-0.0564	0.0667	0.1231	5.6	0.0052	0.0029	0.0005	-0.0023
2.1	-0.1675	-0.0618	0.0439	0.1057	5.7	0.0046	0.0028	0.0010	-0.0018
2.2	-0.1548	-0.0652	0.0244	0.0896	5.8	0.0041	0.0027	0.0013	-0.0014
2.3	-0.1416	-0.0668	0.0080	0.0748	5.9	0.0036	0.0026	0.0015	-0.0010
2.4	-0.1282	-0.0669	-0.0056	0.0613	6.0	0.0031	0.0024	0.0017	-0.0007
2.5	-0.1149	-0.0658	-0.0166	0.0491	6.1	0.0026	0.0022	0.0018	-0.0004
2.6	-0.1019	-0.0636	-0.0254	0.0383	6.2	0.0022	0.0020	0.0019	-0.0002
2.7	-0.0895	-0.0608	-0.0320	0.0287	6.3	0.0018	0.0019	0.0019	0.0000
2.8	-0.0777	-0.0573	-0.0369	0.0204	6.4	0.0015	0.0017	0.0018	0.0002
2.9	-0.0666	-0.0535	-0.0403	0.0133	6.5	0.0012	0.0015	0.0018	0.0003
3.0	-0.0563	-0.0493	-0.0423	0.0070	6.6	0.0009	0.0013	0.0017	0.0004
3.1	-0.0469	-0.0450	-0.0431	0.0019	6.7	0.0006	0.0012	0.0016	0.0005
3.2	-0.0383	-0.0407	-0.0431	-0.0024	6.8	0.0004	0.0010	0.0015	0.0006
3.3	-0.0306	-0.0364	-0.0422	-0.0058	6.9	0.0002	0.0008	0.0014	0.0006
3.4	-0.0237	-0.0322	-0.0408	-0.0085	7.0	0.0001	0.0007	0.0013	0.0006
3.5	-0.0177	-0.0283	-0.0389	-0.0106					

双曲线三角函数 $\varphi_9-\varphi_{15}$ **附表 3**

αx	φ_9	φ_{10}	φ_{11}	φ_{12}	φ_{13}	φ_{14}	φ_{15}
1.0	1.3365	0.6794	1.1341	0.8365	1.0446	0.5028	1.0112
1.1	1.4948	0.9122	1.3163	0.9949	1.2890	0.7380	1.3526
1.2	1.7050	1.1978	1.5355	1.2050	1.5736	1.0488	1.7680
1.3	1.9780	1.5448	1.8026	1.4780	1.9066	1.4508	2.2672
1.4	2.3276	1.9642	2.1317	1.8277	2.2986	1.9620	2.8621
1.5	2.7694	2.4692	2.5397	2.2694	2.7644	2.6031	3.5672
1.6	3.3222	3.0762	3.0470	2.8222	3.3214	3.3974	4.3990
1.7	4.0079	3.8052	3.6774	3.5079	3.9914	4.3722	5.3780
1.8	4.8541	4.6820	4.4608	4.3542	4.8024	5.5601	6.5294
1.9	5.8926	5.7378	5.4319	5.3926	5.7884	6.9975	7.8832
2.0	7.1637	7.0116	6.6333	6.6637	6.9906	8.7295	9.4770
2.1	8.7150	8.5518	8.1161	8.2151	8.4604	10.8071	11.3556
2.2	10.6060	10.4176	9.9419	10.1060	10.2598	13.2942	13.5758
2.3	12.9087	12.6828	12.1859	12.4087	12.4650	16.2650	16.2056
2.4	15.7120	15.4368	14.9388	15.2120	15.1678	19.8097	19.3292
2.5	19.1234	18.8790	18.3111	18.6235	18.4816	24.0360	23.0490
2.6	23.2768	22.8790	22.4373	22.7768	22.5424	29.0772	27.4922
2.7	28.3353	27.8688	27.4823	27.8353	27.5180	35.0921	32.8138

基础梁受均布荷载的 $\overline{\sigma}$、$\overline{Q}$、$\overline{M}$ 系数 **附表 4**

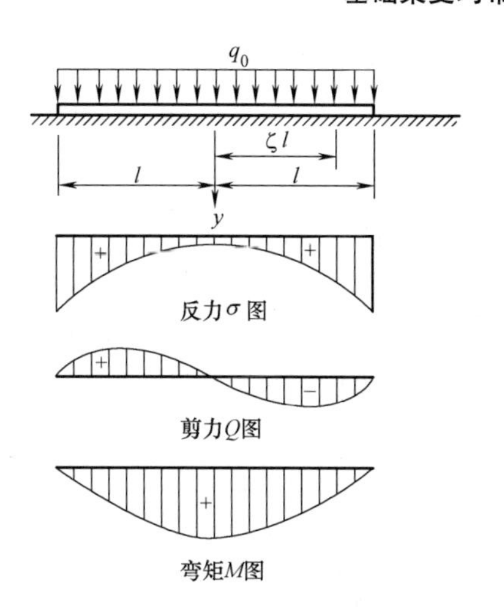

转换公式：$\sigma=\overline{\sigma}q_0$；

$Q=\overline{Q}q_0l$；

$M=\overline{M}q_0l^2$。

均布荷载 $\overline{\sigma}$ **附表 4-1**

t \ ζ	0.0	0.1	0.2	0.3	0.4	0.5	0.6	0.7	0.8	0.9	1.0
0	0.64	0.64	0.65	0.67	0.69	0.74	0.80	0.89	1.06	1.46	—
1	0.69	0.70	0.71	0.72	0.75	0.80	0.87	0.99	1.23	1.69	—
2	0.72	0.72	0.74	0.74	0.77	0.81	0.87	0.99	1.21	1.65	—
3	0.74	0.75	0.75	0.76	0.78	0.81	0.87	0.9	1.19	1.61	—
5	0.77	0.78	0.78	0.79	0.80	0.83	0.88	0.97	1.16	1.55	—
7	0.80	0.80	0.81	0.81	0.82	0.84	0.88	0.96	1.13	1.50	—
10	0.84	0.84	0.84	0.84	0.84	0.85	0.88	0.95	1.11	1.44	—
15	0.88	0.88	0.87	0.87	0.87	0.87	0.89	0.94	1.07	1.37	—
20	0.90	0.90	0.90	0.89	0.89	0.88	0.89	0.93	1.05	1.32	—
30	0.94	0.94	0.93	0.92	0.91	0.90	0.90	0.92	1.01	1.26	—
50	0.97	0.97	0.96	0.95	0.94	0.92	0.91	0.92	0.99	1.18	—

均布荷载 $\overline{Q}$ 附表 4-2

t \ ζ	0.0	0.1	0.2	0.3	0.4	0.5	0.6	0.7	0.8	0.9	1.0
0	0	−0.036	−0.072	−0.106	−0.138	−0.167	−0.190	−0.206	−0.210	−0.187	0
1	0	−0.030	−0.060	−0.089	−0.115	−0.138	−0.155	−0.163	−0.153	−0.110	0
2	0	−0.028	−0.056	−0.082	−0.107	−0.128	−0.145	−0.153	−0.144	−0.104	0
3	0	−0.026	−0.052	−0.076	−0.099	−0.120	−0.136	−0.144	−0.136	−0.099	0
5	0	−0.022	−0.045	−0.066	−0.087	−0.105	−0.121	−0.129	−0.124	−0.090	0
7	0	−0.020	−0.039	−0.058	−0.077	−0.094	−0.108	−0.117	−0.113	−0.084	0
10	0	−0.016	−0.033	−0.049	−0.065	−0.080	−0.094	−0.103	−0.101	−0.075	0
15	0	−0.012	−0.025	−0.038	−0.051	−0.064	−0.076	−0.085	−0.085	−0.065	0
20	0	−0.010	−0.019	−0.030	−0.041	−0.053	−0.064	−0.073	−0.075	−0.060	0
30	0	−0.006	−0.012	−0.020	−0.026	−0.038	−0.048	−0.057	−0.061	−0.050	0
50	0	−0.003	−0.006	−0.010	−0.015	−0.022	−0.031	−0.040	−0.045	−0.039	0

均布荷载 $\overline{M}$ 附表 4-3

t \ ζ	0.0	0.1	0.2	0.3	0.4	0.5	0.6	0.7	0.8	0.9	1.0
0	0.137	0.135	0.129	0.120	0.108	0.093	0.075	0.055	0.034	0.014	0
1	0.103	0.101	0.097	0.089	0.079	0.066	0.052	0.036	0.020	0.006	0
2	0.096	0.095	0.091	0.084	0.074	0.063	0.049	0.034	0.019	0.006	0
6	0.090	0.089	0.085	0.079	0.070	0.059	0.046	0.032	0.018	0.006	0
6	0.080	0.079	0.076	0.070	0.063	0.053	0.042	0.029	0.016	0.005	0
7	0.072	0.071	0.068	0.063	0.057	0.048	0.038	0.027	0.015	0.005	0
10	0.063	0.062	0.059	0.055	0.050	0.042	0.034	0.024	0.013	0.004	0
16	0.051	0.050	0.049	0.046	0.041	0.036	0.028	0.020	0.011	0.004	0
20	0.043	0.043	0.041	0.039	0.035	0.031	0.025	0.018	0.010	0.003	0
30	0.033	0.033	0.032	0.030	0.028	0.024	0.020	0.015	0.009	0.003	0
50	0.022	0.021	0.021	0.020	0.019	0.017	0.014	0.011	0.007	0.002	0

基础梁受集中荷载的 $\overline{\sigma}$、$\overline{Q}$、$\overline{M}$ 系数 附表 5

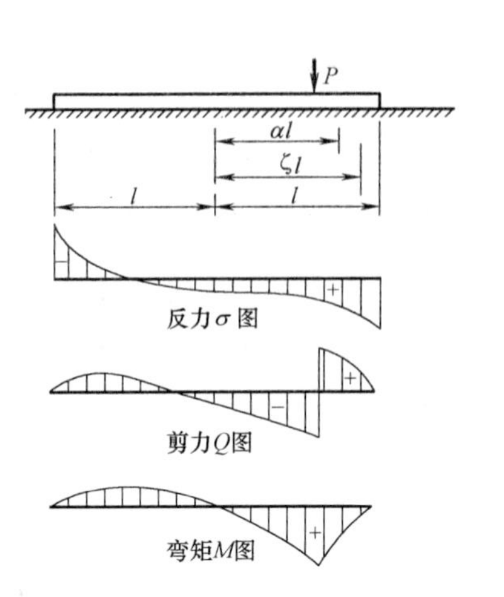

转换公式：$\sigma=\overline{\sigma}P/l$；

$Q=\pm\overline{Q}P$；

$M=\overline{M}Pl$。

$t=0$ 集中荷载 $\overline{\sigma}$ 附表 5-1 (a)

α \ ζ	−1.0	−0.9	−0.8	−0.7	−0.6	−0.5	−0.4	−0.3	−0.2	−0.1	0.0	0.1	0.2	0.3	0.4	0.5	0.6	0.7	0.8	0.9	1.0	
0.0	—	0.73	0.53	0.46	0.40	0.37	0.35	0.33	0.32	0.32	0.32	0.32	0.32	0.33	0.35	0.37	0.40	0.45	0.53	0.73	—	0.0
0.1	—	0.60	0.45	0.38	0.35	0.33	0.32	0.31	0.31	0.31	0.32	0.33	0.34	0.35	0.37	0.40	0.45	0.51	0.61	0.86	—	−0.1
0.2	—	0.47	0.36	0.32	0.30	0.29	0.29	0.29	0.30	0.31	0.32	0.33	0.35	0.37	0.40	0.44	0.49	0.57	0.70	0.99	—	−0.2
0.3	—	0.34	0.28	0.26	0.25	0.26	0.26	0.27	0.29	0.30	0.32	0.34	0.36	0.39	0.43	0.48	0.54	0.63	0.78	1.12	—	−0.3
0.4	—	0.20	0.19	0.20	0.21	0.22	0.24	0.25	0.27	0.29	0.32	0.35	0.38	0.41	0.46	0.51	0.59	0.69	0.87	1.26	—	−0.4
0.5	—	0.07	0.11	0.13	0.16	0.18	0.21	0.23	0.26	0.29	0.32	0.35	0.39	0.43	0.49	0.55	0.64	0.76	0.95	1.39	—	−0.5
0.6	—	−0.06	0.02	0.07	0.11	0.15	0.18	0.21	0.25	0.28	0.32	0.30	0.40	0.45	0.51	0.59	0.68	0.82	1.04	1.52	—	−0.6
0.7	—	−0.19	−0.06	−0.01	0.06	0.11	0.15	0.19	0.23	0.27	0.32	0.36	0.42	0.47	0.54	0.62	0.73	0.88	1.12	1.65	—	−0.7
0.8	—	−0.32	−0.15	−0.05	0.02	0.07	0.12	0.17	0.22	0.27	0.32	0.37	0.43	0.49	0.57	0.66	0.78	0.94	1.21	1.78	—	−0.8
0.9	—	−0.45	−0.23	−0.12	−0.03	0.04	0.10	0.15	0.21	0.26	0.32	0.38	0.44	0.51	0.60	0.70	0.83	1.01	1.29	1.91	—	−0.9
1.0	—	−0.58	−0.32	−0.18	−0.08	0.00	0.07	0.13	0.19	0.26	0.32	0.38	0.45	0.53	0.63	0.73	0.87	1.07	1.38	2.04	—	−1.0
	1.0	0.9	0.8	0.7	0.6	0.5	0.4	0.3	0.2	0.1	0.0	−0.1	−0.2	−0.3	−0.4	−0.5	−0.6	−0.7	−0.8	−0.9	−1.0	ζ \ α

$t=0$ 集中荷载 $\overline{Q}$ 附表 5-1 (b)

α \ ζ	−1.0	−0.9	−0.8	−0.7	−0.6	−0.5	−0.4	−0.3	−0.2	−0.1	0.0	0.1	0.2	0.3	0.4	0.5	0.6	0.7	0.8	0.9	1.0	
0.0	0	0.14	0.20	0.25	0.29	0.33	0.37	0.40	0.44	0.47	0.50*	−0.47	−0.44	−0.40	−0.37	−0.33	−0.29	−0.25	−0.20	−0.14	0	0.0
0.1	0	0.12	0.17	0.21	0.24	0.28	0.31	0.34	0.37	0.40	0.44	0.47*	−0.50	−0.46	−0.43	−0.39	−0.35	−0.30	−0.24	−0.17	0	−0.1
0.2	0	0.09	0.13	0.16	0.19	0.22	0.25	0.28	0.31	0.34	0.37	0.40	0.44*	−0.52	−0.49	−0.44	−0.40	−0.34	−0.28	−0.20	0	−0.2
0.3	0	0.06	0.09	0.12	0.14	0.17	0.19	0.22	0.25	0.28	0.31	0.34	0.38	0.42*	−0.54	−0.50	−0.45	−0.39	−0.32	−0.23	0	−0.3
0.4	0	0.03	0.05	0.07	0.09	0.11	0.14	0.16	0.19	0.21	0.24	0.28	0.31	0.35	0.40*	−0.55	−0.50	−0.43	−0.36	−0.26	0	−0.4
0.5	0	0.00	0.01	0.03	0.04	0.06	0.08	0.10	0.12	0.15	0.18	0.21	0.25	0.29	0.34	0.39*	−0.55	−0.48	−0.40	−0.28	0	−0.5
0.6	0	−0.02	−0.02	−0.02	−0.01	0.00	0.02	0.04	0.06	0.09	0.12	0.15	0.19	0.23	0.28	0.34	0.40*	−0.53	−0.43	−0.31	0	−0.6
0.7	0	−0.05	−0.06	−0.06	−0.06	−0.05	−0.04	−0.02	0.00	0.02	0.05	0.09	0.13	0.17	0.22	0.28	0.35	0.43*	−0.47	−0.34	0	−0.7
0.8	0	−0.08	−0.10	−0.11	−0.11	−0.11	−0.01	−0.08	−0.06	−0.04	−0.01	−0.02	0.06	0.11	0.16	0.23	0.30	0.38	0.49*	−0.37	0	−0.8
0.9	0	−0.11	−0.14	−0.16	−0.16	−0.16	−0.16	−0.14	−0.13	−0.10	−0.07	−0.04	0.00	0.05	0.11	0.17	0.25	0.24	0.45	0.61*	0	−0.9
1.0	0	−0.13	−0.18	−0.20	−0.21	−0.22	−0.21	−0.20	−0.19	−0.16	−0.14	−0.10	−0.06	−0.01	0.05	0.11	0.20	0.29	0.41	0.58	1	−1.0
	1.0	0.9	0.8	0.7	0.6	0.5	0.4	0.3	0.2	0.1	0.0	−0.1	−0.2	−0.3	−0.4	−0.5	−0.6	−0.7	−0.8	−0.9	−1.0	ζ \ α

t=0 集中荷载 $\overline{M}$ 附表 5-1 (c)

α \ ζ	−1.0	−0.9	−0.8	−0.7	−0.6	−0.5	−0.4	−0.3	−0.2	−0.1	0.0	0.1	0.2	0.3	0.4	0.5	0.6	0.7	0.8	0.9	1.0	
0.0	0	0.01	0.03	0.05	0.08	0.11	0.14	0.18	0.22	0.27	0.32	0.27	0.22	0.18	0.14	0.11	0.08	0.05	0.03	0.01	0	0.0
0.1	0	0.01	0.02	0.04	0.06	0.09	0.12	0.15	0.19	0.23	0.27	0.31	0.26	0.21	0.17	0.13	0.09	0.06	0.03	0.01	0	−0.1
0.2	0	0.01	0.02	0.03	0.05	0.07	0.09	0.12	0.15	0.18	0.22	0.26	0.30	0.24	0.19	0.15	0.11	0.07	0.04	0.01	0	−0.2
0.3	0	0.00	0.01	0.02	0.03	0.05	0.07	0.09	0.11	0.14	0.17	0.20	0.24	0.28	0.22	0.17	0.12	0.08	0.04	0.01	0	−0.3
0.4	0	0.00	0.01	0.01	0.02	0.03	0.04	0.06	0.07	0.09	0.12	0.14	0.17	0.21	0.24	0.19	0.13	0.09	0.05	0.02	0	−0.4
0.5	0	0.00	0.00	0.00	0.01	0.01	0.02	0.03	0.04	0.05	0.07	0.09	0.11	0.14	0.17	0.21	0.15	0.10	0.05	0.02	0	−0.5
0.6	0	0.00	0.00	−0.01	−0.01	−0.01	−0.01	−0.01	0.00	0.01	0.02	0.03	0.05	0.07	0.09	0.13	0.16	0.11	0.06	0.02	0	−0.6
0.7	0	0.00	−0.01	−0.02	−0.02	−0.03	−0.03	−0.04	−0.04	−0.04	−0.03	−0.02	−0.01	0.00	0.02	0.05	0.08	0.12	0.06	0.02	0	−0.7
0.8	0	−0.01	−0.01	−0.02	−0.04	−0.05	−0.06	−0.07	−0.07	−0.08	−0.08	−0.08	−0.08	−0.07	−0.05	−0.03	−0.01	−0.02	0.07	0.02	0	−0.8
0.9	0	−0.01	−0.02	−0.03	−0.05	−0.07	−0.08	−0.10	−0.11	−0.12	−0.13	−0.14	−0.14	−0.14	−0.13	−0.11	−0.09	−0.06	−0.03	0.03	0	−0.9
1.0	0	−0.01	−0.02	−0.04	−0.06	−0.09	−0.11	−0.13	−0.15	−0.17	−0.18	−0.19	−0.20	−0.20	−0.20	−0.20	−0.18	−0.13	−0.12	−0.07	0	−1.0
	1.0	0.9	0.8	0.7	0.6	0.5	0.4	0.3	0.2	0.1	0.0	−0.1	−0.2	−0.3	−0.4	−0.5	−0.6	−0.7	−0.8	−0.9	−1.0	ζ \ α

t=1 集中荷载 $\overline{\sigma}$ 附表 5-2 (a)

α \ ζ	−1.0	−0.9	−0.8	−0.7	−0.6	−0.5	−0.4	−0.3	−0.2	−0.1	0.0	0.1	0.2	0.3	0.4	0.5	0.6	0.7	0.8	0.9	1.0	
0.0	—	0.78	0.57	0.47	0.43	0.41	0.39	0.39	0.39	0.39	0.39	0.39	0.39	0.39	0.39	0.41	0.43	0.47	0.57	0.78	—	0.0
0.1	—	0.62	0.46	0.40	0.37	0.36	0.36	0.36	0.37	0.38	0.39	0.40	0.41	0.42	0.43	0.46	0.49	0.56	0.69	1.04	—	−0.1
0.2	—	0.45	0.37	0.33	0.31	0.31	0.32	0.33	0.35	0.37	0.38	0.40	0.43	0.45	0.47	0.50	0.56	0.65	0.82	1.11	—	−0.2
0.3	—	0.30	0.26	0.25	0.25	0.27	0.28	0.30	0.32	0.35	0.37	0.40	0.43	0.47	0.50	0.55	0.63	0.73	0.93	1.29	—	−0.3
0.4	—	0.15	0.15	0.17	0.20	0.22	0.24	0.27	0.30	0.33	0.36	0.40	0.44	0.48	0.53	0.59	0.68	0.80	1.03	1.48	—	−0.4
0.5	—	0.00	0.05	0.09	0.14	0.17	0.21	0.24	0.27	0.31	0.35	0.39	0.44	0.49	0.56	0.63	0.74	0.89	1.16	1.66	—	−0.5
0.6	—	−0.15	−0.04	−0.02	0.08	0.12	0.17	0.21	0.25	0.29	0.34	0.39	0.44	0.50	0.58	0.67	0.80	0.98	1.29	1.85	—	−0.6
0.7	—	−0.30	−0.15	−0.05	0.02	0.08	0.13	0.18	0.22	0.27	0.32	0.38	0.44	0.51	0.60	0.70	0.85	1.07	1.42	2.05	—	−0.7
0.8	—	−0.45	−0.25	−0.13	−0.04	0.03	0.09	0.15	0.20	0.25	0.31	0.37	0.44	0.52	0.63	0.74	0.90	1.14	1.54	2.25	—	−0.8
0.9	—	−0.59	−0.32	−0.20	−0.09	−0.01	0.05	0.11	0.17	0.23	0.30	0.36	0.44	0.53	0.63	0.77	0.95	1.22	1.64	2.46	—	−0.9
1.0	—	−0.73	−0.45	−0.27	−0.15	−0.06	0.02	0.08	0.15	0.21	0.28	0.36	0.44	0.54	0.65	0.80	1.00	1.30	1.79	2.66	—	−1.0
	1.0	0.9	0.8	0.7	0.6	0.5	0.4	0.3	0.2	0.1	0.0	−0.1	−0.2	−0.3	−0.4	−0.5	−0.6	−0.7	−0.8	−0.9	−1.0	ζ \ α

附表 5-2 (b)

$t=1$ 集中荷载$\overline{Q}$

α \ ζ	-1.0	-0.9	-0.8	-0.7	-0.6	-0.5	-0.4	-0.3	-0.2	-0.1	0.0	0.1	0.2	0.3	0.4	0.5	0.6	0.7	0.8	0.9	1.0	
0.0	0	0.10	0.16	0.22	0.26	0.30	0.34	0.38	0.42	0.46	0.50*	0.46	-0.42	-0.38	-0.34	-0.30	-0.26	-0.22	-0.16	-0.10	0	0.0
0.1	0	0.08	0.13	0.17	0.21	0.25	0.28	0.32	0.35	0.39	0.43	0.47*	-0.49	-0.45	-0.40	-0.36	-0.31	-0.26	-0.20	-0.11	0	-0.1
0.2	0	0.05	0.09	0.13	0.16	0.19	0.22	0.25	0.29	0.33	0.36	0.40	0.45*	-0.51	-0.47	-0.42	-0.36	-0.30	-0.23	-0.14	0	-0.2
0.3	0	0.03	0.06	0.08	0.10	0.14	0.17	0.20	0.23	0.26	0.30	0.34	0.38	0.42*	-0.53	-0.48	-0.42	-0.35	-0.27	-0.16	0	-0.3
0.4	0	0.02	0.03	0.05	0.07	0.09	0.11	0.14	0.16	0.20	0.23	0.27	0.31	0.36	0.41*	-0.54	-0.47	-0.40	-0.31	-0.19	0	-0.4
0.5	0	0.00	0.00	0.01	0.02	0.03	0.05	0.08	0.10	0.13	0.16	0.20	0.24	0.29	0.34	0.40*	-0.53	-0.45	-0.35	-0.21	0	-0.5
0.6	0	-0.02	-0.03	-0.03	-0.03	-0.02	0.00	0.02	0.04	0.07	0.10	0.13	0.17	0.22	0.28	0.34	0.41*	-0.50	-0.39	-0.23	0	-0.6
0.7	0	-0.04	-0.06	-0.07	-0.07	-0.07	-0.06	-0.04	-0.02	0.00	0.03	0.07	0.11	0.16	0.21	0.28	0.35	0.45*	-0.42	-0.26	0	-0.7
0.8	0	-0.06	-0.09	-0.11	-0.12	-0.12	-0.11	-0.10	-0.08	-0.06	-0.03	0.00	0.04	0.09	0.15	0.21	0.30	0.40	0.53*	-0.28	0	-0.8
0.9	0	-0.08	-0.12	-0.15	-0.17	-0.17	-0.17	-0.16	-0.14	-0.12	-0.10	-0.07	-0.02	0.02	0.08	0.15	0.24	0.34	0.49	0.69*	0	-0.9
1.0	0	-0.10	-0.15	-0.19	-0.21	-0.22	-0.22	-0.22	-0.21	-0.19	-0.16	-0.13	-0.09	-0.04	0.02	0.09	0.18	0.29	0.44	0.66	1*	-1.0
	1.0	0.9	0.8	0.7	0.6	0.5	0.4	0.3	0.2	0.1	0.0	-0.1	-0.2	-0.3	-0.4	-0.5	-0.6	-0.7	-0.8	-0.9	-1.0	ζ \ α

附表 5-2 (c)

$t=1$ 集中荷载$\overline{M}$

α \ ζ	-1.0	-0.9	-0.8	-0.7	-0.6	-0.5	-0.4	-0.3	-0.2	-0.1	0.0	0.1	0.2	0.3	0.4	0.5	0.6	0.7	0.8	0.9	1.0	
0.0	0	0.01	0.02	0.04	0.06	0.09	0.12	0.16	0.20	0.24	0.29	0.24	0.20	0.16	0.12	0.09	0.06	0.04	0.02	0.01	0	0.0
0.1	0	0.00	0.01	0.03	0.05	0.07	0.10	0.13	0.16	0.20	0.24	0.29	0.23	0.19	0.15	0.11	0.07	0.04	0.02	0.01	0	-0.1
0.2	0	0.00	0.01	0.02	0.04	0.05	0.08	0.10	0.13	0.16	0.19	0.23	0.27	0.22	0.17	0.12	0.09	0.05	0.03	0.01	0	-0.2
0.3	0	0.00	0.01	0.01	0.02	0.04	0.05	0.08	0.09	0.11	0.14	0.17	0.21	0.25	0.19	0.14	0.10	0.06	0.03	0.01	0	-0.3
0.4	0	0.00	0.00	0.01	0.01	0.02	0.03	0.04	0.06	0.07	0.10	0.12	0.15	0.18	0.22	0.16	0.11	0.07	0.03	0.01	0	-0.4
0.5	0	0.00	0.00	0.00	0.00	0.00	0.01	0.01	0.02	0.03	0.05	0.07	0.09	0.12	0.15	0.18	0.13	0.08	0.04	0.01	0	-0.5
0.6	0	0.00	-0.01	-0.01	-0.02	-0.01	-0.01	-0.01	-0.01	0.00	0.00	0.01	0.03	0.05	0.07	0.11	0.14	0.09	0.04	0.01	0	-0.6
0.7	0	0.00	-0.01	-0.01	-0.02	-0.03	-0.03	-0.04	-0.04	-0.04	-0.04	-0.04	-0.03	-0.02	0.00	0.03	0.06	0.10	0.05	0.01	0	-0.7
0.8	0	0.00	-0.01	-0.02	-0.03	-0.04	-0.06	-0.07	-0.08	-0.08	-0.09	-0.09	-0.09	-0.08	-0.07	-0.05	-0.03	0.01	0.05	0.02	0	-0.8
0.9	0	0.00	-0.01	-0.03	-0.04	-0.06	-0.08	-0.09	-0.11	-0.12	-0.13	-0.14	-0.15	-0.15	-0.14	-0.13	-0.11	-0.08	-0.04	0.02	0	-0.9
1.0	0	0.00	-0.02	-0.03	-0.05	-0.08	-0.10	-0.12	-0.14	-0.16	-0.18	-0.20	-0.21	-0.21	-0.21	-0.21	-0.20	-0.17	-0.14	-0.08	0	-1.0
	1.0	0.9	0.8	0.7	0.6	0.5	0.4	0.3	0.2	0.1	0.0	-0.1	-0.2	-0.3	-0.4	-0.5	-0.6	-0.7	-0.8	-0.9	-1.0	ζ \ α

$t=3$ 集中荷载$\overline{\sigma}$　　　附表 5-3（a）

α \ ζ	−1.0	−0.9	−0.8	−0.7	−0.6	−0.5	−0.4	−0.3	−0.2	−0.1	0.0	0.1	0.2	0.3	0.4	0.5	0.6	0.7	0.8	0.9	1.0	
0.0	—	0.64	0.47	0.42	0.42	0.43	0.44	0.46	0.47	0.49	0.50	0.49	0.47	0.46	0.44	0.43	0.42	0.42	0.47	0.64	—	0.0
0.1	—	0.48	0.38	0.35	0.36	0.38	0.39	0.42	0.44	0.47	0.49	0.50	0.50	0.50	0.49	0.49	0.50	0.54	0.62	0.80	—	−0.1
0.2	—	0.33	0.21	0.30	0.31	0.33	0.35	0.38	0.41	0.44	0.47	0.50	0.52	0.53	0.54	0.55	0.58	0.65	0.81	0.96	—	−0.2
0.3	—	0.20	0.22	0.23	0.25	0.28	0.31	0.34	0.37	0.41	0.44	0.48	0.52	0.54	0.57	0.60	0.64	0.72	0.87	1.16	—	−0.3
0.4	—	0.08	0.11	0.15	0.19	0.22	0.26	0.29	0.33	0.37	0.41	0.45	0.50	0.54	0.59	0.64	0.69	0.78	0.97	1.37	—	−0.4
0.5	—	−0.04	0.02	0.07	0.13	0.17	0.21	0.25	0.29	0.33	0.38	0.43	0.48	0.54	0.60	0.67	0.76	0.89	1.12	1.58	—	−0.5
0.6	—	−0.16	−0.06	0.01	0.07	0.12	0.16	0.21	0.25	0.29	0.34	0.40	0.46	0.53	0.61	0.70	0.82	1.00	1.28	1.81	—	−0.6
0.7	—	−0.28	−0.14	−0.05	0.02	0.07	0.12	0.16	0.27	0.26	0.31	0.37	0.43	0.51	0.60	0.72	0.87	1.09	1.44	2.05	—	−0.7
0.8	—	−0.39	−0.22	−0.11	−0.04	0.02	0.07	0.12	0.17	0.22	0.27	0.33	0.40	0.49	0.59	0.72	0.90	1.16	1.58	2.31	—	−0.8
0.9	—	−0.50	−0.30	−0.18	−0.09	−0.03	0.03	0.08	0.12	0.18	0.23	0.30	0.38	0.47	0.58	0.73	0.93	1.23	1.72	2.57	—	−0.9
1.0	—	−0.61	−0.39	−0.24	−0.15	−0.08	−0.02	0.03	0.08	0.14	0.20	0.27	0.35	0.45	0.58	0.74	0.97	1.31	1.86	2.83	—	−1.0
	1.0	0.9	0.8	0.7	0.6	0.5	0.4	0.3	0.2	0.1	0.0	−0.1	−0.2	−0.3	−0.4	−0.5	−0.6	−0.7	−0.8	−0.9	−1.0	ζ / α

$t=3$ 集中荷载$\overline{Q}$　　　附表 5-3（b）

α \ ζ	−1.0	−0.9	−0.8	−0.7	−0.6	−0.5	−0.4	−0.3	−0.2	−0.1	0.0	0.1	0.2	0.3	0.4	0.5	0.6	0.7	0.8	0.9	1.0	
0.0	0	0.09	0.14	0.18	0.22	0.27	0.31	0.36	0.40	0.45	0.50*	−0.45	−0.40	−0.36	−0.31	−0.27	−0.22	−0.18	−0.14	−0.09	0	0.0
0.1	0	0.06	0.10	0.14	0.17	0.21	0.25	0.29	0.33	0.38	0.43	0.48*	−0.47	−0.42	−0.37	−0.32	−0.27	−0.20	−0.17	−0.10	0	−0.1
0.2	0	0.03	0.07	0.10	0.13	0.16	0.19	0.23	0.27	0.31	0.36	0.41	0.46*	−0.49	−0.44	−0.38	−0.33	−0.26	−0.19	−0.11	0	−0.2
0.3	0	0.02	0.04	0.06	0.09	0.11	0.14	0.17	0.21	0.25	0.29	0.34	0.39	0.44*	−0.50	−0.45	−0.39	−0.32	−0.24	−0.14	0	−0.3
0.4	0	0.01	0.02	0.03	0.05	0.07	0.09	0.12	0.15	0.18	0.22	0.27	0.31	0.37	0.42*	−0.51	−0.45	−0.37	−0.29	−0.17	0	−0.4
0.5	0	−0.01	−0.01	0.00	0.01	0.02	0.04	0.06	0.09	0.12	0.16	0.20	0.24	0.29	0.35	0.41*	−0.51	−0.43	−0.33	−0.20	0	−0.5
0.6	0	−0.02	−0.03	−0.03	−0.03	−0.02	−0.01	0.01	0.03	0.06	0.09	0.13	0.17	0.22	0.28	0.34	0.42*	0.49	−0.38	−0.23	0	−0.6
0.7	0	−0.04	−0.06	−0.07	−0.07	−0.06	−0.05	−0.04	−0.02	0.00	0.03	0.06	0.10	0.15	0.20	0.27	0.35	0.45*	−0.43	−0.26	0	−0.7
0.8	0	−0.05	−0.08	−0.10	−0.10	−0.10	−0.10	−0.09	−0.08	−0.06	−0.03	0.00	0.03	0.08	0.13	0.20	0.28	0.38	0.52*	−0.29	0	−0.8
0.9	0	−0.06	−0.10	−0.13	−0.14	−0.15	−0.15	−0.14	−0.13	−0.12	−0.09	−0.07	−0.03	0.01	0.06	0.13	0.21	0.32	0.46	0.67*	0	−0.9
1.0	0	−0.08	−0.13	−0.17	−0.18	−0.19	−0.19	−0.19	−0.19	−0.17	−0.16	−0.13	−0.10	−0.06	−0.01	0.05	0.14	0.24	0.41	0.64	1*	−1.0
	1.0	0.9	0.8	0.7	0.6	0.5	0.4	0.3	0.2	0.1	0.0	−0.1	−0.2	−0.3	−0.4	−0.5	−0.6	−0.7	−0.8	−0.9	−1.0	ζ / α

$t=3$ 集中荷载$\overline{M}$　　附表 5-3 (c)

α \ ζ	−1.0	−0.9	−0.8	−0.7	−0.6	−0.5	−0.4	−0.3	−0.2	−0.1	0.0	0.1	0.2	0.3	0.4	0.5	0.6	0.7	0.8	0.9	1.0	
0.0	0	0.01	0.02	0.03	0.05	0.08	0.11	0.14	0.18	0.22	0.27	0.22	0.18	0.14	0.11	0.08	0.05	0.03	0.02	0.00	0	0.0
0.1	0	0.00	0.01	0.02	0.04	0.06	0.08	0.11	0.14	0.18	0.22	0.26	0.21	0.17	0.13	0.09	0.06	0.04	0.02	0.00	0	−0.1
0.2	0	0.00	0.00	0.01	0.02	0.04	0.06	0.08	0.10	0.13	0.17	0.20	0.25	0.20	0.15	0.11	0.07	0.04	0.02	0.01	0	−0.2
0.3	0	0.00	0.00	0.01	0.02	0.03	0.04	0.05	0.07	0.10	0.12	0.15	0.19	0.23	0.18	0.13	0.09	0.05	0.03	0.01	0	−0.3
0.4	0	0.00	0.00	0.00	0.01	0.01	0.02	0.03	0.04	0.06	0.08	0.11	0.14	0.17	0.21	0.15	0.11	0.07	0.03	0.01	0	−0.4
0.5	0	0.00	0.00	0.00	0.00	0.00	0.00	0.01	0.02	0.03	0.04	0.06	0.08	0.11	0.14	0.18	0.12	0.08	0.04	0.01	0	−0.5
0.6	0	0.00	0.00	−0.01	−0.01	−0.02	−0.01	−0.01	−0.01	−0.01	0.00	0.01	0.03	0.05	0.07	0.10	0.14	0.09	0.04	0.01	0	−0.6
0.7	0	0.00	−0.01	−0.01	−0.02	−0.03	−0.03	−0.04	−0.04	−0.04	−0.04	−0.03	−0.03	−0.01	0.00	0.03	0.06	0.10	0.05	0.01	0	−0.7
0.8	0	0.00	−0.01	−0.02	−0.03	−0.04	−0.05	−0.06	−0.07	−0.07	−0.08	−0.08	−0.08	−0.07	−0.06	−0.05	−0.02	0.01	0.05	0.02	0	−0.8
0.9	0	0.00	−0.01	−0.02	−0.04	−0.05	−0.07	−0.08	−0.09	−0.11	−0.12	−0.12	−0.13	−0.13	−0.13	−0.12	−0.10	−0.08	−0.04	0.02	0	−0.9
1.0	0	0.00	−0.01	−0.03	−0.05	−0.06	−0.08	−0.10	−0.12	−0.14	−0.16	−0.17	−0.18	−0.19	−0.19	−0.19	−0.18	−0.16	−0.13	−0.08	0	−1.0
	1.0	0.9	0.8	0.7	0.6	0.5	0.4	0.3	0.2	0.1	0.0	−0.1	−0.2	−0.3	−0.4	−0.5	−0.6	−0.7	−0.8	−0.9	−1.0	ζ \ α

$t=5$ 集中荷载$\overline{\sigma}$　　附表 5-4 (a)

α \ ζ	−1.0	−0.9	−0.8	−0.7	−0.6	−0.5	−0.4	−0.3	−0.2	−0.1	0.0	0.1	0.2	0.3	0.4	0.5	0.6	0.7	0.8	0.9	1.0	
0.0	—	0.53	0.38	0.38	0.41	0.44	0.47	0.51	0.54	0.57	0.58	0.57	0.54	0.51	0.47	0.44	0.41	0.38	0.38	0.53	—	0.0
0.1	—	0.28	0.31	0.32	0.35	0.39	0.42	0.46	0.50	0.54	0.57	0.58	0.58	0.56	0.53	0.51	0.50	0.51	0.56	0.68	—	−0.1
0.2	—	0.24	0.27	0.29	0.30	0.33	0.37	0.41	0.45	0.49	0.54	0.57	0.59	0.60	0.59	0.58	0.59	0.65	0.74	0.85	—	−0.2
0.3	—	0.13	0.19	0.22	0.24	0.28	0.32	0.36	0.40	0.45	0.49	0.54	0.58	0.61	0.62	0.63	0.65	0.71	0.84	1.05	—	−0.3
0.4	—	0.03	0.08	0.13	0.18	0.22	0.26	0.31	0.35	0.40	0.45	0.50	0.55	0.60	0.64	0.68	0.71	0.76	0.91	1.28	—	−0.4
0.5	—	−0.07	−0.01	0.06	0.12	0.17	0.21	0.25	0.30	0.35	0.40	0.45	0.51	0.58	0.64	0.71	0.78	0.89	1.08	1.51	—	−0.5
0.6	—	−0.16	−0.07	0.00	0.06	0.11	0.16	0.20	0.25	0.29	0.35	0.40	0.41	0.54	0.63	0.73	0.85	1.02	1.28	1.76	—	−0.6
0.7	—	−0.25	−0.13	−0.05	0.01	0.06	0.11	0.15	0.19	0.24	0.29	0.35	0.42	0.51	0.60	0.73	0.88	1.11	1.45	2.05	—	−0.7
0.8	—	−0.34	−0.20	−0.10	−0.04	0.01	0.06	0.10	0.14	0.19	0.24	0.30	0.37	0.46	0.57	0.71	0.90	1.17	1.61	2.36	—	−0.8
0.9	—	−0.42	−0.27	−0.16	−0.09	−0.04	0.01	0.05	0.09	0.13	0.19	0.25	0.33	0.42	0.54	0.70	0.92	1.24	1.76	2.67	—	−0.9
1.0	—	−0.51	−0.33	−0.22	−0.14	−0.09	−0.04	0.00	0.04	0.08	0.13	0.20	0.28	0.38	0.52	0.69	0.94	1.31	1.91	2.97	—	−1.0
	1.0	0.9	0.8	0.7	0.6	0.5	0.4	0.3	0.2	0.1	0.0	−0.1	−0.2	−0.3	−0.4	−0.5	−0.6	−0.7	−0.8	−0.9	−1.0	ζ \ α

$t=5$ 集中荷载 $\overline{Q}$

附表 5-4 (b)

α \ ζ	−1.0	−0.9	−0.8	−0.7	−0.6	−0.5	−0.4	−0.3	−0.2	−0.1	0.0	0.1	0.2	0.3	0.4	0.5	0.6	0.7	0.8	0.9	1.0	
0.0	0	0.05	0.12	0.16	0.20	0.24	0.28	0.33	0.39	0.44	0.50*	0.44	−0.39	−0.33	−0.28	−0.24	−0.20	−0.16	−0.12	−0.05	0	0.0
0.1	0	0.05	0.08	0.11	0.15	0.18	0.22	0.27	0.32	0.37	0.42	0.48*	−0.46	−0.40	−0.35	−0.30	−0.24	−0.19	−0.14	−0.09	0	−0.1
0.2	0	0.02	0.05	0.07	0.10	0.14	0.17	0.21	0.25	0.30	0.35	0.41	0.47*	−0.47	−0.41	−0.36	−0.30	−0.24	−0.17	−0.09	0	−0.2
0.3	0	0.01	0.02	0.04	0.07	0.09	0.12	0.16	0.19	0.24	0.28	0.34	0.39	0.45*	−0.49	−0.42	−0.36	−0.29	−0.21	−0.12	0	−0.3
0.4	0	0.00	0.01	0.02	0.03	0.05	0.08	0.11	0.14	0.18	0.22	0.27	0.32	0.38	0.44*	−0.50	−0.43	−0.35	−0.27	−0.16	0	−0.4
0.5	0	−0.01	−0.01	−0.01	0.00	0.01	0.03	0.06	0.08	0.11	0.15	0.19	0.24	0.30	0.36	0.43*	−0.50	−0.42	−0.32	−0.19	0	−0.5
0.6	0	−0.02	−0.03	−0.04	−0.03	−0.02	−0.01	0.01	0.03	0.06	0.09	0.13	0.17	0.22	0.28	0.35	0.43*	−0.48	−0.37	−0.22	0	−0.6
0.7	0	−0.03	−0.05	−0.06	−0.06	−0.06	−0.05	−0.04	−0.02	0.00	0.03	0.06	0.10	0.14	0.20	0.27	0.35	0.45*	−0.43	−0.26	0	−0.7
0.8	0	−0.06	−0.07	−0.09	−0.09	−0.09	−0.09	−0.08	−0.07	−0.05	−0.03	0.00	0.02	0.07	0.12	0.19	0.27	0.37	0.51*	−0.30	0	−0.8
0.9	0	−0.05	−0.09	−0.11	−0.12	−0.13	−0.13	−0.13	−0.12	−0.11	−0.09	−0.07	−0.04	0.00	0.04	0.11	0.19	0.29	0.44	0.66*	0	−0.9
1.0	0	−0.05	−0.11	−0.13	−0.15	−0.16	−0.17	−0.17	−0.17	−0.16	−0.15	−0.14	−0.11	−0.08	−0.03	0.03	0.11	0.22	0.38	0.62	1*	−1.0
	1.0	0.9	0.8	0.7	0.6	0.5	0.4	0.3	0.2	0.1	0.0	−0.1	−0.2	−0.3	−0.4	−0.5	−0.6	−0.7	−0.8	−0.9	−1.0	ζ \ α

$t=5$ 集中荷载 $\overline{M}$

附表 5-4 (c)

α \ ζ	−1.0	−0.9	−0.8	−0.7	−0.6	−0.5	−0.4	−0.3	−0.2	−0.1	0.0	0.1	0.2	0.3	0.4	0.5	0.6	0.7	0.8	0.9	1.0	
0.0	0	0.00	0.01	0.03	0.05	0.07	0.09	0.12	0.16	0.20	0.25	0.20	0.16	0.12	0.09	0.07	0.05	0.03	0.01	0.00	0	0.0
0.1	0	0.00	0.01	0.02	0.03	0.05	0.07	0.09	0.12	0.16	0.20	0.14	0.19	0.15	0.11	0.08	0.05	0.03	0.02	0.00	0	−0.1
0.2	0	0.00	0.00	0.01	0.02	0.03	0.05	0.06	0.09	0.12	0.15	0.19	0.23	0.18	0.13	0.10	0.06	0.04	0.02	0.00	0	−0.2
0.3	0	0.00	0.00	0.00	0.01	0.02	0.03	0.04	0.06	0.08	0.11	0.14	0.17	0.22	0.16	0.12	0.08	0.05	0.02	0.01	0	−0.3
0.4	0	0.00	0.00	0.00	0.00	0.01	0.01	0.02	0.04	0.05	0.07	0.10	0.12	0.16	0.20	0.15	0.10	0.06	0.03	0.01	0	−0.4
0.5	0	0.00	0.00	0.00	0.00	0.00	0.00	0.00	0.01	0.02	0.03	0.05	0.07	0.10	0.13	0.17	0.12	0.07	0.04	0.01	0	−0.5
0.6	0	0.00	0.00	−0.01	−0.01	−0.01	−0.02	−0.02	−0.04	−0.01	0.00	0.01	0.02	0.04	0.07	0.10	0.14	0.08	0.04	0.01	0	−0.6
0.7	0	0.00	−0.01	−0.01	−0.02	−0.02	−0.03	−0.03	−0.04	−0.04	−0.04	−0.03	−0.02	−0.01	0.00	0.03	0.06	0.10	0.05	0.01	0	−0.7
0.8	0	0.00	−0.01	−0.02	−0.02	−0.03	−0.04	−0.05	−0.06	−0.07	−0.07	−0.07	−0.07	−0.07	−0.06	−0.04	−0.02	0.01	0.06	0.02	0	−0.8
0.9	0	0.00	−0.01	−0.02	−0.03	−0.04	−0.06	−0.07	−0.08	−0.09	−0.10	−0.11	−0.12	−0.12	−0.12	−0.11	−0.10	−0.07	−0.04	0.02	0	−0.9
1.0	0	0.00	−0.01	−0.02	−0.04	−0.05	−0.07	−0.08	−0.10	−0.12	−0.14	−0.15	−0.16	−0.17	−0.18	−0.18	−0.17	−0.16	−0.13	−0.08	0	−1.0
	1.0	0.9	0.8	0.7	0.6	0.5	0.4	0.3	0.2	0.1	0.0	−0.1	−0.2	−0.3	−0.4	−0.5	−0.6	−0.7	−0.8	−0.9	−1.0	ζ \ α

附表 6

基础梁受力矩作用的$\bar{\sigma}$、$\bar{Q}$、$\bar{M}$系数

反力σ图

剪力Q图

弯矩M图

转换公式：$\sigma=\pm\bar{\sigma}m/l^2$；

$Q=\bar{Q}m/l$；

$M=\pm\bar{M}m$。

$t=1$ 力矩荷载$\bar{\sigma}$

附表 6-1 (a)

α \ ζ	−1.0	−0.9	−0.8	−0.7	−0.6	−0.5	−0.4	−0.3	−0.2	−0.1	0.0	0.1	0.2	0.3	0.4	0.5	0.6	0.7	0.8	0.9	1.0	
0.0	—	−1.64	−1.24	−0.83	−0.62	−0.48	−0.38	−0.29	−0.21	−0.11	0.00	0.11	0.21	0.29	0.38	0.48	0.62	0.83	1.24	1.64	—	0.0
0.1	—	−1.49	−0.96	−0.70	−0.57	−0.46	−0.36	−0.28	−0.20	−0.13	−0.04	0.07	0.19	0.29	0.39	0.50	0.66	0.93	1.30	1.81	—	−0.1
0.2	—	−1.59	−1.00	−0.73	−0.57	−0.47	−0.37	−0.30	−0.22	−0.16	−0.08	0.01	0.12	0.22	0.35	0.47	0.62	0.83	1.18	1.73	—	−0.2
0.3	—	−1.52	−1.08	−0.81	−0.59	−0.47	−0.38	−0.31	−0.24	−0.18	−0.11	−0.04	0.05	0.16	0.30	0.44	0.57	0.75	1.04	1.84	—	−0.3
0.4	—	−1.50	−1.08	−0.79	−0.59	−0.47	−0.39	−0.32	−0.25	−0.19	−0.12	−0.06	0.02	0.13	0.26	0.42	0.59	0.81	1.15	1.86	—	−0.4
0.5	—	−1.48	−1.08	−0.79	−0.60	−0.47	−0.39	−0.32	−0.26	−0.19	−0.13	−0.06	0.01	0.11	0.23	0.39	0.60	0.87	1.25	1.89	—	−0.5
0.6	—	−1.49	−1.00	−0.74	−0.58	−0.47	−0.38	−0.31	−0.25	−0.20	−0.14	−0.07	0.01	0.10	0.21	0.36	0.57	0.88	1.31	1.94	—	−0.6
0.7	—	−1.47	−1.00	−0.72	−0.57	−0.46	−0.38	−0.31	−0.25	−0.20	−0.14	−0.07	0.00	0.08	0.19	0.32	0.51	0.78	1.25	2.01	—	−0.7
0.8	—	−1.47	−1.00	−0.74	−0.57	−0.46	−0.38	−0.31	−0.25	−0.20	−0.14	−0.08	−0.01	0.08	0.19	0.31	0.50	0.78	1.23	2.03	—	−0.8
0.9	—	−1.47	−1.00	−0.74	−0.57	−0.46	−0.38	−0.31	−0.25	−0.20	−0.14	−0.08	−0.01	0.08	0.18	0.31	0.50	0.78	1.23	2.03	—	−0.9
1.0	—	−1.47	−1.00	−0.74	−0.57	−0.46	−0.38	−0.31	−0.25	−0.20	−0.14	−0.08	−0.01	0.08	0.18	0.31	0.50	0.78	1.23	2.03	—	−1.0
	1.0	0.9	0.8	0.7	0.6	0.5	0.4	0.3	0.2	0.1	0.0	−0.1	−0.2	−0.3	−0.4	−0.5	−0.6	−0.7	−0.8	−0.9	−1.0	ζ \ α

$t=1$ 力矩荷载 $\overline{Q}$ 附表 6-1 (b)

α \ ζ	-1.0	-0.9	-0.8	-0.7	-0.6	-0.5	-0.4	-0.3	-0.2	-0.1	0.0	0.1	0.2	0.3	0.4	0.5	0.6	0.7	0.8	0.9	1.0	
0.0	0	-0.20	-0.34	-0.44	-0.51	-0.56	-0.61	-0.64	-0.66	-0.68	-0.69	-0.68	-0.66	-0.64	-0.61	-0.56	-0.51	-0.44	-0.34	-0.20	0	0.0
0.1	0	-0.24	-0.36	-0.44	-0.51	-0.56	-0.60	-0.63	-0.66	-0.67	-0.68	-0.68	-0.67	-0.64	-0.61	-0.57	-0.51	-0.43	-0.34	-0.17	0	-0.1
0.2	0	-0.31	-0.34	-0.42	-0.49	-0.54	-0.58	-0.62	-0.64	-0.66	-0.67	-0.68	-0.67	-0.65	-0.62	-0.56	-0.53	-0.46	-0.36	-0.21	0	-0.2
0.3	0	-0.18	-0.31	-0.40	-0.47	-0.52	-0.56	-0.60	-0.63	-0.65	-0.66	-0.67	-0.67	-0.66	-0.64	-0.60	-0.55	-0.49	-0.40	-0.26	0	-0.3
0.4	0	-0.18	-0.31	-0.40	-0.47	-0.52	-0.56	-0.60	-0.63	-0.65	-0.66	-0.67	-0.67	-0.67	-0.65	-0.61	-0.56	-0.49	-0.40	-0.25	0	-0.4
0.5	0	-0.18	-0.31	-0.40	-0.46	-0.52	-0.56	-0.60	-0.62	-0.65	-0.66	-0.67	-0.68	-0.67	-0.65	-0.63	-0.57	-0.50	-0.40	-0.24	0	-0.5
0.6	0	-0.19	-0.31	-0.40	-0.46	-0.52	-0.56	-0.59	-0.62	-0.64	-0.66	-0.67	-0.67	-0.67	-0.65	-0.63	-0.58	-0.51	-0.40	-0.24	0	-0.6
0.7	0	-0.18	-0.31	-0.39	-0.46	-0.51	-0.55	-0.59	-0.61	-0.64	-0.65	-0.66	-0.67	-0.66	-0.65	-0.63	-0.58	-0.52	-0.42	-0.27	0	-0.7
0.8	0	-0.18	-0.30	-0.39	-0.46	-0.51	-0.55	-0.58	-0.61	-0.63	-0.65	-0.66	-0.67	-0.66	-0.65	-0.63	-0.59	-0.52	-0.43	-0.27	0	-0.8
0.9	0	-0.18	-0.30	-0.39	-0.46	-0.50	-0.55	-0.58	-0.61	-0.63	-0.65	-0.66	-0.67	-0.66	-0.65	-0.63	-0.59	-0.52	-0.43	-0.27	0	-0.9
1.0	0	-0.18	-0.30	-0.39	-0.46	-0.50	-0.55	-0.58	-0.61	-0.63	-0.65	-0.66	-0.67	-0.66	-0.65	-0.63	-0.59	-0.52	-0.43	-0.27	0	-1.0
	1.0	0.9	0.8	0.7	0.6	0.5	0.4	0.3	0.2	0.1	0.0	-0.1	-0.2	-0.3	-0.4	-0.5	-0.6	-0.7	-0.8	-0.9	-1.0	ζ / α

$t=1$ 力矩荷载 $\overline{M}$ 附表 6-1 (c)

α \ ζ	-1.0	-0.9	-0.8	-0.7	-0.6	-0.5	-0.4	-0.3	-0.2	-0.1	0.0	0.1	0.2	0.3	0.4	0.5	0.6	0.7	0.8	0.9	1.0	
0.0	0	-0.01	-0.04	-0.08	-0.14	-0.18	-0.24	-0.30	-0.36	-0.43	-0.50*	0.43	0.36	0.30	0.24	0.18	0.14	0.08	0.04	0.01	0	0.0
0.1	0	-0.01	-0.04	-0.08	-0.13	-0.19	-0.25	-0.31	-0.37	-0.44	-0.51	-0.57*	0.36	0.29	0.23	0.17	0.12	0.07	0.03	0.01	0	-0.1
0.2	0	-0.01	-0.04	-0.08	-0.12	-0.18	-0.23	-0.29	-0.36	-0.42	-0.49	-0.58	-0.62*	0.31	0.25	0.19	0.13	0.08	0.04	0.01	0	-0.2
0.3	0	-0.01	-0.03	-0.07	-0.11	-0.16	-0.22	-0.28	-0.33	-0.40	-0.48	-0.53	-0.61	-0.67*	0.27	0.20	0.16	0.09	0.05	0.02	0	-0.3
0.4	0	-0.01	-0.03	-0.07	-0.11	-0.16	-0.22	-0.27	-0.34	-0.40	-0.46	-0.53	-0.60	-0.67	-0.73*	0.20	0.16	0.09	0.05	0.01	0	-0.4
0.5	0	-0.01	-0.03	-0.07	-0.11	-0.16	-0.21	-0.27	-0.33	-0.40	-0.46	-0.53	-0.60	-0.66	-0.73	-0.80*	0.14	0.09	0.05	0.01	0	-0.5
0.6	0	-0.01	-0.03	-0.07	-0.11	-0.16	-0.22	-0.27	-0.34	-0.40	-0.46	-0.53	-0.60	-0.66	-0.73	-0.79	-0.86*	0.09	0.04	0.01	0	-0.6
0.7	0	-0.01	-0.03	-0.07	-0.11	-0.16	-0.21	-0.27	-0.33	-0.39	-0.46	-0.52	-0.59	-0.66	-0.72	-0.79	-0.85	-0.90*	0.05	0.01	0	-0.7
0.8	0	-0.01	-0.03	-0.07	-0.11	-0.16	-0.21	-0.27	-0.33	-0.39	-0.46	-0.52	-0.59	-0.66	-0.72	-0.79	-0.85	-0.90	-0.95*	0.01	0	-0.8
0.9	0	-0.01	-0.03	-0.07	-0.11	-0.16	-0.21	-0.27	-0.33	-0.39	-0.46	-0.52	-0.59	-0.66	-0.72	-0.79	-0.85	-0.90	-0.95	-0.99*	0	-0.9
1.0	0	-0.01	-0.03	-0.07	-0.11	-0.16	-0.21	-0.27	-0.33	-0.39	-0.46	-0.52	-0.59	-0.66	-0.72	-0.79	-0.85	-0.90	-0.95	-0.99	-1*	-1.0
	1.0	0.9	0.8	0.7	0.6	0.5	0.4	0.3	0.2	0.1	0.0	-0.1	-0.2	-0.3	-0.4	-0.5	-0.6	-0.7	-0.8	-0.9	-1.0	ζ / α

$t=3$ 力矩荷载 $\overline{\sigma}$　　附表 6-2（a）

α \ ζ	−1.0	−0.9	−0.8	−0.7	−0.6	−0.5	−0.4	−0.3	−0.2	−0.1	0.0	0.1	0.2	0.3	0.4	0.5	0.6	0.7	0.8	0.9	1.0	
0.0	—	−1.55	−1.22	−0.91	−0.69	−0.56	−0.48	−0.41	−0.31	−0.17	0.00	0.17	0.31	0.41	0.48	0.56	0.69	0.91	1.22	1.55	—	0.0
0.1	—	−1.59	−0.63	−0.54	−0.53	−0.50	−0.42	−0.35	−0.31	−0.25	−0.13	0.05	0.25	0.41	0.50	0.60	0.80	1.23	1.65	1.56	—	−0.1
0.2	—	−1.42	−0.77	−0.60	−0.55	−0.50	−0.44	−0.39	−0.36	−0.31	−0.24	−0.11	0.06	0.24	0.41	0.54	0.69	0.91	1.28	1.80	—	−0.2
0.3	—	−1.24	−1.05	−0.76	−0.62	−0.53	−0.48	−0.44	−0.40	−0.35	−0.30	−0.24	−0.12	0.05	0.26	0.45	0.55	0.58	0.84	2.07	—	−0.3
0.4	—	−1.20	−1.01	−0.77	−0.61	−0.52	−0.48	−0.45	−0.41	−0.37	−0.33	−0.28	−0.19	−0.05	0.16	0.39	0.61	0.82	1.17	2.13	—	−0.4
0.5	—	−1.16	−1.03	−0.81	−0.63	−0.52	−0.48	−0.45	−0.43	−0.39	−0.35	−0.29	−0.22	−0.11	−0.06	0.31	0.63	1.00	1.47	2.22	—	−0.5
0.6	—	−1.18	−0.81	−0.64	−0.56	−0.49	−0.46	−0.43	−0.41	−0.38	−0.35	−0.30	−0.23	−0.15	−0.01	0.20	0.55	1.03	1.64	2.36	—	−0.6
0.7	—	−1.13	−0.81	−0.64	−0.55	−0.49	−0.46	−0.43	−0.41	−0.39	−0.36	−0.32	−0.26	−0.18	−0.06	0.11	0.37	0.79	1.46	2.56	—	−0.7
0.8	—	−1.11	−0.81	−0.64	−0.55	−0.49	−0.46	−0.43	−0.41	−0.39	−0.36	−0.32	−0.27	−0.19	−0.08	0.08	0.33	0.73	1.41	2.60	—	−0.8
0.9	—	−1.11	−0.81	−0.64	−0.55	−0.49	−0.46	−0.43	−0.41	−0.39	−0.36	−0.32	−0.27	−0.19	−0.08	0.09	0.34	0.73	1.40	2.59	—	−0.9
1.0	—	−1.11	−0.81	−0.64	−0.55	−0.49	−0.46	−0.43	−0.41	−0.39	−0.36	−0.32	−0.27	−0.19	−0.08	0.09	0.34	0.74	1.40	2.59	—	−1.0
	1.0	0.9	0.8	0.7	0.6	0.5	0.4	0.3	0.2	0.1	0.0	−0.1	−0.2	−0.3	−0.4	−0.5	−0.6	−0.7	−0.8	−0.9	−1.0	ζ \ α

$t=3$ 力矩荷载 $\overline{Q}$　　附表 6-2（b）

α \ ζ	−1.0	−0.9	−0.8	−0.7	−0.6	−0.5	−0.4	−0.3	−0.2	−0.1	0.0	0.1	0.2	0.3	0.4	0.5	0.6	0.7	0.8	0.9	1.0	
0.0	0	−0.17	−0.31	−0.42	−0.50	−0.56	−0.61	−0.65	−0.69	−0.71	−0.72	−0.71	−0.69	−0.65	−0.61	−0.56	−0.50	−0.42	−0.31	−0.17	0	0.0
0.1	0	−0.29	−0.39	−0.44	−0.49	−0.54	−0.59	−0.63	−0.66	−0.69	−0.71	−0.72	−0.70	−0.67	−0.62	−0.57	−0.50	−0.40	−0.26	−0.09	0	−0.1
0.2	0	−0.22	−0.32	−0.39	−0.45	−0.50	−0.55	−0.59	−0.63	−0.66	−0.69	−0.70	−0.71	−0.69	−0.66	−0.61	−0.55	−0.47	−0.36	−0.21	0	−0.2
0.3	0	−0.12	−0.24	−0.33	−0.40	−0.45	−0.50	−0.55	−0.59	−0.63	−0.66	−0.69	−0.71	−0.71	−0.70	−0.66	−0.61	−0.55	−0.49	−0.35	0	−0.3
0.4	0	−0.12	−0.23	−0.32	−0.39	−0.44	−0.50	−0.54	−0.58	−0.62	−0.66	−0.69	−0.71	−0.73	−0.72	−0.69	−0.64	−0.57	−0.47	−0.32	0	−0.4
0.5	0	−0.11	−0.22	−0.33	−0.39	−0.44	−0.49	−0.54	−0.58	−0.62	−0.66	−0.69	−0.72	−0.73	−0.74	−0.72	−0.67	−0.61	−0.47	−0.29	0	−0.5
0.6	0	−0.15	−0.25	−0.32	−0.38	−0.43	−0.48	−0.52	−0.57	−0.61	−0.64	−0.68	−0.70	−0.72	−0.73	−0.72	−0.68	−0.61	−0.47	−0.28	0	−0.6
0.7	0	−0.14	−0.23	−0.31	−0.36	−0.42	−0.46	−0.51	−0.55	−0.59	−0.63	−0.66	−0.69	−0.71	−0.73	−0.73	−0.70	−0.65	−0.54	−0.34	0	−0.7
0.8	0	−0.13	−0.23	−0.30	−0.36	−0.41	−0.46	−0.50	−0.55	−0.59	−0.62	−0.66	−0.69	−0.71	−0.73	−0.73	−0.71	−0.65	−0.55	−0.36	0	−0.8
0.9	0	−0.13	−0.23	−0.30	−0.36	−0.41	−0.46	−0.50	−0.55	−0.59	−0.62	−0.66	−0.69	−0.71	−0.73	−0.73	−0.71	−0.65	−0.55	−0.36	0	−0.9
1.0	0	−0.13	−0.23	−0.30	−0.36	−0.41	−0.46	−0.50	−0.55	−0.59	−0.62	−0.66	−0.69	−0.71	−0.73	−0.73	−0.71	−0.65	−0.55	−0.36	0	−1.0
	1.0	0.9	0.8	0.7	0.6	0.5	0.4	0.3	0.2	0.1	0.0	−0.1	−0.2	−0.3	−0.4	−0.5	−0.6	−0.7	−0.8	−0.9	−1.0	ζ \ α

附表 6-2（c）

$t=3$ 力矩荷载 $\overline{M}$

ζ / α	-1.0	-0.9	-0.8	-0.7	-0.6	-0.5	-0.4	-0.3	-0.2	-0.1	0.0	0.1	0.2	0.3	0.4	0.5	0.6	0.7	0.8	0.9	1.0	
0.0	0	-0.01	-0.03	-0.07	-0.12	-0.17	-0.23	-0.29	-0.36	-0.43	-0.50*	0.43	0.36	0.29	0.23	0.17	0.12	0.07	0.03	0.01	0	0.0
0.1	0	-0.01	-0.05	-0.10	-0.14	-0.20	-0.25	-0.31	-0.38	-0.45	-0.52	-0.59*	0.34	0.27	0.21	0.15	0.09	0.05	0.02	0.01	0	-0.1
0.2	0	-0.01	-0.04	-0.08	-0.12	-0.17	-0.22	-0.28	-0.34	-0.40	-0.52	-0.54	-0.61*	0.32	0.25	0.19	0.13	0.08	0.04	0.01	0	-0.2
0.3	0	0.00	-0.02	-0.05	-0.09	-0.13	-0.18	-0.23	-0.29	-0.35	-0.41	-0.48	-0.55	-0.62*	0.31	0.24	0.18	0.12	0.06	0.02	0	-0.3
0.4	0	0.00	-0.02	-0.05	-0.09	-0.13	-0.17	-0.23	-0.28	-0.34	-0.41	-0.47	-0.54	-0.62	-0.69*	0.24	0.17	0.11	0.06	0.02	0	-0.4
0.5	0	-0.01	-0.02	-0.05	-0.09	-0.13	-0.17	-0.23	-0.28	-0.34	-0.40	-0.47	-0.54	-0.61	-0.69	-0.76*	0.17	0.11	0.06	0.02	0	-0.5
0.6	0	-0.01	-0.03	-0.06	-0.09	-0.13	-0.18	-0.23	-0.28	-0.34	-0.41	-0.47	-0.54	-0.61	-0.68	-0.76	-0.83*	0.11	0.05	0.01	0	-0.6
0.7	0	-0.01	-0.03	-0.05	-0.09	-0.13	-0.17	-0.22	-0.27	-0.33	-0.39	-0.45	-0.52	-0.59	-0.66	-0.74	-0.81	-0.88*	-0.06	0.02	0	-0.7
0.8	0	-0.01	-0.03	-0.05	-0.09	-0.12	-0.17	-0.22	-0.27	-0.32	-0.39	-0.45	-0.52	-0.59	-0.66	-0.73	-0.80	-0.87	-0.93*	0.02	0	-0.8
0.9	0	-0.01	-0.03	-0.05	-0.09	-0.12	-0.17	-0.22	-0.27	-0.33	-0.39	-0.45	-0.52	-0.59	-0.66	-0.73	-0.80	-0.87	-0.93	-0.98*	0	-0.9
1.0	0	-0.01	-0.03	-0.05	-0.09	-0.12	-0.17	-0.22	-0.27	-0.33	-0.39	-0.45	-0.52	-0.59	-0.66	-0.73	-0.80	-0.87	-0.93	-0.98	-1*	-1.0
	1.0	0.9	0.8	0.7	0.6	0.5	0.4	0.3	0.2	0.1	0.0	-0.1	-0.2	-0.3	-0.4	-0.5	-0.6	-0.7	-0.8	-0.9	-1.0	α / ζ

附表 6-3（a）

$t=5$ 力矩荷载 $\overline{\sigma}$

ζ / α	-1.0	-0.9	-0.8	-0.7	-0.6	-0.5	-0.4	-0.3	-0.2	-0.1	0.0	0.1	0.2	0.3	0.4	0.5	0.6	0.7	0.8	0.9	1.0	
0.0	—	-1.48	-1.29	-0.99	-0.76	-0.62	-0.57	-0.51	-0.39	-0.23	0.00	0.23	0.39	0.51	0.57	0.62	0.76	0.99	1.29	1.48	—	0.0
0.1	—	-1.49	-0.28	-0.30	-0.49	-0.54	-0.50	-0.46	-0.43	-0.39	-0.24	0.00	0.29	0.49	0.60	0.68	0.93	1.47	2.03	1.53	—	-0.1
0.2	—	-1.27	-0.54	-0.48	-0.53	-0.54	-0.51	-0.49	-0.48	-0.46	-0.38	-0.21	0.02	0.26	0.47	0.61	0.76	0.99	1.38	1.86	—	-0.2
0.3	—	-0.04	-1.05	-0.81	-0.64	-0.56	-0.55	-0.53	-0.51	-0.48	-0.45	-0.38	-0.25	-0.02	0.26	0.49	0.53	0.43	0.61	2.22	—	-0.3
0.4	—	-0.98	-0.98	-0.78	-0.63	-0.56	-0.55	-0.54	-0.63	-0.50	-0.48	-0.45	-0.36	-0.18	0.08	0.38	0.64	0.82	1.15	2.31	—	-0.4
0.5	—	-0.91	-1.03	-0.84	-0.65	-0.55	-0.55	-0.55	-0.55	-0.54	-0.51	-0.48	-0.41	-0.29	-0.07	0.25	0.66	1.12	1.65	2.47	—	-0.5
0.6	—	-0.93	-0.65	-0.56	-0.53	-0.52	-0.52	-0.52	-0.53	-0.53	-0.52	-0.49	-0.44	-0.35	-0.20	0.08	0.53	1.17	1.94	2.70	—	-0.6
0.7	—	-0.87	-0.66	-0.56	-0.52	-0.51	-0.51	-0.51	-0.52	-0.53	-0.53	-0.51	-0.47	-0.40	-0.28	-0.08	0.24	0.77	1.62	3.01	—	-0.7
0.8	—	-0.85	-0.67	-0.57	-0.52	-0.50	-0.51	-0.51	-0.52	-0.53	-0.53	-0.51	-0.48	-0.41	-0.30	-0.12	0.17	0.67	1.54	3.09	—	-0.8
0.9	—	-0.85	-0.67	-0.57	-0.52	-0.51	-0.51	-0.51	-0.52	-0.53	-0.53	-0.51	-0.48	-0.41	-0.30	-0.11	0.18	0.68	1.53	3.06	—	-0.9
1.0	—	-0.85	-0.67	-0.57	-0.52	-0.51	-0.51	-0.51	-0.52	-0.53	-0.53	-0.51	-0.48	-0.41	-0.30	-0.11	0.19	0.68	1.53	3.05	—	-1.0
	1.0	0.9	0.8	0.7	0.6	0.5	0.4	0.3	0.2	0.1	0.0	-0.1	-0.2	-0.3	-0.4	-0.5	-0.6	-0.7	-0.8	-0.9	-1.0	α / ζ

$t=5$ 力矩荷载 $\overline{Q}$

附表 6-3（b）

α \ ζ	−1.0	−0.9	−0.8	−0.7	−0.6	−0.5	−0.4	−0.3	−0.2	−0.1	0.0	0.1	0.2	0.3	0.4	0.5	0.6	0.7	0.8	0.9	1.0	
0.0	0	−0.14	−0.28	−0.40	−0.48	−0.55	−0.61	−0.67	−0.71	−0.75	−0.76	−0.75	−0.71	−0.67	−0.61	−0.55	−0.48	−0.40	−0.28	−0.14	0	0.0
0.1	0	−0.34	−0.40	−0.43	−0.47	−0.52	−0.57	−0.62	−0.67	−0.72	−0.74	−0.76	−0.73	−0.70	−0.64	−0.58	−0.50	−0.38	−0.20	−0.01	0	−0.1
0.2	0	−0.23	−0.31	−0.36	−0.41	−0.46	−0.51	−0.56	−0.61	−0.66	−0.70	−0.73	−0.74	−0.73	−0.69	−0.64	−0.57	−0.48	−0.36	−0.20	0	−0.2
0.3	0	−0.07	−0.18	−0.27	−0.34	−0.40	−0.46	−0.51	−0.57	−0.61	−0.66	−0.70	−0.74	−0.75	−0.74	−0.70	−0.65	−0.60	−0.55	−0.43	0	−0.3
0.4	0	−0.07	−0.17	−0.26	−0.33	−0.39	−0.45	−0.50	−0.55	−0.60	−0.65	−0.70	−0.74	−0.77	−0.78	−0.75	−0.70	−0.63	−0.53	−0.37	0	−0.4
0.5	0	−0.05	−0.15	−0.25	−0.32	−0.38	−0.44	−0.49	−0.54	−0.60	−0.65	−0.70	−0.75	−0.78	−0.80	−0.79	−0.75	−0.66	−0.52	−0.32	0	−0.5
0.6	0	−0.17	−0.20	−0.26	−0.31	−0.37	−0.42	−0.47	−0.52	−0.58	−0.63	−0.68	−0.73	−0.77	−0.79	−0.80	−0.77	−0.69	−0.53	−0.34	0	−0.6
0.7	0	−0.10	−0.18	−0.24	−0.29	−0.35	−0.40	−0.45	−0.50	−0.55	−0.60	−0.66	−0.71	−0.75	−0.78	−0.80	−0.80	−0.75	−0.63	−0.40	0	−0.7
0.8	0	−0.10	−0.17	−0.23	−0.29	−0.34	−0.39	−0.44	−0.49	−0.55	−0.60	−0.65	−0.70	−0.75	−0.78	−0.80	−0.80	−0.76	−0.65	−0.43	0	−0.8
0.9	0	−0.10	−0.17	−0.23	−0.29	−0.34	−0.39	−0.44	−0.49	−0.55	−0.60	−0.65	−0.70	−0.75	−0.78	−0.80	−0.80	−0.76	−0.65	−0.43	0	−0.9
1.0	0	−0.10	−0.17	−0.23	−0.29	−0.34	−0.39	−0.44	−0.49	−0.55	−0.60	−0.65	−0.70	−0.75	−0.78	−0.80	−0.80	−0.76	−0.65	−0.43	0	−1.0
	1.0	0.9	0.8	0.7	0.6	0.5	0.4	0.3	0.2	0.1	0.0	−0.1	−0.2	−0.3	−0.4	−0.5	−0.6	−0.7	−0.8	−0.9	−1.0	ζ / α

$t=5$ 力矩荷载 $\overline{M}$

附表 6-3（c）

α \ ζ	−1.0	−0.9	−0.8	−0.7	−0.6	−0.5	−0.4	−0.3	−0.2	−0.1	0.0	0.1	0.2	0.3	0.4	0.5	0.6	0.7	0.8	0.9	1.0	
0.0	0	−0.01	−0.03	−0.06	−0.11	−0.16	−0.22	−0.38	−0.35	−0.42	−0.50*	0.42	0.35	0.28	0.22	0.16	0.11	0.06	0.03	0.01	0	0.0
0.1	0	−0.02	−0.06	−0.11	−0.15	−0.20	−0.26	−0.32	−0.38	−0.45	−0.52	−0.60*	0.33	0.26	0.19	0.13	0.07	0.03	0.00	0.01	0	−0.1
0.2	0	−0.01	−0.04	−0.08	−0.11	−0.16	−0.21	−0.26	−0.32	−0.38	−0.45	−0.52	0.60*	0.33	0.26	0.19	0.13	0.08	0.04	0.01	0	−0.2
0.3	0	0.00	−0.01	−0.04	−0.06	−0.10	−0.15	−0.19	−0.25	−0.31	−0.37	−0.44	−0.51	−0.59*	0.34	0.27	0.20	0.13	0.08	0.03	0	−0.3
0.4	0	0.00	−0.01	−0.03	−0.06	−0.10	−0.14	−0.19	−0.24	−0.30	−0.36	−0.43	−0.50	−0.58	−0.66*	0.27	0.19	0.13	0.07	0.02	0	−0.4
0.5	0	0.00	−0.01	−0.03	−0.08	−0.10	−0.14	−0.18	−0.23	−0.29	−0.35	−0.42	−0.49	−0.57	−0.65	−0.73*	0.19	0.12	0.06	0.02	0	−0.5
0.6	0	−0.01	−0.02	−0.05	−0.07	−0.11	−0.15	−0.19	−0.24	−0.30	−0.36	−0.42	−0.49	−0.57	−0.65	−0.13	−0.81*	0.12	0.07	0.01	0	−0.6
0.7	0	0.00	−0.02	−0.04	−0.07	−0.10	−0.14	−0.18	−0.23	−0.28	−0.34	−0.40	−0.47	−0.54	−0.62	−0.70	−0.78	−0.86*	0.07	0.02	0	−0.7
0.8	0	0.00	−0.02	−0.04	−0.07	−0.10	−0.13	−0.17	−0.22	−0.27	−0.33	−0.39	−0.46	−0.53	−0.61	−0.69	−0.77	−0.85	−0.92*	0.02	0	−0.8
0.9	0	0.00	−0.02	−0.04	−0.07	−0.10	−0.13	−0.17	−0.22	−0.27	−0.33	−0.39	−0.46	−0.53	−0.61	−0.69	−0.77	−0.85	−0.92	−0.98*	0	−0.9
1.0	0	0.00	−0.02	−0.04	−0.07	−0.10	−0.13	−0.17	−0.22	−0.27	−0.33	−0.39	−0.46	−0.53	−0.61	−0.69	−0.77	−0.85	−0.92	−0.98	−1*	−1.0
	1.0	0.9	0.8	0.7	0.6	0.5	0.4	0.3	0.2	0.1	0.0	−0.1	−0.2	−0.3	−0.4	−0.5	−0.6	−0.7	−0.8	−0.9	−1.0	ζ / α

$t=0$ 力矩荷载 $\overline{\sigma}$ 附表 6-4 (a)

ζ	−1.0	−0.9	−0.8	−0.7	−0.6	−0.5	−0.4	−0.3	−0.2	−0.1	0.0	0.1	0.2	0.3	0.4	0.5	0.6	0.7	0.8	0.9	1.0
$\overline{\sigma}$	—	−1.31	−0.85	−0.62	−0.48	−0.37	−0.28	−0.20	−0.13	−0.06	−0.00	0.06	0.13	0.20	0.28	0.37	0.48	0.62	0.85	1.31	

$t=0$ 力矩荷载 $\overline{Q}$ 附表 6-4 (b)

ζ	−1.0	−0.9	−0.8	−0.7	−0.6	−0.5	−0.4	−0.3	−0.2	−0.1	0.0	0.1	0.2	0.3	0.4	0.5	0.6	0.7	0.8	0.9	1.0
$\overline{Q}$	0	−0.27	−0.38	−0.45	−0.51	−0.55	−0.58	−0.61	−0.62	−0.63	−0.64	−0.63	−0.62	−0.61	−0.58	−0.55	−0.51	−0.45	−0.38	−0.27	0

$t=0$ 力矩荷载 $\overline{M}$ 附表 6-4 (c)

ζ	−1.0	−0.9	−0.8	−0.7	−0.6	−0.5	−0.4	−0.3	−0.2	−0.1	0.0	0.1	0.2	0.3	0.4	0.5	0.6	0.7	0.8	0.9	1.0
$\overline{M}$	0	−0.02	−0.05	−0.09	−0.14	−0.20	−0.25	−0.31	−0.37	−0.44	−0.50	−0.56	−0.63	−0.69	−0.75	−0.80	−0.86	−0.91	−0.95	−0.98	−1.00

均布荷载作用下基础梁的角变 θ 附表 7

① 转换公式:θ=表中系数$\times\frac{q_0 l^3}{EI}$(顺时针为正)。

② 表中数字以右半梁为准,左半梁数值相同,但正负相反。

③ 由于$\theta=\frac{dy}{dx}$,故可以根据表中求θ的系数用数值积分(梯形公式)计算梁的挠度y,向下为正。

t \ ζ	0	0.1	0.2	0.3	0.4	0.5	0.6	0.7	0.8	0.9	1.0
0	0	−0.0136	−0.0268	−0.0392	−0.0506	−0.0607	−0.0691	−0.0756	−0.0801	−0.0824	−0.0832
1	0	−0.0102	−0.0201	−0.0294	−0.0378	−0.0451	−0.0554	−0.0510	−0.0582	−0.0594	−0.0598
2	0	−0.0096	−0.0188	−0.0276	−0.0355	−0.0424	−0.0521	−0.0480	−0.0548	−0.0560	−0.0563
3	0	−0.0090	−0.0176	−0.0258	−0.0333	−0.0397	−0.0489	−0.0450	−0.0514	−0.0526	−0.0529
5	0	−0.0080	−0.0157	−0.0230	−0.0296	−0.0354	−0.0438	−0.0402	−0.0460	−0.0471	−0.0473
7	0	−0.0072	−0.0141	−0.0206	−0.0266	−0.0319	−0.0394	−0.0362	−0.0416	−0.0426	−0.0428
10	0	−0.0062	−0.0123	−0.0180	−0.0232	−0.0278	−0.0346	−0.0316	−0.0364	−0.0372	−0.0375

两个对称集中荷载作用下基础梁的角变 θ

附表 8

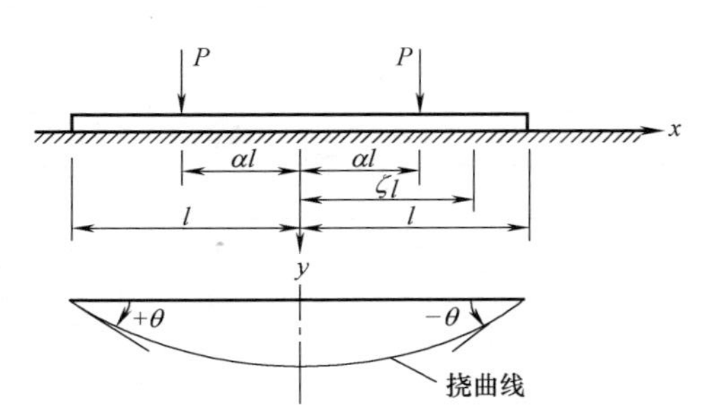

① 转换公式：θ=表中系数$\times\frac{Pl^2}{EI}$（顺时针向为正）。

② 当只有一个集中荷载 P 作用在梁长的中点处，使用上式时需用 $P/2$ 代替 P。

③ 表中数字以右半梁为准，左半梁数值相同，但正负相反。

④ 由于 $\theta=\frac{dy}{dx}$，故可以根据表中系数用数值积分（梯形公式）计算梁的挠度 y，向下为正。

两个对称集中荷载 P　$t=0$

附表 8-1

α \ ζ	0	0.1	0.2	0.3	0.4	0.5	0.6	0.7	0.8	0.9	1.0
0	0	−0.059	−0.0108	−0.149	−0.182	−0.208	−0.227	−0.240	−0.247	−0.251	−0.252
0.1	0	−0.054	−0.103	−0.144	−0.177	−0.203	−0.222	−0.235	−0.242	−0.246	−0.247
0.2	0	−0.044	−0.088	−0.129	−0.162	−0.188	−0.207	−0.220	−0.227	−0.231	−0.232
0.3	0	−0.034	−0.068	−0.104	−0.137	−0.163	−0.182	−0.195	−0.202	−0.206	−0.207
0.4	0	−0.024	−0.048	−0.074	−0.102	−0.128	−0.147	−0.160	−0.167	−0.171	−0.172
0.5	0	−0.014	−0.028	−0.044	−0.062	−0.083	−0.102	−0.115	−0.122	−0.126	−0.127
0.6	0	−0.004	−0.008	−0.014	−0.022	−0.033	−0.047	−0.060	−0.067	−0.071	−0.072
0.7	0	0.006	0.011	0.015	0.017	0.019	0.017	0.009	0.001	−0.001	−0.003
0.8	0	0.016	0.031	0.045	0.057	0.067	0.073	0.075	0.072	0.069	0.068
0.9	0	0.026	0.051	0.075	0.097	0.117	0.133	0.145	0.152	0.154	0.153
1.0	0	0.036	0.071	0.105	0.137	0.167	0.193	0.215	0.232	0.244	0.248

两个对称集中荷载 P $t=1$ 附表 8-2

α \ ζ	0	0.1	0.2	0.3	0.4	0.5	0.6	0.7	0.8	0.9	1.0
0	0	−0.053	−0.098	−0.134	−0.162	−0.184	−0.199	−0.209	−0.215	−0.217	−0.218
0.1	0	−0.048	−0.093	−0.129	−0.157	−0.178	−0.193	−0.203	−0.209	−0.211	−0.212
0.2	0	−0.038	−0.077	−0.113	−0.141	−0.163	−0.178	−0.188	−0.194	−0.196	−0.197
0.3	0	−0.029	−0.058	−0.090	−0.118	−0.139	−0.154	−0.164	−0.170	−0.173	−0.174
0.4	0	−0.019	−0.040	−0.062	−0.086	−0.107	−0.123	−0.138	−0.139	−0.142	−0.143
0.5	0	−0.010	−0.020	−0.032	−0.047	−0.064	−0.080	−0.191	−0.097	−0.099	−0.100
0.6	0	−0.001	−0.002	−0.005	−0.010	−0.018	−0.029	−0.039	−0.045	−0.048	−0.049
0.7	0	0.008	0.016	0.022	0.027	0.028	0.026	0.020	0.014	0.012	0.011
0.8	0	0.017	0.034	0.050	0.064	0.076	0.084	0.087	0.086	0.084	0.083
0.9	0	0.026	0.052	0.077	0.100	0.121	0.138	0.152	0.160	0.163	0.162
1.0	0	0.036	0.071	0.105	0.137	0.167	0.194	0.217	0.235	0.247	0.252

两个对称集中荷载 P $t=3$ 附表 8-3

α \ ζ	0	0.1	0.2	0.3	0.4	0.5	0.6	0.7	0.8	0.9	1.0
0	0	−0.049	−0.089	−0.121	−0.146	−0.165	−0.178	−0.186	−0.191	−0.192	−0.192
0.1	0	−0.043	−0.083	−0.114	−0.139	−0.157	−0.169	−0.177	−0.182	−0.184	−0.185
0.2	0	−0.033	−0.068	−0.099	−0.123	−0.141	−0.153	−0.160	−0.165	−0.167	−0.168
0.3	0	−0.025	−0.050	−0.078	−0.103	−0.122	−0.135	−0.143	−0.148	−0.150	−0.151
0.4	0	−0.017	−0.034	−0.053	−0.075	−0.095	−0.109	−0.118	−0.123	−0.125	−0.126
0.5	0	−0.008	−0.018	−0.029	−0.042	−0.058	−0.073	−0.082	−0.088	−0.090	−0.091
0.6	0	0.000	−0.001	−0.002	−0.007	−0.014	−0.025	−0.036	−0.042	−0.044	−0.045
0.7	0	0.008	0.015	0.021	0.025	0.027	0.025	0.019	0.013	0.011	0.010
0.8	0	0.015	0.030	0.044	0.056	0.066	0.073	0.076	0.075	0.073	0.072
0.9	0	0.023	0.046	0.068	0.088	0.106	0.121	0.133	0.141	0.143	0.142
1.0	0	0.031	0.061	0.091	0.119	0.146	0.171	0.192	0.209	0.220	0.224

两个对称集中荷载 P　$t=5$

附表 8-4

α \ ζ	0	0.1	0.2	0.3	0.4	0.5	0.6	0.7	0.8	0.9	1.0
0	0	−0.045	−0.081	−0.109	−0.130	−0.146	−0.158	−0.166	−0.170	−0.171	−0.171
0.1	0	−0.040	−0.076	−0.104	−0.126	−0.141	−0.152	−0.159	−0.163	−0.165	−0.166
0.2	0	−0.030	−0.061	−0.089	−0.110	−0.125	−0.136	−0.142	−0.146	−0.147	−0.147
0.3	0	−0.022	−0.044	−0.069	−0.091	−0.108	−0.119	−0.126	−0.130	−0.131	−0.132
0.4	0	−0.014	−0.030	−0.047	−0.066	−0.085	−0.098	−0.106	−0.110	−0.112	−0.113
0.5	0	−0.007	−0.014	−0.023	−0.035	−0.050	−0.064	−0.074	−0.079	−0.082	−0.082
0.6	0	0.000	0.000	−0.002	−0.006	−0.012	−0.023	−0.033	−0.039	−0.042	−0.042
0.7	0	0.007	0.013	0.019	0.023	0.024	0.022	0.016	0.009	0.007	0.006
0.8	0	0.014	0.027	0.040	0.051	0.059	0.065	0.067	0.064	0.061	0.061
0.9	0	0.021	0.041	0.061	0.079	0.095	0.109	0.120	0.127	0.129	0.128
1.0	0	0.027	0.054	0.080	0.106	0.130	0.152	0.171	0.187	0.198	0.202

两个对称力矩荷载作用下基础梁的角变 θ

附表 9

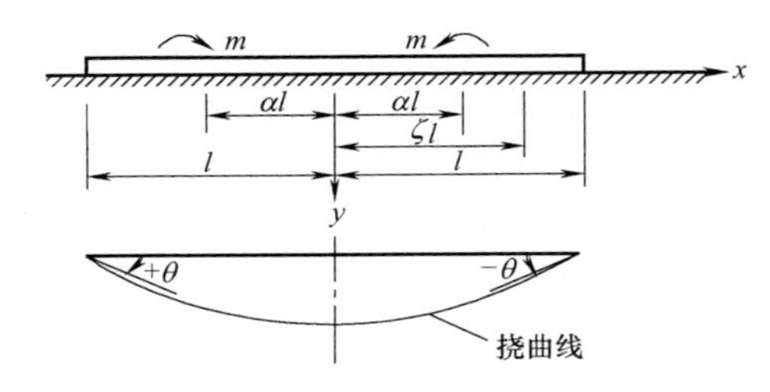

① 转换公式：θ=表中系数$\times\frac{ml}{EI}$（顺时针向为正）。

② 表中数字以右半梁为准，左半梁数值相同，但正负相反。

③ 由于$\theta=\frac{dy}{dx}$，故可以根据表中系数用数值积分（梯形公式）计算梁的挠度 y，向下为正。

附表 9-1

两个对称力矩荷载 m $t=0$

α \ ζ	0	0.1	0.2	0.3	0.4	0.5	0.6	0.7	0.8	0.9	1.0
0.1	0	−0.100	−0.100	−0.100	−0.100	−0.100	−0.100	−0.100	−0.100	0.100	−0.100
0.2	0	−0.100	−0.200	−0.200	−0.200	−0.200	−0.200	−0.200	−0.200	−0.200	−0.200
0.3	0	−0.100	−0.200	−0.300	−0.300	−0.300	−0.300	−0.300	−0.300	−0.300	−0.300
0.4	0	−0.100	−0.200	−0.300	−0.400	−0.400	−0.400	−0.400	−0.400	−0.400	−0.400
0.5	0	−0.100	−0.200	−0.300	−0.400	−0.500	−0.500	−0.500	−0.500	−0.500	−0.500
0.6	0	−0.100	−0.200	−0.300	−0.400	−0.500	−0.600	−0.600	−0.600	−0.600	−0.600
0.7	0	−0.100	−0.200	−0.300	−0.400	−0.500	−0.600	−0.700	−0.700	−0.700	−0.700
0.8	0	−0.100	−0.200	−0.300	−0.400	−0.500	−0.600	−0.700	−0.800	−0.800	−0.800
0.9	0	−0.100	−0.200	−0.300	−0.400	−0.500	−0.600	−0.700	−0.800	−0.900	−0.900
1.0	0	−0.100	−0.200	−0.300	−0.400	−0.500	−0.600	−0.700	−0.800	−0.900	−1.000

附表 9-2

两个对称力矩荷载 m $t=1$

α \ ζ	0	0.1	0.2	0.3	0.4	0.5	0.6	0.7	0.8	0.9	1.0
0.1	0	−0.101	−0.102	−0.103	−0.105	−0.107	−0.1185	−0.111	−0.112	−0.113	−0.114
0.2	0	−0.098	−0.196	−0.194	−0.193	−0.192	−0.191	−0.191	−0.191	−0.191	−0.191
0.3	0	−0.0945	−0.189	−0.283	−0.277	−0.273	−0.269	−0.267	−0.265	−0.264	−0.264
0.4	0	−0.093	−0.186	−0.280	−0.374	−0.370	−0.366	−0.363	−0.361	−0.360	−0.360
0.5	0	−0.093	−0.186	−0.279	−0.374	−0.470	−0.466	−0.464	−0.462	−0.462	−0.462
0.6	0	−0.093	−0.186	−0.279	−0.373	−0.469	−0.565	−0.563	−0.561	−0.561	−0.561
0.7	0	−0.092	−0.184	−0.277	−0.370	−0.465	−0.560	−0.657	−0.655	−0.654	−0.654
0.8	0	−0.0915	−0.184	−0.276	−0.370	−0.464	−0.560	−0.656	−0.754	−0.753	−0.753
0.9	0	−0.091	−0.183	−0.275	−0.369	−0.463	−0.559	−0.655	−0.753	−0.852	−0.852
1.0	0	−0.091	−0.182	−0.275	−0.369	−0.463	−0.559	−0.655	−0.753	−0.852	−0.952

附表 9-3

两个对称力矩荷载 m　$t=3$

α \ ζ	0	0.1	0.2	0.3	0.4	0.5	0.6	0.7	0.8	0.9	1.0
0.1	0	−0.103	−0.107	−0.111	−0.115	−0.120	−0.125	−0.130	−0.135	−0.137	−0.138
0.2	0	−0.099	−0.194	−0.190	−0.186	−0.184	−0.182	−0.182	−0.182	−0.182	−0.182
0.3	0	−0.083	−0.167	−0.251	−0.237	−0.225	−0.215	−0.207	−0.202	−0.199	−0.198
0.4	0	−0.0815	−0.164	−0.248	−0.333	−0.320	−0.310	−0.302	−0.297	−0.294	−0.294
0.5	0	−0.081	−0.163	−0.245	−0.330	−0.417	−0.406	−0.398	−0.393	−0.391	−0.391
0.6	0	−0.081	−0.163	−0.245	−0.331	−0.418	−0.509	−0.502	−0.499	−0.498	−0.498
0.7	0	−0.078	−0.157	−0.238	−0.320	−0.404	−0.492	−0.584	−0.578	−0.576	−0.575
0.8	0	−0.0775	−0.156	−0.236	−0.317	−0.402	−0.489	−0.580	−0.675	−0.672	−0.672
0.9	0	−0.0775	−0.156	−0.236	−0.317	−0.402	−0.489	−0.580	−0.675	−0.772	−0.772
1.0	0	−0.0775	−0.156	−0.236	−0.317	−0.402	−0.489	−0.580	−0.675	−0.772	−0.872

附表 9-4

两个对称力矩荷载 m　$t=5$

α \ ζ	0	0.1	0.2	0.3	0.4	0.5	0.6	0.7	0.8	0.9	1.0
0.1	0	−0.104	−0.109	−0.114	−0.120	−0.127	−0.134	−0.142	−0.149	−0.154	−0.155
0.2	0	−0.0905	−0.182	−0.175	−0.169	−0.165	−0.162	−0.161	−0.162	−0.162	−0.162
0.3	0	−0.0745	−0.150	−0.227	−0.207	−0.189	−0.175	−0.163	−0.155	−0.150	−0.148
0.4	0	−0.0725	−0.146	−0.222	−0.300	−0.282	−0.267	−0.256	−0.248	−0.244	−0.243
0.5	0	−0.071	−0.143	−0.217	−0.294	−0.375	−0.360	−0.349	−0.342	0.339	−0.338
0.6	0	−0.072	−0.145	−0.220	−0.298	−0.380	−0.466	−0.457	−0.452	−0.450	−0.449
0.7	0	−0.0675	−0.136	−0.207	−0.281	−0.359	−0.441	−0.529	−0.521	−0.518	−0.517
0.8	0	−0.0665	−0.134	−0.204	−0.276	−0.352	−0.433	−0.520	−0.611	−0.607	−0.606
0.9	0	−0.0665	−0.134	−0.204	−0.276	−0.352	−0.433	−0.520	−0.611	−0.607	−0.706
1.0	0	−0.0665	−0.134	−0.204	−0.276	−0.352	−0.433	−0.520	−0.611	−0.607	−0.806

两个反对称集中荷载作用下基础梁的角变 θ

附表 10

① 求 θ 公式：$\theta=\phi-\dfrac{\Delta}{l}$（顺时针向为正）。

式中，$\phi=$表中系数$\times\dfrac{Pl^2}{EI}$（顺时针为正）。

求 Δ 可以根据表中系数用数值积分（梯形公式）计算。例如，$t=5$，$\alpha=0.1$，$\zeta=1$，则：

$$\Delta=-(0.004+0.0115+0.018+0.023+0.0265+0.029+0.0305+0.0315+0.032+0.032/2)\times\frac{Pl^2}{EI}\times0.1l=-0.0222\frac{Pl^3}{EI}$$

② 表中数字以右半梁为准，左半梁数值相同，正负号亦相同。

③ 求出 θ 后，挠度 y 可用数值积分计算。

两个反对称集中荷载 P　$t=0$

附表 10-1

α \ ζ	0	0.1	0.2	0.3	0.4	0.5	0.6	0.7	0.8	0.9	1.0
0.1	0	−0.004	−0.0115	−0.018	−0.0235	−0.028	−0.315	−0.034	−0.0355	−0.036	−0.036
0.2	0	−0.004	−0.0155	−0.029	−0.04	−0.049	−0.056	−0.061	−0.063	−0.065	−0.065
0.3	0	−0.003	−0.0125	−0.0285	−0.0455	−0.059	−0.0695	−0.077	−0.0815	−0.0835	−0.084
0.4	0	−0.0025	−0.01	−0.0225	−0.04	−0.058	−0.0715	−0.081	−0.087	−0.09	−0.091
0.5	0	−0.002	−0.0075	−0.0165	−0.0295	−0.047	−0.064	−0.076	−0.0835	−0.087	−0.088
0.6	0	−0.001	−0.0045	−0.011	−0.02	−0.032	−0.0475	−0.062	−0.071	−0.075	−0.076
0.7	0	−0.001	−0.0035	−0.007	−0.0115	−0.018	−0.027	−0.039	−0.0495	−0.054	−0.055
0.8	0	0	0.0005	0.001	0.0005	−0.001	−0.0035	−0.005	−0.009	−0.145	−0.016
0.9	0	0.001	0.0035	0.007	0.0115	0.0165	0.021	0.0245	0.0265	0.025	0.023
1.0	0	0.001	0.0045	0.0105	0.0185	0.0285	0.04	0.052	0.063	0.071	0.074

两个反对称集中荷载 P　$t=1$　　附表 10-2

α \ ζ	0	0.1	0.2	0.3	0.4	0.5	0.6	0.7	0.8	0.9	1.0
0.1	0	−0.0045	−0.0125	−0.019	−0.0245	−0.029	−0.032	−0.0335	−0.0345	−0.035	−0.035
0.2	0	−0.0035	−0.014	−0.027	−0.0375	−0.0455	−0.0515	−0.0555	−0.058	−0.0595	−0.06
0.3	0	−0.003	−0.012	−0.027	−0.043	−0.055	−0.064	−0.0705	−0.074	−0.0755	−0.076
0.4	0	−0.0025	−0.0095	−0.021	−0.0375	−0.054	−0.066	−0.074	−0.0785	−0.0805	−0.081
0.5	0	−0.002	−0.0075	−0.0165	−0.029	−0.045	−0.0605	−0.071	−0.077	−0.0795	−0.08
0.6	0	−0.0005	−0.002	−0.006	−0.013	−0.023	−0.037	−0.05	−0.0575	−0.0605	−0.061
0.7	0	0	−0.0005	−0.002	−0.0045	−0.009	−0.016	−0.0255	−0.034	−0.0375	−0.038
0.8	0	0.0005	0.0015	0.0025	0.0035	0.0045	0.005	0.0035	−0.001	−0.005	−0.006
0.9	0	0.001	0.004	0.009	0.015	0.0215	0.0285	0.0345	0.0385	0.039	0.038
1.0	0	0.002	0.0075	0.0155	0.0255	0.0375	0.0515	0.066	0.079	0.089	0.093

两个反对称集中荷载 P　$t=3$　　附表 10-3

α \ ζ	0	0.1	0.2	0.3	0.4	0.5	0.6	0.7	0.8	0.9	1.0
0.1	0	−0.006	−0.0155	−0.022	−0.0275	−0.0315	−0.034	−0.036	−0.0375	−0.038	−0.038
0.2	0	−0.0035	−0.0145	−0.028	−0.0385	−0.0465	−0.0525	−0.0565	−0.0585	−0.0595	−0.06
0.3	0	−0.0025	−0.011	−0.026	−0.041	−0.052	−0.0605	−0.066	−0.0695	−0.0715	−0.072
0.4	0	−0.0025	−0.01	−0.022	−0.0385	−0.055	−0.067	−0.0755	−0.0805	−0.0825	−0.083
0.5	0	−0.0015	−0.006	−0.014	−0.026	−0.042	−0.057	−0.067	−0.073	−0.0755	−0.076
0.6	0	−0.001	−0.004	−0.009	−0.016	−0.0255	−0.0385	−0.051	−0.058	−0.0605	−0.061
0.7	0	−0.0005	−0.0015	−0.0035	−0.0065	−0.011	−0.018	−0.0275	−0.036	−0.0395	−0.04
0.8	0	0.0005	0.0015	0.0025	0.0035	0.0045	0.0045	0.0025	−0.002	−0.006	−0.007
0.9	0	0.0005	0.003	0.0075	0.013	0.0195	0.026	0.032	0.0365	0.037	0.036
1.0	0	0.0015	0.006	0.0135	0.0235	0.0355	0.0485	0.0615	0.074	0.084	0.088

两个反对称集中荷载 P $t=5$ **附表 10-4**

α \ ζ	0	0.1	0.2	0.3	0.4	0.5	0.6	0.7	0.8	0.9	1.0
0.1	0	−0.004	−0.0115	−0.018	−0.023	−0.0265	−0.029	−0.0305	−0.0315	−0.032	−0.032
0.2	0	−0.0035	−0.014	−0.027	−0.037	−0.0445	−0.05	−0.0535	−0.056	−0.057	−0.057
0.3	0	−0.003	−0.0115	−0.026	−0.0415	−0.053	−0.0615	−0.0675	−0.071	−0.0725	−0.073
0.4	0	−0.0025	−0.009	−0.02	−0.0365	−0.053	−0.065	−0.073	−0.0775	−0.0795	−0.08
0.5	0	−0.0015	−0.006	−0.014	−0.0255	−0.0405	−0.055	−0.0645	−0.07	−0.0725	−0.073
0.6	0	−0.001	−0.035	−0.008	−0.0155	−0.0255	−0.0385	−0.0505	−0.057	−0.0595	−0.06
0.7	0	−0.0005	−0.002	−0.004	−0.0065	−0.0105	−0.017	−0.0265	−0.035	−0.0385	−0.039
0.8	0	0.000	0.0005	0.002	0.004	0.0055	0.004	0.001	−0.0035	−0.008	−0.009
0.9	0	0.001	0.004	0.0085	0.014	0.0205	0.0275	0.0335	0.0375	0.038	0.037
1.0	0	0.0015	0.006	0.0135	0.0235	0.0355	0.0485	0.062	0.075	0.085	0.089

两个反对称力矩荷载作用下基础梁的角变 θ **附表 11**

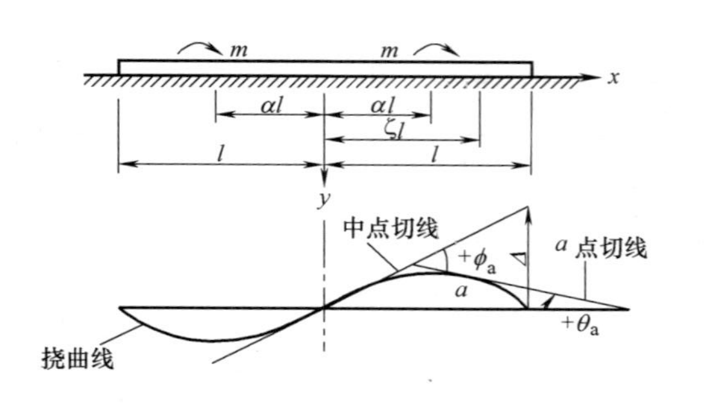

① 求 θ 公式：$\theta=\phi-\dfrac{\Delta}{l}$（顺时针向为正）。

式中，ϕ＝表中系数$\times\dfrac{ml}{EI}$（顺时针为正）。

求 Δ 可以根据表中系数用数值积分（梯形公式）计算。例如，$t=5,\alpha=0.3,\zeta=1$，则：

$$\Delta=-(0.006+0.025+0.057+0.001-0.044-0.078-0.101-0.115-0.122-0.124/2)\times\frac{ml}{EI}\times0.1l$$

$$=-0.0433\frac{ml^2}{EI}$$

② 表中数字以右半梁为准，左半梁数值相同，正负号亦相同。

③ 求出 θ 后，挠度可用数值积分计算。

附表 11-1

两个反对称力矩荷载 m　$t=0$

α \ ζ	0	0.1	0.2	0.3	0.4	0.5	0.6	0.7	0.8	0.9	1.0
0	0	−0.094	−0.175	−0.243	−0.299	−0.344	−0.378	−0.401	−0.415	−0.422	−0.424
0.1	0	0.006	−0.075	−0.143	−0.199	−0.244	−0.278	−0.301	−0.315	−0.322	−0.324
0.2	0	0.006	0.025	−0.043	−0.099	−0.144	−0.178	−0.201	−0.215	−0.222	−0.224
0.3	0	0.006	0.025	0.057	0.001	−0.044	−0.078	−0.101	−0.115	−0.122	−0.124
0.4	0	0.006	0.025	0.057	0.001	0.056	0.022	−0.001	−0.015	−0.022	−0.024
0.5	0	0.006	0.025	0.057	0.101	0.156	0.122	0.099	0.085	0.078	0.076
0.6	0	0.006	0.025	0.057	0.101	0.156	0.222	0.199	0.185	0.178	0.176
0.7	0	0.006	0.025	0.057	0.101	0.156	0.222	0.299	0.285	0.278	0.276
0.8	0	0.006	0.025	0.057	0.101	0.156	0.222	0.299	0.385	0.378	0.376
0.9	0	0.006	0.025	0.057	0.101	0.156	0.222	0.299	0.385	0.478	0.476
1.0	0	0.006	0.025	0.057	0.101	0.156	0.222	0.299	0.385	0.478	0.576

附表 11-2

两个反对称力矩荷载 m　$t=1$

α \ ζ	0	0.1	0.2	0.3	0.4	0.5	0.6	0.7	0.8	0.9	1.0
0	0	−0.093	−0.172	−0.238	−0.292	−0.334	−0.366	−0.388	−0.400	−0.405	−0.406
0.1	0	0.0065	−0.0635	−0.13	−0.184	−0.226	− 0.257	−0.277	−0.288	−0.292	−0.293
0.2	0	0.008	0.029	−0.038	−0.092	−0.135	−0.166	−0.186	−0.198	−0.203	−0.204
0.3	0	0.0065	0.027	0.0605	0.0055	−0.037	−0.0685	−0.090	−0.102	−0.107	−0.108
0.4	0	0.0065	0.026	0.059	0.105	0.065	0.0305	0.009	−0.003	−0.008	−0.009
0.5	0	0.0065	0.0265	0.0595	0.105	0.0163	0.133	0.112	0.1	0.095	0.094
0.6	0	0.0065	0.026	0.0585	0.104	0.161	0.23	0.209	0.198	0.193	0.192
0.7	0	0.0065	0.026	0.0585	0.104	0.161	0.229	0.308	0.295	0.290	0.289
0.8	0	0.0065	0.026	0.0585	0.104	0.161	0.229	0.308	0.395	0.390	0.389
0.9	0	0.0065	0.026	0.0585	0.104	0.161	0.229	0.308	0.395	0.490	0.489
1.0	0	0.0065	0.026	0.0585	0.104	0.161	0.229	0.308	0.395	0.490	0.589

两个反对称力矩荷载 m　$t=3$　　附表 11-3

α \ ζ	0	0.1	0.2	0.3	0.4	0.5	0.6	0.7	0.8	0.9	1.0
0	0	−0.093	−0.172	−0.237	−0.289	−0.329	−0.358	−0.377	−0.387	−0.391	−0.392
0.1	0	0.007	−0.077	−0.137	−0.189	−0.23	−0.259	−0.278	−0.289	−0.293	−0.294
0.2	0	0.007	0.0275	−0.039	−0.0925	−0.134	−0.165	−0.185	−0.197	−0.202	−0.203
0.3	0	0.0065	0.026	0.0585	0.0045	−0.0375	−0.0695	−0.0915	−0.104	−0.109	−0.110
0.4	0	0.0065	0.026	0.0585	0.104	0.0615	0.03	0.009	−0.003	−0.006	−0.005
0.5	0	0.0065	0.026	0.058	0.103	0.161	0.129	0.108	0.095	0.0005	0.089
0.6	0	0.0065	0.026	0.058	0.102	0.159	0.227	0.206	0.193	0.188	0.187
0.7	0	0.006	0.0245	0.0555	0.0985	0.154	0.221	0.299	0.286	0.280	0.278
0.8	0	0.006	0.0245	0.0555	0.0985	0.154	0.22	0.296	0.382	0.376	0.374
0.9	0	0.006	0.0245	0.0555	0.0985	0.154	0.22	0.296	0.382	0.476	0.474
1.0	0	0.006	0.0245	0.0555	0.0985	0.154	0.22	0.296	0.382	0.476	0.574

两个反对称力矩荷载 m　$t=5$　　附表 11-4

α \ ζ	0	0.1	0.2	0.3	0.4	0.5	0.6	0.7	0.8	0.9	1.0
0	0	−0.092	−0.169	−0.232	−0.282	−0.320	−0.347	−0.364	−0.373	−0.377	−0.378
0.1	0	0.0075	−0.0705	−0.135	−0.187	−0.226	−0.253	−0.271	−0.281	−0.286	−0.287
0.2	0	0.007	0.028	−0.0375	−0.0905	−0.132	−0.161	−0.181	−0.193	−0.195	−0.196
0.3	0	0.0065	0.026	0.059	0.0045	−0.0385	−0.070	−0.0915	−0.105	−0.111	−0.112
0.4	0	0.0065	0.026	0.0585	0.104	0.0615	0.0305	0.010	−0.002	−0.007	−0.008
0.5	0	0.0065	0.026	0.0585	0.104	0.161	0.129	0.108	0.0965	0.092	0.091
0.6	0	0.006	0.0245	0.056	0.100	0.156	0.224	0.203	0.19	0.814	0.183
0.7	0	0.006	0.024	0.056	0.098	0.152	0.218	0.294	0.281	0.275	0.274
0.8	0	0.006	0.024	0.054	0.096	0.15	0.214	0.29	0.375	0.369	0.368
0.9	0	0.006	0.024	0.054	0.096	0.15	0.214	0.29	0.375	0.469	0.468
1.0	0	0.006	0.024	0.054	0.096	0.15	0.214	0.29	0.375	0.469	0.568

参考文献

[1] 朱合华，张子新，廖少明. 地下建筑结构 [M]. 3版. 北京：中国建筑工业出版社，2016.

[2] 许明. 地下结构设计 [M]. 北京：中国建筑工业出版社，2014.

[3] 刘增荣. 地下结构设计 [M]. 北京：中国建筑工业出版社，2011.

[4] 吴能森. 地下工程结构 [M]. 2版. 武汉：武汉理工大学出版社，2015.

[5] 徐干成，郑颖人，乔春生，刘保国. 地下工程支护结构与设计 [M]. 北京：中国水利水电出版社，2013.

[6] 刘新荣. 地下结构设计 [M]. 重庆：重庆大学出版社，2013.

[7] 穆保岗，陶津. 地下结构工程 [M]. 3版. 南京：东南大学出版社，2016.

[8] 王树理. 地下建筑结构设计 [M]. 4版. 北京：清华大学出版社，2021.

[9] 刘新荣. 地下结构设计 [M]. 重庆：重庆大学出版社，2013.

[10] 刘国彬，王卫东. 基坑工程手册 [M]. 2版. 北京：中国建筑工业出版社，2009.

[11] 姜玉松. 地下工程施工技术 [M]. 武汉：武汉理工大学出版社，2015.

[12] 穆保岗，陶津. 地下结构工程 [M]. 南京：东南大学出版社，2012.

[13] 赵明华. 土力学与基础工程 [M]. 武汉：武汉理工大学出版社，2014.

[14] 周景星，李广信，虞石民，王洪瑾. 基础工程 [M]. 3版. 北京：清华大学出版社，2015.

[15] 尉希成，周美玲. 支挡结构设计手册 [M]. 3版. 北京：中国建筑工业出版社，2015.

[16] 门玉明，王启耀，刘妮娜. 地下建筑结构 [M]. 2版. 北京：人民交通出版社，2016.

[17] 赵勇. 隧道设计理论与方法 [M]. 北京：人民交通出版社. 2019.

[18] 徐国平，吕卫清，陈越，刘洪洲. 沉管隧道设计与施工指南 [M]. 北京：人民交通出版社，2018.

[19] 关宝树. 矿山法隧道关键技术 [M]. 北京：人民交通出版社，2016.

[20] 陈志敏，欧尔峰，马丽娜. 隧道及地下工程 [M]. 北京：清华大学出版社，2014.

[21] 向伟明. 地下工程设计与施工 [M]. 北京：中国建筑工业出版社，2013.

[22] 曾亚武. 地下结构设计模型 [M]. 2版. 武汉：武汉大学出版社，2013.

[23] 陈卫忠，伍国军，贾善坡. ABAQUS在隧道及地下工程中的应用 [M]. 北京：中国水利水电出版社，2010.

[24] 张明. 结构可靠度分析——方法与程序 [M]. 北京：科学出版社，2009.

[25] 姚谏. 建筑结构静力计算实用手册 [M]. 3版. 北京：中国建筑工业出版社，2021.

[26] 李广信，张丙印，于玉贞. 土力学 [M]. 2版. 北京：清华大学出版社，2013.

[27] 李广信. 高等土力学 [M]. 2版. 北京：清华大学出版社，2016.

[28] 许明，张永兴. 岩石力学 [M]. 4版. 北京：中国建筑工业出版社，2020.

[29] 徐芝纶. 弹性力学 [M]. 5版. 北京：高等教育出版社，2016.

[30] Cui Z. D.，Zhang Z. L.，Yuan L.，Zhan Z. X.，Zhang W. K. Design of underground structures [M]. Singapore：Springer Press，2020.

[31] 北京市市政工程设计研究总院. 城市道路工程设计规范：CJJ 37—2012 [S]. 北京：中国建筑工业出版社，2012.

[32] 北京市规划委员会. 地铁设计规范：GB 50157—2013 [S]. 北京：中国建筑工业出版社，2014.

[33] 中国建筑科学研究院. 建筑基坑支护技术规程：CJG 120—2012 [S]. 北京：中国建筑工业出版社，2012.

[34] 国家人民防空办公室. 人民防空地下室设计规范：GB 50038—2005 [S]. 北京：中国标准出版社，2005.

[35] 中国冶金建设协会. 岩土锚杆与喷射混凝土支护工程技术规范：GB 50086—2015 [S]. 北京：中国计划出版社，2015.

[36] 中国建筑科学研究院. 建筑结构荷载规范：GB 50009—2012（2019 修订）[S]. 北京：中国建筑工业出版社，2012.

[37] 中国建筑科学研究院. 混凝土结构设计规范：GB 50010—2010（2015 年版）[S]. 北京：中国建筑工业出版社，2016.

[38] 中交公路规划设计院有限公司. 公路桥涵地基与基础设计规范：JTG 3363—2019 [S]. 北京：人民交通出版社，2020.

[39] Tan J., Cui Z. D., Yuan L. Study on the long-term settlement of subway tunnel in soft soil area [J]. Marine Georesources & Geotechnology，2016，34（5）：486-492.

[40] He P. P., Cui Z. D. Dynamic response of a thawing soil around the tunnel under the vibration load of subway [J]. Environmental Earth Sciences，2015，73（5）：2473-2482.

[41] 赵羚子. 双层土层间界面变形及力学特性研究 [D]. 徐州：中国矿业大学，2016.

[42] 商闯. 浅埋地铁车站与周围砂土场地强震响应机制研究 [D]. 徐州：中国矿业大学，2020.

[43] 谭军. 非均匀下卧土体地铁盾构隧道纵向沉降研究 [D]. 徐州：中国矿业大学，2015.